周期表

原子量の変動範囲	
H	[1.007 84; 1.008 11]
Li	[6.938; 6.997]
B	[10.806; 10.821]
C	[12.009 6; 12.011 6]
N	[14.006 43; 14.007 28]
O	[15.999 03; 15.999 77]
Si	[28.084; 28.086]
S	[32.059; 32.076]
Cl	[35.446; 35.457]
Tl	[204.382; 204.385]

10	11	12	13	14	15	16	17	18
								2 4.2 0.95 0.176 ¤ He ヘリウム 4.002 602 ±2
			5 +3 4275 2300 2.34 B ホウ素 10.814 ±8	6 ±4,2 4470 4100 2.62 C 炭素 12.010 6 ±10	7 ±3,5,4,2 77 63 1.234 ¤ N 窒素 14.006 8 ±4	8 -2 90 50 1.410 ¤ O 酸素 15.999 4 ±4	9 -1 85 53 1.674 ¤ F フッ素 18.998 403 2 ±5	10 27 25 0.889 ¤ Ne ネオン 20.179 7 ±6
			13 +3 2793 933 2.70 Al アルミニウム 26.981 538 6 ±8	14 +4 3540 1685 2.33 Si ケイ素 28.085	15 ±3,5,4 550 317 1.82 P リン 30.973 762 ±2	16 ±2,4,6 718 388 2.07 S 硫黄 32.068 ±9	17 ±1,3,5,7 239 172 3.12 ¤ Cl 塩素 35.452 ±6	18 87 84 1.760 ¤ Ar アルゴン 39.948
28 +2,3 3187 1726 8.90 Ni ニッケル 58.693 4 ±4	29 +2,1 2836 1358 8.96 Cu 銅 63.546 ±3	30 +2 1180 693 7.14 Zn 亜鉛 65.38 ±2	31 +3 2478 303 5.91 Ga ガリウム 69.723	32 +4 3107 1210 5.32 Ge ゲルマニウム 72.63	33 ±3,5 876 — 5.72 As ヒ素 74.921 60 ±2	34 -2,4,6 958 494 4.80 Se セレン 78.96 ±3	35 ±1,5 332 266 3.12 Br 臭素 79.904	36 120 116 3.69 ¤ Kr クリプトン 83.798 ±2
46 +2,4 3237 1825 12.0 Pd パラジウム 106.42	47 +1 2436 1234 10.5 Ag 銀 107.868 2 ±2	48 +2 1040 594 8.65 Cd カドミウム 112.411 ±8	49 +3 2346 430 7.31 In インジウム 114.818 ±3	50 +4,2 2876 505 7.30 Sn スズ 118.710 ±7	51 ±3,5 1860 904 6.68 Sb アンチモン 121.760	52 -2,4,6 1261 723 6.24 Te テルル 127.60 ±3	53 ±1,5,7 458 387 4.92 I ヨウ素 126.904 47 ±3	54 165 161 5.78 ¤ Xe キセノン 131.293 ±6
78 +2,4 4100 2045 21.4 Pt 白金 195.084 ±9	79 +3,1 3130 1338 19.3 Au 金 196.966 569±4	80 +2,1 630 234 13.5 Hg 水銀 200.59 ±2	81 +3,1 1746 577 11.85 Tl タリウム 204.384 ±2	82 +4,2 2023 601 11.4 Pb 鉛 207.2	83 +3,5 1837 545 9.8 Bi ビスマス 208.980 40	84 +4,2 1235 527 9.4 Po ポロニウム (209)	85 ±1,3,5,7 610 575 — At アスタチン (210)	86 211 202 9.78 ¤ Rn ラドン (222)
110 — — — Ds ダームスタチウム (281)	111 — — — Rg レントゲニウム (280)	112 — — — Cn コペルニシウム (285)	113 — — — Nh ニホニウム (284)	114 — — — Fl フレロビウム (289)	115 — — — Mc モスコビウム (288)	116 — — — Lv リバモリウム (293)	117 — — — Ts テネシン (294)	118 — — — Og オガネソン (294)

64 +3 3539 1585 7.89 Gd ガドリニウム 157.25 ±3	65 +3,4 3496 1630 8.27 Tb テルビウム 158.925 35 ±2	66 +3 2835 1682 8.54 Dy ジスプロシウム 162.500	67 +3 2968 1743 8.80 Ho ホルミウム 164.930 32 ±2	68 +3 3136 1795 9.05 Er エルビウム 167.259 ±3	69 +3,2 2220 1818 9.33 Tm ツリウム 168.934 21 ±2	70 +3,2 1467 1097 6.98 Yb イッテルビウム 173.054 ±5	71 +3 3668 1936 9.84 Lu ルテチウム 174.966 8
96 +3 — 1340 13.5 Cm キュリウム (247)	97 +4,3 — — — Bk バークリウム (247)	98 +3 — 900 — Cf カリホルニウム (251)	99 — — — Es アインスタイニウム (252)	100 — — — Fm フェルミウム (257)	101 — — — Md メンデレビウム (260)	102 — — — No ノーベリウム (259)	103 — — — Lr ローレンシウム (262)

恐竜は哺乳類のような恒温動物か？それとも爬虫類のような変温動物か？

恒温動物は，自身の体温を調節する．クロコダイルのような変温動物は，まわりの温度に近い体温である．では，150万年前に生きていた恐竜はどうであったのだろうか？ 現在では，歯に含まれる炭素の同位体を調べることで，恐竜の体温を推定できる．

炭酸イオン（CO_3^{2-}）は，温度に依存する同位体交換平衡に達する．低い温度では，重い ^{13}C と ^{18}O の同位体が結合した化学種の割合が増える．

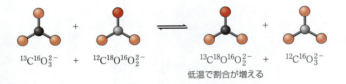

$^{13}C^{16}O_3^{2-}$ + $^{12}C^{18}O^{16}O_2^{2-}$ ⇌ $^{13}C^{18}O^{16}O_2^{2-}$ + $^{12}C^{16}O_3^{2-}$
　　　　　　　　　　　　　　　　　　　　低温で割合が増える

同位体は，下巻22章で説明する質量分析法によって測定される．下のグラフは，海洋に生息するサンゴ，およびいろいろな温度で実験的に合成された $CaCO_3$ における炭酸塩同位体組成と温度の関係を表す．現代の生物の歯の炭酸塩同位体組成は，それぞれの動物の体温と相関を示し，この直線上にプロットされる．竜脚類の恐竜の歯の同位体組成は，約34〜38℃の体温を示唆する[1]．恐竜の成長率と成体体重から考えると，恐竜は代謝エネルギーを熱に変えて体温を上げることはできたが，体温を厳密に調節することはできなかっただろう[2]．

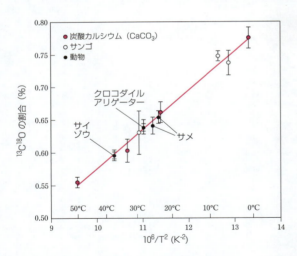

炭酸塩に含まれる ^{13}C-^{18}O の割合は温度に依存する
[データ出典：P. Ghosh et al., *Geochim. Cosmochim. Acta*, 70, 1439 (2006); R. A. Eagle et al., *Proc. Natl. Acad. Sci. USA*, 107, 10377 (2010).]

恐竜	体温（℃）[1]
ブラキオサウルス属	38.2 ± 1.0
ディプロドクス亜科	33.6 ± 4.0
カマラサウルス属	35.7 ± 1.3

文献
1. R. A. Eagle et al., *Science*, **333**, 443 (2011).
2. J. M. Grady et al., *Science*, **344**, 1268 (2014).

恐竜の歯

Pascal Goetgheluck/Science Source

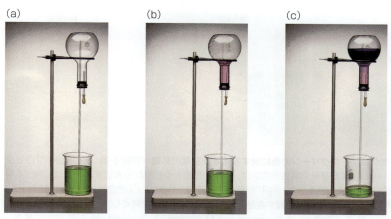

カラー図1 塩化水素の噴水（実証実験 6-2） (a) 塩基性指示薬溶液がビーカーに入っている．(b) 指示薬溶液がフラスコに吸入され，酸性色に変わる．(c) 実験終了時 ［© Macmillan, 写真：Ken Karp.］

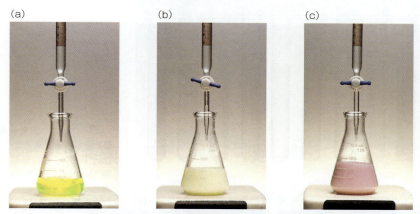

カラー図2 $AgNO_3$ を用いる Cl^- のファヤンス滴定（ジクロロフルオレセインを使用）（実証実験 7-1） (a) 指示薬を含む滴定前の溶液．(b) AgCl が沈殿した終点前の溶液．(c) 指示薬が沈殿に吸着した終点以降の溶液．［© Macmillan, 写真：Ken Karp.］

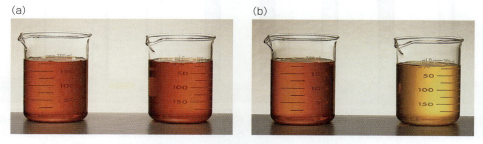

カラー図3 イオンの解離に対するイオン強度の影響（実証実験 8-1） (a) $Fe(SCN)^{2+}$, Fe^{3+}, SCN^- を含む同じ溶液を入れた二つのビーカー．(b) 右側のビーカーに KNO_3 を加えると，平衡反応 $Fe^{3+} + SCN^- \rightleftharpoons Fe(SCN)^{2+}$ が左向きに進むため $Fe(SCN)^{2+}$ の赤色が消える．［© Macmillan, 写真：Ken Karp.］

カラー図4　ブロモクレゾールグリーンの色に対するイオン強度の影響（問題8-3）　約 16 μM ブロモクレゾールグリーン（H_2BG）酸塩基指示薬溶液の色は，NaCl を加えると緑から青に変わる．(a) NaCl を含まない 0.5 mM 塩酸溶液では，酸性型の HBG^- が黄色を呈する．(g) NaCl を含まない 0.5 mM NaOH 溶液では，BG^{2-} が青色を呈する．(b～f) 酸や塩基を加えず，NaCl 濃度を高くした（0, 0.003 9, 0.010 6, 0.077 4, 0.203 2 M）BG 溶液．［出典：H. B. Rodriguez and M. Mirenda, *J. Chem. Ed.*, **89**, 1201 (2012). 提供：M. Mirenda, Universidad de Buenos Aires. 許可を得て転載．© 2012 American Chemical Society.］

カラー図5　チモールブルー（11-6節）　酸塩基指示薬チモールブルーの溶液（pH 1～11）．pK_a 値は，1.7 および 8.9．［© Macmillan, 写真：Ken Karp.］

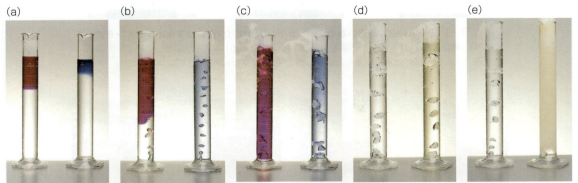

カラー図6　指示薬と CO_2 の酸性度（実証実験11-1）　(a) ドライアイスを加える前のメスシリンダー．フェノールフタレイン指示薬（左）およびブロモチモールブルー指示薬（右）のエタノール溶液は，まだメスシリンダー全体に混合していない．(b) ドライアイスを入れると，泡が生じて溶液が混ざる．(c) さらに混ざる．(d) フェノールフタレインが無色の酸性型に変わる．ブロモチモールブルーの色は，酸性型と塩基性型の混合物を示す．(e) 右側のメスシリンダーに塩酸を加えて撹拌すると，CO_2 の泡が溶液から出ていく．指示薬は，完全に酸性色に変わる．［© Macmillan, 写真：Ken Karp.］

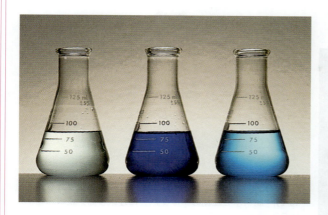

カラー図 7　補助錯化剤を用いる Cu(Ⅱ) の EDTA 滴定（12–5 節）　（左）滴定前の 0.02 M $CuSO_4$ 溶液．（中央）アンモニア緩衝液添加後の Cu(Ⅱ)-アンモニア錯体の色（pH 10）．（右）EDTA がすべてのアンモニア配位子を置換した終点の色．[© Macmillan, 写真：Ken Karp.]

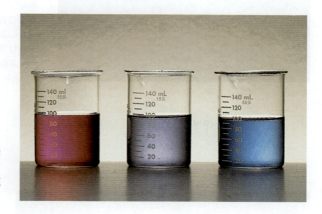

カラー図 8　エリオクロムブラック T 指示薬を用いる Mg^{2+} の EDTA 滴定（実証実験 12-1）　（左）当量点前，（中央）当量点付近，（右）当量点後．[© Macmillan, 写真：Ken Karp.]

カラー図 9　過マンガン酸カリウムによる VO^{2+} の滴定（16-4 節）　（左）滴定前の青色の VO^{2+} 溶液．（中央）滴定中に観察される青色の VO^{2+} と黄色の VO_2^+ の混合物．（右）MnO_4^- の紫色が現われる終点．[© Macmillan, 写真：Ken Karp.]

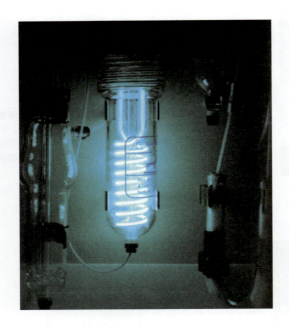

カラー図 10 環境中の炭素の光分解分析装置（コラム 16-2） 試料水を左側のチャンバーに注入する．試料水を H_3PO_4 で酸性にして，Ar または N_2 を吹き込み，HCO_3^- および CO_3^{2-} 由来の CO_2 を除く．CO_2 の赤外吸光度が測定される．次に試料を分解チャンバーに送り，$S_2O_8^{2-}$ を加え，液浸型ランプ（写真中央のコイル）で紫外線を照射する．照射により発生する硫酸ラジカル（SO_4^-）は，有機化合物を CO_2 に酸化する．この CO_2 の赤外吸光度が測定される．右側のU字管には Sn と Cu の粒子が入っており，分解により発生する HCl や HBr などの揮発性の酸を除去する．[写真提供：U. S. Environmental Protection Agency.]

カラー図 11 ヨードメトリー滴定（16-7 節）
（左）I_3^- 溶液．（中央左）$S_2O_3^{2-}$ による滴定の終点前の I_3^- 溶液．（中央右）デンプン指示薬を加えた終点直前の I_3^- 溶液．（右）終点．[© Macmillan，写真：Ken Karp.]

Quantitative
Chemical Analysis
Ninth Edition

ハリス
分析化学

［原著9版］

上

Daniel C. Harris
宗林由樹 監訳　岩元俊一 訳

化学同人

Quantitative Chemical Analysis
Ninth Edition

Daniel C. Harris
Michelson Laboratory, China Lake, California

Charles A. Lucy
Contributing Author
University of Alberta, Edmonton, Alberta

First published in the United States by W.H. FREEMAN AND COMPANY, New York
Copyright © 2016 by W.H. FREEMAN AND COMPANY
All rights reserved.

Japanese translation rights arranged with W.H. FREEMAN AND COMPANY
through Japan UNI Agency, Inc., Tokyo.

[© 1963 by Sempé and Éditions Denoël.]

ゆかりの科学者：Maria Goeppert Mayer

Maria Goeppert Mayer（1906～1972）は，ノーベル物理学賞を受賞した二人目の（Marie Curie の次），そしていまのところ最後の女性である．彼女は，1949 年に「原子核の殻構造に関する理論」を発表し独立に研究した Hans Jensen と 1963 年のノーベル賞を分けあった．

彼女は本書とどのような関係があるのだろうか？　本書のカラーページに示されているのは，ある種の恐竜の体温が恒温動物と同じくらいであったという証拠である．1947 年，彼女と Jacob Bigeleisen は，「同位体交換反応の平衡定数の計算」*という論文を発表した．これは，古温度測定学の基礎的な論文の一つである．同位体を用いると，恐竜の歯のような物質がつくられた温度を推定できる．物理数学から分析化学，そして恐竜までには確たるつながりがある．

Maria はドイツのゲッティンゲン郡で，6 世代続いた大学教授の家に生まれた†．幼少のころから，彼女は自分が大学で教育を受けると信じていたが，当時は女性の教育の機会はごく限られていた．彼女は小さな私立学校に入学したが，その学校は彼女が卒業するまえに廃校になった．周囲の反対を押し切り，彼女はゲッティンゲン大学の入学試験を受けて合格し，1924 年に入学した．彼女ははじめて Max Born の量子力学にふれ，それに魅了された．彼女は 1930 年に博士号を取得した．その審査委員には，三人のノーベル賞受賞者がいた．

Maria は，カリフォルニア工科大学とカリフォルニア大学バークレー校で学んだ物理学者の Joe Mayer と結婚した．彼は Goeppert 家に下宿する博士研究員だった．彼らは米国に移住し，Joe はジョンズホプキンス大学，コロンビア大学，そしてシカゴ大学で輝かしい経歴を積んだ．1940 年，彼らは統計力学の教科書を共同執筆した．この教科書は 40 年以上も使われた．Maria は少なくとも Joe と同じくらいの才能があると見なされたが，どの大学からも有給の職を得られなかった．彼女は講義を行い，大学院生に助言を与え，委員会で働き，大学院の試験問題をつくったが，それらはすべてボランティアだった！

彼女にとってはじめての有給の職は，1960 年のカリフォルニア大学サンディエゴ校での教授であった．それは，彼女が米国科学アカデミー会員に選ばれてから 4 年後のことだった．

---

* J. Bigeleisen and M. G. Mayer, *J. Chem. Phys.*, **15**, 261 (1947).

† S. B. McGrayne, "Nobel Prize Women in Science," Joseph Henry Press (1998).

まえがき

本書の目的

　本書の目的は，分析化学の原理についてしっかりとした物理的理解を提供することと，そしてこれらの原理が化学とその関連分野（とくに生命科学と環境科学）に，いかに利用されているかを示すことである．そのために，厳密で，読みやすく，かつ興味を引くようなテーマを選んだ．化学を専攻していない学生にもわかりやすいように十分に配慮したが，専門の学部生に必要とされる高度な内容も含めるようにした．本書は，私がカリフォルニア大学デービス校で化学を主専攻としていない学生向けに行った一般分析化学の講義，およびペンシルベニア州ランカスターのフランクリン＆マーシャル大学で化学科の 3 年生向けに行った分析化学の講義に基づいている．

何が新しいか？

　カラーページに挙げた恐竜の体温に関する話題からもわかるように，分析化学は広い世界の興味深い疑問に答えることができる．カラーページと関連して前ページの「ゆかりの科学者」で説明したのは，歯の同位体組成から体温を推定するための基礎を確立した科学者の物語である．Maria Goeppert Mayer の物語は，ごく最近まで科学において女性がいかに冷遇されていたかを教えてくれる．

　9 版では，容量分析の導入を 7 章にまとめた．酸塩基滴定，キレート滴定，酸化還元滴定，および分光滴定は，それぞれ別の章でさらに詳しく述べた．スプレッドシートの利用については，8 章に平衡問題の数値解の求め方を，19 章に分光学データから平衡定数を計算する方法を述べた．21 章の原子スペクトル法には，身近な分析法となった X 線蛍光分析法を新しく加えた．22 章の質量分析法は，記述を詳しくし，新しい装置に対応させた．27 章には沈殿の結晶生成の始まりを示す貴重な顕微鏡写真を掲載した．28 章には新しい三つの試料調製法を加えた．付録 B には誤差の伝播に関する詳しい記述を，付録 C には分

コラム 15-3　火星の硫酸塩をバリウム滴定で定量する [Mars Lander: NASA/JPL-Caltech/University of Arizona/Max Planck Institute.]

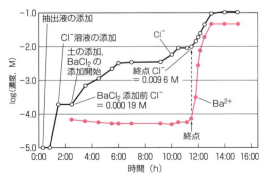

図 7-21　フェニックス・マーズ・ランダーによる硫酸バリウムの滴定 [データ提供: S. Kounaves, Tufts University.]

まえがき **vii**

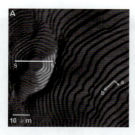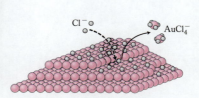

図 17-1 原子ステップでの金の酸化溶解 [R. Wen et al., *J Am Chem Soc.*, **132**, 13657 (2010), [Figure 2. 許可を得て転載 © 2010, American Chemical Society.]

散分析を掲載した．

　1978 年に私が本書に取りかかってからはじめて，本版に共著者を迎えることになった．アルバータ大学の Charles A. Lucy 教授である．彼は，23 章から 26 章までのクロマトグラフィーとキャピラリー電気泳動について，専門知識と教育の経験を提供してくれた．また，彼は分離効率およびピークの広がりの機構に関する議論を改善した．この議論では，溶質と固定相の間のさまざまな相互作用に重点を置いた．液体クロマトグラフィーでは，溶媒の極性の型を区別した．分離効率を上げるために固定相と pH をどう選べばよいかを例示した．電気泳動の章では，イオンサイズと pH が移動度に及ぼす影響についてとくに強調した．彼は分離科学の専門家として，これらの章に大きく貢献した．

　応用例を示す新しいコラムには以下のものを取り上げた．家庭用妊娠検査薬（0 章扉），水晶振動子型微量天びんによる DNA に結合した塩基 1 個の測定（2 章扉），医療分析における偽陽性の意味（コラム 5-1），火星で滴定（7 章扉），マイクロ平衡定数（コラム 10-3），RNA の酸塩基滴定による RNA 触媒作用の機構解析（11 章扉），水素-酸素燃料電池とアポロ 13 号の事故（コラム 14-2），鉛蓄電池（コラム 14-3），プロトン計数によるハイスループット DNA シーケンシング（15 章扉），火星の過塩素酸イオンはどのように発見されたか？（コラム 15-3），導電性高分子を用いたイオン選択性電極のサンドイッチイムノアッセイへの応用（コラム 15-4），原子ステップにおける金属の反応（コラム 17-1），臨床検査用アプタマーバイオセンサー（コラム 17-5），ブンゼンバーナー光度計（コラム 21-2），火星上での原子発光法（コラム 21-3），象を飛ばす（タンパク質のエレクトロスプレーの機構，コラム 22-5），母乳のクロマトグラフィー（23 章扉），スポーツにおけるドーピング（24 章扉），二次元ガスクロマトグラフィー（コラム 24-3），スリップ・フロー・クロマトグラフィーによる 100 万段分離（コラム 25-1），法医学 DNA 鑑定法（26 章扉と 26-8 節），ファンデルワールス力の測定（コラム 27-1）．新しいカラー図は以下のものである．イオン解離に対するイオン強度の影響（カラー図 4），溶質の二相間分配に基づくクロマトグラフィーの機構（カラー図 30），固相抽出による染料の分離（カラー図 36）．

　9 版での教育上の変更は以下の通りである．2 章，3 章，28 章に段階希釈による標準液の調製を詳しく述べたこと，統計学の標準不確かさと標準偏差の区別，仮説検定の詳しい議論，平均を比較する t 検定の前に F 検定を導入したこ

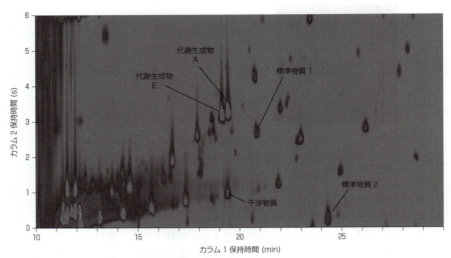

24章扉図 アスリートのドーピング検査のための二次元ガスクロマトグラフィー–燃焼同位体比質量分析法 [H. J. Tobias et al., *Anal Chem.*, **83**, 7158 (2011), Figure 4A. 許可を得て転載 © 2011, American Chemical Society.]

と，内部標準法のグラフ処理，電気化学セルの＋極へ向かう電子の流れを強調したこと，ファンデルワールス力のような現象やpH電極のガラスのアモルファス構造についてのナノスケールでの観察，ばらつきの大きいデータを多項式でスムージングすること，飛行時間型質量分析計とイオン移動度に基づく分離についての詳しい議論，クロマトグラフィーにおける分子間力についての詳しい議論，液体クロマトグラフィーの方法開発についての詳しい議論，オンライン液体クロマトグラフィーシミュレーター，クロマトグラフィーにおける二つの文献調査法の紹介，数値解析のためのMicrosoft Excelの利用を拡張したこと．最新の元素周期表における原子量範囲の取り扱いはコラム3-3に記述した．

例題 **弱酸の問題**

0.050 M 塩化トリメチルアンモニウム溶液のpHを求めよ．

$$\left[\begin{array}{c} H \\ | \\ H_3C\overset{\displaystyle N}{\underset{CH_3}{|}}CH_3 \end{array}\right]^+ Cl^- \quad 塩化トリメチルアンモニウム$$

解法 ハロゲン化アンモニウム塩は完全に解離して$(CH_3)_3NH^+$とCl^-を生成する*．トリメチルアンモニウムイオンは弱酸であり，弱塩基トリメチルアミン$(CH_3)_3N$の共役酸である．Cl^-は塩基性も酸性も示さないので無視

9章 242 ページの問題

	A	B	C	D	E	F
1	アジ化タリウムの平衡					
2	1. N_3^- および OH^- の pC=-log [C] の値をセル B6 および B7 で推定する					
3	2. ソルバーを使用して，セル F8 の和が最小になるように pC の値を調整する					
4						
5	化学種	pC	C (=10^-pC)		物質収支および電荷均衡	b_i
6	N_3^-	2	0.01	C6 = 10^-B6	$b_1 = 0 = [Tl^+]-[N_3^-]-[HN_3] =$	1.19E-02
7	OH^-	4	0.0001	C7 = 10^-B7	$b_2 = 0 = [Tl^+] + [H^+]-[N_3^-]-[OH^-] =$	1.18E-02
8	Tl^+		0.021877616	C8 = D12/C6	$\Sigma b_i^2 =$	2.80E-04
9	HN_3		4.46684E-08	C9 = D13∗C6/C7	F6 = C8-C6-C9	
10	H^+		1E-10	C10 = D14/C7	F7 = C8+C10-C6-C7	
11					F8 = F6^2+F 7^2	
12	$pK_{sp} =$	3.66	$K_{sp} =$	0.000218776	= 10^-B12	
13	$pK_b =$	9.35	$K_b =$	4.46684E-10	= 10^-B13	
14	$pK_w =$	14.00	$K_w =$	1E-14	= 10^-B14	

図 8-9 アジ化タリウムの溶解平衡のスプレッドシート．活量係数は考慮していない．最初の推定値 $pN_3^- = 2$ および $pOH^- = 4$ が，セル B6 と B7 に記されている．これらの値から，スプレッドシートのセル C6:C10 で各化学種の濃度が計算される．次にソルバーで，物質収支と電荷均衡に関するセル F8 の条件が満たされるまで，セル B6 の pN_3^- およびセル B7 の pOH^- を変化させる．

特徴

具体的で興味深い実例が紹介され，図解されている．章扉，コラム，実証実験，カラー図などは，教育上の価値があるだけでなく，きわめて密度の濃い内容の理解を助ける．章扉では，実世界や科学の他分野と分析化学の関係を示す．私が実際に出向いて実証実験を行うことはできないので，お気に入りの実験について説明し，カラー図にその様子を現した．コラムは，本書で学ぶ内容と関連する興味深いトピックスを紹介する．

問題を解くこと

学問は，独力で学び習得する以外にない．そのために最も重要な二つの方法は，実際に問題を解き，実験室で経験を積むことだ．例題は，問題の解き方を教え，いま学んだばかりのことをどう応用するかを例示する．例題のあとには類題があり，例題で学んだことを実際に活用してみることができる．章末には練習問題と章末問題がある．練習問題には，各章の最も重要な概念を応用した必須問題を集めてある．解答を見る前に，自分で問題を解いてみよう．章末問題は，本書の内容全体を網羅している．詳しい解答は，別売りの *Solution Manual for Quantitative Chemical Analysis* に載せてある．

スプレッドシートは，科学技術には必要不可欠であり，この科目を超えた用途がある．スプレッドシートを使わなくても本書を読了することができるが，スプレッドシートを学ぶ時間は決して無駄にはならない．本書に記述されている内容は，Microsoft Excel がもつ強力な機能のほんの一部である．2 章と 4 章ではグラフの描き方，4 章では統計関数と回帰分析，7 章，8 章，13 章および 19 章ではゴール シーク，ソルバー，循環参照を扱う式の解法，19 章では行列演算を学ぶ．本書で説明するスプレッドシートの応用は，いろいろな滴定のシミュレーション，化学平衡問題の解法，およびクロマトグラフィーの分離シミュレーションである．

その他の本書の特徴

必須の術語 重要な術語は本文中に太字で示され，章末の重要なキーワードにまとめられている．その他のなじみのない，または新しい術語には下線を引いてある．

用語集 太字の術語と下線をつけた術語の多くは，用語集で説明した（下巻）．

付　録 溶解度積，酸解離定数，酸化還元電位，および生成定数の表は上巻末にある．また，対数と指数，誤差の伝播，分散分析，酸化還元反応のつり合わせ方，規定度，標準物質，および DNA の簡単な説明も収録されている．

注釈と参考文献 参考文献は各巻末にまとめられている．

見返し 元素周期表，物理定数表，およびその他の情報を掲載した．

メディアと補助資料

Solutions Manual for Quantitative Chemical Analysis は，本書のすべての問題の詳しい解答を掲載している．英語版のみ．ISBN978-1464175633.

Clicker Questions* は，教師が講義にアクティブラーニングを取りこみ，学生が重要な概念を理解する助けとなる．Microsoft PowerPoint で利用できる．

Lecture PPTs* は，本書を新たに利用する教師が講義の準備に要する時間を短縮できる．これらの PDF ファイルには，教師が自分の講義に利用できるような重要な図と要約が載っている．

Test Bank* は，PDF 形式で豊富な練習問題を提供する．

Art PPTs* は，本文中の写真や図版のデジタルデータを Microsoft PowerPoint に貼りつけたものである．

Spreadsheets for web* は，本文中に登場するエクセルスプレッドシートのデータである．読者が実際に表計算を行える．

*本書を教科書として採用している教員向けの特典．詳しくは化学同人営業部（eigyou@kagakudojin.co.jp）までお問い合わせください．

Premium WebAssign with e-Book（www.webassign.com）は，検証された安全なオンライン環境で，すでに世界の数百万の学生に利用されている．問題制作アルゴリズムによって新しい計算問題の宿題がつくられ，学生はそれを自分で解いてみることができる．加えて，オンラインのコンテンツから e-Book に自由にアクセスすることができる．

Sapling Learning with e-Book（www.sapling.com）は，効果的でインタラクティブな宿題と指導法を提供し，問題を解くことを通して学生の学習結果を向上させる．Sapling Learning は，楽しい講義と効果的な学習法を提供する．その特徴は以下の三つである．(1) 使いやすさ．Sapling Learning のインターフェイスは使いやすいので，学生はソフトウエアにまごつくことなく，問題を解くことに集中できる．(2) 目標の明らかな教科内容．Sapling Learning はすばやいフィードバックと目標のはっきりした教科内容によって，学生のやる気と理解度を増す．(3) 比類のないサービスとサポート．Sapling Learning では，修士および博士レベルの熱心なスタッフが科目を通してサービスインストラクターの役目を務め，内容をカスタマイズし，講義をより楽しくする．

お世話になった方がた

　私の妻 Sally には，本書と *Solution Manual for Quantitative Chemical Analysis* のすべてにおいて世話になった．彼女の貢献によって，本書はわかりやすく，かつ正確になった．

　練習問題と章末問題の解答は，カリフォルニア工科大学の大学院生 Heather Audesirk とハーベイマッド大学の最上級生 Julia Lee によって注意深く調べられた．

　このような分厚く複雑な本は，多くの人びとの協力なしにはできない．Brittany Murphy, Anna Bristow, Lauren Schultz は，編集と販売についていろいろ教えてくれた．Jennifer Carey は，本書の責任編集者として，本書の出版すべてがうまくいくように細心の注意を払ってくれた．また Marjorie Anderson は，難しい印刷編集実務を担当してくれた．写真の検索と版権は，Cecilia Varas と Richard Fox が担ってくれた．Matthew McAdams, Janice Donnola, Tracey Kuehn は，図版作成を調整してくれた．Anna Skiba-Crafts は，本書の校正を丁寧にすすめてくれた．

おわりに

　本書を読みながら，ときにはほほえみ，そして新しい知識を得て，問題と格闘しつつも満足を覚える学生諸君にこの本を捧げる．もしあなたが本書を読んで，化学あるいはそれ以外の分野の新しい問題に応用できる，批判的で独立した論理的思考をさらに発達させることができたなら，私は成功したといえる．本書に対するみなさまのご意見，ご批判，ご提案，およびご訂正を心からお待ちしている．次の住所までご連絡いただければ幸いである．Chemistry Division (Mail Stop 6303), Research Department, Michelson Laboratory, China Lake, CA 93555.

Dan Harris
March 2015

謝　辞

　私は，多くの人びとのお世話になった．彼らは，改訂にあたり新しい情報，掘り下げた質問，適切な助言をくれた．サンフランシスコ州立大学の Pete Palmer は，親切にも X 線蛍光分析についての彼の指導書を提供してくれ，原稿を詳しく読んで批評してくれた．また質量分析法についても有益な示唆をくれた．ミネソタ州セントポールのメトロポリタン州立大学の Karyn Usher は，カラー図 36 の固相抽出実験の写真を提供してくれた．ブエノスアイレス大学の Martin Mirenda は，ブロモクレゾールグリーンの色に対するイオン強度の影響を示すカラー図 4 を提供してくれた．バテル・パシフィック・ノースウェスト国立研究所の Jim De Yoreo と Mike Nielsen は，図 27-2 に炭酸カルシウム沈殿生成の美しい透過型電子顕微鏡微速度画像を提供してくれた．

　カリフォルニア州立大学ドミンゲスヒルズ校の Barbara Belmont は，2011 年に誤差の伝播について一見簡単そうな質問をくれたが，私はそれに答えるために同僚の統計学者 Ding Huang 博士に助言を仰いだ．この質問は拡張されて，付録 B になっている．オーストラリア，ニューサウスウェールズ大学の D. Brynn Hibbert も，統計学の知識を教えてくれた．ハイデルベルク大学の Jürgen Gross とカリフォルニアのパシフィック大学の David Sparkman は，質量分析の知識を提供してくれた．中央ミシガン大学の Dale Lecaptain には，段階希釈についてもう少し詳しく述べるように提案していただき，それは本版で実現した．マサチューセッツ州ウースターのアサンプション大学の Brian K. Niece は，EDTA 滴定におけるヒドロキシナフトールブルー指示薬の利用について，誤りを正してくれた．デンマーク，フレゼレクスベアの Micha Enevoldsen は，Kjeldahl がオランダの化学者ではなく，デンマークの化学者であること，また Kjeldahl が「pH の三大化学者」の一人である（他は S. P. L. Sørensen と K. U. Linderstrøm-Lang）ことを教えてくれた．韓国の全北大学校の Chan Kang は，電気化学の記述で文字 n を複数の意味で用いていたことを指摘してくれた．この点は，本版で改善した．ノースダコタ大学の Alena Kubatova は，質量分析法についての教材を提供してくれた．その他の有益な修正と提案は，以下の方がたからいただいた．Richard Gregor (Rollins College, Florida), Franco Basile (University of Wyoming), Jeffrey Smith (Carleton University, Ottawa), Kris Varazo (Francis Marion University, Florence, South Carolina), Doo Soo Chung (Seoul National University), Ron Cooke (California State University, Chico), David D. Weiss (Kansas University), Steven Brown (University of Delaware), Athula Attygalle (Stevens Institute of Technology, Hoboken, New Jersey), and Peter Liddel (Glass Expansion, West Melbourne, Australia).

　本書 8 版の定量分析の箇所および 9 版の原稿の一部を査読してくださったのは，以下の方がたである．Truis Smith-Palmer (St. Francis Xavier University), William Lammela (Nazareth College), Nelly Mateeva (Florida A&M University), Alena Kubatova (University of North Dakota), Barry Ryan (Emory University), Neil Jespersen (St. John's University), David Kreller (Georgia Southern University), Darcey Wayment (Nicholls State University),

Karla McCain (Austin College), Grant Wangila (University of Arkansas), James Rybarczyk (Ball State University), Frederick Northrup (Northwestern University), Mark Even (Kent State University), Jill Robinson (Indiana University), Pete Palmer (San Francisco State University), Cindy Burkhardt (Radford University), Nathanael Fackler (Nebraska Weslyan University), Stuart Chalk (University of North Florida), Reynaldo Barreto (Purdue University North Central), Susan Varnum (Temple University), Wendy Cory (College of Charleston), Eric D. Dodds (University of Nebraska, Lincoln), Troy D. Wood (University of Buffalo), Roy Cohen (Xavier University), Christopher Easley (Auburn University), Leslie Sombers (North Carolina State University), Victor Hugo Vilchiz (Virginia State University), Yehia Mechref (Texas Tech University), Lenuta Cires Gonzales (California State University, San Marcos), Wendell Griffi th (University of Toledo), Anahita Izadyar (Arkansas State University), Leslie Hiatt (Austin Peay State University), David Carter (Angelo State University), Andre Venter (Western Michigan University), Rosemarie Chinni (Alvernia University), Mary Sohn (Florida Technical College), Christopher Babayco (Columbia College), Razi Hassan (Alabama A&M University), Chris Milojevich (University of Tampa), Steven Brown (University of Delaware), Anne Falke (Worcester State University), Julio Alvarez (Virginia Commonwealth University), Keith Kuwata (Macalaster College), Levi Mielke (University of Indianapolis), Simon Mwongela (Georgia Gwinnett College), Omowunmi Sadik (State University of New York at Binghamton), Jingdong Mao (Old Dominion University), Jani Ingram (Northern Arizona University), Matthew Mongelli (Kean University), Vince Cammarata (Auburn University), Ed Segstro (University of Winnipeg), Tiffany Mathews (Villanova University), Andrea Matti (Wayne State University), Rebecca Barlag (Ohio University), Barbara Munk (Wayne State University), John Berry (Florida International University), Patricia Cleary (University of Wisconsin, Eau Claire), and Sandra Barnes (Alcorn State University).

監訳者まえがき

　本書の原著 *Quantitative Chemical Analysis* は，アメリカの大学の 7 割で教科書として採用されているという．その好評さと，著者 Daniel C. Harris の勤勉さにより，多くの改訂を重ねている．本書は，9 版の日本語訳である．

　これまで日本語に翻訳された分析化学の教科書には，以下の名著がある．

I. M. Kolthoff et al., "Quantitative Chemical Analysis, 4th ed.," The Macmillan Company（1969）．

R. A. Day, Jr. and A. L. Underwood, "Quantitative Analysis, 4th ed.," Prentice-Hall（1980）．

G. D. Christian, "Analytical Chemistry, 6th ed.," John Wiley & Sons（2004）．

これらと比べて本書の特徴は，実用性，現代性，博識さである．基礎からていねいに順を追って記述されており，独学の初学者にも理解できる．データを正しく取り扱うための統計の記述が充実している．また，化学平衡を解析するうえで，きわめて有力かつ便利である表計算ソフト Excel の活用法が詳細に述べられている．実に多彩な，面白い内容を含む問題が掲載されている．原著は，話し好きなおじいさんがおしゃべりしているように軽快である．数多くのコラムは，分析化学が現在どのように活躍しているかをいきいきと伝えてくれる．しかし，原著はたいへん分厚く，日本人の学生にははじめから敬遠されてしまいそうだ．また，分析の「化学」については，上記のような古典的教科書に比べて記述が乏しいところもある．

　日本人による分析化学の教科書も，数多く出版されている．その多くは著者の講義ノートに基づいており，日本の大学における半期または通年の講義に即したものであると思う．本書は，これらの教科書と一線を画している．米国の大学では，講義以上に学生が自分で学ぶことがあたりまえということだろうか．本書が日本の学生に受け入れられて，その成長に役立つことを願っている．

　翻訳は，おもに岩元が最初の原稿をつくり，宗林が手直しして進めた．原著本文だけでも 800 ページに及ぶので，1 年以上の時間を要した．残念なのは，原著の出版から時間が経ったので，Excel の記述が過去のバージョンに対するものになってしまったことだ．また，私たちの力不足のため，原著の軽快さを十分に伝えられていないかもしれない．ただし，記述の正確さについては，細心の注意を払った．原著の明らかな誤りは，私たちの判断で正してある．本文，付録，用語集については，省略せずにすべてを和訳した．日本の教科書としては大部であるので，上下巻に分けることになった．上巻は，一般的な定量化学分析をほぼすべて含んでいる．下巻は，おもに機器分析について記述している．問題の解答などの補足資料は，web からダウンロードできる（http://www.kagakudojin.co.jp/book/b252674.html）．原著にはもっと多様な補足資料があり，それらについては原著者のまえがきに記述されている．

　この翻訳は，化学同人の浅井歩氏のご提案から始まった．浅井氏，坂井雅人氏，その他多くの方がたに文章を直していただき，読みやすくなったと思う．これらすべての方がたに心より御礼申し上げる．

平成 28 年師走
監訳　宗林由樹

目次

ゆかりの科学者：
Maria Goeppert Mayer　　　v
まえがき　　　vi

0章　分析化学の手順　　　1
妊娠検査薬はどう働くのか？　　　1
- 0-1　分析化学者の仕事　　　2
- 0-2　化学分析の一般手順　　　9
- コラム 0-1　代表的な試料をつくる　　　10

1章　化学測定　　　12
ナノ電極を用いた生化学的測定　　　12
- 1-1　SI 単位　　　12
- 1-2　濃度　　　16
- 1-3　溶液の調製　　　21
- 1-4　重量分析のための化学量論計算　　　23

2章　分析に用いる器具　　　30
水晶振動子型微量天びんは，DNA に結合した塩基 1 個を測定できる　　　30
- 2-1　化学物質と廃棄物の安全で倫理的な取り扱い　　　31
- 2-2　実験ノート　　　32
- 2-3　分析天びん　　　32
- 2-4　ビュレット　　　37
- 2-5　メスフラスコ　　　39
- 2-6　ピペットとシリンジ　　　41
- 2-7　ろ過　　　46
- 2-8　乾燥　　　47
- 2-9　容量ガラス器具の較正　　　48
- 2-10　Microsoft Excel の基礎　　　50
- 2-11　Microsoft Excel を用いたグラフの作成　　　53
- 参考手順　50 mL ビュレットの較正　　　58

3章　実験誤差　　　60
明らかな誤り　　　60
- 3-1　有効数字　　　60
- 3-2　計算における有効数字　　　61
- 3-3　誤差の種類　　　64
- コラム 3-1　倫理上の問題：オゾン測定における系統誤差　　　65
- コラム 3-2　認証標準物質　　　66
- 3-4　偶然誤差に由来する不確かさの伝播　　　68
- 3-5　系統誤差に由来する不確かさの伝播　　　76
- コラム 3-3　元素の原子量　　　77

4章　統計学　　　82
今日の私の赤血球数は多いか？　　　82
- 4-1　ガウス分布　　　83
- 4-2　F 検定による標準偏差の比較　　　88
- 4-3　信頼区間　　　90
- コラム 4-1　疫学では帰無仮説をどう選ぶか　　　91
- 4-4　スチューデントの t を用いた平均の比較　　　95
- 4-5　スプレッドシートを用いた t 検定　　　101
- 4-6　外れ値のグラブス検定　　　103
- 4-7　最小二乗法　　　103
- 4-8　検量線　　　108
- コラム 4-2　非線形の検量線の利用　　　110
- 4-9　最小二乗法のためのスプレッドシート　　　111

5章　品質保証と検量法　　　120
品質保証の必要性　　　120
- 5-1　品質保証の基本　　　121
- コラム 5-1　医療分析における偽陽性の意味　　　123
- コラム 5-2　管理図　　　126
- 5-2　メソッドバリデーション　　　126
- コラム 5-3　Horwitz のトランペット：室間再現精度の変動　　　133
- 5-3　標準添加法　　　134
- 5-4　内部標準法　　　138

6 章　化学平衡　149

環境の化学平衡　149

- 6-1　平衡定数　150
- 6-2　平衡と熱力学　151
- 6-3　溶解度積　155
- コラム 6-1　溶解度は溶解度積だけでは決まらない　157
- 実証実験 6-1　共通イオン効果　157
- 6-4　錯生成反応　159
- コラム 6-2　生成定数の表記　160
- 6-5　プロトン酸と塩基　162
- 6-6　pH　165
- 実証実験 6-2　塩化水素の噴水　168
- 6-7　酸と塩基の強度　168
- コラム 6-3　フッ化水素(HF)の奇妙なふるまい　169
- コラム 6-4　炭　酸　172

7 章　さあ滴定を始めよう　181

火星で滴定　181

- 7-1　滴　定　181
- コラム 7-1　試薬と一次標準物質　183
- 7-2　滴定計算　184
- 7-3　沈殿滴定曲線　186
- 7-4　混合物の沈殿滴定　191
- 7-5　スプレッドシートを用いた滴定曲線の計算　193
- 7-6　終点の決定　194
- 実証実験 7-1　ファヤンス滴定　195

8 章　活量および平衡の系統的解析法　201

水和イオン　201

- 8-1　塩の溶解度に対するイオン強度の影響　202
- 実証実験 8-1　イオンの解離に対するイオン強度の影響　203
- コラム 8-1　電荷の絶対値が 2 以上のイオンを含む塩は完全には解離しない　204
- 8-2　活量係数　205
- 8-3　pH を再考する　210
- 8-4　平衡の系統的解析法　211
- コラム 8-2　河川中の炭酸カルシウムの物質収支　215
- 8-5　平衡の系統的解析法の適用　216

9 章　一プロトン酸・塩基の平衡　234

細胞組織内の pH を測定する　234

- 9-1　強酸と強塩基　235
- コラム 9-1　濃硝酸はほんのわずかに解離する　235
- 9-2　弱酸と弱塩基　238
- 9-3　弱酸の平衡　240
- コラム 9-2　布の染色と解離度　243
- 9-4　弱塩基の平衡　244
- 9-5　緩衝液　246
- コラム 9-3　強いものと弱いものを混ぜると完全に反応する　250
- 実証実験 9-1　緩衝液はどのように働くか　253

10 章　多プロトン酸・塩基の平衡　264

大気中の二酸化炭素　264

- 10-1　二塩基酸と二酸塩基　265
- コラム 10-1　海水中の二酸化炭素　267
- コラム 10-2　逐次近似法　271
- 10-2　二塩基酸の緩衝液　274
- 10-3　多塩基酸と多酸塩基　276
- 10-4　おもな化学種はどれか？　278
- コラム 10-3　マイクロ平衡定数　280
- 10-5　分率の式　281
- 10-6　等電 pH と等イオン pH　283
- コラム 10-4　等電点電気泳動　286

11 章　酸塩基滴定　291

RNA の酸塩基滴定　291

- 11-1　強酸による強塩基の滴定　292

11-2	強塩基による弱酸の滴定	295
11-3	強酸による弱塩基の滴定	299
11-4	二塩基酸の滴定	300
11-5	pH電極で終点を決定する	303
コラム 11-1	アルカリ度と酸性度	305
11-6	指示薬で終点を決定する	308
コラム 11-2	負のpHは何を意味するか？	310
実証実験 11-1	指示薬とCO_2の酸性度	311
11-7	実験上の注意	312
11-8	ケルダール窒素分析法	312
コラム 11-3	新聞記事に現れたケルダール窒素分析法	314
11-9	水平化効果	316
11-10	スプレッドシートを用いる滴定曲線の計算	317
参考手順	酸と塩基の標準液の調製	328

12章　EDTA滴定　329

キレート療法とサラセミア　329

12-1	金属-キレート錯体	330
12-2	EDTA	332
12-3	EDTA滴定曲線	337
12-4	スプレッドシートを用いた滴定曲線の計算	339
12-5	補助錯化剤	341
コラム 12-1	金属イオンの加水分解は，EDTA錯体の有効条件定数を小さくする	343
12-6	金属指示薬	345
12-7	いろいろなEDTA滴定技術	346
実証実験 12-1	金属指示薬の変色	348
コラム 12-2	水の硬度	350

13章　平衡の発展的トピックス　356

酸性雨　356

13-1	酸・塩基系の一般的解法	357
13-2	活量係数	361
13-3	溶解度のpH依存性	365
13-4	差プロットによる酸塩基滴定の解析	372

14章　電気化学の基礎　381

リチウムイオン電池　381

14-1	基本概念	382
コラム 14-1	オームの法則，電気伝導度，分子ワイヤー	386
14-2	ガルバニ電池	387
実証実験 14-1	人間塩橋	391
14-3	標準電位	391
コラム 14-2	水素-酸素燃料電池	392
コラム 14-3	鉛蓄電池	393
14-4	ネルンスト式	395
コラム 14-4	$E°$とセル電圧は，反応の書き方に左右されない	399
コラム 14-5	ラチマー図：新しい半反応の$E°$を求める方法	400
14-5	$E°$と平衡定数	401
コラム 14-6	働いているセル中の濃度	403
14-6	化学プローブとしての電気化学セル	404
14-7	生化学者は$E°'$を利用する	407

15章　電極とポテンシオメトリー　420

プロトンを数えてDNA配列を決定する　420

15-1	参照電極	421
15-2	指示電極	424
実証実験 15-1	振動反応のポテンシオメトリー	426
15-3	液間電位とは何か？	426
15-4	イオン選択性電極のしくみ	428
15-5	ガラス電極を用いるpH測定	431
コラム 15-1	雨水のpH測定における系統誤差：液間電位の影響	438
15-6	さまざまなイオン選択性電極	439
コラム 15-2	イオン選択性電極の選択係数を測定する	441
コラム 15-3	火星で過塩素酸イオンはどのように発見されたか？	446
コラム 15-4	導電性高分子を用いたイオン選択性電極のサンドイッチイムノアッセイへの応用	449

15-7	イオン選択性電極の利用	450
15-8	固体型化学センサー	453

16章　酸化還元滴定　464

高温超伝導体の化学分析　464

16-1	酸化還元滴定曲線のかたち	465
コラム 16-1	多くの酸化還元反応は原子移動反応である	467
16-2	終点の決定	469
実証実験 16-1	MnO_4^-によるFe^{2+}の電位差滴定	470
16-3	分析種の酸化状態の調整	473
16-4	過マンガン酸カリウムによる酸化	475
16-5	Ce^{4+}による酸化	477
16-6	二クロム酸カリウムによる酸化	478
コラム 16-2	環境中の炭素の分析および酸素要求量	479
16-7	ヨウ素を用いる方法	480
コラム 16-3	高温超伝導体のヨウ素還元滴定	484

・注釈と参考文献		NR-1
・付　録		AP-1
・索　引		I-1

「練習問題の解法」と「章末問題の略解」は化学同人のwebページ（https://www.kagakudojin.co.jp/book/b252674.html）からダウンロードできる．

分析化学の手順
The Analytical Process

妊娠検査薬はどう働くのか？

(a) 試料パッドに尿を滴下する

(b) コンジュゲートパッドを通るとき，hcGは液中の抗体と結合する

(c) テストラインでhcGの別のサイトが抗体と結合する

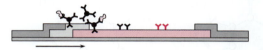

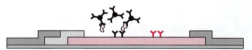

(d) hcGと結合していないコンジュゲート試薬が，コントロールラインの抗抗体と結合する

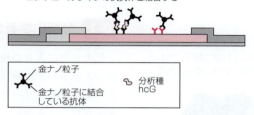

(e) 妊娠検査薬 〔Rob Byron / Shutterstock〕

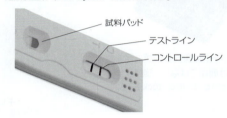

　一般的な家庭用妊娠検査薬は，尿中のhcGと呼ばれるホルモンを検出するしくみになっている．このホルモンは，妊娠後まもなく分泌される．

　<u>抗体</u>（antibody）は，白血球によって分泌されるタンパク質で，<u>抗原</u>（antigen）と呼ばれる外来の分子と結合する．抗体-抗原結合は，免疫反応の最初のステップである．免疫反応が進むと，最終的に異物や侵入細胞が体から排除される．動物は，hcGのようなヒトのタンパク質に対する抗体をつくる．

　図は，<u>側方流動型</u>の妊娠検査薬である．ニトロセルロース製の芯が入った試験片を水平に置き，左端の試料パッドに尿を滴下する．液体の尿は毛管作用により左から右へ移動し，最初にコンジュゲートパッドで試薬と出合う．試薬が「コンジュゲート」と呼ばれるのは，hcG抗体が赤色の金ナノ粒子に結合されているからである．抗体は，hcGの一つの部位に結合する．

　液が右へ流れると，試薬（コンジュゲート）に結合したhcGは，テストライン上の抗体がhcGの別の部位に結合することによって捕捉される．すると，「コンジュゲート」の金ナノ粒子が赤い線をつくる．液がさらに右に進みコントロールラインに達すると，抗抗体がコンジュゲート試薬と結合し，二つめの赤い線が現れる．右端の吸収パッドは，テストラインやコントロールラインで捕捉されずに残ったすべての成分を含む溶液を吸収する．

　妊娠している場合は，二つの線がともに赤くなる．妊娠していなければ，コントロールラインだけが赤くなる．コントロールラインが赤くならないときは，試験は無効である．

　定量化学分析（quantitative chemical analysis）は，化学物質がどれだけ存在するかを測定する．定量分析の目的は，たとえば「この鉱物は，銅の経済的資源となるだけの量を含んでいるか？」のような疑問に答えることである．家庭用妊娠検査薬は，**定性化学分析**（qualitative chemical analysis）の

太字の用語は覚えるべき最重要語である．<u>下線付き</u>の用語は次に重要である．下巻の巻末に用語集を添付した．

定量分析：どれだけ存在するか？
定性分析：何が存在するか？

一つであり，妊娠後に分泌されるホルモンの存在を調べる．この検査によって，「私は妊娠しているの？」という重要な疑問に答えることができる．定性分析は何が存在するかを調べるものであり，定量分析はどれだけ存在するかを教えてくれる．定量分析は，意味のある質問を設定すること，適切な試料を集めること，目的の成分が測定できるように試料を処理すること，測定を行うこと，結果を解釈すること，そして結果を報告すること，などのすべての過程を含む．化学測定は，その一部に過ぎない．

0-1 分析化学者の仕事

本文中に上付きの数字で表した注と参考文献は，巻末にある．

私のお気に入りの板チョコ[1]は，33％の脂肪と47％の糖の混合物であり，私がシエラネバダ山脈（カリフォルニア州）に登るときにはかかせない．チョコレートは高カロリーであり，興奮剤のカフェインとその生化学的前駆体であるテオブロミンを含む．

チョコレートは美味しいが，その分析は簡単ではない．［画像：Dima Sobko/Shutterstock.］

テオブロミン
（ギリシャ語の「神の食物」に由来）
利尿剤，平滑筋弛緩薬，強心薬，血管拡張薬

カフェイン
中枢神経興奮薬

利尿剤は，排尿をうながす．
血管拡張薬は，血管を太くする．

カフェインの取り過ぎは有害である．ある不運な人たちは，少量のカフェインにさえ耐えられない．では板チョコにはどれだけのカフェインが含まれているだろうか？　その量はコーヒーやソフトドリンクに含まれる量よりも多いのだろうか？　メイン州ベイツ大学の Tom Wenzel 教授は，このような問題を通して，学生に化学の問題を解く方法を教えている[2]．

しかし，どうやって板チョコのカフェイン量を測るのだろうか？　二人の学生，Denby と Scott は，*Chemical Abstracts* を使って，その分析法を調べはじめた．彼らは，キーワードに「カフェイン」と「チョコレート」を使って，化学雑誌に多くの論文を見つけた．そのなかで "High-Pressure Liquid Chromatographic Determination of Theobromine and Caffeine in Cocoa and Chocolate Products."[3] という題名の論文には，彼らの研究室にある装置に適した方法が載っていた[4]．

Chemical Abstracts は，化学分野の学術論文をまとめた最も包括的なデータベースである．SciFinder は，*Chemical Abstracts* を検索するためのソフトウェアである．

試料採取

どんな化学分析でも，最初のステップは測定に用いる代表的な試料を手に入れることである．この過程は，**試料採取**（sampling）と呼ばれる．すべての板チョコは同じなのだろうか？　もちろんそうではない．Denby と Scott は，板チョコを1枚買って，そのいくつかの部分を分析した．もしあなたが「チョコレート中のカフェイン」について一般論を述べたいならば，いろいろなチョコレートを分析しなければならない．また，それぞれのチョコレートのカフェイ

ンの濃度範囲を決めるためには，あなたはそれぞれの種類ごとに複数の試料を測定しなければならないだろう．

　純粋な板チョコはかなり**均一**（homogeneous）である．すなわち，その組成はどこでも同じである．この場合，一方の端からとった試料は，他の端からとった試料と同じカフェイン濃度であると仮定できるだろう．マカダミアナッツ入りのチョコレートは，**不均一**（heterogeneous）物質の例である．その組成は，場所によって異なる．ナッツは，チョコレートとは異なる．不均一物質の試料を得るには，均一物質の場合とは異なる方針を採らざるを得ない．チョコレートとナッツの平均質量を知る必要がある．したがって，チョコレート中のカフェインの平均濃度およびマカダミアナッツ中のカフェインの平均濃度（もし含まれるのであれば）を調べなければならない．このようにしてはじめて，マカダミアナッツ入りチョコレートの平均カフェイン濃度について結論を述べることができる．

均一：どこでも同じ
不均一：部分によって異なる

試料調製

　試料調製の最初のステップは，チョコレートの試料をひょう量し，その脂肪を有機溶媒に溶かして抽出することである．脂肪はあとのクロマトグラフィーを妨害するので，除いておく必要がある．残念ながら，チョコレートの塊を溶媒と振とうするだけでは，抽出は不十分である．溶媒はチョコレートのなかまで入らないからだ．そのため，よく気のつく学生は，チョコレートを小片にスライスし，乳鉢と乳棒（図 0-1）を使って，固体を小さな粒子にすりつぶす．

　チョコレートをすりつぶすのを想像してみよう！　すりつぶすには柔らかすぎる．そこで，Denby と Scott は，チョコレートのかけらを乳鉢と乳棒とともに冷凍した．凍ったチョコレートはすりつぶせる．その粉を重量のわかっている 15 mL 遠心管に入れ，それらの重さを測った．

図 0-1　磁器製の乳鉢と乳棒は，固体をすりつぶして細かい粒子にするために使われる．

　図 0-2 は，次の操作を示す．この操作によって，クロマトグラフィーを妨害する脂肪が除去される．遠心管に石油エーテル 10 mL を加え，密栓する．遠心管をはげしく振とうすると，固体のチョコレートから脂肪が溶媒に溶けだす．カフェインとテオブロミンは，この溶媒には溶けない．次に，液体と微粒子の混合物を遠心分離すると，チョコレートは遠心管の底に固まる．脂肪を含む透明な液体は，**デカンテーション**（decantation）により除かれる．新しい溶媒を用いて，この抽出操作をさらに 2 回繰り返し，チョコレートから脂肪をさらに取り除く．遠沈管を湯浴中で加熱して，チョコレート中に残った溶媒を蒸発させる．このチョコレート残渣の質量は，脱脂したチョコレートを遠沈管ごとひょう量し，それから空の遠沈管の質量を引いて求められる．

　定量される物質（ここではカフェインとテオブロミン）は，**分析種**（analyte）と呼ばれる．試料調製の次のステップは，脱脂したチョコレートを三角フラスコに**定量的に（完全に）移し替え**（quantitative transfer）て，分析種を水に溶かすことである．もし残渣の一部が遠沈管に残ると，分析種のすべてを三角フラスコに移し替えたことにはならず，結果に誤差が生じる．定量的な移し替えのために，Denby と Scott は純水数 mL を遠沈管に入れ，撹拌，加熱して，チョコレートをできるだけ溶かし，あるいは懸濁させる．その**懸濁液**（slurry，懸

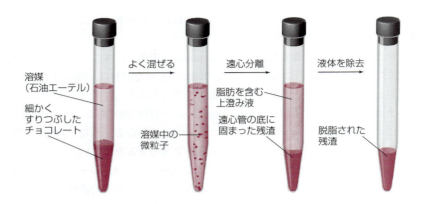

図 0-2 チョコレートから脂肪を抽出すると，分析に適した脱脂された固体の残渣が残る．

水に何か溶質が溶けたものは，**水溶液**と呼ばれる．

濁粒子を含む液体）を 50 mL 三角フラスコに注ぐ．新しい純水を用いてこの操作を数回繰り返し，すべてのチョコレートを三角フラスコに移す．

分析種を完全に溶解するために，Denby と Scott は体積が 30 mL くらいになるように水を加えた．三角フラスコを湯浴中で加熱し，すべてのカフェインとテオブロミンを水に溶かす．あとで分析種の定量計算を行うために，水の全質量を知っておく必要がある．Denby と Scott は，チョコレート残渣の質量と空の三角フラスコの質量を知っている．そこで，彼らは三角フラスコをはかりにのせて，水の質量が 33.3 g になるまで水を滴下した．あとの定量において，二人は既知量の分析種を含む溶液と 33.3 g の未知溶液とを比較することになる．

未知溶液をクロマトグラフ装置に注入する前に，Denby と Scot は試料をさらに精製しなければならない（図 0-3）．チョコレート残渣の溶液は微粒子を含んでおり，これらの微粒子が高価なクロマトグラフィーカラムを詰まらせてしまう可能性があるからだ．そこで，彼らは懸濁液の一部を遠心管に入れ，遠心分離によりできるだけ多くの固体を底に集める．濁った，黄褐色の**上澄み液**（supernatant liquid，沈んだ固体の上の液体）はろ過され，残りの微粒子が除かれる．

クロマトグラフィーカラムに固体を注入しないことは非常に重要である．しかし，黄褐色の溶液はまだ濁っている．そこで Denby と Scot は，授業と授業

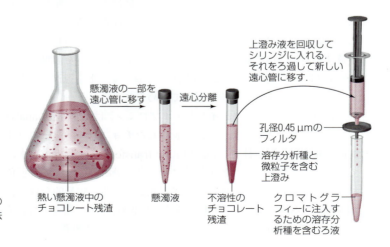

図 0-3 遠心分離とろ過は，分析種の水溶液から不要な固体粒子を除く手法である．

の間に交代で遠心分離とろ過を5回繰り返した．操作を繰り返すたびに上澄み液はより清澄になったが，完全に澄んだ溶液にはならなかった．十分に時間をかければ，より多くの固体をろ液から沈殿させられるだろう．

これまでに述べた長々とした手順は，**試料調製**（sample preparation）と呼ばれる．それは，試料を分析に適した状態にする．この場合，チョコレートから脂肪が除かれ，分析種が水に抽出され，残渣固体が水から分離される．

現実の試料は，分析に適したものばかりとは限らない！

いよいよ化学分析

DenbyとScotは，自分たちの時間でできる範囲で，溶液が十分にきれいになったと判断した．次のステップは，溶液をクロマトグラフィーカラムに注入し，分析種を分離して定量することである．図0-4に示したカラムには，長い炭化水素分子鎖が結合したシリカ（SiO_2）粒子が詰まっている．チョコレート抽出液の20 μL（20.0×10^{-6} L）をカラムに注入し，純水79 mL，メタノール20 mL，酢酸1 mLの混合溶液を通す．カフェインはテオブロミンよりも炭化水素鎖に対する親和性が高いので，テオブロミンに比べてより強くシリカ粒子表面にくっつく．どちらの分析種も溶媒によってカラムから流しだされるが，テオブロミンはカフェインより先に出口に到達する（図0-4b）．

分析種は，カラムの出口の検出器で光源からの紫外光を吸収する（図0-4a）．検出器の応答は，図0-5に示すように時間に対してプロットされる．これはクロマトグラム（chromatogram）と呼ばれる．このクロマトグラムでは，おもなピークはテオブロミンとカフェインである．他の小さなピークは，チョコレートから抽出されたその他の物質に由来する．

どのような化合物が存在しているかは，未知試料のクロマトグラムだけではわからない．個々のピークを同定する一つの方法は，カラムから溶解する物質の分光学的特徴を調べることである．別の方法では，カフェインやテオブロミンの標準物質を未知試料に加えて，どのピークが大きくなるかを見る．

クロマトグラフィーの溶離液は，系統的な試行錯誤法で選ばれる（下巻25章）．酢酸は，シリカ表面の負に荷電した酸素原子と反応する．中和しないと，負の酸素原子はカフェインやテオブロミンと強く結合する．

silica-O$^-$ $\xrightarrow{酢酸}$ silica-OH
非常に強く分析種と結合　　　分析種と強く結合しない

波長254 nmの紫外線を吸収する物質だけが，図0-5のクロマトグラムに現れる．抽出液中のおもな成分は糖であるが，糖はこの実験では検出されない．

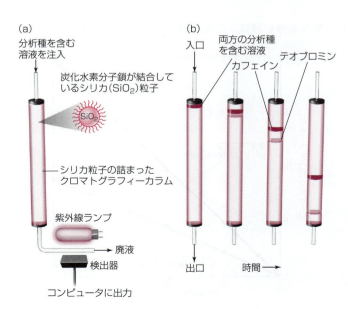

図0-4 液体クロマトグラフィーの原理．(a) カラム出口に紫外吸収検出器を備えたクロマトグラフィー装置．(b) クロマトグラフィーによるカフェインとテオブロミンの分離．カフェインは，カラム粒子表面の炭化水素層にテオブロミンよりも強く結合する．その結果，カフェインはテオブロミンよりもより強く保持され，よりゆっくりとカラムを移動する．

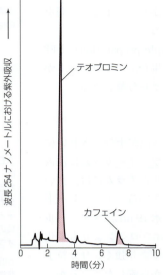

図 0-5 ダークチョコレート抽出液 20.0 μL のクロマトグラム．カラムは，長さ 150 mm，直径 4.6 mm．固定相は，直径 5 μm の Hypersil ODS 粒子．溶離液は，水：メタノール：酢酸（体積比 79：20：1）の混合溶液．流速は 1.0 mL/min.

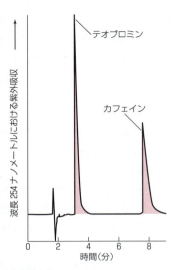

図 0-6 標準溶液 20.0 μL のクロマトグラム．この標準溶液は，溶液 1 g あたりテオブロミン 50 μg とカフェイン 50 μg を含む．

　図 0-5 において，各ピークの<u>面積</u>は，検出器を通過した化合物の量に比例する．面積を測定する最良の方法は，クロマトグラフィー検出器に接続されたコンピュータを利用することである．コンピュータが付いていなかったので，Denby と Scot は代わりにそれぞれのピークの<u>高さ</u>を測定した．

検量線

　一般に，異なる分析種は，濃度が同じでも異なる応答を与える．したがっ

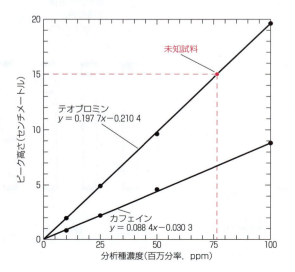

図 0-7 検量線は既知濃度の純物質に対して観察されたピーク高さを示す．<u>1 ppm</u> は，溶液 1 g あたり分析種 1 μg が存在する濃度である．測定点を結ぶ直線は，4 章で述べる<u>最小二乗法</u>によって得られた．

テオブロミン
$y = 0.197\,7x - 0.210\,4$

カフェイン
$y = 0.088\,4x - 0.030\,3$

て，それぞれの分析種について，濃度に対する応答を測定しなければならない．分析種の濃度に対して検出器の応答をプロットしたグラフは，**検量線**（calibration curve）または**標準曲線**と呼ばれる．検量線をつくるためには，既知濃度の純粋なテオブロミンおよびカフェインを含む**標準溶液**（standard solution）を調製し，それをカラムに注入し，ピーク高さを測定する．図 0-6 は標準溶液のクロマトグラムであり，図 0-7 は溶液 1 g あたり 10.0，25.0，50.0 および 100.0 μg の分析種を含む標準溶液を用いて作成された検量線である．

この検量線は，未知試料中のテオブロミンおよびカフェインの濃度を決定するのに用いられる．図 0-7 に示されたテオブロミンの式から，未知試料のテオブロミンのピーク高さが 15.0 cm であれば，その溶液中の濃度は 1 g あたり 76.9 μg であることがわかる．

結果の解釈

チョコレートの抽出液にどれだけの分析種が含まれているかがわかったので，Denby と Scot は元のチョコレートにどれだけのテオブロミンとカフェインが含まれていたかを計算できた．ダークチョコレートとホワイトチョコレートの結果を表 0-1 に示す．ホワイトチョコレート中の分析種の濃度は，ダークチョコレートの約 2 ％に過ぎなかった．

この表には，それぞれの試料について 3 回の繰り返し測定を行った**標準偏差**（standard deviation）も示されている．4 章で述べるように，標準偏差は結果の再現性を示めやすである．もし三つの試料がまったく同じ結果を与えるならば，標準偏差はゼロになる．結果に再現性がなければ，標準偏差は大きくなる．ダークチョコレートのテオブロミンは，標準偏差が 0.002 であり，それは平均 0.392 の 1 ％よりも小さいので，その測定は再現性があるといえる．ホワイトチョコレートのテオブロミンは，標準偏差が 0.007 であり，平均値 0.010 とほぼ等しいので，その測定は再現性に乏しい．

分析の目的は，結論を得ることである．最初の疑問は，「板チョコにはどれだけのカフェインが含まれるか？」および「その量はコーヒーやソフトドリンクよりも多いのか？」であった．Denby と Scot はすべての実験を終えて，彼らが分析した板チョコ 1 枚にどれだけカフェインが含まれているかを明らかにした．同じ板チョコや別のチョコレートの試料を多く分析すれば，さらに広い見解が得られる．表 0-2 は，さまざま食品の分析結果をまとめたものである．一缶のソフトドリンクやカップ一杯の紅茶に含まれるカフェインは，小さなカッ

表 0-1 チョコレートの分析結果

分析種	チョコレート 100 g あたりの分析種のグラム数	
	ダークチョコレート	ホワイトチョコレート
テオブロミン	0.392 ± 0.002	0.010 ± 0.007
カフェイン	0.050 ± 0.003	0.000 9 ± 0.001 4

各抽出液の 3 回の繰り返し分析の平均と標準偏差．

0章 分析化学の手順

表 0-2 飲み物と食べ物のカフェイン量

食品	カフェイン (1食あたりの μg)	1食の量 (g)
レギュラーコーヒー	106〜164	140
カフェイン抜きコーヒー	2〜5	140
紅茶	21〜50	140
ココア	2〜8	170
チョコレート	35	30
スウィートチョコレート	20	30
ミルクチョコレート	6	30
カフェイン入りソフトドリンク	36〜57	340
レッドブル	80	230

出典：http://www.holymtn.com/tea/caffeine_content.htm
Red Bull from http://wilstar.com/caffeine.htm

プ一杯のコーヒーの半分未満である．チョコレートにはもっと少量のカフェインしか含まれていないが，空腹のバックパッカーならチョコレートを食べても十分な刺激を得られるだろう！

固相抽出を用いた試料調製の簡素化

　DenbyとScotが用いた方法は，<u>固相抽出法</u>（solid-phase extraction，下巻28章）が利用される以前の1990年代中頃に開発されたものである．現在の固相抽出法は，おもな干渉物質を分析種から分離する試料調製を簡便にした[5]．図0-8に示す方法は，使い捨ての短いカラムを利用する．このカラムにはクロマトグラフィーの固相が充填されており，高価なカラムを用いてクロマトグラフィーを行う前に試料を十分にきれいにできる．

　DenbyとScotは，有機溶媒を使って脂肪を抽出した．次に彼らはカフェインとテオブロミンを熱水に抽出し，遠心分離とろ過を繰り返し，苦労して微粒子を除去した．図0-8の固相抽出によって，糖，脂肪，および微粒子が水試料から取り除かれる．これは，有機溶媒による抽出，遠心分離，およびろ過の代わりとなる．チョコレート（0.5 g）を砕いて，水20 mLを加え，80℃で15分

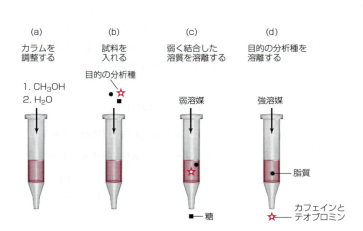

図 0-8 固相抽出により，チョコレートの糖と脂肪からカフェインとテオブロミンを分離できる．糖はカラム中の粒子に共有結合した炭化水素鎖に吸着しないので，すぐに通り抜ける．脂肪は炭化水素に溶けやすいので，メタノールでは溶離されない．カフェインとテオブロミンは炭化水素に溶けるが，メタノールによって溶離される．

加熱し，カフェイン，テオブロミン，およびその他の水溶性化合物を抽出する．固相抽出のカラムは，炭化水素が結合したシリカ粒子（図 0-4 のクロマトグラフィーカラムと同じもの）0.5 g を含む．この固相抽出のカラムにメタノール 1 mL，次に水 1 mL を流して，カラムをきれいにする．抽出液 0.5 mL をカラムに流すと，テオブロミンとカフェインはシリカ粒子の炭化水素鎖に吸着する．糖のような水溶性化合物は，水 1 mL で洗い流される．カフェインとテオブロミンは，メタノール 2.5 mL で溶離される．脂肪はカラムに残る．メタノールの溶離液を蒸発乾固した後，残渣を水 1 mL に溶かせば，クロマトグラフィーの準備は完了である．固相抽出の例は，カラー図 36 に示されている．

0-2 化学分析の一般手順

　分析過程は，しばしば化学分析の範疇にはない疑問からはじまる．たとえば，「この水は飲んでも安全か？」とか「自動車の排気ガス試験は大気汚染を軽減できるか？」のような．科学者は，測定を行うことによってこれらの疑問に対する答えをだそうとする．そして分析化学者は，これらの測定を実行する手順を選んだり，発明したりする．

　分析が完了すれば，分析者はその結果を他人（できれば一般の人びと）が理解できるようにかみくだいて説明しなければならない．結果の重要な要件は，信頼性である．報告される結果の統計的不確かさはどのくらいか？　もしあなたが他の方法で試料を採取したら，結果は異なるのか？　見いだされた微量の分析種はほんとうに試料に含まれていたのか，それとも分析過程からの汚染なのか？　私たちは，結果とその限界を理解してはじめて結論を導くことができる．

　分析過程の一般的な手順は以下のようである．

問題の発見　　一般的な疑問を，化学測定によって回答できるような具体的な問題に変換する．

分析手順の選択　　科学文献を検索して，適当な方法を見つける．または，必要に応じて，要求される測定を実現する新しい方法を考案する．

*化学者は，化学物質を**化学種**と呼ぶ．*

試料採取　　<u>試料採取（sampling）は，分析する代表的な物質を選ぶ過程である</u>．コラム 0-1 には，それをどのように実現するかのアイディアが書かれている．もし，あなたが十分に吟味していない試料，あるいは採取から分析までの間に変化してしまうような試料を用いたなら，結果は意味のないものとなる．「ガラクタを入れればガラクタしか出てこない！」

試料調製　　代表的な試料を分析に適したかたちに変換することを，<u>試料調製（sample preparation）</u>と呼ぶ．ふつうそれは試料の溶解を意味する．試料中の濃度が低い分析種は濃縮する必要がある．化学分析に干渉する物質は，取り除かれる

***干渉**は，分析種以外の化学種が分析法の応答に影響を与える（応答が増大，あるいは減少する）こと．結果が分析種の実際の濃度よりも大きくなったり，小さくなったりする．*

マスキングは，干渉化学種を，影響を与えない化学種に変えること．たとえば，湖水中のCa^{2+}は，EDTAという試薬を用いて測定される．Al^{3+}はEDTAと反応するので，この測定を妨害する．そのため過剰のF^-でAl^{3+}をマスクして，AlF_6^{3-}に変換する．この化学種はEDTAと反応しない．

分　析

か，**マスク**（mask）される．板チョコの場合，試料調製には，脂肪の除去と分析種の溶解が含まれる．脂肪は，クロマトグラフィーを妨害するので除去されねばならない．

同じ物質のいくつかの**分割量**（aliquots，一部分）を用いて，分析種の濃度を測る．<u>繰り返し測定</u>（replicate measurements）の目的は，分析のばらつき（不確かさ）を評価し，一度だけの測定で起こる可能性のある大きな誤りを避けることにある．<u>測定の不確かさは，測定値そのものと同じくらい重要である．</u>それは，測定がどの程度信頼できるかを教えてくれるからだ．必要であれば，別の分析法を用いて同じ試料を分析し，分析法によって結果に偏りがあるかどうかを調べる．また，複数の異なる試料を用いて，試料採取や試料調製による変動を調べる．

結果の報告と解釈

分析結果を明確に記述して報告する．このとき，結果の限界を明らかにすることが重要である．その報告を専門家（たとえばあなたの指導者）だけが読む場合と，一般の人びと（議員や新聞記者など）が読む場合がある．報告は想定される読者にふさわしいように書かねばならない．

コラム 0-1

代表的な試料をつくる

ランダムな不均一物質（random heterogeneous material）では，小さなスケールで組成が変化する．分析するためにその一部分を採取すると，それぞれ異なる組成を与えることになる．このような不均一な物質から代表的な試料をつくるには，最初に物質をいくつかに区分する．適当な数の区分をランダムに選び，それらから試料を集めて**ランダム試料**（random sample）をつくる．もし10 m × 20 mの牧草地の草中のマグネシウムを測定しようとするなら，牧草地を10 cm四方の20,000区画に分ける．各区画に番号をつけて，コンピュータでランダムに100区画を選択する．次に，これら100区画から草を刈り取ってひとまとめにする．これが分析のための代表的なバルク試料となる．

偏りのある不均一物質（segregated heterogeneous material，大きな領域が明らかに異なる組成をもつ）の場合には，代表的な**混合試料**（composite sample）をつくらねばならない．たとえば，図(b)の牧草地は，領域A，B，Cで異なる種類の草が生えている．そのようなときは方眼紙に牧草地の地図を描き，それぞれの領域の面積を求める．この場合，面積の割合は，Aが66%，Bが14%，Cが20%である．代表的なバルク試料をつくるには，面積に応じて，小区画の66個を領域Aから，14個を領域Bから，20個を領域Cから選ぶ．そのためには，1から20,000までの数字をランダムに選ぶ作業を，それぞれの領域の数が規定値に達するまで続ければよい．

(a)
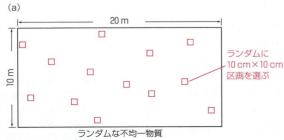
ランダムな不均一物質

(b)
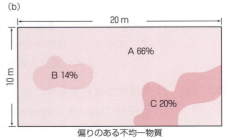
偏りのある不均一物質

結論の導出 一度報告を書いてしまえば，分析者はその情報に基づいて何がなされるかまで関与することはない．たとえば，工場へ供給される原料を変更する，あるいは食品添加物を規制する新しい法律をつくるなど．報告が明確に書かれていれば，それを利用する人が誤解する可能性は低くなる．

本書の大部分は，未知物質の均一な分割量中の化学物質の濃度測定を扱う．試料が適切に採取され，分析法の信頼性が評価され，そして結果が明確かつ完璧に報告されなければ，分析は無意味になる．化学分析は，一つの疑問からはじまり結論で終わる分析過程全体の中間部分に過ぎない．

重要なキーワード

上澄み液（supernatant liquid）
化学種（species）
偏りのある不均一物質（segregated heterogeneous material）
干渉（interference）
均一（homogeneous）
懸濁液（slurry）
検量線（calibration curve）
混合試料（composite sample）
試料採取（sampling）
試料調製（sample preparation）
水溶液の（aqueous）
定性化学分析（qualitative chemical analysis）
定量化学分析（quantitative chemical analysis）
定量的移し替え（quantitative transfer）
デカンテーション（decantation）
標準溶液（standard solution）
不均一（heterogeneous）
分割量（aliquot）
分析種（analyte）
マスキング（masking）
ランダム試料（random sample）
ランダムな不均一物質（random heterogeneous material）

章末問題

問題の詳細な解答は *Solutions Manual*（英語版のみ）に，簡単な解答は化学同人の web（http：www.kagakudojin.co.jp/book/b252674.html）にある．

0-1. 定性分析と定量分析の違いは何か．

0-2. 化学分析の手順をあげよ．

0-3. 干渉物質をマスクするとはどういうことか．

0-4. 検量線はどのような目的でつくられるか．

0-5. (a) 均一物質と不均一物質の違いは何か．
(b) コラム 0-1 を読み，偏りのある不均一物質とランダムな不均一物質の違いを述べよ．
(c) 上記のそれぞれの種類の代表的試料をつくるにはどうすればよいか．

0-6. 市販のミネラルウォーター中のヨウ化物イオン（I^-）濃度が二つの方法で測定され，かなり異なる結果が得られた[6]．方法 A では，I^- は 1 L あたり 0.23 mg，方法 B では 0.009 mg/L であった．水に Mn^{2+} を加えると，Mn^{2+} 濃度が増えるほど方法 A の I^- 濃度は大きくなったが，方法 B の結果は変わらなかった．これらの分析で何が起こったと考えられるか．その理由を説明せよ．どちらの結果がより信頼できるか．

1 化学測定
Chemical Measurements

ナノ電極を用いた生化学測定

先端が細胞1個よりも小さい電極を使って，化学的刺激を受けた神経細胞が放出する神経伝達物質を測定できる．この電極は，作用する先端部がナノメートル（10^{-9} メートル）サイズであることから，ナノ電極と呼ばれる．神経細胞のベシクル（小胞）の一つから放出される神経伝達物質は，電極まで拡散して電子を受けわたす．その結果，ミリ秒（10^{-3} 秒）の間，ピコアンペア（10^{-12} アンペア）程度の電流が発生する．

本章では，原子から銀河系までの大きさの対象物について，化学的・物理的測定値を表す単位を扱う．

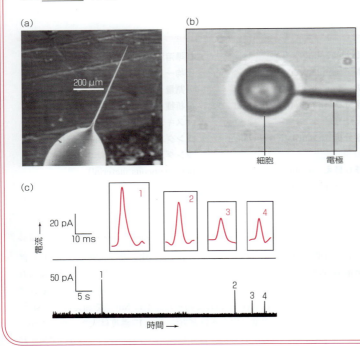

(a) ガラス毛管からのびる直径 100 ナノメートル（100×10^{-9} メートル）の先端部をもつ炭素繊維電極．スケールバーは 200 マイクロメートル（200×10^{-6} メートル）．[W.-H. Huang et al., *Anal. Chem.*, **73**, 1048 (2001). Reprinted with permission © 2001 American Chemical Society.] (b) 電極を細胞に近づけ，細胞から放出される神経伝達物質のドーパミン分子を検出する．近くにある大きな対極は図示されていない．[W.-Z. Wu et al., *J. Amer. Chem. Soc.*, **127**, 8914 (2005), Figure 1. Reprinted with permission © 2005 American Chemical Society.] (c) ドーパミン放出時に検出された電流．挿入図は拡大したもの．［データ：W.-Z. Wu, *ibid.*］

神経伝達物質の測定には，多くの桁（10 の累乗）を含む測定単位が必要となる．本章では，このような単位について紹介する．また，化学物質の濃度，溶液の調製，化学反応の化学量論についても概説する．

1-1 SI 単位

世界中の科学者が用いる **SI 単位**（SI units）の名は，フランス語の Système International d'Unités に由来する．SI 基本単位を表 1-1 にまとめた．その他のすべての単位は，基本単位から導かれる．長さ，質量，時間の基準は，それぞれメートル（m），キログラム（kg），秒（s）である．温度はケルビン（K），物質量はモル（mol），電流はアンペア（A）の単位で測定される．

表 1-2 に，基本単位を用いて定義される量の一部を示した．たとえば，力は

本書では読みやすいように，小数点以上または小数点以下の3桁ごとにスペースを入れた．コンマは，国によっては小数点を意味するので使っていない．
例）
光速：299 792 458 m/s
アボガドロ数：
　6.022 141 29 × 10^{23} mol^{-1}

表1-1　SI 基本単位

量	単位（記号）	定義
長さ	メートル（m）	1メートルは，光が真空中を299 792 458分の1秒の間に進む距離である．
質量	キログラム（kg）	1キログラムは，1885年につくられ，フランスのセーブルに不活性雰囲気下で保管されている白金-イリジウム合金製のキログラム原器の質量である．この原器が保護容器から取りだされたのは，数カ国で保管されている二次標準をひょう量した1890年，1948年，1992年のみである．残念なことに，キログラム原器の質量は空気などとの化学反応や機械的な摩耗によってゆっくりと経時変化する．このキログラム原器を，高精度で測定でき，経時変化しない標準に置き換える作業が進められている[a]．
時間	秒（s）	1秒は，^{133}Csのある特定の原子遷移に対応する放射の9 192 631 770周期に等しい時間である．
電流	アンペア（A）	長さが無限で断面積が無視できるまっすぐな導線2本を真空中に1メートル間隔で平行に置き，これらの導線に電流を流したとき，導線1メートルあたりに2×10^{-7}ニュートンの力を生じる電流を1アンペアという．
温度	ケルビン（K）	温度は，水の三重点（固体，液体，気体の水が平衡にある点）が273.16 K，絶対零度の温度が0 Kとして定義される．
光度	カンデラ（cd）	カンデラは，人間の目に見える光の明るさの単位である．
物質量	モル（mol）	1モルは，0.012 kg（12 g）の^{12}Cに含まれる原子の数に等しい粒子の数である（およそ6.022×10^{23}個）．
平面角	ラジアン（rad）	円では2πラジアンとなる．
立体角	ステラジアン（sr）	球ではπステラジアンとなる．

(a) P. F. Rusch, "Redefining the Kilogram and Mole," *Chem. Eng. News*, 30 May 2011, p.58.

ニュートン（N），圧力はパスカル（Pa），エネルギーはジュール（J）の単位で測定されるが，これらの単位は，長さ，時間，質量を組み合せて表すことができる．

圧力は単位面積あたりの力：1 パスカル（Pa）＝ 1 N/m^2．大気圧は約100 000 Pa．

乗数として接頭語を使う

表1-3の接頭語を使って大きな量や小さな量を表す．たとえば，成層圏のオゾン（O$_3$）の圧力を考えてみよう（図1-1）．高層大気中のオゾンは，太陽からの紫外線を吸収する．紫外線は，生物を傷つけ，皮膚がんを引き起こす．南極では毎春，大量のオゾンが南極成層圏から消え，オゾン「ホール」ができる．18章（下巻）の冒頭では，この過程の化学現象について議論する．一方，低層大気中のオゾンは，細胞を酸化し，動物や植物に害を与える．

南極大陸の地上1.7×10^4メートルでは，オゾンの圧力は最大で0.019 Paに達する．この数字を表1-3の接頭語を使って表してみよう．接頭語は10の3乗ごとに用いられる（$10^{-9}, 10^{-6}, 10^{-3}, 10^3, 10^6, 10^9$）．$1.7 \times 10^4$は，$10^3$より大きく$10^6$より小さいので，$10^3$ mの接頭語（＝キロメートル，km）を使う．

$$1.7 \times 10^4 \, \text{m} \times \frac{1 \, \text{km}}{10^3 \, \text{m}} = 17 \, \text{km}$$

0.019 Paは10^{-3} Paよりも大きく，10^0 Paよりも小さいので，10^{-3} Paの接頭語（＝ミリパスカル，mPa）を使う．

$10^0 = 1$である．

表1-2 特殊な名称をもつSI組立単位

量	単位	記号	他の単位を用いた表現	SI基本単位を用いた表現
振動数	ヘルツ	Hz		$1/s$
力	ニュートン	N		$m \cdot kg/s^2$
圧力	パスカル	Pa	N/m^2	$kg/(m \cdot s^2)$
エネルギー，仕事，熱量	ジュール	J	$N \cdot m$	$m^2 \cdot kg/s^2$
仕事率，放射束	ワット	W	J/s	$m^2 \cdot kg/s^3$
電気量，電荷	クーロン	C		$s \cdot A$
電位，電位差，起電力	ボルト	V	W/A	$m^2 \cdot kg/(s^3 \cdot A)$
電気抵抗	オーム	Ω	V/A	$m^2 \cdot kg/(s^3 \cdot A^2)$
電気容量	ファラド	F	C/V	$s^4 \cdot A^2/(m^2 \cdot kg)$

振動数は，繰り返される現象における単位時間あたりの周期の数．力は質量と加速度の積．圧力は単位面積あたりの力．エネルギーまたは仕事は，力×距離＝質量×加速度×距離．仕事率は単位時間あたりのエネルギー．2点間の電位差は，1単位の正の電荷をその間で移動させるのに必要な仕事．電気抵抗は，1単位の電荷を単位時間あたりに2点間で移動させるのに必要な電位差．電気容量は，二つの平行な面の間に1単位の電位差があるときのそれぞれの面の電荷量．

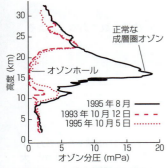

図1-1 オゾン「ホール」は，毎年，南極の初春の10月に南極上空の成層圏で発生する．グラフは，オゾンホールのない8月と，オゾンホールが最も深くなる10月のオゾンの分圧を比べている．北極でも，ここまで深刻ではないが，オゾンの減少が観察されている．[データ：米国海洋大気局]

表1-3 接頭語

接頭語	記号	乗数	接頭語	記号	乗数
ヨタ	Y	10^{24}	デシ	d	10^{-1}
ゼタ	Z	10^{21}	センチ	c	10^{-2}
エクサ	E	10^{18}	ミリ	m	10^{-3}
ペタ	P	10^{15}	マイクロ	μ	10^{-6}
テラ	T	10^{12}	ナノ	n	10^{-9}
ギガ	G	10^{9}	ピコ	p	10^{-12}
メガ	M	10^{6}	フェムト	f	10^{-15}
キロ	k	10^{3}	アト	a	10^{-18}
ヘクト	h	10^{2}	ゼプト	z	10^{-21}
デカ	da	10^{1}	ヨクト	y	10^{-24}

$$0.019 \, \text{Pa} \times \frac{1 \, \text{mPa}}{10^{-3} \, \text{Pa}} = 19 \, \text{mPa}$$

図1-1のy軸にはkmが，x軸にはmPaが示されている．グラフのy軸は**縦座標**（ordinate），x軸は**横座標**（abscissa）と呼ばれる．

　計算をするときは数値の後ろに単位を書いて，分子と分母に同じ単位があったら消去する．こうすると答えの単位がわかる．たとえば，圧力を計算していて，パスカル〔N/m^2または$kg/(m \cdot s^2)$，あるいは面積あたりの力を表す他の単位〕以外の単位が残ったなら，誤りがあるということだ．

単位の換算

　SI単位は国際的に受け入れられている科学測定の単位系だが，他の単位を使うこともある．便利な換算係数を表1-4に示す．たとえば，エネルギーの一般的な非SI単位はカロリー（cal）や大カロリー（Cal，Cは大文字で，1000カロリーまたは1 kcalを意味する）である．表1-4によれば，1 calはちょうど

表 1-4 併用単位と換算係数

量	単位	記号	SI 表記[a]
体 積	リットル	L	*10^{-3} m^3
	ミリリットル	mL	*10^{-6} m^3
長 さ	オングストローム	Å	*10^{-10} m
	インチ	in	*0.025 4 m
質 量	ポンド	lb	*0.453 592 37 kg
	メートルトン	t	*1 000 kg
力	ダイン	dyn	*10^{-5} N
圧 力	バール	bar	*10^5 Pa
	気圧	atm	*101 325 Pa
	気圧	atm	*1.013 25 bar
	気圧	atm	760 mm Hg = 760 Torr
	トル（= 1 mm Hg）	Torr	133.322 Pa
	重量ポンド/平方インチ	psi	6 894.76 Pa
エネルギー	エルグ	erg	*10^{-7} J
	電子ボルト	eV	$1.602\ 176\ 655 \times 10^{-19}$ J
	カロリー	cal	*4.184 J
	大カロリー	Cal	*1 000 cal = 4.184 kJ
	英国熱量単位	Btu	1 055.06 J
仕事率	馬力	HP	745.700 W
温 度	摂氏（=セルシウス）	℃	*K − 273.15
	華氏	℉	*1.8(K − 273.15) + 32

(a) アスタリスク（*）は定義に従った厳密な換算を表す.

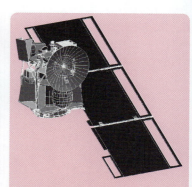

あちゃっ！ 1999 年，1.25 億ドルの宇宙探査機マーズ・クライメイト・オービターが，火星の大気に計画より 100 km も低くまで突入して消息を絶った．この航行の失敗は，技術者が測定単位を記入していれば避けられたに違いない．探査機を製作した技術者は，推力を英国の単位（重量ポンド）で計算したが，米国ジェット推進研究所の技術者は，受け取ったデータはメートル法（ニュートン）の単位だと思っていたのだ．だれもこのミスに気づかなかった．
[画像：JPL/NASA]

4.184 J（ジュール）である.

　基礎代謝は，体重 100 ポンド（約 45 kg）あたり約 46 kcal/h である．これは，運動していないときに，生命の基本機能に必要なエネルギーである．平坦な道を 2 マイル/h（約 3.2 km/h）で歩くと，基礎代謝に加えて体重 100 ポンドあたり約 45 kcal/h を消費する．同じ人が 2 マイル/h で泳ぐと，基礎代謝に加えて体重 100 ポンドあたり 360 kcal/h を消費する．

例題　単位換算

2 マイル/h で歩く人のエネルギー消費率〔体重 100 ポンドあたり 91（= 46 + 45）kcal/h〕を kJ/h/(kg 体重) で表せ．

解法　それぞれの非 SI 単位を換算する．表 1-4 によれば 1 cal = 4.184 J なので，1 kcal = 4.184 kJ．したがって，

$$91\ \text{kcal} \times 4.184\ \frac{\text{kJ}}{\text{kcal}} = 3.8 \times 10^2\ \text{kJ}$$

また，表 1-4 によれば，1 lb は 0.453 6 kg なので，100 lbs = 45.36 kg．したがって，エネルギー消費率は，

---

1 カロリーは，1 グラムの水を 14.5℃ から 15.5℃ まで熱するのに必要なエネルギーである．

1 ジュールは，1 ニュートンの力が 1 メートルの距離にわたって作用するときに消費されるエネルギーである．このエネルギーは，ハンバーガー 1 個（約 102 g）を 1 メートルだけもち上げることができる．

$$1\ \text{cal} = 4.184\ \text{J}$$

1 ポンド（質量）≈ 0.453 6 kg
1 マイル ≈ 1.609 km
記号 ≈ は，**ほぼ等しい**ことを意味する．

有効数字は 3 章で扱う．掛け算と割り算では，桁数が最小の値が答えの桁数を決める．この問題では，はじめの 91 kcal の値が 2 桁なので，答えも 2 桁となる．

$$\frac{91\,\text{kcal/h}}{100\,\text{lb}} = \frac{3.8\times 10^2\,\text{kJ/h}}{45.36\,\text{kg}} = 8.4\,\frac{\text{kJ/h}}{\text{kg}}$$

まとめて次のようにも計算できる.

$$\text{エネルギー消費率} = \frac{91\,\cancel{\text{kcal}}/\text{h}}{100\,\cancel{\text{lb}}} \times 4.184\,\frac{\text{kJ}}{\cancel{\text{kcal}}} \times \frac{1\,\cancel{\text{lb}}}{0.453\,6\,\text{kg}} = 8.4\,\frac{\text{kJ/h}}{\text{kg}}$$

類題 2マイル/hで泳ぐと,体重100ポンドあたり(360 + 46) kcal/hを消費する.このエネルギー消費率をkJ/h/(kg 体重)で表せ.
(**答え**: 37 kJ/h/kg)

1-2 濃 度

溶液は,二つ以上の物質の均一混合物である.溶液中の少ない化学種は**溶質**(solute),多い化学種は**溶媒**(solvent)と呼ばれる.本書では,溶媒が水である水溶液をおもに扱う.**濃度**(concentration)は,溶液または溶媒の体積または質量あたりに含まれる溶質の量を表す.

容量モル濃度と質量モル濃度

1 モル(mol)は,**アボガドロ数**(Avogadro's number)個の粒子(原子,分子,イオンなど)である.**容量モル濃度**(molarity, M)は,溶液1 L あたりの物質のモル数である.また,**リットル**(liter, L)は,各辺が10 cm の立方体の体積である.10 cm = 0.1 m なので,1 L = $(0.1\,\text{m})^3 = 10^{-3}\,\text{m}^3$ である.物質の濃度は角かっこで示され,通常 mol/L (M) で表される.したがって,$[H^+]$ は,「H^+ の濃度」を意味する.

元素の**原子量**(atomic mass)は,アボガドロ数の原子のグラム数である.化合物の**分子量**(molecular mass)は,分子中の原子の原子量を合計したものであり,アボガドロ数個の分子のグラム数である.

電解質(electrolyte)は,溶液中でイオンに解離する物質である.一般に電解質は,他の溶媒と比べて水中でよく解離する.ほとんどがイオンに解離する化合物を**強電解質**と呼び,部分的に解離する化合物を**弱電解質**と呼ぶ.

塩化マグネシウムは強電解質である.0.44 M $MgCl_2$ 溶液では,マグネシウムの70%が解離した Mg^{2+} であり,30%が $MgCl^+$ である.$MgCl_2$ 分子の濃度はほぼゼロである.強電解質の容量モル濃度は**式量濃度**(formal concentration, F)と呼ばれることがある.これは,たとえ物質が溶液中で他の化学種に変わっても,1 L あたり F mol を溶解して溶液にしたことを表す.海水中の $MgCl_2$ の「濃度」が0.054 M であるというとき,これは式量濃度(0.054 M)を意味している.強電解質の「分子量」は**式量**(formula mass, FM)と呼ばれる.これは,式中の原子の原子量の和であるからだ(実際には溶液中に分子がほとんどないとしても).本書では,式量と分子量の両方にFMを用いる.

均 一(homogeneous)な物質は,組成が一様である.水に溶けた砂糖は均一である.組成がどこでも同じでない混合物(たとえば,固体が浮遊しているオレンジジュース)は,**不均 一**(heterogeneous)である.

アボガドロ数は,12 g の ^{12}C に含まれる原子の数である.

容量モル濃度 (M)
$= \dfrac{\text{溶質のモル数}}{\text{溶液のリットル数}}$

原子量は表見返しの周期表に記されている.詳細についてはコラム 3-3 を見よ.アボガドロ数などの物理定数は,裏見返しに示した.

強電解質:溶液中でほとんど完全にイオンに解離する.

弱電解質:溶液中で部分的にしかイオンに解離しない.

$MgCl^+$ は**イオン対**と呼ばれる.コラム 8-1 を見よ.

> **例題** 海水中の塩の容量モル濃度
>
> (a) 典型的な海水は，100 mL（$= 100 \times 10^{-3}$ L）あたり 2.7 g の塩（塩化ナトリウム，NaCl）を含む．海水中の NaCl の容量モル濃度はいくらか？
> (b) 海水中の $MgCl_2$ 濃度は 0.054 M である．海水 25 mL には何 g の $MgCl_2$ が存在するか？
>
> **解法** (a) NaCl の分子量は，22.99 g/mol(Na) + 35.45 g/mol(Cl) = 58.44 g/mol．塩 2.7 g のモル数は，(2.7 g)/(58.44 g/mol) = 0.046 mol なので，その容量モル濃度は，
>
> $$\text{NaCl の容量モル濃度} = \frac{\text{NaCl(mol)}}{\text{海水(L)}} = \frac{0.046\ \text{mol}}{100 \times 10^{-3}\ \text{L}} = 0.46\ \text{M}$$
>
> である．
>
> (b) $MgCl_2$ の分子量は，24.30 g/mol(Mg) + 2 × 35.45 g/mol(Cl) = 95.20 g/mol なので，海水 25 mL 中のグラム数は，
>
> $$MgCl_2 \text{のグラム数} = \left(0.054\ \frac{\text{mol}}{\text{L}}\right)\left(95.20\ \frac{\text{g}}{\text{mol}}\right)(25 \times 10^{-3}\ \text{L}) = 0.13\ \text{g}$$
>
> である．
>
> **類題** $CaSO_4$ の式量を計算せよ．溶液 50 mL が $CaSO_4$ 1.2 g を含むとき，$CaSO_4$ の容量モル濃度はいくらか？ 0.086 M $CaSO_4$ 溶液 50 mL には何 g の $CaSO_4$ が存在するか？ （**答え**：136.13 g/mol, 0.18 M, 0.59 g）

酢酸 CH_3CO_2H のような弱電解質では，溶液中で分子の一部だけがイオンに解離する．

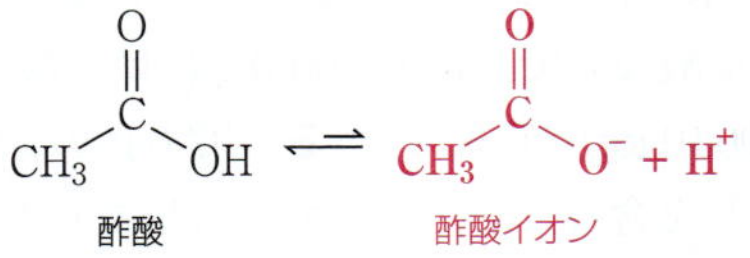

$$CH_3\text{-}C(=O)\text{-}OH \rightleftharpoons CH_3\text{-}C(=O)\text{-}O^- + H^+$$

酢酸 　　　　　　　　　酢酸イオン

式量濃度	解離する割合
0.10 M	1.3%
0.010 M	4.1%
0.0010 M	12%

質量モル濃度（molality, m）は，溶媒 1 kg あたりに含まれる物質のモル数で表される濃度である（溶液 1 kg ではない）．質量モル濃度は，温度に依存しない．一方，容量モル濃度は温度によって変化する．溶液は加熱されると一般に体積が大きくなるからだ．

百分率

混合物や溶液の成分の割合は，一般に**重量百分率**（weight percent, wt%）で表される．

$$\text{重量百分率} = \frac{\text{溶質の質量}}{\text{溶液または混合物の全質量}} \times 100 \tag{1-1}$$

まぎらわしい略語：
mol ＝モル
M ＝容量モル濃度
$= \dfrac{\text{溶質 (mol)}}{\text{溶液 (L)}}$

m ＝質量モル濃度
$= \dfrac{\text{溶質 (mol)}}{\text{溶媒 (kg)}}$

エタノール（CH_3CH_2OH）は，溶液 100 g あたりエタノール 95 g を含む 95 wt％溶液として販売されることが多い．残りの部分は水である．

体積百分率（vol％）は，

$$\text{体積百分率} = \frac{\text{溶質の体積}}{\text{溶液全体の体積}} \times 100 \tag{1-2}$$

と定義される．あいまいさを避けるため，質量や体積の単位を常に表したほうがよい．単位が記されていない場合は，ふつう質量百分率を意味する．

$$\text{密度} = \frac{\text{質量}}{\text{体積}} = \frac{g}{mL}$$

密度と密接に関係する無次元量は，比重である．

$$\text{比重} = \frac{\text{物質の密度}}{\text{水の密度（4℃）}}$$

水は 4℃ において密度がほぼ 1 g/mL であるので，比重は密度とほぼ同じ値になる．

> **例題** 重量百分率を容量モル濃度や質量モル濃度に換算する
>
> 37.0 wt％塩酸の容量モル濃度と質量モル濃度を求めよ．物質の**密度**（density）は単位体積あたりの質量である．本書の裏表紙見返しの表によれば，37.0 wt％塩酸の密度は 1.19 g/mL である．
>
> **解法** 容量モル濃度については，溶液 1 L あたりの塩酸のモル数を求めなければならない．溶液 1 L の質量は，$(1.19 \text{ g/mL})(1\,000 \text{ mL}) = 1.19 \times 10^3$ g である．1 L 中の塩酸の質量は，次のようになる．
>
> $$1\text{L あたりの塩酸の質量} = \left(1.19 \times 10^3 \frac{\text{g 溶液}}{\text{L}}\right)\underbrace{\left(0.370 \frac{\text{g HCl}}{\text{g 溶液}}\right)}_{\text{この項は 37.0 wt％にあたる}}$$
>
> $$= 4.40 \times 10^2 \frac{\text{g HCl}}{\text{L}}$$
>
> 塩酸の分子量は 36.46 g/mol であるので，容量モル濃度は次のようになる．
>
> $$\text{容量モル濃度} = \frac{\text{mol HCl}}{\text{溶液 (L)}} = \frac{4.40 \times 10^2 \text{ g HCl/L}}{36.46 \text{ g HCl/mol}} = 12.1 \frac{\text{mol}}{\text{L}} = 12.1 \text{ M}$$
>
> **質量モル濃度**については，溶媒（水）1 kg あたりの塩酸のモル数を求めなければならない．溶液は 37.0 wt％塩酸なので，溶液 100.0 g には塩酸 37.0 g と水 63.0 g（= 100.0 − 37.0，0.063 0 kg）が含まれる．37.0 g の塩酸は 1.01 mol〔= 37.0 g/(36.46 g/mol)〕を含む．したがって，質量モル濃度は，
>
> $$\text{質量モル濃度} = \frac{\text{mol HCl}}{\text{溶媒 (kg)}} = \frac{1.01 \text{ mol HCl}}{0.063\,0 \text{ kg H}_2\text{O}} = 16.1\, m$$
>
> である．
>
> **類題** 裏表紙見返しに記した密度を用いて，49.0 wt％ HF の容量モル濃度と質量モル濃度を計算せよ．（**答え**：28.4 M，48.0 m）

1.01 を 0.063 0 で割ると 16.0 となる．もし，電卓ですべての桁を残して，最後まで値を丸めずに計算すれば，16.1 となる．1.01 という値は実際には 1.0148 で，(1.0148)/(0.063 0) = 16.1 となる．

図 1-2 は，分析化学を考古学に応用したときの重量百分率測定の例である[1]．金と銀は，自然界で一緒に産出される．図 1-2 の点は，500 年間に鋳造された 1300 枚を超える銀貨に含まれる金の重量百分率を表す．西暦 500 年以前

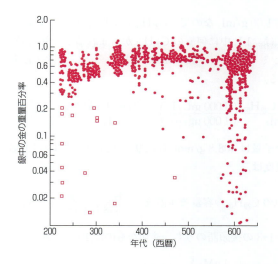

図 1-2 ペルシア帝国の銀貨に含まれる金の重量百分率．□は現代の偽造品．縦軸は対数目盛であることに注意．〔データ：A. A. Gordus and J. P. Gordus, *Archaeological Chemistry*, *Adv. Chem.*, **138**, American Chemical Society (1974), p. 124-147.〕

の銀貨では，金の含量が 0.3 wt％ を下回ることはまれであった．西暦 600 年までに，銀からより多くの金を取り除く技術が発達したため，金を 0.02 wt％ しか含まない銀貨がつくられるようになった．図 1-2 の四角（□）は現代の偽造品を表す．それらは純度の高い銀からつくられるので，金の含量は西暦 200 年から 500 年までの通常の含量よりも常に低い．したがって，化学分析によって偽造品を簡単に見分けられる．

百万分率と十億分率

成分の割合を**百万分率**（parts per million，**ppm**）や**十億分率**（parts per billion，**ppb**）で表すことがある．これらは，それぞれ百万グラムまたは十億グラムの溶液や混合物あたりの成分のグラム数である．

$$\text{ppm} = \frac{\text{物質の質量}}{\text{試料の質量}} \times 10^6 \tag{1-3}$$

$$\text{ppb} = \frac{\text{物質の質量}}{\text{試料の質量}} \times 10^9 \tag{1-4}$$

$\text{ppm} = \dfrac{\text{物質の質量}}{\text{試料の質量}} \times 10^6$

$\text{ppb} = \dfrac{\text{物質の質量}}{\text{試料の質量}} \times 10^9$

質問：ppt の意味は？

溶液濃度 1 ppm は，溶液 1 g あたりの溶質が 1 μg であることを意味する．希薄水溶液の密度は 1.00 g/mL に近いので，水 1 g を水 1 mL と見なしてよい．したがって希薄水溶液では，1 ppm は約 1 μg/mL（＝ 1 mg/L）に相当し，1 ppb は 1 ng/mL（＝ 1 μg/L）に相当する．

> **例題** **十億分率を容量モル濃度に換算する**
>
> 直鎖アルカンは，化学式 C_nH_{2n+2} で表される炭化水素である．植物は，奇数の炭素原子をもつアルカンを選択的に合成する．ドイツのハノーバーで夏に採取した雨水中の $C_{29}H_{60}$ 濃度は 34 ppb であった．$C_{29}H_{60}$ の容量モル濃度を求め，表 1-3 の接頭語を使って答えを表せ．
>
> **解法** 濃度が 34 ppb なので，$C_{29}H_{60}$ は雨水 1 g あたり 34 ng である．雨水の

nM = 1 L あたりのナノモル数

密度はほぼ 1.00 g/mL なので，$C_{29}H_{60}$ は 34 ng/mL とほぼ等しい．モル濃度を求めるには，1 L 中に何 g の $C_{29}H_{60}$ が含まれるかを知る必要がある．ナノグラム数とミリリットル数に 1000 を掛けると，雨水 1 L あたり $C_{29}H_{60}$ は 34 μg となる．

$$\frac{34\ \text{ng}\ C_{29}H_{60}}{\text{mL}}\left(\frac{1\,000\ \text{mL/L}}{1\,000\ \text{ng}/\mu\text{g}}\right) = \frac{34\ \mu\text{g}\ C_{29}H_{60}}{\text{L}}$$

$C_{29}H_{60}$ の分子量は 408.8 g/mol（$= 29 \times 12.011 + 60 \times 1.008$）であるので，容量モル濃度は，

$$\text{雨水中の}\ C_{29}H_{60}\ \text{の容量モル濃度} = \frac{34 \times 10^{-6}\ \text{g/L}}{408.8\ \text{g/mol}} = 8.3 \times 10^{-8}\ \text{M}$$

である．表 1-3 の接頭語のうち，適切なものは 10^{-9} を表すナノ（n）である．

$$8.3 \times 10^{-8}\ \text{M}\left(\frac{1\ \text{nM}}{10^{-9}\ \text{M}}\right) = 83\ \text{nM}$$

類題 23 μM $C_{29}H_{60}$ は何 ppm か？
（**答え**：9.4 ppm）

気体では，ppm はふつう質量ではなく体積に基づいて計算される．スペインの地表で大気中オゾン（O_3）濃度を測定した結果を図 1-3 に示す．ピーク値の 39 ppb は，O_3 が空気 1 L あたり 39 nL 存在することを意味する．混乱を避けるためには，単位を「nL O_3/L」のように記す．O_3 濃度が空気 1 L あたり 39 nL であることは，O_3 の分圧が大気圧 1 Pa あたり 39 nPa であることを意味する．ある高度において，O_3 濃度が 39 ppm，大気圧が 1.3×10^4 Pa であれば，O_3 の分圧は，（39 nPa O_3/Pa 空気）(1.3×10^4 Pa 空気) = (39×10^{-9} Pa O_3/Pa 空気)(1.3×10^4 Pa 空気) = 5.1×10^{-4} Pa O_3 である．

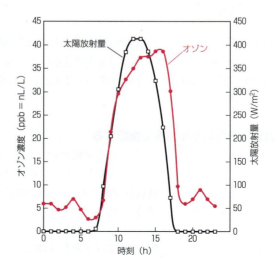

図 1-3 2008 年 2 月 6 日スペインのアルガマシージャ・デ・カラトラバで学生が測定したオゾン濃度（体積 ppb = nL/L）と太陽放射量（W/m^2）．NO_2 + 太陽光 ⟶ NO + O，O + O_2 ⟶ O_3 の反応によって，地表のオゾン濃度は大きく上昇する．データは，太陽放射量が極大となってからやや遅れてオゾン濃度が最大になることを示す．[データ：Y. T. Diaz-de-Mera et al., *J. Chem. Ed.*, **88**, 392 (2011).]

1-3 溶液の調製

純粋な固体や液体から目的の容量モル濃度の溶液を調製するには，試薬を正確にひょう量し，メスフラスコ（図1-4）に入れて，蒸留水やイオン交換水で溶かす．蒸留では，水は沸騰して気化し，揮発性の低い不純物があとに残る．水蒸気は冷却されて液体にもどされ，きれいな容器に集められる．脱イオン化（下巻26章）では，水をイオン交換樹脂カラムに流して，イオン性の不純物を取り除く．非イオン性の不純物は水中に残る．蒸留水とイオン交換水はほとんど区別なく用いられる．

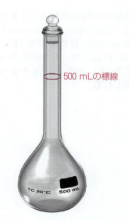

図1-4 メスフラスコは，細い首のなかほどにある標線まで液体を入れると，決まった量の液体で満たされる．使用法は2-5節で説明する．

例題　目的のモル濃度の溶液を調製する

硫酸銅(Ⅱ)・5水和物（$CuSO_4 \cdot 5H_2O$）は，硫酸銅 1 mol あたり 5 mol の水を結晶中に含む．$CuSO_4 \cdot 5H_2O$（= $CuSO_9H_{10}$）の式量は 249.68 g/mol である．〔結晶中に水を含まない硫酸銅(Ⅱ)の化学式は $CuSO_4$ であり，**無水物**（anhydrous）と呼ばれる．〕8.00 mM Cu^{2+} 溶液を調製するには，溶液 500.0 mL に何 g の $CuSO_4 \cdot 5H_2O$ を溶かせばよいか？

解法　8.00 mM の溶液は，8.00×10^{-3} mol/L を含む．必要なモル数は，

$$8.00 \times 10^{-3} \frac{\text{mol}}{\text{L}} \times 0.5000 \, \text{L} = 4.00 \times 10^{-3} \, \text{mol} \; CuSO_4 \cdot 5H_2O$$

であるので，質量は，

$$(4.00 \times 10^{-3} \, \text{mol}) \times \left(249.68 \frac{\text{g}}{\text{mol}}\right) = 0.999 \, \text{g}$$

である．

<u>メスフラスコの使用</u>：500 mL メスフラスコに固体 $CuSO_4 \cdot 5H_2O$ 0.999 g を入れ，蒸留水約 400 mL を加え，ふり混ぜて，試薬を溶かす．次に，蒸留水を 500 mL の標線まで加えて希釈し，栓をしたのち，フラスコを数回ひっくり返して完全に混ぜる．

類題　無水 $CuSO_4$ の式量を求めよ．16.0 mM Cu^{2+} 溶液を調製するには，250.0 mL に何 g を溶かせばよいか？（**答え**：159.60 g/mol，0.638 g）

希　釈

濃厚溶液から希薄溶液を調製できる．計算した体積の濃厚溶液をメスフラスコに移し，目的の体積に希釈する．M mol/L 溶液 V L 中の試薬のモル数は，$M \cdot V = \text{mol}/\text{L} \cdot \text{L}$ である．濃厚（conc）溶液のモル数と，希薄（dil）溶液のモル数を等しいとおくと，

希釈式の両辺が同じ単位であれば，濃度の単位（例：m mol/L や g/mL），容量の単位（例：mL や μL）はどの単位を使ってもよい．容量には mL がよく使われる．

希釈式： $\underbrace{M_{conc} \cdot V_{conc}}_{濃厚溶液のモル数} = \underbrace{M_{dil} \cdot V_{dil}}_{希薄溶液のモル数}$ (1-5)

が得られる．

例題　0.100 M 塩酸の調製

実験室用に販売されている「濃」塩酸のモル濃度は，約 12.1 M である．0.100 M 塩酸を調製するには，何 mL の濃塩酸を 1.000 L に希釈すればよいか？

解法　希釈式を使うと，何 mL の濃溶液を取れば，0.100 mol HCl が得られるかがわかる．

$$M_{conc} \cdot V_{conc} = M_{dil} \cdot V_{dil}$$

$$(12.1\,M)(x\,mL) = (0.100\,M)(1000\,mL) \Rightarrow x = 8.26\,mL$$

本書では，記号⇒は**結果**を意味する．

0.100 M 塩酸を調製するには，1 L メスフラスコに約 900 mL の水を入れ，8.26 mL の濃 HCl を加えてふり混ぜる．次に，水で 1.000 L まで希釈し，栓をしたのち，何度もひっくり返してよく混ぜる．試薬は厳密に 12.1 M ではないので，濃度はちょうど 0.100 M にはならない．一般的な試薬について，本書の裏表紙見返しの表に，1.0 M 溶液の調製に必要な量を示した．

水と試薬を混ぜると熱が大量に発生する場合は，試薬に水を加えるのではなく，水に試薬を加える．濃硫酸に水を加えると，水が沸騰し飛散する．決して濃硫酸に水を加えてはならない．必ず水に濃硫酸を少しずつ加えること．

類題　3.00 M 硝酸を調製するには，何 mL の 15.8 M 硝酸を 0.250 L に希釈すればよいか？　（**答え**：47.5 mL）

例題　さらに複雑な希釈計算

アンモニア水溶液は，次の平衡反応を起こすので，「水酸化アンモニウム」と呼ばれる．

$$\underset{アンモニア}{NH_3} + H_2O \rightleftharpoons \underset{アンモニウムイオン}{NH_4^+} + \underset{水酸化物イオン}{OH^-}$$ (1-6)

化学反応式で，左辺の化学種は**反応物**（reactant）と呼ばれ，右辺の化学種は**生成物**（product）と呼ばれる．反応式 1-6 では，NH_3 が反応物で，NH_4^+ が生成物である．

28.0 wt% の NH_3 を含む濃水酸化アンモニウム溶液の密度は，0.899 g/mL である．0.250 M NH_3 を調製するには，何 mL の試薬を 500.0 mL に希釈すればよいか？

解法　式 1-5 を用いるためには，濃試薬の容量モル濃度を知る必要がある．溶液は 1 mL あたり質量 0.899 g であり，溶液 1 g あたり 0.280 g の NH_3（28.0 wt%）を含むので，次のように計算できる．

$$NH_3 の容量モル濃度 = \frac{899\,\frac{\cancel{溶液(g)}}{L} \times 0.280\,\frac{g\,NH_3}{\cancel{溶液(g)}}}{17.03\,\frac{g\,NH_3}{mol\,NH_3}} = 14.8\,M$$

0.250 M NH_3 溶液 500.0 mL を調製するのに必要な 14.8 M NH_3 の体積は，

次式で求められる．

$$M_{conc} \cdot V_{conc} = M_{dil} \cdot V_{dil}$$
$$14.8 \, M \times V_{conc} = 0.250 \, M \times 500.0 \, \text{mL} \Rightarrow V_{conc} = 8.46 \, \text{mL}$$

500 mL メスフラスコに約 400 mL の水を入れ，濃試薬 8.46 mL を加えてふり混ぜる．次に，水で 500.0 mL まで希釈し，栓をしたのち，フラスコを何度もひっくり返してよく混ぜる．

類題 裏見返しに示した濃硝酸（70.4 wt% HNO_3）の密度を用いて，濃硝酸の容量モル濃度を計算せよ．（**答え**：15.8 M）

1-4 重量分析のための化学量論計算

最終生成物の重さを測る化学分析法は，**重量分析**（gravimetric analysis）と呼ばれる．重量分析と滴定（容量分析）は，電子機器が化学測定に利用されるようになるまで長い間化学分析の中心であった．20世紀に分析化学の有力な戦力として加わった機器分析と区別するために，重量分析と容量分析を「古典的」分析または「湿式化学」分析と呼ぶ．古典的分析は，現代の分析化学においても利用され続けている．古典的分析は機器分析よりも正確な場合がある．また，機器分析の標準物質を調製するために利用される．

サプリメントの錠剤に含まれる鉄は，錠剤を溶かし，溶けた鉄を固体の Fe_2O_3 に変換することにより重量法で測定できる．Fe_2O_3 の質量がわかれば元の錠剤中の鉄の質量がわかる．

その手順は以下のようである．

ステップ 1 フマル酸鉄（Ⅱ）（$Fe^{2+}C_4H_2O_4^{2-}$）と不活性な結合剤を含む錠剤を 0.100 M 塩酸 150 mL と混合し，Fe^{2+} を溶かす．混合物をろ過して不溶性の結合剤を除く．

ステップ 2 鉄（Ⅱ）を含む清澄な溶液に過剰量の過酸化水素を加え，鉄（Ⅲ）に酸化する．

$$\underset{\substack{\text{鉄（Ⅱ）}\\\text{（第一鉄イオン）}}}{2Fe^{2+}} + \underset{\substack{\text{過酸化水素}\\\text{式量 34.01}}}{H_2O_2} + 2H^+ \longrightarrow \underset{\substack{\text{鉄（Ⅲ）}\\\text{（第二鉄イオン）}}}{2Fe^{3+}} + 2H_2O \quad (1\text{-}7)$$

ステップ 3 水酸化アンモニウムを加えて，水和酸化鉄（Ⅲ）を沈殿させる．この沈殿はゲル状である．沈殿物をろ過し，るつぼに入れて加熱し，純粋な固体 Fe_2O_3 に変える．

$$\underset{\text{水酸化物イオン}}{Fe^{3+} + 3OH^-} + (x-1)H_2O \longrightarrow \underset{\text{水和酸化鉄（Ⅲ）}}{FeOOH \cdot xH_2O(s)} \xrightarrow{900\,^\circ\text{C}} \underset{\substack{\text{酸化鉄（Ⅲ）}\\\text{式量 159.69}}}{Fe_2O_3(s)} \quad (1\text{-}8)$$

では，この重量分析に関して，実用的な計算問題を考えてみよう．

例題 錠剤を何粒分析すべきか？

重量分析において，正確にひょう量するためには十分な量の生成物が必要で

化学量論は，化学反応に関与する物質の量的関係を表す．この言葉は，ギリシア語の *stoicheion*（基本成分）と *metiri*（測定する）に由来する．

27章（下巻）では重量分析を扱い，7章では容量分析（滴定）を扱う．いずれの章も，履修課程にあわせていつ学習してもよい．

フマル酸イオン（$C_4H_2O_4^{2-}$）

式量（FM）の単位は g/mol

$Fe_2O_3(s)$ は Fe_2O_3 が<u>固体</u>であることを意味する．他の相の略語は，(*l*) が<u>液体</u>，(*g*) が<u>気体</u>，(*aq*) が<u>水溶性</u>（水に溶けていることを意味する）である．

ある．錠剤1粒は，約15 mgの鉄を含む．Fe_2O_3生成物0.25 gを得るのに何粒の錠剤を分析すればよいだろうか？

解法 0.25 gのFe_2O_3に何gの鉄が含まれているかがわかれば，この問に答えられる．Fe_2O_3の式量は159.69 g/molなので，0.25 gは，

$$\text{mol } Fe_2O_3 = \frac{0.25 \text{ g}}{159.69 \text{ g/mol}} = 1.6 \times 10^{-3} \text{ mol}$$

に等しい．1 molのFe_2O_3には2 molのFeが含まれるので，0.25 gのFe_2O_3は，

$$1.6 \times 10^{-3} \text{ mol } Fe_2O_3 \times \frac{2 \text{ mol Fe}}{1 \text{ mol } Fe_2O_3} = 3.2 \times 10^{-3} \text{ mol Fe}$$

を含む．Feの質量は，

$$3.2 \times 10^{-3} \text{ mol Fe} \times \frac{55.845 \text{ g Fe}}{\text{mol Fe}} = 0.18 \text{ g Fe}$$

である．錠剤はそれぞれ15 mgのFeを含むので，必要な錠剤の数は，

$$\text{錠剤の数} = \frac{0.18 \text{ g Fe}}{0.015 \text{ g Fe/粒}} = 12 \text{ 粒}$$

類題 錠剤に約20 mgの鉄が含まれる場合，0.50 gのFe_2O_3を得るのに何粒の錠剤を分析すればよいか？ （**答え**：18粒）

例題 必要なH_2O_2の量はいくらか？

鉄のサプリメント錠剤12粒との反応1-7で，H_2O_2を50%過剰にするために必要な3.0 wt% H_2O_2溶液の質量はいくらか？

解法 12粒で 12粒 × (0.015 g Fe^{2+}/粒) = 0.18 g Fe^{2+}，すなわち，(0.18 g Fe^{2+})/(55.845 g Fe^{2+}/mol Fe^{2+}) = 3.2 × 10^{-3} mol Fe^{2+}が得られる．反応1-7では，2 molのFe^{2+}に対して1 molのH_2O_2が必要である．したがって，3.2 × 10^{-3} mol Fe^{2+}は，(3.2 × 10^{-3} mol Fe^{2+})(1 mol H_2O_2/2 mol Fe^{2+}) = 1.6 × 10^{-3} mol H_2O_2を必要とする．50%過剰とは，化学量論量の1.50倍，すなわち，(1.50)(1.6 × 10^{-3} mol H_2O_2) = 2.4 × 10^{-3} mol H_2O_2を用いるということである．H_2O_2の式量は34.01 g/molなので，必要とするH_2O_2の質量は，(2.4 × 10^{-3} mol)(34.01 g/mol) = 0.082 gである．ただし，過酸化水素は3.0 wt%溶液なので，必要な溶液の質量は，

$$H_2O_2 \text{溶液の質量} = \frac{0.082 \text{ g } H_2O_2}{0.030 \text{ g } H_2O_2/\text{g 溶液}} = 2.7 \text{ g 溶液}$$

である．

類題 鉄のサプリメント錠剤12粒との反応1-7で，H_2O_2を25%過剰にするために必要な3.0 wt% H_2O_2溶液の質量はいくらか？ （**答え**：2.3 g）

モル数 = $\frac{\text{グラム数}}{\text{グラム数/モル}}$ = $\frac{\text{グラム数}}{\text{式量}}$

Feの原子量55.845 g/molは，表見返しの周期表に載っている．

3.0 wt%は，H_2O_2が溶液100 gあたり3.0 g，または溶液1 gあたり0.030 g含まれることを意味する．

モル数 = $\frac{\text{グラム数}}{\text{式量}} = \frac{g}{g/mol}$

この関係式は寝ぼけていても使えるようになろう．

> **例題** **重量分析計算**
>
> 12 粒の錠剤から単離された Fe_2O_3 の質量は 0.277 g であった．錠剤 1 粒あたりの鉄の平均質量はいくらか？
>
> **解法** 単離された Fe_2O_3 のモル数は，$(0.277\ \text{g})/(159.69\ \text{g/mol}) = 1.73 \times 10^{-3}$ mol である．Fe は式量単位あたり 2 mol あるので，生成物中の Fe のモル数は，
>
> $$(1.73 \times 10^{-3}\ \text{mol Fe}_2\text{O}_3)\left(\frac{2\ \text{mol Fe}}{1\ \text{mol Fe}_2\text{O}_3}\right) = 3.47 \times 10^{-3}\ \text{mol Fe}$$
>
> となる．よって Fe の質量は，$(3.47 \times 10^{-3}\ \text{mol Fe})(55.845\ \text{g Fe/mol Fe}) = 0.194\ \text{g Fe}$ である．したがって，12 粒の錠剤それぞれに含まれる平均質量は，$(0.194\ \text{g Fe})/12 = 0.016\ 1\ \text{g} = 16.1\ \text{mg}$.
>
> **類題** 単離された Fe_2O_3 の質量が 0.300 g のとき，錠剤 1 粒あたりの鉄の平均質量はいくらか？ （**答え**：17.5 mg）

電卓で一連の計算をする場合は，桁をすべて残しておくこと．1.73×2 は 3.47 ではないが，桁数を多く残しておくと答えは 3.47 になる．

制限試薬

化学反応において，**制限試薬** (limiting reagent) は，最初に消費されてなくなる試薬である．制限試薬がなくなると反応は終わる．どの試薬が制限しているのかを知るには，各反応物のモル数を調べて，全反応に必要なモル数と存在するモル数とを比べる．

> **例題** **制限試薬**
>
> 反応 1-9 は，カルシウムイオン 1 mol に対してシュウ酸イオン 1 mol を必要とする．
>
> $$Ca^{2+} + \underset{\text{シュウ酸イオン}}{C_2O_4^{2-}} \longrightarrow \underset{\text{シュウ酸カルシウム}}{CaC_2O_4(s)} \tag{1-9}$$
>
> 1.00 g の $CaCl_2$（式量 110.98）と 1.15 g の $Na_2C_2O_4$（式量 134.00）を水中で混ぜるとき，どちらが制限試薬になるか？ 非制限試薬はどれだけ残るか？
>
> **解法** 二つの試薬の利用できるモル数は次の通りである．
>
> $$\frac{1.00\ \text{g CaCl}_2}{110.98\ \text{g/mol}} = 9.01\ \text{mmol Ca}^{2+} \qquad \frac{1.15\ \text{g Na}_2\text{C}_2\text{O}_4}{134.00\ \text{g/mol}} = 8.58\ \text{mmol C}_2\text{O}_4^{2-}$$
>
> 反応では，1 mol $C_2O_4^{2-}$ に対して 1 mol Ca^{2+} が必要なので，シュウ酸イオンが先になくなる．したがって，$Na_2C_2O_4$ が制限試薬である．残る Ca^{2+} は，$9.01 - 8.58 = 0.43$ mmol である．未反応の Ca^{2+} の割合は，$(0.43\ \text{mmol}/9.01\ \text{mmol}) = 4.8\%$ である．
>
> **類題** 反応 $5H_2C_2O_4 + 2MnO_4^- + 6H^+ \longrightarrow 10CO_2 + 2Mn^{2+} + 8H_2O$ で

は，2 mol MnO_4^- に対して 5 mol $H_2C_2O_4$ が必要である．1.15 g の $Na_2C_2O_4$（式量 134.00）と 0.60 g の $KMnO_4$（式量 158.03），および過剰の酸を混ぜると，どの反応物が制限試薬になるか？ 発生する CO_2 量はいくらか？

(**答え**：8.58 mmol $C_2O_4^{2-}$ は，$\left(\dfrac{2 \text{ mol } MnO_4^-}{5 \text{ mol } C_2O_4^{2-}}\right)(8.58 \text{ mmol } C_2O_4^{2-}) = 3.43$ mmol MnO_4^- を必要とする．利用できる $KMnO_4$ は $0.60 \text{g}/(158.03 \text{ g/mol}) = 3.80$ mmol で十分にある．したがって，$Na_2C_2O_4$ が制限試薬である．8.58 mmol $C_2O_4^{2-}$ が反応して発生するのは，$(10 \text{ mol } CO_2/5 \text{ mol } C_2O_4^{2-})(8.58 \text{ mmol } C_2O_4^{2-}) = 17.16$ mmol CO_2 である．

重要なキーワード

本文のキーワードは太字で記した．また用語集（下巻）でも説明している．

- SI 単位（SI units）
- 化学量論（stoichiometry）
- 原子量（atomic mass）
- 式量（formula mass）
- 式量濃度（formal concentration）
- 質量モル濃度（molality）
- 重量百分率（weight percent）
- 重量分析（gravimetric analysis）
- 制限試薬（limiting reagent）
- 生成物（product）
- 体積百分率（volume percent）
- 縦座標（ordinate）
- 電解質（electrolyte）
- 反応物（reactant）
- ppm（百万分率；parts per million）
- ppb（十億分率；parts per billion）
- 分子量（molecular mass）
- 濃度（concentration）
- 密度（density）
- 無水の（anhydrous）
- モル（mole）
- 溶質（solute）
- 溶媒（solvent）
- 容量モル濃度（molarity）
- 横座標（abscissa）
- リットル（liter）

本章のまとめ

SI 基本単位には，メートル（m），キログラム（kg），秒（s），アンペア（A），ケルビン（K），モル（mol）などがある．組立単位，たとえば，力（ニュートン，N），圧力（パスカル，Pa），エネルギー（ジュール，J）は，基本単位を組み合わせて表すことができる．計算時は，値に単位を添える．接頭語（たとえば，キロやミリ）を用いて単位の桁数を表す．一般的な濃度の表現は，容量モル濃度（溶液 1 L あたりの溶質のモル数），質量モル濃度（溶媒 1 kg あたりの溶質のモル数），式量濃度（溶液 1 L あたりの式量単位数），成分百分率，百万分率である．

溶液の調製に必要な試薬量を計算するには，$M_{conc} \cdot V_{conc} = M_{dil} \cdot V_{dil}$ の関係が便利である．それは，原液から取りだした試薬のモル数が新しい溶液中の試薬のモル数と等しいからだ．化学量論関係を用いて，化学反応に必要な試薬の質量や体積を計算できるようにしよう．また，反応生成物の質量から，反応物がどれだけ消費されるかを計算できなければならない．化学反応における制限試薬は，最初に消費されてなくなる試薬である．制限試薬がなくなると，反応は終わる．

練習問題

練習問題の詳しい解法と章末問題の略解は web に掲載してある．章末問題の完全な解法は *Solutions Manual*（英語版のみ）を参照のこと．練習問題は，各章の主要な考え方を扱う．

1-A. 25.00 mL のメタノール（CH_3OH，密度 = 0.7914 g/mL）をクロロホルムに溶かして最終的に 500.0 mL の溶液を調製する．

(a) 溶液中のメタノールの容量モル濃度を計算せよ．
(b) 溶液の密度は 1.454 g/mL になる．メタノールの質量モル濃度を求めよ．

1-B. 48.0 wt% HBr の水溶液の密度は 1.50 g/mL である．
(a) HBr の式量濃度を求めよ．
(b) 36.0 g の HBr を含む溶液の質量はいくらか？
(c) 233 mmol の HBr を含む溶液の体積はいくらか？
(d) 0.160 M HBr 0.250 L を調製するのに，溶液はどれだけ必要か？

1-C.
(a) 水溶液に 12.6 ppm $Ca(NO_3)_2$ が溶解している（Ca^{2+} と 2 NO_3^- になる）．NO_3^- の濃度を百万分率で求めよ．

(b) 0.144 mM Ca(NO$_3$)$_2$ 中の Ca(NO$_3$)$_2$ は何 ppm か？
(c) 0.144 mM Ca(NO$_3$)$_2$ 中の硝酸イオン (NO$_3^-$) は何 ppm か？

1-D. アンモニアは次亜臭素酸イオン (OBr$^-$) と次のように反応する．2NH$_3$ + 3OBr$^-$ ⟶ N$_2$ + 3Br$^-$ + 3H$_2$O. 0.623 M NaOBr 溶液 5.00 mL を 183 mL の 28 wt% NH$_3$（裏見返しから 14.8 M NH$_3$）に加えるとき，どちらが制限試薬となるか？ また，過剰な試薬はどれだけ残るか？

章末問題

単位と換算

1-1. (a) 長さ，質量，時間，電流，温度，物質量の SI 単位とそれぞれの記号を書け．
(b) 周波数，力，圧力，エネルギー，仕事率の単位と記号を書け．

1-2. 10^{-24} から 10^{24} の接頭語の名称と記号を書け．また，大文字の記号はどれか？

1-3. 以下の名称または記号が表す値を書け．たとえば，kW の場合，kW = キロワット = 10^3 ワット．
(a) mW (b) pm (c) kΩ (d) μF (e) TJ (f) ns
(g) fg (h) dPa

1-4. 表 1-1 から 1-3 までの単位と接頭語を用いて，以下の量を略語で表せ．
(a) 10^{-13} J (b) 4.31728×10^{-8} F (c) 2.9979×10^{14} Hz
(d) 10^{-10} m (e) 2.1×10^{13} W (f) 48.3×10^{-20} mol

1-5. 2012 年に人類が燃やした化石燃料によって，約 8 ペタグラム（Pg）の炭素が CO_2 として大気中に放出された．
(a) 何 kg の C が大気中に放出されたか？
(b) 何 kg の CO_2 が大気中に放出されたか？
(c) 1 メートルトンは 1000 kg である．何メートルトンの CO_2 が大気中に放出されたか？ 地球上には 70 億人の人間が住んでいる．一人あたりの CO_2 排出量を求めよ（一人あたりの年間トン数）．

1-6. 私の好物はマグロだ．残念なことに，2010 年にマグロの缶詰（ツナ缶）の水銀含量を調査したところ，ホワイトツナには 0.6 ppm，ライトツナには 0.14 ppm の水銀が含まれていた[2]．米国環境保護局は水銀摂取量が 1 日あたり 0.1 μg Hg/(kg 体重) を超えないことを推奨している．体重が 68 kg の人は，1 日あたり 0.1 μg Hg/(kg 体重) を超えないようにするには，6 オンス (1 oz = $\frac{1}{16}$ lb = 28.35 g) のホワイトツナ缶をどのくらい食べてもよいか？ また，ライトツナにしたら，どのくらい食べてもよいか？

1-7. 100.0 馬力のエンジンが生みだすのは何 J/s，何 kcal/h か？

1-8. オフィスで働く体重 120 ポンド (1 lb = 0.4536 kg) の女性は，約 2.2×10^3 kcal/day を消費する．同じ女性が登山をすると 3.4×10^3 kcal/day が必要になる．
(a) これらを J/s/(kg 体重) (W/kg) で表せ．
(b) オフィスで働く人と 100 W の電球を比べると，仕事率（ワット）が高いのはどちらか？

1-9. 1 時間あたり 5.00×10^3 英国熱量単位 (Btu/h) を必要とする装置は，1 秒あたり何ジュール (J/s) を消費するか？ また，何ワット (W) を消費するか？

1-10. いくつかの自動車の燃料効率を下表に示す．

車種	燃費消費量 (L/100 km)	CO_2 排出量 (g CO_2/km)
ガソリンエンジン		
プジョー 107	4.6	109
アウディ・カブリオレ	11.1	266
シボレー・タホー	14.6	346
ディーゼルエンジン		
プジョー 107	4.1	109
アウディ・カブリオレ	8.4	223

出典：M. T. Oliver-Hoyo and G. Pinto, *J. Chem. Ed.*, **85**, 218 (2008).

(a) 1 マイルは 5280 フィート，1 フィートは 12 インチである．表 1-4 を使って 1 km が何マイルかを求めよ．
(b) ガソリンエンジンのプジョー 107 は，100 km あたり燃料 4.6 L を消費する．燃費をマイル/ガロンで表せ．米国の液量の 1 ガロンは 3.7854 L である．
(c) カブリオレのディーゼル車は，ガソリン車よりも効率がよい．ディーゼル車とガソリン車のカブリオレを 15000 マイル運転すると何メートルトンの CO_2 が排出されるか？ 1 メートルトンは 1000 kg である．

1-11. ニュートンの法則によれば，力＝質量×加速度である．加速度の単位は m/s^2 である．また，エネルギー＝力×距離，圧力＝力÷面積である．これらの関係から，表 1-1 の SI 基本単位を用いて，N，J，Pa の次元を導け．また，答えを表 1-2 で確かめよ．

1-12. シカゴのばいじん降下量は 65 mg m^{-2} day^{-1} である．ばいじん中のおもな金属元素には，Al，Mg，Cu，Zn，Mn，Pb がある[3]．Pb の降下量は 0.03 mg m^{-2} day^{-1} である．535 平方キロメートルのシカゴには 1 年で何メートルトン（1 メートルトン = 1000 kg）の Pb が降下するか？

化学物質の濃度

1-13. 次の用語の定義を書け．
(a) 容量モル濃度 (e) 体積百分率

(b) 質量モル濃度　(f) 百万分率
(c) 密度　(g) 十億分率
(d) 重量百分率　(h) 式量濃度

1-14. 酢酸溶液の濃度を表すとき，0.01 M よりも 0.01 F のほうが正確なのはなぜか？（こうした違いにもかかわらず，通常は 0.01 M と書く．）

1-15. NaCl 32.0 g を水に溶かして 0.500 L に希釈すると，式量濃度（mol/L＝M）はいくらか？

1-16. 0.100 L の 1.71 M メタノール水溶液（すなわち，1.71 mol CH_3OH/L 溶液）には何 g のメタノール（CH_3OH，式量 32.04）が含まれるか？

1-17. (a) 図 1-1 は，成層圏の O_3 のピーク圧力が 19 mPa であることを示す．また，図 1-3 は，地表のある場所での O_3 のピーク濃度が 39 ppb であることを示す．これらの濃度を比べるために，39 ppb を mPa での圧力に換算せよ．どちらの濃度が高いだろうか？　ただし，ppb から mPa への換算では，地表での気圧を 1 bar（10^5 Pa）と仮定せよ．気圧が 1 bar ならば，1 ppb は 10^{-9} bar である．
(b) 高度 16 km の成層圏における大気圧は 9.6 kPa である．図 1-1 によれば，この高度の O_3 のピーク圧力は 19 mPa である．気圧が 9.6 kPa のとき，19 mPa は何 ppb になるか？

1-18. 気体の濃度は，理想気体の法則によりその圧力に関係する．

$$\text{濃度}\left(\frac{\text{mol}}{\text{L}}\right) = \frac{n}{V} = \frac{P}{RT}$$

$$R = \text{気体定数} = 0.08314\,\frac{\text{L·bar}}{\text{mol·K}}$$

ここで，n は気体のモル数，V は体積（L），P は圧力（bar），T は温度（K）である．
(a) 図 1-1 において，南極成層圏のオゾンの最大圧力は 19 mPa である．この圧力を bar で表せ．
(b) 温度が $-70\,°C$ であるとして，(a) のオゾンのモル濃度を求めよ．

1-19. 乾燥空気中の希ガス（周期表の 18 族）の体積濃度は以下の通りである．He（5.24 ppm），Ne（18.2 ppm），Ar（0.934 vol%），Kr（1.14 ppm），Xe（87 ppb）．
(a) He の濃度が 5.24 ppm とは，空気 1 L あたり He が 5.24 μL であることを意味する．問題 1-18 の理想気体の法則を用いて，25.00 ℃（298.15 K），1.000 bar において，5.24 μL He に何モルの He が含まれるかを求めよ．この値は，空気中の He の容量モル濃度である．
(b) 25 ℃，1 bar において，空気中の Ar，Kr，Xe の容量モル濃度はいくらか？

1-20. 希薄水溶液の密度は約 1.00 g/mL である．溶液に 1 ppm の溶質が含まれるときの溶質の濃度を g/L，μg/L，μg/mL，mg/L で表せ．

1-21. ある雨水試料中のアルカン $C_{20}H_{42}$（式量 282.56）の濃度は 0.2 ppb である．雨水の密度を約 1.00 g/mL と仮定して，$C_{20}H_{42}$ の容量モル濃度を求めよ．

1-22. 70.5 wt% 過塩素酸水溶液 37.6 g には何 g の過塩素酸 $HClO_4$ が含まれるか？　また，何 g の水が含まれるか？

1-23. 70.5 wt% 過塩素酸水溶液の密度は 1.67 g/mL である．グラムは溶液のグラムを指すことを思いだそう（＝ g $HClO_4$ ＋ g H_2O）．
(a) 溶液 1.000 L は何 g か？
(b) 溶液 1.000 L 中の $HClO_4$ は何 g か？
(c) 溶液 1.000 L 中の $HClO_4$ は何 mol か？

1-24. 20.0 wt% KI を含む水溶液の密度は 1.168 g/mL である．KI 溶液の質量モル濃度（M ではなく m）を求めよ．

1-25. 副腎の細胞には，ベシクルと呼ばれる小胞が約 2.5×10^4 個あり，そのなかにはホルモンのエピネフリン（アドレナリンともいう）が含まれている．
(a) 細胞 1 個はエピネフリン約 150 fmol を含む．各ベシクル内のエピネフリンは何アトモル（amol）か？
(b) 各ベシクル内のエピネフリン分子は何個か？
(c) 半径 r の球の体積は $4/3\pi r^3$ である．半径 200 nm の球形のベシクルの体積を求めよ．答えは立方メートル（m^3）とリットルで表せ（1 L ＝ $10^{-3}\,m^3$ である）．
(d) ベシクルがエピネフリン 10 amol を含むとき，ベシクル中のエピネフリンの容量モル濃度を求めよ．

1-26. ヒトの血液中の糖（グルコース，$C_6H_{12}O_6$）濃度は，食前の約 80 mg/dL から食後の 120 mg/dL まで変化する．略語 dL は，デシリットル＝0.1 L を表す．食前および食後の血中グルコースの容量モル濃度を求めよ．

1-27. 不凍剤の水溶液は 6.067 M エチレングリコール（$HOCH_2CH_2OH$，式量 62.07）を含み，密度は 1.046 g/mL である．
(a) この溶液 1.000 L の質量と 1 L あたりのエチレングリコールのグラム数を求めよ．
(b) この溶液中のエチレングリコールの質量モル濃度を求めよ．

1-28. タンパク質と炭水化物の熱量は 4.0 Cal/g，脂肪の熱量は 9.0 Cal/g である〔1 大カロリー（Cal）は 1 kcal である〕．食品中のこれらの成分の重量百分率は，下表の通りである．

食品	タンパク質 wt%	炭水化物 wt%	脂肪 wt%
シュレッデッドフィート（小麦のシリアル）	9.9	79.9	—
ドーナツ	4.6	51.4	18.6
ハンバーガー（調理済み）	24.2	—	20.3
リンゴ	—	12.0	—

これらの食品のカロリー/グラムとカロリー/オンスを計

算せよ（表 1-4 を用いてグラムをオンスに換算する．1 ポンドは 16 オンスである）．

1-29. 虫歯予防のために，1.6 ppm フッ化物イオン（F^-）を含む飲料水が推奨されている．直径 4.50×10^2 m，深さ 10.0 m の円筒形の貯水池を考えよう（体積は $\pi r^2 h$．ここで，r は半径，h は高さ）．1.6 ppm F^- にするには何 g の F^- が必要か？ フッ化物イオンはヘキサフルオロケイ酸 H_2SiF_6 として供給される．何 g の H_2SiF_6 が必要か？

溶液の調製

1-30. 0.0500 M ホウ酸溶液 2.00 L を調製するのにホウ酸 $B(OH)_3$（式量 61.83）が何 g 必要か？ また，この溶液の調製には，どの種類のフラスコを用いるか？

1-31. 約 2 L の 0.0500 m ホウ酸 $B(OH)_3$ 溶液を調製する方法を説明せよ．

1-32. 1.00 L の 0.80 M 次亜塩素酸ナトリウム溶液（NaOCl，洗濯用漂白剤）を調製するために必要な 0.25 M NaOCl の体積はいくらか？

1-33. 0.10 M NaOH（式量 40.00）を調製するには，何 g の 50 wt% NaOH を 1.00 L に希釈すればよいか？（2 桁で答えよ）

1-34. 98.0 wt% H_2SO_4 と表示された瓶の濃硫酸の濃度は 18.0 M である．

(a) 1.00 M H_2SO_4 を得るには何 mL の試薬を 1.000 L に希釈すればよいか？

(b) 98.0 wt% H_2SO_4 の密度を計算せよ．

1-35. 53.4 wt% NaOH（式量 40.00）水溶液 16.7 mL を 2.00 L に希釈すると 0.169 M NaOH が得られた．元の水溶液の密度はいくらか？

化学量論計算

1-36. 23.2 wt% $Ba(NO_3)_2$ を含む固体 4.35 g が次式にしたがって反応するとき，3.00 M H_2SO_4 は何 mL 必要か？ $Ba^{2+} + SO_4^{2-} \longrightarrow BaSO_4(s)$

1-37. 25.0 mL の 0.0236 M Th^{4+} との次式の反応において 50% 過剰であるためには何 g の 0.491 wt% HF 水溶液が必要か？ $Th^{4+} + 4F^- \longrightarrow ThF_4(s)$

1-38. 2 歳から 90 歳までの子供たち（？）を喜ばせるために，酢と重曹が入った瓶からコルク栓をポンと飛びださせるのが私の楽しみだ．まず，500 mL のプラスチック瓶に約 50 mL の酢を入れる．次に，約 5 g の重曹（炭酸水素ナトリウム，$NaHCO_3$）を 1 枚のティッシュペーパーに包んで瓶のなかに落とす．瓶の口をコルク栓でしっかり閉め，瓶から離れる．化学反応で $CO_2(g)$ が発生して瓶に圧がかかり，しまいにコルク栓が飛び出すとみんな笑ってくれる．

$$CH_3CO_2H + NaHCO_3 \longrightarrow CH_3CO_2^- + Na^+ + CO_2(g) + H_2O$$
酢に含まれる　　重曹中の炭酸水素
　酢酸　　　　　　ナトリウム

(a) 酢酸と炭酸水素ナトリウムの式量を求めよ．

(b) $NaHCO_3$ 5 g との反応に必要な酢酸は何 g か？

(c) 酢は約 5 wt% の酢酸を含む．$NaHCO_3$ 5 g との反応には何グラムの酢が必要か？ 酢の密度は約 1.0 g/mL である．$NaHCO_3$ 5 g との反応には何 mL の酢が必要か？

(d) 酢 50 mL と $NaHCO_3$ 5 g を混ぜるとき，どちらが制限試薬となるか？

(e) $P = 1$ bar，$T = 300$ K において，何 L の $CO_2(g)$ が発生するか，理想気体の法則（問題 1-18）を用いて計算せよ．また，瓶のなかの体積が 0.5 L のとき，コルクを飛ばす圧力はいくらになるか？

2 分析に用いる器具
Tools of the Trade

水晶振動子型微量天びんは，DNAに結合した塩基1個を測定できる

(a)

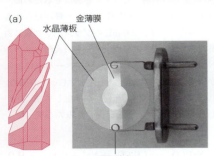

水晶薄板　金薄膜　電気接点

(b)

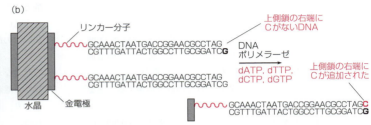

水晶　金電極　リンカー分子　DNAポリメラーゼ　dATP, dTTP, dCTP, dGTP　上側鎖の右端にCがないDNA　上側鎖の右端にCが追加された

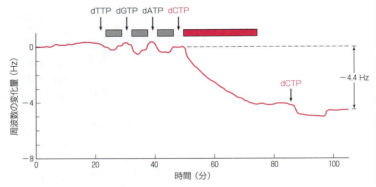

(a) 水晶薄板と微量化学天びん [写真提供：LapTech Precision Inc.] (b) 成長鎖末端に1個のシトシン (C) のみを取り込める鋳型DNAにヌクレオチドを加えたときの圧電水晶振動子の応答．金表面のDNAの被覆は，20 ng/cm² = 1.2 pmol/cm². 結晶と試薬溶液の温度を ±0.001℃で安定させると，ノイズは ±0.05 Hzになる．[データ出典：H. Yoshimine, et al., *Anal. Chem.*, **83**, 8741 (2011).]

　クオーツ時計が正確なのは，振動電場で刺激され，共振周波数で振動する水晶結晶のおかげである．ナノグラムまでひょう量できる水晶振動子型微量天びんは，2枚の薄い金電極に挟まれた水晶薄板で構成されている[1,2]．金電極表面に質量が加わると，発振周波数は加わった質量に比例して低下する[3]．1 cm² の金電極に 0.62 ng (ナノグラム，10^{-9} g) が加わると，結晶の 27 MHz の共振周波数が 1 Hz だけ低下するのが観察される．

　デオキシリボ核酸（DNA）の構造を付録Lに示す．DNAは，A，T，C，Gで表される四種類のヌクレオチド塩基の配列にコードされた遺伝情報をもつ．DNAの二重らせん構造では，AとT，およびCとGが常に対となって水素結合を形成する．DNA複製では，<u>DNAポリメラーゼ酵素</u>が，鋳型となるDNA鎖と構成単位であるdATP，dTTP，dCTP，dGTPとを利用して，新たに相補的なDNA鎖をつくる．鋳型上にTがあるとき，対応する新しいDNA鎖の位置にはAが使われる．同様に，AのときはT，CのときはG，GのときはCが使われる．

　水晶振動子型微量天びんを用いると，DNAの成長鎖に結合したヌクレオチド1個を測定できる．DNAは，圧電結晶の金電極に化学的に結合される．適切なヌクレオチドが加えられると，DNAの質量が増えて，水晶結晶の発振周波数が低下する．図bでは，二重らせんDNAの上側鎖の右端でCが欠けている．グラフは，DNAポリメラーゼの存在下でヌクレオチドの構成単位が加えられたときの結晶の発振周波数の変化を示す．dTTP，dGTP，dATP が加えられると，ごくわずかな周波数の変化が観察される．試薬を洗い流すと，これらの変化は元に戻る．しかし，50分付近でdCTPを加えると，末端にCが共有結合して，大きな変化が起こり元には戻らない．85分付近でさらにdCTPを加えてもそれほど大きな変化はなかった．観察された -4.4 Hz の周波数変化は，DNAに加えられたヌクレオチド1個の質量に対応している．

電場をかけると大きさが変わる石英などの物質は，**圧電性物質** (piezoelectric) と呼ばれる．

本章では，重量や体積の「湿式」化学分析に用いられる基本的な実験器具と操作について説明する[4]．また，スプレッドシート（表計算）についても紹介する．これは，数値データを扱う人には必須である．

2-1 化学物質と廃棄物の安全で倫理的な取り扱い

化学実験は，車の運転や家事と同じで危険をともなう．<u>安全のための第一原則は，危険性を正しく評価して，あなた自身（または，あなたの教師や管理者）が危険だと思うことは避けることだ</u>．操作が危険を伴うと考えられる場合は，まずは話し合い，賢明な予防策を講じるまで，操作を行うべきではない．

作業前に実験室の安全装備についてよく知っておこう[5]．実験室では思いがけず飛散する液体やガラスから眼を守るために，ゴーグル（図2-1）か側板付き安全メガネを常に着用すべきである．コンタクトレンズはレンズと眼の間に蒸気が閉じ込められる恐れがあるため，実験室ではおすすめできない．難燃性の実験用白衣を着用して，こぼれたものや炎から皮膚を守ろう．高濃度の酸を注ぐときは，ゴム手袋を着用しよう．また，実験室で飲食をしないことはもちろんである．

有機溶媒や高濃度の酸，濃アンモニアは，ドラフトチャンバー内で取り扱う．実験室からドラフトチャンバーへ空気を流し，有害気体が実験室に入り込まないようにする．また，有害気体がドラフトチャンバーから屋外へ排出される前に希釈する．ドラフトチャンバーからあふれるほど大量の有害気体を発生させてはならない．微粉末を取り扱うときは，呼吸用マスクを着用する．微粉末は飛散して吸入される恐れがある．

試薬がこぼれたらすぐに掃除して，まわりの人が不注意に試薬に接触しないようにする．皮膚についたら，まず多量の水で洗い流す．しぶきが身体にかかったり，眼に入ったりした場合に備えて，非常用シャワーや洗眼器の場所と使い方を確認しておく．しぶきが眼にかかったときは，洗眼器が置いてある場所よりも流しが近ければ，まず流しを使用する．消火器の使い方，燃えている衣服の火を消す緊急用ブランケットの使い方を確認しておく．また，救急箱を準備しておくことも忘れてはならない．救急医療の援助を求める方法や場所も確認しておくべきである．

<u>すべての容器にラベルを貼って，中身を表示する</u>．冷蔵庫やキャビネットに放置され，中身のわからなくなったラベルのない瓶は，高額な費用のかかる廃棄問題を引き起こす．それは，合法的に捨てる前に，瓶の内容物を分析しなければならないからだ．米国内で販売される化学物質とともに提供される「化学物質等安全データシート（MSDS）」には，その化学物質の危険性や使用上の注意が記されている*．また，応急措置や漏出物の取り扱い方法が記されている．

生物が住める地球を孫の世代に引き継ぐことを望むのであれば，廃棄物の発生を最小限に抑え，責任をもって化学廃棄物を処分しなければならない．経済的に可能であれば，廃棄物を処分するよりも化学物質をリサイクルするほうが好ましい[6]．発がん性の二クロム酸イオン（$Cr_2O_7^{2-}$）廃棄物には，定められた

図2-1 実験室では常にゴーグルか側板付き安全メガネを着用すべきである．[画像：©Stockbyte/Getty Images.]

なぜ実験用白衣を着用するのか
2008年，カリフォルニア大学ロサンゼルス校の23歳の研究助手Sheharbano Sangjiは，実験用白衣を着用せずに，シリンジを使ってt-ブチルリチウム溶液を瓶から取り出していた．突然シリンジからプランジャーが飛び出して，自然発火性の液体が発火して，彼女のセーターと手袋に燃え移った．身体の40％にやけどを負い，それが致命傷となった．難燃性の実験用白衣を着ていれば，彼女は助かったかもしれない．2014年，事故を起こした実験室の教授は，「健康と安全に関する基準に意図的に違反」したとして刑事責任を課された．

手袋の限界
1997年，ダートマス大学の著名な化学教授Karen Wetterhahn（48歳）は，彼女が着用していたラテックス製ゴム手袋を通り抜けて吸収された一滴のジメチル水銀がもとで亡くなった．多くの有機化合物は，ゴムに容易に浸透する．Wetterhahnは金属の生化学の専門家で，ダートマス大学ではじめての女性の化学教授であった．2児の母であり，多くの女性を科学や工学に導くことに大いに貢献した．

*訳者注：現在では安全データシート（SDS）に統一され，日本でも法令で定められている．

電子機器は，ごみ埋め立て地に廃棄するよりも，回収センターに送ってリサイクルすべきである．蛍光灯には水銀が入っているので，通常の廃棄物のように捨ててはならない．発光ダイオード（LED）は蛍光灯よりも効率的で，かつ水銀を含まないので，将来は蛍光灯に取って代わるだろう．

廃棄方法がある．それは，二クロム酸イオンの $Cr(VI)$ を亜硫酸水素ナトリウム（$NaHSO_3$）で毒性の低い $Cr(III)$ に還元し，水酸化物イオンで不溶性の $Cr(OH)_3$ として沈殿させることである．溶液を蒸発乾固し，残った固体は化学物質が漏れないように内張りされた，認可済みのごみ埋め立て場に廃棄する．経済的にリサイクルできる銀や金などの廃棄物は，化学処理して金属を回収するのがよい[7]．

グリーンケミストリー（green chemistry）は，私たちの生き方を変えて，生物が生存できる地球を持続させることを目的とした概念である[8]．持続不可能な行動の典型は，限りある資源の浪費や廃棄物の不用意な廃棄である．グリーンケミストリーでは，化学製品やその工程を熟考することによって，資源やエネルギーの使用量および有害廃棄物の発生量を減らす．廃棄物を処分するよりも，廃棄物を発生させないプロセスを設計するほうがよい．たとえば，NH_3 の測定では，HgI_2 の廃棄物が発生する分光光度法（ネスラー法）を用いる代わりに，イオン選択性電極を利用できる．試薬のコストや廃棄物の発生を減らすために，教室では「マイクロスケール」の実験が推奨される．

2-2 実験ノート

実験ノートの重要な役割は，実行したことと観察したことを記すことである．ノートは，他人が理解できなければならない．経験豊富な科学者でも犯しやすい誤りは，不完全な記録やわかりにくい記録を書いてしまうことだ．完結した文にすることは，不完全な記述を防ぐすぐれた方法である．

実験ノートは以下の要件を満たさねばならない．
1. 何を行ったかが記されている
2. 何を観察したかが記されている
3. 誰が読んでも理解できる

実験を始めたばかりの学生には，目的，方法，結果，結論の項目に分けて実験内容を完全に記録すると役に立つ．数値データを書き込めるように実験ノートを整えておくことは，実験の準備としてすぐれた方法である．また，用いるすべての反応について，つり合った化学反応式を書くことはよい練習となる．この練習によって，あなたが行っていることを理解でき，そして何が理解できていないかを明らかにできる．

科学的「真理」であるかどうかのめやすは，別の人が実験を再現できることである．よい実験ノートとは，行ったこと，観察したことがすべて記されており，他の誰でも実験を再現できるものである．

プログラムやデータが保存されているコンピュータのファイルやフォルダの名前を実験ノートに記録しておくことも大切である．また，重要なデータは印刷して，実験ノートに貼り付けておく．印刷されたページの寿命は，デジタルデータの寿命より $10 \sim 100$ 倍も長い．

2-3 分析天びん

電子天びん（electronic balance）は，電磁力を利用して，皿の上の荷重とつり合わせる．図 2-2 は，最大ひょう量が $100 \sim 200\,g$，読み取り限度が $0.01 \sim 0.1\,mg$ の典型的な分析天びんの外観である．読み取り限度（readability）とは，表示される最も小さい質量の値である．微量化学天びんは，ミリグラムの

量を，読み取り限度 1 μg でひょう量できる．

　化学物質をひょう量するには，まず物質を移すきれいな容器を試料皿の上に置く．空の容器の質量を**風袋**（tare）と呼ぶ．ほとんどの天びんでは，ボタンを押すと風袋をゼロにリセットできる．物質を容器に入れ，その質量を読み取る．風袋を自動的に差し引くことができない場合は，物質を入れた容器の質量から風袋の質量を引く．天びんを腐食から守るために，化学物質を試料皿の上に直接置いてはならない．また，試料を試料皿の下の装置内にこぼさないように気をつけよう．

　空気中の水分を急速に吸収する**吸湿性**（hygroscopic）試薬には，差分ひょう量と呼ばれる別の方法が必要である．まず，密閉容器に乾燥した試薬を入れてひょう量する．次に，試薬の一部をひょう量瓶から別の容器にすばやく移す．ひょう量瓶のふたを閉め，もう一度ひょう量する．その差が，ひょう量瓶から移した試薬の質量である．電子天びんでは，ひょう量瓶の最初の質量を風袋ボタンでゼロにセットする．次に，瓶から試薬を移し，瓶をもう一度ひょう量する．天びんが示す負の値が，瓶から移した試薬の質量である[9]．

図 2-2 電子分析天びんは 0.1 mg までの質量を測定できる．［提供：Thermo Fisher Scientific Inc.］

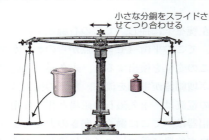

図 2-3 19 世紀の天びん．さおの長さが等しい．
[Fresenius, "Quantitative Chemical Analysis, 2nd American ed.," (1881) から転載]

　図 2-3 の古典的<u>機械天びん</u>（mechanical balance）では，長さが等しいさおの両端に二つの皿が吊り下げられている．さおは，中心がナイフエッジの上にあり，つり合いを保っている．質量が未知の物質を左側の皿に置き，天びんがほぼ水平の位置に戻るまで，右側に標準分銅を載せていく．次に，天びんが完全に水平の位置になるまで，スライドに沿って小さな分銅を動かす．標準分銅とスライド上の分銅の質量の和が未知の質量に等しい．ものを皿に載せたり，皿から降ろしたりするときは，天びんを固定状態（さおが動かない状態）にする．スライドさせる分銅を用いるときは，半固定状態にする．天びんを固定すると，天びんのさおを支えるナイフエッジの摩耗を最小限に抑えられる．

電子天びんのしくみ

　図 2-2 の電子天びんの試料皿に置かれた物体は，力 $m \times g$ で皿を下方に押す．ここで，m は物体の質量，g は重力加速度である．天びんは，皿の動きをちょうど打ち消す電流を発生させる．電流の大きさから皿に置かれた質量がわかる．

　図 2-4 に電子天びんのしくみを示す．試料皿は，てこの短い腕の上にある．

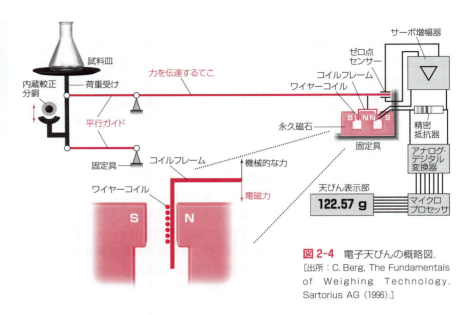

図 2-4 電子天びんの概略図.
[出所：C. Berg, The Fundamentals of Weighing Technology, Sartorius AG (1996).]

　試料の重量はてこの左腕を下に押し，てこの右腕が上に動く．てこの右端にあるゼロ点センサーが，てこの平衡（ゼロ）点からのわずかな動きを検出する．ゼロ点センサーがてこの変位を検出すると，永久磁石の磁場内にある力補償ワイヤーコイルにサーボ増幅器が電流を流す．左下の拡大図は，コイルと磁石の一部を示す．コイルの電流は，永久磁石の磁場と相互作用して下向きの力を発生させる．サーボ増幅器は，てこに働く上向きの力をちょうど打ち消す電流を供給して，てこをゼロ点位置に保つ．コイルに流れる電流によって精密抵抗器に電圧が生じ，この電圧がデジタル信号に変換され，最終的にグラム単位の値が表示される．電流と質量の間の変換は，内蔵較正分銅をつり合わせるのに必要な電流の測定結果に基づいて行われる．図 2-5 に電子天びん内部の部品構成を示す．

ひょう量誤差

　分析天びんは，振動の影響を最小限にとどめるために，大理石板のような重い台の上に置く．天びんには調節脚と気泡水準器があり，本体を水平に保てるようになっている．天びんが水平でないと，力が荷重受け（図 2-5）に真っすぐ下向きにかからず，誤差を生じる．水平に調整したのち，較正ボタンを押して天びんを再較正する．試料は，試料皿の中央付近でひょう量する．試料の温度を周囲の温度（環境の温度）と等しくして，空気の対流による誤差を防ぐ．乾燥器で乾燥した試料は，約 30 分で室温まで冷却される．冷却中は試料をデシケータに入れ，水分が蓄積しないようにする．また，天びんのガラス扉（図 2-2）を閉め，表示値が気流の影響を受けないようにする．上のせ式の天びんの多くは，皿のまわりにプラスチック製の囲いをもち，気流を防いでいる．指紋が物体の質量に影響を与えることがある．天びんに物体を置くときはピンセットかティッシュペーパーを用い，指で直にもたないようにする．

　磁気を帯びた試料をひょう量すると誤差を生じる．それは，試料が試料皿の

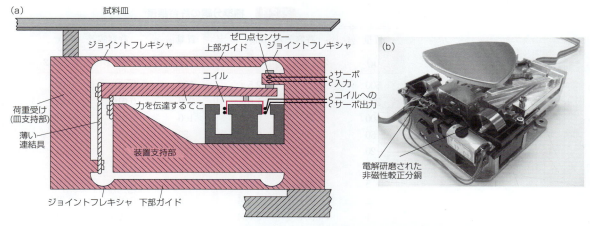

図 2-5 (a) 電子はかりの機械構成．てこの比は，電磁力が皿の上の荷重による重力のわずか約 10％になるようにする．[出所：C. Berg, The Fundamentals of Weighing Technology, Sartorius AG (1996).] (b) Sartorius 製分析天びん内部の部品（最大ひょう量：300 g，読み取り限度：0.1 mg）．モノリシック（一体型）金属ひょう量装置に非磁性較正分銅が内蔵されている．較正分銅は，マイクロプロセッサで作動するモーターによって荷重受けの上にそっと置かれる．較正は，温度が変化すると自動で行われる．[提供：J. Barankewitz, Sartorius AG, Göttingen, Germany.]

上で動くと表示される質量が変化することから明らかである[10]．磁気を帯びた試料は，天びんのスチール製部品に引きつけられないように，ひっくり返したビーカーなどのスペーサーの上に置いてひょう量するのがよい．ひょう量物の静電気も，測定に支障をきたす．これは，物体がゆっくりと放電するにつれて表示される質量が一方向にずれることから明らかである．

分析天びんには較正機能が組み込まれている．内蔵分銅は，モーターによって，試料皿の下にある荷重受けの上にそっと置かれる（図 2-5b）．この質量をつり合わせるのに必要な電流が測定される．外部較正では，標準分銅をひょう量して，表示値が許容限界内であることを確認する．この操作は定期的に行うのが望ましい．表 2-1 に標準分銅の**許容誤差**（tolerance；許容偏差）をまとめた．天びんの別の試験は，標準分銅を 6 回ひょう量して標準偏差を計算するものである（4-1 節）．偏差は天びん自体によって生じるだけでなく，気流や振動などの要因にも影響される．

天びんの**直線性誤差**（linearity error）は，天びんの較正後，加えられた質量に対して装置が非線形に応答した結果生じる最大誤差である（図 2-6）．最大ひょう量 220 g，読み取り限度 0.1 mg の天びんの直線性誤差は，±0.2 mg である．目盛を 0.1 mg まで読み取れたとしても，ひょう量範囲のある部分では，質量の誤差は ± 0.2 mg にもなりうる．

天びんを較正した後に室温が変わると，誤差を生じる可能性がある．天びんの感度の温度係数が 2 ppm/℃ のとき，温度が 4℃ 変わると，見かけの質量は (4℃)(2 ppm/℃) = 8 ppm だけ変化する．質量 100 g に対して，8 ppm は (100 g)(8 × 10^{-6}) = 0.8 mg にもなる．較正ボタンを押すと，現在の温度で天びんを再較正することができる．天びんを室温に保つために，使用しないとき

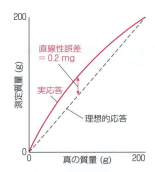

図 2-6 直線性誤差．破線は試料皿上の質量に比例する理想的な応答であり，0 g と 200 g で較正されている．実応答は直線からずれている．直線性誤差は，最大偏差で表される．この図は誇張されている．

表 2-1　標準分銅の許容誤差[a]

質量 (g)	許容誤差 (mg) クラス1	クラス2	質量 (mg)	許容誤差 (mg) クラス1	クラス2
500	1.2	2.5	500	0.010	0.025
200	0.50	1.0	200	0.010	0.025
100	0.25	0.50	100	0.010	0.025
50	0.12	0.25	50	0.010	0.014
20	0.074	0.10	20	0.010	0.014
10	0.050	0.074	10	0.010	0.014
5	0.034	0.054	5	0.010	0.014
2	0.034	0.054	2	0.010	0.014
1	0.034	0.054	1	0.010	0.014

(a) 許容誤差は，ASTM（米国材料試験協会）規格 E617 に定義されている．クラス1および2は最も正確である．クラス3〜6は，許容誤差がさらに大きい（この表には示していない）．

は待機モードにしておく．

浮　力

あなたが泳ぐとき水に浮くのは，あなたの重量がほぼゼロになるからだ．**浮力**（buoyancy）は，液体または気体中の物体に働く上向きの力である[11]．空気中の物体の重量は，その物体が占める体積分の空気の質量だけ実際の質量よりも軽くなる．真の質量とは，真空中で測定される質量である．天びんの標準分銅も浮力の影響を受けるので，空気中では真空中よりも重量が小さくなる．ひょう量する物体の密度が標準分銅の密度と等しくないとき，必ず浮力の誤差が発生する．

天びんの表示値が質量 m' のとき，真空中でひょう量される物体の真の質量 m は次式で与えられる[12]．

式2-1は，機械天びんにも電子天びんにもあてはまる．

浮力補正の式：
$$m = \frac{m'\left(1 - \dfrac{d_a}{d_w}\right)}{\left(1 - \dfrac{d_a}{d}\right)} \qquad (2\text{-}1)$$

ここで，d_a は空気の密度（約 1 bar，25℃において 0.0012 g/mL）[13]，d_w は標準分銅の密度（8.0 g/mL），d はひょう量する物体の密度である．

例題　浮力の補正

「トリス」と呼ばれる純粋な化合物は，酸の濃度を測定する<u>一次標準物質</u>として用いられる．既知質量のトリスと反応する酸の体積から酸の濃度がわかる．空気中でひょう量した見かけの質量が 100.00 g のとき，トリス（密度＝1.33 g/mL）の真の質量を求めよ．

解法　空気の密度を 0.0012 g/mL として，式2-1を用いると真の質量がわ

$$m = \frac{100.00\,\text{g}\left(1 - \dfrac{0.0012\,\text{g/mL}}{8.0\,\text{g/mL}}\right)}{1 - \dfrac{0.0012\,\text{g/mL}}{1.33\,\text{g/mL}}} = 100.08\,\text{g}$$

浮力を補正しなければ，トリスの見かけの質量は真の質量よりも 0.08% だけ小さいと考えられる．したがって，トリスと反応する酸の容量モル濃度も実際のモル濃度より 0.08% だけ低い値となる．

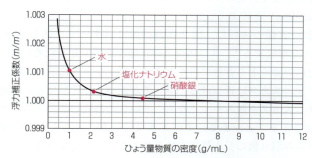

図 2-7 浮力補正係数（$d_a = 0.0012\,\text{g/mL}$，$d_w = 8.0\,\text{g/mL}$ と仮定）．空気中で測定される見かけの質量に浮力補正係数を掛けると真の質量が得られる．

図 2-7 にいくつかの物質の浮力補正係数を示す．密度 1.00 g/mL の水をひょう量するとき，天びんの読み取り値が 1.0000 g であれば，真の質量は 1.0011 g，誤差は 0.11% である．密度 2.16 g/mL の塩化ナトリウム（NaCl）では誤差は 0.04%，密度 4.45 g/mL の硝酸銀（$AgNO_3$）では誤差はわずか 0.01% である．

2-4 ビュレット

ビュレット（buret）（図 2-8）は，正確につくられた目盛付きのガラス管で，底の止水栓（弁）から排出される液体の体積を測定する．0 mL の目盛は上端近くにある．最初の液体量が 0.83 mL，最後の量が 27.16 mL のとき，27.16 − 0.83 = 26.33 mL を排出したことになる．最も正確なクラス A のビュレットは，表 2-2 の許容誤差の条件を満たしている．50 mL のビュレットの許容誤差は ±0.05 mL であるので，読み取り値が 27.16 mL のとき，真の体積は 27.21〜27.11 mL となる．

ビュレットの許容誤差が ±0.05 mL であっても，値は 0.01 mL まで読まねばならない．測定器を読むとき精度を落とさないようにしよう．

相対不確かさ（relative uncertainty）は，ある量の不確かさをその量の大きさで割ったものである．ふつう百分率で表される．

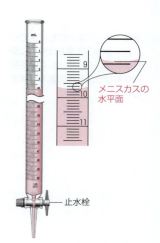

図 2-8 テフロン® 止水栓付きガラス製ビュレット．拡大図は 9.68 mL の位置のメニスカスを示す．値は，最小目盛の 10 分の 1 まで読む．このビュレットの目盛は 0.1 mL であるので，0.01 mL の位まで読む．

表2-2 クラスAのビュレットの許容誤差

全容量 (mL)	最小目盛 (mL)	許容誤差 (mL)
5	0.01	± 0.01
10	0.05 または 0.02	± 0.02
25	0.1	± 0.03
50	0.1	± 0.05
100	0.2	± 0.10

ビュレットの操作
- ビュレットを新しい溶液で洗う
- 使用前に気泡を除く
- 液体をゆっくりと排出する
- 終点近くでは液滴を小さくして滴下する
- 凹形のメニスカスの底の値を読み取る
- 最小目盛の 1/10 まで読む
- 視差を避ける
- 値を読むときは目盛の太さを考慮する

滴定では，反応が終わるまでビュレット内の試薬を分析種に少しずつ加える．排出した滴定剤の体積から分析種の量を計算する．

$$\text{相対不確かさ（\%）} = \frac{\text{量の不確かさ}}{\text{量の大きさ}} \times 100 \tag{2-2}$$

50 mL のビュレットで 20 mL を排出する場合，相対不確かさは，(0.05 mL/20 mL) × 100 = 0.25%である．同じビュレットで 40 mL を排出する場合，相対不確かさは，(0.05 mL/40 mL) × 100 = 0.12%である．ビュレットから大量に排出すれば，相対不確かさを小さくできる．また，58 ページで説明するようにビュレットを較正すれば，ビュレットの不確かさを小さくできる．

ビュレットの液面を読むとき，眼は液体の上面と同じ高さでなければならない．眼の高さが高すぎると，実際よりも液体が多く見える．眼の高さが低すぎると，液体が少なく見える．このように，眼の高さの加減によって生じる誤差を**視差**（parallax）と呼ぶ．

ほとんどの液体の表面は，図 2-8 の右側に示すような凹形の**メニスカス**（meniscus）を形成する[14]．メニスカスの正確な位置を知るためには，黒いテープを貼った白いカードを背景に置くとよい．ビュレットに沿って黒い帯を上方に動かし，メニスカスに近づける．黒い帯が近づくとメニスカスの底が暗くなるので，メニスカスを読みやすくなる．濃い色の溶液では，メニスカスが二つあるように見えることがある．そのときは，一方のメニスカスを選択して読む．体積は読み取り値の引き算で求められるので，重要なのはメニスカスの位置を再現性よく読むことである．値は，最小目盛の 10 分の 1 で最も近い値（たとえば，0.01 mL）まで読む．

50 mL ビュレットの標線の太さは，約 0.02 mL に相当する．最も高い精度を得るためには，標線のある位置をゼロに定める．たとえば，メニスカスの底がちょうど標線の上端にあるときに液面が標線上にあると決める．メニスカスが同じ標線の下端にあるとき，読み取り値は 0.02 mL だけ大きくなる．

ビュレット内の溶液は，**滴定剤**（titrant）と呼ばれる．滴定の終点を正確に決めるために，終点近くになったならふつうの一滴より少ない滴定剤を排出する（50 mL ビュレットのふつうの一滴は約 0.05 mL である）．小さな液滴を滴下するには，ビュレットの先端に小さな液滴が吊り下がるように注意深く止水栓を開閉する（止水栓をすばやく回して，開の位置を通り過ぎるときに小さな液滴を落とす方法を好む人もいる）．次に，ビュレットの先端を受け器のフラスコのガラス内壁に触れさせて，液滴をフラスコの内壁に移す．注意深くフラスコを傾けて，新たに加えられた液滴をバルク溶液で洗う．フラスコを回して内容物を混ぜる．滴定の終点近くでは，何度もフラスコを傾けたり回したりして，壁面の未反応の分析種を含む液滴がバルク溶液と混ざるようにする．

液体は，ビュレットの内壁から一様に排出されるようにする．液体はガラスにくっつきやすいが，ゆっくり排出すると緩和される（<20 mL/min）．ビュレットの壁面に付く液滴が多い場合は，洗浄剤とビュレット用ブラシでよく洗う．この洗浄法で不十分なときは，ビュレットをペルオキソ二硫酸アンモニウム-硫酸洗浄液に浸す[15]．この洗浄液は，ビュレット内の油脂を分解するだけでなく，衣類や人体を傷つけるので注意が必要である．また，体積測定用のガラス器具をアルカリ溶液に浸してはならない．アルカリ溶液はガラスを侵す．

たとえば，95℃の5 wt% NaOH溶液は，パイレックスガラスを9 μm/hの速さで溶かす．

しばしば気泡が止水栓のすぐ下に生じることがある．この気泡を除かないと，誤差が生じる（図2-9）．滴定中に気泡が液体で満たされると，ビュレットの目盛部から滴定容器に排出される液体が少なくなる．この気泡を追いだすには，止水栓を全開にして液体を1～2秒間排出する．しつこい気泡は，液体を流しに排出しながらビュレットを強く振ると出ていく．

ビュレットに新しい溶液を入れるときは，少量の新しい溶液でビュレットをすすいで洗液を捨てる操作を繰り返すとよい．ビュレットを洗液で満たす必要はない．少量の洗液をビュレットに入れ，ビュレットを傾けて液体が内壁全体に触れるようにする．これと同じ方法は，乾燥させずに再使用するすべての容器（たとえば，ピペットや分光光度計のキュベット）に用いられる．

ビュレットの代わりに自動滴定装置（図2-10）を用いると，滴定の労力は大きく軽減される．この装置は，試薬瓶から試薬を送り，試薬の体積および滴定溶液に浸した電極の応答を記録する．出力は直接コンピュータに送られ，スプレッドシートで処理できる．

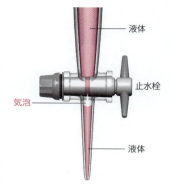

図 2-9 ビュレットを使用する前に，止水栓の下にたまった気泡を必ず排出する．

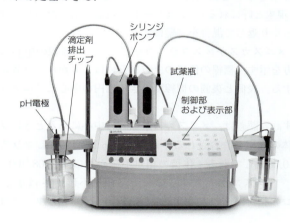

図 2-10 自動滴定装置は，試薬瓶から分析種が入ったビーカーに試薬を送る．ビーカーに浸した電極でpHや特定のイオン濃度を測定する．体積とpHの測定値はスプレッドシートにエクスポートできる．［提供：Hanna Instruments.］

重量滴定およびマイクロスケール滴定

質量は，体積よりも正確に測定できる．滴定で最高の精度を得るためには，体積の代わりにビュレット，シリンジ，およびピペットから排出された溶液の質量を測定する[16]．練習問題7-Bがその例である．

精度が低くてもよいのであれば，「マイクロスケール」の学生実験は，消費する試薬と発生する廃棄物を減らせる．安価な学生用ビュレットとして，0.01 mL刻みの目盛が付いた2 mLピペットを利用できる[17]．体積は0.001 mLまで読むことができ，滴定を1%の精度で行うことができる．

精度は，再現性を表す．

2-5 メスフラスコ

メスフラスコ（volumetric flask）は，20℃において，メニスカスの底をフラ

パイレックスやKimax，その他の低膨張ガラス製の体積測定用ガラス器具は，乾燥器で320℃まで加熱しても問題ないが[18]，乾燥のために150℃以上に加熱する理由はほとんどない．

スコの首にある標線の中央に合わせたときに，一定体積の溶液が入るように較正されている（図2-11，表2-3）．ほとんどのフラスコには「TC 20℃」と記されており，20℃での<u>受用</u>（to contain）であることを意味する（ピペットやビュレットは表示体積の<u>出用</u>（to deliver）「TD」として較正される）．容器の温度が関係するのは，液体もガラスも加熱されると膨張するからだ．

メスフラスコを使用するときは，目的質量の試薬と，望みの体積より少ない量の液体を入れ，フラスコを回しながら溶かす．次に，液体をさらに加え，再び溶液をふり混ぜる．フラスコ内の溶液をできるだけ混合したのちに，望みの体積に合わせる（二種類の液体を混合すると，一般に体積がわずかに変化する．全体積は，混ぜ合わせた二種類の液体の体積の和にはならない．液体が細い首に達する前に，メスフラスコ内のほぼ一杯の液体をふり混ぜて，最後に液体を加えたときの体積変化をできるだけ小さくする）．

溶液の体積を正確に調節するには，最後の液滴は洗瓶からではなくピペットで加えるほうがよい．液面を正確な位置に調節したのち，栓をしっかりと閉め，フラスコを10回ほどひっくり返して溶液を完全に混ぜる．液体が均一になる前には，光をさまざまに屈折させる領域によって生じる縞が観察される（<u>シュリーレン現象</u>と呼ばれる）．シュリーレン現象が消えたのち，フラスコをさらに数回ひっくり返して混合を完璧にする．

図2-11は，メニスカスがメスフラスコやピペットの標線の<u>中心</u>にあるときの液体の見え方を示す．標線の位置の上方あるいは下方からフラスコを見ながら液面を調節する．表側と裏側の標線でできる楕円の中心にメニスカスがくるようにする*．

表2-3に示す許容誤差は，メニスカスが標線の中心にあるときにフラスコに入っている液体の体積に許容される不確かさである．100 mLフラスコでは，体積は 100 ± 0.08 mLである．体積の相対不確かさは，$(0.08/100) \times 100 = 0.08\%$ である．フラスコが大きくなるほど，相対不確かさは小さくなる．10 mLフラスコの相対不確かさは0.2%であるが，1000 mLフラスコの相対不

*訳者注：日本の指導法では，ふつう眼を標線の高さに置き，メニスカスの底を標線に合わせる．

表2-3　クラスAのメスフラスコの許容誤差[a]

全容量 (mL)	許容誤差 (mL)
1	±0.02
2	±0.02
5	±0.02
10	±0.02
25	±0.03
50	±0.05
100	±0.08
200	±0.10
250	±0.12
500	±0.20
1000	±0.30
2000	±0.50

(a) クラスBのガラス器具の許容誤差は，クラスAの2倍である．

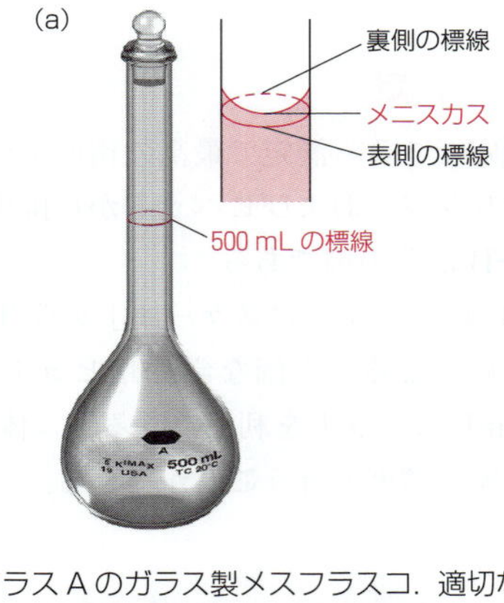

図2-11　(a) クラスAのガラス製メスフラスコ．適切な位置のメニスカスは，上方または下方から見たときに表側と裏側の標線でできる楕円の中心にある．メスフラスコとホールピペットはこの位置で較正する．(b) VITLAB® クラスAの微量分析用ペルフルオロアルコキシコポリマー（PFA）製メスフラスコ．PFAは-200℃〜+260℃で安定であり，一般的な酸に耐え，溶出する金属が少ない．[提供：BrandTech®Scientific, Essex, CT.]

確かさは0.03%である．2-9節で説明するように，特定のフラスコに実際に入っている液体量を測定して較正すれば，不確かさをもっと小さくできる．

ガラスは微量の化学物質（とくに陽イオン）を吸着することが知られている．**吸着**（adsorption）は，物質が表面に付着する現象である〔一方，**吸収**（absorption）は，水がスポンジのなかに入っていくように，物質が他の物質の内部に取り込まれる現象である〕．重要な作業では，ガラス器具を**酸洗浄**（acid wash）して，表面に吸着している低濃度の陽イオンをH^+で置換するとよい．このために，前もって十分に洗浄したガラス器具を$3\sim6$ M HClまたはHNO_3に1時間以上浸す（ドラフトチャンバー内で行うのが望ましい）．次に，蒸留水でよくすすぎ，最後に蒸留水に浸す．きれいなガラス器具にのみ用いるのであれば，洗浄用の酸は何回でも再使用できる．酸洗浄は新しいガラス器具にはとくに欠かせない．新品のガラス器具はきれいではないと考えるべきだ．高密度ポリエチレン，ポリプロピレン，ペルフルオロアルコキシコポリマー（PFA）などのプラスチック製メスフラスコ（図2-11b）は，微量分析（ppb以下の濃度）に適している．ガラス製フラスコでは，陽イオンが内壁に吸着して失われる可能性がある．

自然水などの試料を微量分析用に採取・保管するときは，高密度ポリエチレンなどのプラスチック瓶が推奨される．ガラス瓶では，微量の分析種がガラス表面に吸着して失われたり，ガラス表面から溶出する金属が試料を汚染したりする恐れがある．一方，医薬品，パーソナルケア製品，ステロイドなど，ppt（pg/g）レベルの微量有機物質を分析するための水溶液試料は，プラスチック瓶ではなく，有色（黒褐色）のガラス瓶に採取・保管するのが最もよい[20]．

酸洗浄の例：酸洗浄されたガラス製ピペットから排出された高純度HNO_3は，検出可能なTi, Cr, Mn, Fe, Co, Ni, Cu, Znを含まない（<0.01 ppb）．きれいだが酸洗浄されていないピペットから排出された同じ酸は，各金属を$0.5\sim9$ ppbも含む[19]．

2-6 ピペットとシリンジ

ピペット（pipet）は，既知体積の液体を移す器具である．図2-12aの**ホールピペット**（transter pipet）は，ある決まった体積の液体を移すように較正されている．最後の一滴を吹き出してはならない．図2-12bの**メスピペット**（measuring pipet）は，ビュレットと同様に較正されている．1.0 mLの標線で排出し始めて，6.6 mLの標線で止めて5.6 mLの液体を移すというように，任意の体積を移すときに用いられる．ホールピペットは，メスピペットより正確である．ホールピペットの許容誤差を表2-4にまとめた．ホールピペットが大きいほど，相対不確かさは小さくなる．1 mLホールピペットの相対不確かさは，$(0.006/1)\times100=0.6\%$である．25 mLホールピペットの相対不確かさは，$(0.03/25)\times100=0.12\%$である．個々のピペットの不確かさは，2-9節で

最後の一滴をホールピペットから吹き出してはならない．

表2-4　クラスAのホールピペットの許容誤差

全容量 （mL）	許容誤差 （mL）
0.5	±0.006
1	±0.006
2	±0.006
3	±0.01
4	±0.01
5	±0.01
10	±0.02
15	±0.03
20	±0.03
25	±0.03
50	±0.05
100	±0.08

図2-12　(a) ホールピペットと (b) メス（モール）ピペット．[提供：A. H. Thomas Co., Philadelphia, PA.]

説明する較正を行うことで小さくできる．

ホールピペットの使用

口ではなく，ゴム球やその他のピペット吸引器を用いて，標線をわずかに越える所まで液体を吸引する（液体をゴム球内に吸引してはいけない．液体がゴム球に入ったなら，新しい溶液と新しいゴム球でやり直す）．以前の試薬をピペットから洗い流すために，新しい溶液をピペットの標線の上まで吸引し，捨てる操作を1〜2回行う．3回目に標線を越えて吸引したのち，ゴム球を外し，すばやく人差し指でピペットの端をふさぐ．ピペットの先端を液体の容器の底に軽く押しあてながらゴム球を取り外すと，指で押さえる前に液体が標線の下まで排出されるのを防ぐことができる（もっとよい方法は，図2-13に示すような，ピペットに取り付けたまま操作できる自動吸引器を使用することである）．ピペット外側の余分な液体をきれいなティッシュペーパーでふき取る．

ピペットを受け側の容器に移し，先端を容器の壁にあてながら重力で液体を排出する．液体の排出が止まっても，さらに数秒間ピペットを壁にあてたままにして，排出を完全に済ませる．最後の一滴を吹き出してはいけない．排出の終了時には，ピペットをほぼ垂直にすべきである．ピペットを使い終わったら，蒸留水ですすぐか，洗う準備ができるまで濡れたままにしておく．決して溶液をピペット内部で乾燥させてはならない．内部に乾燥した付着物が付くと，取り除くのは難しいからだ．

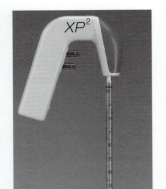

図 2-13 電動の Pipet-Aid®．上側のボタンを押すと溶液がピペットに吸引され，下側のボタンを押すと溶液が排出される．装置を保護し，溶液の汚染を避けるために，ガラス製ピペットの挿入部内にフィルターがある．フィルターが濡れると，両方向への通気が遮断される．［提供：Drummond Scientific Co., Broomall, PA.］

1 μg = 1 マイクログラム
= 10^{-6} g

段階希釈

段階希釈（serial dilution）は，目的濃度の試薬を得るために，段階的に希釈する方法である．その目的は，少なすぎて正確にひょう量できない物質を正確に移すことである．以下は，機器分析用の標準液を調製するために利用できる方法の一例である．

> **例題** **段階希釈**
>
> 原子発光法用の標準液として 2.00 μg Cs/mL（実際は Cs^+）溶液を調製することを考えよう．250, 500, 1000 mL のメスフラスコと 5, 10, 25 mL のホールピペットが利用できる．ひょう量で 4 桁の有効数字を得るために，正確な天びんで少なくとも 1 g の純粋な CsCl をミリグラムの位までひょう量したい．2.00 μg Cs/mL を得るために，純粋な CsCl から濃厚原液を調製し，希釈する手順を考えよ．
>
> **解法** 簡単のために，2.00 μg の倍数量の Cs を含む CsCl をひょう量してメスフラスコ内で溶かす．次に，一連の希釈を行い，濃度を 2.00 μg Cs/mL まで下げる．たとえば，1000 μg Cs/mL の原液をつくることができる．この溶液の濃度は，目標濃度の 500 倍である．50 倍希釈と 10 倍希釈を行えば，500 倍希釈ができる．
>
> 原液 1 L をつくるには，(1000 μg Cs/mL)(1000 mL) = 1.000 g Cs が必要である．Cs の原子量は 132.91，CsCl の式量は 168.36 であるので，1.000 g の

Csを含むCsClの質量は次式で計算できる.

$$(1.000 \text{ g Cs})\left(\frac{168.36 \text{ g CsCl/mol}}{132.91 \text{ g Cs/mol}}\right) = 1.267 \text{ g CsCl}$$

1000 μg Cs/mL 原液をつくるには,CsCl を 1.267 g(浮力補正値)だけひょう量し,1.000 L メスフラスコで溶かす.実際には,1.267 g の代わりに 1.284 g のように,目的の質量付近の量を取り,質量を正確に測定する方が簡単である.たとえば,ひょう量値が 1.284 g のとき,濃度は 1000 μg Cs/mL ではなく 1014 μg Cs/mL になる.

50 倍希釈するには,原液 10.00 mL を 10 mL ホールピペットで 500 mL メスフラスコに移して希釈すればよい.この溶液を B と呼ぶ.濃度は(1000 μg Cs/mL)/50 = 20.0 μg Cs/mL である.溶液 B を 10 倍希釈するには,溶液 B 25.00 mL を 25 mL ホールピペットで 250 mL メスフラスコに移して希釈すればよい.この最終溶液の濃度は,目的の 2.00 μg Cs/mL である.3 章では,各測定での不確かさに基づいて,最終濃度の有効数字の桁数を求める方法を学ぶ.

同じ希釈を別のやり方で行うこともできる.たとえば,溶液 5.00 mL を 250 mL メスフラスコに移して 50 倍希釈することもできる.

類題 20.0 μg Cs/mL の溶液 B を希釈して,三種類の溶液(4, 3, 1 μg Cs/mL)をつくる方法を示せ.
(**答え**:1 μg/mL 溶液は,溶液 B 25 mL を 500 mL に希釈すればよい.3 μg/mL 溶液は,(25 + 25 + 25) mL の溶液 B を 500 mL に希釈する.4 μg/mL 溶液は,(25 + 25) mL の溶液 B を 250 mL に希釈する.)

段階希釈の相対不確かさは,大きなピペットと大きなフラスコを用いると改善される.1 mL を 100 mL メスフラスコに移すか,10 mL を 1 L メスフラスコに移すかを選べるのであれば,大きなガラス器具を用いるほうが結果はより正確になる.ガラス器具を個別に較正すれば,より正確になる.大きなガラス器具では余分な廃棄物が発生し,処分に危険がともない,費用がかかる場合もある.このようなときは,求められる正確さと発生する廃棄物の量のどちらかを選ばなければならない.

マイクロピペット

マイクロピペット(図 2-14)は,1~1000 μL(1 μL = 10^{-6} L)の液体を移すことができる.液体は,使い捨てのポリプロピレンチップ内にたまる.チップは,ほとんどの水溶液とクロロホルム($CHCl_3$)を除く多くの有機溶媒に対して安定であるが,濃硝酸や硫酸には弱い.エーロゾル(aerosol)がピペットの柄の内部に入らないように,ポリエチレンフィルター付きのチップを利用できる.エーロゾルは,ピペットの機械部品を腐食したり,生物学実験で相互汚染を引き起こしたりする恐れがある.

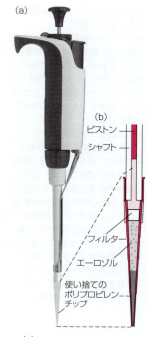

図 2-14 (a) 使い捨てのポリプロピレンチップをつけたマイクロピペット.(b) 使い捨てチップの拡大図.エーロゾルがピペットの柄内部を汚染しないようにポリエチレンフィルターが入っている.(c) 150 μL に設定された容量選択ダイヤル.[提供:Rainin Instrument, LLC, Oakland, CA.]

エーロゾルは,気相に懸濁する細かい液滴または固体の粒子である.

マイクロピペットでの誤差を避けるための注意[21]

- メーカーが推奨するチップを用いる．他のチップでは気密性が不十分になる恐れがある．
- 使用に先だって液体の吸い込みと排出を3回行って，ピペットのチップを洗い，内部を蒸気で満たす．
- 不必要にチップをぬぐうと，試料が減少するおそれがある．
- 液体は，ピペットと同じ温度でなければならない．冷たい液体の体積は表示よりも小さく，温かい液体の体積は表示よりも大きくなる．誤差は，最も小さい体積で最大になる．
- マイクロピペットは，海面気圧で較正する．高地で較正すると誤差が生じる．ピペットを較正するには，ピペットで移した水をひょう量する．

マイクロピペットを使用するときは，ピペットの筒先に新しいチップをしっかり取り付ける．チップは包装容器かディスペンサー内に保管して，指で触れて汚染させないようにする．ピペット上部のつまみを目的の体積に合わせる．プランジャーを最初の停止位置まで押す．この停止位置は選択した体積に対応している．ピペットを垂直に保持し，チップの先を試薬溶液に深さ3〜5 mmまで入れ，プランジャーをゆっくりと離して液体を吸い込む．液体の吸い込みが完全に終わるまで，チップを数秒間液体に入れたままにする．チップが容器の側面に触れないように気をつけ，ピペットを液体から垂直に抜き取る．チップ内の液体の体積は，吸い込み時にピペットを保持する角度と，液面からチップ先端までの深さに依存する．液体を移すには，チップの先を別の容器の壁につけ，プランジャーを最初の停止位置まで静かに押す．チップから液体が排出し終わるまで数秒待ち，さらにプランジャーを押して残った液体をすべて排出する．液体を移す前に，新しいチップを洗って濡らすために，その液体の吸い込みと廃棄を3回行う．チップは使い捨てにしてもよいし，洗瓶でよく洗い再利用してもよい．フィルター付きのチップ（図2-14b）は，洗い再利用することはできない．

ここで説明した液体の吸い込み（吸引）と排出の操作は，「フォワードモード」と呼ばれる．プランジャーを最初の停止位置まで押し，指を離すと液体が吸い込まれる．液体を排出するには，最初の停止位置より奥までプランジャーを押す．「リバースモード」では，最初の停止位置からさらにプランジャーを押したのち，過剰量の液体を吸い込む．正確な量を排出するには，プランジャーを最初の停止位置まで押し，それ以上押さない．リバースモードでプランジャーをゆっくり操作すると，発泡性溶液（たとえば，タンパク質や界面活性剤を含む溶液）や粘性（シロップ状）液体で精度が向上する[22]．リバースモードでの

表2-5　マイクロピペットの許容誤差

容量 (μL)	全容量の10%		全容量の100%	
	正確さ (%)	精度 (%)	正確さ (%)	精度 (%)
可変量のピペット				
0.2〜2	±8	±4	±1.2	±0.6
1〜10	±2.5	±1.2	±0.8	±0.4
2.5〜25	±4.5	±1.5	±0.8	±0.2
10〜100	±1.8	±0.7	±0.6	±0.15
30〜300	±1.2	±0.4	±0.4	±0.15
100〜1000	±1.6	±0.5	±0.3	±0.12
固定量のピペット				
10			±0.8	±0.4
25			±0.8	±0.3
100			±0.5	±0.2
500			±0.4	±0.18
1000			±0.3	±0.12

出典：Hamilton Co., Reno, NV によるデータ．

ピペット操作は，メタノールやヘキサンなどの揮発性液体にも適応できる．揮発性液体では，ピペットをすばやく操作して蒸発を最小限に抑える．

表 2-5 に，あるメーカーのマイクロピペットの許容誤差をまとめた．内部の部品が摩耗すると，精度も正確さも1桁くらい低下する．生物医学実験室で使用中の54台のマイクロピペットを調査したところ，12台が正確で，誤差は 1% 以下であった[23]．54台中5台は，誤差が10%以上であった．製薬会社4社の54名の品質管理技術者が正常に機能するマイクロピペットを使用したとき，10名が正確なピペット操作を行い，その誤差は1%以下であった．6名は，誤差10%以上であった．マイクロピペットには定期的な較正とメンテナンス（洗浄，シール交換，注油など）が必要であり，使用者（人）には検定が必要である．マイクロピペットが許容誤差から外れるまでの平均時間が2年であるならば，実験室のマイクロピペットの95%が規格内で動作していると確信するためには，2ヵ月ごとの較正が必要である[24]．マイクロピペットの較正には，2-9節で説明するように排出する水の質量を測定するか，市販の比色較正キットを用いる[25]．

正確さ（accuracy）は，真値にどれだけ近いかを表す．
精度（precision）は，再現性を表す．

シリンジ

図 2-15 に示すマイクロリットルシリンジ（syringe）は，容量が 1〜500 μL，正確さと精度は約1%である．シリンジを使うまえに，液体の吸い込みと排出を数回行ってガラス壁を洗い，筒内の気泡を取り除く．鋼製の針は強酸に侵され，強酸溶液を鉄で汚染する．シリンジはマイクロピペットよりも信頼性が高いが，取り扱いと洗浄には注意が必要である．図 2-16 は，プログラム可能なデュアルシリンジ希釈装置の一例である．この装置はマイクロリットル量までの溶液を自動的に排出でき，2本のシリンジを使って二種類の溶液の混合物を高い再現性で調製できる．

図 2-15 Hamilton 製シリンジ．容量は 1 μL，最小目盛は 0.01 μL．[提供：Hamilton Co., Reno, NV.]

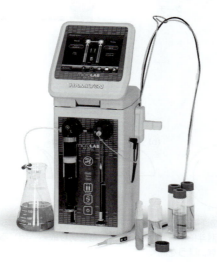

図 2-16 Microlab 600 デュアルシリンジ希釈装置．プログラム可能なディスペンサー．装置の正面に見える2本のシリンジがマイクロリットル量までの液体を排出する．単一の液体および二種類の液体の混合物を再現性よく排出できる．[提供：Hamilton Co., Reno, NV.]

2-7 ろ過

　重量分析では，反応生成物の質量を測定して，未知物質の存在量を求める．重量分析の沈殿は，ろ過して集め，洗って乾燥させる．多くの場合，沈殿は**フリットガラス漏斗**（グーチろ過器ともいう）でろ過される．速くろ過するためには吸引する（図 2-17）．漏斗内の多孔質ガラス板は，液体は通すが固体は通さない．まず，空の漏斗を110℃の乾燥器または電子レンジで乾燥してひょう量する．固体を集めて再び乾燥させたのち，漏斗と内容物をもう一度ひょう量して，集めた固体の質量を求める．物質が沈殿したり，結晶化したりする元の液体を**母液**（mother liquor）と呼ぶ．フィルターを通過した液体を**ろ液**（filtrate）と呼ぶ．

　一部の重量法では，沈殿を**強熱**（ignition；バーナー上または炉内で高温で加熱）して既知の一定組成に変える．たとえば，Fe^{3+} は，不定組成の水和酸化鉄 $FeOOH \cdot xH_2O$ として沈殿する．これをひょう量前に強熱して純粋な Fe_2O_3 に変える．沈殿を強熱するときは，燃焼時に残渣がほとんど残らない**無灰ろ紙**（ashless filter paper）に沈殿を集める．

　円錐形のガラス漏斗でろ紙を使用するときは，ろ紙を四つ折りにして一角を切り取ってから（漏斗に密着させるため），漏斗に取り付ける（図 2-18）．ろ紙が漏斗にぴったり収まるように調節し，蒸留水でなじませる．また，液体を注ぐとき，液体が途切れずに漏斗の脚を満たすようにすると（図 2-19），脚内の液体の重量がろ過を速くする．

　ろ過するときは，ガラス棒に沿って沈殿のスラリーを注ぎ，飛散しないよう

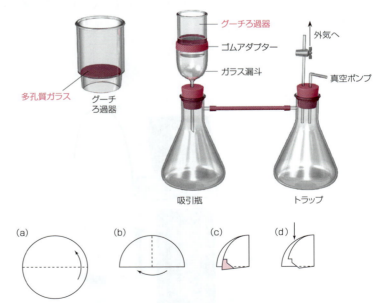

図 2-17 グーチろ過器によるろ過．液体は，円盤状の多孔質（フリット）ガラスを通過する．トラップは，液体が真空ポンプに吸引されるのを防ぐ．

図 2-18 円錐形の漏斗用にろ紙を折る方法．(a) ろ紙を半分に折る．(b) もう一度半分に折る．(c) ろ紙を漏斗に密着させるため，一角を切り取る．(d) ろ紙を漏斗に収めるときは，切り取っていないほうを開く．

にする（図 2-19）〔スラリー（slurry）は，固体が液体に懸濁したもの〕．ビーカーやガラス棒に付いた粒子は，ラバーポリスマン（ガラス棒の先端に平らなゴムの付いた器具）で落とす．洗瓶から適切な洗液を流して，ゴムやガラス器具に付いた粒子をろ紙に落とす．沈殿を強熱する場合は，湿ったろ紙の小片でビーカーに残った粒子をふき取る．この小片もろ紙と一緒に強熱する．

2-8 乾　燥

試薬，沈殿物，ガラス器具は 110 ℃ の乾燥器で乾燥させるのがよい（一部の化学物質は他の温度にする必要がある）．乾燥器に入れる試薬などすべてのものにラベルを付ける．また，ビーカーと時計皿を用いて，乾燥中に塵によって汚染されるのを最小限に抑える（図 2-20）．実験台上のすべての容器を覆って，塵による汚染を防ぐことはよい習慣である．

重量法の沈殿の質量は，操作前に乾燥した空のろ過器をひょう量し，操作後に乾燥した生成物の入った同じろ過器を再びひょう量して求める．空のろ過器をひょう量するには，まず乾燥器で 1 時間以上乾燥して「恒量」にし，デシケータ内で 30 分間冷ます．ろ過器をひょう量して，再び約 30 分間加熱する．ろ過器を冷まして，再びひょう量する．この繰り返しのひょう量値が ± 0.3 mg 以内で一致すれば，ろ過器は「恒量」であると見なせる．ひょう量時にろ過器が温かいと対流が起こり，誤った質量を与える．指紋がつくと質量が変わるので，指でろ過器に触れないようにする．試薬やろ過器の乾燥では，電気乾燥器の代わりに電子レンジを使うこともできる．まず加熱時間 4 分で試し，その後は 2 分ずつ加熱する．ひょう量前に 15 分間冷ます．

デシケータ（desiccator）（図 2-21）は，乾燥剤（desiccant）を入れた密閉容器である（表 2-6）．ふたと本体の接触面にグリースを塗って密閉する．乾燥剤は，穴の開いた円盤の下の底に置く．表 2-6 に示した以外に，有効な乾燥剤として 98 wt % 硫酸がある．高温の物体をデシケータ内に入れるときは，物体が少し冷めるまでふたをわずかに開けて 1 分間放置する．この操作で，内部の空気が温まってふたが突然開くのを防ぐことができる．デシケータを開けるときは，ふたをまっすぐ引き上げるのではなく，横に滑らせる．

図 2-19 沈殿のろ過．円錐形の漏斗は，スタンドに取り付けた金属リング（いずれも図示していない）で支持される．

塵は，あらゆる実験で汚染源となる．

可能なときはすべての容器を覆う．

図 2-20 乾燥器内で試薬やろ過器を乾燥するときは，時計皿を防塵カバーに用いる．

図 2-21 (a) 通常のデシケータ．(b) 真空デシケータ．頂上部の側枝から排気し，側枝の元のコックを回転させて密閉することができる．乾燥の効率は，低圧のほうがよい．〔出所：A. H. Thomas Co., Philadelphia, PA.〕

表2-6　乾燥剤の能力

乾燥剤	化学式	気体中に残る水分 (μg H_2O/L)[a]
過塩素酸マグネシウム無水物	$Mg(ClO_4)_2$	0.2
アンハイドロン（Anhydrone®）	$Mg(ClO_4)_2 \cdot 1〜1.5\,H_2O$	1.5
酸化バリウム	BaO	2.8
アルミナ	Al_2O_3	2.9
五酸化二リン	P_4O_{10}	3.6
硫酸カルシウム（Drierite®）[b]	$CaSO_4$	67
シリカゲル	SiO_2	70

(a) 湿った窒素が各乾燥剤の上を通過した後に，気体中に残った水を凝縮してひょう量した．[A. I. Vogel, "A Textbook of Quantitative Inorganic Analysis, 3rd ed.," Wiley (1961), p. 178.] 気体を乾燥させるには，気体を長さ60 cmのNafionチューブに通す．残留水分は，25℃では10 μg/Lである．0℃では0.8 μg/Lである．[K. J. Leckrone, J. M. Hayes, *Anal. Chem.*, **69**, 911 (1997).]
(b) 使用済みのDrieriteは，その1.5 kgを100 × 190 mmのパイレックス製結晶皿に載せて電子レンジで15分間加熱すれば再生できる．固体をかき混ぜ，もう一度15分間加熱する．高温の乾燥した物質をもとの容器に戻す．結晶皿と乾燥器のガラストレーの間にガラス製の小さなスペーサーを置いてトレーを保護する．[J. A. Green, R. W. Goetz, *J. Chem. Ed.*, **68**, 429 (1991).]

2-9　容量ガラス器具の較正

　私たちが使用する測定器には，質量，体積，力，電流などの量を測定するための何らかの目盛がある．メーカーは，通常，表示される量が真の量からある許容誤差内にあることを保証する．たとえば，クラスAのホールピペットは，適切に用いると排出量が 10.00 ± 0.02 mLに収まるようにできている．あるピペットは，一連の試行で常に 10.016 ± 0.004 mLになるかもしれない．すなわち，そのピペットは，表示容量よりも平均0.016 mLだけ多い量を排出する．**較正**（calibration）は，装置の目盛に表示された値に対応する実際の量を測定する操作である．

　最高の正確さを得るには，容量ガラス器具を較正し，実際に入っている体積や排出する体積を測定する．容器に入っている水または排出される水の質量を測定し，水の密度を用いて質量を体積に換算する．

　きわめて慎重な測定では，温度変化にともなう溶液とガラス器具の熱膨張を考慮する必要がある．このために，溶液を調製し使用する実験室の温度を測定する．表2-7は，水が20℃付近で1℃あたり0.02%だけ膨張することを示す．溶液の濃度はその密度に比例するので，次のように書ける．

> ビュレットの較正手順は，58ページに詳しく記してある．

熱膨張の補正： $$\frac{c'}{d'} = \frac{c}{d} \tag{2-3}$$

> 温度が高くなると，濃度は低くなる．

ここで，c' および d' は温度 T' での濃度および密度，c および d は温度 T での濃度および密度である．

表 2-7 水の密度

温度（℃）	密度（g/mL）	水1gの体積（mL）	
		各温度での値[a]	20℃に補正した値[b]
10	0.999 702 6	1.001 4	1.001 5
11	0.999 608 4	1.001 5	1.001 6
12	0.999 500 4	1.001 6	1.001 7
13	0.999 380 1	1.001 7	1.001 8
14	0.999 247 4	1.001 8	1.001 9
15	0.999 102 6	1.002 0	1.002 0
16	0.998 946 0	1.002 1	1.002 1
17	0.998 777 9	1.002 3	1.002 3
18	0.998 598 6	1.002 5	1.002 5
19	0.998 408 2	1.002 7	1.002 7
20	0.998 207 1	1.002 9	1.002 9
21	0.997 995 5	1.003 1	1.003 1
22	0.997 773 5	1.003 3	1.003 3
23	0.997 541 5	1.003 5	1.003 5
24	0.997 299 5	1.003 8	1.003 8
25	0.997 047 9	1.004 0	1.004 0
26	0.996 786 7	1.004 3	1.004 2
27	0.996 516 2	1.004 6	1.004 5
28	0.996 236 5	1.004 8	1.004 7
29	0.995 947 8	1.005 1	1.005 0
30	0.995 650 2	1.005 4	1.005 3

(a) 式 2-1 を用いて浮力を補正した.
(b) 浮力とホウケイ酸ガラスの膨張（0.0010% K^{-1}）を補正した.

例題 溶液濃度に対する温度の影響

冬に実験室の温度が 17℃ のときに，0.031 46 M 水溶液を調製した．気温 25℃ の暖かい日には，この溶液の容量モル濃度はいくらになるか？

解法 希薄溶液の熱膨張は純水の熱膨張と等しいと仮定すると，式 2-3 および表 2-7 の密度を用いて，次のように書ける．

$$\frac{25℃のときのc'}{0.99705\,\text{g/mL}} = \frac{0.031\,46\,\text{M}}{0.99878\,\text{g/mL}} \Rightarrow c' = 0.03141\,\text{M}$$

暖かい日の濃度は，0.16% だけ低くなる．

パイレックスや他のホウケイ酸ガラスは，室温付近で 1℃ あたり 0.0010% だけ膨張する．温度が 10℃ 上がると，ガラス器具の体積は（10℃）(0.0010%/℃) ＝ 0.010% だけ大きくなる．ほとんどの測定では，この膨張は問題にならない．
25 mL ホールピペットを較正するには，まず図 2-20 に示したような空のひょう量瓶の質量を測る．次いで，蒸留水をピペットの標線まで取り，ひょう量瓶に移し，蒸発しないようにふたをする．再びひょう量瓶の質量を測り，ピ

小さい容器や複雑なかたちの容器は，水銀で較正できる．水銀は水よりもガラス製容器から除きやすく，密度が水の 13.6 倍である．この操作は研究者向けであり，学生向けではない．水銀の蒸気は，健康を害する．

ペットから移した水の質量を求める．最後に，質量を体積に換算する．

$$\text{真の体積} = (\text{水のグラム数}) \times (\text{表 2-7 の水 1 g の体積}) \tag{2-4}$$

> **例題** ピペットの較正
>
> 空のひょう量瓶の質量は 10.313 g であった．25 mL ピペットで水を加えると，質量は 35.225 g であった．実験室の温度が 27℃ であったとして，ピペットで移した水の体積を求めよ．
>
> **解法** 水の質量は 35.225 − 10.313 = 24.912 g である．式 2-4 および表 2-7 の右から 2 列目の値から，水の体積は 27℃ において，(24.912 g)(1.004 6 mL/g) = 25.027 mL である．表 2-7 の右端の列の値を用いると，20℃ における体積がわかる．このピペットで移される水の体積は，20℃ において，(24.912 g)(1.004 5 mL/g) = 25.024 mL である．

温度が低くなるとガラスはわずかに収縮するので，ピペットで排出される体積は，27℃ よりも 20℃ のときのほうが小さい．容量ガラス器具は，通常 20℃ で較正されている．

デジタル制御の電子式ガラス製マイクロリットルシリンジのメーカーは，較正値を開示している．2〜50 μL の液体を排出できる可変量シリンジでは，50 μL を排出するとき，メーカーによる正確さの許容誤差は ±1.0%（±0.5 μL）である．シリンジで排出される水を実際にひょう量して較正すれば，正確さは ±0.2%（±0.1 μL）になる．

2-10　Microsoft Excel の基礎

すでにスプレッドシート（表計算ソフト）を使用している人は，この節を飛ばしてもよい．コンピュータのスプレッドシートは，数値情報の処理に不可欠のツールである．分析化学において，スプレッドシートは，検量線，統計解析，滴定曲線，平衡の問題などで役に立つ．また，強い酸や異なるイオン強度が滴定曲線に与える影響を調べるような「仮想」実験を行うこともできる．本書では，分析化学の問題を解くツールとして Microsoft Excel を用いる[26]．この節を飛ばしてもなんら問題はないが，スプレッドシートは化学への理解をさらに深め，本書以外でも有用なツールとなるだろう．

さあはじめよう！　水の密度の計算

次の式から水の密度を計算するスプレッドシートを作成してみよう．

$$\text{密度 (g/mL)} = a_0 + a_1 * T + a_2 * T^2 + a_3 * T^3 \tag{2-5}$$

この式は，温度範囲 4〜40℃ において小数点以下 5 桁まで正確である．

ここで，T は温度（℃），$a_0 = 0.999\ 89$，$a_1 = 5.332\ 2 \times 10^{-5}$，$a_2 = -7.589\ 9 \times 10^{-6}$，$a_3 = 3.671\ 9 \times 10^{-8}$ である．

図 2-22a の空白のスプレッドシートには A，B，C と記された列と，1，2，3，…，12 と記された行がある．列 B，行 4 のボックスは<u>セル B4</u> と呼ばれる．

スプレッドシートを見やすくするために，まず各シートにタイトルを付ける．図 2-22(b) で，セル A1 をクリックして，"式 2-5 を用いた水の密度計算"

(a)

	A	B	C
1			
2			
3			
4		セル B4	
5			
6			
7			
8			
9			
10			
11			
12			

（列／行）

(b)

	A	B	C
1	式 2-5 を用いた水の密度計算		
2	(Dan Harris の教科書より)		
3			
4	定数：		
5	a0=		
6	0.99989		
7	a1=		
8	5.3322E−05		
9	a2=		
10	−7.5899E−06		
11	a3=		
12	3.6719E−08		

(c)

	A	B	C
1	式 2-5 を用いた水の密度計算		
2	(Dan Harris の教科書より)		
3			
4	定数：	温度（℃）	密度（g/mL）
5	a0=	5	0.99997
6	0.99989	10	
7	a1=	15	
8	5.3322E−05	20	
9	a2=	25	
10	−7.5899E−06	30	
11	a3=	35	
12	3.6719E−08	40	

(d)

	A	B	C
1	式 2-5 を用いた水の密度計算		
2	(Dan Harris の教科書より)		
3			
4	定数：	温度（℃）	密度（g/mL）
5	a0=	5	0.99997
6	0.99989	10	0.99970
7	a1=	15	0.99911
8	5.3322E−05	20	0.99821
9	a2=	25	0.99705
10	−7.5899E−06	30	0.99565
11	a3=	35	0.99403
12	3.6719E−08	40	0.99223
13			
14	式：		
15	C5=$A$6+$A$8*B5+$A$10*B5^2+$A$12*B5^3		

図 2-22 水の密度を計算するスプレッドシートの作成．

と入力する（引用符は付けない）．次に，セル A2 をクリックして，"(Dan Harris の教科書より)" と入力する．文字の幅は，自動的に右隣のセルまで広がる．ワークシートを保存するには，Excel 2010 の場合，左上の［ファイル］メニューをクリックし，［名前を付けて保存］を選ぶ．Excel 2007 の場合，左上の［Office ボタン］をクリックして［名前を付けて保存］を選ぶ．内容を忘れてしまったあとでもわかるように，スプレッドシートにわかりやすい名前を付け，将来見つけやすい場所にファイルを保存する．コンピュータ内の情報は，見つからなければなんの価値もない．

本書では，定数を列 A にまとめる方針に従う．セル A4 に "定数：" と入力する．次に，セル A5 を選び，"a0=" と入力する．続けてセル A6 を選び，値 "0.99989" を入力する（余分なスペースを入れない）．セル A7 から A12 までに残りの定数を入力する．10 の累乗は，たとえば 10^{-5} の場合，"E-5" と入力する*．

セル A8 に "5.3322E-5" と入力すると，すべての桁がメモリに保持されるが，スプレッドシートにはおそらく "5.33E-5" と表示される．指数形式で表示される桁数を変えるには，セル A8 をクリックして，スプレッドシート上部の［ホーム］リボンの［数値］と表示されている場所に移動して，右下にある

*訳者注：日本語入力システムを用いている場合，数値と式は英字で入力するのがよい．列の英文字，10 の累乗を表す E，関数などは小文字で入力すればよい．入力するとふつう自動的に大文字で表示される．

小さな矢印をクリックする．［セルの書式設定］のウィンドウが表示されるだろう．［指数］を選び，［小数点以下 4 桁］を選ぶ．OK をクリックすると，セル A8 の表示値は「5.3322E-5」になる．桁数に合わせてもう少し余白が必要な場合は，列名が記されている最上行の沿直線をマウスでドラッグして広げる．列 A 最上行をクリックすると，列 A のすべての数値の書式を設定できる．ここまでで，スプレッドシートは図 2-22b のようになる．

セル B4 に "温度（℃）" と見出しを入力する．次に，セル B5 から B12 に 5 から 40 までの温度を入力する．これがスプレッドシートへの入力である．出力は，列 C で計算される密度の値である．

セル C4 に "密度（g/mL）" と見出しを入力する．セル C5 はこの表で最も重要なセルである．このセルに次の式を入力する．

"= $A$6 + $A$8*B5 + $A$10*B5^2 + $A$12*B5^3"

式は等号で始める．
スプレッドシートの算術演算子
＋：和
－：差
＊：積
／：商
＾：累乗

算術演算子の前後にはスペースを入れても入れなくてもよい．ENTER キーを押すと，セル C5 に値 0.99997 が表示される．上の式は，式 2-5 をスプレッドシート用に変換したものである．$A$6 は，セル A6 の定数を参照する．ドル記号については，このあとすぐに説明する．B5 は，セル B5 の温度を参照する．乗法記号は＊，累乗記号は＾である．たとえば，"$A$12*B5^3" は，（セル A12 の内容）×（セル B5 の内容）^{3} を意味する．

ここからがスプレッドシートの最も魅力的な特徴である．セル C5 には，セル C6 から C12 までにコピーしたい式が入力されている．まずこのセル C5 を選択する．セル C5 の右下隅に現れる小さな四角をつかみ，下のセル C6 から C12 までドラッグする．セル C5 の式が下のセルにコピーされ，各セルの数値が計算される．そして，各温度での水の密度が列 C に表示される（図 2-22d）．［ホーム］リボンの［数値］で右下の矢印をクリックして［セルの書式設定］を開き，［表示形式］-［数値］を選び，［小数点以下の桁数］を 5 にすれば，数値を指数表記ではなく 10 進表記にすることもできる．

3 通りの入力
ラベル（label）"a3 ="
数値（number）"4.4E-0.5"
式（formula）"= $A$8*B5"

この例では，三種類の入力を行った．"a0 =" などのラベルは，文字として入力した．数値や等号以外で始まる入力は，文字として扱われる．いくつかのセルには，25 などの数値を入力した．スプレッドシートは，数値と文字を区別して扱う．セル C5 には式を入力した．式は，必ず等号ではじまる．

算術演算と関数

和，差，積，商，累乗の記号は，＋，－，＊，／，＾である．EXP(·) などの関数は，手で入力することも，［数式］リボンから選ぶこともできる．EXP(·) は，e を (·) 乗する．LN(·)，LOG(·)，SIN(·)，COS(·) などの他の関数も利用できる．

演算の順序：
1．負をとる（項の前の負符号）
2．累乗
3．積または商（左から右の順）
4．和および差（左から右の順）

かっこ内の演算は，最も内側のかっこ内から順に計算される．

式中の算術演算の順序は，最初が負にすること，次に＾，次に＊または／（左から右に表示される順序で計算される），最後に＋または－（これも左から右に計算される）である．意図した通りにコンピュータが計算するように，適宜かっこを使用する．かっこの外の演算を実行する前に，かっこのなかが計算される．いくつかの例を以下に挙げる．

$9/5*100 + 32 = (9/5)*100 + 32 = (1.8)*100 + 32 = (1.8*100) + 32$
$\qquad = (180) + 32 = 212$
$9/5*(100 + 32) = 9/5*(132) = (1.8)*(132) = 237.6$
$9 + 5*100/32 = 9 + (5*100)/32 = 9 + (500)/32 = 9 + (15.625) = 24.625$
$9/5\wedge 2 + 32 = 9/(5\wedge 2) + 32 = (9/25) + 32 = (0.36) + 32 = 32.36$
$-2\wedge 2 = 4$ であるが $-(2\wedge 2) = -4$

自分の式がどのように計算されるか疑わしいときは，かっこを使うと意図した通りに計算できるようになる．

文書化と読みやすさ

　スプレッドシートにおいて，最初の重要な<u>文書化</u>（documentation）はファイル名である．「実験 10 グランプロット」のような名前のほうが，「化学ラボ」よりも意味がある．次に重要な特徴はスプレッドシートの最初の行に書く見出しであり，スプレッドシートの目的を示す．スプレッドシートで使用した式を明らかにするために，最下部にテキスト（ラベル）を追記する．セル A14 に"式："と入力し，セル A15 に"C5 = \$A\$6 + \$A\$8*B5 + \$A\$10*B5^2 + \$A\$12*B5^3"と入力する．式を文書化する最も確実な方法は，セル C5 の式を数式バーからコピーすることである．セル A15 に移動して，"C5"と入力し，コピーした式をペーストする．

　数値（10 進表記）または指数形式を選び，表示する小数点以下の桁数を指定して，スプレッドシートのデータの<u>読みやすさ</u>を向上させる．表示が 5 桁のみであっても，スプレッドシートのメモリにはさらに多くの桁が保持されている．

> **文書化**は，ラベル付けを意味する．他の人があなたの助けなしにスプレッドシートを読めなければ，もっと適切な文書化が必要である（同じことが実験ノートにもあてはまる！）．

絶対参照と相対参照

　式"= \$A\$8*B5"は，セル A8 と B5 を異なる形式で参照している．\$A\$8 は，セル A8 を<u>絶対参照</u>している．スプレッドシート上のどこからセル \$A\$8 が呼び出されても，コンピュータはセル A8 に移動して数値を探す．セル C5 の式中の "B5" は，<u>相対参照</u>である．セル C5 から呼び出されると，コンピュータは左のセル B5 に移動して数値を探す．セル C5 の内容をセル C6 にコピーすると，"B5" は自動的に "B6" となる．セル C6 から呼び出されると，コンピュータは左のセル B6 へ移動して数値を探す．同様にセル C19 から呼び出されると，コンピュータは左のセル B19 を調べる．これが，ドル記号のないセルが相対参照と呼ばれる理由である．コンピュータが常にセル B5 を参照するようにしたいのであれば，"\$B\$5" と入力する必要がある．

> **絶対参照**："\$A\$8"
> **相対参照**："B5"

> 作業中はファイルをまめに保存して，作業結果を失わないようにしよう．

2-11　Microsoft Excel を用いたグラフの作成

　グラフは数量関係の理解に重要である．Excel 2010 または 2007 で図 2-22d のスプレッドシートからグラフを作成するには，［挿入］リボンの［散布図］をクリックし，［散布図（平滑線とマーカー）］のアイコンを選ぶ．私たちが作成する最も一般的な他のグラフは，［散布図（マーカーのみ）］である．空のグラ

フをマウスでつかみ，データの右側に移動させる．［グラフツール］-［デザイン］を選び，［データの選択］をクリックし，［凡例項目］-［追加］をクリックする．系列名に"密度"と入力する．X の値は，セル B5:B12 を選択する．Y の値は，ボックスの中身を消去し，セル C5:C12 を選択する．OK を 2 回クリックする．プロットエリア内をクリックし，［グラフツール］-［書式］を選ぶ．プロットエリアでは，［選択対象の書式設定］でグラフの枠線や塗りつぶしの色を選択できる．［塗りつぶし］では，［塗りつぶし（単色）］で白色を選ぶ．［枠線の色］では，［線（単色）］で黒色を選ぶ．こうして，黒色の枠線で囲まれた白色のグラフが作成できる．

X軸ラベルを加えるには，［グラフツール］-［レイアウト］を選び，［軸ラベル］-［主横軸ラベル］から［軸ラベルを軸の下に配置］をクリックする．汎用の軸ラベルがグラフに表示される．これを選択して，軸ラベルに"温度（℃）"と入力する．Y軸にラベルを表示するには，再び［グラフツール］-［レイアウト］を選ぶ．［軸ラベル］-［主縦軸ラベル］から［軸ラベルを回転］をクリックする．次に，軸ラベルに"密度（g/mL）"と入力する．グラフ上部に表示されるタイトルを DELETE キーで削除する．これでグラフは図 2-23 のようになる．

図 2-24 のようにグラフを変更してみよう．グラフの曲線をクリックして，すべてのデータ点を選択する．1 点のみが選択されている場合は，曲線の別の場所をクリックする．［グラフツール］-［書式］を選ぶ．［現在の選択範囲］で［選択対象の書式設定］を選ぶと，［データ系列の書式設定］のウィンドウが表示される．［マーカーのオプション］で［組み込み］を選ぶ．種類は丸，サイズは 6 を選ぶ．［マーカーの塗りつぶし］では，［塗りつぶし（単色）］で好みの色を選ぶ．［線の色］の［線（単色）］よりマーカーと同じ色を選ぶ．グラフの曲線の外観を変更するには，［線の色］と［線のスタイル］を使用する．幅 1.5 ポイントの黒の実線を作成する．

Y 軸の外観を変更するには，Y 軸上の任意の数字をクリックする．すると，すべての数字が選択される．［グラフツール］-［書式］-［選択対象の書式設定］を選ぶと，［軸の書式設定］ウィンドウが表示される．［軸のオプション］-［最

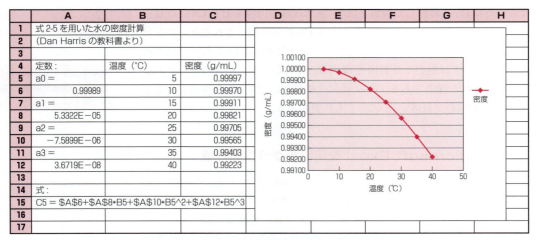

図 2-23 Excel で最初に作成した密度のグラフ.

小値］で［固定］をクリックし，値を"0.992"に設定する．［軸のオプション］-［最大値］で［固定］をクリックし，値を"1.000"に設定する．［目盛間隔］で［固定］をクリックし，値を"0.002"に設定する．［補助目盛間隔］で［固定］をクリックし，値を"0.0004"に設定する．［補助目盛の種類］を［外向き］にする．［軸の書式設定］ウィンドウで［表示形式］-［数値］を選び，水の密度が小数点以下3桁まで表示されるようにする．［軸の書式設定］ウィンドウを閉じて縦軸の変更を終える．

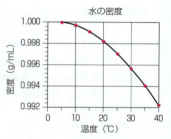

図2-24 書式を変更したのちの密度のグラフ．

同様の方法でX軸上の数字を選び，最小値0，最大値40，目盛間隔10，補助目盛間隔5にして，外観を図2-24のように変更する．［補助目盛の種類］は［外向き］にする．縦軸目盛線を加えるには，［グラフツール］に移動して，［レイアウト］-［目盛線］を選ぶ．［主縦軸目盛線］-［主目盛線］を選ぶ．

グラフの題名をグラフに加える．［グラフツール］-［レイアウト］で［グラフタイトル］を選び，［グラフ上］を選択する．"水の密度"と入力する．［ホーム］リボンでフォントサイズを10ポイントにする．これで図2-24のようなグラフができるだろう．グラフエリアとプロットエリアの大きさは，四隅をつまんで変更できる．

グラフ上に文字を入力するには，［挿入］リボンから［テキストボックス］を選ぶ．テキストボックス内をクリックして，文字を入力する．テキストボックスを希望する位置にドラッグする．テキストボックスの書式を変更するには，枠線をクリックする．［書式］リボンに移動して，［図形の塗りつぶし］と［図形の枠線］を使用する．矢印や線を加えるには，［挿入］リボンに移動して，［図形］を選ぶ．データ点の記号を変更するには，点の一つをクリックする．［書式］リボンで［選択対象の書式設定］をクリックする．表示されるボックスで点や線の外観を変更できる．

重要なキーワード

乾燥剤（desiccant）
吸湿性（hygroscopic）
吸収（absorption）
吸着（adsorption）
強熱（ignition）
グリーンケミストリー（green chemistry）
較正（calibration）
酸洗浄（acid wash）
視差（parallax）
スラリー（slurry）
相対不確かさ（relative uncertainty）
段階希釈（serial dilution）
滴定剤（titrant）
デシケータ（desiccator）
ピペット（pipet）
ビュレット（buret）
風袋（tare）
浮力（bouyancy）
母液（mother liquor）
無灰ろ紙（ashless filter paper）
メスフラスコ（volumetric flask）
メニスカス（meniscus）
ろ液（filtrate）

本章のまとめ

安全のため，実験内容についてあらかじめ計画を立て，それぞれの操作を行う前にその危険性を考慮しなければならない．十分な安全対策を講じるまで操作を行ってはならない．ゴーグル，ドラフトチャンバー，実験用白衣，手袋，非常用シャワー，洗眼器，消火器などの安全装備の使用方法を知っておくことも重要である．化学物質は，できる限り人との接触がないように保管・使用する．使用するすべての化学物質について，環境上許容される廃棄手順をあらかじめ確立しておく．実験ノートは，実施するすべての事柄，および観察したすべての内容を記すものであり，他の人が理解できなければならない．また，将

来同じ実験を繰り返す際，必ず再現できるものでなければならない．

電子天びんは，その動作原理を理解して，精密機器として扱おう．正確な測定では，浮力の補正が必要である．ビュレットで最良の結果を得るには，再現性のよい方法で読み，液体をゆっくりと排出する．最小目盛の間は内挿して，最小目盛の1桁下までの値を読む．メスフラスコは，既知体積の溶液を調製するために用いられる．ホールピペットは，一定体積の液体を他に移すものである．メスピペットは精度が低く，体積がばらつく．容量ガラス器具は大きいほど，その相対不確かさが小さくなる．ホールピペットとメスフラスコを用い，濃厚溶液から希薄溶液を調製する段階希釈の方法を理解しよう．マイクロピペットのデジタル値に満足して気を抜いてはいけない．マイクロピペットが較正されておらず，かつあなたの技術が確立されていなければ，マイクロピペットは大きな誤差を生じる可能性がある．ろ過と沈殿の回収には，注意深い操作を要する．たとえば，乾燥器とデシケータを用いる試薬，沈殿，ガラス器具の乾燥である．容量ガラス器具は，容器に入った水または容器で移した水をひょう量して較正される．きわめて慎重な測定では，温度変化に応じて溶液濃度と容器体積を補正しなければならない．

この科目でスプレッドシートを使用するつもりであれば，スプレッドシートに式を入力する方法とデータのグラフを描く方法を学んでおこう．

練習問題

2-A. 大気中での水の測定質量が 5.3974 g のとき，真の質量はいくらか？　水の密度を調べるとき，実験室の温度は (a) 15℃，(b) 25℃ であったと仮定せよ．空気の密度は 0.0012 g/mL，基準分銅の密度は 8.0 g/mL とする．

2-B. 鉄の重量分析において，沈殿を強熱して得た酸化鉄試料（Fe_2O_3，密度 = 5.24 g/mL）の重量は大気中で 0.2961 g であった．真空中での真の質量はいくらか？

2-C. 過マンガン酸カリウム（$KMnO_4$）の溶液を滴定したところ，24℃ において 0.05138 M であった．実験室の温度が 16℃ に下がると，容量モル濃度はいくらになるか？

2-D. 原液には 1 L あたり 51.38 mmol の $KMnO_4$ が入っている．1 L あたり約 1, 2, 3, 4 mmol の $KMnO_4$ を含む溶液を得るには，表 2-4 のピペットと，100 mL または 250 mL のメスフラスコをどのように用いればよいか？　これらの溶液の精確な濃度はいくらか？

2-E. 水をビュレットの 0.12 mL から 15.78 mL まで排出した．排出した見かけの体積は 15.78 − 0.12 = 15.66 mL であった．22℃ の空気中で測定すると，排出した水の質量は 15.569 g であった．排出した水の真の体積はいくらか？

2-F. 📊 図 2-23 のスプレッドシートと図 2-24 のグラフをつくってみよ．

章末問題

安全および実験ノート

2-1. (a) 最も基本的な安全のルールは何か？　また，安全のルールが役に立つためにあなたに課される責任は何か？
(b) 実験室の安全装備と安全措置の説明を受けた後，そのリストを作成せよ．

2-2. どのような液体がゴム手袋に容易に浸透して皮膚に付着する恐れがあるか？　ゴム手袋はあなたの手を濃塩酸から保護できるか？

2-3. 化学物質を廃棄するとき，なぜ二クロム酸イオンを $Cr(OH)_3(s)$ に変換するのか？

2-4. 「グリーンケミストリー」の意味は何か？

2-5. 実験ノートの三つの重要な特徴を述べよ．

分析天びん

2-6. 電子天びんの動作原理を説明せよ．

2-7. ひょう量する物体の密度が 8.0 g/mL のとき，図 2-7 の浮力補正係数が 1 に等しいのはなぜか？

2-8. ペンタン（C_5H_{12}）は，25℃ 付近で密度 0.626 g/mL の液体である．空気中での重量が 14.82 g のペンタンの真の質量を求めよ．空気の密度を 0.0012 g/mL と仮定せよ．

2-9. いくつかの物質の密度（g/mL）は次の通りである．酢酸，1.05；CCl_4，1.59；S，2.07；Li，0.53；Hg，13.5；PbO_2，9.4；Pb，11.4；Ir，22.5．図 2-8 から，浮力補正係数が最も小さい物質と最も大きい物質を予想せよ．

2-10. フタル酸水素カリウムは，NaOH 溶液の濃度測定に用いられる一次標準物質である．空気中でひょう量した重量が 4.2366 g のとき，フタル酸水素カリウム（密度 = 1.636 g/mL）の真の質量を求めよ．浮力を補正しなかった場合，NaOH の容量モル濃度の計算値は高くなるか，低くなるか？　その差は何パーセントか？

2-11. 真の質量が 1.267 g の CsCl（密度 = 3.988 g/mL）を得るために，空気中で浮力を考慮してひょう量すべき見かけ

2-12. (a) 理想気体の法則（問題 1-18）を用いて，20℃，1.00 bar におけるヘリウムの密度（g/mL）を計算せよ．
(b) ヘリウム雰囲気のグローブボックス内でひょう量した金属ナトリウム（密度 = 0.97 g/mL）の見かけの質量が 0.823 g のとき，真の質量を求めよ．

2-13. (a) 水の平衡蒸気圧は，20℃で 2 330 Pa である．20℃の空気中で相対湿度が 42% のとき，水の蒸気圧はいくらか？ 相対湿度は，空気中の水蒸気の平衡分圧を百分率で表したものである．
(b) 本書の巻末にある 2 章の注釈 13 を参考にして，(a) の条件で気圧が 94.0 kPa のときの空気の密度（g/L ではなく g/mL）を求めよ．
(c) (b) の条件で水の重量が 1.000 0 g であるとき，水の真の質量はいくらか？

2-14. (a) 電子はかりに対する高度の影響．地球の中心から距離 r_a にある物体の重量が m_a グラムのとき，物体を距離 r_b までもち上げると，物体の重量は $m_b = m_a(r_a^2/r_b^2)$ になる．ある物体の重量は，$r_a = 6370$ km にある建物の 1 階で 100.000 0 g である．さらに 30 m 高い 10 階では，重量はいくらになるか？
(b) この物体を 10 階でひょう量する前に電子はかりの「較正」ボタンを押すと，観察される質量が 100.000 0 g になるのはなぜか？

2-15. 水晶振動子型微量天びん．2 章の冒頭に示した水晶振動子型微量天びんの金電極の面積は 3.3 mm² である．金電極のひとつは，表面密度 1.2 pmol/cm² の DNA で覆われている．
(a) 結合している DNA がそれぞれシトシン（C）1 単位だけ伸長するとき，電極表面に結合する C のヌクレオチドの質量はいくらになるか？ 結合するヌクレオチドの式量は，シトシン ＋ デオキシリボース ＋ リン酸 ＝ $C_9H_{10}N_3O_6P$ = 287.2 g/mol である．
(b) 金電極への DNA の結合による水晶振動子の周波数の変化量は，1 ng/cm² あたり −10 Hz である．−4.4 Hz の周波数変化が観察されたとき，電極面積 1 平方センチメートルあたり何 ng のシトシンが結合したか計算せよ．この周波数変化は，C 1 単位分の DNA の伸長と一致するか？

ガラス器具と熱膨張

2-16. 容量ガラス器具の記号「TD」および「TC」の意味は何か？

2-17. メスフラスコを用いて 0.150 0 M K_2SO_4 250.0 mL を調製する方法を説明せよ．

2-18. ガラス製の代わりにプラスチック製のメスフラスコを用いるのが好ましいのはどのようなときか？

2-19. (a) ホールピペットを用いて，液体 5.00 mL を移す方法を説明せよ．
(b) ホールピペットとメスピペットのどちらがより正確か？

2-20. (a) 100 µL の可変量マイクロピペットを用いて 50.0 µL の液体を移す方法を説明せよ．
(b) 液体が泡立つ場合，(a) の方法をどのように変えればよいか？

2-21. 図 2-17 のトラップ，図 2-20 の時計皿の目的は何か？

2-22. Drierite と五酸化二リンのどちらがより効果的な乾燥剤か？

2-23. (a) 一次標準物質である安息香酸（式量 122.12，密度＝ 1.27 g/mL）の 100.0 mM 水溶液 250 mL をつくるためにひょう量すべき質量はいくらか？
(b) 真の質量が (a) の値になる空気中の見かけの質量はいくらか？
(c) 段階希釈．5 mL と 10 mL のホールピペットと，100，250，500，1 000 mL のメスフラスコが利用できる．50.0 µM 安息香酸溶液をつくる段階希釈を考えよ．

2-24. ある空の 10 mL メスフラスコの質量は 10.263 4 g である．フラスコを標線まで蒸留水で満たし，空気中 20℃ で再びひょう量すると，質量は 20.214 4 g であった．このフラスコの 20℃ における真の容量はいくらか？

2-25. 希薄水溶液を 15℃ から 25℃ まで加熱すると，何パーセント膨張するか？ 15℃ で 0.500 0 M 溶液を調製すると，25℃ での容量モル濃度はいくらになるか？

2-26. ある 50 mL メスフラスコの真の容量は 20℃ において 50.037 mL である．フラスコに入る水の質量は，(a) 真空中および (b) 20℃ の空気中で測定するといくらか？

2-27. 20℃ で 1.000 M となるように KNO_3 溶液 500.0 mL を調製したい．調製時の実験室（および水）の温度は 24℃ である．20℃ で 1.000 M にするには，24℃ で水 500.0 mL に何 g の固体 KNO_3（密度 = 2.109 g/mL）を溶かせばよいか？ 空気中でひょう量するとき，必要な KNO_3 の見かけの質量はいくらか？

2-28. 段階希釈の正確さ．溶液を 1/100 に希釈するとき，次の操作のどちらがより正確か？（i）ピペットを用いて 1 mL を 100 mL メスフラスコに移す．（ii）ピペットを用いて 10 mL を 1 L メスフラスコに移す．操作の正確さをさらに改善するにはどうすればよいか？

2-29. 較正から時間 t 後に規格内で動作するマイクロピペットの割合は，次式で表される．

規格内の割合 = $e^{-t(\ln 2)/t_m}$

ここで，t_m は平均故障時間（規格を満たす割合が 50% まで下がる時間）である．$t_m = 2.00$ 年と仮定しよう．
(a) 上式によれば，$t_m = 2.00$ 年のとき，マイクロピペットの 50% が規格内にある期間は 2 年と予想されることを示せ．

(b) すべてのピペットのうち 95％が規格内で動作するために，ピペットを再較正（必要に応じて修理）すべき時間 t を求めよ．

2-30. ガラスは，金属イオンの汚染源となる．ガラス瓶 3 本を粉砕してふるいにかけ，直径約 1 mm の粒子を回収した[27]．抽出される Al^{3+} の量を知るために，金属と結合する化合物 EDTA の 0.05 M 溶液 200 mL を約 1 mm のガラス粒子 0.50 g とともにポリエチレン製フラスコ内で攪拌した．2 カ月後に溶液の Al 濃度は 5.2 μM であった．ガラスを 48 wt% HF 中でマイクロ波加熱により完全に溶かして測定すると，ガラスの全 Al 濃度は 0.80 wt% であった．EDTA でガラスから抽出された Al の割合はいくらか？

2-31. ガスクロマトグラフィーのカラムの効率は，理論段高（H, mm）と呼ばれるパラメータで求められる．理論段高は，次のファンディムターの式によってガスの流速（u, mL/分）と関係付けられる：$H = A + B/u + Cu$．ここで，A, B, C は定数である．スプレッドシートを用いて，H を u の関数として表したグラフを作成せよ（u = 4, 6, 8, 10, 20, 30, 40, 50, 60, 70, 80, 90, 100 mL/min）．A = 1.65 mm，B = 25.8 mm・mL/min，C = 0.0236 mm・min/mL の値を用いよ．

参考手順：50 mL ビュレットの較正

この手順は，ビュレットで排出・測定した体積を，20℃で排出される真の体積に換算するグラフの作成方法を説明する．グラフの例は，図 3-3 に示されている．

0. 実験室の温度を測定する．この実験に用いる蒸留水は実験室の温度と等しくなければならない．
1. ビュレットを蒸留水で満たし，先端部の気泡をすべて追い出す．液滴がビュレットの壁に残らずに排出されることを確認する．液滴が残る場合，ビュレットを洗剤と水で洗うか，または洗浄液に浸してきれいにする[15]．メニスカスを 0.00 mL か，またはその少し下に合わせる．ビュレットの先端部をビーカーに触れさせ，垂れている水滴を取り除く．ゴム栓付きの 125 mL フラスコをひょう量する間，ビュレットを約 5 分間放置する（フラスコは，指紋の残留物で質量が変わらないように，手で直接ではなくティッシュペーパーやペーパータオルを介してもつ）．ビュレットの液面が変わった場合，止水栓を締め付け，操作を繰り返す．液面の位置を記録する．
2. 約 10 mL の水を 20 mL/min の速度でフラスコに排出し，しっかりと栓をして蒸発を防ぐ．壁の液膜が下がるまで約 30 秒待ってからビュレットを読む．すべての値を 0.01 mL の位まで読む．フラスコを再びひょう量して，排出された水の質量を求める．
3. 次に，ビュレットを 10 mL から 20 mL まで排出し，排出した水の質量を測定する．30, 40, 50 mL で同じ操作を繰り返す．さらに，操作全体（10, 20, 30, 40, 50 mL）をもう一度繰り返す．
4. 表 2-7 を用いて，排出された水の質量を体積に換算する．ビュレットの補正値の組のうち，0.04 mL 以内で一致しないものはすべてやり直す．10 mL 間隔で補正係数をプロットした図 3-3 のようなグラフを作成する．

例題　ビュレットの較正

24℃においてビュレットから水を排出すると，以下の値が観察された．

終わりの読み取り値	10.01	10.08 mL
始めの読み取り値	0.13	0.04
差	9.98	10.04 mL
質量	9.984	10.056 g
排出した実際の体積	10.02	10.09 mL
補正値	+0.04	+0.05 mL
平均補正値		+0.045 mL

24℃において排出された水 9.984 g の 20℃における体積を計算するには，表 2-7 の「20℃に補正した値」の列を見る．24℃の行を見ると，1.0000 g の水は 1.0038 mL を占めることがわかる．したがって，9.984 g の水は，(9.984 g)(1.0038 mL/g) = 10.02 mL を占める．両方の組のデータの平均補正値は 10.045 mL である．

10 mL を超える体積の補正値を得るには，フラスコに集めた水を段階的に加える．測定した質量が以下の場合を考えよう．

体積の範囲（mL）	排出した質量（g）
0.03 − 10.01	9.984
10.01 − 19.90	9.835
19.90 − 30.06	10.071
合計　30.03 mL	29.890 g

排出した水の総体積は (29.890 g) × (1.0038 mL/g) = 30.00 mL である．表示された体積は 30.03 mL であるので，ビュレットの補正値は 30 mL で −0.03 mL である．

これは何を意味するか？ 図3-3があなたのビュレットにあてはまるとしよう．0.04 mLで滴定を始め，29.00 mLで終えたとすると，ビュレットが完全であれば28.96 mLを排出したことになる．図3-3によれば，実際には表示された量よりも0.03 mLだけ少なくビュレットから排出されるので，28.93 mLが排出された．この較正曲線を用いるには，すべての滴定を0.00 mL付近から始めるか，または最初と最後の読み取り値を両方とも補正する．ビュレットを使用するときは，いつでも較正曲線を用いるべきである．

3 実験誤差
Experimental Error

> **明らかな誤り**
>
>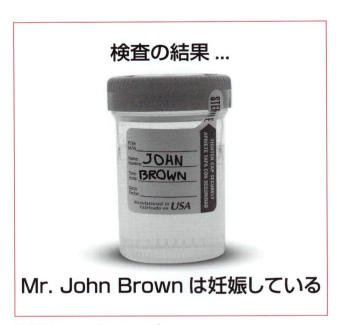
>
> [写真 © bhathaway/Shutterstock.]
>
> 上図のような検査結果の誤りは明らかであるが,誤差はあらゆる測定にともなう.そのため,どのような方法も「真値」を測定することはできない.化学分析において私たちができることは,経験から得られた信頼性の高い方法を注意深く適用することである.ある測定法を数回繰り返すと,測定の精度(再現性)がわかる.異なる方法で同じ量を測定して結果が一致するなら,その結果が正確であると確信がもてる.これは,結果が「真値」に近いことを意味する.

質量(4.635 ± 0.002 g)と体積(1.13 ± 0.05 mL)を測定して鉱物の密度を求めることを考えてみよう.密度は単位体積あたりの質量なので,$4.635\,\text{g}/1.13\,\text{mL} = 4.1018\,\text{g/mL}$ である.測定された質量と体積の不確かさは,± 0.002 g と ± 0.05 mL であるが,密度の不確かさを計算するといくらになるのだろうか? また,密度の有効数字は何桁にすべきだろうか? 本章では,実験の計算における不確かさの扱い方について学ぶ.

3-1 有効数字

有効数字:指数表記で精度を落とさずに値を表現するために必要な最小の桁数.

有効数字(significant figure)は,ある値を指数表記で精度を落とさずに記すために必要な最小の桁数である.142.7 の有効数字は 4 桁であり,1.427×10^2 と書ける.もし 1.4270×10^2 と書く場合は,7 の次の桁の値を知っている

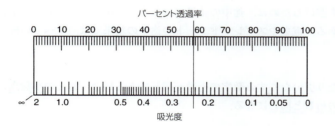

図 3-1 Bausch and Lomb Spectronic 20 分光光度計のアナログ目盛．パーセント透過率は線形目盛，吸光度は対数目盛である．

ことを意味し，142.7 とは精度が異なる．この場合，1.4270×10^2 の有効数字は 5 桁である．

6.302×10^{-6} の有効数字は 4 桁であり，四つの桁すべてが必要である．同じ数字を 0.000 006 302 と書くこともできる．これも有効数字は 4 桁である．6 の左側のゼロは単に小数点以下の桁数を表すものである．92 500 はあいまいであり，次のいずれかを意味する．

9.25×10^4 有効数字 3 桁
9.250×10^4 有効数字 4 桁
9.2500×10^4 有効数字 5 桁

実際にわかっている数字をすべて示して 92 500 と書くのではなく，上のいずれかで表すべきである．

ゼロは，（1）数字の途中にあるとき，（2）小数点の右側の最後の桁にあるときは意味がある．

測定値の有効数字の最後の桁（一番右）は，常に不確かさを含んでいる．最後の桁における最小の不確かさは ±1 である．Spectronic 20 分光光度計のアナログ目盛を図 3-1 に示す．図の針は，吸光度 0.234 の位置に見える．2 と 3 は確実だが，4 は内挿値であるので，この数字の有効数字は 3 桁である．他の人は 0.233 あるいは 0.235 と読むかもしれない．パーセント透過率は 58.3 に近い．この位置では透過率の目盛は吸光度の目盛よりも細かいので，透過率の最後の桁は不確かさがより大きい．不確かさの妥当な推定値は 58.3 ± 0.2 となるだろう．58.3 の有効数字も 3 桁である．

器具の目盛を読み取るとき，目盛の 10 分の 1 で最も近い値まで読むようにする．0.1 mL 刻みの目盛のある 50 mL のビュレットでは，0.01 mL の位まで液面を読む．ミリメートルの目盛のある定規では，0.1 mm の位まで長さを読む．

測定器の値がデジタルで変動せずに表示されていても，測定された値には不確かさがある．デジタルの pH 計が pH3.51 を示しているとき，小数第 2 位には不確かさがある（小数第 1 位にも不確かさがあるかもしれない）．一方，整数は厳密である．4 人の平均身長を計算するとき，身長（不確かさのある測定値）の和を整数 4 で割る．人数は厳密に 4 人であり，4.000 ± 0.002 人ではない！

意味のあるゼロを**赤い太字**で示す．

1**0**6 0.0106 0.1**0**6 0.1**06 0**

内挿（interpolation）：読み取り値はすべて目盛の 10 分の 1 で最も近い値まで読む．

3-2 計算における有効数字

データの算術演算を行った後，答えを何桁にすべきかを考えよう．丸め誤差

の蓄積を避けるために，途中の結果ではなく，最後の答えでのみ数字を丸めるべきである．電卓やスプレッドシートの途中の結果では，すべての桁を残す．

和と差

足したり引いたりする数字の桁数が同じである場合，答えの小数点以下の桁数は元の桁数と同じになる．

$$\begin{array}{r} 1.362 \times 10^{-4} \\ +\ 3.111 \times 10^{-4} \\ \hline 4.473 \times 10^{-4} \end{array}$$

また，答えの有効数字は，元のデータより増えることも減ることもある．

$$\begin{array}{r} 5.345 \\ +\ 6.728 \\ \hline 12.073 \end{array} \qquad \begin{array}{r} 7.26 \times 10^{14} \\ -\ 6.69 \times 10^{14} \\ \hline 0.57 \times 10^{14} \end{array}$$

加える数字の有効数字が同じでない場合，有効数字が最も小さいものに制限される．たとえば，KrF_2 の分子量は，小数第 3 位までしか知られていない．それは，Kr の原子量が小数第 3 位までしかわかっていないからだ．

$$\begin{array}{r} 18.998\,403\,2 \quad (F) \\ +\ 18.998\,403\,2 \quad (F) \\ +\ 83.798 \qquad\quad (Kr) \\ \hline 121.794\,806\,4 \\ \text{有意でない} \end{array}$$

121.794 806 4 は，最後の答えでは 121.795 に丸めなければならない．

丸めるときは，目的とする最後の位だけではなく，すべての桁の数字に注目する．先の例では，有意な小数位のあとに 806 4 という数字がある．この数字は上の桁の数までの半分を超えているので，4 を 5 に切り上げる（すなわち，121.794 に切り捨てるのではなく，121.795 に切り上げる）．有意でない数字が上の桁の数までの半分に満たなければ，切り捨てる．たとえば，121.7943 は 121.794 に切り捨てる．

数字がちょうど半分の 5 の場合には，最も近い偶数に丸める．したがって，有効数字が 3 桁しかない場合，43.55 は 43.6 に丸める．また，1.425×10^{-9} は 1.42×10^{-9} とする（最も近い偶数が 2 だから）．$1.425\,01 \times 10^{-9}$ の場合は 1.43×10^{-9} になるが，これは，501 が上の桁の数までの半分を超えているからだ．偶数に丸める理由は，丸め誤差が続くとき，結果が一貫して大きくなったり，小さくなったりするのを避けるためである．この方針に従えば，丸める数字の半分は切り上げられ，半分は切り捨てられる．

指数表記の数字の加減では，まずすべての数字を同じ指数で表す．

表紙見返しの周期表には，原子量の最後の桁の不確かさを示す．
 F：18.998 403 **2** ± 0.000 000 **5**
Kr：83.79**8** ± 0.00**2**

数字を丸めるときの規則

和と差：すべての数字を同じ指数で表す．また，すべての数字の小数点の桁をそろえる．小数点以下の桁数が最も少ない数字にそろえて答えを丸める．

$$
\begin{array}{r}
1.632 \times 10^5 \\
+\ 4.107 \times 10^3 \\
+\ 0.984 \times 10^6 \\
\hline
\end{array}
\quad \rightarrow \quad
\begin{array}{r}
1.632 \times 10^5 \\
+\ 0.041\,07 \times 10^5 \\
+\ 9.84 \times 10^5 \\
\hline
11.51 \times 10^5
\end{array}
$$

合計の $11.513\,07 \times 10^5$ は 11.51×10^5 に丸める．これは，すべての数字が 10^5 の倍数で表されるとき，数字 9.84×10^5 によって有効数字が小数第 2 位に制限されるからである．

積と商

積と商では，ふつう有効数字が最も少ない数字の桁数に制限される．

$$
\begin{array}{r}
3.26 \times 10^{-5} \\
\times\ 1.78 \\
\hline
5.80 \times 10^{-5}
\end{array}
\qquad
\begin{array}{r}
4.317\,9 \times 10^{12} \\
\times\ 3.6 \times 10^{-19} \\
\hline
1.6 \times 10^{-6}
\end{array}
\qquad
\begin{array}{r}
34.60 \\
\div\ 2.462\,87 \\
\hline
14.05
\end{array}
$$

10 の累乗は，保持すべき有効数字の数に影響しない．70 ページで，答えの最初の桁の数字が 1 であるときは，余分の桁を保持すべきである理由を説明する．上の中央の結果は，積の倍数 3.6 の精度を損なわないように，1.6×10^{-6} ではなく 1.55×10^{-6} と表すべきである．

対数と真数

$n = 10^a$ のとき，a は 10 を底とする n の**対数**（logarithm）であるという．

n の対数： $n = 10^a$ は $\log n = a$ を意味する (3-1)

たとえば，$100 = 10^2$ であるので，2 は 100 の対数である．また，$0.001 = 10^{-3}$ であるので，0.001 の対数は -3 である．ほとんどの電卓には，対数を求める log キーがある．

式 3-1 において，n は対数 a の**真数**（antilogarithm）であるという．すなわち，$10^2 = 100$ であるので，対数 2 の真数は 100，また $10^{-3} = 0.001$ であるので，対数 -3 の真数は 0.001 である．関数電卓には，真数を求めるための 10^x か antilog のキーがあるだろう．

対数は**指標**（characteristic）と**仮数**（mantissa）から成る．指標は整数部分，仮数は小数部分である．

$$\log 339 = 2.530 \qquad \log 3.39 \times 10^{-5} = -4.470$$

指標 仮数　　　　　　　　　　指標 仮数
$= 2\ \ = 0.530$　　　　　　　$= -4\ \ = 0.470$

339 は 3.39×10^2 と書ける．log 339 の仮数の桁数は，339 の有効数字の桁数と等しくなければならない．339 の対数は，2.530 である．指標の 2 は 3.39×10^2 のべき指数に対応する．

小数第 3 位が最後の有意な位であることを確かめるために，以下の計算を考えてみよう．

積と商：答えの有効数字は，有効数字が最も少ない数の桁数と同じにする．

$10^{-3} = \dfrac{1}{10^3} = \dfrac{1}{1000} = 0.001$

log x の**仮数**の桁数＝x の有効数字の桁数

$\log(\underline{5.403} \times 10^{-8}) = -7.\underline{267\,4}$
　　　4桁　　　　　　　4桁

$10^{2.531} = 340\ (339.6)$
$10^{2.530} = 339\ (338.8)$
$10^{2.529} = 338\ (338.1)$

かっこのなかの数字は 3 桁に丸める前の結果である．指数の小数第 3 位が変わると，答えの 339 の 3 桁目が変わる．

対数を真数に変換するとき，<u>真数の有効数字の桁数は仮数の桁数とそろえなければならない</u>．よって，

antilog $x(= 10^x)$ の桁数 = x の**仮数**の有効数字の桁数：
$10^{6.142}_{\ \ 3桁} = 1.39_{\ 3桁} \times 10^6$

$\text{antilog}(-3.\underbrace{42}_{2桁}) = 10^{-3.\underbrace{42}_{2桁}} = \underbrace{3.8}_{2桁} \times 10^{-4}$

有効数字を適切に用いた例を以下に示す．

log $0.001\,237 = -2.907\,6$ antilog $4.37 = 2.3 \times 10^4$
log $1\,237 = 3.092\,4$ $10^{4.37} = 2.3 \times 10^4$
log $3.2 = 0.51$ $10^{-2.600} = 2.51 \times 10^{-3}$

有効数字とグラフ

コンピュータでグラフを描くとき，つくろうとするグラフがデータの定性的なふるまいを示すものなのか（図 3-2），あるいは有効数字を考えて読まなければならない正確な値を示すものなのかを考えよう．グラフから点を読み取るためには（たとえば，図 3-3），少なくとも縦軸と横軸の両方に目盛がなければならない．グラフ上に細かい目盛線が引かれていればなおよい．

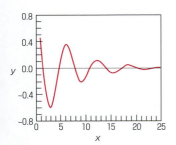

図 3-2 関数 $y = e^{-x/6}\cos x$ の定性的なふるまいを示すグラフ．このグラフで座標を正確に読み取ることは期待されていない．

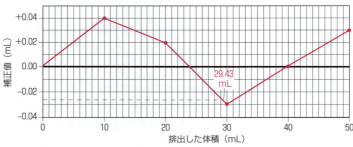

図 3-3 50 mL ビュレットの較正曲線．排出した体積は 0.1 mL の位まで読むことができる．ビュレットの読み取り値が 29.43 mL のとき，グラフ上で 29.4 mL を見つけて十分に正確な補正値を求めることができる．横座標（x 軸）上の 29.4 mL に対する縦座標（y 軸）上の補正値は -0.03 mL である．

Excel のグラフで目盛線を操作する方法を問題 3-8 に記した．

3-3 誤差の種類

あらゆる測定値には不確かさがあり，これを<u>実験誤差</u>（experimental error）と呼ぶ．結果の信頼度は高いことも低いこともあるが，完全に確かであることは決してない．実験誤差は，<u>系統誤差</u>と<u>偶然誤差</u>に分類される．

コラム 3-1

倫理上の問題：オゾン測定における系統誤差[1]

オゾン（O_3）は酸化性の腐食性ガスであり，あなたの肺やあらゆる生物を傷つける．オゾンは，地表近くで NO_2 に日光が作用して生成する（図1-3）．NO_2 の大部分は，自動車の排気ガスに由来する．米国環境保護局は，空気中の O_3 の規制値を8時間平均で75 ppb（75 nL/L）に設定している．この基準を満たさない地域では，O_3 を生成する汚染源を減らす必要がある．したがって，オゾン測定における誤差は，地域の健康と経済に深刻な結果をもたらす可能性がある．

さまざまな装置を用いて O_3 濃度を監視することができる．下図の装置は，三つの部分からなる全光路長15 cm のセルにポンプで空気を送る．水銀ランプからの紫外線は，一部が O_3 に吸収される．空気中の O_3 が多いほど，フォトダイオード検出器に届く紫外線の強度は弱くなる．測定された吸光度から O_3 濃度が計算される．日常の使用では，オペレーターは O_3 を含まない空気を装置に導入して，メーターの指示値をゼロに調整するだけでよい．装置は，定期的に既知の O_3 源を用いて再較正される．

市販の O_3 モニターを調査したところ，湿度を変化させると，見かけの O_3 濃度の系統誤差が数十〜数百 ppb になることが明らかになった（この誤差は，測定される O_3 濃度より数倍も大きい）．湿度が高くなると，ある種の装置では正の系統誤差が生じ，別の装置では負の系統誤差が生じた．水は検出器で測定される紫外線の波長を吸収しないので，湿度は紫外線を吸収することで干渉を起こすのではない．問題を詳しく分析した結果，水蒸気が測定セルの内表面に吸着して，その表面の反射率が変わったという仮説が得られた．装置の種類によって，吸着した水が検出器に届く光量を増加または減少させ，それによって偽の高いまたは低い O_3 値が生じた可能性がある．

この問題は，二つの方法で解決された．第1に，吸収セルの直前に透水性 Nafion® チューブを取り付けて，測定する空気の湿度と，装置のゼロ点調整に用いる空気の湿度を同じにした．第2に，光路のアルミニウム表面に水が吸着しないように，表面を石英ガラスで覆った．このような改良を施した小型の電池式オゾンモニターは，検出限界 4.5 ppb，精度 1.5 ppb で，湿度変化による変動はない．

O_3 測定に対する湿度の影響が認識される前も，蒸し暑い日に O_3 モニターがしばしば不安定な挙動を示すことがわかっていた．O_3 の基準値を満たしていないと見なされた地域の半分が，実際には規制値未満であったのではないかと推測する人もいた．この誤差によって，必要のない高額な改善策が強いられたかもしれない．一方，湿度が高い夜に装置のゼロ点調整をすると，翌日の O_3 の読み取り値が低くなることに一部オペレーターたちが気付いていたという噂もあった．不誠実なオペレーターたちは，ある地域が基準を満たさない日数を意図的に減らしていたかも知れない．

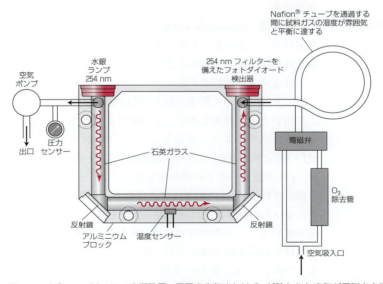

2B Technologies Personal Ozone Monitor の概略図．周囲の空気または O_3 が除かれた空気が電磁弁を通って装置に入る．水銀ランプからの紫外線の吸光度が O_3 濃度に比例する．[出典：P. C. Andersen et al., *Anal. Chem.* **82**, 7924 (2010).]

コラム 3-2　認証標準物質

　実験室での不正確な測定は，誤った医療診断や治療，生産時間の損失，エネルギーや原料の無駄，製造上の不良品，および製造物責任の原因になりうる．世界中の国家標準研究所は，金属，化学製品，ゴム，プラスチック，工業材料，放射性物質，環境，および臨床などの**認証標準物質**（certified reference material）を供給している．これらの認証標準物質を用いて，分析法の正確さを確かめることができる[2]．米国国立標準技術研究所では，この認証物質を<u>標準参照物質</u>（Standard Reference Material）と呼んでいる．標準物質は細心の注意を払って調製され，含まれる分析種の量が記載された範囲にあることが保証されている．

　たとえば，てんかん患者の治療では，医師は血清中の抗けいれん薬の濃度を測定する臨床検査を行う．薬の濃度が低すぎると発作が起こり，高すぎると有毒であるからだ．同一の血清試料をさまざまな実験室で分析したところ，許容できないほどばらついた結果が得られたため，米国国立標準技術研究所は，既知濃度の抗てんかん薬を含む血清の標準参照物質をつくることになった．現在は，この標準物質を用いて検査法の誤差を見つけ，補正することができる．

　この標準物質が導入される以前は，五つの実験室で同一の試料を分析したところ，相対誤差は 40〜110% であった．標準物質の供給後は，誤差は 20〜40% に減少した．

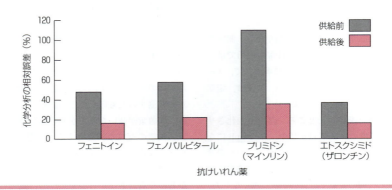

系統誤差

系統誤差は測定でき，かつ補正できる一貫性のある誤差である．コラム 3-1 に環境分析における系統誤差の例を示す．

　系統誤差（systematic error）または**確定誤差**（determinate error）は，機器や実験法の不備によって生じる．まったく同じ方法で実験を繰り返すと，この誤差は再現される．容易なことではないが，原理的には系統誤差を明らかにして，補正することができる．

　たとえば，正しく較正されていない pH 計は系統誤差を生じる．pH 計の較正に用いるある緩衝液の正しい pH は 7.08 だが，誤って 7.00 として較正した場合を考えてみよう．すると，すべての pH の測定値は 0.08 だけ低くなる．pH の測定値が 5.60 のとき，試料の実際の pH は 5.68 である．この系統誤差は，pH が既知の第 2 の緩衝液を測定することで明らかになる．

　較正されていないビュレットの場合も，系統誤差が生じる．クラス A の 50 mL ビュレットの許容誤差は ±0.05 mL である．この場合，排出量が 29.43 mL だと思っていても，実際の体積は 29.38 から 29.48 mL の間のどこかの値である．これは許容誤差内ではあるが，系統誤差の一因となる．この種の誤差を補正する一つの方法は，58 ページに示した手順によって図 3-3 のような較正曲線をつくることである．そのためには，蒸留水をビュレットからフラスコに移してひょう量する．表 2-7 を用いて，その質量から水の体積を求める．図 3-3 から，測定値 29.43 mL には補正値 −0.03 mL を適用すればよいことがわかる．

実際に排出した体積は，29.43 − 0.03 = 29.40 mL である．

系統誤差の重要な特徴は，再現性である．いま述べたビュレットでは，読み取り値が 29.43 mL のとき，誤差は常に −0.03 mL である．系統誤差はある範囲では常に正で，他の範囲では常に負であるかもしれない．注意して頭を働かせれば，系統誤差を検出し，補正することができる．

偶然誤差

偶然誤差（random error）または**不確定誤差**（indeterminate error）は，測定において制御されていない（おそらく制御できない）不確定要素によって生じる．偶然誤差が正または負になる可能性は等しい．また，偶然誤差は常に存在し，補正できない．目盛の読み取りにも偶然誤差が存在する．図 3-1 の目盛を読む人は誰でも，主観的に目盛間に内挿した値を報告する．一人の人が同じ測定器を数回読めば，異なる値を報告することもあるだろう．別の偶然誤差は，装置の電気ノイズによっても生じる．正と負の誤差はほぼ等しい頻度で起こり，完全に除くことはできない．

精度と正確さ

精度（precision）は，結果の再現性を表す．ある量を数回測定して，値がほぼ一致すれば，測定の精度が高いといえる．値が大きく異なるときは，測定の精度は低い．**正確さ**（accuracy）は，測定値が「真値」にどれだけ近いかを表す．既知濃度の標準物質を利用できる場合，正確さは，測定値が既知の値にどれだけ近いかということである．

測定は，再現性がよくても，間違っている可能性がある．滴定剤の調製で間違いを犯した場合，一連の滴定を再現性よく実施しても，不正確な結果をもたらすことになる．滴定剤の濃度が正しくないからだ．この場合，精度は高いが，正確さは低いということになる．その反対に，測定値が正確な値の近くに集まるが，再現性が乏しい場合もある．この場合，精度は低いが，正確さは高いということになる．理想的な測定は，精度が高く，かつ正確なものだ．

正確さは，「真値」までの近さとして定義される．真値をかぎかっこで囲んでいるのは，誰かが「真値」を測定しなければならないが，あらゆる測定は誤差をともなうからだ．「真値」を求める最善の道は，経験豊富な人が十分に検証された方法を用いることである．系統誤差は方法が異なると一致しないので，異なる方法を用いて分析するのが望ましい．数種類の方法の結果がよく一致すれば自信をもてるが，決して結果が正確であるという証明にはならない．

絶対誤差の上限と相対不確かさ

絶対誤差の上限（absolute uncertainty）は，測定にともなう不確かさの限界を表す．較正されたビュレットを読むときに推定される不確かさが ±0.02 mL のとき，±0.02 mL が読み取りにともなう絶対誤差の上限であるという．

相対不確かさ（relative uncertainty）は，測定値の大きさに対する絶対誤差の上限の大きさを表す．ビュレットの読み取り値 12.35 ± 0.02 mL の相対不確かさは，無次元の商で表される．

系統誤差を見つける方法

1．認証標準物質など既知濃度の試料を分析する（コラム 3-2）．その方法で既知の値が再現されなければならない．
2．調べる分析種を含まないブランク試料を分析する．ゼロ以外の結果が得られた場合，その方法は意図した以上に応答している．5-1 節では，さまざまな種類のブランクについて述べる．
3．異なる分析法を用いて，同じ量を測定する．結果が一致しない場合，一つ（または複数）の方法で誤差が生じている．
4．**ラウンドロビンテスト**：複数の実験室の人びとが，同じ方法または異なる方法で同一の試料を分析する．推定される偶然誤差をうわまわる差は，系統誤差である（コラム 15-1 を見よ）．

偶然誤差は除くことができないが，実験をうまく行えば小さくできる．

精度：再現性
正確さ：「真値」にどれだけ近いか

不確かさが ±0.02 mL であるとは，読み取り値が 13.33 mL のとき，真値が 13.31～13.35 mL の範囲内にあることを意味する．

50 mL ビュレットを使用する場合，相対不確かさを 0.1〜0.05%まで小さくするために，必要な試薬量が 20〜40 mL になるように滴定を計画する．

重量分析では，十分な量の沈殿が得られて相対不確かさが小さくなるように計画する．ひょう量精度が ±0.3 mg のとき，相対ひょう量誤差は沈殿 100 mg に対して 0.3%，沈殿 300 mg に対して 0.1%である．

$$\text{相対不確かさ} = \frac{\text{絶対誤差の上限}}{\text{測定値の大きさ}} \tag{3-2}$$

$$= \frac{0.02\,\text{mL}}{12.35\,\text{mL}} = 0.002$$

相対不確かさ百分率は，次式で表される．

$$\text{相対不確かさ百分率} = 100 \times \text{相対不確かさ} \tag{3-3}$$

$$= 100 \times 0.002 = 0.2\%$$

ビュレットの読み取りの絶対誤差の上限が ±0.02 mL で一定のとき，相対不確かさ百分率は，体積 10 mL で 0.2%，体積 20 mL で 0.1%である．

3-4 偶然誤差に由来する不確かさの伝播[3]

通常，物体の長さや溶液の温度などの測定にともなう偶然誤差は，推定するか測定することができる．不確かさは，どれだけうまく測定器を読むことができるか，あるいはある方法における経験に依存する．不確かさは標準偏差や平均の標準偏差，信頼区間で表されるが，これらは 4 章で学ぶ．本節では偶然誤差のみを扱う．そのため系統誤差は定量され，補正されていると仮定する．

ほとんどの実験では，数値に対して計算を行う必要がある．それぞれの数値は，偶然誤差を含む．計算結果において，最も可能性の高い不確かさは個々の誤差の和ではない．誤差の一部は正になり一部は負になると考えられるので，誤差はいくぶん相殺されると予想される．

計算による不確かさの伝播は，ほとんどが系統誤差ではなく偶然誤差に関係する．私たちの目標は，常に系統誤差をなくすことである．

和と差

以下の計算を考えてみよう．ここで，実験の不確かさ e_1, e_2, e_3 は，かっこのなかに示されている．

$$\begin{array}{r} 1.76\,(\pm 0.03) \leftarrow e_1 \\ +\ 1.89\,(\pm 0.02) \leftarrow e_2 \\ -\ 0.59\,(\pm 0.01) \leftarrow e_3 \\ \hline 3.06\,(\pm e_4) \end{array} \tag{3-4}$$

計算の答えは 3.06 であるが，この結果の不確かさはいくらだろうか？

和と差では，答えの不確かさは次に示すように個々の項の絶対誤差の上限から得られる．

和と差の不確かさには，絶対誤差の上限を用いる．

和と差の不確かさ： $e_4 = \sqrt{e_1^2 + e_2^2 + e_3^2}$ (3-5)

式 3-4 の和については，次のように書ける．

$$e_4 = \sqrt{(0.03)^2 + (0.02)^2 + (0.02)^2} = 0.04_1$$

答えの絶対誤差の上限 e_4 は ±0.04 であり，答えは 3.06 ± 0.04 と表される．不確かさの有効数字は 1 桁であるが，上の式では有意でない最初の数字を下付き

にして 0.04_1 と記した．一つ以上の有意でない数字を残して 0.04_1 とするのは，あとの計算で丸め誤差が生じるのを避けるためである．計算後に有効数字の最後の桁がわかるように，有意でない数字を下付きにする．

式 3-4 の和の相対不確かさ百分率は，次式で求められる．

$$\text{相対不確かさ百分率} = \frac{0.04_1}{3.06} \times 100 = 1._3\%$$

不確かさ 0.04_1 は結果 3.06 の $1._3\%$ である．不確かさの最初の桁が 1 であるので，情報を捨てないように余分に桁を残す．最後の結果は，次のように表される．

 3.06（±0.04） （絶対誤差の上限）
 3.06（±1.3%） （相対不確かさ）

> 不確かさの最初の桁が1のとき，余分に桁を残して情報を捨てないようにする．

> 和と差では，絶対誤差の上限を用いる．相対不確かさは，計算の最後に求められる．

例題　ビュレット読み取り時の不確かさ

ビュレットによって排出される体積は，終わりの読み取り値とはじめの読み取り値との差である．読み取り値の不確かさがそれぞれ ±0.02 mL のとき，排出される体積の不確かさはいくらか？

解法　はじめの読み取り値が 0.05（±0.02）mL，終わりの読み取り値が 17.88（±0.02）mL の場合を考えてみよう．排出された体積は，次のようになる．

$$\begin{array}{r} 17.88(\pm 0.02) \\ -\ 0.05(\pm 0.02) \\ \hline 17.83(\pm e) \end{array} \qquad e = \sqrt{0.02^2 + 0.02^2} = 0.02_8 \approx 0.03$$

はじめと終わりの読み取り値にかかわらず，それぞれの不確かさが ±0.02 mL であれば，排出された体積の不確かさは ±0.03 mL である．

類題　読み取り値の不確かさが ±0.03 mL のとき，排出された体積の不確かさはいくらか？　（**答え**：±0.04 mL）

積と商

積と商では，まずすべての不確かさを相対不確かさ百分率に変換する．次に，積または商の誤差を次のように計算する．

積と商における不確かさ： $\%e_4 = \sqrt{(\%e_1)^2 + (\%e_2)^2 + (\%e_3)^2}$ (3-6)

> **積と商**では，**相対不確かさ百分率**を用いる．

たとえば，次の演算を考えてみよう．

$$\frac{1.76(\pm 0.03) \times 1.89(\pm 0.02)}{0.59(\pm 0.02)} = 5.64 \pm e_4$$

まず，絶対誤差の上限を相対不確かさ百分率に変換する．

$$\frac{1.76\,(\pm 1._7\%) \times 1.89\,(\pm 1._1\%)}{0.59\,(\pm 3._4\%)} = 5.64 \pm e_4$$

次に，式 3-6 を用いて答えの相対不確かさ百分率を求める．

$$\%e_4 = \sqrt{(1._7)^2 + (1._1)^2 + (3._4)^2} = 4._0\%$$

答えは $5.6_4\,(\pm 4._0\%)$ である．

相対不確かさを絶対誤差の上限に変換するには，答えの $4._0\%$ を求めればよい．

$$4._0\% \times 5.6_4 = 0.04_0 \times 5.6_4 = 0.2_2$$

答えは $5.6_4\,(\pm 0.2_2)$ である．最後に有意でない桁を除く．

$5.6\,(\pm 0.2)$ （絶対誤差の上限）
$5.6\,(\pm 4\%)$ （相対不確かさ）

問題の分母の数値 0.59 によって，答えは 2 桁に制限される．

四則混合計算

今度は，引き算と割り算を含む計算について考えてみよう．

$$\frac{[1.76\,(\pm 0.03) - 0.59\,(\pm 0.02)]}{1.89\,(\pm 0.02)} = 0.619_0 \pm ?$$

まず，絶対誤差の上限を用いて分子の差を計算する．よって，

$$1.76\,(\pm 0.03) - 0.59\,(\pm 0.02) = 1.17\,(\pm 0.03_6)$$

なぜなら，$\sqrt{(0.03)^2 + (0.02)^2} = 0.03_6$ である．

次に，相対不確かさ百分率に変換する．

$$\frac{1.17\,(\pm 0.03_6)}{1.89\,(\pm 0.02)} - \frac{1.17\,(\pm 3._1\%)}{1.89\,(\pm 1._1\%)} = 0.619_0\,(\pm 3._3\%)$$

なぜなら，$\sqrt{(3._1\%)^2 + (1._1\%)^2} = 3._3\%$ である．

相対不確かさ百分率は $3._3\%$ であるので，絶対誤差の上限は $0.03_3 \times 0.619_0 = 0.02_0$ である．最後の答えは，次のように書ける．

$0.619\,(\pm 0.02_0)$ （絶対誤差の上限）
$0.619\,(\pm 3._3\%)$ （相対不確かさ）

不確かさは小数第 2 位からはじまるので，結果も小数第 2 位に丸める．

$0.62\,(\pm 0.02)$ （絶対誤差の上限）
$0.62\,(\pm 3\%)$ （相対不確かさ）

有効数字に関する実際の規則

絶対誤差の上限の最初の桁が，答えの有効数字の最後の桁を決める．たとえ

ば，次の商

$$\frac{0.002364\,(\pm 0.000003)}{0.02500\,(\pm 0.00005)} = 0.0946\,(\pm 0.0002)$$

では，不確かさ（±0.0002）は小数第 4 位ではじまる．したがって，元のデータには四つの有効数字があるが，答えの 0.0946 は有効数字 3 桁で表すのが適当である．答えの最初の不確かな数字は，最後の有効数字である．次の商

$$\frac{0.002664\,(\pm 0.000003)}{0.02500\,(\pm 0.00005)} = 0.1066\,(\pm 0.0002)$$

では，不確かさは小数第 4 位からはじまるため，答えは有効数字 4 桁で表される．次の商

$$\frac{0.821\,(\pm 0.002)}{0.803\,(\pm 0.002)} = 1.022\,(\pm 0.004)$$

は，割られる数も割る数も有効数字 3 桁だが，答えは有効数字 4 桁で表される．
　ここで，答えの値が 1 から 2 の間にあるとき，1 桁余分に残すのがよい理由を理解できるだろう．商 82/80 は 1.0 ではなく 1.02 と書くのがよい．82 と 80 の不確かさが 1 の位にあるとき，不確かさは 1%程度であり，これは答え 1.02 の小数第 2 位にあたる．1.0 と書かれていれば，不確かさは少なくとも 1.0 ± 0.1 ＝ ±10%と推測される．これは実際の不確かさよりもかなり大きい．

積と商では，答えが 1 と 2 の間の値であるとき，桁を余分に残す．

例題 実験室での測定における有効数字

28.0（±0.5）wt% NH_3 溶液［密度＝ 0.899（±0.003）g/mL］の 8.46（±0.04）mL を 500.0（±0.2）mL に希釈して 0.250 M NH_3 溶液を調製する．0.250 M の不確かさを求めよ．NH_3 の分子量 17.031 g/mol の不確かさは，この例題の他の数値の不確かさと比べて無視できる．

解法
モル濃度の不確かさを求めるには，500 mL フラスコに移したモル数の不確かさを知る必要がある．濃溶液 1 mL は，0.899（±0.003）g を含む．重量百分率から，濃溶液 1 g は 0.280（±0.005）g の NH_3 を含むことがわかる．計算では，有意でない桁を余分に残し，最後に丸める．

掛け算では，絶対誤差の上限を相対不確かさ百分率に変換する．

濃溶液 1 mL あたりの NH_3 のグラム数

$$= 0.899\,(\pm 0.003)\,\frac{\text{g 溶液}}{\text{mL}} \times 0.280\,(\pm 0.005)\,\frac{\text{g NH}_3}{\text{g 溶液}}$$

$$= 0.899\,(\pm 0.334\%)\,\frac{\text{g 溶液}}{\text{mL}} \times 0.280\,(\pm 1.79\%)\,\frac{\text{g NH}_3}{\text{g 溶液}}$$

$$= 0.2517\,(\pm 1.82\%)\,\frac{\text{g NH}_3}{\text{mL}}$$

なぜなら，$\sqrt{(0.334\%)^2 + (1.79\%)^2} = 1.82\%$ である．
　次に，濃溶液 8.46（±0.04）mL に含まれるアンモニアのモル数を求める．体積の相対不確かさは，0.04/8.46 ＝ 0.473%である．

$$\text{mol NH}_3 = \frac{0.2517\,(\pm 1.82\%)\,\dfrac{\text{g NH}_3}{\text{mL}} \times 8.46\,(\pm 0.473\%)\,\text{mL}}{17.031\,(\pm 0\%)\,\dfrac{\text{g NH}_3}{\text{mol}}}$$

$$= 0.1250\,(\pm 1.88\%)\,\text{mol}$$

なぜなら,$\sqrt{(1.82\%)^2 + (0.473\%)^2 + (0\%)^2} = 1.88\%$ である.

このアンモニアを $0.5000\,(\pm 0.0002)\,\text{L}$ に希釈した.最終的な体積の相対不確かさは,$0.0002/0.5000 = 0.04\%$ である.容量モル濃度は,

$$\frac{\text{mol NH}_3}{\text{L}} = \frac{0.1250\,(\pm 1.88\%)\,\text{mol}}{0.5000\,(\pm 0.04\%)\,\text{L}}$$

$$= 0.2501\,(\pm 1.88\%)\,\text{M}$$

なぜなら,$\sqrt{(1.88\%)^2 + (0.04\%)^2} = 1.88\%$ である.絶対誤差の上限は,$0.2501\,\text{M}$ の $1.88\% = 0.0047\,\text{M}$ である.容量モル濃度の不確かさは小数第3位にあるので,最後の答えは次のように丸める.

$$[\text{NH}_3] = 0.250\,(\pm 0.005)\,\text{M}$$

類題 容量が小さい器具を用いて,$28.0\,(\pm 0.5)\,\text{wt\% NH}_3$ 溶液 $84.6\,(\pm 0.8)\,\mu\text{L}$ を $5.00\,(\pm 0.02)\,\text{mL}$ に希釈して $0.250\,\text{M NH}_3$ 溶液を調製することを考える.$0.250\,\text{M}$ の不確かさを求めよ.〔**答え**:$0.250\,(\pm 0.005)\,\text{M}$.濃アンモニアの濃度の不確かさは,この操作における他のすべての不確かさよりもはるかに大きい.〕

例題 容量法による希釈と重量法による希釈

容量法による10倍希釈と重量法による10倍希釈で生じる不確かさを比べてみよう.(a) 容量法による希釈では,濃度 $0.04680\,\text{M}$ の標準液を考える.この例では,初濃度の不確かさは無視できるとする.10倍希釈するために,マイクロピペットを用いて $1000\,\mu\text{L}\,(= 1.000\,\text{mL})$ を $10\,\text{mL}$ メスフラスコに移して希釈した.(b) 重量法による希釈では,濃度 $0.04680\,\text{mol 試薬}/(\text{kg 溶液})$ の標準液を考える.これを10倍希釈するために,溶液 $983.2\,\text{mg}\,(= 0.9832\,\text{g})\,(< 1\,\text{mL})$ をひょう量し,水 $9.0266\,\text{g}\,(\approx 9\,\text{mL})$ を加えた.それぞれの操作について,得られる濃度と相対不確かさを求めよ.

解法 (a) メスフラスコの許容誤差は表2-3の値〔$10.00 \pm 0.02\,\text{mL} = 10.00\,(\pm 0.2\%)\,\text{mL}$〕,マイクロピペットの許容誤差は表2-5の値〔$1000\,(\pm 0.3\%)\,\mu\text{L}$〕を用いる.希釈率は,次式で表される.

$$\text{希釈率} = \frac{V_\text{final}}{V_\text{initial}} = \frac{10.00\,(\pm 0.2\%)\,\text{mL}}{1.000\,(\pm 0.3\%)\,\text{mL}} = 10.00\,(\pm 0.3_6\%)$$

なぜなら,$\sqrt{(0.2\%)^2 + (0.3)^2} = 0.3_6\%$ である.希薄溶液の濃度は,次のようになる.

$$\frac{0.04680\,\text{M}}{10.00\,(\pm 0.3_6\%)} = 0.004680\,(\pm 0.3_6\%)\,\text{M} = 0.004680 \pm 0.000017\,\text{M}$$

---

mol 試薬/(kg 溶液) は便利な単位であるが,質量モル濃度 [mol 試薬/(kg 溶媒)] とは異なることに注意しよう.

希釈率 $V_\text{dil}/V_\text{conc}$ は式 1-5 から得られる.

$$M_\text{conc} \cdot V_\text{conc} = M_\text{dil} \cdot V_\text{dil}$$

$$M_\text{conc} \cdot \frac{V_\text{conc}}{V_\text{dil}} = M_\text{dil}$$

$$\frac{M_\text{conc}}{V_\text{dil}/V_\text{conc}} = M_\text{dil}$$

ここで,M は濃度,V は体積,「dil」は希薄,「conc」は濃厚を意味する.

(b) 重量法による希釈では，濃溶液 0.9832 g を $(0.9832\,\text{g} + 9.0266\,\text{g}) = 10.0098\,\text{g}$ まで希釈する．希釈率は $(10.0098\,\text{g})/(0.9832\,\text{g}) = 10.1808$ である．それぞれの質量の不確かさは ± 0.3 mg とする．濃溶液の質量の不確かさは，$0.9832 \pm 0.0003\,\text{g} = 0.9832(\pm 0.03_{05}\%)$ g である．和 $(0.9832\,\text{g} + 9.0266\,\text{g})$ の絶対誤差の上限は $\sqrt{(0.0003)^2 + (0.0003)^2} = 0.0004_2\,\text{g}$ であり，これは $0.004_2\%$ である．希釈率は，次式で表される．

$$\text{希釈率} = \frac{10.0098\,(\pm 0.004_2\%)\,\text{g}}{0.9832\,(\pm 0.03_{05}\%)\,\text{g}} = 10.1808\,(\pm 0.03_{08}\%)$$

なぜなら，$\sqrt{(0.004_2\%)^2 + (0.03_{05}\%)^2} = 0.03_{08}\%$ である．希薄溶液の濃度は，次のようになる．

$$\frac{0.04680\,\text{mol 試薬}/(\text{kg 溶液})}{10.1808\,(\pm 0.03_{08}\%)} = 0.004596_9\,(\pm 0.03_{08}\%)\,\text{mol 試薬}/(\text{kg 溶液})$$
$$= 0.004596_9 \pm 0.000001_4\,\text{mol 試薬}/(\text{kg 溶液})$$

この例では，重量法による希釈は容量法による希釈より 10 倍も正確である（0.03% と 0.4%）．容量滴定は操作が簡単だが，重量滴定は容量滴定よりも精度が高い点で推奨される．

類題　1000 μL マイクロピペットと 10 mL メスフラスコを用いるよりも正確な容量法による希釈操作を述べよ．希釈における相対不確かさはいくらか？
（**答え**：10 mL ホールピペットと 100 mL メスフラスコを用いると，不確かさは $\sqrt{(0.2\%)^2 + (0.08\%)^2} = 0.2\%$ になる．100 mL ホールピペットと 1 L メスフラスコを用いると，不確かさは $\sqrt{(0.08\%)^2 + (0.03\%)^2} = 0.09\%$ になる．）

指数と対数

関数 $y = x^a$ では，y の相対不確かさ（$\%e_y$）は x の相対不確かさ（$\%e_x$）の a 倍である．

累乗および累乗根の不確かさ： $y = x^a \Rightarrow \%e_y = a(\%e_x)$ (3-7)

たとえば，$y = \sqrt{x} = x^{1/2}$ のとき，x における 2% の不確かさによって，y の不確かさは $\left(\frac{1}{2}\right)(2\%) = 1\%$ になる．$y = x^2$ のとき，x における 3% の不確かさによって，y の不確かさは $(2)(3\%) = 6\%$ になる．

例題　**積 $x \cdot x$ における不確かさの伝播**

ある物体が t 秒間落下すると，その移動距離は $\frac{1}{2}gt^2$ である．ここで，g は地表での重力加速度（$9.8\,\text{m/s}^2$）である（この式では，落下する物体の速度を低下させる空気抵抗の影響を無視している）．物体が 2.34 s だけ落下すると，その移動距離は $\frac{1}{2}(9.8\,\text{m/s}^2)(2.34\,\text{s})^2 = 26.8\,\text{m}$ である．時間の相対不

電卓で累乗や累乗根を計算するときは，y^x キーを使う．たとえば，立方根（$y^{1/3}$）を求めるには，y^x キーで y を 0.333 333 333... 乗する．Excel では，y^x は $y\wedge x$，立方根は $y\wedge (1/3)$ と表される．

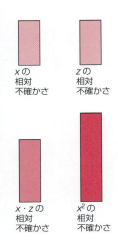

確かさが ±1.0% のとき，距離の相対不確かさはいくらか？

解法 式 3-7 から，$y = x^a$ において，y の相対不確かさは x の相対不確かさの a 倍である．

$$y = x^a \Rightarrow \%e_y = a(\%e_x)$$
$$距離 = \frac{1}{2}gt^2 \Rightarrow \%e_{距離} = 2(\%e_t) = 2(1.0\%) = 2.0\%$$

距離 $= \frac{1}{2}gt \cdot t$ と書くと，距離の相対不確かさは $\sqrt{1.0^2 + 1.0^2} = 1.4\%$ であると思うかもしれない．しかし，これは誤りである．なぜなら，単一の測定値 t の誤差は常に正か，常に負であるからだ．もし t が 1.0% だけ大きければ，大きな値に大きな値を掛けるので，t^2 は 2% も大きくなる〔$(1.01)^2 = 1.02$〕．

式 3-6 は，積 $x \cdot z$ の因子それぞれの不確かさはランダムで互いに独立であると仮定している．積 $x \cdot z$ において，測定値 x は大きいが，測定値 z は小さいかもしれない．多くの場合，積 $x \cdot z$ の不確かさは x^2 の不確かさほど大きくない．

類題 建物の高さがわかれば，物体が建物の屋上から地面まで落下するのに要する時間を計算できる．高さの不確かさが 1.0% のとき，時間の不確かさはいくらか？ （**答え**：0.5%）

y が 10 を底とする x の対数であるとき，y の絶対誤差の上限 (e_y) は x の相対不確かさ (e_x/x) に比例する．

対数の不確かさ： $y = \log x \Rightarrow e_y = \frac{1}{\ln 10}\frac{e_x}{x} \approx 0.434\,29\frac{e_x}{x}$ (3-8)

対数や真数を扱うとき，相対不確かさ百分率 $[100 \times (e_x/x)]$ を用いてはならない．これは，式 3-8 の一辺には相対不確かさがあり，他辺には絶対誤差の上限があるからだ．

x の**自然対数**（natural logarithm, ln）は，$x = e^y$ を満たす y である．ここで，$e (= 2.718\,28\ldots)$ は自然対数の底と呼ばれる．y の絶対誤差の上限は，x の相対不確かさに等しい．

> $\log x$，$\ln x$，10^x，e^x を扱う計算では，相対不確かさ百分率 $[100 \times (e_x/x)]$ ではなく，相対不確かさ (e_x/x) を用いる．
>
> Excel では，底を 10 とする対数は LOG(x)，自然対数は LN(x) と表される．10^x の式は 10^x，e^x の式は EXP(x) である．

自然対数の不確かさ： $y = \ln x \Rightarrow e_y = \frac{e_x}{x}$ (3-9)

次に，$y = $ antilog x について考えよう．これは，$y = 10^x$ と同じ意味である．この場合，y の相対不確かさは，x の絶対誤差の上限に比例する．

10^x の不確かさ： $y = 10^x \Rightarrow \frac{e_y}{y} = (\ln 10)e_x \approx 2.3026\,e_x$ (3-10)

$y = e^x$ のとき，y の相対不確かさは，x の絶対誤差の上限に等しい．

表 3-1 不確かさ（e）の伝播の規則のまとめ

関数	不確かさ	関数[a]	不確かさ[b]
$y = x_1 + x_2$	$e_y = \sqrt{e_{x_1}^2 + e_{x_2}^2}$	$y = x^a$	$\%e_y = a\,\%e_x$
$y = x_1 - x_2$	$e_y = \sqrt{e_{x_1}^2 + e_{x_2}^2}$	$y = \log x$	$e_y = \dfrac{1}{\ln 10}\dfrac{e_x}{x} \approx 0.43429\dfrac{e_x}{x}$
$y = x_1 \cdot x_2$	$\%e_y = \sqrt{\%e_{x_1}^2 + \%e_{x_2}^2}$	$y = \ln x$	$e_y = \dfrac{e_x}{x}$
$y = \dfrac{x_1}{x_2}$	$\%e_y = \sqrt{\%e_{x_1}^2 + \%e_{x_2}^2}$	$y = 10^x$	$\dfrac{e_y}{y} = (\ln 10)e_x \approx 2.3026\,e_x$
		$y = e^x$	$\dfrac{e_y}{y} = e_x$

(a) x は変数，a は不確かさのない定数を表す．
(b) e_x/x は x の相対誤差，$\%e_x$ は $100 \times e_x/x$ である．

e^x の不確かさ： $y = e^x \;\Rightarrow\; \dfrac{e_y}{y} = e_x$ \hfill (3-11)

表 3-1 に不確かさの伝播の規則をまとめた．指数，対数，真数の規則を覚える必要はないが，使えるようにしておくべきである．

付録Bには，任意の関数におけるランダムな不確かさの伝播の一般則について記述した．

例題　H^+ 濃度の不確かさ

関数 $\mathrm{pH} = -\log[\mathrm{H}^+]$ について考えよう．ここで，$[\mathrm{H}^+]$ は H^+ のモル濃度である．$\mathrm{pH} = 5.21 \pm 0.03$ のとき，$[\mathrm{H}^+]$ とその不確かさを求めよ．

解法　まず，式 $\mathrm{pH} = -\log[\mathrm{H}^+]$ を $[\mathrm{H}^+]$ について解く．$a = b$ のとき，$10^a = 10^b$．$\mathrm{pH} = -\log[\mathrm{H}^+]$ のとき，$\log[\mathrm{H}^+] = -\mathrm{pH}$, $10^{\log[\mathrm{H}^+]} = 10^{-\mathrm{pH}}$．ただし，$10^{\log[\mathrm{H}^+]} = [\mathrm{H}^+]$．したがって，次の式の不確かさを求める必要がある．

$$[\mathrm{H}^+] = 10^{-\mathrm{pH}} = 10^{-(5.21 \pm 0.03)}$$

表 3-1 において，上式と同じかたちの関数は $y = 10^x$ である．ここで，$y = [\mathrm{H}^+]$, $x = -(5.21 \pm 0.03)$ であるので，

$$\frac{e_y}{y} = 2.3026\,e_x$$

$$\frac{e_{[\mathrm{H}^+]}}{[\mathrm{H}^+]} = 2.3026\,e_{\mathrm{pH}} = (2.3026)(0.03) = 0.0691 \tag{3-12}$$

$[\mathrm{H}^+]$ の相対不確かさは，0.0691 である．$[\mathrm{H}^+] = 10^{-\mathrm{pH}} = 10^{-5.21} = 6.17 \times 10^{-6}\,\mathrm{M}$ であるので，

$$\frac{e_{[\mathrm{H}^+]}}{[\mathrm{H}^+]} = \frac{e_{[\mathrm{H}^+]}}{6.17 \times 10^{-6}\,\mathrm{M}} = 0.0691 \;\Rightarrow\; e_{[\mathrm{H}^+]} = 4.26 \times 10^{-7}\,\mathrm{M}$$

H^+ の濃度は $6.17(\pm 0.426) \times 10^{-6}\,\mathrm{M} = 6.2(\pm 0.4) \times 10^{-6}\,\mathrm{M}$ である．pH の

不確かさが 0.03 であるので，[H$^+$] の不確かさは 7%になる．余分の桁は，途中の結果では残されていて，最後の答えで丸められることに注意しよう．

類題 pH の不確かさが 2 倍の ±0.06 のとき，[H$^+$] の相対不確かさはいくらか？ （**答え**：14%）

3-5 系統誤差に由来する不確かさの伝播

系統誤差はいろいろな場面で現れるが，計算における扱いは偶然誤差と異なる．分子量と容量ガラス器具における系統誤差の例を見てみよう．

原子量の不確かさ

表紙見返しの周期表には，酸素の原子量が 15.9994 ± 0.0004 g/mol と書かれている．この周期表で重要なことは，不確かさが示されていなければ，不確かさは小数の最後の桁で±1となるという点である．複数の同位体をもつ元素の原子量の不確かさは，測定の偶然誤差によるものでは<u>ない</u>．不確かさは，さまざまな物質中の同位体比の変動に由来する（コラム 3-3）[4]．ある物質に含まれる酸素の原子量には<u>系統的不確かさ</u>がある．たとえば，15.9997 で，この値を中心としてランダムで小さな変動がある．

分子量の不確かさ

O$_2$ の分子量の不確かさはどのくらいだろうか？ 二つの酸素原子の質量が周期表に示した不確かさの上限（15.9998）にあるとき，O$_2$ の質量は 2 × 15.9998 = 31.9996 g/mol である．二つの酸素原子の質量が不確かさの下限（15.9990）にあるとき，O$_2$ の質量は 2 × 15.9990 = 31.9980 g/mol である．よって，O$_2$ の質量は 31.9988 ± 0.0008 の範囲にある．原子 n 個の質量の不確かさは，n ×（原子 1 個の不確かさ）で表される．O$_2$ の場合，2 ×（± 0.0004）= ± 0.0008 である．この不確かさは，$\pm\sqrt{0.0004^2 + 0.0004^2} = \pm 0.00056$ ではない．<u>系統誤差の不確かさは，和または差の各項の不確かさを足し合わせればよい</u>．

例として，C$_2$H$_4$ の分子量の不確かさを求めてみよう．

C の原子量 = 12.0106 ± 0.0010

H の原子量 = 1.00798 ± 0.00014

C$_2$H$_4$ 中の原子の質量の不確かさは，各原子の不確かさにその原子の数を掛けて求める．

系統的不確かさの伝播：
同じ原子 n 個の質量の不確かさ=n ×（原子量の不確かさ）

$$
\begin{array}{l}
2\text{C}: 2(12.0106 \pm 0.0010) = 24.0212 \pm \mathbf{0.0020} \leftarrow 2 \times 0.0010 \\
4\text{H}: 4(1.00798 \pm 0.00014) = 4.03192 \pm \mathbf{0.00056} \leftarrow 4 \times 0.00014 \\
\hline
\phantom{4\text{H}: 4(1.00798 \pm 0.00014) = }28.05312 \pm ?
\end{array}
\qquad (3\text{-}13)
$$

2C + 4H の質量の和の不確かさは，偶然誤差に適用される式 3-5 を用いる．それは，C および H の質量の不確かさは互いに独立であるからだ．この不確か

コラム 3-3

元素の原子量

国際純正・応用化学連合の委員会は，入手できる最良の測定値を用いて**原子量**（atomic mass）を4年ごとに再評価している（委員会はこれを atomic weights と呼ぶ）．元素の原子量は，地球に存在するその同位体の質量の加重平均である．安定同位体が一種類しかない元素は，その質量を質量分析法により正確に測定することができる．複数の同位体をもつ80％以上の元素については，平均原子量は物質中の各同位体のモル分率によって決まる．物質が異なると同位体比も異なるので，元素の平均原子量は試料によって異なる．一種類の安定同位体しかないナトリウムの原子量は 22.989 769 28 ± 0.000 000 02 である．同位体比の変動が大きい鉛の原子量は，そのばらつきのため 207.2 ± 0.1 と表される．

2009年，原子量の記述法に大きな変更があった．現在，複数の安定同位体をもつ元素については，原子量は天然に存在する値を含む範囲で表される．2005年，酸素の原子量は 15.999 4 ± 0.000 3 と記述されていた．2009年現在，原子量は下図に示すように範囲 [15.999 03; 15.999 77] で記述され，この範囲には，多くの起源に由来する酸素の原子量が含まれる．

とはいえ，私たちは日々の計算に使う「原子量」が必要である．このため，原子量の範囲の中央値を使い，全範囲を含む不確かさを加えるようにする．たとえば，H の原子量の範囲は [1.007 84; 1.008 11] である．中央値は 1.007 98 であり，不確かさ ±0.000 14 は全範囲を含んでいる．表紙見返しの周期表にまとめた H の原子量は 1.007 98 ± 14 であり，ここで 14 は小数の最後の2桁での不確かさである．本書の周期表に示す H, Li, B, C, N, O, Si, S, Cl, Tl の原子量は，原子量の範囲から同様にして求められた．

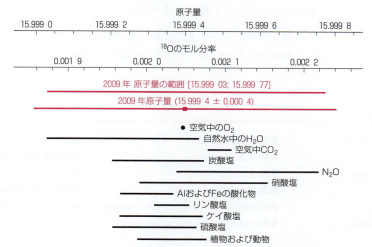

さまざまな起源の酸素の原子量．[データ出典：M. E. Wieser and T. B. Coplen, *Pure. Appl. Chem.* **83**, 359 (2011).]

さは，正にも負にもなりうる．したがって，C_2H_4 の分子量は次のようになる．

$$28.053\,12 \pm \sqrt{0.002\,0^2 + 0.000\,56^2}$$
$$28.053_1 \pm 0.002_1 \text{ g/mol}$$

相対不確かさは，$100 \times (0.002_1/28.053_1) = 0.007_4 \%$ である．

> 異なる元素の原子量の不確かさは独立であるので，その和にはランダムな不確かさの伝播の規則を適用する．

あるピペットからの複数回の排出：較正の利点

クラス A の 25 mL ホールピペットは，25.00 ± 0.03 mL を排出することがメーカーにより保証されている．あるピペットから排出される体積には再現性

があるが，24.97〜25.03 mL の範囲内である．較正されていないクラス A の 25 mL ホールピペットを 4 回使って合計で 100 mL を排出すると，100 mL の不確かさはいくらになるだろうか？ この不確かさは系統誤差であるので，4 回のピペットの容量における不確かさは，4 モルの酸素原子の質量の不確かさと同様に求められる．不確かさは $\pm 0.03 \times 4 = \pm 0.12$ mL であり，$\pm \sqrt{0.03^2 + 0.03^2 + 0.03^2 + 0.03^2} = \pm 0.06$ mL ではない．

あるピペットで実際に排出される体積と 25.00 mL との差は，<u>系統誤差</u>である．系統誤差は常に同じで，小さな偶然誤差をともなう．2-9 節に示したように，排出する水をひょう量してピペットを較正することができる．較正すると，ピペットから常に，たとえば，24.991 ± 0.006 mL だけ排出されることがわかるので，系統誤差をなくすことができる．不確かさ ± 0.006 mL は，<u>偶然誤差</u>である．

較正すると，系統誤差がなくなるので不確かさが小さくなる．較正されたピペットを用いて，平均体積 24.991 mL，不確かさ ± 0.006 mL で試料を 4 回移す場合，排出される体積は $4 \times 24.991 = 99.964$ mL，不確かさは $\pm \sqrt{0.006^2 + 0.006^2 + 0.006^2 + 0.006^2} = \pm 0.012$ mL である．較正されていないピペットでは，不確かさは $\pm 0.03 \times 4 = \pm 0.12$ mL となる．

較正されたピペットの容量 $= 99.964 \pm 0.012$ mL

較正されていないピペットの容量 $= 100.00 \pm 0.12$ mL

> 0.006 mL は，水を複数回排出して測定した標準偏差である（4 章で定義）．

重要なキーワード

確定誤差（determinate error）
仮数（mantissa）
系統誤差（systematic error）
原子量（atomic mass）
偶然誤差（random error）
自然対数（natural logarithm）
指標（characteristic）
真数（antilogarithm）
正確さ（accuracy）
精度（precision）
絶対誤差の上限（absolute uncertainty）
相対不確かさ（relative uncertainty）
対数（logarithm）
認証標準物質（certified reference material）
不確定誤差（indeterminate error）
有効数字（significant figure）

本章のまとめ

有効数字の桁数は，値を指数表記するために必要な最小の桁数である．最初の不確かな桁は，最後の有効数字である．和と差では，最後の有効数字は，小数の桁数が最も少ない数によって決まる（すべての指数が等しいとき）．積と商では，答えの桁数はふつう最も少ない桁数をもつ因子によって制限される．対数では，仮数の桁数が真数の有効数字の桁数と等しくなければならない．ランダムな（不確定）誤差は結果の精度（再現性）に影響するが，系統的な（確定）誤差は正確さ（「真値」までの近さ）に影響する．熱心に取り組めば，系統誤差を明らかにして除くことができるが，偶然誤差は常にいくらか存在する．あらゆる測定において，系統誤差をなくす努力をしなければならない．偶然誤差については，和と差における不確かさの伝播には絶対誤差の上限（$e_3 = \sqrt{e_1^2 + e_2^2}$）を用い，積と商については相対不確かさを用いる（$\%e_3 = \sqrt{\%e_1^2 + \%e_2^2}$）．偶然誤差の伝播に関する他の規則は，表 3-1 に示されている．応用例の一つは，pH から水素イオン濃度を計算することである．$[H^+] = 10^{-pH}$ とすると，$[H^+]$ の不確かさは $e_{[H^+]}/[H^+] = 2.3026\, e_{pH}$ である．計算中は常に必要以上の桁を残し，最後に適切な桁数に丸める．ある元素の原子 n 個の質量の系統誤差は，その原子量の不確かさの n 倍である．複数の元素を含む分子量の不確かさは，各元素の質量の系統的不確かさの二乗の和から計算される．

練習問題

3-A. 空のるつぼの重量は 12.4372 g，重量分析の沈殿が入った同じるつぼの重量は 12.5296 g である．

(a) それぞれの質量の有効数字は6桁である．るつぼに入っている沈殿の質量はいくらか？ また，その質量の有効数字は何桁か？

(b) メーカーによれば，天びんの不確かさは ± 0.3 mg である．沈殿の質量の絶対誤差の上限と相対不確かさを求めよ．また，沈殿の質量を適切な桁数で書け．

3-B. 以下の式について，それぞれの答えを適切な有効数字で表せ．また，答えの絶対誤差の上限と相対不確かさを求めよ．

(a) $[12.41(\pm 0.09) \div 4.16(\pm 0.01)] \times 7.0682(\pm 0.0004) = ?$

(b) $[3.26(\pm 0.10) \times 8.47(\pm 0.05)] - 0.18(\pm 0.06) = ?$

(c) $6.843(\pm 0.008) \times 10^4 \div [2.09(\pm 0.04) - 1.63(\pm 0.01)] = ?$

(d) $\sqrt{3.24 \pm 0.08} = ?$

(e) $(3.24 \pm 0.08)^4 = ?$

(f) $\log(3.24 \pm 0.08) = ?$

(g) $10^{3.24 \pm 0.08} = ?$

3-C. (a) 0.169 M NaOH 2.000 L を調製するためには，53.4 (±0.4) wt% NaOH (密度 1.52 (±0.01) g/mL) が何 mL 必要か？

(b) NaOH 溶液を移すときの不確かさが ±0.01 mL のとき，容量モル濃度 (0.169 M) の絶対誤差の上限を計算せよ．NaOH の式量および最終的な体積 (2.000 L) の不確かさは無視できると仮定せよ．

3-D. ある溶液の pH は 4.44 ± 0.04 である．[H^+] とその絶対誤差の上限を求めよ．

3-E. 37.0 (±0.5) wt%，密度 1.18 (±0.01) g/mL の HCl 溶液がある．この溶液を用いて 0.0500 モルの HCl を移すには，溶液 4.18 mL が必要である．0.0500 モルの許容できる不確かさが ±2% のとき，4.18 mL の絶対誤差の上限の大きさはいくらか？（注意：この問題では，逆向きに計算しなければならない．ふつうは体積の不確かさから mol HCl の不確かさを計算するだろう．

$$\text{mol HCl} = \frac{\text{mL 溶液} \times \frac{\text{g 溶液}}{\text{mL 溶液}} \times \frac{\text{g HCl}}{\text{g 溶液}}}{\frac{\text{g HCl}}{\text{mol HCl}}}$$

しかし，この問題では，mol HCl の不確かさが決まっており，その不確かさが 2% になるように溶液体積の不確かさを求める．計算は $a = b \times c \times d$ なので，相対不確かさには $\%e_a^2 = \%e_b^2 + \%e_c^2 + \%e_d^2$ が成り立つ．$\%e_a$, $\%e_c$, $\%e_d$ がわかれば，引き算：$\%e_b^2 = \%e_a^2 - \%e_c^2 - \%e_d^2$ により $\%e_b$ が求まる．）

3-F. NH_3 の分子量とその不確かさを計算せよ．分子量の相対不確かさ百分率はいくらか？

章末問題

有効数字

3-1. 以下の数値の有効数字は何桁か？

(a) 1.9030　(b) 0.03910　(c) 1.40 × 10^4

3-2. 以下の数値を示された桁数に丸めよ．

(a) 1.2367 (有効数字 4 桁)

(b) 1.2384 (有効数字 4 桁)

(c) 0.1352 (有効数字 3 桁)

(d) 2.051 (有効数字 2 桁)

(e) 2.0050 (有効数字 3 桁)

3-3. 以下の数値を有効数字 3 桁に丸めよ．

(a) 0.21674　(b) 0.2165　(c) 0.216 500 3

3-4. 副尺．下図は，物体の寸法を正確に測定するノギスなどの測定器に見られる目盛である．下側の目盛は上側の目盛に沿ってスライドし，これを用いて上側の目盛を内挿する．図 (a) において，読み取り値（下側の目盛の左側の 0）は上側の目盛の 1.4 と 1.5 の間にある．厳密に読み取るには，下側のどの目盛が上側のどの目盛と一直線にそろっているかを見る．下側の目盛の 6 が上側の目盛とそろっているので，正確な読み取り値は 1.46 である．図 (b) と (c) の正確な読み取り値を書け．また，各読み取り値の有効数字の桁数を示せ．

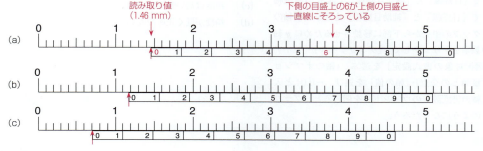

問題 3-4 の図

3-5. 以下のそれぞれの答えを正しい有効数字で表せ．

(a) $1.021 + 2.69 = 3.711$
(b) $12.3 - 1.63 = 10.67$
(c) $4.34 \times 9.2 = 39.928$
(d) $0.060\,2 \div (2.113 \times 10^4) = 2.849\,03 \times 10^{-6}$
(e) $\log(4.218 \times 10^{12}) = ?$
(f) $\mathrm{antilog}(-3.22) = ?$
(g) $10^{2.384} = ?$

3-6. (a) BaF_2 および (b) $C_6H_4O_4$ の式量を適切な桁数で書け．原子量は，表紙見返しの周期表の値を用いよ．

3-7. 以下のそれぞれの答えを正しい有効数字で表せ．

(a) $1.0 + 2.1 + 3.4 + 5.8 = 12.300\,0$
(b) $106.9 - 31.4 = 75.500\,0$
(c) $107.868 - (2.113 \times 10^2) + (5.623 \times 10^3) = 5\,519.568$
(d) $(26.14/37.62) \times 4.38 = 3.043\,413$
(e) $(26.14/(37.62 \times 10^8)) \times (4.38 \times 10^{-2}) = 3.043\,413 \times 10^{-10}$
(f) $(26.14/3.38) + 4.2 = 11.933\,7$
(g) $\log(3.98 \times 10^4) = 4.599\,9$
(h) $10^{-6.31} = 4.897\,79 \times 10^{-7}$

3-8. グラフの外観の調整．図3-3にはビュレットの補正値を読み取るために目盛線が必要である．この練習問題では，図3-3のようなグラフをつくるための書式設定を行う．2-11節の操作にしたがって，次の表のデータをグラフにせよ．Excel 2007または2010の場合，データ点が直線でつながれた散布図のグラフを挿入する．凡例とタイトルは削除する．［グラフツール］-［レイアウト］-［軸ラベル］で両方の軸にラベルを加える．横座標（x軸）の任意の数字をクリックして，［グラフツール］-［書式］に移動する．［選択対象の書式設定］-［軸のオプション］で，最小値＝0，最大値＝50，目盛間隔＝10，補助目盛間隔＝1に設定する．［目盛の種類］で［外向き］を選ぶ．［選択対象の書式設定］-［表示形式］で［数値］を選び，小数点以下の桁数＝0に設定する．同様の方法で縦座標（y軸）を設定する．範囲は-0.04から$+0.05$，目盛間隔＝0.02，補助目盛間隔＝0.01，［目盛の種類］は［外向き］にする．目盛線を表示するために，［グラフツール］-［レイアウト］-［目盛線］に移動する．［主横軸目盛線］で［目盛線］と［補助目盛線］を選ぶ．［主縦軸目盛線］で［目盛線］と［補助目盛線］を選ぶ．横軸のラベルをグラフの中央から下部に移動させるためにy軸の任意の数字をクリックして，［グラフツール］-［レイアウト］-［選択対象の書式設定］を選ぶ．［軸のオプション］で［横軸との交点］-［軸の値］を選び，-0.04と入力する．軸の書式設定のウィンドウを閉じると，グラフは図3-3のようになるだろう．

体積（mL）	補正値（mL）
0.03	0.00
10.04	0.04
20.03	0.02
29.98	-0.03
40.00	0.00
49.97	0..03

誤差の種類

3-9. 正確さは測定値と「真値」の近さを表すという記述において，真値という語にかぎかっこをつけたのはなぜか？

3-10. 系統誤差と偶然誤差の違いを説明せよ．

3-11. 重量分析において，沈殿を回収する前にろ過つぼを乾燥させるのを忘れたとする．生成物をろ過した後，それをひょう量する前には生成物とつぼを十分乾燥した．生成物の見かけの質量は高くなるか，低くなるか？質量の誤差は，系統誤差と偶然誤差のどちらか？

3-12. (a)～(d)の誤差は偶然誤差と系統誤差のどちらであるかを述べよ．

(a) 25 mL ホールピペットは常に25.031 ± 0.009 mLを排出する．
(b) 10 mL ビュレットは，ちょうど0 mLからちょうど2 mLまで排出したとき，常に1.98 ± 0.01 mLを排出し，2 mLから4 mLまで排出したとき，常に2.03 mL ± 0.02 mLを排出する．
(c) 10 mL ビュレットで水をちょうど0.00 mLから2.00 mLまで排出すると，排出された質量は1.9839 gであった．その次に，同じように水を0.00 mLから2.00 mLまで排出すると，排出された質量は1.9900 gであった．
(d) 溶液20.0 μLを4回連続してクロマトグラフ装置に注入した．あるピークの面積は4383，4410，4401，4390であった．

3-13. ガールスカウトのキャンプでCheryl, Cynthia, Carmen, Chastityが的を射た．次の図のそれぞれの結果を適切に説明した文を選べ．

(a) 正確で精度が高い
(b) 正確だが精度が低い
(c) 精度は高いが正確でない
(d) 精度が低く正確でない

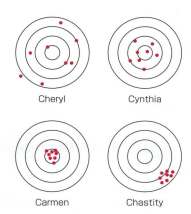

問題 3-13 の図

3-14. 数値 $3.12356\,(\pm0.16789\%)$ を次の形式にしたがって適切な桁数で表せ．(a) 数値（±絶対誤差の上限），(b) 数値（±相対不確かさ百分率）．

不確かさの伝播

3-15. 以下の計算結果について，絶対誤差の上限と相対不確かさ百分率を求め，それぞれの答えを適切な有効数字で表せ．
(a) $6.2(\pm0.2) - 4.1(\pm0.1) = ?$
(b) $9.43(\pm0.05) \times 0.016(\pm0.001) = ?$
(c) $[6.2(\pm0.2) - 4.1(\pm0.1)] \div 9.43(\pm0.05) = ?$
(d) $9.43(\pm0.05) \times \{[6.2(\pm0.2) \times 10^{-3}] + [4.1(\pm0.1) \times 10^{-3}]\} = ?$

3-16. 以下の計算結果について，絶対誤差の上限と相対不確かさ百分率を求め，それぞれの答えを適切な有効数字で表せ．
(a) $9.23(\pm0.03) + 4.21(\pm0.02) - 3.26(\pm0.06) = ?$
(b) $91.3(\pm1.0) \times 40.3(\pm0.2)/21.1(\pm0.2) = ?$
(c) $[4.97(\pm0.05) - 1.86(\pm0.01)]/21.1(\pm0.2) = ?$
(d) $2.0164(\pm0.0008) + 1.233(\pm0.002) + 4.61(\pm0.01) = ?$
(e) $2.0164(\pm0.0008) \times 10^3 + 1.233(\pm0.002) \times 10^2 + 4.61(\pm0.01) \times 10^1 = ?$
(f) $[3.14(\pm0.05)]^{1/3} = ?$
(g) $\log[3.14(\pm0.05)] = ?$

3-17. 以下の計算を確かめよ．
(a) $\sqrt{3.1415(\pm0.0011)} = 1.7724_3(\pm0.0003_1)$
(b) $\log[3.1415(\pm0.0011)] = 0.4971_4(\pm0.0001_5)$
(c) $\mathrm{antilog}[3.1415(\pm0.0011)] = 1.385_2(\pm0.003_5) \times 10^3$
(d) $\ln[3.1415(\pm0.0011)] = 1.1447_0(\pm0.0003_5)$
(e) $\log\left(\dfrac{\sqrt{0.104(\pm0.006)}}{0.0511(\pm0.0009)}\right) = 0.80_0(\pm0.01_5)$

3-18. (a) NaCl の式量が 58.442 ± 0.006 g/mol であることを示せ．
(b) NaCl 溶液を調製するために，NaCl $2.634(\pm0.002)$ g をひょう量し，容量 $100.00(\pm0.08)$ mL のメスフラスコに溶かした．溶液の容量モル濃度を適切な桁数で表せ．

3-19. 空気中，$24{}^\circ\mathrm{C}$ でひょう量した水の見かけの質量が 1.0346 ± 0.0002 g のとき，その水の真空中での真の質量はいくらか？ そのときの空気の密度は 0.0012 ± 0.00001 g/mL，標準分銅の密度は 8.0 ± 0.5 g/mL であった．空気の密度の不確かさと比べて，表 2-7 に示した水の密度の不確かさは無視できる．

3-20. HCl 溶液の濃度は，純粋な炭酸ナトリウムとの次の反応によって決定できる．$2\mathrm{H}^+ + \mathrm{Na_2CO_3} \longrightarrow 2\mathrm{Na}^+ + \mathrm{H_2O} + \mathrm{CO_2}$．$0.9674 \pm 0.0009$ g の $\mathrm{Na_2CO_3}$（式量 105.9884 ± 0.0007）を用いるとき，完全な反応には HCl 溶液 27.35 ± 0.04 mL が必要であった．
(a) $\mathrm{Na_2CO_3}$ の式量とその不確かさを求めよ．
(b) HCl の容量モル濃度とその絶対誤差の上限を求めよ．
(c) 一次標準 $\mathrm{Na_2CO_3}$ の純度は，$99.95\sim100.05$ wt% と記されている．これは $\mathrm{Na_2CO_3}$ が理論量の $100.00 \pm 0.05\%$ の H^+ と反応することを意味する．この不確かさを考慮して，(b) の答えを再度計算せよ．

3-21. $\mathrm{C_9H_9O_6N_3}$ の分子量（±不確かさ）を正確な有効数字で表せ．

3-22. メーカーが濃度 $150.0 \pm 0.3\,\mu\mathrm{g}\,\mathrm{SO_4^{2-}}/\mathrm{mL}$ であると保証した原液がある．これを 100 倍に希釈して $1.500\,\mu\mathrm{g/mL}$ の溶液を得たい．以下に二つの希釈法を示す．それぞれの方法で生じる濃度の不確かさを計算せよ．器具の不確かさは，表 2-3 および表 2-4 の許容誤差を用いよ．また，一方が他方よりも正確である理由を説明せよ．
(a) ホールピペットとメスフラスコを用いて 10.00 mL の溶液を 100 mL に希釈する．次に希薄溶液 10.00 mL を取り，再び 100 mL に希釈する．
(b) ホールピペットとメスフラスコを用いて 1.000 mL の溶液を 100 mL に希釈する．

3-23. アボガドロ数は，純粋なシリコン結晶の以下の特性から計算される[5]．（1）原子量（質量と各同位体の存在量から計算），（2）結晶密度，（3）単位格子の大きさ（結晶中で繰り返される最小単位），（4）単位格子内の原子数．用いた材料の Si の平均原子量は，$m_\mathrm{Si} = 28.0853842(35)$ g/mol である．ここで，かっこ内の 35 は最後の 2 桁の不確かさ（標準偏差）である．密度は，$\rho = 2.3290319(18)$ g/cm^3 である．単位格子は立方晶系で，一辺の長さが $c_0 = 5.43102036(33) \times 10^{-8}$ cm であり，8 個の原子を含む．アボガドロ数は，次式によって計算される．

$$N_\mathrm{A} = \dfrac{m_\mathrm{Si}}{(\rho c_0^3)/8}$$

測定された特性値とその不確かさから，アボガドロ数とその不確かさを計算せよ．c_0^3 の不確かさを求めるには，表 3-1 の関数 $y = x^a$ の不確かさの式を用いる．

4 統計学
Statistics

今日の私の赤血球数は多いか？

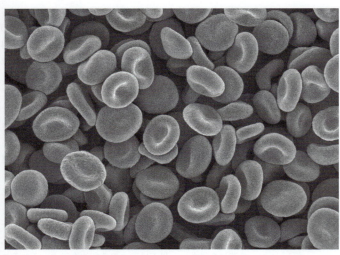

赤血球
[出典：Susumu Nishinaga/Science.]

「正常な」日の赤血球数	今日の赤血球数
5.1 ⎫	
5.3 ⎪	
4.8 ⎬ ×10⁶ 個/μL	5.6 × 10⁶ 個/μL
5.4 ⎪	
5.2 ⎭	
平均 = 5.16	

あらゆる測定には実験誤差が含まれるので，結果について完全に確信をもつことはできない．それでも，「今日の赤血球数は正常値より多いか？」といった疑問に答えることが求められる．今日の赤血球数が正常値の2倍であれば，明らかに正常値より多いといえるだろう．しかし，「多い」赤血球数が「正常な」赤血球数とあまり違わない場合はどうだろうか？

上表では，5.6 という値は五つの正常値よりも大きいが，正常値のランダムな変動から考えると，「正常な」日に 5.6 という値が観察されてもそれほどおかしくない．

101ページで学ぶように，「正常な」日に 5.6 という値が観測される確率は，わずか 1.3% である．この情報に基づいてどう判断するかはあなた次第だ．

実験の測定値には常にばらつきがあるので，絶対の確信をもって結論を導くことはできない．統計学は，確率が高い仮説を正しいと受け入れたり，そうでない仮説を棄却したりするツールを与えてくれる[1]．本章で私たちは，仮説が正しい確率に基づいて仮説を受け入れたり，棄却したりする方法を学ぶ．また，最小二乗法を学び，実験データに直線を当てはめ，直線の不確かさを推定する．本章の後に付録Bを読めば，実験データから計算される不確かさに信頼水準を与えるという，不確かさの伝播のより一般的な取り扱いを理解できるだろう．

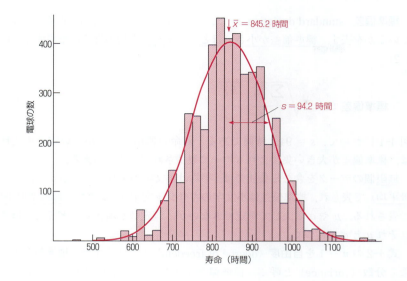

図 4-1 白熱電球の仮想集団の寿命を表す棒グラフおよびガウス曲線．滑らかな曲線の平均，標準偏差，面積は棒グラフと同じである．しかし，有限個の標本データはベル型の曲線にならない．測定値が多いほど，結果は滑らかな曲線に近づく．

4-1 ガウス分布

　実験が何回も繰り返され，誤差が純粋にランダムな場合，測定値は平均値の近くで左右対称に密集する傾向がある（図 4-1）．実験を繰り返す回数が増えると，結果の頻度分布は**ガウス分布**（Gaussian distribution）と呼ばれる理想的なベル型の曲線に近づく．一般に，実験ではそれほど多くの測定を行うことはできない．実験を 2000 回も繰り返すことはまれで，ふつうは 3 〜 5 回行うだけだろう．しかし，少数の測定値の組から理想的な大きな集団の性質を推定することができる．

繰り返し測定が図 4-1 のベル型分布を示すとき，実験データは**正規分布**（normal distribution）に従うという．正規分布では，測定値が平均よりも大きい可能性と小さい可能性が等しい．ある値から平均までの距離が大きくなると，その値を観測する確率は低くなる．

平均は，分布の中心である．標準偏差は，分布の幅のめやすである．

平均値と標準偏差

　図 4-1 の仮想実験は，メーカーが白熱電球 4768 個の寿命を試験した結果である．棒グラフはある寿命をもつ電球の数を 20 時間間隔で示している．寿命はガウス分布に近い．これは，フィラメントの太さや取り付けの質など，電球の組み立てにおける変動がランダムであるからだ．滑らかな曲線は，データに最もよく当てはまるガウス分布である．有限個の標本データは，ガウス曲線とはやや異なる．

　電球の寿命とそのガウス曲線は，二つのパラメータによって特徴づけられる．算術**平均**（mean）$\bar{x}$〔**平均**（average）ともいう〕は，測定値の和を測定値の数 n で割った値である．

標準偏差が小さい実験は，標準偏差が大きい実験よりも**精度**が高い．精度が高いことは必ずしも「真値」にどれだけ近いかを示す**正確さ**が高いことを意味しない．

$$\text{平均}: \bar{x} = \frac{\sum_i x_i}{n} \tag{4-1}$$

ここで，x_i は個々の電球の寿命である．ギリシャ文字の $\sum$（シグマ）は総和を意味する（$\sum_i x_i = x_1 + x_2 + x_3 + \cdots + x_n$）．図 4-1 の平均値は 845.2 時間である．

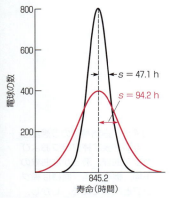

図 4-2 電球の二つの標本のガウス曲線。黒色の曲線の標準偏差は赤色の半分である。各曲線の電球の総数は同じである。

系統誤差がない場合，測定値数が多いほど，$\bar{x}$はμに近づく．

$$\text{変動係数} = 100 \times \frac{s}{\bar{x}}$$

電卓の標準偏差を求める関数を使って，$s = 30.269\,6\ldots$ となることを確認しよう．

	A	B
1		821
2		783
3		834
4		855
5	平均 =	823.25
6	標準偏差 =	30.27
7	B5 = AVERAGE(B1:B4)	
8	B6 = STDEV(B1:B4)	

標準偏差（standard deviation, s）は，データが平均のどのくらい近くに集まっているかを表す．標準偏差が小さいほど，データは平均の近くに密集する（図4-2）．

$$\text{標準偏差：} \quad s = \sqrt{\frac{\sum_i (x_i - \bar{x})^2}{n-1}} \tag{4-2}$$

図4-1 において，$s = 94.2$ 時間である．寿命の標準偏差が小さい電球の集団は，標準偏差が大きい集団よりも均一に製造されているといえる．

無限個のデータを含む母集団では，平均は小文字のギリシャ文字 μ（ミュー，**母平均**）で表され，標準偏差は小文字のギリシャ文字 σ（シグマ，**母標準偏差**）で表される．μ や σ は決して測定できないが，測定数が増えるほど $\bar{x}$ と s はそれぞれ μ と σ に近づく．

式 4-2 の $n-1$ を**自由度**（degree of freedom）と呼ぶ．また，標準偏差の二乗を**分散**（variance）と呼ぶ．標準偏差を平均値の百分率で表したもの（= $100 \times s/\bar{x}$）を**相対標準偏差**または**変動係数**と呼ぶ．

> **例題** 平均と標準偏差
>
> 821，783，834，855 の平均，標準偏差，変動係数を求めよ．
>
> **解法** 平均は
>
> $$\bar{x} = \frac{821 + 783 + 834 + 855}{4} = 823._2$$
>
> である．あとの計算で丸め誤差が生じるのを避けるため，平均の桁数は元のデータよりも 1 桁多く残す．標準偏差は，
>
> $$s = \sqrt{\frac{(821 - 823.2)^2 + (783 - 823.2)^2 + (834 - 823.2)^2 + (855 - 823.2)^2}{(4-1)}}$$
> $$= 30._3$$
>
> である．平均と標準偏差の小数点以下の桁数は同じにする．$\bar{x} = 823._2$ に対して，$s = 30._3$ と書く．変動係数は，相対不確かさ百分率である．
>
> $$\text{変動係数} = 100 \times \frac{s}{\bar{x}} = 100 \times \frac{30._3}{823._2} = 3.7\%$$
>
> **類題** 例題の四つの値 821，783，834，855 のそれぞれを 2 で割ると，平均，標準偏差，変動係数はどう変わるか？
> （**答え**：$\bar{x}$ と s は 2 分の 1 になるが，変動係数は変わらない．）

📊 スプレッドシートには平均と標準偏差の関数が組み込まれている．スプレッドシートの隣接するセル B1 から B4 までにデータを入力する．平均は，"= AVERAGE(B1:B4)" と記したセル B5 で計算される．B1:B4 は，セル

B1, B2, B3, B4 を意味する．標準偏差は，"= STDEV(B1:B4)" と記したセル B6 で計算される．

読みやすいように，セル B5 と B6 は小数第 2 位まで表示するように設定した．セル B4 の下には太線を引いてある．Excel 2007 または 2010 でこれを表示するには，セルを選択し，[ホーム]-[フォント] に移動し，罫線のアイコンから下太罫線を選ぶ．

平均と標準偏差の有効数字

実験結果は，一般に $\bar{x} \pm s(n=\ )$ の形式で表す．ここで，n はデータ数である．先の結果は，$823 \pm 30 (n=4)$，あるいは平均の有効数字が 2 桁であることを示すために $8.2(\pm 0.3) \times 10^2 (n=4)$ と書くのがよい．$\bar{x}$ と s が計算の途中の結果であり，さらに計算を続ける場合には，823 ± 30 や $8.2(\pm 0.3) \times 10^2$ の表現は適していない．有意でない桁を一つ以上残して，そのあとの計算で丸め誤差が生じるのを避ける．本書の問題の答えが $823._2 \pm 30._3$ のように表されているのを見ても，有効数字の多さに驚かないように．

平均と標準偏差を次の形式で表す．

$$\bar{x} \pm s\,(n=\ )$$

計算の途中で桁を丸めないこと．電卓に余分な桁をすべて残す．

標準偏差と確率

ガウス曲線は，次式で表される．

ガウス曲線：$$y = \frac{1}{\sigma\sqrt{2\pi}}\,e^{-(x-\mu)^2/2\sigma^2} \quad (4\text{-}3)$$

ここで，$e(= 2.71828\ldots)$ は自然対数の底である．有限個の標本データでは，μ は $\bar{x}$ で，σ は s で近似する．式 4-3 のグラフを図 4-3 に示す．簡単のため，$\sigma=1$，$\mu=0$ を用いた．y の最大値は $x=\mu$ のときであり，曲線は直線 $x=\mu$ に関して対称である．

平均値からの偏差を標準偏差の倍数 z で表すと便利である．すなわち，次式で定義されるように x を z に変換する．

$$z = \frac{x-\mu}{\sigma} \approx \frac{x-\bar{x}}{s} \quad (4\text{-}4)$$

ある範囲に値 z を測定する確率は，その範囲のガウス曲線下の面積に等しい．たとえば，-2 から -1 までの間に値 z を観測する確率は 0.136 である．この確率は，図 4-3 の色で塗りつぶした部分の面積に相当する．ガウス曲線下の各部分の面積を表 4-1 に記した．すべての測定値の確率の和は必ず 1 になるので，$z=-\infty$ から $z=+\infty$ までの曲線全体の下側の面積は必ず 1 になる．式 4-3 の係数 $1/(\sigma\sqrt{2\pi})$ を<u>規格化因子</u>と呼ぶ．この因子により曲線全体の下側の面積が 1 になる．規格化されたガウス曲線を<u>正規分布曲線</u>（normal error curve）と呼ぶ．

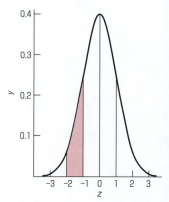

図 4-3　$\mu=0$，$\sigma=1$ のガウス曲線．全面積が 1 のガウス曲線は，正規分布曲線と呼ばれる．横座標 $z=(x-\mu)/\sigma$ は平均からの距離であり，標準偏差を単位として表されている．$z=2$ のとき，平均から標準偏差の 2 倍だけ離れている．

> **例題**　ガウス曲線下の面積
>
> 図 4-1 の電球のメーカーが 600 時間未満で切れた電球を無料で交換するとしよう．百万個の電球を販売する場合，交換用として何個の電球を余分に備えておくべきか？

表 4-1　正規（ガウス）分布曲線 $y = \dfrac{1}{\sqrt{2\pi}} e^{-z^2/2}$ の座標と面積

$|z|$[a]	y	面積[b]	$|z|$	y	面積	$|z|$	y	面積
0.00	0.3989	0.0000	1.4	0.1497	0.4192	2.8	0.0079	0.4974
0.1	0.3970	0.0398	1.5	0.1295	0.4332	2.9	0.0060	0.4981
0.2	0.3910	0.0793	1.6	0.1109	0.4452	3.0	0.0044	0.498650
0.3	0.3814	0.1179	1.7	0.0941	0.4554	3.1	0.0033	0.499032
0.4	0.3683	0.1554	1.8	0.0790	0.4641	3.2	0.0024	0.499313
0.5	0.3521	0.1915	1.9	0.0656	0.4713	3.3	0.0017	0.499517
0.6	0.3332	0.2258	2.0	0.0540	0.4773	3.4	0.0012	0.499663
0.7	0.3123	0.2580	2.1	0.0440	0.4821	3.5	0.0009	0.499767
0.8	0.2897	0.2881	2.2	0.0355	0.4861	3.6	0.0006	0.499841
0.9	0.2661	0.3159	2.3	0.0283	0.4893	3.7	0.0004	0.499904
1.0	0.2420	0.3413	2.4	0.0224	0.4918	3.8	0.0003	0.499928
1.1	0.2179	0.3643	2.5	0.0175	0.4938	3.9	0.0002	0.499952
1.2	0.1942	0.3849	2.6	0.0136	0.4953	4.0	0.0001	0.499968
1.3	0.1714	0.4032	2.7	0.0104	0.4965	∞	0	0.5

(a) $z = (x - \mu)/\sigma$
(b) 面積は，z が 0 から表の値までの曲線の下の面積を表す．たとえば，$z = 0$ から $z = 1.4$ までの面積は 0.4192 である．$z = -0.7$ から $z = 0$ までの面積は，$z = 0$ から $z = 0.7$ までの面積と同じである．$z = -0.5$ から $z = +0.3$ までの面積は，$(0.1915 + 0.1179) = 0.3094$ である．$z = -\infty$ から $z = +\infty$ までの総面積は 1 である．

$z = +1$ のとき，x は平均より標準偏差の 1 倍だけ大きい．$z = -2$ のとき，x は平均より標準偏差の 2 倍だけ小さい．

解法　目的とする範囲を標準偏差の倍数で表し，次に表 4-1 からその範囲の面積を求める．$\bar{x} = 845.2$ および $s = 94.2$ であるから，$z = (600 - 845.2)/94.2 = -2.60$ である．平均値から $z = -2.60$ までの曲線下の面積は表 4-1 から 0.4953 である．$-\infty$ から平均値までの全体の面積は 0.5000 であるので，$-\infty$ から -2.60 までの面積は $0.5000 - 0.4953 = 0.0047$ になる．図 4-1 において，600 時間より左側の面積は，曲線下側の全面積のわずか 0.47% である．電球の 0.47% だけが 600 時間未満で切れると予想される．メーカーが年間百万個の電球を販売する場合，交換用として余分に 4700 個の電球を製造すべきである．

類題　620 時間未満で切れた電球をメーカーが交換する場合，余分に何個製造すべきか？　(**答え**：$z \approx -2.4$，面積 $\approx 0.0082 = 8200$ 個)

例題　**スプレッドシートでガウス曲線下の面積を求める**
寿命が 900 時間から 1000 時間までと予想される電球の割合はいくらか？

解法　$x = 900$ 時間から $x = 1000$ 時間までのガウス曲線下の面積の割合を求める．Excel の関数 NORMDIST を使うと，$-\infty$ から指定した値 x までの曲線下の面積を求めることができる．まず $-\infty$ から 900 時間までの面積（図 4-4 の 900 時間より左側の部分）を求める．次に，$-\infty$ から 1000 時間までの面積を求める．これは，図 4-4 において 1000 時間より左側の部分すべてである．二つの面積の差が 900 時間から 1000 時間までの面積である．

900 時間から 1000 時間までの面積＝
(−∞から 1000 時間までの面積) − (−∞から 900 時間までの面積)

Excel 2007 または 2010 のスプレッドシートで，平均をセル A2 に，標準偏差をセル B2 に入力する．セル C4 で −∞ から 900 時間までのガウス曲線下の面積を求めるには，セル C4 を選び，［数式］-［関数の挿入］に移動する．表示されるウインドウで［統計］の関数を選び，リストから NORMDIST を選択する（Excel 2010 には NORMDIST と NORM.DIST の二つの関数があるが，いずれも結果は同じになる）．NORMDIST をダブルクリックすると，別のウインドウが表示され，NORMDIST に用いる四つの値を要求される（ヘルプをクリックすれば，NORMDIST の使用法に関する簡潔な説明が表示される）．

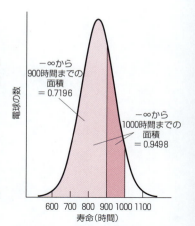

図 4-4 ガウス曲線で寿命が 900 時間から 1000 時間までの電球の割合を求める．−∞ から 1000 時間までの面積を求め，−∞ から 900 時間までの面積を引く．

	A	B	C
1	平均 =	標準偏差 =	
2	845.2	94.2	
3			
4	−∞〜900時間の面積 =		0.7196
5	−∞〜1000時間の面積 =		0.9498
6	900〜1000時間の面積 =		0.2302
7			
8	C4 = NORMDIST(900,$A$2,$B$2,TRUE)		
9	C5 = NORMDIST(1000,$A$2,$B$2,TRUE)		
10	C6 = C5−C4		

関数 NORMDIST(x, 平均, 標準偏差, 関数形式) で指定する値は，関数の引数（argument）と呼ばれる．第 1 の引数は x で，ここでは 900 である．第 2 の引数は平均で 845.2 である．値 845.2 を入力しても，セル A2（845.2 と入力されたセル）を指定してもよい．式を別のセルに移動しても常にセル A2 が参照されるようにするには，"$A$2" と入力する．第 3 の引数は標準偏差であり，"$B$2" と入力する．最後の引数は，「関数形式」と呼ばれる．値が "TRUE" のとき，NORMDIST はガウス曲線下の面積を計算する．関数形式が "FALSE" のとき，NORMDIST はガウス曲線の縦座標（y 値）を計算する．いまは面積を求めたいので，"TRUE" と入力する．セル C4 の式 "= NORMDIST(900, $A$2, $B$2, TRUE)" は，0.7196 を返す．この値は，−∞ から 900 時間までのガウス曲線下の面積である．−∞ から 1000 時間までの面積を求めるには，セル C5 に "= NORMDIST(1000, $A$2, $B$2, TRUE)" と入力する．返される値は 0.9498 である．次に，面積の引き算（C5 − C4）をして 0.2302 を得る．これは 900 時間から 1000 時間までの面積である．すなわち，面積の 23.02% が 900 時間から 1000 時間までの範囲にある．よって，電球の 23% の寿命が 900 まで 1000 時間までと予想される．

類題 800 から 1000 時間までの面積を求めよ．（**答え**：0.6342）

標準偏差は，ガウス曲線の幅のめやすである．s の値が大きいほど，曲線の幅は広くなる．すべてのガウス曲線において，面積の 68.3% は $\mu - 1\sigma$ から μ

範囲	測定値の百分率
$\mu \pm 1\sigma$	68.3
$\mu \pm 2\sigma$	95.5
$\mu \pm 3\sigma$	99.7

±1σ までの範囲にある．すなわち，測定値の 3 分の 2 以上が平均から標準偏差の 1 倍以内にあると期待される．また，面積の 95.5% が $\mu \pm 2\sigma$ の範囲にあり，面積の 99.7% が $\mu \pm 3\sigma$ の範囲にある．たとえば，二つの方法を用いて石炭中の硫黄を測定したとする．方法 A の標準偏差は 0.4%，方法 B の標準偏差は 1.1% であった．方法 A では，測定値の約 3 分の 2 が平均から ±0.4% 以内にあると考えられる．方法 B では，測定値の 3 分の 2 が平均から ±1.1% 以内にある．

平均の標準偏差

多数の電球の平均寿命を推定するために，一度に 1 個の電球だけを選んで，その寿命を測定することができる．あるいは，一度に 4 個を選んで，それぞれの寿命を測定し，4 個の平均を計算することもできる．一度に 4 個を測定する手順を何回も繰り返して，平均の平均 μ と標準偏差 σ を計算する．平均の標準偏差は電球 4 個の組に基づいているので σ_4 と記す．電球 4 個の組が多くなれば，平均は母平均と等しくなる．しかし，電球 4 個の組の平均の標準偏差は，母標準偏差 σ よりも小さい．その関係は，$\sigma_4 = \sigma/\sqrt{4}$ で表される．σ_4 を四つの試料の組の**平均の標準偏差**（standard deviation of the mean）と呼ぶ．一般に，試料 n 個の組の平均の標準偏差は次式で表される．

値 n 個の組の平均の標準偏差： $\quad \sigma_n = \dfrac{\sigma}{\sqrt{n}} \qquad (4\text{-}5)$

測定数が増えれば，平均は母平均に近づくと確信できる．不確かさは $1/\sqrt{n}$（n は測定数）に比例して小さくなる．測定数を 4 倍にすると不確かさは 2 分の 1（$= \sqrt{4}$）に，測定数を 100 倍にすると不確かさは 10 分の 1（$= \sqrt{100}$）になる．

4-2　F 検定による標準偏差の比較

統計学において重要な問題は，「実験の不確かさを考慮したとき，二つの標本の平均には統計上有意な差があるか？」ということである．次節で二つの標本の平均を比べるが，その前にまず二つの標本の標準偏差に「統計上有意な差がある」かどうかを判断しなければならない．

例として，競走馬の血液に含まれる炭酸水素イオン（HCO_3^-）の測定を考えてみよう．激しい運動の間に蓄積した乳酸を中和するため，一部の調教師が出走前の馬に $NaHCO_3$ を注射した．この習慣を禁止する目的で，出走後，馬の血液中の HCO_3^- を測定することにした．この測定用に認定された測定器があったが，メーカーが製造を中止したので，当局は新しい測定器を認定する必要があった．

表 4-2 は二種類の測定器の結果を示す．平均は 36.14 mM と 36.20 mM であり，ほぼ等しいが，代替測定器の標準偏差（s）は，以前の測定器のほぼ 2 倍である（0.28 mM に対して 0.47 mM）．代替測定器の s は以前の測定器の s よりも「有意に」大きいといえるだろうか？

- σ は，x の不確かさである．n が ∞ に近づくほど，σ は一定値に近づく．
- σ_n は，平均 $\bar{x}$ の不確かさである．n が ∞ に近づくほど，σ_n は 0 に近づく．

データ取得が速い測定器を用いると，短時間で多くの値の平均が得られるので，精度を高められる．

表 4-2　馬の血液中の HCO_3^- 測定結果

	以前の測定器	代替測定器
平均 ($\bar{x}$, mM)	36.14	36.20
標準偏差 (s, mM)	0.28	0.47
測定数 (n)	10	4

データ出典：M. Jarrett, et al., *Anal. Bioanal. Chem.*, **397**, 717 (2010).

この疑問に答えるには，**F 検定**（F test）を用いる．F 値は，

$$F_{\text{cal.}} = \frac{s_1^2}{s_2^2} \tag{4-6}$$

標準偏差の二乗は**分散**である．

と定義される．分子の標準偏差 s_1 がより大きければ，$F > 1$ となる．表 4-3 に示す F 値を適用して，s_1 と s_2 の差が有意であるかどうかを検定する．$F_{\text{cal.}} > F_{\text{table}}$ であれば，差は有意である．表 4-3 において，n 回の測定の<u>自由度</u>は $n - 1$ である．1 組の測定数が 5 個のとき，自由度は 4 である．

> **例題**　代替測定器の標準偏差は以前の測定器よりも有意に大きいか？
>
> 表 4-2 から，代替測定器の標準偏差は $s_1 = 0.47$（測定数 $n_1 = 4$），以前の測定器の標準偏差は $s_2 = 0.28$（$n_2 = 10$）である．
>
> **解法**　疑問に答えるために，式 4-6 を用いて F 値を求める．
>
> $$F_{\text{cal.}} = \frac{s_1^2}{s_2^2} = \frac{(0.47)^2}{(0.28)^2} = 2.8_2$$
>
> 表 4-3 において，s_1 の自由度（自由度＝$n - 1$）が 3 の列で s_2 の自由度が 9 の行を見ると $F_{\text{table}} = 3.86$ であることがわかる．<u>$F_{\text{cal.}}(= 2.8_2) < F_{\text{table}}(= 3.86)$</u> であるので，$s_1$ が s_2 よりも有意に大きいという仮説を棄却する．次節では，二つの標本データが母標準偏差の等しい二つの母集団から抽出された確率が 5% を超えるかどうかを調べる仮説検定について学ぶ．
>
> **類題**　両方の標本データで $n = 13$ の繰り返し測定が行われていたとすると，標準偏差の差は有意だろうか？　（**答え**：有意である．$F_{\text{cal.}} = 2.8_2 > F_{\text{table}} = 2.69$）

仮説検定

F 検定は，**仮説検定**（hypothesis test）の一例である．F 検定の**帰無仮説**（null hypothesis）は，二つの標本データが母標準偏差 σ の等しい二つの母集団から抽出されたと仮定することである．観察される差は，測定におけるランダムな変動によってのみ起こる．この帰無仮説を検定するために，標準偏差が等しい二つの母集団からランダムに二つの標本データを選んだとき，商 $F = s_1^2/s_2^2$

仮説検定：仮説が真であるときそのデータを観測する確率に基づいて，測定データに関する結論を導く方法．
帰無仮説：統計学における仮説．二つの標本データが，母標準偏差 σ の等しい二つの母集団（F 検定），あるいは母平均 μ の等しい二つの母集団（t 検定）から抽出されたと仮定する．

表 4-3　信頼水準 95%における F 値＝s_1^2/s_2^2 の臨界値

s_2 の自由度	s_1 の自由度													
	2	3	4	5	6	7	8	9	10	12	15	20	30	∞
2	19.0	19.2	19.2	19.3	19.3	19.4	19.4	19.4	19.4	19.4	19.4	19.4	19.5	19.5
3	9.55	9.28	9.12	9.01	8.94	8.89	8.84	8.81	8.79	8.74	8.70	8.66	8.62	8.53
4	6.94	6.59	6.39	6.26	6.16	6.09	6.04	6.00	5.96	5.91	5.86	5.80	5.75	5.63
5	5.79	5.41	5.19	5.05	4.95	4.88	4.82	4.77	4.74	4.68	4.62	4.56	4.50	4.36
6	5.14	4.76	4.53	4.39	4.28	4.21	4.15	4.10	4.06	4.00	3.94	3.87	3.81	3.67
7	4.74	4.35	4.12	3.97	3.87	3.79	3.73	3.68	3.64	3.58	3.51	3.44	3.38	3.23
8	4.46	4.07	3.84	3.69	3.58	3.50	3.44	3.39	3.35	3.28	3.22	3.15	3.08	2.93
9	4.26	3.86	3.63	3.48	3.37	3.29	3.23	3.18	3.14	3.07	3.01	2.94	2.86	2.71
10	4.10	3.71	3.48	3.33	3.22	3.14	3.07	3.02	2.98	2.91	2.84	2.77	2.70	2.54
11	3.98	3.59	3.36	3.20	3.10	3.01	2.95	2.90	2.85	2.79	2.72	2.65	2.57	2.40
12	3.88	3.49	3.26	3.11	3.00	2.91	2.85	2.80	2.75	2.69	2.62	2.54	2.47	2.30
13	3.81	3.41	3.18	3.02	2.92	2.83	2.77	2.71	2.67	2.60	2.53	2.46	2.38	2.21
14	3.74	3.34	3.11	2.96	2.85	2.76	2.70	2.65	2.60	2.53	2.46	2.39	2.31	2.13
15	3.68	3.29	3.06	2.90	2.79	2.71	2.64	2.59	2.54	2.48	2.40	2.33	2.25	2.07
16	3.63	3.24	3.01	2.85	2.74	2.66	2.59	2.54	2.49	2.42	2.35	2.28	2.19	2.01
17	3.59	3.20	2.96	2.81	2.70	2.61	2.55	2.49	2.45	2.38	2.31	2.23	2.15	1.96
18	3.56	3.16	2.93	2.77	2.66	2.58	2.51	2.46	2.41	2.34	2.27	2.19	2.11	1.92
19	3.52	3.13	2.90	2.74	2.63	2.54	2.48	2.42	2.38	2.31	2.23	2.16	2.07	1.88
20	3.49	3.10	2.87	2.71	2.60	2.51	2.45	2.39	2.35	2.28	2.20	2.12	2.04	1.84
30	3.32	2.92	2.69	2.53	2.42	2.33	2.27	2.21	2.16	2.09	2.01	1.93	1.84	1.62
∞	3.00	2.60	2.37	2.21	2.10	2.01	1.94	1.88	1.83	1.75	1.67	1.57	1.46	1.00

仮説 $s_1 > s_2$ の片側検定の F 臨界値. 二つの母集団の母標準偏差が等しい場合, 標本データにおいて, 表の値よりも大きい F 値を観測する確率は 5% である.
Excel の関数 FINV(確率, 自由度 1, 自由度 2)を用いて, 任意の信頼水準における F 値を計算できる. "= FINV(0.05, 7, 6)" と入力すると, この表と同じ値 $F = 4.21$ になる. "= FINV(0.1, 7, 6)" と入力すると, 信頼水準 90%の $F = 3.01$ が返される.

が観測される確率を求める. 観察された F 値が生じる確率が 5% 未満であれば, 帰無仮説を棄却して, 二つの標本データの母集団はおそらく標準偏差が異なると結論できる. 観察された F 値が生じる確率が 5% を超える場合, 帰無仮説を採用する. 信頼できるかどうかの水準として 95% を選ぶのが一般的である. この信頼水準 (confidence level) は必要に応じて高くしても, 低くしてもよい.

表 4-3 の F 値は, すべての測定値が母標準偏差の等しい母集団から得られた場合に, 確率 $p = 5\%$ で観察される商 s_1^2/s_2^2 の値である. $F_{cal.} > F_{table}$ のとき, 二つの標本データそれぞれの母集団の母標準偏差が等しい確率 p は 5% 未満である. 真である確率が 5% 未満の場合は, 帰無仮説を棄却する. ここで, 帰無仮説が何を意味するのかをしっかり理解するために, コラム 4-1 を参照してほしい.

「スチューデント」は, W. S. Gosset のペンネームであった. 彼の雇用主であるギネス醸造所 (アイルランド) は, 特許権に関する理由から研究成果の発表を禁じていた. Gosset の研究は重要であったので, 仮の名を使うことで発表を許した [Biometrika, 6, 1 (1908)].

4-3　信頼区間

スチューデントの t (Student's t) は最もよく利用される統計学の手法であ

> **コラム 4-1**
>
> ## 疫学では帰無仮説をどう選ぶか
>
> ある晴れた朝，私は米国を横断する飛行機で南カリフォルニア大学の疫学者 Malcolm Pike 氏の隣に座っていた．疫学者たちは，医療の指針として統計学の手法を用いる．Pike は，女性の更年期のエストロゲン-プロゲスチンホルモン療法と乳がんの関係を研究していた．彼の研究の結論は，エストロゲン-プロゲスチンホルモン療法によって乳がんのリスクが 1 年あたり 7.6% だけ上昇するというものだった[2]．
>
> どうしてこのような療法が承認されたのか？ Pike の説明によると，米国食品医薬品局（FDA）が求める試験は，「治療が無害である」という帰無仮説を検定するように計画されている．しかし彼は，この試験における帰無仮説は，「治療は乳がんを誘発する可能性を高める」とすべきであると主張した．
>
> 彼のいいたいことは何だったのか？ 統計学の分野では，帰無仮説は真であると仮定する．これが真でないという有力な証拠が見つからない限り，帰無仮説はずっと真のままである．米国の法制度における帰無仮説は，被告人は無罪であるというものだ．被告人が有罪であるという有力な証拠を示すのが検察側の責任である．証拠を示さなければ，陪審員は被告を無罪とする．薬の承認試験における帰無仮説は，「その治療は，がんを引き起こさない」というものである．この仮説を棄却するには，治療ががんを誘発するという決定的な証拠を示さねばならない．Pike の主張は，すでに治療によってがんが誘発されるという証拠がある場合，帰無仮説は「治療ががんを誘発する」に改めるべきであるというものだ．その場合，擁護側に求められるのは，治療ががんを誘発しないという決定的な証拠を示すことである．Pike の言葉は，「明らかに観測できることが真となるように仮説をたてるべき！」ということだ．
>
>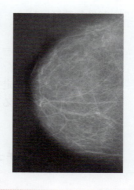
>
> マンモグラムの画像．白い部分は暗い部分よりも密集した組織である．
> [allOver images/Alamy.]

り，結果の信頼区間を示して他の実験の結果と比較する．この手法を用いて，「正常な」日の赤血球数がある範囲内にある確率を推定することができる．

信頼区間の計算

限られた測定数 n では，真の母平均 μ や真の母標準偏差 σ を求めることはできない．求められるのは標本の平均 $\bar{x}$ と標準偏差 s である．**信頼区間**（confidence interval）は，次の式で計算される．

$$\text{信頼区間} = \bar{x} \pm \frac{ts}{\sqrt{n}} = \bar{x} \pm tu_x \tag{4-7}$$

ここで，t はスチューデントの t である．選択された信頼水準（95% など）に対する t 値は，表 4-4 から得られる．式 4-7 の右辺は，平均の標準偏差 $s/\sqrt{n}$ を**標準不確かさ**（standard uncertainty）（$u_x = s/\sqrt{n}$）と呼ばれる値で置き換えたものである．

標準不確かさ＝平均の標準偏差
$u_x = s/\sqrt{n}$

n 回の測定を何回も繰り返して平均と標準偏差を計算したとき，その 95% 信頼区間が真の母平均（私たちはその値を知らない）を含む確率は 95% である．やや不正確であるが，私たちは，「真の平均が信頼区間内にあると 95% 確信している」といえる．

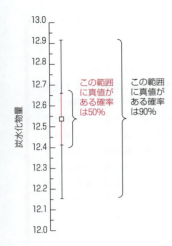

例題 信頼区間の計算

糖タンパク質（糖が結合したタンパク質）を繰り返し分析したところ，炭水化物量は 12.6, 11.9, 13.0, 12.7, 12.5 wt %（g 炭水化物/100 g 糖タンパク質）であった．炭水化物量の 50％信頼区間および 90％信頼区間を求めよ．

解法 まず 5 回の測定の $\bar{x}\,(=12.5_4)$ と $s\,(=0.4_0)$ を計算する．50％信頼区間については，表 4-4 の信頼水準 50％の列，自由度 4（自由度＝$n-1$）の行から t を見つける．t の値は 0.741 であるので，50％信頼区間は，次式で求められる．

$$50\%信頼区間 = \bar{x} \pm \frac{ts}{\sqrt{n}} = 12.5_4 \pm \frac{(0.741)(0.4_0)}{\sqrt{5}} = 12.5_4 \pm 0.1_3 \text{ wt\%}$$

90％信頼区間は，

$$90\%信頼区間 = \bar{x} \pm \frac{ts}{\sqrt{n}} = 12.5_4 \pm \frac{(2.132)(0.4_0)}{\sqrt{5}} = 12.5_4 \pm 0.3_8 \text{ wt\%}$$

である．5 回の測定を何回も繰り返すと，50％信頼区間の半分が真の平均 μ を含むと予想される．また，90％信頼区間の 10 分の 9 が真の平均 μ を含む

表 4-4 スチューデントの t の値

自由度	信頼水準（％）						
	50	90	95	98	99	99.5	99.9
1	1.000	6.314	12.706	31.821	63.656	127.321	636.578
2	0.816	2.920	4.303	6.965	9.925	14.089	31.598
3	0.765	2.353	3.182	4.541	5.841	7.453	12.924
4	0.741	2.132	2.776	3.747	4.604	5.598	8.610
5	0.727	2.015	2.571	3.365	4.032	4.773	6.869
6	0.718	1.943	2.447	3.143	3.707	4.317	5.959
7	0.711	1.895	2.365	2.998	3.500	4.029	5.408
8	0.706	1.860	2.306	2.896	3.355	3.832	5.041
9	0.703	1.833	2.262	2.821	3.250	3.690	4.781
10	0.700	1.812	2.228	2.764	3.169	3.581	4.587
15	0.691	1.753	2.131	2.602	2.947	3.252	4.073
20	0.687	1.725	2.086	2.528	2.845	3.153	3.850
25	0.684	1.708	2.060	2.485	2.787	3.078	3.725
30	0.683	1.697	2.042	2.457	2.750	3.030	3.646
40	0.681	1.684	2.021	2.423	2.704	2.971	3.551
60	0.679	1.671	2.000	2.390	2.660	2.915	3.460
120	0.677	1.658	1.980	2.358	2.617	2.860	3.373
∞	0.674	1.645	1.960	2.326	2.576	2.807	3.291

もしある方法について経験が豊かで，「真の」母標準偏差を求めることができれば，信頼区間の計算において，式 4-7 の s を σ で置き換えられる．s の代わりに σ を用いる場合，式 4-7 で用いる t 値はこの表の一番下の行から選ぶ．

この表の t 値は，図 4-9a に示した両側検定に適用される．信頼水準 95％は，曲線の両端の 2.5％の面積を含む領域を除外する．信頼水準 95％で片側検定を行う場合，信頼水準 90％の列に示した t 値を用いる．信頼水準 90％のとき，一端の t の外側は 5％の面積を含む．

と予想される.

類題 もう一つの試料で測定された炭水化物量は 12.3 wt % であった. 六つの測定値を用いて, 90% 信頼区間を求めよ. (**答え**:$12.5_0 \pm (2.015)(0.3_7)/\sqrt{6} = 12.5_0 \pm 0.3_1$ wt %)

信頼区間の意味

図 4-5 を使って信頼区間の意味を説明しよう. これは, コンピュータがガウス分布の母集団からランダムに数値を選んだ結果である. 式 4-3 の母平均 μ は 10 000, 母標準偏差 σ は 1 000 である. 試行 1 では, 四つの数値を選び, その平均と標準偏差を式 4-1 と式 4-2 を用いて計算した. 次に, 表 4-4 から信頼水準 50% の $t = 0.765$ を選び, 式 4-7 を用いて信頼区間を計算した (信頼水準 50%, 自由度 3). この結果が図 4-5a の左側の最初の点としてプロットされている. 四角の中心は平均値 9 526 にあり, エラーバーは 50% 信頼区間 (±290) の下限から上限までを示す. 同じ試行を 100 回繰り返して, 図 4-5a を描いた.

50% 信頼区間は, この実験を無限回繰り返せば, 図 4-5a のエラーバーの 50% が真の母平均 10 000 を含むように定義される. 実際には, 図 4-5a の試行は 100 回であり, エラーバーのうち 45 本が 10 000 の水平線を横切っている.

図 4-5b には, 同じ結果を 90% 信頼区間で示している. 無限回試行すると, 信頼区間の 90% が母平均 10 000 を含むと予想される. 図 4-5b では, 100 本のうち 89 本のエラーバーが 10 000 の水平線を横切っている.

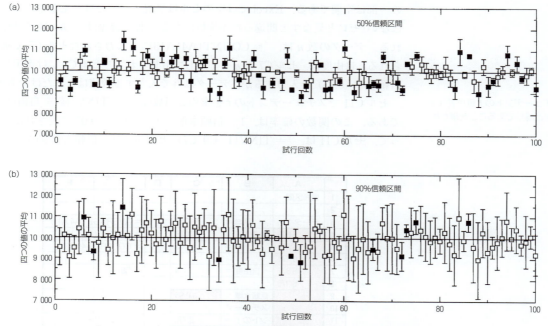

図 4-5 同じランダムな標本データの 50% 信頼区間 (a) および 90% 信頼区間 (b). 黒の四角は, 信頼区間が真の母平均 10 000 を含まない試行のデータ.

"1回または複数回の測定によって得られるあらゆる分析結果において，最も重要な特徴はその結果の不確かさの適切な記述である．分析化学者は一般の人びとにこのことを常に強調しなければならない[3]"．

どの種類の不確かさを表すのかを必ず明記すること．

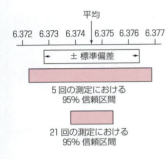

スチューデントの t 値が表4-4 の値と同じであることを確かめよ．

図 4-6 信頼区間を求めるスプレッドシート．

不確かさのめやすとしての信頼区間

容器の体積を5回測定したところ，観測された値は 6.375, 6.372, 6.374, 6.377, 6.375 mL であった．平均は $\bar{x} = 6.374_6$ mL，標準偏差は $s = 0.001_8$ mL である．この体積は $\bar{x} \pm s = 6.374_6 \pm 0.001_8$ mL $(n = 5)$ と表される．ここで，n は測定数である．あるいは，不確かさとして平均の標準偏差を使って，$\bar{x} \pm s/\sqrt{n} = 6.374_6 \pm 0.000_8$ mL $(n = 5)$ と表してもよい．平均の標準偏差は，<u>標準不確かさ u_x</u> ともいわれる．

あるいは，不確かさとして信頼区間（たとえば信頼水準95%）を選ぶこともできる．自由度4で式4-7を用いると，95%信頼区間は $\pm ts/\sqrt{n} = \pm(2.776)(0.001_8)/\sqrt{5} = \pm 0.002_3$ であることがわかる．この方法では，体積の不確かさは $\pm 0.002_3$ mL である．<u>どの種類の不確かさを表すのかを必ず明記しよう</u>（たとえば，n 回測定の標準偏差，n 回測定の平均の標準偏差，n 回測定の95%信頼区間など）．

測定値を増やせば，不確かさを小さくできる．21回測定して標準偏差が同じ場合，95%信頼区間は ± 0.0023 mL から $\pm(2.086)(0.001_8\,\mathrm{mL})/\sqrt{21} = \pm 0.0008$ mL まで狭くなる．

📊 Excel で信頼区間を求める

Excelには，スチューデントの t を計算する関数が組み込まれている．図4-6のように，セル A4:A13 にデータを入力する．この例では10個のセルをデータ用に確保しているが，もっと多くのデータを入力できるようスプレッドシートを変更することもできる．図4-6で入力した五つの値の平均は，"= AVERAGE(A4:A13)" と入力されたセル C3 で計算される．A4:A13 のセルの一部は空欄である．Excelでは空のセルは無視され，ゼロと見なされることはない（ゼロと見なすと間違った平均値になる）．標準偏差は，セル C4 で計算される．データの数 n は，"= COUNT(A4:A13)" と入力されたセル C5 で求められる．自由度は，セル C7 で $n-1$ として計算される．セル C9 には選択した信頼水準（0.95）を入力するが，データ以外で入力する数値はこれだけである．

セル C11 でスチューデントの t を求める関数は，"= TINV(確率,自由度)" である．この関数の確率は，$1-$信頼水準 $= 1-0.95 = 0.05$ で表される．よって，セル C11 は，"= TINV(1− C9, C7)" と記述され，信頼水準95%および

	A	B	C	D	E
1	信頼区間				
2					
3	データ	平均 =	6.3746		= AVERAGE (A4:A13)
4	6.375	標準偏差 =	0.0018		= STDEV (A4:A13)
5	6.372	n =	5		= COUNT (A4:A13)
6	6.374				
7	6.377	自由度 =	4		= C5−1
8	6.375				
9		信頼水準 =	0.95		
10		スチューデ			
11		ントの t =	2.776		= TINV−(1−C9,C7)
12					
13		信頼区間 =	0.0023		= C11*C4/SQRT(C5)

自由度 4 に対するスチューデントの t 値を返す．セル C13 では，式 4-7 を用いて信頼区間が計算される．

4-4 スチューデントの t を用いた平均の比較

同じ量を測定して二つの標本を得た場合，測定にともなうランダムな変動のため一般に片方の標本の平均値はもう一方の標本の平均値と等しくならない．このような場合，***t*検定**（t test）を用いて，二つの平均値に統計的に有意な差があるかどうかを判断できる．t 検定の帰無仮説は，二つの標本において，母集団の母平均は等しいというものである．二つの標本において，母集団の母平均が等しい確率 p が 5%未満の場合，帰無仮説を棄却する．統計学は，二つの平均の差が測定のランダムな不確かさによって生じる確率を教えてくれる．

取り扱いが少し異なる三つのケースを考えよう．

ケース 1 量を数回測定し，平均値と標準偏差を得る．得られた答えと許容される答えを比べる必要がある．平均は，許容される答えとまったく同じにはならない．測定した答えは「実験誤差内」で許容される答えと一致するだろうか？

ケース 2 量を二つの方法で複数回測定し，二つの異なる答えを得る．答えはそれぞれの標準偏差を示す．二つの結果は「実験誤差内」で互いに一致するだろうか？

ケース 3 試料 A を方法 1 で 1 回，方法 2 で 1 回測定する．二つの測定結果はまったく同じにはならない．次に，別の試料 B を方法 1 で 1 回，方法 2 で 1 回測定する．同様に，結果はまったく同じにはならない．n 個の異なる試料に対して同様の操作を繰り返す．二つの方法は「実験誤差内」で互いに一致するだろうか？

ケース 1 測定結果を「既知の」値と比べる

いま，米国国立標準技術研究所が認証した石炭試料の標準参照物質を購入したとしよう．硫黄が 3.19 wt％含まれている．新しい分析法がこの値を再現するかどうかが調べられた．硫黄の測定値は，3.29, 3.22, 3.30, 3.23 wt％，その平均は $\bar{x} = 3.26_0$，標準偏差は $s = 0.04_1$ であった．この答えは既知の値と一致しているだろうか？ それを確かめるために，答えの 95％信頼区間を計算して，その範囲に既知の値が含まれるかを調べる．既知の値が 95％信頼区間内になければ，結果は一致しないことになる．

それでは確かめてみよう．四つの測定値において，自由度は 3，表 4-4 から $t_{95\%} = 3.182$ である．95％信頼区間は，次式で求められる．

$$95\%\text{信頼区間} = \bar{x} \pm \frac{ts}{\sqrt{n}} = 3.26_0 \pm \frac{(3.182)(0.04_1)}{\sqrt{4}} = 3.26_0 \pm 0.06_5 \quad (4\text{-}8)$$

$$95\%\text{信頼区間} = 3.19_5 \sim 3.32_5 \text{ wt\%}$$

既知の値（3.19 wt％）は，95％信頼区間のわずかに外にある．したがって，新しい方法による測定値が既知の値と一致する確率は 5％未満であると結論でき

t 検定（および本章で後述するグラブス検定）は，データがガウス分布に従うことを仮定している．

***t*検定の帰無仮説**：データは，母平均が等しい母集団から得られた．この仮説が真である確率が 5％未満のとき，帰無仮説を棄却する．

「既知の」答えが 95％信頼区間内になければ，二つの方法は「異なる」結果を与えるといえる．

この計算では多くの桁を残すこと．

る．

新しい方法は既知の結果とは「異なる」結果を与えると結論できる．しかし，この例では 95％信頼区間が既知の値にきわめて近いので，新しい方法が正確でないと結論する前に，さらに測定数を増やすことが賢明だろう．

ケース2　繰り返し測定を比べる

二つの測定結果の標本は「実験誤差内」で一致するだろうか？[4]　この疑問に答えるには，まず F 検定で二つの標本の標準偏差を比べる（式4-6）．標準偏差に有意な差がない場合，式4-9aおよび式4-10aを用いて t 検定を行い，二つの平均値に有意な差があるかどうかを調べる．標準偏差に有意な差がある場合，式4-9bおよび式4-10bを用いて平均に有意な差があるかどうかを調べる．

ケース2a：標準偏差に有意な差がない場合

もう一度表4-2を見て，二つの平均値 36.14 mM と 36.20 mM が有意に異なるのかを考えてみよう．この疑問に対しては，t 検定を用いて答えることができる．F 検定で二つの標準偏差に有意な差がないことがわかれば，n_1 個および n_2 個の測定値（平均は $\bar{x}_1$ および $\bar{x}_2$）からなる標本データについて，次式により t を計算できる．

標準偏差に有意な差がないときの t 検定．

平均を比べる t 検定：
$$t_{\text{cal.}} = \frac{|\bar{x}_1 - \bar{x}_2|}{s_{\text{pooled}}}\sqrt{\frac{n_1 n_2}{n_1 + n_2}} \tag{4-9a}$$

ここで，

$$s_{\text{pooled}} = \sqrt{\frac{\sum_{\text{set 1}}(x_i - \bar{x}_1)^2 + \sum_{\text{set 2}}(x_j - \bar{x}_2)^2}{n_1 + n_2 - 2}} = \sqrt{\frac{s_1^2(n_1 - 1) + s_2^2(n_2 - 1)}{n_1 + n_2 - 2}} \tag{4-10a}$$

ここで s_{pooled} は，両方の標本データを用いてプールされた標準偏差である．t が常に正になるように，式4-9aには $\bar{x}_1 - \bar{x}_2$ の絶対値を用いる．式4-9aによる t 値を表4-4の自由度（$n_1 + n_2 - 2$）の t 値と比較する．計算した t 値が表中の信頼水準 95％ の t 値より大きい場合，二つの結果に有意な差があると見なされる．

$t_{\text{cal.}} > t_{\text{table}}$（95％）の場合，差は有意である．

表4-2において，平均は $n_1 = 10$ のとき $\bar{x}_1 = 36.14$ mM，$n_2 = 4$ のとき $\bar{x}_2 = 36.20$ mM である．標準偏差は $s_1 = 0.28$ mM および $s_2 = 0.47$ mM であり，これらは式4-6の F 検定により，互いに有意な差がないことがわかった．したがって，式4-9aと式4-10aを用いて平均を比べる．プールされた標準偏差は，

$$s_{\text{pooled}} = \sqrt{\frac{s_1^2(n_1 - 1) + s_2^2(n_2 - 1)}{n_1 + n_2 - 2}} = \sqrt{\frac{0.28^2(10 - 1) + 0.47^2(4 - 1)}{10 + 4 - 2}} = 0.33_8$$

である．このとき，有意でない桁を少なくとも1桁余分に残して，あとの計算で丸め誤差が生じるのを避ける．

平均を比べるために，式4-9aを用いて t の値を計算する．

$$t_{\text{cal.}} = \frac{|\bar{x}_1 - \bar{x}_2|}{s_{\text{pooled}}}\sqrt{\frac{n_1 n_2}{n_1 + n_2}} = \frac{|36.14 - 36.20|}{0.33_8}\sqrt{\frac{10 \cdot 4}{10 + 4}} = 0.30_0$$

t の計算値は 0.30_0 である．表 4-4 において，自由度 $(n_1 + n_2 - 2) = 12$ の t の臨界値は，信頼水準 95% の列の自由度 10 および 15 の行の 2.228 と 2.131 の間にある．<u>$t_{\text{cal.}} < t_{\text{table}}$ であるので，平均値の差は有意ではない</u>．平均値の差はどちらの測定の標準偏差よりも小さいので，この結論は予想できていたかもしれない．

$t_{\text{cal.}} < t_{\text{table}}$（95%）であるので，差は有意ではない．

ケース 2b：標準偏差に有意な差がある場合

光散乱，黒体放射，固体中の弾性波などに関する画期的な研究で知られている Rayleigh 卿（John W. Strutt）の研究を例にとろう．彼は，不活性ガスのアルゴンを発見したことで 1904 年にノーベル賞を授賞した．彼がアルゴンを発見できたのは，窒素ガスの密度が 2 組の測定値でわずかに食い違うことに気づいたからであった．

Rayleigh 卿の時代，乾燥した空気は約 5 分の 1 の酸素と約 5 分の 4 の窒素から成ることが知られていた．Rayleigh は，赤熱した銅に空気を通し，CuO をつくることで空気から O_2 を除いた．次に，残った気体を一定の温度と圧力で既知体積の容器に集め，気体の密度を測定した．また，彼は亜酸化窒素（N_2O），一酸化窒素（NO），あるいは亜硝酸アンモニウム（$NH_4^+NO_2^-$）を化学分解して純粋な N_2 を調製し，同じ容器に集めた．表 4-5 および図 4-7 にそれぞれの実験で集めた気体の質量を示す．空気から集めた気体の平均質量（2.310 11 g）は，化学反応で生成した同じ体積の気体の平均質量（2.299 47 g）よりも 0.46% だけ大きかった．

空気からの O_2 の除去
$Cu(s) + 1/2 O_2(g) \rightarrow CuO(s)$

Rayleigh の測定が注意深く行われていなければ，この差は実験誤差によると片づけられたかもしれない．そうではなく，Rayleigh はこの差が誤差の範囲を超えると理解し，空気から集められた気体は窒素と少量の重い気体の混合物であると推論した．後に，この気体はアルゴンであることがわかった．

図 4-7 において，二つの標本データは異なる領域に集まっている．化学的に発生させた窒素の測定値の範囲は，空気から集めた窒素の測定値の範囲よりも大きい．表 4-5 の二つの標準偏差には統計的な差があるだろうか？ この疑問には，F 検定（式 4-6）を用いて答えることができる．

表 4-5 Rayleigh が単離した気体の質量

空気由来（g）	化学分解由来（g）
2.310 17	2.301 43
2.309 86	2.298 90
2.310 10	2.298 16
2.310 01	2.301 82
2.310 24	2.298 69
2.310 10	2.299 40
2.310 28	2.298 49
—	2.298 89
平　均	
2.310 11	2.299 47
標準偏差	
0.000 14$_3$	0.001 38

出典：R. D. Larsen, *J. Chem. Ed.*, **67**, 925 (1990)；C. J. Giunta, *J. Chem. Ed.*, **75**, 1322 (1998) も参照．

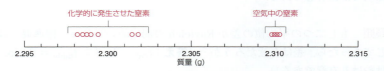

図 4-7 Rayleigh は，空気から酸素を除いた気体を分離し，また窒素化合物を分解して気体を発生させた．そして，これらの気体を一定の温度と圧力の条件で既知体積の容器に集め，その質量を測定した．Rayleigh は，二つの平均の差が実験誤差の範囲を超えていることに気づき，空気から分離した気体には重い成分（後にアルゴンであることがわかった）が存在すると推論した．

二つの分散が $s_1^2 = (0.00200)^2$（自由度7）と $s_2^2 = (0.00100)^2$（自由度6）のとき，差は有意か？（**答え**：有意ではない．$F_{\text{cal.}} = 4.00 < F_{\text{table}} = 4.21$．）

$F_{\text{cal.}} < F_{\text{table}}$ のとき，標準偏差に有意な差はない．この場合，式 4-9a と式 4-10a を用いる t 検定で平均を比べる．
$F_{\text{cal.}} > F_{\text{table}}$ のとき，標準偏差に有意な差がある．この場合，式 4-9b と式 4-10b を用いる t 検定で平均を比べる．

$$F_{\text{cal.}} = \frac{s_1^2}{s_2^2} = \frac{(0.00137_9)^2}{(0.00014_3)^2} = 93._1$$

s_1 の自由度は $n - 1 = 7$，s_2 の自由度は 6 であるので，F の臨界値は表 4-3 から 4.21 である．$F_{\text{cal.}} > F_{\text{table}}$ であるので，標準偏差の差は有意である．

2組の測定値の標準偏差に有意な差があるとき，t 検定の式は次のようになる．

$$t_{\text{cal.}} = \frac{|\overline{x}_1 - \overline{x}_2|}{\sqrt{(s_1^2/n_1) + (s_2^2/n_2)}} = \frac{|\overline{x}_1 - \overline{x}_2|}{\sqrt{(u_1^2) + (u_2^2)}} \tag{4-9b}$$

$$\text{自由度} = \frac{(s_1^2/n_1 + s_2^2/n_2)^2}{\dfrac{(s_1^2/n_1)^2}{n_1 - 1} + \dfrac{(s_2^2/n_2)^2}{n_2 - 1}} = \frac{(u_1^2 + u_2^2)^2}{\dfrac{u_1^4}{n_1 - 1} + \dfrac{u_2^4}{n_2 - 1}} \tag{4-10b}$$

ここで，各変数の標準不確かさ u_i は，平均の標準偏差（$u_i = s_i/\sqrt{n_i}$）である．式 4-10b で計算される自由度は，最も近い整数に丸める．

例題 Rayleigh が空気から集めた N_2 は，化学的に発生させた N_2 よりも密度が高いか？

表 4-5 において，空気由来の窒素の平均質量は $\overline{x}_1 = 2.31010_9$ g，標準偏差は $s_1 = 0.000143$（測定数 $n_1 = 7$）である．化学的に発生させた窒素の平均質量は $\overline{x}_2 = 2.29947_2$ g，標準偏差は $s_2 = 0.00137_9$（測定数 $n_2 = 8$）である．二つの質量には有意な差があるか？

解法 F 検定により，標準偏差に有意な差があることがわかったので，式 4-9b と式 4-10b を用いる．

$$t_{\text{cal.}} = \frac{|\overline{x}_1 - \overline{x}_2|}{\sqrt{(s_1^2/n_1) + (s_2^2/n_2)}} = \frac{|2.31010_9 - 2.29947_2|}{\sqrt{0.00014_3^2/7 + 0.00137_9^2/8}} = 21.7$$

$$\text{自由度} = \frac{(s_1^2/n_1 + s_2^2/n_2)^2}{\dfrac{(s_1^2/n_1)^2}{n_1 - 1} + \dfrac{(s_2^2/n_2)^2}{n_2 - 1}} = \frac{(0.00014_3^2/7 + 0.00137_9^2/8)^2}{\dfrac{(0.00014_3^2/7)^2}{7 - 1} + \dfrac{(0.00137_9^2/8)^2}{8 - 1}} = 7.17$$

式 4-10b から自由度は 7.17 となり，これを 7 に丸める．自由度 7 のとき，表 4-4 から信頼水準 95% の t の臨界値は 2.365 である．観測された値 $t_{\text{cal.}} = 21.7$ は，t_{table} をはるかに上回る．よって，図 4-7 の二つの標本平均の間の差は明らかに有意である．

類題 もし二つの平均値の差が Rayleigh の測定値の半分で，標準偏差は同じであったら，差は有意だろうか？（**答え**：$t_{\text{cal.}} = 10.8 > t_{\text{table}} = 2.365$．差はやはり有意である．）

ケース3 対応のある t 検定を使って二つの方法の差を比べる

このケースでは，二つの方法を用いて，いくつかの異なる試料に対して1回

	A	B	C	D
1	硝酸イオンの測定方法の比較			
2				
3		植物抽出物中の硝酸イオン (ppm)		
4		カドミウム還元−		
5	試料	分光光度法	バイオセンサー法	差 (d$_i$)
6	1	1.22	1.23	0.01
7	2	1.21	1.58	0.37
8	3	4.18	4.04	−0.14
9	4	3.96	4.92	0.96
10	5	1.18	0.96	−0.22
11	6	3.65	3.37	−0.28
12	7	4.36	4.48	0.12
13	8	1.61	1.70	0.09
14			差の平均 =	0.114
15			差の標準偏差 =	0.401
16			$t_{cal.}$ =	0.803
17			t_{table} =	2.365
18	D6 = C6−B6			
19	D14 = AVERAGE(D6:D13)			
20	D15 = STDEV(D6:D13)			
21	D16 = ABS(D14)*SQRT(A13)/D15 (ABS = 絶対値)			
22	D17 = TINV(0.05,A13−1)			

図 4-8 では，セル D17 で，Excel の式 "= TINV (0.05, A13-1)" を用いて，信頼水準95%〔= (1 − 0.05)〕および自由度 7(= 8 − 1) における t_{table} = 2.365 を計算している．

図 4-8 植物抽出物中の硝酸イオンの二つの方法による測定．
[データ出典：N. Plumeré et al., *Anal. Chem.*, **84**, 2141 (2012).]

ずつ測定を行う．測定は繰り返さない．二つの方法は「実験誤差内」で一致した答えを与えるだろうか？ 図 4-8 に八種類の異なる植物抽出物に含まれる硝酸イオン濃度の測定値を示す．分光光度法による結果（列 B）と電気化学バイオセンサーによる結果（列 C）は，近いが同じではない．

二つの方法に有意差があるかどうかを調べるためには，対応のある t 検定を用いる．まず，各試料における二種類の測定値の差 d_i を列 D で計算する．八つの測定値の差の平均（$\bar{d} = 0.11_4$）をセル D14 で計算し，八つの測定値の差の標準偏差 s_d をセル D15 で計算する．

$$s_d = \sqrt{\frac{\sum (d_i - \bar{d})^2}{n-1}} \tag{4-11}$$

$$s_d = \sqrt{\frac{(0.01 - \bar{d})^2 + (0.37 - \bar{d})^2 + (-0.14 - \bar{d})^2 + \ldots + (0.09 - \bar{d})^2}{8-1}} = 0.40_1$$

平均と標準偏差を求めた後，セル D16 で $t_{cal.}$ を計算する．

$$t_{cal.} = \frac{|\bar{d}|}{s_d}\sqrt{n} \tag{4-12}$$

ここで，$|\bar{d}|$ は平均差の絶対値であるので，$t_{cal.}$ は常に正となる．式 4-12 に数値を代入して，$t_{cal.}$ を求める．

$$t_{cal.} = \frac{0.11_4}{0.40_1}\sqrt{8-1} = 0.80_3$$

$t_{cal.}$ (0.80$_3$) は，表 4-4 に記されている信頼水準95%および自由度7に対する t_{table} (2.365) よりも小さいことがわかる．二つの標本が母平均の等しい母集団から得られた確率が5%を超えているので，二つの方法の測定値に有意な差

バイオセンサー：酵素，抗体，DNA などの生体成分を利用して，分析種に対する応答を電気，光などの信号に変換するセンサー．分析種に対して高い選択性を実現できる．

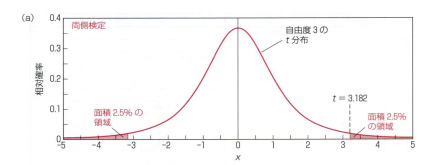

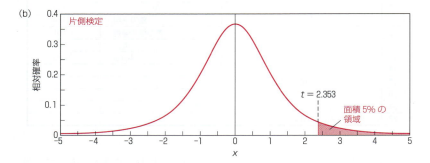

図 4-9 自由度 3 のスチューデントの t 分布. (a) において, 両側の塗りつぶした部分は, それぞれ曲線下の面積が 2.5% である. (b) において, 片側の塗りつぶした部分は, 曲線下の面積が 5% である. 自由度が小さくなると, 分布は幅広になる. 自由度が大きくなると, 曲線はガウス曲線に近づく.

がないと結論できる(対応のある t 検定は, 二つの標本の標準偏差が同じくらいであると仮定している. それぞれの方法を繰り返した測定値がない限り, この仮定を検証することはできない).

片側および両側有意差検定

式 4-8 において, 4 回の繰り返し測定の平均を認証値と比べた. 図 4-9a の曲線は, 自由度 3 の t 分布である. 認証値が曲線のどちらかの端, 曲線下の面積が 5% 未満の部分にある場合, 帰無仮説を棄却して, 測定値の平均は信頼水準 95% で認証値と等しくないと結論する. 帰無仮説を棄却できる t の臨界値は, 自由度 3 のとき表 4-4 から 3.182 である. 図 4-9a においては, 曲線下の面積 2.5% の領域が $t = 3.182$ の右側と $t = -3.182$ の左側にある. 認証値がどちらかの低確率領域にある場合に帰無仮説を棄却するので, これを両側検定と呼ぶ.

もし, その方法では系統的に低い値になると考えられる理由があれば, 図 4-9b に示す片側 t 検定を用いる. この場合, $t_{\text{cal.}}$ が 2.353 より大きければ, 測定値と認証値に有意差はないという帰無仮説を棄却する. 図 4-9b では, 曲線下の面積 5% の領域が $t = 2.353$ の右側にのみある. この方法では測定値は低くなることはあっても, 高くはならないと考えられる理由があったので, 曲線の左側の領域は考慮しなかった.

曲線の上側 5% の t の臨界値をどのようにして求めるのだろうか? t 分布は対称であるので, 表 4-2 から信頼水準 90% の両側の t 値 = 2.353 を求めればよい. 面積 5% の領域が $t = 2.353$ の右側と $t = -2.353$ の左側にあるからだ.

ここでの議論の目的は, 片側検定と両側検定の違いを説明することであった. 本書では今後, t 検定はすべて両側検定とする.

今日の私の赤血球数は多いか？

本章扉において，5日間の「正常な」日の赤血球数は 5.1, 5.3, 4.8, 5.4, 5.2×10^6 個/μL であった．疑問は，「今日の赤血球数 5.6×10^6 個/μL は，正常な日よりも「有意に」多いのか？」である．指数部 10^6 を無視すると，正常な値の平均は $\bar{x} = 5.16$，標準偏差は $s = 0.23$ である．今日の値 5.6 に対して，

$$t_{\text{cal.}} = \frac{|\text{今日の値} - \bar{x}|}{s}\sqrt{n} = \frac{|5.16 - 5.6|}{0.23}\sqrt{5} = 4.28$$

である．自由度 4 で $t = 4.28$ となる確率はいくらだろうか？

表 4-4 で自由度 4 の行を見ると，4.28 は信頼水準 98%（$t = 3.747$）と 99%（$t = 4.604$）の間であることがわかる．今日の赤血球数は，分布曲線の面積 2% 未満が含まれる上側の尾部にある．「正常な」日に赤血球数 5.6×10^6 個/μL を観測する確率は 2% 未満である．したがって，今日の赤血球数は多いと結論することが合理的だろう．

表 4-4 では，今日の赤血球数の確率が 1〜2% であることがわかる．Excel では関数 TDIST（x，自由度，尾部）を用いて確率を計算できる．ここで，x は $t_{\text{cal.}}$，自由度は 4，尾部は 2（両側）である．関数 TDIST(4.28, 4, 2) は 0.013 を返す．今日の赤血球数は t 分布の上側の尾部，面積 1.3% の領域にある．

Excel の関数 TDIST(x，自由度，尾部）を用いて確率を求めよ．

4-5 スプレッドシートを用いた t 検定

表 4-5 の Rayleigh の二つの測定データを比べるために，スプレッドシートの列 B と列 C にデータを入力する（図 4-10）．行 13 と行 14 で平均と標準偏差

	A	B	C	D	E	F	G
1	Rayleigh のデータの解析				t 検定：等分散を仮定した 2 標本による検定		
2						変数 1	変数 2
3		集めた気体(g)の質量			平均	2.310109	2.299473
4		空気	化学合成		分散	2.03E-08	1.9E-06
5		2.31017	2.30143		観測数	7	8
6		2.30986	2.29890		プールされた分散	1.03E-06	
7		2.31010	2.29816		仮説平均との差異	0	
8		2.31001	2.30182		自由度	13	
9		2.31024	2.29869		t	20.21372	
10		2.31010	2.29940		P(T<=t)（片側）	1.66E-11	
11		2.31028	2.29849		t の境界値（片側）	1.770932	
12			2.29889		P(T<=t)（両側）	3.32E-11	
13	平均	2.31011	2.29947		t の境界値（両側）	2.160368	
14	標準偏差	0.00014	0.00138				
15					t 検定：分散が等しくないと仮定した 2 標本による検定		
16	B13=AVERAGE(B5:B12)					変数 1	変数 2
17	B14=STDEV(B5:B12)				平均	2.310109	2.299473
18					分散	2.03E-08	1.9E-06
19					観測数	7	8
20					仮説平均との差異	0	
21					自由度	7	
22					t	21.68022	
23					P(T<=t)（片側）	5.6E-08	
24					t の境界値（片側）	1.894578	
25					P(T<=t)（両側）	1.12E-07	
26					t の境界値（両側）	2.364623	

図 4-10 表 4-5 の Rayleigh の測定値の平均を比べるスプレッドシート．

を計算したが，これらはなくてもよい．

Excel の［データ］リボンで，［データ分析］を見つける．もし見つからなければ，［ファイルメニュー］をクリックし，［オプション］-［アドイン］を選ぶ．［管理］から［Excel アドイン］を選び，設定をクリックする．［分析ツール］にチェックを入れ，次いで OK をクリックして分析ツールを読み込む．あとで使用するために，同じステップにしたがって，［ソルバーアドイン］も読み込んでおこう．

図 4-10 に戻って，二つの標本データが等しい母標準偏差 σ をもつ二つの母集団から得られたという帰無仮説を検定しよう．Excel では，標本の標準偏差に有意な差がないときは式 4-9a および式 4-10a を用いて，標本の標準偏差に有意な差があるときは式 4-9b および式 4-10b を用いて平均を比べることができる．図 4-10 に両方のケースを示した．［データ］リボンで［データ分析］を選ぶ．表示されるウインドウで［t 検定：等分散を仮定した 2 標本による検定］を選ぶ．OK をクリックする．次のウインドウでデータが入力されたセルをたずねられる．変数 1 については "B5:B12"，変数 2 については "C5:C12" と入力する．ルーチンは，空欄のセル B12 を無視する．仮説平均との差異には 0，α には 0.05 と入力する．α は，平均の差を検定する確率である．$\alpha = 0.05$ のとき，信頼水準は 95% である．出力範囲にはセル E1 を選び，OK をクリックする．

Excel が計算した結果は，図 4-10 のセル E1 からセル G13 に出力されている．平均値は，セル F3 およびセル G3 にある．セル F4 およびセル G4 には<u>分散（標準偏差の二乗）</u>が出力される．セル F6 には<u>プールされた分散</u>が出力され，これは，式 4-10a による s_{pooled} の二乗である．この式を手計算するのは骨が折れたものだった．セル F8 には自由度（df）= 13 が，セル F9 には式 4-9a による $t_{cal.} = 20.2$ が示されている．

4-4 節では表 4-4 を見て，信頼水準 95%，自由度 13 の t_{table} が 2.228 と 2.131 の間にあることを確認した．Excel では，図 4-10 のセル F13 に t の臨界値（2.160）が得られる．$t_{cal.}(= 20.2) > t_{table}(= 2.160)$ であるので，二つの平均値に有意な差があると結論できる．標本データの母集団の母平均 μ が等しい場合，これら二つの平均値を偶然に観測する確率は $p = 3 \times 10^{-11}$ であることをセル F12 は意味している．差は<u>高度</u>に有意である．セル F12 に示される確率 p が 0.05 未満であるとき，<u>帰無仮説</u>を棄却し，平均値は<u>異なる</u>と結論する．

F 検定により，Rayleigh の二つの実験の標準偏差が異なることがわかった．よって，［データ分析］のもう一つの t 検定を選ぶ．［t 検定：分散が等しくないと仮定した 2 標本による検定］を選び，上記と同様に条件を入力する．式 4-9b および式 4-10b に基づく結果は，図 4-10 のセル E15 からセル G26 に表示されている．4-4 節で見たように，自由度は 7（セル F21），$t_{cal.} = 21.7$（セル F22）である．$t_{cal.}$ が t の臨界値（セル F26 の 2.36）より大きいので，帰無仮説を棄却し，二つの平均値に有意な差があると結論する．標本データの母集団の母平均 μ が等しい場合，これら二つの平均値を偶然に観測する確率は $p = 1 \times 10^{-7}$ であることをセル F25 は表している．生物学者は p 値に基づいて結論を述べることが多い．<u>p 値が小さいほど，二つの標本データの母集団の母平均が等しい</u>

という帰無仮説を自信をもって棄却できる．

4-6 外れ値のグラブス検定

学生が亜鉛めっき釘の亜鉛量を調べるため，釘から亜鉛を溶解させ，質量の減少量を測定した．ここに 12 個の測定値がある．

質量の損失（％）：10.2, 10.8, 11.6, 9.9, 9.4, 7.8, 10.0, 9.2, 11.3, 9.5, 10.6, 11.6

7.8 という値は異常に小さいように見える．他のデータから大きく外れているこのようなデータを**外れ値**（outlier）と呼ぶ．データを平均する前にデータ 7.8 を捨てるべきだろうか，それとも残すべきだろうか？

この疑問には**グラブス検定**（Grubbs test）を用いて答えられる．まず，完全なデータセット（この例では全 12 個）の平均（$\overline{x} = 10.16$）と標準偏差（$s = 1.11$）を計算する．次に，次式で定義されるグラブス統計量 G を計算する．

$$\text{グラブス検定：} \quad G_{\text{cal.}} = \frac{|\text{疑わしい値} - \overline{x}|}{s} \tag{4-13}$$

ここで，分子は疑わしい外れ値と平均値の差の絶対値である．$G_{\text{cal.}}$ が表 4-6 の G の臨界値よりも大きい場合，疑わしい値を捨てるべきである．

この例では，$G_{\text{cal.}} = |7.8 - 10.16|/1.11 = 2.13$．表 4-6 において，観測数 12 の G_{table} は 2.285 である．$G_{\text{cal.}} < G_{\text{table}}$ であるので，疑わしい値は残すべきである．7.8 という値が他の測定値と同じ母集団の要素である確率は 5% を超えている．

常識を働かせることが大切だ．もし溶液の一部をこぼしてしまい，測定値が小さくなることがすでにわかっているならば，結果が誤っている確率は 100% であり，データは捨てるべきだ．誤った操作に基づくデータは，どれほどよく他のデータと一致していたとしてもすべて捨てるべきである．

4-7 最小二乗法

ほとんどの化学分析では，既知量の分析種（**標準物質**と呼ばれる）による応答を定量化して，未知試料を定量する．このために，一般に**検量線**（calibration curve）を作成する（たとえば，図 0-7 のカフェインの検量線）．検量線が直線となる領域が最もよく使われる．

実験データが少々ばらついて，完全には直線上にないとき，「最良の」直線を引くために**最小二乗法**（method of least squares）を用いる[5]．この最良の直線では，点の一部が直線の上側にあり，一部が下側にある．ここでは，検量線の不確かさおよび未知試料の繰り返し測定の不確かさから，化学分析の不確かさを推定する方法を学ぶ．

直線の式を求める

私たちが用いる手法では，y の値の誤差が x の値の誤差よりもかなり大きい

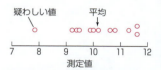

国際標準化機構および米国材料試験協会（ASTM）は，従来よく使われた Q 検定の代わりにグラブス検定を推奨している．

表 4-6 外れ値を無視するための臨界値 G

観測数	G（信頼水準 95%）
4	1.463
5	1.672
6	1.822
7	1.938
8	2.032
9	2.110
10	2.176
11	2.234
12	2.285
15	2.409
20	2.557

$G_{\text{cal.}} = |\text{疑わしい値} - \text{平均}|/s$．$G_{\text{cal.}} > G_{\text{table}}$ の場合，その値は信頼水準 95% で棄却できる．この表の値は，ASTM が推奨する片側検定のための値である．

出典：ASTM E 178-02 Standard Practice for Dealing with Outlying Observations (http://webstore.ansi.org); F. E. Grubbs and G. Beck, *Technometrics*, **14**, 847 (1972).

図 4-11 最小二乗法によるカーブフィッティング．座標 (3, 3) 付近に描かれたガウス曲線は，y_i の値が直線のまわりでどのように正規分布に従うかを図示している．すなわち，y の最確値は直線上に位置するが，直線からある程度離れた位置に y が測定される可能性がある．

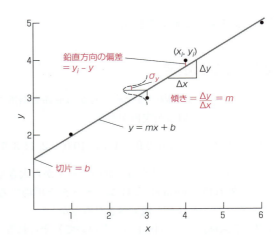

と仮定する[6]．この条件は，検量線ではよく現れる．実験の応答 (y の値) が分析種の量 (x の値) ほど確かでない場合である．二つ目の仮定は，すべての y の値の不確かさ (標準偏差) がほぼ等しいというものである．

図 4-11 のデータ点に対して最良の直線を描くには，点と直線の間の鉛直方向の偏差が最小になるようにする．最小にするのは鉛直方向の偏差のみである．その理由は，y の値の不確かさが x の値の不確かさよりも大きいと仮定しているからだ．

直線の式を次のようにおく．

直線の式：$y = mx + b$ (4-14)

ここで，m は **傾き** (slope)，b は **y 切片** (y-intercept) である．図 4-11 の点 (x_i, y_i) における鉛直方向の偏差は $y_i - y$ であり，ここで y は $x = x_i$ のときの直線の縦座標である．

$$\text{鉛直方向の偏差} = d_i = y_i - y = y_i - (mx_i + b) \quad (4\text{-}15)$$

偏差の一部は正となり，一部は負となる．符号に関係なく偏差の大きさを最小にしたいので，偏差をすべて二乗して，正の数のみを扱うようにする．

$$d_i^2 = (y_i - y)^2 = (y_i - mx_i - b)^2$$

偏差の二乗を最小にするので，これを <u>最小二乗法</u> と呼ぶ．偏差の二乗 (単なる大きさではなく) を最小にすることは，直線上の y の値の組が最も可能性の高い組であると仮定することに対応している．

鉛直偏差の二乗の和を最小にする m と b の値を求めるには，多少の計算が必要であるが，本書では割愛する．傾きと切片の最終的な解は，<u>行列式</u> によって表される．**行列式** (determinant) $\begin{vmatrix} e & f \\ g & h \end{vmatrix}$ は，$eh - fg$ を表す．たとえば，

$$\begin{vmatrix} 6 & 5 \\ 4 & 3 \end{vmatrix} = (6 \times 3) - (5 \times 4) = -2$$

である．「最良の」直線の傾きと切片は，次式で表される．

---

x と y の不確かさが同等である場合，図 4-11 に示した鉛直方向の偏差の代わりに，直線から点までの鉛直方向および水平方向の偏差の組み合わせを最小にするのが適切である．参考文献 7 および 8 に，x と y の両方の不確かさを取り扱う式が記されている．

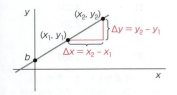

直線の式：$y = mx + b$
傾き (m) $= \dfrac{\Delta y}{\Delta x} = \dfrac{y_2 - y_1}{x_2 - x_1}$
y 切片 (b) $= y$ 軸との交点

最小二乗法による「最良の」直線
$$\begin{cases} 傾き：m = \begin{vmatrix} \sum(x_i y_i) & \sum x_i \\ \sum y_i & n \end{vmatrix} \div D & (4\text{-}16) \\ 切片：b = \begin{vmatrix} \sum(x_i^2) & \sum(x_i y_i) \\ \sum x_i & \sum y_i \end{vmatrix} \div D & (4\text{-}17) \end{cases}$$

行列式を計算するには，対角要素を掛けあわせ（$e \times h$），次にもう一つの対角要素の積（$f \times g$）を引く．

ここで，D は次式で定義される．

$$D = \begin{vmatrix} \sum(x_i^2) & \sum x_i \\ \sum x_i & n \end{vmatrix} \quad (4\text{-}18)$$

最小二乗法の式の変換
$$m = \frac{n\sum(x_i y_i) - \sum x_i \sum y_i}{n\sum(x_i^2) - (\sum x_i)^2}$$
$$b = \frac{\sum(x_i^2)\sum y_i - \sum(x_i y_i)\sum x_i}{n\sum(x_i^2) - (\sum x_i)^2}$$

n は点の数である．

これらの式を用いて，図4-11の四つの点を通る最良の直線の傾きと切片を求めてみよう．計算は表4-7に記されている．$n = 4$ であることに注意して，式4-16，4-17，4-18の行列式に数値を代入して，次のように計算する．

$$m = \begin{vmatrix} 57 & 14 \\ 14 & 4 \end{vmatrix} \div \begin{vmatrix} 62 & 14 \\ 14 & 4 \end{vmatrix} = \frac{(57 \times 4) - (14 \times 14)}{(62 \times 4) - (14 \times 14)} = \frac{32}{52} = 0.61538$$

$$b = \begin{vmatrix} 62 & 57 \\ 14 & 14 \end{vmatrix} \div \begin{vmatrix} 62 & 14 \\ 14 & 4 \end{vmatrix} = \frac{(62 \times 14) - (57 \times 14)}{(62 \times 4) - (14 \times 14)} = \frac{70}{52} = 1.34615$$

したがって，図4-11の点を通る最良の直線の式は，

$$y = 0.61538x + 1.34615$$

である．次節では，m および b の有効数字について考えよう．

表4-7 最小二乗法の計算

x_i	y_i	$x_i y_i$	x_i^2	$d_i (= y_i - mx_i - b)$	d_i^2
1	2	2	1	0.03846	0.0014793
3	3	9	9	−0.19231	0.036982
4	4	16	16	0.19231	0.036982
6	5	30	36	−0.03846	0.0014793
$\sum x_i = 14$	$\sum y_i = 14$	$\sum(x_i y_i) = 57$	$\sum(x_i^2) = 62$		$\sum(d_i^2) = 0.076923$

例題 スプレッドシートを用いて傾きと切片を求める

Excel には SLOPE および INTERCEPT と呼ばれる関数がある．その使い方をここに示す．

	A	B	C	D	E	F
1	x	y			式:	
2	1	2		傾き=		
3	3	3		0.61538	D3 = SLOPE(B2:B5,A2:A5)	
4	4	4		切片=		
5	6	5		1.34615	D5 = INTERCEPT(B2:B5,A2:A5)	

セル D3 の傾きは，式 "= SLOPE(B2:B5, A2:A5)" を用いて計算される．ここで，B2:B5 は y の値を含む範囲であり，A2:A5 は x の値を含む範囲である．

類題 2番目の x の値を 3 から 3.5 に変えて，傾きと切片を求めよ．
(**答え**：0.610 84, 1.285 71)

最小二乗法のパラメータはどのくらい信頼性が高いのか？

傾きと切片の不確かさを推定するには，式 4-16 と式 4-17 の不確かさを分析しなければならない．m と b の不確かさは，y のそれぞれの値の測定における不確かさに関係するので，まず，y の値の母集団の母標準偏差を推定する．この母標準偏差 σ_y は，図 4-11 に挿入された小さなガウス曲線を特徴付ける．

四つの y の測定値の標準偏差 s_y を計算して，y の母集団の母標準偏差 σ_y を推定する．それぞれの y_i 値について，ガウス曲線の中心からの偏差は $d_i = y_i - y = y_i - (mx_i + b)$ である．これらの鉛直方向の偏差の標準偏差は

$$\sigma_y \approx s_y = \sqrt{\frac{\sum(d_i - \overline{d})^2}{(\text{自由度})}} \tag{4-19}$$

式 4-19 は式 4-2 と似ている．

であるが，偏差の平均 $\overline{d}$ は最良の直線ではゼロであるので，式 4-19 の分子は $\sum(d_i^2)$ となる．

<u>自由度</u>は，利用できる独立した情報の数である．データ点が n 個のとき，自由度は n である．n 個のデータ点の標準偏差を計算する場合，まず式 4-1 を用いて平均を求める．この計算の後，式 4-2 に残っている自由度は $n - 1$ である．これは，平均の他に $(n - 1)$ 個の情報のみが利用できるからである．$(n - 1)$ 個の値とその平均がわかっていれば，n 番目の値は計算で求められる．

式 4-19 について考えよう．いま n 個の点で計算を開始する．傾きと切片を決めたので，自由度が二つ減る．したがって，残っている自由度は $n - 2$ である．よって，式 4-19 は次のようになる．

$$y \text{ の標準偏差}: s_y = \sqrt{\frac{\sum(d_i^2)}{n - 2}} \tag{4-20}$$

ここで，d_i は式 4-15 によって求められる．

式 4-16 と式 4-17 の不確かさを分析すると，以下の結果が得られる．

傾きと切片の標準不確かさ
$$u_m^2 = \frac{s_y^2 n}{D} \tag{4-21}$$
$$u_b^2 = \frac{s_y^2 \sum(x_i^2)}{D} \tag{4-22}$$

ここで，u_m は傾きの<u>標準不確かさ</u>，u_b は切片の<u>標準不確かさ</u>，s_y は式 4-20 で求められる y の<u>標準偏差</u>であり，D は式 4-18 で求められる．<u>標準不確かさ</u>（u_m および u_b）は，平均の標準偏差である．検量線をつくるための点の数を 2 倍にすると，u_m と u_b は約 $1/\sqrt{2}$ 倍になる．標準偏差 s_y は測定値の母集団の

<u>標準不確かさ</u> u = 平均の標準偏差
- 測定点を増やすと，u は小さくなる
- 測定点を増やしても標準偏差 s はほぼ一定である

特徴を表し，検量線の点の数に依存しない．点の数を 2 倍にしても，s_y はほぼ一定のままである．

こうして，図 4-11 の傾きと切片の有効数字を決めることができる．表 4-7 から $\sum (d_i^2) = 0.076\,923$ であることがわかる．この値を式 4-20 に代入して，

$$s_y^2 = \frac{0.076\,923}{4-2} = 0.038\,462$$

を得る．この値を式 4-21 と式 4-22 に代入して，

$$u_m^2 = \frac{s_y^2 n}{D} = \frac{(0.038\,462)(4)}{52} = 0.002\,958\,6 \Rightarrow u_m = 0.054\,39$$

$$u_b^2 = \frac{s_y^2 \sum (x_i^2)}{D} = \frac{(0.038\,462)(62)}{52} = 0.045\,859 \Rightarrow u_b = 0.214\,15$$

を得る．m, u_m, b, u_b の結果をあわせると，次のように書ける．

傾き：$\begin{array}{c} 0.615\,38 \\ \pm 0.054\,39 \end{array} = 0.62 \pm 0.05$ または $0.61_5 \pm 0.05_4$ (4-23)

切片：$\begin{array}{c} 1.346\,15 \\ \pm 0.214\,15 \end{array} = 1.3 \pm 0.2$ または $1.3_5 \pm 0.2_1$ (4-24)

> 不確かさの最初の桁が有効数字の最後の桁である．有意でない桁を余分に残して，その後の計算で丸め誤差が生じるのを避ける．

ここで，不確かさは u_m と u_b である．<u>不確かさの小数点以下の最初の位が，傾きや切片の有効数字の最後の位となる</u>．多くの科学者は，結果を 1.35 ± 0.21 のように書き，丸めすぎないようにしている．

不確かさを信頼区間として表すには，式 4-7 からわかるように，式 4-23 や式 4-24 の標準不確かさに表 4-2 の自由度 $n-2$ のスチューデントの t を掛ければよい．

> 自由度 $n-2=2$ において，傾きの 95% 信頼区間 $= \pm t u_m$ $= \pm (4.303)(0.054) = \pm 0.23$

例題　スプレッドシートを用いて s_y，u_m，u_b を求める

Excel の関数 LINEST は，傾き，切片，およびその標準不確かさを表（行列）で表す．例として，次の図のように x の値を列 A に，y の値を列 B に入力する．次いで，3 行 × 2 列の領域 E3:F5 をマウスで選択する．このセル範囲が LINEST の出力に用いられる．[数式] リボンで [関数の挿入] に移動する．表示されるウインドウの [統計] に移動し，LINEST をダブルクリックする．次のウインドウで関数に入力する四つの値が要求される．y の値には "B2:B5" を入力する．次に，x の値には "A2:A5"，残りの二つには "TRUE" と入力する．一つめの TRUE は，直線の y 切片を計算し，切片を 0 にしないように指定する．二つめの TRUE は，傾きと切片に加えて，不確かさも出力するように指定する．いま入力した式は "= LINEST(B2:B5, A2:A5, TRUE, TRUE)" である．ここで CONTROL + SHIFT + ENTER〔Mac では COMMAND(⌘) + RETURN〕を押すと，セル E3:F5 に行列が出力される．各セルの内容を示すためにまわりにラベルを入力する．傾きと切片は先頭の行である．2 行目は u_m と u_b である．セル F5 は s_y，セル E5 の R^2 は決定係数と呼ばれる量である．これは，式 5-2 で定義され，データが直線にのっていることのめやすとなる．R^2 が 1 に近いほど直線性がよい．

	A	B	C	D	E	F	G
1	x	y			LINEST による出力		
2	1	2			傾き	切片	
3	3	3		パラメータ	0.61538	1.34615	
4	4	4		u_m	0.05439	0.21414	u_b
5	6	5		R^2	0.98462	0.19612	s_y

類題 2番目の x の値を3から3.5に変えて，LINEST を適用せよ．LINEST による s_y の値はいくらか？　（**答え**：0.36470）

4-8 検量線

検量線は，既知量の分析種に対する分析法の応答を表す[9]．表 4-8 は，有色生成物によるタンパク質の分析における実際のデータである．分光光度計で光の吸光度を測定する．吸光度は，分析種であるタンパク質の質量に比例する．既知濃度の分析種を含む溶液を**標準液**（standard solution）と呼ぶ．一方，分析に用いられるすべての試薬と溶媒を含み，分析種が意図的に加えられていない溶液を**ブランク溶液**（blank solution）と呼ぶ．ブランク溶液は，試薬に含まれる不純物や干渉化学種に対する分析法の応答を測定するために用いられる．

表 4-8 で吸光度の各行の三つの値をながめると，0.392 が直線から外れているようである．この値は 15.0 μg の行の他の値と一致しておらず，15.0 μg の吸光度の範囲は他の範囲よりもずっと大きい．20.0 μg までの吸光度の平均値の直線関係からも値 0.392 は誤差が大きいことがわかる（図 4-12）．よって，以後の計算では 0.392 を除くことにする．

試料 25.0 μg のすべての測定値が低いのには何か理由があるのだろうか．そう問うことは理にかなっている．それは，この試料の点が図 4-12 の直線の下にあるからだ．何度分析を繰り返しても，25.0 μg の点は必ず直線の下にくるので，表 4-8 のデータに「誤り」はないことがわかる．

検量線の作成

検量線をつくるには，以下の手順に従う．

ステップ1 未知試料に予想される分析種の濃度範囲を含む既知試料を調製する．これらの標準試料に対する分析法の応答を測定し，表 4-8 の

18-1 節および 18-2 節では光の吸収について説明し，**吸光度**を定義する．吸光度は本書全体に出てくるので，あらかじめこれらの節を読んでおくとよい．

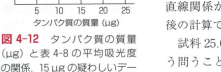

図 4-12 タンパク質の質量（μg）と表 4-8 の平均吸光度の関係．15 μg の疑わしいデータ 0.392 を除くと，0〜20 μg のタンパク質の平均吸光度は直線にのる．

表 4-8 検量線の作成に用いる分光光度計のデータ

タンパク質の質量 (μg)	試料の吸光度			範囲	補正吸光度		
0	0.099	0.099	0.100	0.001	-0.000_3	-0.000_3	0.000_7
5.0	0.185	0.187	0.188	0.003	0.085_7	0.087_7	0.088_7
10.0	0.282	0.272	0.272	0.010	0.182_7	0.172_7	0.172_7
15.0	0.345	0.347	(0.392)	0.047	0.245_7	0.247_7	—
20.0	0.425	0.425	0.430	0.005	0.325_7	0.325_7	0.330_7
25.0	0.483	0.488	0.496	0.013	0.383_7	0.388_7	0.396_7

4-8 検量線

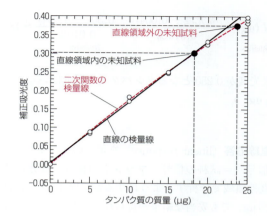

図 4-13 表 4-8 のタンパク質分析の検量線.
最小二乗法を用いて，0～20 μg の 14 個のデータ（白丸）に当てはめた実線の直線の式は，$y = 0.0163_0 (\pm 0.0002_2)x + 0.0047(\pm 0.002_6)$，$s_y = 0.0059$ である．非線形最小二乗法[5]を用いて，0～25 μg の 17 個のデータすべてに当てはめた破線の二次関数の式は，
$y = -1.1_7(\pm 0.2_1) \times 10^{-4} x^2 + 0.0185_8(\pm 0.0004_6)x - 0.0007(\pm 0.0010)$，$s_y = 0.004_6$ である．

左半分のようなデータを得る．

ステップ2 吸光度の各測定値からブランク試料の平均吸光度（0.099_3）を引き，補正吸光度を得る．ブランクは，タンパク質が存在しないときの分析法の応答を示す．

ステップ3 タンパク質の質量に対して補正吸光度をプロットしたグラフをつくる（図 4-13）．最小二乗法を用いて，20.0 μg 以下のタンパク質に対するデータ（補正済みブランクの 3 点を含む 14 点．表 4-8 の影を付けた部分）を用いて，最良の直線を求める．式 4-16，式 4-17，式 4-20，式 4-21，式 4-22 を用いて傾き，切片，およびその標準不確かさを求める．

$$m = 0.0163_0 \quad u_m = 0.0002_2 \quad s_y = 0.005_9$$
$$b = 0.004_7 \quad m_b = 0.002_6$$

直線の検量線の式は次式で表される．

$$\underbrace{吸光度}_{y} = m \times [\underbrace{タンパク質 (μg)}_{x}] + b$$
$$= (0.0163_0)[タンパク質 (μg)] + 0.004_7 \quad (4\text{-}25)$$

ここで，y は補正吸光度（＝観察された吸光度−ブランクの吸光度）である．

ステップ4 未知試料を分析する場合，そのときのブランクを測定する．未知試料の吸光度から新しいブランクの吸光度を引いて，補正吸光度を求める．

> **例題** 直線の検量線の利用
>
> 未知のタンパク質試料の吸光度が 0.406，ブランクの吸光度が 0.104 であった．未知試料に何 μg のタンパク質が含まれているか？
>
> **解法** 補正吸光度は $0.406 - 0.104 = 0.302$ であり，図 4-13 の検量線の直線領域にある．式 4-25 を変形して，値を代入する．

試薬の色，不純物の反応，干渉化学種の反応などによって，ブランクの吸光度が変わる可能性がある．ブランク値は用いる試薬を変えれば変わることがあるが，補正吸光度は変わらないはずである．

検量線の式
$y(\pm s_y)$
$= [m(\pm u_m)]x + [b(\pm u_b)]$

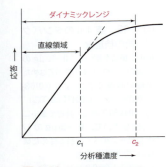

図 4-14 非線形の検量線．直線領域およびダイナミックレンジを示す

データをプロットして，センスを身につけよう

$$\text{タンパク質}(\mu g) = \frac{\text{吸光度} - 0.004_7}{0.0163_0} = \frac{0.302 - 0.004_7}{0.0163_0} = 18.2_4\, \mu g \quad (4\text{-}26)$$

類題 補正吸光度が 0.250 となるタンパク質の質量はいくらか？
（**答え**：$15.0_5\,\mu g$）

検量法は，**直線応答**（linear response）を示すのが好ましい．このとき，補正された分析信号（＝試料の信号－ブランクの信号）は分析種の量に比例する．ふつうは直線領域で分析するようにするが，図 4-13 では直線領域を越えたところ（＞20 μg）でも妥当な結果が得られる．タンパク質の質量が 25 μg のところまで延びる破線の曲線は，最小二乗法により二次関数の式 $y = ax^2 + bx + c$ をデータに当てはめて得られる（コラム 4-2）．

分析法の**直線領域**（linear range）は，応答が分析種濃度に比例する濃度範囲である．関連する量は，図 4-14 に示した**ダイナミックレンジ**（dynamic range）である．これは，応答が線形でなくても，分析種に対する応答が測定できる濃度範囲である．

よい習慣

データを得たら，必ずグラフをつくるようにしよう．グラフをつくることは，不良データを除いたり，測定をやり直したり，直線が適切でないと判断したりするきっかけとなる．

検量線が線形でも非線形でも，標準物質を測定した範囲を超えた外挿には信頼性が乏しい．対象とする全濃度範囲を含むように標準物質を測定すべきである．

少なくとも六つの標準液濃度，および未知試料の 2 回の繰り返し測定を推奨

コラム 4-2

非線形の検量線の利用

図 4-13 において，直線領域を超えたところにある補正吸光度が 0.375 の未知試料について考えてみよう．標準液のすべてのデータは，次の二次関数に当てはめられる[5]．

$$y = -1.17 \times 10^{-4} x^2 + 0.01858 x - 0.0007 \quad (A)$$

タンパク質の質量を求めるには，補正吸光度を式 A に代入して，

$$0.375 = -1.17 \times 10^{-4} x^2 + 0.01858 x - 0.0007$$

この式を整理すると，

$$1.17 \times 10^{-4} x^2 - 0.01858 x + 0.3757 = 0$$

これは，次のかたちの二次方程式である．

$$ax^2 + bx + c = 0$$

可能性のある二つの解は，

$$x = \frac{-b + \sqrt{b^2 - 4ac}}{2a} \qquad x = \frac{-b - \sqrt{b^2 - 4ac}}{2a}$$

である．これらの式に $a = 1.17 \times 10^{-4}$, $b = -0.01858$, $c = 0.3757$ を代入して，

$$x = 135\,\mu g \qquad x = 23.8\,\mu g$$

を得る．図 4-13 から，正しい答えは 135 μg ではなく，23.8 μg であるとわかる．

する．最も厳密な方法では，認証物質からそれぞれ独立に標準液をつくる．一つの原液を段階希釈することは避ける．段階希釈すると原液の系統誤差が伝播する．検量液は順不同で測定し，濃度が高くなる順序では測定しない．

検量線による不確かさの伝播

先の例では，補正吸光度が $y = 0.302$ の未知試料に $x = 18.24\,\mu g$ のタンパク質が含まれていた．値 18.24 の不確かさはいくらだろうか？ 式 $y = mx + b$（$y = mx$ ではない）における不確かさの伝播は，以下の結果を与える[1, 10]．

$$x \text{の標準不確かさ} = \text{平均の標準偏差} =$$
$$u_x = \frac{s_y}{|m|}\sqrt{\frac{1}{k} + \frac{1}{n} + \frac{(y - \overline{y})^2}{m^2 \sum(x_i - \overline{x})^2}} \tag{4-27}$$

ここで，s_y は y の標準偏差（式 4-20），$|m|$ は傾きの絶対値〔Excel では＝ABS(m)〕，k は未知試料の繰り返し測定数，n は検量線作成に用いたデータ数（表 4-8 では 14 点），$\overline{y}$ は検量線データの y の平均値，x_i は検量線データの個々の x の値，$\overline{x}$ は検量線データの x の平均値である．未知試料を 1 回測定するとき，$k = 1$ であり，式 4-27 の値は $u_x = \pm 0.39\,\mu g$ となる．未知試料を 4 回繰り返し測定すると（$k = 4$），補正吸光度の平均が 0.302 のとき，不確かさは $u_x = \pm 0.23\,\mu g$ まで小さくなる．

x の信頼区間は $\pm t\, u_x$ である．ここで，t は自由度 $n - 2$ のスチューデントの t である（表 4-4）．$u_x = 0.23\,\mu g$，$n = 14$（自由度 12）のとき，x の 95% 信頼区間は，$\pm t u_x = \pm (2.179)(0.23) = \pm 0.50\,\mu g$ である．u_x は平均の標準偏差であるので，信頼区間の式に $1/\sqrt{n}$ は現れない．

> $u_x = x$ の標準不確かさ
> $y = $ 未知試料の補正吸光度
> $= 0.302$
> $x_i = $ 表 4-8 の標準物質中のタンパク質の質量（μg）
> $= (0, 0, 0, 5.0, 5.0, 5.0, 10.0, 10.0, 10.0, 15.0, 15.0, 20.0, 20.0, 20.0)$
> $\overline{y} = 14$ 点の y の値の平均
> $= 0.161_8$
> $\overline{x} = 14$ 点の x の値の平均
> $= 9.64_3\,\mu g$

> 表 4-4 にない t の値を求めるには，Excel の関数 TINV を用いる．自由度 12，信頼水準 95% のとき，関数 TINV(0.05, 12) は $t = 2.179$ を返す．

不確かさの伝播

不確かさの伝播についてはすでに 3 章で学んだが，本章ではさらに厳密に議論するために必要なツールをすべて手に入れた．もっと勉強したいと思うならば，付録 B の議論を参照するとよい．

4-9　最小二乗法のためのスプレッドシート

図 4-15 に示すスプレッドシートで最小二乗法を行い，式 4-27 による誤差の伝播を推定しよう．x の値を列 B，y の値を列 C に入力する．次に，セル B10:C12 を選ぶ．式 "= LINEST(C4:C7, B4:B7, TRUE, TRUE)" を入力し，CONTROL + SHIFT + ENTER〔Mac では COMMAND(⌘) + RETURN〕を押す．LINEST は，セル B10:C12 に m, b, u_m, u_b, R^2, s_y を返す．セル A10:A12 およびセル D10:D12 にラベルを入力して，セル B10:C12 の数値が何かわかるようにする．

セル B14 は，式 "= COUNT(B4:B7)" によってデータ数を与える．セル B15 は，y の平均値を計算する．セル B16 は，式 4-27 で必要な和 $\sum(x_i - \overline{x})^2$ を計算する．この和は一般的であり，Excel には DEVSQ と呼ばれる関数として組み込まれている．この関数は〔関数の挿入〕の〔統計〕メニューの中にあ

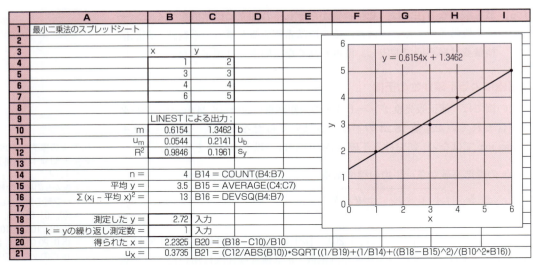

	A	B	C	D	E	F	G	H	I
1	最小二乗法のスプレッドシート								
2									
3		x	y						
4		1	2						
5		3	3						
6		4	4						
7		6	5						
8									
9		LINEST による出力:							
10	m	0.6154	1.3462	b					
11	u_m	0.0544	0.2141	u_b					
12	R^2	0.9846	0.1961	s_y					
13									
14	n =	4	B14 = COUNT(B4:B7)						
15	平均 y =	3.5	B15 = AVERAGE(C4:C7)						
16	$\Sigma(x_i - $ 平均 $x)^2 =$	13	B16 = DEVSQ(B4:B7)						
17									
18	測定した y =	2.72	入力						
19	k = y の繰り返し測定数 =	1	入力						
20	得られた x =	2.2325	B20 = (B18−C10)/B10						
21	$u_x =$	0.3735	B21 = (C12/ABS(B10))*SQRT((1/B19)+(1/B14)+((B18−B15)^2)/(B10^2*B16))						

図 4-15 線形最小二乗法のためのスプレッドシート.

図 4-15 の x の 95%信頼区間
$x \pm tu_x = 2.2325 \pm (4.303)(0.3735)$
$= 2.2 \pm 1.6$
(自由度 $= n - 2 = 2$)

　る.

　未知試料を繰り返し測定した y の平均値をセル B18 に入力する. セル B19 には, 未知試料の繰り返し測定数を入力する. セル B20 は, 測定された y の平均値に対応する x の値を計算する. セル B21 は, 式 4-27 を用いて未知試料の x 値の不確かさ u_x (平均の標準偏差) を求める. x の信頼区間を求めたい場合は, 表 4-4 で自由度 $n - 2$ および希望する信頼水準のスチューデントの t 値を調べて, u_x に掛ける.

　検量線の点が直線にのっているかを見るためには常にグラフが必要である. 2-11 節の説明に従って, [散布図（マーカーのみ）] として検量線のデータをプロットする（ここでは線は不要）. Excel 2007 または 2010 で直線を加えるには, グラフをクリックして [グラフツール] のリボンを表示する. [レイアウト], 次いで [近似曲線] を選択し, [その他の近似曲線オプション] を選ぶ. [線形近似] を選択し, [グラフに数式を表示する] にチェックを入れて閉じると, 最小二乗近似直線とその式がグラフに表示される. [近似曲線の書式設定] の [予測] を利用すると, 直線がデータ範囲の前方や後方に延びる. また, [近似曲線の書式設定] では, 線の色やスタイルを選ぶこともできる.

グラフにエラーバーを加える

　グラフにエラーバーを加えると, データの質やデータに対する曲線当てはめの妥当性を判断するのに役立つ. 表 4-8 のデータについて考えてみよう. 1 列目の試料の質量に対して 2 列目から 4 列目の吸光度の平均をプロットしよう. 次に, 各点の 95%信頼区間に対応するエラーバーを加える. 図 4-16 のスプレッドシートでは, 列 A には質量を, 列 B には平均吸光度をまとめてある. 吸光度の標準偏差は, 列 C に示されている. 吸光度の 95%信頼区間は, 行 13 に記された式を用いて列 D で計算される. 信頼水準 95%, 自由度 3 − 1 = 2 のスチューデントの $t = 4.303$ は, 表 4-4 から得られる. あるいは, セル B11 で

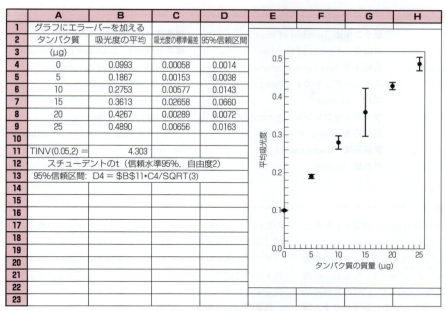

図 4-16 グラフに95%信頼区間のエラーバーを加える

関数 TINV(0.05, 2) を用いて，スチューデントの t を計算する．引数 0.05 は信頼水準 95% を，引数 2 は自由度 2 を意味する．セル D4 の 95% 信頼区間は "=$B$11*C4/SQRT(3)" により計算される．列 A のタンパク質の質量 (x) に対して列 B の平均吸光度 (y) をプロットしたグラフをつくる．

Excel 2007 または 2010 でエラーバーを加えるには，グラフの1点をクリックしてすべての点を選択する．[グラフツール]-[レイアウト]で[誤差範囲]を選択し，[その他の誤差範囲オプション]を選ぶ．誤差範囲は，[ユーザー設定]-[値の指定]を選ぶ．正の誤差の値と負の誤差の値の両方に "D4:D9" と入力する．この操作によって，スプレッドシートでエラーバーに 95% 信頼区間を適用するように設定できた．OK をクリックすると，グラフに x と y のエラーバーが表示される．いずれかの x エラーバーをクリックして DELETE を押すと，すべての x エラーバーが削除される．

以前のバージョンの Excel でエラーバーを加えるには，グラフの1点をクリックしてすべての点を選択する．[書式メニュー]で[データ系列]を選ぶ．[Y エラーバー]を選ぶとウィンドウが表示される．[ユーザー設定]をクリックする．[正の誤差範囲]のボックスをクリックしてセル D4:D9 を選ぶ．[負の誤差範囲]のボックスをクリックして再びセル D4:D9 を選ぶ．この操作によって，Excel でエラーバーの長さとしてセル D4:D9 の値を用いるように設定できた．OK をクリックすると，グラフにエラーバーが表示される．

信頼区間＝±$ts/\sqrt{n}$
t＝信頼水準 95%，自由度 $n-1$＝2 のスチューデントの t 値
s＝標準偏差
n＝平均に用いた値の数＝3

重要なキーワード

F 検定（*F* test）
t 検定（*t* test）
ガウス分布（Gaussian distribution）
仮説検定（hypothesis test）
傾き（slope）
帰無仮説（null hypothesis）
行列式（determinant）
グラブス検定（Grubbs test）
検量線（calibration curve）
最小二乗法（method of least squares）
自由度（degrees of freedom）
信頼区間（confidence interval）
スチューデントの *t*（Student's *t*）
切片（interctpt）
ダイナミックレンジ（dynamic range）
直線応答（linear response）
直線領域（linear range）
外れ値（outlier）
標準液（standard solution）
標準不確かさ（standard uncertainty）
標準偏差（standard deviation）
ブランク溶液（blank solution）
分散（variance）
平均（average, mean）
平均の標準偏差（standard deviation of the mean）

本章のまとめ

　実験の測定値は，一般にガウス分布に従う．測定数が非常に多くなると，測定値の平均 $\bar{x}$ は母集団の母平均 μ に近づく．分布が幅広くなると，母標準偏差 σ は大きくなる．n 回の測定では，標準偏差は $s = \sqrt{[\sum (x_i - \bar{x})^2]/(n-1)}$ となる．全測定値の約 3 分の 2 が $\pm 1\sigma$ の範囲内に，95％ が $\pm 2\sigma$ の範囲内にある．ある範囲内に値を観測する確率は，その範囲のガウス曲線下の面積に比例する．標準偏差 s は個々の測定値の不確かさのめやすである．平均の標準偏差 $s/\sqrt{n}$（標準不確かさ u ともいう）は，n 回の測定における平均の不確かさのめやすである．

　F 検定を用いて，二つの標準偏差に有意な差があるかどうかを判定する．測定データの $F(= s_1^2/s_2^2)$ 値が臨界値よりも大きければ，二つの標本データが母標準偏差の等しい母集団から得られた確率は 5％ 未満である（信頼水準 95％ のとき）．

　スチューデントの t を用いて信頼区間（$\mu = \bar{x} \pm ts/\sqrt{n}$）を求め，異なる方法で測定された平均値を比べる．$F$ 検定で判定して標準偏差に有意な差がない場合，式 4-10a を用いてプールされた標準偏差を求め，式 4-9a を用いて t 値を計算する．計算された t 値が自由度 $n_1 + n_2 - 2$ の臨界値よりも大きければ，二つの標本データが母平均の等しい母集団から得られた確率は 5％ 未満である．標準偏差に有意な差がある場合，式 4-10b を用いて自由度を計算し，式 4-9b を用いて t 値を計算する．その他に t 検定が適用できる場合は，（1）測定値と「既知の」値の比較，（2）同一の試料に対して二種類の分析法を繰り返さずに適用した結果の比較（対応のある t 検定）である．

　グラブス検定は，疑わしいデータを捨てるべきかどうかを判断するのに役立つ．データを採用するか，棄却するかを正しく判定するには，測定数を増やすのが最もよい．

　検量線は，既知量の分析種（標準液）に対する化学分析の応答を示す．直線応答が見られるとき，補正された分析信号（＝試料の信号−ブランクの信号）は分析種の量に比例する．ブランク溶液は，標準物質や未知試料の調製に用いるのと同じ試薬と溶媒で調製する．ただし，ブランクには，意図的に加えた分析種は含まれない．ブランクの測定によって，試薬に含まれる不純物や干渉化学種に対する分析法の応答がわかる．検量線を作成する前に，標準物質の測定値からブランクの値を差し引く．未知試料に含まれる分析種の量を計算する前に，未知試料の応答からブランクの値を差し引く．

　最小二乗法を用いて実験データを通る「最良の」直線の式を求める．式 4-16 から式 4-18 および式 4-20 から式 4-22 を用いて，最小二乗法による直線の傾きと切片およびそれらの標準不確かさを求めることができる．検量線を用いて y の測定値から求めた x の標準不確かさは，式 4-27 を使って推定する．スプレッドシートを用いると，最小二乗法の計算と結果のグラフ表示が容易になる．

練習問題

4-A. 値 116.0, 97.9, 114.2, 106.8, 108.3 について，平均，標準偏差，標準不確かさ（＝平均の標準偏差），範囲，平均の 90％ 信頼区間を求めよ．グラブス検定を用いて，値 97.9 は捨てられるべきかどうかを判断せよ．

4-B. 📊 標準偏差を求めるスプレッドシート．数値の平均と標準偏差を二つの方法で計算するスプレッドシートを作成しよう．このスプレッドシートは，本章の練習問題のテンプレートになる．

(a) 次ページのテンプレートをあなたのスプレッドシート上で再現する．セル B4 からセル B8 にデータ（x の値）を入力し，このデータの平均と標準偏差を計算する．

(b) セル B9 に式を入力し，セル B4 から B8 までの数値の和を計算する．

(c) セル B10 に式を入力し，平均値を計算する．

(d) セル C4 に式を入力し，（x−平均）を計算する．ここで，x はセル B4 に，平均はセル B10 にある．［ホーム］リボンの［フィル］-［下方向へコピー］を用いて，セル C5 から C8 までの値を計算する．

(e) セル D4 に式を入力し，セル C4 の値の二乗を計算する．［下方向へコピー］を用いて，セル D5 から D8 の値を計

(f) セル D9 に式を入力し，セル D4 から D8 までの値の和を計算する．
(g) セル B11 に式を入力し，標準偏差を計算する．
(h) セル B13 からセル B18 に入力した式を記録する．
(i) ここで，スプレッドシートの組み込み関数を用いて計算を簡単にしよう．セル B21 に "= SUM(B4:B8)" と入力する．これは，セル B4 から B8 までの値の和を求めることを意味する．セル B21 にはセル B9 と同じ値が表示されるだろう．どのような関数が利用できて，どのように入力すればよいかを覚える必要はない．Excel 2010 では，[数式] リボンの [関数の挿入] を用いて SUM を探す．
(j) セル B22 を選ぶ．[関数の挿入] に移動して AVERAGE を見つける．セル B22 に "= AVERAGE(B4:B8)" と入力すると，セルの値はセル B10 と同じになる．
(k) セル B23 には標準偏差の関数を探して "= STDEV(B4:B8)" と入力し，値がセル B11 と一致することを確かめる．

	A	B	C	D
1	標準偏差の計算			
2				
3		データ=x	xの平均	(xの平均)^2
4		17.4		
5		18.1		
6		18.2		
7		17.9		
8		17.6		
9	合計 =			
10	平均 =			
11	標準偏差 =			
12				
13	式：	B9 =		
14		B10 =		
15		B11 =		
16		C4 =		
17		D4 =		
18		D9 =		
19				
20	関数機能を用いた計算：			
21	合計 =			
22	平均 =			
23	標準偏差 =			

4-C. この問題には表 4-1 を用いる．自動車の 80% すり減ったブレーキ 10 000 組の走行距離の記録を考える．その平均は 62 700 マイル，標準偏差は 10 400 マイルであった．

(a) 走行距離 40 860 マイル未満で 80% すり減っていると予想されるブレーキの割合はいくらか？
(b) 走行距離 57 500〜71 020 マイルで 80% すり減っていると予想されるブレーキの割合はいくらか？

4-D. スプレッドシートの関数 NORMDIST を用いて，練習問題 4-C のブレーキについての質問に答えよ．

(a) 走行距離 45 800 マイル未満で 80% すり減っていると予想されるブレーキの割合はいくらか？
(b) 走行距離 60 000〜70 000 マイルで 80% すり減っていると予想されるブレーキの割合はいくらか？

4-E. ウマの血液中の炭酸水素イオン濃度を二つの方法でそれぞれ 4 回測定し，以下の結果を得た．

方法 1：31.40，31.24，31.18，31.43 mM
方法 2：30.70，29.49，30.01，30.15 mM

(a) それぞれの方法について，平均，標準偏差，標準不確かさ（＝平均の標準偏差）を求めよ．
(b) 二つの標準偏差は信頼水準 95% で有意に異なるか？

4-F. ある細胞に含まれる ATP（アデノシン三リン酸）濃度は，信頼性の高い分析法によると 111 μmol/100 mL であった．新しく開発した分析法による繰り返し分析の結果は，117，119，111，115，120 μmol/100 mL（平均 = 116.4）であった．この結果は信頼水準 95% で既知の値と一致するといえるか？

4-G. 北海の堆積物に微量に含まれる有毒な合成ヘキサクロロヘキサンを既知の方法および二つの新しい方法で抽出し，クロマトグラフィーにより測定した．

方法	測定された濃度 (pg/g)	標準偏差 (pg/g)	繰り返し測定数
従来法	34.4	3.6	6
方法 A	42.9	1.2	6
方法 B	51.1	4.6	6

出典：D. Sterzenbach et al., *Anal. Chem.*, **69**, 831 (1997).

(a) 濃度（pg/g）は，百万分率（ppm），十億分率（ppb），あるいはその他の何か？
(b) 方法 B の標準偏差は，従来法と比べて有意に異なるか？
(c) 方法 B による平均濃度は，従来法と比べて有意に異なるか？
(d) 方法 A を従来法と比べて，(b) および (c) と同じ二つの質問に答えよ．

4-H. 検量線．（この問題は電卓でも解けるが，図 4-15 のスプレッドシートを用いるほうが簡単である．） ブラッドフォード法によるタンパク質の定量では，色素がタンパク質と結合したとき，その色が茶色から青色に変わる．この試料の光の吸光度を測定した．

タンパク質の質量（μg）：	0.00	9.36	18.72	28.08	37.44
吸光度（595 nm）：	0.466	0.676	0.883	1.086	1.280

(a) 上のデータに対して，最小二乗近似直線の式を求めよ．答えは $y = [m(\pm u_m)]x + [b(\pm u_b)]$ の形式に従って，適切な有効数字で表すこと．
(b) 実験データと計算した直線を表すグラフを作成せよ．
(c) 未知のタンパク質試料の吸光度は 0.973 であった．未知試料に含まれるタンパク質の質量（μg）を計算せよ．また，その不確かさを推定せよ．

章末問題

ガウス分布

4-1. 標準偏差と方法の精度の関係を述べよ．また，標準偏差と正確さの関係を述べよ．

4-2. 表4-1を用いて，ガウス分布の以下の範囲におけるデータの割合を求めよ．

(a) $\mu \pm \sigma$ (c) μから$+\sigma$ (e) $-\sigma$から-0.5σ
(b) $\mu \pm 2\sigma$ (d) μから$+0.5\sigma$

4-3. ガリウムの原子量の報告値における差を理解するために，起源が異なる八つの試料に含まれる同位体^{69}Gaと^{71}Gaの原子数の比を測定した．

試料	^{69}Ga/^{71}Ga	試料	^{69}Ga/^{71}Ga
1	1.526 60	5	1.528 94
2	1.529 74	6	1.528 04
3	1.525 92	7	1.526 85
4	1.527 31	8	1.527 93

データ出典：J. W. Gramlich and L. A. Machlan, *Anal. Chem.*, **57**, 1788 (1985)．

(a) 平均，(b) 標準偏差，(c) 分散，(d) 平均の標準偏差を求めよ．また，(e) 平均と標準偏差を適切な有効数字の桁数で書け．

4-4. フランシス・マリオン大学の学生が，M&Mキャンディーの質量を測定した．試料は4個入り16箱と16個入り16箱であった．

4個入りの箱中の1個の平均質量		16個入りの箱中の1個の平均質量	
0.879 9	0.866 7	0.900 4	0.892 5
0.935 6	0.890 2	0.915 2	0.895 8
0.887 6	0.919 5	0.905 6	0.899 6
0.855 3	0.946 9	0.886 7	0.870 7
0.912 2	0.865 0	0.892 6	0.910 5
0.857 5	0.875 5	0.909 7	0.901 9
0.892 8	0.870 1	0.885 5	0.880 3
0.874 6	0.913 8	0.891 3	0.905 5
平均＝			
標準偏差＝			

データ出典：K. Varazo, Francis Marion University．

(a) 表の左側および右側の平均を求めよ．
(b) 表の左側および右側の標準偏差を求めよ．
(c) 4個入りの箱における平均の標準偏差から，16個入りの箱で予想される標準偏差を求めよ．この予想と(b)で求めた標準偏差とを比べよ．

4-5. (a) 図4-1において，寿命が1 005.3時間を超えると予想される電球の割合を求めよ．
(b) 寿命が798.1〜901.7時間と予想される電球の割合を求めよ？
(c) ■ Excelの関数NORMDISTを用いて，寿命が800〜900時間と予想される電球の割合を求めよ．

4-6. ■ 乳がん患者の血しょうタンパク質は，健康な人のタンパク質と比べて，さまざまな高分子が存在するとき溶解度が異なる．高分子のデキストランとポリ（エチレングリコール）を水と混ぜると，2相の混合物となる．この混合物に乳がん患者の血しょうタンパク質を加えると，タンパク質の2相間の分配が健康な人の血しょうタンパク質と異なる．物質の分配係数（K）は，$K=$［A相の物質濃度］/［B相の物質濃度］と定義される．健康な人のタンパク質の分配係数は，平均0.75，標準偏差0.07である．乳がん患者のタンパク質の分配係数は，平均0.92，標準偏差0.11である．

(a) 分配係数（K）が診断ツールとして用いられ，がん陽性の指標は$K \geq 0.92$であると仮定しよう．腫瘍のある人のうち，$K < 0.92$となり，偽陰性と判定される割合はいくらか？

(b) 健康な人で偽陽性と判定される割合はいくらか？ この値は健康だが$K \geq 0.92$である人の割合であり，下のグラフの塗りつぶした部分にあたる．表4-1を用いて，その割合を推定せよ．また，Excelの関数NORMDISTを用いて，より厳密な値を求めよ．

(c) 関数NORMDISTの第1の引数を変えて，腫瘍がある人の75%を識別できる分配係数を求めよ．すなわち，腫瘍のある患者の75%がこの分配係数を上回るK値をもつ．このK値を用いたとき，健康な人の何%が偽陽性になるか？

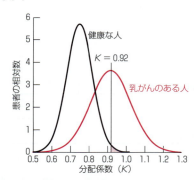

健康な人および乳がんのある人の血しょうタンパク質の分配係数．
[データ出典：Data from B. Y. Zaslavsky, *Anal. Chem.*, **64**, 765A (1992)．]

4-7. ■ 図4-1のガウス曲線の式は，次式で与えられる．

$$y = \frac{(\text{電球の総数})(\text{縦棒あたりの時間})}{s\sqrt{2\pi}} e^{-(x-\bar{x})^2/2s^2}$$

ここで，$\bar{x}$は平均（845.2時間），sは標準偏差（94.2時間），電球の総数は4 768個，縦棒あたりの時間（$=20$

は図4-1の縦棒の幅である．下図のようなスプレッドシートを作成して，図4-1のガウス曲線の座標を範囲500から1200時間，間隔25時間で計算せよ．スプレッドシートの下部に書いたように式でかっこを多用すると，意図した通りにコンピュータに計算させることができる．Excelを用いて結果をグラフにせよ．

	A	B	C
1	電球のガウス曲線（図4-1）		
2			
3	平均 =	x（時間）	y（電球）
4	845.2	500	0.49
5	標準偏差 =	525	1.25
6	94.2	550	2.98
7	電球の総数 =	600	13.64
8	4768	700	123.11
9	縦棒あたりの時間 =	800	359.94
10	20	845.2	403.85
11	平方根(2π) =	900	340.99
12	2.506628	1000	104.67
13		1100	10.41
14		1200	0.34
15	セルC4の式=		
16	(\$A\$8*\$A\$10/(\$A\$6*\$A\$12))*		
17	EXP(−((B4−\$A\$4)^2)/(2*\$A\$6^2))		

4-8. 問題4-7において標準偏差を50，100，または150と仮定して，問題を解け．三つの曲線を一つのグラフに重ね合わせて描け．

F検定，信頼区間，t検定，グラブス検定

4-9. 信頼区間とは何か？

4-10. 図4-5aにおいて，実験を多数回行った場合，母平均（10 000）を含むエラーバーの割合はいくらになるか？図4-5で90%信頼区間のエラーバーが50%信頼区間のエラーバーよりも長いのはなぜか？

4-11. これまでに平均を比較する三つのケースについて学んだ．三つのケースそれぞれを説明し，用いた式を書け．

4-12. ガソリン中の添加剤の百分率濃度を6回測定し，次の結果を得た．0.13，0.12，0.16，0.17，0.20，0.11%．添加剤の百分率濃度の90%信頼区間および99%信頼区間を求めよ．

4-13. 問題4-3の試料8を7回分析したところ，$\bar{x} = 1.52793$，$s = 0.00007$であった．試料8の99%信頼区間を求めよ．

4-14. ある医学実験室では，練習生の測定値が経験豊富な作業者の測定値と信頼水準95%で一致すると，一人で作業することを任される．血中尿素態窒素の分析結果を次に示す．

練習生：$\bar{x} = 14.5_7$ mg/dL　$s = 0.5_3$ mg/dL　$n = 6$ 試料
経験豊富な作業者：$\bar{x} = 13.9_5$ mg/dL　$s = 0.4_2$ mg/dL　$n = 5$ 試料

(a) 記号dLは何を表すか？
(b) 練習生に一人での作業を任せてもよいといえるか？

4-15. ナノ結晶の六つの試料におけるCdSe濃度（g/L）を二つの方法で測定した．信頼水準95%で二つの方法に有意な差があるか？

試料	方法1 アノーディックストリッピング法	方法2 原子吸光法
A	0.88	0.83
B	1.15	1.04
C	1.22	1.39
D	0.93	0.91
E	1.17	1.08
F	1.51	1.31

データ出典：E. Kuçur et al., *Anal. Chem.*, **79**, 8987 (2007).

4-16. 対応のあるt検定を行うExcelの組み込みルーチンを用いて，問題4-15の二つの方法が有意に異なる結果を与えるかどうかを確かめよう．方法1と方法2のデータをスプレッドシートの二つの列に入力する．Excel 2007および2010では，［データ］リボンの［データ分析］を選ぶ．データ分析が表示されない場合は，4-5節のはじめにある説明に従ってこのアドインを読み込む．［データ分析］を選び，次に［t検定：一対の標本による平均の検定］を選ぶ．4-5節の説明に従って検定を行うと，ルーチンにより$t_{cal.}$（"t"と表示）やt_{table}〔"tの境界値（両側）"と表示〕を含む情報が出力される．問題4-15の結果が再現されるか？

4-17. 二つの方法を用いて色素の蛍光寿命を測定した．標準偏差に有意な差はあるか？ また，平均に有意な差はあるか？

量	方法1	方法2
平均寿命（ns）	1.382	1.346
標準偏差（ns）	0.025	0.039
測定数	4	4

データ出典：N. Boens et al., *Anal. Chem.*, **79**, 2137 (2007).

4-18. 次の表は標準参照物質中の^{6}Li/^{7}Li比を二つの方法で測定した結果である．二つの方法は統計的に等しい結果を与えるか？

方法1	方法2
0.082 601	0.081 83
0.082 621	0.081 86
0.082 589	0.082 05
0.082 617	0.082 06
0.082 598	0.082 15
	0.082 08

データ出典：S. Ahmed et al., *Anal. Chem.*, **74**, 4133 (2002); L. W. Green et al., *Anal. Chem.*, **60**, 34 (1988).

4-19. ある量を4回測定し，標準偏差が平均の1.0%である場合，真値が信頼水準90%で測定値の平均の1.2%以内にあるといえるか？

4-20. 学生たちが終点の決定に異なる指示薬を用いて，溶液中の塩酸濃度を測定した．信頼水準95%において指示薬1と指示薬2の差は有意か？　また，指示薬2と指示薬3の差についてはどうか？

指示薬	平均塩酸濃度（M）（±標準偏差）	測定数
1. ブロモチモールブルー	0.09565 ± 0.00225	28
2. メチルレッド	0.08686 ± 0.00098	18
3. ブロモクレゾールグリーン	0.08641 ± 0.00113	29

データ出典：D. T. Harvey, *J. Chem. Ed.*, **68**, 329 (1991).

4-21. ニュージャージー高速道路およびニューヨークとニュージャージーを結ぶリンカーントンネルを走行中に自動車室内の炭化水素を測定した[11]．m-およびp-キシレンの濃度（±標準偏差）は，

高速道路：　$31.4 \pm 30.0 \, \mu g/m^3$　（測定数 32）
トンネル：　$52.9 \pm 29.8 \, \mu g/m^3$　（測定数 32）

であった．信頼水準95%でこれらの結果に有意な差があるか？　また，信頼水準99%ではどうか？

4-22. 土壌の標準参照物質は有機汚染物質 94.6 ppm を含むことが認証されている．あなたの分析値は，98.6，98.4，97.2，94.6，96.2 ppm であった．この測定値は認証値と比べて信頼水準95%で差があるか？　もう一度測定を行い，94.5 ppm であった場合，その結論は変わるか？

4-23. 雨水中および塩素処理していない飲料水中の亜硝酸イオン（NO_2^-）濃度を二つの方法で測定した．測定値±標準偏差（試料数）は次のようであった．

試料	ガスクロマトグラフィー	分光光度法
雨水	0.069 ± 0.005 mg/L ($n=7$)	0.063 ± 0.008 mg/L ($n=5$)
飲料水	0.078 ± 0.007 mg/L ($n=5$)	0.087 ± 0.008 mg/L ($n=5$)

データ出典：I. Sarudi and I. Nagy, *Talanta*, **42**, 1099 (1995).

(a) 雨水と飲料水の両方について，二つの方法は信頼水準95%で一致するか？

(b) 各方法において，飲料水は雨水よりも有意に多く亜硝酸イオンを含んでいるといえるか（信頼水準95%）？

4-24. 測定値の組（192, 216, 202, 195, 204）から値 216 を捨てるべきか？

4-25. F 検定に関する以下の記述はどちらが正しいか？　その理由を説明せよ．

（i）二つの母集団からの標本データに基づいて $F_{cal.} < F_{table}$ のとき，母集団の母標準偏差が等しい確率は5%を超える．

（ii）二つの母集団からの標本データに基づいて $F_{cal.} < F_{table}$ のとき，母集団の母標準偏差が等しい確率は少なくとも95%である．

直線の最小二乗法

4-26. 座標 $(3.0, -3.87 \times 10^4)$，$(10.0, -12.99 \times 10^4)$，$(20.0, -25.93 \times 10^4)$，$(30.0, -38.89 \times 10^4)$，$(40.0, -51.96 \times 10^4)$ の5点を通る直線を引いたところ，$m = -1.29872 \times 10^4$，$b = 256.695$，$u_m = 13.190$，$u_b = 323.57$，$s_y = 392.9$ であった．傾き，切片，およびそれらの不確かさを妥当な有効数字で表せ．

4-27. この最小二乗法の問題は電卓を用いて手計算できる．点 $(x, y) = (0, 1)$，$(2, 2)$，$(3, 3)$ を通る直線の傾き，切片，およびそれらの標準偏差を求めよ．これら3点と直線のグラフを描け．また各点のエラーバー（$\pm s_y$）も表せ．

4-28. 図 4-15 と同じスプレッドシートを作成し，112～113 ページの操作に従ってグラフにエラーバーを加えよ．正負の誤差には s_y を用いよ．

4-29. Excel の関数 LINEST．以下のデータをスプレッドシートに入力し，関数 LINEST を用いて，傾き，切片，および標準誤差を求めよ．また，Excel を用いてデータのグラフを描き，近似曲線を加えよ．各点に± s_y のエラーバーを示せ．

x:	3.0	10.0	20.0	30.0	40.0
y:	−0.074	−1.411	−2.584	−3.750	−5.407

検量線

4-30. 次の記述の理由を説明せよ．「化学分析の妥当性は，結局のところ既知の標準物質に対する分析法の応答の測定に依存する．」

4-31. ある分析を行って，図 4-13 のような直線の検量線をつくった．次に，未知試料を分析したところ，分析種の吸光度が負の濃度を与えた．これは何を意味するか？

4-32. $n = 10$ 個の既知の点に基づく検量線を用いて，未知試料中のタンパク質の質量を測定した．その結果，タンパク質の質量は $15.2_2 \, \mu g$，標準不確かさは $u_x = 0.4_6 \, \mu g$ であった．未知試料中のタンパク質の質量の90%信頼区間および99%信頼区間を求めよ．

4-33. 図 4-11 の最小二乗法の問題について考えよう．

(a) 新たに1回測定したところ，y の値が 2.58 であった．対応する x の値とその標準不確かさ u_x を求めよ．

(b) y を4回測定して，平均が 2.58 であったとする．1回の測定ではなく4回の測定に基づいて u_x を計算せよ．

(c) (a) および (b) について，95%信頼区間を求めよ．

4-34. (a) 図 4-13 の線形の検量線は，$y = 0.0163_0(\pm 0.0002_2)x + 0.004_7(\pm 0.002_6)$，$s_y = 0.005_9$ である．ブランクの吸

光度が 0.095 のとき，吸光度が 0.264 となるタンパク質の質量を求めよ．

(b) 　図 4-13 の直線領域には検量線作成に用いた $n = 14$ 個の点がある．未知試料を $n = 4$ 回繰り返し測定したところ，平均補正吸光度は 0.169 であった．未知試料中のタンパク質の質量の標準不確かさと 95% 信頼区間を求めよ．

4-35. 　H_2 中のメタンを質量分析して，次の結果を得た．

CH_4 (vol %) :	0	0.062	0.122	0.245	0.486	0.971	1.921
信号 (mV) :	9.1	47.5	95.6	193.8	387.5	812.5	1 671.9

(a) ブランク値 (9.1) を他のすべての値から引く．次いで線形最小二乗法を用いて，傾き，切片，およびそれらの不確かさを求め，検量線を作成せよ．

(b) 未知試料を繰り返し測定すると，152.1, 154.9, 153.9, 155.1 mV, ブランクは 8.2, 9.4, 10.6, 7.8 mV であった．未知試料の平均からブランクの平均を引き，未知試料の補正信号の平均を求めよ．

(c) 未知試料の濃度，標準不確かさ (u_x)，および 95% 信頼区間を求めよ．

4-36. 非線形の検量線．図 4-13 に関して，コラム 4-2 の方法に従って，補正吸光度 0.350 を示す試料に含まれるタンパク質の質量 (μg) を求めよ．

4-37. 対数の検量線．p-ニトロフェノールを電気化学分析法で定量した検量線のデータを次表に示す（測定された電流からブランク値を引いてある）．このデータの濃度は 5 桁に及ぶので，0〜310 μg/mL, 0〜5 260 nA の範囲で線形目盛のグラフにプロットしようとすると，ほとんどの点が原点付近に集まってしまう．このように範囲の広いデータを扱うときは，対数目盛が適している．

p-ニトロフェノール (μg/mL)	電流 (nA)	p-ニトロフェノール (μg/mL)	電流 (nA)
0.010 0	0.215	3.00	66.7
0.029 9	0.846	10.4	224
0.117	2.65	31.2	621
0.311	7.41	107	2 020
1.02	20.8	310	5 260

データ出典：L. R. Taylor, *Am. Lab.*, February 1993, p. 44 の図 4．

(a) log (濃度) に対して log (電流) をプロットしたグラフを描け．このグラフで検量線はどの範囲で直線になるか？

(b) log (電流) $= m \times$ log (濃度) $+ b$ の形式に従って直線の式を求めよ．

(c) 99.9 nA の信号に対応する p-ニトロフェノールの濃度を求めよ．

(d) 対数における不確かさの伝播．99.9 nA の信号に対して，log (濃度) とその標準不確かさは 0.683 15 ± 0.045 22 である．3 章で述べた不確かさの伝播の規則にしたがって，濃度の不確かさを求めよ．

5 品質保証と検量法
Quality Assurance and Calibration Methods

品質保証の必要性

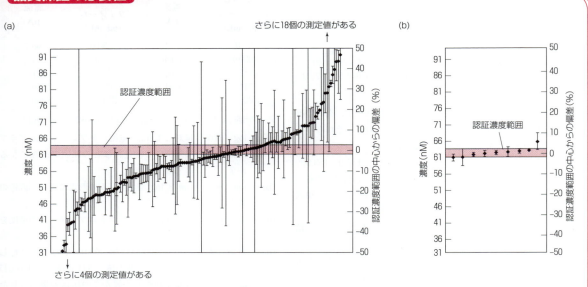

(a) 多くの実験室による河川水中の鉛濃度の測定値．各実験室は認められた品質管理システムを採用していた．(b) 国立分析機関による再現性の高い測定値．[データ出典：P. De Bievre and P. D. P. Taylor, *Fresenius J. Anal. Chem.*, **368**, 567 (2000).]

　ベルギーにある標準物質測定研究所は，国際的な測定評価プログラムを実施している．希望する実験室は，このプログラムに参加して，自分たちの分析の信頼性を評価することができる．図 a は河川水中の鉛の分析結果である．認証された濃度である 62.3 ± 1.3 nM に対して，181 カ所の実験室のうち 18 カ所はそれより 50% 以上高い結果を報告し，4 カ所は 50% 以上低い結果を報告した．プログラムに参加したほとんどの実験室は認められている品質管理手順に従ったにもかかわらず，結果の大部分が認証濃度範囲を超えていた．図 b は，同じ河川水を九つの国立分析機関が細心の注意を払って分析した結果である．すべての結果が認証濃度範囲に近かった．

　この例は，「認定された」実験室が認められた手順を用いても，結果の信頼性が高いという保証はないことを示している．実験の信頼性を評価するよい方法は，未知試料と似た「暗試料」を実験室に提供することである．暗試料はすでに「正しい」答えがわかっているが，実験室の分析者はそれを知らない．実験室の分析者が既知の結果を得られなければ，「問題あり」というわけだ．信頼性を持続的に保証するには，このような暗試料試験を定期的に行う必要がある．

データの品質基準
- 正しいデータを取る
- データを正しく取る
- データを正しく保存する

[Nancy W. Wentworth, 米国環境保護局[1]]

　品質保証（quality assurance）は，目的にあった正しい答えを得るために実施される．分析の答えは十分に正確で精度が高く，その後の決定を支持できなければならない．しかし，より正確な答えや高い精度を得ようとして，必要もないのに余分にお金を使うことは無駄である．本章では，品質保証における基本的な問題と手順について説明する[2]．また，さらに二つの検量法を紹介する．すでに 4 章では，図 4-13 のような<u>検量線法</u>について学び，既知

濃度の分析種を含む溶液を調製し，分析種濃度に対する機器の応答を表すグラフを作成した．そこで用いられた既知濃度の分析種を含む溶液は**外部標準**（external standard）と呼ばれる．本章では標準添加法と内部標準法について説明する．これらはいずれも未知溶液を利用する．

5-1 品質保証の基本

「友人のために料理をすることを考えてみよう．スパゲティソースをつくりながら味見して，味をととのえ，また味見をする．それぞれの味見は，試料採取と品質管理試験である．鍋は一つだけなので，鍋全体の味見ができる．次に，1日に1000瓶を製造するスパゲティソース工場の操業を考えてみよう．すべての味見はできないので，午前11時，午後2時，午後5時に1瓶ずつ，1日に3瓶だけ味見することにする．3瓶すべての味が申し分なければ，1000瓶すべてが大丈夫であると結論する．残念ながらそれは正しくないかもしれないが，相対リスク（ある瓶の味付けが濃すぎたり，薄すぎたりすること）はそれほど大きくない．満足しない顧客には返金すればよいからだ．返金の件数が，たとえば1年に100件くらいであれば，1日に4瓶を味見するメリットがないことは明らかである．」100瓶の返金を避けるために365瓶の追加試験を行えば，利益となるはずであった265瓶分が正味の損失になる．

分析化学から得られるのは，スパゲティソースではなく，生データ，処理データ，および結果である．**生データ**（raw data）は，クロマトグラムのピーク面積やビュレットによる体積のような測定値である．**処理データ**（treated data）は，生データに検量法を適用して求められる濃度や量である．**結果**（results）は，処理データに統計解析を適用し，最終的に報告される平均，標準偏差，信頼区間などである．

使用目的

品質保証の目標は，結果が顧客のニーズを満たすようにすることである．薬用量が致死量よりもわずかに少ない薬を製造するのであれば，スパゲティソースをつくるときよりももっと注意すべきである．集めるデータの種類やその集め方は，そのデータをどのように使うかによって変わる．バスルームの体重計は重さをミリグラムまで測定する必要はないが，有効成分2 mgを含むべき錠剤が有効成分2 ± 1 mgを含んでいれば問題である．データと結果の**使用目的**（use objective）を明確に簡潔に書くことは，品質保証において重要なステップであり，データや結果の誤用を防ぐのに役立つ．

使用目的の一例をあげよう．飲料水は，微生物を死滅させるためにふつう塩素で消毒される．残念ながら，塩素は水中の有機物とも反応し，人に悪影響を及ぼす可能性のある「消毒副生成物」を生成する．ある消毒施設が新しい塩素処理プロセスを導入することを計画して，次の分析使用目的を書いた．

更新された塩素処理プロセスは所定の消毒副生成物の生成を少なくとも10%だけ減らせることを示すために，分析データおよび結果を用いる．

Ed Urbansky の言葉．5-1 節は，彼の説明に基づいている．

生データ：測定値

処理データ：検量法を用いて生データから導かれる濃度

結果：処理データの統計解析後に報告される量

使用目的：結果が使われる目的を示す

新しいプロセスでは消毒副生成物が減ると期待されていた．使用目的によれば，分析の不確かさは，副生成物の 10% の減少が実験誤差とはっきり区別できるほど小さくなければならない．言い換えれば，「観察された 10% の減少はほんとうか？」ということだ．

仕様書

使用目的が決まったら，次はどれだけよい分析結果でなければならないか，分析法においてどのような注意が必要かを記した**仕様書**（specification）を書くことになる．「試料はどのように採取すべきか？」，「必要な試料数は？」，「試料を保管し，試料が劣化しないようにするために特別な注意が必要か？」，「分析に利用できる費用，時間，試料量など現実の制約のなかで，どの程度の正確さと精度があれば使用目的を満たせるか？」，「許容される偽陽性または偽陰性の割合はいくらか？」 仕様書は，これらの質問に詳しく答える必要がある．

仕様書には以下の項目が含まれるだろう：
- 試料採取の条件
- 正確さと精度
- 誤った結果の割合
- 選択性
- 感度
- 許容されるブランク値
- 回収率
- 検量法
- 品質管理試料

品質保証は，試料採取から始まる．代表的な試料を採取し，分析種を正しく保管せねばならない．試料が代表的なものでなかったり，採取後に分析種が失われたりしたら，最も正確な分析も台無しになる．微量金属の分析試料は，ガラスではなくふつうプラスチックやテフロンの容器に採取される．ガラス表面に存在する金属イオンが時間とともに試料中に溶出するからだ．一方，有機物の分析試料は，プラスチックではなくガラスの容器に採取される．可塑剤がプラスチック容器から浸出し，試料を汚染する恐れがあるからだ．有機物分析種の分解を最小限に抑えるために，試料は暗い冷蔵庫内に保管される．

コラム 5-1 では，医療における偽陽性の意味について説明する．

偽陽性や**偽陰性**とはどういう意味だろうか？ いま飲料水中の汚染物質が法定規制値未満であることを認証しなければならない場合を考えてみよう．**偽陽性**（false positive）とは，実際の濃度が法定規制値未満であるのに，濃度が法定規制値を超えていると判定することである．**偽陰性**（false negative）とは，実際の濃度が法定規制値を超えているのに，濃度が法定規制値未満であると判定することである．手順が適切であっても，試料採取や測定の統計的特性によって誤った結論が出ることがある．飲料水の場合，偽陽性の割合が少ないことよりも，偽陰性の割合が少ないことのほうが重要である．安全な水が汚染されていると結論するよりも，汚染された水が安全であると結論するほうが悪いからだ．運動選手の薬物検査では，罪のない運動選手が誤ってドーピング検査で告発されないように，偽陽性を最小にする．5-2 節では，偽陽性，偽陰性，および分析法の**検出限界**の間にトレードオフの関係があることを学ぶ．

方法を選ぶとき，選択性と感度についても考慮しよう．**選択性**（selectivity）あるいは**特異性**（specificity）は，試料中の分析種と他の化学種とを区別する能力（干渉を避けること）を意味する．**感度**（sensitivity）は，分析種の濃度変化に対して，信頼性と測定可能性をもって応答する特性である．分析法の**検出限界**（detection limit）は，測定する濃度よりも低くなければならない．

感度 = 検量線の傾き
    = $\dfrac{信号変化量}{分析種濃度の変化量}$

仕様書には，必要な正確さと精度，試薬の純度，装置の許容誤差，認証標準物質の使用，ブランクの許容値も記載される．**認証標準物質**（certified reference material）は，血液，石炭，合金などのような実際に分析される物質中に，認証された濃度の分析種を含んでいる．分析法は，許容できるほど認証値に近い

> **コラム 5-1**
>
> ## 医療分析における偽陽性の意味[3]
>
> 偽陽性の結果は，割合が低いように見えても，医療において驚くべき結果をもたらしうる．0.2％の人びとがある種のがんを患っているとしよう．がんの検査は，がんが存在するとき99％の確率でがんを検出できるとしよう．また，この検査で偽陽性となる割合は1％とする．すなわち，この検査では健康な人の1％にがんがあるという結果になる．
>
> 母集団が100万人のとき，0.2％すなわち2000人にがんがあると考えられる．もし100万人ががん検診を受けると，この2000人のうちの99％（1980人）にはがんがあり，たとえがんがあっても1％（20人）にはがんがないという結果が出る．偽陽性の割合が1％のとき，がんがない残りの998000人のうち，9980人にがんがあるという結果が出る．1980 + 9980 = 11960 の陽性の検査結果のうち，わずか1980/11960 = 17％のみが真陽性である．陽性の検査結果の残り83％は，健康な人にがんがあるという誤った結果である．健康な9980人に放射線療法，化学療法，あるいは外科手術などの危険な治療が施されれば，がんの検査は役に立つどころかえって害となる．この計算から明らかなように，治療を始める前に生体組織検査を行って，<u>陽性の検査結果を確認しなければならない</u>．
>
>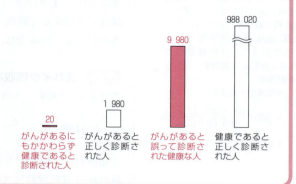

測定値を与えねばならない．そうでなければ，その分析法の正確さは不十分である．

ブランクは，分析法が試料中の他の化学種によってどのくらい干渉されるかを明らかにする．また，試料の保管，調製，および分析に用いられる試薬に含まれる分析種の量を明らかにする．ブランクを頻繁に測定することによって，前の試料の分析種が容器や測定器に付着して，その後の分析に入り込んでいないかを確認できる．

方法ブランク（method blank）は，分析種を除くすべての成分を含む試料であり，分析操作の全ステップを行って得られる．試料中の分析種の量を計算する前に，実試料の応答から方法ブランクの応答を差し引く．**試薬ブランク**（reagent blank）は方法ブランクに似ているが，試料の調製手順をすべて実施して得られるわけではない．方法ブランクは，分析応答に対するブランクの寄与のより完全な評価である．

フィールドブランク（field blank）は方法ブランクに似ているが，試料採取場所に曝されたブランクである．たとえば，空気中の微粒子を分析するには，一定体積の空気をフィルターに通して吸引し，次に粒子を溶解して分析する．この分析のフィールドブランクは，試料採取に用いたフィルターと同じ容器に入れて採取場所まで運ばれたフィルターであろう．ブランクのフィルターは，現場でその容器から取り出され，試料フィルターと同様にろ過装置に取り付けられる．ブランクのフィルターと試料フィルターの違いは，フィルターを通して空気を吸引したか否かだけである．フィールドブランクの汚染物質と考えられるものは，輸送中や現場でフィルターに付着する揮発性有機化合物である．

指定されることが多いもう一つの性能要件は，<u>スパイク回収率</u>（spike

recovery）である．ときどき，試料中の他の成分によって分析種に対する応答が小さくなったり，大きくなったりすることがある．**マトリックス**（matrix）は，試料に含まれる分析種以外のすべての物質である．**スパイク**（spike）または**強化**（fortification）は，試料に添加される既知量の分析種であり，スパイクに対する応答が検量線から予想される応答と同じであるかを調べるために用いられる．スパイクされた試料は，未知試料と同じ方法で分析される．たとえば，飲料水に硝酸イオン 10.0 µg/L が含まれることがわかっている場合，硝酸イオン 5.0 µg/L のスパイクを添加したとしよう．理想的には，スパイクされた試料を分析すると硝酸イオンの濃度は 15.0 µg/L になる．測定値が 15.0 µg/L 以外の値になった場合は，マトリックスが分析に干渉している可能性がある．

> 高濃度の標準物質を少量だけ加えて，試料の体積が大きく変わらないようにする．たとえば，試料 5.00 mL（= 5000 µL）に 500 µg/L 標準物質を 50.5 µL だけ加えて，分析種濃度を 5.00 µg/L だけ増やす．
> 最終濃度
> = 初濃度 × 希釈率
> = $\left(500 \dfrac{\mu g}{L}\right)\left(\dfrac{50.5\ \mu L}{5050.5\ \mu L}\right)$
> = $5.00 \dfrac{\mu g}{L}$

例題　スパイク回収率

濃度を C で表す．スパイク回収率は，次式で定義できる．

$$\text{回収率（％）} = \frac{C_{\text{スパイクした試料}} - C_{\text{スパイクしていない試料}}}{C_{\text{スパイク}}} \times 100 \tag{5-1}$$

未知試料は 1 L あたり 10.0 µg の分析種を含むことがわかっている．未知試料の繰り返し試料にスパイク 5.0 µg/L を添加した．スパイクされた試料を分析して濃度 14.6 µg/L を得た．スパイクの回収率（％）を求めよ．

解法　測定されたスパイクの回収率（％）は

$$\text{回収率（％）} = \frac{14.6\ \mu g/L - 10.0\ \mu g/L}{5.0\ \mu g/L} \times 100 = 92\%$$

である．許容回収率が 96％〜104％ と指定されている場合，92％ は容認できない．この方法または技術には，なんらかの改善が必要である．

類題　スパイクされた試料の濃度が 15.3 µg/L であったときの回収率（％）を求めよ．（**答え**：106％）

> **マトリックス**は，未知試料に含まれる分析種以外のすべての物質である．マトリックスは，分析種に対する応答を小さくしたり（図 5-4 および問題 5-25），大きくしたり（問題 5-33）する．

試料数や繰り返し測定回数が多いときは，定期的に検量検査を行い，測定器が適切に動作し続けており，検量法が有効であることを確かめる．**検量検査**（calibration check）では，既知濃度の分析種を含む溶液を分析する．たとえば，仕様書で 10 試料ごとに 1 回の検量検査が要求される．検量検査の溶液は，検量線の作成に用いた溶液とは別のものであることが望ましい．この習慣は，検量線標準液が適切に作成されたことを確かめるのに役立つ．

性能試験試料（performance test sample）は，**品質管理試料**（quality control sample）または**暗試料**（blind sample）ともいう．これは品質管理の手段であり，分析者が検量検査試料の濃度を知っていることで起こる結果の偏りを排除するのに役立つ．既知組成の暗試料は，未知試料として分析者に提供される．次に，その結果を既知の値と比較する（通常は品質保証管理者が行う）．たとえば，米国農務省は均質化された品質管理用食品試料を保有しており，食品中

> 正確さを判断するには
> ・検量検査
> ・スパイク（強化）の回収率
> ・品質管理試料
> ・ブランク
> 精度を判断するには
> ・繰り返し試料
> ・同じ試料の複数の分割量

の栄養素を測定する実験室に暗試料を配布している[4]．

　生データ，検量検査，スパイク回収率，品質管理試料，およびブランクを用いて分析法の正確さを判断する．繰り返し試料および同一試料の複数の分割量を分析した結果によって精度を判断する．また，スパイク（強化）は，分析種の定性的な同定が正しいことを確かめるためにも役立つ．図 0-5 の未知試料にカフェインをスパイクして，カフェインではないと考えていたピーク面積が大きくなったとしたら，カフェインのピークを間違って同定していたということだ．

　標準操作手順（standard operating procedure）は，それぞれの操作手順とその実施方法を記したもので，品質保証の砦であるといえる．たとえば，なんらかの理由で試薬が「悪くなった」場合，正規の手順に品質管理実験が組み込まれていれば，何かがおかしいことに気づき，その測定を中断できる．すべての人が標準操作手順に従うことは暗黙の了解である．これらの手順を遵守すれば，ふつうの人間が抱く近道をしたいという欲望を回避できる．手っ取り早い方法は誤りを生じることが多いものだ．

　意味のある分析のためには，分析種を代表する意味のある試料が必要である．試料は，化学的性質が変わらないように，容器内に保存されなければならない．たとえば，酸化，光分解，あるいは生物の繁殖を防ぐための措置が必要となろう．試料の**過程管理**（chain of custody）は，試料が採取されたときから，分析され，そして記録保管されるときまで行われる．試料の所有者が変わるたびに文書に署名して，責任者を明らかにする．過程管理にかかわるすべての人は，試料の取り扱い方法と保存方法を記した手順に従う．試料を受け取るすべての人は，試料が望みの状態で適切な容器に入っていることを確認すべきである．元の試料は均一な液体であったのに，受け取ったときに沈殿を含んでいたなら，その試料の受け取りを拒否するように標準操作手順に規定されるべきだろう．

　標準操作手順には，測定器の信頼性を確保するために，その保守方法および較正方法が明記される．一般に実験室には，冷蔵庫の温度の記録，天びんの較正，測定器の日常的な保守，試薬の交換など，独自の標準規則がある．これらの規則も品質管理計画全体の一部である．標準規則を設ける理由は，多くの人がさまざまな分析に機器を使用するからだ．最も厳しい要求を満たすような規則を一つ設ければ，お金を節約できる．

運動選手の薬物検査における分析過程の管理では，必然的にさまざまな人びとから試料を集めて分析する．運動選手の個人情報は，試料を集める人にはわかっているが，分析者にはわからない．したがって，分析者が特定の人やチームをえこひいきしたり，罪におとしいれたりするために，結果を意図的に偽ることはできない．

評　価

　評価（assessment）は，（1）データを集めて，分析が所定の許容範囲内で行われたことを示し，（2）最終的な結果が使用目的に合致していることを確かめることである．

　文書化（documentation）は評価にとって重要である．標準プロトコルは，何を記さなければならないか，どのように文書化すべきかを示す．それには，情報をノートに記録する方法も含まれる．実験室が標準操作手順に従うためには，作業を監視し，記録することが重要である．管理図（コラム 5-2）は，ブランク，検量検査，スパイク試料の回収率などを監視するために用いられる．

コラム 5-2

管 理 図

管理図 (control chart) は，ガウス分布の信頼区間を可視化したものである．管理図は，監視している特性が意図した目標値 (target value) から危険なほど外れたとき，警告してくれる．

ヒトの尿中の過塩素酸イオン (ClO_4^-) 濃度を測定する実験室について考えてみよう．品質保証のために，過塩素酸イオンをスパイクした合成尿を品質管理試料として，毎日 $n = 5$ 回繰り返し測定する．右の管理図は，数日間にわたり毎日測定された五つの試料の平均値を示す．スパイクは $\mu = 4.92$ ng/mL であり，長期にわたる多数の分析から，母標準偏差は $\sigma = 0.40$ ng/mL である．

ガウス分布では，すべての観測値の 95.5% が平均から $\pm 2\sigma/\sqrt{n}$ 以内にあり，99.7% が $\pm 3\sigma/\sqrt{n}$ 以内にある．これらの式において，n は毎日の繰り返し測定数 ($= 5$) である．$\pm 2\sigma/\sqrt{n}$ の直線は警告線 (warning line) に指定され，$\pm 3\sigma/\sqrt{n}$ の直線は要処置限界線 (action line) に指定される．測定値の約 4.5% が警告線の外側にあり，約 0.3% が要処置限界線の外側にあると予想される．二つの測定値が警告線の外側に連続して観測される可能性は低い (確率 $= 0.045 \times 0.045 = 0.0020$)．

以下の条件は，可能性が低い．もしそれが発生した場合は，工程を停止して問題を解決すべきである．

- 要処置限界線の外側に 1 点が観測される
- 連続する三つの測定値のうち 2 点が警告線と要処置限界線の間にある
- 連続する七つの測定値がすべて中心線の上側または下側にある
- 連続する六つの測定値すべてが一様に増加する，または減少する
- 図のどのあたりであっても，連続する 14 点が交互に上下する
- 明らかにランダムではない傾向

分析過程の品質評価においては，品質管理試料の平均値あるいは未知試料 (または標準物質) の繰り返し分析の精度を時間に対してプロットした管理図も利用される．

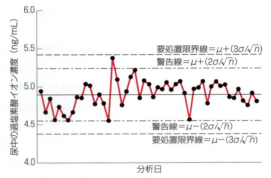

尿中の ClO_4^- 分析の管理図．[データ出典: L. Valentin-Blasini et al., *Anal. Chem.*, **77**, 2475 (2005).]

管理図によって，結果が経時的に安定しているかを調べたり，いろいろな従業員の作業を比べたりすることができる．また，多種多様なマトリックスを扱う実験室では，管理図は感度や選択性の監視にも役立つ．

米国環境保護局などの政府機関は，その実験室の品質保証のために，また他の実験室を認定するために要件を定めている．公開されている標準法は，精度，正確さ，ブランクの数，繰り返し測定数，検量検査などを規定している．飲料水を監視するために，法令は試料数と採取の頻度を指定している．すべての要件を満たしていることを示すために文書化が必要である．表 5-1 に品質保証の手順をまとめた．

5-2 メソッドバリデーション

メソッドバリデーション (method validation) は，分析法が意図した目的に合っていることを確かめる手順である[5]．製薬化学においては，法令に従って提出されるメソッドバリデーションの要件には，方法の特異性，直線性，正確さ，精度，範囲，検出限界，定量限界，および頑健性が含まれる．

表5-1　品質保証の手順

質　問	行　動
使用目的 　なぜデータと結果が必要なのか？ 　結果をどのように利用するのか？	・使用目的を書く．
仕様書 　数値がどれだけよくなければならないか？	・仕様書を書く ・仕様書を満たす方法を選ぶ ・試料採取，精度，正確さ，選択性，感度，検出限界，頑健性，誤った結果の割合について考える ・ブランク，スパイク，検量検査，品質管理試料，および性能を監視する管理図を定める ・標準操作手順を書き，これに従う
評　価 　仕様書を満たしたか？	・データおよび結果を仕様書と比べる ・使用目的に応じて作業内容を文書化し，記録を保管する ・使用目的に合致しているか確かめる

特異性

特異性（specificity）は，試料中に存在する可能性のある他の化学種と分析種とを区別する分析法の能力である．電気泳動法は，強い電場における泳動速度の差に基づいて物質を互いに分離する分析法である．エレクトロフェログラムは，電気泳動法における検出器の応答を時間に対してプロットしたグラフである．図5-1は，薬剤セフォタキシム（ピーク4）のエレクトロフェログラムである．試料には，合成物に通常存在する既知の不純物が濃度 0.2 wt% でスパイクされている．特異性に関する妥当な要件は，存在する可能性のあるすべての不純物と分析種（セフォタキシム）がベースラインで分離されていることだろう．ベースライン分離は，次の化合物が検出器にかかる前に検出器の信号がベースラインに戻ることを意味する．

図5-1において，不純物のピーク3はセフォタキシムのピークから完全には

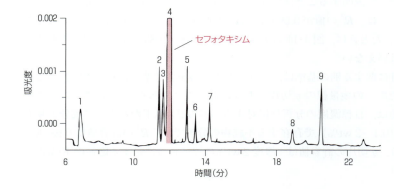

図5-1 薬剤セフォタキシム（ピーク4）のエレクトロフェログラム．薬剤の合成に由来する既知の不純物（ピーク2，3，5～9）をスパイクしてある．ピーク1は電気浸透流のマーカーである．未知の不純物による小さいピークも観察されている．分離は，ミセル電気泳動キャピラリークロマトグラフィーにより行われた（下巻 26-7 節）．［データ出典：H. Fabre and K. D. Altria, *LCGC North Am.*, **19**, 498 (2001).］

分離されていない．この場合，特異性に関する妥当な別の基準は，分離されていない不純物は，その予想される最大濃度において，セフォタキシムの定量値に 0.5％を超える影響を及ぼさないというものだろう．セフォタキシムではなく，不純物を測定しようとする場合，特異性に関する妥当な基準は，エレクトロフェログラムにおいて 0.1％を超える面積をもつ不純物はすべてセフォタキシムとベースライン分離されているというものである．図 5-1 は，この基準を満たしていない．

　分析法を開発するとき，特異性を試験するために意図的に加える不純物を決める必要がある．製剤の分析では，合成において生じる可能性のあるすべての副生成物および中間体，分解物，<u>賦形剤</u>（好みのかたちや堅さを与えるための添加物）などを純粋な薬剤と比較することが望まれる．分解物は，純薬剤を熱，光，湿度，酸，塩基，または酸化剤に曝して約 20％分解することで導入される．

直線性

　直線性（linearity）は，検量線がどれだけ直線に近いか，すなわち応答が分析種の量に比例するかを示す．たとえば，製剤試料中の分析種の濃度がわかっている場合，予想される分析種濃度の 0.5～1.5 倍の濃度範囲にある五種類の標準液を用いて検量線の直線性を調べる．各標準液は 3 回調製し，分析する（よって，この操作では，$3 \times 5 = 15$ の標準液と三つのブランクが必要となる）．たとえば，濃度 0.1～1 wt％と予想される不純物の検量線を作成するときは，濃度 0.05～2 wt％の五種類の標準液を用いて検量線を作成する．

　表面的だが一般的な直線性のめやすは，<u>相関係数の二乗</u>（R^2）である．

$$\text{相関係数の二乗}: R^2 = \frac{[\sum(x_i - \overline{x})(y_i - \overline{y})]^2}{\sum(x_i - \overline{x})^2 \sum(y_i - \overline{y})^2} \tag{5-2}$$

ここで，$\overline{x}$ はすべての x の値の平均，$\overline{y}$ はすべての y の値の平均である．R^2 を簡単に求めるには，Excel の関数 LINEST を使う．たとえば，107 ページの例題で，x の値を列 A に，y の値を列 B に入力する．関数 LINEST を使うとセル E3:F5 に表が作成され，セル E5 に R^2 が表示される．

　R^2 は，観測された分散のうちで，選ばれた数学モデル（直線など）に起因すると考えられる割合である．R^2 が 1 に近くない場合，分散のすべての原因を数学モデルで説明することはできない．多くの目的において，未知試料の主成分については，R^2 の値が 0.995 または 0.999 を超えると，直線性が高いとみなされる[6]．たとえば，図 4-11 のデータでは，$R^2 = 0.985$ であり直線にきわめて近いとはいえない．

　直線性に関する別の基準は，ブランクの応答を各標準液に対する応答から差し引いたあとの検量線の y 切片がゼロに近いことである．「ゼロまでの近さ」の許容値は，目標濃度の分析種に対する応答の 2％以下だろう．主成分よりも低濃度（0.1～2 wt％）で存在する不純物の分析では，R^2 の許容値は 0.98 以上であろう．y 切片の許容値は，濃度 2 wt％の標準物質に対する応答の 10％以下であろう．

> R^2 は分析法の診断に用いられる．方法を確立した後，R^2 が大きく低下した場合は，操作に何か問題がある．

正確さ

正確さ（accuracy）は，「真値までの近さ」である．正確さを示すには以下の方法を用いる．

1. 未知試料のマトリックスに似たマトリックスをもつ認証標準物質を分析する．測定値は使用した方法の精度内で認証値と一致しなければならない．
2. 二つ以上の分析法の結果を比べる．結果は，期待される精度内で一致しなければならない．
3. 既知濃度の分析種をスパイクしたブランク試料を分析する．マトリックスは未知試料と同じでなければならない．主成分を分析するとき，予想される試料濃度の 0.5〜1.5 倍の範囲の三種類の濃度について，それぞれ三つの試料を分析するのが一般的である．不純物については，スパイクは予想される濃度範囲（0.1〜2 wt％など）の三種類の濃度とする．
4. 未知試料と同じマトリックスのブランクを調製できない場合は，未知試料に分析種を標準添加する（5-3 節）．正確な分析法であれば，分析種濃度が添加した既知量だけ増加していることを確かめられる．

標準物質を日常的に利用することはできず，また第二の分析法は手軽に利用できないだろうから，正確さを評価する最も一般的な方法はスパイクである．高濃度の分析種を少量だけスパイクすると，マトリックスはほとんど変化しない．

分析法の正確さに関する仕様の例は，主成分のスパイクを回収率 $100 \pm 2\%$ で測定できるというものである．不純物に関する仕様は，回収率が絶対値で ± 0.1 wt％以内，あるいは相対値で $\pm 10\%$ 以内というようなものだろう．

精　度

精度（precision）は，繰り返し測定がどれだけよく一致するかということであり，ふつう標準偏差，標準不確かさ（平均の標準偏差），または信頼区間で表される．経験豊富な分析者が同じ装置を用いて同じ手順で測定を繰り返すとき，結果の再現性は高く，95％信頼区間は小さいだろう．別の実験室の人びとが異なる装置を用いて分析を行うとき，それぞれの人の信頼区間は小さくとも，同じ分析を行った他の人の信頼区間とは重ならないかもしれない．誤差の原因は何か？　それは，試料の違いかもしれないし，試料調製の違い，分析者の技術の差，各実験室で日ごとに起こる自然の変化，制御されていない実験室の差，あるいは装置間の差かもしれない．

精度は，繰り返し性と再現性の二つに大別される．**繰り返し性**（repeatability）は，一人の人が同じ手順，同じ方法で同じ試料を複数回分析したときの結果の幅を表す．**再現性**（reproducibility）は，別の実験室の人がそれぞれ異なる装置を用いて同じ手順に従ったときの結果の幅を表す．付録 C に示した分散分析などの統計学手法は，ばらつきの原因となる要因を見つけるのに役立つ．

精度の具体的なめやすは，以下のように定義される．

機器精度（instrument precision）は，同じ量の同じ試料を同じ装置で繰り返し（≧ 10 回）分析したときに観察される繰り返し性である．ばらつきは，試料

繰り返し性： 一人の人が同じ実験室で同じ手順・装置を用いて同じ試料を分析するとき，どのくらい同じ結果を得ることができるかを表す

再現性： 別の実験室の人が異なる装置を用いて同じ試料を同じ手順で分析するとき，どのくらい同じ結果を得ることができるかを表す

たとえば，クロマトグラフィーや黒鉛炉原子吸光法のオートサンプラーの注入精度は，人と比べて3〜10倍も高い．

の注入量や機器の応答の変動によって生じる．

内部分析精度（intra-assay precision）の評価は，一人の人が均一物質の分割試料を同じ日に同じ装置で数回分析して行う．それぞれの分析は独立であるので，内部分析精度によって分析法がどのくらい再現性が高いかがわかる．内部分析精度のばらつきは，機器精度のばらつきよりも大きい．その理由はステップが多いからだ．仕様書の例では，機器精度が≦1%，内部分析精度が≦2%である．

室内再現精度（intermediate precision）は，かつては丈夫さ（ruggedness）と呼ばれた．これは，同じ実験室で，異なる人が別の装置を用いて別の日に分析したときに観察される変動である．それぞれの分析は，新しい試薬やクロマトグラフィーの別のカラムを用いているかもしれない．

室間再現精度（interlaboratory precision）は，再現性と同じである．異なる実験室の別の人が，同じ試料の一部を分析したときに観察されるばらつきであり，再現性の最も一般的なめやすである．室間再現精度は室内再現精度よりも大きく劣ることがある．たとえば，水試料中のビスフェノールAおよび関連するフェノール化合物を測定する新しい方法を13の実験室で検証した．いくつかの化合物の室内再現精度（実験室内）は1.9〜5.5%であった．同じ手順に従ったすべての実験室の室間再現精度は10.8〜22.5%であった[7]．室間再現精度は，分析種濃度が低いほど低下した（コラム5-3）．

範　囲

範囲（range）は，直線性，正確さ，精度がすべて許容できるような濃度範囲である．混合物の主成分分析に関する仕様書における範囲の例は，相関係数が$R^2 \geq 0.995$（直線性のめやす），スパイク回収率が$100 \pm 2\%$（正確さのめやす），室間再現精度が$\pm 3\%$となる濃度範囲である．不純物の許容範囲の例は，相関係数が$R^2 \geq 0.98$，スパイク回収率が$100 \pm 10\%$，室間再現精度が$\pm 15\%$である．

検出限界と定量限界

まぎらわしい用語
直線領域（linear range）：検量線が直線となる濃度範囲（図4-14）

ダイナミックレンジ（dynamic range）：応答が測定できる濃度範囲

範囲（range）：直線性，正確さ，および精度が分析法の仕様を満たす濃度範囲

わかりやすい定義：式5-5の**検出限界**は，ブランク信号の標準偏差の3倍に等しい信号を与える分析種の濃度である．

検出限界（detection limit）は，検出下限（lower limit of detection）とも呼ばれる．これは，ブランクと「有意に異なる」信号を与える分析種の最小量である[9]．検出限界を上回る信号が実際に試料中の分析種によって生じる信頼水準が約99%となるように，検出限界を定義する手順について説明しよう．すなわち，分析種を含まない試料が検出限界を超える信号を与える確率はわずか約1%である（図5-2）．この場合，図5-2に示すように，偽陽性の割合は約1%であるといえる．この検出限界の定義によれば，分析種濃度が検出限界と同じである場合，分析種を含む試料を同定できる信頼水準はわずか50%である．すなわち，分析種濃度が検出限界と同じである試料の半分は，図5-2の検出限界を下回る偽陰性の結果を与える．以下の手順では，検出限界に近い濃度の分析種を含む試料の信号の標準偏差はブランクの標準偏差とほぼ等しいと仮定する．

1．以前にその方法を行った経験から検出限界を推定し，濃度がその検出限界

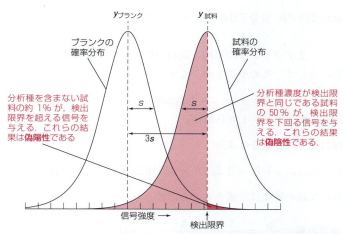

図 5-2 検出限界．ブランクおよび濃度が検出限界である試料の測定値の分布．領域の面積は，その領域の測定値数に比例する．ブランクの測定値のわずか約 1% が検出限界を超えると予想される．一方，検出限界と同濃度の分析種を含む試料の測定値の 50% が検出限界を下回る．ブランクの分析種が検出限界を超える（偽陽性）と結論される確率は 1% である．試料中に検出限界と同濃度の分析種を含んでいる場合，信号が検出限界を下回るので，分析種がない（偽陰性）と結論される確率は 50% である．曲線は自由度 6 のスチューデントの t 分布であり，同じ自由度のガウス分布よりも幅が広い．

の約 1～5 倍である試料を調製する．

2. n 個の繰り返し試料による信号を測定する（$n \geq 7$）．
3. n 個の測定値の標準偏差（s）を計算する．
4. n 個のブランク（分析種を含まない）による信号を測定し，平均値 $y_{ブランク}$ を求める．
5. 検出可能な最小信号 y_{dl} を次のように定義する．

  信号検出限界：$y_{dl} = y_{ブランク} + 3s$ (5-3)

6. 補正した信号 $y_{試料} - y_{ブランク}$ は，試料濃度に比例する．

  検量線：$y_{試料} - y_{ブランク} = m \times 試料濃度$ (5-4)

ここで，$y_{試料}$ は試料で観察される信号，m は線形の検量線の傾きである．<u>検出可能な最小濃度（検出限界）は，式 5-4 の $y_{試料}$ に式 5-3 の y_{dl} を代入</u>して得られる．

  検出限界：検出可能な最小濃度 $\equiv \dfrac{3s}{m}$ (5-5)

> **例題** **検出限界**
>
> 過去に低濃度の分析種を測定した経験から，信号検出限界はナノアンペア程度であると推定した．検出限界の約 3 倍の濃度の分析種を含む試料 7 個の信号は，5.0, 5.0, 5.2, 4.2, 4.6, 6.0, 4.9 nA であった．試薬ブランクの値は，1.4, 2.2, 1.7, 0.9, 0.4, 1.5, 0.7 nA であった．高濃度での検量線の傾きは $m = 0.229$ nA/μM である．(a) 信号検出限界および検出可能な最小濃

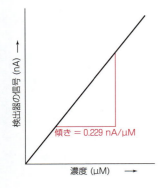

度を求めよ．(b) 信号 7.0 nA を与える試料の分析種濃度はいくらか？

解法 (a) まずブランクの平均と試料の標準偏差を計算する．有意でない桁を余分に残して，丸め誤差を小さくする．

ブランク：平均 = $y_{ブランク}$ = 1.2_6 nA

試料：標準偏差 = s = 0.5_6 nA

信号検出限界は，式 5-3 より，

$$y_{dl} = y_{ブランク} + 3s = 1.2_6 \text{ nA} + (3)(0.5_6 \text{ nA}) = 2.9_4 \text{ nA}$$

検出可能な最小濃度は，式 5-5 から求められる．

$$検出限界 = \frac{3s}{m} = \frac{(3)(0.5_6 \text{ nA})}{0.229 \text{ nA/μM}} = 7._3 \text{ μM}$$

(b) 信号 7.0 nA の試料の濃度を求めるには，式 5-4 を用いて，

$$y_{試料} - y_{ブランク} = m \times 濃度$$

$$\Rightarrow 濃度 = \frac{y_{試料} - y_{ブランク}}{m} = \frac{7.0 \text{ nA} - 1.2_6 \text{ nA}}{0.229 \text{ nA/μM}} = 25._1 \text{ μM}$$

類題 ブランクの平均が 1.0_5 nA，$s = 0.6_3$ nA のとき，検出可能な最小濃度を求めよ．(**答え**：$8._3$ μM)

検出限界を定めるもう一つの一般的な方法は，検量線の最小二乗法の式に基づいている．信号検出限界 = $b + 3s_y$ である．ここで，b は y 切片，s_y は式 4-20 から得られる．より厳密な手順は，本章の注に書かれている[10]．

式 5-5 の検出下限は，$3s/m$ である．ここで，s は低濃度試料の標準偏差，m は検量線の傾きである．標準偏差は，ブランクや小さな信号の**ノイズ**（ランダムな変動）のめやすである．信号の大きさがノイズの 3 倍のとき，信号は検出可能であるが，正確に測定するにはまだ小さすぎる．ノイズの 10 倍の大きさの信号は**定量下限**（lower limit of quantitation）と定義され，適切な正確さで定量できる最小量を与える．

検出限界 $\equiv \dfrac{3s}{m}$

定量限界 $\equiv \dfrac{10s}{m}$

記号 ≡ は「**と定義する**」を意味する．

$$定量下限 \equiv \frac{10s}{m} \tag{5-6}$$

装置の検出限界（instrument detection limit）は，同じ試料の一部を繰り返し（$n \geq 7$）測定して得られる．**方法の検出限界**（method detection limit）は，装置の検出限界よりも大きい．$n \geq 7$ 個の試料を調製し，それぞれを 1 回ずつ分析して得られる．

報告限界（reporting limit）とは，ある分析種について，それ以下の濃度は「検出できない」とする基準の濃度であり，分析種が検出されないことを意味するものではない．分析種が定められた濃度未満であることを意味する．報告限界は検出限界の少なくとも 5〜10 倍に設定されるので，報告限界内でも分

コラム 5-3

Horwitz のトランペット：室間再現精度の変動

<u>室間試験</u>（interlaboratory test）は，新しい分析法を検証するために日常的に，とりわけ規制目的で用いられる．ふつう，5～10 カ所の実験室に同じ試料と同じ手順書がわたされる．すべての結果が「ほぼ同じ」で，大きな系統誤差がなければ，その方法は「信頼性が高い」と見なされる．

<u>変動係数</u>（coefficient of variation）は標準偏差を平均で割ったもので，ふつう百分率で表される〔$CV(\%) = 100 \times s/\bar{x}$〕．ここで，$s$ は標準偏差，$\bar{x}$ は平均である．変動係数が小さいほど，測定値は精度がよいといえる．

さまざまな分析種をさまざまな方法で測定した 150 を超える室間試験の結果をまとめたところ，異なる実験室が報告した平均値の変動係数は，分析種濃度が低いほど大きいことが観察された．最もよい変動係数でも，決して次の値ほどよくないようであった[8]．

Horwitz 曲線：$CV(\%) \approx 2^{(1-0.5 \log C)}$

ここで，C は g 分析種/(g 試料) である．実験室内の変動係数は，実験室間の変動係数のおよそ半分から 3 分の 2 であった．実験結果は，理想的な曲線と比べて鉛直方向で約 2 倍，水平方向で 10 倍変動した．実験室間のすべての結果の約 5～15% が「外れ値」（明らかに他の結果の集団の外側）であった．この外れ値の発生率は，統計的な予想を超えていた．

Horwitz 曲線によれば，分析種濃度が 1 ppm のとき実験室間の変動係数は約 16% であると予想される．濃度が 1 ppb のとき，変動係数は約 45% である．将来，法規を書き換えるならば，分析種の許容濃度は実験室間の変動を考慮して決めるべきである．ガウス分布では，測定値の約 5% が $\bar{x} + 1.65\,s$ を上回ると予想される（4-1 節）．分析種の目標濃度を 1.0 ppb としたいのであれば，許容濃度は $1 + 1.65 \times 0.45$ ppb，すなわち約 1.7 ppb に定めるべきである．この許容濃度では，真値が 1.0 ppb 未満であっても許容濃度を超える偽陽性の割合は 5% になる．

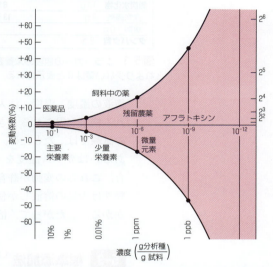

試料濃度〔g 分析種/(g 試料)〕と室間試験の変動係数の関係．塗りつぶした領域は，その広がり方から「Horwitz のトランペット」と呼ばれる．［データ出典：W. Horwitz, *Anal. Chem.*, **54**, 67A (1982).］

析種を検出できるかもしれない．

米国の包装食品のラベルには，<u>トランス脂肪酸</u>の含有量が表示されている．この種類の脂肪酸はおもに植物油の部分水素化により得られ，マーガリンやショートニングの主成分である．トランス脂肪酸は，心臓病，脳卒中，および一部のがんのリスクを高めると考えられている．しかし，<u>トランス脂肪酸の報告限界</u>は，一食あたり 0.5 g である．含有量が一食あたり 0.5 g 未満のとき，図 5-3 のようにゼロと表示される．メーカーは一食あたりの分量を小さくすれば，トランス脂肪酸の含量をゼロと表示できる．お気に入りのスナック食品が部分水素化された油でつくられているなら，ラベルにそう書かれていなくてもトランス脂肪酸が含まれている．

> **質問** あるスナック食品は，2.5 wt% の<u>トランス脂肪酸</u>を含む．メーカーが包装に<u>トランス脂肪酸</u>をゼロと表示できる一食あたりの最大分量はいくらか？ （**答え**：一食あたり 20 g）

頑健性

<u>頑健性</u>（robustness）は，分析法が操作条件の故意の小さな変化に影響されないことである．たとえば，クロマトグラフ法において，溶媒の組成，pH，緩

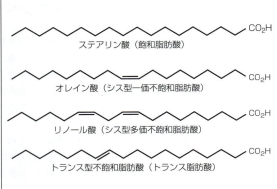

図 5-3 クラッカーの包装の栄養表示．トランス脂肪酸の報告限界は，一食あたり 0.5 g である．これより少ない量は 0 と表示される．6 章の最後に，これらの C18 化合物の略記法について説明する．

衝液の濃度，温度，注入体積，検出器の波長などがわずかに変化しても許容される結果が得られるとき，このクロマトグラフ法は頑健であるという．頑健性の試験では，たとえば，移動相の有機溶媒量を $\pm 2\%$，溶離液の pH を ± 0.1，あるいはカラム温度を $\pm 5\,℃$ だけ変化させる．許容される結果が得られた場合，これらの変動が許容できることを手順書に記載する．キャピラリー電気泳動法は少量の溶液しか使わないので，ある溶液を使い切るまでおそらく数ヵ月かかる．したがって，溶液の安定性（貯蔵寿命）が頑健性として評価される．

5-3 標準添加法[11,12]

標準添加法（standard addition）では，未知試料に既知量の分析種を加える．増加した信号から，元の未知試料に含まれていた分析種の量を求める．この方法では，分析種に対して直線応答が成立しなければならない．滴定と同様に，標準物質を体積ではなく質量で測って加えると高い精度が得られる[13]．

試料の組成が未知または複雑であって，分析信号に影響するとき，標準添加法はとくに適切である．このような場合，試料と組成が一致する標準物質やブランクを調製するのは不可能であるか難しい．標準物質やブランクの組成が未知試料と一致しないと，検量線の信頼性は低くなる．<u>マトリックス</u>は，未知試料に含まれる分析種以外のすべての物質である．**マトリックス効果**（matrix effect）は，試料中の分析種以外の何かによる分析信号の変化である．

図 5-4 は，質量分析法による過塩素酸イオン（ClO_4^-）の分析における強いマトリックス効果を示す．飲料水中の過塩素酸イオン濃度が重要であるのは，濃度が $18\,\mu g/L$ を超えると，甲状腺ホルモンの産生が低下するおそれがあるからだ．純水でつくった ClO_4^- の標準液は，図 5-4 の上側の検量線を与える．地下水でつくった標準液は下側の直線を与え，その傾きは 15 分の 1 である．ClO_4^- の信号が低下するのは，地下水に存在する他の陰イオンによる<u>マトリックス効果</u>である．

それぞれの地下水には多くの陰イオンが異なる濃度で含まれるので，複数の

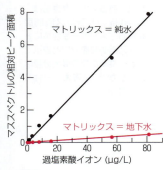

図 5-4 純水および地下水中の過塩素酸イオンの検量線．
［データ出典：C. J. Koester et al., *Environ. Sci. Technol.*, **34**, 1862 (2000).］

別の地下水に適用できる検量線を作成する方法はない．それゆえ標準添加法が必要なのである．既存の未知試料に高濃度の標準物質を少量だけ加えれば，マトリックスの濃度を大きく変えてしまうことはない．

未知の初濃度 $[X]_i$ の分析種が信号強度 I_X を与えるような試料への標準添加について考えよう．この試料に既知濃度の標準物質 S を加えると，信号 I_{S+X} が観察される．未知試料に標準物質を添加すると，希釈により元の分析種の濃度が変わる．希釈された分析種の濃度を $[X]_f$ とする．ここで f は「最終」を表す．また，最終溶液の標準物質の濃度を $[S]_f$ と表す（この場合，化学種 X と S は同じものである）．

信号は分析種濃度に正比例するので，

$$\frac{最初の溶液の分析種濃度}{標準物質を加えた最終溶液の分析種濃度} = \frac{最初の溶液の信号}{最終溶液の信号}$$

標準添加の式： $\dfrac{[X]_i}{[S]_f + [X]_f} = \dfrac{I_X}{I_{S+X}}$ (5-7)

マトリックスは，分析信号の大きさに影響する．標準添加法では，すべての試料が同じマトリックス中に存在する．

未知試料の初体積が V_o，添加した標準物質の体積が V_S（濃度 $[S]_i$）のとき，全体積は $V = V_o + V_S$ であり，式 5-7 中の濃度は次のようになる．

$$[X]_f = [X]_i\left(\frac{V_o}{V}\right) \quad [S]_f = [S]_i\left(\frac{V_S}{V}\right) \tag{5-8}$$

↑ 最終濃度と初濃度を関係付ける商（初体積/最終体積）は，**希釈率**（dilution factor）である．希釈率は式 1-5 から得られる．

式 5-7 の誘導：
$I_X = k[X]_i$（k は比例定数）
$I_{S+X} = k([S]_f + [X]_f)$（$k$ は同じ比例定数）
上の式を辺々割ると

$$\frac{I_X}{I_{S+X}} = \frac{k[X]_i}{k([S]_f + [X]_f)}$$
$$= \frac{[X]_i}{[S]_f + [X]_f}$$

分析種の希釈された濃度 $[X]_f$ を初濃度 $[X]_i$ で表すと，式 5-7 のその他の項は既知であるので，$[X]_i$ を求めることができる．

> **例題** 標準添加
>
> 血清中の Na^+ は，原子発光法において信号 4.27 mV を与えた．次に，血清 95.0 mL に 2.08 M NaCl 5.00 mL を加えた．このスパイクされた血清は，信号 7.98 mV を与えた．元の血清中の Na^+ 濃度を求めよ．
>
> **解法** 式 5-8 から，標準物質で希釈された Na^+ の最終濃度は，$[X]_f = [X]_i(V_o/V) = [X]_i(95.0\,mL/100.0\,mL)$ である．添加された標準物質の最終濃度は，$[S]_f = [S]_i(V_S/V) = (2.08M)(5.00\,mL/100.0\,mL) = 0.104\,M$ である．よって，式 5-7 は次のようになる．
>
> $$\frac{[Na^+]_i}{0.104\,M + 0.950[Na^+]_i} = \frac{4.27\,mV}{7.98\,mV} \Rightarrow [Na^+]_i = 0.113\,M$$
>
> **類題** スパイクされた血清が信号 6.50 mV を与えたとき，元の Na^+ 濃度はいくらか？ （**答え**：0.182 M）

一つの溶液に標準添加したときのグラフ処理

標準添加には，一般に二つの方法がある．分析で溶液を消費しない場合，まず未知の溶液を用いて分析信号を測定する．次に，高濃度の標準物質を少量加え，再び信号を測定する．さらに数回少量の標準物質を加え，添加するごとに信号を測定する．標準物質が高濃度であれば，標準物質の添加量はごくわずかな体積で，試料のマトリックスはほとんど変わらない．標準物質の添加量は，分析信号が 1.5 倍から 3 倍になるくらいにする．もう一つの一般的な方法については，次節で説明する．

標準添加法における一般的な誤りは，信号を元の 3 倍以上にすることである．これは，結果の正確さを低下させる．

図 5-5 は，オレンジジュース中のアスコルビン酸（ビタミン C）を電気化学分析法で測定した実験データである．オレンジジュースに浸した一対の電極間の電流は，アスコルビン酸の濃度に比例する．標準添加を 8 回行ったところ，電流は 1.78 μA から 5.82 μA まで増えた（C 列）．最後の分析信号は，目標とした 1.5 倍から 3 倍の範囲の上限にある．

	A	B	C	D	E
1	ビタミンC標準添加実験				
2	オレンジジュース50.0 mLに0.279 Mアスコルビン酸を加える				
3					
4		Vs =			
5	Vo (mL) =	アスコルビン酸の	I(s+x) =	x軸の関数	y軸の関数
6	50	添加量(mL)	信号(μA)	Si*Vs/Vo	I(s+x)*V/Vo
7	[S]i (mM) =	0.000	1.78	0.000	1.780
8	279	0.050	2.00	0.279	2.002
9		0.250	2.81	1.395	2.824
10		0.400	3.35	2.232	3.377
11		0.550	3.88	3.069	3.923
12		0.700	4.37	3.906	4.431
13		0.850	4.86	4.743	4.943
14		1.000	5.33	5.580	5.437
15		1.150	5.82	6.417	5.954
16					
17	D7 = $A$8*B7/$A$6			E7 = C7*($A$6+B7)/$A$6	

図 5-5 全体積が変化する標準添加実験のデータ．

図 5-6 から未知試料の元の濃度を求めることができる．理論上の応答は，式 5-7 の $[X]_f$ および $[S]_f$ の項に式 5-8 を代入して導かれる．少し整理すると次の式が得られる．

一つの溶液に連続して標準添加する場合，

$[S]_i \left(\dfrac{V_S}{V_o} \right)$ に対して

$I_{S+x} \left(\dfrac{V}{V_o} \right)$ をプロットする．

x 切片が $[X]_i$ を与える．

直線の式は，$y = mx + b$ である．$y = 0$ とおくと，x 切片が得られる．

$0 = mx + b$
$x = -b/m$

標準不確かさ＝平均の標準偏差（式 4-27 を参照）．

一つの溶液に連続して標準添加する場合：
$$\underbrace{I_{S+x}\left(\frac{V}{V_o}\right)}_{\substack{y\text{軸にプロット}\\ \text{する関数}}} = I_x + \frac{I_x}{[X]_i} \underbrace{[S]_i \left(\frac{V_S}{V_o}\right)}_{\substack{x\text{軸にプロット}\\ \text{する関数}}} \quad (5\text{-}9)$$

x 軸に $[S]_i(V_S/V_o)$，y 軸に $I_{S+x}(V/V_o)$（補正した応答）をプロットしたグラフは直線になるはずである．図 5-6 にプロットしたデータは，図 5-5 の列 D および列 E で求められた．式 5-9 の右辺は $[S]_i(V_S/V_o) = -[X]_i$ のときゼロとなる．図 5-6 の x 軸切片が，未知試料の元の濃度 $[X]_i = 2.89$ mM を与える．

x 切片の標準不確かさは[14]，

x 切片の標準不確かさ：
$$u_x = \frac{s_y}{|m|} \sqrt{\frac{1}{n} + \frac{\overline{y}^2}{m^2 \sum (x_i - \overline{x})^2}} \quad (5\text{-}10)$$

である．ここで，s_y は y の標準偏差（式 4-20），$|m|$ は最小二乗直線の傾きの絶対値（式 4-16），n はデータ点の数（図 5-6 では 9 点），$\overline{y}$ は 9 点の y の平均

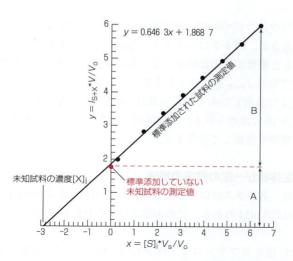

図 5-6 一つの溶液に標準添加を繰り返し全体積が変化する実験のグラフ処理．図 5-5 のデータを用いた．標準添加は，分析信号が元の値の 1.5 倍から 3 倍になるようにする（すなわち，B = 0.5A 〜2A）．

値，x_i は 9 点の x の個々の値，$\bar{x}$ は 9 点の x の平均値である．図 5-6 では，x 切片の標準不確かさは $u_x = 0.098$ mM である．

信頼区間は，$\pm t u_x$ である．ここで，t は自由度 $n-2$ のスチューデントの t （表 4-4）である．図 5-6 の x 切片の 95% 信頼区間は，$\pm (2.365)(0.09_8 \text{ mM}) = \pm 0.23$ mM である．値 $t = 2.365$ は，表 4-4 の自由度 $9-2=7$ の値である．

一定体積の複数の溶液のグラフ処理

もう一つの一般的な標準添加法を図 5-7 に示す．等体積の未知試料をピペットで数個のメスフラスコに移す．各フラスコに体積の異なる標準物質を加える．一定体積の化学分析用試薬を加えた後，各試料を同じ最終体積に希釈する．それぞれのフラスコは，同じ濃度の未知試料と異なる濃度の標準物質を含

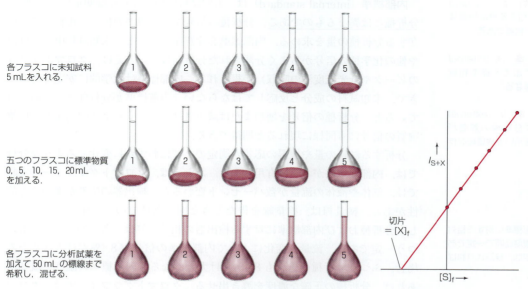

図 5-7 全体積が一定の標準添加実験．$[S]_f$ に対して I_{S+X} をプロットする．x 切片は $[X]_f$ である．図 5-6 および図 5-7 の直線はいずれも式 5-9 から誘導される．

む. 次に各フラスコについて, 分析信号 I_{S+X} を測定する. 分析で溶液が一部消費されるときは, 図 5-7 に示すような方法が必要である.

標準添加した最終溶液の体積が一定である場合, 希釈された標準物質の濃度 $[S]_f$ に対して信号 I_{S+X} をプロットする (図 5-7). この場合, x 切片は, 試料を最終体積まで希釈したあとの未知試料の最終濃度 $[X]_f$ を与える. その不確かさは, 式 5-10 で求められる. 未知試料の初濃度 $[X]_i$ は, 最終試料をつくったときの希釈率を考慮して計算する.

> **例題　全体積が一定の標準添加法**
>
> 図 5-7 では, 各フラスコに入れた未知試料 5.00 mL を 50.00 mL に希釈した. x 切片が 0.235 mM のとき, 元の未知試料中の分析種濃度はいくらか?
>
> **解法**　分析種を各フラスコで 5.00 mL/50.00 mL = 10.00 倍に希釈した. x 切片は, 希釈された分析種の最終濃度 $[X]_f$ である. 元の濃度は, 10.00 倍 = 2.35 mM であった.
>
> **類題**　図 5-7 のような標準添加実験で, 血清 1.00 mL を各フラスコにとり, 25.00 mL まで希釈し, 分子量 373 g/mol のホルモンを測定した. グラフの x 切片は 4.2 ppb (十億分率) であった. 血清中のホルモン濃度を求め, 答えを ppb およびモル濃度で表せ. 血清およびすべての溶液の密度は 1.00 g/mL と仮定せよ. (**答え**: 105 ppb, 0.28 μM)

5-4　内部標準法

　内部標準 (internal standard) は, 未知試料に加えられる既知量の化合物で, 分析種とは異なるものである. 分析種の信号を内部標準の信号と比較して, 存在する分析種の量を求める. 内部標準を注意深く選ぶと, 未知試料中の分析種や他の化学種の信号からよく分離された分析信号 (たとえば, クロマトグラムのピークや分光光度法の吸収) が得られる. 内部標準は化学的に安定であるべきで, 未知試料の成分と反応してはならない. 内部標準が分析種と化学的に似ていると, 分析種の信号を増加または減少させるマトリックスの効果が, 標準物質の信号にも同様に現れると期待できる.

　分析する試料の量や機器の応答が測定のたびにわずかに変化するような分析では, 内部標準法がとくに有用である. たとえば, クロマトグラフィーの実験では, 気体や液体の流量が数パーセント変わると, 検出器の応答が変わる可能性がある. 検量線は, 検量線を得たときと同じ条件でのみ正確である. しかし, 分析種および内部標準に対する検出器の相対応答は, 条件が変わってもふつう一定である. 流量の変化によって内部標準の信号が 8.4% だけ大きくなる場合, ふつう分析種の信号も 8.4% だけ大きくなる. 内部標準の濃度が既知であれば, 分析種の正確な濃度を導き出せる. クロマトグラフィーでは, クロマトグラフ装置に注入される試料のわずかな量が一定にならないので内部標準法が用いられる.

標準添加法 (standard addition): 加える標準物質は分析種と同じ物質である.

内部標準法 (internal standard): 加える標準物質は分析種と異なる.

外部標準法 (external standard): 分析種の濃度が既知の溶液を用いて検量線を作成する.

分析種と内部標準に対する相対応答がある濃度範囲で一定であるという仮定は, 検証されねばならない.

分析前の試料調製の段階で試料が失われる可能性があるときにも，内部標準法が望ましい．操作の前に未知試料に既知量の内部標準を加えれば，すべての操作において内部標準と分析種がそれぞれ同じ割合で減るので，内部標準と分析種の比は一定である．

内部標準法を用いるには，既知量の内部標準と分析種を含む混合物を調製して，二つの化学種に対する検出器の相対応答を測定する．図5-8において，各ピークの面積Aは，クロマトグラフィーのカラムに注入された化学種の濃度に比例する．しかし，各成分に対する検出器の応答は一般に異なる．たとえば，分析種（X）と内部標準（S）の濃度がいずれも10.0 mMである場合，分析種のピーク面積は標準物質のピーク面積の2.30倍であるかもしれない．このとき，Xの**応答係数**（response factor）FはSの応答係数の2.30倍であるという．

$$\text{応答係数}: \quad \frac{\text{分析種の信号}}{\text{分析種の濃度}} = F\left(\frac{\text{内部標準の信号}}{\text{内部標準の濃度}}\right) \quad (5\text{-}11)$$

$$\frac{A_\text{X}}{[\text{X}]} = F\left(\frac{A_\text{S}}{[\text{S}]}\right)$$

検出器が内部標準と分析種に対して同じように応答するとき，$F=1$である．分析種に対する検出器の応答が内部標準に対する応答の2倍のとき，$F=2$である．分析種に対する検出器の応答が内部標準に対する応答の半分のとき，$F=0.5$である．

信号はピーク面積（クロマトグラフィーの場合）であることも，ピーク高さであることもある．[X]および[S]は，混合後の分析種および内部標準の濃度である．式5-11は，分析種および内部標準に対する直線応答を前提にしている．

例題 内部標準の使用

予備実験で，0.0837 Mの分析種Xと0.0666 Mの内部標準Sを含む混合標準液は，ピーク面積$A_\text{X}=423$と$A_\text{S}=347$を与えた（面積は，測定器のコンピュータで任意単位で計測）．未知試料を分析するために，未知試料10.0 mLに0.146 M S溶液10.0 mLを加え，混合物をメスフラスコで25.0 mLに希釈した．この混合物は図5-8のクロマトグラムを与え，$A_\text{X}=553$，$A_\text{S}=582$であった．未知試料中のX濃度を求めよ．

解法 まず混合標準液の結果を用いて，式5-11の応答係数を求める．

$$\text{混合標準液}: \frac{A_\text{X}}{[\text{X}]} = F\left(\frac{A_\text{S}}{[\text{S}]}\right)$$

$$\frac{423}{0.0837} = F\left(\frac{347}{0.0666}\right) \Rightarrow F = 0.970_0$$

未知試料と標準物質の混合物において，Sの濃度は，

$$[\text{S}] = \underbrace{(0.146\,\text{M})}_{\text{初濃度}} \underbrace{\left(\frac{10.0}{25.0}\right)}_{\text{希釈率}} = 0.0584\,\text{M}$$

上で求めた応答係数を式5-11に代入し，混合物中の分析種濃度を求める．

$$\text{未知の混合物}: \frac{A_\text{X}}{[\text{X}]} = F\left(\frac{A_\text{S}}{[\text{S}]}\right)$$

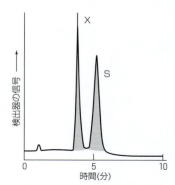

図5-8 クロマトグラフィーによる分析種（X）と内部標準（S）の分離．未知試料に既知量のSを加えた．XおよびSの信号の相対面積から，混合物中のXの量を求めることができる．まず，各化合物に対する検出器の相対応答を測定する必要がある．

希釈率（初体積/最終体積）により初濃度を最終濃度に換算できる．

$$\frac{553}{[\mathrm{X}]} = 0.970_0 \left(\frac{582}{0.058\,4}\right) \Rightarrow [\mathrm{X}] = 0.057\,2_1\,\mathrm{M}$$

S を含む混合物を調製したとき，X は 10.0 mL から 25.0 mL に希釈されたので，元の未知試料中の X 濃度は，$(25.0\,\mathrm{mL}/10.0\,\mathrm{mL})(0.057\,2_1\,\mathrm{M}) = 0.143\,\mathrm{M}$ である．

類題　混合標準液のピーク面積が $A_\mathrm{X} = 423$ および $A_\mathrm{S} = 447$ であったとする．未知試料中の [X] を求めよ．（**答え**：$F = 0.753_0$，$[\mathrm{X}] = 0.184\,\mathrm{M}$）

内部標準の多点検量線

上述の例ではただ一つの混合物を用いて応答係数を求めた．実験誤差がなければ，この「1点検量線」は十分に正確な応答係数を与えるだろう．しかし，実験誤差は常に存在するので，多点検量線を用いて実験に伴うばらつきを平均化するのが望ましい．このために，信号が一辺に，濃度が他辺にくるように式 5-11 を整理する．

内部標準法の検量線の式．

$$\frac{\text{分析種の信号}}{\text{内部標準の信号}} = F\left(\frac{\text{分析種の濃度}}{\text{内部標準の濃度}}\right) \tag{5-12}$$

$$\frac{A_\mathrm{X}}{A_\mathrm{S}} = F\left(\frac{[\mathrm{X}]}{[\mathrm{S}]}\right)$$

次に，式 5-12 の左辺の信号比を右辺の濃度比の関数としてプロットしたグラフを作成する．グラフは切片がゼロの直線となるはずである．このグラフの傾きが応答係数である．例を見てみよう．

図 5-9 は，エチレンと酢酸ビニルからつくられたポリマーの赤外吸収スペクトルである．

$$p\,\mathrm{H_2C=CH_2} + q\,\mathrm{H_2C=C\underset{H}{\overset{OCCH_3}{|}}} \xrightarrow[\text{触媒}]{\text{重合}} \text{エチレン-酢酸ビニル共重合体}\quad(\mathrm{OAc} = \text{酢酸基}) \tag{5-13}$$

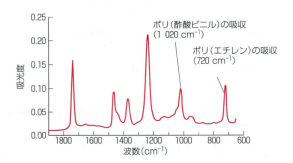

図 5-9　18 mol%の酢酸ビニルを含むエチレン-酢酸ビニル共重合体の赤外スペクトル．スペクトルは，波数（= 1/波長）に対する赤外線の吸光度を示す．吸光度，波長，波数については 18 章（下巻）で定義する．[データ出典：M. K. Bellamy, *J. Chem. Ed.*, **87**, 1399 (2010).]

このポリマーは，ランダムに結合したエチレンと酢酸ビニルの単位をモル比 $p:q$ で含む．図 5-9 では，このモル比が $p:q = 82:18$ である．波数 $1020\,\mathrm{cm}^{-1}$ の吸収ピークは酢酸ビニル単位から生じ，$720\,\mathrm{cm}^{-1}$ の吸収ピークはエチレン単位から生じる．ここでの目標は，組成が未知のポリマーによる二つのピークの相対吸光度から商 p/q を求めることである．

図 5-10 は，モル比 $p:q$ が既知である六種類のポリマーの赤外吸光度から得られた内部標準法の検量線である．任意に選んでエチレンを内部標準（S），酢酸ビニルを分析種（X）と呼ぶことにする．縦座標（y 軸）は，商 A_X/A_S ＝（酢酸ビニル単位の $1020\,\mathrm{cm}^{-1}$ の吸光度）/（エチレン単位の $720\,\mathrm{cm}^{-1}$ の吸光度）である．横座標（x 軸）は，濃度の商 $[X]/[S]$ である．分子と分母で同じ単位を用いる限り，商には任意の濃度単位を用いることができる．この例では，モル比が既知の二つの成分を混ぜてポリマーがつくられたので，商 $[X]/[S]$ として（酢酸ビニル mol%）/（エチレン mol%）＝ q/p を用いるのがよい．

図 5-10 のデータ点は，傾きが応答係数 F である直線上にある．式 5-12 の理論上の切片はゼロである．問題 5-32 では，観察された切片は統計的不確かさ

表 5-2　検量法

外部標準法
- 異なる既知濃度の分析種を含む複数の溶液を調製する．
- 各溶液に対する分析応答を測定する．
- 分析種濃度に対する分析応答を示す検量線を作成する．
- 未知試料に対する分析応答を観察し，検量線を用いて未知試料中の分析種濃度を求める．

内部標準法
- 内部標準は，分析種と化学的に似ている化合物であり，その既知量が未知試料に加えられる．
- 内部標準法は，試料調製や分析操作の間に試料が失われてしまう場合にとくに有用である．
- 分析種と内部標準を既知量含む混合物を複数調製する．（分析種の濃度/内部標準の濃度）に対して（分析種の信号/内部標準の信号）をプロットした検量線を作成する．この直線の傾きが応答係数である．
- 未知試料に既知量の内部標準を加え，（分析種の信号/内部標準の信号）を求める．検量線を用いて，（未知試料中の分析種の濃度/内部標準の濃度）を求める．

標準添加法
- この方法では，未知試料の溶液に既知量の分析種を添加する．
- 試料のマトリックスが複雑なとき，未知のとき，あるいは信号に対するマトリックスの影響が不明のとき，標準添加法が最も有用である．
- 一つの未知溶液に標準添加する方法
  - 未知試料に対する分析応答を測定する．
  - 高濃度の分析種の既知少量を未知試料に加える．添加後，分析応答を測定する．この操作を繰り返す．分析種の総添加量は，分析信号が 1.5 倍から 3 倍になるくらいにする．
  - 添加された標準物質の濃度に対して補正された分析応答をプロットしたグラフを作成する．補正された応答＝観察された信号×（全体積/初体積）である．直線を x 軸まで外挿して，元の未知試料中の分析種濃度を求める．
- 全体積が一定の複数の溶液を用いる方法
  - 数個のメスフラスコに未知溶液を等量ずつ入れる．各フラスコに異なる既知量の分析種を加える．各フラスコを希釈して同じ最終体積にする．
  - 各溶液の分析信号を測定する．
  - 加えられた標準物質の濃度に対して分析信号をプロットしたグラフを作成する．直線を x 軸まで外挿して，メスフラスコ中の分析種濃度を求める．希釈率を用いて，元の未知試料に含まれる分析種濃度を計算する．

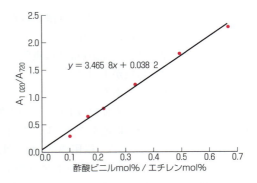

図 5-10 ポリマーの赤外吸光度の検量線．エチレンを内部標準，酢酸ビニルを分析種として扱った．[データ出典：M. K. Bellamy, *J. Chem. Ed.*, **87**, 1399 (2010).]

の範囲内でゼロとみなせることを示す．未知組成のポリマーにおいて，商がたとえば $A_X/A_S = 1.98$ であるとき，図 5-10 の直線の式を用いて，組成は $[X]/[S] = q/p = 0.56$ であるとわかる．応答係数を求めるとき，グラフの一つの点ではなく複数の点を用いると，内部標準法の正確さが改善される．また，必要な組成の範囲で式 5-12 が成立することをグラフで確認できる．

重要なキーワード

応答係数（response factor）
外部標準（external standard）
頑健性（robustness）
感度（sensitivity）
管理図（control chart）
偽陰性（false negative）
偽陽性（false positive）
希釈率（dilution factor）
繰り返し性（repeatability）
検出限界（detection limit）
検量検査（calibration check）
再現性（reproducibility）
試薬ブランク（reagent blank）
仕様書（specifications）
使用目的（use objectives）
スパイク（spike）
性能試験試料（performance test sample）
選択性（selectivity）
直線性（linearity）
定量下限（lower limit of quantitation）
特異性（specificity）
内部標準（internal standard）
範囲（range）
評価（assessment）
標準操作手順（standard operating procedure）
標準添加（standard addition）
品質保証（quality assurance）
フィールドブランク（field blank）
変動係数（coefficient of variation）
報告限界（reporting limit）
方法ブランク（method blank）
マトリックス（matrix）
マトリックス効果（matrix effect）
メソッドバリデーション（method validation）

本章のまとめ

　品質保証は，目的に応じた適切な答えを得るために実施される．使用目的を書くことから始まり，それをもとにデータの質に関する仕様書が決められる．仕様書には，試料採取，正確さ，精度，特異性，検出限界，標準物質，ブランクに関する要件が含まれる．意味のある分析を行うには，まず代表的な試料を集めなければならない．分析種を除くすべての成分を含む方法ブランクは，分析操作のすべてのステップを通して得られる．試料中の分析種の量を計算する前に，実試料の応答から方法ブランクの応答を差し引く．フィールドブランクによって，現場の状態に曝されたとき，分析種が偶然に取りこまれていないかを確認できる．正確さの評価は，認証標準物質を分析する，検量検査を実施する，分析者がスパイクした試料を分析する，および品質管理のための暗試料を分析することによって行われる．文書化された標準操作手順が厳格に守られれば，結果に影響する可能性のある手順が不注意で変わることはない．評価とは，(1) データを集めて，分析が定められた限度内で行われたことを示し，(2) 最終的な結果が使用目的に合致していることを確かめることである．管理図を用いると，正確さ，精度，測定器の性能などの時間変化を監視できる．

　メソッドバリデーションは，分析法が意図した目的に合っていることを確かめる手順である．方法を検証するには，一般に特異性，直線性，正確さ，精度，範囲，検出限界，定量限界，

頑健性などの要件が満たされていることを示す．特異性は，分析種と他の化学種とを区別する能力である．直線性は，ふつう検量線の相関係数の二乗で調べられる．精度には，機器精度，内部分析精度，室内再現精度，室間再現精度があり，最も一般的なのは室間再現精度である．「Horwitzのトランペット」は，分析種濃度が低いほど精度が低くなるという経験則を表している．範囲とは，直線性，正確さ，精度が許容される濃度範囲である．検出限界は，通常ブランクの標準偏差の3倍である．定量下限は，ブランクの標準偏差の10倍である．報告限界は，分析種が観察されても，それ以下の濃度を「検出できない」とする濃度である．頑健性は，分析法が操作条件の小さな変化に影響されないことである．

標準添加法は，未知試料に既知量の分析種を添加して分析種濃度を高くする．標準添加法は，マトリックス効果が重要なときにとくに有用である．マトリックス効果は，試料中の分析種以外の何かによる分析信号の変化である．1回の標準添加では，式5-7を用いて分析種の量を計算する．一つの溶液に複数回標準添加する場合は，式5-9を用いて図5-6のグラフを作成する．このx切片から分析種濃度がわかる．最終体積が一定の複数の溶液を用いる場合，わずかに異なる図5-7のグラフを用いる．いずれのグラフについても，x切片の不確かさは式5-10を用いて求められる．

内部標準は，分析種とは異なる既知量の化合物であり，未知試料に加えられる．分析種の信号と内部標準の信号を比較して，存在する分析種の量を求める．分析する試料量が一定でないとき，機器の応答が測定のたびに変化するとき，または試料調製中に試料が失われるときに内部標準法が有用である．応答係数は，分析種と内部標準に対する相対応答である．正確さのためには，分析種と内部標準の混合標準液を複数調製して，図5-10のようなグラフを作成するのがよい．この直線の傾きが応答係数である．切片は統計誤差の範囲内でゼロとなるはずである．グラフは目的とする濃度範囲を通して直線となるべきである．

練習問題

5-A. 検出限界．分光光度法において，分析種濃度を吸光度により測定する．低濃度の試料を調製し，9回繰り返し測定して吸光度 0.0047, 0.0054, 0.0062, 0.0060, 0.0046, 0.0056, 0.0052, 0.0044, 0.0058 を得た．9個の試薬ブランクの測定は，0.0006, 0.0012, 0.0022, 0.0005, 0.0016, 0.0008, 0.0017, 0.0010, 0.0011 の値を与えた．
(a) 式5-3を用いて吸光度の検出限界を求めよ．
(b) 検量線は濃度に対して吸光度をプロットしたグラフであり，吸光度は無次元量である．この検量線の傾きは，$m = 2.24 \times 10^4 \text{ M}^{-1}$ である．式5-5を用いて濃度の検出限界を求めよ．
(c) 式5-6を用いて定量下限を求めよ．

5-B. 標準添加法．電気化学分析法において，Ni^{2+} の未知試料が電流 2.36 μA を与えた．この未知試料 25.0 mL に 0.0287 M Ni^{2+} 溶液 0.500 mL を加えると，電流は 3.79 μA に増加した．
(a) 最初の未知濃度を $[Ni^{2+}]_i$ として，未知試料 25.0 mL と標準液 0.500 mL とを混ぜたあとの最終濃度 $[Ni^{2+}]_f$ の式を書け．この計算に希釈率を用いよ．
(b) 同様の方法で，加えた標準物質 Ni^{2+} の最終濃度（$[S]_f$ と表す）を書け．
(c) 未知試料中の $[Ni^{2+}]_i$ を求めよ．

5-C. 図5-6のx切片は -2.89 mM，その標準不確かさは 0.09_8 mM である．切片の90％信頼区間および99％信頼区間を求めよ．

5-D. 内部標準法．ある元素 X を含む未知試料 5.00 mL と，1 mL あたり 4.13 μg の標準元素 S を含む溶液 2.00 mL とを混合し，10.0 mL に希釈して溶液を調製した．原子吸光分析の信号比は，（X の信号）/（S の信号）= 0.808 であった．X と S の濃度が等しい溶液を用いた別の実験では，（X の信号）/（S の信号）= 1.31 であった．未知試料中のX の濃度を求めよ．

5-E. 内部標準法のグラフ．重水素を含むナフタレン（$C_{10}D_8$，D は同位体 ^{2}H）を内部標準に用いてナフタレン（$C_{10}H_8$）をクロマトグラフ法で分析したデータを下表に示す．二種類の化合物はほぼ同時にカラムから出てきて，質量分析計で測定される．

試料	$C_{10}H_8$ (ppm)	$C_{10}D_8$ (ppm)	$C_{10}H_8$ ピーク面積	$C_{10}D_8$ ピーク面積
1	1.0	10.0	303	2992
2	5.0	10.0	3519	6141
3	10.0	10.0	3023	2819

3回の測定でカラムに注入された溶液の体積は一定ではない．

(a) 図4-15のようなスプレッドシートを用いて，濃度比（$[C_{10}H_8]/[C_{10}D_8]$）に対してピーク面積比（$C_{10}H_8/C_{10}D_8$）をプロットした式5-12のグラフを作成せよ．最小二乗法による直線の傾き，切片，およびそれらの標準不確かさを求めよ．切片の理論値はいくらか？ 観察された切片の値は実験的不確かさの範囲内で理論値と一致するか？
(b) ピーク面積比（$C_{10}H_8/C_{10}D_8$）が 0.652 である未知試料の濃度比 $[C_{10}H_8]/[C_{10}D_8]$ を求めよ．その標準不確かさ u_x を求めよ．
(c) ここで3点の検量線を利用しない理由を考えよう．デー

タ数が $n = 3$ のとき，自由度 2 が傾きと切片の計算で失われるため，自由度は $n - 2 = 1$ である．信頼水準 95%，自由度 1 に対するスチューデントの t の値を求めよ．(b) の標準不確かさから，濃度比 $[C_{10}H_8]/[C_{10}D_8]$ の 95% 信頼区間を計算せよ．濃度比 $[C_{10}H_8]/[C_{10}D_8]$ の相対不確かさ百分率はいくらか？　また 3 点の検量線を避けるのはなぜか？

5-F. 管理図．ヒト血清中の揮発性化合物をパージ・トラップガスクロマトグラフィー-質量分析法で測定した．品質管理のために，定期的に一定量の 1,2-ジクロロベンゼンを血清にスパイクし，濃度（ng/g = ppb）を測定した．以下のスパイクの分析データについて，平均と標準偏差を求めよ．また，管理図を作成せよ．観測値が管理図の安定性に関する各基準を満たしているか否かを述べよ．

日	観測値 (ppb)	日	観測値 (ppb)	日	観測値 (ppb)	日	観測値 (ppb)	日	観測値 (ppb)
0	1.05	91	1.13	147	0.83	212	1.03	290	1.04
1	0.70	101	1.64	149	0.88	218	0.90	294	0.85
3	0.42	104	0.79	154	0.89	220	0.86	296	0.59
6	0.95	106	0.66	156	0.72	237	1.05	300	0.83
7	0.55	112	0.88	161	1.18	251	0.79	302	0.67
30	0.68	113	0.79	167	0.75	259	0.94	304	0.66
70	0.83	115	1.07	175	0.76	262	0.77	308	1.04
72	0.97	119	0.60	182	0.93	277	0.85	311	0.86
76	0.60	125	0.80	185	0.72	282	0.72	317	0.88
80	0.87	128	0.81	189	0.87	286	0.68	321	0.67
84	1.03	134	0.84	199	0.85	288	0.86	323	0.68

データ出典：D. L. Ashley, et al., *Anal. Chem.*, **64**, 1021 (1992).

章末問題

品質保証とメソッドバリデーション

5-1. 120 ページのマージンにある，「正しいデータを取る．データを正しく取る．データを正しく保存する．」の意味を説明せよ．

5-2. 品質保証の三つの要素は何か？　また各要素における質問，および取るべき行動は何か？

5-3. 精度と正確さを検証する方法を述べよ．

5-4. 生データ，処理データ，結果の違いを述べよ．

5-5. 検量検査と性能試験試料の違いは何か？

5-6. ブランクとは何か？　またその目的は何か？　方法ブランク，試薬ブランク，フィールドブランクの違いを述べよ．

5-7. 直線領域，ダイナミックレンジ，範囲の違いを述べよ．

5-8. 偽陽性と偽陰性の違いは何か？

5-9. 図 5-2 で定義した検出限界の濃度の分析種を含む試料について考えよう．以下の記述について説明せよ．分析種を含まない試料について，検出限界を超える分析種が含まれると誤って結論する確率は約 1% である．実際に検出限界の濃度の分析種を含む試料について，検出限界を超える分析種は含まれないと結論する確率は 50% である．

5-10. 管理図はどのように利用されるか？　工程が制御されていないことを示す六つの兆候を述べよ．

5-11. 次の文は，飲料水の浄水場で実施する化学分析の使用目的である．「方法 552.2（精度，正確さおよび他の要件を定めた仕様書）に従って四半期ごとに集められるデータと結果を用いて，処理水中のハロ酢酸濃度がステージ 1 消毒副生成物規則に定められた基準に適合しているかどうかを判断する」．以下の質問のうち，使用目的の趣旨を最も適切にまとめているのはどれか？

(i) ハロ酢酸の濃度が規定の精度と正確さの範囲内にあるか？

(ii) 水中のすべてのハロ酢酸が検出可能か？

(iii) 規制値を超える濃度のハロ酢酸があるか？

5-12. 装置の検出限界と方法の検出限界の違いは何か？　頑健性と室内再現精度の違いは何か？

5-13. 繰り返し性と再現性の違いは何か？　次の用語の定義を述べよ：機器精度，内部分析精度，室内再現精度，室間再現精度．また，再現性と同義であるのはどの精度か？

5-14. 管理図．尿中の過塩素酸イオン（ClO_4^-）をモニターしている実験室で，ClO_4^- をスパイクした合成尿を品質管理試料として測定した．コラム 5-2 のグラフは，品質管理試料の連続測定の結果を示す．コラム 5-2 のデータには，何らかの解決すべき問題が観察されるか？

5-15. 相関係数および Excel を用いたグラフ作成．式 $y = 26.4x + 1.37$ の y の値に標準偏差 80 のランダムなガウスノイズを重ね合わせた仮想的な検量線のデータを次ページの表に示す．この問題は，R^2 の値が高くてもデータの質がすぐれているという保証にはならないという例である．

(a) スプレッドシートの列 A に濃度を，列 B に信号を入力する．2-11 節で説明したように，濃度に対して信号をプロットした XY 散布図を線なしで作成する．関数 LINEST（4-7 節）を用いて，最小二乗法のパラメータと R^2 を求めよ．

(b) 次に 112 ページの説明に従って，近似曲線を挿入する．[近似曲線のオプション] のウィンドウで，[グラフに数式を表示する] と [グラフに R-2 乗値を表示する] にチェックを入れる．近似曲線と関数 LINEST が同じ結果を与えることを確かめよ．

(c) 4-9 節の最後の説明にしたがって，y の 95％信頼区間のエラーバーを加えよ．95％信頼区間は $\pm ts_y$ であり，s_y は関数 LINEST から得られる．スチューデントの t は信頼水準 95％，自由度 $11-2=9$ の値で，表 4-4 から得られる．または，"= TINV(0.05, 9)" と入力して t の値を計算せよ．

濃度（x）	信号（y）	濃度（x）	信号（y）
0	14	60	1573
10	350	70	1732
20	566	80	2180
30	957	90	2330
40	1067	100	2508
50	1354		

5-16. 1990 年代の殺人事件の裁判において，被告人の血液が犯行現場で見つかった．検察官は，血液は犯行時に被告人が残したものだと主張した．一方，弁護人は，警察が逮捕後に採血した被告人の血液試料を使い，「証拠をねつ造した」と主張した．血液はふつうバイアルに集められ，バイアルを血液で満たしたあとに，抗凝固剤として金属結合化合物 EDTA が濃度約 4.5 mM になるように加えられる．裁判のときには，血液中の EDTA を測定する方法は十分に確立されていなかった．「犯行現場の血液」中に測定された EDTA の量は 4.5 mM よりも数桁低かったが，陪審は被告人を無罪とした．この裁判は，血液中の EDTA を測定する新しい方法の開発をうながした．

(a) **精度と正確さ**．方法の正確さと精度を測定するために，既知濃度の EDTA を血液に添加した．

$$\text{正確さ} = 100 \times \frac{\text{測定値の平均} - \text{既知の値}}{\text{既知の値}}$$

$$\text{精度} = 100 \times \frac{\text{標準偏差}}{\text{平均}} \equiv \text{変動係数}$$

表中の三つのスパイク濃度の品質管理試料それぞれについて，精度と正確さを求めよ．

三つのスパイク濃度での EDTA 濃度測定値（ng/mL）		
スパイク： 22.2 ng/mL	88.2 ng/mL	314 ng/mL
測定値： 33.3	83.6	322
19.5	69.0	305
23.9	83.4	282
20.8	100.0	329
20.8	76.4	276

データ出典：R. L. Sheppard and J. Henion, *Anal. Chem.*, **69**, 477A, 2901 (1997).

(b) **検出限界と定量限界**．検出限界に近い低濃度の EDTA は，測定器で以下の無次元の値を与えた．175，104，164，193，131，189，155，133，151，176．10 個のブランクの平均値は $45._0$ であった．検量線の傾きは $1.75 \times 10^9 \, \text{M}^{-1}$ であった．EDTA の信号と濃度の検出限界および定量下限を推定せよ．

5-17. (a) コラム 5-3 から，分析種濃度が（ⅰ）1 wt％のとき，および（ⅱ）1 ppt のとき，実験室間の結果に予想される変動係数 CV（％）の最小値を推定せよ．

(b) 実験室内の変動係数は，ふつう実験室間の変動係数の約 0.5〜0.7 倍である．あなたのクラスで 10 wt％ NH_3 を含む未知試料を分析する場合，クラスにおいて予想されるの変動係数の最小値はいくらか？

5-18. **スパイク回収率と検出限界**．飲料水に含まれるヒ素の化学種には，AsO_3^{3-}（亜ヒ酸イオン），AsO_4^{3-}（ヒ酸イオン），$(CH_3)_2AsO_2^-$（ジメチルアルシン酸イオン），$(CH_3)AsO_3^{2-}$（メチルアルソン酸イオン）がある．ヒ素を含まない純水に 1 L あたり 0.40 μg のヒ酸イオンをスパイクした．7 回の繰り返し測定で，0.39, 0.40, 0.38, 0.41, 0.36, 0.35, 0.39 μg/L を得た[15]．スパイクの平均回収率（％）および濃度の検出限界（μg/L）を求めよ．

5-19. **検出限界**．飲料水中の消毒剤副生成物であるヨウ素酸イオン（IO_3^-），亜塩素酸イオン（ClO_2^-），および臭素酸イオン（BrO_3^-）は，サブ ppb レベルの濃度で存在する．これらを測定するために高感度なクロマトグラフ法が開発された．オキシハライドがカラムから出てくると，Br^- と反応して Br_3^- を生成する．Br_3^- は，波長 267 nm の強い吸収により測定される．たとえば，次の反応により，臭素酸イオン 1 mol あたり 3 mol の Br_3^- が生成する．

$$BrO_3^- + 8Br^- + 6H^+ \longrightarrow 3Br_3^- + 3H_2O$$

検出限界に近い濃度の臭素酸イオンは，以下のクロマトグラムのピーク高さおよび相対標準偏差を与えた．それぞれの濃度のデータを使って，検出限界を推定せよ．また，これらの平均の検出限界を求めよ．クロマトグラムのピーク高さはピークに隣接するベースラインから測定されるので，ブランクのピーク高さはゼロである．ブランク＝0 であるので，ピーク高さの相対標準偏差は，濃度の相対標準偏差と等しい．ピーク高さと濃度の検出限界は $3s$ とする．

臭素酸イオン濃度（μg/L）	ピーク高さ（任意の単位）	相対標準偏差（％）	測定数
0.2	17	14.4	8
0.5	31	6.8	7
1.0	56	3.2	7
2.0	111	1.9	7

データ出典：H. S. Weinberg and H. Yamada, *Anal. Chem.*, **70**, 1 (1998).

5-20. オリンピック選手は能力向上のために違反薬物を使用していないかを検査される．尿試料を取って分析するとき，偽陽性となる結果の割合は1%であるとする．また，この方法を改良するのは費用がかかるため，偽陽性となる結果の割合は下げられないものとする．違反薬物を使っていない無実の人びとを告発したくはない．検査の偽陽性の割合は1%のままであっても，誤って告発する割合を減らすために何ができるだろうか？

5-21. 暗試料：統計の解釈．米国農務省はビーフの乳児食試料を均質化し，三つの実験室に分析用に提供した[4]．実験室の結果は，タンパク質，脂肪，亜鉛，リボフラビン，パルミチン酸についてはよく一致したが，以下の鉄の結果は疑わしかった．実験室 A は 1.59 ± 0.14 mg/100 g (13)，実験室 B は 1.65 ± 0.56 mg/100 g (8)，実験室 C は 2.68 ± 0.78 mg/100 g (3)．不確かさは，かっこのなかの回数の繰り返し分析の標準偏差である．t 検定を2回行い，実験室 C の結果を実験室 A および実験室 B の結果と信頼水準95%で比べよ．t 検定の解釈について意見を述べ，結論を示せ．

標準添加法

5-22. 標準添加法において，希薄な標準物質を大量に加えるよりも，高濃度の標準物質を少量だけ加えるほうが望ましいのはなぜか？

5-23. Cu^{2+} の未知試料を原子吸光法で分析して，吸光度 0.262 を得た．次に，Cu^{2+} 100.0 ppm (= μg/mL) を含む溶液 1.00 mL を未知試料 95.0 mL と混合し，混合物をメスフラスコで 100.0 mL に希釈した．新たな溶液の吸光度は 0.500 であった．
(a) 最初の未知試料の濃度を $[Cu^{2+}]_i$ として，希釈後の最終濃度 $[Cu^{2+}]_f$ の式を書け．濃度の単位は ppm とする．
(b) 同様の方法で，加えた標準物質 Cu^{2+} の最終濃度 ($[S]_f$ と表す) を書け．
(c) 未知試料中の $[Cu^{2+}]_i$ を求めよ．

5-24. 標準添加法のグラフ．歯のエナメル質は，おもにヒドロキシアパタイト $Ca_{10}(PO_4)_6(OH)_2$ で構成される．考古学試料の歯に含まれる微量元素は，人類学者が古代人の食事や病気を推定する手がかりとなる．ハムライン大学の学生が原子吸光法を用いて，抜かれた親知らずのエナメル質に含まれるストロンチウムを測定した．溶解した歯のエナメル質 0.750 mg と，さまざまな添加濃度のストロンチウムを含む全体積 10.0 mL の溶液を複数調製した．

Sr 添加量 (ng/mL = ppb)	信号 (任意単位)
0	28.0
2.50	34.3
5.00	42.8
7.50	51.5
10.00	58.6

データ出典：V. J. Porter et al., *J. Chem. Ed.*, **79**, 1114 (2002).

(a) 試料溶液 10 mL 中のストロンチウム濃度とその不確かさを ppb (= ng/mL) で求めよ．
(b) 歯のエナメル質中のストロンチウム濃度を ppm (= μg/g) で求めよ．
(c) 標準添加法の切片が不確かさのおもな原因であると仮定して，歯のエナメル質中のストロンチウム濃度の不確かさを ppm で求めよ．
(d) 歯のエナメル質中のストロンチウム濃度の95%信頼区間を求めよ．

5-25. ユウロピウムはランタノイド元素の一つであり，自然水中には濃度 ppb レベルで存在する．この元素は，溶液に紫外線を照射したときに発するオレンジ色の光の強度を用いて測定される．発光を強くするために，Eu(III) と結合するある種の有機化合物が必要である．標準添加実験の結果を下図に示す．試料 10.00 mL と大過剰の有機化合物を含む溶液 20.00 mL を 50 mL メスフラスコに入れ，Eu(III) 標準液 (0，5.00，10.00，15.00 mL) を加え，溶液を水で 50.0 mL に希釈した．水道水試料に加えた標準液は 0.152 ng/mL (ppb) Eu(III) であり，池水試料に加えた標準液の濃度は 100 倍高かった (15.2 ng/mL)．

(a) 池水中および水道水中の Eu(III) 濃度 (ng/mL) を計算せよ．
(b) 水道水では，0.152 ng/mL 標準液を 10.00 mL 加えたとき，発光ピーク面積は 4.61 だけ大きくなる．この応答は，Eu(III) 1 ng あたり 4.61/1.52 ng = 3.03 である．池

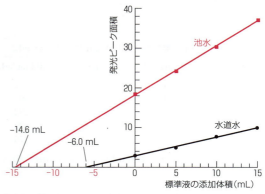

池水および水道水への Eu(III) の標準添加実験．[データ出典：A. L. Jenkins and G. M. Murray, *J. Chem. Ed.*, **75**, 227 (1998).]

水での応答は，15.2 ng/mL 標準液を 10.00 mL 加えたとき 12.5 であり，1 ng あたり 0.082 2 である．これらの結果はどのように説明できるか？ この分析に標準添加法が必要であったのはなぜか？

5-26. 標準添加法のグラフ．学生が五つのフラスコに血清 25.00 mL を入れ，図 5-7 のような実験を行った．2.640 M NaCl 標準液の添加量はさまざまで，全体積は 50.00 mL であった．

フラスコ	標準液の体積 （mL）	原子発光法による Na^+ の信号（mV）
1	0	3.13
2	1.000	5.40
3	2.000	7.89
4	3.000	10.30
5	4.000	12.48

(a) 標準添加法のグラフを作成し，血清中の [Na^+] を求めよ．

(b) [Na^+] の標準偏差および 95% 信頼区間を求めよ．

5-27. 標準添加法のグラフ．アリシンはニンニクに約 0.4 wt% 含まれる成分であり，抗菌性，抗酸化作用，およびおそらく抗がん性がある．アリシンは不安定なので，測定が難しい．ある分析法が開発され，この分析法では，つぶしたばかりのニンニクに安定な前駆体であるアリインを加える．アリインはニンニク中の酵素アリイナーゼによってアリシンに変わる．ニンニクの成分を抽出してクロマトグラフィーにより測定する．次の図のクロマトグラムは，標準添加法の結果を示す．ニンニク 1 g あたりのアリイン添加量を mg 単位で表した．クロマトグラムのピークは，アリインから生じたアリシンのものである．

2 アリイン（式量 177.2） →（アリイナーゼ）→ アリシン（式量 162.3）

(a) この標準添加法では，全体積が一定である．図の応答を読み取り，グラフを作成して，スパイクなしのニンニク中のアリイン濃度を求めよ．答えの単位は，（mg アリイン／g ニンニク）とする．また，95% 信頼区間を求めよ．

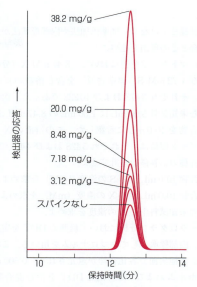

ニンニクにアリインを標準添加したのちのクロマトグラム．［データ出典：M. E. Rybak et al., *J. Agric. Food Chem.*, **52**, 682 (2004).］

(b) アリイン 2 mol がアリシン 1 mol に変わると仮定して，ニンニクに含まれるアリシンの濃度（mg アリシン／g ニンニク），およびその 95% 信頼区間を求めよ．

5-28. 標準添加法．川の堆積物の乾燥試料中の鉛を，25 wt% HNO_3 を用いて 35℃で 1 時間抽出した．次に，ろ過した抽出物 1.00 mL を他の試薬と混ぜ，全体積を $V_0 = 4.60$ mL とした．さまざまな量の 2.50 ppm Pb(II) を標準添加し，Pb(II) を電気化学的に測定した．

Pb(II) 溶液の添 加量（mL）	信号 （任意単位）
0	1.10
0.025	1.66
0.050	2.20
0.075	2.81

データ出典：M. J. Goldcamp et al., *J. Chem. Ed.*, **85**, 976 (2008).

(a) 体積が一定ではないので，図 5-5 および図 5-6 の手順にしたがって，抽出物 1.00 mL 中の Pb(II) 濃度を ppm 単位で求めよ．

(b) グラフの x 切片について，標準不確かさと 95% 信頼区間を求めよ．切片の不確かさが他の不確かさよりも大きいと仮定して，抽出物 1.00 mL 中の Pb(II) 濃度の不確かさを推定せよ．

内部標準法

5-29. 検量線法ではなく，標準添加法や内部標準法が望ましい場合とその理由を述べよ．

5-30. クロマトグラフ分析において，3.47 mM X（分析種）および1.72 mM S（標準物質）を含む溶液のピーク面積は，それぞれ3473 および10222であった．次に，Xを含む未知試料5.00 mLに1.00 mLの8.47 mM Sを加え，混合物を10.0 mLに希釈した．この溶液のXおよびSのピーク面積は，それぞれ5428および4431であった．

(a) 分析種の応答係数を計算せよ．
(b) 混合物10.0 mL中のSの濃度（mM）を求めよ．
(c) 混合物10.0 mL中のXの濃度（mM）を求めよ．
(d) 元の未知試料中のXの濃度を求めよ．

5-31. ポーラログラフ分析において農薬のDDTを定量するとき，内部標準としてクロロホルムを用いる．この分析では，電極表面で各化合物が還元される．0.500 mM クロロホルムおよび0.800 mM DDTを含む混合物の信号は，クロロホルムが15.3 μA，DDTが10.1 μAであった．DDTを含む未知試料10.0 mLを100 mLメスフラスコに入れ，10.2 mLのクロロホルム（式量119.39，密度＝1.484 g/mL）を加えた．標線まで溶媒で希釈した後，観察されたポーラログラフの信号は，クロロホルムが29.4 μA，DDTが8.7 μAであった．未知試料中のDDT濃度を求めよ．

5-32. 📊 内部標準法の検量線．図5-10は，反応5-13における A_X/A_S と [X]/[S] ＝（酢酸ビニル単位mol%）/（エチレン単位mol%）＝ q/p のグラフである．

(a) 以下のデータを用いて，図5-10のグラフを作成せよ．

[X]/[S]	A_X/A_S	[X]/[S]	A_X/A_S
0.099	0.291	0.333	1.235
0.163	0.656	0.493	1.808
0.220	0.800	0.667	2.284

(b) 図4-15のような最小二乗法のスプレッドシートを用いて，(a)の検量線の傾き，切片，およびそれらの不確かさ（s_y, u_m, u_b）を求めよ．

(c) 直線の式から，測定値 A_X/A_S ＝ 1.98 に対する [X]/[S] を求めよ．スプレッドシート上で式4-27を用いて，[X]/[S]の標準不確かさ u_x を求めよ．グラフにはデータが6点あり，自由度は4である．[X]/[S]の95%信頼区間（＝± tu_x）を求めよ．

(d) 切片の不確かさ u_b から，切片の95%信頼区間を求めよ．理論値であるゼロはこの信頼区間に含まれるか？

5-33. 内部標準を用いるマトリックス効果の補正．都市下水中に医薬品が見出されることがますます問題となっている．この問題は，私たちの飲料水の供給に悪影響を与える．下水のマトリックスは複雑である．液体クロマトグラフィーと質量分析法を組み合わせることで，下水中の低濃度のカルバマゼピンという薬を測定できる．下水にカルバマゼピンを5 ppbだけスパイクすると，クロマトグラフ分析で見かけのスパイク回収率は154%であった[16]．重水素(D)は，水素の同位体 ^{2}H である．重水素を含むカルバマゼピン-d_{10} をカルバマゼピンの内部標準として用いることができる．重水素を含む化合物は，クロマトグラフィーの保持時間は重水素を含まない物質と同じであるが，質量が大きいので質量スペクトルで区別される．重水素を含むカルバマゼピン-d_{10} を内部標準に用いたとき，見かけの回収率は98%であった．この分析で内部標準をどのように用いるかを説明せよ．また，この方法がマトリックス効果の補正に有効である理由を説明せよ．

6 化学平衡
Chemical Equilibrium

環境の化学平衡

メリーランド州ウエスタンポート付近，ポトマック川沿いの製紙工場からの廃水が，鉱山廃水で酸性となった河川水を中和する．製紙工場の上流は酸性で，生物はいない．製紙工場の下流では生物が豊富である．[提供：Interstate Commission on the Potomac River Basin.]

グレートバリアリーフやその他のサンゴ礁は，大気中 CO_2 の増加によって絶滅の危機にさらされている．[© Sunpix Travel/Alamy.]

　ポトマック川の北側の支流は，美しいアパラチア山脈のあいだを流れ，きわめて澄んでいるが生物はいない．閉山した炭鉱からの酸性廃水の犠牲になったのである．この川がメリーランド州ウエスタンポート付近の製紙工場と排水処理施設を過ぎると，pH は致命的な酸性である 4.5 から，魚や植物が育つ中性の 7.2 に上がる．この幸運な「偶然」がもたらされるのは，製紙工場から排出される炭酸カルシウムと，汚水処理施設での細菌の呼吸によって生じる大量の二酸化炭素が平衡になるためだ．その結果生じる炭酸水素イオンが酸性の川を中和し，排水処理施設の下流に生命をよみがえらせる[1]．CO_2 がなければ，固体の $CaCO_3$ は排水処理施設で捕集され，川には決して流されない．

$$\underset{\substack{\text{排水処理施設で捕集される} \\ \text{炭酸カルシウム}}}{CaCO_3(s)} + CO_2(aq) + H_2O(l) \rightleftharpoons \underset{\substack{\text{炭酸水素カルシウムは溶解し，} \\ \text{川に流れて酸を中和する}}}{Ca^{2+}(aq) + 2HCO_3^-(aq)}$$

$$\underset{\text{炭酸水素イオン}}{HCO_3^-(aq)} + \underset{\text{河川水中の酸}}{H^+(aq)} \overset{\text{中和}}{\longrightarrow} CO_2(g) + H_2O(l)$$

　一方，ポトマック川を救っているこの化学反応は，大部分が $CaCO_3$ であるサンゴ礁を危機にさらしている．化石燃料の燃焼が，大気中の CO_2 濃度を上昇させている．CO_2 濃度は，キャプテン・クックが初めてグレートバリアリーフを見た 1770 年の 280 ppm から今日の 400 ppm にまで上昇した（264 ページ）．大気中の CO_2 は海水に溶解し，サンゴの $CaCO_3$ を溶かす．CO_2 濃度の増加と温室効果による大気温度の上昇が，サンゴ礁を絶滅の危機にさらしている[2]．CO_2 濃度の増加によって，海水の平均 pH は産業革命以前の 8.16 から今日の 8.04 にまで下がった[3]．私たちの行動が変わらなければ，2100 年までに pH は 7.7 になるだろう．

化学平衡は，分析化学だけでなく，生化学，地質学，海洋学など他の学問の基礎となる．本章は，イオン性化合物の溶解度，錯生成反応，酸塩基反応の化学平衡を紹介する．

6-1 平衡定数

反応

$$aA + bB \rightleftharpoons cC + dD \tag{6-1}$$

の**平衡定数**（equilibrium constant）K は，次のように表される．

平衡定数： $$K = \frac{[C]^c[D]^d}{[A]^a[B]^b} \tag{6-2}$$

ここで，小文字は化学量論係数を表し，大文字は化学種を表す．記号 [A] は，標準状態（以下に定義する）の A の濃度に対する濃度の比を表す．定義により，<u>$K > 1$ のとき反応は右向きに進む</u>．

平衡定数の熱力学的表記では，式 6-2 のそれぞれの量が化学種の濃度とその**標準状態**（standard state）の濃度との比で表される．溶質では，標準状態は 1 M である．気体では，標準状態は 1 bar（≡ 10^5 Pa; 1 atm ≡ 1.01325 bar）であり，固体および液体では，標準状態は純粋な固体または液体である．A が溶質の場合，式 6-2 の [A] は，[A]/(1 M) を意味する．D が気体の場合，[D] は，〔D の圧力（bar）〕/(1 bar) を意味する．[D] が D の圧力を意味することを明らかにするには，[D] の代わりに P_D と書く．式 6-2 の各項は無次元であるので，すべての平衡定数は無次元である．

比 [A]/(1 M) および [D]/(1 bar) が無次元であるためには，<u>[A] は溶液 1 L あたりのモル数（M）で表されなければならない．また，[D] は bar で表されなければならない</u>．C が純粋な液体または固体である場合，比 [C]/(標準状態の C の濃度) は 1 になる．純粋な液体または固体が標準状態であるからだ．C が溶媒である場合，その濃度は純粋な液体 C の濃度にきわめて近いので，[C] の値は実質的に 1 である．

覚えておくべきこと：平衡定数の値を求めるとき，

1. 溶質の濃度は，溶液 1 L あたりのモル数で表す．
2. 気体の濃度は，bar で表す．
3. 純粋な固体，純粋な液体，および溶媒の濃度は 1 となる．

これらの規約は任意に決められたものであるが，平衡定数，標準還元電位，および自由エネルギーの表の値を用いるときには，これらの規約に従わなければならない．

平衡定数の計算

次の反応を考えよう．

式 6-2 の**質量作用の法則**は，ノルウェーの C. M. Guldenberg と P. Waage が 1864 年に定式化した．彼らの導出は，平衡において正反応と逆反応の速度が等しくなるという考えに基づいていた[4]．

平衡定数は，濃度の比よりも活量の比によってより正確に表される．活量は 8 章で説明する．

平衡定数は無次元である．

平衡定数は無次元であるが，濃度を明記するときは，溶質には容量モル濃度（M），気体には bar の単位を用いる．

$$\text{HA} \rightleftharpoons \text{H}^+ + \text{A}^- \qquad K_1 = \frac{[\text{H}^+][\text{A}^-]}{[\text{HA}]}$$

反応の向きが逆である場合,新しい K は,たんに元の K の逆数である.

逆反応の平衡定数:$\text{H}^+ + \text{A}^- \rightleftharpoons \text{HA} \qquad K_1' = \frac{[\text{HA}]}{[\text{H}^+][\text{A}^-]} = 1/K_1$

二つの反応を組み合わせるとき,新しい K は二つの平衡定数の積となる.

$$\begin{aligned}
\text{HA} &\rightleftharpoons \cancel{\text{H}^+} + \text{A}^- & K_1 \\
\cancel{\text{H}^+} + \text{C} &\rightleftharpoons \text{CH}^+ & K_2 \\
\hline
\text{HA} + \text{C} &\rightleftharpoons \text{A}^- + \text{CH}^+ & K_3
\end{aligned}$$

組み合わされた反応の平衡定数:

$$K_3 = K_1 K_2 = \frac{\cancel{[\text{H}^+]}[\text{A}^-]}{[\text{HA}]} \cdot \frac{[\text{CH}^+]}{\cancel{[\text{H}^+]}[\text{C}]} = \frac{[\text{A}^-][\text{CH}^+]}{[\text{HA}][\text{C}]}$$

n 個の反応を組み合わせる場合,全体の平衡定数は n 個の平衡定数の積となる.

> **例題** 平衡定数の組合せ
>
> 反応 $\text{H}_2\text{O} \rightleftharpoons \text{H}^+ + \text{OH}^-$ の平衡定数は $K_w = [\text{H}^+][\text{OH}^-]$ と呼ばれ,その値は 25°C において 1.0×10^{-14} である.反応 $\text{NH}_3(aq) + \text{H}_2\text{O} \rightleftharpoons \text{NH}_4^+ + \text{OH}^-$ に対して $K_{\text{NH}_3} = 1.8 \times 10^{-5}$ として,反応 $\text{NH}_4^+ \rightleftharpoons \text{NH}_3(aq) + \text{H}^+$ の K を求めよ.
>
> **解法** 3番目の反応式は,2番目の反応式を逆向きにして,1番目の反応式と足しあわせて得られる.
>
> $$\begin{aligned}
\cancel{\text{H}_2\text{O}} &\rightleftharpoons \text{H}^+ + \cancel{\text{OH}^-} & K = K_w \\
\text{NH}_4^+ + \cancel{\text{OH}^-} &\rightleftharpoons \text{NH}_3(aq) + \cancel{\text{H}_2\text{O}} & K = 1/K_{\text{NH}_3} \\
\hline
\text{NH}_4^+ &\rightleftharpoons \text{H}^+ + \text{NH}_3(aq) & K = K_w \cdot \frac{1}{K_{\text{NH}_3}} = 5.6 \times 10^{-10}
\end{aligned}$$
>
> **類題** 反応 $\text{Li}^+ + \text{H}_2\text{O} \rightleftharpoons \text{Li(OH)}(aq) + \text{H}^+$ の平衡定数は $K_{\text{Li}} = 2.3 \times 10^{-14}$ である.この反応と K_w の反応を組み合わせて,反応 $\text{Li}^+ + \text{OH}^- \rightleftharpoons \text{Li(OH)}(aq)$ の平衡定数を求めよ.(**答え**:2.3)

本書では,とくに記さないかぎり,化学反応式のすべての化学種が水溶液中にあると仮定する.

逆反応は,$K' = 1/K$ である.二つの反応を合わせると,$K_3 = K_1 K_2$ となる.

6-2 平衡と熱力学

平衡は,化学反応の熱力学によって支配される.吸収または放出される熱(**エンタルピー**),および分子運動へのエネルギー散逸(**エントロピー**)が,それぞれ独立に反応を有利にしたり,不利にしたりする.

エンタルピー

ある反応の**エンタルピー変化**(enthalpy change, ΔH)は,一定の圧力下で反応が起こるときに吸収または放出される熱である[5].標準エンタルピー変化

$\Delta H = (+)$
熱が吸収される
吸熱

$\Delta H = (-)$
熱が放出される
発熱

($\Delta H°$) は，すべての反応物と生成物が標準状態にあるときに吸収される熱として定義される[*1]．

$$HCl(g) \rightleftharpoons H^+(aq) + Cl^-(aq) \quad \Delta H° = -74.85 \text{ kJ/mol}(25\text{ °C}) \quad (6\text{-}3)$$

$\Delta H°$ の負符号は，反応 6-3 が熱を放出して，溶液が温かくなることを意味する．他の反応では ΔH は正となり，これは熱が吸収されることを意味する．したがって，反応によって溶液は冷やされる．ΔH が正の反応は，**吸熱**（endothermic）と呼ばれる．ΔH が負ならば，反応は必ず**発熱**（exothermic）である．

エントロピー

化学的および物理的な変化が一定の温度で可逆的[*2]に起こるとき，**エントロピー変化**（entropy change）ΔS は，吸収される熱（q_{rev}）を温度（T）で割った値に等しい．

正の q は，熱が系に吸収されることを意味する
負の q は，熱が系から除かれること（放出されること）を意味する

$$\Delta S = \frac{q_{rev}}{T} \quad (6\text{-}4)$$

液体の水，固体の氷，水蒸気を含み，273.16 K で平衡にある密閉容器について考えてみよう．周囲の温かい流体から少量の熱が容器に吸収されると，氷が少し溶ける．温度は 273.16 K のままである．吸収された熱は，結晶中の隣接する水分子間の水素結合を一部切断し，分子の並進，回転，および振動の運動エネルギーを増加させる（並進は，分子が空間を進む動きを意味する）．そのため一部の水分子は，固体から液体に変わる．容器の中身のエントロピー変化は，式 6-4 で表されるように吸収される熱を温度で割ったものに等しい．吸収される熱が 0.10 J のとき，エントロピー変化は $\Delta S = q_{rev}/T = (0.10 \text{ J})/(273.16 \text{ K}) = 0.000 37 \text{ J/K}$ である．また，エントロピー変化は，ある温度において系内の分子運動に散逸するエネルギー量でもある[*3]．不可逆変化では，最初の状態と最後の状態の間の任意の可逆的な経路から ΔS を求めることができる．最初と最後のエントロピーは系の状態にのみ依存し，ある状態から別の状

[*1] 標準状態の定義には，本書の範囲を超えた微妙さがある．反応 6-3 では，標準状態の H^+ または Cl^- は，濃度 1 M で存在するが，無限に希釈された溶液中に存在するようにふるまう仮想状態にあるとする．すなわち，標準濃度は 1 M であるが，そのふるまいはそれぞれのイオンが周囲のイオンの影響を受けない非常に希薄な溶液中で観察されるものと仮定する．

[*2]「可逆的」は，物理的または化学的なわずかな変化が，外部からのわずかな作用によって元に戻ることを意味する．たとえば，熱をわずかに加えると，少しだけ溶融する．同様に熱を少しうばうと，少量の液体が凍る．不可逆変化の例は，$H_2(g) + O_2(g)$ 混合物の爆発である．密閉容器内でスパークを発生させるとこの反応が起こり，$H_2O(l)$ を生成する．外部からのわずかな作用で，水を分解して $H_2(g) + O_2(g)$ に戻すことはできない．

[*3] エントロピー変化の別の定義（式 6-4 と等価であるが，見た目はそうではない）は，特定の条件下での分子集団の位置，速度，回転，振動の分布を特定するために必要な情報量の変化である．必要な情報が多いほど，エントロピーは大きくなる．情報とエントロピーの関係を説明したたいへん読みやすく面白い本がある〔A. Ben-Naim, "Entropy and the Second Law: Interpretation and Misss-Interpretationsss", World Scientific (2010); A. Ben-Naim, "Discover Entropy and the Second Law of Thermodynamics", World Scientific (2010); A. Ben-Naim, "Entropy Demystified: The Second Law Reduced to Plain Common Sense", World Scientific (2008)〕．

態にどのように変化したかということには依存しない．

物質 1 mol の標準エントロピー（$S°$）は，絶対零度（この温度ではエントロピーはゼロである）からゆっくりと加熱することで原理的に測定できる．温度 T で少量の熱 q_{rev} を加えると，わずかな変化 ΔT が生じる．この小さなステップのそれぞれについて，エントロピー変化 q_{rev}/T を計算する．圧力 1 bar で物質を 0 K から 298.15 K まで加熱するために必要な小さなエントロピー変化の総和が，その物質の標準エントロピー $S°$ である．

298.15 K = 25.00 ℃である．

液体は，同じ物質の固体よりもエントロピーが大きい．それは，固体中で互いに引きつけあっている分子を離して，液体中の分子の並進，回転，振動の運動エネルギーを増やすには熱が必要だからだ．気体は，液体よりもエントロピーが大きい．それは，液体中で互いにに引きつけあっている分子を離して，気体中の分子の並進，回転，振動の運動エネルギーを増やすには熱が必要だからだ．

水溶液中のイオンは，ふつうその固体塩よりも大きいエントロピーをもつ．

$$\text{KCl}(s) \rightleftharpoons \text{K}^+(aq) + \text{Cl}^-(aq) \quad \Delta S° = +76.4 \text{ J}/(\text{K·mol}) (25℃) \quad (6\text{-}5)$$

$\Delta S°$ は，すべての化学種がその標準状態にあるときのエントロピー変化（生成物のエントロピーから反応物のエントロピーを引いたもの）である．$\Delta S°$ が正の値であることは，溶液中の 1 mol の $\text{K}^+(aq)$ と 1 mol の $\text{Cl}^-(aq)$ は，$\text{KCl}(s)$ 結晶中のイオンに比べて，化学種の並進・回転・振動の運動エネルギーが大きいことを意味する．反応 6-3 $\text{HCl}(g) \rightleftharpoons \text{H}^+(aq) + \text{Cl}^-(aq)$ では，25℃において $\Delta S°$ は負である [-130.4 J/(K·mol)]．水溶液のイオンは，気体の塩化水素よりも並進・回転・振動に散逸する運動エネルギーが小さい．

$\Delta S = (+)$
生成物のエントロピーは反応物よりも大きい

$\Delta S = (-)$
生成物のエントロピーは反応物よりも小さい

自由エネルギー

一般的な実験室の条件では，温度と圧力が一定である．このような系では，エンタルピーは小さくなり，エントロピーは大きくなる傾向がある．負の ΔH（熱が放出される），または正の ΔS，あるいはその両方によって，化学反応は生成物を生成する向きに進む．ΔH が負で ΔS が正のとき，反応は明らかに有利である．ΔH が正で ΔS が負のとき，反応は不利である．

ΔH と ΔS がいずれも正または負のとき，反応を有利にするのは何だろうか？ ΔH と ΔS の対立する傾向の間で決め手となるのは，**ギブズ自由エネルギー**（Gibbs free energy）変化 ΔG である．一定温度 T において，反応は，

$$\text{自由エネルギー：} \quad \Delta G = \Delta H - T\Delta S \quad (6\text{-}6)$$

ΔG が負であれば有利である．

$\text{HCl}(g)$ の溶解とイオンへの解離（反応 6-3）では，すべての化学種が標準状態にあるとき，$\Delta H°$ は反応に有利であり，$\Delta S°$ は反応に不利である．最終的な結果を知るために，$\Delta G°$ を算出する．

$$\begin{aligned}\Delta G° &= \Delta H° - T\Delta S° \\ &= (-74.85 \times 10^3 \text{ J/mol}) - (298.15 \text{ K})(-130.4 \text{ J/K·mol}) \\ &= -35.97 \text{ kJ/mol}\end{aligned}$$

$\Delta G°$ が負であるので，すべての化学種が標準状態にあるとき，反応は有利である．この例では，$\Delta H°$ の有利な影響は，$\Delta S°$ の不利な影響よりも大きい．平衡に達するため，反応は最初の状態から負の ΔG の方向に動き始め，系の自由エネルギーが最小になると平衡に達する[6]．

自由エネルギーの重要さは，反応の平衡定数とエネルギー（$\Delta H°$ および $\Delta S°$）を関連付けることである．平衡定数は，次式のように $\Delta G°$ に依存する．

> **課題** $\Delta G°$ が負のとき，$K > 1$ となることを確かめよ．

自由エネルギーと平衡定数： $$K = e^{-\Delta G°/RT} \tag{6-7}$$

ここで，R は気体定数 $[= 8.3145\ \text{J/(K·mol)}]$，$T$ は温度（K）である．$\Delta G°$ がより大きな負の値になるほど，平衡定数は大きくなる．反応 6-3 では，

$$K = e^{-(-35.97 \times 10^3\ \text{J/mol})/[8.3145\ \text{J/(K·mol)}](298.15\ \text{K})} = 2.00 \times 10^6$$

となる．この平衡定数は大きいので，$HCl(g)$ は水に溶けやすく，溶けるとほぼ完全に H^+ と Cl^- に解離する．

> $\Delta G = (+)$　$K < 1$
> 反応は不利である
>
> $\Delta G = (-)$　$K > 1$
> 反応は有利である

まとめると，化学反応は熱の放出（負の ΔH）やエントロピーの増加（正の ΔS）によって有利になる．ΔG は両方の効果が考慮されており，反応が有利かどうかを判断できる．$\Delta G°$ が負の場合，すなわち $K > 1$ の場合，反応は標準状態において<u>自発的</u>（spontaneous）であるという．$\Delta G°$ が正（$K < 1$）の場合，反応は自発的ではない．$\Delta G°$ から K を計算すること，またその逆の計算ができるようになろう．

ルシャトリエの原理

平衡状態にある系を乱すような変化を考えよう．**ルシャトリエの原理**（Le Chatelier's principle）は，その変化を部分的に打ち消すように系が反応し，再び平衡になるように動くという．

この原理の意味するところを理解するために，次の水溶液反応で，ある化学種の濃度を変えたときに何が起こるかを考えよう．

$$\underset{\substack{\text{臭素酸}\\\text{イオン}}}{BrO_3^-} + \underset{\substack{\text{クロム(III)}\\\text{イオン}}}{2Cr^{3+}} + 4H_2O \rightleftharpoons Br^- + \underset{\substack{\text{二クロム酸}\\\text{イオン}}}{Cr_2O_7^{2-}} + 8H^+ \tag{6-8}$$

$$K = \frac{[Br^-][Cr_2O_7^{2-}][H^+]^8}{[BrO_3^-][Cr^{3+}]^2} = 1 \times 10^{11}\ (25\ ℃)$$

> 水は溶媒であるので K から省かれることに注意しよう．

この系のある特定の平衡状態において，濃度は $[H^+] = 5.0\ \text{M}$，$[Cr_2O_7^{2-}] = 0.10\ \text{M}$，$[Cr^{3+}] = 0.0030\ \text{M}$，$[Br^-] = 1.0\ \text{M}$，$[BrO_3^-] = 0.043\ \text{M}$ である．溶液に二クロム酸イオンを加え，$[Cr_2O_7^{2-}]$ を $0.10\ \text{M}$ から $0.20\ \text{M}$ まで増やして平衡を乱すことを考える．反応はどちら向きに進み，平衡に達するだろうか？

ルシャトリエの原理によれば，反応 6-8 の右辺にある二クロム酸イオンの増加を部分的に相殺するために，反応は左向きに進むはずである．これを確認するには，平衡定数と同じ形式の**反応商**（reaction quotient）Q を計算する．Q は，溶液が平衡になくても，存在するどのような濃度でも計算できるという点で平衡定数 K と異なる．系が平衡に達すると，$Q = K$ となる．反応 6-8 では，

> 反応商は平衡定数と同じ形式であるが，その濃度は一般に平衡時のもの（平衡濃度）ではない．

$$Q = \frac{(1.0)(0.20)(5.0)^8}{(0.043)(0.0030)^2} = 2 \times 10^{11} > K$$

である．$Q > K$ であるので，分子が小さくなり，分母が大きくなって，$Q = K$ になるまで反応は左向きに進む．

1. 反応が平衡にあるとき生成物が加えられる（または反応物が除かれる）と，反応は左向きに進む．

2. 反応が平衡にあるとき反応物が加えられる（または生成物が除かれる）と，反応は右向きに進む．

系の温度が変わると，平衡定数も変わる．式 6-6 と式 6-7 を組み合わせれば，K に対する温度の影響を予想することができる．

$$K = e^{-\Delta G°/RT} = e^{-(\Delta H° - T\Delta S°)/RT} = e^{(-\Delta H°/RT + \Delta S°/R)}$$
$$= e^{-\Delta H°/RT} \cdot e^{\Delta S°/R} \tag{6-9}$$

> $Q < K$ のとき，反応は右向きに進んで平衡に達する．$Q > K$ のとき，反応は左向きに進んで平衡に達する．

> $e^{(a+b)} = e^a \cdot e^b$

項 $e^{\Delta S°/R}$ は，少なくとも $\Delta S°$ が一定であるような限られた温度範囲では T に依存しない．$\Delta H°$ が正のとき温度が高くなると，項 $e^{-\Delta H°/RT}$ は大きくなり，$\Delta H°$ が負のとき温度が高くなると，項 $\Delta H°$ は小さくなる．したがって，

1. 吸熱反応（$\Delta H° = +$）の平衡定数は，温度が高くなると大きくなる．

2. 発熱反応（$\Delta H° = -$）の平衡定数は，温度が高くなると小さくなる．

これらの記述は，ルシャトリエの原理に基づいて以下のように理解できる．吸熱反応について考えよう．

$$\text{熱 + 反応物} \rightleftharpoons \text{生成物}$$

温度が高くなると，系に熱が加わる．反応は右向きに進み，この変化を部分的に相殺する[7]．

> 熱は，吸熱反応では反応物として，発熱反応では生成物として扱うことができる．

平衡の問題を扱うときは，<u>速度論</u>ではなく，<u>熱力学</u>に基づいて予測する．系が平衡に達したときに何が起こるかを推測できるが，それにかかる時間はわからない．あっという間に終わる反応もあれば，百万年経っても平衡に達しない反応もある．たとえば，ダイナマイトは，火花によって自発的で爆発的な分解が起こらないかぎり，いつまでも変化しない．平衡定数の大きさからは，反応速度（速度論）のことは何もわからない．平衡定数が大きくても，反応が速いことを意味しない．

6-3 溶解度積

分析化学で溶解度が現れるのは，沈殿滴定，電気化学分析の参照セル，重量分析などである．鉱物の溶解度に対する酸の影響，サンゴ礁とプランクトンの殻の溶解度（および絶滅）に対する大気中 CO_2 の影響は，環境科学において重要である．

溶解度積（solubility product）は，固体塩が溶けて溶液中にその成分イオン

を与える反応の平衡定数である．固体は標準状態であるので，平衡定数から省かれる．付録Fに溶解度積の値をまとめた．

例として，水中での塩化水銀（I）（Hg_2Cl_2，塩化第一水銀ともいう）の溶解を考えよう．反応式は，

$$Hg_2Cl_2(s) \rightleftharpoons Hg_2^{2+} + 2Cl^- \tag{6-10}$$

である．この溶解度積 K_{sp} は，

$$K_{sp} = [Hg_2^{2+}][Cl^-]^2 = 1.2 \times 10^{-18} \tag{6-11}$$

である．**飽和溶液**（saturated solution）は，未溶解の固体を過剰に含む溶液である．この溶液には，その条件で溶けるかぎりの固体が溶解している．

溶解度積の物理的な意味は以下のようである．水溶液と過剰の固体 Hg_2Cl_2 が接触したままで置かれると，$[Hg_2^{2+}][Cl^-]^2 = K_{sp}$ の条件が満たされるまで固体が溶ける．その後，未溶解の固体の量は一定となる．過剰の固体が残っていなければ，$[Hg_2^{2+}][Cl^-]^2 = K_{sp}$ となる保証はない．Hg_2^{2+} と Cl^- を（適当な対イオンとともに）混ぜ合わせるとき，積 $[Hg_2^{2+}][Cl^-]^2$ が K_{sp} を超えると Hg_2Cl_2 が沈殿する．

一般には，他のイオンの濃度が既知であるか，なんらかの方法で固定されているとき，あるイオンの濃度を求めるために溶解度積を利用する．たとえば，未溶解の $Hg_2Cl_2(s)$ を過剰に含む KCl 溶液中で，0.10 M Cl^- と平衡にある Hg_2^{2+} の濃度はいくらか？ この質問に答えるには，式6-11を次のように変形する．

$$[Hg_2^{2+}] = \frac{K_{sp}}{[Cl^-]^2} = \frac{1.2 \times 10^{-18}}{0.10^2} = 1.2 \times 10^{-16} \text{ M}$$

Hg_2Cl_2 はほんの少ししか溶けないので，Hg_2Cl_2 から加わる Cl^- の量は 0.10 M Cl^- と比べて無視できる．

溶解度積で溶解のすべてが明らかになるわけではない．コラム6-1に記した複雑さに加えて，ほとんどの塩は可溶な**イオン対**（ion pair）をいくぶん生じる．すなわち，MX(s) は，$M^+(aq)$ と $X^-(aq)$ に加えて MX(aq) も与える．たとえば，$CaSO_4$ 飽和溶液では，溶解したカルシウムの3分の2が Ca^{2+}，3分の1が $CaSO_4(aq)$ である[8]．$CaSO_4(aq)$ の**イオン対**は，密接に結びついたイオン対であり，溶液中で一つの化学種としてふるまう．付録Jおよびコラム8-1にイオン対の情報を記した[9]．

共通イオン効果

次式のイオン結晶の溶解反応では，

$$CaSO_4(s) \rightleftharpoons Ca^{2+} + SO_4^{2-} \quad K_{sp} = 2.4 \times 10^{-5}$$

過剰の固体 $CaSO_4$ の存在下で平衡にあるとき，積 $[Ca^{2+}][SO_4^{2-}]$ は一定であ

> 水銀イオン Hg_2^{2+} は**二量体**（dimer）である．二量体は，二つの同一単位が結合している．
>
>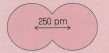
> $[Hg-Hg]^{2+}$
> 水銀の酸化状態は+1
>
> OH^-，S^{2-}，CN^- は Hg(II) を安定化するので，Hg(I) を Hg(0) と Hg(II) に変える．
>
> $\underset{Hg(I)}{Hg_2^{2+}} + 2CN^- \longrightarrow \underset{Hg(II)}{Hg(CN)_2}(aq) + \underset{Hg(0)}{Hg(l)}$
>
> **不均化**（disproportionation）は，中間の酸化状態にある元素が高酸化状態と低酸化状態の両方の生成物を与える過程である．

> **塩**は，Hg_2Cl_2，$CaSO_4$ のように，イオンから成る固体である．

コラム 6-1
溶解度は溶解度積だけでは決まらない

Hg_2Cl_2 飽和溶液中にどのくらい Hg_2^{2+} が溶けているかを知りたいとき，反応 6-10 を見て，Hg_2^{2+} 1 個につき Cl^- が 2 個生じることに注目する．Hg_2^{2+} の濃度を x とおくと，Cl^- の濃度は $2x$ である．これらの値を溶解度積（式 6-11）に代入して，$K_{sp} = [Hg_2^{2+}][Cl^-]^2 = (x)(2x)^2$ と書き表し，$[Hg_2^{2+}] = x = 6.7 \times 10^{-7}$ M と計算できる．

しかし，この答えは厳密に正確ではない．その理由は，以下のような他の反応を考慮していないからである．

加水分解：
$$Hg_2^{2+} + H_2O \rightleftharpoons Hg_2OH^+ + H^+ \quad K = 10^{-5.3}$$

不均化：
$$2Hg_2^{2+} \rightleftharpoons Hg^{2+} + Hg(l) \quad K = 10^{-2.1}$$

$Hg^{2+} - Cl^-$ イオン対生成：
$$Hg^{2+} + Cl^- \rightleftharpoons HgCl^+ \quad K = 10^{7.3}$$

$Hg^{2+} - Cl^-$ イオン対生成：
$$Hg^{2+} + 2Cl^- \rightleftharpoons HgCl_2(aq) \quad K = 10^{14.00}$$

これらの反応によって，K_{sp} のみから予測されるよりも多くの Hg_2Cl_2 が溶ける．化合物の溶解度を正しく計算するためには，関係するすべての化学反応を知らねばならない．

る．$CaCl_2$ など，別の供給源から Ca^{2+} を加えて Ca^{2+} 濃度が増えた場合，積 $[Ca^{2+}][SO_4^{2-}]$ が一定になるように SO_4^{2-} の濃度は低くなる．言い換えれば，他の供給源による Ca^{2+} や SO_4^{2-} がすでに存在する場合，$CaSO_4(s)$ の溶ける量は少なくなる．図 6-1 は，$CaCl_2$ が溶存すると $CaSO_4$ の溶解度がどのように低下するかを示す．

これはルシャトリエの原理の実例であって，**共通イオン効果**（common ion effect）と呼ばれる．成分イオンの一つが溶液中に存在すると，塩は溶けにくくなる．

共通イオン効果：塩のイオンの一つが溶液に存在すると，塩は溶けにくい．実証実験 6-1 は共通イオン効果を現す．

沈殿分離

沈殿を利用してイオンを互いに分離することができる[12]．例として，鉛（II）イオン（Pb^{2+}）と水銀（I）イオン（Hg_2^{2+}）を含む溶液を考えよう．濃度はそれ

実証実験 6-1
共通イオン効果[10, 11]

過剰の固体を含まない飽和 KCl 水溶液を試験管 2 本に約 3 分の 1 ずつ入れる．KCl の溶解度は約 3.7 M であるので，溶解度積は（後述する活量の影響は無視する），

$$K_{sp} \approx [K^+][Cl^-] = (3.7)(3.7) = 13.7$$

である．1 本の試験管に試験管の 3 分の 1 量の 6 M 塩酸を加え，もう 1 本の試験管に等体積の 12 M 塩酸を加える．この操作は共通イオン Cl^- をそれぞれの試験管に加えるが，KCl が沈殿するのは 1 本だけである．

観察したことを理解するために，塩酸を加えたあとの各試験管の K^+ と Cl^- の濃度を計算する．次に，各試験管の反応商 $Q = [K^+][Cl^-]$ を計算する．観察したことを説明せよ．

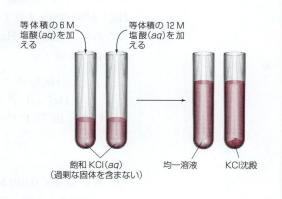

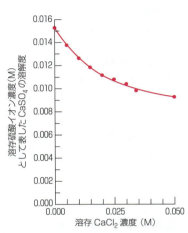

図 6-1 溶存 $CaCl_2$ を含む溶液中の $CaSO_4$ の溶解度. 溶解度は溶存硫酸イオンの全濃度で表される. 硫酸イオンは, 遊離 SO_4^{2-} およびイオン対 $CaSO_4(aq)$ として存在する. [データ出典: W. B. Guenther, "Unified Equilibrium Calculations", Wiley, (1991).]

図 6-2 ヨウ化鉛(Ⅱ)(PbI_2)の黄色沈殿. 無色のヨウ化カリウム(KI)溶液に無色の硝酸鉛[$Pb(NO_3)_2$]溶液を加えると沈殿が生じる.
[© 1989 Chip Clark. Fundamental Photographs.]

それぞれ 0.010 M である. 鉛と水銀はどちらも不溶性のヨウ化物を生じる(図 6-2). ヨウ化水銀(Ⅰ)は K_{sp} の値がずっと小さく, 非常に溶けにくい.

$$PbI_2(s) \rightleftharpoons Pb^{2+} + 2I^- \qquad K_{sp} = 7.9 \times 10^{-9}$$
$$Hg_2I_2(s) \rightleftharpoons Hg_2^{2+} + 2I^- \qquad K_{sp} = 4.6 \times 10^{-29}$$

Hg_2I_2 の K_{sp} がより小さいことは, 溶解度がより小さいことを意味する. この場合は, 二つの反応の化学量論が同じであるからだ. 化学量論が異なる場合, K_{sp} がより小さくても, 溶解度がより小さいとは限らない.

I^- を用いて, Pb^{2+} を沈殿させることなく, Hg_2^{2+} のみを選択的に沈殿させ, 濃度を 99.990% だけ低くすることは可能だろうか？

この質問は, Pb^{2+} を沈殿させることなく, $[Hg_2^{2+}]$ を 0.010 M の 0.010% = 1.0×10^{-6} M まで下げられるかというものだ. この実験は, 以下のように行う. すべての I^- が Hg_2^{2+} と反応し, Pb^{2+} とはまったく反応しないと仮定して, Hg_2^{2+} が 99.990% 沈殿するまで I^- を加える. Pb^{2+} が沈殿しないことを確認するために, 沈殿した $Hg_2I_2(s)$ および残りの 1.0×10^{-6} M Hg_2^{2+} と平衡にある I^- の濃度を調べる.

$$Hg_2I_2(s) \stackrel{K_{sp}}{\rightleftharpoons} Hg_2^{2+} + 2I^-$$
$$[Hg_2^{2+}][I^-]^2 = K_{sp}$$
$$(1.0 \times 10^{-6})[I^-]^2 = 4.6 \times 10^{-29}$$
$$[I^-] = \sqrt{\frac{4.6 \times 10^{-29}}{1.0 \times 10^{-6}}} = 6.8 \times 10^{-12} \text{ M}$$

この I^- 濃度で 0.010 M Pb^{2+} が沈殿するだろうか？ すなわち, PbI_2 の反応商は溶解度積を上回っているだろうか？

$$Q = [\text{Pb}^{2+}][\text{I}^-]^2 = (0.010)(6.8 \times 10^{-12})^2$$
$$= 4.6 \times 10^{-25} < K_{sp}\ (\text{PbI}_2)$$

PbI_2 の反応商 $Q = 4.6 \times 10^{-25}$ は $K_{sp} = 7.9 \times 10^{-9}$ よりも小さい．したがって，Pb^{2+} は沈殿しない．Pb^{2+} と Hg_2^{2+} の分離は可能である．私たちの予想によれば，Pb^{2+} と Hg_2^{2+} を含む溶液に I^- を加えると，Pb^{2+} が沈殿する前にほとんどすべての Hg_2^{2+} が沈殿する．

現実はそれほど簡単ではない！ 上は熱力学の予測を行っただけである．系が平衡に達すれば，目的とする分離を実現できる．しかし，しばしば物質は他の物質に共沈する．**共沈**（coprecipitation）は，溶解度を超えていない物質が，溶解度を超えている別の物質とともに沈殿することである．たとえば，一部の Pb^{2+} が Hg_2I_2 の結晶表面に吸着したり，結晶内の位置を占めたりする．計算によれば，分離を試してみる価値がある．しかし，実際に分離がうまく行くかどうかは，実験してみないとわからない．

> **質問** 少量の Pb^{2+} が Hg_2I_2 に共沈するかどうかを調べるとき，母液（溶液）中の Pb^{2+} 濃度を測定すべきか，それとも沈殿中の Pb^{2+} 濃度を測定すべきか？ どちらの測定のほうが感度が高いか？「高感度」は，少量の共沈を検出できることを意味する．
> （**答え**：沈殿中の Pb^{2+} を測定すべきである．）

6-4 錯生成反応

陰イオン X^- が金属 M^+ を沈殿させるとき，高濃度の X^- を加えると固体の MX が再び溶けることがよくある．溶解度が高くなるのは，MX_2^- などの**錯イオン**（complex ion）が生じるためである．錯イオンは，二つ以上の単純なイオンが結合して生じる．

ルイス酸とルイス塩基

PbI^+, PbI_3^-, PbI_4^{2-} などの錯イオンにおいて，ヨウ化物イオンは Pb^{2+} の配位子と呼ばれる[3]．**配位子**（ligand）は，対象とする化学種に結合した原子や置換基である．これらの錯体で Pb^{2+} は**ルイス酸**として作用し，I^- は**ルイス塩基**として作用する．**ルイス酸**（Lewis acid）と**ルイス塩基**（Lewis base）が結合するとき，ルイス酸はルイス塩基から電子対を受け取る．

$$^{++}\text{Pb}\,\square\ +\ \boxed{:}\,\ddot{\text{I}}:^-\ \rightarrow\ [\text{Pb}-\ddot{\text{I}}:]^+$$

電子を受け入れる空軌道　　供与される電子対

ルイス酸とルイス塩基の反応生成物は，アダクト（adduct）と呼ばれる．ルイス酸とルイス塩基の間の結合は，供与または配位共有結合（dative or coordinate covalent bond）と呼ばれる．

ルイス酸 ＋ ルイス塩基 ⇌ アダクト
電子対受容体　　電子対供与体

溶解度に対する錯イオン生成の影響[13]

Pb^{2+} と I^- が反応して固体 PbI_2 のみを生成する場合，過剰の I^- が存在すると Pb^{2+} の溶解度は非常に低くなるだろう．

$$\text{PbI}_2(s) \xrightleftharpoons{K_{sp}} \text{Pb}^{2+} + 2\text{I}^- \qquad K_{sp} = [\text{Pb}^{2+}][\text{I}^-]^2 = 7.9 \times 10^{-9} \qquad (6\text{-}12)$$

しかし，実際には，高濃度の I^- が固体の PbI_2 を溶かすことが観察される．こ

> **コラム 6-2**
>
> ## 生成定数の表記
>
> 生成定数は，錯イオン生成反応の平衡定数である．逐次生成定数（stepwise formation constant, K_i）は，以下のように定義される．
>
> $$M + X \xrightleftharpoons{K_1} MX \quad K_1 = \frac{[MX]}{[M][X]}$$
>
> $$MX + X \xrightleftharpoons{K_2} MX_2 \quad K_2 = \frac{[MX_2]}{[MX][X]}$$
>
> $$MX_{n-1} + X \xrightleftharpoons{K_n} MX_n \quad K_n = \frac{[MX_n]}{[MX_{n-1}][X]}$$
>
> 全生成定数（overall or cumulative formation constant）は，β_i で表される．
>
> $$M + 2X \xrightleftharpoons{\beta_2} MX_2 \quad \beta_2 = \frac{[MX_2]}{[M][X]^2}$$
>
> $$M + nX \xrightleftharpoons{\beta_n} MX_n \quad \beta_n = \frac{[MX_n]}{[M][X]^n}$$
>
> 便利な関係式は，$\beta_n = K_1 K_2 \cdots K_n$ である．生成定数の値を付録 I にまとめた．

の現象は，錯イオンの生成によって説明できる．

これらの平衡定数の表記についてはコラム 6-2 で説明する．

$$Pb^{2+} + I^- \xrightleftharpoons{K_1} PbI^+ \qquad K_1 = \frac{[PbI^+]}{[Pb^{2+}][I^-]} = 1.0 \times 10^2 \qquad (6\text{-}13)$$

$$Pb^{2+} + 2I^- \xrightleftharpoons{\beta_2} PbI_2(aq) \qquad \beta_2 = \frac{[PbI_2(aq)]}{[Pb^{2+}][I^-]^2} = 1.4 \times 10^3 \qquad (6\text{-}14)$$

$$Pb^{2+} + 3I^- \xrightleftharpoons{\beta_3} PbI_3^- \qquad \beta_3 = \frac{[PbI_3^-]}{[Pb^{2+}][I^-]^3} = 8.3 \times 10^3 \qquad (6\text{-}15)$$

$$Pb^{2+} + 4I^- \xrightleftharpoons{\beta_4} PbI_4^{2-} \qquad \beta_4 = \frac{[PbI_4^{2-}]}{[Pb^{2+}][I^-]^4} = 3.0 \times 10^4 \qquad (6\text{-}16)$$

反応 6-14 の化学種 $PbI_2(aq)$ は溶存 PbI_2 であり，鉛原子 1 個とヨウ素原子 2

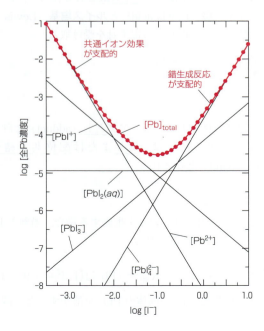

図 6-3 遊離のヨウ化物イオン濃度に対する鉛（II）の全溶解度（赤丸印の曲線）および個々の化学種の溶解度（直線）．極小値の左側では，$[Pb]_{total}$ は $PbI_2(s)$ の溶解度積に支配される．$[I^-]$ が高くなるにつれ，共通イオン効果により $[Pb]_{total}$ は小さくなる．$[I^-]$ の値がさらに高くなると，$PbI_2(s)$ は I^- と反応して PbI_4^{2-} などの可溶な錯イオンを生成するため再び溶ける．対数目盛に注意すること．$[PbOH^+]$ が無視できるように，溶液はわずかに酸性にしてある．

個が結合している．反応 6-14 は反応 6-12 の逆反応ではない．反応 6-12 の化学種は，固体の PbI_2 である．

I^- 濃度が低いとき，鉛の溶解度は $PbI_2(s)$ の沈殿に支配される．I^- 濃度が高いとき，反応 6-13 から反応 6-16 は右向きに進み（ルシャトリエの原理），溶存鉛の全濃度は Pb^{2+} のみの濃度よりかなり高くなる（図 6-3）．

化学平衡の有用な特徴は，すべての平衡が同時に満たされることである．$[I^-]$ がわかっていれば，Pb^{2+} が関与する他の反応の有無にかかわらず，反応 6-12 の平衡定数の式に $[I^-]$ の値を代入して $[Pb^{2+}]$ を計算することができる．どれか一つの平衡を満たす Pb^{2+} の濃度は，すべての平衡を満たさなければならない．溶液中の Pb^{2+} の濃度はただ一つしかありえないからだ．

例題　Pb^{2+} の溶解度に対する I^- の影響

$PbI_2(s)$ 飽和溶液において，溶存 I^- の濃度が (a) 0.001 0 M，(b) 1.0 M のときの PbI^+，$PbI_2(aq)$，PbI_3^-，PbI_4^{2-} の濃度を求めよ．

解法 (a) 反応 6-12 の K_{sp} から計算すると，次のようになる．

$$[Pb^{2+}] = K_{sp}/[I^-]^2 = (7.9 \times 10^{-9})/(0.001\,0)^2 = 7.9 \times 10^{-3}\,\text{M}$$

次に反応 6-13 から反応 6-16 により，他の Pb(II) 化学種の濃度を計算する．

$$[PbI^+] = K_1[Pb^{2+}][I^-] = (1.0 \times 10^2)(7.9 \times 10^{-3})(1.0 \times 10^{-3})$$
$$= 7.9 \times 10^{-4}\,\text{M}$$
$$[PbI_2(aq)] = \beta_2[Pb^{2+}][I^-]^2 = 1.1 \times 10^{-5}\,\text{M}$$
$$[PbI_3^-] = \beta_3[Pb^{2+}][I^-]^3 = 6.6 \times 10^{-8}\,\text{M}$$
$$[PbI_4^{2-}] = \beta_4[Pb^{2+}][I^-]^4 = 2.4 \times 10^{-10}\,\text{M}$$

(b) 代わりに $[I^-] = 1.0\,\text{M}$ とすると，同様の計算により，

$$[Pb^{2+}] = 7.9 \times 10^{-9}\,\text{M} \qquad [PbI_3^-] = 6.6 \times 10^{-5}\,\text{M}$$
$$[PbI^+] = 7.9 \times 10^{-7}\,\text{M} \qquad [PbI_4^{2-}] = 2.4 \times 10^{-4}\,\text{M}$$
$$[PbI_2(aq)] = 1.1 \times 10^{-5}\,\text{M}$$

類題 $[I^-] = 0.10\,\text{M}$ である $PbI_2(s)$ 飽和溶液中の $[Pb^{2+}]$，$[PbI_2(aq)]$，$[PbI_3^-]$ を求めよ．（**答え**：7.9×10^{-7}，1.1×10^{-5}，$6.6 \times 10^{-6}\,\text{M}$）

$I^- = 0.001\,0\,\text{M}$ のとき，Pb^{2+} が支配的である．
$I^- = 1.0\,\text{M}$ のとき，PbI_4^{2-} が支配的である．

この例で溶存鉛の全濃度は，

$$[Pb]_{total} = [Pb^{2+}] + [PbI^+] + [PbI_2(aq)] + [PbI_3^-] + [PbI_4^{2-}]$$

である．$[I^-] = 10^{-3}\,\text{M}$ のとき，$[Pb]_{total} = 8.7 \times 10^{-3}\,\text{M}$ であり，その 91% が Pb^{2+} である．$[I^-]$ が大きくなるにつれて，反応 6-12 に作用する共通イオン効果により，$[Pb]_{total}$ は小さくなる．しかし，$[I^-]$ がさらに大きくなると，錯生成反応が支配的となり，図 6-3 のように $[Pb]_{total}$ が大きくなる．$[I^-] = 1.0\,\text{M}$ のとき，$[Pb]_{total} = 3.2 \times 10^{-4}\,\text{M}$ であり，その 76% が PbI_4^{2-} である．

表の平衡定数はふつう「定数」ではない

化学反応の平衡定数を別の本で調べると，値が異なることが多い（10倍以上異なることもある）[14]．このような差が生じるのは，平衡定数が異なる条件で，そしておそらく異なる方法で求められたからである．

K の報告値にばらつきを生じる一般的な原因は，溶液のイオン組成である．K が，ある特定のイオン組成（たとえば，1 M NaClO$_4$）における実験値であるのか，イオン濃度ゼロに外挿されたものであるのかに注意しよう．平衡定数を使うときは，用いる条件にできる限り近い条件で測定された K の値を選ぶのがよい．

> 化学平衡に対する溶存イオンの影響は 8 章で説明する．

6-5 プロトン酸と塩基

酸と塩基のふるまいを理解することは，化学に関係するあらゆる科学分野に必須である．分析化学では，ほとんど常に錯生成反応や酸化・還元反応に対する pH の影響を明らかにしなければならない．pH は，分子の電荷や形状に影響を及ぼす．これらの要因は，クロマトグラフィーや電気泳動でどの分子を他の分子から分離できるか，また，質量分析法でどの分子が検出されるかを判断するために重要である．

水溶液の化学において，**酸**（acid）は，水に加えたとき H$_3$O$^+$（**ヒドロニウムイオン**，hydronium ion）の濃度を上げる物質である．逆に，**塩基**（base）は，H$_3$O$^+$ の濃度を下げる．H$_3$O$^+$ 濃度が下がると，必然的に OH$^-$ 濃度が上がる．したがって，塩基は水溶液中の OH$^-$ 濃度を上げる．

<u>プロトン性</u>（protic）という語は，ある分子から別の分子へ H$^+$ が移動することに関与する化学を表す．化学種 H$^+$ は<u>プロトン</u>（proton）ともいう．それは，水素原子が電子を失ったあとに残るものである．ヒドロニウムイオン H$_3$O$^+$ は，H$^+$ と H$_2$O が結合したものである．水溶液中の水素イオンとして，H$_3$O$^+$ は H$^+$ よりも正確な表現であるが，本書では H$_3$O$^+$ と H$^+$ を区別なく用いる．

> 実際には H$_3$O$^+$ を意味するとき，簡単のために H$^+$ と書く．

ブレンステッド-ローリーの酸と塩基

Brønsted と Lowry は，<u>酸をプロトン供与体</u>，<u>塩基をプロトン受容体</u>と定義した．塩酸は酸（プロトン供与体）であり，水中の H$_3$O$^+$ 濃度を上げる．

$$HCl + H_2O \rightleftharpoons H_3O^+ + Cl^-$$

ブレンステッド-ローリーの定義では，H$_3$O$^+$ の生成は必須ではない．したがって，この定義は非水溶媒や気相にも拡張できる．

$$\underset{\substack{\text{塩酸}\\(\text{酸})}}{HCl(g)} + \underset{\substack{\text{アンモニア}\\(\text{塩基})}}{NH_3(g)} \rightleftharpoons \underset{\substack{\text{塩化アンモニウム}\\(\text{塩})}}{NH_4^+Cl^-(s)}$$

本書では今後，酸または塩基について述べるとき，ブレンステッド-ローリーの酸または塩基を指すこととする．

> **ブレンステッド-ローリー酸**：プロトン供与体
>
> **ブレンステッド-ローリー塩基**：プロトン受容体
>
> コペンハーゲン大学の J. N. Brønsted（1879〜1947）とケンブリッジ大学の T. M. Lowry（1874〜1936）は，1923 年に酸と塩基の定義を独立に発表した．

塩

塩化アンモニウムなどのイオン性の固体を**塩**（salt）と呼ぶ．形式上，塩は酸塩基反応の生成物と考えられる．酸と塩基が反応するとき，互いに**中和する**（neutralize）という．1価の正電荷をもつ陽イオンと1価の負電荷をもつ陰イオンを含む塩は，ほとんどが強電解質（strong electrolyte）である．これらの塩は，希薄水溶液中でほぼ完全にイオンに解離する．たとえば，塩化アンモニウムは水中で NH_4^+ と Cl^- を与える．

$$NH_4^+Cl^-(s) \longrightarrow NH_4^+(aq) + Cl^-(aq)$$

共役酸と共役塩基

酸と塩基の反応生成物も酸と塩基に分類される．

（酢酸）　（メチルアミン）　⇌　（酢酸イオン）　（メチルアンモニウムイオン）

酸　　塩基　　　　　　塩基　　　　酸
　　　　　　共役対
　　　　　　　　　　　共役対

酢酸イオンは，プロトンを受け取って酢酸になるので塩基である．メチルアンモニウムイオンは，プロトンを与えてメチルアミンになるので酸である．酢酸と酢酸イオンは，**共役酸・塩基対**（conjugate acid-base pair）と呼ばれる．メチルアミンとメチルアンモニウムイオンも同じく共役である．共役酸と共役塩基は，1個の H^+ を得たり，失ったりすることで関係付けられる．

H^+ と OH^- の本性

プロトンは，水中に単独で存在しない．一部の結晶塩に見られる最も基本的な化学式は H_3O^+ である．たとえば，過塩素酸一水和物の結晶は，ピラミッド形のヒドロニウムイオン（ヒドロキソニウムイオンともいう）を含む．

$HClO_4 \cdot H_2O$ は，実際には [ヒドロニウムイオン] [過塩素酸イオン]

$HClO_4 \cdot H_2O$ は，構造に関係なく，物質の組成を表した化学式である．より正確には $H_3O^+ClO_4^-$ であろう．

さまざまな結晶中の H_3O^+ イオンの平均サイズを図6-4に示す．水溶液では，H_3O^+ は例外的に強い水素結合により，3個の水分子と強く結びつく（図6-5）．$H_5O_2^+$ イオンはもう一つの基本的な化学種であり，2個の水分子が水素イオンを共有している[17,18]．

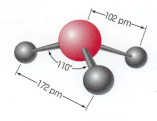

共役酸と共役塩基は，1個のプロトンを得たり，失ったりすることで関係づけられる．本文中の構造式では，塗りつぶされたくさび形は紙面の手前にのびる結合を，破線のくさび形は紙面の向こう側の原子との結合を表す．

H_3O^+ のアイゲン構造

図 6-4 ヒドロニウムイオン H_3O^+ の構造．M. Eigen が提唱し，多くの結晶で見つかった[15]．H_3O^+ の結合エンタルピー（OH結合を切るのに必要な熱）は 544 kJ/mol であり，H_2O の結合エンタルピーよりも約 84 kJ/mol だけ大きい．

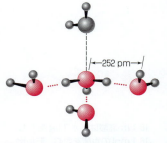

図 6-5 水溶液の H_3O^+ の環境[15]．3個の H_2O 分子が強い水素結合（赤点線）で H_3O^+ に結合し，1個の H_2O（上部）が弱いイオン-双極子相互作用（破線）で結合する．O—H⋯O 水素結合の距離 252 pm（ピコメートル，10^{-12} m）は，水分子間の水素結合 O—H⋯O の距離 283 pm とほぼ等しい．一部の結晶で見られる陽イオン $(H_2O)_3H_3O^+$ は，$(H_2O)_4H_3O^+$ と構造が似ているが，上部に弱く結合する H_2O がない[16]．

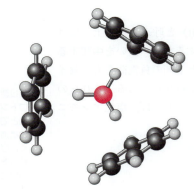

図 6-6 [(C$_6$H$_6$)$_3$H$_3$O$^+$][CHB$_{11}$Cl$_{11}^-$] の結晶中に見られる H$_3$O$^+$·3C$_6$H$_6$ イオン. [データ出典: E. S. Stoyanov et al., *J. Am. Chem. Soc.*, **128**, 1948 (2006).]

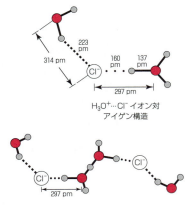

図 6-7 濃塩酸中の Cl$^-$···H$_3$O$^+$ と Cl$^-$···H$_5$O$_2^+$ のイオン対構造. それぞれの Cl$^-$ は, 約 6 個の水分子 (H$_2$O + H$_3$O$^+$ + H$_5$O$_2^+$) に取り囲まれている. 構造のごく一部のみを示す. [データ出典: J. L. Fulton and M. Balasubramanian, *J. Am. Chem. Soc.* **132**, 12597 (2010).]

気相では, H$_3$O$^+$ は 20 個の H$_2$O 分子に取り囲まれ, 30 個の水素結合によって正十二面体をつくる[19]. 陽イオン (C$_6$H$_6$)$_3$H$_3$O$^+$ を含む塩の固体およびベンゼン溶液では, ピラミッド形の H$_3$O$^+$ イオンの水素原子は, それぞれベンゼン環の π 電子雲の中心に引きつけられている (図 6-6).

H$_3$O$_2^-$ (OH$^-$·H$_2$O) イオンが, X 線結晶構造解析で観察されている[20]. 中心の O···H···O 結合は, これまでに観察された H$_2$O が関与する水素結合のなかで最も短い.

16.1 *m* 塩酸は, 水 1 kg あたり 16.1 mol の塩酸を含む. モル比 HCl : H$_2$O はいくらか?
(答え: 16.1 : 55.5 = 1 : 3.45)

塩酸では, 約 6 *m* (molal) の濃度で H$_3$O$^+$ と Cl$^-$ のイオン対形成が検出される. 16.1 *m* 塩酸では, すべての H$_3$O$^+$ が Cl$^-$ とイオン対を形成する (図 6-7). 結晶では, アイゲン構造 (H$_3$O$^+$), ズンデル構造 (H$_5$O$_2^+$), および H$_2$O のかたちの 6 分子の水が, 一つの Cl$^-$ のまわりに存在する. Cl$^-$···H$^+$ 水素結合の長さは, Cl$^-$···H$_2$O では 223 pm, Cl$^-$···H$_3$O$^+$ では 160 pm である.

水溶液中の水素イオンは, ほとんどの化学反応式で H$^+$ と書かれるのがふつうだが, 実際は H$_3$O$^+$ として存在する. 水の化学を強調するときは H$_3$O$^+$ と書く. そのよい例は, 水が酸または塩基のいずれかとして働くときである. たとえば, 水はメトキシドイオンに対して酸である.

$$\text{H}-\ddot{\text{O}}-\text{H} + \text{CH}_3-\ddot{\text{O}}^- \rightleftharpoons \text{H}-\ddot{\text{O}}^- + \text{CH}_3-\ddot{\text{O}}-\text{H}$$
水　　　　メトキシドイオン　　　水酸化物イオン　　　メタノール

しかし，水は臭化水素に対しては塩基である．

$$\text{H}_2\text{O} + \text{HBr} \rightleftharpoons \text{H}_3\text{O}^+ + \text{Br}^-$$
水　臭化水素　　ヒドロニウム　　臭化物
　　　　　　　　イオン　　　　イオン

自己プロトリシス

水は自己イオン化する．これを**自己プロトリシス**（autoprotolysis）と呼ぶ（<u>自動イオン化</u>ともいう）．水は，酸としても塩基としても働く．

$$\text{H}_2\text{O} + \text{H}_2\text{O} \rightleftharpoons \text{H}_3\text{O}^+ + \text{OH}^- \tag{6-17a}$$

または

$$\text{H}_2\text{O} \rightleftharpoons \text{H}^+ + \text{OH}^- \tag{6-17b}$$

反応 6-17a と反応 6-17b は同じことを意味している．
プロトン性溶媒（protic solvent）は反応性の H^+ をもち，すべて自己プロトリシスを起こす．たとえば，酢酸はプロトン性溶媒である．

$$2\text{CH}_3\text{COH} \rightleftharpoons \text{CH}_3\overset{+}{\text{C}}\begin{smallmatrix}\text{OH}\\\text{OH}\end{smallmatrix} + \text{H}_3\text{CC}\begin{smallmatrix}\text{O}\\\text{O}\end{smallmatrix}^- \quad \text{酢酸中} \tag{6-18}$$

これらの反応の程度は非常に小さい．反応 6-17 と反応 6-18 の自己プロトリシス定数（平衡定数）は，25 ℃でそれぞれ 1.0×10^{-14} と 3.5×10^{-15} である．

プロトン性溶媒の例（赤字が酸性のプロトン）：

H$_2$O　　CH$_3$CH$_2$O**H**
水　　　　エタノール

非プロトン性溶媒の例（酸性のプロトンがない）：

CH$_3$CH$_2$OCH$_2$CH$_3$　　CH$_3$CN
ジエチルエーテル　　　　　アセトニトリル

6-6 pH

水の自己プロトリシス定数には，特殊な記号 K_w を用いる．「w」は水を表す．

表 6-1 K_w の温度依存性[a]

温度（℃）	K_w	$\text{p}K_w = -\log K_w$	温度（℃）	K_w	$\text{p}K_w = -\log K_w$
0	1.15×10^{-15}	14.938	40	2.88×10^{-14}	13.541
5	1.88×10^{-15}	14.726	45	3.94×10^{-14}	13.405
10	2.97×10^{-15}	14.527	50	5.31×10^{-14}	13.275
15	4.57×10^{-15}	14.340	100	5.43×10^{-13}	12.265
20	6.88×10^{-15}	14.163	150	2.30×10^{-12}	11.638
25	1.01×10^{-14}	13.995	200	5.14×10^{-12}	11.289
30	1.46×10^{-14}	13.836	250	6.44×10^{-12}	11.191
35	2.07×10^{-14}	13.685	300	3.93×10^{-12}	11.406

(a) この表の積 $[\text{H}^+][\text{OH}^-]$ の濃度は，容量モル濃度ではなく質量モル濃度である．log K_w の正確さは ± 0.01 である．質量モル濃度（mol/kg）を容量モル濃度（mol/L）に換算するには，その温度における水の密度を掛ける．25 ℃において，$K_w = 10^{-13.995}$ (mol/kg)^2(0.997 05 kg/L)^2 = $10^{-13.998}$ (mol/L)^2 である．
出典：W. L. Marshall and E. U. Franck, *J. Phys. Chem. Ref. Data*, **10**, 295 (1981). 温度 0〜800 ℃，密度 0〜1.2 g/cm^3 の K_w の値については，A. V. Bandura and S. N. Lvov, *J. Phys. Chem. Ref. Data*, **35**, 15 (2006) を見よ．

H₂O(溶媒)は平衡定数から省くことを思いだそう．25℃で $K_w = 1.0 \times 10^{-14}$ という値は，本書の問題には十分正確である．

水の自己プロトリシス：

$$H_2O \underset{}{\overset{K_w}{\rightleftharpoons}} H^+ + OH^- \qquad K_w = [H^+][OH^-] \qquad (6\text{-}19)$$

表6-1は，K_w が温度によってどのように変化するかを示している．25.0℃における値は 1.01×10^{-14} である．

> **例題　25℃の純水中の H⁺ と OH⁻ の濃度**
>
> 25℃の純水中の H^+ と OH^- の濃度を計算せよ．
>
> **解法**　反応6-19の化学量論から，生成する H^+ と OH^- のモル比は 1:1 である．これらの濃度は等しくなる．それぞれの濃度を x とおくと，次のように書ける．
>
> $$K_w = 1.0 \times 10^{-14} = [H^+][OH^-] = x\,x \;\Rightarrow\; x = 1.0 \times 10^{-7}\,M$$
>
> 純水中の H^+ と OH^- の濃度は，いずれも $1.0 \times 10^{-7}\,M$ である．
>
> **類題**　表6-1を用いて100℃および0℃の純水中の $[H^+]$ を求めよ．
> （**答え**：7.4×10^{-7} および $3.4 \times 10^{-8}\,M$）

> **例題　[H⁺] が既知のときの OH⁻ の濃度**
>
> $[H^+] = 1.0 \times 10^{-3}\,M$ のとき，OH^- の濃度はいくらか？（今後，とくに示さない限り温度は25℃とする．）
>
> **解法**　K_w の式に $[H^+] = 1.0 \times 10^{-3}\,M$ を代入して，
>
> $$K_w = 1.0 \times 10^{-14} = (1.0 \times 10^{-3})[OH^-] \;\Rightarrow\; [OH^-] = 1.0 \times 10^{-11}\,M$$
>
> $[H^+] = 1.0 \times 10^{-3}\,M$ のとき，$[OH^-] = 1.0 \times 10^{-11}\,M$ が得られる．<u>H^+ の濃度が上がると，OH^- の濃度は必ず下がる．その逆も真である．</u>たとえば，$[OH^-] = 1.0 \times 10^{-3}\,M$ のとき，$[H^+] = 1.0 \times 10^{-11}\,M$ である．
>
> **類題**　$[H^+] = 1.0 \times 10^{-4}\,M$ のとき，$[OH^-]$ を求めよ．
> （**答え**：$1.0 \times 10^{-10}\,M$）

$pH \approx -\log[H^+]$ である．pH という用語は，1909年にデンマークの生化学者 S. L. Sørensen によって導入された．彼はこれを「水素イオン指数」と呼んだ[21]．

K_w の式の両辺の log をとり，式6-21を導く．
$K_w = [H^+][OH^-]$
$\log K_w = \log[H^+] + \log[OH^-]$
$-\log K_w$
　$= -\log[H^+] - \log[OH^-]$
$14.00 = pH + pOH$　（25℃）

pH の近似的な定義は，H^+ 濃度の対数に負符号を付けたものである．

pH の近似的な定義：$pH \approx -\log[H^+]$ (6-20)

8章では，<u>活量</u>を用いてpHをより正確に定義するが，式6-20はいろいろな目的に適った定義である．15章では，米国国立標準技術研究所が定めた，ガラス電極と緩衝液を用いるpH測定について説明する．

25℃の純水中では，$[H^+] = 1.0 \times 10^{-7}\,M$ であり，そのpHは $-\log(1.0 \times 10^{-7}) = 7.00$ である．$[OH^-] = 1.0 \times 10^{-3}\,M$ のとき，$[H^+] = 1.0 \times 10^{-11}\,M$ であり，pH は11.00である．$[H^+]$ と $[OH^-]$ のあいだの有用な関係式は，

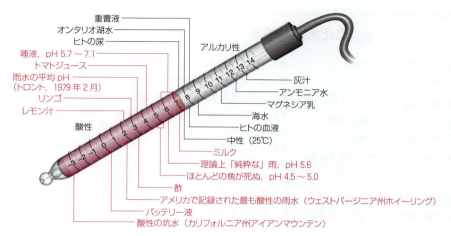

図 6-8 さまざまな物質の pH．[データ出典：*Chem. Eng. News*, 14 September 1981.]

最も酸性の雨水（コラム15-1）は，レモン汁よりも強い酸である．最も酸性の強い自然水は坑水であり，溶存金属の全濃度は 200 g/L，硫酸イオンの濃度は 760 g/L である[23]．この水の pH −3.6 は，$[H^+] = 10^{3.6}$ M = 4000 M であることを意味しない！ この値は，H^+ の活量（8章で説明する）が $10^{3.6}$ であることを意味する．

$$pH + pOH = -\log(K_w) = 14.00 \quad (25℃) \tag{6-21}$$

である．ここで，$pH = -\log[H^+]$ と同様に，$pOH = -\log[OH^-]$ である．式 6-21 を用いると，pH = 3.58 であれば，pOH = 14.00 − 3.58 = 10.42，すなわち $[OH^-] = 10^{-10.42} = 3.8 \times 10^{-11}$ M である．

$[H^+] > [OH^-]$ であれば，溶液は**酸性**（acidic）である．$[H^+] < [OH^-]$ であれば，溶液は**塩基性**（basic）である．25℃において，酸性溶液の pH は 7 より低く，塩基性溶液の pH は 7 より高い．

pH はガラス電極で測定する．ガラス電極は，15 章で説明する．

水や氷の表面は，バルク溶液よりも pH で 2 ほど酸性が強い．H_3O^+ は表面でより安定となるからだ．表面酸性度は，大気の雲の化学にとって重要である[22]．

```
pH  -1 0 1 2 3 4 5 6 7 8 9 10 11 12 13 14 15
    ←―― 酸性 ――→   ↑ ←―――― 塩基性 ――――→
                    中性
```

一般的な物質の pH 値を図 6-8 に示す．

pH はふつう 0 から 14 の範囲であるが，これらは pH の限界値ではない．たとえば pH = −1 は，H^+ の活量が 10 であることを意味する（8章を参照）．このくらいの活量は，塩酸など強酸の濃溶液で実際に現われる．

純水は存在するか？

ほとんどの実験室では，答えは「否」である．25℃の純水は pH が 7.00 になるはずである．しかし，ほとんどの実験室では，装置から得られる蒸留水は酸性である．これは雰囲気からの CO_2 を含むからだ．CO_2 は，次の反応により酸として働く．

$$CO_2 + H_2O \rightleftharpoons \underset{\text{炭酸水素イオン}}{HCO_3^-} + H^+ \tag{6-22}$$

水を沸騰させて，大気から隔離すると，CO_2 をほとんど除くことができる．

1 世紀以上前に，F. Kohlrausch と彼の学生は水の導電率を注意深く測定した．不純物を除いて，導電率を極限値まで下げるには，真空中で水を <u>42 回連続して蒸留</u>しなければならなかった．

表 6-2 一般的な強酸と強塩基

化学式	名称
酸	
HCl	塩酸（塩化水素）
HBr	臭化水素
HI	ヨウ化水素
H_2SO_4[a]	硫酸
HNO_3	硝酸
$HClO_4$	過塩素酸
塩基	
LiOH	水酸化リチウム
NaOH	水酸化ナトリウム
KOH	水酸化カリウム
RbOH	水酸化ルビジウム
CsOH	水酸化セシウム
R_4NOH[b]	水酸化第四級アンモニウム

(a) H_2SO_4 では，第一のプロトンのみが完全に解離する．第二のプロトンの解離は，平衡定数が 1.0×10^{-2} である．
(b) これは，四つの有機置換基を含むアンモニウムイオン水酸化物の一般式である．一例は水酸化テトラブチルアンモニウムである〔$(CH_3CH_2CH_2CH_2)_4N^+OH^-$〕．

実証実験 6-2

塩化水素の噴水

塩酸は水中で H^+ と Cl^- に完全に解離するので，$HCl(g)$ はきわめて水に溶けやすい．

$$HCl(g) \rightleftharpoons HCl(aq) \quad \text{(A)}$$
$$HCl(aq) \rightleftharpoons H^+(aq) + Cl^-(aq) \quad \text{(B)}$$
$$\text{全反応：} HCl(g) \rightleftharpoons H^+(aq) + Cl^-(aq) \quad \text{(C)}$$

反応 B の平衡は右辺に大きく偏っているので，反応 A も右辺に偏る．

課題 反応 C の標準自由エネルギー変化（$\Delta G°$）は，-36.0 kJ/mol である．その平衡定数が 2.0×10^6 であることを示せ．

$HCl(g)$ の水への溶解度はきわめて高く，これが下に示す塩化水素の噴水の原理である[24]．図 a のように，空気が入っている 250 mL 丸底フラスコを逆さにして，注入管と排出管を取り付ける．注入管は $HCl(g)$ の供給源に，排出管は水で満たされ逆さにされた 250 mL 瓶にのばす．フラスコに塩化水素を入れ，空気を置換する．瓶が空気で満たされるとき，フラスコは $HCl(g)$ でほとんど満たされる．

管を取り外して，指示薬溶液を入れたビーカーとゴム球を取り付ける（図 b）．指示薬には，弱アルカリ性のメチルパープル溶液を用いる．この溶液は，pH5.4 を超えると緑色，pH4.8 未満では紫色である．ゴム球からフラスコ内へ約 1 mL の水を噴出させると，フラスコ内は真空になり，指示薬溶液がフラスコに吸入され，すばらしい噴水ができる（カラー図版 1）．

質問 フラスコ内に水を噴出させると真空になるのはなぜか？ また，フラスコに入った指示薬の色が変わるのはなぜか？

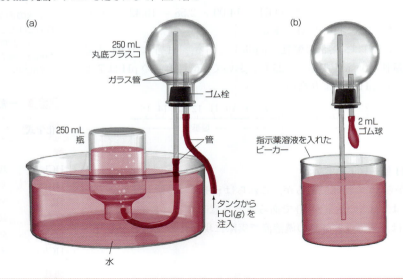

6-7 酸と塩基の強度

酸と塩基は，H^+ や OH^- を生成するときにほぼ「完全に」反応するのか，「部分的に」反応するのかによって強い・弱いと分類される．弱い・強いに明確な区別はないが，一部の酸や塩基は完全に反応するので強いと分類される．慣例により，その他は弱いという．

強酸と強塩基

一般的な強酸と強塩基を表 6-2 にまとめた．すべて覚えておこう．定義上，強酸と強塩基は水溶液中で完全に解離する．すなわち，以下の反応の平衡定数

が大きい.

$$HCl(aq) \rightleftharpoons H^+ + Cl^-$$

$$KOH(aq) \rightleftharpoons K^+ + OH^-$$

未解離の HCl や KOH は水溶液中に事実上存在しない．実証実験 6-2 は，強酸 HCl の挙動の結果を現す．

ハロゲン化水素である HCl, HBr, HI は強酸だが，コラム 6-3 で説明するように，HF は<u>強酸ではない</u>．ほとんどの用途でアルカリ土類金属（Mg^{2+}, Ca^{2+}, Sr^{2+}, Ba^{2+}）水酸化物は強塩基と見なすことができるが，アルカリ金属水酸化物よりもはるかに溶けにくく，いくぶん MOH^+ 錯体を生成する傾向がある（表 6-3）．これまでに知られている最も強い塩基は，気相の分子 LiO^- である[27]．

表 6-3 アルカリ土類金属水酸化物の平衡

$$M(OH)_2(s) \rightleftharpoons M^{2+} + 2OH^-$$
$$K_{sp} = [M^{2+}][OH^-]^2$$
$$M^{2+} + OH^- \rightleftharpoons MOH^+$$
$$K_1 = [MOH^+]/[M^{2+}][OH^-]$$

金属	log K_{sp}	log K_1
Mg^{2+}	−11.15	2.58
Ca^{2+}	−5.19	1.30
Sr^{2+}	—	0.82
Ba^{2+}	—	0.64

注：イオン強度 = 0（25℃）．

弱酸と弱塩基

すべての弱酸（HA と表す）は，水と反応して，H_2O にプロトンを与える．

弱酸の解離：$HA + H_2O \xrightleftharpoons[]{K_a} H_3O^+ + A^-$ (6-23)

この式は次の式とまったく同じことを意味する．

コラム 6-3

フッ化水素（HF）の奇妙なふるまい[15]

ハロゲン化水素 HCl, HBr, HI はすべて強酸であり，次の反応が完全に進む．

$$HX(aq) + H_2O \longrightarrow H_3O^+ + X^-$$
$$(X = Cl, Br, I)$$

ではなぜ HF は弱酸としてふるまうのだろうか？

その答えは不思議である．まず，HF はそのプロトンをすべて H_2O に与える．

$$HF(aq) \longrightarrow \underset{\substack{\text{ヒドロニ}\\\text{ウムイオン}}}{H_3O^+} + \underset{\substack{\text{フッ化物}\\\text{イオン}}}{F^-}$$

しかし，フッ化物イオンはどのイオンよりも強い水素結合を形成する．希薄溶液でもヒドロニウムイオンは，F^- と水素結合でしっかりと結びつく．このような会合体は，**イオン対**（ion pair）と呼ばれる．

$$H_3O^+ + F^- \rightleftharpoons \underset{\text{イオン対}}{F^-\cdots H_3O^+}$$

F^- と H_3O^+ が互いに結びついたままなので，HF は強酸とならない．一方，HCl により生成されるイオン対 $(H_3O^+)(Cl^-)$（図 6-7）は，6 m のような濃厚溶液でのみ重要になる．イオン対は，電荷が 1 より大きいイオンの水溶液でよく見られる．イオン対は，水と異なりイオンの解離を促進しない非水溶媒中で支配的である．

HF がイオン対を生成する傾向は独特ではない．次のような中程度の強酸の多くは水溶液中でおもにイオン対として存在すると考えられる（$HA + H_2O \rightleftharpoons A^-\cdots H_3O^+$）[25]．

CF$_3$CO$_2$H
トリフルオロ酢酸
$K_a = 0.31$

スクエア酸
$K_a = 0.29$

強い一塩基酸や弱い一塩基酸の多くは，固体状態で 1:1 の水素結合を含む塩を形成する．下に二つの例を示す[26]．

$$\left(O_2N-O\cdots H\cdots O-NO_2 \right)^- Cs^+ \quad \left(\begin{array}{c} H_3C-C(=O)-O\cdots H\cdots O-C(=O)-CH_3 \end{array} \right)^- Na^+$$

弱酸の解離：

$$HA \xrightleftharpoons{K_a} H^+ + A^- \qquad K_a = \frac{[H^+][A^-]}{[HA]} \qquad (6\text{-}24)$$

この反応の平衡定数は，**酸解離定数**（acid dissociation constant）K_a と呼ばれる．定義により弱酸は水中で部分的にしか解離しないので，K_a は「小さい」．

弱塩基 B は，水と反応して，H_2O からプロトンを受けとる．

塩基加水分解：

$$B + H_2O \xrightleftharpoons{K_b} BH^+ + OH^- \qquad K_b = \frac{[BH^+][OH^-]}{[B]} \qquad (6\text{-}25)$$

この反応の平衡定数は**塩基加水分解定数**（base hydrolysis constant）K_b と呼ばれ，その値は弱塩基では「小さい」．

一般的な弱酸および弱塩基

酢酸は，典型的な弱酸である．

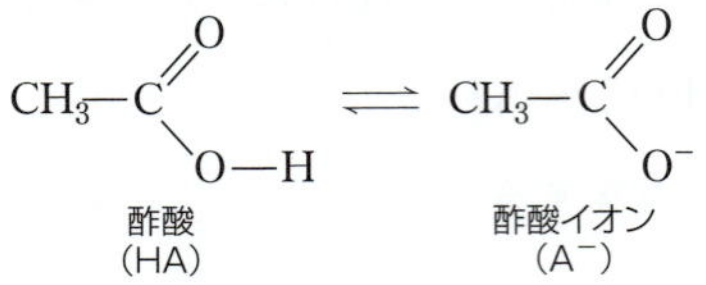

$$CH_3-\underset{酢酸 (HA)}{\underset{|}{C}(=O)-O-H} \rightleftharpoons CH_3-\underset{酢酸イオン (A^-)}{\underset{|}{C}(=O)-O^-} + H^+ \qquad K_a = 1.75 \times 10^{-5} \qquad (6\text{-}26)$$

酢酸は，一般式 RCO_2H で表されるカルボン酸の一つである（式中の R は有機置換基）．**カルボン酸**（carboxylic acid）はほとんどが弱酸であり，**カルボン酸イオン**（carboxylate anion）はほとんどが弱塩基である．

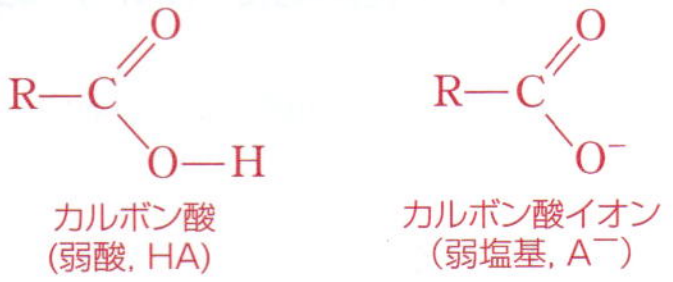

（カルボン酸 (弱酸, HA) / カルボン酸イオン (弱塩基, A^-)）

メチルアミンは，典型的な弱塩基である．

$$CH_3-NH_2 \text{(B)} + H_2O \rightleftharpoons CH_3-NH_3^+ \text{(BH}^+\text{)} + OH^- \qquad K_b = 4.47 \times 10^{-4} \qquad (6\text{-}27)$$

アミンは，含窒素化合物である．

$R\ddot{N}H_2$　第一級アミン　　RNH_3^+
$R_2\ddot{N}H$　第二級アミン　　$R_2NH_2^+$　　アンモニウムイオン
$R_3\ddot{N}$　第三級アミン　　R_3NH^+

アミン（amine）は弱塩基であり，**アンモニウムイオン**（ammonium ion）は弱酸である．すべてのアミンの「基本」は，アンモニア NH_3 である．メチルアミンなどの塩基が水と反応するとき，生成するのは共役酸である．すなわち，反応 6-27 で生成するメチルアンモニウムイオンは弱酸である．

（欄外）

酸解離定数：$K_a = \frac{[H^+][A^-]}{[HA]}$

塩基加水分解定数：
$K_b = \frac{[BH^+][OH^-]}{[B]}$

加水分解は，水とのあらゆる反応を表す．

カルボン酸（RCO_2H）およびアンモニウムイオン（R_3NH^+）は弱酸である．

カルボン酸イオン（RCO_2^-）およびアミン（R_3N）は弱塩基である．

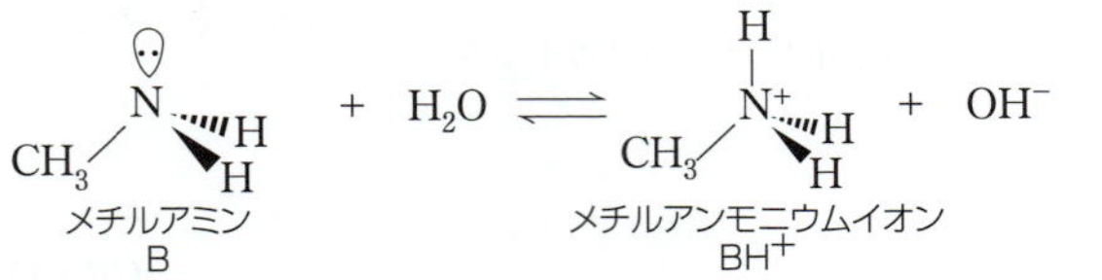

Li$^+$ 13.64	Be															
Na$^+$ 13.9	Mg^{2+} 11.4			より強い酸 →									Al^{3+} 5.00			
K	Ca^{2+} 12.70	Sc^{3+} 4.3	Ti^{3+} 1.3	VO^{2+} 5.7	Cr^{2+} 5.5^a / Cr^{3+} 3.66	Mn^{2+} 10.6	Fe^{2+} 9.4 / Fe^{3+} 2.19	Co^{2+} 9.7 / Co^{3+} 0.5^b	Ni^{2+} 9.9	Cu^{2+} 7.5	Zn^{2+} 9.0	Ga^{3+} 2.6	Ge			
Rb	Sr^{2+} 13.18	Y^{3+} 7.7	Zr^{4+} -0.3	Nb	Mo	Tc	Ru	Rh^{3+} 3.33^c	Pd^{2+} 1.0	Ag$^+$ 12.0	Cd^{2+} 10.1	In^{3+} 3.9	Sn^{2+} 3.4	Sb		
Cs	Ba^{2+} 13.36	La^{3+} 8.5	Hf	Ta	W	Re	Os	Ir	Pt	Au	Hg$_2^{2+}$ 5.3^d / Hg^{2+} 3.40	Tl$^+$ 13.21	Pb^{2+} 7.6	Bi^{3+} 1.1		

Ce^{3+} 9.1^b	Pr^{3+} 9.4^b	Nd^{3+} 8.7^b	Pm	Sm^{3+} 8.6^b	Eu^{3+} 8.6^d	Gd^{3+} 9.1^b	Tb^{3+} 8.4^d	Dy^{3+} 8.4^d	Ho^{3+} 8.3	Er^{3+} 9.1^b	Tm^{3+} 8.2^d	Yb^{3+} 8.4^d	Lu^{3+} 8.2^d

上付き文字のないものはイオン強度ゼロ
(a) イオン強度 = 1 M   (b) イオン強度 = 3 M   (c) イオン強度 = 2.5 M   (d) イオン強度 = 0.5 M

図 6-9 水中の金属イオンの酸解離定数（$-\log K_a$）〔$M^{n+} + H_2O \xrightleftharpoons{K_a} MOH^{(n-1)+} + H^+$〕．たとえば，Li$^+$ では $K_a = 10^{-13.64}$ である．9 章では，この表の数値を pK_a と呼ぶことを学ぶ．濃く塗りつぶされたものが強い酸である．[データ出典：R. M. Smith et al., *NIST Critical Stability Constants of Metal Complexes Database 46*, Gaithersburg, MD: National Institute of Standards and Technology, (2001).]

$$\underset{BH^+}{CH_3\overset{+}{N}H_3} \xrightleftharpoons{K_a} \underset{B}{CH_3\ddot{N}H_2} + H^+ \qquad K_a = 2.33 \times 10^{-11} \qquad (6\text{-}28)$$

メチルアンモニウムイオンはメチルアミンの共役酸である．

化合物が酸性か塩基性か，すぐにわかるようになろう．たとえば，塩である塩化メチルアンモニウムは，水中で解離してメチルアンモニウムイオンと塩化物イオンを与える．

$$\underset{\text{塩化メチルアンモニウム}}{CH_3\overset{+}{N}H_3Cl^-(s)} \longrightarrow \underset{\text{メチルアンモニウムイオン}}{CH_3\overset{+}{N}H_3(aq)} + Cl^-(aq) \qquad (6\text{-}29)$$

メチルアンモニウムイオンはメチルアミンの共役酸であり，弱酸である（反応 6-28）．塩化物イオンは強酸である HCl の共役塩基である．すなわち，Cl$^-$ には H$^+$ と会合する傾向はほとんどない．そうでなければ HCl は強酸にならないだろう．塩化メチルアンモニウムは酸性であり，その理由は，メチルアンモニウムイオンが弱酸であり，Cl$^-$ がきわめて弱い塩基であるからだ．

金属陽イオン M^{n+} は酸加水分解（acid hydrolysis）によって弱酸として働き，$M(OH)^{(n-1)+}$ を生成する[28]．図 6-9 は，次の反応の酸解離定数を示している．

$$M^{n+} + H_2O \xrightleftharpoons{K_a} MOH^{(n-1)+} + H^+$$

1 価の金属イオンは非常に弱い酸（Na$^+$, $K_a = 10^{-13.9}$）である．2 価のイオンはより強い酸になる傾向があり（Fe^{2+}, $K_a = 10^{-9.4}$），3 価のイオンはさらに強い酸である（Fe^{3+}, $K_a = 10^{-2.19}$）．

多塩基酸と多酸塩基

多塩基酸と多酸塩基（polyprotic acid and base）は，複数のプロトンを供与または受容する化合物である．たとえば，シュウ酸は二塩基酸であり，リン酸

塩基を **B**，酸を **HA** と書く．**BH**$^+$ も酸であり，**A**$^-$ も塩基であることを理解しよう．

塩化メチルアンモニウムは弱酸である．その理由は次の通り．
1. CH$_3$NH$_3^+$ と Cl$^-$ に解離する．
2. CH$_3$NH$_3^+$ は弱酸であり，弱塩基の CH$_3$NH$_2$ と共役である．
3. Cl$^-$ はきわめて弱い塩基である．また，強酸の HCl と共役である．すなわち，HCl は完全に解離する．

課題 フェノール（C$_6$H$_5$OH）は弱酸である．イオン性化合物であるカリウムフェノキシド（C$_6$H$_5$O$^-$K$^+$）溶液が塩基性である理由を説明せよ．

水中の金属イオンは数個の H$_2$O 分子に囲まれている（水和される）ので，より正確な酸解離反応は次のように書かれる．

$M(H_2O)_x^{n+} \xrightleftharpoons{}$
$M(H_2O)_{x-1}(OH)^{(n-1)+} + H^+$

は三塩基酸である.

$$HO-\underset{O}{\underset{\|}{C}}-\underset{O}{\underset{\|}{C}}-OH \rightleftharpoons H^+ + {}^-O-\underset{O}{\underset{\|}{C}}-\underset{O}{\underset{\|}{C}}-OH \qquad K_{a1} = 5.62 \times 10^{-2} \qquad (6\text{-}30)$$
シュウ酸 　　　　　　　シュウ酸一水素イオン

$$^-O-\underset{O}{\underset{\|}{C}}-\underset{O}{\underset{\|}{C}}-OH \rightleftharpoons H^+ + {}^-O-\underset{O}{\underset{\|}{C}}-\underset{O}{\underset{\|}{C}}-O^- \qquad K_{a2} = 5.42 \times 10^{-5} \qquad (6\text{-}31)$$
　　　　　　　　　　　　　シュウ酸イオン

$$PO_4^{3-} + H_2O \rightleftharpoons HPO_4^{2-} + OH^- \qquad K_{b1} = 2.3 \times 10^{-2} \qquad (6\text{-}32)$$
リン酸イオン 　　　　　　リン酸一水素イオン

$$HPO_4^{2-} + H_2O \rightleftharpoons H_2PO_4^- + OH^- \qquad K_{b2} = 1.60 \times 10^{-7} \qquad (6\text{-}33)$$
　　　　　　　　　　　　　リン酸二水素イオン

酸・塩基平衡定数の表記:K_{a1} は,プロトンが最も多い酸化学種の解離を表し,K_{b1} は,プロトンが最も少ない塩基化学種の加水分解を表す.酸解離定数の下付きの「a」はふつう省略される.

コラム 6-4

炭　酸[29]

炭酸（H_2CO_3）は,二酸化炭素と水の反応によってつくられる.

$$CO_2(g) \rightleftharpoons CO_2(aq) \qquad K = \frac{[CO_2(aq)]}{P_{CO_2}} = 0.0344$$

$$CO_2(aq) + H_2O \rightleftharpoons \underset{\text{炭酸}}{HO-\underset{O}{\underset{\|}{C}}-OH} \qquad K = \frac{[H_2CO_3]}{[CO_2(aq)]} \approx 0.002$$

$$H_2CO_3 \rightleftharpoons HCO_3^- + H^+ \qquad K_{a1} = 4.46 \times 10^{-7}$$
　　　　　炭酸水素イオン

$$HCO_3^- \rightleftharpoons CO_3^{2-} + H^+ \qquad K_{a2} = 4.69 \times 10^{-11}$$
　　　　　炭酸イオン

二塩基酸としての炭酸のふるまいは,一見変則的である.K_{a1} の値が,他のカルボン酸の K_a の約 10^2 分の 1 から 10^4 分の 1 であるからだ.

CH_3CO_2H	HCO_2H
酢酸	ギ酸
$K_a = 1.75 \times 10^{-5}$	$K_a = 1.80 \times 10^{-4}$
$N\equiv CCH_2CO_2H$	$HOCH_2CO_2H$
シアノ酢酸	グリコール酸
$K_a = 3.37 \times 10^{-3}$	$K_a = 1.48 \times 10^{-4}$

この理由は,H_2CO_3 が異常であるからではなく,一般に K_{a1} が次式で定義されるからである.

$$\text{すべての溶存}CO_2 \rightleftharpoons HCO_3^- + H^+$$
$$[= CO_2(aq) + H_2CO_3]$$

$$K_{a1} = \frac{[HCO_3^-][H^+]}{[CO_2(aq) + H_2CO_3]} = 4.46 \times 10^{-7}$$

溶存 CO_2 の約 0.2% だけが,H_2CO_3 のかたちである.$[H_2CO_3 + CO_2(aq)]$ の代わりに $[H_2CO_3]$ を用いると,平衡定数の値は

$$K_{a1} = \frac{[HCO_3^-][H^+]}{[H_2CO_3]} = 2 \times 10^{-4}$$

となる.

CO_2 の水和（CO_2 と H_2O の反応）および H_2CO_3 の脱水は,教室で実演できるほど遅い反応である[29].生物細胞は,この重要な代謝物質を処理するために炭酸脱水酵素を利用して,H_2CO_3 と CO_2 が平衡になる速度を速める.この酵素は,CO_2 と OH^- の反応にちょうどよい環境を提供し,活性化エネルギー（反応のエネルギー障壁）を 50 kJ/mol から 26 kJ/mol に下げ,反応速度を 10^6 倍以上に上げる.炭酸脱水酵素 1 分子は,1 秒あたり 600 000 分子の CO_2 を反応させる.

炭酸の半減期は,300 K の気相中,水がない状態で 200 000 年と推定される[30].H_2CO_3 あたり 2 個の H_2O 分子が存在すると,半減期は 2 分に短縮される.二量体 $(H_2CO_3)_2$,オリゴマー $(H_2CO_3)_n$[31],および H_2CO_3[32] の結晶形は,極低温の固体で観察される.

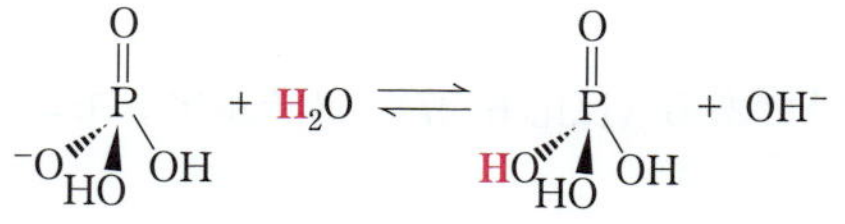

$$\text{(リン酸構造式)} + H_2O \rightleftharpoons \text{(リン酸構造式)} + OH^- \qquad K_{b3} = 1.42 \times 10^{-12} \qquad (6\text{-}34)$$

多塩基酸の逐次酸解離定数の標準的な表記は K_1, K_2, K_3 などであり，下付きの「a」はふつう省略される．本書では，わかりやすさのために下付きを残したり省いたりする．逐次塩基加水分解定数では，下付きの「b」を残す．K_{a1}（または K_1）はプロトンが最も多い酸化学種の解離を表し，K_{b1} はプロトンが最も少ない塩基化学種の加水分解を表す．炭酸は，CO_2 から誘導されるたいへん重要な二塩基カルボン酸である．コラム 6-4 で説明する．

K_a と K_b の関係

水溶液中の共役酸・塩基対の K_a と K_b の間には，きわめて重要な関係式がある．酸 HA とその共役塩基 A^- を用いて，その関係式を導こう．

$$HA \rightleftharpoons H^+ + A^- \qquad K_a = \frac{[H^+][A^-]}{[HA]}$$

$$A^- + H_2O \rightleftharpoons HA + OH^- \qquad K_b = \frac{[HA][OH^-]}{[A^-]}$$

$$\overline{H_2O \rightleftharpoons H^+ + OH^-} \qquad K_w = K_a \cdot K_b$$

$$= \frac{[H^+][A^-]}{[HA]} \cdot \frac{[HA][OH^-]}{[A^-]}$$

反応を加えるとき，平衡定数は掛け合わせられる．

共役酸塩基対の K_a と K_b の関係： $\boxed{K_a \cdot K_b = K_w}$ (6-35)

水溶液中の共役酸・塩基対では，$K_a \cdot K_b = K_w$．

式 6-35 は，水溶液中のあらゆる酸とその共役塩基にあてはまる．

> **例題** 共役塩基の K_b を求める
>
> 酢酸の K_a は 1.75×10^{-5} である（反応 6-26）．酢酸イオンの K_b を求めよ．
>
> **解法** 簡単に解ける*．
>
> $$K_b = \frac{K_w}{K_a} = \frac{1.0 \times 10^{-14}}{1.75 \times 10^{-5}} = 5.7 \times 10^{-10}$$
>
> **類題** クロロ酢酸の K_a は 1.36×10^{-3} である．クロロ酢酸イオンの K_b を求めよ．（**答え**：7.4×10^{-12}）

---

* 本書では，$K_w = 10^{-14.00} = 1.0 \times 10^{-14}$（25℃）を用いる．表 6-1 に示すように，より正確な値は $K_w = 10^{-13.995}$ である．酢酸では，$K_a = 10^{-4.756}$ のとき，正確な K_b の値は $10^{-(13.995-4.756)} = 10^{-9.239} = 5.77 \times 10^{-10}$ である．

例題　共役酸の K_a を求める

メチルアミンの K_b は 4.47×10^{-4} である（反応 6-27）．メチルアンモニウムイオンの K_a を求めよ．

解法　これも同様にして解ける．

$$K_a = \frac{K_w}{K_b} = 2.2 \times 10^{-11}$$

類題　ジメチルアミンの K_b は 5.9×10^{-4} である．ジメチルアンモニウムイオンの K_a を求めよ．（**答え**：1.7×10^{-11}）

二塩基酸では，二種類の酸とそれらの共役塩基それぞれの関係を導くことができる．

$$\begin{array}{rl} \cancel{H_2A} \rightleftharpoons H^+ + \cancel{HA^-} & K_{a1} \\ \cancel{HA^-} + H_2O \rightleftharpoons \cancel{H_2A} + OH^- & K_{b2} \\ \hline H_2O \rightleftharpoons H^+ + OH^- & K_w \end{array} \qquad \begin{array}{rl} \cancel{HA^-} \rightleftharpoons H^+ + \cancel{A^{2-}} & K_{a2} \\ \cancel{A^{2-}} + H_2O \rightleftharpoons \cancel{HA^-} + OH^- & K_{b1} \\ \hline H_2O \rightleftharpoons H^+ + OH^- & K_w \end{array}$$

最後の結果は，次の通りである．

二塩基酸の K_a と K_b の関係：

$$K_{a1} \cdot K_{b2} = K_w \tag{6-36}$$

$$K_{a2} \cdot K_{b1} = K_w \tag{6-37}$$

課題　三塩基酸について以下の式を導け．

$$K_{a1} \cdot K_{b3} = K_w \tag{6-38}$$

$$K_{a2} \cdot K_{b2} = K_w \tag{6-39}$$

$$K_{a3} \cdot K_{b1} = K_w \tag{6-40}$$

有機物構造式の表記法

本書でも有機（炭素含有）化合物が現れはじめた．化学者や生化学者は，すべての原子を書くのを省くために分子を簡単に描く表記法を用いる．とくに表示がない限り，構造の各頂点には炭素原子があると考える．この表記法では，ふつう炭素と水素の結合を省く．炭素は四つの化学結合をつくる．炭素の結合が四つ未満である場合，残りの結合は書かれていない水素原子にのびているものである．下に例を挙げる．

ベンゼン C_6H_6 には，二つの等価な共鳴構造がある．したがって，すべての C—C 結合は等価である．三つの二重結合の代わりに円を用いてベンゼン環を描くことが多い．

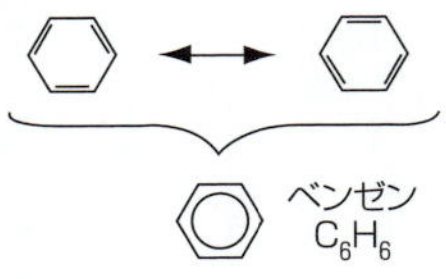

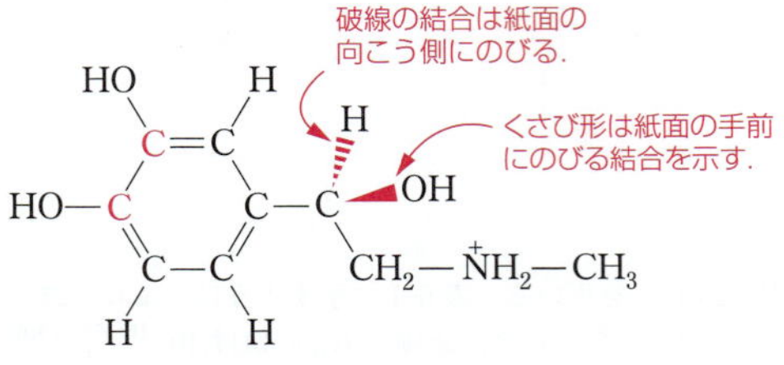

エピネフリン（アドレナリンともいう）

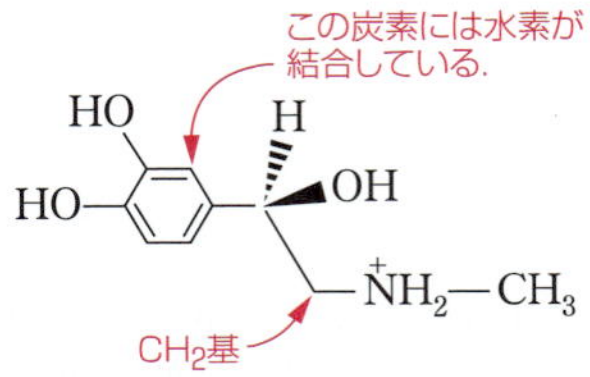

エピネフリンの省略表記

省略表記は，ベンゼン六員環の右上の炭素原子が他の炭素原子と三つの結合（1個の単結合と1個の二重結合）をもつことを示すので，この炭素原子に結合した水素原子があるはずである．ベンゼン環の左上の炭素原子（赤色）は他の炭素原子と三つの結合をもち，酸素原子と一つの結合をもつので，この炭素に結合している隠れた水素原子はない．窒素に隣接する CH_2 基では，二つの水素原子が省略されている．

重要なキーワード

pH
アミン（amine）
アンモニウムイオン（ammonium ion）
イオン対（ion pair）
塩（salt）
塩基（base）
塩基加水分解定数（base hydrolysis constant, K_b）
塩基性溶液（basic solution）
エンタルピー変化（enthalpy change）
エントロピー変化（entropy change）
カルボン酸（carboxylic acid）
カルボン酸イオン（carboxylate anion）
ギブズ自由エネルギー（Gibbs free energy）
吸熱（endothermic）
共沈（coprecipitation）
共通イオン効果（common ion effect）
共役酸・塩基対（conjugate acid-base pair）
錯イオン（complex ion）
酸（acid）
酸解離定数（acid dissociation constant, K_a）
酸性溶液（acidic solution）
自己プロトリシス（autoprotolysis）
全生成定数（cumulative or overall formation constant）
多塩基酸（polyprotic acids）
多酸塩基（polyprotic bases）
逐次生成定数（stepwise formation constant）
中和（neutralization）
配位子（ligand）
発熱（exothermic）
反応商（reaction quotient）
ヒドロニウムイオン（hydronium ion）
非プロトン性溶媒（aprotic solvent）
標準状態（standard state）
不均化（disproportionation）
ブレンステッド-ローリー塩基（Brønsted-Lowry base）
ブレンステッド-ローリー酸（Brønsted-Lowry acid）
プロトン性溶媒（protic solvent）
平衡定数（equilibrium constant）
飽和溶液（saturated solution）
溶解度積（solubility product）
ルイス塩基（Lewis base）
ルイス酸（Lewis acid）
ルシャトリエの原理（Le Châtelier's principle）

本章のまとめ

反応 $aA + bB \rightleftharpoons cC + dD$ の平衡定数は，$K = [C]^c[D]^d/[A]^a[B]^b$ である．溶質の濃度は溶液 1 L あたりのモル数で，気体の濃度は bar で表される．純粋な固体，液体，溶媒の濃度は省略される．逆向きの反応の平衡定数は，$K' = 1/K$ である．二つの反応を合わせた反応の平衡定数は，$K_3 = K_1K_2$ になる．平衡定数は化学反応の自由エネルギー変化から計算できる（$K = e^{-\Delta G°/RT}$）．式 $\Delta G = \Delta H - T\Delta S$ は，反応で熱が放出される（発熱，負の ΔH），またはエントロピーが大きくなる（正の ΔS）ときに反応が有利であることを示す．エントロピー変化は，ある温度において系内の分子運動に散逸するエネルギー量である．ルシャトリエの原理によって，反応物または生成物が加えられたとき，あるいは温度が変わったときの化学反応に対する影響を予想できる．反応商 Q は，平衡に達するまでに系がどのように変化するかを教えてくれる．

溶解度積は，固体塩が水溶液に溶けて成分イオンになる反応の平衡定数である．共通イオン効果は，その塩のイオンの一つが溶液中に存在するとき，塩の溶解度を低下させる．適当な対イオンを加えると，他のイオンを含む溶液から特定のイオンを選択的に沈殿させることができる．配位子が高濃度のとき，沈殿した金属イオンが可溶な錯イオンを生成して再び溶けることがある．金属イオン錯体では，金属イオンがルイス酸（電子対受容体），配位子がルイス塩基（電子対供与体）である．

ブレンステッド-ローリー酸はプロトン供与体であり，ブレンステッド-ローリー塩基はプロトン受容体である．水溶液中で酸は H_3O^+ の濃度を上げ，塩基は OH^- の濃度を上げる．1 個のプロトンを得るか失うことで関係付けられる酸・塩基対を共役という．プロトンがプロトン性溶媒の一つの分子から別の分子へ移動するとき，この反応を自己プロトリシスと呼ぶ．

$pH = -\log[H^+]$ という pH の定義は，後に活量を含むように修正される．K_a は酸が解離（$HA + H_2O \rightleftharpoons H_3O^+ + A^-$）するときの平衡定数である．反応 $B + H_2O \rightleftharpoons BH^+ + OH^-$ の塩基加水分解定数は K_b である．K_a または K_b のいずれかが大きいとき，酸または塩基は強いという．それ以外の場合，酸または塩基は弱い．一般的な強酸と強塩基を表 6-2 にまとめた．これらは覚えておこう．代表的な弱酸はカルボン酸（RCO_2H）であり，代表的な弱塩基はアミン（$R_3N:$）である．

カルボン酸イオン（RCO_2^-）は弱塩基であり，アンモニウムイオン（R_3NH^+）は弱酸である．金属陽イオンは弱酸である．水中の共役酸・塩基対では，$K_a \cdot K_b = K_w$ である．多塩基酸では，逐次酸解離定数を $K_{a1}, K_{a2}, K_{a3}, \cdots$，またはたんに $K_1, K_2, K_3, \cdots$ と表す．多酸塩基では，逐次加水分解定数を $K_{b1}, K_{b2}, K_{b3}, \cdots$ と表す．二塩基酸では，逐次酸・塩基平衡定数の関係は，$K_{a1} \cdot K_{b2} = K_w$ と $K_{a2} \cdot K_{b1} = K_w$ である．三塩基酸では，その関係は $K_{a1} \cdot K_{b3} = K_w$，$K_{a2} \cdot K_{b2} = K_w$，$K_{a3} \cdot K_{b1} = K_w$ である．

有機物の構造の省略表記では，各頂点は炭素原子である．表記されている炭素の結合が四つ未満の場合，表記されていなくても，C 原子が四つの結合をつくるように H 原子が結合していると考える．

練習問題

6-A. 水溶液中の以下の平衡について考えよう．

(1) $Ag^+ + Cl^- \rightleftharpoons AgCl(aq)$ $\qquad K = 2.0 \times 10^3$
(2) $AgCl(aq) + Cl^- \rightleftharpoons AgCl_2^-$ $\qquad K = 9.3 \times 10^1$
(3) $AgCl(s) \rightleftharpoons Ag^+ + Cl^-$ $\qquad K = 1.8 \times 10^{-10}$

(a) 反応 $AgCl(s) \rightleftharpoons AgCl(aq)$ の平衡定数の値を計算せよ．
(b) 過剰の未溶解の固体 $AgCl$ と平衡にある $AgCl(aq)$ の濃度を計算せよ．
(c) 反応 $AgCl_2^- \rightleftharpoons AgCl(s) + Cl^-$ の K の値を求めよ．

6-B. 反応 6-8 をはじめに $0.0100 \, M \, BrO_3^-$，$0.0100 \, M \, Cr^{3+}$，$1.00 \, M \, H^+$ を含む状態から平衡状態にする．平衡状態の濃度を求めるために，初濃度と最終濃度を表す表をつくる．

	BrO_3^-	+	$2Cr^{3+}$	+	$4H_2O$	$\rightleftharpoons$	Br^-	+	$Cr_2O_7^{2-}$	+	$8H^+$
初濃度	0.0100		0.0100								1.00
最終濃度	$0.0100 - x$		$0.0100 - 2x$				x		x		$1.00 + 8x$

反応の化学量論係数によれば，Br^- が x mol 生じるとき，x mol の $Cr_2O_7^{2-}$ と $8x$ mol の H^+ が生じる．一方，x mol の BrO_3^- と $2x$ mol の Cr^{3+} が消費される．

(a) 平衡状態の濃度を求めるために，x を用いて平衡定数の式を書け．まだ式を解かなくてもよい．

(b) $K = 1 \times 10^{11}$ であるので，反応はほぼ「完全に」進むと考えられる．すなわち平衡時には，Br^- と $Cr_2O_7^{2-}$ の両方の濃度がほぼ $0.00500 \, M$ になると予想される（なぜか？）．つまり，$x \approx 0.00500 \, M$ である．この x の値を用いると，$[H^+] = 1.00 + 8x = 1.04 \, M$，$[BrO_3^-] = 0.0100 - x = 0.0050 \, M$ となる．しかし，$[Cr^{3+}] = 0.0100 - 2x = 0$ であるとはいえない．平衡時に Cr^{3+} が低濃度で存在するはずである．Cr^{3+} の濃度を $[Cr^{3+}]$ と書き，$[Cr^{3+}]$ について解け．この問題の<u>制限試薬</u>は Cr^{3+} である．この反応では，BrO_3^- が消費される前に Cr^{3+} が使い果たされる．

6-C. 過剰の固体のヨウ素酸ランタン $La(IO_3)_3$ を，$0.050 \, M$ $LiIO_3$ と系が平衡に達するまで撹拌したときの溶液中の $[La^{3+}]$ を求めよ．$La(IO_3)_3$ からの IO_3^- の量は，$LiIO_3$ からの IO_3^- の量と比べて無視できると仮定せよ．

6-D. $Ba(IO_3)_2 (K_{sp} = 1.5 \times 10^{-9})$ と $Ca(IO_3)_2 (K_{sp} = 7.1 \times 10^{-7})$ のどちらがより多く溶けるか（溶液 1 L あたりに溶解する金属のモル数）？ また，予測される溶解度を逆転させる可能性のある化学反応の一例を挙げよ．

6-E. $Fe(Ⅲ)$ の酸性溶液に OH^- を添加すると，$Fe(OH)_3(s)$ が生成して沈殿する．OH^- 濃度がいくらのときに $[Fe(Ⅲ)]$ が $1.0 \times 10^{-10} \, M$ まで減るか？ 代わりに $Fe(Ⅱ)$ 溶液を用いる場合，OH^- 濃度がいくらのときに $[Fe(Ⅱ)]$ が $1.0 \times 10^{-10} \, M$ まで減るか？

6-F. シュウ酸イオン（$C_2O_4^{2-}$）を加えて，$0.010 \, M$ Ca^{2+} を沈殿させることなく $0.010 \, M$ Ce^{3+} を 99.0 % まで沈殿させることは可能か？

$\qquad CaC_2O_4 \qquad K_{sp} = 1.3 \times 10^{-8}$
$\qquad Ce_2(C_2O_4)_3 \qquad K_{sp} = 5.9 \times 10^{-30}$

6-G. Ni^{2+} とエチレンジアミンの溶液では，20 ℃ における平衡定数は以下の通りである：

$Ni^{2+} + H_2NCH_2CH_2NH_2 \rightleftharpoons Ni(en)^{2+}$ $\qquad \log K_1 = 7.52$
   エチレンジアミン（en と略す）
$Ni(en)^{2+} + en \rightleftharpoons Ni(en)_2^{2+}$ $\qquad \log K_2 = 6.32$
$Ni(en)_2^{2+} + en \rightleftharpoons Ni(en)_3^{2+}$ $\qquad \log K_3 = 4.49$

$0.0100 \, M$ $Ni^{2+} 1.00 \, mL$ に $0.100 \, mol$ の en を加え，弱塩基性で $1.00 \, L$ まで希釈した（en はすべてプロトン化されないままである）．溶液中の遊離 Ni^{2+} の濃度を計算せよ．ほぼすべてのニッケルが $Ni(en)_3^{2+}$ のかたちであり，よって $[Ni(en)_3^{2+}] = 1.00 \times 10^{-5} \, M$ であると仮定せよ．$Ni(en)^{2+}$ と $Ni(en)_2^{2+}$ の濃度を計算し，$Ni(en)_3^{2+}$ と比べて無視できることを確かめよ．

6-H. 次の各化合物が水に溶ける場合，溶液は酸性，塩基性，中性のいずれになるか？

(a) Na^+Br^- $\qquad$ (e) $(CH_3)_4N^+Cl^-$
(b) $Na^+CH_3CO_2^-$ $\qquad$ (f) $(CH_3)_4N^+\text{-}\bigcirc\text{-}CO_2^-$
(c) $NH_4^+Cl^-$ $\qquad$ (g) $Fe(NO_3)_3$
(d) K_3PO_4

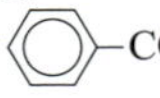

6-I. コハク酸は，2 段階で解離する．

$$\text{HOCCH}_2\text{CH}_2\text{COH} \rightleftharpoons \text{HOCCH}_2\text{CH}_2\text{CO}^- + \text{H}^+ \quad K_1 = 6.2 \times 10^{-5}$$

$$\text{HOCCH}_2\text{CH}_2\text{CO}^- \rightleftharpoons {}^-\text{OCCH}_2\text{CH}_2\text{CO}^- + \text{H}^+ \quad K_2 = 2.3 \times 10^{-6}$$

以下の反応の K_{b1} および K_{b2} を計算せよ．

$${}^-\text{OCCH}_2\text{CH}_2\text{CO}^- + \text{H}_2\text{O} \xrightleftharpoons{K_{b1}} \text{HOCCH}_2\text{CH}_2\text{CO}^- + \text{OH}^-$$

$$\text{HOCCH}_2\text{CH}_2\text{CO}^- + \text{H}_2\text{O} \xrightleftharpoons{K_{b2}} \text{HOCCH}_2\text{CH}_2\text{COH} + \text{OH}^-$$

6-J. アミノ酸のヒスチジンは三塩基酸である．

(構造式: $K_1 = 3 \times 10^{-2}$, $K_2 = 8.5 \times 10^{-7}$, $K_3 = 4.6 \times 10^{-10}$)

下の反応の平衡定数の値を求めよ．

(ヒスチジンの構造式 + $\text{H}_2\text{O} \rightleftharpoons$ 構造式 + OH^-)

6-K. (a) 表6-1の K_w から，0℃，20℃，40℃における純水のpHを計算せよ．

(b) 反応 $\text{D}_2\text{O} \rightleftharpoons \text{D}^+ + \text{OD}^-$ では，$K = [\text{D}^+][\text{OD}^-] = 1.35 \times 10^{-15}$（25℃）である．ここで，Dは重水素（水素の同位体 ^2H）を表す．中性の D_2O の pD($= -\log[\text{D}^+]$) はいくらか？

章末問題

平衡と熱力学

6-1. 式6-2の平衡定数を書くとき，溶質の濃度はmol/Lで，気体の濃度はbarで表し，固体，液体，および溶媒は省略する．その理由を説明せよ．

6-2. 反応 $\text{H}_2\text{O} \rightleftharpoons \text{H}^+ + \text{OH}^-$（またはその他の反応）の平衡定数が無次元であるのはなぜか？

6-3. ギブズ自由エネルギーまたはルシャトリエの原理に基づいて反応の向きを予測するのは<u>熱力学的</u>であって，<u>速度論的でない</u>という理由を説明せよ．

6-4. 以下の反応について，平衡定数の式を書け．気体Xの圧力は P_X と表せ．

(a) $3\text{Ag}^+(aq) + \text{PO}_4^{3-}(aq) \rightleftharpoons \text{Ag}_3\text{PO}_4(s)$

(b) $\text{C}_6\text{H}_6(l) + \frac{15}{2}\text{O}_2(g) \rightleftharpoons 3\text{H}_2\text{O}(l) + 6\text{CO}_2(g)$

6-5. 反応 $2\text{A}(g) + \text{B}(aq) + 3\text{C}(l) \rightleftharpoons \text{D}(s) + 3\text{E}(g)$ において，平衡時の濃度が以下のようになった．

A : 2.8×10^3 Pa   C : 12.8 M   E : 3.6×10^4 Torr
B : 1.2×10^{-2} M   D : 16.5 M

通常の平衡定数の表に記されているような平衡定数の値を求めよ．

6-6. 以下の式から反応 $\text{HOBr} \rightleftharpoons \text{H}^+ + \text{OBr}^-$ の K の値を求めよ．

$$\text{HOCl} \rightleftharpoons \text{H}^+ + \text{OCl}^- \quad K = 3.0 \times 10^{-8}$$
$$\text{HOCl} + \text{OBr}^- \rightleftharpoons \text{HOBr} + \text{OCl}^- \quad K = 15$$

6-7. (a) ΔS が正のとき，有利なエントロピー変化が起こる．ΔS が正のとき，系の秩序は増加するか，減少するか？

(b) ΔH が負のとき，有利なエンタルピー変化が起こる．ΔH が負のとき，系は熱を吸収するか，放出するか？

(c) ΔG，ΔH，ΔS の間の関係式を書け．(a) と (b) の結果を用いて，自発的な変化が起こるためには ΔG が正または負のどちらでなければならないかを答えよ．

6-8. 反応 $\text{HCO}_3^- \rightleftharpoons \text{H}^+ + \text{CO}_3^{2-}$ では，$\Delta G° = +59.0$ kJ/mol（298.15 K）である．この反応の K の値を求めよ．

6-9. 元素からテトラフルオロエチレンが生成する反応は，発熱量が大きい．

$$2\text{F}_2(g) + 2\text{C}(s) \rightleftharpoons \text{F}_2\text{C}=\text{CF}_2(g)$$
フッ素   黒鉛   テトラフルオロエチレン

(a) F_2，黒鉛，C_2F_4 の混合物が密閉容器内で平衡にあるとき，F_2 を加えるとこの反応は右向き，左向きのどちらに進むか？

(b) 惑星テフロンに棲む珍しい細菌は，C_2F_4 を食べてテフロンの細胞壁をつくる．この細菌を加えると，この反応は右向き，左向きのどちらに進むか？

(c) 固体の黒鉛を加えると，この反応は右向き，左向きのどちらに進むか？（固体を加えると，容器内の体積が減って圧力が上がる影響は無視せよ．）

(d) この容器が元の体積の8分の1に縮小すると，この反応は右向き，左向きのどちらに進むか？

(e) この容器を加熱すると，平衡定数は大きくなるか，小さくなるか？

6-10. $BaCl_2 \cdot H_2O(s)$ を乾燥器内で加熱すると水が失われる．

$$BaCl_2 \cdot H_2O(s) \rightleftharpoons BaCl_2(s) + H_2O(g)$$
$$\Delta H° = 63.11 \text{ kJ/mol} \ (25°C)$$
$$\Delta S° = +148 \text{ J/(K·mol)} \ (25°C)$$

(a) この反応の平衡定数を書け．$BaCl_2 \cdot H_2O$ の上部の気体 H_2O の蒸気圧（P_{H_2O}, 298 K）を計算せよ．

(b) $\Delta H°$ と $\Delta S°$ が温度に依存しないと仮定して（この仮定は正確ではない），$BaCl_2 \cdot H_2O$ の上部の P_{H_2O} が 1 bar になる温度を推定せよ．

6-11. 反応 $NH_3(aq) + H_2O \rightleftharpoons NH_4^+ + OH^-$ の平衡定数は，$K_b = 1.479 \times 10^{-5}$（5°C）および 1.570×10^{-5}（10°C）である．

(a) 5〜10°Cにおいて $\Delta H°$ と $\Delta S°$ が一定であると仮定して（ΔT が小さいときには成り立つ），式 6-9 を用いてこの温度範囲での反応の $\Delta H°$ を求めよ．

(b) $\Delta H°$ と $\Delta S°$ がある温度範囲で一定のとき，$\Delta H°$ を求める直線のグラフをつくるために式 6-9 をどのように利用すればよいかを説明せよ．

6-12. $H_2(g) + Br_2(g) \rightleftharpoons 2HBr(g)$ では，$K = 7.2 \times 10^{-4}$（1362 K）であり，$\Delta H°$ は正である．1362 K で容器に 48.0 Pa HBr，1370 Pa H_2，3310 Pa Br_2 を入れる．

(a) 反応は左向き，右向きのどちらに進んで平衡に達するか？

(b) 平衡時のそれぞれの化学種の圧力（Pa）を計算せよ．

(c) 平衡にある混合物を元の体積の半分に圧縮する．反応は左向き，右向きのどちらに進んで再び平衡に達するか？

(d) 平衡にある混合物を1362 K から 1407 K まで加熱する．再び平衡に達するとき，HBr は生成されるか，消費されるか？

6-13. ヘンリーの法則は，液体に溶解する気体の濃度が気体の圧力に比例することを示す．この法則は，次の平衡の結果である．

$$X(g) \xrightleftharpoons[]{K_H} X(aq) \qquad K_H = \frac{[X]}{P_X}$$

ここで，K_H をヘンリーの法則の定数と呼ぶ．ガソリン添加剤 MTBE では，$K_H = 1.71$ M/bar である．この水溶液と空気が入った密閉容器が平衡にあると考える．水中の MTBE 濃度が 1.00×10^2 ppm〔$= 100 \text{ μg MTBE}/(\text{g 溶液}) \approx 100 \text{ μg/mL}$〕のとき，空気中の MTBE の圧力はいくらか？

$$CH_3-O-C(CH_3)_3$$
メチル-t-ブチルエーテル（MTBE, 式量 88.15）

溶解度積

6-14. $CuBr(s)$ および 0.10 M Br^- と平衡にある $[Cu^+]$ を求めよ．

6-15. 1.0 μM Ag^+ および $Ag_4Fe(CN)_6(s)$ と平衡にある $Fe(CN)_6^{4-}$（フェロシアン化物イオン）の濃度はいくらか？ 表1-3の接頭語を使って答えよ．

6-16. $[OH^-]$ が 1.0×10^{-6} M に固定されているとき，$Cu_4(OH)_6(SO_4)$ で飽和した溶液中の $[Cu^{2+}]$ を求めよ．$Cu_4(OH)_6(SO_4)$ が溶解すると，Cu^{2+} 4 mol あたり SO_4^{2-} 1 mol が生じる．

$$Cu_4(OH)_6(SO_4)(s) \rightleftharpoons 4Cu^{2+} + 6OH^- + SO_4^{2-}$$
$$K_{sp} = 2.3 \times 10^{-69}$$

6-17. (a) フェロシアン化亜鉛 $Zn_2Fe(CN)_6$ の溶解度積を用いて，$Zn_2Fe(CN)_6$ で飽和した 0.10 mM $ZnSO_4$ 中の $Fe(CN)_6^{4-}$ の濃度を計算せよ．$Zn_2Fe(CN)_6$ は Zn^{2+} の供給源としては無視できると仮定せよ．

(b) $[Zn^{2+}] = 5.0 \times 10^{-7}$ M にするには，固体 $Zn_2Fe(CN)_6$ の懸濁液に含まれる $K_4Fe(CN)_6$ の濃度をいくらにすればよいか？

6-18. 溶解度積によれば，陽イオン A^{3+} を陰イオン X^- で 99.999% 沈殿させ，陽イオン B^{2+} から分離できると考えられる．実験してみると，$AX_3(s)$ に 0.2% の B^{2+} が混入した．何が起こったかを説明せよ．

6-19. ある溶液は，0.0500 M Ca^{2+} および 0.0300 M Ag^+ を含む．Ag^+ を沈殿させることなく，99% の Ca^{2+} を硫酸イオンで沈殿させることができるか？ また，Ag_2SO_4 が沈殿し始めるときの Ca^{2+} の濃度はいくらか？

6-20. ある溶液は，0.010 M Ba^{2+} および 0.010 M Ag^+ を含む．もう一つの金属イオンを沈殿させることなく，クロム酸イオン（CrO_4^{2-}）でいずれかのイオンを 99.90% 沈殿させることができるか？

6-21. 0.10 M Cl^-, Br^-, I^-, CrO_4^{2-} を含む溶液に Ag^+ を加えると，陰イオンはどの順番で沈殿するか？

錯生成反応

6-22. 図 6-3 で［I^-］の値が高くなると，鉛の全溶解度は初めは小さくなり，その後は大きくなる理由を説明せよ．また，二つの領域における化学種を挙げよ．

6-23. 以下の反応でルイス酸はどれか？
(a) $BF_3 + NH_3 \rightleftharpoons F_3\overset{-}{B}-\overset{+}{N}H_3$
(b) $F^- + AsF_5 \rightleftharpoons AsF_6^-$

6-24. 1.0 M $NaNO_3$ 中の $SnCl_2(aq)$ の全生成定数は $\beta_2 = 12$ である．Sn^{2+} および Cl^- の濃度がいずれもなんらかの方法で 0.20 M に固定されている溶液における $SnCl_2(aq)$ の濃度を求めよ．

6-25. 以下の平衡定数を用いて，［OH^-］が 3.2×10^{-7} M に固定され，$Zn(OH)_2(s)$ で飽和した溶液中の亜鉛化学種それぞれの濃度を計算せよ．

$Zn(OH)_2(s)$ $K_{sp} = 3 \times 10^{-16}$
$Zn(OH)^+$ $\beta_1 = 1 \times 10^4$
$Zn(OH)_2(aq)$ $\beta_2 = 2 \times 10^{10}$
$Zn(OH)_3^-$ $\beta_3 = 8 \times 10^{13}$
$Zn(OH)_4^{2-}$ $\beta_4 = 3 \times 10^{15}$

6-26. KOH，RbOH，CsOH の水溶液では，金属イオンと水酸化物イオンはほとんど会合しないが，Li^+ や Na^+ は OH^- と錯体をつくる：

$Li^+ + OH^- \rightleftharpoons LiOH(aq)$ $K_1 = \dfrac{[LiOH(aq)]}{[Li^+][OH^-]} = 0.83$

$Na^+ + OH^- \rightleftharpoons NaOH(aq)$ $K_1 = 0.20$

練習問題 6-B のような表を作成して，NaOH 溶液中の Na^+，OH^-，$NaOH(aq)$ の初濃度および最終濃度を示せ．また，平衡にある $NaOH(aq)$ のかたちのナトリウムの割合を計算せよ．

6-27. 図 6-3 で，$PbI_2(aq)$ の濃度は［I^-］に依存しない．反応 6-12 から反応 6-16 のいずれかの平衡定数を用いて，反応 $PbI_2(s) \rightleftharpoons PbI_2(aq)$ の平衡定数を求めよ．それは $PbI_2(aq)$ の濃度に等しい．

酸と塩基

6-28. ルイスの酸・塩基とブレンステッド-ローリーの酸・塩基との違いを説明せよ．また，それぞれの例を挙げよ．

6-29. 以下の空欄を埋めよ．
(a) ルイス酸とルイス塩基の反応生成物を_____と呼ぶ．
(b) ルイス酸とルイス塩基の間の結合を_____または_____と呼ぶ．
(c) 1 個のプロトンを得たり，失ったりすることで関係付けられるブレンステッド-ローリーの酸と塩基を_____と呼ぶ．
(d) _____である場合，溶液は酸性である．_____である場合，溶液は塩基性である．

6-30. 蒸留水の pH がふつう 7 未満であるのはなぜか？ また，これを防ぐための方法を示せ．

6-31. 気体の SO_2 は硫黄含有燃料，とくに石炭の燃焼によって生じる．大気中の SO_2 によってどのように酸性雨が生じるのかを説明せよ．

6-32. 点電子構造式を用いて，水酸化テトラメチルアンモニウム $(CH_3)_4N^+OH^-$ がイオン性化合物である理由を示せ．つまり，水酸化物イオンが残りの分子と共有結合していない理由を示せ．

6-33. 以下の反応の反応物のうち，ブレンステッド-ローリー酸はどれか？
(a) $KCN + HI \rightleftharpoons HCN + KI$
(b) $PO_4^{3-} + H_2O \rightleftharpoons HPO_4^{2-} + OH^-$

6-34. H_2SO_4 の自己プロトリシス反応を書け．

6-35. 以下の反応で共役酸・塩基対はどれか？
(a) $H_3\overset{+}{N}CH_2CH_2\overset{+}{N}H_3 + H_2O \rightleftharpoons H_3\overset{+}{N}CH_2CH_2NH_2 + H_3O^+$
(b) 安息香酸 + ピリジン $\rightleftharpoons$ 安息香酸イオン + ピリジニウムイオン

pH

6-36. 以下の溶液の［H^+］および pH を計算せよ．
(a) 0.010 M HNO_3
(b) 0.035 M KOH
(c) 0.030 M HCl
(d) 3.0 M HCl
(e) 0.010 M $[(CH_3)_4N^+]OH^-$ 水酸化テトラメチルアンモニウム

6-37. 表 6-1 を用いて，(a) 25 ℃ および (b) 100 ℃ の純水の pH を計算せよ．

6-38. 反応 $H_2O \rightleftharpoons H^+ + OH^-$ の平衡定数は 1.0×10^{-14}（25 ℃）である．反応 $4H_2O \rightleftharpoons 4H^+ + 4OH^-$ の K の値はいくらか？

6-39. 0.010 M La^{3+} を含む酸性溶液に NaOH を加えて，$La(OH)_3$ を沈殿させる．沈殿が始まる pH はいくらか？

6-40. ルシャトリエの原理および表 6-1 の K_w を用いて，(a) 25 ℃，(b) 100 ℃，(c) 300 ℃ における水の自己プロトリシスが吸熱性か発熱性かを判断せよ．

酸と塩基の強さ

6-41. 一般的な強酸と強塩基のリストを作成せよ．このリストを覚えよ．

6-42. 三種類の弱酸および二種類の弱塩基の式と名称を書け．

6-43. $(H_2O)_6Fe^{3+}$ などの水和金属イオンは加水分解して H^+ を与えるが，$(H_2O)_6Cl^-$ などの水和陰イオンは加水分解して H^+ を与えない．この理由を説明せよ．

6-44. トリクロロ酢酸 Cl_3CCO_2H，アニリニウムイオン $C_6H_5\overset{+}{N}H_3$，およびランタンイオン La^{3+} の K_a の反応式を書け．

6-45. ピリジンおよび 2-メルカプトエタノール・ナトリウムの K_b の反応式を書け．

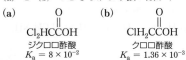
ピリジン　2-メルカプトエタノール・ナトリウム

6-46. $NaHCO_3$ の K_a および K_b の反応式を書け．

6-47. 水中の以下のイオンの段階的な酸塩基反応式を書け．また，各反応の平衡定数について正確な記号（たとえば，K_{b1}）を書け．

(a) $H_3\overset{+}{N}CH_2CH_2\overset{+}{N}H_3$
エチレンジアンモニウムイオン

(b) ⁻OCCH₂CO⁻ (with two C=O)
マロン酸イオン

6-48. (a) と (b) のどちらがより強い酸か？

(a) Cl_2HCCOH (with C=O)
ジクロロ酢酸
$K_a = 8 \times 10^{-2}$

(b) ClH_2CCOH (with C=O)
クロロ酢酸
$K_a = 1.36 \times 10^{-3}$

(c) と (d) のどちらがより強い塩基か？

(c) H_2NNH_2
ヒドラジン
$K_b = 1.1 \times 10^{-6}$

(d) H_2NCNH_2 (with C=O)
尿素
$K_b = 1.5 \times 10^{-14}$

6-49. CN^- の K_b の反応式を書け．また HCN の K_a の値が 6.2×10^{-10} であるとして，CN^- の K_b の値を計算せよ．

6-50. リン酸 (H_3PO_4) の K_{a2} の反応式およびシュウ酸二ナトリウム ($Na_2C_2O_4$) の K_{b2} の反応式を書け．

6-51. 式 6-32～式 6-34 のリン酸イオンの K_b の値から，リン酸の三つの K_a の値を計算せよ．

6-52. 以下の平衡定数から，反応 $HO_2CCO_2H \rightleftharpoons 2H^+ + C_2O_4^{2-}$ の平衡定数を計算せよ．

HO-C-C-OH $\rightleftharpoons$ H⁺ + HO-C-C-O⁻　　$K_1 = 5.6 \times 10^{-2}$
シュウ酸

HO-C-C-O⁻ $\rightleftharpoons$ H⁺ + ⁻O-C-C-O⁻　　$K_2 = 5.4 \times 10^{-5}$
シュウ酸イオン

6-53. (a) 表 6-3 の K_{sp} の値のみを用いて，水 1.00 L に何 mol の $Ca(OH)_2$ が溶けるかを計算せよ．

(b) (a) で計算した溶解度は，表 6-3 の K_1 の反応によってどのような影響を受けるか？

6-54. 惑星アラゴノース（鉱物のあられ石，すなわち $CaCO_3$ でほとんどができている）の大気にはメタンと二酸化炭素が含まれており，圧力はそれぞれ 0.10 bar である．海はあられ石で飽和しており，その H^+ 濃度は 1.8×10^{-7} M である．以下の平衡から，アラゴノースの海水 2.00 L に何グラムのカルシウムが含まれるかを計算せよ．

$CaCO_3(s, あられ石) \rightleftharpoons Ca^{2+}(aq) + CO_3^{2-}(aq)$
$\qquad K_{sp} = 6.0 \times 10^{-9}$

$CO_2(g) \rightleftharpoons CO_2(aq) \qquad K_{CO_2} = 3.4 \times 10^{-2}$

$CO_2(aq) + H_2O(l) \rightleftharpoons HCO_3^-(aq) + H^+(aq)$
$\qquad K_1 = 4.5 \times 10^{-7}$

$HCO_3^-(aq) \rightleftharpoons H^+(aq) + CO_3^{2-}(aq)$
$\qquad K_2 = 4.7 \times 10^{-11}$

<u>あわてないように！</u>　1 番目の反応式を逆向きにして，すべての反応式を加え，消去できる項を調べよ．

7 さあ滴定を始めよう
Let the Titrations Begin

火星で滴定

フェニックス・マーズ・ランダーのロボットアームが、火星で化学分析を行うために土をすくい上げる. [NASA/JPL-Caltech/University of Arizona/Texas A&M University.]

2008年、タフツ大学のSam Kounaves教授と彼の学生たちは、生涯にまたとない興奮を感じていた。フェニックス・マーズ・ランダーに搭載された彼らの湿式化学実験装置が、火星の土のイオン性成分の情報を送信してきたからだ。マーズ・ランダーのロボットアームは、火星の土をすくい上げ、その約1gをふるいに通し、電気化学センサー（15章で説明）一式を備えた「ビーカー」内に運び入れた。コラム15-3に示すビーカーに水溶液が加えられ、土から可溶な塩が抽出され、溶けたイオンがセンサーで測定された。硫酸イオンは他のイオンとは異なり、Ba^{2+}を用いる沈殿滴定で測定された。

$$BaCl_2(s) \longrightarrow Ba^{2+} + 2Cl^-$$
$$SO_4^{2-} + Ba^{2+} \longrightarrow BaSO_4(s)$$

試薬容器から固体の$BaCl_2$を水溶液に少しずつ加えて溶かすと、$BaSO_4$が沈殿した。問題7-21では、試薬が十分に加えられてすべてのSO_4^{2-}と反応するまで、一つのセンサーが低いBa^{2+}濃度を示したことを学ぶ。別のセンサーは、$BaCl_2$が溶解するにつれてCl^-濃度が徐々に増えたことを検出した。滴定の終点は、最後のSO_4^{2-}が沈殿した後に$BaCl_2$が溶解し続けるとBa^{2+}濃度が急に増えることでわかる。滴定を始めてから終点までのCl^-濃度の増加によって、SO_4^{2-}に消費された$BaCl_2$の量がわかる。二つのセルに入った二つの土試料を滴定したところ、土中の硫酸イオン濃度は約1.3(±0.5) wt%であった[1]。他の証拠から、硫酸イオンのほとんどは$MgSO_4$由来であると推定された。

分析種と反応するのに必要な試薬の体積を測定する方法は、**容量分析**（volumetric analysis）と呼ばれる。本章では、すべての容量分析に適応できる原理について議論し、次に沈殿滴定に焦点をあてる。酸塩基滴定、酸化還元滴定、錯生成滴定、分光光度滴定については後の章で学ぶ。

7-1 滴定

滴定（titration）では、反応が終わるまで試薬溶液、すなわち**滴定剤**（titrant）

を試料に少しずつ加える．必要な滴定剤の量から，存在していた分析種の量を計算できる．滴定剤は，ふつうビュレットを用いて滴下される（図7-1）．

滴定反応のおもな必要条件は，平衡定数が大きいことと，反応が速く進むことである．すなわち，少しずつ加える滴定剤は，分析種がなくなるまで，分析種とすみやかにかつ完全に反応して消費されねばならない．一般的な滴定は，酸塩基反応，酸化還元反応，錯生成反応，または沈殿反応に基づく．

当量点（equivalence point）は，分析種とちょうど化学量論的に反応する量の滴定剤が加えられたところである．たとえば，シュウ酸5 molは，高温の酸性溶液中で過マンガン酸イオン2 molと反応する．

反応7-1は酸化還元反応である．必要であれば，反応式7-1をつり合わせる方法を付録Dで学ぼう．

$$5\text{HO-C(=O)-C(=O)-OH} + 2\text{MnO}_4^- + 6\text{H}^+ \rightarrow 10\text{CO}_2 + 2\text{Mn}^{2+} + 8\text{H}_2\text{O} \tag{7-1}$$

分析種：シュウ酸（無色）　滴定剤：過マンガン酸イオン（紫色）　無色　無色

未知試料がシュウ酸5.000 mmolを含むならば，MnO_4^- 2.000 mmolが加えられたとき当量点に達する．

滴定における当量点は，私たちが求めたい理想的な（理論上の）結果である．実際に測定されるのは，**終点**（end point）である．それは，溶液の物理的性質が急に変化することによってはっきりわかる．反応7-1の終点は，フラスコ内で過マンガン酸イオンの紫色が急に出現することでわかる．当量点前では，すべての過マンガン酸イオンがシュウ酸で消費され，滴定溶液は無色である．当量点を過ぎると，未反応のMnO_4^-が残り，色が見えるようになる．最初にかすかな紫色になる点が終点である．眼がよければ測定される終点は真の当量点に近くなる．しかしこの場合，終点と当量点が正確に一致することはない．その理由は，紫色を呈するには，MnO_4^-がシュウ酸との反応に必要な量より少し余分に必要だからだ．

分析種が完全になくなる点を決定するには，（1）一対の電極間の電圧または電流の急な変化を検出する方法（図7-5），（2）指示薬の色の変化を観察する方法（カラー図版2），（3）光吸収の変化をモニターする方法（図18-11）がある．**指示薬**（indicator）は，当量点近辺で物理的性質（ふつうは色）が急に変化する化合物である．この変化は，分析種がなくなったり，過剰な滴定剤が残ったりすることによって起こる．

終点と当量点との差は，避けられない**滴定誤差**（titration error）である．変化が容易に観察される物理的性質（たとえば，pHや指示薬の色）をうまく選べば，終点を当量点にできるだけ近づけられる．分析種を含まない試料に対して同じ操作を行う**ブランク滴定**（blank titration）によって，滴定誤差を推定できる．たとえば，シュウ酸を含まない溶液を滴定することで，観測可能な紫色が現れるのに必要なMnO_4^-の体積を調べる．次に，このMnO_4^-の体積を，分析のための滴定で測定された体積から差し引く．

分析結果の妥当性は，使用する反応物の量を正しく知ることにかかっている．純粋な試薬をひょう量して，既知体積の溶液に溶かして滴定剤を調製したのであれば，その濃度を計算できる．このような試薬は十分に純粋で，ひょう

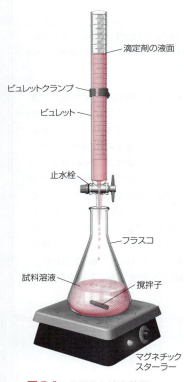

図7-1 典型的な滴定装置．試料溶液はフラスコに，滴定剤はビュレットに入っている．撹拌子はテフロンで被覆された磁石で，ほとんどの溶液に対して不活性である．マグネチックスターラー内の磁石が回転して撹拌子をくるく回す．

コラム 7-1

試薬と一次標準物質

化学物質は，さまざまな純度のものが販売されている．分析化学ではふつうアメリカ化学会（ACS）の分析試薬に関する委員会が定めた純度条件を満している**試薬級化学物質**（reagent-grade chemicals）を使う[2]．「試薬級」試薬は，メーカーが独自に定めた純度規格を満しているだけのこともある．実際のロットについて，特定の不純物を分析した値が試薬瓶に記されている．たとえば，以下は硫酸亜鉛のあるロットの分析値である．

ACS 試薬 $ZnSO_4$ のロット分析結果		
純　度: 100.6%	Fe: 0.0005%	Ca: 0.001%
不溶物: 0.002%	Pb: 0.0028%	Mg: 0.0003%
5%溶液のpH (25℃): 5.6	Mn: 0.6 ppm	K: 0.002%
アンモニウムイオン: 0.0008%	硝酸イオン: 0.0004%	Na: 0.003%
塩化物イオン: 1.5 ppm		

純度 100.6% とは，主成分の分析値が理論値の 100.6% であったことを意味する．たとえば，$ZnSO_4$ が低分子量の $Zn(OH)_2$ で汚染されていれば，Zn^{2+} の分析値は純粋な $ZnSO_4$ の値よりも高くなるだろう．一般に純度が低い化学物質は分析化学に適さず，「化学用」（CP），「実用」，「精製」，「工業用」などの名称がつけられる．

販売されている化学物質で，純度が十分に高い**一次標準級**はわずかである．試薬級二クロム酸カリウム（$K_2Cr_2O_7$）のロットの純度は ≧99.0% であるのに対して，一次標準級 $K_2Cr_2O_7$ の純度は 99.95〜100.05% でなければならない．一次標準物質の重要な特性は，高純度であることに加えて，いつまでも安定であることだ．

微量分析（trace analysis, ppm レベル以下の化学種の分析）では，試薬の不純物はきわめて低くなければならない．この目的のために，「微量金属測定用」の硝酸や塩酸のように純度が非常に高く高価な酸を用いて試料を溶かす．測定する分析種の量よりも不純物の量が多くならないように，試薬や容器に細心の注意を払わねばならない．

化学試薬の純度を保つために，以下の点に注意しよう．

- 試薬瓶のなかにスパチュラを入れない．代わりに，試薬を瓶からきれいな容器（またはひょう量紙の上）に移して，そこから試薬を分取する．
- 未使用の試薬を試薬瓶に戻さない．
- 試薬瓶にすぐに栓をして，塵が入らないようにする．
- 液体試薬容器のガラス栓をそのまま実験台の上に置かない．試薬を分取する間，ガラス栓は手にもつか，きれいな場所（たとえば，きれいなビーカーのなか）に置く．
- 化学物質は冷暗所に保管する．不必要に日光に曝さない．

量して直ちに使用できるので**一次標準物質**（primary standard）と呼ばれる．一次標準物質は純度 99.9% 以上で，通常の貯蔵では分解しない．さらに，空気中から吸収される微量の水を取り除くために乾燥が必要なので，熱や真空状態での乾燥時に安定でなければならない．市販されている最高品質の一次標準純物質（たとえば，三酸化二ヒ素 As_2O_3，$CaCO_3$，金属水銀，金属ニッケルなど）は，純度が 100 ± 0.05% 以内であることが認証されている．さまざまな元素の一次標準物質を付録Kにまとめた．コラム 7-1 では試薬の純度について述べる．また，コラム 3-2 では，実験室において自分たちの方法の正確さを試験するための認証標準物質について説明する．

滴定剤として用いられる多くの試薬（塩酸など）は，一次標準物質として利用できない．その代わりに，ほぼ目標濃度に近い滴定剤を調製して，一次標準物質を滴定する．**標定**（standardization）と呼ばれるこの操作によって，滴定剤の濃度を決める．この操作で精確な濃度が決定された滴定剤を**標準液**（standard solution）という．分析結果の妥当性は，究極的に一次標準物質の組成についての知識に依存する．シュウ酸ナトリウム（$Na_2C_2O_4$）はシュウ酸イオンを与える市販の一次標準物質であり，反応 7-1 による過マンガン酸イオンの標定に用いられる．

直接滴定（direct titration）では，反応が完結するまで試料溶液に滴定剤を加える．場合によっては，**逆滴定**（back titration）を行う．試料溶液に過剰で既知量の標準物質を加えて，次に第二の標準物質で過剰の試薬を滴定する．逆滴定は，その終点が直接滴定の終点よりもはっきりしているときや，分析種と完全に反応させるために第一の試薬が過剰に必要なときに便利である．直接滴定と逆滴定の違いを理解するために，シュウ酸イオンを含む試料溶液に過マンガン酸イオンの滴定剤を加えることを考えてみよう．これは，反応 7-1 の直接滴定である．逆滴定では，過剰で既知量の過マンガン酸イオンを加えてシュウ酸を消費する．次に，シュウ酸との反応後に残った過マンガン酸イオンの量を測定するために，過剰の過マンガン酸イオンを Fe^{2+} 標準液で逆滴定する．

滴定剤を体積で測定する代わりに，滴定剤の溶液を少しずつ加えて，その質量を測定することができる．この方法は，**重量滴定**（gravimetric titration）と呼ばれる．滴定剤はピペットから排出すればよい．滴定剤の濃度は，溶液 1 キログラムあたりの試薬のモル数で表す．ビュレットの体積測定の精度は 0.3% であるが，はかりを用いる重量測定では精度を 0.1% に改善できる（72 ページの希釈例を見よ）．その例は Guenther による実験，および Butler と Swift による実験である[3]．「重量滴定は，至適基準にふさわしい．容量分析に使うガラス器具は，過去のものとして博物館に展示されるべきだ[4]．」という極言もある．

7-2 滴定計算

以下は，容量分析での化学量論計算の例である．要点は，滴定剤のモル数と分析種のモル数を関連付けることだ．

> **例題** 滴定剤の標定と未知試料の分析
>
> 尿中のカルシウム量は，以下の手順で測定できる．
>
> **ステップ 1** 塩基性の試料溶液にシュウ酸イオンを加えて，Ca^{2+} を沈殿させる．
>
> $$Ca^{2+} + C_2O_4^{2-} \longrightarrow Ca(C_2O_4) \cdot H_2O(s)$$
> シュウ酸イオン　　　シュウ酸カルシウム
>
> **ステップ 2** 沈殿をろ過して氷冷水で洗い，遊離のシュウ酸イオンを除く．沈殿を酸に溶かして，Ca^{2+} と $H_2C_2O_4$ の溶液を得る．
>
> **ステップ 3** 溶液を 60℃ に加熱し，標定された過マンガン酸カリウム溶液を用いて，反応 7-1 の紫色の終点が観察されるまでシュウ酸イオンを滴定する．
>
> **標定** 250.0 mL メスフラスコ中で $Na_2C_2O_4$ 0.356 2 g を溶かして溶液を調製した．この溶液 10.00 mL の滴定に $KMnO_4$ 溶液 48.36 mL を要した．過マンガン酸カリウム溶液の容量モル濃度はいくらか？
>
> **解法** シュウ酸イオン溶液の濃度は，

計算のための余分な桁を下付き数字で示す．一般に，電卓では余分な桁をすべて残して計算する．計算の最後まで値を丸めないこと．

$$\frac{0.356_2 \text{ g Na}_2\text{C}_2\text{O}_4 / (134.00 \text{ g Na}_2\text{C}_2\text{O}_4/\text{mol})}{0.2500 \text{ L}} = 0.010\,63_3 \text{ M}$$

である．溶液 10.00 mL 中の $\text{C}_2\text{O}_4^{2-}$ のモル数は，$(0.010\,63_3 \text{ mol/L})(0.010\,00 \text{ L})$ $= 1.063_3 \times 10^{-4}$ mol $= 0.106_3$ mmol である．反応 7-1 ではシュウ酸イオン 5 mol に過マンガン酸イオン 2 mol が必要なので，滴定に要した MnO_4^- のモル数は，

$$\text{MnO}_4^- \text{ のモル数} = \left(\frac{2 \text{ mol MnO}_4^-}{5 \text{ mol C}_2\text{O}_4^{2-}}\right)(\text{mol C}_2\text{O}_4^{2-}) = 0.042\,53_1 \text{ mmol}$$

反応 7-1 では，$\text{C}_2\text{O}_4^{2-}$ 5 mol に MnO_4^- 2 mol が必要である．

である．したがって，滴定剤の MnO_4^- 濃度は次式で求められる．

$$\text{MnO}_4^- \text{ のモル濃度} = \frac{0.042\,53_1 \text{ mmol}}{48.36 \text{ mL}} = 8.794_7 \times 10^{-4} \text{ M}$$

$\frac{\text{mmol}}{\text{mL}}$ は，$\frac{\text{mol}}{\text{L}}$ と同じである．

未知試料の分析 尿試料 5.00 mL 中のカルシウムを $\text{C}_2\text{O}_4^{2-}$ で沈殿させ，再び酸に溶かした．この試料の滴定には，MnO_4^- 標準液 16.17 mL が必要であった．尿中の Ca^{2+} 濃度を求めよ．

解法 MnO_4^- 標準液 16.17 mL には，$(0.016\,17 \text{ L})(8.794_7 \times 10^{-4} \text{ mol/L}) = 1.422_1 \times 10^{-5}$ mol MnO_4^- が含まれる．この量は，

$$\text{C}_2\text{O}_4^{2-} \text{ のモル数} = \left(\frac{5 \text{ mol C}_2\text{O}_4^{2-}}{2 \text{ mol MnO}_4^-}\right)(\text{mol MnO}_4^-) = 0.035\,55_3 \text{ mmol}$$

反応 7-1 では，MnO_4^- 2 mol に $\text{C}_2\text{O}_4^{2-}$ 5 mol が必要である．

とちょうど反応する．$\text{Ca}(\text{C}_2\text{O}_4)\cdot\text{H}_2\text{O}$ 中にはカルシウムイオン 1 個あたりのシュウ酸イオン 1 個があるので，尿 5.00 mL 中には，Ca^{2+} が $0.035\,55_3$ mmol だけ含まれていた．

$$[\text{Ca}^{2+}] = \frac{0.035\,55_3 \text{ mmol}}{5.00 \text{ mL}} = 0.007\,11_1 \text{ M}$$

類題 別の KMnO_4 標準液の標定では，$\text{Na}_2\text{C}_2\text{O}_4$ 溶液 10.00 mL に対して 39.17 mL を要した．この KMnO_4 標準液の容量モル濃度を求めよ．また，未知試料の滴定に KMnO_4 標準液 14.44 mL が必要であった．尿中の $[\text{Ca}^{2+}]$ を求めよ．
(**答え**：1.086×10^{-3} M，7.840×10^{-3} M)

例題　混合物の滴定

炭酸ナトリウムと炭酸水素ナトリウムのみを含む固体混合物の重量は 1.372 g であり，それを完全に滴定するために 0.734 4 M 塩酸 29.11 mL が必要であった．

$$\text{Na}_2\text{CO}_3 + 2\text{HCl} \longrightarrow 2\text{NaCl}(aq) + \text{H}_2\text{O} + \text{CO}_2$$
式量 105.99

二つの未知数を求めるには，独立した二つの情報が必要である．ここでは，混合物の質量と滴定剤の体積の情報がある．

$$\text{NaHCO}_3 + \text{HCl} \longrightarrow \text{NaCl}(aq) + \text{H}_2\text{O} + \text{CO}_2$$
式量 84.01

混合物中の各成分の質量を求めよ.

解法 Na_2CO_3 のグラム数を x, NaHCO_3 のグラム数を $1.372 - x$ とおく.各成分のモル数は,

$$\text{Na}_2\text{CO}_3 \text{のモル数} = \frac{x\,\text{g}}{105.99\,\text{g/mol}} \qquad \text{NaHCO}_3 \text{のモル数} = \frac{(1.372-x)\,\text{g}}{84.01\,\text{g/mol}}$$

となる.使用した塩酸の全モル数は,$(0.029\,11\,\text{L})(0.734\,4\,\text{M}) = 0.021\,38\,\text{mol}$ である.二つの反応の化学量論から,次式が成り立つ.

$$2(\text{mol Na}_2\text{CO}_3) + \text{mol NaHCO}_3 = 0.021\,38$$

$$2\left(\frac{x}{105.99}\right) + \frac{1.372-x}{84.01} = 0.021\,38 \;\Rightarrow\; x = 0.724\,\text{g}$$

よって,混合物は $0.724\,\text{g}$ の Na_2CO_3 と $1.372 - 0.724 = 0.648\,\text{g}$ の NaHCO_3 を含む.

類題 K_2CO_3(式量 138.21)と KHCO_3(式量 100.12)のみを含む混合物 $2.000\,\text{g}$ は,完全に滴定するのに $1.000\,\text{M}$ 塩酸 $15.00\,\text{mL}$ を要した.混合物中の各成分の質量を求めよ. (**答え**:$\text{K}_2\text{CO}_3 = 1.811\,\text{g}$, $\text{KHCO}_3 = 0.189\,\text{g}$)

7-3 沈殿滴定曲線

> 沈殿滴定曲線を学ぶ前に,6-3 節の溶解度積を復習しよう.
> **当量点**:ちょうど化学量論量の反応物が滴下された点.
> **終点**:物理的性質の急な変化が観察される当量点付近の点.

重量分析で I^- 濃度を測定するには,試料に過剰の Ag^+ を加え,生成する AgI 沈殿 $[\text{I}^- + \text{Ag}^+ \rightarrow \text{AgI}(s)]$ をひょう量する.沈殿滴定(precipitation titration)では,分析種(I^-)と滴定剤(Ag^+)の反応過程を監視して,分析種とちょうど化学量論的に反応する滴定剤が加えられた当量点を見つける.当量点までの滴定剤の滴下量がわかれば,分析種の存在量がわかる.私たちが求めたいのは当量点であるが,実際には測定できる物理的性質(たとえば電極電位)が急に変化する終点を観察する.物理的性質は,終点ができるだけ当量点に近くなるように選ばれる.

滴定曲線(titration curve)は,滴定剤を滴下するとき,反応物の濃度がどのように変化するかを示すグラフである.ここでは,沈殿滴定曲線の予測に用いられる式を導こう.滴定曲線を計算する第一の理由は,滴定中に起こる化学反応を理解するためである.第二の理由は,実験因子が滴定の質にどのように影響するかを学ぶためである.分析種と滴定剤の濃度,および**溶解度積**(solubility product, K_{sp})の大きさが,終点を明確に決定できるかどうかの鍵となる.

濃度は数桁にわたって変化するので,p 関数をプロットするのがよい.

> 8章では,濃度の代わりに活量を用いて,p 関数をより厳密に定義する.ここでは,$pX = -\log[\text{X}]$ である.

$$\text{p 関数}: pX = -\log_{10}[\text{X}] \tag{7-2}$$

ここで,$[\text{X}]$ は X の濃度である.

$0.100\,0\,\text{M}\,\text{I}^-$ 溶液 $25.00\,\text{mL}$ を $0.050\,00\,\text{M}\,\text{Ag}^+$ 溶液で滴定することを考えよう.

滴定反応：$I^- + Ag^+ \longrightarrow AgI(s)$ (7-3)

$[Ag^+]$ を電極でモニターする．反応 7-3 は $AgI(s)$ の溶解の逆反応であり，その溶解度積はかなり小さい．

$$AgI(s) \rightleftharpoons Ag^+ + I^- \quad K_{sp} = [Ag^+][I^-] = 8.3 \times 10^{-17}$$ (7-4)

滴定反応 7-3 の平衡定数は大きい（$K = 1/K_{sp} = 1.2 \times 10^{16}$）ので，平衡は右辺に大きく偏っている．滴下された Ag^+ は I^- とほぼ完全に反応し，ごく少量の Ag^+ のみが溶液中に残る．当量点付近では，加えた Ag^+ を消費するだけの I^- が残っていないので，$[Ag^+]$ が急に増える．

当量点に達するのに必要な Ag^+ 滴定剤の体積はいくらか？ この体積 V_e は，Ag^+ 1 mol が I^- 1 mol と反応するという事実に基づいて計算される．

$$\underbrace{(0.02500\,\text{L})(0.1000\,\text{mol}\,I^-/\text{L})}_{I^- \text{のモル数}} = \underbrace{(V_e)(0.05000\,\text{mol}\,Ag^+/\text{L})}_{Ag^+ \text{のモル数}}$$

$\Rightarrow V_e = 0.05000\,\text{L} = 50.00\,\text{mL}$

> $V_e =$ 当量点での滴定剤の体積

滴定曲線には明らかに異なる三つの領域がある．当量点前，当量点，当量点後である．それぞれの領域に分けて考えよう．

> 後に，スプレッドシートで滴定曲線のすべての領域を扱うために一つにまとめた式を導く．ここでは，化学現象を理解するために，滴定曲線を三つの領域に分けて，わかりやすい近似式で表す．

当量点前の領域

Ag^+ 滴定剤 10.00 mL を加えたとする．このとき，I^- のモル数は Ag^+ のモル数よりも大きい．よって，事実上すべての Ag^+ が「消費され」，$AgI(s)$ をつくる．I^- との反応後に溶液中に残る Ag^+ 濃度を求める．反応 7-3 は完全に進むが，AgI の一部が再び溶ける（反応 7-4）．Ag^+ の溶解度は，溶液中に残っている遊離 I^- の濃度によって決まる．

$$[Ag^+] = \frac{K_{sp}}{[I^-]}$$ (7-5)

> $V < V_e$ のとき，未反応の I^- の濃度によって AgI の溶解度が決まる．

遊離 I^- の濃度は，Ag^+ 滴定剤 10.00 mL で沈殿しなかった I^- によってほとんど決まる．$AgI(s)$ の溶解によって生じる I^- は無視できる．

沈殿しなかった I^- の濃度を求めよう．

I^- のモル数 = 元の I^- のモル数 − 加えた Ag^+ のモル数
$= (0.02500\,\text{L})(0.100\,\text{mol/L}) - (0.01000\,\text{L})(0.05000\,\text{mol/L})$
$= 0.002000\,\text{mol}\,I^-$

体積は 0.03500 L (25.00 mL + 10.00 mL) になっているので，I^- の濃度は

$$[I^-] = \frac{0.002000\,\text{mol}\,I^-}{0.03500\,\text{L}} = 0.05714\,\text{M}$$ (7-6)

である．この濃度の I^- と平衡にある Ag^+ の濃度は，次式で求められる．

$$[Ag^+] = \frac{K_{sp}}{[I^-]} = \frac{8.3 \times 10^{-17}}{0.05714} = 1.4_5 \times 10^{-15}\,\text{M}$$ (7-7)

最後に，その p 関数は

$$pAg^+ = -\log[Ag^+] = -\log(1.4_5 \times 10^{-15}) = 14.84 \quad (7\text{-}8)$$

である。K_{sp} の有効数字が2桁なので，[Ag^+]の有効数字は2桁である．これはp関数では仮数が2桁であることを意味するので，14.84と書く．

$\log(1.4_5 \times 10^{-15}) = 14.\underline{84}$
2桁の有効数字　　　2桁の仮数
対数の有効数字は，3-2節で説明した．

　I^- 濃度を求めるこの段階的な計算は面倒である．以下に述べる効率的な計算を習得するとよい．$V_e = 50.00$ mL であることを思いだそう．Ag^+ 滴定剤 10.00 mL を加えると，反応は5分の1だけ終了したことになる．反応が完了するのに必要な Ag^+ 滴定剤 50.00 mL のうち，10.00 mL が加えられたからだ．したがって，I^- の5分の4が未反応である．希釈されていなければ [I^-] は元の値の5分の4になるだろう．しかし，体積ははじめの 25.00 mL から 35.00 mL に増えている．I^- が消費されなければ，濃度は元の [I^-] の (25.00/35.00) 倍になるだろう．反応と希釈の両方を考慮すると，次のように書ける．

利用すべき効率的な計算．

$$[I^-] = \underbrace{\left(\frac{4.000}{5.000}\right)}_{\text{残っている割合}} \underbrace{(0.1000\,M)}_{\text{元の濃度}} \underbrace{\left(\frac{25.00}{35.00}\right)}_{\text{希釈率}} = 0.05714\,M$$

（I^- 溶液の初体積／溶液の全体積）

これは，式7-6と同じ結果を与える．

> **例題** 効率的な計算の利用
>
> ビュレットから加えた体積 V_{Ag^+} が 49.00 mL のときの pAg^+ を計算してみよう．
>
> **解法** $V_e = 50.00$ mL であるので，反応した I^- の割合は 49.00/50.00，残っている割合は 1.00/50.00 である．また，全体積は $25.00 + 49.00 = 74.00$ mL である．
>
> $$[I^-] = \underbrace{\left(\frac{1.00}{50.00}\right)}_{\text{残っている割合}} \underbrace{(0.1000\,M)}_{\text{元の濃度}} \underbrace{\left(\frac{25.00}{74.00}\right)}_{\text{希釈率}} = 6.76 \times 10^{-4}\,M$$
>
> $[Ag^+] = K_{sp}/[I^-] = (8.3 \times 10^{-17})/(6.76 \times 10^{-4}) = 1.2_3 \times 10^{-13}$ M
> $pAg^+ = -\log[Ag^+] = 12.91$
>
> 滴定は98%まで終わっているが，未反応の I^- 濃度と比べて Ag^+ 濃度は無視できる．
>
> **類題** $V_{Ag^+} = 49.10$ mL のときの pAg^+ を求めよ．　（**答え**：12.86）

当量点

$V = V_e$ のとき，[Ag^+]は純粋なAgIの溶解度によって決まる．この問題は，単にAgI(s)を水に加えた場合と同じである．

　すべての I^- とちょうど反応する量の Ag^+ を加えたとしよう．すべてのAgIが沈殿し，そのごく一部が再び溶けて等しい濃度の Ag^+ と I^- を生じるだろう．溶解度積の式において [Ag^+] = [I^-] = x とおけば，pAg^+ の値を求めら

れる.

$$[Ag^+][I^-] = K_{sp}$$
$$(x)(x) = 8.3 \times 10^{-17} \Rightarrow x = 9.1 \times 10^{-9} \Rightarrow pAg^+ = -\log x = 8.04$$

この pAg^+ の値は，最初の濃度や体積には依存しない．

当量点後の領域

当量点までに滴下された Ag^+ は，事実上すべて沈殿する．溶液には，当量点後に加えられたすべての Ag^+ が残っている．$V_{Ag^+} = 52.00$ mL と仮定しよう．当量点後に滴下された体積は，2.00 mL である．計算は以下のようになる．

$$Ag^+ \text{のモル数} = (0.00200 \text{ L})(0.05000 \text{ mol Ag}^+/\text{L}) = 0.000100 \text{ mol}$$
$$[Ag^+] = (0.000100 \text{ mol})/(0.07700 \text{ L}) = 1.30 \times 10^{-3} \text{ M} \Rightarrow pAg^+ = 2.89$$

全体積 = 77.00 mL

$V > V_e$ のとき，$[Ag^+]$ は，ビュレットから加えられた過剰な Ag^+ によって決まる．

$[Ag^+]$ の有効数字が3桁であるので，pAg^+ の仮数を3桁とするのが妥当であるが，ここでは先の結果と統一するために2桁のみを残した．

効率的計算では，ビュレット内の Ag^+ 濃度は 0.05000 M であり，2.00 mL の滴定剤が $(25.00 + 52.00) = 77.00$ mL に希釈されたと考える．よって，$[Ag^+]$ は，次式で求められる．

$$[Ag^+] = \underbrace{(0.05000 \text{ M})}_{\text{元のAg}^+ \text{の濃度}} \underbrace{\left(\frac{2.00}{77.00}\right)}_{\text{希釈率}} = 1.30 \times 10^{-3} \text{ M}$$

Ag^+ 滴定剤の過剰な体積
溶液の全体積

滴定曲線のかたち

図 7-2 の滴定曲線は，分析種の初濃度の影響を示す．この滴定の当量点は曲線の傾きが最大（この例では負の傾き）の点であり，かつ変曲点である（二次

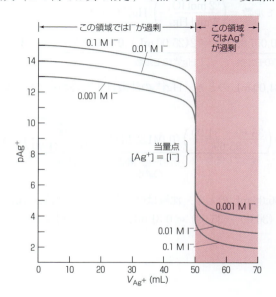

図 7-2 分析種の初濃度の影響を示す滴定曲線．
外側の曲線：0.1000 M I⁻ 溶液 25.00 mL を 0.05000 M Ag^+ で滴定．
中央の曲線：0.01000 M I⁻ 溶液 25.00 mL を 0.005000 M Ag^+ で滴定．
内側の曲線：0.001000 M I⁻ 溶液 25.00 mL を 0.0005000 M Ag^+ で滴定．

導関数がゼロ）．

傾きが最大： $\dfrac{dy}{dx}$ が最も大きな値になる

変曲点： $\dfrac{d^2y}{dx^2}=0$

反応物の化学量論が1：1の滴定では，当量点は滴定曲線の勾配が最も急な点である．$2Ag^+ + CrO_4^{2-} \longrightarrow Ag_2CrO_4(s)$ のように化学量論が，1：1でない場合，曲線は対称にならない．当量点は曲線の急勾配部の中心ではなく，変曲点でもない．実際には，化学量論にかかわらず，急勾配部の終点が当量点に十分近くなるように，滴定曲線が急勾配になる条件を選ぶ．

図 7-3 は，K_{sp} がハロゲン化物イオンの滴定にどのように影響するかを示す．最も難溶性の生成物 AgI は，当量点付近での濃度変化が最も大きい．しかし，AgCl でも曲線の勾配は十分に急であり，当量点を精確に決められる．溶解度積 K_{sp} が小さいほど，濃度は当量点付近で大きく変化する．

最も難溶性の沈殿は，滴定曲線の当量点付近で最も大きな濃度変化を示す．

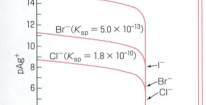

図 7-3 K_{sp} の影響を示す滴定曲線．各曲線は，0.1000 M ハロゲン化物イオン溶液 25.00 mL を 0.05000 M Ag^+ で滴定した場合の計算結果である．当量点を矢印で示した．

例題　沈殿滴定中の濃度計算

0.04132 M $Hg_2(NO_3)_2$ 溶液 25.00 mL を 0.05789 M KIO_3 で滴定した．

$$Hg_2^{2+} + 2IO_3^- \longrightarrow Hg_2(IO_3)_2(s)$$
　　　　ヨウ素酸イオン

$Hg_2(IO_3)_2$ では，$K_{sp} = 1.3 \times 10^{-18}$ である．(a) KIO_3 滴定剤 34.00 mL を添加したとき，(b) KIO_3 滴定剤 36.00 mL を添加したとき，および (c) 当量点での溶液中 $[Hg_2^{2+}]$ を求めよ．

解法　当量点に達するのに必要な KIO_3 滴定剤の体積は，以下のように求められる．

$$IO_3^- \text{のモル数} = \left(\dfrac{2\,\text{mol}\,IO_3^-}{1\,\text{mol}\,Hg_2^{2+}}\right)(Hg_2^{2+}\text{のモル数})$$

$$\underbrace{(V_e)(0.05789\,\text{M})}_{IO_3^-\text{のモル数}} = \underbrace{2(25.00\,\text{mL})(0.04132\,\text{M})}_{Hg_2^{2+}\text{のモル数}} \Rightarrow V_e = 35.69\,\text{mL}$$

(a) $V = 34.00$ mL のとき，Hg_2^{2+} の沈殿はまだ終わっていない．

$$[Hg_2^{2+}] = \underbrace{\left(\dfrac{35.69-34.00}{35.69}\right)}_{\text{残っている割合}} \underbrace{(0.04132\,\text{M})}_{\substack{\text{元の}Hg_2^{2+}\text{溶液}\\\text{の濃度}}} \underbrace{\left(\dfrac{25.00}{25.00+34.00}\right)}_{\text{希釈率}} = 8.29 \times 10^{-4}\,\text{M}$$

（Hg_2^{2+}溶液の初体積／溶液の全体積）

(b) $V = 36.00$ mL のとき，沈殿は終了している．当量点後に滴下された体積は，$(36.00 - 35.69) = 0.31$ mL である．過剰な IO_3^- の濃度は，

$$[\text{IO}_3^-] = \underbrace{(0.057\,89\,\text{M})}_{\substack{\text{元の IO}_3^- \text{溶液} \\ \text{の濃度}}} \underbrace{\left(\frac{\overbrace{0.31}^{\text{過剰な IO}_3^- \text{溶液の体積}}}{\underbrace{25.00 + 36.00}_{\text{溶液の全体積}}}\right)}_{\text{希釈率}} = 2.9_4 \times 10^{-4}\,\text{M}$$

固体の $\text{Hg}_2(\text{IO}_3)_2$ にこれだけの IO_3^- が加えられたとき,平衡にある Hg_2^{2+} の濃度は次式で求められる.

$$[\text{Hg}_2^{2+}] = \frac{K_{\text{sp}}}{[\text{IO}_3^-]^2} = \frac{1.3 \times 10^{-18}}{(2.9_4 \times 10^{-4})^2} = 1.5 \times 10^{-11}\,\text{M}$$

(c) 当量点では,すべての Hg_2^{2+} とちょうど反応する IO_3^- がある.すべてのイオンが沈殿した後,ごく一部の $\text{Hg}_2(\text{IO}_3)_2(s)$ が再び溶けて,水銀イオン 1 mol あたりヨウ素酸イオン 2 mol を生じる.

$$\text{Hg}_2(\text{IO}_3)_2(s) \rightleftharpoons \underset{x}{\text{Hg}_2^{2+}} + \underset{2x}{2\text{IO}_3^-}$$

$$(x)(2x)^2 = K_{\text{sp}} \Rightarrow x = [\text{Hg}_2^{2+}] = 6.9 \times 10^{-7}\,\text{M}$$

類題 滴下量が 34.50 mL および 36.5 mL のときの $[\text{Hg}_2^{2+}]$ を求めよ.
(**答え**:5.79×10^{-4} M, 2.2×10^{-12} M)

以上の計算では,陰イオンと陽イオンが固体塩として沈殿する化学反応のみが起こると仮定している.錯生成やイオン対生成などの他の反応が起こる場合は,計算を修正しなければならない.

7-4 混合物の沈殿滴定

二種類のイオンの混合物を沈殿滴定する場合,まず難溶性の沈殿が生成する.二つの沈殿の溶解度が十分に異なれば,一番目の沈殿は二番目の沈殿が始まる前にほぼ完了する.

ここでは KI と KCl を含む溶液に AgNO_3 溶液を滴下する場合を考えてみよう.$K_{\text{sp}}(\text{AgI}) \ll K_{\text{sp}}(\text{AgCl})$ であるので,AgI がまず沈殿する.I^- の沈殿がほぼ終わると,$[\text{Ag}^+]$ が急に上昇し,AgCl が沈殿し始める.Cl^- が消費されると,$[\text{Ag}^+]$ が再び急上昇する.滴定曲線には急変部が二つ現れると予想される(最初は AgI の V_e,次に AgCl の V_e において).

図 7-4 は,この滴定実験の結果である.滴定曲線を得るのに用いられた装置を図 7-5 に示す.この装置で Ag^+ 濃度を測定する原理は,15-2 節で説明する.

図 7-4 の挿入図に示すように,曲線の急勾配部と水平部を外挿した直線の交点(23.85 mL)を I^- の終点とする.Cl^- が沈殿し始めるとき,I^- の沈殿は完全には終わっていない(I^- の沈殿が終わっていないことは,計算によって確かめられる.嫌いな計算はそのためにあるのだ!).したがって,急勾配部の中央よりも終端(交点)のほうが,当量点の近似値にふさわしい.Cl^- の終点は,

懸濁粒子を含む液体は,粒子が光を散乱するため「**濁る**」.

沈殿の化学量論が同じ場合,まず K_{sp} が小さい生成物が沈殿する.I^- と Cl^- を Ag^+ で沈殿させると,滴定曲線が 2 回急変する.最初は I^-,次は Cl^- による.

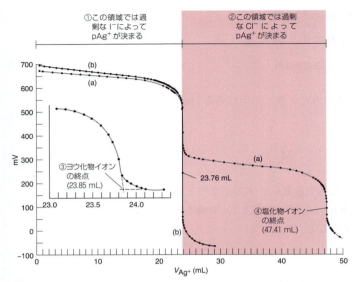

図 7-4 実験で得られた滴定曲線．(a) 0.0502 M KI と 0.0500 M KCl を含む溶液 40.00 mL を 0.0845 M AgNO₃ で滴定した滴定曲線．挿入図は第一当量点付近の拡大図．(b) 0.1004 M I⁻ 溶液 20.00 mL を 0.0845 M Ag⁺ で滴定した滴定曲線．

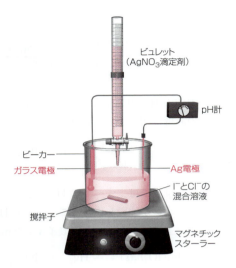

図 7-5 図 7-4 の滴定曲線を得た装置．この実験で銀電極は Ag⁺ 濃度の変化に応答し，ガラス電極は一定の参照電位を与える．[Ag⁺] が 10 倍変化すると，測定される電圧は約 59 mV 変化する．H₂SO₄ と KOH から調製した 0.010 M 硫酸塩緩衝液を用いて，AgNO₃ 滴定剤などすべての溶液を pH 2.0 に保った．

二番目の急勾配部の中間点（47.41 mL）とする．試料中の Cl⁻ のモル数は，第一の終点と第二の終点の間に加えられる Ag⁺ のモル数と等しい．すなわち，Ag⁺ 滴定剤は，I⁻ を沈殿させるのに 23.85 mL 必要であり，さらに Cl⁻ 沈殿させるのに (47.41 − 23.85) = 23.56 mL 必要であった．

図 7-4 の I⁻ と Cl⁻ の混合溶液の滴定曲線と純粋な I⁻ 溶液の滴定曲線を比べると，混合溶液の滴定では I⁻ の終点が 0.38% だけ高すぎることがわかる．第一の終点は 23.76 mL であるべきだが，実測値は 23.85 mL である．この高い値には，二つの原因が考えられる．一つは実験誤差であり，これは常に存在する．実験誤差は正にも負にもなる．しかし，たとえば Br⁻ と Cl⁻ の混合液の滴定では，Br⁻ の終点は一貫して 0〜3% だけ高くなる．この誤差は，AgCl が AgBr と共沈するためである．AgCl の溶解度を超えていなくても，AgBr の微結晶（小さい結晶）が沈殿するとき，一部の Cl⁻ が沈殿に付着する．付着した Cl⁻ は等量の Ag⁺ を沈殿させる．高濃度の硝酸イオンは，この共沈を減少させる．その理由は，おそらく AgBr(s) の結合部位をめぐって NO₃⁻ が Cl⁻ と競争するためである．

図 7-4 の第二の終点は，両方のハロゲン化物イオンが完全に沈殿するところである．この終点は，予測される V_{Ag^+} の値で観察される．図 7-4 において二つの終点の差から求められる Cl⁻ の濃度は，理論値よりわずかに低いが，これは第一の終点がわずかに高いためである．

7-5 スプレッドシートを用いた滴定曲線の計算

これであなたは沈殿滴定のさまざまな段階で起こる化学反応を理解し，滴定曲線のかたちを求める方法がわかっただろう．ここでは，手計算よりも強力で間違いが起こりにくいスプレッドシートによる計算を紹介しよう．いまのところスプレッドシートに興味がなければ，この節は飛ばしてもよい．

濃度 C_X^0 の陰イオン X^- を含む V_X^0 L の溶液に，陽イオン M^+ 溶液（初濃度 C_M^0）V_M L を加えることを考えよう．

$$M^+ + X^- \xrightleftharpoons{K_{sp}} MX(s) \tag{7-9}$$

滴定剤 　分析種
C_M^0, V_M　C_X^0, V_X^0

加えられた M の全モル数（$= C_M^0 \cdot V_M$）は，溶液中の M^+ のモル数〔$= [M^+](V_M + V_X^0)$〕と沈殿した $MX(s)$ のモル数の和と等しくなければならない（このように等しくなることを<u>物質収支</u>（mass balance）と呼ぶ．実際には<u>モル収支</u>である）．同様に X の物質収支の式を書ける．

M の物質収支：$C_0^M \cdot V_M = \underbrace{[M^+](V_M + V_X^0)}_{\text{溶液中の M のモル数}} + \underbrace{\text{mol } MX(s)}_{\text{沈殿中の M のモル数}}$ 　(7-10)

加えられた M の全 mol

X の物質収支：$C_X^0 \cdot V_X^0 = \underbrace{[X^-](V_M + V_X^0)}_{\text{溶液中の X のモル数}} + \underbrace{\text{mol } MX(s)}_{\text{沈殿中の X のモル数}}$ 　(7-11)

加えられた X の全 mol

ここで，式 7-10 の mol $MX(s)$ と式 7-11 の mol $MX(s)$ が等しいとおくと，

$$C_M^0 \cdot V_M - [M^+](V_M + V_X^0) = C_X^0 \cdot V_X^0 - [X^-](V_M + V_X^0)$$

この式は，次のように整理できる．

M^+ による X^- の沈殿：
$$V_M = V_X^0 \left(\frac{C_X^0 + [M^+] - [X^-]}{C_M^0 - [M^+] + [X^-]} \right) \tag{7-12}$$

式 7-12 は，加えられた M^+ 溶液の体積を，$[M^+]$，$[X^-]$，および定数 V_X^0，

> 混合物中のすべての化学種に含まれるある元素のモル数は，溶液に加えられたその元素の全モル数と等しい．これを**物質収支**という．

> 原著の web ページの補足では，図 7-4 に示したような混合物の滴定について，スプレッドシートの式が導かれている．

	A	B	C	D	E
1	Ag⁺によるI⁻の滴定				
2					
3	Ksp(AgI) =	pAg	[Ag+]	[I−]	Vm
4	8.30E−17	15.08	8.32E−16	9.98E−02	0.035
5	Vo =	15	1.00E−15	8.30E−02	3.195
6	25	14	1.00E−14	8.30E−03	39.322
7	Co(I) =	12	1.00E−12	8.30E−05	49.876
8	0.1	10	1.00E−10	8.30E−07	49.999
9	Co(Ag) =	8	1.00E−08	8.30E−09	50.000
10	0.05	6	1.00E−06	8.30E−11	50.001
11		4	1.00E−04	8.30E−13	50.150
12		3	1.00E−03	8.30E−14	51.531
13		2	1.00E−02	8.30E−15	68.750
14	C4 = 10^−B4				
15	D4 = $A$4/C4				
16	E4 = $A$6*($A$8+C4−D4)/($A$10−C4+D4)				

図 7-6 0.1 M I⁻ 溶液 25 mL を 0.05 M Ag⁺ で滴定する場合のスプレッドシート．

Ag⁺滴定剤を用いる滴定は，**銀滴定**と呼ばれる．

フォルハルト法は銀滴定の一種であり，不溶性の銀塩を生成する多くの陰イオンの定量に適用できる．

C_X^0, C_M^0 と関連付ける．図 7-3 のヨウ化物イオンの滴定を例にとろう．スプレッドシートで式 7-12 を使うには，図 7-6 に示すように，pM の値を入力して，対応する V_M の値を計算する．この計算は，V_M が入力値，pM が出力値となる通常の滴定曲線の計算とは逆である．図 7-6 の列 C は式 $[M^+] = 10^{-pM}$ で計算され，列 D は式 $[X^-] = K_{sp}/[M^+]$ で計算される．列 E は式 7-12 から計算される．最初の入力値 pM (15.08) は V_M が小さくなるように適当に選択した．好きな値で始めればよい．pM の初期値が大きすぎて滴定の初期値として妥当でないと，列 E の V_M が負になる．実際に滴定曲線を正確にプロットするには，図 7-6 に示すよりも点を多くすべきだろう．

7-6 終点の決定

沈殿滴定の終点は，ふつう電極（図 7-5）または指示薬で決定される．指示薬を用いて Cl^- を Ag^+ で滴定する二つの方法を説明しよう．

フォルハルト滴定（Volhard titration）：終点で可溶性の有色錯体が生成
ファヤンス滴定（Fajans titration）：終点で有色指示薬が沈殿表面に吸着

フォルハルト滴定

フォルハルト法では，約 0.5 M HNO₃ を含む標準物質 KSCN（チオシアン酸カリウム）滴定剤で Ag^+ を滴定する．Cl^- を測定するには逆滴定を用いる．まず，約 0.5 M HNO₃ とした試料にわずかに過剰な既知量の標準物質 AgNO₃ を加え，激しく撹拌して Cl^- を沈殿させる．

$$Ag^+ + Cl^- \longrightarrow AgCl(s)$$

激しく撹拌することで，過剰な Ag^+ ができるだけ沈殿に取り込まれないようにする．AgCl(s) 沈殿をろ過して希硝酸（約 0.16 M）で洗い，過剰な Ag^+ をろ液に集める．次に，このろ液に $Fe(NO_3)_3$（硝酸第二鉄）または $Fe(NH_4)(SO_4)_2 \cdot 12H_2O$（硫酸アンモニウム鉄，鉄ミョウバンともいう）の溶液を加えて，約 0.02 M Fe^{3+} に調製する．この溶液中の Ag^+ を KSCN 標準液で滴定する．

$$Ag^+ + SCN^- \longrightarrow AgSCN(s)$$

Ag^+ が消費されると，次に滴下された SCN^- が Fe^{3+} と反応して赤色錯体を生成する．

$$Fe^{3+} + SCN^- \longrightarrow \underset{\text{赤色}}{FeSCN^{2+}}$$

赤色が現れるところが終点である．逆滴定に必要であった SCN^- の量がわかれば，Cl^- との反応で残った Ag^+ の量がわかる．Ag^+ の総量は既知なので，Cl^- によって消費された量を計算できる．

滴定溶液に硝酸を加えるのは，Fe^{3+} が加水分解を起こし $Fe(OH)^{2+}$ をつくるのを防ぐためである．使用する濃硝酸（約 70 wt %）は，NO_2 を除くために

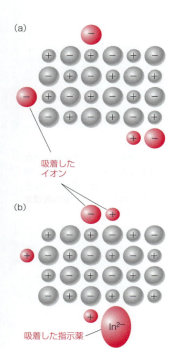

図 7-7 成長しつつある微結晶表面に吸着した溶液中のイオン．(a) 過剰の格子陰イオン（結晶の陰イオン）の存在下で成長する結晶は，おもに陰イオンが吸着されるため，わずかに負電荷を帯びる．(b) 過剰の格子陽イオンの存在下で成長する結晶は，わずかに正電荷を帯びるため，指示薬陰イオンを吸着する．溶液中の結晶格子をつくらない陰イオンと陽イオンは，格子をつくるイオンよりも吸着されにくい．これらの図は，溶液中の他のイオンを省いている．溶液と成長する微結晶の全体では，正味の電荷はゼロである．

等体積の水と混合して数分間沸騰する（ドラフトチャンバー内で行うこと！）．NO_2 は赤色で，終点の色の変化を見えにくくするからだ．温かい硝酸は SCN^- を酸化するので，フォルハルト滴定は室温より高い温度で行うべきではない．指示薬に用いる硝酸第二鉄または鉄ミョウバンの溶液は，水酸化第二鉄の沈殿を防ぐため数滴の濃硝酸を加えて安定にする．

フォルハルト法による Cl^- の分析では，AgCl をろ過しないと，終点の赤色がゆっくりと消えてしまう．AgCl は AgSCN よりも溶けやすいからだ．AgCl がゆっくり溶けて，AgSCN に置き換わる．この二次反応が起こらないようにするために，AgCl をろ過してから，ろ液中の Ag^+ を滴定する．ろ過する代わりに，ニトロベンゼン数 mL を加えて激しく撹拌し，AgCl をニトロベンゼンで覆って，SCN^- が近づくのを防いでもよい．Br^- や I^- の分析では，そのハロゲン化銀は AgSCN よりも難溶性であるので，沈殿を分離する必要はない．

ファヤンス滴定

ファヤンス滴定は，**吸着指示薬**（adsorption indicator）を用いる．これがどのように働くのかを知るために，沈殿表面の電荷を考えよう．Cl^- 溶液に Ag^+ 溶液を加えるとき，当量点前では溶液中に Cl^- が過剰にある．一部の Cl^- は AgCl 沈殿表面に吸着され，結晶は負の電荷を帯びる（図 7-7a）．当量点後には溶液中に Ag^+ が過剰にある．Ag^+ が AgCl 沈殿表面に吸着され，沈殿は正の電荷を帯びる（図 7-7b）．当量点付近で，電荷が負から正へ急に変化する．

一般的な吸着指示薬は染料陰イオンであり，当量点直後に生成する正に荷電した粒子に引きつけられる．負に荷電した染料は，正に荷電した表面に吸着すると，色が変わる．色が変化するところが滴定の終点である．指示薬は沈殿表面と反応するので，沈殿の表面積ができるだけ大きいことが望まれる．表面積を最大にするために，できるだけ粒子を小さくする．小さい粒子は大きな粒子よりも体積あたりの表面積が大きいからだ．電解質濃度を低くすると，沈殿の凝集を防ぎ，粒径を小さく保つことができる．

AgCl 用の最も一般的な指示薬は，ジクロロフルオレセインである．この染料は溶液中で緑がかった黄色だが，AgCl に吸着するとピンク色に変わる（実証実験 7-1 およびカラー図版 2）．この指示薬は弱酸である．指示薬を陰イオ

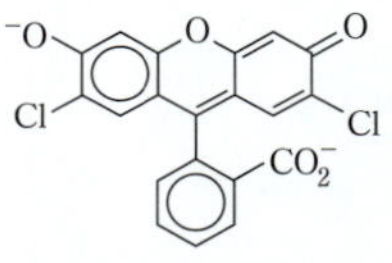

ジクロロフルオレセイン

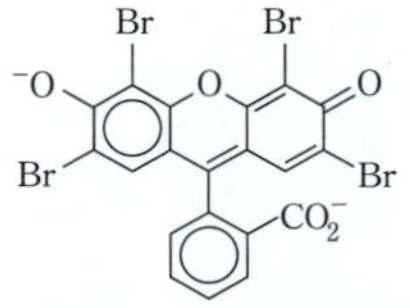

テトラブロモフルオレセイン（エオシン）

実証実験 7-1

ファヤンス滴定

Ag^+ 滴定剤を用いる Cl^- のファヤンス滴定は，指示薬による沈殿滴定の終点決定のよい例である．NaCl 0.5 g とデキストリン 0.15 g を水 400 mL に溶かす．デキストリンを入れるのは，AgCl 沈殿が凝集するのを防ぐためである．ジクロロフルオレセイン指示薬溶液 1 mL を加える．この指示薬溶液は，95% エタノール水溶液にジクロロフルオレセイン 1 mg/mL を溶かしたもの，または水にジクロロフルオレセインナトリウム塩 1 mg/mL を溶かしたものである．水 30 mL に $AgNO_3$ 2 g を含む滴定剤で，NaCl 試料溶液を滴定する．終点に達するのに滴定剤約 20 mL を要する．

カラー図 2a は，滴定前の NaCl 溶液における指示薬の黄色を示す．カラー図 2b は，滴定中，終点前に現れる AgCl 懸濁液の乳白色を示す．カラー図版 2c のピンク色の懸濁液は，終点で現れる．このとき，指示薬陰イオンが正電荷の沈殿粒子に吸着されている．

ンにするために，溶液のpHを制御しなければならない．染料のエオシンは，Br^-，I^-，SCN^-の滴定に便利である．ジクロロフルオレセインよりも終点がはっきりしており，感度が高い（すなわち，少量のハロゲン化物イオンを滴定できる）．エオシンはCl^-よりもAgClに強く結合するため，AgClには使えない．エオシンはAgClの微結晶が正に荷電する前に粒子と結合してしまうからだ．

すべての銀滴定（とくに吸着指示薬を用いる場合）において，強い光（たとえば，窓越しの日光）は避けるべきである．光は，銀塩を分解する．また，吸着された指示薬も光に弱い．

沈殿滴定の例を表7-1にまとめた．フォルハルト法は銀滴定に限られるが，ファヤンス法は適用範囲が広い．フォルハルト滴定は酸性溶液（ふつうは0.2 M硝酸）で行われるため，他の滴定に影響を及ぼすある種の干渉を避けられる．たとえば，CO_3^{2-}，$C_2O_4^{2-}$，AsO_4^{3-}の銀塩は酸性溶液に溶けるので，これらの陰イオンは干渉を起こさない．

表7-1 沈殿滴定の例

分析種	備考
フォルハルト法	
Br^-, I^-, SCN^-, OCN^-, AsO_4^{3-}	沈殿除去が不要．
Cl^-, PO_4^{3-}, CN^-, $C_2O_4^{2-}$, CO_3^{2-}, S^{2-}, CrO_4^{2-}	沈殿除去が必要．
BH_4^-	BH_4^-との反応後に残るAg^+を逆滴定：$$BH_4^- + 8Ag^+ + 8OH^- \longrightarrow 8Ag(s) + H_2BO_3^- + 5H_2O$$
ファヤンス法	
Cl^-, Br^-, I^-, SCN^-, $Fe(CN)_6^{4-}$	Ag^+で滴定．フルオレセイン，ジクロロフルオレセイン，エオシン，ブロモフェノールブルーなどの染料で終点を決定．
Zn^{2+}	$K_4Fe(CN)_6$で滴定して$K_2Zn_3[Fe(CN)_6]_2$を生成．ジフェニルアミンで終点を決定．
SO_4^{2-}	$Ba(OH)_2$の50 vol%メタノール水溶液で滴定．指示薬としてアリザリンレッドSを使用．
Hg_2^{2+}	NaClで滴定してHg_2Cl_2を生成．ブロモフェノールブルーで終点を決定．
PO_4^{3-}, $C_2O_4^{2-}$	$Pb(CH_3CO_2)_2$で滴定して$Pb_3(PO_4)_2$またはPbC_2O_4を生成．ジブロモフルオレセイン（PO_4^{3-}）またはフルオレセイン（$C_2O_4^{2-}$）で終点を決定．

重要なキーワード

一次標準物質（primary standard）
逆滴定（back titration）
吸着指示薬（adsorption indicator）
銀滴定（argentometric titration）
指示薬（indicator）
試薬級化学物質（reagent-grade chemical）
終点（end point）

重量滴定（gravimetric titration）
直接滴定（direct titration）
滴定（titration）
滴定曲線（titration curve）
滴定誤差（titration error）
滴定剤（titrant）
当量点（equivalence point）

標準液（standard solution）
標定（standardization）
微量分析（trace analysis）
ファヤンス滴定（Fajans titration）
フォルハルト滴定（Volhard titration）
ブランク滴定（blank titration）
容量分析（volumetric analysis）

本章のまとめ

　容量分析では，分析種との化学量論反応に必要な試薬（滴定剤）の体積を測定する．化学量論の滴定剤が加えられた点を当量点と呼ぶ．実際に測定されるのは，物理的性質（たとえば，指示薬の色や電極電位）が急に変化する終点である．終点と当量点との差が滴定誤差である．この滴定誤差を小さくするために，分析種が存在しない状態で同じ操作を行うブランク滴定の結果を差し引く．また，分析種と同じ反応を起こす標準液を用いて滴定剤を標定する．

　分析結果の妥当性は，一次標準物質の量についての知識にかかっている．ほぼ目的濃度に調製された滴定剤は，一次標準物質を滴定することによって標定される．直接滴定では，反応が終わるまで分析種に滴定剤を加える．逆滴定では，分析種に過剰で既知量の試薬を加え，残った試薬を第二の標準試薬で滴定する．容量分析の計算は，既知の滴定剤のモル数と未知の分析種のモル数を関連付ける．

　沈殿滴定中の反応物と生成物の濃度は，三つの領域に分けて計算される．当量点前の領域では分析種が過剰に存在する．この分析種の濃度は，（残っている割合）×（元の濃度）×（希釈率）である．滴定剤の濃度は，沈殿の溶解度積と過剰な分析種の濃度から求められる．当量点では，両方の反応物の濃度が溶解度積によって決まる．当量点後の領域では，分析種の濃度は，過剰な滴定剤の濃度と溶解度積から求められる．

　Ag^+ で沈殿する陰イオンは，銀滴定で定量できる．一般的な二種類の銀滴定では，終点は色の変化ではっきりとわかる．フォルハルト滴定では，陰イオンに標準物質 $AgNO_3$ を過剰に加え，生成する沈殿をろ過して取り除く．ろ液中の過剰の Ag^+ を，Fe^{3+} の存在下，KSCN 標準液で逆滴定する．Ag^+ が消費されると，SCN^- が Fe^{3+} と反応して赤色錯体を生成する．ファヤンス滴定では，吸着指示薬を用いる．陰イオンを $AgNO_3$ 標準液で直接滴定して，終点を決定する．指示薬の色は，当量点の直後に変化する．このとき，荷電した指示薬が反対の電荷をもつ沈殿表面に吸着される．

練習問題

7-A. アスコルビン酸（ビタミン C）は，次式に従って I_3^- と反応する．

アスコルビン酸 $C_6H_8O_6$ + I_3^- + H_2O ⟶ デヒドロアスコルビン酸 $C_6H_8O_7$ + $3I^-$ + $2H^+$

この反応の指示薬には，デンプンが用いられる．当量点後，最初の一滴の I_3^- 滴定剤が未反応のまま溶液に残ると，濃い青色のデンプン-ヨウ素錯体が現れて終点がはっきりとわかる．

(a) 上の構造式の化合物がその下に書かれた化学式をもつことを確かめよ．構造式中のすべての原子を認識できるようになろう．また，表見返しの周期表に記した原子量を用いて，アスコルビン酸の式量を求めよ．

(b) 純粋なアスコルビン酸 0.1970 g と反応するのに I_3^- 溶液 29.41 mL が必要であるとき，I_3^- 溶液の容量モル濃度はいくらか？

(c) アスコルビン酸と不活性な結合剤を含むビタミン C 錠剤を粉にすりつぶし，その 0.4242 g を水に溶かして，I_3^- 滴定剤 31.63 mL で滴定した．錠剤中のアスコルビン酸の重量百分率を求めよ．

7-B. 既知量の一次標準物質フタル酸水素カリウムを用いて，NaOH 溶液を重量滴定により標定した．

フタル酸水素カリウム $C_8H_5O_4K$, 式量 204.22

次に，この NaOH 標準液を用いて H_2SO_4 の未知溶液の濃度を求めた．

$$H_2SO_4 + 2NaOH \longrightarrow Na_2SO_4 + 2H_2O$$

(a) フタル酸水素カリウムの構造式から，その化学式が $C_8H_5O_4K$ であることを確かめよ．

(b) フタル酸水素カリウム 0.824 g を滴定して，フェノールフタレイン指示薬で決定される終点に達するのに，NaOH 溶液 38.314 g が必要であった．NaOH 溶液の濃度（mol NaOH/kg 溶液）を求めよ．

(c) H_2SO_4 溶液 10.00 mL を NaOH 溶液で滴定すると，フェノールフタレインによる終点に達するのに 57.911 g が必要であった．H_2SO_4 溶液の容量モル濃度を求めよ．

7-C. 重量 0.2376 g の固体試料は，マロン酸とアニリン塩酸塩のみを含む．この試料を中和するのに 0.087 71 M NaOH 溶液 34.02 mL が必要であった．固体混合物中の各成分の重量百分率を求めよ．反応は次ページのようである．

$$\underset{\substack{\text{マロン酸}\\ \text{式量 104.06}}}{\text{CH}_2(\text{CO}_2\text{H})_2} + 2\text{OH}^- \longrightarrow \underset{\text{マロン酸イオン}}{\text{CH}_2(\text{CO}_2^-)_2} + 2\text{H}_2\text{O}$$

$$\underset{\substack{\text{アニリン塩酸塩}\\ \text{式量 129.59}}}{\text{C}_6\text{H}_5\text{-NH}_3^+\text{Cl}^-} + \text{OH}^- \longrightarrow \underset{\text{アニリン}}{\text{C}_6\text{H}_5\text{-NH}_2} + \text{H}_2\text{O} + \text{Cl}^-$$

7-D. 0.0800 M KSCN 溶液 50.0 mL を 0.0400 M Cu^+ 滴定剤で滴定する．CuSCN の溶解度積は 4.8×10^{-15} である．以下の量の滴定剤を滴下したときの pCu^+ を計算せよ．また，Cu^+ 滴下量（mL）に対して pCu^+ をプロットしたグラフを作成せよ．0.10, 10.0, 25.0, 50.0, 75.0, 95.0, 99.0, 100.0, 100.1, 101.0, 110.0 mL.

7-E. 0.05000 M Br^- と 0.05000 M Cl^- を含む溶液 40.00 mL を 0.08454 M $AgNO_3$ で滴定する．以下の体積の滴定剤を滴下したときの pAg^+ を計算せよ．Ag^+ 滴下量（mL）に対して pAg^+ をプロットしたグラフを作成せよ．2.00, 10.00, 22.00, 23.00, 24.00, 30.00, 40.00 mL, 第二当量点, 50.00 mL.

7-F. I^- と SCN^- の混合物 50.00($\pm$0.05) mL を 0.0683($\pm$0.0001) M Ag^+ 滴定剤で滴定した．第一当量点は 12.6($\pm$0.4) mL, 第二当量点は 27.7($\pm$0.3) mL に観察された．

(a) 元の混合物のチオシアン酸イオンの容量モル濃度とその不確かさを求めよ．

(b) 第一当量点（12.6 $\pm$? mL）の不確かさがわからないことを除いて，不確かさはすべて上記と同じであるとする．SCN^- の容量モル濃度の不確かさが $\leq$ 4.0% のとき，第一当量点の絶対誤差の上限（mL）はいくらか？

章末問題

容量分析法と計算

7-1. 以下の記述について説明せよ．「分析結果の妥当性は，究極的に一次標準物質の組成についての知識にかかっている」．

7-2. 当量点と終点の違いを述べよ．

7-3. ブランク滴定によって滴定誤差が小さくなるのはなぜか？

7-4. 直接滴定と逆滴定の違いは何か？

7-5. 試薬級化学物質と一次標準物質の違いは何か？

7-6. 微量分析で試料を溶かすのに超高純度の酸が必要なのはなぜか？

7-7. 反応 $Hg_2^{2+} + 2I^- \longrightarrow Hg_2I_2(s)$ に従って，0.0400 M $Hg_2(NO_3)_2$ 溶液 40.0 mL と反応するのに，0.100 M KI 溶液は何 mL 必要か？

7-8. 反応 7-1 に従って，0.1650 M シュウ酸 108.0 mL と反応するのに，0.1650 M $KMnO_4$ は何 mL 必要か？ 0.1650 M $KMnO_4$ 108.0 mL と反応するのに，0.1650 M シュウ酸は何 mL 必要か？

7-9. アンモニアは，次の反応により次亜臭素酸イオン OBr^- と反応する．$2NH_3 + 3OBr^- \longrightarrow N_2 + 3Br^- + 3H_2O$. OBr^- 溶液 1.00 mL が NH_3 1.69 mg とちょうど反応するとき，OBr^- 溶液の容量モル濃度はいくらか？

7-10. スルファミン酸は，NaOH 溶液の標定に用いられる一次標準物質である．

$$\underset{\substack{\text{スルファミン酸}\\ \text{式量 97.094}}}{^+\text{H}_3\text{NSO}_3^-} + \text{OH}^- \longrightarrow \text{H}_2\text{NSO}_3^- + \text{H}_2\text{O}$$

NaOH 溶液 34.26 mL がスルファミン酸 0.3337 g とちょうど反応するとき，NaOH 溶液の容量モル濃度はいくらか？

7-11. 石灰石は，おもに方解石 $CaCO_3$ から成る．粉末の石灰石 0.5413 g に含まれる炭酸塩量を求めるために，粉末を水に懸濁させ，1.396 M 塩酸 10.00 mL を加え，加熱して固体を溶かし，CO_2 を追い出した．

$$\underset{\substack{\text{炭酸カルシウム}\\ \text{式量 100.087}}}{\text{CaCO}_3(s)} + 2\text{H}^+ \longrightarrow \text{Ca}^{2+} + \text{CO}_2\uparrow + \text{H}_2\text{O}$$

上の反応後に残った酸をフェノールフタレインによる終点まで完全に滴定すると，0.1004 M NaOH 溶液 39.96 mL が必要であった．石灰石中の方解石の重量百分率を求めよ．

7-12. 三酸化二ヒ素(III)(As_2O_3) は純粋なかたちで利用でき，MnO_4^- などの標定に便利な一次標準物質である（ただし発がん性がある）．As_2O_3 を塩基に溶かして，酸性溶液中，MnO_4^- で滴定する．少量のヨウ化物イオン（I^-）またはヨウ素酸イオン（IO_3^-）を加えて，H_3AsO_3 と MnO_4^- の反応を触媒する．

$$As_2O_3 + 4OH^- \rightleftharpoons 2HAsO_3^{2-} + H_2O$$
$$HAsO_3^{2-} + 2H^+ \rightleftharpoons H_3AsO_3$$
$$5H_3AsO_3 + 2MnO_4^- + 6H^+$$
$$\longrightarrow 5H_3AsO_4 + 2Mn^{2+} + 3H_2O$$

(a) 3.214 g の $KMnO_4$（式量 158.034）を水 1.000 L に溶かし，加熱して不純物と完全に反応させたあと，冷却，ろ過した．MnO_4^- が不純物により消費されない場合，この溶液の容量モル濃度は理論上いくらか？

(b) この $KMnO_4$ 溶液 25.00 mL とちょうど反応する As_2O_3（式量 197.84）の質量はいくらか？

(c) 0.1468 g の As_2O_3 の滴定には，未反応の薄い MnO_4^- の色が現れるまでに，$KMnO_4$ 溶液 29.98 mL が必要であった．ブランク滴定では，色が十分見えるまでに MnO_4^- 溶液 0.03 mL が必要であった．過マンガン酸イオン溶液の容量モル濃度を計算せよ．

7-13. 0.2386 g のある試料には，NaCl と KBr のみが含まれていた．この試料は水に溶け，両方のハロゲン化物イオンを完全に滴定する［$AgCl(s)$ と $AgBr(s)$ にする］のに 0.04837 M $AgNO_3$ 溶液 48.40 mL を必要とした．固体試料中の Br の重量百分率を計算せよ．

7-14. 重量 0.05485 g の固体混合物には，硫酸第一鉄アンモニウムと塩化第一鉄のみが含まれていた．この試料を 1 M H_2SO_4 に溶かし，Fe^{2+} を Fe^{3+} に完全に酸化するのに 0.01234 M Ce^{4+} 溶液 13.39 mL が必要であった（Ce^{4+} + Fe^{2+} ⟶ Ce^{3+} + Fe^{3+}）．元の試料中の Cl の重量百分率を計算せよ．

$FeSO_4 \cdot (NH_4)_2SO_4 \cdot 6H_2O$ $FeCl_2 \cdot 6H_2O$
硫酸第一鉄アンモニウム   塩化第一鉄
式量 392.13   式量 234.84

7-15. 体積 12.73 mL のシアン化物イオン溶液に Ni^{2+} 溶液 25.00 mL を加え（Ni^{2+} を過剰にする），シアン化物イオンをテトラシアノニッケル（Ⅱ）酸イオンに変えた．

$4CN^- + Ni^{2+} \longrightarrow Ni(CN)_4^{2-}$

次に，過剰な Ni^{2+} を 0.01307 M エチレンジアミン四酢酸（EDTA）溶液で滴定すると，10.15 mL を要した．

$Ni^{2+} + EDTA^{4-} \longrightarrow Ni(EDTA)^{2-}$

$Ni(CN)_4^{2-}$ は EDTA と反応しない．元の Ni^{2+} 溶液 30.10 mL とちょうど反応するのに EDTA 溶液 39.35 mL が必要であったとして，シアン化物イオン溶液中の CN^- の容量モル濃度を計算せよ．

7-16. 水族館の海水管理．ニュージャージー州立水族館の水槽は，容積 290 万 L である[5]．ほうっておくと有害な濃度にまで増加する硝酸イオンを，細菌を用いて取り除いている．水族館の水は，最初にポンプで 2700 L 脱気槽に送られる．そこに存在する細菌は，添加したメタノールの存在下で O_2 を消費する．

$2CH_3OH + 3O_2 \xrightarrow{細菌} 2CO_2 + 4H_2O$ (1)
メタノール

この無酸素（脱酸素）水は，脱気槽から 500 L 脱窒槽に移される．この槽の多孔質反応器には，シュードモナス属細菌のコロニーが存在する．メタノールが連続的に注入され，硝酸イオンは亜硝酸イオン，さらに窒素へと変換される．

$3NO_3^- + CH_3OH \xrightarrow{細菌} 3NO_2^- + CO_2 + 2H_2O$ (2)
硝酸イオン   亜硝酸イオン

$2NO_2^- + CH_3OH \xrightarrow{細菌} N_2 + CO_2 + H_2O + 2OH^-$ (3)

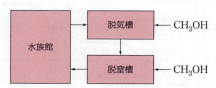

(a) 脱気は，細菌が媒介する CH_3OH による O_2 の遅い滴定とみなせる．海水中の O_2 濃度（24℃）は，220 μM である．水族館の海水 290 万 L に対して，反応 1 には CH_3OH（式量 32.04，密度 = 0.791 g/mL）が何 L 必要か？

(b) 硝酸イオンとメタノールが窒素を生成することを示す全反応式を書け．海水 290 万 L 中の硝酸イオン濃度が 8100 μM のとき，この全反応には何リットルの CH_3OH が必要か？

(c) 反応 1 から反応 3 までのメタノールの消費に加えて，細菌が増殖するためにはメタノールがさらに 30% だけ多く必要である．海水 290 万 L を脱窒するのに必要なメタノールの総体積はいくらか？

沈殿曲線のかたち

7-17. 図 7-2 の各領域で起こる化学を説明せよ．（ⅰ）当量点前，（ⅱ）当量点，（ⅲ）当量点後．各領域の［Ag^+］を求める式を書け．

7-18. 0.08230 M KI 溶液 25.00 mL を 0.05110 M $AgNO_3$ 滴定剤で滴定する．$AgNO_3$ 滴定剤の滴下量が以下の値のときの pAg^+ を計算せよ．(a) 39.00 mL，(b) V_e，(c) 44.30 mL．

7-19. 0.03110 M $Na_2C_2O_4$ を含む溶液 25.00 mL を 0.02570 M $Ca(NO_3)_2$ 滴定剤で滴定して，シュウ酸カルシウムを沈殿させた．$Ca^{2+} + C_2O_4^{2-} \longrightarrow CaC_2O_4(s)$．$Ca(NO_3)_2$ 滴定剤の滴下量が以下の値のときの pCa^{2+} を求めよ．(a) 10.00 mL，(b) V_e，(c) 35.00 mL．

7-20. Ag^+ 滴定剤によるハロゲン化物イオンの沈殿滴定では，イオン対 $AgX(aq)$（X = Cl，Br，I）が沈殿と平衡にある．付録 J を利用して，沈殿が存在する溶液中の $AgCl(aq)$，$AgBr(aq)$，$AgI(aq)$ の濃度を求めよ．

7-21. 火星の土中の硫酸塩．本章扉で説明した硫酸バリウムの沈殿滴定の結果を次の図に示す．$BaCl_2$ を加える前，火星の土の抽出水溶液 25 mL 中の Cl^- の初濃度は 0.00019 M であった．Ba^{2+} 濃度が急上昇する終点では，［Cl^-］ = 0.0096 M であった．

(a) 滴定反応の式を書け．
(b) 終点に達するのに必要な $BaCl_2$ は何 mmol であったか？
(c) 抽出水溶液 25 mL 中に何 mmol の SO_4^{2-} が含まれていたか？
(d) SO_4^{2-} が土 1.0 g から抽出されたとすると，土中の SO_4^{2-} 濃度は何 wt% か？

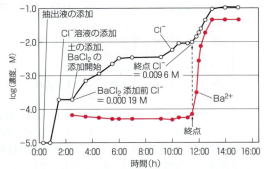

フェニックス・マーズ・ランダーによる硫酸バリウムの沈殿滴定．〔データ出典：参考文献 1. S. Kounaves, Tufts University.〕

混合物の滴定

7-22. 図 7-4 の曲線 a の各領域で起こる化学を説明せよ．（i）第一当量点前，（ii）第一当量点，（iii）第一当量点と第二当量点の間，（iv）第二当量点，（v）第二当量点後．また，(ii) を除く各領域について，[Ag$^+$] の計算に使う式を書け．

7-23. 図 7-4 の滴定において，Cl$^-$ が沈殿し始める前に I$^-$ の沈殿は完全には終わっていないと本文に書かれている．I$^-$ のみが含まれる溶液を滴定したときの当量点における Ag$^+$ 濃度を計算せよ．この Ag$^+$ 濃度で Cl$^-$ が沈殿することを示せ．

7-24. 有機化合物中のハロゲンの定量には，銀滴定が用いられる[6]．注意深くひょう量した未知試料（10〜100 mg），ナトリウム分散体 2 mL，およびメタノール 1 mL を無水エーテル 50 mL に加える（ナトリウム分散体は，細かく砕いた固体ナトリウムを油に懸濁させたものである．メタノールと反応してナトリウムメトキシド CH$_3$O$^-$Na$^+$ を生成する．これは有機化合物と反応し，ハロゲン化物イオンを生成する）．過剰のナトリウムは，2-プロパノールをゆっくりと加えて不活性化する．その後，水 100 mL を加える（ナトリウムを水で直接処理してはならない．H$_2$ が発生し，O$_2$ の存在下で爆発する．2Na + 2H$_2$O ⟶ 2NaOH + H$_2$）．この操作により，2 相の混合物が得られる．ハロゲン化物イオンを含む水相の上にエーテル相が浮く．水相を pH 4 に調整し，図 7-5 の電極を用いて Ag$^+$ 滴定剤で滴定する．82.67 mg の 1-ブロモ-4-クロロブタン（BrCH$_2$CH$_2$CH$_2$CH$_2$Cl，式量 171.46）を分析するとき，二つの当量点に達するのに必要な 0.025 70 M AgNO$_3$ 滴定剤の量はいくらか？

7-25. 図 7-4 の滴定(a)の以下の点における pAg$^+$ を計算せよ．(a) 10.00 mL，(b) 20.00 mL，(c) 30.00 mL，(d) 第二当量点，(e) 50.00 mL．

7-26. 0.100 0 M Ag$^+$ と 0.100 0 M Hg$_2^{2+}$ を含む体積 10.00 mL の混合物を 0.100 0 M KCN 滴定剤で滴定し，Hg$_2$(CN)$_2$ と AgCN を沈殿させた．

(a) KCN 滴定剤の滴下量が以下の値における pCN$^-$ を計算せよ．5.00, 10.00, 15.00, 19.90, 20.10, 25.00, 30.00, 35.00 mL．

(b) 滴下量が 19.90 mL のとき，AgCN は沈殿するか？

スプレッドシートの利用

7-27. M$^+$ 溶液（濃度＝ C_M^0，体積＝ V_M^0）を X$^-$ 滴定剤（滴定剤の濃度＝ C_X^0）で滴定するとき，式 7-12 と同様の式を導け．式は，滴定剤の体積 (V_X) を [X$^-$] の関数として表すこと．

7-28. 式 7-12 を用いて，図 7-3 の曲線を再現せよ．結果を一つのグラフにプロットせよ．

7-29. X^{x-} と M^{m+} の沈殿反応を考える．

$$x\mathrm{M}^{m+} + m\mathrm{X}^{x-} \rightleftharpoons \mathrm{M}_x\mathrm{X}_m(s) \quad K_{sp} = [\mathrm{M}^{m+}]^x[\mathrm{X}^{x-}]^m$$

M および X の物質収支の式を書け．また，次式を導け．

$$V_M = V_X^0 \left(\frac{xC_X^0 + m[\mathrm{M}^{m+}] - x[\mathrm{X}^{x-}]}{mC_M^0 - m[\mathrm{M}^{m+}] + x[\mathrm{X}^{x-}]} \right)$$

ここで，$[\mathrm{X}^{x-}] = (K_{sp}/[\mathrm{M}^{m+}]^x)^{1/m}$ である．

7-30. 0.100 M CrO$_4^{2-}$ 溶液 10.0 mL を 0.100 M Ag$^+$ 滴定剤で滴定すると，Ag$_2$CrO$_4$(s) が生成する．問題 7-29 の式を用いて，この滴定曲線を計算せよ．

終点の決定

7-31. 沈殿の表面電荷の正負が当量点付近で変わるのはなぜか？

7-32. Zn^{2+} のファヤンス滴定について，表 7-1 の操作を検討せよ．当量点後，沈殿の電荷は正または負のどちらになると予想されるか？

7-33. フォルハルト滴定を用いて NaI 溶液を分析する方法を説明せよ．

7-34. HBr 溶液 30.00 mL に，沸騰させて冷ましたばかりの 8 M 硝酸 5 mL を加えた．次に 0.365 0 M AgNO$_3$ 溶液 50.00 mL を加えて激しく撹拌した．さらに，飽和鉄ミョウバン溶液 1 mL を加え，0.287 0 M KSCN 滴定剤で滴定した．滴定剤を 3.60 mL だけ加えたところで溶液が赤色になった．元の溶液の HBr 濃度はいくらか？ 元の溶液に入っていた Br$^-$ は何 mg か？

7-35. この操作のどこがまちがっているか？ 表 7-1 によれば，炭酸イオンをフォルハルト滴定によって測定できる．このとき，沈殿の除去が必要である．Na$_2$CO$_3$ の未知溶液を分析するため，沸騰させて冷ましたばかりの硝酸を溶液に加えて，濃度を約 0.5 M 硝酸とした．次に，標準物質 AgNO$_3$ を過剰に加えたが，Ag$_2$CO$_3$ の沈殿は生成しなかった．何が起こったのだろうか？

8 活量および平衡の系統的解析法
Activity and the Systematic Treatment of Equilibrium

水和イオン

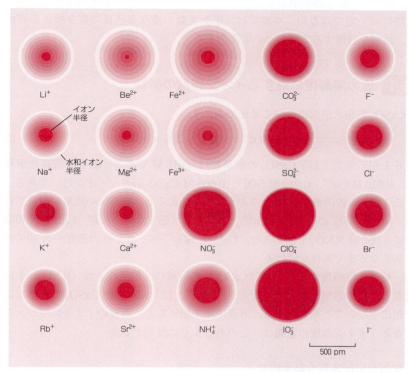

さまざまなイオンのイオン半径および水和イオン半径．小さく，電荷の大きなイオンほど，より強く水分子と結合して，大きな水和化学種としてふるまう．

水和水の推定数

分子	強く結合した水分子の数
$CH_3CH_2CH_3$	0
C_6H_6	0
CH_3CH_2Cl	0
CH_3CH_2SH	0
CH_3-O-CH_3	1
CH_3CH_2OH	1
$(CH_3)_2C=O$	1.5
$CH_3CH=O$	1.5
CH_3CO_2H	2
$CH_3C\equiv N$	3
$CH_3\overset{O}{\overset{\|}{C}}NHCH_3$	4
CH_3NO_2	5
$CH_3CO_2^-$	5
CH_3NH_2	6
CH_3SO_3H	7
NH_3	9
$CH_3SO_3^-$	10
NH_4^+	12

S. Fu and C. A. Lucy, *Anal. Chem.*, **70**, 173 (1998).

　溶液中のイオンや分子は，溶媒分子によって組織的に取り囲まれている．水の酸素原子は部分的に負の電荷を帯び，各水素原子はその半分の正の電荷を帯びている．

　H_2O は，酸素原子を介して陽イオンに結合する．小さい陽イオン Li^+ の第一配位圏は，四面体の頂点にある4個の H_2O 分子で構成される[1]．もっと大きなイオン Cf^{3+}（98番元素，カリホルニウム）の第一配位圏は，8個の H_2O 分子から成る正四角反柱のように見える[2]．Cl^- は，水素原子を介して約6個の H_2O 分子と結合する[1,3]．H_2O 分子は，バルク溶媒とイオン配位位置との間ですばやく交換される．

　上図のイオン半径は結晶中のイオンを X 線回折法で測定した結果である．水和半径は，溶液中のイオンの拡散係数と電場中の水和イオンの移動度から見積もられる[4,5]．小さく，電荷の大きなイオンほど，溶液中でより多くの水分子と結合し，大きな化学種としてふるまう．本章で学ぶ水溶液中のイオンの活量は，水和化学種の大きさに関係している．

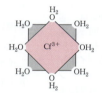

Cf^{3+} は，H_2O 4分子の平面二つがつくる正四角反柱構造の中心にある

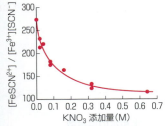

図 8-1 溶液に硝酸カリウムを加えると，反応 $Fe^{3+} + SCN^- \rightleftharpoons Fe(SCN)^{2+}$ の濃度平衡定数が小さくなることを示す学生のデータ．カラー図版 3 は，KNO_3 を加えると $Fe(SCN)^{2+}$ の赤色が消える様子を現す．問題 13-11 でこの化学系についてもっと詳しく述べる．[データ出典：R. J. Stolzberg, *J. Chem. Ed.*, **76**, 640 (1999).]

「不活性」塩を加えると，イオン性化合物の溶解度が大きくなる．

6 章では，反応の平衡定数を次式のように表わした．

$$Fe^{3+} + SCN^- \rightleftharpoons Fe(SCN)^{2+} \qquad K = \frac{[Fe(SCN)^{2+}]}{[Fe^{3+}][SCN^-]} \tag{8-1}$$
　薄い黄色　無色　　　　赤色

図 8-1 や実証実験 8-1，カラー図版 3 は，溶液に「不活性」塩 KNO_3 を加えると，式 8-1 の濃度商が小さくなることを示す．すなわち，濃度平衡「定数」は，実際には一定ではない．本章では，平衡定数の濃度を活量で置き換える理由と，活量を利用する方法について説明する．

8-1 塩の溶解度に対するイオン強度の影響

$CaSO_4$ 飽和水溶液について考えてみよう．

$$CaSO_4(s) \rightleftharpoons Ca^{2+} + SO_4^{2-} \qquad K_{sp} = 2.4 \times 10^{-5} \tag{8-2}$$

図 6-1 が示すように，$CaSO_4$ の溶解度は 0.015 M である．おもな溶存化学種は，0.010 M Ca^{2+}，0.010 M SO_4^{2-}，0.005 M $CaSO_4(aq)$（イオン対）である．

ここで，この溶液に KNO_3 のような塩を加えると，興味深い効果が観察される．K^+ と NO_3^- のいずれも Ca^{2+} や SO_4^{2-} と反応しない．だが，$CaSO_4$ 飽和溶液に 0.050 M KNO_3 を加えると，Ca^{2+} と SO_4^{2-} のそれぞれの濃度が約 30% だけ高くなるまで固体が溶ける．

一般に，溶解度の小さい塩（$CaSO_4$）の溶液に「不活性」塩（KNO_3）を加えると，塩の溶解度が大きくなる．「不活性」は，KNO_3 が $CaSO_4$ と化学反応を起こさないことを意味する．溶液に塩を加えると，溶液の<u>イオン強度が大きくなる</u>．イオン強度の定義は，このあとすぐに説明する．

なぜ溶解度が大きくなるのか？

溶液に塩を加えると，なぜ溶解度が大きくなるのだろうか？　溶液中の一つの Ca^{2+} イオンと一つの SO_4^{2-} イオンについて考えてみよう．SO_4^{2-} イオンは，H_2O，陽イオン（K^+，Ca^{2+}），および陰イオン（NO_3^-，SO_4^{2-}）に囲まれている．しかし，平均すると陰イオンの近くには陰イオンよりも陽イオンのほうが多く存在する．陽イオンは陰イオンに引きつけられるが，陰イオンは反発されるからだ．これらの相互作用によって，陰イオンのまわりには総電荷が正の領域が生じる．この領域を**イオン雰囲気**（ionic atmosphere）と呼ぶ（図 8-2）．イオンは，イオン雰囲気の外から内へ，または内から外へ絶えず拡散する．イオン雰囲気の総電荷は，時間平均すると，中心陰イオンの電荷よりも小さい．同様に，溶液中のあらゆる陽イオンは，負電荷のイオン雰囲気に取り囲まれている．

イオン雰囲気は，イオン間の引力を弱める．陽イオンとその負のイオン雰囲気を合わせた正電荷は，陽イオンのみの正電荷よりも小さい．陰イオンとそのイオン雰囲気を合わせた負電荷は，陰イオンのみの負電荷よりも小さい．ともにイオン雰囲気をもつ陽イオンと陰イオンとの間の正味の引力は，イオン雰囲

陰イオンは，過剰の陽イオンに囲まれる．
陽イオンは，過剰の陰イオンに囲まれる．

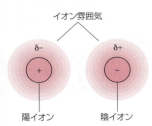

図 8-2 イオン雰囲気は，溶液中のイオンを取り囲み，電荷 δ+ または δ− をもつ球形の雲として表される．イオン雰囲気の電荷は，中心イオンの電荷より小さい．溶液のイオン強度が大きくなると，それぞれのイオン雰囲気の電荷も大きくなる．

> **実証実験 8-1**
>
> ## イオンの解離に対するイオン強度の影響[6]
>
> この実験は，赤色のチオシアン酸鉄(III)錯体の解離に対するイオン強度の影響を現す．
>
> $$Fe(SCN)^{2+} \rightleftharpoons Fe^{3+} + SCN^-$$
> 赤色　　　　　薄い黄色　　無色
>
> 水 1 L に 15 M（濃）硝酸を 3 滴と $FeCl_3 \cdot 6H_2O$ 0.27 g を溶かして，1 mM $FeCl_3$ 溶液を調製する．$Fe(OH)_3$ の沈殿は酸により遅くなるが，数日以内に起こる．そのときは新しい溶液を調製する．
>
> 解離反応に対するイオン強度の影響を実証するために，1 mM $FeCl_3$ 300 mL を 1.5 mM NH_4SCN（または KSCN）溶液 300 mL と混ぜる．生じた薄い赤色の溶液を等量に二つに分け，片方に KNO_3 12 g を加えてイオン強度を 0.4 M にまで上げる．KNO_3 が溶けると，赤色の $Fe(SCN)^{2+}$ 錯体が解離して色が消える（カラー図版 3）．
>
> 他方の溶液に NH_4SCN または KSCN の結晶を数個加えて $Fe(SCN)^{2+}$ が生成する方向に反応を進めると，赤色が強くなる．この実験は，ルシャトリエの原理（生成物を加えると反応物が増える）の実証である．

気がない陽イオンと陰イオンとの間に生じる正味の引力よりも小さくなる．溶液のイオン強度が大きくなるほど，イオン雰囲気の電荷は大きくなる．（イオン＋イオン雰囲気）の正味の電荷はそれぞれ小さくなり，陽イオンと陰イオンとの間の引力は小さくなる．

したがって，イオン強度が大きくなると，蒸留水中と比べて，Ca^{2+} イオンと SO_4^{2-} イオンの間の引力は小さくなる．この作用によって，これらのイオンが引き合う傾向が小さくなり，$CaSO_4$ の溶解度が大きくなる．

イオン強度が大きくなると，イオンへの解離がうながされる．たとえば，イオン強度を 0.01 M から 0.1 M に上げると，以下の反応はそれぞれ右向きに進む．

$$Fe(SCN)^{2+} \rightleftharpoons Fe^{3+} + SCN^-$$
チオシアン酸イオン

フェノール ⇌ フェノラートイオン ＋ H^+

$$HO_2CCHCHCO_2K(s) \rightleftharpoons HO_2CCHCHCO_2^- + K^+$$
（HO OH）　　　　　　　　（HO OH）
酒石酸水素カリウム

図 8-3 は，酒石酸水素カリウムの溶解度に対する塩の影響を表す．

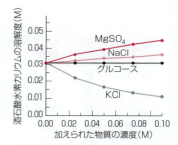

図 8-3 $MgSO_4$ や NaCl などの塩を加えると，酒石酸水素カリウムの溶解度は大きくなる．中性化合物のグルコースを加えても影響はない．KCl を加えると溶解度が小さくなる（なぜか？）．［データ出典：C. J. Marzzacco, *J. Chem. Ed.*, **75**, 1628 (1998).］

「イオン強度」は何を意味するのか？

イオン強度（ionic strength）μ は，溶液中のイオンの総濃度のめやすである．電荷の高いイオンは，イオン強度への寄与が大きい．

$$\text{イオン強度}: \mu = \frac{1}{2}(c_1z_1^2 + c_2z_2^2 + \cdots) = \frac{1}{2}\sum_i c_i z_i^2 \tag{8-3}$$

ここで，c_i は i 番目の化学種の濃度，z_i はその電荷である．溶液中のすべてのイオンについて和をとる．

> **例題** イオン強度の計算
>
> 以下の溶液のイオン強度を求めよ．(a) 0.10 M NaNO$_3$，(b) 0.010 M Na$_2$SO$_4$，(c) 0.020 M KBr と 0.010 M Na$_2$SO$_4$ の混合溶液．
>
> **解法**
>
> (a) $\mu = \dfrac{1}{2}\{[\text{Na}^+]\cdot(+1)^2 + [\text{NO}_3^-]\cdot(-1)^2\}$
>
> $\quad\quad = \dfrac{1}{2}\{0.10\cdot 1 + 0.10\cdot 1\} = 0.10\,\text{M}$
>
> (b) $\mu = \dfrac{1}{2}\{[\text{Na}^+]\cdot(+1)^2 + [\text{SO}_4^{2-}]\cdot(-2)^2\}$
>
> $\quad\quad = \dfrac{1}{2}\{(0.020\cdot 1) + (0.010\cdot 4)\} = 0.030\,\text{M}$
>
> Na$_2$SO$_4$ 1 mol あたり Na$^+$ は 2 mol 生じるので，[Na$^+$] = 0.020 M となる．
>
> (c) $\mu = \dfrac{1}{2}\{[\text{K}^+]\cdot(+1)^2 + [\text{Br}^-]\cdot(-1)^2 + [\text{Na}^+]\cdot(+1)^2 + [\text{SO}_4^{2-}]\cdot(-2)^2\}$
>
> $\quad\quad = \dfrac{1}{2}\{(0.020\cdot 1) + (0.020\cdot 1) + (0.020\cdot 1) + (0.010\cdot 4)\} = 0.050\,\text{M}$
>
> **類題** 1 mM CaCl$_2$ のイオン強度はいくらか？ （**答え**：3 mM）

電解質	容量モル濃度	イオン強度
1:1	1 M	1 M
2:1	1 M	3 M
3:1	1 M	6 M
2:2	1 M	4 M

NaNO$_3$ は，1:1 電解質と呼ばれる．陽イオンと陰イオンがいずれも電荷 1 をもつからだ．1:1 電解質では，イオン強度はモル濃度と等しい．他の化学量論（たとえば，2:1 電解質 Na$_2$SO$_4$）では，イオン強度はモル濃度より大きい．

実は希薄溶液でも，そのイオン強度を精確に計算するのは難しい．それは，

コラム 8-1

電荷の絶対値が 2 以上のイオンを含む塩は完全には解離しない[7]

電荷が +1 の陽イオンと −1 の陰イオンから構成される塩は，水中での濃度が 0.1 M 未満のときほぼ完全に解離する．電荷の絶対値が 2 以上のイオンを含む塩は，希薄溶液でも解離度が小さい．付録Jに<u>イオン対</u>（ion pair）の生成定数を示す．

イオン対の生成定数：

$$\text{M}^{n+}(aq) + \text{L}^{m-}(aq) \rightleftharpoons \underbrace{\text{M}^{n+}\text{L}^{m-}(aq)}_{\text{イオン対}}$$

$$K = \dfrac{[\text{ML}]\gamma_{\text{ML}}}{[\text{M}]\gamma_{\text{M}}[\text{L}]\gamma_{\text{L}}}$$

ここで，γ_i は活量係数である．付録Jの定数と式 8-6 から得られる活量係数，および 8-5 節のスプレッドシートを用いれば，以下のイオン対について 0.025 F 溶液における生成百分率を計算できる．

表から，0.025 F NaCl ではわずか 0.6% のみが NaCl(aq) として存在し，Na$_2$SO$_4$ では 9% が NaSO$_4^-$(aq) として存在することがわかる．MgSO$_4$ は 35% がイオン対を形成する．

0.025 F M$_x$L$_y$ 溶液中でイオン対を生成する金属イオンの百分率[a]

M \ L	Cl$^-$	SO$_4^{2-}$
Na$^+$	0.6%	9%
Mg^{2+}	8%	35%

(a) ML の大きさを 500 pm と仮定して活量係数を計算した．

0.025 F MgSO$_4$ 溶液は，0.016 M Mg^{2+}，0.016 M SO$_4^{2-}$，0.009 M MgSO$_4$(aq) を含む．0.025 F MgSO$_4$ 溶液のイオン強度は 0.10 M ではなく，わずか 0.065 M である．問題 8-30 では，イオン対の割合を計算する方法を学ぶ．

イオン対生成は，厳密に定義された現象ではない．一つの定義では，二つのイオンがある距離範囲内に，その距離を拡散するのに必要な時間より長くとどまっているとき，二つのイオンは対をつくっているという．

電荷の絶対値が2以上のイオンを含む塩は完全には解離しないからだ．コラム8-1は，$MgSO_4$ の式量濃度が 0.025 M のとき，35% の Mg^{2+} がイオン対 $MgSO_4(aq)$ として存在することを示す．濃度が高く，イオンの電荷が大きいほど，イオン対は多くなる．0.025 M $MgSO_4$ 溶液のイオン強度を簡単に求める方法はない．

8-2 活量係数

式 8-1 のような濃度平衡定数では，イオン強度が化学反応に与える影響を予想することはできない．イオン強度の影響を明らかにするためには，濃度を**活量**（activity）で置き換える．

$$\text{化学種 C の活量：} \mathcal{A}_C = [C]\gamma_C \qquad (8\text{-}4)$$

（C の活量　C の濃度　C の活量係数）

化学種 C の活量は，その濃度にその**活量係数**（activity coefficient）を掛けたものである．活量係数は，理想的なふるまいからのずれを表す．活量係数が 1 の場合，そのふるまいは理想的であり，式 8-1 の平衡定数は正確である．活量は無次元量である．6-1 節で，[C] は実際には濃度を標準状態の濃度で割った無次元の比であったことを思いだそう．式 8-4 においても，[C] は C が溶質のときは [C]/(1 M)，C が気体のときは (C の圧力 (bar))/(1 bar) を意味する．純粋な固体または液体の活量は定義により 1 である．

正確な平衡定数の式は次のようになる．

$$\text{平衡定数の一般形：} K = \frac{\mathcal{A}_C^c \mathcal{A}_D^d}{\mathcal{A}_A^a \mathcal{A}_B^b} = \frac{[C]^c \gamma_C^c [D]^d \gamma_D^d}{[A]^a \gamma_A^a [B]^b \gamma_B^b} \qquad (8\text{-}5)$$

活量と**活量係数**を混同しないこと．

式 8-5 は「真の」平衡定数である．式 6-2 は濃度商 K_c であり，活量係数を含まない：

$$K_c = \frac{[C]^c[D]^d}{[A]^a[B]^b} \qquad (6\text{-}2)$$

式 8-5 によって，化学平衡に対するイオン強度の影響を評価できる．活量係数はイオン強度に依存するからである．

たとえば，反応 8-2 の平衡定数は，

$$K_{sp} = \mathcal{A}_{Ca^{2+}} \mathcal{A}_{SO_4^{2-}} = [Ca^{2+}]\gamma_{Ca^{2+}}[SO_4^{2-}]\gamma_{SO_4^{2-}}$$

である．第二の塩が加えられて Ca^{2+} と SO_4^{2-} の濃度が高くなる場合，イオン強度が上昇するので，活量係数は<u>小さくなる</u>はずである．

イオン強度が小さいとき，活量係数は 1 に近づき，<u>熱力学的平衡定数</u>（thermodynamic equilibrium constant）（式 8-5）は「濃度」平衡定数（式 6-2）に近づく．熱力学的平衡定数を測定する一つの方法は，いくつかの低いイオン強度で濃度商（式 6-2）を測定し，その値をイオン強度ゼロまで外挿するというものである．一般に，表に示される平衡定数は熱力学的平衡定数ではなく，ある条件で測定された濃度商（式 6-2）である．

> **例題** **活量係数のべき指数**
>
> 活量係数を含めて $La_2(SO_4)_3(s) \rightleftharpoons 2La^{3+} + 3SO_4^{2-}$ の溶解度積の式を書け．

解法 活量係数のべき指数は，濃度のべき指数と等しい．

$$K_{sp} = \mathcal{A}_{La^{3+}}^2 \mathcal{A}_{SO_4^{2-}}^3 = [La^{3+}]^2 \gamma_{La^{3+}}^2 [SO_4^{2-}]^3 \gamma_{SO_4^{2-}}^3$$

類題 活量係数を含めて $Ca^{2+} + 2Cl^- \rightleftharpoons CaCl_2(aq)$ の平衡定数を書け．

$$\left(\text{答え}: K = \frac{\mathcal{A}_{CaCl_2}}{\mathcal{A}_{Ca^{2+}}\mathcal{A}_{Cl^-}^2} = \frac{[CaCl_2]\gamma_{CaCl_2}}{[Ca^{2+}]\gamma_{Ca^{2+}}[Cl^-]^2 \gamma_{Cl^-}^2}\right)$$

イオンの活量係数

イオン雰囲気のモデルに基づいて，活量係数とイオン強度を関連付ける**拡張デバイ-ヒュッケル式**（etended Debye-Hückel equation）を導くことができる．

$$\text{拡張デバイ-ヒュッケル式}: \log \gamma = \frac{-0.51 z^2 \sqrt{\mu}}{1+(\alpha\sqrt{\mu}/305)} \quad (25℃) \quad (8\text{-}6)$$

1 pm (ピコメートル) = 10^{-12} m

式 8-6 において，γ は，イオン強度 μ の水溶液における電荷 $\pm z$，大きさ α（ピコメートル，pm）のイオンの活量係数である．この式は，$\mu \leqq 0.1\,M$ においてかなりよい近似である．イオン強度が 0.1 M を超える溶液（多くの塩について質量モル濃度 2～6 mol/kg まで）の活量係数を求めるには，もっと複雑な**ピッツァーの式**を用いる[8]．

イオンサイズと水和イオンサイズは，本章扉に示した．

表 8-1 に，さまざまなイオンの大きさ（α）と活量係数をまとめた．イオンサイズと電荷が等しいイオンはすべて同じグループに入り，それらの活量係数は同じである．たとえば，Ba^{2+} とコハク酸イオン $[^-O_2CCH_2CH_2CO_2^-$，または $(CH_2CO_2^-)_2]$ は，どちらも大きさが 500 pm であり，電荷が ± 2 のイオンのグループに含まれる．イオン強度が 0.001 M のとき，これら二つのイオンの活量係数は 0.868 である．

式 8-6 のイオンサイズ α は，活量係数の測定値とイオン強度（$\mu \approx 0.1\,M$ まで）を結びつける経験的パラメータである．理論的には，α は水和イオンの直径である[9]．しかし，表 8-1 のイオンサイズを額面通りに受け取ることはできない．たとえば，結晶中の Cs^+ イオンの直径は 340 pm である．水和 Cs^+ イオンは結晶中のイオンよりも大きいはずであるが，表 8-1 の Cs^+ のイオンサイズはわずか 250 pm である．

表 8-1 のイオンサイズは経験的パラメータであるが，イオンサイズ間の傾向は理にかなっている．小さく電荷の高いイオンは，それよりも大きく電荷の低いイオンよりも溶媒と強く結合し，有効サイズが大きくなる．たとえば，表 8-1 のイオンサイズの大きさは $Li^+ > Na^+ > K^+ > Rb^+$ であるが，結晶イオン半径の大きさは $Li^+ < Na^+ < K^+ < Rb^+$ である．

図 8-4 イオンサイズ（α）が一定（500 pm）で，電荷が異なるイオンの活量係数．イオン強度ゼロのとき，$\gamma = 1$ である．イオンの電荷が大きいほど，イオン強度が大きくなるにつれて γ が急に小さくなる．横軸は対数であることに注意．

イオン強度，イオン電荷，およびイオンサイズが活量係数に与える影響

イオン強度が 0 M から 0.1 M までの範囲にあるとき，それぞれの変数が活量係数に与える影響は以下の通りである．

表 8-1　水溶液の活量係数（25 ℃）

イオン	イオンサイズ (a, pm)	イオン強度 (μ, M)				
		0.001	0.005	0.01	0.05	0.1
電荷 = ±1						
H^+	900	0.967	0.933	0.914	0.86	0.83
$(C_6H_5)_2CHCO_2^-$, $(C_3H_7)_4N^+$	800	0.966	0.931	0.912	0.85	0.82
$(O_2N)_3C_6H_2O^-$, $(C_3H_7)_3NH^+$, $CH_3OC_6H_4CO_2^-$	700	0.965	0.930	0.909	0.845	0.81
Li^+, $C_6H_5CO_2^-$, $HOC_6H_4CO_2^-$, $ClC_6H_4CO_2^-$, $C_6H_5CH_2CO_2^-$, $CH_2=CHCH_2CO_2^-$, $(CH_3)_2CHCH_2CO_2^-$, $(CH_3CH_2)_4N^+$, $(C_3H_7)_2NH_2^+$	600	0.965	0.929	0.907	0.835	0.80
$Cl_2CHCO_2^-$, $Cl_3CCO_2^-$, $(CH_3CH_2)_3NH^+$, $(C_3H_7)NH_3^+$	500	0.964	0.928	0.904	0.83	0.79
Na^+, $CdCl^+$, ClO_2^-, IO_3^-, HCO_3^-, $H_2PO_4^-$, HSO_3^-, $H_2AsO_4^-$, $Co(NH_3)_4(NO_2)_2^+$, $CH_3CO_2^-$, $ClCH_2CO_2^-$, $(CH_3)_4N^+$, $(CH_3CH_2)_2NH_2^+$, $H_2NCH_2CO_2^-$	450	0.964	0.928	0.902	0.82	0.775
$^+H_3NCH_2CO_2H$, $(CH_3)_3NH^+$, $CH_3CH_2NH_3^+$	400	0.964	0.927	0.901	0.815	0.77
OH^-, F^-, SCN^-, OCN^-, HS^-, ClO_3^-, ClO_4^-, BrO_3^-, IO_4^-, MnO_4^-, HCO_2^-, クエン酸二水素イオン$^-$, $CH_3NH_3^+$, $(CH_3)_2NH_2^+$	350	0.964	0.926	0.900	0.81	0.76
K^+, Cl^-, Br^-, I^-, CN^-, NO_2^-, NO_3^-	300	0.964	0.925	0.899	0.805	0.755
Rb^+, Cs^+, NH_4^+, Tl^+, Ag^+	250	0.964	0.924	0.898	0.80	0.75
電荷 = ±2						
Mg^{2+}, Be^{2+}	800	0.872	0.755	0.69	0.52	0.45
$CH_2(CH_2CH_2CO_2^-)_2$, $(CH_2CH_2CH_2CO_2^-)_2$	700	0.872	0.755	0.685	0.50	0.425
Ca^{2+}, Cu^{2+}, Zn^{2+}, Sn^{2+}, Mn^{2+}, Fe^{2+}, Ni^{2+}, Co^{2+}, $C_6H_4(CO_2^-)_2$, $H_2C(CH_2CO_2^-)_2$, $(CH_2CH_2CO_2^-)_2$	600	0.870	0.749	0.675	0.485	0.405
Sr^{2+}, Ba^{2+}, Cd^{2+}, Hg^{2+}, S^{2-}, $S_2O_4^{2-}$, WO_4^{2-}, $H_2C(CO_2^-)_2$, $(CH_2CO_2^-)_2$, $(CHOHCO_2^-)_2$	500	0.868	0.744	0.67	0.465	0.38
Pb^{2+}, CO_3^{2-}, SO_3^{2-}, MoO_4^{2-}, $Co(NH_3)_5Cl^{2+}$, $Fe(CN)_5NO^{2-}$, $C_2O_4^{2-}$, クエン酸一水素イオン$^{2-}$	450	0.867	0.742	0.665	0.455	0.37
Hg_2^{2+}, SO_4^{2-}, $S_2O_3^{2-}$, $S_2O_6^{2-}$, $S_2O_8^{2-}$, SeO_4^{2-}, CrO_4^{2-}, HPO_4^{2-}	400	0.867	0.740	0.660	0.445	0.355
電荷 = ±3						
Al^{3+}, Fe^{3+}, Cr^{3+}, Sc^{3+}, Y^{3+}, In^{3+}, ランタノイドイオン$^{3+}$ [a]	900	0.738	0.54	0.445	0.245	0.18
クエン酸イオン$^{3-}$	500	0.728	0.51	0.405	0.18	0.115
PO_4^{3-}, $Fe(CN)_6^{3-}$, $Cr(NH_3)_6^{3+}$, $Co(NH_3)_6^{3+}$, $Co(NH_3)_5H_2O^{3+}$	400	0.725	0.505	0.395	0.16	0.095
電荷 = ±4						
Th^{4+}, Zr^{4+}, Ce^{4+}, Sn^{4+}	1100	0.588	0.35	0.255	0.10	0.065
$Fe(CN)_6^{4-}$	500	0.57	0.31	0.20	0.048	0.021

(a) ランタノイドは周期表で 57～71 番目の元素である．［出典：J. Kielland, *J. Am. Chem. Soc.*, **59**, 1675 (1937).］

1. イオン強度が大きいほど，活量係数は小さい（図 8-4）．イオン強度（μ）がゼロに近づくと，活量係数（γ）は 1 に近づく．

2. イオンの電荷が高いほど，活量係数は 1 より小さくなる．活量の補正は，電荷が ±1 のイオンよりも電荷が ±3 のイオンにおいて，より重要である

(図 8-4).

3. イオンサイズ (α) が小さいほど，活量の影響はより大きくなる．

> **例題　表 8-1 の利用**
>
> 3.3 mM $CaCl_2$ 溶液中の Ca^{2+} の活量係数を求めよ．
>
> **解法**　イオン強度は，
>
> $$\mu = \frac{1}{2}\{[Ca^{2+}]\cdot 2^2 + [Cl^-]\cdot(-1)^2\}$$
> $$= \frac{1}{2}\{(0.003\,3)\cdot 4 + (0.006\,6)\cdot 1\} = 0.010 \text{ M}$$
>
> である．表 8-1 で，Ca^{2+} は電荷 ±2 のグループであり，イオンサイズは 600 pm である．よって $\mu = 0.010$ M のとき，$\gamma = 0.675$ である．
>
> **類題**　0.33 mM $CaCl_2$ 溶液中の Cl^- の γ を求めよ．（**答え**：0.964）

内挿法

> 内挿は，表の二つの値の間に存在する値を推定する方法である．表の範囲外の値を推定することを，外挿と呼ぶ．

表 8-1 に示したイオン強度の間で活量係数を求める必要がある場合は，式 8-6 を用いればよい．あるいは，スプレッドシートがなくても，表 8-1 の値から内挿法で求めるのは難しくない．<u>直線内挿</u>（linear interpolation）では，表の二つの値の間にある値は直線上にあると仮定する．たとえば，表に $x = 10$ のとき $y = 0.67$，$x = 20$ のとき $y = 0.83$ と書かれている場合，$x = 16$ のときの y の値はいくらだろうか？

x の値	y の値
10	0.67
16	?
20	0.83

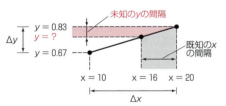

y の値を内挿するには，次の比例関係を用いる．

> この計算は次のようにいえる．「16 は 10 から 20 までの道のりの 60%である．したがって，y の値は 0.67 から 0.83 までの道のりの 60%の値になる．」

$$\text{内挿}: \frac{\text{未知の } y \text{ の間隔}}{\Delta y} = \frac{\text{既知の } x \text{ の間隔}}{\Delta x} \tag{8-7}$$

$$\frac{0.83 - y}{0.83 - 0.67} = \frac{20 - 16}{20 - 10} \Rightarrow y = 0.76_6$$

$x = 16$ のとき，y の推定値は 0.76_6 である．

> **例題　活量係数の内挿**
>
> $\mu = 0.025$ M における H^+ の活量係数を計算せよ．
>
> **解法**　H^+ は表 8-1 の最初の行に記されている．

直線内挿は以下のようである.

$$\frac{未知の\gamma の間隔}{\Delta \gamma} = \frac{既知の\mu の間隔}{\Delta \mu}$$

$$\frac{0.86 - \gamma}{0.86 - 0.914} = \frac{0.05 - 0.025}{0.05 - 0.01}$$

$$\gamma = 0.89_4$$

μ	H^+ の γ
0.01	0.914
0.025	?
0.05	0.86

解法 よりすぐれているが少しだけ計算が面倒な解法では, 式 8-6 と表 8-1 の H^+ のイオンサイズ $\alpha = 900\,\text{pm}$ とを用いる.

$$\log \gamma_{H^+} = \frac{(-0.51)(1^2)\sqrt{0.025}}{1 + (900\sqrt{0.025}/305)} = -0.054_{98}$$

$$\gamma_{H^+} = 10^{-0.054_{98}} = 0.88_1$$

類題 $\mu = 0.06\,\text{M}$ における H^+ の γ を内挿法で求めよ. (**答え**:0.85_4)

非イオン性化合物の活量係数

ベンゼンや酢酸などの中性分子には, イオン雰囲気は存在しない. これらの分子には電荷がないからだ. よい近似として, イオン強度が 0.1 M 未満のとき, 中性分子の活量係数は 1 である. 本書では, 中性分子については $\gamma = 1$ とする. すなわち, 中性分子の活量はその濃度に等しいものとする.

H_2 などの気体については, 活量は次のように書ける.

$$\mathcal{A}_{H_2} = P_{H_2} \gamma_{H_2}$$

ここで, P_{H_2} は圧力 (bar) である. 気体の活量はフガシティー (fugacity) と呼ばれる. 気体のふるまいが理想気体の法則からずれると, フガシティー係数が 1 から外れる. 1 bar 以下の気体では $\gamma \approx 1$ である. したがって, 気体では $\mathcal{A} = P\,\text{(bar)}$ とみなせる.

電荷のない化学種では, $\mathcal{A}_C \approx [C]$ である. より正確な式は, $\log \gamma = k\mu$ である. イオン対では $k \approx 0$, NH_3 や CO_2 では $k \approx 0.11$, 有機分子では $k \approx 0.2$ である. イオン強度が $\mu = 0.1\,\text{M}$ のとき, イオン対では $\gamma \approx 1.00$, NH_3 では $\gamma \approx 1.03$, 有機分子では $\gamma \approx 1.05$ である.

気体では, $\mathcal{A} \approx P\,\text{(bar)}$.

高いイオン強度

図 8-5 で $NaClO_4$ 溶液中の H^+ について示したように, イオン強度が約 1 M を超えるとほとんどのイオンの活量係数は大きくなる. 濃厚塩溶液の活量係数が希薄水溶液の活量係数と同じでないことは, 驚くにはあたらない. 濃厚塩溶液では, 「溶媒」はもはや水ではなく, 水と $NaClO_4$ の混合物である. 本書ではこれ以降, 議論を希薄水溶液に限ることにする.

イオン強度が非常に高いとき, μ が大きくなると, γ は大きくなる.

例題 活量係数の使用

CaF_2 で飽和した 0.050 M NaF 溶液中で平衡にある Ca^{2+} の濃度を求めよ. CaF_2 の溶解度は小さいので, F^- の濃度は NaF に由来する 0.050 M である.

解法 $[Ca^{2+}]$ は, 活量係数を含む溶解度積の式から求められる. 0.050 M

K_{sp} の値は，付録 F から得られる．γ_{F^-} を二乗することに注意．

NaF のイオン強度は 0.050 M である．表 8-1 から，$\mu = 0.0500$ M において，$\gamma_{Ca^{2+}} = 0.485$，$\gamma_{F^-} = 0.81$ である．

$$K_{sp} = [Ca^{2+}]\gamma_{Ca^{2+}}[F^-]^2\gamma_{F^-}^2$$
$$3.2 \times 10^{-11} = [Ca^{2+}](0.485)(0.050)^2(0.81)^2$$
$$[Ca^{2+}] = 4.0 \times 10^{-8} \text{ M}$$

類題 Hg_2Cl_2 で飽和した 0.010 M KCl 溶液中で平衡にある $[Hg_2^{2+}]$ を求めよ．（**答え**：2.2×10^{-14} M）

8-3 pH を再考する

pH の真の意味および一次標準溶液の pH 測定についての詳しい議論は，B. Lunelli, F. Scagnolari, *J. Chem. Ed.*, **86**, 246 (2009) を見よ．

6 章で述べた pH の定義 $pH \approx -\log[H^+]$ は，厳密ではない．より厳密な定義は，次式で与えられる．

$$\mathbf{pH} = -\log \mathcal{A}_{H^+} = -\log[H^+]\gamma_{H^+} \tag{8-8}$$

pH 計で pH を測定するとき，測定されるのは水素イオンの濃度ではなく<u>活量</u>の対数に負符号をつけた値である．

例題　25 ℃の純水の pH

活量係数を用いて純水の pH を計算してみよう．

解法　関係する平衡は，

$$H_2O \xrightleftharpoons{K_w} H^+ + OH^- \tag{8-9}$$
$$K_w = \mathcal{A}_{H^+}\mathcal{A}_{OH^-} = [H^+]\gamma_{H^+}[OH^-]\gamma_{OH^-} \tag{8-10}$$

である．H^+ と OH^- はモル比 1 : 1 で生じるので，これらの濃度は等しいはずである．各濃度を x とおくと，次のように書ける．

$$K_w = 1.0 \times 10^{-14} = (x)\gamma_{H^+}(x)\gamma_{OH^-}$$

しかし，純水のイオン強度は小さいので，$\gamma_{H^+} = \gamma_{OH^-} = 1$ と考えるのが妥当である．これらの値を先の式にあてはめると，

$$1.0 \times 10^{-14} = (x)(1)(x)(1) = x^2 \Rightarrow x = 1.0 \times 10^{-7} \text{ M}$$

H^+ と OH^- の濃度はいずれも 1.0×10^{-7} M である．イオン強度は 1.0×10^{-7} M なので，それぞれの活量係数は 1.00 にごく近い．よって，pH は，次の値となる．

$$pH = -\log[H^+]\gamma_{H^+} = -\log(1.0 \times 10^{-7})(1.00) = 7.00$$

例題　塩を含む水の pH

0.10 M KCl 水溶液の pH（25 ℃）を計算してみよう．

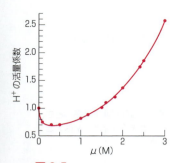

図 8-5　0.0100 M $HClO_4$ とさまざまな量の $NaClO_4$ を含む溶液中の H^+ の活量係数．[出典：L. Pezza, M. Molina et al., *Talanta*, **43**, 1689 (1996).] 電解質溶液に関する権威のある文献は，H. S. Harned, B. B. Owen, "The Physical Chemistry of Electrolyte Solutions", Reinhold (1958 ed.) である．

解法 反応 8-9 から，$[H^+] = [OH^-]$ であることがわかる．しかし，0.10 M KCl のイオン強度は 0.10 M である．表 8-1 において，$\mu = 0.10$ M のときの H^+ と OH^- の活量係数はそれぞれ 0.83 と 0.76 である．これらの値を式 8-10 に代入すると，

$$K_w = [H^+]\gamma_{H^+}[OH^-]\gamma_{OH^-}$$
$$1.0 \times 10^{-14} = (x)(0.83)(x)(0.76)$$
$$x = 1.26 \times 10^{-7} \text{ M}$$

H^+ と OH^- の濃度は等しく，いずれも 1.0×10^{-7} M より大きい．また，この溶液では H^+ と OH^- の活量は等しくない．

$$\mathcal{A}_{H^+} = [H^+]\gamma_{H^+} = (1.26 \times 10^{-7})(0.83) = 1.05 \times 10^{-7}$$
$$\mathcal{A}_{OH^-} = [OH^-]\gamma_{OH^-} = (1.26 \times 10^{-7})(0.76) = 0.96 \times 10^{-7}$$

よって，pH は次式で求められる．

$$\text{pH} = -\log\mathcal{A}_{H^+} = -\log(1.05 \times 10^{-7}) = 6.98$$

類題 0.05 M LiNO₃ 水溶液の $[H^+]$ と pH を求めよ．（**答え**：$1.2_0 \times 10^{-7}$ M，6.99）

水の pH は，0.10 M KCl を加えると 7.00 から 6.98 に変わる．KCl は，酸でも塩基でもない．この溶液の pH が変わるのは，KCl が H^+ と OH^- の活量に影響するからである．pH 0.02 の変化は pH 測定の正確さの限界にあるので，実際上問題にはならない．しかし，0.10 M KCl 中の H^+ の濃度（1.26×10^{-7} M）は，純水中の H^+ の濃度（1.00×10^{-7} M）より 26％も高いのだ．

8-4 平衡の系統的解析法

<u>平衡の系統的解析法</u>（systematic treatment of equilibrium）は，複雑さにかかわらずすべての種類の化学平衡を扱える方法である．一般的な式を立てたあと，特定の条件や適切な近似を適用して，式を簡単にする．簡単にした計算でもふつうは面倒なので，スプレッドシートを用いて数値解を求めることが多い．平衡の系統的解析法を修得して，複雑な系のふるまいを調べられるようになろう．

系統的解析法では，問題の未知数（未知の化学種）と同じ数の独立した方程式を書く．すべての化学平衡と，さらに二つの条件，すなわち電荷と質量のつり合い，について式を立てる．ある系では，電荷均衡の式はただ一つだが，物質収支の式は複数になるだろう．

電荷均衡

<u>電荷均衡</u>（charge balance）は，電気的中性の数学的表現である．<u>溶液中の正電荷の和は，溶液中の負電荷の和と等しい</u>．

> 溶液の全電荷はゼロである．

例として，以下のイオンを含む溶液を考えよう．H^+, OH^-, K^+, $H_2PO_4^-$, HPO_4^{2-}, PO_4^{3-}. 電荷均衡の式は，

$$[H^+] + [K^+] = [OH^-] + [H_2PO_4^-] + 2[HPO_4^{2-}] + 3[PO_4^{3-}] \quad (8\text{-}11)$$

電荷均衡式の各項の係数は，各イオンの電荷の大きさと等しい．

である．この式によれば，H^+ と K^+ の全電荷は，右辺のすべての陰イオンがもつ電荷の大きさと等しい．<u>各化学種の係数は，常にイオンの電荷の大きさと等しい</u>．この記述は正しい．たとえば，1 mol の PO_4^{3-} は 3 mol の負電荷を与えるからだ．$[PO_4^{3-}] = 0.01$ M であれば，負電荷は $3[PO_4^{3-}] = 3(0.01) = 0.03$ M である．

多くの人にとって，式 8-11 はつり合っていないように見えるかもしれない．「この式の右辺の電荷は，左辺よりもはるかに多い！」と思うかもしれないが，それは間違いである．

たとえば，0.0250 mol の KH_2PO_4 と 0.0300 mol の KOH をひょう量し，1.00 L に希釈して溶液を調製するとしよう．平衡にある化学種の濃度は，次のように計算される．

$[H^+] = 5.1 \times 10^{-12}$ M　　$[H_2PO_4^-] = 1.3 \times 10^{-6}$ M
$[K^+] = 0.0550$ M　　$[HPO_4^{2-}] = 0.0220$ M
$[OH^-] = 0.0020$ M　　$[PO_4^{3-}] = 0.0030$ M

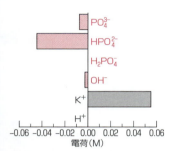

図 8-6　0.0250 mol KH_2PO_4 と 0.0300 mol KOH を含む溶液 1.00 L 中の各イオンがもつ電荷．全正電荷は，全負電荷と等しい．

この計算では，OH^- が $H_2PO_4^-$ と反応して HPO_4^{2-} と PO_4^{3-} を生じることを考慮している．酸と塩基を学び終えれば，この計算ができるようになるだろう．

さて，この結果で電荷はつり合っているだろうか？　式 8-11 に値を代入すると，

$$[H^+] + [K^+] = [OH^-] + [H_3PO_4^-] + 2[HPO_4^{2-}] + 3[PO_4^{3-}]$$
$$5.1 \times 10^{-12} + 0.0550 = 0.0020 + 1.3 \times 10^{-6} + 2(0.0220) + 3(0.0030)$$
0.0550 M $= 0.0550$ M

全正電荷は 0.0550 M であり，全負電荷も 0.0550 M で，確かにつり合っていることがわかる（図 8-6）．あらゆる溶液において，電荷はつり合わなければならない．そうでなければ，過剰な正電荷をもつビーカーが実験台の上を滑り出して，過剰な負電荷をもつビーカーに激突するだろう．

溶液の電荷均衡の一般式は，

Σ [正電荷] $= \Sigma$ [負電荷]

活量係数は，電荷均衡の式には現れない．0.1 M H^+ が与える電荷はちょうど 0.1 M である．このことについて考えてみよ．

電荷均衡：$n_1[C_1] + n_2[C_2] + \cdots = m_1[A_1] + m_2[A_2] + \cdots$ $\quad$ (8-12)

である．ここで，[C] は陽イオンの濃度，n は陽イオンの電荷の大きさ，[A] は陰イオンの濃度，m は陰イオンの電荷の大きさである．

例題　電荷均衡の式を書く

H_2O, H^+, OH^-, ClO_4^-, $Fe(CN)_6^{3-}$, CN^-, Fe^{3+}, Mg^{2+}, CH_3OH, HCN, NH_3, NH_4^+ を含む溶液の電荷均衡の式を書け．

解法　中性の化学種（H_2O, CH_3OH, HCN, NH_3）は電荷を与えないので，電荷均衡は次式で表される．

$$[H^+] + 3[Fe^{3+}] + 2[Mg^{2+}] + [NH_4^+]$$
$$= [OH^-] + [ClO_4^-] + 3[Fe(CN)_6^{3-}] + [CN^-]$$

類題 この溶液に $MgCl_2$ を加えたならば，電荷均衡の式はどうなるか．
（**答え**：$[H^+] + 3[Fe^{3+}] + 2[Mg^{2+}] + [NH_4^+] = [OH^-] + [ClO_4^-] + 3[Fe(CN)_6^{3-}] + [CN^-] + [Cl^-]$）

物質収支

物質収支（mass balance, material balance）は，質量保存を表す．ある原子（または原子群）を含む溶液中の化学種の総量は，溶液に加えられた原子（または原子群）の量と等しくなければならない．例によって，この関係を確かめてみよう．

いま酢酸 0.050 mol を水に溶かして全体積が 1.00 L の溶液を調製する．酢酸の一部は，酢酸イオンに解離する．

$$CH_3CO_2H \rightleftharpoons CH_3CO_2^- + H^+$$
酢酸　　　　酢酸イオン

物質収支によれば，溶液中の解離した酢酸と解離していない酢酸の量が，溶液に入れた酢酸の量と等しくなければならない．

水中の酢酸の物質収支：$0.050\ M = [CH_3CO_2H] + [CH_3CO_2^-]$
　　　　　　　　　　　溶液に入れた量　解離していない　解離した生成物
　　　　　　　　　　　　　　　　　　　生成物

化合物が段階的に解離するとき，物質収支にはすべての生成物が含まれなければならない．たとえば，リン酸（H_3PO_4）は，$H_2PO_4^-$，HPO_4^{2-}，PO_4^{3-} に解離する．0.0250 mol の H_3PO_4 を 1.00 L に溶かして調製した溶液中のリン原子の物質収支は，次式で表される．

$$0.0250\ M = [H_3PO_4] + [H_2PO_4^-] + [HPO_4^{2-}] + [PO_4^{3-}]$$

> 物質収支は，質量保存を表す．実際には，質量ではなく原子の保存を表す．

> 活量係数は，物質収支の式には現れない．それぞれの化学種の濃度は，その化学種の原子数を正確に表すからだ．

例題　全濃度が既知のときの物質収支

0.0250 mol KH_2PO_4 と 0.0300 mol KOH を混ぜ，1.00 L に希釈して調製した溶液中の K^+ およびリン酸イオンの物質収支の式を書け．

解法　K^+ は合計で $0.0250\ M + 0.0300\ M$ であるので，物質収支は

$$[K^+] = 0.0550\ M$$

である．すべてのかたちのリン酸イオンの合計は 0.0250 M であるので，リン酸イオンの物質収支は，次式で表される．

$$[H_3PO_4] + [H_2PO_4^-] + [HPO_4^{2-}] + [PO_4^{3-}] = 0.0250\ M$$

類題　酢酸ナトリウム 0.100 mol を含む溶液 1.00 L について，物質収支の二

つの式を書け.
(**答え**：$[Na^+] = 0.100$ M：$[CH_3CO_2H] + [CH_3CO_2^-] = 0.100$ M)

次に，$La(IO_3)_3$ を水に溶かして調製した溶液について考えてみよう．

$$La(IO_3)_3(s) \xrightleftharpoons{K_{sp}} La^{3+} + 3IO_3^-$$
$$\text{ヨウ素酸イオン}$$

溶けた La^{3+} と IO_3^- の量はわからないが，溶けたランタンイオン1個あたりヨウ素酸イオン3個がある．すなわち，ヨウ素酸イオンの濃度は，ランタンの濃度の3倍となる．$La(IO_3)_3$ から La^{3+} と IO_3^- のみが生じる場合，物質収支は，

$$[IO_3^-] = 3[La^{3+}]$$

である．溶液にイオン対 $LaIO_3^{2+}$ と加水分解生成物 $LaOH^{2+}$ も含まれるならば，物質収支は次のようになるだろう．

[全ヨウ素酸イオン] = 3 [全ランタン]
$$[IO_3^-] + [LaIO_3^{2+}] = 3\{[La^{3+}] + [LaIO_3^{2+}] + [LaOH^{2+}]\}$$

> **例題** 全濃度が未知のときの物質収支
>
> 難溶性塩 Ag_3PO_4（溶解して PO_4^{3-} と $3Ag^+$ を生じる）の飽和溶液の物質収支の式を書け．
>
> **解法** リン酸イオンが PO_4^{3-} として溶液中に残るならば，次のように書ける．
>
> $$[Ag^+] = 3[PO_4^{3-}]$$
>
> リン酸イオン1個につき銀イオン3個が生じるからだ．しかし，リン酸イオンは水と反応して HPO_4^{2-}，$H_2PO_4^-$，H_3PO_4 を与えるので，物質収支は
>
> $$[Ag+] = 3\{[PO_4^{3-}] + [HPO_4^{2-}] + [H_2PO_4^-] + [H_3PO_4]\}$$
>
> となる．すなわち，リンを含む化学種の数にかかわらず，Ag^+ 原子の数はリン原子の総数の3倍となる．
>
> **類題** $Ba(HSO_4)_2$ 飽和溶液の物質収支の式を書け．溶液中の化学種は，Ba^{2+}，$BaSO_4(aq)$，HSO_4^-，SO_4^{2-}，$BaOH^+$ とする．（**答え**：$2 \times$ 全バリウム = 全硫酸塩，すなわち，$2\{[Ba^{2+}] + [BaSO_4(aq)] + [BaOH^+]\} = [SO_4^{2-}] + [HSO_4^-] + [BaSO_4(aq)]$）

Ag 原子の数 = 3（P 原子の数）

コラム 8-2 は，自然水の物質収支について述べる．

平衡の系統的解析法

さて，電荷均衡と物質収支について考察したので，平衡の系統的解析法を学ぶ準備が整った[12]．一般的な手順は次の通りである．

ステップ1 適切な反応式を書く．

コラム 8-2

河川中の炭酸カルシウムの物質収支

Ca^{2+} は，川や湖で一般的な陽イオンである．Ca^{2+} は，鉱物の方解石が CO_2 の作用によって溶解することで生じる．このとき Ca^{2+} 1 mol あたり HCO_3^- 2 mol が生じる．

$$CaCO_3(s) + CO_2(aq) + H_2O \rightleftharpoons Ca^{2+} + 2HCO_3^- \quad (A)$$
方解石　　　　　　　　　　　　　　　炭酸水素イオン

中性付近の pH では，生成物のほとんどが炭酸水素イオンであり，CO_3^{2-} や H_2CO_3 ではない．したがって，方解石が溶解するときの物質収支式は，$[HCO_3^-] \approx 2[Ca^{2+}]$ である．実際，多くの川で Ca^{2+} と HCO_3^- の測定値がこの物質収支式（右図の直線）と一致する．ドナウ川，ミシシッピ川，コンゴ川などは $[HCO_3^-] = 2[Ca^{2+}]$ の直線にのっており，炭酸カルシウムで飽和しているように見える．河川水が大気中の CO_2 ($P_{CO_2} = 10^{-3.4}$ bar) と平衡にある場合，Ca^{2+} の濃度は 21 mg/L となるだろう（問題 8-34 を見よ）．1 L あたりの Ca^{2+} が 21 mg を超える川では，高い CO_2 濃度の原因は，生物の呼吸，または CO_2 量が多い地下水の流入である．ナイル川，ニジェール川，アマゾン川などは，$2[Ca^{2+}] < [HCO_3^-]$ であり，$CaCO_3$ で飽和していない．

1960 年から 2013 年にかけて，大気中の CO_2 濃度は 27% も増加した．そのほとんどは化石燃料の燃焼による．この増加によって反応 A は右向きに進み，大部分が $CaCO_3$ でできているサンゴ礁の生存を脅かしている[10]．サンゴ礁は多くの水生生物にとってかけがえのない生息環境である．大気中 CO_2 の増加が続くと，$CaCO_3$ の殻をもつプランクトンや他の形態の海洋生物も生存を脅かされ[11]，さらにそれらを捕食する生物も危機に曝されるだろう．

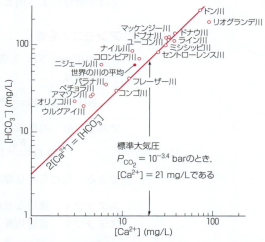

炭酸水素イオンおよびカルシウムの濃度は，多くの川で物質収支 $[HCO_3^-] \approx 2[Ca^{2+}]$ と一致する．[データ出典：W. Stumm, J. J. Morgan, "Aquatic Chemistry, 3rd ed.," Wiley-Interscience (1996), p. 189; H. D. Holland, "The Chemistry of the Atmosphere and Oceans," Wiley-Interscience (1978).]

ステップ 2　電荷均衡の式を書く．
ステップ 3　物質収支の式を書く．式が複数の場合もある．
ステップ 4　化学反応それぞれの平衡定数の式を書く．このステップにのみ活量係数が現れる．
ステップ 5　式と未知数の数を数える．未知数（未知濃度の化学種）と同じ数の式があるはずである．もしそうでないなら，別の平衡を探すか，いずれかの濃度を既知の値に固定しなければならない．
ステップ 6　すべての未知数について方程式を解く．

ステップ 1 とステップ 6 が問題の核心である．ある溶液中に存在する化学平衡を推定するには，化学的直感力が欠かせない．本書では，ふつうステップ 1 のヒントが与えられる．関係するすべての平衡を知らなければ，溶液の成分を正確に計算することはできない．私たちはすべての化学反応を知っているわけではないので，間違いなく多くの平衡問題をきわめて単純化している．あなたには，ステップ 6 で方程式を解くことが最大の課題であろう．少なくとも原理的には n 個の未知数に対して n 個の式があれば，方程式は解ける．単純な問題は，手計算で解ける．しかし，ほとんどの問題では，近似を行うか，スプレ

ドシートを用いる.

8-5 平衡の系統的解析法の適用

実際にいくつかの問題を解いて，平衡の系統的解析法について学ぼう．ここでは手計算による例とスプレッドシートを活用した例を示す．

アンモニア溶液

0.0100 mol NH_3 を含む水溶液 1.000 L 中の化学種の濃度を求めてみよう．第一の平衡は，

$$NH_3 + H_2O \xrightleftharpoons{K_b} NH_4^+ + OH^- \qquad K_b = 1.76 \times 10^{-5} \text{ (25°C)} \qquad (8\text{-}13)$$

である．第二の平衡は

$$H_2O \xrightleftharpoons{K_w} H^+ + OH^- \qquad K_w = 1.0 \times 10^{-14} \text{ (25°C)} \qquad (8\text{-}14)$$

である．私たちの目標は，$[NH_3]$，$[NH_4^+]$，$[H^+]$，$[OH^-]$ を求めることだ．

ステップ1 適切な反応式．反応 8-13 と 8-14 である．

ステップ2 電荷均衡．正電荷の和は，負電荷の和と等しい．

$$[NH_4^+] + [H^+] = [OH^-] \qquad (8\text{-}15)$$

ステップ3 物質収支．溶液に入れたすべてのアンモニアは，NH_3 または NH_4^+ のかたちである．これら二つの濃度の和は 0.0100 M にならねばならない．

$$[NH_3] + [NH_4^+] = 0.0100 \text{ M} \equiv F \qquad (8\text{-}16)$$

> 記号 ≡ は，「**と定義される**」を意味する

ここで，F は式量濃度を表す．

ステップ4 平衡定数

$$K_b = \frac{[NH_4^+]\gamma_{NH_4^+}[OH^-]\gamma_{OH^-}}{[NH_3]\gamma_{NH_3}} = 10^{-4.755} \qquad (8\text{-}17)$$

$$K_w = [H^+]\gamma_{H^+}[OH^-]\gamma_{OH^-} = 10^{-14.00} \qquad (8\text{-}18)$$

> 図 8-7 のスプレッドシートでは pK を用いる．pK は，平衡定数の対数に負符号を付けたものである．
> $K_b = 10^{-4.755}$ のとき，p$K_b = 4.755$ である．

<u>この問題で活量係数が現れるのはこのステップのみである．</u>

ステップ5 式と未知数の数を数える．式は四つ（式 8-15 から式 8-18），未知数は四つ（$[NH_3]$，$[NH_4^+]$，$[H^+]$，$[OH^-]$）ある．よって，問題を解くのに十分な情報がある．

> n 個の未知数について解くには，n 個の方程式が必要である．

ステップ6 方程式を解く．

この「簡単な」問題は，実は複雑である．最初は活量係数を無視することにしよう．活量係数については，後に $Mg(OH)_2$ の例で考える．一般的な方針は，ただ一つの未知数を残して，他の未知数を1個ずつ消すというものである．酸塩基の問題では，各化学種の濃度を $[H^+]$ で表すようにする．常に成り立つのは，$[OH^-] = K_w/[H^+]$ である．この式を電荷均衡の式 8-15 に代入すると，

$$[NH_4^+] + [H^+] = \frac{K_w}{[H^+]}$$

この式は，$[NH_4^+]$ について解くことができる．

$$[NH_4^+] = \frac{K_w}{[H^+]} - [H^+] \tag{8-19}$$

物質収支から，$[NH_3] = F - [NH_4^+]$ である．式 8-19 を物質収支の式に代入し，$[NH_3]$ を $[H^+]$ で表す．

$$[NH_3] = F - [NH_4^+] = F - \left(\frac{K_w}{[H^+]} - [H^+]\right) \tag{8-20}$$

式 8-19 は，$[NH_4^+]$ を $[H^+]$ で表している．式 8-20 は，$[NH_3]$ を $[H^+]$ で表している．

$[NH_4^+]$，$[NH_3]$，$[OH^-]$ の式を平衡定数 K_b の式に代入して，$[H^+]$ が唯一の未知数である式をつくる（活量係数は無視する）．

$$K_b = \frac{[NH_4^+][OH^-]}{[NH_3]} = \frac{\left(\dfrac{K_w}{[H^+]} - [H^+]\right)\left(\dfrac{K_w}{[H^+]}\right)}{\left(F - \dfrac{K_w}{[H^+]} + [H^+]\right)} \tag{8-21}$$

式 8-21 は複雑な式だが，未知数は $[H^+]$ のみである．Excel には，未知数が一つの方程式を解く「ゴール シーク」と呼ばれる機能がある．図 8-7 のようなスプレッドシートを作成しよう．このシートでは，$[NH_4^+]$ の式 8-19，$[NH_3]$ の式 8-20，および $[OH^-] = K_w/[H^+]$ の式をそれぞれセル B9，B11，B10 で用いる．セル B5 にはアンモニアの式量濃度 $F = 0.01\,M$ を入力する．セル B7 には pH の推定値を入力する．この値から，セル B8 で $[H^+]$ が計算される．ここでは，アンモニアは塩基であるので，pH = 9 とした．セル B12 では，セル B9：B11 で計算される（不確かな）濃度を用いて，反応商 $Q = [NH_4^+][OH^-]/[NH_3]$ が計算される．セル B13 は，差 $K_b - [NH_4^+][OH^-]/[NH_3]$ を示す．セル B9：B11 で計算された濃度が正確であれば，$K_b - [NH_4^+][OH^-]/[NH_3]$ はゼロになる．Excel 2010 でゴールシークを呼び出す前に，［ファイル］タブで［オプション］をクリックし，［数式］を選ぶ．［計算方法の設定］で［変化

	A	B	C	D	E
1	アンモニアの平衡解析にゴール シークを使用する				
2					
3	pK_b =	4.755	K_b =	1.76E−05	= 10^−B3
4	pK_w =	14.00	K_w =	1.00E−14	= 10^−B4
5	F =	0.01			
6					
7	pH =	9	初期値は推定値		
8	[H$^+$] =	1.00E−09	= 10^−B7		
9	[NH$_4^+$] = K_w/[H$^+$]−[H$^+$] =	1.00E−05	= D4/B8−B8		
10	[OH$^-$] = K_w/[H$^+$] =	1.00E−05	= D4/B8		
11	[NH$_3$] = F−K_w/[H$^+$] + [H$^+$] =	9.99E−03	= B5−D4/B8+B8		
12	Q = [NH$_4^+$][OH$^-$]/[NH$_3$] =	1.00E−08	= B9*B10/B11		
13	K_b−[NH$_4^+$][OH$^-$]/[NH$_3$] =	1.76E−05	= D3−B12		

図 8-7 Excel のゴール シークを用いて，アンモニアの化学種濃度を求めるスプレッドシート．セル B3 には pK_b = −log K_b が入力されている．pK_b = 4.755 のとき，K_b = $10^{-4.755}$ である．

図 8-8 (a) ［ゴール シーク］のウィンドウおよび (b) ［ゴール シーク］実行後の濃度．

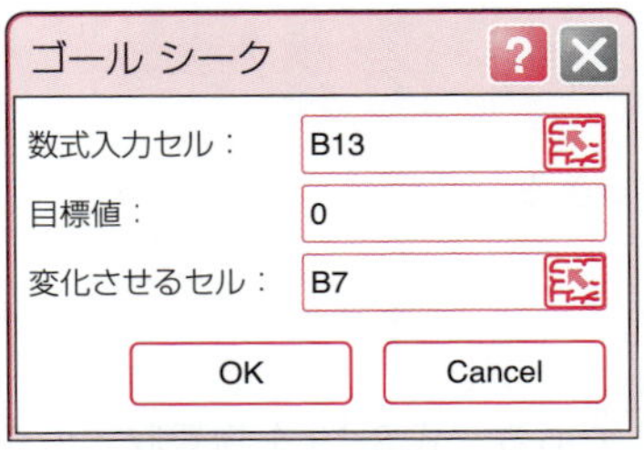

	A	B
7	pH =	10.61339622
8	[H$^+$] =	2.44E−11
9	[NH$_4^+$] = K$_w$/[H$^+$]−[H$^+$] =	4.11E−04
10	[OH$^-$] = K$_w$/[H$^+$] =	4.11E−04
11	[NH$_3$] = F−K$_w$/[H$^+$] + [H$^+$] =	9.59E−03
12	Q = [NH$_4^+$][OH$^-$]/[NH$_3$] =	1.76E−05
13	K$_b$−[NH$_4^+$][OH$^-$]/[NH$_3$] =	5.14E−18

の最大値］を 1E − 14 に設定して OK をクリックする．これで計算の精度が設定される．スプレッドシートに戻り，［データ］タブを選んで，［データツール］の［What-If 分析］をクリックし，［ゴール シーク］を選ぶ．図 8-8a の［ゴール シーク］ウィンドウで，［数式入力セル］に B13，［目標値］に 0，［変化させるセル］に B7 を入力する．OK をクリックすると，Excel は B13 の値がゼロに近くなるまで B7 の値を変化させる．最後の pH は，図 8-8b に示すようにセル B7 に表示される．すべての化学種の濃度がセル B8：B11 に表示される．一度スプレッドシートを作成すれば，計算は実に簡単だ！

図 8-8b に示した，ゴールシーク実行後のセル B9 の値［NH$_4^+$］およびセル B11 の値［NH$_3$］から，アンモニアが弱塩基であることが確認できる．水と反応したアンモニアの割合は，ほんの 4.1% である．

$$反応したアンモニアの割合 = \frac{[NH_4^+]}{[NH_3]+[NH_4^+]}$$

$$= \frac{[4.11 \times 10^{-4} M]}{[9.59 \times 10^{-3} M]+[4.11 \times 10^{-4} M]} = 4.1\%$$

これで，最も単純な問題でさえ平衡の系統的解析法を適用するのは簡単ではないことがわかっただろう．ほとんどの平衡の問題では，近似して単純化すれば，相応な手間でよい答えが得られる．ただし問題を解いたあとには，その近似が適切であることを必ず確かめなければならない．

たとえばアンモニアの問題を単純化する近似は，次のようである．アンモニアは塩基であるので，[OH$^-$] ≫ [H$^+$] であると予想される．pH 9 と仮定しよう．このとき，[H$^+$] = 10^{-9} M，[OH$^-$] = K$_w$/[H$^+$] = 10^{-14}/10^{-9} = 10^{-5} M である．すなわち，[OH$^-$] ≫ [H$^+$] であるので，式 8-21 の分子の第一項では，K$_w$/[H$^+$] と比べて [H$^+$] を無視することができる．分母でも同様に，K$_w$/[H$^+$] と比べて [H$^+$] を無視することができる．これらの近似を行うと，式 8-21 は

$$K_b = \frac{\left(\dfrac{K_w}{[H^+]} - [H^+]\right)\left(\dfrac{K_w}{[H^+]}\right)}{\left(F - \dfrac{K_w}{[H^+]} + [H^+]\right)} = \frac{\left(\dfrac{K_w}{[H^+]}\right)\left(\dfrac{K_w}{[H^+]}\right)}{\left(F - \dfrac{K_w}{[H^+]}\right)} = \frac{[OH^-]^2}{F-[OH^-]} \quad (8\text{-}22)$$

二次方程式 8-22 の解は，[OH$^-$] = 4.11 × 10^{-4} M である．[H$^+$] = K$_w$/[OH$^-$] = 2.44 × 10^{-11} M なので，[OH$^-$] ≫ [H$^+$] が成り立つことがわかる．

となる．式 8-22 は一つの未知数 [OH$^-$] のみを含む二次方程式であるので，[OH$^-$] について代数的に解くことができる．酸と塩基に関する次の章では，このような式を広範囲にわたって扱う．

次に，一つの未知数を含む一つの式に単純化する必要がない，より一般的なスプレッドシートを説明しよう.

■ アジ化タリウムの溶解および加水分解

アジ化タリウム（I）の溶解と，その後のアジ化物イオンの塩基加水分解について考えよう.

$$TlN_3(s) \xrightleftharpoons{K_{sp}} \underset{\text{アジ化物イオン}}{Tl^+ + N_3^-} \quad K_{sp} = 10^{-3.66} \quad (8\text{-}23)$$
（アジ化タリウム(I)）

$$N_3^- + H_2O \xrightleftharpoons{K_b} \underset{\text{アジ化水素}}{HN_3} + OH^- \quad K_b = 10^{-9.35} \quad (8\text{-}24)$$

$$H_2O \xrightleftharpoons{K_w} H^+ + OH^- \quad K_w = 10^{-14.00} \quad (8\text{-}25)$$

アジ化物イオンは，等価な二つの N=N 結合をもつ直線状イオンである.

$$\overset{-}{\ddot{N}} = \overset{+}{N} = \overset{-}{\ddot{N}}$$
アジ化物イオン

$$\ddot{N} = N = \underset{|}{\ddot{N}}$$
$$\phantom{\ddot{N} = N = \ddot{N}}H$$
アジ化水素酸

私たちの目標は，$[Tl^+]$，$[N_3^-]$，$[HN_3]$，$[H^+]$，$[OH^-]$ を求めることだ.

ステップ 1 適切な反応式を書く．今回は，反応 8-23 から 8-25 の三つである.

ステップ 2 電荷均衡．正電荷の和は負電荷の和と等しいので，

$$[Tl^+] + [H^+] = [N_3^-] + [OH^-] \quad (8\text{-}26)$$

ステップ 3 物質収支．TlN_3 を溶かすと，等量の Tl^+ と N_3^- が生じる．アジ化物イオンの一部はアジ化水素になる．Tl^+ の濃度は，N_3^- と HN_3 の濃度の和と等しい.

$$[Tl^+] = [N_3^-] + [HN_3] \quad (8\text{-}27)$$

ステップ 4 平衡定数の式.

$$K_{sp} = [Tl^+]\gamma_{Tl^+}[N_3^-]\gamma_{N_3^-} = 10^{-3.66} \quad (8\text{-}28)$$

$$K_b = \frac{[HN_3]\gamma_{HN_3}[OH^-]\gamma_{OH^-}}{[N_3^-]\gamma_{N_3^-}} = 10^{-9.35} \quad (8\text{-}29)$$

$$K_w = [H^+]\gamma_{H^+}[OH^-]\gamma_{OH^-} = 10^{-14.00} \quad (8\text{-}30)$$

ステップ 5 式と未知数の数を数える．式は五つ（式 8-26 から式 8-30），未知数は五つ（$[Tl^+]$，$[N_3^-]$，$[HN_3]$，$[H^+]$，$[OH^-]$）ある．よって問題を解くのに十分な情報がある.

ステップ 6 方程式を解く．ここでは，平衡の問題に広く応用できるスプレッドシートを紹介しよう[13]．簡単のため活量係数を無視する.

五つの未知数と三つの平衡定数の式（式 8-28 から式 8-30）がある．スプレッドシートでは，二つの未知濃度の推定から始める.

推定する濃度の数＝
（未知数の数）－（平衡定数の式の数）＝ 5 − 3 = 2　　(8-31)

次に，推定した二つの濃度を用いて残りの三つの濃度を表す．複数の平衡定数の式に現れる化学種の濃度を推定するのがよいだろう．式 8-28 から式 8-30 では，化学種 N_3^- と OH^- がそれぞれ 2 回現れるので，これらの濃度を推定しよ

引き続き，次の例まで活量係数は無視する．

う．これらの推定値から，残りの平衡濃度を求める．

$$[Tl^+][N_3^-] = K_{sp} \Rightarrow [Tl^+] = K_{sp}/[N_3^-] \tag{8-32}$$

$$\frac{[HN_3][OH^-]}{[N_3^-]} = K_b \Rightarrow [HN_3] = \frac{K_b[N_3^-]}{[OH^-]} \tag{8-33}$$

$$[H^+][OH^-] = K_w \Rightarrow [H^+] = K_w/[OH^-] \tag{8-34}$$

図 8-9 を用いて，セル C6：C10 で五つの未知濃度を求める計算を説明しよう．このスプレッドシートを作成して，セル B12：B14 に必要な定数，セル C6：C10，セル F6：F8，およびセル D12：D14 に式を入力する．

ここで，N_3^- および OH^- の濃度を推定する．平衡にある化学種の濃度は数桁にもに及び，コンピュータが計算する際に問題となることがある．そこで，N_3^- および OH^- の濃度は，対数に負符号をつけた値として，セル B6 およびセル B7 に入力する．

pH = $-\log[H^+]$ と同様に，濃度 C の対数に負符号を付けたものを pC と定義する．

p 関数は，ある量の対数に負符号をつけたものである．
p$C \equiv -\log C$ p$K \equiv -\log K$
$K = 10^{-3.66}$ のとき，pK = 3.66 である．

$$pC \equiv -\log C \tag{8-35}$$

同様に pK は，平衡定数の対数に負符号を付けたものである．たとえば pK_w = $-\log K_w$ であり，$K_w = 1.00 \times 10^{-14}$ のとき pK_w = 14.00 である．

$[N_3^-]$ と $[OH^-]$ は，どのように推定すればよいだろうか？ TlN$_3$ の K_{sp} の値は，$10^{-3.66}$ である．N_3^- と水が反応しなければ，濃度は $[Tl^+] = [N_3^-] = \sqrt{K_{sp}} = 10^{-3.66/2} = 10^{-1.83}$ M となる．これを参考にして，セル B6 に pN_3^- の推定値 "2" を入力すれば，セル C6 は $[N_3^-] = 10^{-2}$ M となる．しかし，実際には N_3^- は反応 8-24 により水と反応して，$[OH^-]$ を生じる．とくに計算をしなくても，溶液は弱塩基性で $[OH^-]$ が約 10^{-4} M くらいと考えられるので，セル B7 に pOH^- の推定値 "4" を入力する．スプレッドシートは，セル C6 の $[N_3^-]$ およびセル C7 の $[OH^-]$ の値を使って，セル C8：C10 の式 8-32 から式 8-34 により $[Tl^+]$，$[HN_3]$，$[H^+]$ を計算する．これらの値はどれも正確ではない．これらは，Excel でより適切な値を計算するための最初の推定値にすぎない．

図 8-9 アジ化タリウムの溶解平衡のスプレッドシート．活量係数は考慮していない．最初の推定値 pN_3^- = 2 および pOH^- = 4 が，セル B6 と B7 に表示されている．これら二つの数値から，スプレッドシートのセル C6：C10 で各化学種の濃度が計算される．次にソルバーで，電荷均衡と物質収支に関するセル F8 の条件が満たされるまで，セル B6 の pN_3^- およびセル B7 の pOH^- を変化させる．

	A	B	C	D	E	F
1	アジ化タリウムの平衡					
2	1. N_3^- および OH^- の pC = $-\log$ [C] の値をセル B6 および B7 で推定する					
3	2. ソルバーを使用して，セル F8 の和が最小になるように pC の値を調整する					
4						
5	化学種	pC	C (=10^$-$pC)		物質収支および電荷均衡	b_i
6	N_3^-	2	0.01	C6 = 10^$-$B6	b_1 = 0 = $[Tl^+]-[N_3^-]-[HN_3]$ =	1.19E$-$02
7	OH^-	4	0.0001	C7 = 10^$-$B7	b_2 = 0 = $[Tl^+]+[H^+]-[N_3^-]-[OH^-]$ =	1.18E$-$02
8	Tl^+		0.021877616	C8 = D12/C6	Σb_i^2 =	2.80E$-$04
9	HN_3		4.46684E$-$08	C9 = D13∗C6/C7	F6 = C8$-$C6$-$C9	
10	H^+		1E$-$10	C10 = D14/C7	F7 = C8+C10$-$C6$-$C7	
11					F8 = F6^2+F 7^2	
12	pK_{sp} =	3.66	K_{sp} =	0.000218776	= 10^$-$B12	
13	pK_b =	9.35	K_b =	4.46684E$-$10	= 10^$-$B13	
14	pK_w =	14.00	K_w =	1E$-$14	= 10^$-$B14	

電荷均衡の式 8-26 は，次のかたちに整理できる．

$$b_2 \equiv [Tl^+] + [H^+] - [N_3^-] - [OH^-] = 0 \tag{8-26a}$$

また，物質収支の式 8-27 は，次のかたちに整理できる．

$$b_1 \equiv [Tl^+] - [N_3^-] - [HN_3] = 0 \tag{8-27a}$$

式 8-26a および式 8-27a で b_2 および b_1 と記した和は，濃度が正確であればいずれもゼロになる．最初にセル F6 およびセル F7 で計算されるこれらの和はゼロではない．それは $[N_3^-]$ と $[OH^-]$ の推定値が正確ではないからだ．

正確な濃度を求めるには，セル F8 の和 $\sum b_i^2 = b_1^2 + b_2^2$ を最小になるようにすればよい．正確な濃度に関する私たちの基準は，これらの濃度が物質収支，電荷均衡，および平衡定数を満たすことである．和 $\sum b_i^2 = b_1^2 + b_2^2$ は，常に正である．私たちは，Excel のソルバーを用いてこの和を最小にする．

Windows では，Excel 2010 の［データ］リボンに［ソルバー］を見つけることができるだろう．もしなければ，［ファイル］をクリックし，Excel の［オプション］-［アドイン］を選ぶ．［Excel アドイン］-［設定］から［ソルバー］にチェックを入れ，次に OK をクリックしてソルバーを読み込む．Mac の Excel 2011 では，ソルバーは［ツール］メニューのなかにある．

［データ］リボンの［分析］から，［ソルバー］をクリックする．［ソルバーのパラメーター］というウィンドウ（図 8-10a）が表示されるので，［オプション］をクリックする．［オプション］で私たちに必要なのは，［すべての方法］のタブだけである．［制約条件の精度］は 1E − 15 とし，［自動サイズ調整を使用する］にチェックを入れ，［最大時間］は 100 秒，［反復回数］は 200 に設定する．［整数制約条件を無視する］にはチェックを入れず，［整数の最適性］は既定の値のままでよい．ウィンドウは図 8-10b のようになるだろう．その後，OK をクリックする．

次に，図 8-10a の［ソルバーのパラメーター］のウィンドウで，［目的セルの設定］を F8，［目標値］を最小値，［変数セルの変更］を B6：B7 に設定する（図 8-10a）．［解決方法の選択］は，［GRG 非線形］（既定値）にする．これで，セル F8 の電荷均衡と物質収支の和ができるだけゼロに近くなるまでセル B6：B7 の pN_3^- と pOH^- を変化させるようにソルバーを設定できた．［解決］をクリックすると，ソルバーは図 8-11 のように，セル B6：B7 に pN_3^- = 1.830 038，pOH^- = 5.589 69 を返し，セル F8 に $\sum b_i^2 \approx 10^{-30}$ と表示する．平衡定数，電荷均衡，および物質収支を満たす濃度がセル C6：C10 に表示される．図 8-9 のスプレッドシートをつくって，この操作を試してみよう．きっと気に入るはずだ．

私たちは，はじめに $[N_3^-] = 10^{-2}$ M，$[OH^-] = 10^{-4}$ M と推定した．ソルバーによれば，$[N_3^-] = 0.0148$ M，$[OH^-] = 2.57 \times 10^{-6}$ M である．ソルバーを使用するとき，毎回同じ答えが得られるかどうかを確認するために，pN_3^- と pOH^- の異なる初期値を試してみるとよい．あなたの最初の推定値が正しい解に近ければ，ソルバーで正しい解が求められる可能性が高くなる．また，図 8-11 から，$[HN_3] = 2.57 \times 10^{-6}$ M である．この値は $[OH^-]$ とほぼ等しい

重要な確認：図 8-11 の空のセルで 商 $K_b = [HN_3][OH^-]/[N_3^-]$ = C9*C7/C6 を計算しておこう．セル C9，C7，C6 の値にかかわらず，商は K_b = 4.467E-10 となるはずである．そうでなければ，どこかが間違っているので，それぞれの式を確認しよう．

(a) [ソルバーのパラメーター] ウィンドウ

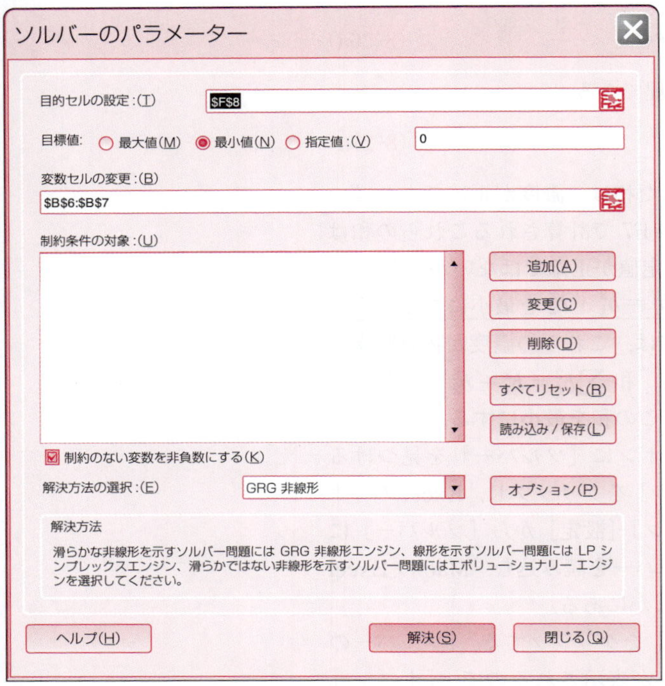

(b) [オプション] ウィンドウ

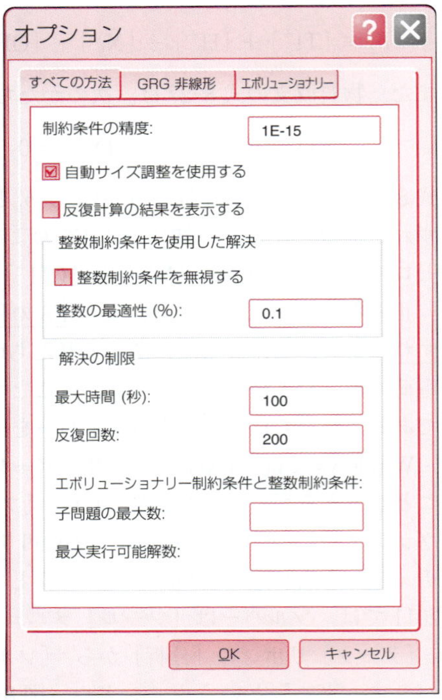

図 8-10 ［ソルバーのパラメーター］および［オプション］のウィンドウ．

	A	B	C	D	E	F
1	アジ化タリウムの平衡					
2	1. N_3^-およびOH$^-$に対するpC=-log[C]の値をセルB6およびセルB7で推定する					
3	2. ソルバーを使用してセルF8の和が最小になるようにpCの値を調整する					
4						
5	化学種	pC	C (= 10^-pC)		物質収支および電荷平衡	b_i
6	N_3^-	1.830038	0.0147898	C6 = 10^-B6	$b_1 = 0 = [Tl^+]-[N_3^-]-[HN_3] =$	−1.42E−15
7	OH$^-$	5.58969	2.57223E−06	C7 = 10^-B7	$b_2 = 0 = [Tl^+] + [H^+]-[N_3^-]-[OH^-] =$	−1.29E−15
8	Tl$^+$		0.014792368	C8 = D12/C6	$\Sigma b_i^2 =$	3.67E−30
9	HN_3		2.56834E−06	C9 = D13*C6/C7	F6 = C8−C6−C9	
10	H$^+$		3.88768E−09	C10 = D14/C7	F7 = C8+C10−C6−C7	
11					F8 = F6^2+F7^2	
12	pK_{sp} =	3.66	K_{sp} =	0.000218776	= 10^-B12	
13	pK_b =	9.35	K_b =	4.46684E−10	= 10^-B13	
14	pK_w =	14.00	K_w =	1E−14	= 10^-B14	

図 8-11 アジ化タリウムの溶解平衡のスプレッドシート．ソルバーの計算が終わったあとの状態．

が，これは偶然ではない．式 8-24 の加水分解は，OH$^-$ 1 個あたり HN$_3$ 1 個を生じる．アジ化物イオンが加水分解する割合は，[HN$_3$]/([N$_3^-$] + [HN$_3$]) = 0.017% である．N$_3^-$ は $K_b = 10^{-9.35}$ の弱塩基であるので，この割合は理にかなっている．

ここで練習した手順をまとめよう．

1. TlN$_3$(s) が水に溶けたときに起こると考えられる化学反応を三つ挙げて，その平衡定数の式を書いた．
2. 電荷均衡と物質収支の式を書いた．
3. 未知数と同じ数の式があることを確認した．

4. （未知数の数）−（平衡定数の式の数）＝ 5 − 3 ＝ 2 個の濃度を推定した．濃度の推定には，$[N_3^-]$ と $[OH^-]$ を選んだ．その理由は，これらの化学種が複数の平衡定数の式に現れるからである．コンピュータによる計算に便利なように，推定濃度を $pC = -\log C$ で表した．
5. $[N_3^-]$ と $[OH^-]$ の推定値と平衡定数の式から，$[Tl^+]$，$[HN_3]$，$[H^+]$ を計算した．
6. 次に，物質収支を $b_1 \equiv [Tl^+] - [N_3^-] - [HN_3] = 0$ のかたちで，電荷均衡を $b_2 \equiv [Tl^+] + [H^+] - [N_3^-] - [OH^-] = 0$ のかたちで書いた．
7. 最後に，ソルバーを実行し，和 $b_1^2 + b_2^2$ ができるだけ小さくなるまで $[N_3^-]$ と $[OH^-]$ を変化させた．この時点で濃度は正確になるはずである．
8. 念のため，$[N_3^-]$ と $[OH^-]$ の初期値を変えても，ソルバーで同じ答えが得られることを確認した．

活量係数を考慮した水酸化マグネシウムの溶解平衡の計算

$Mg(OH)_2$ 飽和溶液中の化学種の濃度を求めてみよう．関係する化学反応は，以下のようである．ここでは活量係数を含めて考えよう[14]．

$$Mg(OH)_2(s) \xrightleftharpoons{K_{sp}} Mg^{2+} + 2OH^- \quad K_{sp} = [Mg^{2+}]\gamma_{Mg^{2+}}[OH^-]^2\gamma_{OH^-}^2 = 10^{-11.15} \quad (8\text{-}36)$$

$$Mg^{2+} + OH^- \xrightleftharpoons{K_1} MgOH^+ \quad K_1 = \frac{[MgOH^+]\gamma_{MgOH^+}}{[Mg^{2+}]\gamma_{Mg^{2+}}[OH^-]\gamma_{OH^-}} = 10^{2.6} \quad (8\text{-}37)$$

$$H_2O \xrightleftharpoons{K_w} H^+ + OH^- \quad K_w = [H^+]\gamma_{H^+}[OH^-]\gamma_{OH^-} = 10^{-14.00} \quad (8\text{-}38)$$

K_1 は，コラム 6-2 および付録 1 の β_1 と同じ平衡定数である．

ステップ1 適切な反応式を書く．上記の通り．

ステップ2 電荷均衡．

$$2[Mg^{2+}] + [MgOH^+] + [H^+] = [OH^-] \quad (8\text{-}39)$$

ステップ3 物質収支．これは少しばかり注意を要する．反応 8-36 から，OH^- を含むすべての化学種の濃度はすべてのマグネシウム化学種の濃度の 2 倍に等しいと考えるかもしれない．しかし，反応 8-38 も H^+ 1 個あたり OH^- 1 個を生じる．物質収支は，OH^- の両方の供給源を考慮する．

$$\underbrace{[OH^-] + [MgOH^+]}_{OH^- \text{を含む化学種}} = 2\underbrace{\{[Mg^{2+}] + [MgOH^+]\}}_{Mg^{2+} \text{を含む化学種}} + [H^+] \quad (8\text{-}40)$$

式 8-40 は，整理すると式 8-39 と同じになる．

ステップ4 平衡定数の式は，式 8-36 から式 8-38 までである．

ステップ5 式と未知数の数を数える．式は四つ（式 8-36 から式 8-39），未知数も四つ（$[Mg^{2+}]$，$[MgOH^+]$，$[H^+]$，$[OH^-]$）である．

ステップ6 方程式を解く．TlN_3 の問題で紹介したスプレッドシートを用いるが，今回は活量係数を含める．四つの未知数と三つの平衡定数の式があるので，一つの濃度を推定する．

$$\text{推定する濃度の数} = （\text{未知数の数}）-（\text{平衡定数の式の数}）$$
$$= 4 - 3 = 1$$

方針としては，一つの濃度を推定し，次に Excel のソルバーでその濃度を最適化する．正確なイオン強度は，最適化の結果として得られる．

Mg^{2+} は二つの平衡定数の式に現れ，OH^- は三つの式に現れる．いずれの濃度を推定してもよいだろう．私は，Mg^{2+} を選んだ．$[Mg^{2+}]$ を推定するために，活量係数を無視して式 8-36 の溶解平衡のみを考える．反応 8-36 では Mg^{2+} 1 個につき，OH^- 2 個が生じる．$x = [Mg^{2+}]$ のとき，$[OH^-] = 2x$ である．K_{sp} の式から

$$K_{sp} \approx \underset{x}{[Mg^{2+}]}\underset{2x}{[OH^-]^2} = 7.1 \times 10^{-12}$$

$$(x)(2x)^2 = 4x^3 = 7.1 \times 10^{-12} \Rightarrow x = \left(\frac{7.1 \times 10^{-12}}{4}\right)^{1/3} = 1.2 \times 10^{-4}\ \text{M}$$

この条件では，$x = [Mg^{2+}] = 1.2 \times 10^{-4}$ M，すなわち $pMg^{2+} = -\log(1.2 \times 10^{-4}) = 3.9$ である．よって，初期値を $pMg^{2+} = 4$ と推定する．

図 8-12 のスプレッドシートでセル B5 に値 "0" を，セル B8 に pMg^{2+} の推定値 "4" を入力する．セル C8 には $[Mg^{2+}] = 10^{\wedge}$－B8 により計算された $[Mg^{2+}]$ が入る．式は，スプレッドシートの右下に記されている．セル C9：C11 では，活量係数を含む平衡定数の式 8-36 から式 8-38 によって $[OH^-]$，$[MgOH^+]$，$[H^+]$ が計算される．

私たちは，セル C8：C11 の濃度を用いて，セル B5 でイオン強度を計算したい．しかし，濃度はイオン強度に依存する．ここには循環参照（circular reference）がある．濃度はイオン強度によって決まり，イオン強度は濃度によって決まるからだ．よって，Excel が循環参照を扱えるようにしなければなら

	A	B	C	D	E	F	G	H
1	水酸化マグネシウムの平衡							
2	1. pMgをセルB8で推定する							
3	2. ソルバーを使用してセルH15の和が最小になるようにB8を調整する							
4	イオン強度							
5	μ	3.793E−04				拡張デバイ-		
6				イオンサイズ		ヒュッケル式	活量係数	
7	化学種	pC	C (M)	α (pm)	電荷	log γ	γ	
8	Mg^{2+}	3.9115263	1.226E−04	800	2	−3.780E−02	9.166E−01	G8=10^F8
9	OH^-		2.567E−04	350	−1	−9.715E−03	9.779E−01	
10	$MgOH^+$		1.148E−05	500	1	−9.625E−03	9.781E−01	
11	H^+		4.071E−11	900	1	−9.392E−03	9.786E−01	
12								
13	$pK_{sp} =$	11.15	$K_{sp} =$	7.08E−12		物質収支および電荷平衡：		b_i
14	$pK_1 =$	−2.60	$K_1 =$	3.98E+02				−4.79E−14
15	$pK_w =$	14.00	$K_w =$	1.00E−14			$\Sigma b_i^2 =$	2.29E−27
16								H14 = 2•C8+C10+C11−C9
17	イオンサイズ推定値：							H15 = H14^2
18	$MgOH^+$サイズ≈ 500 pm							C8 = 10^−B8
19								C9 = SQRT(D13/(C8•G8))/G9
20	初期値：							C10 = D14•C8•G8•C9•G9/G10
21	pMg =	4						C11 = D15/(C9•G9•G11)
22						F8 =−0.51•E8^2•SQRT($B$5)/(1+D8•SQRT($B$5)/305)		
23						B5 = 0.5•(E8^2•C8+E9^2•C9+E10^2•C10+E11^2•C11)		

図 8-12 水酸化マグネシウムの溶解平衡のスプレッドシート．活量係数を考慮したソルバーを実行した後の状態．

ない．Excel 2010 であれば，［ファイル］タブから［オプション］-［数式］を選ぶ．［計算方法の設定］で［反復計算を行う］にチェックを入れ，［変化の最大値］を1E−15にする．OKをクリックすれば，あなたのスプレッドシートは循環参照を扱えるようになる．ここで，セルB5の値0をスプレッドシートの下部に示した式 "= 0.5*(E8^2*C8 + E9^2*C9 + E10^2*C10 + E11^2*C11)" に変える．

Mg^{2+}，OH^-，H^+ のイオンサイズは，表8-1 に示されている．私たちは，$MgOH^+$ のイオンサイズを知らない．Mg^{2+} はおそらく式 $Mg(OH_2)_6^{2+}$ で，$MgOH^+$ は式 $Mg(OH_2)_5(OH)^+$ で最もよく表されるだろう．$Mg(OH_2)_5(OH)^+$ は，$Mg(OH_2)_6^{2+}$ と同じくらいのサイズであるはずだ．ただし，$Mg(OH_2)_5(OH)^+$ は電荷が +1 であり，$Mg(OH_2)_6^{2+}$ は電荷が +2 である．イオンは電荷が大きいほど溶媒分子を強く引きつけ，その水和半径は大きくなることを思いだそう．表8-1 の $Mg^{2+} = Mg(OH_2)_6^{2+}$ のイオンサイズは 800 pm である．私は，$Mg(OH_2)_5(OH)^+$ のイオンサイズを 500 pm と推定した．あとで $Mg(OH_2)_5(OH)^+$ のサイズを変えて，答えに大きく影響するか調べることができる（実際，影響はない）．

図8-12 の列 F では，セル H22 に記された式を用いて，拡張デバイ－ヒュッケル式 8-6 により $\log \gamma$ を計算する．列 G では，活量係数 $\gamma = 10^{\wedge}(\log \gamma)$ を計算する．これらの活量係数は，セル H18：H20 に記されているように，セル C9：C11 で濃度を求めるために用いられる平衡定数の式に現れる．

セル H14 の電荷均衡式は $b_1 = 2[Mg^{2+}] + [MgOH^+] + [H^+] − [OH^-]$ である．この問題では，物質収支式は電荷均衡式と同じであるので，物質収支式は使用しない．最小にするセル H15 の関数は，

最小にする関数：$\sum b_i^2 = b_1^2 + b_2^2$

である．この問題では物質収支式を用いないので，$\sum b_i^2 = b_1^2$ である．

それでは実際にやってみよう．図8-12 のスプレッドシートを作成する．セル B8 の最初の推定値として $pMg^{2+} = 4$ を用いる．［データ］リボンで［ソルバー］を選び，次に［オプション］を選ぶ．［オプション］のウィンドウを図8-10 のように設定し，OK をクリックする．［ソルバーのパラメーター］ウィンドウで，［目的セルの設定］を H15，［目標値］を最小値，［変数セルの変更］を B8 にする．［解決］をクリックする．ソルバーは，セル H15 の電荷均衡の二乗が最小になるまでセル B8 の pMg^{2+} を変化させる．ソルバーはセル B5 に $\mu = 0.000\,379$ M を，セル B8 に $pMg^{2+} = 3.9115$ を返し，セル H15 に $\sum b_i^2 \approx 10^{-27}$ を返した．

図8-12 の最後の結果は以下の通りである．

$$[Mg^{2+}] = 1.23 \times 10^{-4}\,M \quad [OH^-] = 2.57 \times 10^{-4}\,M$$
$$[MgOH^+] = 1.15 \times 10^{-5}\,M \quad [H^+] = 4.07 \times 10^{-11}\,M$$
$$\mu = 3.79 \times 10^{-4}\,M$$

Mg^{2+} の約 10% が加水分解して，$MgOH^+$ となる．溶液の pH は，

$$\text{pH} = -\log[\text{H}^+]\gamma_{\text{H}^+} = -\log(4.07 \times 10^{-11})(0.979) = 10.40$$

である．図 8-12 のスプレッドシートは，活量係数を含むやや難しい平衡の問題に取り組むためのツールである．

ソルバーをうまく機能させるには，最初の推定値が真の値に近いこと，あまり多くの変数を一度に求めようとしないことが重要である．必ず最初の推定値を変えてみて，ソルバーが同じ結論を導くことを確認しよう．ソルバーの結果を次の計算の初期値として，ソルバーを繰り返し実行して，解が改善するかを調べよう．これは $\sum b_i^2$ が小さくなるかどうかで判断できる．複雑な問題でソルバーが二つ以上の変数を求められない場合は，他の変数を固定して一度に一つか二つの変数について解く．よい解であれば，$\sum b_i^2$ が非常に小さく，ソルバーを繰り返しても変わらない．

📕 活量係数を考慮した硫酸カルシウムの溶解平衡の計算

$CaSO_4$ 飽和溶液中のおもな化学種の濃度を求めよう．

ステップ 1 適切な反応式を書く．このような簡単な系でも，かなりの数の反応がある．

$$CaSO_4(s) \xrightleftharpoons{K_{sp}} Ca^{2+} + SO_4^{2-} \qquad pK_{sp} = 4.62 \qquad (8\text{-}41)$$

$$CaSO_4(s) \xrightleftharpoons{K_{\text{ion pair}}} CaSO_4(aq) \qquad pK_{\text{ion pair}} = 2.26^* \qquad (8\text{-}42)$$

$$SO_4^{2-} + H_2O \xrightleftharpoons{K_{\text{base}}} HSO_4^- + OH^- \qquad pK_{\text{base}} = 12.01 \qquad (8\text{-}43)$$

$$Ca^{2+} + H_2O \xrightleftharpoons{K_{\text{acid}}} CaOH^+ + H^+ \qquad pK_{\text{acid}} = 12.70 \qquad (8\text{-}44)$$

$$H_2O \xrightleftharpoons{K_w} H^+ + OH^- \qquad pK_w = 14.00 \qquad (8\text{-}45)$$

はじめはこれらの反応すべてを考えつくのは難しいだろう．問題を通して経験を積んでいこう．

ステップ 2 電荷均衡．正電荷の和と負電荷の和が等しいので，

$$2[Ca^{2+}] + [CaOH^+] + [H^+] = 2[SO_4^{2-}] + [HSO_4^-] + [OH^-] \qquad (8\text{-}46)$$

ステップ 3 物質収支．反応 8-41 はカルシウム 1 mol あたり硫酸イオン 1 mol を生じる．これらのイオンに何が起こっても，硫酸イオンを含むすべての化学種の全濃度は，カルシウムを含むすべての化学種の全濃度と等しくなる．

$$[\text{全カルシウム}] = [\text{全硫酸イオン}]$$
$$[Ca^{2+}] + [CaSO_4(aq)] + [CaOH^+] = [SO_4^{2-}] + [HSO_4^-] + [CaSO_4(aq)] \qquad (8\text{-}47)$$

ステップ 4 平衡定数の式を書く．化学反応それぞれに一つずつある．

> **注意！** どのような平衡の問題でも，系の化学をどれだけ理解しているかが重要になる．関係するすべての平衡がわかっていなければ，計算される組成に誤差を生じたり，化学種を欠いたりする可能性がある．

> $[Ca^{2+}]$ と $[SO_4^{2-}]$ のイオン 1 mol はそれぞれ電荷 2 mol をもつので 2 を掛ける．

---

* 反応 $CaSO_4(s) \xrightleftharpoons{K_{\text{ion pair}}} CaSO_4(aq)$ は，付録 F の反応 $CaSO_4(s) \xrightleftharpoons{K_{sp}} Ca^{2+} + SO_4^{2-}$ と付録 I の反応 $Ca^{2+} + SO_4^{2-} \rightleftharpoons CaSO_4(aq)$ を合わせたものである

$$K_{sp} = [Ca^{2+}]\gamma_{Ca^{2+}}[SO_4^{2-}]\gamma_{SO_4^{2-}} = 10^{-4.62} \tag{8-48}$$

$$K_{ion\ pair} = [CaSO_4(aq)] = 10^{-2.26} \tag{8-49}$$

$$K_{base} = \frac{[HSO_4^-]\gamma_{HSO_4^-}[OH^-]\gamma_{OH^-}}{[SO_4^{2-}]\gamma_{SO_4^{2-}}} = 10^{-12.01} \tag{8-50}$$

$$K_{acid} = \frac{[CaOH^+]\gamma_{CaOH^+}[H^+]\gamma_{H^+}}{[Ca^{2+}]\gamma_{Ca^{2+}}} = 10^{-12.70} \tag{8-51}$$

$$K_w = [H^+]\gamma_{H^+}[OH^-]\gamma_{OH^-} = 1.0 \times 10^{-14} \tag{8-52}$$

中性のCaSO$_4$(aq)の活量係数は1である.

ステップ4は,活量係数が現れる唯一のステップである.

ステップ5 式と未知数の数を数える.式は七つ(式8-46から式8-52),未知数は七つ([Ca^{2+}],[SO$_4^{2-}$],[CaSO$_4$(aq)],[HSO$_4^-$],[CaOH$^+$],[H$^+$],[OH$^-$])ある.

ステップ6 方程式を解く.Mg(OH)$_2$の問題に用いた図8-12と同じようなスプレッドシートを作成する.推定すべき濃度の数は,(未知数の数)−(平衡定数の式の数)= 7 − 5 = 2である.

図8-13のスプレッドシートで,セルB5にイオン強度の初期値ゼロを入力する.図8-12の説明を参考にして,循環参照を扱えるようにする.次に,セルB5の値をスプレッドシートの下部に記した式"= 0.5*(E8^2*C8 + E9^2*C9 + E10^2*C10 + E11^2*C11 + E12^2*C12 + E13^2*C13 + E14^2*C14)"に変える.二つの化学種の濃度を与える必要があるので,セルB8でpCa^{2+}およびセルB9でpHの二つの初期値を推定することにする.推定にSO$_4^{2-}$を用いなかったのは,[Ca^{2+}]の値が決まれば,K_{sp}によって[SO$_4^{2-}$]の値が決まるからだ.セルC10:C14には,活量係数を含む平衡定数の式から計算される他の化学種の濃度が入る.イオンサイズは,列Dに入力する.CaOH$^+$のイオンサイズの推定値は,500 pmである.電荷は,列Eに入力する.活量係数は,列Fおよび列Gで計算される.

ここで平衡定数の値を見てみよう.K_{base}およびK_{acid}は,K_{sp}より8桁も小さい.よい近似として,反応8-43および反応8-44は溶液の組成に対してほとんど影響しない.よって,初期値として,[Ca^{2+}] ≈ $\sqrt{K_{sp}}$ = 10$^{-2.3}$ M(すなわちpCa^{2+} = 2.3)と推定する.8-43と8-44の酸塩基反応は無視できるので,pHは約7となる.これらがセルB8とセルB9の最初の推定値である.

濃度が正確であれば,セルJ17およびセルJ18の物質収支および電荷均衡の式はゼロに近くなる.ソルバーを使用して,セルB8のpCa^{2+}およびセルB9のpHを変化させて,セルJ19の$\sum b_i^2 = b_1^2 + b_2^2$を最小にする.ソルバーを使用する前に,図8-10bに示すように[ソルバー]−[オプション]を設定する.私が最初に実行したソルバーは,pCa^{2+} = 2.013 35とpH = 7.000 05を返した.あなたのスプレッドシートでは,設定に応じて異なる結果になることもあるだろう.これらのp値は十分によい値であるが,さらに最適化を試みることもできる.pHを固定したままで,pCa^{2+}のみを変化させる.次に,pCa^{2+}を固定したままで,pHを変化させる.セルJ19の$\sum b_i^2$はほとんど変化しないが,pHを変えるとわずかに影響を受けることがわかる.たとえば,手動でpHの小数点第3位を変えると,セルJ19の$\sum b_i^2$に影響があった.セルJ19の最

図 8-13 硫酸カルシウムの溶解平衡のスプレッドシート．活量係数を考慮したソルバーを実行した後の状態．このスプレッドシートのデータは原著のホームページから入手できる．

	A	B	C	D	E	F	G	H	I	J
1	硫酸カルシウムの平衡									
2	1. セルB8とセルB9の値を推定する									
3	2. ソルバーを使用してセルJ19の和が最小になるようにB8とB9を調整する									
4	イオン強度					拡張				
5	μ =	0.038789				デバイ-				
6				イオンサイズ		ヒュッケル式				
7	化学種	pC	C (M)	α(pm)	電荷	log γ	活量係数(γ)			
8	Ca^{2+}	2.01335	9.6973E−03	600	2	−2.896E−01	5.134E−01			
9	H^+	6.995	1.0116E−07	900	1	−6.353E−02	8.639E−01			
10	SO_4^{2-}		9.6972E−03	500	−2	−3.037E−01	4.969E−01			
11	$CaSO_4(aq)$		5.4954E−03		0	0.000E+00	1.0000E+00			
12	$CaOH^+$		1.3537E−08	500	1	−7.593E−02	8.396E−01			
13	HSO_4^-		4.9231E−08	450	−1	−7.783E−02	8.359E−01			
14	OH^-		1.3818E−07	350	−1	−8.193E−02	8.281E−01			
15										
16								物質収支および電荷平衡：		b_i
17	pK_{sp} =	4.62	K_{sp} =	2.40E−05		b_1 = 0 = $[Ca^{2+}]$ + $[CaOH^+]$−$[SO_4^{2-}]$ − $[HSO_4^-]$				7.27E−10
18	$pK_{ion\,pair}$ =	2.26	$K_{ion\,pair}$ =	5.50E−03		b_2 = 0 = $2[Ca^{2+}]$ + $[CaOH^+]$ + $[H^+]$ − $2[SO_4^{2-}]$ − $[HSO_4^-]$ − $[OH^-]$				1.22E−10
19	pK_{base} =	12.01	K_{base} =	9.77E−13				Σb_i^2 =		5.43E−19
20	pK_{acid} =	12.70	K_{acid} =	2.00E−13				J17 = C8+C12−C10−C13		
21	pK_w =	14.00	pK_w =	1.00E−14				J18 = 2*C8+C12−2*C10−C13−C14		
22	イオンサイズ推定値：							J19 = J17^2 + J18^2		
23	$CaOH^+$ ≈ 500 pm							C8 =10^−B8		
24	HSO_4^-イオンサイズ ≈ HSO_3^-イオンサイズ = 450 pm							C9 =10^−B9		
25	初期値：							C10 = D17/(C8*G8*G10)		
26	pCa = 2.3		pH = 7					C11 = D18		
27	pCaとpHの両方を数回で最適化する							C12 = D20*C8*G8/(G12*C9*G9)		
28	次にpCaのみ，pHのみで交互に最適化する							C13 = D19*C10*G10/(G13*C14*G14)		
29	Σb_i^2が小さくなる限り最適化を続ける							C14 = D21/(C9*G9*G14)		
30						B5 = 0.5*(E8^2*C8+E9^2*C9+E10^2*C10+E11^2*C11+E12^2*C12+E13^2*C13+E14^2*C14)					

小値は，pH = 6.995 で得られた．図 8-13 のセル B8，B9，J19 の値は，pH = 6.995 に固定して，ソルバーで pCa^{2+} を最適化して得られた．あなたのスプレッドシートでまったく同じ数値が得られる可能性は低い．しかし，濃度は小数点第 2 位まで図 8-13 の値と一致するだろう．

図 8-13 の結果は，以下の通りである．

$$[Ca^{2+}] = 9.70 \times 10^{-3}\,M \qquad [SO_4^{2-}] = 9.70 \times 10^{-3}\,M$$
$$[CaOH^+] = 1.35 \times 10^{-8}\,M \qquad [HSO_4^-] = 4.92 \times 10^{-8}\,M$$
$$[CaSO_4(aq)] = 5.50 \times 10^{-3}\,M \qquad [OH^-] = 1.38 \times 10^{-7}\,M$$
$$\mu = 0.0388\,M \qquad [H^+] = 1.01 \times 10^{-7}\,M$$

溶解した硫酸イオンの全濃度
= $[SO_4^{2-}]$ + $[CaSO_4(aq)]$ + $[HSO_4^-]$
= 0.0097 + 0.0055 + 5 × 10^{-8}
= 0.0152 M

おめでとう！　あなたの計算結果は，図 6-1 の実験結果と一致した！

これらの濃度が示すように，おもな化学反応は $CaSO_4(s)$ が溶解し，$Ca^{2+}(aq)$，$SO_4^{2-}(aq)$，およびイオン対 $CaSO_4(aq)$ を生じるものである．Ca^{2+} と SO_4^{2-} が加水分解して $CaOH^+$ と HSO_4^- を生じる反応は重要でない．

活量係数の省略

　活量を用いて平衡定数を書くことは適切であるが，活量係数を扱う複雑さはわずらわしい．本書の大部分では，とくに明記しないかぎり活量係数を省略する．いくつかの問題が，活量の使い方を思い出させてくれるだろう．

重要なキーワード

pH
pK
イオン強度（ionic strength）
イオン雰囲気（ionic atmosphere）
拡張デバイ-ヒュッケル式（extended Debye-Huckel equation）
活量（activity）
活量係数（activity coefficient）
電荷平衡（charge balance）
物質収支（mass balance）

本章のまとめ

反応 $aA + bB \rightleftharpoons cC + dD$ の熱力学的平衡定数は，$K = \mathcal{A}_C^c \mathcal{A}_D^d / (\mathcal{A}_A^a \mathcal{A}_B^b)$ である．ここで，$\mathcal{A}_i$ は i 番目の化学種の活量である．活量は，濃度（c）と活量係数（γ）の積である：$\mathcal{A}_i = c_i \gamma_i$．非イオン性化合物および気体では，$\gamma_i \approx 1$ である．イオン性化学種では，活量係数はイオン強度に依存する．イオン強度は，$\mu = \frac{1}{2}\sum c_i z_i^2$（$z_i$ はイオンの電荷）と定義される．低イオン強度（≤ 0.1 M）では，イオン強度が大きくなると活量係数は小さくなる．イオン性化合物の解離は，イオン強度とともに増加する．個々のイオンを取りまくイオン雰囲気が，イオンどうしの引力を小さくするからだ．表8-1に，いくつかのイオン強度における活量係数を示す．その他のイオン強度における活量係数は，内挿して推定する．pHは，H^+ の活量に基づいて定義される（$pH = -\log \mathcal{A}_{H^+} = -\log[H^+]\gamma_{H^+}$）．同様に，pKは平衡定数の対数に負符号をつけたものである．

平衡の系統的解析法では，適切な反応式，電荷均衡および物質収支の式を書く．電荷均衡は，溶液中のすべての正電荷の和がすべての負電荷の和と等しいことである．物質収支は，溶液中のある元素を含むすべての化学種のモル数が，溶液に入れたその元素のモル数と等しいことである．未知数と同じ数の式があることを確認し，次に近似を用いて方程式を解いて，またはスプレッドシートのソルバーを用いて濃度（C）を求める．ソルバーでは，はじめに（未知数の数）−（平衡定数の式の数）個の pC の初期値を推定し，次に電荷均衡と物質収支の二乗の和を最小にする pC の値（およびイオン強度）をソルバーで求める．イオン強度の値は，最適化の副産物である．

練習問題

8-A. 塩が完全に解離すると仮定して，次の溶液のイオン強度を計算せよ．（a）0.2 mM KNO_3，（b）0.2 mM Cs_2CrO_4，（c）0.2 mM $MgCl_2$ と 0.3 mM $AlCl_3$ を含む混合溶液．

8-B. 0.0050 M $(C_3H_7)_4N^+Br^-$ および 0.0050 M $(CH_3)_4N^+Cl^-$ を含む溶液中の $(C_3H_7)_4N^+$（テトラプロピルアンモニウム）イオンの活量（活量係数ではない）を求めよ．

8-C. 活量を用いて，$AgSCN(s)$ で飽和した 0.060 M KSCN 中の $[Ag^+]$ を求めよ．

8-D. 活量を用いて，0.050 M LiBr 中の H^+ の濃度（25 ℃）および pH を計算せよ．

8-E. 0.0400 M $Hg_2(NO_3)_2$ 溶液 40.0 mL を，0.100 M KI 溶液 60.0 mL で滴定して，Hg_2I_2 を沈殿させた（$K_{sp} = 4.6 \times 10^{-29}$）．

(a) 当量点に達するのに KI 溶液が 32.0 mL 必要であることを示せ．

(b) KI 溶液 60.0 mL を加えたとき，3.20 mmol の I^- とともに実質上すべての Hg_2^{2+} が沈殿した．溶液中に残っているすべてのイオンを考慮に入れて，イオン強度を計算せよ．

(c) 活量を用いて，(b) の溶液中の $pHg_2^{2+} (= -\log \mathcal{A}_{Hg_2^{2+}})$ を計算せよ．

8-F. (a) $CaCl_2$ 水溶液について，化学種が Ca^{2+} と Cl^- であると仮定して物質収支の式を書け．

(b) 化学種が Ca^{2+}，Cl^-，$CaCl^+$，$CaOH^+$ であるとして物質収支の式を書け．

(c) (b) の場合の電荷均衡の式を書け．

8-G. CaF_2 が水に溶けるとき以下の反応が起こると仮定して，電荷均衡および物質収支の式を書け．

$$CaF_2(s) \rightleftharpoons Ca^{2+} + 2F^-$$
$$Ca^{2+} + H_2O \rightleftharpoons CaOH^+ + H^+$$
$$Ca^{2+} + F^- \rightleftharpoons CaF^+$$
$$CaF_2(s) \rightleftharpoons CaF_2(aq)$$
$$F^- + H^+ \rightleftharpoons HF(aq)$$
$$HF(aq) + F^- \rightleftharpoons HF_2^-$$

8-H. $Ca_3(PO_4)_2$ 水溶液の化学種が Ca^{2+}，$CaOH^+$，$CaPO_4^-$，PO_4^{3-}，HPO_4^{2-}，$H_2PO_4^-$，H_3PO_4 であるとき，電荷均衡および物質収支の式を書け．

8-I. (a) 活量を用いて，$Mn(OH)_2$ で飽和した 0.10 M $NaClO_4$ 中の化学種の濃度を求めよ．図8-12 のスプレッドシートでセル B5 を $\mu = 0.1$ に固定し，平衡定数およびイオンサイズを変更せよ．$MnOH^+$ のイオンサイズは 400 pm であり，化学反応は以下の通りであると仮定せよ．

$$Mn(OH)_2(s) \xrightleftharpoons{K_{sp}} Mn^{2+} + 2OH^- \qquad K_{sp} = 10^{-12.8}$$
$$Mn^{2+} + OH^- \xrightleftharpoons{K_1} MnOH^+ \qquad K_1 = 10^{3.4}$$
$$H_2O \xrightleftharpoons{K_w} H^+ + OH^- \qquad K_w = 10^{-14.00}$$

(b) 溶液中に $NaClO_4$ がなかったとして，同じ問題を解け．

(c) $NaClO_4$ が存在するとき，$Mn(OH)_2$ の溶解度が大きくなるのはなぜか？ 商（0.1 M $NaClO_4$ 中の $[Mn^{2+}]$）/（$NaClO_4$ がないときの $[Mn^{2+}]$）を求めよ．

章末問題

活量係数

8-1. 溶液のイオン強度が大きくなると（少なくとも約 0.5 M まで），イオン性化合物の溶解度が大きくなる理由を説明せよ．

8-2. どの記述が正しいか選べ．イオン強度が 0〜0.1 M のとき，活量係数が小さくなるのは，(a) イオン強度が大きくなるときである．(b) イオンの電荷が大きくなるときである．(c) 水和半径が小さくなるときである．

8-3. カラー図版 4 は，酸塩基指示薬ブロモクレゾールグリーン（H_2BG）の色を示す．(H^+)(HBG^-)水溶液に NaCl を加えると色が薄い緑色から薄い青色に変わる．この理由を説明せよ．

HBG⁻（黄色）　　　　　　　BG²⁻（青色）

対イオンの H^+ は，図に示されていない．
対イオンは，溶液中の電気的中性を
保つために必要な他のイオンである．

8-4. (a) 0.0087 M KOH，(b) 0.0002 M $La(IO_3)_3$ のイオン強度を計算せよ．（この濃度で完全に解離し，$LaOH^{2+}$ を生じる加水分解反応は起こらないと仮定する．）

8-5. 以下のイオン強度における各イオンの活量係数を求めよ．
(a) SO_4^{2-}　　　　　　　　($\mu = 0.01$ M)
(b) Sc^{3+}　　　　　　　　　($\mu = 0.005$ M)
(c) Eu^{3+}　　　　　　　　　($\mu = 0.1$ M)
(d) $(CH_3CH_2)_3NH^+$　　　　($\mu = 0.05$ M)

8-6. 表 8-1 の値を内挿して，$\mu = 0.030$ M における H^+ の活量係数を求めよ．

8-7. $\mu = 0.083$ M における Zn^{2+} の活量係数を，(a) 式 8-6 を用いて，(b) 表 8-1 の値を直線内挿して計算せよ．

8-8. $\mu = 0.083$ M における Al^{3+} の活量係数を，表 8-1 の値を直線内挿することで計算せよ．

8-9. ジエチルエーテル（$CH_3CH_2OCH_2CH_3$）などの非イオン性化合物を水に溶かすときの平衡定数は，次のように書ける．

$$\text{エーテル}(l) \rightleftharpoons \text{エーテル}(aq)$$
$$K = [\text{エーテル}(aq)]\gamma_{ether}$$

イオン強度が小さいとき，中性化合物の活量係数は $\gamma = 1$ である．イオン強度が大きいとき，塩を加えるとほとんどの中性分子が水溶液から塩析される．すなわち水溶液に NaCl などの塩が高濃度（ふつう >1 M）に加えられると，中性分子は溶けにくくなる．イオン強度が大きいとき，活量係数 γ_{ether} は大きくなるか，小さくなるか．

8-10. 活量係数を考慮して，Hg_2Br_2 で飽和した 0.00100 M KBr 溶液中の [Hg_2^{2+}] を求めよ．

8-11. 活量係数を考慮して，$Ba(IO_3)_2$ で飽和した 0.100 M $(CH_3)_4NIO_3$ 溶液中の Ba^{2+} の濃度を求めよ．

8-12. 0.010 M 塩酸と 0.040 M $KClO_4$ を含む溶液中の H^+ の活量係数を求めよ．溶液の pH はいくらか．

8-13. 活量を用いて，0.010 M NaOH と 0.0120 M $LiNO_3$ を含む溶液の pH を計算せよ．活量を無視した場合，pH はいくらか．

8-14. 温度依存性を考慮した拡張デバイ-ヒュッケル式は，次の通りである．

$$\log \gamma = \frac{(-1.825 \times 10^6)(\varepsilon T)^{-3/2} z^2 \sqrt{\mu}}{1 + \alpha \sqrt{\mu} / (2.00\sqrt{\varepsilon T})}$$

ここで，ε は水の比誘電率*（無次元），T は温度（K），z はイオンの電荷，μ はイオン強度（mol/L），α はイオンサイズパラメータ（pm）である．ε の温度依存性は，

$$\varepsilon = 79.755 e^{(-4.6 \times 10^{-3})(T - 293.15)}$$

である．$\mu = 0.100$ M における SO_4^{2-} の活量係数（50.00℃）を計算せよ．計算値と表 8-1 の値を比べよ．

8-15. **中性分子の活量係数**．中性分子の活量係数（γ）は 1.00 と近似できる．より正確には $\log \gamma = k\mu$（μ はイオン強度）が成り立ち，NH_3 や CO_2 では $k \approx 0.11$，有機分子では $k \approx 0.2$ である．HA，A^-，H^+ の活量係数を用いて，下記の安息香酸の濃度商を予想せよ（HA ≡ $C_6H_5CO_2H$）．その実測値は，0.63 ± 0.03 である[15]．

$$\text{濃度商} = \frac{\dfrac{[H^+][A^-]}{[HA]} (\mu = 0)}{\dfrac{[H^+][A^-]}{[HA]} (\mu = 0.1 \text{ M})}$$

---

* **無次元の比誘電率**（dielectric constant）ε は，溶媒が反対電荷のイオンをどれだけ分離できるかのめやすである．電荷 q_1 および q_2（C）をもつイオンが距離 r（m）だけ離れているとき，その間の引力（N）は，

$$\text{力} = -(8.988 \times 10^9) \frac{q_1 q_2}{\varepsilon r^2}$$

である．ε の値が大きくなると，イオン間の引力は小さくなる．水（$\varepsilon \approx 80$）は，イオンを非常によく分離する．以下に ε の値をいくつか挙げる．メタノール，33；エタノール，24；ベンゼン，2；真空および空気，1．イオン性化合物は，水よりも極性の低い溶媒に溶けるとき，分離したイオンではなくおもにイオン対として存在する．

平衡の系統的解析法

8-16. 電荷均衡および物質収支の式の意味を述べよ．

8-17. 電荷均衡および物質収支の式に活量係数が現れないのはなぜか．

8-18. H^+, OH^-, Ca^{2+}, HCO_3^-, CO_3^{2-}, $Ca(HCO_3)^+$, $Ca(OH)^+$, K^+, ClO_4^- を含む溶液の電荷均衡の式を書け．

8-19. H_2SO_4 水溶液において H_2SO_4 が HSO_4^- と SO_4^{2-} にイオン化すると仮定して，電荷均衡の式を書け．

8-20. ヒ酸 H_3AsO_4 水溶液の電荷均衡の式を書け．ヒ酸は，$H_2AsO_4^-$, $HAsO_4^{2-}$, AsO_4^{3-} に解離する．付録Gでヒ酸の構造式を調べて，$HAsO_4^{2-}$ の構造式を書け．

8-21. (a) $MgBr_2$ を水に溶かすと，Mg^{2+}，Br^-，$MgBr^+$，$MgOH^+$ が生じる．この溶液の電荷均衡および物質収支の式を書け．

(b) $MgBr_2$ 0.2 mol を溶液 1 L に溶かしたと仮定して，物質収支の式を修正せよ．

8-22. 溶液に電荷均衡が成り立たなかったら，何が起こるだろうか．二つの電荷の間に働く力は，問題 8-14 の脚注に示されている．一方のビーカーには 1.0×10^{-6} M だけ過剰の負電荷をもつ液体 250 mL が入っており，別のビーカーには 1.0×10^{-6} M だけ過剰の正電荷をもつ液体 250 mL が入っていると仮定して，空気 1.5 m で隔てられた二つのビーカーの間に働く力を求めよ．電荷 1 mol は，9.648×10^4 C である．力を N から重量ポンド（0.2248 重量ポンド/N）に換算せよ．2 頭の象はビーカーを引き離しておけるだろうか．

8-23. 0.1 M 酢酸ナトリウム（$Na^+CH_3CO_2^-$）水溶液では，物質収支の式の一つは，たんに $[Na^+] = 0.1$ M である．酢酸イオンが関与する物質収支の式を書け．

8-24. 化合物 X_2Y_3 を溶かすと，$X_2Y_2^{2+}$，X_2Y^{4+}，$X_2Y_3(aq)$，Y^{2-} を生じるとする．物質収支に基づいて，他の化学種の濃度を用いて $[Y^{2-}]$ を表す式を求めよ．できるだけ簡単な式で答えよ．

8-25. $Fe_2(SO_4)_3$ 溶液において，化学種が Fe^{3+}，$Fe(OH)^{2+}$，$Fe(OH)_2^+$，$Fe_2(OH)_2^{4+}$，$FeSO_4^+$，SO_4^{2-}，HSO_4^- であるときの物質収支の式を書け．

8-26. *Excel のゴール シーク機能によるアンモニア平衡の解析*．図 8-7 のスプレッドシートを変更して，0.05 M NH_3 中の化学種の濃度を求めよ．唯一変更が必要なのは，F の値である．NH_3 の式量濃度が 0.01 M から 0.05 M になると，pH およびアンモニアの加水分解の割合（$= [NH_4^+]/([NH_4^+] + [NH_3])$）はどのように変わるか．

8-27. *ソルバーによるアンモニア平衡の解析*．図 8-9 で説明した TlN_3 の溶解平衡についてのソルバーのスプレッドシートを用いて，0.01 M アンモニア溶液の化学種の濃度を求めよう（活量係数は無視する）．NH_3 の加水分解平衡の系統的解析法では，未知数は四つ（$[NH_3]$，$[NH_4^+]$，$[H^+]$，$[OH^-]$），平衡定数の式は二つ（式 8-13 と式 8-14）である．したがって，（未知数 4）−（平衡定数の式 2）= 2 個の化学種の濃度を推定する．推定する化学種として，NH_4^+ と OH^- を選ぼう．次に，下図のスプレッドシートを用意しよう．推定値 $pNH_4^+ = 3$ はセル B6 に，推定値 $pOH^- = 3$ はセル B7 に入力する（平衡定数 K_b の式 8-17 を用いると，$[NH_4^+] = [OH^-] = \sqrt{K_b[NH_3]} \approx \sqrt{10^{-4.755}[0.01]}$，推定値 $pNH_4^+ = pOH^- \approx 3$ が得られる．ソルバーを機能させるのに，とてもよい推定値である必要はない）．セル C8 の式は $[NH_3] = [NH_4^+]\cdot[OH^-]/K_b$，セル C9 の式は $[H^+] = K_w/[OH^-]$ である．物質収支の式 b_1 はセル F6 に，電荷均衡の式 b_2 はセル F7 に入力する．セル F8 は，和 $b_1^2 + b_2^2$ である．TlN_3 について 176 ページで説明したように，[ソルバー]のウィンドウを開き，[ソルバー]-[オプション]を設定する．次に，ソルバーを使用して，目的セル F8 が最小値になるまでセル B6：B7 を変化させる．化学種の濃度はいくらになるか？ また，アンモニアが加水分解する割合〔$= [NH_4^+]/([NH_4^+] + [NH_3])$〕はいくらになるか？ これらの解は，図 8-8 と一致するはずだ．

8-28. *活量係数を考慮した酢酸ナトリウムの加水分解のソルバーによる解析*．

	A	B	C	D	E	F
1	アンモニア平衡					F =
2	1. NH_4^+ および OH^- のpC = −log[C]の値をセルB6およびセルB7で推定する					0.01
3	2. ソルバーを使用してセルF8の和が最小になるようにpCの値を調整する					
4						
5	化学種	pC			物質収支および電荷均衡	b_i
6	NH_4^+	3.00000000	1.00E−03	C6 = 10^−B6	$b_1 = 0 = F−[NH_4^+]−[NH_3]$ =	−4.79E−02
7	OH^-	3.00000000	0.001	C7 = 10^−B7	$b_2 = 0 = [NH_4^+] + [H^+]−[OH^-]$ =	1.00E−11
8	NH_3		0.056885293	C8 = C6*C7/D12	$\Sigma b_i^2 =$	2.29E−03
9	H^+		1E−11	C9 = D13/C7	F6 = F2−C6−C8	
10					F7 = C6+C9−C7	
11					F8 = F6^2+F7^2	
12	pK_b	4.755	$K_b =$	1.76E−05	= 10^−B12	
13	pK_w	14.00	$K_w =$	1.00E−14	= 10^−B13	

問題 8-27 のスプレッドシート

(a) 8-5 節の NH_3 の例に従って，0.01 M 酢酸ナトリウム（Na^+A^-）の組成を求めるのに必要な平衡定数，電荷均衡，および物質収支の式を書け．適切な場合には活量係数を含めよ．考えるべき二つの反応は，酢酸イオンの加水分解（$pK_b = 9.244$）と水のイオン化である．

(b) 活量係数を考慮して，図 8-12 と同じようなスプレッドシートを用意し，すべての化学種の濃度を求めよ．イオン強度の初期値は 0.01 とする．スプレッドシートの残りを設定後，イオン強度の値を 0.01 から正確なイオン強度の式に変えよ．このように，数値で始めてその後に式に変える 2 段階の手順が必要なのは，イオン強度とイオン強度によって決まる濃度の間に循環参照があるからだ．四つの未知数と二つの平衡定数の式があるので，ソルバーを使用して $4 - 2 = 2$ 個の濃度（pC の値）を求める．この問題では，ソルバーで一度に両方の pC の値を求めることはできない．はじめに pA と pOH の両方を変化させてソルバーを 1 回実行し，Σb_i^2 を最小にする二つの pC 値を求める．次に，pA のみを変化させて，Σb_i^2 を最小にする．次に，pOH のみを変化させて，Σb_i^2 を最小にする．Σb_i^2 が小さくなる限り，一度に一つの値について解くことを交互に続ける．$[A^-]$，$[OH^-]$，$[HA]$，$[H^+]$ を求めよ．また，イオン強度，pH $= -\log([H^+]\gamma_{H^+})$，および加水分解の比 $= [HA]/F$ を求めよ．

8-29. (a) 8-5 節の $Mg(OH)_2$ の例に従って，$Ca(OH)_2$ の溶解度を求めるのに必要な式を書け．適切な場合には活量係数を含めよ．付録 F および付録 I で平衡定数を調べよ．

(b) $CaOH^+ = Ca(H_2O)_5(OH)^+$ のイオンサイズが 500 pm であると仮定する．活量係数を考慮して，すべての化学種の濃度，加水分解の比（$= [CaOH^+]/\{[Ca^{2+}] + [CaOH^+]\}$），および $Ca(OH)_2$ の溶解度（g/L）を計算せよ．*The Handbook of Chemistry and Physics* によれば，$Ca(OH)_2$ の溶解度は，1.85 g/L（0 ℃），0.77 g/L（100 ℃）である．

8-30. **イオン対生成平衡の系統的解析法**．コラム 8-1 の塩について，イオン対の比を求めてみよう．溶液は，0.025 M NaCl，0.025 M Na_2SO_4，0.025 M $MgCl_2$，および 0.025 M $MgSO_4$ である．それぞれの溶液で多少の違いがある．Mg^{2+}，SO_4^{2-}，Na^+，Cl^- の加水分解反応の平衡定数は小さいので，溶液はすべて中性付近の pH になる．したがって $[H^+] = [OH^-]$ と仮定し，これらの化学種を計算から省く．以下に，例として $MgCl_2$ について考える．その他の塩については，自分で考えてみよう．イオン対の平衡定数 K_{ip} は，付録 J に与えられている．

適切な反応：

$$Mg^{2+} + Cl^- \rightleftharpoons MgCl^+(aq)$$

$$K_{ip} = \frac{[MgCl^+(aq)]\gamma_{MgCl^+}}{[Mg^{2+}]\gamma_{Mg^{2+}}[Cl^-]\gamma_{Cl^-}} \quad \log K_{ip} = 0.6 \quad pK_{ip} = -0.6$$

(A)

電荷均衡（$[Mg^{2+}]$，$[MgCl^+]$，$[Cl^-]$ と比べて濃度が小さい H^+ と OH^- は省略）：

	A	B	C	D	E	F	G	H
1	活量を考慮した塩化マグネシウムのイオン対生成のスプレッドシート							
2	1. pMg^{2+} および pCl $^-$ をセル B8 および B9 で推定する				式量濃度 = F =		0.025	M
3	2. ソルバーを使用してセル H16 の和が最小になるように B8 と B9 を調整する				$[Mg^{2+}] + [MgCl^+(aq)] = F$			
4	イオン強度				$[Cl^-] + [MgCl^+(aq)] = 2F$			
5	μ	7.093E-02			拡張デバイ-			
6					イオンサイズ	ヒュッケル式	活量係数	
7	化学種	pC	C (M)	α (pm)	電荷	log γ	γ	
8	Mg^{2+}	1.638971597	2.296E-02	800	2	−3.199E-01	0.479	G8 = 10^F8
9	Cl^-	1.319093767	4.796E-02	300	−1	−1.076E-01	0.780	
10	$MgCl^+(aq)$		2.037E-03	500	1	−9.455E-02	0.804	
11								
12								
13	$pK_{ip} =$	−0.60	$K_{ip} =$	3.98E+00		物質収支：		b_i
14					$b_1 = 0 = F - [Mg^{2+}] - [MgCl^+(aq)] =$			3.37E-13
15	イオン対の比 = $[MgCl^+(aq)]/F =$			0.0815	$b_2 = 0 = 2F - [Cl^-] - [MgCl^+(aq)] =$			2.11E-13
16			D15 = C10/G2				$\Sigma b_i^2 =$	1.58E-25
17	イオンサイズの推定値：						H14 = G2−C8−C10	
18	$MgCl^+(aq) =$	500					H15 = 2*G2−C9−C10	
19	初期値：						H16 = H14^2 + H15^2	
20	全 $Mg^{2+} =$	1.7					C8 = 10^−B8	
21	全 $Cl^- =$	1.4					C9 = 10^−B9	
22							C10 = D13*C8*G8*C9*G9/G10	
23	確認：				F8 = −0.51*E8^2*SQRT($B$5)/(1+D8*SQRT($B$5)/305)			
24	Total Mg =	0.02500	= C8+C10		B5 = 0.5*(E8^2*C8+E9^2*C9+E10^2*C10)			
25	Total Cl =	0.05000	= C9+C10					
26	$K_{ip} =$	3.981E+00	=C10*G10/(C8*G8*C9*G9)					

問題 8-30 のスプレッドシート．このスプレッドシートは原著のホームページから入手できる．

$2[Mg^{2+}] + [MgCl^+] = [Cl^-]$ (B)

物質収支：

$[Mg^{2+}] + [MgCl^+] = F = 0.025$ M   (C)

$[Cl^-] + [MgCl^+] = 2F = 0.050$ M   (D)

上の三つの式 B, C, D のうち, 独立した式は二つのみである. C を 2 倍して D を引くと B になる. 独立した式として, C と D を選ぶ.

平衡定数の式：式 A である.

数の確認：式は三つ (A, C, D), 未知数は三つ ($[Mg^{2+}]$, $[MgCl^+]$, $[Cl^-]$) である.

問題を解く：ソルバーを用いて,（未知数の数）−（平衡定数の式の数）= 3 − 1 = 2 個の未知濃度を求める.

このスプレッドシートを前ページの図に示した. 式量濃度 $F = 0.025$ M は, セル G2 に書かれている. pMg^{2+} はセル B8 で, pCl$^-$ はセル B9 で推定する. セル B5 のイオン強度は, セル H24 の式により求められる. 224 ページで説明したように, 循環参照を扱えるように Excel を設定しなければならない. Mg^{2+} と Cl$^-$ のイオンサイズは表 8-1 の値であり, MgCl$^+$ のイオンサイズは推定値である. 活量係数は, 列 E および列 F で計算される. 物質収支 $b_1 = F − [Mg^{2+}] − [MgCl^+]$ および $b_2 = 2F − [Cl^-] − [MgCl^+]$ はセル H14 およびセル H15 で, 二乗の和 $b_1^2 + b_2^2$ はセル H16 で計算される. 電荷均衡の式は, 物質収支の二つの式と独立ではないので使用しない. ソルバーを実行し, セル B8 の pMg^{2+} およびセル B9 の pCl$^-$ を変化させて, セル H16 の $b_1^2 + b_2^2$ を最小にする. 最適化された濃度から, イオン対の比 = $[MgCl^+]/F = 0.0815$ がセル D15 で計算される. この比は, コラム 8-1 の表に示されている. 確認すると, 全 Mg 濃度はセル B24 で 0.025 M, 全 Cl 濃度はセル B25 で 0.05 M と正しく求められており, セル B26 の K_{ip} も正しい.

問題 MgCl$_2$ と同様なスプレッドシートを作成して, 0.025 M NaCl の濃度, イオン強度, およびイオン対の比を求めよ. 反応 Na$^+$ + Cl$^-$ ⇌ NaCl(aq) のイオン対生成定数は, 付録 J より log $K_{ip} = 10^{-0.5}$ である. 二つの物質収支の式は $[Na^+] + [NaCl(aq)] = F$ と $[Na^+] = [Cl^-]$（これは電荷均衡の式でもある）である. pNa$^+$ と pCl$^-$ の初期値を推定せよ. 次に, 二つの物質収支式の二乗の和を最小にせよ.

8-31. <u>イオン対生成</u>. 問題 8-30 と同様に, 0.025 M Na$_2$SO$_4$ の濃度, イオン強度, およびイオン対の比を求めよ. NaSO$_4^-$ のイオンサイズを 500 pm と仮定せよ.

8-32. (a) <u>イオン対生成</u>. 問題 8-30 と同様に, 0.025 M MgSO$_4$ の濃度, イオン強度, およびイオン対の比を求めよ.

(b) これまで検討しなかったが, Mg^{2+} の酸加水分解 (Mg^{2+} + H$_2$O ⇌ MgOH$^+$ + H$^+$) と SO$_4^{2-}$ の塩基加水分解は, 場合によっては重要な反応である. これら二つの反応式を書き, その平衡定数を巻末の付録 I および G で調べよ. pH を 7.0 付近と仮定して, 活量係数を無視すると, いずれの反応も無視できることを示せ.

8-33. <u>活量を考慮した溶解度</u>. LiF 飽和水溶液中のおもな化学種の濃度を求めよ. 以下の反応を考えること.

$$\text{LiF}(s) \rightleftharpoons \text{Li}^+ + \text{F}^- \quad K_{sp} = [\text{Li}^+]\gamma_{\text{Li}^+}[\text{F}^-]\gamma_{\text{F}^-}$$
$$\text{LiF}(s) \rightleftharpoons \text{LiF}(aq) \quad K_{\text{ion pair}} = [\text{LiF}(aq)]\gamma_{\text{LiF}(aq)}$$
$$\text{F}^- + \text{H}_2\text{O} \rightleftharpoons \text{HF} + \text{OH}^- \quad K_b = K_w/K_a$$
$$\text{H}_2\text{O} \xrightarrow{K_w} \text{H}^+ + \text{OH}^- \quad K_w = [\text{H}^+]\gamma_{\text{H}^+}[\text{OH}^-]\gamma_{\text{OH}^-}$$

(a) 巻末の付録で平衡定数を調べ, これらの pK 値を求めよ. イオン対の溶解反応は, 付録 F の LiF(s) ⇌ Li$^+$ + F$^-$ と付録 J の Li$^+$ + F$^-$ ⇌ LiF(aq) を合わせたものである. 平衡定数, 電荷均衡, および物質収支の式を書け.

(b) 活量を考慮したスプレッドシートを作成して, すべての化学種の濃度およびイオン強度を求めよ. pF および pOH を独立変数に用いて推定せよ. pF と pLi を独立変数に選んでもうまくいかない. $K_{sp} = [\text{Li}^+]\gamma_{\text{Li}^+}[\text{F}^-]\gamma_{\text{F}^-}$ の関係により, 一方の濃度によって他方の濃度が決まるからだ.

8-34. <u>不均一系平衡と方解石の溶解度</u>. コラム 8-2 で述べたように河川水が方解石 (CaCO$_3$) で飽和している場合, $[\text{Ca}^{2+}]$ は以下の平衡によって支配される.

$$\text{CaCO}_3(s) \rightleftharpoons \text{Ca}^{2+} + \text{CO}_3^{2-} \quad K_{sp} = 4.5 \times 10^{-9}$$
$$\text{CO}_2(g) \rightleftharpoons \text{CO}_2(aq) \quad K_{\text{CO}_2} = 0.032$$
$$\text{CO}_2(aq) + \text{H}_2\text{O} \rightleftharpoons \text{HCO}_3^- + \text{H}^+ \quad K_1 = 4.46 \times 10^{-7}$$
$$\text{HCO}_3^- \rightleftharpoons \text{CO}_3^{2-} + \text{H}^+ \quad K_2 = 4.69 \times 10^{-11}$$

(a) 上記の反応を組み合わせて, 次の反応の平衡定数を求めよ.

$$\text{CaCO}_3(s) + \text{CO}_2(aq) + \text{H}_2\text{O} \rightleftharpoons \text{Ca}^{2+} + 2\text{HCO}_3^- \quad K = ? \quad (A)$$

(b) 反応 A の物質収支式は, $[\text{HCO}_3^-] = 2[\text{Ca}^{2+}]$ である. $P_{\text{CO}_2} = 4.0 \times 10^{-4}$ bar $= 10^{-3.4}$ bar において, 大気中の CO$_2$ と平衡にある $[\text{Ca}^{2+}]$ (mol/L および mg/L) を求めよ. コラム 8-2 のグラフ上でこの点の位置を確かめよ.

(c) ドン川の Ca^{2+} 濃度は, 80 mg/L である. この濃度の Ca^{2+} と平衡にある P_{CO_2} はいくらか？ この川は, なぜこれだけの量の CO$_2$ を含むのだろうか？

9 一プロトン酸・塩基の平衡
Monoprotic Acid-Base Equilibria

細胞組織内の pH を測定する

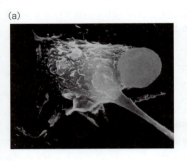
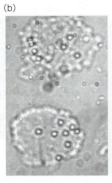
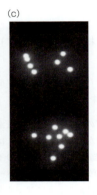

(a) 円形のがん細胞を取りこみ，食作用を始めたマクロファージ．[©Microworks/Phototake.] (b) 直径 1.6 μm の蛍光ビーズを取り込んだマクロファージ．(c) 図 b の蛍光画像．[b および c の出典：K. P. McNamara et al., *Anal. Chem.*, 73, 3240 (2001). 許可を得て転載 ©2001 American Chemical Society.]

マクロファージ（図 a）は感染と戦う白血球であり，異物細胞を取り込んで消化する（この働きを食作用と呼ぶ）．異物細胞を取り込んだ区画は，リソソームと呼ばれる区画と融合する．このリソソームは，酸性において活性が最も高くなる消化酵素を含んでいる．この酵素の活性は pH 7 以上では低いので，細胞内に漏れでた酵素は細胞に悪影響を及ぼさない．

取り込んだ粒子や消化酵素を含む区画内の pH を測定するために，脂質膜で覆われたポリスチレンビーズ（図 b および c）をマクロファージに与える方法がある．この脂質膜には，蛍光（発光）染料が共有結合されている．図 d は，染料フルオレセインの蛍光強度は pH に依存するが，テトラメチルローダミンの蛍光強度は pH に依存しないことを示す．染料の蛍光強度の比が，pH のめやすとなる．図 e は，ビーズが取り込まれると 3 秒以内に蛍光強度比が変わり，ビーズのまわりの pH が 7.3 から 5.7 に下がることを示す．pH が下がると，消化が始まる．

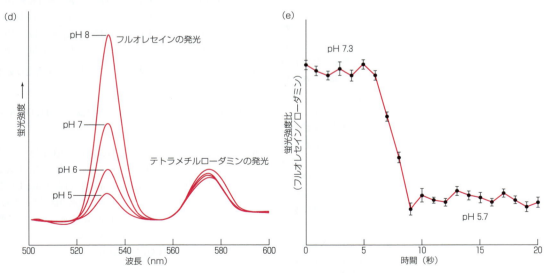

(d) 溶液（pH 5〜8）中の蛍光ビーズの蛍光スペクトル．(e) 1 個の蛍光ビーズがマクロファージに取り込まれたときの pH の変化．[データ出典：McNamara et al., *ibid.*]

9-1 強酸と強塩基

あらゆる化学の応用において，またクロマトグラフィーや電気泳動などの分析法を賢く利用するうえで，酸と塩基はきわめて重要である．たとえば，酸と塩基を理解せずに，タンパク質の精製や岩石の風化について意味のある議論をするのは難しいだろう．本章では，酸塩基平衡と緩衝液を扱う．また，10 章では 2 個以上の酸性プロトンを含む多塩基酸と多酸塩基を扱う．ほぼすべての生体高分子は，多プロトン性である．11 章では酸塩基滴定について説明する．酸と塩基の基礎については，6-5 節から 6-7 節で復習しておこう．

9-1 強酸と強塩基

0.10 M HBr 溶液の pH は，簡単に計算できる．HBr は**強酸**（strong acid）なので，反応

$$HBr + H_2O \longrightarrow H_3O^+ + Br^-$$

は完全に進み，H_3O^+ 濃度は 0.10 M になる．本書では H_3O^+ の代わりに H^+ と

覚えるべき強酸と強塩基を表 6-2 に挙げた．

コラム 9-1　濃硝酸はほんのわずかに解離する[2]

希薄溶液中の強酸は，事実上完全に解離する．濃度が高くなると，解離度は小さくなる．下図にはさまざまな濃度の硝酸溶液の**ラマンスペクトル**（Raman spectrum）を示す．スペクトルは，分子の振動エネルギーに対応するエネルギーをもつ散乱光を表す．5.1 M $NaNO_3$ 溶液のスペクトルでは，1049 cm^{-1} の鋭いピークが遊離の陰イオン NO_3^- の存在を示す．

10.0 M 硝酸溶液では，解離した NO_3^- による強いピークは 1049 cm^{-1} にある．アスタリスクを付けたピークは，未解離の HNO_3 から生じたものである．濃度が高くなると 1049 cm^{-1} のピークは消えて，未解離の HNO_3 によるピークが大きくなる．分光測定から得られた解離度を下のグラフに示す．20 M 硝酸では，水分子は HNO_3 分子よりも少ないことに注意しよう．遊離イオンを安定化するのに十分な溶媒がないので，解離度は小さくなる．

理論研究によれば，水・空気界面の希硝酸も弱酸である[3]．遊離イオンを溶媒和するのに十分な水分子がないからだ．この知見は，雲のなかの微小な水滴表面での大気化学と密接な関係がある．

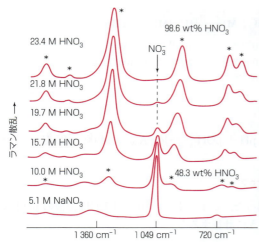

硝酸水溶液のラマンスペクトル（25 ℃）．1360, 1049, 720 cm^{-1} のピークは，陰イオン NO_3^- に由来する．アスタリスクをつけたピークは，未解離の HNO_3 による．波数の単位 cm^{-1} はカイザーと呼ばれ，1/波長である．

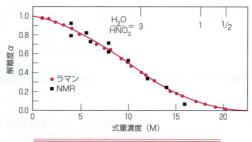

温度（℃）	酸解離定数（K_a）
0	46.8
25	26.8
50	14.9

反応 HX(aq) + H₂O
⇌ H₃O⁺ + X⁻ の平衡定数[1]

HCl	$K_a = 10^{3.9}$
HBr	$K_a = 10^{5.8}$
HI	$K_a = 10^{10.4}$
HNO₃	$K_a = 10^{1.4}$

硝酸についてはコラム 9-1 で説明する.

書くことにする.pH は次式で求められる.

$$pH = -\log[H^+] = -\log(0.10) = 1.00$$

> **例題** 強酸の計算における活量係数
>
> 活量係数を考慮して,0.10 M HBr 溶液の pH を計算せよ.
>
> **解法** 0.10 M HBr 溶液のイオン強度は $\mu = 0.10$ M であり,H⁺ の活量係数は 0.83(表 8-1)である.pH は正確には $-\log[H^+]$ ではなく,$-\log\mathcal{A}_{H^+}$ であることを思い起こそう.
>
> $$pH = -\log[H^+]\gamma_{H^+} = -\log(0.10)(0.83) = 1.08$$
>
> **類題** 0.090 M KBr と 0.010 M HBr を含む溶液の pH を計算せよ.
> (**答え**:2.08)

ここで活量係数を思い出してもらったが,本書ではとくに強調しない限り活量係数を無視する.

一方,0.10 M KOH 溶液の pH はどのように計算されるだろうか.KOH は完全に解離する**強塩基**(strong base)なので,[OH⁻] = 0.10 M である.$K_w = [H^+][OH^-]$ を使うと,次のように書ける.

[H⁺] は常に [OH⁻] から求められる.

$$[H^+] = \frac{K_w}{[OH^-]}$$

$$[H^+] = \frac{K_w}{[OH^-]} = \frac{1.0 \times 10^{-14}}{0.10} = 1.0 \times 10^{-13} \text{ M}$$

$$pH = -\log[H^+] = 13.00$$

他の濃度の KOH の pH を求めることもごく簡単である.

[OH⁻](M)	[H⁺](M)	pH
$10^{-3.00}$	$10^{-11.00}$	11.00
$10^{-4.00}$	$10^{-10.00}$	10.00
$10^{-5.00}$	$10^{-9.00}$	9.00

次の関係は何かと役に立つ.

K_w の温度依存性は,表 6-1 に示した.

pH と pOH の関係: $pH + pOH = -\log K_w = 14.00$ (25 ℃) (9-1)

では,この問題はどうかな?

さて,これまでは簡単だった.では,「1.0×10^{-8} M KOH 溶液の pH はいくらか?」これまでと同じように計算すると,

水に塩基を加えて pH が低くなることはない(pH が低いほど強い<u>酸性</u>である).何か間違っているはずだ.

$$[H^+] = K_w/(1.0 \times 10^{-8}) = 1.0 \times 10^{-6} \text{ M} \Rightarrow pH = 6.00$$

塩基 KOH から酸性溶液(pH < 7)ができるだろうか? これはありえないことだ.

解決法

先の計算は，明らかにどこかが間違っている．すなわち，水のイオン化による OH^- の寄与を考えていなかった．純水では $[OH^-] = 1.0 \times 10^{-7}$ M である．この濃度は，溶液の KOH 濃度よりも高い．この問題を扱うには，平衡の系統的解析法を適用する．

ステップ 1 適切な反応．反応はただ一つである．$H_2O \xrightleftharpoons{K_w} H^+ + OH^-$

ステップ 2 電荷均衡．溶液中の化学種は K^+, OH^-, H^+ である．よって，

$$[K^+] + [H^+] = [OH^-] \tag{9-2}$$

ステップ 3 物質収支．K^+ はすべて KOH から生じるので，$[K^+] = 1.0 \times 10^{-8}$ M である．

ステップ 4 平衡定数．$K_w = [H^+][OH^-] = 1.0 \times 10^{-14}$ である．

ステップ 5 式と未知数の数を数える．式は三つ，未知数は三つ（$[H^+]$, $[OH^-]$, $[K^+]$）あるので，方程式を解くのに十分な情報がある．

ステップ 6 方程式を解く．pH を求めるために，$[H^+] = x$ とおく．式 9-2 に $[K^+] = 1.0 \times 10^{-8}$ M を代入すると，次式が得られる．

$$[OH^-] = [K^+] + [H^+] = 1.0 \times 10^{-8} + x$$

$[OH^-] = 1.0 \times 10^{-8} + x$ を平衡定数 K_w の式に代入すると，二次方程式が得られる．

$$[H^+][OH^-] = K_w$$
$$(x)(1.0 \times 10^{-8} + x) = 1.0 \times 10^{-14}$$
$$x^2 + (1.0 \times 10^{-8})x - (1.0 \times 10^{-14}) = 0$$
$$x = \frac{-1.0 \times 10^{-8} \pm \sqrt{(1.0 \times 10^{-8})^2 - 4(1)(-1.0 \times 10^{-14})}}{2(1)}$$
$$= 9.6 \times 10^{-8} \text{ M または } -1.1 \times 10^{-7} \text{ M}$$

負の濃度は棄却すると，

$$[H^+] = 9.6 \times 10^{-8} \text{ M} \Rightarrow \text{pH} = -\log[H^+] = 7.02$$

となる．10^{-8} M KOH 溶液はわずかに塩基性となるはずであり，この pH は妥当である．

図 9-1 は，さまざまな濃度の強塩基または強酸を含む水溶液について計算した pH を示す．図には三つの領域がある．

領域 1 濃度が「高い」（$\geq 10^{-6}$ M）とき，加えた H^+ または OH^- のみを考慮して pH を計算する．すなわち，$10^{-5.00}$ M KOH の pH は 9.00 である．

領域 2 濃度が「低い」（$\leq 10^{-8}$ M）とき，pH は 7.00 である．水自体の pH を変えるほどの酸または塩基は存在しない．

領域 3 濃度が中程度（10^{-6} M ～ 10^{-8} M）のとき，水のイオン化と加えられた酸または塩基の影響は同程度である．平衡の系統的解析法が必要なのはこの領域のみである．

活量を考慮するとき，活量係数が現れるのはステップ 4 のみである．

二次方程式の解
$ax^2 + bx + c = 0$
$$x = \frac{-b \pm \sqrt{b^2 - 4ac}}{2a}$$

b^2 と $4ac$ がほぼ等しい場合があるので，電卓ではすべての桁を残して計算する．次の計算をする前に $b^2 - 4ac$ を丸めると，答えが無意味になるおそれがある．

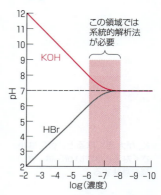

図 9-1 水中での強酸または強塩基の濃度に対する pH 計算値の依存性．

実際に実験室で現れるのは，領域1のみである．10^{-7} M KOH 溶液の pH は，空気から遮断されない限り，KOH ではなく空気から溶解する CO_2 によって決まるだろう．

水が 10^{-7} M H^+ と 10^{-7} M OH^- を生じることはめったにない

水が解離して 10^{-7} M H^+ と 10^{-7} M OH^- が生じるのは，他の酸または塩基が存在しない純水のときだけである．たとえば，10^{-4} M HBr 溶液では，pH は 4 である．OH^- の濃度は，$[OH^-] = K_w/[H^+] = 10^{-10}$ M となる．この OH^- は水の解離によってのみ供給される．水からは OH^- 1 個に対して H^+ 1 個が生成するので，10^{-10} M の OH^- が生じるとき，H^+ も 10^{-10} M だけ生成するはずである．10^{-4} M HBr 溶液で水の解離によって生じるのは，わずか 10^{-10} M の OH^- と 10^{-10} M の H^+ のみである．

> ルシャトリエの原理から予測されるように，あらゆる酸と塩基の水溶液で水の解離が抑制される．

> **質問** 0.01 M NaOH 溶液において，水が解離して生じる H^+ と OH^- の濃度はいくらか？

9-2 弱酸と弱塩基

酸 HA の **酸解離定数**（acid dissociation constant）K_a の意味を振り返ってみよう．

> もちろん，K_a は正確には濃度ではなく，活量で表されるべきである．
> $K_a = \mathcal{A}_{H^+}\mathcal{A}_{A^-}/\mathcal{A}_{HA}$

$$\text{弱酸の平衡：} \quad HA \xrightleftharpoons{K_a} H^+ + A^- \qquad K_a = \frac{[H^+][A^-]}{[HA]} \quad (9\text{-}3)$$

弱酸（weak acid）は，完全には解離しない酸である．すなわち，反応 9-3 は完全には進まない．塩基 B については，次の反応によって **塩基加水分解定数**（base hydrolysis constant）K_b が定義される．

> **加水分解** は，水との反応である．

$$\text{弱塩基の平衡：} \quad B + H_2O \xrightleftharpoons{K_b} BH^+ + OH^- \qquad K_b = \frac{[BH^+][OH^-]}{[B]} \quad (9\text{-}4)$$

弱塩基（weak base）は，反応 9-4 が完全には進まない塩基である．

pK は，平衡定数の対数に負符号を付けたものである．

$pK_w = -\log K_w$
$pK_a = -\log K_a$
$pK_b = -\log K_b$

K が大きくなると，pK は小さくなる．その逆も真である．ギ酸と安息香酸を比べると，ギ酸のほうが安息香酸よりも K_a が大きく，pK_a が小さいので，より強い酸である．

> K_a が大きくなると，pK_a は小さくなる．小さい pK_a は，強い酸を意味する．

$$\underset{\text{ギ酸}}{HCOOH} \rightleftharpoons H^+ + \underset{\text{ギ酸イオン}}{HCO_2^-} \qquad \begin{array}{l} K_a = 1.80 \times 10^{-4} \\ pK_a = 3.744 \end{array}$$

$$\underset{\text{安息香酸}}{C_6H_5COOH} \rightleftharpoons \underset{\text{安息香酸イオン}}{C_6H_5CO_2^-} + H^+ \qquad \begin{array}{l} K_a = 6.28 \times 10^{-5} \\ pK_a = 4.202 \end{array}$$

> HA と A^- は **共役酸・塩基対** である．B と BH^+ も共役である．

プロトンを得たり，失ったりすることで関係付けられる酸 HA とその塩基

A⁻ は，**共役酸・塩基対**（conjugate acid-base pair）と呼ばれる．同様に，B と BH⁺ も共役酸・塩基対である．共役酸・塩基対の K_a と K_b の重要な関係は，次の通りである．

共役酸・塩基対の K_a と K_b の関係： $K_a \cdot K_b = K_w$ (9-5)

弱い酸は弱い塩基と共役である

弱酸の共役塩基は弱塩基である．弱塩基の共役酸は弱酸である．$K_a = 10^{-4}$ の弱酸 HA について考えてみよう．共役塩基 A⁻ の K_b は，$K_w/K_a = 10^{-10}$ である．すなわち，HA が弱酸であれば，A⁻ は弱塩基である．K_a が 10^{-5} であれば，K_b は 10^{-9} となる．HA が弱い酸になるほど，A⁻ は強い塩基になる（ただし，決して強塩基にはならない）．逆に，HA が酸として強いほど，A⁻ は塩基として弱くなる．しかし，A⁻ または HA のいずれかが弱い場合，その共役種も弱い．HA が（塩酸のように）強ければ，その共役塩基（Cl⁻）は非常に弱いので水中では塩基として働かない．

> 弱酸の共役塩基は弱塩基である．弱塩基の共役酸は弱酸である．弱い酸は，弱い塩基と共役である．

付録Gの利用

付録Gに酸解離定数をまとめた．それぞれの化合物は，完全にプロトン化されたかたちで示してある．たとえば，ジエチルアミンは $(CH_3CH_2)_2NH_2^+$ と記されているが，これは実際にはジエチルアンモニウムイオンである．ジエチルアミンの K_a の値（1.0×10^{-11}）は，実際にはジエチルアンモニウムイオンの K_a である．ジエチルアミンの K_b を求めるには，次のように計算する．$K_b = K_w/K_a = 1.0 \times 10^{-14}/1.0 \times 10^{-11} = 1.0 \times 10^{-3}$．

多塩基酸と多酸塩基については，複数の K_a の値が記されている．ピリドキサールリン酸は，以下のように完全にプロトン化されたかたちで記されている[4]．

pK_a	K_a
1.4 (POH)	0.04
3.51 (OH)	3.1×10^{-4}
6.04 (POH)	9.1×10^{-7}
8.25 (NH)	5.6×10^{-9}

p$K_1 = 1.4$ は，リン酸1個のプロトンの解離を表す．p$K_2 = 3.51$ は，ヒドロキシ基のプロトンの解離を表す．3番目に酸性のプロトンはリン酸のもう一つのプロトン（p$K_3 = 6.04$）であり，ピリジン環の NH⁺ は酸性が最も弱い（p$K_4 = 8.25$）．

付録Gに記された構造の化学式は，完全にプロトン化されたものである．付録Gの構造がゼロ以外の電荷をもつ場合，その構造の名称は付録に記した化合物名ではない．化合物名は，中性分子のものである．中性分子であるピリドキサールリン酸は，上図の +1 の電荷をもつ化学種ではない．中性分子のピリドキサールリン酸を次の図に示す．

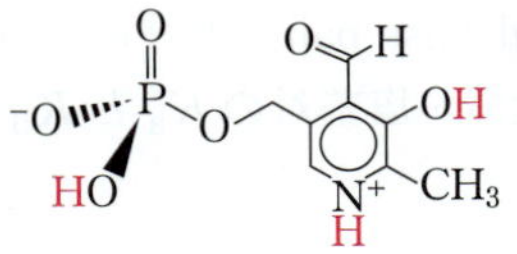

分子内でPOHが最も酸性の置換基（$pK_a = 1.4$）であるので，NH^+ではなくPOHが酸解離する．

$\mu = 0$ の K_a は，熱力学的酸解離定数である．活量係数を考慮すると，あらゆるイオン強度にあてはまる．

$$K_a = \frac{\mathcal{A}_{H^+}\mathcal{A}_{A^-}}{\mathcal{A}_{HA}}$$
$$= \frac{[H^+]\gamma_{H^+}[A^-]\gamma_{A^-}}{[HA]\gamma_{HA}}$$

$\mu = 0.1\,M$ の K_a は，イオン強度が $0.1\,M$ のときの濃度商である：

$$K_a(\mu = 0.1\,M) = \frac{[H^+][A^-]}{[HA]}$$

別の例として，ピペラジン分子を考えてみよう．

付録Gに示したピペラジンの構造　　中性のピペラジンの構造

付録Gには，イオン強度 $0\,M$ と $0.1\,M$ のときの pK_a を示した．ふつうは，値があれば $\mu = 0$ のときの pK_a を用いるのがよいだろう．特定の目的には，$\mu = 0.1\,M$ のときの値を用いる．ピリドキサールリン酸には $\mu = 0$ の値がないので，$\mu = 0.1\,M$ の値を用いた．

9-3 弱酸の平衡

o- および p-ヒドロキシ安息香酸の酸解離を比べてみよう．

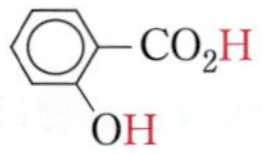

o-ヒドロキシ安息香酸（サリチル酸） $pK_a = 2.97$ 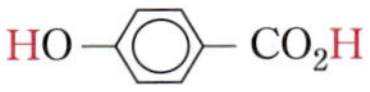　　p-ヒドロキシ安息香酸 $pK_a = 4.54$

なぜオルト異性体はパラ異性体より30倍も酸性が強いのだろうか？ 反応生成物を安定化するあらゆる作用が，反応を右向きに進める．オルト異性体では，酸解離生成物が分子内で強い水素結合をつくる．

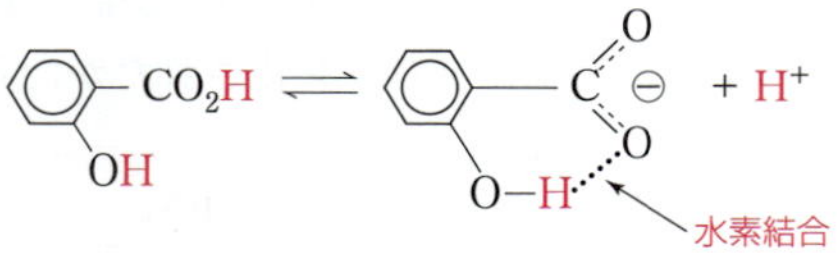

水素結合

パラ異性体は，このような結合をつくらない．OH 基と COO^- 基が離れすぎているからだ．分子内水素結合が生成物を安定にするため，o-ヒドロキシ安息香酸は p-ヒドロキシ安息香酸よりも酸性が強いと考えられる．

弱酸の典型的な問題

この問題は，弱酸 HA の式量濃度および K_a の値から HA 溶液の pH を求めるものである[5]．式量濃度を F とおいて，平衡の系統的解析法を適用する．

式量濃度は，溶液 1L 中に溶解した化合物の全モル数である．弱酸の式量濃度は，その一部が A^- に変わったとしても，溶液に入っている HA の総量である．

反　応：$HA \xrightleftharpoons{K_a} H^+ + A^-$ 　　 $H_2O \xrightleftharpoons{K_w} H^+ + OH^-$

電荷均衡：$[H^+] = [A^-] + [OH^-]$ 　　　　　　　　　　　　　　(9-6)

物質収支：$F = [A^-] + [HA]$ 　　　　　　　　　　　　　　　　(9-7)

平衡定数：$K_a = \dfrac{[H^+][A^-]}{[HA]}$ 　　　　　　　　　　　　　　(9-8)

$K_w = [H^+][OH^-]$

式は四つ，未知数も四つ（[A⁻]，[HA]，[H⁺]，[OH⁻]）あるので，方程式は解けるはずである．

しかし，これらの連立方程式を解くのはそれほど簡単ではない．これらの式を合わせると三次方程式が得られるだろう．だが，この三次方程式を解く必要はない．近似を使って式を単純化できる．

どんな弱酸溶液でも，HAからの[H⁺]はH₂Oからの[H⁺]よりもかなり多い．HAが解離するとA⁻を生じる．H₂Oが解離すると，OH⁻を生じる．HAの解離がH₂Oの解離をはるかに上回るとき，[A⁻] ≫ [OH⁻]が成り立ち，式9-6は次式のように簡単になる．

$$[H^+] \approx [A^-] \tag{9-9}$$

方程式を解くために，まず$[H^+] = x$とおく．式9-9から，$[A^-]$もxと等しい．式9-7から，$[HA] = F - [A^-] = F - x$である．これらの式を式9-8に代入すると，

$$K_a = \frac{[H^+][A^-]}{[HA]} = \frac{(x)(x)}{F-x}$$

弱酸の問題では，$x = [H^+]$とおく．

となる．

o-ヒドロキシ安息香酸を例として，$F = 0.0500$ M，$K_a = 1.0_7 \times 10^{-3}$を代入してみよう．この式は二次方程式であり，容易に解くことができる．

$$\frac{x^2}{0.0500 - x} = 1.0_7 \times 10^{-3}$$
$$x^2 = (1.0_7 \times 10^{-3})(0.0500 - x)$$
$$x^2 + (1.07 \times 10^{-3})x - 5.35 \times 10^{-5} = 0$$
$$x = 6.8_0 \times 10^{-3} \text{ M （負の根は無視）}$$
$$[H^+] = [A^-] = x = 6.8_0 \times 10^{-3} \text{ M}$$
$$[HA] = F - x = 0.043_2 \text{ M}$$
$$pH = -\log x = 2.17$$

近似$[H^+] \approx [A^-]$は妥当だろうか？ 計算されたpHは2.17であり，$[OH^-] = K_w/[H^+] = 1.5 \times 10^{-12}$ Mであることを意味する．

$[A^-]$（HAから解離）$= 6.8 \times 10^{-3}$ M
　⇒ $[H^+]$（HAから解離）$= 6.8 \times 10^{-3}$ M
$[OH^-]$（H₂Oから解離）$= 1.5 \times 10^{-12}$ M
　⇒ $[H^+]$（H₂Oから解離）$= 1.5 \times 10^{-12}$ M

よって，H⁺はおもにHAから生じるという仮定は妥当である．

本書では，一貫性のためpHは小数第2位まで表す．有効数字に基づく桁数とは一致しない場合がある．pHの測定値は，ふつう誤差が±0.02 pHより大きい．

弱酸溶液では，H⁺はH₂Oからではなく，ほぼすべてHAから生じる．

解離度

解離度（fraction of dissociation）αは，A⁻のかたちをとる酸の割合と定義される．

酸の解離度： $\alpha = \dfrac{[A^-]}{[A^-]+[HA]} = \dfrac{x}{x+(F-x)} = \dfrac{x}{F}$ (9-10)

αは，解離したHAの割合である．

$$\alpha = \frac{[A^-]}{[A^-]+[HA]}$$

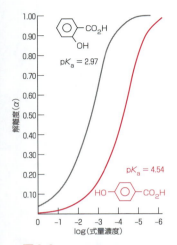

図 9-2 弱電解質は希釈されると, 解離度が大きくなる. どの濃度でも, 強い酸は弱い酸より解離度が高い.

$0.0500\,\mathrm{M}$ o-ヒドロキシ安息香酸溶液では,

$$\alpha = \frac{6.8\times 10^{-3}\,\mathrm{M}}{0.0500\,\mathrm{M}} = 0.14$$

である. すなわち, 式量濃度 $0.0500\,\mathrm{M}$ のとき, 酸の 14% が解離する.

式量濃度による α の変化を図 9-2 に示す. 部分的にしか解離しない**弱電解質** (weak electrolyte) は, 希釈するとより多く解離する. o-ヒドロキシ安息香酸は, 同じ式量濃度の p-ヒドロキシ安息香酸よりも多く解離する. オルト異性体のほうが強い酸だからだ. コラム 9-2 では, 日常生活における弱酸の解離度の応用について説明する.

弱酸の問題の要点

弱酸の pH を求めるとき, $[\mathrm{H}^+]=[\mathrm{A}^-]=x$ に気づくことが重要だ. そうすれば, 次式を立てて解くことができる.

弱酸の式: $\dfrac{[\mathrm{H}^+][\mathrm{A}^-]}{[\mathrm{HA}]} = \dfrac{x^2}{F-x} = K_a$ (9-11)

ここで, F は HA の式量濃度である. 近似 $[\mathrm{H}^+]=[\mathrm{A}^-]$ は, 酸が希薄すぎたり, 弱すぎたりする場合には適切でないが, いずれも実際上は問題にならないだろう.

例題 弱酸の問題

$0.050\,\mathrm{M}$ 塩化トリメチルアンモニウム溶液の pH を求めよ.

$$\left[\begin{array}{c}\mathrm{H}\\ \mathrm{N}\\ \mathrm{H_3C}\quad\mathrm{CH_3}\\ \mathrm{H_3C}\end{array}\right]^+ \mathrm{Cl}^- \quad\text{塩化トリメチルアンモニウム}$$

Cl^- は強酸 HCl の共役塩基であるので, きわめて弱い塩基である. もし Cl^- の塩基性がかなり高ければ, HCl は完全には解離しないだろう.

解法 ハロゲン化アンモニウム塩は完全に解離して $(\mathrm{CH_3})_3\mathrm{NH}^+$ と Cl^- を生成する*. トリメチルアンモニウムイオンは弱酸であり, 弱塩基トリメチルアミン $(\mathrm{CH_3})_3\mathrm{N}$ の共役酸である. Cl^- は塩基性も酸性も示さないので無視

---

*塩 $\mathrm{R_4N^+X^-}$ は, 完全には解離しない. <u>イオン対</u> $\mathrm{R_4N^+X^-}(aq)$ がある程度生成するからだ (コラム 8-1). $\mathrm{R_4N^+ + X^-} \rightleftharpoons \mathrm{R_4N^+X^-}(aq)$ の平衡定数を下表に示す. $0.050\,\mathrm{M}$ 溶液について, 活量係数を考慮して計算したイオン対の割合は, $(\mathrm{CH_3})_4\mathrm{N^+Br^-}$ で 4%, $(\mathrm{CH_3CH_2})_4\mathrm{N^+Br^-}$ で 7%, $(\mathrm{CH_3CH_2CH_2})_4\mathrm{N^+Br^-}$ で 9% である.

$\mathrm{R_4N^+}$	$\mathrm{X^-}$	$K_{\text{ion pair}}$ ($\mu=0$)	$\mathrm{R_4N^+}$	$\mathrm{X^-}$	$K_{\text{ion pair}}$ ($\mu=0$)
$\mathrm{Me_4N^+}$	$\mathrm{Cl^-}$	1.1	$\mathrm{Me_4N^+}$	$\mathrm{I^-}$	2.0
$\mathrm{Bu_4N^+}$	$\mathrm{Cl^-}$	2.5	$\mathrm{Et_4N^+}$	$\mathrm{I^-}$	2.9
$\mathrm{Me_4N^+}$	$\mathrm{Br^-}$	1.4	$\mathrm{Pr_4N^+}$	$\mathrm{I^-}$	4.6
$\mathrm{Et_4N^+}$	$\mathrm{Br^-}$	2.4	$\mathrm{Bu_4N^+}$	$\mathrm{I^-}$	6.0
$\mathrm{Pr_4N^+}$	$\mathrm{Br^-}$	3.1			

$\mathrm{Me}=\mathrm{CH_3}-,\ \mathrm{Et}=\mathrm{CH_3CH_2}-,\ \mathrm{Pr}=\mathrm{CH_3CH_2CH_2}-,\ \mathrm{Bu}=\mathrm{CH_3CH_2CH_2CH_2}-$

する．付録Gでは，トリメチルアミンとして記されているが，書かれている構造式はトリメチルアンモニウムイオンである．イオン強度 $\mu = 0$ のとき $pK_a = 9.799$ であるので，

$$K_a = 10^{-pK_a} = 10^{-9.799} = 1.59 \times 10^{-10}$$

この後の計算は簡単である．

$$\underset{F-x}{(CH_3)_3NH^+} \underset{}{\overset{K_a}{\rightleftharpoons}} \underset{x}{(CH_3)_3N} + \underset{x}{H^+}$$

$$\frac{x^2}{0.050-x} = 1.59 \times 10^{-10} \tag{9-12}$$

$$x = 2.8 \times 10^{-6}\,\mathrm{M} \Rightarrow \mathrm{pH} = 5.55$$

類題 0.050 M 臭化トリエチルアンモニウム溶液のpHを求めよ．
（**答え**：6.01）

コラム 9-2　布の染色と解離度[6]

綿布は，大部分がセルロース（グルコースの繰り返しの高分子）である．

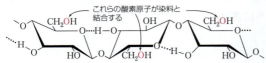

セルロースの構造．グルコース単位間の水素結合が，構造を剛直にする．

染料は有色分子であり，布に共有結合する．たとえば，プロシオンブリリアントブルー M-R は，反応性のジクロロトリアジン環に青色発色団（有色部）が結合した染料である．

青色発色団　布染料のプロシオンブリリアントブルーM-R

セルロースの CH₂OH 基の酸素原子が染料の Cl 原子を置換して共有結合をつくり，染料を布にしっかりと固定する．

冷水中で布を染めたのち，熱水で洗って過剰の染料を取り除く．高温洗浄中に染料の第二の Cl 基が第二のセルロースまたは水で置換される（染料と OH の結合が生じる）．

化学的に反応しやすいセルロースは，共役塩基の陰イオンである．

$$\underset{ROH}{\text{セルロース}-CH_2OH} \overset{K_a \approx 10^{-15}}{\rightleftharpoons} \underset{\underset{(共役塩基)}{RO^-}}{\text{セルロース}-CH_2O^-} + H^+$$

セルロースの CH₂OH 基の酸解離を促すため，pH 10.6 の炭酸ナトリウム溶液中で染色を行う．反応性のセルロースの割合は，pH 10.6 における弱酸の解離度からわかる．

$$解離度 = \frac{[RO^-]}{[ROH]+[RO^-]} \approx \frac{[RO^-]}{[ROH]}$$

非常に弱い酸の解離度は非常に小さいので $[ROH] \gg [RO^-]$ であり，よって分母はほとんど $[ROH]$ である．商 $[RO^-]/[ROH]$ は，K_a と pH から計算できる．

$$K_a = \frac{[RO^-][H^+]}{[ROH]} \Rightarrow \frac{[RO^-]}{[ROH]} = \frac{K_a}{[H^+]} \approx \frac{10^{-15}}{10^{-10.6}}$$

$$= 10^{-4.4} \approx 解離度$$

pH 10.6 では，セルロース—CH₂OH 基 10^4 個のうち，わずか1個だけが反応しやすい陰イオンである．

> **すぐに使えるコツ**：式 9-11 は，二次方程式の解の公式を使えば必ず解くことができる．しかし，まず試してみる価値のある簡単な方法は，分母の x を無視することだ．x が F の 1％以下であればこの近似は妥当であり，二次方程式の解を使う必要はない．式 9-12 は次のように近似できる．
>
> $$\frac{x^2}{0.050-x} \approx \frac{x^2}{0.050} = 1.59\times 10^{-10}$$
> $$\Rightarrow x = \sqrt{(0.050)(1.59\times 10^{-10})} = 2.8\times 10^{-6}\,\text{M}$$
>
> 近似解（$x \approx 2.8\times 10^{-6}$）は式 9-12 の分母 0.050 の 1％以下であるので，近似解は申し分ない．

近似 分母の x を無視する．x が F の 1％未満であれば，この近似は妥当である．

9-4 弱塩基の平衡

弱塩基の扱いは，弱酸とほとんど同じである．

K_b が大きくなると，pK_b は小さくなり，塩基は強くなる．

$$B + H_2O \xrightleftharpoons{K_b} BH^+ + OH^- \qquad K_b\frac{[BH^+][OH^-]}{[B]}$$

ほぼすべての OH^- が反応 $B + H_2O$ によって生じ，H_2O の解離によるものはほとんどないと仮定しよう．$[OH^-] = x$ とおくと，$[BH^+] = x$ となる．OH^- 1 個あたり BH^+ 1 個が生じるからだ．塩基の式量濃度を $F = [B] + [BH^+]$ とおくと，次のように書ける．

$$[B] = F - [BH^+] = F - x$$

これらの値を K_b の平衡定数の式に代入して，次式を得る．

弱塩基の問題は，$K = K_b$，$x = [OH^-]$ であることを除けば，弱酸の問題と同じ方程式になる．

弱塩基の式： $\dfrac{[BH^+][OH^-]}{[B]} = \dfrac{x^2}{F-x} = K_b$ \hfill (9-13)

この式は $x = [OH^-]$ であることを除けば，弱酸の式と同じかたちである．

弱塩基の典型的な問題

よく出合う弱塩基コカインについて考えてみよう．

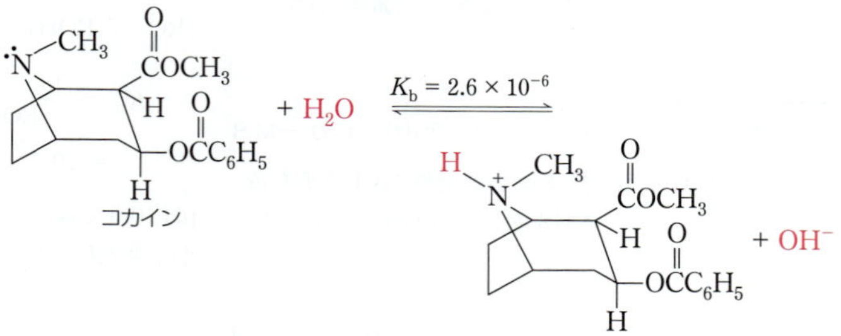

式量濃度が 0.0372 M のとき，問題は以下の式で表される．

$$\underset{0.0372-x}{B} + H_2O \rightleftharpoons \underset{x}{BH^+} + \underset{x}{OH^-}$$

$$\frac{x^2}{0.0372-x} = 2.6\times10^{-6} \Rightarrow x = 3.1\times10^{-4}\,\text{M}$$

$x = [\text{OH}^-]$ であるので，次のように書ける．

$[\text{H}^+] = K_\text{w}/[\text{OH}^-] = 1.0\times10^{-14}/3.1\times10^{-4} = 3.2\times10^{-11}\,\text{M}$
$\text{pH} = -\log[\text{H}^+] = 10.49$

> **質問** この溶液中で H_2O が解離して生じる OH^- 濃度はいくらか？ OH^- の供給源として水の解離を無視してもよいか？

この pH は，弱塩基に妥当な値である．

水と反応したコカインの割合はいくらだろうか？ 塩基の**会合度**（fraction of association）α は次式で表される．

$$\text{塩基の会合度}: \alpha = \frac{[\text{BH}^+]}{[\text{BH}^+]+[\text{B}]} = \frac{x}{F} = 0.0083 \tag{9-14}$$

> 塩基では，α は水と反応した割合である．

この塩基は，わずか 0.83% だけが水と反応している．

共役酸・塩基を再考する

これまでに私たちは，**弱酸の共役塩基は弱塩基であり，弱塩基の共役酸は弱酸である**ことを学んだ．また，共役酸・塩基対の平衡定数の間のきわめて重要な関係式（$K_\text{a}\cdot K_\text{b} = K_\text{w}$）を導いた．

9-3 節では，o- および p-ヒドロキシ安息香酸について考えた（HA で表す）．ここではこれらの共役塩基について考えてみよう．たとえば，o-ヒドロキシ安息香酸ナトリウムが溶けると，Na^+（酸・塩基の化学反応を起こさない）と o-ヒドロキシ安息香酸イオン（弱塩基）が生じる．

酸・塩基の化学反応は，o-ヒドロキシ安息香酸イオンと水の間で起こる．

> HA と A^- は共役酸・塩基対である．BH^+ と B も共役である．

> 水溶液中で
>
> （構造式：o-CO$_2$Na，OH）
>
> は
>
> （構造式：o-CO$_2^-$ + Na$^+$，OH）
>
> o-ヒドロキシ安息香酸イオン
>
> となる．

$$\underset{\underset{F-x}{A^-\,(o\text{-ヒドロキシ安息香酸イオン})}}{\text{Ar-CO}_2^-} + \text{H}_2\text{O} \rightleftharpoons \underset{\underset{x}{\text{HA}}}{\text{Ar-CO}_2\text{H}} + \underset{x}{\text{OH}^-} \tag{9-15}$$

$$\frac{x^2}{F-x} = K_\text{b}$$

各異性体の K_a から共役塩基の K_b を計算する．

ヒドロキシ安息香酸の異性体	K_a	$K_\text{b} = K_\text{w}/K_\text{a}$
オルト	$1.0_7\times10^{-3}$	9.3×10^{-12}
パラ	2.9×10^{-5}	3.5×10^{-10}

それぞれの K_b の値を用いて $F = 0.0500\,\text{M}$ とおくと，次のようになる．

0.0500 M o-ヒドロキシ安息香酸イオン溶液の pH = 7.83
0.0500 M p-ヒドロキシ安息香酸イオン溶液の pH = 8.62

これらの pH は，弱塩基の溶液に妥当な値である．さらに，予想通り強い酸の共役塩基は弱い塩基である．

> **例題　弱塩基の問題**
>
> 0.10 M アンモニア溶液の pH を求めよ．
>
> **解法**　アンモニアが水に溶けるとき，次式の加水分解が起こる．
>
> $$\underset{F-x}{NH_3} + H_2O \underset{}{\overset{K_b}{\rightleftharpoons}} \underset{x}{NH_4^+} + \underset{x}{OH^-}$$
> アンモニア　　　　　　アンモニウムイオン
>
> 付録 G には化合物名アンモニアの行にアンモニウムイオン NH_4^+ の化学式が記されている．アンモニウムイオンの pK_a は 9.245 である．したがって，NH_3 の K_b は，
>
> $$K_b = \frac{K_w}{K_a} = \frac{10^{-14.00}}{10^{-9.245}} = 1.76 \times 10^{-5}$$
>
> である．0.10 M アンモニア溶液の pH を求めるには，次のように式を立てて解く．
>
> $$\frac{[NH_4^+][OH^-]}{[NH_3]} = \frac{x^2}{0.10-x} = K_b = 1.76 \times 10^{-5}$$
> $$x = [OH^-] = 1.3_2 \times 10^{-3} \text{ M}$$
> $$[H^+] = \frac{K_w}{[OH^-]} = 7.6 \times 10^{-12} \text{ M} \Rightarrow pH = -\log[H^+] = 11.12$$
>
> **類題**　0.10 M メチルアミン溶液の pH を求めよ．（**答え**：11.80）

9-5　緩衝液

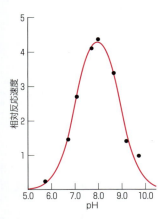

図 9-3　酵素キモトリプシンによるアミド結合の切断速度の pH 依存性．この反応は，腸内でのタンパク質の消化を助ける．[データ出典：M. L. Bender et al., *J. Am. Chem. Soc.*, **86**, 3680 (1964).]

　<u>緩衝液は，酸や塩基が加えられても，希釈されても，pH が大きく変化しない</u>．**緩衝液**（buffer）は，酸とその共役塩基の混合物である．緩衝能が強く働くためには，同程度の量（約 10 倍以内）の酸と共役塩基が必要である．

　科学のすべての分野において，緩衝液の重要性ははかり知れない．本章扉では，リソソームの消化酵素は酸性で最もよく働き，その性質のため細胞がそれ自身の消化酵素から守られることを学んだ．もし酵素が酸性のリソソームから中性に緩衝されている細胞質へ漏れ出ても，その条件では酵素の反応性は最適 pH に比べて低く，細胞に与える損傷は小さい．一方，図 9-3 は他の酵素の触媒反応の pH 依存性を示す．この反応は pH 8.0 付近で最も速く，酵素が酸性のリソソーム内にあれば遅くなるだろう．生物が生き残るためには，それぞれの酵素反応が適切な速度で進むように，細胞組織内の pH を制御しなければならない．

弱酸とその共役塩基の混合

　<u>弱酸 A mol とその共役塩基 B mol を混ぜると，酸のモル数は A に近いままであり，塩基のモル数も B に近いままである．二つの化学種の濃度が変わる反</u>

応は，ほとんど起こらない．

　この現象を理解するために，K_a と K_b の反応をルシャトリエの原理から見てみよう．酸（$pK_a = 4.00$）とその共役塩基（$pK_b = 10.00$）について考える．0.10 M HA 溶液中で解離する酸の割合を計算してみよう．

$$\underset{0.10-x}{\text{HA}} \rightleftharpoons \underset{x}{\text{H}^+} + \underset{x}{\text{A}^-} \qquad pK_a = 4.00$$

$$\frac{x^2}{F-x} = K_a \Rightarrow x = 3.1 \times 10^{-3} \text{ M}$$

$$解離度 = \alpha = \frac{x}{F} = 0.031$$

この条件で，酸はわずか 3.1% だけ解離する．

　1.00 L に 0.10 mol の A^- を含む溶液では，A^- と水の反応はさらに起こりにくい．

$$\underset{0.10-x}{A^-} + H_2O \rightleftharpoons \underset{x}{HA} + \underset{x}{OH^-} \qquad pK_b = 10.00$$

$$\frac{x^2}{F-x} = K_b \Rightarrow x = 3.2 \times 10^{-6}$$

$$会合度 = \alpha = \frac{x}{F} = 3.2 \times 10^{-5}$$

<u>HA は，ごくわずかしか解離しない．A^- を溶液に余分に加えると，HA はさらに解離しにくくなる．同様に，A^- は水とあまり反応せず，HA を余分に加えると A^- はさらに反応しにくくなる．</u> 0.050 mol の A^- と 0.036 mol の HA を水に加えると，平衡にある溶液では A^- は 0.050 mol, HA は 0.036 mol に近くなる．

ヘンダーソン-ハッセルバルヒの式

　緩衝液の重要な式は，**ヘンダーソン-ハッセルバルヒの式**（Henderson-Hasselbalch equation）である．この式は，たんに平衡定数 K_a の式を整理したものである．

$$K_a = \frac{[H^+][A^-]}{[HA]}$$

$$\log K_a = \log \frac{[H^+][A^-]}{[HA]} = \log [H^+] + \log \frac{[A^-]}{[HA]}$$

$$\underbrace{-\log [H^+]}_{pH} = \underbrace{-\log K_a}_{pK_a} + \log \frac{[A^-]}{[HA]}$$

酸のヘンダーソン-ハッセルバルヒの式：$HA \xrightleftharpoons[]{K_a} H^+ + A^-$

$$\boxed{pH = pK_a + \log \frac{[A^-]}{[HA]}} \tag{9-16}$$

共役酸と共役塩基の濃度比，および酸の pK_a がわかっていれば，ヘンダーソン-ハッセルバルヒの式から溶液の pH がわかる．弱塩基 B とその共役酸から

アミド結合

弱酸とその共役塩基を混ぜると，混ぜたままのものが得られる！

HA と A^- の濃度が変わらないという近似は，希薄溶液や極端な pH では成り立たない．255 ページで近似の妥当性を調べる．

$\log xy = \log x + \log y$

医師 L. J. Henderson は，1908 年の生理学の論文に $[H^+] = K_a[酸]/[塩]$ と記した．それは，生化学者 Sørensen が「緩衝」という言葉と pH の概念を創案した 1 年前だった．Henderson の貢献は，溶液に入れた HA の濃度と [酸] が等しく，溶液に入れた A^- の濃度と [塩] が等しいと近似したことである．1916 年，K. A. Hasselbalch は後にヘンダーソン-ハッセルバルヒの式と呼ばれる式を生化学の学術雑誌に書いた[7]．

式9-16および式9-17は，塩基（A^-またはB）が<u>分子</u>にあるときにのみ妥当である．塩基の濃度が高くなると，logの項が大きくなり，pHが高くなる．

溶液を調製する場合，対応する式は次のようである．

塩基のヘンダーソン-ハッセルバルヒの式：$BH^+ \underset{}{\overset{K_a = K_w/K_b}{\rightleftharpoons}} B + H^+$

$$pH = pK_a + \log \frac{[B]}{[BH^+]} \qquad (9\text{-}17)$$

←この酸のpK_aを用いる．

ここで，pK_aは弱酸BH^+の酸解離定数である．式9-16および式9-17の重要な特徴は，塩基（A^-またはB）がいずれの式でも分子に現れること，および平衡定数は分母にある酸のK_aであるということだ．

課題 活量を考慮すると，ヘンダーソン-ハッセルバルヒの式は次式になることを示せ．

$$pH = pK_a + \log \frac{[A^-]\gamma_{A^-}}{[HA]\gamma_{HA}} \qquad (9\text{-}18)$$

ヘンダーソン-ハッセルバルヒの式は近似ではない．たんに平衡定数の式を変形したものである．ここで近似するのは，$[A^-]$と$[HA]$の値である．ほとんどの場合，混ぜたままのものが溶液で得られるという仮定は妥当である．本章の最後では，溶液が希薄すぎたり，酸が強すぎたりして，たんに混ぜたものにならない例を扱う．

ヘンダーソン-ハッセルバルヒの式の特徴

式9-16において$[A^-] = [HA]$のとき，$pH = pK_a$であることがわかる．

$[A^-] = [HA]$のとき，
$pH = pK_a$
もちろん$\log 1 = 0$である．

$$pH = pK_a + \log \frac{[A^-]}{[HA]} = pK_a + \log 1 = pK_a$$

溶液組成が複雑であっても，ある酸について$pH = pK_a$が成り立つとき，$[A^-]$は必ずその酸の$[HA]$と等しい．

平衡にある溶液では，すべての平衡が同時に満たされる．10種類の酸と塩基が溶液に含まれるとき，10個の式9-16が10種類の商$[A^-]/[HA]$をもつが，10個の式すべてが同じpHになる．**溶液中のH^+の濃度はただ一つである．**

ヘンダーソン-ハッセルバルヒの式のもう一つの特徴は，$[A^-]/[HA]$比が10倍変わるとpHが1だけ変わることである（表9-1）．塩基（A^-）が増えるとpHは高くなり，酸（HA）が増えるとpHは低くなる．たとえば，どんな共役酸・塩基対でも$pH = pK_a - 1$のとき，A^-の10倍の濃度のHAが存在する．11分の10がHAのかたちであり，11分の1がA^-のかたちである．

表9-1 pHに対する$[A^-]/[HA]$の影響

$[A^-]/[HA]$	pH
100:1	$pK_a + 2$
10:1	$pK_a + 1$
1:1	pK_a
1:10	$pK_a - 1$
1:100	$pK_a - 2$

例題 ヘンダーソン-ハッセルバルヒの式の利用

pH 6.20に緩衝した溶液に次亜塩素酸ナトリウム（NaOCl，ほぼすべての漂白剤の有効成分）を溶かした．この溶液中の$[OCl^-]/[HOCl]$比を求めよ．

解法 付録Gから，次亜塩素酸HOClは$pK_a = 7.53$である．pHはわかっているので，ヘンダーソン-ハッセルバルヒの式から$[OCl^-]/[HOCl]$比を計算できる．

$$\text{HOCl} \rightleftharpoons \text{H}^+ + \text{OCl}^-$$

$$\text{pH} = \text{p}K_a + \log\frac{[\text{OCl}^-]}{[\text{HOCl}]}$$

$$6.20 = 7.53 + \log\frac{[\text{OCl}^-]}{[\text{HOCl}]}$$

$$-1.33 = \log\frac{[\text{OCl}^-]}{[\text{HOCl}]}$$

$$10^{-1.33} = 10^{\log([\text{OCl}^-]/[\text{HOCl}])} = \frac{[\text{OCl}^-]}{[\text{HOCl}]} \qquad\qquad 10^{\log z} = z$$

$$0.047 = \frac{[\text{OCl}^-]}{[\text{HOCl}]}$$

[OCl$^-$]/[HOCl] 比は，pH と pK_a によって決まる．加えた NaOCl の量，あるいは溶液の体積を知る必要はない．

類題 pH を 1 だけ上げて 7.20 にしたときの [OCl$^-$]/[HOCl] を求めよ．
（**答え**：0.47）

緩衝液の利用

例として，「トリス」〔トリス（ヒドロキシメチル）アミノメタンの略称〕と呼ばれて広く用いられている緩衝剤を選ぼう．

HOCH$_2$—C(—$\overset{+}{\text{N}}$H$_3$)(—CH$_2$OH)(—HOCH$_2$) $\rightleftharpoons$ HOCH$_2$—C(—NH$_2$)(—CH$_2$OH)(—HOCH$_2$) + H$^+$

BH$^+$　　　　　　　　　　　　　　　B
pK_a = 8.072　　　　　　　　　　このかたちが「トリス」である

付録 G から，トリスの共役酸は pK_a = 8.072 である．BH$^+$ 陽イオンを含む塩の一例は，トリス塩酸塩（BH$^+$Cl$^-$）である．BH$^+$Cl$^-$ は水に溶けて，BH$^+$ と Cl$^-$ に解離する．

例題 緩衝液

トリス（式量 121.135）12.43 g とトリス塩酸塩（式量 157.596）4.67 g を溶かした水溶液 1.00 L の pH を求めよ．

解法 溶液に加えた B と BH$^+$ の濃度は，

$$[\text{B}] = \frac{12.43\,\text{g/L}}{121.135\,\text{g/mol}} = 0.1026\,\text{M} \qquad [\text{BH}^+] = \frac{4.67\,\text{g/L}}{157.596\,\text{g/mol}} = 0.0296\,\text{M}$$

である．混ぜたものが同じかたちで溶液にのこると仮定し，これらの濃度をヘンダーソン-ハッセルバルヒの式に代入して pH を求める．

$$\text{pH} = \text{p}K_a + \log\frac{[\text{B}]}{[\text{BH}^+]} = 8.072 + \log\frac{0.1026}{0.0296} = 8.61$$

コラム 9-3　強いものと弱いものを混ぜると完全に反応する

強酸と弱塩基は，平衡定数が大きいので，事実上「完全に」反応する．

$$\underset{\text{弱塩基}}{B} + \underset{\text{強酸}}{H^+} \rightleftarrows BH^+ \qquad K = \frac{1}{K_a(BH^+)}$$

Bがトリス(ヒドロキシメチル)アミノメタンであれば，HClとの反応の平衡定数は次のようである．

$$K = \frac{1}{K_a} = \frac{1}{10^{-8.072}} = 1.2 \times 10^8$$

強塩基と弱酸も，平衡定数が非常に大きいので「完全に」反応する．

$$\underset{\text{強塩基}}{OH^-} + \underset{\text{弱酸}}{HA} \rightleftarrows A^- + H_2O \qquad K = \frac{1}{K_b(A^-)}$$

HAが酢酸であれば，NaOHとの反応の平衡定数は

$$K = \frac{1}{K_b} = \frac{K_a(HA)}{K_w} = 1.7 \times 10^9$$

である．

強酸と強塩基は，上で説明した強いものと弱いものとの反応よりもさらに完全に反応する．

$$\underset{\text{強酸}}{H^+} + \underset{\text{強塩基}}{OH^-} \rightleftarrows H_2O \qquad K = \frac{1}{K_w} = 10^{14}$$

強酸，強塩基，弱酸，および弱塩基を混ぜると，強酸と強塩基は，いずれかがなくなるまで中和される．次に残った強酸が弱塩基と，あるいは残った強塩基が弱酸と反応する．

類題　さらに1.00gのトリス塩酸塩を加えたときのpHを求めよ．
（**答え**：8.53）

緩衝液のpHは，体積にほとんど依存しない．

logの項の分子と分母で体積が消去されるので，<u>溶液の体積は関係ない</u>ことに注意しよう．

$$pH = pK_a + \log \frac{B(mol)/溶液(L)}{BH^+(mol)/溶液(L)}$$

$$= pK_a + \log \frac{B(mol)}{BH^+(mol)}$$

例題　緩衝液に加えられた酸の影響

先の例題の溶液に1.00 M塩酸12.0 mLを加えると，pHはいくらになるか？

解法　弱塩基に強酸を加えると，これらが完全に反応して<u>BH^+を与えること</u>が鍵である（コラム9-3）．1.00 M塩酸12.0 mLを加えると，(0.0120 L)(1.00 mol/L) = 0.0120 mol の H^+ を生じる．この量の H^+ は，0.0120 molのBを消費し，0.0120 molの BH^+ を生じる．

	B	+	H^+	→	BH^+
	トリス		塩酸から		
最初のモル数	0.1026		0.0120		0.0296
最後のモル数	0.0906		—		0.0416
	(0.1026 − 0.0120)				(0.0296 + 0.0120)

上の表の情報から pH を計算できる.

$$\text{pH} = \text{p}K_\text{a} + \log \frac{\text{B(mol)}}{\text{BH}^+\text{(mol)}}$$
$$= 8.072 + \log \frac{0.0906}{0.0416} = 8.41$$

溶液の体積は無関係である.

類題 1.00 M 塩酸を 12.0 mL ではなく 6.0 mL だけ加えたときの pH を求めよ. (**答え**：8.51)

質問 塩酸を加えると，pH は低くなるか？

少量の強酸または塩基を加えても，緩衝液の pH はあまり変わらない. 上の例題では，1.00 M 塩酸 12.0 mL を加えると，pH は 8.61 から 8.41 に変わった. 非緩衝溶液 1.00 L に 1.00 M 塩酸 12.0 mL を加えると pH は 1.93 まで下がるだろう.

では，なぜ緩衝液では pH が大きく変化しないのだろうか？　それは，強酸や強塩基が B や BH^+ により消費されるからだ. トリスに塩酸を加えると，B は BH^+ に変わる. NaOH を加えると，BH^+ は B に変わる. 過剰な塩酸や NaOH を加えて B や BH^+ を消費しつくさない限り，ヘンダーソン-ハッセルバルヒの式の log の項はあまり変わらず，したがって，pH もあまり変わらない. 実証実験 9-1 は，緩衝液が消費されたときに何が起こるかを現す. 緩衝液の pH を変化させない能力が最大になるのは，pH = $\text{p}K_\text{a}$ のときである. このことはあとでもう一度考えてみよう.

緩衝液は，pH 変化に抗する.

その理由は，加えた酸や塩基が緩衝液に消費されるからだ.

例題 緩衝液の調製方法の計算

トリス塩酸塩 10.0 g に 0.500 M NaOH 溶液を加える. 最終的に pH 7.60, 体積 250 mL の緩衝液をつくるには，何 mL の NaOH 溶液を加えればよいか？

解法 トリス塩酸塩のモル数は (10.0 g)/(157.596 g/mol) = 0.0635 mol である. 表をつくってこの問題を考えてみよう.

OH^- との反応：	BH^+	+	OH^-	→	B
最初のモル数	0.0635		x		—
最後のモル数	$0.0635 - x$		—		x

pH と $\text{p}K_\text{a}$ がわかっているので，ヘンダーソン-ハッセルバルヒの式から x を求めることができる.

$$\text{pH} = \text{p}K_\text{a} + \log \frac{\text{B (mol)}}{\text{BH}^+ \text{(mol)}}$$
$$7.60 = 8.072 + \log \frac{x}{0.0635 - x}$$
$$-0.472 = \log \frac{x}{0.0635 - x}$$

質問 緩衝液をつくるとき，なぜトリス塩酸塩に塩基（NaOH）を加えるのか？
答え：トリス塩酸塩は弱酸 BH^+ である. 緩衝液は BH^+ と B の混合物である. この緩衝液をつくるためには，BH^+ の一部を B に変える必要がある.

質問 HEPES は，生化学において一般的な緩衝剤である. 表 9-2 に示されているように $\text{p}K_\text{a} = 7.56$ である. HEPES は，中性化合物である. この構造式を書け. また，緩衝液をつくるとき，HEPES に NaOH と塩酸のどちらを加えればよいか？
答え：表 9-2 の構造式は，中性の酸 HA である. HA と A^- の混合物をつくるには，NaOH を加えて H^+ を除く必要がある.

$$10^{-0.472} = \frac{x}{0.0635 - x} \Rightarrow x = 0.0160 \text{ mol}$$

これだけのモル数の NaOH を加えるために必要な溶液の体積は,

$$\frac{0.0160 \text{ mol}}{0.500 \text{ mol/L}} = 0.0320 \text{ L} = 32.0 \text{ mL}$$

類題 トリス塩酸塩 10.0 g に 0.500 M NaOH 溶液を加える. 最終的に pH 7.40, 体積 500 mL の緩衝液とするには,何 mL の NaOH を加えればよいか? (**答え**:22.3 mL)

計算が正確でない原因
1. 活量係数を考慮していなかっていた.
2. 温度が 25 ℃でなかった(表の pK_a の温度と異なっていた).
3. 近似 [HA] = F_{HA}, [A$^-$] = F_{A^-} が不適切だった.
4. 表に記されたトリスの pK_a が, 測定したものと厳密に同じではなかった.
5. 酸や塩基ではない他のイオンが, 酸や塩基の化学種とイオン対を生成し, pH に影響した.

緩衝液を実際に調製する!

pH 7.60 のトリス緩衝液を実際に調製する際,ふつう何をどれくらいの量混ぜればよいかを細かく計算してから調整することは<u>しない</u>だろう. 0.100 M トリスを含む pH 7.60 の緩衝液 1.00 L を調製するとしよう. 固体のトリス塩酸塩と約 1 M NaOH の値溶液が手元にあれば, 次のような手順で調製するだろう.

1. トリス塩酸塩 0.100 mol をひょう量し, 水約 800 mL を入れたビーカーに溶かす.
2. 較正された pH 電極を溶液に入れ, pH をモニターする.
3. pH がちょうど 7.60 になるまで NaOH 溶液を加える.
4. この溶液をメスフラスコに移し, ビーカーを数回洗う. この洗浄液もメスフラスコに加える.
5. 標線まで希釈して混ぜる.

計算した量の NaOH 溶液を加えればよいというわけではない. それでは目的とする pH の値ぴったりにはならないからだ. 最初の操作で水 800 mL を用いる理由は, pH 調整中に体積が最終体積にほどよく近くなるようにするためである. そうしなければ, 試料を最終体積まで希釈するときにイオン強度が変わり, pH も少し変わってしまうだろう.

緩衝容量[12)]

緩衝容量(buffer capacity)β は, 強酸または塩基が加えられたときに溶液が pH 変化を抑える能力のめやすである. 緩衝容量は, 次式で定義される.

$$\text{緩衝容量}: \beta = \frac{dC_b}{d\text{pH}} = -\frac{dC_a}{d\text{pH}} \tag{9-19}$$

ここで, C_a または C_b は, 溶液 1 L の pH を 1 だけ変化させるのに必要な強酸または強塩基のモル数である. 緩衝容量が大きいほど, 溶液の pH は変化しにくくなる.

図 9-4a は, 0.100 M HA 溶液 ($pK_a = 5.00$) の C_b の pH に対する依存性を示す. 縦軸 (C_b) は, 横軸の pH にするために 0.100 M HA に混合すべき強塩

実証実験 9-1

緩衝液はどのように働くか

酸または塩基は，緩衝液に加えられると消費されるので，緩衝液のpHを大きく変えない．緩衝剤がなくなると，pHが変化しやすくなる．

この実証実験[8]では，HSO_3^- : SO_3^{2-} のモル比がおよそ10 : 1 の混合物を調製する．HSO_3^- のpK_aは7.2なので，pHは次のようになる．

$$pH = pK_a + \log\frac{[SO_3^{2-}]}{[HSO_3^-]} = 7.2 + \log\frac{1}{10} = 6.2$$

この溶液にホルムアルデヒドを加えると，正味の反応でHSO_3^-は消費されるが，SO_3^{2-}は消費されない．

$$H_2C=O + HSO_3^- \rightarrow H_2C\begin{smallmatrix}O^-\\SO_3H\end{smallmatrix} \rightarrow H_2C\begin{smallmatrix}OH\\SO_3^-\end{smallmatrix}$$
ホルム　　　亜硫酸
アルデヒド　水素イオン
(A)

$$H_2C=O + SO_3^{2-} \rightarrow H_2C\begin{smallmatrix}O^-\\SO_3^-\end{smallmatrix}$$
亜硫酸イオン
(B)

$$H_2C\begin{smallmatrix}O^-\\SO_3^-\end{smallmatrix} + HSO_3^- \rightarrow H_2C\begin{smallmatrix}OH\\SO_3^-\end{smallmatrix} + SO_3^{2-}$$

反応Aでは，亜硫酸水素イオンが消費される．反応Bの反応全体ではHSO_3^-が消費されるが，SO_3^{2-}の濃度は変わらない．

HSO_3^-がホルムアルデヒドと反応するとpHがどのように変わるかを示す表をつくることができる．

反応が完了した割合（%）	$[SO_3^{2-}]$:$[HSO_3^-]$	pHの計算値
0	1 : 10	6.2
90	1 : 1	7.2
99	1 : 0.1	8.2
99.9	1 : 0.01	9.2
99.99	1 : 0.001	10.2

反応が90%完了すると，pHは1だけ高くなるだろう．次の9%の反応で，pHはさらに1だけ高くなる．反応の最後のpH変化は非常に急である．

ホルムアルデヒドの<u>時計反応</u>[9]では，HSO_3^-，SO_3^{2-}，およびフェノールフタレイン指示薬（表11-3）を含む溶液にホルムアルデヒドを加える．フェノールフタレインはpH 8未満では無色，このpHを超えると赤色である．溶液は1分以上無色のままである．その後，pHが急上昇し，溶液はピンク色に変わる．ガラス電極でpHをモニターすると，下のグラフのような結果が得られた．

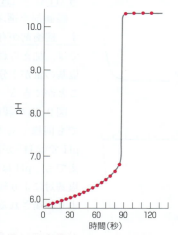

ホルムアルデヒドの時計反応におけるpHと時間のグラフ．

手順：溶液は新鮮でなければならない．37 wt%ホルムアルデヒド（密度 = 1.08 g/mL）9 mLを水100 mLに加えて希釈し，ホルムアルデヒド溶液（1.20 M CH_2O）を調製する．1.4 gの$Na_2S_2O_5$（ピロ亜硫酸ナトリウム，7.4 mmol）[10]および0.18 gのNa_2SO_3（1.4 mmol）を水400 mLに溶かし，フェノールフタレイン溶液約1 mLを加える．この溶液にホルムアルデヒド溶液23 mL（28 mmol）をよく撹拌しながら加えて，反応を開始する．反応時間は，温度，濃度，または体積によって調整できる．

この実証実験の毒性を低くするには，ホルムアルデヒドの代わりにグリオキサール

$$\begin{smallmatrix}O & O\\ \| & \|\\ HC- & CH\end{smallmatrix}$$
グリオキサール

を用いる[11]．実証実験の1日前に，40 wt%グリオキサール2.9 g（20.0 mmol）を水で25 mLに希釈する．$Na_2S_2O_5$ 0.90 g（4.7 mmol），Na_2SO_3 0.15 g（1.2 mmol），$Na_2EDTA \cdot 2H_2O$ 0.18 g（0.48 mmol，金属イオンに触媒される空気酸化から亜硫酸イオンを守る）を水50 mLに溶かす．1 molの$Na_2S_2O_5$は，水との反応によって2 molのHSO_3^-を生じる．実証実験では，水400 mLに亜硫酸塩溶液5.0 mLを加えたものにフェノールレッド指示薬（表11-3）0.5 mLを加える．亜硫酸塩溶液をよく撹拌しながらグリオキサール溶液2.5 mL（2.0 mmol）を加えると時計反応が始まる．

基の式量濃度である．たとえば，0.050 M OH⁻ と 0.100 M HA を含む溶液の pH は 5.00 になるだろう（活量は無視）．

図 9-4b は a の曲線の導関数であり，同じ系の緩衝容量を表す．緩衝容量は，pH = pK_a のとき最大になる．すなわち，<u>緩衝液は pH = pK_a のとき（すなわち [HA] = [A⁻] のとき），pH 変化を抑える効果が最も大きい</u>．

緩衝剤を選ぶときは，<u>pK_a が目的とする pH にできるだけ近い緩衝剤を探す．緩衝剤が有効に働く pH 範囲は，ふつう pK_a ± 1 pH である</u>．この範囲外では，加えられる塩基と反応する弱酸の量，または加えられる酸と反応する弱塩基の量が十分ではない．緩衝液の濃度を高くすると，緩衝容量を大きくすることができる．

図 9-4b の緩衝容量は，高 pH では上昇しつづける（図示していないが低 pH でも同様である）．これはたんに高 pH では OH⁻ が高濃度であるからだ（低 pH では H⁺ が高濃度）．少量の酸または塩基を大量の OH⁻（または H⁺）に加えても，pH は大きく変化しない．高 pH の溶液は H_2O/OH^- の共役酸・共役塩基対により緩衝される．低 pH の溶液は H_3O^+/H_2O の共役酸・共役塩基対により緩衝される．

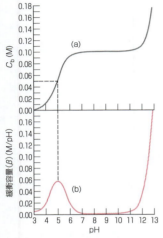

pK_a が目的とする pH に近い緩衝剤を選ぶ．

図 9-4 (a) 0.100 M HA (pK_a = 5.00) を含む溶液の C_b の pH 依存性．(b) 同じ系の緩衝容量は，pH = pK_a のときに最大となる．b の曲線は，a の曲線の導関数．

どのくらいの量の緩衝剤を使えばよいか？

使用する緩衝剤の量を決めるのに複雑な計算は必要ない．化学反応や他の試薬の添加によって溶液に加わる可能性のある酸や塩基のモル数よりも緩衝剤のモル数が十分に大きければ，pH は大きく変わらない．

> **例題** pH はどのくらい変化するか？
>
> 50 mmol HA および 50 mmol A⁻ を含む緩衝液を考える．pH は，緩衝剤の pK_a に等しくなる．化学反応で他の酸が 20 mmol だけ生じると，pH はどのくらい変化するか？
>
> **解法** 最悪の場合，反応で生じる酸は強酸であり，等量の A⁻ を HA に変えるだろう．その場合，HA のモル数は 50 + 20 = 70 mmol になる．また，A⁻ のモル数は 50 − 20 = 30 mmol になる．pH は次のようになる．
>
> $$\text{pH} = \text{p}K_a + \log \frac{\text{mol A}^-}{\text{mol HA}} = \text{p}K_a + \log \frac{30\text{ mmol}}{70\text{ mmol}} = \text{p}K_a - 0.37$$
>
> pH は 0.37 だけ低くなる．この pH 変化が許容されるのであれば，緩衝剤の量は十分であるといえる．
>
> **類題** 15 mmol の強塩基が生じる場合，緩衝液の pH はどのくらい高くなるだろうか？（**答え**：0.27 pH）

緩衝液の pH はイオン強度と温度に依存する

ヘンダーソン-ハッセルバルヒの正確な式（式 9-18）は，活量係数を含む．

計算した緩衝液の pH と観察される pH が等しくならないおもな理由は，イオン強度がゼロでないために活量係数が 1 でないことである．生化学の分野で広く用いられている緩衝剤の pK_a 値を表 9-2 にまとめた．表の pK_a は，イオン強度が 0 M および 0.1 M における値である．緩衝液のイオン強度が 0 M よりも 0.1 M に近いとき，より正確な pH を計算するには，$\mu = 0.1$ の pK_a を用いるのがよい．

0.200 mol ホウ酸と 0.100 mol NaOH を水 1.00 L に溶かすと，ホウ酸とその共役塩基が 1 : 1 の混合物を形成し，イオン強度は 0.10 M になる．

$$B(OH)_3 + OH^- \longrightarrow (OH)_2BO^- + H_2O$$
ホウ酸(HA) ホウ酸イオン(A^-)

表 9-2 からホウ酸は，$pK_a = 9.24$ ($\mu = 0$)，$pK_a = 8.98$ ($\mu = 0.1$ M) である．ホウ酸とホウ酸イオンの 1 : 1 混合物の pH は，低イオン強度では $pK_a = 9.24$ に近く，$\mu = 0.1$ M では 8.98 に近くなると予想される．イオン強度の効果の別の例として，0.5 M リン酸緩衝液（pH 6.6）を 0.05 M まで希釈すると，pH は 6.9 まで上がる．かなり大きな効果である．

> イオン強度が変わると，pH が変わる．

本書では，ほぼすべての章末問題で $\mu = 0$ の pK_a を用いる．実際に $\mu = 0$ の pK_a 値が記されていない場合は，$\mu = 0.1$ M の pK_a 値を用いる．

緩衝液の pK_a は，表 9-2 の最後の列に示されているように温度に依存する．トリスはとくに温度依存性が大きく，室温付近で $-0.028\ pK_a/K$ である．25 ℃ で pH 8.07 のトリス溶液は，4 ℃ では pH ≈ 8.7，37 ℃ では pH ≈ 7.7 になる．

> 温度が変わると，pH が変わる．

混合後の濃度が混ぜた濃度と異なるとき

希薄溶液や極端な pH では，HA や A^- の濃度はそれらの式量濃度と等しくならない．F_{HA} mol の HA と F_{A^-} mol の塩 Na^+A^- を混ぜるとしよう．物質収支と電荷均衡は，

物質収支：$F_{HA} + F_{A^-} = [HA] + [A^-]$
電荷均衡：$[Na^+] + [H^+] = [OH^-] + [A^-]$

> 希薄溶液や極端な pH では，混合後の濃度は混ぜた濃度と異なる．

である．$[Na^+] = F_{A^-}$ を代入して少し計算すると次式が得られる．

$$[HA] = F_{HA} - [H^+] + [OH^-] \tag{9-20}$$
$$[A^-] = F_{A^-} + [H^+] - [OH^-] \tag{9-21}$$

これまで $[HA] \approx F_{HA}$，$[A^-] \approx F_{A^-}$ と仮定し，これらの値をヘンダーソン-ハッセルバルヒの式に代入してきた．より厳密な計算では，式 9-20 と式 9-21 を用いる．F_{HA} または F_{A^-} が小さい場合や，$[H^+]$ または $[OH^-]$ が大きい場合は，近似 $[HA] \approx F_{HA}$，$[A^-] \approx F_{A^-}$ は適切でない．酸性溶液では $[H^+] \gg [OH^-]$ なので，式 9-20 と式 9-21 の $[OH^-]$ は無視できる．逆に塩基性溶液では，$[H^+]$ が無視できる．

表 9-2　一般的な緩衝剤の構造および pK_a 値 [a,b,c,d]

名称	構造	pK_a [e] $\mu = 0$	pK_a [e] $\mu = 0.1$ M	式量	Δ(pK_a)/ΔT (K^{-1})
N-(2-アセトアミド)イミノ二酢酸（ADA）	H$_2$NCCH$_2$N$^+$H(CH$_2$CO$_2$H)$_2$ (O)	— (CO$_2$H)	1.59	190.15	—
N-トリス(ヒドロキシメチル)メチルグリシン（TRICINE）	(HOCH$_2$)$_3$CN$^+$H$_2$CH$_2$CO$_2$H	2.02(CO$_2$H)		179.17	−0.003
リン酸	H$_3$PO$_4$	2.15(pK_1)	1.92	98.00	0.005
N,N-ビス(2-ヒドロキシエチル)グリシン（BICINE）	(HOCH$_2$CH$_2$)$_2$N$^+$HCH$_2$CO$_2$H	2.23(CO$_2$H)		163.17	
ADA	(上を見よ)	2.48(CO$_2$H)	2.31	190.15	
ピペラジン-N,N'-ビス(2-エタンスルホン酸)（PIPES）	$^-$O$_3$SCH$_2$CH$_2$N$^+$H · H$^+$NCH$_2$CH$_2$SO$_3^-$	— (pK_1)	2.67	302.37	—
クエン酸	HO$_2$CCH$_2$C(OH)(CO$_2$H)CH$_2$CO$_2$H	3.13(pK_1)	2.90	192.12	−0.002
グリシルグリシン	H$_3$N$^+$CH$_2$CNHCH$_2$CO$_2$H (O)	3.14(CO$_2$H)	3.11	132.12	0.000
ピペラジン-N,N'-ビス(3-プロパンスルホン酸)（PIPPS）	$^-$O$_3$S(CH$_2$)$_3$N$^+$H · H$^+$N(CH$_2$)$_3$SO$_3^-$	— (pK_1)	3.79	330.42	
ピペラジン-N,N'-ビス(4-ブタンスルホン酸)（PIPBS）	$^-$O$_3$S(CH$_2$)$_4$N$^+$H · H$^+$N(CH$_2$)$_4$SO$_3^-$	— (pK_1)	4.29	358.47	
N,N'-ジエチルピペラジン二塩酸塩（DEPP·2HCl）	CH$_3$CH$_2$N$^+$H · H$^+$NCH$_2$CH$_3$·2Cl$^-$	— (pK_1)	4.48	215.16	
クエン酸	(上を見よ)	4.76(pK_2)	4.35	192.12	−0.001
酢酸	CH$_3$CO$_2$H	4.76	4.62	60.05	0.000
N,N'-ジエチルエチレンジアミン-N,N'-ビス(3-プロパンスルホン酸)（DESPEN）	$^-$O$_3$S(CH$_2$)$_3$N$^+$H(CH$_2$CH$_3$)CH$_2$CH$_2$H$^+$N(CH$_2$CH$_3$)(CH$_2$)$_3$SO$_3^-$	— (pK_1)	5.62	360.49	—
2-(N-モルホリノ)エタンスルホン酸（MES）	O(CH$_2$CH$_2$)$_2$N$^+$HCH$_2$CH$_2$SO$_3^-$	6.27	6.06	195.24	−0.009
クエン酸	(上を見よ)	6.40(pK_3)	5.70	192.12	0.002
N,N,N',N'-テトラエチルエチレンジアミン二塩酸塩（TEEN·2HCl）	Et$_2$N$^+$HCH$_2$CH$_2$H$^+$NEt$_2$·2Cl$^-$	— (pK_1)	6.58	245.23	
1,3-ビス[トリス(ヒドロキシメチル)メチルアミノ]プロパン塩酸塩（BIS-TRIS プロパン·2HCl）	(HOCH$_2$)$_3$CN$^+$H$_2$(CH$_2$)$_3$N$^+$H$_2$·2Cl$^-$ / (HOCH$_2$)$_3$C	6.65(pK_1)	—	355.26	—
ADA	(上を見よ)	6.84(NH)	6.67	190.15	−0.007

(a) プロトン化した分子の構造を示す．酸性の水素原子を**太字**で示す．pK_a は 25 ℃における値．

(b) この表の緩衝剤の多くは，金属イオンとの結合が弱く，生理的に不活性であるので生物医学研究に広く用いられている [C. L. Bering, *J. Chem. Ed.*, **64**, 803 (1987)]．ある研究によれば，MES と MOPS は Cu^{2+} とほとんど反応しない．HEPES および HEPPS に含まれる少量の不純物が，Cu^{2+} に対して強い親和性を示した．MOPSO は，Cu^{2+} と化学量論的に結合した [H. E. Marsh et al., *Anal. Chem.*, **75**, 671 (2003)]．ADA，BICINE，ACES，TES は，金属イオンとある程度結合する [R. Nakon, C. R. Krishnamoorthy *Science*, **221**, 749 (1983)]．ルチジン緩衝剤は，pH 3～8 で金属イオンと若干結合する [U. Bips et al., *Inorg. Chem.*, **22**, 3862 (1983)]．

(c) データ出典（一部）: R. N. Goldberg et al., *J. Phys. Chem.*, Ref. Data, **31**, 231 (2002)．この論文には pK_a の温度依存性が記されている．

(d) 緩衝液の pK_a の温度およびイオン強度依存性: HEPES - D. Feng et al., *Anal. Chem.*, **61**, 1400 (1989); MOPSO - Y. C. Wu et al., *Anal. Chem.*, **65**, 1084 (1993); ACES および CHES - R. N. Roy et al., *J. Chem. Eng. Data*, **42**, 41 (1997); TEMN, TEEN, DEPP, DESPEN, PIPES, PIPPS, PIPBS, MES, MOPS, MOBS - A. Kandegedara, D. B. Rorabacher, *Anal. Chem.*, **71**, 3140 (1999)．これらの緩衝剤は，金属イオンと結合しにくい化合物として特別に開発された [Q. Yu, A. Kandegedara et al., *Anal. Biochem.*, **253**, 50 (1997)]．

(e) $\mu = 0$ と $\mu = 0.1$ M のときの pK_a の違いについては，240 ページのマージンを参照せよ．

表 9-2（続き）一般的な緩衝剤の構造および pK_a 値 [a,b,c,d]

名称	構造	pK_a [e] $\mu = 0$	pK_a [e] $\mu = 0.1$ M	式量	$\Delta(pK_a)/\Delta T (K^{-1})$
N-(2-アセトアミド)-2-アミノエタンスルホン酸（ACES）	H$_2$NCOCH$_2$N$^+$H$_2$CH$_2$CH$_2$SO$_3^-$	6.85	6.75	182.20	-0.018
3-(N-モルホリノ)-2-ヒドロキシプロパンスルホン酸（MOPSO）	O⟨N$^+$H⟩CH$_2$CH(OH)CH$_2$SO$_3^-$	6.90	—	225.26	-0.015
イミダゾール塩酸塩	（構造）· Cl$^-$	6.99	7.00	104.54	-0.022
PIPES	（上を見よ）	7.14 (pK_2)	6.93	302.37	-0.007
3-(N-モルホリノ)プロパンスルホン酸（MOPS）	O⟨N$^+$H⟩CH$_2$CH$_2$CH$_2$SO$_3^-$	7.18	7.08	209.26	-0.012
リン酸	H$_3$PO$_4$	7.20 (pK_2)	6.71	98.00	-0.002
4-(N-モルホリノ)ブタンスルホン酸（MOBS）	O⟨N$^+$H⟩CH$_2$CH$_2$CH$_2$CH$_2$SO$_3^-$	—	7.48	223.29	—
N-トリス(ヒドロキシメチル)メチル-2-アミノエタンスルホン酸（TES）	(HOCH$_2$)$_3$CN$^+$H$_2$CH$_2$CH$_2$SO$_3^-$	7.55	7.60	229.25	-0.019
N-(2-ヒドロキシエチル)ピペラジン-N'-2-エタンスルホン酸（HEPES）	HOCH$_2$CH$_2$N⟨ ⟩N$^+$HCH$_2$CH$_2$SO$_3^-$	7.56	7.49	238.30	-0.012
PIPPS	（上を見よ）	— (pK_2)	7.97	330.42	—
N-(2-ヒドロキシエチル)ピペラジン-N'-3-プロパンスルホン酸（HEPPS）	HOCH$_2$CH$_2$N⟨ ⟩N$^+$H(CH$_2$)$_3$SO$_3^-$	7.96	7.87	252.33	-0.013
グリシンアミド塩酸塩	H$_3$N$^+$CH$_2$CONH$_2$ · Cl$^-$	—	8.04	110.54	—
トリス(ヒドロキシメチル)アミノメタン・塩酸塩（トリス・HCl）	(HOCH$_2$)$_3$CN$^+$H$_3$ · Cl$^-$	8.07	8.10	157.60	-0.028
TRICINE	（上を見よ）	8.14 (NH)	—	179.17	-0.018
グリシルグリシン	（上を見よ）	8.26 (NH)	8.09	132.12	-0.026
BICINE	（上を見よ）	8.33 (NH)	8.22	163.17	-0.015
PIPBS	（上を見よ）	— (pK_2)	8.55	358.47	—
DEPP·2HCl	（上を見よ）	— (pK_2)	8.58	207.10	—
DESPEN	（上を見よ）	— (pK_2)	9.06	360.49	—
BIS-TRIS プロパン·2HCl	（上を見よ）	9.10 (pK_2)	—	355.26	—
アンモニア	NH$_4^+$	9.24	—	17.03	-0.031
ホウ酸	B(OH)$_3$	9.24 (pK_1)	8.98	61.83	-0.008
シクロヘキシルアミノエタンスルホン酸（CHES）	⟨cyclohexyl⟩-N$^+$H$_2$CH$_2$CH$_2$SO$_3^-$	9.39	—	207.29	-0.023
TEEN·2HCl	（上を見よ）	— (pK_2)	9.88	245.23	—
3-(シクロヘキシルアミノ)プロパンスルホン酸（CAPS）	⟨cyclohexyl⟩-N$^+$H$_2$CH$_2$CH$_2$CH$_2$SO$_3^-$	10.50	10.39	221.32	-0.028
N,N,N',N'-テトラエチルメチレンジアミン·2HCl（TEMN·2HCl）	Et$_2$N$^+$HCH$_2$N$^+$HEt$_2$·2Cl$^-$	— (pK_2)	11.01	231.21	—
リン酸	H$_3$PO$_4$	12.38 (pK_3)	11.52	98.00	-0.009
ホウ酸	B(OH)$_3$	12.74 (pK_2)	—	61.83	—

> **例題** 中程度の強酸から調製した希薄緩衝液
>
> 0.0100 mol の HA ($pK_a = 2.00$) と 0.0100 mol の A^- を水に溶かして 1.00 L の溶液をつくると pH はいくらになるか？
>
> **解法** 溶液は酸性 (pH ≈ pK_a = 2.00) なので，式 9-20 と式 9-21 の $[OH^-]$ は無視する．式 9-20 と式 9-21 で $[H^+] = x$ とおき，K_a の式を用いて $[H^+]$ を求める．
>
> $$\text{HA} \rightleftharpoons \text{H}^+ + \text{A}^-$$
> $$0.0100-x \quad x \quad 0.0100+x$$
>
> $$K_a \frac{[H^+][A^-]}{[HA]} = \frac{(x)(0.0100+x)}{(0.0100-x)} = 10^{-2.00} \tag{9-22}$$
>
> $$\Rightarrow \quad x = 0.00414 \text{ M} \quad \Rightarrow \quad pH = -\log[H^+] = 2.38$$
>
> pH は 2.00 ではなく 2.38 である．$[HA]$ と $[A^-]$ は，混ぜた状態の濃度とは異なる．
>
> $$[HA] = F_{HA} - [H^+] = 0.00586 \text{ M}$$
> $$[A^-] = F_{A^-} - [H^+] = 0.0141 \text{ M}$$
>
> この例では HA が強く，かつ濃度が低いので，HA と A^- の濃度は式量濃度と等しくならない．
>
> **類題** pK_a が 2.00 ではなく 3.00 の場合の pH を求めよ．答えは理にかなっているか？（**答え**：3.07）

この溶液の HA は，40%以上解離している．この酸は，$[HA] \approx F_{HA}$ と近似するには強すぎる．

活量係数を考慮したヘンダーソン-ハッセルバルヒの式は，K_a の式をたんに整理しただけなので，<u>常に正しい</u>．いつも正確とはかぎらないのは，近似 $[HA] \approx F_{HA}$ および $[A^-] \approx F_{A^-}$ である．

要約すると，緩衝液は弱酸とその共役塩基の混合物からなる．緩衝液は，pH ≈ pK_a のとき最も有用である．適切な濃度範囲では，緩衝液の pH は緩衝剤の濃度にほとんど依存しない．緩衝剤は加えられた酸や塩基と反応し，pH が変化しないように働く．過剰な酸や塩基が加えられると，緩衝剤は使いつくされて，pH の変化に抗しきれなくなる．

> **例題** Excel のゴール シークツールおよびセルの名前付け
>
> ゴール シークを用いると，どんなに複雑な式でも数値解が得られる．式 9-22 を立てるとき，$[H^+] \gg [OH^-]$ という（すばらしい）近似を行い，$[OH^-]$ は無視した．ゴール シークを使うと，この近似をしなくても式 9-20 と式 9-21 を扱える．
>
> $$K_a = \frac{[H^+][A^-]}{[HA]} = \frac{[H^+](F_{A^-} + [H^+] - [OH^-])}{F_{HA} - [H^+] + [OH^-]} \tag{9-23}$$
>
> 次ページのゴール シークのスプレッドシートでは，式をよりわかりやす

くするため，セルに名前を付ける．列 A にはラベル〔Ka, Kw, FHA, FA(=FA⁻), H(=[H⁺]), OH(=[OH⁻])〕を入力する．セル B1：B4 には K_a, K_w, F_{HA}, F_{A^-} の数値を入力する．セル B5 には [H⁺] の<u>推定値</u>を入力する．

	A	B	C	D	E
1	Ka =	0.01			
2	Kw =	1.00E-1.4		Kaの反応商 =	
3	FHA =	0.01		[H+][A−]/[HA] =	
4	FA =	0.01		0.001222222	
5	H =	1.000E-03	←ゴール シークは，D4 = KaになるまでHを変化させる．		
6	OH = Kw/H	1E-11		D4 = H*(FA+H−OH)/(FHA−H+OH)	
7	pH = −log(H) =	3.00			

ここでセル B1 からセル B6 に名前を付けよう．Excel 2010 または 2007 では，セル B1 を選び，［数式］リボンに移動して［名前の定義］をクリックする．ダイアログボックスが現れ，セル A1 に表示されている名前「Ka」を使用したいかをたずねられるので，この名前でよければ OK をクリックする．こののちセル B1 を選ぶと，スプレッドシートの左上にある「名前ボックス」に B1 ではなく Ka と表示される．列 B の他のセルにも「Kw」，「FHA」，「FA」，「H」，「OH」と名前を付けよう．すると，セル B2 を参照する式を書くとき，B2 の代わりに Kw と書くことができる．Kw は，セル \$B\$2 の<u>絶対参照</u>である．

セル B6 に式 "=Kw/H" を入力すると，Excel は [OH⁻] の値として 1E−11 を返す．セルに名前を付ける利点は，"=\$B\$2/\$B\$5" よりも "=Kw/H" のほうがわかりやすいことだ．セル B7 には，pH の式 "=−log(H)" を入力する．

セル D4 には，"=H*(FA+H−OH)/(FHA−H+OH)" と入力する．これは式 9-23 の商である．Excel は，セル B5 の推定値 [H⁺] = 0.001 に基づいて，値 0.001 222 を返す．

ここでゴール シークを使って，セル D4 の反応商が 0.01（K_a の値）と等しくなるまでセル B5 の [H⁺] を変化させよう．Excel 2010 では，ゴール シークを使う前に［ファイル］をクリックし，［オプション］を選ぶ．［オプション］のウィンドウで［数式］を選ぶ．［変化の最大値］を 1E−15 に設定して，高精度で答えを求める．ゴール シークを実行するには，［データ］リボンに移動して［What-If 分析］をクリックし，次に［ゴール シーク］をクリックする．ダイアログボックスで［数式入力セル］を <u>D4</u>，［目標値］を <u>0.01</u>，［変化させるセル］を <u>B5</u> にする．OK をクリックすると，Excel はセル D4 の反応商が 0.01 になるまでセル B5 を変化させ，[H⁺] = 4.142×10^{-3} を与える．[H⁺] の最初の推定値が適切でなければ，解が負の値になったり，解が得られなかったりするかもしれない．ただ一つの正の [H⁺] の値が，式 9-23 を満たす．

類題 $K_a = 0.001$ の場合の [H⁺] を求めよ．（**答え**：[H⁺] = 8.44×10^{-4}，pH = 3.07）

重要なキーワード

pK
塩基加水分解定数 K_b (base hydrolysis constant)
(塩基の) 会合度 α 〔fraction of association (of a base)〕
緩衝液 (buffer)
緩衝容量 (buffer capacity)
強塩基 (strong base)
強酸 (strong acid)
共役酸・塩基対 (conjugate acid-base pair)
酸解離定数 K_a (acid dissociation constant)
(酸の) 解離度 α 〔fraction of dissociation (of an acid)〕
弱塩基 (weak base)
弱酸 (weak acid)
弱電解質 (weak electrolyte)
ヘンダーソン-ハッセルバルヒの式 (Henderson-Hasselbalch equation)

本章のまとめ

<u>強酸または塩基</u>. 実用的な濃度 ($\geq 10^{-6}$ M) では, pH と pOH は酸または塩基の式量濃度から直接求められる. 濃度が 10^{-7} M に近いときは, 平衡の系統的解析法を適用して pH を計算する. さらに低い濃度では, 溶媒の自己プロトリシスによって pH は 7.00 になる.

<u>弱酸</u>. 反応 HA $\rightleftharpoons$ H$^+$ + A$^-$ について, 式 $K_a = x^2/(F-x)$ を立てて解く. ここで, [H$^+$] = [A$^-$] = x, [HA] = $F-x$ である. 解離度は, $\alpha = $ [A$^-$]/([HA]+[A$^-$]) = x/F により与えられる. pK_a は, p$K_a = -\log K_a$ と定義される.

<u>弱塩基</u>. 反応 B + H$_2$O $\rightleftharpoons$ BH$^+$ + OH$^-$ について, 式 $K_b = x^2/(F-x)$ を立てて解く. ここで, [OH$^-$] = [BH$^+$] = x, [B] = $F-x$ である. 弱塩基の共役酸は弱酸であり, 弱酸の共役塩基は弱塩基である. 共役酸・塩基対では, $K_a \cdot K_b = K_w$ である.

<u>緩衝液</u>. 緩衝液は, 弱酸とその共役塩基の混合物である. 緩衝剤は加えられた酸や塩基と反応し, pH の変化を抑えるように働く. 緩衝液の pH は, ヘンダーソン-ハッセルバルヒの式により与えられる.

$$\text{pH} = \text{p}K_a + \log \frac{[\text{A}^-]}{[\text{HA}]}$$

ここで, pK_a は分母の化学種のものである. HA と A$^-$ の濃度は, 溶液を調製するのに用いた濃度と事実上等しい. 緩衝液の pH は希釈によってはほとんど変わらないが, 緩衝液の濃度が高くなると緩衝容量は大きくなる. 緩衝容量が最大になるのは pH = pK_a のときであり, 緩衝液が有効な pH 範囲は p$K_a \pm 1$ である.

弱酸の共役塩基は弱塩基である. 酸が弱いほど, 共役塩基は強くなる. しかし, 共役酸塩基対のいずれかが弱いと, 共役化学種も弱くなる. 水溶液中の酸の K_a とその共役塩基の K_b の関係式は, $K_a \cdot K_b = K_w$ である. 強酸 (または強塩基) を弱塩基 (または弱酸) に加えると, ほぼ完全に反応する.

練習問題

9-A. 活量係数を正しく用いて, 1.0×10^{-2} M NaOH の pH を求めよ.

9-B. 活量を用いずに, 次の pH を計算せよ.
(a) 1.0×10^{-8} M HBr 溶液
(b) 1.0×10^{-8} M H$_2$SO$_4$ 溶液 (この濃度では, H$_2$SO$_4$ は 2H$^+$ と SO$_4^{2-}$ に完全に解離する).

9-C. 1.23 g の 2-ニトロフェノール (式量 139.11) を水 0.250 L に溶かして調製した溶液の pH はいくらか?

9-D. 0.010 M o-クレゾール溶液の pH は 6.16 である. この弱酸の pK_a を求めよ.

o-クレゾール (構造式: CH$_3$ と OH を持つベンゼン環)

9-E. 弱酸 HA (pK_a = 5.00) の濃度が 0 に近づくとき, 解離度 (α) の極限値を計算せよ. また, pK_a = 9.00 の弱酸についても同様に求めよ.

9-F. 0.050 M ブタン酸ナトリウム 〔ブタン酸 (酪酸ともいう) のナトリウム塩〕溶液の pH を求めよ.

9-G. 0.10 M エチルアミン溶液の pH は 11.82 である.
(a) 付録 G を参照せずに, エチルアミンの K_b を求めよ.
(b) (a) の結果を用いて, 0.10 M 塩化エチルアンモニウム溶液の pH を計算せよ.

9-H. 以下の塩基のうち, pH 9.00 の緩衝液の調製に最も適しているのはどれか? (i) NH$_3$ (アンモニア, K_b = 1.76×10^{-5}), (ii) C$_6$H$_5$NH$_2$ (アニリン, K_b = 3.99×10^{-10}), (iii) H$_2$NNH$_2$ (ヒドラジン, K_b = 1.05×10^{-6}), (iv) C$_5$H$_5$N (ピリジン, K_b = 1.58×10^{-9}).

9-I. ある溶液は, 63 種類の共役酸塩基対を含む. そのなかにアクリル酸とアクリル酸イオンがあり, その平衡濃度比は〔アクリル酸イオン〕/〔アクリル酸〕= 0.75 である. 溶液の pH はいくらか?

$$\text{H}_2\text{C}=\text{CHCO}_2\text{H} \qquad \text{p}K_a = 4.25$$
アクリル酸

9-J. (a) 1.00 g のグリシンアミド塩酸塩 (表 9-2) と 1.00 g の

グリシンアミドを水 0.100 L に溶かして調製した溶液の pH を求めよ.

$$\underset{\substack{\text{グリシンアミド}\\C_2H_6N_2O\\\text{式量 74.08}}}{H_2N\diagdown\overset{O}{\underset{NH_2}{\|}}}$$

(b) pH 8.00 の溶液 100 mL を得るためには，1.00 g のグリシンアミド塩酸塩に何 g のグリシンアミドを加えるべきか？
(c) (a) の溶液に 0.100 M 塩酸 5.00 mL を加えると pH はいくらになるか？
(d) (c) の溶液に 0.100 M NaOH 溶液 10.00 mL を加えると pH はいくらになるか？
(e) (a) の溶液に 0.100 M NaOH 溶液 90.46 mL を加えると pH はいくらになるか？（これは，グリシンアミド塩酸塩をちょうど中和する NaOH の量である）．

9-K. pH 6.0 の 0.2 M 緩衝液 250 mL をつくるときに使用できる化合物を表 9-2 から選べ．また，その緩衝液をどのようにつくるか説明せよ．

9-L. 0.0100 M フェニルヒドラジンを含むイオン強度 0.10 M の溶液は，pH 8.13 である．活量係数を正しく用いて，この溶液中に現れるフェニルヒドラジニウムイオンの pK_a を求めよ．$\gamma_{BH^+} = 0.80$ と仮定せよ．

フェニルヒドラジン　　　フェニルヒドラジン塩酸塩
B　　　　　　　　　　　$BH^+ Cl^-$

9-M. 本章末のゴール シークのスプレッドシートを用いて，0.030 mol HA ($pK_a = 2.50$) と 0.015 mol NaA を含む溶液 1.00 L の pH を求めよ．また，近似値 [HA] = 0.030 と [A$^-$] = 0.015 を用いると，pH はいくらになるか？

章末問題

強酸と強塩基

9-1. 水に HBr を加えるとき，水が 10^{-7} M H$^+$ と 10^{-7} M OH$^-$ を生じないのはなぜか？

9-2. 活量係数を無視して，次の pH を計算せよ．(a) 1.0×10^{-3} M HBr 溶液，(b) 1.0×10^{-2} M KOH 溶液．

9-3. 活量係数を無視して，5.0×10^{-8} M HClO$_4$ 溶液の pH を計算せよ．水の解離による H$^+$ の割合はいくらか？

9-4. (a) 25 ℃ で 0.100 M 塩酸の pH を測定すると 1.092 であった．この情報から H$^+$ の活量係数を計算し，答えを表 8-1 の値と比べよ．
(b) 25 ℃ で 0.0100 M 塩酸に 0.0900 M KCl を加えた溶液の pH を測定すると，2.102 であった．この情報からこの溶液中の H$^+$ の活量係数を計算せよ．
(c) (a) および (b) の溶液のイオン強度は同じである．溶液中の特定のイオンに対する活量係数の依存性についてどのような結論が導かれるか？

弱酸の平衡

9-5. 以下の平衡定数に対する化学反応式を書け．
(a) 安息香酸 $C_6H_5CO_2H$ の K_a
(b) 安息香酸イオン $C_6H_5CO_2^-$ の K_b
(c) アニリン $C_6H_5NH_2$ の K_b
(d) アニリニウムイオン $C_6H_5NH_3^+$ の K_a

9-6. 弱酸 HA ($K_a = 1.00 \times 10^{-5}$) の 0.100 M 溶液の pH および解離度 (α) を求めよ．

9-7. $BH^+ClO_4^-$ は，塩基 B ($K_b = 1.00 \times 10^{-4}$) と過塩素酸から生じる塩である．この塩は，弱酸 BH^+ および酸としても塩基としても働かない ClO_4^- に解離する．0.100 M $BH^+ClO_4^-$ 溶液の pH を求めよ．

9-8. 0.060 M 塩化トリメチルアンモニウム溶液の pH および $(CH_3)_3N$ と $(CH_3)_3NH^+$ の濃度を求めよ．

9-9. 弱酸 HA の溶液を 2 倍に希釈すると解離度が大きくなる理由について，反応商 Q を用いて説明せよ．

9-10. 弱酸が弱いとき，また弱酸が強いときはどのようなときか？ 弱酸 HA を式量濃度が K_a の 10 分の 1 ($= K_a/10$) となるように水に溶かすと，92% 解離することを示せ．また，$F = 10K_a$ における解離度は 27% であることを示せ．酸が 99% 解離するのは，式量濃度がいくらのときか？ 答えを図 9-2 の左側の曲線と比べよ．

9-11. 0.0450 M 安息香酸溶液の pH は 2.78 である．この酸の pK_a を計算せよ．

9-12. 0.0450 M HA 溶液は，0.60% だけ解離する．この酸の pK_a を計算せよ．

9-13. バルビツール酸は，次式のように解離する．

$$\underset{\substack{\text{バルビツール酸}\\HA}}{\overset{O}{\underset{O}{HN\diagup\diagdown NH}}} \xrightleftharpoons[]{K_a = 9.8 \times 10^{-5}} \underset{A^-}{\overset{O}{\underset{O}{HN\diagup\diagdown N^{:-}}}} + H^+$$

(a) $10^{-2.00}$ M バルビツール酸溶液の pH および解離度を計算せよ．
(b) $10^{-10.00}$ M バルビツール酸溶液の pH および解離度を計算せよ．

9-14. 活量係数を考慮して，0.050 M LiBr と 50.0 mM ヒドロキシベンゼン（フェノール）を含む溶液の pH およびヒドロキシベンゼンの解離度を求めよ．$C_6H_5O^-$ のイオンサイズを 600 pm と仮定せよ．

9-15. Cr^{3+} は，次の加水分解反応により酸として働く．

$$\text{Cr}^{3+} + \text{H}_2\text{O} \xrightleftharpoons[]{K_{a1}} \text{Cr(OH)}^{2+} + \text{H}^+$$

[さらに水と反応すると，Cr(OH)_2^+, Cr(OH)_3, Cr(OH)_4^- を生じる．] K_{a1} の値は，図6-9に示されている．K_{a1} の反応のみを考慮して，0.010 M $\text{Cr(ClO}_4)_3$ 溶液のpHを求めよ．Cr(OH)^{2+} のかたちのクロムの割合はいくらか？

9-16. コラム9-1の硝酸の解離定数（25℃）から，0.100 M 硝酸および1.00 M 硝酸における解離度を百分率で求めよ．

9-17. 📊 Excelのゴールシーク．ゴールシークを使って，式 $x^2/(F-x) = K$ を解け．下図のセルA4の x の値を推定して，セルB4の $x^2/(F-x)$ を計算する．ゴールシークを使って，$x^2/(F-x)$ が K と等しくなるまで x の値を変化させよ．スプレッドシートを用いて，問題9-6で求めた答えを確かめよ．

	A	B
1	Excelゴールシークの使用	
2		
3	x =	x²/(F−x) =
4	0.01	1.1111E−03
5	F =	
6	0.1	

弱塩基の平衡

9-18. 一般に共有結合化合物は，イオン性化合物よりも蒸気圧が高い．魚の「生臭い」においは，魚のアミンが原因である．レモン（酸性）をしぼって魚にかけると，生臭いにおい（および味）が少なくなる理由を説明せよ．

9-19. 弱塩基B（$K_b = 1.00 \times 10^{-5}$）の0.100 M 溶液のpHおよび会合度（$\alpha$）を求めよ．

9-20. 0.060 M トリメチルアミン溶液のpHおよび $(\text{CH}_3)_3\text{N}$ と $(\text{CH}_3)_3\text{NH}^+$ の濃度を求めよ．

9-21. 0.050 M NaCN溶液のpHを求めよ．

9-22. 酢酸ナトリウムの 1.00×10^{-1} M，1.00×10^{-2} M，1.00×10^{-12} M 溶液の会合度（α）を計算せよ．希釈すると α は大きくなるか，小さくなるか？

9-23. ある塩基の0.10 M 溶液のpHは9.28である．この塩基の K_b を求めよ．

9-24. ある塩基の0.10 M 溶液は2.0%だけ加水分解される（$\alpha = 0.020$）．この塩基の K_b を求めよ．

9-25. 水中で塩基の濃度が0に近づくとき，塩基の会合度の極限値は，$\alpha = 10^7 K_b/(1 + 10^7 K_b)$ であることを示せ．また，$K_b = 10^{-4}$ および $K_b = 10^{-10}$ の塩基の α の極限値を求めよ．

緩衝液

9-26. 純粋な酢酸，約3 M 塩酸，および約3 M NaOH溶液を用いて，0.200 M 酢酸塩緩衝液（pH 5.00）100 mLを調製する方法を説明せよ．

9-27. 28 wt% NH_3 溶液（本書の裏見返しに記した「濃アンモニア」）および「濃」塩酸（37.2 wt%）または「濃」NaOH溶液（50.5 wt%）を用いて，1.00 M アンモニア緩衝液（pH 9.00）250 mLを調製する方法を説明せよ．

9-28. 0.100 M ホウ酸塩緩衝液（pH = pK_a = 9.24）100.0 mLを含む反応混合物について考えよう．pH = pK_a において，$[\text{H}_3\text{BO}_3] = [\text{H}_2\text{BO}_3^-] = 0.0500$ M であることがわかっている．酸を生じる化学反応で，溶液のpHを制御したい．pH 変化を抑えるため酸が $[\text{H}_2\text{BO}_3^-]$ の半分以上を消費しないようにしたい．何 molまでの酸を発生させられるか？　また，このとき pH はいくらになるか？

9-29. 緩衝液のpHが濃度にほとんど依存しないのはなぜか？

9-30. 緩衝液の濃度が高くなると緩衝容量が大きくなるのはなぜか？

9-31. 溶液が強酸性（pH ≈ 1）または強塩基性（pH ≈ 13）では，緩衝容量が大きくなるのはなぜか？

9-32. 緩衝容量が pH = pK_a において最大になるのはなぜか？

9-33. 以下の記述について説明せよ．活量係数を考慮したヘンダーソン-ハッセルバルヒの式は<u>常に</u>正確である．正確でない可能性があるのは，式で用いる $[\text{A}^-]$ と $[\text{HA}]$ の<u>値</u>である．

9-34. 以下の酸のうち pH 3.10 の緩衝液の調製に最も適しているのはどれか？　(i) 過酸化水素，(ii) プロパン酸，(iii) シアノ酢酸，(iv) 4-アミノベンゼンスルホン酸．

9-35. 弱酸HA（$K_a = 1.00 \times 10^{-5}$）0.100 mol とその共役塩基 Na^+A^- 0.050 mol を水 1.00 L に溶かして緩衝液を調製した．この緩衝液のpHを求めよ．

9-36. ギ酸溶液のヘンダーソン-ハッセルバルヒの式を書け．(a) pH 3.000，(b) pH 3.744，(c) pH 4.000 における商 $[\text{HCO}_2^-]/[\text{HCO}_2\text{H}]$ を計算せよ．

9-37. イオン強度 0.1 M，pH 3.744 における商 $[\text{HCO}_2^-]/[\text{HCO}_2\text{H}]$ を計算せよ．付録Gの $\mu = 0.1$ における平衡定数を用いよ．

9-38. 亜硝酸イオン（NO_2^-）の pK_b が 10.85 であると仮定して，(a) pH 2.00，(b) pH 10.00 の亜硝酸ナトリウム溶液中の商 $[\text{HNO}_2]/[\text{NO}_2^-]$ を求めよ．

9-39. (a) 0.0500 M HEPES（表9-2）溶液のpHを7.45にするのに NaOH または塩酸のどちらが必要か？

(b) pH 7.45 の 0.0500 M HEPES溶液 0.250 L を調製する方法を説明せよ．

9-40. 0.00666 M 2,2′-ビピリジン溶液 213 mL に 0.246 M 硝酸を加える．pHを 4.19 にするには，硝酸を何 mL 加えればよいか？

9-41. (a) イミダゾールおよびイミダゾール塩酸塩のそれぞれについて，平衡定数が K_b および K_a である化学反応式

(b) イミダゾール 1.00 g とイミダゾール塩酸塩 1.00 g を水 100.0 mL に溶かして調製した溶液の pH を計算せよ.

(c) (b) の溶液に 1.07 M HClO₄ 溶液 2.30 mL を加えたときの pH を計算せよ.

(d) イミダゾール 1.00 g に 1.07 M HClO₄ 溶液を加える. pH を 6.993 にするには溶液を何 mL 加えればよいか?

9-42. 0.0800 mol のクロロ酢酸と 0.0400 mol のクロロ酢酸ナトリウムを水 1.00 L に入れて混合・調製した溶液の pH を計算せよ.

(a) まず, HA と A⁻ の濃度がこれらの式量濃度と等しいと仮定して計算せよ.

(b) 次に, 溶液中の [HA] と [A⁻] の実際の値を用いて計算せよ.

(c) 下に述べる溶液の pH を, まず頭で考えて, 次にヘンダーソン–ハッセルバルヒの式を使って求めよ. 以下のすべての化合物を全体積 1.00 L の溶液に溶かした. 0.180 mol ClCH₂CO₂H, 0.020 mol ClCH₂CO₂Na, 0.080 mol 硝酸, 0.080 mol Ca(OH)₂. Ca(OH)₂ は完全に解離すると仮定せよ.

9-43. MOBS (表 9-2) 5.00 g に 0.626 M KOH 溶液を加える. pH を 7.40 にするには溶液を何 mL 加えるべきか計算せよ.

9-44. (a) 0.00200 mol の酢酸と 0.00400 mol の酢酸ナトリウムを水に加えて混合・調製した溶液 1.00 L の pH および HA と A⁻ の濃度を式 9-20 と式 9-21 を用いて求めよ.
(b) 手計算で (a) を解いたのち, Excel のゴール シークを使用して同じ答えを求めよ.

9-45. (a) 0.0100 mol の塩基 B ($K_b = 10^{-2.00}$) と 0.0200 mol の BH⁺Br⁻ を混ぜ, 水で希釈して調製した溶液 1.00 L の pH を計算せよ. まず [B] = 0.0100 M, [BH⁺] = 0.0200 M と仮定して pH を計算せよ. また, この答えとこのように仮定せずに計算した場合の pH とを比べよ.

(b) 手計算で (a) を解いたのち, Excel のゴール シークを使用して同じ答えを求めよ.

9-46. pK_a に対するイオン強度の影響. H₂PO₄⁻/HPO₄²⁻ 緩衝剤の K_a は,

$$K_a = \frac{[\text{HPO}_4^{2-}][\text{H}^+]\,\gamma_{\text{HPO}_4^{2-}}\,\gamma_{\text{H}^+}}{[\text{H}_2\text{PO}_4^-]\,\gamma_{\text{H}_2\text{PO}_4^-}} = 10^{-7.20}$$

である. H₂PO₄⁻ と HPO₄²⁻ をモル比 1:1, イオン強度 0 で混ぜると, pH は 7.20 になる. 表 8-1 の活量係数を用いて, イオン強度 0.10 における H₂PO₄⁻ と HPO₄²⁻ の 1:1 混合溶液の pH を計算せよ. pH = $-\log \mathcal{A}_{\text{H}^+}$ = $-\log[\text{H}^+]\gamma_{\text{H}^+}$ であることを思いだそう.

9-47. スペクトルデータの解釈. 次のグラフは, ピリジンの H₄ プロトンの ¹H-核磁気共鳴法の化学シフトを pH に対してプロットしたものである. 化学シフトは, 分子内のプロトンの環境に依存する. 環境が変わると, 化学シフトが変わる. 低 pH と高 pH の間で化学シフトが変わる理由を説明せよ. また, ピリジニウムイオンの pK_a を推定せよ (C₅H₅NH⁺).

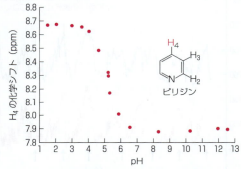

ピリジンの H₄ の NMR 化学シフトの pH 依存性. [データ出典: A. D. Gift et al., *J. Chem. Ed.*, **89**, 1458 (2012).]

9-48. (a) 平衡の系統的解析法. Al³⁺ は, 以下の反応により酸として働く. Al(ClO₄)₃ 溶液の式量濃度が F のとき, pH を求めるのに必要な式を導け.

$$\text{Al}^{3+} + \text{H}_2\text{O} \underset{}{\overset{\beta_1}{\rightleftharpoons}} \text{AlOH}^{2+} + \text{H}^+$$

$$\text{Al}^{3+} + 2\text{H}_2\text{O} \underset{}{\overset{\beta_2}{\rightleftharpoons}} \text{Al(OH)}_2^+ + 2\text{H}^+$$

$$2\text{Al}^{3+} + 2\text{H}_2\text{O} \underset{}{\overset{K_{22}}{\rightleftharpoons}} \text{Al}_2(\text{OH})_2^{4+} + 2\text{H}^+$$

$$\text{Al}^{3+} + 3\text{H}_2\text{O} \underset{}{\overset{\beta_3}{\rightleftharpoons}} \text{Al(OH)}_3(aq) + 3\text{H}^+$$

$$\text{Al}^{3+} + 4\text{H}_2\text{O} \underset{}{\overset{\beta_4}{\rightleftharpoons}} \text{Al(OH)}_4^- + 4\text{H}^+$$

$$3\text{Al}^{3+} + 4\text{H}_2\text{O} \underset{}{\overset{K_{43}}{\rightleftharpoons}} \text{Al}_3(\text{OH})_4^{5+} + 4\text{H}^+$$

(b) 平衡定数および式量濃度 F の値がわかっている場合, 図 8-9 のようなスプレッドシートを用いて溶液の pH およびすべての化学種の濃度を求める方法を説明せよ.

10 多プロトン酸・塩基の平衡
Polyprotic Acid-Base Equilibria

大気中の二酸化炭素

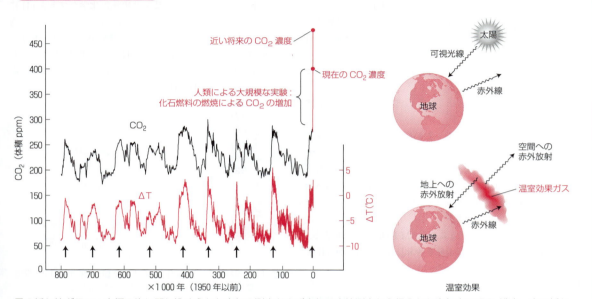

黒の折れ線グラフ：南極の氷に閉じ込められた空気の測定および大気の直接測定から得られた大気中の CO_2 濃度．赤の折れ線グラフ：降雨が生じる高度の大気温度．氷の同位体組成から推定された．[データ出典：J. M. Barnola et al., http://cdiac.esd.ornl.gov/ftp/trends/co2/vostok.icecore.co2.]

　これまでに行われた化学・物理実験で最大規模のものは，おそらく人類活動による大気への二酸化炭素の放出である．それは，少なくとも 800 000 年続いた CO_2 濃度の周期変化を変えてしまった．CO_2 は，私たちのおもなエネルギー源である化石燃料（石炭，石油，天然ガス）の燃焼によって発生する．2011 年の 1 年間で，人類は化石燃料由来の CO_2 を 3.16×10^{13} kg も放出した[1]．大気中の平均 CO_2 濃度は，390.6 ppm（μL/L）から 392.7 ppm まで，2.1 ppm だけ上昇した．2011 年に発生した CO_2 がすべて大気中に残ったならば，CO_2 濃度は 4.0 ppm 上昇したはずである[2]．実際はそうにならずに，約半分の CO_2 は海水に溶け，または植物に取り込まれた．

　CO_2 は**温室効果ガス**として働き，地表温度に影響を及ぼす．地球は太陽光を吸収して，赤外線を放射する．吸収される太陽光と宇宙に放射される赤外線のバランスが，表面温度を決める．**温室効果ガス**（greenhouse gas）は赤外線を吸収し，その一部を再び地表に放射する．CO_2 は地球からの赤外線の一部を途中でとらえることで，それが存在しない場合よりも地球を暖める．

　グラフに矢印で示したように，大気温度と CO_2 濃度はおよそ 100 000 年ごとにピークを生じてきた．この温度変化は，おもに地球の公転軌道と地軸の傾きの周期変化による．大気温度が少し高くなると，海水中の CO_2 が大気へ放出される．大気中の CO_2 濃度が高くなると，温室効果によってさらに暖かくなる．軌道の変化がもたらす冷却によって CO_2 は再び海水に溶け，地球はますます冷却される．大気温度と CO_2 濃度は，200 年前までは同じように変化していた．私たちは，大気中の CO_2 が増えたことによる影響を受け始めている．30 年間の平均気温は，その前の 30 年間の平均気温よりも高い[3]．気候の影響には，海面の上昇，植物の長い生長期，河川流量の変化，豪雨の増加，早い雪解け，海・湖・川に氷のない季節の長期化などがある．

多塩基酸（polyprotic acid）と多酸塩基（polyprotic base）は，複数のプロトンを供与したり受容したりする化合物である．はじめに二プロトン性（diprotic，二つの酸性基または塩基性基をもつ）の酸・塩基について学び，次に三つ以上の基をもつ酸・塩基に拡張する．その後，一歩下がって全体を定量的に見て，あるpHでどの化学種が支配的になるかを考えよう．

10-1 二塩基酸と二酸塩基

タンパク質をつくるアミノ酸（amino acid）は，酸性のカルボキシ基，塩基性のアミノ基，およびRで表されるさまざまな置換基をもつ．カルボキシ基はアンモニウム基よりも強い酸なので，アミノ酸は非イオンのかたちから正と負の両方の部位をもつ両性イオン（zwitterion）に自発的に変わる．

> 両性イオンは，正の電荷と負の電荷の部位をもつ中性分子である．

$$\begin{array}{c}\text{アミノ基} \rightarrow \text{H}_2\text{N} \\ \text{CH-R} \\ \text{カルボキシ基} \rightarrow \text{HO-C} \\ \parallel \\ \text{O}\end{array} \longrightarrow \begin{array}{c}\text{H}_3\overset{+}{\text{N}} \leftarrow \text{アンモニウム基} \\ \text{CH-R} \\ {}^-\text{O-C} \leftarrow \text{解離したカルボキシ基} \\ \parallel \\ \text{O} \\ \text{両性イオン}\end{array}$$

pHが低いとき，アンモニウム基とカルボキシ基の両方がプロトン化する．pHが高いときは，どちらもプロトン化しない．アミノ酸の酸解離定数を表10-1にまとめた．各化合物は完全にプロトン化されたかたちで描かれている．

溶液中では，$-\text{NH}_3^+$ と $-\text{CO}_2^-$ が水と相互作用し，両性イオンが安定化される．また，両性イオンは固体のアミノ酸の安定なかたちでもあり，隣接する分子の $-\text{NH}_3^+$ と $-\text{CO}_2^-$ の間で水素結合が形成される．気相では，電荷を安定化する隣接分子はないので，図10-1に示すような非イオンの構造が支配的となり，$-\text{NH}_2$ とカルボキシ基の酸素との間に分子内水素結合がつくられる．

以下の説明では，アミノ酸のロイシン（HLと表す）に焦点をあてる．

> 生細胞内のアミノ酸の pK_a 値は，表10-1の値といくぶん異なる．生体の温度は25 ℃ではなく，イオン強度もゼロではないからだ．

$$\underset{\text{H}_2\text{L}^+}{\text{H}_3\overset{+}{\text{N}}\text{CHCO}_2\text{H}} \xrightleftharpoons[]{pK_{a1}=2.328} \underset{\underset{\text{ロイシン}}{\text{HL}}}{\text{H}_3\overset{+}{\text{N}}\text{CHCO}_2^-} \xrightleftharpoons[]{pK_{a2}=9.744} \underset{\text{L}^-}{\text{H}_2\text{NCHCO}_2^-}$$

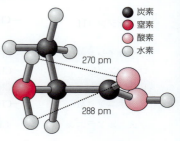

図10-1 マイクロ波分光法により決定された気相のアラニンの構造 [出典：S. Blanco et al., *J. Am. Chem. Soc.*, **126**, 11675 (2004).]

上に示した平衡定数は，以下の反応のものである．

二塩基酸： $\quad \text{H}_2\text{L}^+ \rightleftharpoons \text{HL} + \text{H}^+ \quad K_{a1} \equiv K_1 \quad (10\text{-}1)$

$\qquad\qquad\quad \text{HL} \rightleftharpoons \text{L}^- + \text{H}^+ \quad K_{a2} \equiv K_2 \quad (10\text{-}2)$

二酸塩基： $\quad \text{L}^- + \text{H}_2\text{O} \rightleftharpoons \text{HL} + \text{OH}^- \quad K_{b1} \quad (10\text{-}3)$

$\qquad\qquad\quad \text{HL} + \text{H}_2\text{O} \rightleftharpoons \text{H}_2\text{L}^+ + \text{OH}^- \quad K_{b2} \quad (10\text{-}4)$

共役酸・塩基の平衡定数には次の関係があることを思い起こそう．

K_a と K_b の関係：
$$K_{a1} \cdot K_{b2} = K_w \quad (10\text{-}5)$$
$$K_{a2} \cdot K_{b1} = K_w \quad (10\text{-}6)$$

> ロイシンの置換基Rは，イソブチル基〔$(\text{CH}_3)_2\text{CHCH}_2-$〕である．
>
> K_{a1} や K_{a2} の下付きの「a」は省略されることがある．K_{b1} や K_{b2} の下付きの「b」は必ず書く．

さて，0.0500 M H_2L^+，0.0500 M HL，0.0500 M L^- のそれぞれの溶液の

pHおよび組成を計算してみよう．この方法は一般的なものであり，酸や塩基の電荷に依存しない．つまり，<u>二塩基酸 H_2A のpHを求めるには同じ方法が使える</u>．Aは何でもよい．HLがロイシンのときは，H_2A は H_2L^+ である．

酸性のかたち，H_2L^+

ロイシン塩酸塩は，プロトン化した化学種 H_2L^+ を含み，H_2L^+ は二段階に解離する（反応10-1および反応10-2）．$K_1 = 4.70 \times 10^{-3}$ であるので，H_2L^+

表10-1 アミノ酸の酸解離定数

アミノ酸[a]	置換基[a]	カルボキシ基の pK_a[b]	アンモニウム基の pK_a[b]	置換基の pK_a[b]	式量
アラニン（A）	$-CH_3$	2.344	9.868		89.09
アルギニン（R）	$-CH_2CH_2CH_2NHC(\overset{+}{N}H_2)NH_2$	1.823	8.991	(12.1)[c]	174.20
アスパラギン（N）	$-CH_2C(O)NH_2$	2.16[c]	8.73[c]		132.12
アスパラギン酸（D）	$-CH_2CO_2H$	1.990	10.002	3.900	133.10
システイン（C）	$-CH_2SH$	(1.7)	10.74	8.36	121.16
グルタミン酸（E）	$-CH_2CH_2CO_2H$	2.16	9.96	4.30	147.13
グルタミン（Q）	$-CH_2CH_2C(O)NH_2$	2.19[c]	9.00[c]		146.15
グリシン（G）	$-H$	2.350	9.778		75.07
ヒスチジン（H）	$-CH_2-$(imidazole, $\overset{+}{N}H$)	(1.6)	9.28	5.97	155.16
イソロイシン（I）	$-CH(CH_3)(CH_2CH_3)$	2.318	9.758		131.17
ロイシン（L）	$-CH_2CH(CH_3)_2$	2.328	9.744		131.17
リジン（K）	$-CH_2CH_2CH_2CH_2NH_3^+$	(1.77)	9.07	10.82	146.19
メチオニン（M）	$-CH_2CH_2SCH_3$	2.18[c]	9.08[c]		149.21
フェニルアラニン（F）	$-CH_2-C_6H_5$	2.20	9.31		165.19
プロリン（P）	$HO_2C-(\text{pyrrolidine with } \overset{+}{N}H_2)$ ←アミノ酸全体の構造	1.952	10.640		115.13
セリン（S）	$-CH_2OH$	2.187	9.209		105.09
スレオニン（T）	$-CH(CH_3)(OH)$	2.088	9.100		119.12
トリプトファン（W）	$-CH_2-$(indole)	2.37[c]	9.33[c]		204.23
チロシン（Y）	$-CH_2-C_6H_4-OH$	2.41[c]	8.67[c]	11.01[c]	181.19
バリン（V）	$-CH(CH_3)_2$	2.286	9.719		117.15

(a) 酸性のプロトンを**赤字**で示した．アミノ酸は，完全にプロトン化されたかたちで描かれている．かっこ内は，標準的な一文字表記を示す．
(b) cと記していない限り，pK_a 値は25℃，イオン強度ゼロにおける値である．かっこをつけた値は不確かである．$\mu = 0.1\,M$ における pK_a を付録Gに示した．
(c) これらはイオン強度が $0.1\,M$ における値であり，定数は活量ではなく濃度で表されている．
出典：A. E. Martell and R. J. Motekaitis, NIST Database 46, Gaithersburg, MD: National Institute of Standards and Technology (2001).

は弱酸である．$K_2 = 1.80 \times 10^{-10}$ であるので，HL はさらに弱い酸である．よって，H_2L^+ は部分的にしか解離せず，生成する HL はほとんどまったく解離しない．この理由により，H_2L^+ の溶液は一塩基酸としてふるまうと考え，$K_a = K_1$ とおく近似は妥当であるといえる．

この近似を行うと，$0.0500\ \mathrm{M}\ H_2L^+$ 溶液の pH を求めるのは簡単である．

H_2L^+ は，一塩基酸と見なせる ($K_a = K_{a1}$)．

$$\underset{\underset{0.050\ 0 - x}{H_2L^+}}{H_3\overset{+}{N}CHCO_2H} \xrightleftharpoons[]{K_a = K_{a1} = K_1} \underset{\underset{x}{HL}}{H_3\overset{+}{N}CHCO_2^-} + \underset{x}{H^+}$$

$K_a = K_1 = 4.70 \times 10^{-3}$

$\dfrac{x^2}{F - x} = K_a \Rightarrow x = 1.32 \times 10^{-2}\ \mathrm{M}$

二次方程式を x について解く．

コラム 10-1

海水中の二酸化炭素

本章扉で，過去 800 000 年間，大気中の CO_2 はおよそ 180 ppm から 280 ppm（体積，mL/L）までの間で周期変化したことを示した．西暦 1800 年以降，化石燃料の燃焼と森林の破壊によって，CO_2 濃度は指数関数的に上昇した．これは，私たちが生きている間に地球の気候を変えてしまうに違いない．

大気中の CO_2 が増えると，海水中の CO_2 濃度が高くなる．溶存炭酸イオンが消費され，海水の pH が下がる[4]．

$$\underset{炭酸イオン}{CO_2(aq) + H_2O + CO_3^{2-}} \rightleftharpoons \underset{炭酸水素イオン}{2HCO_3^-} \quad (A)$$

図 a に示すように，海水の pH は産業革命以前の 8.16 から現在の 8.04 まで下がった[5]．私たちの行動が変わらなければ，2100 年までに pH は 7.8 になるおそれがある[6]．

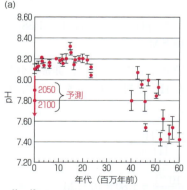

(a)

貝殻化石の $^{11}B/^{10}B$ 比から推定された赤道太平洋海面の pH．
[データ出典：P. N. Pearson, M. R. Palmer, *Nature*, **406**, 695 (2000).]

炭酸イオンの濃度が下がると，固体の炭酸カルシウムの溶解が促進される．

$$\underset{炭酸カルシウム}{CaCO_3(s)} \rightleftharpoons Ca^{2+} + CO_3^{2-} \quad (B)$$

ルシャトリエの原理から，$[CO_3^{2-}]$ が低下すると反応は右向きに進む

海水中の $[CO_3^{2-}]$ が大きく低下すると，$CaCO_3$ の殻や骨格をもつプランクトンやサンゴなどの生物は生き残れない[7]．炭酸カルシウムには，方解石とあられ石と呼ばれる二つの結晶形がある．あられ石は，方解石より溶けやすい．多くの水生生物の殻や骨格は，方解石またはあられ石から成る．

翼足類は動物プランクトンの一種であり，翼をもつ貝として知られている（図 b）*．亜寒帯太平洋で採取された翼足類をあられ石で十分に飽和していない水に入れると，48 時間以内に殻が溶け始める．翼足類などの動物は，食物連鎖の基部に位置している．これらが絶滅すれば，海洋全体に大きな影響がおよぶだろう．

現在，海洋表面水にはあられ石と方解石を安定に保つのに十分な濃度の CO_3^{2-} が含まれている．21 世紀に大気中の CO_2 が容赦なく増えれば，海洋表面水はあられ石に対して未飽和となり，この鉱物の構造体をもつ生物は死滅するだろう．まず極地でこの現象が起こるだろう．CO_2 は温水よりも冷水に多く溶け，低温では K_{a1} と K_{a2} は CO_3^{2-} よりも HCO_3^- と $CO_2(aq)$ に有利に働くからだ（問題 10-11）．

図 c は，大気中の CO_2 濃度に対して極地の海洋表面水における CO_3^{2-} の推定濃度をプロットしたものである[8]．上の横線は，あられ石が溶ける CO_3^{2-} 濃度の上限である．現在，大気中の CO_2 は約 400 ppm，$[CO_3^{2-}]$ は約 100 μmol/

(b)

翼足類．あられ石が未飽和の水中では，生きている翼足類の殻が 48 時間で溶け始める*．[© David Shale/Nature Picture Library.]

(c)

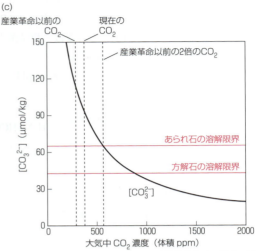

大気中の CO_2 濃度に対する極地の海洋表面水の $[CO_3^{2-}]$ 計算値．$[CO_3^{2-}]$ があられ石の溶解限界より下がると，あられ石が溶ける．[出典: J. C. Orr et al., Nature, **437**, 681 (2005).] 文献 4 にこの図の曲線を計算する式が記されている．

(kg 海水）であり，あられ石や方解石が沈殿するのに十分な濃度である．大気中の CO_2 は今世紀中に 600 ppm に達すると考えられるが，そのとき $[CO_3^{2-}]$ は 60 μmol/(kg 海水) まで減り，あられ石構造体をもつ生物は極地の海から消え始めるだろう．大気中の CO_2 濃度がもっと高くなると，低緯度でも絶滅が起こり，あられ石構造体をもつ生物だけでなく方解石構造体をもつ生物も絶滅するに違いない．

自然は，ある程度の変化に順応できるメカニズムをもっている．たとえば，円石藻とよばれる植物プランクトンは，直径数マイクロメートルの海洋生物であり，$CaCO_3$ 殻をもつ．この生物は，全海洋の $CaCO_3$ の約 3 分の 1 を産

生する．過去 220 年間，大気中の CO_2 が増えるにつれて，円石藻の一種 *Emiliania huxleyi* の平均重量は 40% も増えた．それによって一部の CO_2 が海水から除去された[9]．円石藻は，CO_2 の上昇をある程度まで和らげることができる．しかし，$CaCO_3$ がもはや熱力学的に安定でないレベルまで CO_2 濃度が上昇すれば，石灰化を起こす（$CaCO_3$ を形成する）海洋生物はすべて生存できなくなるだろう．

*訳注　翼足類は幼生期のみ殻をもち，成体は殻をもたない．

$$[HL] = x = 1.32 \times 10^{-2}\,\text{M}$$
$$[H^+] = x = 1.32 \times 10^{-2}\,\text{M} \quad \Rightarrow \quad pH = -\log[H^+] = 1.88$$
$$[H_2L^+] = F - x = 3.68 \times 10^{-2}\,\text{M}$$

溶液中の L^- 濃度はいくらだろうか？　この濃度は，非常に小さいと推定されるが，ゼロではない．計算した HL と H^+ の濃度を用いて，K_2 の式から $[L^-]$ を計算できる．

$$K_2 = \frac{[H^+][L^-]}{[HL]} \quad \Rightarrow \quad [L^-] = \frac{K_2[HL]}{[H^+]} \tag{10-7}$$

$$[L^-] = \frac{(1.80 \times 10^{-10})(1.32 \times 10^{-2})}{(1.32 \times 10^{-2})} = 1.80 \times 10^{-10}\,\text{M}$$

$[H^+] \approx [HL]$ と近似すると，式 10-7 は $[L^-] = K_2$ となる．

二塩基酸を一塩基酸とみなすという近似の妥当性は，この最後の結果から裏

付けられる．L⁻ 濃度は，HL 濃度よりおよそ 8 桁も小さい．HL の解離は，H_2L^+ の解離と比べて確かに無視できる．ほとんどの二塩基酸について，K_1 は K_2 よりも十分に大きく，この近似は妥当である．K_2 が K_1 の 10 分の 1 くらいであったとしても，二番目のイオン化を無視して計算した $[H^+]$ の誤差はわずか 4% である．pH の誤差は，わずか 0.01 である．要約すると，<u>二塩基酸の溶液は一塩基酸の溶液のようにふるまう（$K_a = K_1$）</u>．

海水に溶解する二酸化炭素は，地球の生態系において最も重要な二塩基酸の一つである．コラム 10-1 では，大気中の CO_2 が増え，海水への溶解量も増えた結果，海の食物連鎖全体が直面している危機について説明する．コラム 10-1 の反応 A は，海水中の CO_3^{2-} 濃度を下げる．その結果，食物連鎖の基礎をなす生物の $CaCO_3$ の殻と骨格が，反応 B によって溶けるだろう．

塩基性のかたち，L⁻

ロイシン酸ナトリウムなどの塩に見られる化学種 L⁻ は，ロイシン（HL）に等モルの NaOH を加えて調製することができる．また，ロイシン酸ナトリウムを水に溶かすと，完全に塩基性の化学種 L⁻ の溶液になる．この二塩基酸陰イオンの K_b 値は，以下の通りである．

$$L^- + H_2O \rightleftharpoons HL + OH^- \quad K_{b1} = K_w/K_{a2} = 5.55 \times 10^{-5}$$
$$HL + H_2O \rightleftharpoons H_2L^+ + OH^- \quad K_{b2} = K_w/K_{a1} = 2.13 \times 10^{-12}$$

K_{b1} 値から，L⁻ が<u>加水分解</u>して HL を大量に生成することはないことがわかる．また K_{b2} 値から，生じる HL が非常に弱い塩基であり，さらに H_2L^+ を生じる反応はほとんど起こらないことがわかる．

したがって，L⁻ を一酸塩基として扱う（$K_b = K_{b1}$）．このすぐれた近似により，以下のようになる．

$$\underset{\underset{0.050\,0 - x}{L^-}}{H_2NCHCO_2^-} + H_2O \xrightleftharpoons{K_b = K_{b1}} \underset{\underset{x}{HL}}{H_3\overset{+}{N}CHCO_2^-} + \underset{\underset{x}{OH^-}}{OH^-}$$

$$K_b = K_{b1} = \frac{K_w}{K_{a2}} = 5.55 \times 10^{-5}$$

$$\frac{x^2}{F - x} = 5.55 \times 10^{-5} \Rightarrow x = 1.64 \times 10^{-3}\,M$$

$$[HL] = x = 1.64 \times 10^{-3}\,M$$
$$[H^+] = K_w/[OH^-] = K_w/x = 6.11 \times 10^{-12}\,M \Rightarrow pH = -\log[H^+] = 11.21$$
$$[L^-] = F - x = 4.84 \times 10^{-2}\,M$$

H_2L^+ の濃度は，K_{b2}（または K_{a1}）の平衡から求められる．

$$K_{b2} = \frac{[H_2L^+][OH^-]}{[HL]} = \frac{[H_2L^+]x}{x} = [H_2L^+]$$

$[H_2L^+] = K_{b2} = 2.13 \times 10^{-12}\,M$ であり，$[H_2L^+]$ は $[HL]$ と比べてきわめて小さいという近似は妥当であることがわかる．要約すると，K_{a1} と K_{a2}（し

<u>加水分解</u>とは，水とのあらゆる反応を意味する．とくに，反応 $L^- + H_2O \rightleftharpoons HL + OH^-$ が，加水分解と呼ばれる．

L⁻ は，一酸塩基と見なせる（$K_b = K_{b1}$）．

したがって，K_{b1} と K_{b2}) が十分離れていれば，完全に塩基性のかたちの二塩基酸は一塩基酸として扱うことができる（$K_b = K_{b1}$）．

手ごわい問題．

中間のかたち，HL

ロイシン HL から調製した溶液は，H_2L^+ または L^- から調製した溶液よりも複雑である．それは，HL が酸でもあり，塩基でもあるからだ．

HL は酸でもあり，塩基でもある．

$$\mathrm{HL} \rightleftharpoons \mathrm{H}^+ + \mathrm{L}^- \qquad K_a = K_{a2} = 1.80 \times 10^{-10} \qquad (10\text{-}8)$$

$$\mathrm{HL} + \mathrm{H_2O} \rightleftharpoons \mathrm{H_2L}^+ + \mathrm{OH}^- \qquad K_b = K_{b2} = 2.13 \times 10^{-12} \qquad (10\text{-}9)$$

プロトンを供与することも受容することもできる分子は，**両性**（amphiprotic）と呼ばれる．ロイシンの酸解離反応 10-8 は塩基加水分解反応 10-9 よりも平衡定数が大きいので，溶液は酸性になると予想される．

しかし，K_a と K_b が数桁違っていても，反応 10-9 を単純に無視することはできない．実際，いずれの反応もほぼ同程度進む．その理由は，反応 10-8 で生じる H^+ が反応 10-9 で生じる OH^- と反応し，反応 10-9 を右向きに進めるからだ．

この問題を扱うために平衡の系統的解析法を適用する．ロイシンについて考えると，その中間のかたち（HL）は電荷が正味ゼロである．しかし，ここでの結論は，電荷にかかわらず<u>どのような</u>二塩基酸の中間のかたちにもあてはまる．

反応 10-8 と反応 10-9 の電荷均衡の式は，

$$[\mathrm{H}^+] + [\mathrm{H_2L}^+] = [\mathrm{L}^-] + [\mathrm{OH}^-]$$
$$\text{または}\ [\mathrm{H_2L}^+] - [\mathrm{L}^-] + [\mathrm{H}^+] - [\mathrm{OH}^-] = 0$$

である．酸解離平衡定数の式を用いて，$[\mathrm{H_2L}^+]$ を $[\mathrm{HL}][\mathrm{H}^+]/K_1$ に，$[\mathrm{L}^-]$ を $[\mathrm{HL}]K_2/[\mathrm{H}^+]$ に置き換える．また，常に $[\mathrm{OH}^-] = K_w/[\mathrm{H}^+]$ と書くことができる．これらの式を電荷均衡の式に代入して，

$$\frac{[\mathrm{HL}][\mathrm{H}^+]}{K_1} - \frac{[\mathrm{HL}]K_2}{[\mathrm{H}^+]} + [\mathrm{H}^+] - \frac{K_w}{[\mathrm{H}^+]} = 0$$

を得る．この式は $[\mathrm{H}^+]$ について解くことができる．まず，すべての項に $[\mathrm{H}^+]$ を掛けると，

$$\frac{[\mathrm{HL}][\mathrm{H}^+]^2}{K_1} - [\mathrm{HL}]K_2 + [\mathrm{H}^+]^2 - K_w = 0$$

次に整理して $[\mathrm{H}^+]^2$ でくくると，

$$[\mathrm{H}^+]^2 \left(\frac{[\mathrm{HL}]}{K_1} + 1 \right) = K_2[\mathrm{HL}] + K_w$$

$$[\mathrm{H}^+]^2 = \frac{K_2[\mathrm{HL}] + K_w}{\dfrac{[\mathrm{HL}]}{K_1} + 1}$$

ここで右辺の分子と分母に K_1 を掛けて，両辺の平方根をとると，

10-1 二塩基酸と二酸塩基　271

$$[\text{H}^+] = \sqrt{\frac{K_1 K_2 [\text{HL}] + K_1 K_w}{K_1 + [\text{HL}]}} \qquad (10\text{-}10)$$

ここまでは活量係数を無視した以外は近似を行っていない．$[\text{H}^+]$ を既知の定数とただ一つの未知濃度 $[\text{HL}]$ で表した．ここからどのように計算を進めればよいだろうか？

絶望的な気持ちになるかもしれないが，次のように考えればうまくいく．まず，おもな化学種は HL である．HL は弱酸でもあるし，弱塩基でもあるので，反応 10-8 も反応 10-9 もそれほど進まない．したがって，式 10-10 の $[\text{HL}]$ は，式量濃度 0.0500 M で近似できる．

洞察が必要だ！

上の考えに基づくと，式 10-10 は便利なかたちで書き表せる．

コラム 10-2

逐次近似法

逐次近似（successive apporoximation）法は，簡単な解法がない難しい式を扱うのによい方法である．たとえば，二塩基酸の中間化学種の濃度が式量濃度 F に近くない場合，式 10-11 はよい近似とはいえない．この状況は，K_1 と K_2 がほぼ等しく，F が小さいときに起こる．リンゴ酸の中間のかたち HM^- の 1.00×10^{-3} M 溶液について考えてみよう．

リンゴ酸 H_2M $\xrightleftharpoons[pK_1 = 3.46]{K_1 = 3.5 \times 10^{-4}}$ HM^- $\xrightleftharpoons[pK_2 = 5.10]{K_2 = 7.9 \times 10^{-6}}$ M^{2-}

第一近似では，$[\text{HM}^-] \approx 1.00 \times 10^{-3}$ M と仮定する．この値を式 10-10 に代入して，$[\text{H}^+]$, $[\text{H}_2\text{M}]$, $[\text{M}^{2-}]$ の第一近似値を計算する．

$$[\text{H}^+]_1 = \sqrt{\frac{K_1 K_2 (0.00100) + K_1 K_w}{K_1 + (0.00100)}} = 4.53 \times 10^{-5} \text{ M}$$

$$\Rightarrow [\text{H}_2\text{M}]_1 = \frac{[\text{H}^+][\text{HM}^-]}{K_1} = \frac{(4.53 \times 10^{-5})(1.00 \times 10^{-3})}{3.5 \times 10^{-4}}$$
$$= 1.29 \times 10^{-4} \text{ M}$$

$$[\text{M}^{2-}]_1 = \frac{K_2 [\text{HM}^-]}{[\text{H}^+]} = \frac{(7.9 \times 10^{-6})(1.00 \times 10^{-3})}{4.53 \times 10^{-5}}$$
$$= 1.75 \times 10^{-4} \text{ M}$$

$F = 1.00 \times 10^{-3}$ M と比べて，$[\text{H}_2\text{M}]$ と $[\text{M}^{2-}]$ は明らかに無視できないので，$[\text{HM}^-]$ の推定値を見直さねばならない．物質収支の式から第二近似値が得られる．

$$[\text{HM}^-]_2 = F - [\text{H}_2\text{M}]_1 - [\text{M}^{2-}]_1$$
$$= 0.00100 - 0.000129 - 0.000175 = 0.000696 \text{ M}$$

式 10-10 に $[\text{HM}^-]_2 = 0.000696$ を代入して，

$$[\text{H}^+]_2 = \sqrt{\frac{K_1 K_2 (0.000696) + K_1 K_w}{K_1 + (0.000696)}} = 4.29 \times 10^{-5} \text{ M}$$

$$\Rightarrow [\text{H}_2\text{M}]_2 = 8.53 \times 10^{-5} \text{ M}$$
$$[\text{M}^{2-}]_2 = 1.28 \times 10^{-4} \text{ M}$$

$[\text{H}_2\text{M}]_2$ と $[\text{M}^{2-}]_2$ を用いて，$[\text{HM}^-]$ の第三近似値を計算する．

$$[\text{HM}^-]_3 = F - [\text{H}_2\text{M}]_2 - [\text{M}^{2-}]_2 = 0.000786 \text{ M}$$

式 10-10 に $[\text{HM}^-]_3$ を代入して，

$$[\text{H}^+]_3 = 4.37 \times 10^{-5} \text{ M}$$

を得る．同様に計算して，第四近似値を得る．

$$[\text{H}^+]_4 = 4.35 \times 10^{-5} \text{ M}$$

私たちの目標は $[\text{H}^+]$ の妥当な推定値を得ることだが，この段階で推定値の精度はすでに 1% よりもよい．第四近似値は，pH = 4.36 を与える．第一近似値では pH = 4.34, 式 pH $\approx \frac{1}{2}(pK_1 + pK_2)$ を用いると pH = 4.28 である．pH 測定の不確かさを考慮すると，逐次近似計算は割にあわないかもしれない．しかし，$[\text{HM}^-]_5$ の濃度は 0.000768 M であり，最初の推定値の 0.00100 M より 23% も低い．逐次近似法は手計算でできるが，スプレッドシートを用いるともっと簡単に計算できる．問題 10-9 では，Excel を用いて 1 回の操作で反復法を自動的に実行する方法を述べる．

この式の K_1 と K_2 は, 酸解離定数 (K_{a1} と K_{a2}) である.

二塩基酸の中間のかたち: $[H^+] \approx \sqrt{\dfrac{K_1 K_2 F + K_1 K_w}{K_1 + F}}$ (10-11)

ここで, F は HL の式量濃度（この場合, 0.0500 M）である.

こうして 0.0500 M ロイシンの pH を計算できる.

$$[H^+] = \sqrt{\dfrac{(4.70 \times 10^{-3})(1.80 \times 10^{-10})(0.0500) + (4.70 \times 10^{-3})(1.0 \times 10^{-14})}{4.70 \times 10^{-3} + 0.0500}}$$

$$= 8.80 \times 10^{-7} \text{ M} \Rightarrow \text{pH} = -\log[H^+] = 6.06$$

H_2L^+ と L^- の濃度は, $[H^+] = 8.80 \times 10^{-7}$ M と $[HL] = 0.0500$ M を用いて, K_1 および K_2 の式から求められる.

$$[H_2L^+] = \dfrac{[H^+][HL]}{K_1} = \dfrac{(8.80 \times 10^{-7})(0.0500)}{4.70 \times 10^{-3}} = 9.36 \times 10^{-6} \text{ M}$$

$$[L^-] = \dfrac{K_2[HL]}{[H^+]} = \dfrac{(1.80 \times 10^{-10})(0.0500)}{8.80 \times 10^{-7}} = 1.02 \times 10^{-5} \text{ M}$$

$[H_2L^+]$ + $[L^-]$ が $[HL]$ と比べてあまり小さくなく, $[H_2L^+]$ と $[L^-]$ の値を改善したいのであれば, コラム 10-2 の方法を試してみよう.

$[HL] \approx 0.0500$ M は妥当な近似だろうか？ 間違いなくそうである. なぜなら, $[HL] \approx 0.0500$ M と比べて, $[H_2L^+] = 9.36 \times 10^{-6}$ M と $[L^-] = 1.02 \times 10^{-5}$ M は十分に小さいからだ. ほぼすべてのロイシンが HL のかたちのままである. また, $[H_2L^+]$ と $[L^-]$ はほぼ等しいことにも注意しよう. この結果は, ロイシンの K_a が K_b の 84 倍であっても, 反応 10-8 および反応 10-9 が同じくらい進むことを意味している.

ここでロイシンの結果をまとめよう. 各溶液中の H_2L^+, HL, L^- の相対濃度と pH に注目しよう.

溶液	pH	$[H^+]$ (M)	$[H_2L^+]$ (M)	$[HL]$ (M)	$[L^-]$ (M)
0.0500 M H_2A	1.88	1.32×10^{-2}	3.68×10^{-2}	1.32×10^{-2}	1.80×10^{-10}
0.0500 M HA^-	6.06	8.80×10^{-7}	9.36×10^{-6}	5.00×10^{-2}	1.02×10^{-5}
0.0500 M HA^{2-}	11.21	6.11×10^{-12}	2.13×10^{-12}	1.64×10^{-3}	4.84×10^{-2}

中間のかたちの簡略化した計算

通常, 式 10-11 はかなりよいか, すぐれた近似である. 多くの場合, 次の二つの条件が成立し, もっと簡単な式が得られる. まず, $K_2 F \gg K_w$ であれば, 式 (10-11) の分子の第二項を消去できる.

$$[H^+] \approx \sqrt{\dfrac{K_1 K_2 F + \cancel{K_1 K_w}}{K_1 + F}}$$

次に, $K_1 \ll F$ であれば, 分母の第一項も無視できる.

$$[H^+] \approx \sqrt{\dfrac{K_1 K_2 F}{\cancel{K_1} + F}}$$

分子と分母の F を消去して以下の式を得る.

$$[\text{H}^+] \approx \sqrt{K_1 K_2}$$

$$\log[\text{H}^+] \approx \frac{1}{2}(\log K_1 + \log K_2)$$

$$-\log[\text{H}^+] \approx -\frac{1}{2}(\log K_1 + \log K_2)$$

二塩基酸の中間のかたち： $\boxed{\text{pH} \approx \frac{1}{2}(\text{p}K_1 + \text{p}K_2)}$ (10-12)

$\log(x^{1/2}) = \frac{1}{2}\log x$
$\log(xy) = \log x + \log y$
$\log(x/y) = \log x - \log y$
であることを思い起こそう.

二塩基酸の中間のかたちの pH は二つの $\text{p}K_\text{a}$ 値の中間に近く，濃度にはほとんど依存しない.

式 10-12 を覚えておくとよい．この式から，ロイシン溶液の pH として 6.04 が得られる．これは，式 10-11 による pH = 6.06 にかなり近い．式 10-12 によれば，<u>二塩基酸の中間のかたちの pH は，式量濃度によらず $\text{p}K_1$ と $\text{p}K_2$ の中間に近い</u>．

例題　二塩基酸の中間のかたちの pH

フタル酸水素カリウム KHP は，フタル酸の中間のかたちの塩である．0.10 M および 0.010 M の KHP 溶液の pH を計算せよ．

[フタル酸の解離の化学構造式：
フタル酸 H_2P ⇌ (pK_1 = 2.950) フタル酸水素イオン HP^- + H^+ ⇌ (pK_2 = 5.408) フタル酸イオン P^{2-} + H^+
（フタル酸水素カリウム = K^+HP^-）]

解法　式 10-12 を用いると，フタル酸水素カリウム溶液の pH は濃度にかかわらず $\frac{1}{2}(\text{p}K_1 + \text{p}K_2) = 4.18$ と推定される．式 10-11 を用いると，0.10 M K^+HP^- 溶液は pH = 4.18，0.010 M K^+HP^- 溶液は pH = 4.20 と計算できる．

類題　式 10-11 を用いて，0.002 M K^+HP^- 溶液の pH を求めよ．
（**答え**：4.28）

アドバイス　二塩基酸の中間のかたちがでてきたときは，式 10-11 を用いて pH を計算する．答えは $\frac{1}{2}(\text{p}K_1 + \text{p}K_2)$ に近いはずだ．

二塩基酸の計算のまとめ

ここで，二塩基酸のさまざまなかたち（H_2A，HA^-，A^{2-}）から調製した溶液の pH および組成を計算する方法をまとめておこう．

H_2A 溶液

1. H_2A を一塩基酸として扱い，$K_\text{a} = K_1$ を用いて $[\text{H}^+]$，$[\text{HA}^-]$，$[\text{H}_2\text{A}]$ を求める．

$$\underset{F-x}{\text{H}_2\text{A}} \xrightleftharpoons{K_1} \underset{x}{\text{H}^+} + \underset{x}{\text{HA}^-} \qquad \frac{x^2}{F-x} = K_1$$

2．K_2 の式を $[A^{2-}]$ について解く．

$$[A^{2-}] = \frac{K_2 \cancel{[HA^-]}}{\cancel{[H^+]}} = K_2$$

HA⁻溶液

1．$[HA^-] \approx F$ と近似し，式 10-11 を用いて pH を求める．

$$[H^+] = \sqrt{\frac{K_1 K_2 F + K_1 K_w}{K_1 + F}}$$

pH は $(pK_1 + pK_2)/2$ に近いはずである．

2．ステップ 1 の $[H^+]$ および $[HA^-] \approx F$ を用い，K_1 と K_2 の式を $[H_2A]$ と $[A^{2-}]$ について解く．

$$[H_2A] = \frac{F[H^+]}{K_1} \qquad [A^{2-}] = \frac{K_2 F}{[H^+]}$$

A²⁻溶液

1．A^{2-} を一酸塩基として扱い，$K_b = K_{b1} = K_w/K_{a2}$ を用いて $[A^{2-}]$，$[HA^-]$，$[H^+]$ を求める．

$$\underset{F-x}{A^{2-}} + H_2O \xrightleftharpoons{K_{b1}} \underset{x}{HA^-} + \underset{x}{OH^-} \qquad \frac{x^2}{F-x} = K_{b1} = \frac{K_w}{K_{a2}}$$

$$[H^+] = \frac{K_w}{[OH^-]} = \frac{K_w}{x}$$

2．K_1 の式を $[H_2A]$ について解く．

$$[H_2A] = \frac{[HA^-][H^+]}{K_{a1}} = \frac{\cancel{[HA^-]}(K_w/\cancel{[OH^-]})}{K_{a1}} = K_{b2}$$

> これまでの計算を理解して使うことは本当に重要である．しかし，その力に自信過剰になってはならない．私たちが考慮しなかった平衡があるかもしれない．たとえば，HA⁻や A²⁻ の溶液中の Na⁺ や K⁺ は，私たちが無視した弱いイオン対をつくる[10)]．
> $K^+ + A^{2-} \rightleftharpoons \{K^+A^{2-}\}$
> $K^+ + HA^- \rightleftharpoons \{K^+HA^-\}$

10-2 二塩基酸の緩衝液

二塩基（または多塩基）の酸から調製した緩衝液は，一塩基酸から調製した緩衝液と同じように扱える．酸 H_2A については，二つのヘンダーソン-ハッセルバルヒの式を書くことができる．いずれの式も常に正確である．$[H_2A]$ と $[HA^-]$ がわかっていれば，pK_1 の式を用いる．$[HA^-]$ と $[A^{2-}]$ がわかっていれば，pK_2 の式を用いる．

> 平衡にある溶液では，活量係数を考慮したヘンダーソン-ハッセルバルヒの式は常に正確である．

$$pH = pK_1 + \log\frac{[HA^-]}{[H_2A]} \qquad pH = pK_2 + \log\frac{[A^{2-}]}{[HA^-]}$$

例題　二塩基酸の緩衝液

フタル酸水素カリウム 1.00 g とフタル酸二ナトリウム 1.20 g を水 50.0 mL に溶かして調製した溶液の pH を求めよ．

解法 フタル酸水素イオンとフタル酸イオンは，前の例題で説明した．式量は，KHP = $C_8H_5O_4K$ = 204.221，Na_2P = $C_8H_4O_4Na_2$ = 210.094 である．[HP^-] と [P^{2-}] がわかっているので，pK_2 のヘンダーソン-ハッセルバルヒの式を用いて pH を求める．

$$\mathrm{pH} = \mathrm{p}K_2 + \log \frac{[\mathrm{P}^{2-}]}{[\mathrm{HP}^-]} = 5.408 + \log \frac{(1.20\,\mathrm{g})/(210.094\,\mathrm{g/mol})}{(1.00\,\mathrm{g})/(204.221\,\mathrm{g/mol})} = 5.47$$

K_2 は，log 項の分母に現れる HP^- の酸解離定数である．質問に答えるのに溶液の体積は使わないことに注意しよう．

類題 Na_2P を 1.20 g ではなく 1.50 g だけ用いたときの pH を求めよ．
(**答え**：5.57)

例題　二塩基酸の緩衝液を調製する

pH 4.40 の緩衝液 500 mL を調製するには，シュウ酸 3.38 g に 0.800 M KOH 溶液を何 mL 加えればよいか？

$$\text{HO}-\overset{\overset{\displaystyle O}{\|}}{\text{C}}-\overset{\overset{\displaystyle O}{\|}}{\text{C}}-\text{OH}$$

シュウ酸 (H_2Ox)　$pK_1 = 1.250$
式量 = 90.035　$pK_2 = 4.266$

解法 目的の pH は pK_2 の値より少し高い．HOx^- : Ox^{2-} のモル比が 1:1 のとき，pH = pK_2 = 4.266 である．pH を 4.40 にするには，Ox^{2-} が HOx^- よりも多く存在しなければならない．すべての H_2Ox を HOx^- に変え，さらに適量の HOx^- を Ox^{2-} に変えるだけ塩基を加えねばならない．

$$H_2Ox + OH^- \longrightarrow HOx^- + H_2O$$

$$\mathrm{pH} \approx \frac{1}{2}(\mathrm{p}K_1 + \mathrm{p}K_2) = 2.76$$

$$HOx^- + OH^- \to Ox^{2-} + H_2O$$

1:1 混合物の pH は pK_2 = 4.266 になる

H_2Ox 3.38 g は 0.0375₄ mol である．これだけの H_2Ox と反応して HOx^- を生じるのに必要な 0.800 M KOH 溶液の体積は，(0.0375₄ mol)/(0.800 M) = 46.9₃ mL である．

pH を 4.40 にするには，さらに OH^- が x mol 必要である．

	HOx^-	+ OH^-	$\longrightarrow$ Ox^{2-}
最初のモル数	0.0375₄	x	—
最後のモル数	0.0375₄ − x	—	x

$$\mathrm{pH} = \mathrm{p}K_2 + \log\frac{[\mathrm{OH}^{2-}]}{[\mathrm{HOx}^-]}$$

$$4.40 = 4.266 + \log\frac{x}{0.0375_4 - x} \Rightarrow x = 0.0216_6 \text{ mol}$$

0.0216_6 mol OH^- を与えるのに必要な KOH 溶液の体積は，$(0.0216_4 \text{ mol})/(0.800 \text{ M}) = 27.0_5$ mL である．pH を 4.40 にするのに必要な KOH 溶液の総体積は，$46.9_3 + 27.0_5 = 73.9_8$ mL である．

類題 pH を 4.50 にするのに必要な KOH 溶液の体積はいくらか？
(**答え**：76.5_6 mL)

10-3 多塩基酸と多酸塩基

二塩基酸と二酸塩基の取り扱いは，多プロトン酸塩基の系に拡張できる．まず，三塩基酸の平衡を書いてみよう．

$$\mathrm{H_3A} \rightleftharpoons \mathrm{H_2A^-} + \mathrm{H^+} \qquad K_{a1} = K_1$$
$$\mathrm{H_2A^-} \rightleftharpoons \mathrm{HA^{2-}} + \mathrm{H^+} \qquad K_{a2} = K_2$$
$$\mathrm{HA^{2-}} \rightleftharpoons \mathrm{A^{3-}} + \mathrm{H^+} \qquad K_{a3} = K_3$$
$$\mathrm{A^{3-}} + \mathrm{H_2O} \rightleftharpoons \mathrm{HA^{2-}} + \mathrm{OH^-} \qquad K_{b1} = K_w/K_{a3}$$
$$\mathrm{HA^{2-}} + \mathrm{H_2O} \rightleftharpoons \mathrm{H_2A^-} + \mathrm{OH^-} \qquad K_{b2} = K_w/K_{a2}$$
$$\mathrm{H_2A^-} + \mathrm{H_2O} \rightleftharpoons \mathrm{H_3A} + \mathrm{OH^-} \qquad K_{b3} = K_w/K_{a1}$$

三塩基酸は，以下のように扱える．

1. $\mathrm{H_3A}$ は，一塩基酸の弱酸として扱う（$K_a = K_1$）．
2. $\mathrm{H_2A^-}$ は，二塩基酸の中間のかたちとして扱う．

$$[\mathrm{H^+}] \approx \sqrt{\frac{K_1 K_2 F + K_1 K_w}{K_1 + F}} \qquad (10\text{-}13)$$

3. $\mathrm{HA^{2-}}$ は，二塩基酸の中間のかたちとして扱う．ただし，$\mathrm{HA^{2-}}$ は $\mathrm{H_2A^-}$ と $\mathrm{A^{3-}}$ にはさまれているので，用いる平衡定数は K_1 と K_2 ではなく K_2 と K_3 である．

$$[\mathrm{H^+}] \approx \sqrt{\frac{K_2 K_3 F + K_2 K_w}{K_2 + F}} \qquad (10\text{-}14)$$

4. $\mathrm{A^{3-}}$ は，一酸塩基として扱う（$K_b = K_{b1} = K_w/K_{a3}$）．

式 10-13 および式 10-14 の K_1, K_2, K_3 は，三塩基酸の酸解離定数である．

例題 三塩基酸の系

0.10 M $\mathrm{H_3His^{2+}}$，0.10 M $\mathrm{H_2His^+}$，0.10 M HHis，0.10 M $\mathrm{His^-}$ の溶液それぞれの pH を求めよ（His はアミノ酸のヒスチジンを表す）．

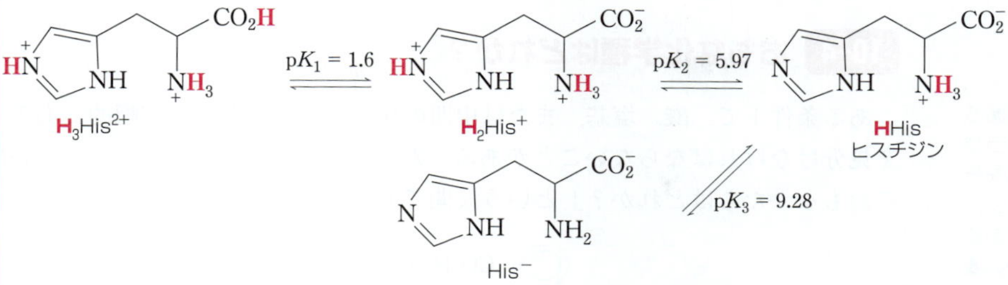

$$\text{H}_3\text{His}^{2+} \underset{}{\overset{\text{p}K_1 = 1.6}{\rightleftharpoons}} \text{H}_2\text{His}^+ \underset{}{\overset{\text{p}K_2 = 5.97}{\rightleftharpoons}} \text{HHis} \underset{}{\overset{\text{p}K_3 = 9.28}{\rightleftharpoons}} \text{His}^-$$

ヒスチジン

解法 0.10 M $\text{H}_3\text{His}^{2+}$：$\text{H}_3\text{His}^{2+}$ を一塩基酸として扱うと，次のように書ける．

$$\underset{F-x}{\text{H}_3\text{His}^{2+}} \rightleftharpoons \underset{x}{\text{H}_2\text{His}^+} + \underset{x}{\text{H}^+}$$

$$\frac{x^2}{F-x} = K_1 = 10^{-1.6} \Rightarrow x = 3._9 \times 10^{-2}\,\text{M} \Rightarrow \text{pH} = 1.41$$

0.10 M H_2His^+：式 10-13 を用いると，

$$[\text{H}^+] = \sqrt{\frac{(10^{-1.6})(10^{-5.97})(0.10) + (10^{-1.6})(1.0\times 10^{-14})}{10^{-1.6} + 0.10}}$$

$$= 1.4_7 \times 10^{-4}\,\text{M} \Rightarrow \text{pH} = 3.83$$

この値は $\frac{1}{2}(\text{p}K_1 + \text{p}K_2) = 3.78$ に近い．

0.10 M HHis：式 10-14 を用いると，

$$[\text{H}^+] = \sqrt{\frac{(10^{-5.97})(10^{-9.28})(0.10) + (10^{-5.97})(1.0\times 10^{-14})}{10^{-5.97} + 0.10}}$$

$$= 2.3_7 \times 10^{-8}\,\text{M} \Rightarrow \text{pH} = 7.62$$

この値は $\frac{1}{2}(\text{p}K_2 + \text{p}K_3) = 7.62$ と同じである．

0.10 M His^-：His^- を一酸塩基として扱うと，次のように書ける．

$$\underset{F-x}{\text{His}^-} + \text{H}_2\text{O} \rightleftharpoons \underset{x}{\text{HHis}} + \underset{x}{\text{OH}^-}$$

$$\frac{x^2}{F-x} = K_{b1} = \frac{K_w}{K_{a3}} = 1.9 \times 10^{-5} \Rightarrow x = 1.3_7 \times 10^{-3}\,\text{M}$$

$$\text{pH} = -\log\left(\frac{K_w}{x}\right) = 11.14$$

類題 0.010 M HHis 溶液の pH を計算せよ．（**答え**：7.62）

酸・塩基の問題は，三種類に分類される．酸または塩基に出合ったときは，扱う問題が<u>酸性</u>，<u>塩基性</u>，<u>中間のかたち</u>のどれに対応するかをまず判断する．次に適切に近似計算をして，問題に答えればよい．

酸と塩基の三つのかたち
- 酸性
- 塩基性
- 中間（両性）

10-4 おもな化学種はどれか？

おもな化学種を知る必要があるのは，たとえばクロマトグラフィーや電気泳動による分離を行うときだ．化合物が陽イオン，陰イオン，中性のいずれであるかによって，異なる方針が必要になる．

ある条件下で，酸，塩基，または中間の化学種のうちどれが支配的であるかを見分けなければならないことがある．たとえば，「pH 8 において，安息香酸のおもなかたちはどれか？」という疑問である．

$$\bigcirc\!\!-\!\text{CO}_2\text{H} \quad pK_a = 4.20$$
安息香酸

$$pH = pK_a + \log \frac{[A^-]}{[HA]}$$

安息香酸の pK_a は 4.20 なので，pH 4.20 において安息香酸（HA）と安息香酸イオン（A^-）は 1:1 の混合物となる．$pH = pK_a + 1 = 5.20$ のとき，商 $[A^-]/[HA]$ は 10:1 である．$pH = pK_a + 2 = 6.20$ のとき，商 $[A^-]/[HA]$ は 100:1 である．pH がさらに高くなると，商 $[A^-]/[HA]$ はさらに大きくなる．

一塩基酸では，$pH > pK_a$ のとき，塩基性の化学種 A^- が支配的である．$pH < pK_a$ のとき，酸性の化学種 HA が支配的である．たとえば，pH 8 における安息香酸のおもなかたちは，安息香酸イオン $C_6H_5CO_2^-$ である．

pH	おもな化学種
$< pK_a$	HA
$> pK_a$	A^-

← 酸性　pH　塩基性 →

おもなかたち: HA | A^- （↑ pK_a）

例題　おもな化学種はどれか？どれだけあるか？

pH 7.0 において，アンモニア溶液中のおもな化学種は何か？　このかたちの割合はおよそいくらか？

解法　付録 G から，アンモニウムイオンは $pK_a = 9.24$ である（NH_4^+ はアンモニア NH_3 の共役酸）．$pH = 9.24$ において，$[NH_4^+] = [NH_3]$ である．pH 9.24 未満では，NH_4^+ がおもなかたちになる．$pH = 7.0$ は pK_a よりも約 2 pH だけ低いので，商 $[NH_4^+]/[NH_3]$ は約 100:1 になる．99% 以上が NH_4^+ のかたちである．

類題　pH 11 において，NH_3 の割合はおよそいくらか？（**答え**：pH が pK_a よりもおよそ 2 だけ高いので，NH_3 は 99% よりやや少ないくらいである．）

多塩基酸でも同様に推論できる．pK_a の値が複数あることに注意しよう．シュウ酸 H_2Ox について考えてみよう（$pK_1 = 1.25$, $pK_2 = 4.27$）．$pH = pK_1$ のとき，$[H_2Ox] = [HOx^-]$ である．$pH = pK_2$ のとき，$[HOx^-] = [Ox^{2-}]$ である．右の図は，各 pH 領域におけるおもな化学種を示す．

pH	おもな化学種
$pH < pK_1$	H_2A
$pK_1 < pH < pK_2$	HA^-
$pH > pK_2$	A^{2-}

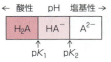

← 酸性　pH　塩基性 →

例題　多塩基酸のおもな化学種

アミノ酸のアルギニンは，以下のように酸解離する．

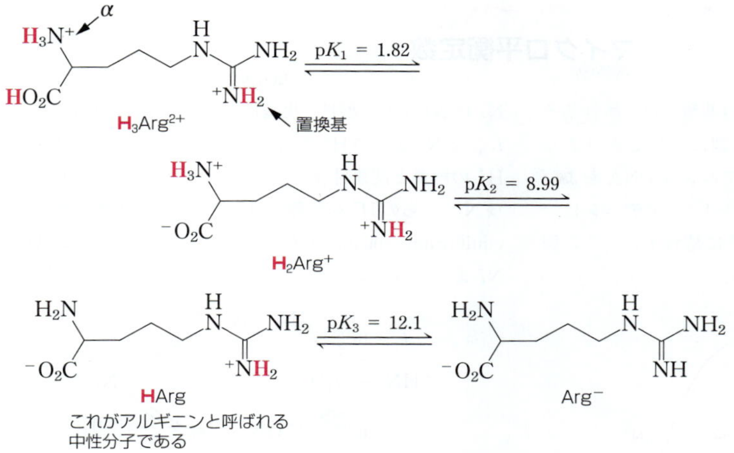

H_3Arg^{2+} $\xrightleftharpoons{pK_1 = 1.82}$ H_2Arg^+ $\xrightleftharpoons{pK_2 = 8.99}$ HArg $\xrightleftharpoons{pK_3 = 12.1}$ Arg^-

(左側の α-アンモニウム基、右側の置換基を含む各化学種の構造式)

HArg: これがアルギニンと呼ばれる中性分子である

付録Gから，左側の α-アンモニウム基は右側の置換基よりも酸性であることがわかる．pH 10.0 において，アルギニンのおもなかたちはどれか？ このかたちの割合はおよそいくらか？ この pH で二番目に多いかたちはどれか？

解法 pH = pK_2 = 8.99 において，[H_2Arg^+] = [HArg] である．pH = pK_3 = 12.1 において，[HArg] = [Arg^-] である．よって，pH = 10.0 において，おもな化学種は HArg である．pH 10.0 は pK_2 よりもおよそ 1 pH だけ高いので，[HArg]/[H_2Arg^+] ≈ 10 : 1 といえる．アルギニンの約 90% が HArg のかたちである．二番目に重要な化学種は H_2Arg^+ であり，アルギニンの約 10% を占める．

類題 pH 11 において，アルギニンのおもな化学種はどれか？ 二番目に多い化学種はどれか？ （**答え**：HArg, Arg^-）

例題 多塩基酸の化学種についてさらに考える

pH 1.82～8.99 では，アルギニンのおもなかたちは H_2Arg^+ である．pH 6.0 において，二番目に多い化学種はどれか？ また，pH 5.0 のときはどうか？

解法 中間（両性）化学種 H_2Arg^+ の純粋な溶液の pH は，

$$H_2Arg^+ \text{ の pH} \approx \frac{1}{2}(pK_1 + pK_2) = 5.40$$

である．pH 5.40 以上（かつ pH < pK_2）では，HArg（H_2Arg^+ の共役塩基）が二番目に重要な化学種になる．pH 5.40 以下（かつ pH > pK_1）では，H_3Arg^{2+} が二番目に重要な化学種になる．

類題 [H_2Arg^+] = [Arg^-] となる pH はいくらか？ （**答え**：10.54）

コラム 10-3

マイクロ平衡定数

区別できる複数の酸性基をもつ多塩基酸には，酸性基それぞれの酸解離平衡定数がある．下図に示した9-メチルアデニンについて考えてみよう．アデニンは DNA および RNA の構成塩基の一つである（付録 L）．アデニンは，N9 を介して DNA 骨格や RNA 骨格に結合する．この例では，N9 はメチル基に結合している．

N7 は N1 よりも酸性（塩基性が低い）であるので，ふつう K_{a1} を N7 からの H^+ の解離と関連付け，K_{a2} を N1 からの H^+ の解離と関連付ける．実際，それぞれの窒素（N7 および N1）からの H^+ の解離に対してマイクロ平衡定数（microequilibrium constant）k が存在する．「HA^+」は，H^+ が N7 または N1 に結合した二つのかたちの混合物である．

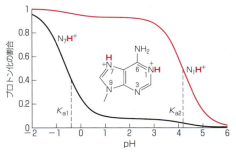

9-メチルアデニンの N7 および N1 のマイクロ平衡定数に基づくプロトン化の割合．[出典：H. Sigel, *Pure Appl. Chem.*, 76, 1869 (2004).]

アデニンを A と表すと，図に描かれている化学種は H_2A^{2+} である．あらゆる二塩基酸と同様に，9-メチルアデニンには二つの逐次酸解離定数がある．

$$H_2A^{2+} \xrightleftharpoons{K_{a1} = 10^{0.4}} HA^+ \xrightleftharpoons{K_{a2} = 10^{-4.20}} A$$

N7 からの H^+ の解離に対するマイクロ平衡定数は，k_7 である．N1 からの解離に対するマイクロ平衡定数は，k_1 である．マイクロ平衡定数 k_{71} は，N7 から H^+ が解離した後に N1 から H^+ が解離するときの酸解離定数である．

N7 はより酸性が高いが（$k_7 > k_1$），HA^+ では両方の窒素が H^+ と平衡にある．図からわかるように pH = 1.9（pK_{a1} と pK_{a2} の中間）では，N7 は 93% 解離し，N1 は 8% だけ解離している．コラム 11-2 では，図に示した負の pH 値の意味について説明する．マイクロ平衡定数については，本書の補助トピックス（原著ホームページ）でさらに学ぶことができる．

---

275 ページの例題「二塩基酸の緩衝液を調製する」を読み返してみよう．いまならもっと納得できるだろう．

三塩基酸をどのように考えるのかを図 10-2 にまとめた．溶液の pH と pK_a 値を比べれば，おもな化学種を決定できる．

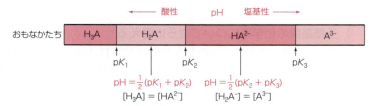

図 10-2 さまざまな pH 範囲における三塩基酸（H_3A）のおもなかたち

一般に**スペシエーション**（speciation）は，分析種がどのような化学種でどのくらい存在しているかを表す．酸と塩基のスペシエーションは，プロトンの付加と解離で生じるそれぞれのかたちがどれだけ存在するかを表す．コラム 10-3 では，部分的にプロトン化した多塩基酸と多酸塩基が分子内の異なる部位に H^+ をもつ可能性について述べる．その他の例はヒ素である．ある種の生物は，無機ヒ素〔$AsO(OH)_3$ および $As(OH)_3$〕を摂取して，$(CH_3)AsO(OH)_2$，$(CH_3)As(OH)_2$，$(CH_3)_2AsO(OH)$，$(CH_3)_2As(OH)$，$(CH_3)_3AsO$，$(CH_3)_3As$ などのメチル基をもつ有機ヒ素化学種に変換する．ヒ素のスペシエーションは，これらの化学種がどれだけ存在するかを表す．

10-5 分率の式

ここでは，ある pH における酸または塩基の化学種の割合を求める式を導こう．これらの式は，酸塩基滴定，EDTA 滴定，電気化学などに有用である．また，13 章でも重要な意味をもつ．

一塩基酸

ここでの目標は，HA と A^- の割合を pH の関数として表す式を求めることである．この式は，平衡定数と物質収支の式を組み合わせて得られる．式量濃度 F の酸について考えよう．

$$HA \xrightleftharpoons{K_a} H^+ + A^- \qquad K_a = \frac{[H^+][A^-]}{[HA]}$$

物質収支：$F = [HA] + [A^-]$

物質収支の式を整理すると，$[A^-] = F - [HA]$ となる．これを K_a の式に代入して次の式を得る．

$$K_a = \frac{[H^+](F - [HA])}{[HA]}$$

少し式を変形すると，

$$[HA] = \frac{[H^+]F}{[H^+] + K_a} \tag{10-15}$$

HA 形の分子の**分率**（fraction）を α_{HA} と呼ぶ．

$$\alpha_{HA} = \frac{[HA]}{[HA] + [A^-]} = \frac{[HA]}{F} \tag{10-16}$$

式 10-15 を F で割ると，

HA 形の分率：$\alpha_{HA} = \dfrac{[HA]}{F} = \dfrac{[H^+]}{[H^+] + K_a}$ (10-17)

を得る．同様に A^- 形の分率（α_{A^-} で表す）が得られる．

A^- 形の分率：$\alpha_{A^-} = \dfrac{[A^-]}{F} = \dfrac{K_a}{[H^+] + K_a}$ (10-18)

図 10-3 は，$pK_a = 5.00$ の一塩基酸の α_{HA} と α_{A^-} の pH 依存性を表す．低 pH ではほぼすべての酸が HA 形で，高 pH ではほぼすべての酸が A^- 形である．

二塩基酸

二塩基酸の分率の式の誘導は，一塩基酸と同様である．

$$H_2A \xrightleftharpoons{K_1} H^+ + HA^-$$

α_{HA} = HA 形の化学種の分率
α_{A^-} = A^- 形の化学種の分率

$\alpha_{HA} + \alpha_{A^-} = 1$

分率 α_{A^-} は，先に**解離度** α と呼んだものと同じである．

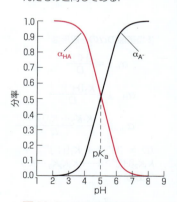

図 10-3 一塩基酸（$pK_a = 5.00$）の分率の pH 依存性．pH 5 以下では HA が支配的であり，pH 5 以上では A^- が支配的である．

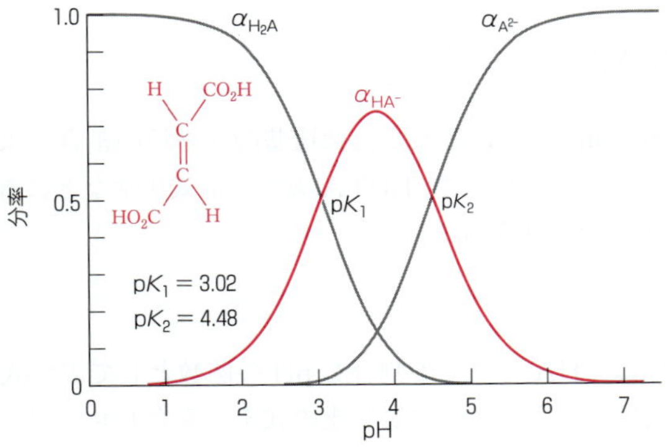

図 10-4 フマル酸（*trans*-ブテン二酸）の分率の pH 依存性. 低 pH では H_2A, 中間の pH では HA^-, 高 pH では A^{2-} が支配的である. pK_1 と pK_2 はあまり分離していないため, HA^- の分率は 1 近くにはならない.

$pK_1 = 3.02$
$pK_2 = 4.48$

$$HA^- \overset{K_2}{\rightleftharpoons} H^+ + A^{2-}$$

$$K_1 = \frac{[H^+][HA^-]}{[H_2A]} \Rightarrow [HA^-] = [H_2A]\frac{K_1}{[H^+]}$$

$$K_2 = \frac{[H^+][A^{2-}]}{[HA^-]} \Rightarrow [A^{2-}] = [HA^-]\frac{K_2}{[H^+]} = [H_2A]\frac{K_1 K_2}{[H^+]^2}$$

物質収支：$F = [H_2A] + [HA^-] + [A^{2-}]$

$$= [H_2A] + \frac{K_1}{[H^+]}[H_2A] + \frac{K_1 K_2}{[H^+]^2}[H_2A]$$

$$= [H_2A]\left(1 + \frac{K_1}{[H^+]} + \frac{K_1 K_2}{[H^+]^2}\right)$$

$$= [H_2A]\left(\frac{[H^+]^2 + [H^+]K_1 + K_1 K_2}{[H^+]^2}\right)$$

$\alpha_{H_2A} = H_2A$ 形の分率
$\alpha_{HA^-} = HA^-$ 形の分率
$\alpha_{A^{2-}} = A^{2-}$ 形の分率
$\alpha_{H_2A} + \alpha_{HA^-} + \alpha_{A^{2-}} = 1$

二塩基酸では, H_2A 形の分率を α_{H_2A}, HA^- 形の分率を α_{HA^-}, A^{2-} 形の分率を $\alpha_{A^{2-}}$ と表す. α_{H_2A} の定義から, 次のように書ける.

H_2A 形の分率：$\alpha_{H_2A} = \dfrac{[H_2A]}{F} = \dfrac{[H^+]^2}{[H^+]^2 + [H^+]K_1 + K_1 K_2}$ (10-19)

多塩基酸の α の一般形は

$\alpha_{H_nA} = \dfrac{[H^+]^n}{D}$

$\alpha_{H_{n-1}A} = \dfrac{K_1[H^+]^{n-1}}{D}$

$\alpha_{H_{n-j}A} = \dfrac{K_1 K_2 \cdots K_j [H^+]^{n-j}}{D}$

$(D = [H^+]^n + K_1[H^+]^{n-1} + K_1 K_2[H^+]^{n-2} + \cdots + K_1 K_2 K_3 \cdots K_n)$ である.

同様に以下の式を導くことができる.

HA^- 形の分率：$\alpha_{HA^-} = \dfrac{[HA^-]}{F} = \dfrac{K_1[H^+]}{[H^+]^2 + [H^+]K_1 + K_1 K_2}$ (10-20)

A^{2-} 形の分率：$\alpha_{A^{2-}} = \dfrac{[A^{2-}]}{F} = \dfrac{K_1 K_2}{[H^+]^2 + [H^+]K_1 + K_1 K_2}$ (10-21)

図 10-4 は, フマル酸の分率 α_{H_2A}, α_{HA^-}, $\alpha_{A^{2-}}$ の pH 依存性を表している. フマル酸の二つの pK_a 値は, わずか 1.46 しか離れていない. α_{HA^-} は 0.73 までしか増えないが, これは二つの pK の値が非常に近いからである. $pK_1 <$ pH $< pK_2$ の領域には, かなりの量の H_2A または A^{2-} が存在する.

塩基に分率の式をあてはめる方法

式 10-19 から式 10-21 は, 二酸塩基 B から生じる B, BH^+, BH_2^{2+} にもあてはまる. 分率 α_{H_2A} は酸性のかたち BH_2^{2+} に, α_{HA^-} は BH^+ に, $\alpha_{A^{2-}}$ は B に対応する. このとき, 定数 K_1 および K_2 は BH_2^{2+} の酸解離定数である（$K_1 =$

K_w/K_{b2}, $K_2 = K_w/K_{b1}$).

10-6 等電 pH と等イオン pH

生化学者は，タンパク質などの多塩基酸分子について等電 pH および等イオン pH という用語を用いる．これらの用語は，アミノ酸のアラニンのような二塩基酸を例として理解できる．

$$\underset{\substack{\text{アラニンの陽イオン}\\H_2A^+}}{H_3\overset{+}{N}\overset{\underset{|}{CH_3}}{C}HCO_2H} \rightleftharpoons \underset{\substack{\text{中性の両性イオン}\\HA}}{H_3\overset{+}{N}\overset{\underset{|}{CH_3}}{C}HCO_2^-} + H^+ \qquad pK_1 = 2.34$$

$$H_3\overset{+}{N}\overset{\underset{|}{CH_3}}{C}HCO_2^- \rightleftharpoons \underset{\substack{\text{アラニンの陰イオン}\\A^-}}{H_2N\overset{\underset{|}{CH_3}}{C}HCO_2^-} + H^+ \qquad pK_2 = 9.87$$

等イオン点（isoionic point）または**等イオン pH**（isoionic pH）は，純粋な中性多塩基酸 HA（中性の両性イオン）を水に溶かしたときに得られる pH である．この溶液中の他のイオンは，H_2A^+，A^-，H^+，OH^- のみである．アラニンの場合，ほとんどが HA 形であり，H_2A^+ と A^- の濃度は<u>等しくない</u>．

等電点（isoelectric point）または**等電 pH**（isoelectric pH）は，多塩基酸の電荷の平均がゼロとなる pH である．ほとんどの分子は電荷を帯びていない HA 形であり，H_2A^+ と A^- の濃度は<u>等しい</u>．平衡時には，HA に加えてわずかな H_2A^+ と A^- が必ず存在する．

アラニンを水に溶かしたとき，定義上溶液の pH は等イオン pH である．なぜなら，アラニン（HA）は二塩基酸 H_2A^+ の中間のかたちであり，$[H^+]$ が次式で与えられるからだ．

$$\text{等イオン点}: [H^+] = \sqrt{\frac{K_1K_2F + K_1K_w}{K_1 + F}} \qquad (10\text{-}22)$$

ここで，F はアラニンの式量濃度である．0.10 M アラニン溶液では，等イオン pH は次式で求められる．

$$[H^+] = \sqrt{\frac{K_1K_2(0.10) + K_1K_w}{K_1 + (0.10)}} = 7.7 \times 10^{-7} \text{ M} \Rightarrow pH = 6.11$$

$[H^+]$，K_1，K_2 の値から，純粋なアラニン水溶液について，$[H_2A^+] = 1.68 \times 10^{-5}$ M，$[A^-] = 1.76 \times 10^{-5}$ M と計算できる（<u>等イオン点</u>）．A^- は，H_2A^+ よりわずかに過剰である．HA は塩基としてよりも酸としてわずかに強いからだ．HA は，水と反応して H_2A^+ を生成するよりも，わずかに多く解離して A^- を生じる．

等電点は $[H_2A^+] = [A^-]$ となる pH であり，よってアラニンの平均電荷はゼロである．<u>等イオン点の溶液（純粋な HA 溶液）を等電点の溶液にするには，強酸を加えて $[A^-]$ を減らし，$[H_2A^+]$ を増やして，これらがちょうど等しくなるようにする．酸を加えると，必然的に pH が低くなる．アラニンで

> **等イオン pH** は，純粋な中性多塩基酸の溶液の pH である．

> **等電 pH** は，多塩基酸の平均電荷がゼロになる pH である．

> アラニンは二塩基酸の中間のかたちなので，式 10-11 を用いて pH を求める．

は，等電 pH は等イオン pH よりも低いはずである．

等電 pH を求めるには，まず $[H_2A^+]$ と $[A^-]$ の式を書く．

$$[H_2A^+] = \frac{[HA][H^+]}{K_1} \quad [A^-] = \frac{K_2[HA]}{[H^+]}$$

$[H_2A^+] = [A^-]$ とおくと，次式が得られる．

$$\frac{[HA][H^+]}{K_1} = \frac{K_2[HA]}{[H^+]} \Rightarrow [H^+] = \sqrt{K_1K_2}$$

等電点は，中間化学種を「はさむ」二つの pK_a 値の中間点である．

等電点：$pH = \frac{1}{2}(pK_1 + pK_2)$ (10-23)

二塩基酸のアミノ酸では，等電 pH は二つの pK_a 値の平均である．アラニンの等電 pH は，$\frac{1}{2}(2.34 + 9.87) = 6.10$ である．

多塩基酸の等電点と等イオン点はほぼ同じである．等電 pH では，分子の平均電荷はゼロである．よって，$[H_2A^+] = [A^-]$，$pH = \frac{1}{2}(pK_1 + pK_2)$ である．等イオン点では，pH は式 10-22 で求められ，$[H_2A^+]$ と $[A^-]$ がちょうど等しいというわけではない．

タンパク質は多塩基酸であり多酸塩基である

<u>タンパク質</u>（protein）は，構造の支持，化学反応の触媒作用，異物に対する免疫応答，膜を横切る分子の輸送，遺伝子発現の制御などの生物学的機能を担っている．タンパク質の三次元構造と機能は，タンパク質をつくる<u>アミノ酸</u>の配列によって決まる．下図は，アミノ酸がどのように結合して<u>ポリペプチド</u>（polypeptide）がつくられるかを示す．

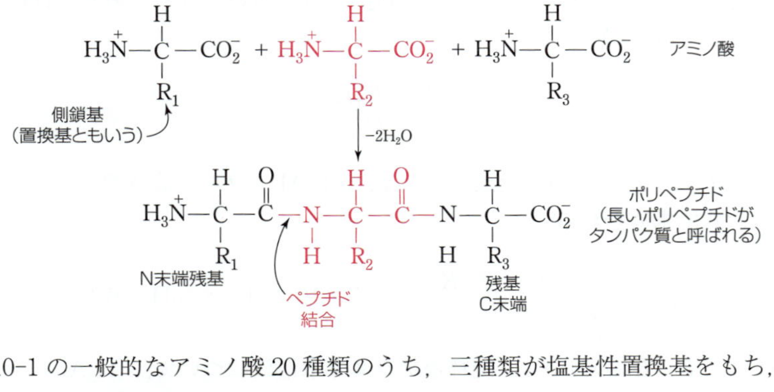

表 10-1 の一般的なアミノ酸 20 種類のうち，三種類が塩基性置換基をもち，四種類が酸性置換基をもつ．

図 10-5 に示すタンパク質のミオグロビンは，いくつかのらせん（スパイラル）領域に折りたたまれている．これらの領域は，酸素や他の小分子がヘム基へ接近するのを制御する．ヘム基は，筋細胞に酸素を蓄える機能をもつ．マッコウクジラのミオグロビンは 153 個のアミノ酸からなり，そのうち 35 個が塩基性置換基をもち，23 個が酸性置換基をもつ．

タンパク質の<u>等イオン</u> pH は，H^+ と OH^- 以外のイオンを含まない純粋なタンパク質の溶液の pH である．ふつうタンパク質は，Na^+，NH_4^+，Cl^- などの

(a) ミオグロビンの骨格　　(b) ヘムの構造　　(c) ミオグロビンの空間充填モデル

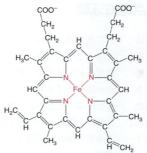
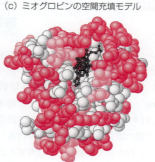

図 10-5　(a) タンパク質ミオグロビンのアミノ酸骨格．ミオグロビンは，筋肉に酸素を蓄える．わかりやすくするために置換基（表 10-1 の R 基）を省いてある．タンパク質右側の平らなヘム基は鉄原子を含み，O_2 や CO などの小分子と結合する．[出典：M. F. Perutz, "The Hemoglobin Molecule." Copyright© 1964 by Scientifi American, Inc.] (b) ヘムの構造．(c) ミオグロビンの空間充填モデル．荷電した酸性および塩基性のアミノ酸を濃い色で示す．薄い色のアミノ酸は親水性（極性があり，水を好む）だが，荷電していない．疎水性（無極性で，水をはじく）のアミノ酸を白色で示す．この水溶性タンパク質の表面は，おもに荷電した基と親水基によってほとんど占められている．[出典：J. M. Berg et al., "Biochemistry, 5th ed.," Freeman (2002).]

対イオンをともなっており，電荷をもったかたちで単離される．タンパク質溶液と純水との間で強力な透析（dialysis）を施すと（実証実験 27-1 を見よ），半透性の透析膜はタンパク質を通さないが，小さな対イオンを自由に通し，タンパク質溶液の区画の pH は等イオン点に近づく．等電点は，タンパク質の電荷が正味ゼロとなる pH である．コラム 10-4 では，異なる等電点を利用してタンパク質を分離する方法について説明する．

地質学，環境科学，セラミックスとの関連で興味深い別の特性は，固体表面の酸性度[12]と無電荷 pH[13]である．鉱物，粘土，および有機物の表面は，酸および塩基としてふるまう．砂やガラスのシリカ（SiO_2）の表面は，きわめて単純化すると二塩基酸と見なせる．

$$\equiv Si-OH_2^+ \xrightleftharpoons{K_{a1}} \equiv Si-OH + H^+ \qquad K_{a1} = \frac{\{SiOH\}[H^+]}{\{SiOH_2^+\}} \qquad (10\text{-}24)$$

$$\equiv Si-OH \xrightleftharpoons{K_{a2}} \equiv Si-O^- + H^+ \qquad K_{a2} = \frac{\{SiO^-\}[H^+]}{\{SiOH\}} \qquad (10\text{-}25)$$

$\equiv Si$ は，表面のケイ素原子を表す．シラノール基（$\equiv Si-OH$）は，プロトンを供与または受容して，表面に負または正の電荷を生じる．平衡定数の式において表面化学種の濃度 $\{SiOH_2^+\}$，$\{SiOH\}$，$\{SiO^-\}$ は，固体 1 グラムあたりのモル数で表される．

無電荷 pH（pH of zero charge）は $\{SiOH_2^+\} = \{SiO^-\}$ となる pH であり，したがって表面電荷が正味ゼロとなる．二塩基酸の等電点と同じように，固体表面の無電荷 pH は $\frac{1}{2}(pK_{a1} + pK_{a2})$ である．コロイド粒子（colloidal particle，直径が 1～100 nm の粒子）は，電荷をもつと分散する傾向がある．しかし，無電荷 pH 付近では凝集する（flocculate，集まって沈殿する）．キャピラリー電気泳動（下巻 26 章）では，溶媒がキャピラリー内を移動する速度はシリカキャピラリーの表面電荷によって支配される．

> **コラム 10-4**

等電点電気泳動

　等電点では，タンパク質のすべてのかたちの平均電荷はゼロである．したがって，等電pHでは電場をかけてもタンパク質は移動しない．この作用が，**等電点電気泳動**（isoelectric focusing）と呼ばれるタンパク質を分離する方法の基礎である．pH勾配をもつように特別に設計された媒体内で，タンパク質の混合物に強い電場をかける．正に荷電した分子は負極に向かって移動し，負に荷電した分子は正極に向かって移動する．それぞれのタンパク質は，その等電pHと同じpHの点に達するまで泳動する．この点に達すると，タンパク質は正味の電荷がゼロとなり，それ以上は移動しない．混合物中のタンパク質は，それぞれの等電pHの領域に集められる[11]．

　石英ガラスにエッチングされた長さ 6 mm ×幅 100 μm ×深さ 25 μm のキャピラリーにおける等電点電気泳動の結果を左下に示す．図 i は等電pH（pIと呼ばれる）が既知の標準物質である蛍光マーカーを示す．図 ii および iii は蛍光標識されたタンパク質を分離した結果を示す．タンパク質は，等電pHに達するまで泳動して止まる．分子がその等電領域から拡散すると，荷電してすぐに泳動して等電領域に戻る．左下のグラフは，キャピラリー内の距離と測定されたpHの関係を示す．ガラス製またはポリマー製チップのキャピラリー内で行われる分離および反応は，<u>ラボオンチップ</u>（lab-on-a-chip）の例である（下巻 26-8 節）．

　右下の図は，増殖の三つの段階（誘導期，対数期，定常期と呼ばれる）にある酵母細胞を，シリカキャピラリー管内で等電点電気泳動により分離した結果である．コロニーが増殖するとき，細胞表面の酸塩基特性（したがってpI）が変化することがわかる．

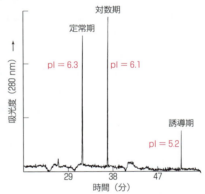

ラボオンチップ等電点電気泳動．（i）蛍光pIマーカー．（ii）および（iii）蛍光標識されたタンパク質の分離．BSA：ウシ血清アルブミン，Tfer：トランスフェリン，CA：炭酸脱水酵素，PhB：ホスホリラーゼb，Hb：ヘモグロビン．OVA：オブアルブミン，GFP：緑色蛍光タンパク質．[出典：G. J. Sommer et al., *Anal. Chem.*, **80**, 3327 (2008).]

増殖の三つの段階から採取された酵母細胞の<u>キャピラリー等電点電気泳動</u>．細胞がその等電pHに集まったのち，キャピラリーの入口端部をもちあげて，液体をキャピラリーから紫外検出器へ排出した．このとき三つのピークが観察された．横軸はバンドが検出器に達するのに要した時間である．[出典：R. Shen et al., *Anal. Chem.*, **72**, 4603 (2000).]

重要なキーワード

- アミノ酸（amino acid）
- 温室効果ガス（greenhouse gas）
- 加水分解（hydrolysis）
- スペシエーション（speciation）
- 多塩基酸（polyprotic acids）
- 多酸塩基（polyprotic bases）
- 等イオン点（isoionic point）
- 等電点（isoelectric point）
- 等電点電気泳動（isoelectric focusing）
- 二塩基酸（diprotic acids）
- 二酸塩基（diprotic bases）
- 両性（amphiprotic）
- 両性イオン（zwitterion）

本章のまとめ

二塩基酸と二酸塩基の溶液は，三種類に分類される．

1. 完全に酸性のかたちの H_2A は一塩基酸としてふるまう （$H_2A \rightleftharpoons H^+ + HA^-$）．この溶液については，式 $K_{a1} = x^2/(F-x)$ を解く．ここで，$[H^+] = [HA^-] = x$，$[H_2A] = F - x$ である．$[HA^-]$ と $[H^+]$ の値を K_{a2} の式に代入すれば，$[A^{2-}]$ を求められる．

2. 完全に塩基性のかたちの A^{2-} は一酸塩基としてふるまう （$A^{2-} + H_2O \rightleftharpoons HA^- + OH^-$）．この溶液については，式 $K_{b1} = x^2/(F-x)$ を解く．ここで，$[OH^-] = [HA^-] = x$，$[A^{2-}] = F - x$ である．これらの濃度を用いて，K_{a1} または K_{b2} の式から $[H_2A]$ を求めることができる．

3. 中間（両性）のかたちの HA^- は酸でもあり，塩基でもある．この溶液の pH は，次式により与えられる．

$$[H^+] = \sqrt{\frac{K_1 K_2 F + K_1 K_w}{K_1 + F}}$$

ここで，K_1 と K_2 は H_2A の酸解離定数であり，F は中間のかたちの式量濃度である．多くの場合，この式は $pH \approx \frac{1}{2}(pK_1 + pK_2)$ のかたちに近似され，pH は濃度に依存しない．

三塩基酸には二つの中間のかたちがある．それぞれの溶液の pH は，二塩基酸の中間のかたちの式と似た式を用いて求められる．また，三塩基酸には，完全に酸性のかたちが一つと完全に塩基性のかたちが一つある．pH の計算では，これらの化学種は一塩基酸または一酸塩基として扱うことができる．多塩基酸の緩衝液では，系内のおもな二つの化学種を関連付けるヘンダーソン-ハッセルバルヒの式を書く．この式の pK_a には，log 項の分母に現れる酸の値を用いる．一つの分子の複数の酸性基が化学的に区別できる場合，酸性基それぞれの H^+ の解離に対してマイクロ平衡定数が存在する．中間化学種は，実際には複数の化学種が平衡にある混合物となる．

一塩基酸と多塩基酸の主な化学種は，pH と pK_a を比べることにより推定される．$pH < pK_1$ のとき，完全にプロトン化された化学種 H_nA が支配的である．$pK_1 < pH < pK_2$ のとき，$H_{n-1}A^-$ が優勢となる．次の逐次酸解離定数の pK 値までは，もう一つプロトンがとれた化学種が優勢となる．最後に，最も高い pK よりも高い pH 値では，完全に塩基性のかたち（A^{n-}）が支配的となる．溶液の分率は，α で表される．分率は，一塩基酸については式 10-17 および式 10-18 で，二塩基酸については式 10-19 から式 10-21 で与えられる．

多塩基酸化合物の等電 pH は，すべての化学種の平均電荷がゼロとなる pH である．両性のかたちが中性である二塩基酸のアミノ酸では，等電 pH は $pH = \frac{1}{2}(pK_1 + pK_2)$ により与えられる．多塩基酸化学種の等イオン pH は，中性の多塩基酸化学種と H_2O に由来するイオンのみを含む溶液の pH である．両性のかたちが中性である二塩基酸アミノ酸の等イオン pH は，$[H^+] = \sqrt{(K_1 K_2 F + K_1 K_w)/(K_1 + F)}$（$F$ はアミノ酸の式量濃度）により求められる．

練習問題

10-A. 次の各溶液の pH および H_2SO_3，HSO_3^-，SO_3^{2-} の濃度を求めよ．(a) 0.050 M H_2SO_3，(b) 0.050 M $NaHSO_3$，(c) 0.050 M Na_2SO_3．

10-B. (a) pH 10.80 の溶液 500 mL をつくるには，4.00 g の K_2CO_3（式量 138.21）に $NaHCO_3$（式量 84.01）を何 g 加えればよいか？

(b) (a) の溶液に 0.100 M 塩酸 100 mL を加えると，pH はいくらになるか？

(c) pH 10.00 の溶液 250 mL をつくるには，K_2CO_3 4.00 g に 0.320 M 硝酸を何 mL 加えればよいか？

10-C. pH 4.40 の溶液 250 mL をつくるには，5.02 g の 1,5-ペンタン二酸（$C_5H_8O_4$，式量 132.11）に 0.800 M KOH 溶液を何 mL 加えればよいか？

10-D. 次の構造式をもつアミノ酸それぞれについて，0.010 M 溶液の pH を計算せよ．

(a) $H_3\overset{+}{N}CHCO_2^-$ グルタミン

(b) $H_3\overset{+}{N}CHCO_2^-$ システイン

(c) $H_2NCHCO_2^-$ アルギニン

10-E. (a) pH 9.00 および pH 11.00 における 1,3-ジヒドロキシベンゼンのおもな化学種の構造式を描け．

(b) 各 pH で二番目に多い化学種は何か？

(c) 各 pH でのおもな化学種の百分率を計算せよ．

10-F. pH 9.0 および pH 10.0 におけるグルタミン酸およびチロシンのおもなかたちの構造式を描け．また各 pH で二番目に多い化学種は何か？

10-G. 0.010 M リジン溶液の等イオン pH を計算せよ．

10-H. 中性のリジンは HL と書く．リジンの他のかたちは，H_3L^{2+}, H_2L^+, L^- である．等電点は，リジンの平均電荷がゼロとなる pH である．したがって，等電点では $2[H_3L^{2+}] + [H_2L^+] = [L^-]$ である．この条件を用いて，リジンの等電 pH を計算せよ．

章末問題

二塩基酸と二酸塩基

10-1. 二塩基酸の中間のかたち HA^- について考える．この化学種の K_a は 10^{-4}，K_b は 10^{-8} であるにもかかわらず，NaHA を水に溶かすと，K_a と K_b の反応はほぼ同程度進む．この理由を説明せよ．

10-2. アミノ酸の一般的な構造式を描け．また表 10-1 において，アミノ酸には pK 値が二つないし三つあるのはなぜか？

10-3. アミノ酸のプロリンの平衡定数 K_{b1} および K_{b2} に対する化学反応式を書け．また K_{b1} と K_{b2} の値を求めよ．

10-4. $K_1 = 1.00 \times 10^{-4}$，$K_2 = 1.00 \times 10^{-8}$ の二塩基酸 H_2A について考える．以下の溶液の pH および H_2A, HA^-, A^{2-} の濃度を求めよ．**(a)** 0.100 M H_2A，**(b)** 0.100 M NaHA，**(c)** 0.100 M Na_2A．

10-5. マロン酸 $CH_2(CO_2H)_2$ を H_2M と表す．以下の溶液の pH および H_2M, HM^-, M^{2-} の濃度を求めよ．(a) 0.100 M H_2M，(b) 0.100 M NaHM，(c) 0.100 M Na_2M．

10-6. 0.300 M ピペラジン溶液の pH を計算せよ．また，この溶液におけるピペラジンの各化学種の濃度を計算せよ．

10-7. コラム 10-2 の方法で近似を 3 回繰り返して，0.001 00 M シュウ酸一ナトリウム（NaHA）溶液の $[H^+]$, $[H_2A]$, $[HA^-]$, $[A^{2-}]$ を計算せよ．

10-8. 活量．この問題では活量を考慮し，二塩基酸の中間のかたちの pH を計算する．

(a) フタル酸水素カリウム（式 10-12 の後にある例題の K^+HP^-）に対する式 10-11 を，活量係数を含めて導け．

(b) (a) の結果を用いて，0.050 M KHP 溶液の pH を計算せよ．HP^- と P^{2-} のイオンサイズは，いずれも 600 pm と仮定せよ．なお，式 10-11 では pH = 4.18 となる．

10-9. ◨ 二塩基酸の中間のかたち──Excel を用いた反復法．Excel 2010 の新規のスプレッドシートで循環参照を扱えるようにする．［ファイル］から［オプション］を選ぶ．［オプション］のウィンドウで［数式］を選ぶ．［計算方法の設定］で［反復計算を行う］にチェックを入れ，［変化の最大値］を 1E−12 にする．OK をクリックする．下記のスプレッドシートを作成する．書かれている式をすべて入力しよう．ただし，セル B11 の $[HA^-]$ には "=B8" と入力する．この時点で，すべての濃度がコラム 10-2 のリンゴ酸の第一近似値と同じになることを確かめよう．

ここで，セル B11 の $[HA^-]$ の式を "=B8 − B10 − B12" に変える．Excel は，循環的に定義された変数が許容される「変化の最大値」の範囲内になるまで計算を繰り返す．下記のスプレッドシートに書かれている答えが表示されるだろう．それを確かめよ．

(a) スプレッドシートの列 B をコピーして列 G にペーストする．セル G5 の K_1 を 10^{-4} に，セル G6 の K_2 を 10^{-8} に，セル G8 の F を 0.01 に変える．これで，列 G には両性塩 Na^+HA^- 溶液（$K_1 = 10^{-4}$, $K_2 = 10^{-8}$, $F = 0.01$ M）の濃度が示される．手計算で答えを確かめるために，まず pH $\approx$ (pK_1 + pK_2)/2 を求めよ．$[HA^-] \approx F$ を用いて，$[H_2A]$ と $[A^{2-}]$ を計算せよ．次に，$[HA^-] \approx F - [H_2A] - [A^{2-}]$ を求めよ．

(b) スプレッドシートの列 G をコピーして列 H にペーストする．セル H6 の K_2 を 10^{-5} に変える．これで，列 H には両性塩 Na^+HA^- 溶液（$K_1 = 10^{-4}$, $K_2 = 10^{-5}$, $F = 0.01$ M）の濃度が示される．$[HA^-] = 6.13 \times 10^{-3}$ M, pH = 4.50 と表示されるはずだ．

	A	B	C	D	E
1	循環参照を用いる逐次近似法				
2	二塩基酸の中間のかたち				
3					
4	H_2A リンゴ酸				
5	$K_1 =$	3.50E−04			
6	$K_2 =$	7.90E−06			
7	$K_w =$	1.00E−14			
8	$F =$	1.00E−03			
9	$[H^+] =$	4.356E−05	= SQRT((K_1*K_2*[HA^-]+K_1*K_w)/(K_1+[HA^-]))		
10	$[H_2A] =$	9.532E−05	= $[H^+][HA^-]/K_1$		
11	$[HA^-] =$	7.658E−04	= F−$[H_2A]$−$[A^{2-}]$		
12	$[A^{2-}] =$	1.389E−04	= $K_2[HA^-]/[H^+]$		
13	pH =	4.360887	= −log$[H^+]$		
14					

10-10. 不均一平衡．CO_2 は水に溶けると「炭酸」を生じる（コラム 6-4 で説明したように，大部分は溶存 CO_2 のままである）．

$$CO_2(g) \rightleftharpoons CO_2(aq) \quad K_H = 10^{-1.5}$$

この平衡定数は，二酸化炭素のヘンリー定数と呼ばれる．ヘンリーの法則は，液体中の気体の溶解度は気体の圧力に比例するという．付録Gに書かれている「炭酸」の酸解離定数を $CO_2(aq)$ に適用せよ．大気中の P_{CO_2} が $10^{-3.4}$ atm であると仮定して，大気と平衡にある水の pH を求めよ．

10-11. 炭酸の酸性度および $CaCO_3$ の溶解度に対する温度の影響[14]．$CaCO_3$ の殻や骨格をもつ海洋生物は，温かい熱

の海よりも先に冷たい極地の海で絶滅の危機にさらされることをコラム10-1で述べた．以下の平衡定数は，濃度を海水1 kgあたりのモル数で，圧力をbarで測定したときに0℃および30℃の海水にあてはまる．

$$CO_2(g) \rightleftharpoons CO_2(aq) \quad (A)$$

$$K_H = \frac{[CO_2(aq)]}{P_{CO_2}} = 10^{-1.2073} \, (0℃)$$
$$= 10^{-1.6048} \, (30℃)$$

$$CO_2(aq) + H_2O \rightleftharpoons HCO_3^- + H^+ \quad (B)$$

$$K_{a1} = \frac{[HCO_3^-][H^+]}{[CO_2(aq)]} = 10^{-6.1004} \, (0℃)$$
$$= 10^{-5.8008} \, (30℃)$$

$$HCO_3^- \rightleftharpoons CO_3^{2-} + H^+ \quad (C)$$

$$K_{a2}\frac{[CO_3^{2-}][H^+]}{[HCO_3^-]} = 10^{-9.3762} \, (0℃)$$
$$= 10^{-8.8324} \, (30℃)$$

$$CaCO_3(s, \underline{あられ石}) \rightleftharpoons Ca^{2+} + CO_3^{2-} \quad (D)$$

$$K_{sp}^{arg} = [Ca^{2+}][CO_3^{2-}] = 10^{-6.1113} \, (0℃)$$
$$= 10^{-6.1391} \, (30℃)$$

$$CaCO_3(s, \underline{方解石}) \rightleftharpoons Ca^{2+} + CO_3^{2-} \quad (E)$$

$$K_{sp}^{cal} = [Ca^{2+}][CO_3^{2-}] = 10^{-6.3652} \, (0℃)$$
$$= 10^{-6.3713} \, (30℃)$$

第1の平衡定数はヘンリーの法則のK_Hと呼ばれる（問題10-10）．

(a) K_H, K_{a1}, K_{a2} の式を組み合わせて，P_{CO_2} と $[H^+]$ を用いて $[CO_3^{2-}]$ を表す式を求めよ．

(b) (a) の結果を用いて，$[CO_3^{2-}]$ (mol kg^{-1}) を計算せよ．ここで，$P_{CO_2} = 800$ μbar, pH = 7.8，温度は0℃（極地の海）および30℃（熱帯の海）とする．これらは，2100年頃に現れる可能性のある条件である．

(c) 海水中の Ca^{2+} 濃度は0.010 Mである．(b) の条件下であられ石および方解石が溶けるかどうかを予測せよ．

二塩基酸の緩衝液

10-12. pH 10.00の緩衝液100 mLをつくるには，NaHCO$_3$（式量84.01）5.00 gにNa$_2$CO$_3$（式量105.99）を何g混ぜればよいか？

10-13. pHを3.50に調整するには，0.0233 Mサリチル酸（2-ヒドロキシ安息香酸）溶液25.0 mLに0.202 M NaOH溶液を何mL加えればよいか？

10-14. 0.100 Mピコリン酸塩緩衝液（pH 5.50）をちょうど100 mLだけ調製する方法を説明せよ．ただし使える出発原料は，純粋なピコリン酸（ピリジン-2-カルボン酸，式量123.11），1.0 M塩酸，1.0 M NaOH溶液である．またそのとき，塩酸またはNaOH溶液は約何mL必要となるか？

10-15. pH 2.80，全硫黄（= SO$_4^{2-}$ + HSO$_4^-$ + H$_2$SO$_4$）濃度が0.200 Mの緩衝液1.00 Lをつくるには，Na$_2$SO$_4$（式量142.04）と硫酸（式量98.08）をそれぞれ何gずつ加えればよいか？

多塩基酸と多酸塩基

10-16. 濃度0.01 Mのリン酸塩は，血しょう中のおもな緩衝剤の一つである．血しょうのpHは7.45である．もし血しょうのpHが8.5であったら，リン酸塩は緩衝剤として有効だろうか？

10-17. 完全にプロトン化された化学種から出発して，アミノ酸のグルタミン酸およびチロシンの逐次酸解離反応の式を書け．ただし，プロトンの解離を正しい順序で表すこと．またグルタミン酸またはチロシンと呼ばれる中性分子はどの化学種か？

10-18. (a) 0.0500 M KH$_2$PO$_4$ 溶液中の商 [H$_3$PO$_4$]/[H$_2$PO$_4^-$] を計算せよ．

(b) 0.0500 M K$_2$HPO$_4$ 溶液について同じ商を求めよ．

10-19. (a) pH 7.45の緩衝液をつくる．以下の化合物のうち，どの二つを混ぜればよいか？ H$_3$PO$_4$（式量98.00），NaH$_2$PO$_4$（式量119.98），Na$_2$HPO$_4$（式量141.96），Na$_3$PO$_4$（式量163.94）．

(b) リン酸塩の全濃度が0.0500 Mの緩衝液を1.00 Lだけ調製したい．(a) で選択した二つの化合物をそれぞれ何gずつ混ぜればよいか？

(c) (b) で計算した通りに混ぜると，pHはちょうど7.45にはならないだろう．実験室でこの緩衝液を実際に調製する方法を説明せよ．

10-20. 0.0100 Mリジン・HCl（リジン塩酸塩）溶液について，pHおよびリジンの各化学種の濃度を求めよ．「リジン・HCl」は，中性のリジン分子1 molあたり塩酸1 molを加えた混合物を表す．実際には（リジンH$^+$）(Cl$^-$) となる．

10-21. pHを9.30にするには，ヒスチジン塩酸塩 [His・HCl = (HisH$^+$)(Cl$^-$)，式量191.62] 10.0 gを含む溶液100 mLに1.00 M KOH溶液を何mL加えればよいか？

10-22. (a) 活量係数を考慮して，HC^{2-} : C^{3-}（H$_3$C = クエン酸）のモル比が2.00:1.00である溶液のpHを計算せよ．ただし，イオン強度は0.010 Mとする．

(b) HC^{2-} : C^{3-} のモル比が同じで，イオン強度が0.10 Mまで上昇したとき，pHはいくらになるか？

おもな化学種はどれか？

10-23. 酸HAのpK_aは7.00である．

(a) pH 6.00において，おもな化学種はHAまたはA$^-$のどちらか？

(b) pH 8.00において，おもな化学種はどちらか？

(c) pH 7.00において，商 [A$^-$]/[HA] はいくらか？ また

pH 6.00 のときの商はいくらか？

10-24. 二塩基酸 H_2A は，$pK_1 = 4.00$，$pK_2 = 8.00$ である．
(a) $[H_2A] = [HA^-]$ となる pH はいくらか？
(b) $[HA^-] = [A^{2-}]$ となる pH はいくらか？
(c) pH 2.00 において，おもな化学種は H_2A，HA^-，A^{2-} のうちのどれか？
(d) pH 6.00 において，おもな化学種はどれか？
(e) pH 10.00 において，おもな化学種はどれか？

10-25. 塩基 B の pK_b は 5.00 である．
(a) 酸 BH^+ の pK_a 値はいくらか？
(b) $[BH^+] = [B]$ となる pH はいくらか？
(c) pH 7.00 において，おもな化学種は B，BH^+ のどちらか？
(d) pH 12.00 において，商 $[B]/[BH^+]$ はいくらか？

10-26. pH 7.00 におけるピリドキサール-5-リン酸のおもな化学種の構造式を描け．

分率の式

10-27. 酸 HA の pK_a は 4.00 である．式 10-17 および式 10-18 を用いて，pH = 5.00 における HA 形と A^- 形の分率を求めよ．またこの答えは，pH 5.00 の商 $[A^-]/[HA]$ と合致するか？

10-28. 二塩基酸 B は，$pK_{b1} = 4.00$，$pK_{b2} = 6.00$ である．式 10-19 を用いて，pH 7.00 における BH_2^{2+} 形の分率を求めよ．ただし，式 10-19 の K_1 および K_2 は，BH_2^{2+} の酸解離定数である（$K_1 = K_w/K_{b2}$，$K_2 = K_w/K_{b1}$）．

10-29. pH 8.00 において，エタン-1,2-ジチオールの各化学種（H_2A，HA^-，A^{2-}）の分率はいくらか？ また pH 10.00 のときはいくらか？

10-30. cis-ブテン二酸について，pH が 1.00，1.92，6.00，6.27，10.00 における α_{H_2A}，α_{HA^-}，$\alpha_{A^{2-}}$ を計算せよ．

10-31. (a) 三塩基酸の α_{H_3A}，$\alpha_{H_2A^-}$，$\alpha_{HA^{2-}}$，$\alpha_{A^{3-}}$ の式を導け．
(b) リン酸について，pH 7.00 におけるこれらの分率を計算せよ．

10-32. 酢酸，シュウ酸，アンモニア，ピリジンを含む溶液の pH が 9.00 である．プロトン化していないアンモニアの分率はいくらか？

10-33. 0.100 M カコジル酸溶液 10.0 mL と 0.0800 M NaOH 溶液 10.0 mL を混合した．この混合物に 1.27×10^{-6} M モルフィン溶液 1.00 mL を加えた．モルフィンを B と表すとき，BH^+ のかたちで存在するモルフィンの分率を計算せよ．

カコジル酸 $K_a = 6.4 \times 10^{-7}$

モルフィン $K_b = 1.6 \times 10^{-6}$

10-34. 二塩基酸の分率．式 10-19 から式 10-21 までを含むスプレッドシートを作成し，図 10-4 の三つの曲線を計算せよ．また，三つの曲線をプロットし，ラベルを付けて，美しい図に仕上げよ．

10-35. 三塩基酸の分率．三塩基酸の分率の式は以下の通りである．

$$\alpha_{H_3A} = \frac{[H^+]^3}{D} \qquad \alpha_{HA^{2-}} = \frac{K_1K_2[H^+]}{D}$$

$$\alpha_{H_2A^-} = \frac{K_1[H^+]^2}{D} \qquad \alpha_{A^{3-}} = \frac{K_1K_2K_3}{D}$$

ここで，$D = [H^+]^3 + K_1[H^+]^2 + K_1K_2[H^+] + K_1K_2K_3$ である．これらの式を用いて，アミノ酸のチロシンについて，図 10-4 のような分率の図を描け．また pH 10.00 においてそれぞれの化学種の分率はいくらか？

10-36. 四塩基酸の分率．Cr^{3+} の加水分解における四塩基酸の反応について，図 10-4 のような分率の図を描け．

$Cr^{3+} + H_2O \rightleftharpoons Cr(OH)^{2+} + H^+$ $\quad K_{a1} = 10^{-3.80}$
$Cr(OH)^{2+} + H_2O \rightleftharpoons Cr(OH)_2^+ + H^+$ $\quad K_{a2} = 10^{-6.40}$
$Cr(OH)_2^+ + H_2O \rightleftharpoons Cr(OH)_3(aq) + H^+$ $\quad K_{a3} = 10^{-6.40}$
$Cr(OH)_3(aq) + H_2O \rightleftharpoons Cr(OH)_4^- + H^+$ $\quad K_{a4} = 10^{-11.40}$

（そう，その通り．K_{a2} と K_{a3} の値は等しい．）

(a) これらの平衡定数の式を用いて，この四塩基酸の分率の図を描け．
(b) この問題は，スプレッドシートではなく頭と電卓を使って解いてみよう．$Cr(OH)_3$ の溶解平衡は次の通りである．

$$Cr(OH)_3(s) \rightleftharpoons Cr(OH)_3(aq) \qquad K = 10^{-6.84}$$

固体の $Cr(OH)_3(s)$ と平衡にある $Cr(OH)_3(aq)$ の濃度はいくらか？

(c) 溶液の pH を 4.00 に調整すると，$Cr(OH)_3(s)$ と平衡にある $Cr(OH)^{2+}$ の濃度はいくらになるか？

等電 pH，等イオン pH，およびタンパク質

10-37. 表 10-1 のうち，酸性の（プロトンを供与する）置換基をもっている四つのアミノ酸はどれか？ また，塩基性の（プロトンを受容する）置換基をもっている三つのアミノ酸はどれか？

10-38. 酸性および塩基性のさまざまな置換基をもつタンパク質の等電 pH と等イオン pH の違いは何か？

10-39. 以下の記述のどこが間違っているかを説明せよ．タンパク質の等電点では，そのすべての分子の電荷はゼロである．

10-40. 0.010 M スレオニン溶液の等電 pH および等イオン pH を計算せよ．

10-41. 等電点電気泳動のしくみを説明せよ．

11 酸塩基滴定
Acid-Base Titrations

RNA の酸塩基滴定

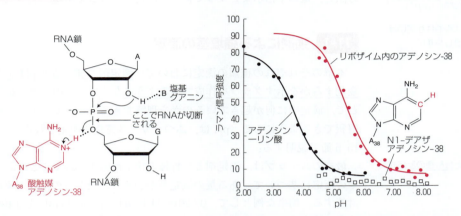

(左) リン酸の酸素をプロトン化する酸触媒として働くアデノシン-38 による RNA 鎖の切断について提案された機構. (右) RNA 内のアデノシン-38, N1-デアザ-アデノシン-38, および溶液中の遊離アデノシン―リン酸の滴定曲線. [データ出典: M. Guo et al., J. Am. Chem. Soc., 131, 12908 (2009).]

リボ核酸 (RNA) は, DNA (付録 L) からの遺伝情報をタンパク質の構造に翻訳する役割をもつだけでなく, 化学反応の触媒としても働く. 触媒として働く RNA は, リボザイム (ribozyme) と呼ばれる. この語は, 触媒タンパク質を表すエンザイム (enzyme, 酵素) という語にちなんでつくられた.

化学構造に基づいて提案された反応機構によれば,「ヘアピン型リボザイム」は RNA 鎖をより小さい鎖に切断する[1]. この機構における重要なステップは, プロトンがリボザイムのアデノシン-38 からリン酸へ移動し, リン酸と糖リボースとの結合の切断を助けることである. 同時に, 塩基グアニン (B) が隣接するリボースからプロトンを受け取り, リボースの酸素はリン酸を攻撃できるようになる. リボザイムは, 細胞内で中性付近の pH で作用する. しかし, 溶液中のアデノシンの pK_a は 4.0 に近い. pH 7 付近では, プロトン化したアデノシンが少なすぎてリボザイムは機能しないだろう. アミノ酸やヌクレオチドの酸塩基性は酵素やリボザイムの局所環境によって変化する. アデノシン-38 の pK_a は高いので, 中性付近の pH でその NH^+ が触媒作用をもつと提案されている.

上右図は, 溶液中のアデノシン―リン酸 (黒丸), リボザイム中のアデノシン-38 (赤丸), およびアデノシン-38 の位置の NH^+ が不活性な C—H 結合で置き換えられた合成ヌクレオシドを酸塩基滴定した結果である. 緩衝液で安定させたさまざまな pH において, 共鳴ラマンスペクトルを測定した. アデノシンがプロトン化すると, いくつかの分子振動の周波数が変化する. 図は, プロトン化した分子のスペクトル強度を pH に対してプロットした. 低 pH では, 溶液中や RNA 内のアデノシンは完全にプロトン化する. $pH=pK_a$ において, アデノシンの半分がプロトン化する. 高 pH では, アデノシンはプロトン解離する. 滴定曲線のかたちから, 遊離アデノシン―リン酸の pK_a は 3.68 であり, リボザイム内のアデノシン-38 の pK_a は 5.46 であると推定される. アデノシン-38 では pK_a がほぼ 2 だけ大きいので, 中性付近の pH でリボザイムが機能するのに十分な量の NH^+ が存在する. 滴定でアデノシン-38 が観察されたことを確かめるために, アデノシン-38 の NH^+ を C—H で置き換えた合成 RNA の滴定も行った. 図に四角 (□) で示すように, 不活性な C—H 結合は pH 変化に応答しない. この結果は, 図の信号がアデノシン-38 に由来し, リボザイム内にいくつかある他のアデノシン基によるものではないことを示す. このように酸塩基滴定は, 科学研究に広く利用されている.

薬剤の親油性は，無極性溶媒中の溶解度のめやすである．水と**オクタノール**の間での薬剤の分配平衡により求められる．

薬剤（aq）
$\rightleftarrows$ 薬剤（オクタノール中）

親油性
$= \log\left(\dfrac{[薬剤(オクタノール中)]}{[薬剤(aq)]}\right)$

一般に，薬剤は親油性が高いほど細胞膜を通過しやすい．

酸塩基滴定曲線を用いると，混合物中の酸性物質や塩基性物質の量および pK_a 値を推定できる．医薬品化学では，pK_a と親油性（lipohilicity）に基づいて，候補薬剤がどのくらい容易に細胞膜を透過するかを予測する．pK_a と pH から多塩基酸の電荷を計算することができるが，通常，薬剤は電荷が多いほど，細胞膜を透過しにくくなる．本章では，滴定曲線のかたちを予想する方法と，電極や指示薬を使って終点を決定する方法を学ぶ．

11-1 強酸による強塩基の滴定

本章のそれぞれの種類の滴定において，滴定剤を加えると pH がどのように変化するかを示すグラフを作成できるようになろう．このグラフを作成することで，滴定中に何が起きているのかを理解できる．そして，実験の滴定曲線を解釈できるようになる．pH は，ふつうガラス電極で測定される．この操作は，15-5 節で説明する．

まず，滴定剤と分析種の反応式を書く．

最初のステップは，滴定剤と分析種の化学反応式を書くことである．次に，その反応に基づいて，ある量の滴定剤が加えられたときの溶液の組成と pH を計算する．簡単な例として，0.020 00 M KOH 溶液 50.00 mL を 0.100 0 M HBr 溶液で滴定することを考えよう．滴定剤と分析種の化学反応は，

滴定反応．

$$H^+ + OH^- \longrightarrow H_2O \qquad K = 1/K_w = 10^{14}$$

である．この反応の平衡定数は 10^{14} なので，反応は「完全に進む」といえる．H^+ がどれだけ加えられても，化学量論量の OH^- が消費される．

当量点に達するのに必要な HBr 溶液の体積（V_e）を知っておくと役に立つ．この体積は，滴定される KOH のモル数と加える HBr のモル数を等しいと置くことによって求められる．

$$\underbrace{(V_e\,L)\left(0.100\,0\,\dfrac{mol}{L}\right)}_{\text{当量点に達するのに必要なHBr}} = \underbrace{(0.050\,00\,L)\left(0.020\,00\,\dfrac{mol}{L}\right)}_{\text{滴定されるOH}^-} \Rightarrow V_e = 0.010\,00\,L$$

L × (mol/L) を用いてモルを求める代わりに，mL × (mol/L) を用いてもよい．これは mL × (mmol/mL) と同じである．

$mL \times \dfrac{mol}{L} = \cancel{mL} \times \dfrac{mmol}{\cancel{mL}}$
$\qquad = mmol$

$$\underbrace{(V_e\,mL)(0.100\,0\,M)}_{\text{当量点に達するのに必要な HBr}} = \underbrace{(50.00\,mL)(0.020\,00\,M)}_{\text{滴定される OH}^-} \Rightarrow V_e = 10.00\,mL$$

HBr 溶液 10.00 mL を加えると，当量点に達する．その時点までは，過剰な未反応の OH^- が存在する．V_e を過ぎると，溶液中には H^+ が過剰に存在するようになる．

強塩基と強酸のすべての滴定において，滴定曲線には異なる計算を要する三つの領域がある．

1. 当量点以前は，溶液中の過剰の OH^- により pH が決まる．
2. 当量点では，H^+ がすべての OH^- とちょうど反応して，H_2O を生じる．pH は，水の解離によって決まる．

3. 当量点以降は，溶液中の過剰の H^+ により pH が決まる.

これから領域ごとに一つ例をとって計算してみよう．完全な結果は，表 11-1 および図 11-1 に示されている．繰り返すが，<u>当量点</u>は，分析種と正確に化学量論的に反応する量の滴定剤が加えられたときに現れる．滴定における当量点は，私たちが求める理想的な結果である．しかし，私たちが実際に測定するのは<u>終点</u>であり，終点は指示薬の色や電極電位などの物理的性質の急激な変化によってわかる．

領域 1：当量点以前

ではまず，これまで一般化学で学んだ方法でこの計算を行おう．その後，計算を簡略化する．たとえば，HBr 溶液 3.00 mL を加えたとき，全体積は 53.00 mL となる．HBr は NaOH により消費され，過剰の NaOH が残る．加えた HBr のモル数は，$(0.1000\ \text{M})(0.00300\ \text{L}) = 0.300 \times 10^{-3}$ mol HBr $= 0.300$ mmol HBr である．最初の NaOH のモル数は，$(0.02000\ \text{M})(0.05000\ \text{L}) = 1.000 \times 10^{-3}$ mol NaOH $= 1.000$ mmol NaOH であった．未反応の OH^-

当量点までは，OH^- が過剰にある．

必ず使えるようになること．
$$\frac{\text{mmol}}{\text{mL}} = \frac{\text{mol}}{\text{L}} = \text{M}$$

表 11-1 0.02000 M KOH 溶液 50.00 mL を 0.1000 M HBr 溶液で滴定するときの滴定曲線の計算

	HBr の滴下量 (mL) (V_a)	未反応の OH^- 濃度 (M)	過剰の H^+ 濃度 (M)	pH
領域 1（過剰の OH^-）	0.00	0.0200		12.30
	1.00	0.0176		12.24
	2.00	0.0154		12.18
	3.00	0.0132		12.12
	4.00	0.0111		12.04
	5.00	0.00909		11.95
	6.00	0.00714		11.85
	7.00	0.00526		11.72
	8.00	0.00345		11.53
	9.00	0.00169		11.22
	9.50	0.000840		10.92
	9.90	0.000167		10.22
	9.99	0.0000166		9.22
領域 2（K_w）	10.00	—	—	7.00
領域 3（過剰の H^+）	10.01		0.0000167	4.78
	10.10		0.000166	3.78
	10.50		0.000826	3.08
	11.00		0.00164	2.79
	12.00		0.00323	2.49
	13.00		0.00476	2.32
	14.00		0.00625	2.20
	15.00		0.00769	2.11
	16.00		0.00909	2.04

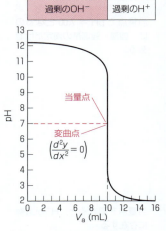

図 11-1 計算による滴定曲線．0.02000 M KOH 溶液 50.00 mL に 0.1000 M HBr 溶液を滴下するときの pH 変化．当量点は，二次導関数がゼロとなる変曲点である．

は，これらの差 1.000 mmol − 0.300 mmol = 0.700 mmol である．未反応の OH^- 濃度は，(0.700 mmol)/(53.00 mL) = 0.0132 M である．よって，$[H^+]$ = $K_w/[OH^-]$ = 7.57 × 10^{-13} M，pH = $-\log[H^+]$ = 12.12 である．

さて，計算を簡略化すると次のようになる．V_e = 10.00 mL なので，HBr 溶液 3.00 mL を加えたとき，反応は 10 分の 3 だけ終わっていることになる．したがって，未反応のまま残っている OH^- の割合は，10 分の 7 である．残っている OH^- の濃度は，残っている割合と初濃度と希釈率の積である．

$$[OH^-] = \underbrace{\left(\frac{10.00\,\text{mL} - 3.00\,\text{mL}}{10.00\,\text{mL}}\right)}_{\text{残りのOH}^-\text{の割合}} \underbrace{(0.02000\,\text{M})}_{\text{OH}^-\text{の初濃度}} \underbrace{\left(\frac{50.00\,\text{mL}}{50.00\,\text{mL} + 3.00\,\text{mL}}\right)}_{\text{希釈率}} \quad (11\text{-}1)$$

（OH^-の初体積 / 溶液の全体積）

$$= 0.0132\,\text{M}$$

$$[H^+] = \frac{K_w}{[OH^-]} = \frac{1.0 \times 10^{-14}}{0.0132} = 7.5_7 \times 10^{-13}\,\text{M} \Rightarrow \text{pH} = 12.12$$

式 11-1 は，$[OH^-]$ が初濃度のある割合を希釈率で補正したものに等しいことを示す．希釈率は，分析種の初体積を溶液の全体積で割った値である．

表 11-1 では，酸の滴下体積を V_a で表す．pH は，妥当な有効数字にかかわらず，小数第 2 位まで示した．これは結果に一貫性をもたせるためである．また，0.01 は pH 測定の正確さの限界に近いからだ．

> **課題** 式 11-1 と同様に，HBr 溶液 6.00 mL を加えたときの $[OH^-]$ を計算せよ．計算した pH 値と表 11-1 の値を比べよ．

領域 2：当量点

領域 2 は当量点であり，OH^- をちょうど消費する量の H^+ が加えられたところである．KBr を水に溶かして同じ溶液を調製することもできる．pH は，水の解離によって決まる．

$$H_2O \rightleftharpoons \underset{x}{H^+} + \underset{x}{OH^-}$$

$$K_w = x^2 \Rightarrow x = 1.00 \times 10^{-7}\,\text{M} \Rightarrow \text{pH} = 7.00$$

> 当量点で pH = 7.00 となるのは，強酸・強塩基の滴定だけである．

どの強塩基（または強酸）をどの強酸（または強塩基）で滴定しても，当量点の pH は 25℃では 7.00 となる．

すぐあとで述べるように，弱酸や弱塩基の滴定では，当量点のpHは7.00にならない．滴定剤と分析種の両方が強い場合にだけ，pH は 7.00 になる．

領域 3：当量点以降

当量点を超えると，過剰の HBr が溶液に加えられることになる．たとえば，10.50 mL を加えたとき，過剰の H^+ の濃度は次のようになる．

> 当量点を過ぎると，H^+ が過剰に存在する．

$$[H^+] = \underbrace{(0.1000\,\text{M})}_{\text{H}^+\text{の初濃度}} \underbrace{\left(\frac{0.50\,\text{mL}}{50.00\,\text{mL} + 10.50\,\text{mL}}\right)}_{\text{希釈率}} = 8.26 \times 10^{-4}\,\text{M}$$

（過剰の H^+ の体積 / 溶液の全体積）

$$\text{pH} = -\log[H^+] = 3.08$$

V_a = 10.50 mL のとき，過剰な HBr 溶液は $V_a - V_e$ = 10.50 − 10.00 = 0.50 mL である．0.50 という値が希釈率に現れるのはそのためである．

滴定曲線

図 11-1 の滴定曲線は，当量点付近で pH が急に変化している．当量点は，曲線の傾き ($d\text{pH}/dV_\text{a}$) が最も大きいところである．また，この点は，曲線の二次導関数がゼロであり，変曲点（inflection point）でもある．繰り返しになるが，当量点での pH が 7.00 になるのは強酸・強塩基の滴定のみである．これらの反応物のうち，一つまたは両方が弱ければ，当量点の pH は 7.00 にはならない．これは重要なことだ．

11-2 強塩基による弱酸の滴定

強塩基による弱酸の滴定では，酸塩基化学の知識をすべて活かすことになる．検討する例は，0.100 0 M NaOH 溶液による 0.020 00 M MES 溶液 50.00 mL の滴定である．MES は，2-(N-モルホリノ)エタンスルホン酸の省略形であり，$pK_\text{a} = 6.27$ の弱酸である．

滴定反応は次の通りである．

$$\underset{\substack{\text{HA}\\ \text{MES, } pK_\text{a}=6.27}}{\text{O}\bigcirc\overset{+}{\text{N}}\overset{\text{H}}{}\text{CH}_2\text{CH}_2\text{SO}_3^-} + \text{OH}^- \longrightarrow \underset{\text{A}^-}{\text{O}\bigcirc\text{NCH}_2\text{CH}_2\text{SO}_3^-} + \text{H}_2\text{O} \quad (11\text{-}2)$$

常に滴定反応を書くことから始める．

反応 11-2 は，塩基 A^- の K_b の反応の逆である．したがって，反応 11-2 の平衡定数は，$K = 1/K_\text{b} = 1/(K_\text{w}/K_\text{a}(\text{HA})) = 5.4 \times 10^7$ である．平衡定数が非常に大きいので，OH^- を加えるたびに反応が「完全に」進むといえる．コラム 9-3 で見たように，強いものと弱いものは完全に反応する．

強いもの＋弱いもの
$\longrightarrow$ 完全な反応

まず，当量点に達するのに必要な塩基の体積 V_b を計算しよう．

$$\underbrace{(V_\text{b}\ \text{mL})(0.100\ 0\ \text{M})}_{\text{塩基 (mmol)}} = \underbrace{(50.00\ \text{mL})(0.020\ 00\ \text{M})}_{\text{HA (mmol)}} \Rightarrow (V_\text{b}) = 10.00\ \text{mL}$$

この問題の滴定計算には，四つの領域がある．

1. 塩基を加える前，溶液は HA のみを含む．これは弱酸の溶液であり，pH は次の平衡によって決まる．

    $$\text{HA} \overset{K_\text{a}}{\rightleftharpoons} \text{H}^+ + \text{A}^-$$

2. 最初に NaOH 溶液を加えてから当量点直前までは，未反応の HA と反応 11-2 によって生じた A^- の混合物である．そう！緩衝液だ！ pH は，ヘンダーソン-ハッセルバルヒの式を使って求められる．

3. 当量点では「すべての」HA が A^- に変わっている．同じ溶液は，水に A^- を溶かしてつくられる．これは弱塩基の溶液であり，pH は次の反応によって決まる．

    $$\text{A}^- + \text{H}_2\text{O} \overset{K_\text{b}}{\rightleftharpoons} \text{HA} + \text{OH}^-$$

4. 当量点を超えると，A^- の溶液に過剰の NaOH が加えられる．pH は，よい近似で強塩基によって決まる．たんに水に過剰の NaOH を加えたとき

と同じように,pH を計算できる.A^- のごく小さな影響は無視できる.

領域 1:塩基を加える前

塩基を加える前は 0.02000 M HA 溶液であり,$pK_a = 6.27$ である.これはたんに弱酸の問題である.

> 最初の溶液に含まれるのは,<u>弱酸 HA のみ</u>である.

$$\underset{F-x}{HA} \rightleftharpoons \underset{x}{H^+} + \underset{x}{A^-} \qquad K_a = 10^{-6.27}$$

$$\frac{x^2}{0.02000 - x} = K_a \ \Rightarrow\ x = 1.03 \times 10^{-4} \ \Rightarrow\ pH = 3.99$$

領域 2:当量点以前

溶液に OH^- を加えると,HA と A^- の混合物が生じる.この混合物は緩衝液であり,その pH はヘンダーソン-ハッセルバルヒの式 9-16 を用いて,商 $[A^-]/[HA]$ から計算できる.

> 当量点以前は HA と A^- の混合物であり,これは<u>緩衝液</u>である.

OH^- を 3.00 mL だけ加えたときの $[A^-]/[HA]$ を計算してみよう.$V_e = 10.00$ mL なので,HA の 10 分の 3 と反応するだけの塩基を加えた.反応前後の相対濃度を示す次のような表をつくる.

> pH は商 $[A^-]/[HA]$ に依存するので,必要なのは<u>相対濃度</u>のみである.

滴定反応:	HA	+ OH$^-$	⟶ A$^-$	+ H$_2$O
最初の相対濃度(HA ≡ 1)	1	$\frac{3}{10}$	—	—
最後の相対濃度	$\frac{7}{10}$	—	$\frac{3}{10}$	—

どのような緩衝液でも,<u>商 $[A^-]/[HA]$ がわかれば,その pH がわかる</u>.

$$pH = pK_a + \log\left(\frac{[A^-]}{[HA]}\right) = 6.27 + \log\left(\frac{3/10}{7/10}\right) = 5.90$$

すべての弱酸の滴定において,体積 $\frac{1}{2}V_e$ の滴定剤が加えられた点は特別である.

滴定反応:	HA	+ OH$^-$	⟶ A$^-$	+ H$_2$O
最初の相対濃度	1	$\frac{1}{2}$	—	—
最後の相対濃度	$\frac{1}{2}$	—	$\frac{1}{2}$	—

$$pH = pK_a + \log\left(\frac{1/2}{1/2}\right) = pK_a$$

> $V_b = \frac{1}{2}V_e$ において,$pH = pK_a$ である.この点は,どの弱酸の滴定においても重要である.

滴定剤の滴下体積(V_b)が $\frac{1}{2}V_e$ のとき,溶液の pH は酸 HA の pK_a となる(活量係数は無視する).実験に基づく滴定曲線から,$V_b = \frac{1}{2}V_e$ のときの pH を読み取って,pK_a の近似値を求めることができる(pK_a の真値を求めるには,活量係数が必要である).

アドバイス どのような溶液でも，弱酸 HA と A^- の混合物があれば，それは緩衝液だ！ pH は商 $[A^-]/[HA]$ から計算できる．

$$\mathrm{pH} = \mathrm{p}K_a + \log\left(\frac{[A^-]}{[HA]}\right)$$

緩衝液を見のがさないようになろう！ 緩衝液は，酸塩基の化学のどこにでも潜んでいる．

領域 3：当量点

当量点では，NaOH 溶液が HA をちょうど消費しつくす．

滴定反応：	HA	+ OH$^-$	$\longrightarrow$ A$^-$	+ H$_2$O
最初の相対濃度	1	1	—	—
最後の相対濃度	—	—	1	—

当量点では，HA が弱塩基 A^- に変わっている．

溶液は，A^-「のみ」を含む．同じ溶液は，塩 Na^+A^- を蒸留水に溶かしてつくられる．Na^+A^- の溶液は，たんに弱塩基 A^- の溶液である．

弱塩基溶液の pH を計算するには，弱塩基 A^- と水との反応式を書く．

$$\underset{F-x}{A^-} + H_2O \rightleftharpoons \underset{x}{HA} + \underset{x}{OH^-} \qquad K_b = \frac{K_w}{K_a}$$

一つ注意すべき点は，A^- の式量濃度は，HA の初濃度 0.02000 M ではないことだ．A^- はビュレットから滴下した NaOH 溶液で希釈されている．

$$F' = \underbrace{(0.02000\,\mathrm{M})}_{\text{HAの初濃度}} \underbrace{\left(\frac{\overset{\text{HAの初体積}}{50.00\,\mathrm{mL}}}{\underset{\text{溶液の全体積}}{50.00\,\mathrm{mL} + 10.00\,\mathrm{mL}}}\right)}_{\text{希釈率}} = 0.0167\,\mathrm{M}$$

この F' の値を用いて，問題を解くことができる．

$$\frac{x^2}{F'-x} = \frac{x^2}{0.0167-x} = K_b = \frac{K_w}{K_a} = 1.86 \times 10^{-8} \Rightarrow x = 1.76 \times 10^{-5}\,\mathrm{M}$$

$$\mathrm{pH} = -\log[H^+] = -\log\left(\frac{K_w}{x}\right) = 9.25$$

この滴定の当量点の pH は，9.25 である．**7.00 ではない**．弱酸の滴定では，当量点の pH は常に 7 より高い．なぜなら，当量点で酸がその共役塩基に変わるからだ．

強塩基による弱酸の滴定では，当量点の pH は常に 7 より高い．

領域 4：当量点以降

ここでは，A^- 溶液に NaOH 溶液が加えられる．塩基 NaOH は塩基 A^- よりはるかに強いので，pH は過剰の OH^- によって決まる．

$V_b = 10.10$ mL のときの pH を計算してみよう．V_e を 0.10 mL だけ超えたところである．過剰の OH^- の濃度は次のようである．

ここでは，pH は過剰の OH^- によって支配される．

> **課題** $V_b = 10.10$ mL のとき、過剰な滴定剤による OH^- 濃度と、A^- の加水分解による OH^- 濃度を比べよ。当量点以降は、pH に対する A^- の寄与を無視できることをよく理解しよう。

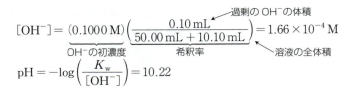

$$[OH^-] = \underbrace{(0.1000\,M)}_{OH^-\text{の初濃度}} \underbrace{\left(\frac{0.10\,\text{mL}}{50.00\,\text{mL} + 10.10\,\text{mL}}\right)}_{\text{希釈率}} = 1.66 \times 10^{-4}\,M$$

（過剰の OH^- の体積／溶液の全体積）

$$pH = -\log\left(\frac{K_w}{[OH^-]}\right) = 10.22$$

滴定曲線

NaOH 溶液による MES 溶液の滴定の計算結果を表 11-2 に示す。図 11-2 の計算による滴定曲線には、簡単に特定できる二つの点がある。一つは当量点であり、曲線の傾きが最も急なところである。もう一つの重要な点は、$V_b = \frac{1}{2}V_e$、pH = pK_a の点である。後者の点も変曲点である。この点では、曲線の傾きが最小になる。

図 9-4b を見直すと、pH = pK_a において緩衝容量が最大になることに気づくだろう。つまり、$V_b = \frac{1}{2}V_e$、pH = pK_a のとき、溶液の pH は最も変化しにくい。すなわち、曲線の傾き (dpH/dV_b) が最小になる。

図 11-3 は、HA の酸解離定数および反応物の濃度によって滴定曲線がどのように変わるかを表す。HA が酸として弱い (pK_a が大きい) ほど、あるいは

> **弱酸の滴定において重要な点：**
> $V_b = V_e$ において、曲線の勾配は最も急である。
> $V_b = \frac{1}{2}V_e$ において、pH = pK_a、勾配は最小である。

> **緩衝容量**は、溶液が pH 変化に抗する能力のめやすである。

表11-2 0.1000 M NaOH 溶液で 0.02000 M MES 溶液 50.00 mL を滴定するときの滴定曲線の計算値

	塩基の滴下量 (mL)	pH
領域 1（弱酸）	0.00	3.99
領域 2（緩衝液）	0.50	4.99
	1.00	5.32
	2.00	5.67
	3.00	5.90
	4.00	6.09
	5.00	6.27
	6.00	6.45
	7.00	6.64
	8.00	6.87
	9.00	7.22
	9.50	7.55
	9.90	8.27
領域 3（弱塩基）	10.00	9.25
領域 4（過剰の OH^-）	10.10	10.22
	10.50	10.91
	11.00	11.21
	12.00	11.50
	13.00	11.67
	14.00	11.79
	15.00	11.88
	16.00	11.95

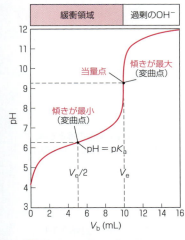

図 11-2 計算による滴定曲線。0.02000 M MES 溶液 50.00 mL を 0.1000 M NaOH で滴定。重要な点は、当量体積の半分の点 (pH = pK_a) と当量点 (曲線の勾配が最大) である。

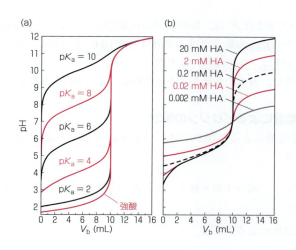

図 11-3 計算による滴定曲線.(a)0.100 M NaOH 溶液による 0.0200 M HA 溶液 50.0 mL の滴定.(b)濃度が HA($pK_a = 5$)溶液の 5 倍の NaOH 溶液による HA 溶液 50.0 mL の滴定.酸が弱いほど,また薄いほど,終点がはっきりしなくなる.

分析種と滴定剤の濃度が低いほど,当量点近くの pH 変化が小さくなり,検出が困難になる.酸や塩基の強度が弱すぎたり,濃度が希薄すぎたりするときは,これらを滴定するのは実際的でない.

11-3 強酸による弱塩基の滴定

強酸による弱塩基の滴定は,強塩基による弱酸の滴定の逆である.滴定反応は,次式で表される.

$$B + H^+ \longrightarrow BH^+$$

反応物は弱塩基と強酸なので,酸を加えるたびに反応は事実上完全に進む.滴定曲線には,四つの異なる領域がある.

1. 酸を加える前,溶液は弱塩基 B のみを含む.pH は K_b の反応によって決まる.

   $$\underset{F-x}{B} + H_2O \underset{}{\overset{K_b}{\rightleftharpoons}} \underset{x}{BH^+} + \underset{x}{OH^-}$$

   V_a(=酸の滴下体積)= 0 のとき,弱塩基の問題となる.

2. 最初の点と当量点の間は,B と BH^+ の混合物である.これも緩衝液だ! pH は,次式で計算できる.

   $$pH = pK_a(BH^+) + \log\left(\frac{[B]}{[BH^+]}\right)$$

   $0 < V_a < V_e$ のとき,緩衝液になる.

   酸を加えていくと(V_a が増えると),特別な点 $V_a = \frac{1}{2}V_e$,pH = pK_a(BH^+)に達する.前節と同様に,BH^+ の pK_a は滴定曲線から容易に求められる.

3. 当量点では,B がすべて弱酸 BH^+ に変わっている.pH は,BH^+ の酸解離反応を考慮して計算される.

   $$\underset{F'-x}{BH^+} \rightleftharpoons \underset{x}{B} + \underset{x}{H^+} \qquad K_a = \frac{K_w}{K_b}$$

   $V_a = V_e$ のとき,溶液は弱酸を含む.

$V_a > V_e$ のとき，強酸が過剰にある．

BH$^+$ の式量濃度 F' は，B の最初の式量濃度ではない．ある程度希釈されているからだ．当量点では，溶液は弱酸 BH$^+$ を含むので酸性である．<u>当量点の pH は，7 より低いはずだ</u>．

4. 当量点後は，過剰の強酸が pH を決める．弱酸 BH$^+$ の寄与は無視できる．

> **例題** 塩酸によるピリジンの滴定
>
> 0.1067 M 塩酸による 0.08364 M ピリジン溶液 25.00 mL の滴定について考えてみよう．
>
> ピリジン N: $K_b = 1.59 \times 10^{-9}$ $\Rightarrow$ $K_a = \dfrac{K_w}{K_b} = 6.31 \times 10^{-6}$ $pK_a = 5.20$
>
> 滴定反応は次のようである．
>
> N: + H$^+$ ⟶ NH$^+$
>
> 当量点は，19.60 mL を滴下したところである．
>
> $$\underbrace{(V_e \text{ mL})(0.1067 \text{ M})}_{\text{塩酸 (mmol)}} = \underbrace{(25.00 \text{ mL})(0.08364 \text{ M})}_{\text{ピリジン (mmol)}} \Rightarrow V_e = 19.60 \text{ mL}$$
>
> $V_a = 4.63$ mL のときの pH を求めよ．
>
> **解法** ピリジンの一部が中和されているので，ピリジンとピリジニウムイオンの混合物である．<u>緩衝液だ！</u> 分析種すべての滴定には 19.60 mL が必要なので，滴定されたピリジンの割合は 4.63/19.60 = 0.236 である．残っているピリジンの割合は，1 − 0.236 = 0.764 である．pH は，次式で求められる．
>
> $$pH = pK_a + \log\left(\frac{[B]}{[BH^+]}\right)$$
> $$= 5.20 + \log\frac{0.764}{0.236} = 5.71$$
>
> **類題** $V_a = 14.63$ mL のときの pH を求めよ．（**答え**：4.73）

11-4 二塩基酸の滴定

一塩基酸と一酸塩基の滴定の原理は，多塩基酸と多酸塩基の滴定に直接拡張できる．二つの場合を検討してみよう．

典型的な場合

図 11-4 の上の曲線は，0.100 M 塩酸による 0.100 M 塩基（B）10.0 mL の滴定について計算した結果である．塩基 B は二酸塩基で，$pK_{b1} = 4.00$，$pK_{b2} = 9.00$ である．滴定曲線は，二つの当量点でかなり急に変化している．これらの当量点は，それぞれ次の反応に対応する．

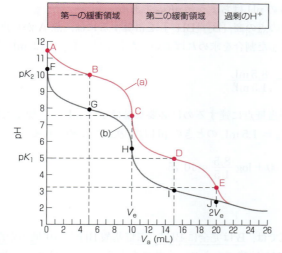

図 11-4 (a) 0.100 M 塩酸による 0.100 M 二酸塩基 ($pK_{b1} = 4.00, pK_{b2} = 9.00$) 10.0 mL の滴定．二つの当量点は，点 C と点 E である．点 B と点 D は半中和点であり，pH 値はそれぞれ pK_{a2} と pK_{a1} に等しい．(b) 0.100 M 塩酸による 0.100 M ニコチン ($pK_{b1} = 6.15, pK_{b2} = 10.85$) 溶液 10.0 mL の滴定．第二当量点 J は pH が低すぎるため，明確な変化を示さない．

$$B + H^+ \longrightarrow BH^+$$
$$BH^+ + H^+ \longrightarrow BH_2^{2+}$$

第一当量点の滴下体積は，10.00 mL である．なぜなら，

$$\underbrace{(V_e\,\text{mL})(0.100\,\text{M})}_{\text{塩酸 (mmol)}} = \underbrace{(10.00\,\text{mL})(0.1000\,\text{M})}_{\text{B (mmol)}} \Rightarrow V_e = 10.00\,\text{mL}$$

第二当量点の滴下体積は，$2V_e$ である．なぜなら，2番目の反応には1番目の反応と同じモル数の塩酸が必要だからだ．

二塩基酸の滴定では，常に $V_{e2} = 2V_{e1}$ である．

pH の計算は，一塩基酸の滴定の計算と同様である．図 11-4 の点 A から点 E までを調べてみよう．

点 A

酸を加える前，溶液には弱塩基 B のみが含まれ，pH は次の反応に支配される．

$$\underset{0.100-x}{B} + H_2O \underset{}{\overset{K_{b1}}{\rightleftharpoons}} \underset{x}{BH^+} + \underset{x}{OH^-}$$

$$\frac{x^2}{0.100-x} = 1.00 \times 10^{-4} \Rightarrow x = 3.11 \times 10^{-3}$$

$$[H^+] = \frac{K_w}{x} \Rightarrow \text{pH} = 11.49$$

完全に塩基性のかたちの二塩基酸は，一塩基酸として扱うことができる（K_{b2} の反応は無視できる）．

点 B

最初の点 A と第一当量点 C の間では，溶液は B と BH^+ を含む緩衝液である．点 B は当量点までの中間点であるので，$[B] = [BH^+]$ である．pH は，弱酸 BH^+ のヘンダーソン-ハッセルバルヒの式から計算される．BH^+ の酸解離定数は，$K_{a2}(BH_2^{2+}) = K_w/K_{b1} = 10^{-10.00}$ である．

もちろん覚えているだろう．

$$K_{a2} = \frac{K_w}{K_{b1}} \quad K_{a1} = \frac{K_w}{K_{b2}}$$

$$\text{pH} = pK_{a2} + \log\left(\frac{[B]}{[BH^+]}\right) = 10.00 + \log 1 = 10.00$$

つまり，点 B の pH はちょうど pK_{a2} である．

緩衝領域内の点の商 $[\text{B}]/[\text{BH}^+]$ を計算するには，点 A から点 C までの滴定に対して進んだ割合を求めればよい．たとえば，$V_a = 1.5\,\text{mL}$ のとき，

$$\frac{[\text{B}]}{[\text{BH}^+]} = \frac{8.5\,\text{mL}}{1.5\,\text{mL}}$$

である．第一当量点に達するのに必要な量は 10.0 mL で，加えた量は 1.5 mL だからだ．$V_a = 1.5\,\text{mL}$ のときの pH は，次式で求められる．

$$\text{pH} = 10.00 + \log\frac{8.5}{1.5} = 10.75$$

点 C

> BH$^+$ は，二塩基酸の中間のかたちである．

第一当量点では，B は完全に BH$^+$（二塩基酸 BH$_2^{2+}$ の中間のかたち）に変わっている．BH$^+$ は酸でもあり，塩基でもある．式 10-11 から，次式が成り立つ．

> $\text{pH} \approx \frac{1}{2}(\text{p}K_1 + \text{p}K_2)$

$$[\text{H}^+] \approx \sqrt{\frac{K_1 K_2 F + K_1 K_w}{K_1 + F}} \tag{11-3}$$

ここで，K_1 および K_2 は BH$_2^{2+}$ の逐次酸解離定数である．

BH$^+$ の式量濃度は，元の B 溶液の希釈率を考えて計算する．

$$F = \underbrace{(0.100\,\text{M})}_{\text{B 溶液の初濃度}} \underbrace{\left(\frac{\overbrace{10.0\,\text{mL}}^{\text{B 溶液の初体積}}}{\underbrace{20.0\,\text{mL}}_{\text{溶液の全体積}}}\right)}_{\text{希釈率}} = 0.0500\,\text{M}$$

すべての数値を式 11-3 に代入すると，

$$[\text{H}^+] = \sqrt{\frac{(10^{-5})(10^{-10})(0.0500) + (10^{-5})(10^{-14})}{10^{-5} + 0.0500}} = 3.16 \times 10^{-8}$$

$$\text{pH} = 7.50$$

が求められる．この例では，$\text{pH} = \frac{1}{2}(\text{p}K_{a1} + \text{p}K_{a2})$ が成り立つことがわかる．

図 11-4 の点 C は，滴定曲線のどこで二塩基酸の中間のかたちが現れるかを示す．この点では，酸または塩基を少量加えると pH が急に変化するので，曲線全体で最も緩衝作用が弱い．二塩基酸の中間のかたちは緩衝剤としてふるまうと誤解されやすいが，実際は緩衝剤として最悪の選択である．

> 多塩基酸の中間のかたちは，緩衝剤にならない．

点 D

点 C と点 E の間では，溶液は BH$^+$（塩基）と BH$_2^{2+}$（酸）を含む緩衝液である．$V_a = 15.0\,\text{mL}$ のとき，$[\text{BH}^+] = [\text{BH}_2^{2+}]$ であり，

$$\text{pH} = \text{p}K_{a1} + \log\left(\frac{[\text{BH}^+]}{[\text{BH}_2^{2+}]}\right) = 5.00 + \log 1 = 5.00$$

となる．

> **課題** V_a が 17.2 mL のとき，log 項の比は次のようになることを示せ．
> $$\frac{[\text{BH}^+]}{[\text{BH}_2^{2+}]} = \frac{20.00\,\text{mL} - 17.2\,\text{mL}}{17.2\,\text{mL} - 10.0\,\text{mL}}$$
> $$= \frac{2.8}{7.2}$$

点 E

点 E は第二当量点である．ここでの溶液は，水に BH_2Cl_2 を溶かして調製した溶液と同じである．BH_2^{2+} の式量濃度は，次の通りである．

$$F = (0.100 \text{ M})\left(\frac{10.0 \text{ mL}}{30.0 \text{ mL}}\right) = 0.0333 \text{ M}$$

←B の初体積
←溶液の全体積

pH は，BH_2^{2+} の酸解離反応によって決まる．

$$\underset{F-x}{BH_2^{2+}} \rightleftharpoons \underset{x}{BH^+} + \underset{x}{H^+} \qquad K_{a1} = \frac{K_w}{K_{b2}}$$

$$\frac{x^2}{0.0333-x} = 1.0 \times 10^{-5} \Rightarrow x = 5.72 \times 10^{-4} \Rightarrow pH = 3.24$$

第二当量点では BH_2^{2+} が生じ，弱い一塩基酸として扱える．

第二当量点を超えると（$V_a > 20.0$ mL），溶液の pH は溶液に加えた強酸の体積から計算される．たとえば，$V_a = 25.00$ mL のとき，0.100 M 塩酸が 5.00 mL だけ過剰にあり，全体積は $10.00 + 25.00 = 35.00$ mL である．よって pH は次のように求められる．

$$[H^+] = (0.100 \text{ M})\left(\frac{5.00 \text{ mL}}{35.00 \text{ mL}}\right) = 1.43 \times 10^{-2} \text{ M} \Rightarrow pH = 1.85$$

終点があいまいな場合

多くの二塩基酸または二酸塩基の滴定は，図 11-4 の曲線 a のようにはっきりした二つの終点を示す．一部の滴定は，曲線 b のように明らかな二つの終点を示さない．曲線 b は，0.100 M 塩酸による 0.100 M ニコチン（$pK_{b1} = 6.15$，$pK_{b2} = 10.85$）溶液 10.0 mL の滴定の計算結果である．滴定反応は，次のようである．

当量点の pH が低すぎたり，高すぎたり，あるいは二つの pK_a 値が近すぎたりするときは，終点がはっきりしない．

ニコチン (B)　　　BH^+　　　BH_2^{2+}

BH_2^{2+} が強すぎる酸（すなわち，BH^+ が弱すぎる塩基）であるため，第二当量点（J）では明確な変化がない．滴定が低 pH（≲ 3）に近づくと，塩酸が BH^+ と完全に反応して BH_2^{2+} を生じるという近似が成り立たない．点 I と点 J の間の pH を計算するには，平衡の系統的解析法が必要である．スプレッドシートを用いて曲線全体を計算する方法については，本章の後半で述べる．

11-5 pH 電極で終点を決定する

ふつう滴定を行うのは分析種がどのくらい存在するのか，または平衡定数はいくらかを知るためである．両方の目的に必要な情報は，滴定中の pH をモニターすることで得られる．図 2-10 に自動滴定装置を示す．この装置は，すべ

コラム 11-1 では，環境分析における酸塩基滴定の重要な応用について述べる．

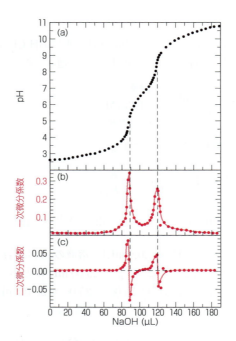

図 11-5 (a) 0.10 M NaNO₃ 水溶液 1.000 mL に六塩基酸キシレノールオレンジ 1.430 mg を溶かした溶液を滴定した実験結果．滴定剤は，0.065 92 M NaOH 溶液．(b) 滴定曲線の一次微分係数 $\Delta pH/\Delta V$．(c) 二次微分係数 $\Delta(\Delta pH/\Delta V)/\Delta V$（図 b の曲線の微分係数）．第一終点付近の微分係数は，図 11-6 で計算される．終点は，一次導関数が極大値をとり，二次導関数がゼロ軸を横切る点として検出される．

ての滴定操作を自動で行う[4]．この装置は，滴定剤を加えるごとに pH が安定するのを待ち，その後に次の添加を行う．滴定曲線の最大の傾きを求めることで，終点が自動的に計算される．

図 11-5a は，NaOH 溶液を用いて，弱い六塩基酸 H_6A を手分析で滴定した実験結果である．この化合物は精製が難しいため，ごく少量しか滴定に使えない．わずか 1.430 mg を水溶液 1.000 mL に溶かし，Hamilton 製シリンジで 0.065 92 M NaOH 溶液を数マイクロリットルずつ滴下して滴定した．

図 11-5a では，90 μL と 120 μL 付近に明確な変化が見られ，これらは H_6A の第三と第四のプロトンの当量点に対応する．

$$H_4A^{2-} + OH^- \longrightarrow H_3A^{3-} + H_2O \quad (約 90 \mu L \text{の当量点})$$
$$H_3A^{3-} + OH^- \longrightarrow H_2A^{4-} + H_2O \quad (約 120 \mu L \text{の当量点})$$

最初の二つと最後の二つの当量点は，pH が低すぎるか高すぎるため認識できない．

導関数を用いて終点を決定する

終点は，滴定曲線の傾き（dpH/dV）が最大になる体積として求められる．図 11-5b の傾き（一次微分係数）は，図 11-6 のスプレッドシートで計算できる．最初の二つの列には，実験で得られた滴下体積と pH を入力する（pH 計は小数第 3 位までの精度があるが，ふつう正確さは小数第 2 位までである）．一次微分係数を計算するには，連続するデータの体積を平均して，その体積における $\Delta pH/\Delta V$ の値を計算する．連続するデータの間の pH の変化が ΔpH，体積変化が ΔV である．図 11-5c および図 11-6 のスプレッドシートの最後の二つの列は，同様に計算される二次微分係数を表す．終点は，二次導関数がゼロ

終点
- 滴定曲線の傾きが最大
- 二次微分係数 = 0

コラム 11-1

アルカリ度と酸性度

自然水試料のアルカリ度（alkalinity）は，試料中に過剰に存在する塩基性化学種のモル数と定義される．対象となる塩基は，25℃，イオン強度ゼロにおいて共役酸が弱酸（$pK_a > 4.5$）であり，塩酸によって滴定される[2]．アルカリ度は，試料水 1 kg を pH 4.5 にするのに必要な塩酸のミリモル数にほぼ等しい．この pH は，CO_3^{2-} の滴定における第二当量点である．よい近似として，

$$\text{アルカリ度} \approx [OH^-] + 2[CO_3^{2-}] + [HCO_3^-]$$

である．試料水を塩酸で pH 4.5 まで滴定すると，OH^-，CO_3^{2-}，HCO_3^- が反応する．自然水のアルカリ度に寄与する可能性がある少量化学種は，リン酸イオン，ホウ酸イオン，ケイ酸イオン，フッ化物イオン，アンモニア，硫化物イオン，有機化合物などである．海洋学では，アルカリ度を用いて，人為起源 CO_2 の海洋への溶け込みを推定し，海洋の $CaCO_3$ 収支（$CaCO_3$ の供給と除去）を計算する[3]．海洋学者は，アルカリ度を測定するとき，塩分（イオン強度）と温度を考慮しなければならない[2]．

アルカリ度と硬度（hardness，溶存 Ca^{2+} および Mg^{2+} の濃度，コラム 12-2）は，灌漑用水において重要な特性である．$Ca^{2+} + Mg^{2+}$ 量を超えるアルカリ度は，「残留炭酸ナトリウム」と呼ばれる．残留炭酸ナトリウムが 2.5 mmol H^+/kg 以上の水は，灌漑に適していない．灌漑には，残留炭酸ナトリウム 1.25～2.5 mmol H^+/kg が限界であり，1.25 mmol H^+/kg 以下が適している．

自然水の酸性度（acidity）は，酸の総量を表し，NaOH で pH 8.3 まで滴定することで求められる．この pH は，OH^- による炭酸（H_2CO_3）の滴定の第二当量点である．この滴定では，試料水中のほぼすべての弱酸が滴定される．酸性度は，試料水 1 kg を pH 8.3 にするのに必要な OH^- のミリモル数で表される．

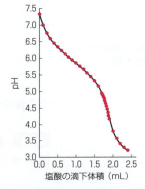

0.209 5 M 塩酸による塩水 165.4 mL のアルカリ度滴定（20.05℃）．密閉容器を用いて，CO_2 が逃げないようにする．試料のイオン強度を一定に保つため，塩酸溶液に NaCl を加えておく．[データ出典：A. G. Dickson, Oak Ridge National Laboratory.]

	A	B	C	D	E	F
1	滴定曲線の微分係数					
2	データ		一次微分係数		二次微分係数	
3	μL NaOH	pH	μL	ΔpH/ΔμL	μL	Δ(ΔpH/ΔμL)/ΔμL
4	85.0	4.245				
5			85.5	0.155		
6	86.0	4.400			86.0	0.0710
7			86.5	0.226		
8	87.0	4.626			87.0	0.0810
9			87.5	0.307		
10	88.0	4.933			88.0	0.0330
11			88.5	0.340		
12	89.0	5.273			89.0	−0.0830
13			89.0	0.257		
14	90.0	5.530			90.0	−0.0680
15			90.5	0.189		
16	91.0	5.719			91.25	−0.0390
17			92.0	0.131		
18	93.0	5.980				
19	数式の内容：					
20	C5 = (A6+A4)/2				E6 = (C7+C5)/2	
21	D5 = (B6−B4)/(A6−A4)				F6 = (D7−D5)/(C7−C5)	

図 11-6 図 11-5 の滴下量 90 μL 付近の一次および二次微分係数を計算するスプレッドシート．

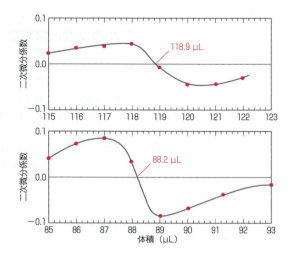

図 11-7 図 11-5c の終点付近の二次導関数の拡大図.

となる体積である．図 11-7 を用いると，終点を正確に推定できる．

> **例題** 滴定曲線の微分係数を計算する
>
> 図 11-6 の一次および二次微分係数の計算を確かめよ.
>
> **解法** 3 列目の最初の数値 85.5 は，1 列目の最初の二つの体積（85.0 および 86.0）の平均である．微分係数 $\Delta \mathrm{pH}/\Delta V$ は，最初の二つの pH 値と体積から計算される．
>
> $$\frac{\Delta \mathrm{pH}}{\Delta V} = \frac{4.400 - 4.245}{86.0 - 85.0} = 0.155$$
>
> 点（$x = 85.5$, $y = 0.155$）は，図 11-5b に示した一次導関数の曲線上の 1 点である．
>
> 　二次微分係数は，一次微分係数から計算される．図 11-6 の 5 列目の最初の値は 86.0 であり，これは 85.5 および 86.5 の平均である．二次微分係数は，
>
> $$\frac{\Delta(\Delta \mathrm{pH}/\Delta V)}{\Delta V} = \frac{0.226 - 0.155}{86.5 - 85.5} = 0.071$$
>
> である．点（$x = 86.0$, $y = 0.071$）は，図 11-5c に示した二次導関数の曲線上にプロットされている．
>
> **類題** 図 11-6 のセル D7 の微分係数を検証せよ．

グランプロットを使って終点を決定する[5,6]

　導関数を用いて終点を決定するときの問題点は，実は終点付近の滴定データが最も正確でないことだ．これは緩衝作用が最も小さく，電極の応答が鈍いためである．**グランプロット**（Gran plot）は，終点前（ふつう 0.8 V_e または 0.9

> グランプロットと似た方法は，当量点付近ではなく，滴定のなかほどのデータを使って V_e および K_a を求める[7]．

V_e から V_e まで) のデータを使って終点を決定する方法である．

弱酸 HA の滴定について考えてみよう．

$$HA \rightleftharpoons H^+ + A^- \qquad K_a = \frac{[H^+]\gamma_{H^+}[A^-]\gamma_{A^-}}{[HA]\gamma_{HA}}$$

pH 電極は水素イオンの濃度ではなく<u>活量</u>に応答するので，この議論には活量係数を含める必要がある．

当量点以前は，1 mol の NaOH は 1 mol の HA を A^- に変えるというのはよい近似である．V_a mL の HA 溶液（式量濃度 F_a）に，V_b mL の NaOH 溶液（式量濃度 F_b）を滴下したとき，次のように書ける．

$$[A^-] = \frac{\text{滴下した OH}^-\text{のモル数}}{\text{全体積}} = \frac{V_b F_b}{V_b + V_a}$$

$$[HA] = \frac{\text{最初の HA のモル数} - \text{OH}^-\text{のモル数}}{\text{全体積}} = \frac{V_a F_a - V_b F_b}{V_a + V_b}$$

これらの $[A^-]$ および $[HA]$ の式を平衡定数の式に代入すると，次式が得られる．

$$K_a = \frac{[H^+]\gamma_{H^+} V_b F_b \gamma_{A^-}}{(V_a F_a - V_b F_b)\gamma_{HA}}$$

この式は，次のように整理できる．

$$V_b \underbrace{[H^+]\gamma_{H^+}}_{10^{-pH}} = \frac{\gamma_{HA}}{\gamma_{A^-}} K_a \left(\frac{V_a F_a - V_b F_b}{F_b} \right) \qquad (11\text{-}4)$$

$[H^+]\gamma_{H^+} = 10^{-pH}$ なので，左辺の項は $V_b \cdot 10^{-pH}$ となる．右辺のかっこのなかの項は，

$$\frac{V_a F_a - V_b F_b}{F_b} = \frac{V_a F_a}{F_b} - V_b = V_e - V_b$$

である．したがって，式 11-4 は次のように書ける．

グランプロットの式：$V_b \cdot 10^{-pH} = \dfrac{\gamma_{HA}}{\gamma_{A^-}} K_a (V_e - V_b)$ (11-5)

V_b に対して $V_b \cdot 10^{-pH}$ をプロットしたグラフは，<u>グランプロット</u>と呼ばれる．γ_{HA}/γ_{A^-} が一定であれば，グラフは傾き $-K_a \gamma_{HA}/\gamma_{A^-}$，$x$ 切片 V_e の直線になる．図 11-5 の滴定のグランプロットを図 11-8 に示す．V_b にはどのような単位を用いてもよいが，両軸で同じ単位を使わなければならない．図 11-8 では，両軸の V_b をマイクロリットルで表した．

グランプロットの利点は，終点<u>以前</u>に取得したデータを使って終点を決定できることである．グランプロットの傾きから，K_a を求めることもできる．ここでは一塩基酸のグラン関数を導いたが，同じプロット（$V_b \cdot 10^{-pH}$ と V_b）は多塩基酸にもあてはまる（たとえば，図 11-5 の H_6A）．

グラン関数 $V_b \cdot 10^{-pH}$ は，実際にはゼロにならない．10^{-pH} は決してゼロに

強いものに弱いものを加えると，完全に反応する．

$\mathcal{A}_{H^+} = [H^+]\gamma_{H^+} = 10^{-pH}$

$V_a F_a = V_e F_b \Rightarrow V_e = \dfrac{V_a F_a}{F_b}$

グランプロット
- $V_b \cdot 10^{-pH}$ 対 V_b のプロット
- x 切片 $= V_e$
- 傾き $= -K_a \gamma_{HA}/\gamma_{A^-}$

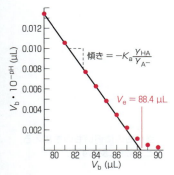

図 11-8 図 11-5 の第一当量点のグランプロット．このプロットから得られる終点 V_e は，図 11-7 の値と 0.2 μL だけ異なる（88.4 μL と 88.2 μL）．ふつう V_e 前の最後の 10～20% の体積が，グランプロットに用いられる．

ならないからだ．V_e を求めるには，直線を外挿しなければならない．関数がゼロにならない理由は，1 mol の OH^- が 1 mol の A^- を生じると近似したが，これは V_b が V_e に近づくと成り立たないためである．グランプロットには，直線部のみを用いる．

グランプロットが曲がる別の原因は，イオン強度の変化である．その結果，γ_{HA}/γ_{A^-} が変化する．図 11-8 では，$NaNO_3$ を用いてイオン強度をほぼ一定に保つことで，このような変化を避けた．塩を加えなくても，V_e 前の最後の 10～20% のデータでは，商 γ_{HA}/γ_{A^-} はあまり変わらないので，かなりまっすぐな線が得られる．

課題 弱塩基 B を強酸で滴定するときのグラン関数は，

$$V_a \cdot 10^{+\text{pH}} = \left(\frac{1}{K_a} \cdot \frac{\gamma_B}{\gamma_{BH^+}}\right)(V_e - V_a) \tag{11-6}$$

であることを示せ．ここで，V_a は強酸溶液の滴下体積，K_a は BH^+ の酸解離定数である．V_a に対して $V_a \cdot 10^{+\text{pH}}$ をプロットしたグラフは，傾き $-\gamma_B/(\gamma_{BH^+}K_a)$，$x$ 切片 V_e の直線になる．

11-6 指示薬で終点を決定する

指示薬は酸または塩基であり，化学種によって色が異なる．

酸塩基**指示薬**（indicator）は，それ自体が酸または塩基であり，各化学種は異なる色をもつ．たとえば，チモールブルーは酸塩基指示薬である．

$$\underset{\substack{\text{赤 (R)}\\\text{チモールブルー}}}{} \xrightleftharpoons{\text{p}K_1 = 1.7} \underset{\text{黄 (Y}^-\text{)}}{} \xrightleftharpoons{\text{p}K_2 = 8.9} \underset{\text{青 (B}^{2-}\text{)}}{}$$

チモールブルーのおもな化学種は，pH 1.7 以下では赤色，pH 1.7～8.9 では黄色，pH 8.9 以上では青色である（カラー図版 5）．簡単のため，三つの化学種を R, Y^-, B^{2-} と表す．

R と Y^- の平衡は，次のように書ける．

$$R \xrightleftharpoons{K_1} Y^- + H^+ \qquad \text{pH} = \text{p}K_1 + \log\left(\frac{[Y^-]}{[R]}\right) \tag{11-7}$$

pH	$[Y^-]:[R]$	色
0.7	1:10	赤
1.7	1:1	橙
2.7	10:1	黄

pH 1.7（= pK_1）では，黄色と赤色の化学種の 1:1 混合物になり，橙色に見える．一般的な経験則によれば，溶液は $[Y^-]/[R] \leq 1/10$ のとき赤色に，

[Y⁻]/[R] ≳ 10/1 のとき黄色に見える．式 11-7 から，溶液は pH ≈ pK_1 − 1 のときは赤色に，pH ≈ pK_1 + 1 のときは黄色になることがわかる．指示薬の色の表では，チモールブルーは pH 1.2 以下では赤色，pH 2.8 以上では黄色と記されている．経験則から予測される変色 pH 域は，0.7〜2.7 である．チモールブルーは，pH 1.2〜2.8 でさまざまな色合いの橙色を示す．色が変化する pH の範囲（1.2〜2.8）を**変色域**（transition range）と呼ぶ．ほとんどの指示薬は一つの変色域しかもたないが，チモールブルーはさらに pH 8.0〜9.6 の間で黄色から青色に変化する．この範囲では，さまざまな色合いの緑色が見られる．

酸塩基指示薬の色の変化は，実証実験 11-1 で取り上げる．コラム 11-2 では，指示薬の光吸収を用いて pH を測定する方法について述べる．

指示薬の選択

当量点が pH = 5.54 である滴定曲線を図 11-9 に示す．この pH 付近で色が変わる指示薬が，終点の決定に有用である．図 11-9 では，狭い体積範囲で pH が急に下がっている（pH 7 から 4 まで）．したがって，この pH 範囲で色が変わるどの指示薬も，当量点のよいめやすとなる．色が変わる点が pH 5.54 に近いほど，終点はより正確になる．観察される終点（色が変化）と真の当量点との差は，**指示薬誤差**（indicator error）と呼ばれる．

もし反応液に指示薬瓶の半分の指示薬を入れると，別の指示薬誤差をもち込むことになる．指示薬は酸または塩基なので，分析種や滴定剤と反応するからだ．指示薬のモル数は，分析種のモル数に比べて無視できなければならない．指示薬は，ふつう希薄溶液を数滴加えれば十分である．

表 11-3 の指示薬のいくつかが，図 11-9 の滴定に有用であろう．たとえば，ブロモクレゾールパープルを用いる場合，紫色から黄色への変化が終点となる．薄くなった紫色は最後に pH 5.2 付近で消えるはずであり，これは図 11-9 の真の当量点にごく近い．また，ブロモクレゾールグリーンを指示薬として用いる場合，青色から緑色（＝黄＋青）への変化が終点となる．

一般に，<u>滴定曲線の勾配が最も急な部分と変色域ができるだけぴったりと重なる指示薬を選ぶ</u>．図 11-9 に示すように滴定曲線が当量点付近で急勾配であれば，終点と当量点の不一致による指示薬誤差は小さくなる．この例ではもし指示薬の終点が（pH 5.54 ではなく）pH 6.4 であっても，V_e の誤差はわずか

最も一般的な指示薬の一つは，フェノールフタレインである．ふつう pH 8.0〜9.6 で起こる無色からピンク色への変化が利用される．

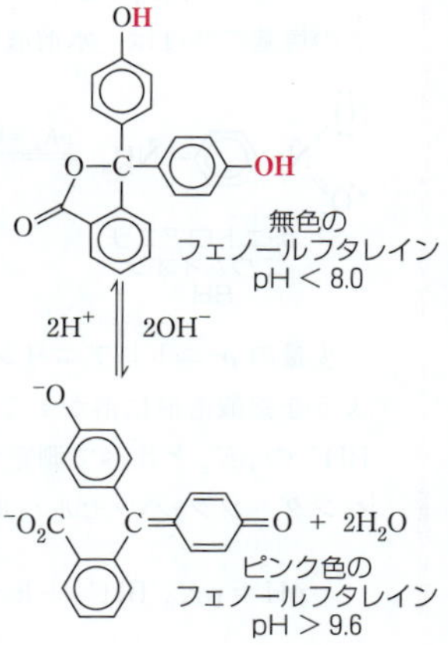

無色のフェノールフタレイン pH < 8.0

$2H^+ \rightleftharpoons 2OH^-$

ピンク色のフェノールフタレイン pH > 9.6

強酸中では，無色のフェノールフタレインが橙赤色に変わる．強塩基中では，ピンク色の化学種が無色の化学種に変わる[8]．

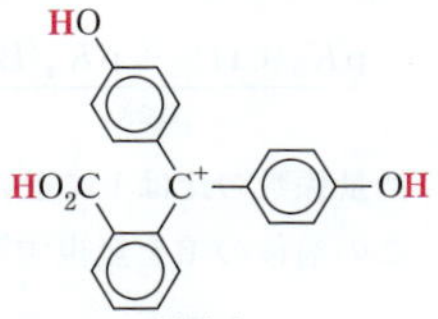

橙赤色（65〜98％硫酸中）

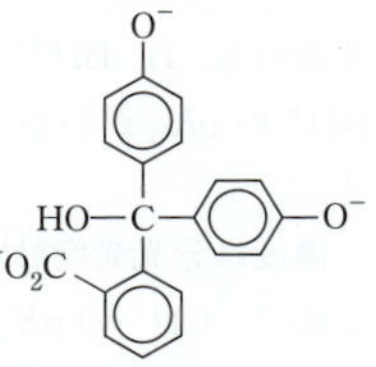

無色 pH > 11

滴定曲線の勾配が最も急な部分と変色域が重なる指示薬を選ぶ．

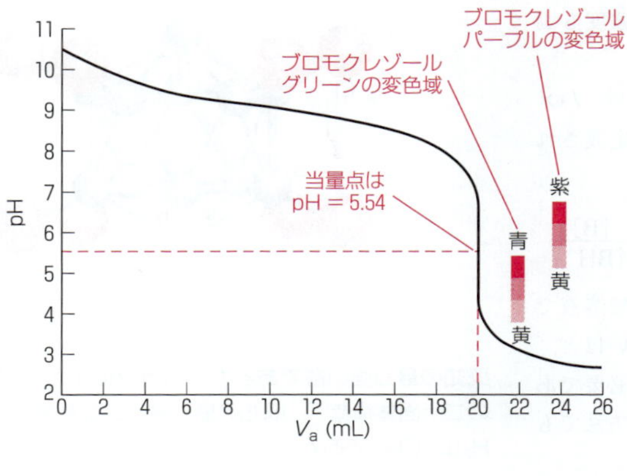

図 11-9 計算による滴定曲線．0.050 0 M 塩酸による 0.010 0 M 塩基（pK_b = 5.00）100 mL の滴定．

コラム 11-2

負の pH は何を意味するか？

1930年代，Louis Hammett と彼の学生たちは，非常に弱い酸と塩基の強さを測定していた．参照物質に p-ニトロアニリン（$pK_a = 0.99$）のような弱塩基（B）を用いた．この塩基の強度は，水溶液中で測定できた．

少量の p-ニトロアニリンと第二の塩基 C を 2 M 塩酸のような強酸溶液に溶かすことを考えよう．CH^+ の pK_a を BH^+ の pK_a と比べて測定するには，まずそれぞれの酸のヘンダーソン-ハッセルバルヒの式を書く．

$$pH = pK_a(BH^+) + \log \frac{[B]\gamma_B}{[BH^+]\gamma_{BH^+}}$$

$$pH = pK_a(CH^+) + \log \frac{[C]\gamma_C}{[CH^+]\gamma_{CH^+}}$$

この二つの式を等しいとおくと（なぜなら pH はただ一つしかないから），次の式が得られる．

$$\underbrace{pK_a(CH^+) - pK_a(BH^+)}_{\Delta pK_a} = \log \frac{[B][CH^+]}{[C][BH^+]} + \log \frac{\gamma_B \gamma_{CH^+}}{\gamma_C \gamma_{BH^+}}$$

活量係数の比は 1 に近いので，右辺の第二項はゼロに近い．この最後の項を無視すると，実験に便利な式が得られる．

$$\Delta pK_a \approx \log \frac{[B][CH^+]}{[C][BH^+]}$$

すなわち，B，BH^+，C，CH^+ の濃度を求める方法があり，BH^+ の pK_a がわかっていれば，CH^+ の pK_a を求められる．

濃度は分光光度計[10]または核磁気共鳴装置[11]で測定できるので，CH^+ の pK_a を求めることができる．次に，CH^+ を参照物質として，別の化合物 DH^+ の pK_a を求めることができる．この操作をさらに弱い塩基に徐々に拡張していけば，あまりに弱すぎて水中でプロトン化しない弱塩基（たとえば，ニトロベンゼン $pK_a = -11.38$）の強度も測定できる．

弱塩基 B をプロトン化する強酸性溶媒の酸性度は，**ハメットの酸度関数**（Hammett acidity function）で定義される．

ハメットの酸度関数：$H_0 = pK_a(BH^+) + \log \frac{[B]}{[BH^+]}$

希薄水溶液では，H_0 は pH に近づく．高濃度の酸溶液では，H_0 は酸の強さのめやすになる．塩基 B が弱いほど，塩基をプロトン化するには，酸性度の強い溶媒が必要である．現在，強酸性溶媒の酸性度は，電気化学的な方法でもっと簡単に測定できる[12]．

負の pH は，ふつう H_0 の値を意味する．たとえば，非常に弱い塩基をプロトン化する能力からわかるように，8 M $HClO_4$ 溶液の「pH」は −4 に近い．下図は，$HClO_4$ が他の鉱酸より強い酸であることを示す．いくつかの強酸性溶媒の H_0 値を下表に示す．知られている最も強い酸は $[CHB_{11}Cl_{11}]^- H^+$ であり，カルボランの二十面体型ケージ構造をもつ．気相および固相では，H^+ が Cl にごく弱く結合する[13]．

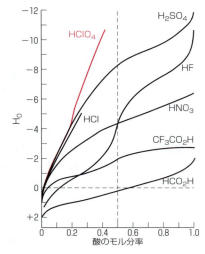

酸水溶液のハメットの酸度関数 H_0．［データ出典：R. A. Cox and K. Yates, *Can. J. Chem.*, **61**, 2225 (1983).］

酸	名称	H_0
H_2SO_4 (100%)	硫酸	−11.93
$H_2SO_4 \cdot SO_3$	発煙硫酸（オレウム）	−14.14
HSO_3F	フルオロ硫酸	−15.07
$HSO_3F + 10\% \, SbF_5$	「超酸」	−18.94
$HSO_3F + 7\% \, SbF_5 \cdot 3SO_3$	—	−19.35

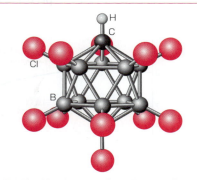

既知の最も強い酸であるカルボラン酸イオン $[CHB_{11}Cl_{11}]^-$ の二十面体構造[13]．既知の最も強い二塩基酸は正二十面体の $H_2[B_{12}Cl_{12}]$ である．

> **実証実験 11-1**
>
> ## 指示薬と CO_2 の酸性度
>
> この実験は，まったくのお楽しみだ[9]．二つの 1 L メスシリンダーに水 900 mL と撹拌子を入れる．それぞれに 1 M NH_3 溶液 10 mL を加える．そして，一方にフェノールフタレイン指示薬溶液 2 mL を，他方にブロモチモールブルー指示薬溶液 2 mL を入れる．いずれの指示薬も塩基性化学種の色を表す．
>
> それぞれのメスシリンダーにドライアイス（固体 CO_2）の塊を数個ずつ落とす．CO_2 の泡がメスシリンダーのなかをのぼり，溶液が酸性になる．まず，フェノールフタレインのピンク色が消える．しばらくして pH が十分に低くなると，ブロモチモールブルーが青色から緑色に変わるが，黄色まではいかない．
>
> タイゴンチューブを取り付けた漏斗を用いて，メスシリンダーの底に 6 M 塩酸 20 mL を加える．次に，各溶液をマグネチックスターラーで数秒間撹拌する．何が起こるか説明せよ．この実験の様子は，カラー図版 6 に現されている．

表 11-3 一般的な酸塩基指示薬

指示薬	変色域(pH)	酸性色	塩基性色	調製法
メチルバイオレット	0.0〜1.6	黄	青紫	0.05 wt%水溶液
クレゾールレッド	0.2〜1.8	赤	黄	0.01 M NaOH 26.2 mL に 0.1 g，次に水約 225 mL を加える．
チモールブルー	1.2〜2.8	赤	黄	0.01 M NaOH 21.5 mL に 0.1 g，次に水約 225 mL を加える．
クレゾールパープル	1.2〜2.8	赤	黄	0.01 M NaOH 26.2 mL に 0.1 g，次に水約 225 mL を加える．
エリスロシン B	2.2〜3.6	橙	赤	0.1 wt%水溶液
メチルオレンジ	3.1〜4.4	赤	黄	0.01 wt%水溶液
コンゴーレッド	3.0〜5.0	青紫	赤	0.1 wt%水溶液
ブロモフェノールブルー	3.0〜4.6	黄	青	0.01 M NaOH 14.9 mL に 0.1 g，次に水約 225 mL を加える．
エチルオレンジ	3.4〜4.8	赤	黄	0.1 wt%水溶液
ブロモクレゾールグリーン	3.8〜5.4	黄	青	0.01 M NaOH 14.3 mL に 0.1 g，次に水約 225 mL を加える．
メチルレッド	4.8〜6.0	赤	黄	エタノール 60 mL に 0.02 g，次に水 40 mL を加える．
クロロフェノールレッド	4.8〜6.4	黄	赤	0.01 M NaOH 23.6 mL に 0.1 g，次に水約 225 mL を加える．
ブロモクレゾールパープル	5.2〜6.8	黄	紫	0.01 M NaOH 18.5 mL に 0.1 g，次に水約 225 mL を加える．
p-ニトロフェノール	5.6〜7.6	無色	黄	0.1 wt%水溶液
リトマス	5.0〜8.0	赤	青	0.1 wt%水溶液
ブロモチモールブルー	6.0〜7.6	黄	青	0.01 M NaOH 16.0 mL に 0.1 g，次に水約 225 mL を加える．
フェノールレッド	6.4〜8.0	黄	赤	0.01 M NaOH 28.2 mL に 0.1 g，次に水約 225 mL を加える．
ニュートラルレッド	6.8〜8.0	赤	黄	エタノール 50 mL に 0.01 g，次に水 50 mL を加える．
クレゾールレッド	7.2〜8.8	黄	赤	上述．
α-ナフトールフタレイン	7.3〜8.7	ピンク	緑	エタノール 50 mL に 0.1 g，次に水 50 mL を加える．
クレゾールパープル	7.6〜9.2	黄	紫	上述．
チモールブルー	8.0〜9.6	黄	青	上述．
フェノールフタレイン	8.0〜9.6	無色	ピンク	エタノール 50 mL に 0.05 g，次に水 50 mL を加える．
チモールフタレイン	8.3〜10.5	無色	青	エタノール 50 mL に 0.04 g，次に水 50 mL を加える．
アリザリンイエロー	10.1〜12.0	黄	橙赤	0.01 wt%水溶液
ニトラミン	10.8〜13.0	無色	橙褐	エタノール 70 mL に 0.1 g，次に水 30 mL を加える．
トロペオリン O	11.1〜12.7	黄	橙	0.1 wt%水溶液

0.25％である．指示薬誤差は，pH 5.54 ではなく pH 6.4 にするのに必要な滴定剤の体積を計算すれば見積もることができる．

11-7 実験上の注意

酸と塩基の標準液を調製する方法は，本章の最後に述べる．

表 11-4 に挙げた酸と塩基は十分に純粋であり，<u>一次標準物質</u>（primary standard）となる[16]．NaOH および KOH は，一次標準物質ではない．なぜなら，これらは炭酸塩（大気中の CO_2 との反応による）や吸着水を含むからである．NaOH や KOH の溶液は，フタル酸水素カリウムなどの一次標準物質に対して標定されねばならない．滴定用の NaOH 溶液は，50 wt％ NaOH 溶液の原液を希釈して調製する．炭酸ナトリウムは，この原液に難溶であり，底に沈降する．

アルカリ溶液（たとえば，0.1 M NaOH 溶液）は，大気から遮断されねばならない．そうでないと，大気中の CO_2 を吸収してしまう．

$$OH^- + CO_2 \longrightarrow HCO_3^-$$

CO_2 は，時間とともに強塩基溶液の濃度を変化させる．また，弱酸の滴定では，終点の pH 変化を小さくして，判定を難しくする．溶液は，ポリエチレン瓶のふたをしっかり閉めて保管すれば，約一週間はほとんど変化することなく使える．

標準液は，ふつうネジぶたのついた高密度ポリエチレン瓶に保存する．しかし，水が瓶から蒸発するので，試薬の濃度はゆっくりと変わる．化学薬品メーカーの Sigma–Aldrich 社は，ふたをしっかり閉めた瓶に保存された水溶液でも，23℃では 2 年で 0.2％だけ濃縮され，30℃では 2 年で 0.5％だけ濃縮されると報告している．アルミ蒸着した袋で瓶を密封すると，蒸発を 10 分の 1 に減らせる．この教訓は，標準液には有限の保存寿命があるということだ．

強塩基性溶液はガラスを侵すので，プラスチック容器に保存するのが最良である．このような溶液は，必要以上に長くビュレットに入れたままにすべきでない．0.01 M NaOH 溶液をガラスフラスコ中で 1 時間沸騰させると，モル濃度が 10％も下がる．これは，OH^- がガラスと反応するからだ[17]．

11-8 ケルダール窒素分析法

1883 年に開発された**ケルダール窒素分析法**（Kjeldahl nitrogen analysis）は，有機物質中の窒素の測定に最も広く用いられている方法である[18]．タンパク質は，食物のおもな含窒素成分である．タンパク質のほとんどは窒素を 16 wt％近く含むので，窒素の測定はタンパク質測定の代わりになる（コラム 11-3）．食物中の窒素を測定する他の一般的な方法は，燃焼分析法である（27-4 節）．

ケルダール法では，まず試料を沸騰した硫酸中で<u>分解して</u>（digest），アミンおよびアミドの窒素をアンモニウムイオン NH_4^+ に変え，共存する他の元素を酸化する[24]．

表 11-4 一次標準物質

化合物	浮力補正のための密度 (g/mL)	備考
酸		
フタル酸水素カリウム 式量 204.221	1.64	市販の純粋な物質を 105 ℃で乾燥して塩基の滴定に使う．終点は，フェノールフタレインで決定する． （フタル酸水素カリウム）+ OH^- ⟶ （フタル酸イオン）+ H_2O
HCl 塩酸 式量 36.461	—	HCl と水を共沸混合物（azeotrope）として蒸留する．組成（約 6 M）は圧力に依存する．蒸留中の圧力に対する組成の表がある．詳しくは，章末問題 11-56 を見よ．
$KH(IO_3)_2$ ヨウ素酸水素カリウム 式量 389.912	—	強酸であるので，終点が pH 5〜9 のどの指示薬を用いてもよい．
安息香酸 式量 122.121	1.27	エタノールなどの溶媒での非水溶媒滴定に用いる一次標準物質．終点は，ガラス電極を用いて決定する．
スルホサリチル酸複塩 式量 550.639	—	市販のスルホサリチル酸 1 mol を試薬級 $KHCO_3$ 0.75 mol と混合し，水から数回再結晶させる．110 ℃で乾燥すると，K^+ イオン 3 個と滴定できる H^+ 1 個をもつ複塩が調製できる[14]．NaOH 溶液での滴定の指示薬には，フェノールフタレインを用いる．
$H_3NSO_3^-$ スルファミン酸 式量 97.094	2.15	スルファミン酸は酸性のプロトンを 1 個もつ強酸であるので，終点が pH 5〜9 のどの指示薬を用いてもよい．
塩基		
$H_2NC(CH_2OH)_3$ トリス（ヒドロキシメチル）アミノメタン（トリスまたは THAM ともいう） 式量 121.135	1.33	市販の純粋な物質を 100〜103 ℃で乾燥し，強酸で滴定する．終点は pH 4.5〜5. $H_2NC(CH_2OH)_3 + H^+ \longrightarrow H_3\overset{+}{N}C(CH_2OH)_3$
HgO 酸化第二水銀 式量 216.59	11.1	純粋な HgO を大過剰の I^- または Br^- を含む溶液に溶かす．すると $2OH^-$ が遊離する． $HgO + 4I^- + H_2O \longrightarrow HgI_4^{2-} + 2OH^-$ この塩基を指示薬の終点まで滴定する．
Na_2CO_3 炭酸ナトリウム 式量 105.988	2.53	一次標準物質の Na_2CO_3 が市販されている．あるいは，再結晶した $NaHCO_3$ を 260〜270 ℃で 1 時間加熱して，純粋な Na_2CO_3 を調製する．炭酸ナトリウムを pH 4〜5 の終点まで酸で滴定する．終点直前に溶液を沸騰させて，CO_2 を追いだす．
$Na_2B_4O_7 \cdot 10H_2O$ ホウ砂 式量 381.372	1.73	再結晶した物質を NaCl およびスクロースの飽和水溶液を入れた容器内で乾燥する．この操作で純粋な十水和物が得られる[15]．標準物質の溶液をメチルレッドの終点まで酸で滴定する． $B_4O_7 \cdot 10H_2O^{2-} + 2H^+ \longrightarrow 4B(OH)_3 + 5H_2O$

コラム 11-3　新聞記事に現れたケルダール窒素分析法

　2007 年, 北米で, イヌやネコが急に腎不全で死ぬという事件が起きた. この病気の原因は, 中国から輸入した原料を含むペットフードであることが突き止められた.「製品中のタンパク質の量に関する契約上の要求を満たすために」, プラスチックの製造に使われるメラミンが原料に意図的に加えられていたのだ[19]. スイミングプールの殺菌に使われるシアヌル酸も, ペットフードから見つかった. メラミンだけでは腎不全の原因にならないが, メラミンとシアヌル酸が共存すると, 腎不全を起こす結晶性の生成物ができる. 消化管内に存在する細菌は, メラミンをシアヌル酸に変換する[20].

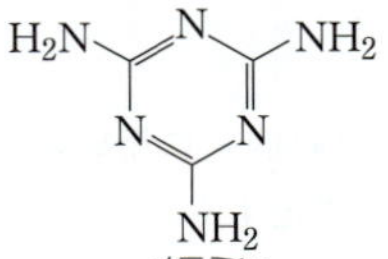

タンパク質の起源	窒素 (重量%)
肉	16.0
血しょう	15.3
ミルク	15.6
小麦粉	17.5
卵	14.9

出典: D. J. Holme and H. Peck, Analytical Biochemistry, 3rd ed. (New York: Addison Wesley Longman, 1998), p. 388.

メラミン
(窒素66.6 wt%)

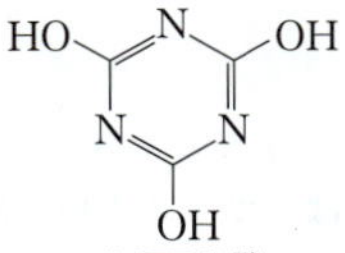

シアヌル酸
(窒素32.6 wt%)

　これらの化合物は, タンパク質とどのような関係があるのか？ 窒素が多く含まれていることを除いては, 何の関係もない. タンパク質は, 窒素を約 16 wt% 含んでおり, 食品中の窒素のおもな供給源である. 前述のように, ケルダール窒素分析法は, 食品中のタンパク質測定の代わりとなる. たとえば, ある食品がタンパク質を 10 wt% だけ含んでいれば, 10%の約 16% = 1.6 wt%の窒素がその食品に含まれることになる. つまり, 食品中の窒素の測定値が 1.6 wt%であれば, タンパク質が約 10 wt%含まれていると結論できる. メラミンは, 窒素を 66.6 wt%も含む. この数字は, タンパク質の約 4 倍である. 食品中にメラミンを 1 wt%だけ加えれば, タンパク質が 4 wt%も多く含まれているように見える.

　信じられないことに, 2008 年の夏, 約 300 000 人の中国人の赤ちゃんが病気になり, 少なくとも 6 人が腎不全で亡くなった[21]. 中国の企業がミルクを水で薄め, メラミンを加えてミルク中のタンパク質含量を正常に見せていたのだ. この有毒な乳製品は, 中国国内および輸出先市場で販売された. 2009 年, 汚染されたミルク製造に関与した罪で, 2 名が処刑された. 2010 年, 中国当局はメラミンを含む 40 トンの粉ミルクを見つけた. 食品にメラミンが見つかったことを受けて, ある会社は, タンパク態窒素と非タンパク態窒素を区別できる比色分析法を開発した[22]. また, 食品中のメラミンを測定する多くの方法が報告された[23].

　食品中の窒素を測定する別の方法は, デュマ法といわれる. 有機物を CuO と混ぜて, CO_2 中で 650〜700 ℃に加熱すると, CO_2, H_2O, N_2, および窒素酸化物が生じる. 生成物は高温の Cu 管内を CO_2 によって運ばれ, 窒素酸化物は N_2 に変換される. この気体は濃 KOH(aq) に吹き込まれ, CO_2 が捕集される. N_2 の体積は, ガスビュレットで測定される. この方法も, タンパク質とメラミンを区別できない.

出発物質中の窒素 1 原子は, NH_4^+ イオン 1 個に変換される.

ケルダール分解: 有機物中の C, H, N $\xrightarrow[H_2SO_4]{沸騰}$ NH_4^+ + CO_2 + H_2O　　(11-8)

水銀, 銅, およびセレンの化合物は, 分解を触媒する. 反応を速めるため, K_2SO_4 を加えて, 濃硫酸 (98 wt%) の沸点 (338℃) を高くする. 試料が飛び散って失われないように, 首の長いケルダールフラスコ (Kjeldahl flask, 図 11-10) を用いる. 別の分解法では, マイクロ波分解容器 (下巻, 図 28-7 に示す加圧容器) 内で H_2SO_4 に H_2O_2 を加えた溶液, または $K_2S_2O_8$ に NaOH を加えた溶液を使う[25].

　分解が終わったのち, NH_4^+ を含む溶液を塩基性にする. 溶液を蒸留し, 発生する NH_3 (大過剰の水蒸気を含む) を既知量の塩酸を含む受器に捕集する (図 11-11) 〔章末問題 11-59 に示す別の方法では, $B(OH)_3$ を含む受器に集め

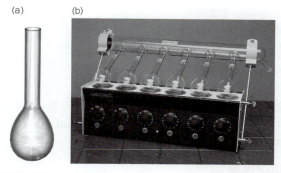

図 11-10 (a) 首の長いケルダールフラスコ．試料が飛び散って失われるのを防ぐ．(b) 多試料用の 6 ポートマニホールド．蒸気を排気できる．［提供：Courtesy Labconco Corporation.］

る[26]〕．次に，過剰な未反応の塩酸を NaOH 標準液で滴定して，NH_3 によって消費された塩酸の量を求める．

NH_4^+ の中和：$NH_4^+ + OH^- \longrightarrow NH_3(g) + H_2O$ (11-9)

NH_3 の蒸留と塩酸標準液への溶解：$NH_3 + H^+ \longrightarrow NH_4^+$ (11-10)

NaOH による未反応の塩酸の滴定：$H^+ + OH^- \longrightarrow H_2O$ (11-11)

滴定の代替法では，捕集液の酸を中和して緩衝液で pH を高くし，続いて NH_3 と反応して有色生成物を生じる試薬を加える[27]．有色生成物の吸光度から，分解によって生じた NH_3 の濃度がわかる．

例題 ケルダール分析法

典型的なタンパク質は，窒素を 16.2 wt% だけ含む．タンパク質溶液試料 0.500 mL を分解し，発生した NH_3 を蒸留して，0.02140 M 塩酸 10.00 mL に集めた．未反応の塩酸を完全に滴定するのに 0.0198 M NaOH 溶液 3.26 mL が必要であった．元の試料中のタンパク質濃度を求めよ（mg タンパク質/mL）．

解法 受器の塩酸の初期量は，(10.00 mL)(0.02140 mmol/mL) = 0.2140 mmol であった．反応 11-11 に示す未反応の塩酸の滴定で消費された NaOH の量は，(3.26 mL)(0.0198 mmol/mL) = 0.0645 mmol であった．この差 0.2140 − 0.0645 = 0.1495 mmol が，反応 11-9 で中和されて蒸留され，塩酸溶液に集められた NH_3 の量である．

タンパク質中の窒素 1 mol から NH_3 1 mol が生じるので，タンパク質中に 0.1495 mmol の窒素が存在していたはずであり，その重量は，

$$(0.1495 \text{ mmol})\left(14.007 \frac{\text{mg N}}{\text{mmol}}\right) = 2.094 \text{ mg N}$$

である．タンパク質が窒素 16.2 wt% を含むとすれば，元の試料中のタンパク質濃度は，次のように求められる．

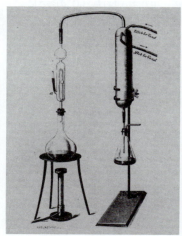

図 11-11 オランダの化学者 J. Kjeldahl（1849～1900）が使った最初の装置．［D. T. Burns, *Anal. Proc.*, 21, 210 (1984). Johan Frederik Rosenstand, Danish artist（1820～1887）．を見よ．］

$$\frac{2.094\,\text{mg 窒素}}{0.162\,\text{mg 窒素/mg タンパク質}} = 12.9\,\text{mg タンパク質}$$

$$\Rightarrow \frac{12.9\,\text{mg タンパク質}}{0.500\,\text{mL}} = 25.8\,\frac{\text{mg タンパク質}}{\text{mL}}$$

類題 滴定に NaOH 溶液 3.00 mL が必要であった場合のタンパク質濃度（mg タンパク質/mL）を求めよ．（**答え**：26.7 mg/mL）

11-9 水平化効果

水中に存在しうる最強の酸は H_3O^+ であり，また最強の塩基は OH^- である．もし仮に H_3O^+ よりも強い酸を水に溶かすと，H_2O をプロトン化して H_3O^+ にする．同様に，OH^- よりも強い塩基を水に溶かすと，H_2O を脱プロトンして OH^- にする．この**水平化効果**（leveling effect）によって，水中で $HClO_4$ と HCl は酸としての強さが同じであるかのようにふるまう．いずれも H_3O^+ の強さにそろえられる．

$$HClO_4 + H_2O \longrightarrow H_3O^+ + ClO_4^-$$
$$HCl + H_2O \longrightarrow H_3O^+ + Cl^-$$

これらの反応は，平衡定数が大きい．$HClO_4$ も HCl も完全に H_3O^+ に変換される．

水ほど塩基性が強くない酢酸溶媒中では，$HClO_4$ と HCl は同じ強度にそろわない．

$$HClO_4 + CH_3CO_2H \rightleftharpoons CH_3CO_2H_2^+ + ClO_4^- \quad K = 1.3 \times 10^{-5}$$
（酢酸溶媒）
$$HCl + CH_3CO_2H \rightleftharpoons CH_3CO_2H_2^+ + Cl^- \quad K = 2.8 \times 10^{-9}$$

これらの反応は，平衡定数が小さい．しかし，$HClO_4$ と CH_3CO_2H との反応の平衡定数は，HCl と CH_3CO_2H との反応の平衡定数の 10^4 倍である．これは，酢酸溶媒中では $HClO_4$ が HCl よりも強い酸であることを意味する．

図 11-12 は，メチルイソブチルケトン溶媒中の五種類の酸の混合物を 0.2 M

> 酢酸溶液中では $HClO_4$ は HCl よりも強い酸であるが，水溶液中ではいずれも H_3O^+ の強さにそろえられる．

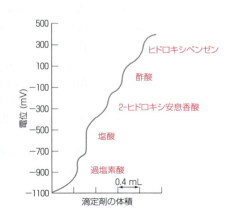

図 11-12 メチルイソブチルケトン溶媒中の酸混合物の水酸化テトラブチルアンモニウム溶液による滴定．酸の強さの順序が $HClO_4 >$ HCl $>$ 2-ヒドロキシ安息香酸 $>$ 酢酸 $>$ ヒドロキシベンゼンであることを示す．電位は，ガラス電極と白金参照電極を用いて測定した．縦軸は，pH に比例する．pH が高くなると，電位はより正の値になる．
[データ出典：D. B. Bruss and G. E. A. Wyld, *Anal. Chem.*, **29**, 232 (1957).]

> **質問** 酸 $H_3O^+ClO_4^-$ の終点は，図 11-12 のどこにあると考えられるか？
> **答え**：酸は H_3O^+ であるので，$H_3O^+ClO_4^-$ の終点はおそらく HCl と 2-ヒドロキシ安息香酸の間にあると考えられる．

水酸化テトラブチルアンモニウム溶液で滴定した滴定曲線である．この溶媒は，どのような酸によってもあまりプロトン化されない．また，この溶媒中では過塩素酸が塩酸より強い酸であることがわかる．

さてここで，尿素 $(H_2N)_2C=O$（$K_b = 1.3 \times 10^{-14}$）のような塩基について考えてみよう．この塩基は弱すぎるため，水中で強酸を用いて滴定するとはっきりした終点を示さない．

水中における $HClO_4$ による滴定：$B + H_3O^+ \rightleftharpoons BH^+ + H_2O$

<u>滴定反応の平衡定数が十分大きくないため，終点が検出できない．もし H_3O^+ よりも強い酸が使えれば，滴定反応の平衡定数が十分大きくなり，はっきりした終点を示すだろう．</u> 同じ塩基を酢酸に溶かして，$HClO_4$ で滴定すれば，はっきりした終点を観測できる．次の反応は，平衡定数が大きいと考えられる．

CH_3CO_2H 中の $HClO_4$ による滴定：$B + HClO_4 \rightleftharpoons \underbrace{BH^+ClO_4^-}_{\text{イオン対}}$

なぜなら，$HClO_4$ は H_3O^+ よりもはるかに強い酸だからだ（この反応の生成物がイオン対として書かれているのは，酢酸は<u>比誘電率</u>が小さいのでイオンがほとんど解離しないからである）．このように水中では不可能な滴定が，他の溶媒では可能になることがある[28]．

<u>電気泳動</u>（下巻 26 章）では，電場内でのイオンの移動度の差によってイオンが分離される．右のマージンに示す化合物は，水溶液中でプロトン化されないほど弱い塩基なので，水溶液の電気泳動では電荷をもたない．しかし，無水アセトニトリル溶媒では，無水酢酸中の $HClO_4$ によってプロトン化され，陽イオンとして分離される[29]．

水中の H_3O^+ では滴定できないほど弱すぎる塩基が，酢酸溶媒中で $HClO_4$ によって滴定できる．

比誘電率は，章末問題 8-14 で述べた．

過塩素酸に酢酸を加えたもの $CH_3C(OH)_2^+ClO_4^-$ によってアセトニトリル中でプロトン化される化合物：

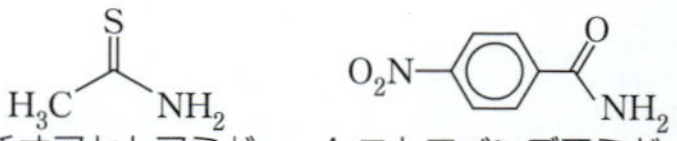

チオアセトアミド　　4-ニトロベンズアミド

11-10　スプレッドシートを用いる滴定曲線の計算

酸塩基滴定中に起こる化学について，あなたの理解を深めるために本章は重要であった．しかし，濃度が低すぎたり，平衡定数が十分大きくなかったり，タンパク質の場合のように K_a 値が近すぎたりするときは，私たちが用いてきた近似は適用できない．この節では，スプレッドシートを使って，一般的な方法で滴定を扱う式を導く[30]．

実験 10「Excel のソルバーを用いた滴定曲線のあてはめ」（原著ホームページ）は，この節で立てる式を利用している．

強塩基で弱酸を滴定する

体積 V_a の酸 HA（初濃度 C_a）を体積 V_b の NaOH 溶液（濃度 C_b）で滴定することを考える．この溶液の電荷均衡は，次の通りである．

電荷均衡：$[H^+] + [Na^+] = [A^-] + [OH^-]$

C_bV_b mol の NaOH を全体積 $V_a + V_b$ に希釈したので，Na^+ の濃度は，

$$[Na^+] = \frac{C_bV_b}{V_a + V_b}$$

である．同様に，C_aV_a mol の HA を全体積 $V_a + V_b$ に希釈したので，弱酸

の式量濃度は，次式で与えられる．

$$F_{HA} = [HA] + [A^-] = \frac{C_a V_a}{V_a + V_b}$$

ここで，10-5 節の分率の式を用いる．A^- の濃度は，式 10-18 で定義した α_{A^-} を用いて次のように書ける．

$\alpha_{A^-} =$ A^- 形の酸の分率：

$$\alpha_{A^-} = \frac{[A^-]}{F_{HA}}$$

$$[A^-] = \alpha_{A^-} \cdot F_{HA} = \frac{\alpha_{A^-} \cdot C_a V_a}{V_a + V_b} \tag{11-12}$$

ここで，$\alpha_{A^-} = K_a/([H^+] + K_a)$，$K_a$ は HA の酸解離定数である．電荷均衡の式の $[Na^+]$ と $[A^-]$ を書きかえると，

$$[H^+] + \frac{C_b V_b}{V_a + V_b} = \frac{\alpha_{A^-} \cdot C_a V_a}{V_a + V_b} + [OH^-]$$

を得る．この式は，次の形に整理できる．

$\varPhi = C_b V_b / C_a V_a$ は，当量点までの進行度である．

強塩基による弱酸の滴定の進行度：

$$\varPhi \equiv \frac{C_b V_b}{C_a V_a} = \frac{\alpha_{A^-} - \dfrac{[H^+] - [OH^-]}{C_a}}{1 + \dfrac{[H^+] - [OH^-]}{C_b}} \tag{11-13}$$

$\varPhi$	塩基の体積
0.5	$V_b = \frac{1}{2} V_e$
1	$V_b = V_e$
2	$V_b = 2 V_e$

　式 11-13 は，本当に便利である．この式は，滴定剤の滴下体積（V_b）を pH や多くの定数と関連付ける．$\varPhi$ は商 $C_b V_b / C_a V_a$ であり，当量点 V_e までの進行度である．$\varPhi = 1$ のとき，塩基の滴下体積 V_b は V_e に等しい．式 11-13 は，あなたが慣れている考え方とは逆向きに働く．左辺の体積を求めるには，右辺に pH を代入する必要があるからだ．もう一度いおう．<u>H^+ 濃度を代入して，その濃度になる滴定剤の滴下体積を求めるのだ．</u>

2-(N-モルホリノ)エタンスルホン酸
MES, $pK_a = 6.27$

　式 11-13 を用いて，弱酸 MES の 0.020 00 M 溶液 50.00 mL を 0.100 0 M NaOH 溶液で滴定するときの滴定曲線を計算してみよう．この滴定は，図 11-2 および表 11-2 に表されている．当量体積は，$V_e = 10.00$ mL である．式 11-13 に以下の値と式を代入する．

$C_b = 0.1$ M　　　$[H^+] = 10^{-pH}$
$C_a = 0.02$ M　　$[OH^-] = K_w / [H^+]$
$V_a = 50$ mL
$K_a = 5.3_7 \times 10^{-7}$
$K_w = 10^{-14}$　　　$\alpha_{A^-} = \dfrac{K_a}{[H^+] + K_a}$

pH を入力　　　$V_b = \dfrac{\varPhi C_a V_a}{C_b}$ が出力

　図 11-13 のスプレッドシートに入力するのは列 B の pH であり，出力されるのは列 G の V_b である．pH 値から，$[H^+]$，$[OH^-]$，α_{A^-} の値がそれぞれ列 C，D，E で計算される．式 11-13 は列 F で使われ，滴定の進行度 $\varPhi$ が決められる．この値から，滴定剤の体積 V_b が列 G で計算される．

11-10 スプレッドシートを用いる滴定曲線の計算

	A	B	C	D	E	F	G
1	強塩基による弱酸の滴定						
2							
3	C_b =	pH	[H$^+$]	[OH$^-$]	α(A$^-$)	φ	V_b (mL)
4	0.1	3.90	1.26E−04	7.94E−11	0.004	−0.002	−0.020
5	C_a =	3.99	1.02E−04	9.77E−11	0.005	0.000	0.001
6	0.02	5.00	1.00E−05	1.00E−09	0.051	0.050	0.505
7	V_a =	6.00	1.00E−06	1.00E−08	0.349	0.349	3.493
8	50	6.27	5.37E−07	1.86E−08	0.500	0.500	5.000
9	K_a =	7.00	1.00E−07	1.00E−07	0.843	0.843	8.430
10	5.37E−07	8.00	1.00E−08	1.00E−06	0.982	0.982	9.818
11	K_w =	9.00	1.00E−09	1.00E−05	0.998	0.999	9.987
12	1.E−14	9.25	5.62E−10	1.78E−05	0.999	1.000	10.000
13		10.00	1.00E−10	1.00E−04	1.000	1.006	10.058
14		11.00	1.00E−11	1.00E−03	1.000	1.061	10.606
15		12.00	1.00E−12	1.00E−02	1.000	1.667	16.667
16							
17	C4 = 10^−B4			F4 = (E4−(C4−D4)/$A$6)/(1+(C4−D4)/$A$4)			
18	D4 = $A$12/C4			G4 = F4*$A$6*$A$8/$A$4			
19	E4 = $A$10/(C4+$A$10)						

図 11-13 式 11-13 を用いて，0.02 M MES（pK_a = 6.27）溶液 50 mL を 0.1 M NaOH 溶液で滴定するときの滴定曲線を計算するスプレッドシート．列 B に pH を入力すると，その pH にするために必要な塩基の滴下体積がスプレッドシートで計算される．

図 11-13 のスプレッドシートで Excel のゴール シーク（217 ページ）を用いると，セル G5 の V_b がゼロになるまでセル B5 の pH 値を変えることができる．

どうすれば入力すべき pH 値がわかるだろうか？ pH 値を入力して V_b が正になるか負になるかを調べる試行錯誤によって，pH の初期値を決めることができる．数回試せば，$V_b = 0$ になる pH 値を求めるのは簡単である．図 11-13 セル B4 の pH 3.90 は低すぎる．φ も V も負となるからだ．滑らかな滴定曲線が得られるように，pH 値をできるだけ細かい間隔で入力する．図 11-13 には，紙面を節約するために半当量点（pH 6.27 ⇒ V_b = 5.00 mL）と当量点（pH 9.25 ⇒ V_b = 10.00 mL）を含めて少数の数だけ示した．このスプレッドシートは，活量係数を無視したことを除いて，近似を行わずに表 11-2 を再現している．表 11-2 で用いた近似がうまくいかないときでも，正しい結果が得られる．

弱塩基で弱酸を滴定する*

ここで，V_a mL の弱酸 HA（初濃度 C_a）を V_b mL の弱塩基 B（濃度 C_b）で滴定することを考えよう．HA の酸解離定数を K_a，BH$^+$ の酸解離定数を K_{BH^+} とする．電荷均衡は，次の通りである．

電荷均衡：[H$^+$] + [BH$^+$] = [A$^-$] + [OH$^-$]

前に述べたように，[A$^-$] = $\alpha_{A^-} \cdot F_{HA}$ である．ここで，α_{A^-} = K_a/([H$^+$] + K_a)，F_{HA} = $C_a V_a$/($V_a + V_b$) である．

酸 HA については，式 10-17 を用いて，

$$[HA] = \alpha_{HA} \cdot F_{HA} \qquad \alpha_{HA} = \frac{[H^+]}{[H^+] + K_a}$$

となる．ここで，K_a は酸 HA の酸解離定数である．弱酸 BH$^+$ については，次のように書ける．

$$[BH^+] = \alpha_{BH^+} \cdot F_B \qquad \alpha_{BH^+} = \frac{[H^+]}{[H^+] + K_{BH^+}}$$

*訳者注：一般に実験では，滴定剤に弱酸または弱塩基を用いることは避ける．

α_{HA} = HA 形の酸の分率

$$\alpha_{HA} = \frac{[HA]}{F_{HA}}$$

α_{BH^+} = BH$^+$ 形の塩基の分率

$$\alpha_{BH^+} = \frac{[BH^+]}{F_B}$$

表11-5 スプレッドシートに用いる滴定の式

Φの計算

強塩基による強酸の滴定

$$\Phi = \frac{C_b V_b}{C_a V_a} = \frac{1 - \dfrac{[H^+]-[OH^-]}{C_a}}{1 + \dfrac{[H^+]-[OH^-]}{C_b}}$$

強塩基による弱酸（HA）の滴定

$$\Phi = \frac{C_b V_b}{C_a V_a} = \frac{\alpha_{A^-} - \dfrac{[H^+]-[OH^-]}{C_a}}{1 + \dfrac{[H^+]-[OH^-]}{C_b}}$$

強酸による強塩基の滴定

$$\Phi = \frac{C_a V_a}{C_b V_b} = \frac{1 + \dfrac{[H^+]-[OH^-]}{C_b}}{1 - \dfrac{[H^+]-[OH^-]}{C_a}}$$

強酸による弱塩基（B）の滴定

$$\Phi = \frac{C_a V_a}{C_b V_b} = \frac{\alpha_{BH^+} + \dfrac{[H^+]-[OH^-]}{C_b}}{1 - \dfrac{[H^+]-[OH^-]}{C_a}}$$

弱塩基（B）による弱酸（HA）の滴定

$$\Phi = \frac{C_b V_b}{C_a V_a} = \frac{\alpha_{A^-} - \dfrac{[H^+]-[OH^-]}{C_a}}{\alpha_{BH^+} + \dfrac{[H^+]-[OH^-]}{C_b}}$$

弱酸（HA）による弱塩基（B）の滴定

$$\Phi = \frac{C_a V_a}{C_b V_b} = \frac{\alpha_{BH^+} + \dfrac{[H^+]-[OH^-]}{C_b}}{\alpha_{A^-} - \dfrac{[H^+]-[OH^-]}{C_a}}$$

強塩基によるH$_2$Aの滴定（→→ A^{2-}）

$$\Phi = \frac{C_b V_b}{C_a V_a} = \frac{\alpha_{HA^-} + 2\alpha_{A^{2-}} - \dfrac{[H^+]-[OH^-]}{C_a}}{1 + \dfrac{[H^+]-[OH^-]}{C_b}}$$

強塩基によるH$_3$Aの滴定（→→→ A^{3-}）

$$\Phi = \frac{C_b V_b}{C_a V_a} = \frac{\alpha_{H_2A^-} + 2\alpha_{HA^{2-}} + 3\alpha_{A^{3-}} - \dfrac{[H^+]-[OH^-]}{C_a}}{1 + \dfrac{[H^+]-[OH^-]}{C_b}}$$

強酸による二塩基酸Bの滴定（→→ BH$_2^{2+}$）

$$\Phi = \frac{C_a V_a}{C_b V_b} = \frac{\alpha_{BH^+} + 2\alpha_{BH_2^{2+}} + \dfrac{[H^+]-[OH^-]}{C_b}}{1 - \dfrac{[H^+]-[OH^-]}{C_a}}$$

強酸による三塩基酸Bの滴定（→→→ BH$_3^{3+}$）

$$\Phi = \frac{C_a V_a}{C_b V_b} = \frac{\alpha_{BH^+} + 2\alpha_{BH_2^{2+}} + 3\alpha_{BH_3^{3+}} + \dfrac{[H^+]-[OH^-]}{C_b}}{1 - \dfrac{[H^+]-[OH^-]}{C_a}}$$

記号
Φ ＝第一当量点までの滴定の進行度
C_a ＝酸の初濃度
C_b ＝塩基の初濃度
α ＝解離した酸またはプロトン化した塩基の分率
V_a ＝酸の体積
V_b ＝塩基の体積

αの計算

一塩基酸

$$\alpha_{HA} = \frac{[H^+]}{[H^+]+K_a} \qquad \alpha_{A^-} = \frac{K_a}{[H^+]+K_a}$$

$$\alpha_{BH^+} = \frac{[H^+]}{[H^+]+K_{BH^+}} \qquad \alpha_B = \frac{K_{BH^+}}{[H^+]+K_{BH^+}}$$

記号
K_a ＝ HA の酸解離定数
K_{BH^+} ＝ BH$^+$ の酸解離定数（＝ K_w/K_b）

二塩基酸

$$\alpha_{H_2A} = \alpha_{BH_2^{2+}} = \frac{[H^+]^2}{[H^+]^2+[H^+]K_1+K_1K_2} \quad \alpha_{HA^-} = \alpha_{BH^+} = \frac{[H^+]K_1}{[H^+]^2+[H^+]K_1+K_1K_2} \quad \alpha_{A^{2-}} = \alpha_B = \frac{K_1K_2}{[H^+]^2+[H^+]K_1+K_1K_2}$$

記号
酸の K_1 および K_2 は，それぞれ H$_2$A および HA$^-$ の酸解離定数．
塩基の K_1 および K_2 は，それぞれ BH$_2^{2+}$ および BH$^+$ の酸解離定数：$K_1 = K_w/K_{b2}$；$K_2 = K_w/K_{b1}$．

三塩基酸

$$\alpha_{H_3A} = \frac{[H^+]^3}{[H^+]^3+[H^+]^2K_1+[H^+]K_1K_2+K_1K_2K_3} \qquad \alpha_{H_2A^-} = \frac{[H^+]^2K_1}{[H^+]^3+[H^+]^2K_1+[H^+]K_1K_2+K_1K_2K_3}$$

$$\alpha_{HA^{2-}} = \frac{[H^+]K_1K_2}{[H^+]^3+[H^+]^2K_1+[H^+]K_1K_2+K_1K_2K_3} \qquad \alpha_{A^{3-}} = \frac{K_1K_2K_3}{[H^+]^3+[H^+]^2K_1+[H^+]K_1K_2+K_1K_2K_3}$$

ここで，塩基の式量濃度は，$F_B = C_b V_b/(V_a + V_b)$ である．

電荷均衡の式の［BH$^+$］と［A$^-$］を書き換えると，

$$[H^+] + \frac{\alpha_{BH^+} \cdot C_b V_b}{V_a + V_b} = \frac{\alpha_{A^-} \cdot C_a V_a}{V_a + V_b} + [OH^-]$$

を得る．この式は，便利なかたちに整理できる．

弱塩基による弱酸の滴定の進行度：$\displaystyle \Phi = \frac{C_b C_b}{C_a V_a} = \frac{\alpha_{A^-} - \dfrac{[H^+]-[OH^-]}{C_a}}{\alpha_{BH^+} + \dfrac{[H^+]-[OH^-]}{C_b}}$

(11-14)

弱塩基による滴定の式 11-14 は，強塩基による滴定の式 11-13 とそっくりである．違いは，分母の 1 が α_{BH^+} に置き換わっている点だけである．

表 11-5 には，電荷均衡の式のさまざまな濃度を分率に書き換えて導かれた便利な式をまとめた．二塩基酸 H_2A の滴定では，Φ は第一当量点までの<u>滴定の進行度</u>である．$\Phi = 2$ のときが第二当量点である．あなたがよく知っているように，$\Phi = 0.5$ のとき $pH \approx pK_1$ であり，$\Phi = 1.5$ のとき $pH \approx pK_2$ である．$\Phi = 1$ のとき，中間のかたち HA^- が存在し，$pH \approx \frac{1}{2}(pK_1 + pK_2)$ である．

重要なキーワード

グランプロット（Gran plot）
ケルダール窒素分析法（Kjeldahl nitrogen analysis）
指示薬（indicator）
指示薬誤差（indicator error）
水平化効果（leveling effect）
ハメットの酸度関数（Hammett acidity function）
変色域（transition range）

本章のまとめ

滴定曲線の計算に用いる重要な式：

- 強酸/強塩基の滴定

  $H^+ + OH^- \longrightarrow H_2O$

  pH は，過剰な未反応の H^+ または OH^- の濃度によって決まる

- OH^- による弱酸の滴定

  $HA + OH^- \longrightarrow A^- + H_2O$　（V_e = 当量体積）
  　　　　　　　　　　　　　　（V_b = 塩基の滴下体積）

  $V_b = 0$：pH は，K_a によって決まる（$HA \xrightleftharpoons{K_a} H^+ + A^-$）

  $0 < V_b < V_e$：$pH = pK_a + \log([A^-]/[HA])$

  $V_b = \frac{1}{2} V_e$ のとき，$pH = pK_a$（活量は無視）

  V_e：K_b が pH を支配（$A^- + H_2O \xrightleftharpoons{K_b} HA + OH^-$）

  V_e 以降：pH は，過剰の OH^- によって決まる

- H^+ による弱塩基の滴定

  $B + H^+ \longrightarrow BH^+$　（V_e = 当量体積）
  　　　　　　　　（V_a = 酸の滴下体積）

  $V_a = 0$：pH は，K_b によって決まる

  　　　　　　　　（$B + H_2O \xrightleftharpoons{K_b} BH^+ + OH^-$）

  $0 < V_a < V_e$：$pH = pK_{BH^+} + \log([B]/[BH^+])$

  $V_a = \frac{1}{2} V_e$ のとき，$pH = pK_{BH^+}$

  V_e：K_{BH^+} が pH を支配（$BH^+ \xrightleftharpoons{K_{BH^+}} B + H^+$）

  V_e 以降：pH は，過剰の H^+ によって決まる

- OH^- による H_2A の滴定

  $H_2A \xrightarrow{OH^-} HA^- \xrightarrow{OH^-} A^{2-}$

  当量体積：$V_{e2} = 2V_{e1}$

  $V_b = 0$：pH は，K_1 によって決まる

  　　　　　　　　（$H_2A \xrightleftharpoons{K_1} H^+ + HA^-$）

  $0 < V_b < V_{e1}$：$pH = pK_1 + \log([HA^-]/[H_2A])$

  $V_b = \frac{1}{2} V_{e1}$ のとき，$pH = pK_1$

  V_{e1}：$[H^+] = \sqrt{\dfrac{K_1 K_2 F' + K_1 K_w}{K_1 + F'}}$

  $\Rightarrow pH \approx \frac{1}{2}(pK_1 + pK_2)$

  $F' = HA^-$ の式量濃度

$V_{e1} < V_b < V_{e2}$：pH $= pK_2 + \log([A^{2-}]/[HA^-])$

$V_b = \frac{3}{2} V_{e1}$ のとき，pH $= pK_2$

V_{e2}：K_{b1} が pH を支配

$$(A^{2-} + H_2O \underset{}{\overset{K_{b1}}{\rightleftharpoons}} HA^- + OH^-)$$

V_{e2} 以降：pH は，過剰の OH^- によって決まる

- 当量点での導関数のふるまい
  一次微分係数：$\Delta pH/\Delta V$ は極大
  二次微分係数：$\Delta(\Delta pH/\Delta V)/\Delta V = 0$
- グランプロット
  V_b に対する $V_b \cdot 10^{-pH}$ のプロット

x 切片 $= V_e$；傾き $= -K_a\gamma_{HA}/\gamma_{A^-}$

K_a ＝酸解離定数

γ ＝活量係数

- 指示薬の選択：変色域が V_e の pH と一致すべき．滴定曲線の勾配が急な部分で，色が完全に変化するのが望ましい．
- ケルダール窒素分析法：含窒素有機化合物が，沸騰した硫酸中で触媒を用いて分解される．窒素は，NH_4^+ に変換される．これを塩基で NH_3 に中和し，蒸留して塩酸標準液に捕集する．過剰な未反応の塩酸を NaOH 標準液で滴定し，元の試料に存在していた窒素量を求める．

練習問題

11-A. 0.0100 M NaOH 溶液 50.00 mL を 0.100 M 塩酸で滴定する．以下の各点における pH を計算せよ．酸の滴下体積：0.00, 1.00, 2.00, 3.00, 4.00, 4.50, 4.90, 4.99, 5.00, 5.01, 5.10, 5.50, 6.00, 8.00, 10.00 mL．塩酸の滴下体積に対して pH をプロットしたグラフをつくれ．

11-B. 0.0500 M ギ酸溶液 50.0 mL を 0.0500 M KOH 溶液で滴定する．以下の各点における pH を計算せよ．計算する点は，$V_b = 0.0, 10.0, 20.0, 25.0, 30.0, 40.0, 45.0, 48.0, 49.0, 49.5, 50.0, 50.5, 51.0, 52.0, 55.0, 60.0$ mL である．V_b に対して pH をプロットしたグラフを描け．

11-C. 0.100 M コカイン（9-4 節，$K_b = 2.6 \times 10^{-6}$）溶液 100.0 mL を 0.200 M 硝酸で滴定する．以下の各点における pH を計算せよ．計算する点は，$V_a = 0.0, 10.0, 20.0, 25.0, 30.0, 40.0, 49.0, 49.9, 50.0, 50.1, 51.0, 60.0$ mL である．V_a に対して pH をプロットしたグラフを描け．

11-D. 0.0500 M マロン酸溶液 50.0 mL を 0.100 M NaOH 溶液で滴定することを考える．以下の各点における pH を計算せよ．また滴定曲線を描け．$V_b = 0.0, 8.0, 12.5, 19.3, 25.0, 37.5, 50.0, 56.3$ mL．

11-E. アミノ酸のヒスチジンの溶液を過塩素酸で滴定するときに起こる化学反応の式を書け（反応物と生成物の構造式を含めること．ヒスチジンは，荷電が正味ゼロの分子である）．0.0500 M ヒスチジン溶液 25.0 mL を 0.0500 M $HClO_4$ 溶液で滴定する．以下の V_a 値における pH を計算せよ．0, 4.0, 12.5, 25.0, 26.0, 50.0 mL．

11-F. 図 11-1，図 11-2，および図 11-3 の $pK_a = 8$ の滴定に有用な指示薬を表 11-3 から選べ．それぞれの滴定に異なる指示薬を選び，終点に利用する色の変化を述べよ．

11-G. 弱酸溶液 100.0 mL を 0.09381 M NaOH 溶液で滴定したとき，当量点に達するのに 27.63 mL が必要であった．当量点の pH は，10.99 であった．NaOH 溶液を 19.47 mL だけ加えたときの pH はいくらか？

11-H. 弱酸 HA の 0.100 M 溶液を 0.100 M NaOH 溶液で滴定した．$V_b = \frac{1}{2} V_e$ のとき，測定された pH は 4.62 であった．活量係数を考慮して，pK_a を計算せよ．陰イオン A^- のイオンサイズは，450 pm である．

11-I. pH 測定による終点の決定．図 11-5 の第二終点付近のデータを表に示す．

V_b (μL)	pH	V_b (μL)	pH
107.0	6.921	117.0	7.878
110.0	7.117	118.0	8.090
113.0	7.359	119.0	8.343
114.0	7.457	120.0	8.591
115.0	7.569	121.0	8.794
116.0	7.705	122.0	8.952

(a) 図 11-6 のようなスプレッドシートを作成し，一次および二次微分係数を求めよ．V_b に対して二つの微分係数をプロットし，終点を決定せよ．

(b) 図 11-8 のようなグランプロットを作成せよ．最小二乗法を用いて最良の直線を求め，終点を決定せよ．どの点が「まっすぐな」直線にのるかを判断しなければならない．

11-J. 指示薬誤差．図 11-2 の滴定について考えよう．表 11-2 に示されているように，当量点では滴下体積が 10.00 mL，pH は 9.25 である．

(a) 終点の決定に，チモールブルー指示薬の黄から青への変色を用いたとする．表 11-3 によれば，かすかな緑色は最後に pH 9.6 付近で消える．pH 9.6 に達するのに必要な塩基の体積はいくらか？ この体積と 10 mL との差が指示薬誤差である．

(b) pH 8.8 で色が変わるクレゾールレッドを用いたら，指示薬誤差はいくらになるだろうか？

11-K. 指示薬を用いる分光光度法*．酸塩基指示薬は，それ自

---

*この問題は下巻 18-2 節のベールの法則に基づいている．

体が酸または塩基である．次式に従って解離する指示薬 HIn について考えよう．

$$HIn \xrightleftharpoons{K_a} H^+ + In^-$$

モル吸光度 ε は，波長 440 nm において，HIn に対して 2080 M^{-1} cm^{-1}，In^- に対して 14200 M^{-1} cm^{-1} である．

(a) 濃度 [HIn] の HIn および濃度 $[In^-]$ の In^- を含む溶液の吸光度の式を書け．セルの光路長は 1.00 cm とする．全吸光度は，各成分の吸光度の和である．

(b) 式量濃度 1.84×10^{-4} M の指示薬を含む溶液を pH 6.23 に調整したところ，440 nm の吸光度は 0.868 になった．この指示薬の pK_a を計算せよ．

章末問題

強塩基による強酸の滴定

11-1. 終点と当量点の違いを述べよ．

11-2. 0.100 M NaOH 100.0 mL を 1.00 M HBr で滴定することを考える．以下の体積の酸を加えたときの pH を求めよ．また，V_a に対して pH をプロットしたグラフをつくれ．V_a = 0, 1, 5, 9, 9.9, 10, 10.1, 12 mL．

11-3. 酸塩基滴定曲線（pH 対滴定剤の滴下体積）が当量点で急に変化するのはなぜか？

強塩基による弱酸の滴定

11-4. 強塩基による弱酸の滴定曲線の一般的なかたちを描け．曲線の四つの異なる領域で pH を支配する化学は何か？

11-5. 弱すぎたり，希薄すぎたりする酸や塩基が実際上滴定できないのはなぜか？

11-6. 弱酸 HA（pK_a = 5.00）の溶液を 1.00 M KOH で滴定した．弱酸溶液の体積は 100.0 mL，容量モル濃度は 0.100 M であった．以下の体積の塩基を加えたときの pH を求めよ．また，V_b に対して pH をプロットしたグラフをつくれ．V_b = 0, 1, 5, 9, 9.9, 10, 10.1, 12 mL．

11-7. 弱酸 HA の溶液を NaOH 溶液で滴定することを考える．pH = pK_a − 1 になるのは，V_e までの滴定の進行度がいくらのときか？ また，pH = pK_a + 1 になるのは，進行度がいくらのときか？ これらの二つの点と，V_b = 0, $\frac{1}{2}V_e$, V_e, 1.2 V_e の点を用いて，0.100 M 臭化アニリニウム（アミノベンゼン・HBr）100 mL を 0.100 M NaOH で滴定するときの滴定曲線を描け．

11-8. 0.100 M ヒドロキシ酢酸を 0.0500 M KOH で滴定するとき，当量点の pH はいくらか？

11-9. MES（表 9-2）と NaOH の反応の平衡定数を求めよ．

11-10. シクロヘキシルアミノエタンスルホン酸（式量 207.29，構造式は表 9-2）1.214 g を水 41.37 mL に溶解した溶液に NaOH 溶液を 22.63 mL 加えたとき，pH は 9.24 であった．NaOH 溶液の容量モル濃度を計算せよ．

11-11. 0.100 M 臭化トリメチルアンモニウム 10.0 mL に 0.100 M NaOH 4.0 mL を滴下したときの pH を計算せよ．活量係数を考慮すること．

強酸による弱塩基の滴定

11-12. 強酸による弱塩基の滴定曲線の一般的なかたちを描け．また，曲線の四つの異なる領域で pH を支配する化学は何か？

11-13. 弱塩基を強酸で滴定するとき，当量点の pH が必ず 7 未満になるのはなぜか？

11-14. 0.100 M 弱塩基 B（pK_b = 5.00）100.0 mL を 1.00 M $HClO_4$ で滴定した．以下の体積の酸を加えたときの pH を求めよ．また，V_a に対して pH をプロットしたグラフをつくれ．V_a = 0, 1, 5, 9, 9.9, 10, 10.1, 12 mL．

11-15. 強酸による弱塩基の滴定において，緩衝容量が最大になる点はどこか？ この点は，小量の酸が加えられたときの pH 変化が最も小さい点である．

11-16. ベンジルアミンと HCl の反応の平衡定数はいくらか？

11-17. 0.0319 M ベンジルアミン 50.0 mL を 0.0500 M 塩酸で滴定した．以下の体積の酸を加えたときの pH を計算せよ．V_a = 0, 12.0, $\frac{1}{2}V_e$, 30.0, V_e, 35.0 mL．

11-18. 0.100 M NaCN 50.00 mL を以下の溶液と混合したときの pH を計算せよ．

(a) 0.438 M $HClO_4$ 4.20 mL

(b) 0.438 M $HClO_4$ 11.82 mL

(c) 0.438 M $HClO_4$ で滴定したときの当量点の pH はいくらか？

二塩基酸と二酸塩基の滴定

11-19. 弱い二塩基酸の溶液を NaOH 溶液で滴定するときの滴定曲線の一般的なかたちを描け．曲線の異なる領域それぞれで pH を支配する化学は何か？

11-20. 次ページのグラフは 124 個のアミノ酸から成るタンパク質の滴定曲線である．アミノ酸のうち 16 個は塩基性置換基をもち，20 個は酸性置換基をもつ．図の pH 範囲で 29 個の置換基が滴定されるので，曲線は滑らかで，はっきりした折れ曲りを示さない．29 個の置換基の終点が隣接しているので，曲線はほぼ一様に上昇する．等イオン点は，H^+ と OH^- 以外のイオンが存在しない，純粋なタンパク質の溶液の pH である．また，等電点は，タンパク質の平均電荷がゼロになる pH である．このタンパク質の平均電荷は，等イオン点で正か，負か，中性か？ どうしてそういえるのか？

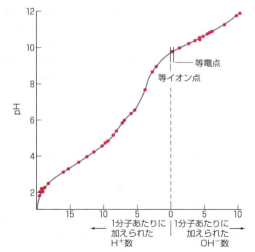

タンパク質リボヌクレアーゼの酸塩基滴定．［データ出典：C. T. Tanford and J. D. Hauenstein, *J. Am. Chem. Soc.*, **78**, 5287 (1956).］

11-21. 二酸塩基のナトリウム塩 Na_2A の溶液を塩酸溶液で滴定して図 11-4 の曲線 b を得た．第一当量点 H は等電点か，等イオン点か？

11-22. 下のグラフは，弱い一酸塩基による弱い一塩基酸の滴定と強塩基による二塩基酸の滴定を比べた図である．

(a) 弱酸と弱塩基の反応を書き，平衡定数が $10^{7.78}$ であることを示せ．この大きな値は，試薬を加えるたびに反応が「完全に」進むことを意味する．

(b) pK_2 の破線が黒色の曲線と $\frac{3}{2}V_e$ で交差し，赤色の曲線と $2V_e$ で交差するのはなぜか？ 赤色の曲線の「pK_2」は，酸 BH^+ の pK_a である．

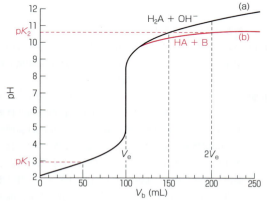

(a) 0.050 M NaOH 溶液による 0.050 M H_2A（$pK_1 = 2.86$，$pK_2 = 10.64$）溶液 100 mL の滴定．(b) 0.050 M 弱塩基 B（$pK_b = 3.36$）溶液による 0.050 M 弱酸 HA（$pK_a = 2.86$）溶液 100 mL の滴定．

11-23. 二酸塩基 B（$pK_{b1} = 4.00$，$pK_{b2} = 8.00$）を 1.00 M 塩酸で滴定した．B の初濃度は 0.100 M で，初体積は 100.0 mL であった．以下の体積の酸を加えたときの pH を求めよ．また，V_a に対して pH をプロットしたグラフをつくれ．$V_a = 0, 1, 5, 9, 10, 11, 15, 19, 20, 22$ mL.

11-24. 0.100 M 二塩基酸 H_2A（$pK_1 = 4.00$，$pK_2 = 8.00$）100.0 mL を 1.00 M NaOH で滴定した．以下の体積の塩基を加えたときの pH を求めよ．また，V_b に対して pH をプロットしたグラフをつくれ．$V_b = 0, 1, 5, 9, 10, 11, 15, 19, 20, 22$ mL.

11-25. 0.100 M 塩酸による 0.100 M ピペラジン 40.0 mL の滴定について，10.0 mL 間隔（0〜100 mL）で pH を計算せよ．また，V_a に対して pH をプロットしたグラフをつくれ．

11-26. 0.0200 M 2-アミノフェノール 25.0 mL を 0.0150 M $HClO_4$ 10.9 mL で滴定したときの pH を計算せよ．

11-27. 0.100 M グリシンナトリウム $H_2NCH_2CO_2Na$ 50.0 mL を 0.100 M 塩酸で滴定することを考える．

(a) 第二当量点の pH を計算せよ．

(b) 私たちの近似計算法では不正確な（物理的に不合理な）pH が得られることを，$V_a = 90.0$ mL および 101.0 mL について示せ．

11-28. 0.100 M グルタミン酸（電荷が正味ゼロの分子）を含む溶液を 0.0250 M RbOH で第一当量点まで滴定した．

(a) 反応物と生成物の構造式を描け．

(b) 第一当量点の pH を計算せよ．

11-29. 0.0100 M チロシンを 0.00400 M $HClO_4$ で当量点まで滴定したときの pH を求めよ．

11-30. この問題ではアミノ酸のシステイン（H_2C と略す）を扱う．

(a) システイン二カリウム K_2C を水に溶かして，0.0300 M 溶液を調製した．次に，この溶液 40.0 mL を 0.0600 M $HClO_4$ で滴定した．第一当量点の pH を計算せよ．

(b) 0.0500 M 臭化システイニウム（$H_3C^+Br^-$ 塩）について，商 $[C^{2-}]/[HC^-]$ を計算せよ．

11-31. pH 4.40 緩衝液 500 mL を調製するには，0.800 M $HClO_4$ 20.0 mL にシュウ酸二カリウム（式量 166.22）を何グラム加えればよいか？

11-32. 0.10 M KNO_3 100.0 mL に 0.1032 M NaOH 5.00 mL とアラニン（式量 89.093）0.1123 g を加えて調製した溶液の pH は，9.57 であった．活量係数を考慮して，アラニンの pK_2 を求めよ．溶液のイオン強度は 0.10 M，イオン化したアラニンの活量係数は 0.77 とせよ．

pH 電極による終点の決定

11-33. グランプロットは何のために用いられるか？

11-34. NaOH による弱酸溶液 100.00 mL の滴定データを以下に示す．V_e 以前の最後の 10% の体積を用いてグランプロットを作成し，終点を求めよ．

NaOH (mL)	pH	NaOH (mL)	pH	NaOH (mL)	pH
0.00	4.14	20.75	6.09	22.70	6.70
1.31	4.30	21.01	6.14	22.76	6.74
2.34	4.44	21.10	6.15	22.80	6.78
3.91	4.61	21.13	6.16	22.85	6.82
5.93	4.79	21.20	6.17	22.91	6.86
7.90	4.95	21.30	6.19	22.97	6.92
11.35	5.19	21.41	6.22	23.01	6.98
13.46	5.35	21.51	6.25	23.11	7.11
15.50	5.50	21.61	6.27	23.17	7.20
16.92	5.63	21.77	6.32	23.21	7.30
18.00	5.71	21.93	6.37	23.30	7.49
18.35	5.77	22.10	6.42	23.32	7.74
18.95	5.82	22.27	6.48	23.40	8.30
19.43	5.89	22.37	6.53	23.46	9.21
19.93	5.95	22.48	6.58	23.55	9.86
20.48	6.04	22.57	6.63		

11-35. 次の滴定データについて，二次微分係数のグラフを作成し，終点を決定せよ．

NaOH (mL)	pH	NaOH (mL)	pH	NaOH (mL)	pH
10.679	7.643	10.725	6.222	10.750	4.444
10.696	7.447	10.729	5.402	10.765	4.227
10.713	7.091	10.733	4.993		
10.721	6.700	10.738	4.761		

指示薬による終点の決定

11-36. 指示薬の色が $pK_{HIn} \pm 1$ で変わるという経験則の原理を説明せよ．

11-37. 滴定において，適切に選択された指示薬の色が当量点付近で変わるのはなぜか？

11-38. 生細胞の微小な小胞内の pH は，小胞に指示薬（HIn）を注入し，その指示薬のスペクトルから商 $[In^-]/[HIn]$ を求めることで推定できる．どうして pH がわかるのかを説明せよ．

11-39. 負の pK_a をもつ化合物の化学式を書け．

11-40. 図 11-2 の滴定について考えよう．当量点の pH の計算値は，9.25 である．チモールブルーを指示薬として用いると，滴定の当量点以前のほとんどでは何色が観察されるか？ 当量点，および当量点以降はどうか？

11-41. 指示薬クレゾールパープル（表 11-3）では，以下の pH において何色が観察されると予想されるか？
(a) 1.0；(b) 2.0；(c) 3.0．

11-42. 表 11-3 に示すように，クレゾールレッドは二つの変色域をもつ．以下の pH において何色になると予想されるか？
(a) 0；(b) 1；(c) 6；(d) 9．

11-43. 変色域が pH 3.8〜5.4 の指示薬ブロモクレゾールグリーンは，強塩基による弱酸の滴定に有用だろうか？

11-44. (a) 0.03000 M NaF を 0.06000 M HClO$_4$ で滴定するときの当量点の pH はいくらか？
(b) この滴定では指示薬を用いて終点を決定するのがおそらく難しいのはなぜか？

11-45. Na$_2$CO$_3$ を塩酸で滴定した滴定曲線を下図に示す．フェノールフタレインとブロモクレゾールグリーンの両方が滴定溶液中に存在するとする．以下の体積の塩酸を加えたときに観察されると予想される色を述べよ．
(a) 2 mL，(b) 10 mL，(c) 19 mL．

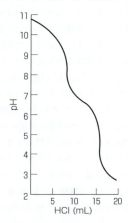

11-46. ケルダール窒素定量法における最後の生成物は塩酸中の NH$_4^+$ である．NH$_4^+$ を滴定せずに，塩酸だけを滴定する必要がある．
(a) 純粋な 0.010 M NH$_4$Cl の pH を計算せよ．
(b) NH$_4^+$ を滴定せずに，塩酸だけを滴定するのに適した指示薬を選べ．

11-47. アンモニアを含むウィンドウクリーナーの試料 10.231 g を水 39.466 g で希釈した．次に，この溶液 4.373 g を 0.1063 M 塩酸 14.22 mL で滴定し，ブロモクレゾールグリーンによる終点に達した．ウィンドウクリーナー中の NH$_3$（式量 17.031）の重量百分率を求めよ．

11-48. 家庭用スイミングプールの水のアルカリ度（コラム 11-1）測定では，プールの水を一定体積採取し，ブロモクレゾールグリーンの終点に達するまで，硫酸標準液を滴下する[31]．この滴定では何が測定されるか？ また，なぜブロモクレゾールグリーンが選ばれたのかを説明せよ．

実験上の注意，ケルダール分析法，水平化効果

11-49. (a) 塩酸溶液，および (b) NaOH 溶液の標定に用いる一次標準物質の名称および化学式を挙げよ．

11-50. 当量質量（1 mol の H$^+$ を供与または消費するのに必要な質量）が小さい一次標準物質よりも，当量質量が大きい一次標準物質を用いるほうが正確なのはなぜか？

11-51. フタル酸水素カリウムを用いて NaOH 溶液を標定する方法を説明せよ．

11-52. 一次標準物質トリス（表 11-4）1.023 g を水 99.367 g に溶かして溶液を調製した．この溶液 4.963 g を硝酸溶液 5.262 g で滴定すると，メチルレッドの終点に達した．硝酸溶液の濃度を計算せよ（mol 硝酸/kg として表せ）．

11-53. 天びんでトリス 1.023 g をひょう量して，塩酸溶液を標定した．2-3 節の浮力補正値および表 11-4 の密度を用いて，実際には何 g をひょう量したかを考えよ．このトリスとの反応に必要な塩酸溶液の体積は，28.37 mL であった．浮力の補正は，塩酸溶液の容量モル濃度の計算値に偶然誤差または系統誤差を生じるか？　誤差の大きさを百分率で表せ．また，計算した塩酸溶液の容量モル濃度は，真のモル濃度よりも高いか，低いか？

11-54. KBr 4 g を含む水 20 mL に HgO（表 11-4）を 0.1947 g だけ溶かして溶液を調製した．この溶液を塩酸溶液で滴定すると，フェノールフタレインの終点に達するのに 17.98 mL を要した．塩酸溶液の容量モル濃度を計算せよ．

11-55. 約 0.05 M NaOH 約 30 mL を標定するには，フタル酸水素カリウムを何グラムひょう量すべきか？

11-56. 定沸点塩酸水溶液は，酸塩基滴定の一次標準物質に用いられる．約 20 wt% の塩酸（式量 36.461）を蒸留すると，留出物の組成は気圧によって規則的に変化する．

P(Torr)	HCl[a] (g/100 g 溶液)
770	20.196
760	20.220
750	20.244
740	20.268
730	20.292

(a) 留出物の組成は，C. W. Foulk and M. Hollingsworth, *J. Am. Chem. Soc.*, **45**, 1223 (**1923**) による．値は，現在の原子量で補正した．

(a) 表のデータのグラフをつくり，746 Torr で集められる塩酸の重量百分率を求めよ．

(b) 0.10000 M 塩酸 1.0000 L をつくるには，何グラムの留出物を溶かせばよいか（密度 8.0 g/mL の分銅を使い，空気中でひょう量する）？　留出物の密度は，表の範囲全体でほぼ 1.096 g/mL である．この密度は，真空中で測定される質量を空気中で測定される質量に換算するのに必要である．浮力の補正については，2-3 節を見よ．

11-57. (a) 式量の不確かさ．きわめて高精度の重量滴定では，一次標準物質の式量の不確かさが結果の不確かさに影響する可能性がある．分子量の不確かさについての付録 B の説明を読め．原子量の不確かさが包含係数 $k = 2$ の長方形型分布に従うと仮定して，フタル酸水素カリウム $C_8H_5O_4K$ の分子量を 95% 信頼区間で表せ．

(b) 試薬の純度の系統的不確かさ．メーカーによれば，フタル酸水素カリウムの純度は 1.00000 ± 0.00005 である．他に情報がなく，この不確かさの分布は長方形型であると仮定する．この試薬の純度の標準不確かさはいくらか？

11-58. ケルダール法を用いて 37.9 mg タンパク質/mL を含む溶液 256 μL を分析した．発生した NH_3 を 0.0336 M 塩酸 5.00 mL に集め，残りの酸を完全に滴定するのに 0.010 M NaOH が 6.34 mL だけ必要であった．タンパク質中の窒素の重量百分率はいくらか？

11-59. ケルダール法では，NH_3 を塩酸溶液に吸収させる代わりに，約 4 wt% ホウ酸 $B(OH)_3$ 溶液に吸収させることもできる．この方法では，NH_4^+，NH_3，$B(OH)_3$，$BO(OH)_2^-$（ホウ酸イオン），およびポリホウ酸イオン［三ホウ酸イオン［$B_3O_3(OH)_4^-$］，四ホウ酸イオン（$B_4O_5(OH)_4^{2-}$），五ホウ酸イオン［$B_5O_6(OH)_4^-$］を含む］の平衡混合物が得られる[26]．次に，pH 電極でモニターしながら，この混合溶液を pH 約 3.8 の終点まで塩酸標準液で滴定する．ホウ酸を使う利点は，必要な標準液が二種類（塩酸と NaOH）ではなく，一種類だけ（塩酸）ですむことだ．ホウ酸を用いる方法は，本文で述べた方法に比べて，時間と費用を節約できる．

NH_3 の蒸留と $B(OH)_3$ 溶液への吸収

$$NH_3 + B(OH)_3 + H_2O \rightleftharpoons NH_4^+ + B(OH)_4^- \quad (A)$$

$$NH_3 + B(OH)_3 + H_2O \rightleftharpoons NH_4^+ + \text{ポリホウ酸イオン} \quad (B)$$

塩酸標準液による滴定

$$H^+ + B(OH)_4^- + \text{ポリホウ酸イオン} \longrightarrow B(OH)_3 + H_2O \quad (C)$$

(a) ケルダール法を用いて，1 mL あたり 37.9 mg のタンパク質を含む溶液 256 μL を分析した．発生した NH_3 を約 4 wt% の $B(OH)_3$ 約 5 mL に集めたところ，生じた溶液の滴定には，0.050 M 塩酸が 8.28 mL だけ必要であった．反応 C では，反応 A および B で生じる NH_3 1 個あたり 1 個の H^+ が必要である．タンパク質中の窒素の wt% はいくらか？

(b) 4.00 wt% $B(OH)_3$（密度 1.00 g/mL，式量 61.84）5.00 mL に 0.414 mmol NH_3 を吸収させるとき，溶液の体積は変わらないと仮定する．反応 A が完全に進んで 0.414 mmol の $B(OH)_4^-$ を生じ，未反応の $B(OH)_3$ が残った場合，溶液の pH はいくらか？　なお，この問題では反応 B を無視せよ．

(c) (b) の pH において，プロトン化していないアンモニアの分率はいくらか？　一部の NH_3 はプロトン化しないので，吸収液から揮発する．

(d) 反応 A の平衡定数を求めよ．

11-60. 水平化効果とはどういう意味か？

11-61. 以下の pK_a 値について考える[32]．ナトリウムメトキシド（$NaOCH_3$）とナトリウムエトキシド（$NaOCH_2CH_3$）の希薄水溶液が同じ塩基強度にそろえられる理由を説明せよ．これらの塩基を水に加えたときの化学反応式を書け．

CH_3OH	$pK_a = 15.54$
CH_3CH_2OH	$pK_a = 16.0$
HOH	$pK_a = 15.74 \ (K_a = [H^+][OH^-]/[H_2O])$

11-62. 塩基 B は弱すぎるので，水溶液中で滴定できない．
(a) $HClO_4$ による B の滴定に適している溶媒は，ピリジンと酢酸のどちらか？ それはなぜか？
(b) 水酸化テトラブチルアンモニウムによる非常に弱い酸の滴定に適している溶媒はどちらか？ それはなぜか？

11-63. ナトリウムアミド（$NaNH_2$）とフェニルリチウム（C_6H_5Li）が水溶液中で同じ塩基強度にそろえられる理由を説明せよ．また，これらの試薬を水に加えるときに起こる化学反応式を書け．

11-64. ピリジンは，pH 5.2 のリン酸緩衝水溶液中で半分がプロトン化する．リン酸緩衝液 45 mL とメタノール 55 mL を混ぜると，緩衝液の pH は 3.2 になるが，ピリジンはやはり半分だけプロトン化する．この理由を説明せよ．

スプレッドシートを用いる滴定曲線の計算

11-65. NaOH によるフタル酸水素カリウム（K^+HP^-）の滴定について，以下の式を導け．

$$\Phi = \frac{C_b V_b}{C_a V_a} = \frac{\alpha_{HP^-} + 2\alpha_{P^{2-}} - 1 - \dfrac{[H^+]-[OH^-]}{C_a}}{1 + \dfrac{[H^+]-[OH^-]}{C_b}}$$

11-66. 強塩基による弱酸の滴定における pK_a の影響．式 11-13 を用いて図 11-3a の曲線を計算し，プロットせよ．強酸の K_a は，たとえば $K_a = 10^2$，すなわち $pK_a = -2$ とする．

11-67. 強塩基による弱酸の滴定における濃度の影響．問題 11-66 のスプレッドシートを用いて，$pK_a = 6$ と以下の濃度の組合せで滴定曲線をつくれ．(a) $C_a = 20$ mM, $C_b = 100$ mM, (b) $C_a = 2$ mM, $C_b = 10$ mM, (c) $C_a = 0.2$ mM, $C_b = 1$ mM.

11-68. 強酸による弱塩基の滴定における pK_b の影響．表 11-5 の適切な式を用いて，0.100 M 塩酸による 0.0200 M の塩基 B（$pK_b = -2.00, 2.00, 4.00, 6.00, 8.00, 10.00$）50.0 mL の滴定について，図 11-3b のような曲線を計算してプロットせよ（$pK_b = -2.00$ は，強塩基を表す）．α_{BH^+} の式において，$K_{BH^+} = K_w/K_b$ である．

11-69. 弱塩基による弱酸の滴定．
(a) 0.0200 M HA（$pK_a = 4.00$）50.0 mL を 0.100 M B（$pK_b = 3.00, 6.00, 9.00$）で滴定するときの滴定曲線のグラフをつくれ．
(b) 酢酸と安息香酸ナトリウム（安息香酸の塩）を混ぜたときに起こる酸塩基反応の式を書け．また，その反応の平衡定数を求めよ．0.200 M 酢酸 212 mL と 0.0500 M 安息香酸ナトリウム 325 mL を混ぜて調製した溶液の pH を求めよ．

11-70. 強塩基による二塩基酸の滴定．0.0200 M H_2A 50.0 mL を 0.100 M NaOH で滴定するときの滴定曲線のグラフをつくれ．以下の場合を考えよ．(a) $pK_1 = 4.00, pK_2 = 8.00$; (b) $pK_1 = 4.00, pK_2 = 6.00$; (c) $pK_1 = 4.00, pK_2 = 5.00$.

11-71. 強酸によるニコチンの滴定．図 11-4 の黒色の曲線を再現するスプレッドシートを作成せよ．

11-72. 強塩基による三塩基酸の滴定．0.0200 M ヒスチジン・2HCl 50.0 mL の 0.100 M NaOH による滴定について，スプレッドシートとグラフを作成せよ．なお，ヒスチジン・2HCl には，表 11-5 の三塩基酸の式を用いる．

11-73. 四酸塩基．強酸による四酸塩基の滴定曲線を表す式を書け（$B + H^+ \to\to\to\to BH_4^{4+}$）．表 11-5 を参考にして，滴定反応の電荷均衡から式を導く．この式を用いて 0.100 M $HClO_4$ による 0.0200 M ピロリン酸ナトリウム（$Na_4P_2O_7$）50.0 mL の滴定曲線のグラフを描け．なお，ピロリン酸イオンはピロリン酸の陰イオンである．

指示薬とベールの法則の利用*

11-74. ある指示薬の分光学特性を以下に示す．

$$HIn \underset{}{\overset{pK_a = 7.95}{\rightleftharpoons}} In^- + H^+$$

$\lambda_{max} = 395$ nm, $\lambda_{max} = 604$ nm
$\varepsilon_{395} = 1.80 \times 10^4$ M^{-1} cm^{-1}, $\varepsilon_{604} = 4.97 \times 10^4$ M^{-1} cm^{-1}
$\varepsilon_{604} = 0$

1.40×10^{-5} M 指示薬と 0.0500 M ベンゼン-1,2,3-トリカルボン酸を含む溶液 20.0 mL に KOH 溶液 20.0 mL を加えた．生じた溶液の吸光度は，1.00 cm のセルで 604 nm において 0.118 であった．KOH 溶液の容量モル濃度を計算せよ．

11-75. ある酸塩基指示薬は，三つの有色の形で存在する．

$$H_2In \overset{pK_1 = 1.00}{\rightleftharpoons} HIn^- \overset{pK_2 = 7.95}{\rightleftharpoons} In^{2-}$$

	H_2In 赤	HIn^- 黄	In^{2-} 赤
λ_{max}	520 nm	435 nm	572 nm
ε_{435}	1.67×10^4	1.80×10^4	1.15×10^4
ε_{520}	5.00×10^4	2.13×10^3	2.50×10^4
ε_{572}	2.30×10^4	2.00×10^2	4.97×10^4

*これらの章末問題は下巻 18-2 節のベールの法則に基づいている．

モル吸光度 ε の単位は，$M^{-1}\,cm^{-1}$ である．5.00×10^{-4} M 指示薬を含む溶液 10.0 mL を 0.1 M リン酸緩衝液（pH 7.50）90.0 mL と混ぜた．この溶液を 1.00 cm のセルに入れたときの 435 nm における吸光度を計算せよ．

参考手順：酸と塩基の標準液の調製

0.1 M NaOH 標準液

1. 50 wt% NaOH 溶液を調製して，Na_2CO_3 を一晩沈殿させる（Na_2CO_3 はこの溶液に難溶である）．溶液はしっかり密封したポリエチレン瓶に保存し，上澄みを取るときは沈殿をかき乱さないようにする．この溶液の密度は，1 mL あたり 1.50 g に近い．

2. 一次標準物質のフタル酸水素カリウムを 110 ℃ で 1 時間乾燥し，デシケータ中に保存する．

3. 水 1 L を 5 分間沸騰させ，CO_2 を追いだす．この水をポリエチレン瓶に注ぐ．この瓶のふたは，可能なときは常にしっかり閉めておく．約 0.1 M NaOH 溶液を 1 L つくるのに必要な 50 wt% NaOH 溶液の体積を計算する（約 5.3 mL）．この NaOH 溶液をメスシリンダーではかり，水を入れた瓶に移す．溶液をよく混ぜて室温まで冷やす（できれば一晩放置する）．

4. フタル酸水素カリウム約 0.51 g を 4 回分ひょう量し，それぞれを 125 mL フラスコに入れた蒸留水約 25 mL に溶かす．この試料を滴定するには，0.1 M NaOH 約 25 mL が必要である．試料にフェノールフタレイン指示薬（表 11-3）を 3 滴ずつ加え，その一つをすばやく滴定して，およその終点を決定する．できるだけ CO_2 が入らないように，ビュレットの上の口にゆるく栓をする．

$$\underset{\text{フタル酸水素カリウム}\atop\text{式量 204.221}}{\begin{array}{c}CO_2^-K^+\\CO_2H\end{array}} + NaOH \longrightarrow \begin{array}{c}CO_2^-K^+\\CO_2^-Na^+\end{array} + H_2O$$

5. 他の三つの試料を滴定するのに必要な NaOH 溶液の体積を計算して，その値を参考に注意深く滴定する．滴定の間には，ときどきフラスコを傾けて回し，液を壁から溶液中に洗い落とす．終点に近づいたら，小さな滴定剤の液滴を一度に一つずつ排出する．このためにビュレットの先端に小さな液滴をつくり，フラスコの内壁に触れさせる．フラスコを注意深く傾けてバルク溶液で洗い，溶液を回し混ぜる．終点は，最初に現れるピンク色である．この色は，およそ 15 秒間持続し，空気中の CO_2 が溶液に溶けるとゆっくりと消える．

6. 0.1 M NaOH の平均容量モル濃度（$\bar{x}$），標準偏差（s），相対標準偏差（$s/\bar{x}$）を計算する．よく注意すれば，相対標準偏差は 0.2% 未満になるはずである．

0.1 M 塩酸標準液

1. 本書の裏見返しを見ると，約 0.1 M 塩酸をつくるには，水 1 L に約 37 wt% 塩酸 8.2 mL を加えればよいことがわかる．この溶液を調製して，ポリエチレン瓶に入れてふたを閉める．塩酸は，メスシリンダーを使って移す．

2. 一次標準物質の Na_2CO_3 を 110 ℃ で 1 時間乾燥したのち，デシケータ中で冷ます．

3. ビュレットから滴下する 0.1 M 塩酸約 25 mL と反応するのに十分な量の Na_2CO_3 を四つひょう量し，それぞれを 125 mL フラスコに入れる．滴定の準備ができたら，フラスコに蒸留水約 25 mL を加えて，Na_2CO_3 を溶かす．試料の一つにブロモクレゾールグリーン指示薬（表 11-3）を 3 滴加え，緑色になるまですばやく滴定し，およその終点を決定する．

$$\underset{\text{式量 105.988}}{2HCl + Na_2CO_3} \longrightarrow CO_2 + 2NaCl + H_2O$$

4. 他の試料を，青色からわずかに緑色に変わるまで注意深く滴定する．次に溶液を沸騰させ，CO_2 を追いだす．溶液は，青色に変わるだろう．溶液が再び緑色に変わるまで，ビュレットから注意深く塩酸を加える．

5. 指示薬 3 滴と 0.05 M NaCl 50 mL から調製したブランクを滴定する．Na_2CO_3 を滴定するのに必要な体積からブランク滴定の体積を引く．

6. 0.1 M 塩酸の平均モル濃度，標準偏差，相対標準偏差を計算する．

12 EDTA 滴定
EDTA Titrations

キレート療法とサラセミア

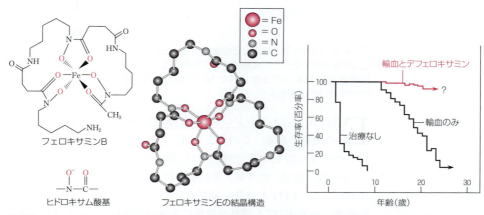

鉄錯体フェロキサミンBおよび関連化合物フェロキサミンEの化学構造式．キレートは，環状構造をもつ．グラフは，輸血および輸血とキレート療法の組合せによる生存率を示す．[結晶構造データ提供：M. Neu, Los Alamos National Laboratory [出典：D. Van der Helm and M. Poling, *J. Am. Chem. Soc.*, **98**, 82 (1976)．グラフのデータ：P. S. Dobbin and R. C. Hider, *Chem. Br.*, **26**, 565 (1990)．]

　酸素（O_2）は，ヒトの循環系でタンパク質のヘモグロビン中の鉄と結合する．ヘモグロビンは，α および β で表される2対のサブユニットからなる．重症型 β サラセミアは遺伝病であり，ヘモグロビンの β サブユニットが十分な量産生されない．この病気にかかった子供は，正常な赤血球を頻繁に輸血することでしか生き延びられない．しかし，輸血を受ける子供は，赤血球のヘモグロビンから年間4〜8gの鉄を蓄積することになる．私たちの身体には大量の鉄を排泄する機構がなく，輸血を受けた患者のほとんどは過剰の鉄による毒作用によって20歳までに亡くなる．

　複数の配位原子を介して金属イオンと結合する配位子は，キレート（chelate）と呼ばれる．キレート療法によって，サラセミア患者の鉄の排泄を高めることができる．最も成功している薬は，微生物 *Streptomyces pilosus* がつくるデフェロキサミンBである[1]．フェロキサミンBの Fe^{3+} 錯体は，生成定数が $10^{30.6}$ である．Fe^{3+} を可溶な Fe^{2+} に還元するアスコルビン酸（ビタミンC）と一緒に使用すると，デフェロキサミンは鉄過剰患者から年間で数gの鉄を除去できる．Fe^{3+} 錯体は，尿中に排泄される．デフェロキサミンが有効な患者では，15年間治療した後に心臓病を起こさずに生存する率は91％である[2]．しかし，この高価な薬を投与しすぎると，子供の発育が阻害される．

　デフェロキサミンは高価であり，しかも週に5〜7回，一晩中点滴されねばならない．この薬は，腸から吸収されない．有効な経口薬を見つけるために強力な鉄キレート剤が数多く試験されたが，臨床試験にまで進んだ薬はわずかである[3]．経口投与できるキレート剤のデフェリプロンは1987年に導入され，治療効果が認められて50か国以上で使われている（ただし，米国およびカナダでは認可されていない）．デフェロキサミンとデフェリプロンを組み合わせて使用すると，デフェロキサミンのみの治療と比べて心臓病の発生率が低くなり，生存率が高くなる．デフェラシロクスと呼ばれる経口投与キレート剤は，2005年に米国での使用が認可された．新しいキレート剤の探索が続けられているが，現在のところどのような治療法も完全ではない．長期的には，骨髄移植や遺伝子治療がこの病気の治療法となるだろう．

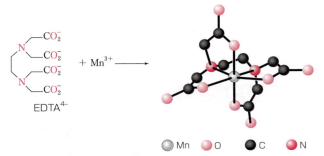

図 12-1 EDTA は，ほとんどの金属イオンと安定な 1：1 錯体をつくる．四つの酸素原子と二つの窒素原子を介して金属イオンに結合する．右図は，化合物 $KMnEDTA \cdot 2H_2O$ の X 線結晶構造解析によって決定された Mn^{3+}-EDTA の 6 配位構造．[出典：J. Stein et al., *Inorg. Chem.*, **18**, 3511 (1979).]

EDTA は，エチレンジアミン四酢酸（ethylenediaminetetraacetic acid）の略称である．この化合物は，ほとんどの金属イオンと安定な 1：1 錯体をつくり（図 12-1），定量分析に用いられる．また，工業プロセスや製品（たとえば，洗剤，洗浄剤，金属触媒による食品の酸化を防ぐ食品添加物など）においても，EDTA は強い金属結合剤として大きな役割を果たしている．その結果，金属-EDTA 錯体は環境にも見いだされる．たとえば，サンフランシスコ湾に排出されるニッケルの大部分，および鉄，鉛，銅，亜鉛のかなりの割合が排水処理施設をすりぬけた EDTA 錯体である．

12-1 金属-キレート錯体

金属イオンは**ルイス酸**（Lewis acid）であり，電子供与性配位子である**ルイス塩基**（Lewis base）から電子対を受容する．シアン化物イオン（CN^-）は，一つの原子（炭素原子）を介して金属イオンと結合するので，**単座**（monodentate）配位子と呼ばれる．多くの遷移金属イオンは，六つの配位原子と結合する．複数の配位原子を介して金属イオンと結合する配位子は，**多座**（multidentate，「多くの歯をもつ」）配位子または**キレート配位子**（chelating ligand）と呼ばれる[4]．

単純なキレート配位子の例は，1,2-ジアミノエタン（$H_2\ddot{N}CH_2CH_2\ddot{N}H_2$，エチレンジアミンともいう）である．この配位子と金属イオンとの結合を左に示す．エチレンジアミンは二つの配位原子を介して金属と結合するので，**2 座**（bidentate）であるという．

キレート効果（chelate effect）は，似たような単座配位子がつくる金属錯体よりも，多座配位子がより安定な錯体をつくる能力を意味する[5,6]．たとえば，$Cd(H_2O)_6^{2+}$ と二つのエチレンジアミン分子の反応は，$Cd(H_2O)_6^{2+}$ と四つのメチルアミン分子との反応よりも有利である．

$$\text{Cd}(\text{H}_2\text{O})_6^{2+} + 2\text{H}_2\text{N}\underset{\text{エチレンジアミン}}{\frown}\text{NH}_2 \rightleftharpoons \left[\text{Cd}(\text{en})_2(\text{H}_2\text{O})_2\right]^{2+} + 4\text{H}_2\text{O}$$

$$K \equiv \beta_2 = 8 \times 10^9 \qquad (12\text{-}1)$$

$$\text{Cd}(\text{H}_2\text{O})_6^{2+} + 4\text{CH}_3\text{NH}_2 \rightleftharpoons \left[\text{Cd}(\text{CH}_3\text{NH}_2)_4(\text{H}_2\text{O})_2\right]^{2+} + 4\text{H}_2\text{O}$$

$$K \equiv \beta_4 = 4 \times 10^6 \qquad (12\text{-}2)$$

生成定数（K および β）の表記は，コラム6-2で述べた．

八面体錯体のトランス異性体（向かい合う位置に H_2O 配位子がある）を描いたが，シス異性体（隣接する位置に H_2O 配位子をもつ）も生成しうる．

pH 12において，2 M エチレンジアミンおよび4 M メチルアミンが存在するとき，商 $[\text{Cd}(エチレンジアミン)_2^{2+}]/[\text{Cd}(メチルアミン)_4^{2+}]$ は 30 である．

重要な<u>4座</u>（tetradentate）配位子は，アデノシン三リン酸（ATP）である．ATP は二価の金属イオン（たとえば Mg^{2+}，Mn^{2+}，Co^{2+}，Ni^{2+} など）に結合するとき，六つの配位座のうち四つを占める（図 12-2）．金属の第五および第六の配位座は，水分子で占められる．生理活性のある ATP は，ふつう Mg^{2+} 錯体である．

金属-キレート錯体は，生物学のいたるところで見られる．たとえば，ヒトの消化管内の大腸菌やサルモネラなどの細菌は，エンテロバクチン（図 12-3）と呼ばれる強力な鉄キレート剤を分泌して，増殖に必須の鉄を集める．鉄-エンテロバクチン錯体は，細菌の細胞表面の特異的な部位で認識され，細胞内に取りこまれる．その後，細菌内でキレート剤が酵素によって分解され，鉄が放出される．免疫系は，細菌感染と闘うためにシデロカリンと呼ばれるタンパク質をつくり，エンテロバクチンを隔離・不活化する[7]．本章扉では，キレートの医学への重要な応用について述べた．

図12-4 に示すアミノカルボン酸は，合成キレート剤である．これらの分子のアミンの N 原子とカルボン酸の O 原子が，配位原子となる（図12-5 および

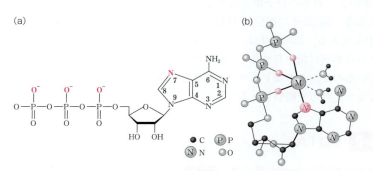

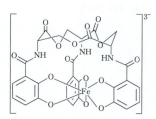

図12-2 (a) アデノシン三リン酸（ATP）の化学構造式．配位原子を赤色で示した．(b) 推定される金属-ATP 錯体の構造．金属 M には ATP との結合が四つ，H_2O 配位子との結合が二つある．

図12-3 鉄（Ⅲ）-エンテロバクチン錯体．ある種の細菌は，エンテロバクチンを分泌して鉄を捕捉し，細胞内に取りこむ．エンテロバクチンは，<u>シデロフォア</u>（siderophore）と呼ばれるキレートの一つであり，細菌から放出されて鉄を捕捉する．［出典：R. J. Abergel et al., *J. Am. Chem. Soc.*, **128**, 8920 (2006).］

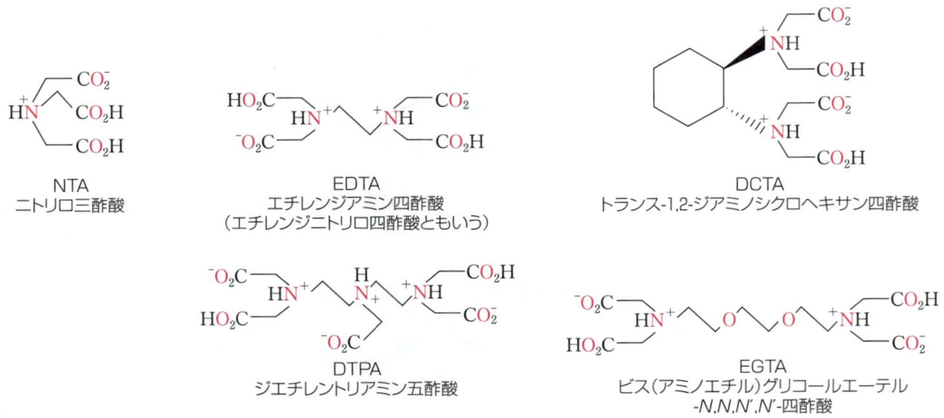

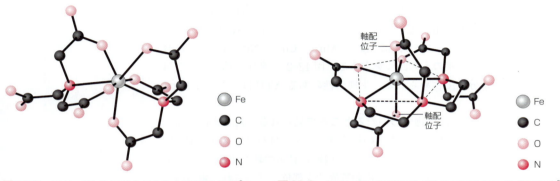

図 12-4 分析化学に有用なキレート剤の構造．ニトリロ三酢酸（NTA）は金属イオンと2：1（配位子：金属）錯体を，他は1：1錯体をつくる傾向がある．

図 12-5 塩 $Na_3[Fe(NTA)_2]\cdot 5H_2O$ 中の $Fe(NTA)_2^{3-}$ の構造．右の配位子は，三つの O 原子および一つの N 原子を介して Fe と結合している．左の配位子は，二つの O 原子および一つの N 原子を介して結合している．第三のカルボキシ基は，配位していない．Fe 原子は，7配位である．[出典：W. Clegg et al., *Acta Crystallogr.*, **C40**, 1822 (1984).]

図 12-6 塩 $Na_2[Fe(DTPA)]\cdot 2H_2O$ に見られる $Fe(DTPA)^{2-}$ の構造．7配位の鉄原子の五角両錐型配位構造は，赤道面（破線）の3つの N および二つの O，ならびに軸方向の二つの O から成る．軸方向の Fe-O 結合の長さは，もっと混み合っている赤道面の Fe-O 結合よりも 11～19 pm だけ短い．配位子のカルボキシ基の一つは，配位していない．[出典：D. C. Finnen et al., *Inorg. Chem.*, **30**, 3960 (1991).]

図 12-6）．これらの分子が金属イオンに結合するとき，配位原子はそのプロトンを失う．図 12-4 の配位子 DTPA の医学への応用例は，安定な錯体 Gd^{3+}-DTPA である．この錯体は，約 0.5 mM の濃度でヒトに注射され，磁気共鳴画像法の造影剤に用いられる[8]．大量のガドリニウム造影剤が医療診断に用いられているので，このガドリニウム錯体が下水処理場の下流の河川や植物中にそのままのかたちで観察される[9]．

12-2 EDTA

> 1 mol の EDTA は，1 mol の金属イオンと反応する．

錯生成反応に基づく滴定は，**錯滴定**（complexometric titration）と呼ばれる．図 12-4 の NTA 以外の配位子は，Li^+，Na^+，K^+ などの1価イオンを除くほとんどすべての金属イオンと安定な1：1錯体をつくる．錯体の化学量論

は，イオンの電荷にかかわらず1:1である．EDTAは，分析化学において圧倒的に広く用いられているキレート剤である．直接滴定あるいは間接的な方法によって，周期表のほぼすべての元素をEDTAで測定できる．

酸・塩基特性

EDTAは六塩基酸であり，H_6Y^{2+} と表される．赤字で示した酸性の水素原子は，金属と錯生成するときに失われる．

$$
\begin{array}{l}
HO_2CCH_2 \quad\quad\quad\quad\quad CH_2CO_2H \\
\quad\quad\quad\,\, \overset{+}{H}NCH_2CH_2N\overset{+}{H} \\
HO_2CCH_2 \quad\quad\quad\quad\quad CH_2CO_2H \\
\quad\quad\quad\quad H_6Y^{2+}
\end{array}
$$

$pK_1 = 0.0\,(CO_2H)$　$pK_4 = 2.69\,(CO_2H)$
$pK_2 = 1.5\,(CO_2H)$　$pK_5 = 6.13\,(NH^+)$
$pK_3 = 2.00\,(CO_2H)$　$pK_6 = 10.37\,(NH^+)$

pK は25℃，$\mu = 0.1\,M$ における値である．ただし，pK_1 は $\mu = 1\,M$ における値である．

最初の四つの pK 値はカルボキシ基のプロトン解離，最後の二つの pK 値はアンモニウム基のプロトン解離による．中性のかたちは四塩基酸であり，H_4Y と表される．

H_4Y は，140℃で2時間乾燥させると，一次標準物質となる．この試薬を溶解するには，プラスチック容器に保存したNaOH溶液を加える．ガラス瓶に保存したNaOH溶液は使うべきではない．この溶液はガラスから浸出したアルカリ土類金属を含むからだ．試薬級の $Na_2H_2Y \cdot 2H_2O$ は，水を約0.3%だけ余分に含む．この試薬を用いる場合は，余分な水の質量を適切に補正するか，$Na_2H_2Y \cdot 2H_2O$ の組成になるように80℃で乾燥させる[10]．認証標準物質の $CaCO_3$ は，EDTAの標定，およびEDTA標準液の濃度の確認に用いられる．

プロトン化したEDTA化学種の分率を図12-7に示す．10-5節と同様に，EDTA化学種の分率 α は，そのかたちの割合として定義できる．たとえば，$\alpha_{Y^{4-}}$ は次のように定義される．

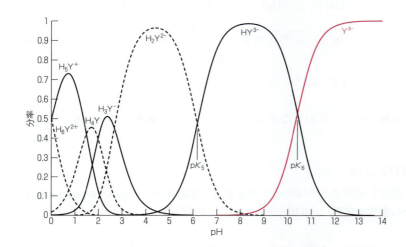

図 12-7 EDTAの分率の図．

EDTA の Y^{4-} 形の分率：

$$\alpha_{Y^{4-}} = \frac{[Y^{4-}]}{[H_6Y^{2+}]+[H_5Y^+]+[H_4Y]+[H_3Y^-]+[H_2Y^{2-}]+[HY^{3-}]+[Y^{4-}]}$$

$$\alpha_{Y^{4-}} = \frac{[Y^{4-}]}{[\mathrm{EDTA}]} \tag{12-3}$$

ここで，[EDTA] は溶液中の<u>遊離</u>の EDTA 化学種の全濃度である．「遊離」(free) は，EDTA が金属イオンと錯生成していないことを意味する．10-5 節と同様に式を変形すると，$\alpha_{Y^{4-}}$ は次の式で表される．

$$\alpha_{Y^{4-}} = \frac{K_1K_2K_3K_4K_5K_6}{D} \tag{12-4}$$

ここで，$D = [H^+]^6 + [H^+]^5 K_1 + [H^+]^4 K_1K_2 + [H^+]^3 K_1K_2K_3 + [H^+]^2 K_1K_2K_3K_4 + [H^+]K_1K_2K_3K_4K_5 + K_1K_2K_3K_4K_5K_6$ である．表 12-1 にそれぞれの pH における $\alpha_{Y^{4-}}$ の値を示す．

表 12-1 EDTA の $\alpha_{Y^{4-}}$ の値（25 ℃, $\mu = 0.10$ M）

pH	$\alpha_{Y^{4-}}$
0	1.3×10^{-23}
1	1.4×10^{-18}
2	2.6×10^{-14}
3	2.1×10^{-11}
4	3.0×10^{-9}
5	2.9×10^{-7}
6	1.8×10^{-5}
7	3.8×10^{-4}
8	4.2×10^{-3}
9	0.041
10	0.30
11	0.81
12	0.98
13	1.00
14	1.00

質問 図 12-7 を見て，pH 6 において濃度が一番高い化学種はどれか？ pH 7，pH 11 ではどれか？

例題 $\alpha_{Y^{4-}}$ は何を意味するか？

遊離のすべての EDTA に対する Y^{4-} 形の割合を $\alpha_{Y^{4-}}$ と呼ぶ．pH 6.00，式量濃度 0.10 M において，EDTA 溶液の組成は以下の通りである．

$[H_6Y^{2+}] = 8.9 \times 10^{-20}$ M　　$[H_5Y^+] = 8.9 \times 10^{-14}$ M　　$[H_4Y] = 2.8 \times 10^{-7}$ M
$[H_3Y^-] = 2.8 \times 10^{-5}$ M　　$[H_2Y^{2-}] = 0.057$ M　　$[HY^{3-}] = 0.043$ M
$[Y^{4-}] = 1.8 \times 10^{-6}$ M

$\alpha_{Y^{4-}}$ の値を求めよ．

解法 $\alpha_{Y^{4-}}$ は，Y^{4-} 形の分率である．

$$\alpha_{Y^{4-}} = \frac{[Y^{4-}]}{[H_6Y^{2+}]+[H_5Y^+]+[H_4Y]+[H_3Y^-]+[H_2Y^{2-}]+[HY^{3-}]+[Y^{4-}]}$$

$$= \frac{1.8 \times 10^{-6}}{(8.9 \times 10^{-20})+(8.9 \times 10^{-14})+(2.8 \times 10^{-7})+(2.8 \times 10^{-5})+(0.057)+(0.043)+(1.8 \times 10^{-6})}$$

$$= 1.8 \times 10^{-5}$$

類題 $\alpha_{Y^{4-}} = 0.50$ となる pH はいくらか？　（答え：pH = pK_6 = 10.37）

EDTA 錯体

金属と配位子との反応の平衡定数は，**生成定数**（formation constant）K_f または**安定度定数**（stability constant）と呼ばれる．

生成定数： $M^{n+} + Y^{4-} \rightleftharpoons MY^{n-4}$　　$K_f = \dfrac{[MY^{n-4}]}{[M^{n+}][Y^{4-}]}$ (12-5)

表 12-2 金属-EDTA 錯体の生成定数

イオン	log K_f	イオン	log K_f	イオン	log K_f
Li^+	2.95	V^{3+}	25.9[a]	Tl^{3+}	35.3
Na^+	1.86	Cr^{3+}	23.4[a]	Bi^{3+}	27.8[a]
K^+	0.8	Mn^{3+}	25.2	Ce^{3+}	15.93
Be^{2+}	9.7	Fe^{3+}	25.1	Pr^{3+}	16.30
Mg^{2+}	8.79	Co^{3+}	41.4	Nd^{3+}	16.51
Ca^{2+}	10.65	Zr^{4+}	29.3	Pm^{3+}	16.9
Sr^{2+}	8.72	Hf^{4+}	29.5	Sm^{3+}	17.06
Ba^{2+}	7.88	VO^{2+}	18.7	Eu^{3+}	17.25
Ra^{2+}	7.4	VO_2^+	15.5	Gd^{3+}	17.35
Sc^{3+}	23.1[a]	Ag^+	7.20	Tb^{3+}	17.87
Y^{3+}	18.08	Tl^+	6.41	Dy^{3+}	18.30
La^{3+}	15.36	Pd^{2+}	25.6[a]	Ho^{3+}	18.56
V^{2+}	12.7[a]	Zn^{2+}	16.5	Er^{3+}	18.89
Cr^{2+}	13.6[a]	Cd^{2+}	16.5	Tm^{3+}	19.32
Mn^{2+}	13.89	Hg^{2+}	21.5	Yb^{3+}	19.49
Fe^{2+}	14.30	Sn^{2+}	18.3[b]	Lu^{3+}	19.74
Co^{2+}	16.45	Pb^{2+}	18.0	Th^{4+}	23.2
Ni^{2+}	18.4	Al^{3+}	16.4	U^{4+}	25.7
Cu^{2+}	18.78	Ga^{3+}	21.7		
Ti^{3+}	21.3	In^{3+}	24.9		

注：生成定数は，反応 $M^{n+} + Y^{4-} \rightleftharpoons MY^{n-4}$ の平衡定数である．とくに示さない限り 25 ℃，イオン強度 0.1 M における値である．
(a) 20 ℃，イオン強度 = 0.1 M．(b) 20 ℃，イオン強度 = 1 M．
出典：A. E. Martell et al., NIST Critically Selected Stability Constants of Metal Complexes, NIST Standard Reference Database 46, Gaithersburg, MD (2001).

図 12-8 $Fe(EDTA)(H_2O)^-$ の 7 配位構造．7 配位 EDTA 錯体をつくる他の金属イオンは，Fe^{2+}，Mg^{2+}，Cd^{2+}，Co^{2+}，Mn^{2+}，Ru^{3+}，Cr^{3+}，Co^{3+}，V^{3+}，Ti^{3+}，In^{3+}，Sn^{4+}，Os^{4+}，Ti^{4+} などである．これらのイオンの一部は，6 配位 EDTA 錯体もつくる．8 配位錯体をつくるのは，Ca^{2+}，Er^{3+}，Yb^{3+}，Zr^{4+} などである．
[出典：T. Mizuta et al., Bull. Chem. Soc. Jpn., **66**, 2547 (1993).]

ここで，EDTA の K_f は化学種 Y^{4-} と金属イオンとの反応として定義されることに注意しよう．溶液中の他の六つのかたちの EDTA のいずれについても，平衡定数を定義することができる．式 12-5 を Y^{4-} だけが金属イオンと反応すると解釈すべきではない．表 12-2 に示すように，ほとんどの EDTA 錯体の生成定数は大きく，電荷の大きい陽イオンではさらに大きくなる傾向がある．

多くの遷移金属の EDTA 錯体では，EDTA が金属イオンを包み込み，図 12-1 のような 6 配位化学種をつくる．EDTA の 6 配位金属錯体の空間充填モデルをつくると，キレート環にひずみがあるのがわかるだろう．このひずみは，配位 O 原子を N 原子のほうへ引き戻すと緩和される．この変形によって第七の配位座が開かれると，その配位座は図 12-8 のように H_2O によって占められる．$Ca(EDTA)(H_2O)_2^{2-}$ のような一部の錯体では，金属イオンが大きいので八つの配位原子が配位する[11]．もっと大きな金属イオンでは，さらに多くの配位原子が必要である．H_2O が金属イオンに結合するとしても，生成定数は式 12-5 で与えられる．溶媒（H_2O）は反応商から省かれているだけである．

ランタノイド元素とアクチノイド元素は，配位数がふつう 9 であり，三面冠三角柱型構造をとる（図 12-9）[12]．Eu(Ⅲ) は，Eu(EDTA)(NTA) 型の混合配位子錯体をつくる．その EDTA は六つの配位原子を供与し，NTA は三つの

上から見た図

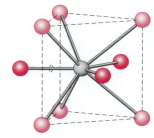

図 12-9 多くの Ln(Ⅲ) および An(Ⅲ) 錯体の三面冠三角柱構造．Ln はランタノイド元素，An はアクチノイド元素である．$M(H_2O)_9^{3+}$ 錯体では，三角柱の六つの頂点の O 原子と金属との結合は，長方形の面から突き出た三つの O 原子と金属との結合よりも短い．

配位原子を供与する（図 12-4）[13].

条件生成定数

生成定数 $K_f = [MY^{n-4}]/[M^{n+}][Y^{4-}]$ は，Y^{4-} と金属イオンの反応を表す．図 12-7 からわかるように，pH 10.37 以下では EDTA のほとんどは Y^{4-} ではない．低い pH では，HY^{3-}，H_2Y^{2-} などの化学種が支配的である．分率 $\alpha_{Y^{4-}} = [Y^{4-}]/[EDTA]$ の定義から，Y^{4-} の濃度を次のように表せる．

$$[Y^{4-}] = \alpha_{Y^{4-}}[EDTA]$$

ここで［EDTA］は，金属イオンに結合していないすべての EDTA 化学種の全濃度である．よって，生成定数は次のように書き換えられる．

通常 Y^{4-} 形は，遊離 EDTA のごく一部である．

$$K_f = \frac{[MY^{n-4}]}{[M^{n+}][Y^{4-}]} = \frac{[MY^{n-4}]}{[M^{n+}]\alpha_{Y^{4-}}[EDTA]}$$

pH が緩衝液で固定されると，$\alpha_{Y^{4-}}$ は一定となり，次式のように K_f と関連付けられる．

条件生成定数： $$K_f' = \alpha_{Y^{4-}} K_f = \frac{[MY^{n-4}]}{[M^{n+}][EDTA]} \tag{12-6}$$

$K_f' = \alpha_{Y^{4-}} K_f$ は，**条件生成定数**（conditional formation constant）または**有効生成定数**（effective formation constant）と呼ばれる．この値は，特定の pH における MY^{n-4} の生成定数を表す．

条件生成定数を用いると，錯生成していない EDTA がすべて一つのかたちであるかのように EDTA の錯生成反応を扱うことができる．

条件生成定数を用いると，遊離のすべての EDTA が一つのかたちであるかのように EDTA の錯生成反応を扱える．

$$M^{n+} + EDTA \rightleftharpoons MY^{n-4} \qquad K_f' = \alpha_{Y^{4-}} K_f$$

どのような pH でも，$\alpha_{Y^{4-}}$ を求めて K_f' を計算できる．

> **例題** 条件生成定数の利用
>
> 表 12-2 の CaY^{2-} の生成定数は $10^{10.65}$ である．pH 10.00 および pH 6.00 の 0.10 M CaY^{2-} 溶液における遊離 Ca^{2+} の濃度を計算せよ．
>
> **解法** 錯生成反応は，次式で表される．
>
> $$Ca^{2+} + EDTA \rightleftharpoons CaY^{2-} \qquad K_f' = \alpha_{Y^{4-}} K_f$$
>
> ここで，左辺の EDTA は金属に結合していないすべてのかたちの EDTA を表す（Y^{4-}，HY^{3-}，H_2Y^{2-}，H_3Y^- など）．表 12-1 の $\alpha_{Y^{4-}}$ を用いると，以下の値が得られる．
>
> pH 10.00： $K_f' = (0.30)(10^{10.65}) = 1.3_4 \times 10^{10}$
> pH 6.00： $K_f' = (1.8 \times 10^{-5})(10^{10.65}) = 8.0 \times 10^5$
>
> CaY^{2-} が解離すると Ca^{2+} と EDTA が等量生じるので，次のように書ける．

	Ca^+	+ EDTA	$\rightleftharpoons$	CaY^{2-}
初濃度 (M)	0	0		0.10
最終濃度 (M)	x	x		$0.10 - x$

$$\frac{[CaY^{2-}]}{[Ca^{2+}][EDTA]} = \frac{0.10-x}{x^2} = K'_f = 1.3_4 \times 10^{10} \quad (pH\,10.00)$$

$$= 8.0 \times 10^5 \quad (pH\,6.00)$$

$x (= [Ca^{2+}] = [EDTA])$ について解くと, pH 10.00 において $[Ca^{2+}] = 2.7 \times 10^{-6}$ M, pH 6.00 において 3.5×10^{-4} M が得られる. <u>pH が一定のとき条件生成定数を用いると, 解離した EDTA を一つの化学種のように扱える.</u>

類題 pH 8.00 の 0.10 M CaY^{2-} 溶液中の $[Ca^{2+}]$ を求めよ.
(**答え**: 2.3×10^{-5} M)

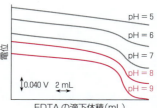

図 12-10 異なる pH における Ca^{2+} の EDTA 滴定. pH が低いほど終点がはっきりしなくなる. 電位は, 練習問題 15-B で説明するように水銀電極とカロメル電極で測定された. [データ出典: C. N. Reilley and R. W. Schmid, *Anal. Chem.*, 30, 947 (1958).]

例題からわかるように, 金属-EDTA 錯体は低い pH で不安定になる. 有効な滴定反応にするためには, 反応が「完全に」(たとえば, 99.9%) 進まなければならない. これは, 平衡定数が大きいことを意味する. このとき分析種と滴定剤は, 当量点で事実上完全に反応する. 図 12-10 は, EDTA による Ca^{2+} の滴定に pH がどのように影響するかを示す. pH $\approx$ 8 以下では, 終点がはっきりせず, 正確な定量ができない. CaY^{2-} の条件生成定数は, 低い pH で「完全に」反応するには小さすぎるからだ.

pH を調節すれば, EDTA で滴定される金属と滴定されない金属を選択できる. 生成定数が大きい金属は, 低い pH でも滴定できる. Fe^{3+} と Ca^{2+} を含む溶液を pH 4 で滴定すると, Ca^{2+} に干渉されずに Fe^{3+} だけを滴定できる.

12-3 EDTA 滴定曲線

EDTA 滴定における遊離 M^{n+} の濃度を計算してみよう[14]. 滴定反応は, 次の通りである.

$$M^{n+} + EDTA \rightleftharpoons MY^{n-4} \qquad K'_f = \alpha_{Y^{4-}} K_f \qquad (12\text{-}7)$$

K'_f が大きければ, 滴定の各点で反応が完全に進むと見なせる.

滴定曲線は, EDTA の滴下体積に対して pM ($= -\log[M^{n+}]$) をプロットしたグラフである. この曲線は, 酸塩基滴定の pH と滴定剤体積のプロットと似ている. 図 12-11 の滴定曲線には, 三つの異なる領域がある.

領域 1: 当量点以前

この領域では, 溶液中ですべての EDTA が消費され, 過剰の M^{n+} が残っている. 遊離の金属イオンの濃度は, 過剰な未反応の M^{n+} の濃度に等しい. MY^{n-4} の解離は, 無視できる.

領域 2: 当量点

溶液中に金属とちょうど同じ量の EDTA が存在する. この溶液は, 純粋な MY^{n-4} を溶かしてつくった溶液として扱える. 遊離 M^{n+} は, MY^{n-4} がわずか

K'_f は, pH が一定の溶液における条件生成定数である.

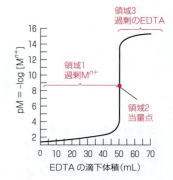

図 12-11 0.0500 M M^{n+} 溶液 50.0 mL を 0.0500 M EDTA 溶液で滴定したときの滴定曲線. 三つの領域を示す. $K'_f = 1.15 \times 10^{16}$ と仮定した. 滴定が進むと, 遊離 M^{n+} の濃度は低くなる.

に解離して生じる．

$$MY^{n-4} \rightleftharpoons M^{n+} + EDTA$$

この反応式の EDTA は，あらゆるかたちの遊離 EDTA である．当量点では，$[M^{n+}] = [EDTA]$ である．

領域 3：当量点以降

　この領域では EDTA が過剰に残っており，事実上すべての金属イオンが MY^{n-4} のかたちである．遊離 EDTA の濃度は，当量点以降に加えられた過剰の EDTA の濃度と等しいと見なせる．

滴定曲線の計算

　では，0.0400 M Ca^{2+} 溶液（pH 10.00 に緩衝）50.0 mL を 0.0800 M EDTA 溶液で滴定したときの滴定曲線のかたちを計算してみよう．

$\alpha_{Y^{4-}}$ は，表 12-1 の値である．

$$Ca^{2+} + EDTA \longrightarrow CaY^{2-}$$
$$K'_f = \alpha_{Y^{4-}} K_f = (0.30)(10^{10.65}) = 1.3_4 \times 10^{10}$$

K'_f が大きいので，滴定剤を加えるたびに反応が完全に進むといえる．つくりたいグラフは，加えた EDTA 溶液量（ミリリットル）に対して $pCa^{2+} (= -\log[Ca^{2+}])$ をプロットしたものである．当量体積は，25.0 mL である．

領域 1：当量点以前

当量点以前には，未反応の Ca^{2+} が過剰にある．

　EDTA を 5.0 mL だけ加えたとしよう．当量点では EDTA は 25.0 mL だけ必要であるので，Ca^{2+} は 5 分の 1 が消費され，5 分の 4 が残っている．

$$[Ca^{2+}] = \underbrace{\left(\frac{25.0\,\text{mL} - 5.0\,\text{mL}}{25.0\,\text{mL}}\right)}_{\substack{\text{残っている}Ca^{2+}\text{の割合}\\(=4/5)}} \underbrace{(0.0400\,\text{M})}_{Ca^{2+}\text{初濃度}} \underbrace{\left(\overset{Ca^{2+}\text{の初体積}}{\frac{50.0\,\text{mL}}{55.0\,\text{mL}}}\right)}_{\text{希釈率}\quad\text{溶液の全体積}}$$

$$= 0.0291\,\text{M} \Rightarrow pCa^{2+} = -\log[Ca^{2+}] = 1.54$$

同じ方法で，25.0 mL 未満のどのような滴下体積についても，pCa^{2+} を計算できる．

領域 2：当量点

当量点のおもな化学種は CaY^{2-} である．これは，わずかな遊離 Ca^{2+} および遊離 EDTA と平衡にある．遊離 Ca^{2+} と遊離 EDTA の濃度は等しい．

　事実上すべての金属が CaY^{2-} のかたちである．解離は無視できるので，CaY^{2-} の濃度は Ca^{2+} の初濃度に希釈率を掛けたものに等しい．

$$[CaY^{2-}] = \underbrace{(0.0400\,\text{M})}_{Ca^{2+}\text{初濃度}} \underbrace{\left(\overset{Ca^{2+}\text{の初体積}}{\frac{50.0\,\text{mL}}{75.0\,\text{mL}}}\right)}_{\text{希釈率}\quad\text{溶液の全体積}} = 0.0267\,\text{M}$$

遊離 Ca^{2+} の濃度は，小さく未知である．次のように計算できる．

	Ca$^+$ + EDTA	$\rightleftharpoons$	CaY^{2-}
初濃度 (M)	—	—	0.0267
最終濃度 (M)	x	x	$0.0267 - x$

$$\frac{[\text{CaY}^{2-}]}{[\text{Ca}^{2+}][\text{EDTA}]} = K'_f = 1.3_4 \times 10^{10}$$

$$\frac{0.0267 - x}{x^2} = 1.3_4 \times 10^{10} \Rightarrow x = 1.4 \times 10^{-6}\,\text{M}$$

$$\text{pCa}^{2+} = -\log[\text{Ca}^{2+}] = -\log x = 5.85$$

[EDTA] は，金属に結合していないすべてのかたちのEDTA の全濃度を表す．

領域 3：当量点以降

この領域では，実質的にすべての金属が CaY^{2-} のかたちであり，未反応のEDTA が過剰にある．CaY^{2-} および過剰の EDTA の濃度は既知である．たとえば，26.0 mL を滴下したとき，EDTA は 1.0 mL だけ過剰である．

$$[\text{EDTA}] = \underbrace{(0.0800\,\text{M})}_{\text{EDTA の初濃度}} \underbrace{\left(\frac{1.0\,\text{mL}}{76.0\,\text{mL}}\right)}_{\text{希釈率}} = 1.05 \times 10^{-3}\,\text{M}$$

過剰の EDTA の体積／溶液の全体積

$$[\text{CaY}^{2-}] = \underbrace{(0.0400\,\text{M})}_{\text{Ca}^{2+}\text{の初濃度}} \underbrace{\left(\frac{50.0\,\text{mL}}{76.0\,\text{mL}}\right)}_{\text{希釈率}} = 2.63 \times 10^{-2}\,\text{M}$$

Ca^{2+} の初体積／溶液の全体積

当量点以降，事実上すべての金属が CaY^{2-} のかたちである．既知量の EDTA が過剰にある．また，CaY^{2-} および EDTA と平衡にある遊離 Ca^{2+} が，少量存在する．

Ca^{2+} の濃度は，次の式によって求められる．

$$\frac{[\text{CaY}^{2-}]}{[\text{Ca}^{2+}][\text{EDTA}]} = K'_f = 1.3_4 \times 10^{10}$$

$$\frac{(2.63 \times 10^{-2})}{[\text{Ca}^{2+}](1.05 \times 10^{-3})} = 1.3_4 \times 10^{10}$$

$$[\text{Ca}^{2+}] = 1.9 \times 10^{-9}\,\text{M} \Rightarrow \text{pCa}^{2+} = 8.73$$

当量点を超えたあとは，どの滴下体積でも同じように計算ができる．

滴定曲線

図 12-12 に示すように Ca^{2+} と Sr^{2+} の計算された滴定曲線は，当量点で明らかな変化を示し，傾きが最大となる．Ca^{2+} の終点は，Sr^{2+} の終点よりも明瞭である．なぜなら，CaY^{2-} の条件生成定数 $\alpha_{Y^{4-}}\cdot K_f$ は SrY^{2-} よりも大きいからだ．図 12-10 で見たように pH が低くなると，条件生成定数は小さくなり（$\alpha_{Y^{4-}}$ が小さくなるため），終点がはっきりしなくなる．しかし，金属水酸化物が沈殿する可能性があるので，pH を任意に高くすることはできない．

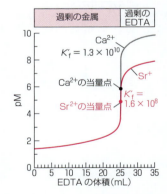

図 12-12 pH 10.00 の 0.0400 M 金属イオン溶液 50.0 mL を 0.0800 M EDTA 溶液で滴定したときの理論的な滴定曲線．

12-4 スプレッドシートを用いた滴定曲線の計算

滴定全体にあてはまる一つの式を用いて，図 12-12 の EDTA 滴定曲線を再現する方法を検討しよう．反応は一定 pH で行われるので，平衡定数と物質収

図 12-13 0.0800 M EDTA 溶液による 0.0400 M Ca^{2+} 溶液 50.0 mL の滴定（pH 10.00）のスプレッドシート．このスプレッドシートでは，12-3 節の計算を再現できる．試行錯誤で pM を変化させ，前節で用いた体積（5.00, 25.00, 26.00 mL）を求めた．できればゴールシーク（217 ページ）を利用して，セル E9 の体積が 25.000 mL になるまでセル B9 の pM を変化させるとよい．

	A	B	C	D	E
1	0.08 M EDTA溶液による0.04 M Ca^{2+}溶液50 mLの滴定				
2					
3	C_M =	pM	M	Phi	V(配位子)
4	0.04	1.398	4.00E−02	0.000	0.002
5	V_M =	1.537	2.90E−02	0.201	5.026
6	50	2.00	1.00E−02	0.667	16.667
7	C(配位子)=	3.00	1.00E−03	0.963	24.074
8	0.08	4.00	1.00E−04	0.996	24.906
9	K'_f =	5.85	1.41E−06	1.000	25.0000
10	1.34E+10	7.00	1.00E−07	1.001	25.019
11		8.00	1.00E−08	1.007	25.187
12		8.73	1.86E−09	1.040	26.002
13	C4 = 10^−B4				
14	式12-11:				
15	D4 = (1+$A$10*C4−(C4+C4*C4*$A$10)/$A$4)/				
16	(C4*$A$10+(C4+C4*C4*$A$10)/$A$8)				
17	E4 = D4*$A$4*$A$6/$A$8				

金属の全濃度
$$= \frac{金属の初モル数}{全体積}$$
$$= \frac{C_M V_M}{V_M + V_L}$$

配位子の全濃度
$$= \frac{加えた配位子のモル数}{全体積}$$
$$= \frac{C_L V_L}{V_M + V_L}$$

L = EDTA であれば，K_f を K'_f で置き換える．

支の式があれば，すべての未知量を求めることができる．

金属イオン M の溶液（初濃度＝C_M，体積＝V_M）を配位子 L の溶液（濃度＝C_L，滴下体積＝V_L）で滴定し，次の 1 : 1 錯体が生成する場合を考えよう．

$$\mathrm{M + L \rightleftharpoons ML} \qquad K_f = \frac{[\mathrm{ML}]}{[\mathrm{M}][\mathrm{L}]} \Rightarrow [\mathrm{ML}] = K_f [\mathrm{M}][\mathrm{L}] \tag{12-8}$$

金属および配位子の物質収支は，以下のようである．

$$\mathrm{M \, の物質収支}: [\mathrm{M}] + [\mathrm{ML}] = \frac{C_M V_M}{V_M + V_L}$$

$$\mathrm{L \, の物質収支}: [\mathrm{L}] + [\mathrm{ML}] = \frac{C_L V_L}{V_M + V_L}$$

物質収支の式の [ML] を $K_f[\mathrm{M}][\mathrm{L}]$（式 12-8 より）に置き換えると，以下の式が得られる．

$$[\mathrm{M}](1 + K_f[\mathrm{L}]) = \frac{C_M V_M}{V_M + V_L} \tag{12-9}$$

$$[\mathrm{L}](1 + K_f[\mathrm{M}]) = \frac{C_L V_L}{V_M + V_L} \Rightarrow [\mathrm{L}] = \frac{\frac{C_L V_L}{V_M + V_L}}{1 + K_f[\mathrm{M}]} \tag{12-10}$$

式 12-10 の [L] の式を式 12-9 に代入すると，

$$[\mathrm{M}]\left(1 + K_f \frac{\frac{C_L V_L}{V_M + V_L}}{1 + K_f[\mathrm{M}]}\right) = \frac{C_M V_M}{V_M + V_L}$$

さらに式を変形して，滴定の進行度 Φ について解く．

L による M の滴定のスプレッドシートの式：

$$\Phi = \frac{C_L V_L}{C_M V_M} = \frac{1 + K_f[\mathrm{M}] - \dfrac{[\mathrm{M}] + K_f[\mathrm{M}]^2}{C_M}}{K_f[\mathrm{M}] + \dfrac{[\mathrm{M}] + K_f[\mathrm{M}]^2}{C_L}} \tag{12-11}$$

表 11-5 の酸塩基滴定の式と同様に，Φ は当量点までの進行度である．$\Phi = 1$ のときは $V_L = V_e$ であり，$\Phi = \frac{1}{2}$ のときは $V_L = \frac{1}{2} V_e$ である．

一定 pH における EDTA による滴定では，式の導出は上に述べた通りであり，式 12-11 の生成定数 K_f を条件生成定数 K_f' に置き換えればよい．図 12-13 は，式 12-11 を用いて図 12-12 の Ca^{2+} の滴定曲線を計算するスプレッドシートである．酸塩基滴定の場合と同様に，列 B に入力するのは pM $= -\log[Ca^{2+}]$ であり，列 E の出力は滴定剤の滴下体積である．最初の点を求めるには，V_L が 0 に近くなるまで pM を変化させる．

方法を逆にして配位子を金属イオン標準液で滴定する場合，当量点までの進行度は式 12-11 の進行度の逆数となる．

M による L の滴定のスプレッドシートの式:

$$\Phi = \frac{C_M V_M}{C_L V_L} = \frac{K_f[M] + \dfrac{[M] + K_f[M]^2}{C_L}}{1 + K_f[M] - \dfrac{[M] + K_f[M]^2}{C_M}} \tag{12-12}$$

L = EDTA であれば，K_f を K_f' で置き換える．

12-5 補助錯化剤

EDTA 滴定の条件は，その pH で金属水酸化物が沈殿しないように選ばれる．アルカリ溶液中で多くの金属を EDTA で滴定できるようにするために，**補助錯化剤**（auxiliary complexing agent）を用いる．この試薬は，金属水酸化物が沈殿しないだけ強く金属に結合するが，EDTA を加えると金属を解離するくらいに弱い配位子である．たとえば，アンモニア，酒石酸イオン，クエン酸イオン，トリエタノールアミンが挙げられる．Zn^{2+} はふつうアンモニア緩衝液中で滴定される．この緩衝剤は，pH を一定にし，金属イオンと錯体をつくって溶液中に保持する働きをする．このしくみを見てみよう．

金属–配位子の平衡[15]

補助錯化剤 L と二つの錯体をつくる金属イオンについて考えてみよう．

$$M + L \rightleftharpoons ML \qquad \beta_1 = \frac{[ML]}{[M][L]} \tag{12-13}$$

$$M + 2L \rightleftharpoons ML_2 \qquad \beta_2 = \frac{[ML_2]}{[M][L]^2} \tag{12-14}$$

平衡定数 β_i は，**全生成定数**（overall or cumulative formation constant）と呼ばれる．錯生成していない金属イオン M の分率は，次式で表される．

$$\alpha_M = \frac{[M]}{M_{tot}} \tag{12-15}$$

ここで，M_{tot} はすべてのかたちの M（この場合は，M，ML，ML_2）の全濃度である．

α_M の便利な式を導こう．金属の物質収支は，次の通りである．

$$M_{tot} = [M] + [ML] + [ML_2]$$

式 12-13 および式 12-14 から,$[ML] = \beta_1[M][L]$ および $[ML_2] = \beta_2[M][L]^2$ である.したがって,

$$M_{tot} = [M] + \beta_1[M][L] + \beta_2[M][L]^2$$
$$= [M]\{1 + \beta_1[L] + \beta_2[L]^2\}$$

この最後の結果を式 12-15 に代入して,目的とする式を得る.

遊離の金属イオンの分率:

$$\alpha_M = \frac{[M]}{[M]\{1 + \beta_1[L] + \beta_2[L]^2\}} = \frac{1}{1 + \beta_1[L] + \beta_2[L]^2} \quad (12\text{-}16)$$

金属が三つ以上の錯体をつくる場合,式 12-16 は次のかたちになる.

$$\alpha_M = \frac{1}{1 + \beta_1[L] + \beta_2[L]^2 + \cdots + \beta_n[L]^n}$$

例題 亜鉛のアンモニア錯体

Zn^{2+} と NH_3 は,錯体 $Zn(NH_3)^{2+}$,$Zn(NH_3)_2^{2+}$,$Zn(NH_3)_3^{2+}$,$Zn(NH_3)_4^{2+}$ をつくる.プロトン化していない遊離 NH_3 の濃度が 0.10 M のとき,Zn^{2+} のかたちの亜鉛の分率を求めよ(実際にはどのような pH でも,NH_3 と平衡にある NH_4^+ がいくらかある).

解法 付録 I に錯体 $Zn(NH_3)^{2+}$ ($\beta_1 = 10^{2.18}$),$Zn(NH_3)_2^{2+}$ ($\beta_2 = 10^{4.43}$),$Zn(NH_3)_3^{2+}$ ($\beta_3 = 10^{6.74}$),$Zn(NH_3)_4^{2+}$ ($\beta_4 = 10^{8.70}$) の生成定数が示されている.この場合,式 12-16 に相当する適切な式は次の通りである.

$$\alpha_{Zn^{2+}} = \frac{1}{1 + \beta_1[L] + \beta_2[L]^2 + \beta_3[L]^3 + \beta_4[L]^4} \quad (12\text{-}17)$$

式 12-17 から Zn^{2+} のかたちの亜鉛の分率がわかる.$[L] = 0.10$ M および四つの β_i の値を代入して,$\alpha_{Zn^{2+}} = 1.8 \times 10^{-5}$ を得る.この値は,0.10 M NH_3 溶液中では遊離 Zn^{2+} はごくわずかであることを意味する.

類題 プロトン化していない遊離 $[NH_3]$ が 0.02 M のときの $\alpha_{Zn^{2+}}$ を求めよ.(**答え**:0.0072)

補助錯化剤を用いる EDTA 滴定

NH_3 の存在下,Zn^{2+} を EDTA で滴定することを考えよう.式 12-6 を拡張するには,EDTA のごく一部が Y^{4-} 形であり,亜鉛のごく一部が EDTA と結合していない Zn^{2+} 形であることを表す新しい条件生成定数が必要である.

$$K_f'' = \alpha_{Zn^{2+}} \alpha_{Y^{4-}} K_f \quad (12\text{-}18)$$

この式の $\alpha_{Zn^{2+}}$ は式 12-17 から,$\alpha_{Y^{4-}}$ は式 12-4 から求められる.特定の pH および $[NH_3]$ の値について K_f'' を計算し,K_f' を K_f'' で置き換えれば,12-3 節と同じように滴定曲線を計算できる.この計算では,EDTA がアンモニアよりもずっと強い錯化剤なので,Zn^{2+} の当量点に達するまでほとんどすべての

K_f'' は,pH および補助錯化剤濃度が一定のときの条件生成定数である.コラム 12-1 では,金属イオンの加水分解が条件生成定数に及ぼす影響について説明する.

> **コラム 12-1**
>
> ## 金属イオンの加水分解は，EDTA 錯体の条件生成定数を小さくする
>
> 式 12-18 によれば，EDTA 錯体の条件（有効）生成定数は，生成定数 K_f，M^{m+} 形の金属の分率，および Y^{4-} 形の EDTA の分率の積 $K_f'' = \alpha_{M^{m+}}\alpha_{Y^{4-}}K_f$ である．表 12-1 からわかるように，$\alpha_{Y^{4-}}$ は pH の上昇とともに大きくなり，pH 11 付近で 1 となる．
>
> 12-3 節では，補助錯化剤はなく，暗に $\alpha_{M^{m+}} = 1$ であると仮定した．しかし実際には，金属イオンは水と反応して $M(OH)_n$ のような化学種をつくる．12-3 節の金属イオン滴定の pH は，$M(OH)_n$ を生じる加水分解が無視できるように選ばれる．このような条件は，ほとんどの M^{2+} イオンに対して見つけられるが，M^{3+} や M^{4+} に対しては難しい．酸性溶液中であっても，Fe^{3+} は $Fe(OH)^{2+}$ や $Fe(OH)_2^+$ に加水分解する[16]．（水酸化物錯体の生成定数は，付録 I にまとめられている．）下の図は，$\alpha_{Fe^{3+}}$ は pH 1~2 では 1 に近いが（$\log \alpha_{Fe^{3+}} \approx 0$），加水分解が起こると小さくなることを示す．pH 5 では，Fe^{3+} 形の分率は 10^{-5} くらいである．
>
> 図に表されている FeY^- の条件生成定数には，三つの因子が寄与する．
>
> $$K_f''' = \frac{\alpha_{Fe^{3+}}\alpha_{Y^{4-}}}{\alpha_{FeY^-}} K_f$$
>
> pH が高くなると，$\alpha_{Y^{4-}}$ が大きくなるので，K_f'' は大きくなる．一方，pH が高くなると金属の加水分解が起こるので，$\alpha_{Fe^{3+}}$ は小さくなる．$\alpha_{Y^{4-}}$ の増加は $\alpha_{Fe^{3+}}$ が減少することで打ち消されるので，K_f'' は pH 3 以上でほぼ一定とな
>
> る．K_f''' に対する三つめの寄与は，α_{FeY^-}（FeY^- 形の EDTA 錯体の分率）である．低い pH では，一部の錯体がプロトンを受け取って $FeHY$ をつくる．このため，α_{FeY^-} は pH 1 付近でわずかに小さくなる．α_{FeY^-} は，pH 2~5 ではほぼ 1 である．中性および塩基性の溶液では，$Fe(OH)Y^{2-}$ や $[Fe(OH)Y]_2^{4-}$ などの錯体が生成するので，α_{FeY^-} は小さくなる．
>
> **覚えておこう**：本書では，加水分解が起こらず，意図的に加えた補助錯化剤によって $\alpha_{M^{m+}}$ が支配される場合のみを扱う．実際には，M^{m+} と MY の加水分解はたいていの EDTA 滴定に影響を及ぼし，その理論的解析は本章で述べるよりさらに複雑である．
>
>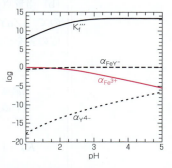
>
> FeY^- の条件生成定数 K_f''' に対する $\alpha_{Y^{4-}}$，$\alpha_{Fe^{3+}}$，α_{FeY^-} の寄与．曲線は，以下の化学種を考慮して計算された．H_6Y^{2+}，H_5Y^+，H_4Y，H_3Y^-，H_2Y^{2-}，HY^{3-}，Y^{4-}，Fe^{3+}，$Fe(OH)^{2+}$，$Fe(OH)_2^+$，FeY^-，$FeHY$．

EDTA が Zn^{2+} に結合すると仮定する．

> **例題** アンモニア存在下の EDTA 滴定

0.10 M NH_3 存在下，pH 10.00 の 1.00×10^{-3} M Zn^{2+} 溶液 50.0 mL を 1.00×10^{-3} M EDTA 溶液で滴定することを考える（0.10 M は NH_3 の全濃度である．溶液中には NH_4^+ も存在する）．当量点は，50.0 mL である．EDTA を 20.0，50.0，60.0 mL だけ加えたときの pZn^{2+} を求めよ．

解法 式 12-17 を用いて，$\alpha_{Zn^{2+}} = 1.8 \times 10^{-5}$ が得られる．表 12-1 から，$\alpha_{Y^{4-}} = 0.30$ であることがわかる．表 12-2 の K_f から，条件生成定数は，

$$K_f'' = \alpha_{Zn^{2+}}\alpha_{Y^{4-}}K_f = (1.8 \times 10^{-5})(0.30)(10^{16.5}) = 1.7 \times 10^{11}$$

である．

(a) 当量点以前 — 20.0 mL：当量点は 50.0 mL であるので，残っている Zn^{2+} の割合は 30.0/50.0 である．希釈率は 50.0/70.0 である．したがって，

EDTAに結合していない亜鉛の濃度（$C_{Zn^{2+}}$）は次式で求められる．

$$C_{Zn^{2+}} = \underbrace{\left(\frac{30.0\,\text{mL}}{50.0\,\text{mL}}\right)}_{\text{残っている}\atop Zn^{2+}\text{の割合}} \underbrace{(1.00 \times 10^{-3}\,\text{M})}_{Zn^{2+}\text{初濃度}} \underbrace{\left(\frac{50.0\,\text{mL}}{70.0\,\text{mL}}\right)}_{\text{希釈率}} = 4.3 \times 10^{-4}\,\text{M}$$

しかし，EDTAと結合していない亜鉛は，ほとんどすべてNH_3と結合している．遊離Zn^{2+}の濃度は，

$$[Zn^{2+}] = \alpha_{Zn^{2+}} C_{Zn^{2+}} = (1.8 \times 10^{-5})(4.3 \times 10^{-4}\,\text{M}) = 7.7 \times 10^{-9}\,\text{M}$$
$$\Rightarrow pZn^{2+} = -\log[Zn^{2+}] = 8.11$$

[欄外: $[Zn^{2+}] = \alpha_{Zn^{2+}} C_{Zn^{2+}}$ という関係は，式12-15から導かれる．]

である．結果が妥当であることを確かめよう．積$[Zn^{2+}][OH^-]^2$は$(10^{-8.11})(10^{-4.00})^2 = 10^{-16.11}$であり，付録Fの$Zn(OH)_2$の溶解度積（$K_{sp} = 10^{-15.52}$）を超えていない．

(b) 当量点—50.0 mL：当量点では，希釈率は（50.0 mL/100.0 mL）であるので，$[ZnY^{2-}] = (50.0/100.0)(1.00 \times 10^{-3}\,\text{M}) = 5.00 \times 10^{-4}\,\text{M}$．次に，濃度の表をつくる．

	$C_{Zn^{2+}}$ + EDTA $\rightleftharpoons$ ZnY^{2-}		
初濃度（M）	0	0	5.00×10^{-4}
最終濃度（M）	x	x	$5.00 \times 10^{-4} - x$

$$K_f'' = 1.7 \times 10^{11} = \frac{[ZnY^{2-}]}{C_{Zn^{2+}}[EDTA]} = \frac{5.00 \times 10^{-4} - x}{x^2}$$
$$\Rightarrow x = C_{Zn^2} + 5.4 \times 10^{-8}\,\text{M}$$
$$[Zn^{2+}] = \alpha_{Zn^{2+}} C_{Zn^{2+}} = (1.8 \times 10^{-5})(5.4 \times 10^{-8}\,\text{M}) = 9.7 \times 10^{-13}\,\text{M}$$
$$\Rightarrow pZn^{2+} = -\log[Zn^{2+}] = 12.01$$

(c) 当量点以降—60.0 mL：ほぼすべての亜鉛が，ZnY^{2-}形である．亜鉛の希釈率は（50.0 mL/110.0 mL）なので，

$$[ZnY^{2-}] = \left(\frac{50.0}{110.0}\right)(1.00 \times 10^{-3}\,\text{M}) = 4.5 \times 10^{-4}\,\text{M}$$

EDTAの希釈率は10.0 mL/110.0 mLなので，過剰のEDTA濃度も計算できる．

$$[EDTA] = \left(\frac{10.0}{110.0}\right)(1.00 \times 10^{-3}\,\text{M}) = 9.1 \times 10^{-5}\,\text{M}$$

$[ZnY^{2-}]$と$[EDTA]$がわかれば，平衡定数を使って$[Zn^{2+}]$が求められる．

$$\frac{[ZnY^{2-}]}{[Zn^{2+}][EDTA]} = \alpha_{Y^{4-}} K_f = K_f' = (0.30)(10^{16.5}) = 9.5 \times 10^{15}$$

$$\frac{(4.5 \times 10^{-4})}{[Zn^{2+}](9.1 \times 10^{-5})} = 9.5 \times 10^{15} \Rightarrow [Zn^{2+}] = 5.3 \times 10^{-16}\,\text{M}$$

$$\Rightarrow pZn^{2+} = 15.28$$

当量点以降は [ZnY^{2-}] と [EDTA] を直接計算できるので，問題を解くために NH$_3$ の存在を考えなくてもよい．

類題 EDTA を 30.0 mL，51.0 mL だけ加えたときの pZn^{2+} を求めよ．
（**答え**：8.35，14.28）

図 12-14 は，異なる濃度の補助錯化剤が存在するときの Zn^{2+} の滴定曲線の計算結果を表す．NH$_3$ 濃度が大きくなると，当量点付近での pZn^{2+} の変化は小さくなる．補助錯化剤の濃度は，滴定の終点がわからなくなるほど高くしてはならない．カラー図版 7 は，Cu^{2+}-アンモニア溶液の EDTA 滴定の様子を現す．

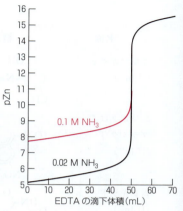

図 12-14 pH 10.00 の 1.00 × 10^{-3} M Zn^{2+} 溶液 50.0 mL を 1.00 × 10^{-3} M EDTA 溶液で滴定するときの滴定曲線．二つの異なる濃度の NH$_3$ が存在する場合について計算した．

終点決定法：
1. 金属指示薬
2. 水銀電極
3. イオン選択性電極
4. ガラス（pH）電極

12-6 金属指示薬

EDTA 滴定において終点を決定する最も一般的な方法は，金属指示薬の利用である．その他の方法には，水銀電極（図 12-10 および練習問題 15-B），またはイオン選択性電極（15-6 節）を使用するものがある．非緩衝溶液では，pH 電極を用いて滴定を追跡できる．なぜなら，たとえば H$_2$Y^{2-} は金属錯体をつくるとき 2H$^+$ を解離するからだ．

金属指示薬（metal ion indicator，表 12-3）は，金属イオンと結合して変色する化合物である．有用な指示薬は，EDTA よりも弱く金属と結合する．

代表例は，カルマガイト指示薬を用いる pH 10 での Mg^{2+} の EDTA 滴定である．

$$\text{MgIn} + \text{EDTA} \longrightarrow \text{MgEDTA} + \text{In} \tag{12-19}$$
　赤　　無色　　　　　無色　　　青

滴定開始時に無色の Mg^{2+} 溶液に少量の指示薬（In）を加え，赤色の錯体をつくる．EDTA を加えると，まず無色の遊離 Mg^{2+} と反応する．当量点の直前で遊離 Mg^{2+} が消費されつくすと，最後に加えられた EDTA は赤色の MgIn 錯体の指示薬と置き換わる．MgIn の赤色から結合していない In の青色への変化によって，滴定の終点がわかる（実証実験 12-1）．

ほとんどの金属指示薬は，酸塩基指示薬でもある．金属指示薬の pK_a 値を表 12-3 にまとめた．遊離の指示薬の色は pH に依存するので，指示薬は特定の pH 範囲でのみ使用される．たとえば，キシレノールオレンジは，pH 5.5 で金属イオンと結合すると黄色から赤色に変わる．この変色は，容易に観察できる．pH 7.5 では青紫色から赤色に変わるが，見分けにくい．変色は分光光度計で測定できるが，目視できればさらに便利である．図 12-15 は，それぞれの金属を EDTA 滴定できる pH 範囲と，それらの pH 範囲で有用な指示薬を表す．

指示薬は，金属イオンを EDTA にわたす．金属が指示薬を容易に解離しないとき，金属が指示薬を**遮へい**（block）しているという．エリオクロムブラック T は，Cu^{2+}，Ni^{2+}，Co^{2+}，Cr^{3+}，Fe^{3+}，Al^{3+} などによって遮へいされる．

指示薬は，金属を EDTA にわたす．

pK_4(OH)=12.5
pK_3(OH)=7.6

1,2-ジヒドロキシベンゼン-3,5-ジスルホン酸ジナトリウム

上記のタイロンは，Fe(Ⅲ) の EDTA 滴定に用いられる指示薬である（pH 2～3，40 ℃）．変色は，青色から薄い黄色である．

表 12-3 一般的な金属指示薬

名称	構造式	pK_a	遊離の指示薬の色		金属イオン錯体の色
カルマガイト (H_2In^-)		$pK_2 = 8.1$ $pK_3 = 12.4$	H_2In^- HIn^{2-} In^{3-}	赤 青 橙	ワインレッド
エリオクロム ブラック T (H_2In^-)		$pK_2 = 6.3$ $pK_3 = 11.6$	H_2In^- HIn^{2-} In^{3-}	赤 青 橙	ワインレッド
ムレキシド (H_4In^-)		$pK_2 = 9.2$ $pK_3 = 10.9$	H_4In^- H_3In^{2-} H_2In^{3-}	赤〜青紫 青紫 青	黄 (Co^{2+}, Ni^{2+}, Cu^{2+}), 赤 (Ca^{2+})
キシレノール オレンジ (H_3In^{3-})		$pK_2 = 2.32$ $pK_3 = 2.85$ $pK_4 = 6.70$ $pK_5 = 10.47$ $pK_6 = 12.23$	H_5In^- H_4In^{2-} H_3In^{3-} H_2In^{4-} HIn^{5-} In^{6-}	黄 黄 黄 青紫 青紫 青紫	赤
ピロカテコール バイオレット (H_3In^-)		$pK_1 = 0.2$ $pK_2 = 7.8$ $pK_3 = 9.8$ $pK_4 = 11.7$	H_4In H_3In^- H_2In^{2-} HIn^{3-}	赤 黄 青紫 赤〜紫	青

調製法および安定性:
カルマガイト: 0.05 g/(100 mL H_2O). 溶液は暗所で 1 年間安定.
エリオクロムブラック T: 固体 0.1 g をトリエタノールアミン 7.5 mL と無水エタノール 2.5 mL の混合溶媒に溶かす. 溶液は数カ月間安定. pH 6.5 以上での滴定に最も適する.
ムレキシド: きれいな乳鉢でムレキシド 10 mg と試薬級 NaCl 5 g をすり混ぜ, この混合物 0.2〜0.4 g を滴定のたびに使用する.
キシレノールオレンジ: 0.5 g/(100 mL H_2O). 溶液はいつまでも安定である.
ピロカテコールバイオレット: 0.1 g/100 mL. 溶液は数週間安定.

> **質問** pH 10 で逆滴定すると, どのような変色が起こるか?
> (**答え**: 青 → ワインレッド)

エリオクロムブラック T は, これらの金属の直接滴定には使えない. しかし, 逆滴定には使える. たとえば, Cu^{2+} の測定では, 試料に過剰の EDTA 標準液を加える. 次に, エリオクロムブラック T を加えて, 過剰の EDTA を Mg^{2+} で逆滴定する.

12-7 いろいろな EDTA 滴定技術

きわめて多くの元素が EDTA で分析できるため, 基本操作のさまざまな応用を説明した広範な文献がある[14, 17].

直接滴定

直接滴定 (direct titration) では, 分析種を EDTA 標準液で滴定する. 試料

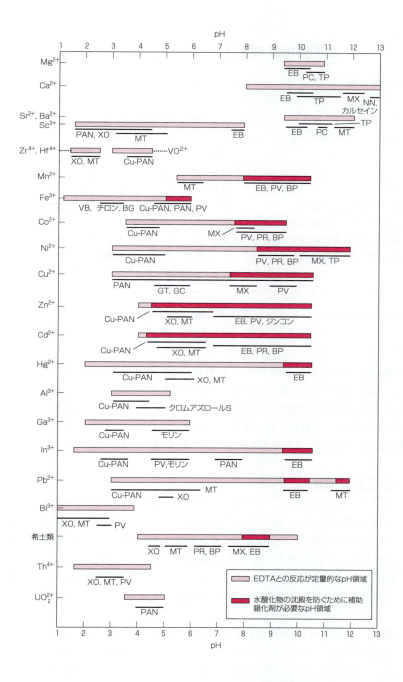

図 12-15　一般的な金属の EDTA 滴定のてびき．薄い色は，EDTA との反応が定量的である pH 領域を表す．濃い色は，金属の沈殿を防ぐために補助錯化剤が必要な pH 領域を表す．カルマガイトは，エリオクロムブラック T (EB) よりも安定で，EB の代わりに用いられる．[データ出典: K. Ueno, *J. Chem. Ed.*, **42**, 432 (1965).]

指示薬の略語
BG：ビントシェートラーグリーンロイコ塩基
BP：ブロモピロガロールレッド
EB：エリオクロムブラック T
GC：グリシンクレゾールレッド
GT：グリシンチモールブルー
MT：メチルチモールブルー
MX：ムレキシド
NN：Patton & Reeder の染料
PAN：ピリジルアゾナフトール
Cu-PAN：PAN + Cu-EDTA
PC：o-クレゾールフタレインコンプレキソン
PR：ピロガロールレッド
PV：ピロカテコールバイオレット
TP：チモールフタレインコンプレキソン
VB：バリアミンブルー B 塩基
XO：キシレノールオレンジ

溶液に緩衝剤を加えて，金属-EDTA 錯体の条件生成定数が大きく，遊離の指示薬の色が金属-指示薬錯体の色と明確に異なる pH に調整する．

　アンモニア，酒石酸イオン，クエン酸イオン，トリエタノールアミンのような補助錯化剤を加えると，EDTA を滴下する前に金属イオンが沈殿するのを防ぐことができる．たとえば，Pb^{2+} は pH 10 のアンモニア緩衝液中，酒石酸イオンの存在下で滴定できる．酒石酸イオンは，Pb^{2+} と錯体をつくり，$Pb(OH)_2$ を沈殿させない．鉛-酒石酸錯体は，鉛-EDTA 錯体よりも不安定で

> **実証実験 12-1**
>
> ## 金属指示薬の変色
>
> この実証実験では，反応 12-19 の変色を調べる．
>
> 原液
> 緩衝液（pH 10.0）：塩化アンモニウム 17.5 g に濃アンモニア（14.5 M）142 mL を加え，水で 250 mL に希釈する．
> MgCl$_2$：0.05 M
> EDTA：0.05 M Na$_2$EDTA·2H$_2$O
>
> MgCl$_2$ 溶液 25 mL，緩衝液 5 mL，水 300 mL を混合して溶液を調製する．エリオクロムブラック T またはカルマガイト指示薬（表 12-3）を 6 滴加え，EDTA で滴定する．終点で色がワインレッドから薄い青に変わるのを確める（カラー図版 8）．指示薬にカルマガイトを用いたときの変色にともなう吸収スペクトルの変化を図に示す．
>
>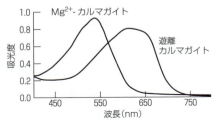
>
> Mg^{2+}-カルマガイトおよび遊離カルマガイトの可視吸収スペクトル（pH 10，アンモニア緩衝液中）．［データ出典：C. E. Dahm et al., *J. Chem. Ed.*, **81**, 1787 (2004).］

ファイトレメディエーション[18, 19]．有毒な金属で汚染された土壌から金属を除去する方法の一つに，乾燥重量1gあたり金属を1〜15g も蓄積する植物を育てる方法がある．この植物を刈り取れば，Pb，Cd，Ni などの金属を回収できる．ファイトレメディエーションを効果的に行うために，土壌にEDTA を加えて，不溶性の金属を可溶性にする．残念なことに，雨が金属-EDTA 錯体を汚染土壌外に拡散させてしまうので，ファイトレメディエーションは地下水とつながっていない場所や浸出が問題にならない場所に限られる．天然のキレート剤 EDDS は，金属を可溶化するが，その錯体が遠くまで拡散される前に生分解される．

S,S-エチレンジアミンジコハク酸（EDDS）

なければならない．そうでなければ，滴定は不可能である．

逆滴定

逆滴定（back titration）では，分析種に過剰既知量の EDTA を加える．次に，過剰の EDTA を第二の金属イオンの標準液で滴定する．逆滴定が必要となるのは，EDTA がないと分析種が沈殿する場合，分析種と EDTA の反応が遅すぎる場合，分析種が指示薬を遮へいする場合などである．逆滴定に用いられる金属イオンは，EDTA 錯体中の分析種を置換してはならない．

> **例題** 逆滴定
>
> Ni^{2+} は，pH 5.5 で Zn^{2+} 標準液とキシレノールオレンジ指示薬を用いる逆滴定で分析される．Ni^{2+} を含む希塩酸試料溶液 25.00 mL に 0.052 83 M Na$_2$EDTA 溶液 25.00 mL を加える．溶液を NaOH で中和し，酢酸緩衝液で pH を 5.5 に調整する．指示薬を数滴加えると，溶液は黄色に変わる．0.022 99 M Zn^{2+} 溶液による滴定では，赤色の終点に達するのに 17.61 mL が必要であった．未知試料中の Ni^{2+} の容量モル濃度はいくらか？
>
> **解法** 未知試料に 0.052 83 M EDTA 溶液 25.00 mL を加えたが，この溶液は (25.00 mL) × (0.052 83 M) = 1.320 8 mmol の EDTA を含む．逆滴定には，(17.61 mL) × (0.022 99 M) = 0.404 9 mmol の Zn^{2+} が必要であった．2番目の反応で必要な Zn^{2+} のモル数に 1 番目の反応の Ni^{2+} のモル数を足すと，溶液に加えた EDTA の全モル数と等しくなる．
>
> $$0.404\,9\text{ mmol Zn}^{2+} + x \text{ mmol Ni}^{2+} = 1.320\,8 \text{ mmol EDTA}$$
> $$x = 0.915\,9 \text{ mmol Ni}^{2+}$$
>
> Ni^{2+} の濃度は，0.915 9 mmol/25.00 mL = 0.036 64 M である．

> **類題** 逆滴定に Zn^{2+} 溶液が 13.00 mL だけ必要であった場合，試料の Ni^{2+} の濃度はいくらか？ （**答え**：0.040 88 M）

逆滴定は，分析種の沈殿を防ぐ．たとえば，EDTA がないと，$Al(OH)_3$ は pH 7 で沈殿する．Al^{3+} の分析では，酸性試料を酢酸ナトリウムで pH 7〜8 に調整し，過剰の EDTA を加える．溶液を煮沸して，安定で可溶な $Al(EDTA)^-$ を完全に生成させる．次に，溶液を冷まし，カルマガイト指示薬を加えて，Zn^{2+} 標準液で逆滴定する．

置換滴定

Hg^{2+} には良好な指示薬がないが，**置換滴定**（displacement titration）が可能である．Hg^{2+} を含む試料に過剰の $Mg(EDTA)^{2-}$ を加えると，錯体の Mg^{2+} が Hg^{2+} で置換される．遊離された Mg^{2+} を EDTA 標準液で滴定する．

$$Hg^{2+} + MgY^{2-} \longrightarrow HgY^{2-} + Mg^{2+} \tag{12-20}$$

$Hg(EDTA)^{2-}$ の条件生成定数 K_f' は $Mg(EDTA)^{2-}$ よりも大きくなければならない．そうでないと，Mg^{2+} は $Mg(EDTA)^{2-}$ から遊離されない．

Ag^+ にも適当な指示薬がない．しかし，Ag^+ は，テトラシアノニッケル（II）酸イオンの Ni^{2+} を置換する．

$$2Ag^+ + Ni(CN)_4^{2-} \longrightarrow 2Ag(CN)_2^- + Ni^{2+}$$

次に，遊離した Ni^{2+} を EDTA で滴定すれば，元の Ag^+ の量を求めることができる．

間接滴定

金属イオンと沈殿する陰イオンは，EDTA を用いて**間接滴定**（indirect titration）で分析できる．たとえば，硫酸イオンを分析するには，pH 1 で過剰の Ba^{2+} で沈殿させる．$BaSO_4$ 沈殿をろ過して洗い，次に pH 10 の過剰の EDTA 標準液に加えて煮沸する．Ba^{2+} は，$Ba(EDTA)^{2-}$ となって溶解する．過剰の EDTA を Mg^{2+} 標準液で逆滴定する．

あるいは，陰イオンを過剰の金属イオン標準液で沈殿させてもよい．沈殿をろ過して洗い，ろ液中の過剰の金属を EDTA 標準液で滴定する．CO_3^{2-}，CrO_4^{2-}，S^{2-}，SO_4^{2-} などの陰イオンが，EDTA を用いる間接滴定で測定できる[20]．

マスキング

マスキング剤（masking agent）は，試料中の一部の成分を EDTA との反応から守る試薬である．たとえば，Mg^{2+} と Al^{3+} を含む試料中の Al^{3+} を測定するには，Al^{3+} を F^- でマスキングし，残った Mg^{2+} だけを EDTA で滴定する．また，マスキング剤を加えずに，Mg^{2+} と Al^{3+} の合量を滴定する．これらの値から Al^{3+} 量を求める．

> マスキングは，ある化学種が他の化学種の分析に干渉しないようにすることである．マスキングは，EDTA 滴定に限らない．コラム 12-2 に，マスキングの重要な応用について述べる．

コラム 12-2

水の硬度

硬度（hardness）は水中のアルカリ土類金属（2族）イオンの全濃度であり，おもに Ca^{2+} と Mg^{2+} に支配される．硬度は，一般に1Lあたりの $CaCO_3$ のミリグラム数に換算して表される．100 mg $CaCO_3$ = 1 mmol $CaCO_3$ であるので，$[Ca^{2+}] + [Mg^{2+}] = 1$ mM のとき，硬度は 100 mg $CaCO_3$/L であるという．硬度が 60 mg $CaCO_3$/L 未満の水は「軟らかい」と見なされ，270 mg/L を超える水は「硬い」と見なされる．

硬水は，石けんと反応して不溶性の凝固物をつくる．

$$Ca^{2+} + 2RCO_2^- \longrightarrow Ca(RCO_2)_2(s) \quad (A)$$
石けん　　　　　　　沈殿

R は $C_{17}H_{35}$ などの長鎖炭化水素である．

硬水で洗濯するときは，石けんが多くの Ca^{2+} と Mg^{2+} によって消費されるので，石けんをたっぷり使わなければならない．硬水が蒸発すると，配管に水あか（scale）と呼ばれる固体の付着物が残る．しかし，硬水が健康に有害かどうかはわかっていない．硬度は，灌漑用水において有益である．なぜなら，アルカリ土類金属イオンは土壌のコロイド粒子を凝集させる（集める）傾向があり，その結果，水が土壌に浸透しやすくなるからだ．軟水は，コンクリート，しっくい，グラウトを浸食する．

硬度を測定するには，試料にアスコルビン酸（またはヒドロキシルアミン）を加えて Fe^{3+} を Fe^{2+} に，Cu^{2+} を Cu^+ に還元し，次にシアン化物イオンを加えて Fe^{2+}, Cu^+ およびその他の少量金属イオンをマスクする．その後，pH 10 のアンモニア緩衝液中で，EDTA 滴定により Ca^{2+} と Mg^{2+} の全濃度を求める．アンモニアを使わずに pH 13 で滴定すると，Ca^{2+} 濃度だけを求めることができる．この pH では，Mg^{2+} は $Mg(OH)_2$ として沈殿して EDTA と反応しない．指示薬を正しく選べば，多くの金属イオンによる干渉を減らすことができる[21]．

不溶性の炭酸塩は，過剰の二酸化炭素により可溶な炭酸水素塩に変換される．

$$CaCO_3(s) + CO_2 + H_2O \longrightarrow Ca(HCO_3)_2(aq) \quad (B)$$

熱は，炭酸水素塩を炭酸塩に変換する（CO_2 が追いだされる）．ボイラーでは，$CaCO_3$ の水あかが析出し，配管を詰まらせる．$Ca(HCO_3)_2(aq)$ による硬度は，一時硬度と呼ばれる．このカルシウムは，試料水を加熱すると $CaCO_3$ として沈殿して，失われるからである．その他の塩，おもに $CaSO_4$ の溶解による硬度は，加熱しても除去されないので永久硬度と呼ばれる．

シアン化物イオンは，Cd^{2+}, Zn^{2+}, Hg^{2+}, Co^{2+}, Cu^+, Ag^+, Ni^{2+}, Pd^{2+}, Pt^{2+}, Fe^{2+}, Fe^{3+} などをマスクする．しかし，Mg^{2+}, Ca^{2+}, Mn^{2+}, Pb^{2+} はマスクされない．Cd^{2+} と Pb^{2+} を含む溶液にシアン化物イオンを加えると，Pb^{2+} だけが EDTA と反応する．（注意：シアン化物イオンは pH 11 以下で有毒な HCN ガスを発生する．シアン化物イオン溶液は，強塩基性に保ち，ドラフトチャンバー内でのみ取り扱うこと．）フッ化物イオンは，Al^{3+}, Fe^{3+}, Ti^{4+}, Be^{2+} などをマスクする．（注意：酸性溶液で F^- から生成される HF は，きわめて危険である．皮膚や眼に触れさせてはならない．すぐには痛まないかもしれないが，大量の水で患部を洗う．次に，あらかじめ用意しておいたグルコン酸カルシウムのゲルを塗布する．応急手当を施す人は，自分の身を守るためにゴム手袋を着用すること．）トリエタノールアミン（341 ページ）は，Al^{3+}, Fe^{3+}, Mn^{2+} などをマスクする．2,3-ジメルカプト-1-プロパノールは，Bi^{3+}, Cd^{2+}, Cu^{2+}, Hg^{2+}, Pb^{2+} などをマスクする．

デマスキング（demasking）は，マスキング剤から金属イオンを遊離させることである．シアン化物イオン錯体は，ホルムアルデヒドでデマスキングできる．

SH
|
$HOCH_2CHCH_2SH$
2,3-ジメルカプト-1-プロパノール

$$M(CN)_m^{n-m} + mH_2CO + mH^+ \longrightarrow mH_2C\begin{array}{c}OH\\CN\end{array} + M^{n+}$$
ホルムアルデヒド

チオ尿素は，Cu^{2+} を Cu^+ に還元し，Cu^+ と錯体をつくってマスクする．この錯体の Cu^+ を H_2O_2 で酸化すると，Cu^{2+} が遊離される．マスキング，デマスキング，および pH 調整によって選択性をあげれば，複雑な金属イオン混合物中の個々の成分を EDTA 滴定で分析できるようになる．

チオ尿素

重要なキーワード

安定度定数（stability constant）
間接滴定（indirect titration）
逆滴定（back titration）
キレート効果（chelate effect）
キレート配位子（chelating ligand）
金属指示薬（metal ion indicator）
錯滴定（complexometric titration）
遮へい（blocking）
条件生成定数（conditional formation constant）
生成定数（formation constant）
全生成定数（cumulative formation constant）
多座（multidentate）
単座（monodentate）
置換滴定（displacement titration）
直接滴定（direct titration）
デマスキング（demasking）
補助錯化剤（auxiliary complexing agent）
マスキング剤（masking agent）
ルイス塩基（Lewis base）
ルイス酸（Lewis acid）

本章のまとめ

錯滴定では，分析種と滴定剤が錯イオンをつくる．この反応の平衡定数は，生成定数 K_f と呼ばれる．キレート（多座）配位子は，単座配位子よりも安定な錯体をつくる．合成アミノカルボン酸の一つである EDTA は，金属錯体の生成定数が大きく，電荷が +2 以上のほとんどの金属と 1:1 錯体をつくる．

EDTA は酸塩基平衡により六つのプロトン化された化学種をつくるが，錯体の生成定数は $[Y^{4-}]$ で表される．遊離 EDTA の Y^{4-} 形の分率（$\alpha_{Y^{4-}}$）は pH に依存するので，条件（有効）生成定数を $K_f' = \alpha_{Y^{4-}} K_f = [MY^{n-4}]/[M^{n+}][EDTA]$ と定義する．条件生成定数は，仮想の反応 M^{n+} + EDTA $\rightleftharpoons MY^{n-4}$ の平衡定数であり，この式中の EDTA は金属イオンに結合していないすべてのかたちの EDTA を表す．滴定曲線の計算は，三つの領域に分けられる．過剰な未反応の M^{n+} が存在するとき，pM は pM = $-\log[M^{n+}]$ の式により直接計算できる．過剰の EDTA が存在するとき，$[MY^{n-4}]$ と [EDTA] がわかっているので，条件生成定数から $[M^{n+}]$ を計算できる．当量点では，$[M^{n+}] = [EDTA]$ の条件により，K_f' の式を $[M^{n+}]$ について解くことができる．滴定曲線のすべての領域にあてはまる一つの式が，スプレッドシートに用いられる．

条件生成定数が大きい場合，EDTA 滴定曲線は当量点付近で急に変化する．補助錯化剤は，金属イオンをめぐって EDTA と競争し，それによって滴定曲線の当量点付近の変化を鈍らせるが，しばしば金属を溶液中に保つために必要となる．EDTA と補助錯化剤を含む溶液の計算には，条件生成定数 $K_f'' = \alpha_M \alpha_{Y^{4-}} K_f$ を用いる．ここで，α_M は補助錯化剤と錯体をつくらない遊離の金属イオンの分率である．

終点の決定には，一般に金属指示薬またはイオン選択性電極を使う．分析種が不安定である，EDTA との反応が遅い，あるいは適当な指示薬がないなどの理由で直接滴定が適さないときは，過剰の EDTA の逆滴定，または $Mg(EDTA)^{2-}$ の置換滴定を用いる．マスキングは，望まない化学種による干渉を防ぐ．EDTA による間接滴定は，試薬と直接反応しない多くの陰イオンやその他の化学種の定量にも利用できる．

練習問題

12-A． 試料水 250.0(±0.1) mL 中のカリウムイオンをテトラフェニルホウ酸ナトリウムで沈殿させた．

$$K^+ + (C_6H_5)_4B^- \longrightarrow KB(C_6H_5)_4(s)$$

沈殿をろ過して洗い，有機溶媒に溶かして過剰の $Hg(EDTA)^{2-}$ で処理した．

$$4HgY^{2-} + K(C_6H_5)_4B + 4H_2O \longrightarrow$$
$$H_3BO_3 + 4C_6H_5Hg^+ + 4HY^{3-} + OH^- + K^+$$

遊離した EDTA を 0.0437(± 0.0001) M Zn^{2+} 溶液 28.73(± 0.03) mL で滴定した．元の試料の $[K^+]$ とその絶対誤差の上限を求めよ．

12-B． Fe^{3+} と Cu^{2+} を含む未知試料 25.00 mL を完全に滴定するのに，0.05083 M EDTA 溶液が 16.06 mL だけ必要であった．同じ未知試料の 50.00 mL に NH_4F を加えて，Fe^{3+} をマスクした．次に，Cu^{2+} をチオ尿素で還元して，マスクした．0.05083 M EDTA 溶液 25.00 mL を加

えると，Fe^{3+} がフッ化物錯体から解離してEDTA錯体をつくった．過剰のEDTAがキシレノールオレンジの終点に達するのに，0.018 83 M Pb^{2+} 溶液 19.77 mL を必要とした．未知試料中の $[Cu^{2+}]$ を求めよ．

12-C. pH 5.00 において，0.040 0 M EDTA 溶液 50.0 mL を 0.080 0 M $Cu(NO_3)_2$ で滴定する．以下の滴下量における pCu^{2+} を計算せよ（小数第2位まで）．0.1, 5.0, 10.0, 15.0, 20.0, 24.0, 25.0, 26.0, 30.0 mL．滴定剤の体積に対して pCu^{2+} をプロットしたグラフをつくれ．

12-D. 練習問題 12-C について，当量点での H_2Y^{2-} 濃度を計算せよ．

12-E. pH 7.00 において 0.010 0 M Mn^{2+} 溶液を 0.005 00 M EDTA 溶液で滴定することを考える．
(a) 当量点での遊離 Mn^{2+} の濃度はいくらか？
(b) 滴定の進行度が当量点までの 63.7% であるとき，溶液中の商 $[H_3Y^-]/[H_2Y^{2-}]$ はいくらか？

12-F. pH 9.00，0.10 M $C_2O_4^{2-}$ の存在下，1.00×10^{-3} M Co^{2+} 溶液 20.0 mL を 1.00×10^{-2} M EDTA 溶液で滴定した．付録 I に示す $Co(C_2O_4)$ および $Co(C_2O_4)_2^{2-}$ の生成定数を用いて，以下の体積の EDTA 溶液を加えたときの pCo^{2+} を計算せよ：0, 1.00, 2.00, 3.00 mL．$C_2O_4^{2-}$ の濃度は，0.10 M で一定と考えよ．EDTA 溶液の滴下体積（mL）に対して pCo^{2+} をプロットしたグラフを描け．

12-G. イミノ二酢酸は，多くの金属イオンと 2:1 錯体をつくる．

$$H_2N^+\begin{array}{c}-CH_2CO_3H\\-CH_2CO_3H\end{array} \equiv H_3X^+$$

$$\alpha_{X^{2-}} = \frac{[X^{2-}]}{[H_3X^+] + [H_2X] + [HX^-] + [X^{2-}]}$$

$$Cu^{2+} + 2X^{2-} \rightleftharpoons CuX_2^{2-} \qquad K = \beta_2 = 3.5 \times 10^{16}$$

0.120 M イミノ二酢酸を含み pH 7.00 に緩衝された溶液 25.0 mL を 0.050 0 M Cu^{2+} 溶液 25.0 mL で滴定した．pH 7.00 において $\alpha_{X^{2-}} = 4.6 \times 10^{-3}$ と仮定して，溶液中の $[Cu^{2+}]$ を計算せよ．

章末問題

EDTA

12-1. キレート効果とは何か？

12-2. $\alpha_{Y^{4-}}$ は何を意味するかを言葉で述べよ．(a) pH 3.50 および (b) pH 10.50 における EDTA の $\alpha_{Y^{4-}}$ を計算せよ．

12-3. (a) pH 9.00 における $Mg(EDTA)^{2-}$ の条件生成定数を求めよ．
(b) pH 9.00 の 0.050 M $Na_2[Mg(EDTA)]$ 溶液中の遊離 Mg^{2+} 濃度を求めよ．

12-4. 金属イオン緩衝液．水素イオン緩衝液と同じように，金属イオン緩衝液は溶液中で特定の金属イオン濃度を一定に保つ作用がある．酸 HA とその共役塩基 A^- の混合物は，式 $K_a = [A^-][H^+]/[HA]$ で定義されるように $[H^+]$ を保つ．CaY^{2-} と Y^{4-} の混合物は，式 $1/K'_f = [EDTA][Ca^{2+}]/[CaY^{2-}]$ によって支配され，Ca^{2+} 緩衝液として働く．pH 9.00 で $pCa^{2+} = 9.00$ の緩衝液 500 mL をつくるには，$Ca(NO_3)_2 \cdot 2H_2O$（式量 200.12）1.95 g と何グラムの $Na_2EDTA \cdot 2H_2O$（式量 372.23）を混合すればよいか？

12-5. 再沈殿による精製とおもな多塩基酸の化学種．地質学研究で SO_4^{2-} 中の酸素同位体を測定するため，SO_4^{2-} を過剰の Ba^{2+} で沈殿させた[22]．硝酸が存在すると，$BaSO_4$ 沈殿は NO_3^- により汚染される．$BaSO_4$ は，洗浄して硝酸がない状態で再び溶かし，再沈殿させて精製できる．精製するために，0.05 M DTPA（図 12-4）を含む 1 M NaOH 溶液 15 mL に $BaSO_4$ 30 mg を加え，70°C で激しく振とうしながら溶かした．この溶液が pH 3～4 になるまで 10 M 塩酸を1滴ずつ加えて $BaSO_4$ を再沈殿させ，混合物を1時間静置した．固体を遠心分離し，洗浄と遠心分離を2回繰り返し，液体を取り除き，イオン交換水に再懸濁させた．NO_3^-/SO_4^{2-} のモル比は，最初の沈殿では 0.25 であったが，溶解と再沈殿を2回繰り返したのちには 0.001 に低下した．pH 14 および pH 3 において，硫酸イオンおよび DTPA のおもな化学種は何か？

また，$BaSO_4$ が DTPA を含む 1 M NaOH 溶液に溶け，次に pH を 3～4 に下げたときに再沈殿する理由を説明せよ．

EDTA 滴定曲線

12-6. pH 9.00 に緩衝された 0.050 0 M M^{n+} 溶液 100.0 mL を 0.050 0 M EDTA 溶液で滴定した．
(a) 当量体積 V_e (mL) はいくらか？
(b) $V = \frac{1}{2}V_e$ のときの M^{n+} 濃度を計算せよ．
(c) pH 9.00 において，遊離 EDTA の Y^{4-} のかたちの分率 $(\alpha_{Y^{4-}})$ はいくらか？
(d) 錯体の生成定数 (K_f) は $10^{12.00}$ である．条件生成定数 $K'_f (= \alpha_{Y^{4-}}K_f)$ の値を計算せよ．
(e) $V = V_e$ のときの M^{n+} 濃度を計算せよ．
(f) $V = 1.100 V_e$ のときの M^{n+} 濃度はいくらか？

12-7. pH 6.00 において，0.020 26 M Co^{2+} 溶液 25.00 mL を 0.038 55 M EDTA 溶液で滴定する．以下の滴下体積における pCo^{2+} を計算せよ．
(a) 12.00 mL, (b) V_e, (c) 14.00 mL.

12-8. pH 8.00 に緩衝された条件で，0.020 0 M $MnSO_4$ 溶液 25.0 mL を 0.010 0 M EDTA で滴定するとしよう．以下

の体積の EDTA を加えたときの pMn^{2+} を計算せよ．またその滴定曲線を描け．

(a) 0 m (d) 49.0 mL (g) 50.1 mL
(b) 20.0 mL (e) 49.9 mL (h) 55.0 mL
(c) 40.0 mL (f) 50.0 mL (i) 60.0 mL

12-9. pH 10.00 において，0.02000 M EDTA 溶液 25.00 mL を 0.01000 M CaSO$_4$ 溶液で滴定する．問題 12-8 と同じ体積を滴下したときの pCa^{2+} を計算せよ．またその滴定曲線を描け．

12-10. 0.0100 M VOSO$_4$ 溶液 10.00 mL, 0.0100 M EDTA 溶液 9.90 mL, および pH 4.00 の緩衝液 10.0 mL を混ぜて調製した溶液中の [HY^{3-}] を計算せよ．

12-11. 🖥 EDTA による金属イオンの滴定．pH 5.00 において，1.00 mM M^{2+} (= Cd^{2+} または Cu^{2+}) 溶液 10.00 mL を 10.0 mM EDTA 溶液で滴定するときの滴定曲線を，式 12-11 を用いて計算せよ〔pM 対 EDTA の滴下体積 (mL)〕．二つの滴定曲線を一つのグラフにプロットせよ．

12-12. 🖥 EDTA 滴定に対する pH の影響．pH 5.00，6.00，7.00，8.00，および 9.00 において 1.00 mM Ca^{2+} 溶液 10.00 mL を 1.00 mM EDTA で滴定するときの滴定曲線を，式 12-11 を用いて計算せよ〔pCa^{2+} 対 EDTA の滴下体積 (mL)〕．すべての曲線を一つのグラフにプロットし，あなたのグラフと図 12-10 を比べよ．

12-13. 🖥 金属イオンによる EDTA の滴定．式 12-12 を用いて，練習問題 12-C の結果を再現せよ．

補助錯化剤

12-14. 補助錯化剤の目的を述べよ．またその使用例を挙げよ．

12-15. 付録 I によれば，Cu^{2+} は酢酸イオンと二種類の錯体をつくる．

$$Cu^{2+} + CH_3CO_2^- \rightleftharpoons Cu(CH_3CO_2)^+ \quad \beta_1 (= K_1)$$
$$Cu^{2+} + 2CH_3CO_2^- \rightleftharpoons Cu(CH_3CO_2)_2(aq) \quad \beta_2$$

(a) コラム 6-2 を参考にして，次の反応の K_2 を求めよ．

$$Cu(CH_3CO_2)^+ + CH_3CO_2^- \rightleftharpoons Cu(CH_3CO_2)_2(aq) \quad K_2$$

(b) 1.00×10^{-4} mol Cu(ClO$_4$)$_2$ と 0.100 mol CH$_3$CO$_2$Na を溶かした溶液 1.00 L について考える．式 12-16 を用いて，銅の Cu^{2+} のかたちの分率を求めよ．

12-16. pH 11.00, [NH$_3$] = 1.00 M に固定した条件で，0.00100 M Cu^{2+} 溶液 50.00 mL を 0.00100 M EDTA で滴定する．以下の滴下体積における pCu^{2+} を計算せよ．

(a) 0 mL (c) 45.00 mL (e) 55.00 mL
(b) 1.00 mL (d) 50.00 mL

12-17. 式 12-16 の分率 α_M の導出について考えよう．

(a) 以下の分率 α_{ML} および α_{ML_2} の式を導け．

$$\alpha_{ML} = \frac{\beta_1[L]}{1 + \beta_1[L] + \beta_2[L]^2} \quad \alpha_{ML_2} = \frac{\beta_2[L]^2}{1 + \beta_1[L] + \beta_2[L]^2}$$

(b) 章末問題 12-15 の条件で，α_{ML} および α_{ML_2} の値を計算せよ．

12-18. タンパク質と金属の結合のマイクロ平衡定数．鉄輸送タンパク質トランスフェリンは，区別できる二つの金属結合部位をもつ（a および b で表す）．各部位のマイクロ生成定数は，以下のように定義される．

$$\begin{array}{c} \text{Fe}_a\text{トランスフェリン} \\ k_{1a} \nearrow \qquad \searrow k_{2b} \\ \text{トランスフェリン} \qquad \qquad \text{Fe}_2\text{トランスフェリン} \\ k_{1b} \searrow \qquad \nearrow k_{2a} \\ \text{Fe}_b\text{トランスフェリン} \end{array}$$

たとえば，生成定数 k_{1a} は反応 Fe^{3+} + トランスフェリン $\rightleftharpoons$ Fe$_a$ トランスフェリンの平衡定数である．ここで，Fe$_a$ は部位 a に結合した Fe^{3+} を表す．

$$k_{1a} = \frac{[\text{Fe}_a\text{トランスフェリン}]}{[\text{Fe}^{3+}][\text{トランスフェリン}]}$$

(a) マクロ生成定数 K_1 および K_2 に対応する化学反応式を書け．

(b) $K_1 = k_{1a} + k_{1b}$ および $K_2^{-1} = k_{2a}^{-1} + k_{2b}^{-1}$ であることを示せ．

(c) $k_{1a}k_{2b} = k_{1b}k_{2a}$ であることを示せ．この式は，いずれか三つのマイクロ平衡定数がわかれば，四つめのマイクロ平衡定数が自動的にわかることを意味する．

(d) 冷静に考えよう．以下の平衡定数から，血しょう中の四つの化学種それぞれの平衡時の分率を求めよ．トランスフェリンは，鉄で 40% 飽和しているとする（すなわち Fe/トランスフェリン = 0.80．なぜならタンパク質 1 個が二つの Fe と結合するから）．

血しょう中の条件生成定数（pH 7.4）	
$k_{1a} = 6.0 \times 10^{22}$	$k_{2a} = 2.4 \times 10^{22}$
$k_{1b} = 1.0 \times 10^{22}$	$k_{2b} = 4.2 \times 10^{21}$
$K_1 = 7.0 \times 10^{22}$	$K_2 = 3.6 \times 10^{21}$

生成定数が大きいので，遊離 Fe^{3+} は無視できる．次の略語を使うことにしよう．[T] = [トランスフェリン]，[FeT] = [Fe$_a$T] + [Fe$_b$T]，[Fe$_2$T] = [Fe$_2$ トランスフェリン]．すると，次式が得られる．

タンパク質の物質収支：
$$[T] + [FeT] + [Fe_2T] = 1 \qquad (A)$$

鉄の物質収支：
$$\frac{[FeT] + 2[Fe_2T]}{[T] + [FeT] + [Fe_2T]} = [FeT] + 2[Fe_2T] = 0.8 \qquad (B)$$

平衡定数の式の組合せ：
$$\frac{K_1}{K_2} = 19.44 = \frac{[FeT]^2}{[T][Fe_2T]} \qquad (C)$$

未知数は三つ，式は三つあるので，この問題は解けるはずだ．

12-19. 補助錯化剤に関するスプレッドシートの式．補助錯化剤（たとえば，アンモニア）の存在下，金属 M の溶液（初濃度＝ C_M，初体積＝ V_M）を EDTA 標準液（濃度＝ C_{EDTA}，加えた体積＝ V_{EDTA}）で滴定するとしよう．12-4 節の導出に従って，滴定曲線を表す式が次の通りであることを示せ．

$$\Phi = \frac{C_{EDTA}V_{EDTA}}{C_M V_M} = \frac{1 + K_f''[M] - \dfrac{[M] + K_f''[M]^2}{C_M}}{K_f''[M] + \dfrac{[M] + K_f''[M]^2}{C_{EDTA}}}$$

ここで，K_f'' は条件生成定数（一定 pH，補助錯化剤の存在下での滴定，式 12-18），[M] は EDTA に結合していない金属の全濃度である．上の結果は，式 12-11 の K_f を K_f'' に置き換えたものである．

12-20. 補助錯化剤．問題 12-19 で導いた式を使う．
(a) 12-5 節の例題（アンモニア存在下の Zn^{2+} の EDTA 滴定）のスプレッドシートを作成し，滴下量 20, 50, 60 mL の点を計算せよ．
(b) pH 11.00，シュウ酸イオン濃度一定（0.100 M）の条件で，5.00 mM Ni^{2+} 溶液 50.00 mL を 10.0 mM EDTA 溶液で滴定するときの滴定曲線を，上で作成したスプレッドシートを用いてプロットせよ．

12-21. 錯体 ML および ML_2 の生成に関するスプレッドシートの式．金属 M の溶液（初濃度＝ C_M，初体積＝ V_M）を配位子 L の溶液（濃度＝ C_L，滴下体積＝ V_L）で滴定すると，1：1 錯体と 2：1 錯体が生成するとしよう．

$$M + L \rightleftharpoons ML \qquad \beta_1 = \frac{[ML]}{[M][L]}$$

$$M + 2L \rightleftharpoons ML_2 \qquad \beta_2 = \frac{[ML_2]}{[M][L]^2}$$

金属 M のかたちの分率を α_M，ML のかたちの分率を α_{ML}，ML_2 のかたちの分率を α_{ML_2} とおく．12-5 節の導出に従うと，これらの分率は以下の式で与えられる．

$$\alpha_M = \frac{1}{1 + \beta_1[L] + \beta_2[L]^2} \qquad \alpha_{ML} = \frac{\beta_1[L]}{1 + \beta_1[L] + \beta_2[L]^2}$$

$$\alpha_{ML_2} = \frac{\beta_2[L]^2}{1 + \beta_1[L] + \beta_2[L]^2}$$

ML および ML_2 の濃度は，次の通りである．

$$[ML] = \alpha_{ML}\frac{C_M V_M}{V_M + V_L} \qquad [ML_2] = \alpha_{ML_2}\frac{C_M V_M}{V_M + V_L}$$

なぜなら，$C_M V_M/(V_M + V_L)$ は溶液中の金属の全濃度であるからだ．配位子の物質収支は，次の通りである．

$$[L] + [ML] + 2[ML_2] = \frac{C_L V_L}{V_M + V_L}$$

物質収支の式に [ML] および $[ML_2]$ の式を代入して，この滴定曲線が次式で表されることを示せ．

$$\Phi = \frac{C_L V_L}{C_M V_M} = \frac{\alpha_{ML} + 2\alpha_{ML_2}([L]/C_M)}{1 - ([L]/C_L)}$$

12-22. M を L で滴定して ML と ML_2 が生成する場合．問題 12-21 の式を用いる．M は Cu^{2+}，L は酢酸とする．pH 7.00 において，0.0500 M Cu^{2+} 溶液 10.00 mL を 0.500 M 酢酸で滴定する（したがって，すべての配位子が CH_3CO_2H ではなく，$CH_3CO_2^-$ として存在する）．$Cu(CH_3CO_2)^+$ および $Cu(CH_3CO_2)_2$ の生成定数は，付録 I に示されている．入力が pL，出力が [L]，V_L，[M]，[ML]，$[ML_2]$ であるスプレッドシートを作成せよ．V_L の範囲 0〜3 mL に対して，L，M，ML，ML_2 の濃度をプロットしたグラフをつくれ．

金属指示薬

12-23. 反応 12-19 において，赤色から青色への変化が滴定全体を通して徐々に起こらずに，当量点で急に起こる理由を説明せよ．

12-24. EDTA 滴定の終点を決定するための四つの方法を挙げよ．

12-25. 指示薬としてカルマガイト（表 12-3）を用いて，pH 11 においてカルシウムイオンを EDTA で滴定した．pH 11 において，カルマガイトのおもな化学種はどれか？ 当量点以前には何色が観察されるか？ 当量点以降はどうか？

12-26. ピロカテコールバイオレット（表 12-3）を EDTA 滴定の金属指示薬に用いる．操作は，以下の通りである．
1．未知の金属イオンに過剰既知量の EDTA を加える．
2．適切な緩衝液で pH を調整する．
3．過剰のキレートを Al^{3+} 標準液で逆滴定する．
以下の pH 範囲の緩衝液のなかから最もよい緩衝液を選び，終点でどのような色の変化が観察されるかを述べよ．また，その理由を説明せよ．
（i）pH 6〜7　（ii）pH 7〜8　（iii）pH 8〜9
（iv）pH 9〜10

EDTA 滴定における技術

12-27. EDTA 逆滴定が必要になる状況を三つ挙げよ．

12-28. 置換滴定では何が起こるのかを説明し，その例を挙げよ．

12-29. マスキング剤の使用例を挙げよ．

12-30. 水の硬度は，何を意味するか？ 一時硬度と永久硬度の違いを説明せよ．

12-31. 0.0100 M Ca^{2+} 溶液 50.0 mL を滴定するのに 0.0500 M EDTA 溶液が何 mL 必要か？ 0.0100 M Al^{3+} 溶液

50.0 mL の滴定ではどうか？

12-32. Ni^{2+} を含む試料 50.0 mL に 0.0500 M EDTA 溶液 25.0 mL を加えたところ，すべての Ni^{2+} が錯体をつくり，過剰の EDTA が溶液に残った．次に，過剰の EDTA を逆滴定すると，0.0500 M Zn^{2+} 溶液が 5.00 mL だけ必要であった．試料の Ni^{2+} 濃度はいくらか？

12-33. 0.450 g の $MgSO_4$（式量 120.37）を含む溶液 0.500 L から 50.0 mL をとり，EDTA 溶液で滴定すると 37.6 mL を要した．この EDTA 溶液 1.00 mL と化学量論的に反応する $CaCO_3$（式量 100.09）は何 mg か？

12-34. シアン化物イオンを含む試料溶液（12.73 mL）に Ni^{2+} 溶液 25.00 mL を加え（Ni^{2+} が過剰），シアン化物イオンをテトラシアノニッケル（II）酸イオンに変換した．

$$4CN^- + Ni^{2+} \longrightarrow Ni(CN)_4^{2-}$$

次に，過剰の Ni^{2+} を 0.01307 M EDTA 溶液 10.15 mL で滴定した．$Ni(CN)_4^{2-}$ は，EDTA と反応しない．元の Ni^{2+} 溶液 30.10 mL の滴定にはこの EDTA 溶液が 39.35 mL 必要であったと仮定して，試料中の CN^- の容量モル濃度を計算せよ．

12-35. Co^{2+} と Ni^{2+} を含む未知試料 1.000 mL に 0.03872 M EDTA 溶液 25.00 mL を加えた．pH 5 で 0.02127 M Zn^{2+} 溶液を用いて逆滴定したところ，キシレノールオレンジの終点に達するのに 23.54 mL が必要であった．同じ未知試料の 2.000 mL をイオン交換樹脂カラムに流すと，Ni^{2+} の後に Co^{2+} が溶出した．カラムから溶出した Ni^{2+} 溶液に 0.03872 M EDTA 溶液 25.00 mL を加えたところ，逆滴定に 0.02127 M Zn^{2+} 溶液が 25.63 mL だけ必要であった．Co^{2+} 溶液は，遅れてカラムから出てきた．この Co^{2+} 溶液にも 0.03872 M EDTA 溶液 25.00 mL を加えた．逆滴定に 0.02127 M Zn^{2+} 溶液が何 mL 必要か？

12-36. Ni^{2+} と Zn^{2+} を含む溶液 50.0 mL に 0.0452 M EDTA 溶液 25.0 mL を加え，すべての金属を錯生成させた．過剰な未反応の EDTA を完全に反応させるのに，0.0123 M Mg^{2+} 溶液が 12.4 mL だけ必要であった．次に，この溶液に試薬 2,3-ジメルカプト-1-プロパノールを過剰に加え，亜鉛錯体から EDTA を除いた．遊離した EDTA との反応に Mg^{2+} 溶液がさらに 29.2 mL だけ必要であった．元の溶液の Ni^{2+} と Zn^{2+} の容量モル濃度を計算せよ．

12-37. EDTA を用いる間接滴定で硫化物イオンを測定した．0.04332 M $Cu(ClO_4)_2$ 溶液 25.00 mL と 1 M 酢酸塩緩衝液（pH 4.5）15 mL を混ぜた溶液に，激しく撹拌しながら硫化物イオンを含む未知試料 25.00 mL を加えた．CuS の沈殿をろ過して，湯で洗った．$Cu(NH_3)_4^{2+}$ の青色が観察されるまで，ろ液（過剰の Cu^{2+} を含む）にアンモニアを加えた．ろ液を 0.03927 M EDTA 溶液で滴定したところ，ムレキシドの終点に達するのに 12.11 mL を要した．未知試料中の硫化物イオンの容量モル濃度を計算せよ．

12-38. EDTA を用いるセシウムの間接滴定．セシウムイオンは EDTA と安定な錯体をつくらないが，過剰既知量の $NaBiI_4$ と過剰の NaI を含む高濃度の冷酢酸を加えることで分析できる．$Cs_3Bi_2I_9$ を沈殿させ，ろ過して取り除く．次に，黄色の過剰の BiI_4^- を EDTA で滴定する．終点は，黄色が消えるところである（遊離した I^- が空気中の O_2 で酸化されて黄色の I_2 にならないように，溶液にチオ硫酸ナトリウムを加える）．沈殿は，Cs^+ に対してかなり選択的である．Li^+，Na^+，K^+，および低濃度の Rb^+ は干渉しないが，Tl^+ は干渉する．Cs^+ を含む未知試料 25.00 mL を 0.08640 M $NaBiI_4$ 溶液 25.00 mL で処理し，未反応の BiI_4^- を完全に滴定するのに 0.0437 M EDTA 溶液が 14.24 mL だけ必要であった．未知試料中の Cs^+ 濃度を求めよ．

12-39. 酸に容易に溶けない不溶性硫化物中の硫黄含量は，以下の方法で測定できる．最初に硫化物を Br_2 で SO_4^{2-} に酸する[23]．次に，試料をイオン交換樹脂カラムに通して金属イオンを H^+ に置換し，硫酸イオンを過剰既知量の $BaCl_2$ で $BaSO_4$ として沈殿させる．過剰の Ba^{2+} を EDTA で滴定する（指示薬の終点を明確にするために，既知量の Zn^{2+} も少量加える．Ba^{2+} と Zn^{2+} の両方を EDTA で滴定する）．過剰の Ba^{2+} 量がわかれば，元の物質に含まれた硫黄の量を計算できる．閃亜鉛鉱（ZnS，式量 97.46）を分析するために，粉末試料 5.89 mg をとり，Br_2 1.5 mmol を含む H_2O と CCl_4 の混合物に懸濁させた．20℃で 1 時間，50℃で 2 時間反応させると，粉末は溶解した．これを加熱して，溶媒と過剰の Br_2 を除去した．残留物を水 3 mL に溶かし，Zn^{2+} を H^+ で置換するためにイオン交換樹脂カラムに通した．次に，0.01463 M $BaCl_2$ 溶液 5.000 mL を加えて，すべての硫酸イオンを $BaSO_4$ として沈殿させた．0.01000 M $ZnCl_2$ 溶液 1.000 mL と pH 10 アンモニア緩衝液 3 mL を加えた後，過剰の Ba^{2+} と Zn^{2+} をカルマガイトの終点まで滴定するのに必要な 0.00963 M EDTA 溶液は 2.39 mL であった．閃亜鉛鉱中の硫黄含量を重量百分率で求めよ．また，理論値はいくらか？

13 平衡の発展的トピックス
Advanced Topics in Equilibrium

酸性雨

ロンドンのセント・ポール大聖堂．[© Kamira/Shutterstock.]

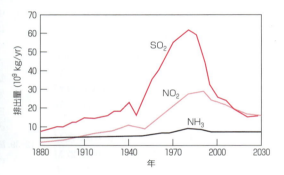

欧州のガス排出量の推定値．[データ出典：R. F. Wright, T. Larssen et al., *Environ. Sci. Technol.*, **39**, 64A (2005).]

建材に用いられる石灰石や大理石の主成分は，方解石（炭酸カルシウムの一般的な結晶形）である．この鉱物は，中性または塩基性の溶液にはあまり溶けない（$K_{sp} = 4.5 \times 10^{-9}$）．しかし，共通する化学種（この場合は炭酸イオン）が含まれる二つの**連結平衡** (coupled equilibria) によって，この鉱物は酸に溶ける．

$$CaCO_3(s) \rightleftharpoons Ca^{2+} + CO_3^{2-}$$
方解石　　　　　　　炭酸イオン

$$CO_3^{2-} + H^+ \rightleftharpoons HCO_3^-$$
　　　　　　　　炭酸水素イオン

炭酸イオンは1番目の反応で生じ，2番目の反応で炭酸水素イオンになる．ルシャトリエの原理によって，1番目の反応の生成物を取り除くと，反応は右向きに進み，方解石がさらに溶ける．本章では，このような化学系の連結平衡を扱う．

1980年から1990年に，ロンドンのセント・ポール大聖堂では，酸性雨のために石の外壁が厚さ 0.5 mm だけ溶けた．発電所に面していた建物の角は，発電所が閉鎖されるまで，建物の他の部分の 10 倍の速度で溶けた．石炭を燃やす発電所やその他の産業は，SO_2 を排出する．これが酸性雨のおもな原因である（コラム 15-1）．重工業の衰退と法律による排出制限の結果，大気中の SO_2 濃度は 1970 年代の 100 ppb から 2000 年の 10 ppb まで減少した．セント・ポール大聖堂で 1990 年から 2000 年に失われた石の外壁は，厚さ 0.25 mm であった[1]．

本章は，選択課題である．多くの同時平衡を含む系で，化学種の濃度を計算する方法について説明する[2]．最も重要な方法は，8章の平衡の系統的解析法を Excel の数値解法で行うものである．本書の内容は，これ以降の章ではとくに必要ではない．

13-1 酸・塩基系の一般解法

まず，酸と塩基の混合物に含まれる化学種の濃度を求める一般解法を説明しよう．酒石酸ナトリウム（Na^+HT^-）20.0 mmol，塩化ピリジニウム（PyH^+Cl^-）15.0 mmol，KOH 10.0 mmol を水 1.00 L に溶かしてつくった溶液について考えてみよう．溶液の pH とすべての化学種の濃度を求めるのが課題である．

> 本章の平衡問題の取り扱いの一部は，レッドランズ大学の Julian Roberts の方法に基づいている．

D-酒石酸
H_2T
pK_1=3.036, pK_2=4.366

塩化ピリジニウム
PyH^+Cl^-
pK_a=5.20

> この例では，H_2T の二つの酸解離定数を K_1 および K_2 と表す．また，PyH^+ の酸解離定数を K_a と表す．

イオン強度ゼロにおける化学反応と平衡定数は，次の通りである．

$$H_2T \rightleftharpoons HT^- + H^+ \qquad K_1 = 10^{-3.036} \tag{13-1}$$

$$HT^- \rightleftharpoons T^{2-} + H^+ \qquad K_2 = 10^{-4.366} \tag{13-2}$$

$$PyH^+ \rightleftharpoons Py + H^+ \qquad K_a = 10^{-5.20} \tag{13-3}$$

$$H_2O \rightleftharpoons H^+ + OH^- \qquad K_w = 10^{-14.00} \tag{13-4}$$

電荷均衡の式は，

$$[H^+] + [PyH^+] + [Na^+] + [K^+]$$
$$= [OH^-] + [HT^-] + 2[T^{2-}] + [Cl^-] \tag{13-5}$$

> イオンの電荷が -2 なので，$[T^{2-}]$ に係数 2 を掛ける．1 M T^{2-} は，2 M の電荷を与える．

である．物質収支の式は五つある．

$$[Na^+] = 0.0200\,M \quad [K^+] = 0.0100\,M \quad [Cl^-] = 0.0150\,M$$
$$[H_2T] + [HT^-] + [T^{2-}] = 0.0200\,M \quad [PyH^+] + [Py] = 0.0150\,M$$

独立した式が 10 個，化学種が 10 個であるので，すべての濃度を求めるのに十分な情報がある．

この問題を解くには一般解法があり，数学の離れわざは必要ない．

> 「独立の」式は，他の式から誘導されない．明らかな例として，式 $a = b + c$ と $2a = 2b + 2c$ は独立でない．弱酸とその共役塩基の三つの平衡定数 K_a, K_b, K_w が与える独立の式は，二つだけである．なぜなら，K_b は K_a と K_w から導かれるからだ（$K_b = K_w/K_a$）．

ステップ 1 電荷均衡の式に現れる酸と塩基のそれぞれについて，10-5 節の<u>分率の式</u>を書く．

ステップ 2 電荷均衡の式に分率の式を代入して，既知の $[Na^+]$，$[K^+]$，$[Cl^-]$ の値を入れる．また，$[OH^-] = K_w/[H^+]$ の式を書く．この時点で，変数が $[H^+]$ だけの複雑な式が得られる．

ステップ 3 便利なスプレッドシートを使って，$[H^+]$ について解く．

以下に，10-5 節で述べた<u>あらゆる</u>一塩基酸 HA と<u>あらゆる</u>二塩基酸 H_2A にあてはまる分率の式をまとめる．

一塩基酸：$$[HA] = \alpha_{HA} F_{HA} = \frac{[H^+] F_{HA}}{[H^+] + K_a} \tag{13-6a}$$

$$[A^-] = \alpha_{A^-} F_{HA} = \frac{K_a F_{HA}}{[H^+] + K_a} \tag{13-6b}$$

> $F_{HA} = [HA] + [A^-]$

$F_{H_2A} = [H_2A] + [HA^-] + [A^{2-}]$

二塩基酸： $[H_2A] = \alpha_{H_2A} F_{H_2A} = \dfrac{[H^+]^2 F_{H_2A}}{[H^+]^2 + [H^+]K_1 + K_1 K_2}$ (13-7a)

$[HA^-] = \alpha_{HA^-} F_{H_2A} = \dfrac{K_1[H^+] F_{H_2A}}{[H^+]^2 + [H^+]K_1 + K_1 K_2}$ (13-7b)

H_3A の分率の式は，表11-5に与えられている．

$[A^{2-}] = \alpha_{A^{2-}} F_{H_2A} = \dfrac{K_1 K_2 F_{H_2A}}{[H^+]^2 + [H^+]K_1 + K_1 K_2}$ (13-7c)

それぞれの式において，α_i は各化学種の分率である．たとえば，$\alpha_{A^{2-}}$ は二塩基酸の A^{2-} 形の分率である．$\alpha_{A^{2-}}$ と F_{H_2A}（H_2A の全濃度または式量濃度）の積は，A^{2-} の濃度を与える．

一般解法の利用

0.0200 M 酒石酸ナトリウム（Na^+HT^-）溶液，0.0150 M 塩化ピリジニウム（PyH^+Cl^-）溶液，0.0100 M KOH 溶液の混合物に一般解法をあてはめてみよう．式量濃度を $F_{H_2T} = 0.0200\,M$，$F_{PyH^+} = 0.0150\,M$ とおく．

ステップ 1 電荷均衡の式に現れる酸と塩基のそれぞれについて<u>分率の式</u>を書く．

$[PyH^+] = \alpha_{PyH^+} F_{PyH^+} = \dfrac{[H^+] F_{PyH^+}}{[H^+] + K_a}$ (13-8)

$[HT^-] = \alpha_{HT^-} F_{H_2T} = \dfrac{K_1[H^+] F_{H_2T}}{[H^+]^2 + [H^+]K_1 + K_1 K_2}$ (13-9)

$[T^{2-}] = \alpha_{T^{2-}} F_{H_2T} = \dfrac{K_1 K_2 F_{H_2T}}{[H^+]^2 + [H^+]K_1 + K_1 K_2}$ (13-10)

これらの式の右辺の量は，$[H^+]$ を除いてすべて既知である．

ステップ 2 電荷均衡の式 13-5 に分率の式を代入する．$[Na^+]$，$[K^+]$，$[Cl^-]$ の値を入れ，$[OH^-] = K_w/[H^+]$ を代入する．

$[H^+] + [PyH^+] + [Na^+] + [K^+]$
$\quad = [OH^-] + [HT^-] + 2[T^{2-}] + [Cl^-]$ (13-5)

$[H^+] + \alpha_{PyH^+} F_{PyH^+} + (0.0200) + (0.0100)$
$\quad = \dfrac{K_w}{[H^+]} + \alpha_{HT^-} F_{H_2T} + 2\alpha_{T^{2-}} F_{H_2T} + (0.0150)$ (13-11)

K_a, K_1, K_2, $[H^+]$ は，α の式に含まれている．式 13-11 の変数は，$[H^+]$ のみである．

ステップ 3 図 13-1 のスプレッドシートを用いて，式 13-11 を $[H^+]$ について解く．

図 13-1 の，赤色で示されたセルに値を入力する．その他のセルは，すべてスプレッドシート上で計算される．F_{H_2T}, pK_1, pK_2, F_{PyH^+}, pK_a, $[K^+]$ の値は，問題に与えられている．セル H13 の pH の初期値は，<u>推定値</u>である．Excel のソルバーを用いて，セル E15 の正味の電荷がゼロになるまで pH を変化させる．化学種の式または数値は，セル B10：B13 および E10：E13 に入力

<u>重要なステップ</u>：$[H^+]$ の値を<u>推定する</u>．Excel のソルバーを使って，電荷均衡の式が満たされるまで $[H^+]$ を変化させる．

13-1 酸・塩基系の一般解法

	A	B	C	D	E	F	G	H
1	0.020 M Na$^+$HT$^-$, 0.015 M PyH$^+$Cl$^-$, 0.010 M KOHの混合物							
2								
3	F_{H2T} =	0.020		F_{PyH++} =	0.015		[K$^+$] =	0.010
4	pK_1 =	3.036		pK_a =	5.20		K_w =	1.00E-14
5	pK_2 =	4.366		K_a =	6.31E-06			
6	K_1 =	9.20E-04						
7	K_2 =	4.31E-05						
8								
9	電荷均衡の式の化学種:					その他の濃度:		
10	[H$^+$] =	1.00E-06		[OH$^-$] =	1.00E-08		[H$_2$T] =	4.93E-07
11	[PyH$^+$] =	2.05E-03		[HT$^-$] =	4.54E-04		[Py] =	1.29E-02
12	[Na$^+$] =	0.020		[T^{2-}] =	1.95E-02			
13	[K$^+$] =	0.010		[Cl$^-$] =	0.015		pH =	6.000 ←初期値は推定値
14								
15	正の電荷−負の電荷 =				−2.25E−02 ←この値を0にするようソルバーでセルH13のpHを変化させる			
16					E15 = B10+B11+B12+B13−E10−E11−2*E12−E13			
17	確認:[PyH$^+$] + [Py] =			0.01500	(= B11+H11)			
18	確認:[H$_2$T] + [HT$^-$] + [T^{2-}] =			0.02000	(= H10+E11+E12)			
19								
20	式:							
21	B6 = 10^−B4		B7 = 10^−B5		E5 = 10^−E4		E10 = H4/B10	
22	B10 = 10^−H13		B12 = B3		B13 = H3		E13 = E3	
23	E11 = B6*B10*B3/(B10^2+B10*B6+B6*B7)						B11 = B10*E3/(B10+E5)	
24	E12 = B6*B7*B3/(B10^2+B10*B6+B6*B7)						H11 = E5*E3/(B10+E5)	
25	H10 = B10^2*B3/(B10^2+B10*B6+B6*B7)							

図 13-1 酸・塩基混合物の一般解法のスプレッドシート.ソルバーを使って,セル E15 の電荷均衡の式を満たす pH の値(セル H13)を求める.各化学種の式に間違いがないか確認するために,セル D17 の和 [PyH$^+$] + [Py] とセル D18 の和 [H$_2$T] + [HT$^-$] + [T^{2-}] を計算しよう.これらの和は,pH とは無関係である.

する.セル B10 の [H$^+$] は,セル H13 の pH の推定値から計算される.セル B11 の [PyH$^+$] は,式 13-8 を用いて計算される.[Na$^+$],[K$^+$],[Cl$^-$] のセルには既知の値を入力する.[OH$^-$] は,K_w/[H$^+$] から計算される.セル E11 の [HT$^-$] とセル E12 の [T^{2-}] は式 13-9 と式 13-10 で計算される.

電荷の和 [H$^+$] + [PyH$^+$] + [Na$^+$] + [K$^+$] − [OH$^-$] − [HT$^-$] − 2[T^{2-}] − [Cl$^-$] は,セル E15 で計算される.セル H13 で pH を正確に推定すれば,電荷の和はゼロになるだろう.だが図 13-1 の状態では,和は -2.25×10^{-2} M である.Excel のソルバーを使い,セル E15 の電荷の和がゼロになるまでセル H13 の pH を変化させよう.

Excel のソルバーの使用

Windows 版の Excel 2010 では,スプレッドシートの[データ]リボンから[分析]を選び,[ソルバー]をクリックする(Mac 版の Excel では[ツール]メニューにある).[ソルバーのパラメーター]ウィンドウ(図 8-10a 参照)で,[オプション]をクリックする.次に[オプション設定](図 8-10b 参照)で,[すべての方法]のタブを選ぶ.[制約条件の精度]= 1E − 15,[自動サイズ調整を使用する],[最大時間]= 100 秒,[反復回数]= 200 と設定し,OK をクリックする.

続いて,[ソルバーのパラメーター]ウィンドウ(図 8-10a 参照)で,[目的セルの設定]を E15,[目標値]を 0,[変化させるセル]を H13 にする.[実行]をクリックすると,セル E15 の正味の電荷がゼロになるまで,ソルバーがセル H13 の pH を変化させる.ソルバーを実行したのちの濃度は,以下のようになるだろう.

8-5 節の平衡の問題で,私たちは電荷均衡と物質収支の式の両方が最小になるようにした.13-1 節では,物質収支を用いて分率の式 13-8 から式 13-10 を導いた.したがって,スプレッドシートを用いて電荷均衡の式だけを最小にすればよい.

	A	B	C	D	E	F	G	H
9	電荷平衡の式の化学種:						その他の濃度:	
10	[H⁺] =	5.04E−05		[OH⁻] =	1.99E−10		[H₂T] =	5.73E−04
11	[PyH⁺] =	1.33E−02		[HT⁻] =	1.05E−02		[Py] =	1.67E−03
12	[Na⁺] =	0.020		[T²⁻] =	8.95E−03			
13	[K⁺] =	0.010		[Cl⁻] =	0.015		pH =	4.298
14								
15	正の電荷−負の電荷 =				0.00E+000			

イオン対生成の複雑さ

私たちは複雑な問題を扱うことのできる新たな力を得たが,あまり自信過剰になってはいけない.なぜなら,私たちは現実を単純化しすぎているからだ.たとえば,活量係数を議論に含めなかった.これはふつう答えのpHの小数第1位に影響する.13-2節では,活量係数を含めて議論する.

活量係数を含めたとしても,私たちは未知の化学によって常に制約される.酒石酸水素ナトリウム(Na^+HT^-),塩化ピリジニウム(PyH^+Cl^-),KOHの混合物では,いくつかのイオン対平衡が起こる可能性がある.

平衡定数は,A. E. Martell et al., *NIST Standard Reference Database 46*, Version 6.0, 2001 による.

$$Na^+ + T^{2-} \rightleftharpoons NaT^- \qquad K_{NaT^-} = \frac{[NaT^-]}{[Na^+][T^{2-}]} = 8 \qquad (13\text{-}12)$$

$$Na^+ + HT^- \rightleftharpoons NaHT \qquad K_{NaHT} = \frac{[NaHT]}{[Na^+][HT^-]} = 1.6 \qquad (13\text{-}13)$$

$$Na^+ + Py \rightleftharpoons PyNa^+ \qquad K_{PyNa^+} = 1.0 \qquad (13\text{-}14)$$

$$K^+ + T^{2-} \rightleftharpoons KT^- \qquad K_{KT^-} = 3$$

$$K^+ + HT^- \rightleftharpoons KHT \qquad K_{KHT} = ?$$

$$PyH^+ + Cl^- \rightleftharpoons PyH^+Cl^- \qquad K_{PyHCl} = ?$$

$$PyH^+ + T^{2-} \rightleftharpoons PyHT^- \qquad K_{PyHT^-} = ?$$

イオン強度ゼロにおける二つの平衡定数を上に示した.その他の平衡定数の値は入手できないが,その反応が起こらないと考える根拠はない.

さて,スプレッドシートにどのようにイオン対生成を加えたらよいだろうか? 簡単のため,反応13-12と反応13-13のみを加える方法を概説する.これらの反応を含めると,ナトリウムの物質収支の式は,

$$[Na^+] + [NaT^-] + [NaHT] = F_{Na} = F_{H_2T} = 0.020\,0\ M \qquad (13\text{-}15)$$

である.イオン対平衡から,$[NaT^-] = K_{NaT^-}[Na^+][T^{2-}]$,$[NaHT] = K_{NaHT}[Na^+][HT^-]$と書ける.これらをナトリウムの物質収支の式の$[NaT^-]$と$[NaHT]$に代入すると,$[Na^+]$の式が得られる.

$$[Na^+] = \frac{F_{H_2T}}{1 + K_{NaT^-}[T^{2-}] + K_{NaHT}[HT^-]} \qquad (13\text{-}16)$$

イオン対を考えるときにやっかいなのは,$[H_2T]$,$[HT^-]$,$[T^{2-}]$の分率の式も変わることである.なぜならH_2Tの物質収支の式に含まれる化学種は,いまや三つではなく五つであるからだ.

$$F_{H_2T} = [H_2T] + [HT^-] + [T^{2-}] + [NaT^-] + [NaHT] \qquad (13\text{-}17)$$

物質収支の式 13-17 を用いて，式 13-9 および式 13-10 に似た新しい式を導かなければならない．

新しい分率の式は複雑なので，この課題は章末問題 13-17 のためにとっておこう．最後の結果では，イオン対平衡の式 13-12 と式 13-13 によって，pH の計算値は 4.30 から 4.26 に変わる．この変化は大きくないので，平衡定数が小さいイオン対を無視しても重大な誤差は生じないといえる．この場合，ナトリウムの 7% がイオン対を生成していることがわかる．<u>溶液中で化学種がどのように分布するかを計算できるかどうかは，関連する平衡についての知識によって制限される．</u>

13-2 活量係数

ある系のすべての反応と平衡定数を知っていたとしても，活量係数なしに濃度を正確に計算することはできない．8 章では，拡張デバイ-ヒュッケル式 8-6 について述べた．この式には，表 8-1 に示したイオンサイズパラメータを用いる．しかし，興味のある多くのイオンは表 8-1 に掲載されておらず，そのイオンサイズはわからない．8-5 節では表にないイオンサイズを推定した．ここでは<u>デービスの式</u>（Davies equation）を導入する．この式にはイオンサイズパラメータは必要ない（ただし，イオンサイズを推定するよりも正確な活量係数が得られるというわけではない）．

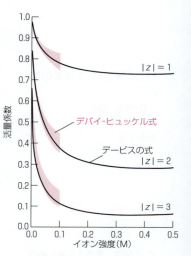

図 13-2 拡張デバイ-ヒュッケル式およびデービスの式による活量係数．影をつけた部分は，表 8-1 に記したイオンサイズの範囲に対するデバイ-ヒュッケル式の活量係数を表す．

$$\text{デービスの式：} \quad \log \gamma = -0.51 z^2 \left(\frac{\sqrt{\mu}}{1+\sqrt{\mu}} - 0.3\mu \right) \quad (25\,°\text{C}) \tag{13-18}$$

ここで，γ はイオン強度 μ における電荷 z のイオンの活量係数である．式 13-18 は，イオン強度が最大 $\mu \approx 0.5\,\text{M}$ まで使える（図 13-2）．最高の正確さを得るためには，ピッツァーの式を使ったほうがよい（8 章，参考文献 8）．

$0.0250\,m\ \text{KH}_2\text{PO}_4$ と $0.0250\,m\ \text{Na}_2\text{HPO}_4$ を含む一次標準緩衝液について考えてみよう．この溶液の pH は，25 ℃ で 6.865 ± 0.006 である[3]．濃度の単位 m は質量モル濃度（molality）であり，溶媒 1 kg あたりの溶質のモル数を意味する．化学的な測定を正確に行うには，濃度を容量モル濃度ではなく質量モル濃度で表す．質量モル濃度は温度に依存しないからだ．質量モル濃度と容量モル濃度の差は，希薄溶液において約 0.3% である．ふつうは平衡定数の不確かさの方が大きいので，この差は問題とならない．

0.5 wt% K_2HPO_4 溶液の<u>容量モル濃度</u>は $0.02813\,\text{mol/L}$，<u>質量モル濃度</u>は $0.02820\,\text{mol/kg}$ であり，その差は 0.25% である．

$\mu = 0$，25 ℃ において，H_3PO_4 の酸塩基平衡定数は次の通りである．

$$\text{H}_3\text{PO}_4 \rightleftharpoons \text{H}_2\text{PO}_4^- + \text{H}^+ \qquad K_1 = \frac{[\text{H}_2\text{PO}_4^-]\,\gamma_{\text{H}_2\text{PO}_4^-}[\text{H}^+]\,\gamma_{\text{H}^+}}{[\text{H}_3\text{PO}_4]\,\gamma_{\text{H}_3\text{PO}_4}} = 10^{-2.148} \tag{13-19}$$

$$\text{H}_2\text{PO}_4^- \rightleftharpoons \text{HPO}_4^{2-} + \text{H}^+ \qquad K_2 = \frac{[\text{HPO}_4^{2-}]\,\gamma_{\text{HPO}_4^{2-}}[\text{H}^+]\,\gamma_{\text{H}^+}}{[\text{H}_2\text{PO}_4^-]\,\gamma_{\text{H}_2\text{PO}_4^-}} = 10^{-7.198} \tag{13-20}$$

$$\mathrm{HPO_4^{2-}} \rightleftharpoons \mathrm{PO_4^{3-}} + \mathrm{H^+} \qquad K_3 = \frac{[\mathrm{PO_4^{3-}}]\gamma_{\mathrm{PO_4^{3-}}}[\mathrm{H^+}]\gamma_{\mathrm{H^+}}}{[\mathrm{HPO_4^{2-}}]\gamma_{\mathrm{HPO_4^{2-}}}} = 10^{-12.375} \tag{13-21}$$

これらの平衡定数は，いくつかの低イオン強度で測定した濃度商をイオン強度ゼロに外挿して求められた．

$\mu \neq 0$ のあるイオン強度における条件平衡定数 K' は，活量係数を取り入れた以下の式で表される．

K'_2 は，あるイオン強度での濃度商

$$\frac{[\mathrm{HPO_4^{2-}}][\mathrm{H^+}]}{[\mathrm{H_2PO_4^-}]}$$

を与える．

$$K'_1 = K_1\left(\frac{\gamma_{\mathrm{H_3PO_4}}}{\gamma_{\mathrm{H_2PO_4^-}}\gamma_{\mathrm{H^+}}}\right) = \frac{[\mathrm{H_2PO_4^-}][\mathrm{H^+}]}{[\mathrm{H_3PO_4}]} \tag{13-22}$$

$$K'_2 = K_2\left(\frac{\gamma_{\mathrm{H_2PO_4^-}}}{\gamma_{\mathrm{HPO_4^{2-}}}\gamma_{\mathrm{H^+}}}\right) = \frac{[\mathrm{HPO_4^{2-}}][\mathrm{H^+}]}{[\mathrm{H_2PO_4^-}]} \tag{13-23}$$

$$K'_3 = K_3\left(\frac{\gamma_{\mathrm{HPO_4^{2-}}}}{\gamma_{\mathrm{PO_4^{3-}}}\gamma_{\mathrm{H^+}}}\right) = \frac{[\mathrm{PO_4^{3-}}][\mathrm{H^+}]}{[\mathrm{HPO_4^{2-}}]} \tag{13-24}$$

イオン性の化学種については，デービスの式 13-18 を用いて活量係数を計算する．中性の化学種 $\mathrm{H_3PO_4}$ については，$\gamma \approx 1.00$ と仮定する．

ここで，水の解離の式を思いだそう．

K_w の値は，表 6-1 にまとめた．

$$\mathrm{H_2O} \rightleftharpoons \mathrm{H^+} + \mathrm{OH^-} \qquad K_\mathrm{w} = [\mathrm{H^+}]\gamma_{\mathrm{H^+}}[\mathrm{OH^-}]\gamma_{\mathrm{OH^-}} = 10^{-13.995}$$

$$K'_\mathrm{w} = \frac{K_\mathrm{w}}{\gamma_{\mathrm{H^+}}\gamma_{\mathrm{OH^-}}} = [\mathrm{H^+}][\mathrm{OH^-}] \Rightarrow [\mathrm{OH^-}] = K'_\mathrm{w}/[\mathrm{H^+}] \tag{13-25}$$

$$\mathrm{pH} = -\log([\mathrm{H^+}]\gamma_{\mathrm{H^+}}) \tag{13-26}$$

では，$0.0250\,m\ \mathrm{KH_2PO_4}$ と $0.0250\,m\ \mathrm{Na_2HPO_4}$ の混合溶液の pH を，活量係数を考慮して求めてみよう．化学反応式は，式 13-19 から式 13-21 までと水の解離の式である．物質収支は，$[\mathrm{K^+}] = 0.0250\,m$，$[\mathrm{Na^+}] = 0.0500\,m$，全リン酸イオン $\equiv F_{\mathrm{H_3P}} = 0.0500\,m$ である．電荷均衡の式は，次のようである．

$$[\mathrm{Na^+}] + [\mathrm{K^+}] + [\mathrm{H^+}] = [\mathrm{H_2PO_4^-}] + 2[\mathrm{HPO_4^{2-}}] + 3[\mathrm{PO_4^{3-}}] + [\mathrm{OH^-}] \tag{13-27}$$

私たちの戦略は，電荷均衡の式の各項に式を代入して，変数が $[\mathrm{H^+}]$ のみの式を求めるものだ．このために，三塩基酸 $\mathrm{H_3PO_4}$（$\mathrm{H_3P}$ と略す）の分率の式を使う．

$$[\mathrm{P^{3-}}] = \alpha_{\mathrm{P^{3-}}}F_{\mathrm{H_3P}} = \frac{K'_1 K'_2 K'_3 F_{\mathrm{H_3P}}}{[\mathrm{H^+}]^3 + [\mathrm{H^+}]^2 K'_1 + [\mathrm{H^+}]K'_1 K'_2 + K'_1 K'_2 K'_3} \tag{13-28}$$

$$[\mathrm{HP^{2-}}] = \alpha_{\mathrm{HP^{2-}}}F_{\mathrm{H_3P}} = \frac{[\mathrm{H^+}]K'_1 K'_2 F_{\mathrm{H_3P}}}{[\mathrm{H^+}]^3 + [\mathrm{H^+}]^2 K'_1 + [\mathrm{H^+}]K'_1 K'_2 + K'_1 K'_2 K'_3} \tag{13-29}$$

$$[\mathrm{H_2P^-}] = \alpha_{\mathrm{H_2P^-}}F_{\mathrm{H_3P}} = \frac{[\mathrm{H^+}]^2 K'_1 F_{\mathrm{H_3P}}}{[\mathrm{H^+}]^3 + [\mathrm{H^+}]^2 K'_1 + [\mathrm{H^+}]K'_1 K'_2 + K'_1 K'_2 K'_3} \tag{13-30}$$

$$[\mathrm{H_3P}] = \alpha_{\mathrm{H_3P}}F_{\mathrm{H_3P}} = \frac{[\mathrm{H^+}]^3 F_{\mathrm{H_3P}}}{[\mathrm{H^+}]^3 + [\mathrm{H^+}]^2 K'_1 + [\mathrm{H^+}]K'_1 K'_2 + K'_1 K'_2 K'_3} \tag{13-31}$$

> 図 13-3 では，すべてを一つのスプレッドシートに詰め込んだ．濃度の計算にはイオン強度が，イオン強度の計算には濃度が必要である．濃度はイオン強度によって決まり，イオン強度は濃度によって決まるので，<u>循環参照</u>（circular reference）がある．Excel 2010 で循環参照を扱うには，［ファイル］から［オプション］を選び，［オプション］ウィンドウで［数式］をクリックする．［計算方法の設定］で［反復計算を行う］にチェックを入れ，［変化の最大値］を <u>$1E-15$</u> にする．OK をクリックすれば循環参照を扱えるようになる．
>
> 活量係数を用いるスプレッドシートをはじめて作成すると，#NUM! のエラーメッセージがあちこちに現れることがある．そのときは，イオン強度の式の代わりに<u>数字</u>（たとえばゼロ）を入力する．すべての式を入力したのちに，イオン強度のセルの数字を式に置き換える．

Excel でイオン強度と活量係数を扱うコツ

図 13-3 の赤色のセルに，$F_{\text{KH}_2\text{PO}_4}$, $F_{\text{Na}_2\text{HPO}_4}$, pK_1, pK_2, pK_3, pK_w の値を入力する．セル H15 に pH の<u>推定値</u>を入力する．イオン強度は，セル E19 で計算される．最初の pH はたんに推定値であるので，濃度やイオン強度はまだ正確ではない．セル A9：H10 では，デービスの式を用いて活量を計算する．セル A13：H16 は，濃度を計算する欄である．セル B13 の $[\text{H}^+]$ は，$(10^{-\text{pH}})/\gamma_{\text{H}^+}$ $= (10^{\wedge}-\text{H15})/\text{B9}$ である．セル E18 は，電荷の和を計算する．

セル H15 で最初の推定値を pH $= 7$ にすると，セル E18 の正味の電荷は $-0.0037\,m$ に，セル E19 のイオン強度は $0.1055\,m$ になる．これらの値は，図 13-3 に示されていない．ここで，Excel のソルバーを使ってセル H15 の pH を変化させ，セル E18 の正味の電荷をゼロに近づける．［ソルバー］-［オプション設定］は，13-1 節「Excel のソルバーの使用」（359 ページ）で説明した通りに設定する．図 13-3 は，ソルバーを実行した結果，セル H15 の pH が 6.876 に，セル E18 の正味の電荷が $-1 \times 10^{-17}\,m$ になったことを示す．セル E19 のイオン強度の計算値は，$0.100\,m$ である．計算終了だ！

pH の計算値 6.876 は，認証値 6.865 と 0.011 だけ異なる．この差はあなたが実験で経験する pH の測定値と計算値の差と同じくらいである．表 8-1 に示されている，拡張デバイ-ヒュッケル式で計算された $\mu = 0.1\,m$ における活量係数を使えば，pH の計算値は 6.859 になり，pH の認証値との差はわずか 0.006 になる．

［オプション］ウィンドウでの［精度］の設定が小さすぎると，ソルバーで解が求められないことがある．［精度］の値をもっと大きくして（たとえば，$1E-10$)，ソルバーで解が求められるかを試すとよい．または，pH の最初の推定値を変えてみるのもよいだろう．

基本に帰る

電荷均衡の式に基づいて正味の電荷をゼロに近づけるというスプレッドシートの計算は，複雑な平衡問題を解くためのすぐれた一般解法である．しかし，私たちは 9 章で，厳密ではないが簡単な方法で，KH_2PO_4 と Na_2HPO_4 の混合

	A	B	C	D	E	F	G	H
1	KH₂PO₄とNa₂HPO₄の混合物．活量係数をデービスの式で計算する．							
2								
3	$F_{KH_2PO_4} =$	0.0250		$pK_1 =$	2.148		$K_1' =$	1.17E−02
4	$F_{Na_2PO_4} =$	0.0250		$pK_2 =$	7.198		$K_2' =$	1.70E−07
5	$F_{H_3P} =$	0.0500	(=B3+B4)	$pK_3 =$	12.375		$K_3' =$	1.86E−12
6				$pK_w =$	13.995		$K_w' =$	1.66E−14
7								
8	活量係数:							
9	H⁺ =	0.78		$H_3P =$	1.00	(1に固定)	$HP^{2-} =$	0.37
10	OH⁻ =	0.78		$H_2P^- =$	0.78		$P^{3-} =$	0.11
11								
12	電荷均衡の式の化学種:						その他の濃度:	
13	[H⁺] =	1.70E−07		[OH⁻] =	9.74E−08		$[H_3P] =$	3.65E−07
14	[Na⁺] =	0.050000		$[H_2P^-] =$	2.50E−02			
15	[K⁺] =	0.025000		$[HP^{2-}] =$	2.50E−02		pH =	6.876
16				$[P^{3-}] =$	2.73E−07		↑初期値は推定値	
17								
18			正の電荷−負の電荷 =		−1.15E−17			
19			イオン強度 =		0.1000	=0.5*(B13+B14+B15+E13+E14		
20						+4*E15+9*E16)		
21	式:							
22	H3 = 10^−E3*E9/(E10*B9)				H4 = 10^−E4*E10/(H9*B9)			
23	H5 = 10^−E5*H9/(H10*B9)				H6 = 10^−E6/(B9*B10)			
24	B9 = B10 = E10 = 10^(−0.51*1^2*(SQRT($E$19)/(1+SQRT($E$19))−0.3*$E$19))							
25	H9 = 10^(−0.51*2^2*(SQRT($E$19)/(1+SQRT($E$19))−0.3*$E$19))							
26	H10 = 10^(−0.51*3^2*(SQRT($E$19)/(1+SQRT($E$19))−0.3*$E$19))							
27	B13 = (10^−H15)/B9	B14 = 2*B4		B15 = B3			E13 = H6/(B13)	
28	E14 = B13^2*H3*B5/(B13^3+B13^2*H3+B13*H3*H4+H3*H4*H5)							
29	E15 = B13*H3*H4*B5/(B13^3+B13^2*H3+B13*H3*H4+H3*H4*H5)							
30	E16 = H3*H4*H5*B5/(B13^3+B13^2*H3+B13*H3*H4+H3*H4*H5)							
31	H13 = B13^3*B5/(B13^3+B13^2*H3+B13*H3*H4+H3*H4*H5)							
32	E18 = B13+B14+B15−E13−E14−2*E15−3*E16							

図 13-3 $0.0250\,m$ KH₂PO₄ と $0.0250\,m$ Na₂HPO₄ の混合溶液のスプレッドシート．活量係数とイオン強度の循環参照を扱えるように設定した．ソルバーを用いて，セル E18 の電荷均衡の式が満たされるまでセル H15 の pH を変化させた．

物の pH を求める方法を学んだ．弱酸（$H_2PO_4^-$）とその共役塩基（HPO_4^{2-}）を混ぜると，混ぜたままのものが得られることを思い起こそう．pH は，活量係数を考慮したヘンダーソン–ハッセルバルヒの式 9-18 で推定できる．

$$\mathrm{pH} = \mathrm{p}K_a + \log\frac{[\mathrm{A}^-]\gamma_{\mathrm{A}^-}}{[\mathrm{HA}]\gamma_{\mathrm{HA}}} = \mathrm{p}K_2 + \log\frac{[\mathrm{HPO_4^{2-}}]\gamma_{\mathrm{HPO_4^{2-}}}}{[\mathrm{H_2PO_4^-}]\gamma_{\mathrm{H_2PO_4^-}}} \tag{9-18}$$

$0.025\,m$ KH₂PO₄ と $0.025\,m$ Na₂HPO₄ の混合溶液のイオン強度は次の通りである．

$$\mu = \frac{1}{2}\sum_i c_i z_i^2 = \frac{1}{2}\left[[\mathrm{K}^+]\cdot(+1)^2 + [\mathrm{H_2PO_4^-}]\cdot(-1)^2\right.$$
$$\left. + [\mathrm{Na}^+]\cdot(+1)^2 + [\mathrm{HPO_4^{2-}}]\cdot(-2)^2\right]$$
$$= \frac{1}{2}[(0.025)\cdot 1 + (0.025)\cdot 1 + (0.050)\cdot 1 + (0.025)\cdot 4] = 0.100\,m$$

表 8-1 より，$\mu = 0.1\,m$ のときの活量係数は，$H_2PO_4^-$ が 0.775，HPO_4^{2-} が 0.355 である．これらの値を式 9-18 に代入すると，次の答えが得られる．

式 9-18 において，$\mu = 0$ のとき $pK_a = 7.198$ である．

$$\mathrm{pH} = 7.198 + \log\frac{(0.025)0.355}{(0.025)0.775} = 6.859$$

この場合は混ぜると混ぜたままのものが得られるという近似が妥当であり，答えはスプレッドシートを用いた結果と同じである．

この緩衝液の pH を簡単な近似計算で求める方法はすでに説明した．スプレッドシートで電荷均衡の式を用いる一般解法は，濃度が低い，K_2 が非常に小さい，または別の平衡があるなどの理由で，混合物が混ぜたままのものにならないときにも適用できる点で価値がある．

知らぬが仏

私たちは KH_2PO_4 と Na_2HPO_4 の混合物のような簡単な系の pH を正確に計算できたと考えているが，実は多くのイオン対の平衡を考慮に入れてない．

$PO_4^{3-} + Na^+ \rightleftharpoons NaPO_4^{2-}$　　$K = 27$　　$HPO_4^{2-} + Na^+ \rightleftharpoons NaHPO_4^-$　　$K = 12$
$H_2PO_4^- + Na^+ \rightleftharpoons NaH_2PO_4$　　$K = 2$　　$NaPO_4^{2-} + Na^+ \rightleftharpoons Na_2PO_4^-$　　$K = 14$
$Na_2PO_4^- + H^+ \rightleftharpoons Na_2HPO_4$　　$K = 5.4 \times 10^{10}$

> K^+ にも同じような一連の反応があり，その平衡定数は Na^+ の反応と同程度である．

計算される濃度の信頼性は，関連するすべての平衡を知っているか，また，すべての平衡を計算に入れる忍耐強さがあるかにかかっている．これらは，決して些細なことではない．

NIST Critically Selected Stability Constants Database 46（2001）に記されているイオン強度 0.1 M の H_3PO_4 の条件平衡定数 pK_2 は，以下のようである．共存イオンが Na^+ のとき 6.71，K^+ のとき 6.75，テトラアルキルアンモニウムのとき 6.92．共存イオンによって条件平衡定数 pK が変化することは，溶液化学においてイオン対生成反応が注目すべき役割を果たすことを強く示唆する．

13-3 溶解度の pH 依存性

pH が溶解度に及ぼす影響の重要な例は，虫歯である．歯のエナメル質は無機化合物ヒドロキシアパタイトを含み，これは中性付近の pH では不溶性だが酸には溶ける．ヒドロキシアパタイトに含まれるリン酸イオンと水酸化物イオンが H^+ と反応するからだ．

$$Ca_{10}(PO_4)_6(OH)_2(s) + 14H^+ \rightleftharpoons 10Ca^{2+} + 6H_2PO_4^- + 2H_2O$$
カルシウムヒドロキシアパタイト

私たちの歯の表面に棲みついている細菌は，糖を代謝して乳酸をつくる．乳酸は pH を下げて，歯のエナメル質をゆっくり溶かす．フッ化物イオンは虫歯を抑えるが，それはヒドロキシアパタイトよりも酸に強いフルオロアパタイト $Ca_{10}(PO_4)_6F_2$ をつくるからである．

L-乳酸

CaF_2 の溶解度

鉱物の蛍石（CaF_2, fluorite, fluorspar）は，図 13-4 に示す立方晶系の結晶構造をとり，割れるとほぼ完璧な正八面体（正三角形の面をもつ八面体）になることが多い．この鉱物は不純物によってさまざまな色になり，紫外線ランプで

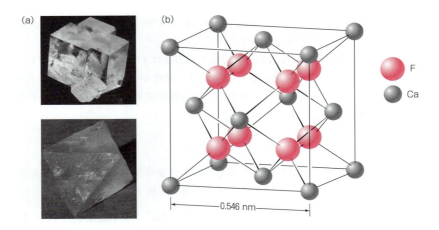

図 13-4 鉱物蛍石 CaF_2 の結晶．各 Ca^{2+} イオンは，立方体の頂点にある八つの F^- イオンに囲まれている．各 F^- イオンは，四面体の頂点にある四つの Ca^{2+} イオンに囲まれている．この単位格子の上面の中心にある Ca^{2+} イオンはこの単位格子内の四つの F^- イオンに隣接し，かつすぐ上にある次の単位格子内の四つの F^- イオンに隣接している．［写真上 © Mark A. Schneider/Science Source．写真下 © Joyce Photographics/Science Source.］

照らされると蛍光を発する．蛍石はフッ化水素酸（HF）に変換され，冷媒やフッ素樹脂の合成に用いられる．世界の蛍石の大きな供給源は中国である．

CaF_2 の溶解度は，塩の K_{sp}，F^- と Ca^{2+} の加水分解，および Ca^{2+} と F^- のイオン対生成に支配される．

溶解度積は，付録 F に与えられている．HF の酸解離定数は，付録 G から引用した．Ca^{2+} の加水分解定数は，付録 I の $CaOH^+$ の生成定数の式と K_w の式から導かれる．CaF^+ のイオン対生成定数は，付録 J に記されている．

$$CaF_2(s) \rightleftharpoons Ca^{2+} + 2F^- \qquad K_{sp} = [Ca^{2+}]\gamma_{Ca^{2+}}[F^-]^2\gamma_{F^-}^2 = 10^{-10.50} \tag{13-32}$$

$$HF \rightleftharpoons H^+ + F^- \qquad K_{HF} = \frac{[H^+]\gamma_{H^+}[F^-]\gamma_{F^-}}{[HF]\gamma_{HF}} = 10^{-3.17} \tag{13-33}$$

$$Ca^{2+} + H_2O \rightleftharpoons CaOH^+ + H^+ \qquad K_a = \frac{[CaOH^+]\gamma_{CaOH^+}[H^+]\gamma_{H^+}}{[Ca^{2+}]\gamma_{Ca^{2+}}} = 10^{-12.70} \tag{13-34}$$

$$Ca^{2+} + F^- \rightleftharpoons CaF^+ \qquad K_{ip} = \frac{[CaF^+]\gamma_{CaF^+}}{[Ca^{2+}]\gamma_{Ca^{2+}}[F^-]\gamma_{F^-}} = 10^{0.63} \tag{13-35}$$

$$H_2O \rightleftharpoons H^+ + OH^- \qquad K_w = [H^+]\gamma_{H^+}[OH^-]\gamma_{OH^-} = 10^{-14.00} \tag{13-36}$$

電荷均衡の式は，次の通りである．

$$[H^+] + 2[Ca^{2+}] + [CaOH^+] + [CaF^+] = [OH^-] + [F^-] \tag{13-37}$$

物質収支の式を求めるには，すべてのカルシウムおよびフッ素の化学種が CaF_2 由来であることを理解しなければならない．したがって，全フッ素は全カルシウムの 2 倍に等しい．

$$2[\text{全カルシウム化学種}] = [\text{全フッ素化学種}]$$
$$2\{[Ca^{2+}] + [CaOH^+] + [CaF^+]\} = [F^-] + [HF] + [CaF^+]$$
$$\text{物質収支}: 2[Ca^{2+}] + 2[CaOH^+] + [CaF^+] = [F^-] + [HF] \tag{13-38}$$

独立した式が七つ，未知数が七つあるので，式を解くのに十分な情報がある．しかも，すでに 8 章でよく学んでいるので，この問題は容易に解けるはずだ．

13-3 溶解度のpH依存性

　CaF_2 の溶解は，8-5節で学んだ $CaSO_4$ の溶解ときわめてよく似ている．未知数が七つ，平衡の式が五つあるので（未知数の数－平衡の式の数＝2），図8-13と同様にソルバーを使って，二つの濃度を求める．CaF_2 のスプレッドシートを図13-5に示す．セルB8で $pCa^{2+} = 4$，B9でpH＝7と推定するところから始める．セル D17：D21 では，式13-39から式13-43までの活量係数を取り入れた<u>条件平衡定数 K' </u>を計算する．セル C10：C14 では，平衡定数の式から濃度を計算する．

$$[F^-] = \sqrt{\frac{K'_{sp}}{[Ca^{2+}]}} \qquad K'_{sp} = \frac{K_{sp}}{\gamma_{Ca^{2+}} \gamma_{F^-}^2} \qquad (13\text{-}39)$$

$$[CaF^+] = K'_{ip}[Ca^{2+}][F^-] \qquad K'_{ip} = \frac{K_{ip}\gamma_{Ca^{2+}}\gamma_{F^-}}{\gamma_{CaF^+}} \qquad (13\text{-}40)$$

$$[CaOH^+] = \frac{K'_a[Ca^{2+}]}{[H^+]} \qquad K'_a = \frac{K_a \gamma_{Ca^{2+}}}{\gamma_{H^+} \gamma_{CaOH^+}} \qquad (13\text{-}41)$$

$$[HF] = \frac{[H^+][F^-]}{K'_{HF}} \qquad K'_{HF} = \frac{K_{HF}\gamma_{HF}}{\gamma_{H^+}\gamma_{F^-}} \qquad (13\text{-}42)$$

$$[OH^-] = \frac{K'_w}{[H^+]} \qquad K'_w = \frac{K_w}{\gamma_{H^+}\gamma_{OH^-}} \qquad (13\text{-}43)$$

式13-39から式13-43は，平衡定数の式13-32から式13-36を変形したものである．変形した式は，条件平衡定数 K' の計算に活量係数を用いている．[HF]

	A	B	C	D	E	F	G	H	I	J
1	フッ化カルシウムの平衡．活量係数はデービスの式で計算する									
2	1. セルB8およびセルB9の値を推定する									
3	2. ソルバーを使用してセルJ19の和が最小になるように，セルB8とセルB9の値を調整する									
4	イオン強度									
5	μ =	0.000633	= 0.5*(D8^2*C8+D9^2*C9+D10^2*C10+D11^2*C11+D12^2*C12+D13^2*C13+D14^2*C14)							
6					デービス					
7	化学種	pC	C(M)	電荷	log γ	活量係数, γ				
8	Ca^{2+}	3.6760486	2.1084E−04	2	−4.968E−02	8.919E−01	C8 = 10^−B8		F8=10^E8	
9	H^+	7.0874	8.1771E−08	1	−1.242E−02	9.718E−01	C9 = 10^−B9			
10	F^-		4.2197E−04	−1	−1.242E−02	9.718E−01	C10 = SQRT(D17/C8)			
11	CaF^+		3.38498E−07	1	−1.242E−02	9.718E−01	C11 = D20*C8*C10			
12	$CaOH^+$		4.85863E−10	1	−1.242E−02	9.718E−01	C12 = D19*C8/C9			
13	HF		4.81996E−08	0	0.000E+00	1.000E+00	C13 = C9*C10/D18			
14	OH^-		1.29491E−07	−1	−1.242E−02	9.718E−01	C14 = D21/C9			
15										
16			K'（活量係数を含む）				物質収支および電荷均衡：		b_i	
17	pK_{sp} =	10.50	K'_{sp} =	3.75E−11	$b_1 = 0 = 2[Ca^{2+}] + 2[CaOH^+] + [CaF^+] − [F^-] − [HF]$				−1.60E−11	
18	pK_{HF} =	3.17	K'_{HF} =	7.16E−04	$b_2 = 0 = [H^+] + 2[Ca^{2+}] + [CaOH^+] + [CaF^+] − [OH^-] − [F^-]$				−2.17E−11	
19	pK_a =	12.70	K'_a =	1.88E−13					$\Sigma b_i^2 =$	7.24E−22
20	pK_{ip} =	−0.63	K'_{ip} =	3.80E+00			J17 = 2*C8+2*C12+C11−C10−C13			
21	pK_w =	14.00	K'_w =	1.06E−14			J18 = C9+2*C8+C12+C11−C14−C10			
22							J19 = J17^2 + J18^2			
23	初期値：						D17 = (10^−B17)/(F8*F10^2)			
24	pCa = 4	pH = 7					D18 = (10^−B18)*F13/(F9*F10)			
25							D19 = (10^−B19)*F8/(F9*F12)			
26	はじめに数回のサイクルでpCaとpHを同時に最適化する						D20 = (10^−B20)*F8*F10/F11			
27	次に，他の定数を固定してpCaのみ，またはpHのみを最適化する						D21 = (10^−B21)/(F9*F14)			
28	Σb_i^2 が最も小さくなるまで最適化を続ける				E8 =−0.51*D8^2*(SQRT($B$5)/(1+SQRT($B$5))−0.3*$B$5)					

図13-5 飽和 CaF_2 水溶液のスプレッドシート．ソルバーおよび活量を用いている．

$= [H^+][F^-]/K'_{HF}$ などの濃度の式は，活量係数をあらわには含まないが，K' に暗に含む．

活量係数は，濃度からセル B5 で計算されたイオン強度を用いて，デービスの式 13-18 によってセル E8 : F14 で計算される．イオン強度が濃度によって決まり，濃度がイオン強度によって決まる循環参照を扱えるように，363 ページの説明に従ってスプレッドシートを設定する．

物質収支の値 b_1 はセル J17 で，電荷均衡の値 b_2 はセル J18 で計算される．Excel のソルバーを使って，セル B8 の pCa^{2+} とセル B9 の pH を変化させ，セル J19 の $b_1^2 + b_2^2$ を最小にする．図 13-5 に示した結果は，セル B8 が pCa^{2+} = 3.676，セル B9 が pH = 7.087 である．この問題では，ソルバーは二つの未知数を同時にうまく求められない．そこでまず，二つの変数について同時に解いた．次に pCa^{2+} を一定に保ちながら pH について解き，その次に pH を一定に保ちながら pCa^{2+} について解く．このサイクルを，セル J19 の Σb_i^2 が最も小さくなるまで数回繰り返す．ソルバーでできる限り計算した後，pH の小数第 3 位と小数第 4 位を手動で変えて，Σb_i^2 をさらに小さくし，図 13-5 の結果を得た．

図 13-6 は，pH に応じて化学種の濃度がどのように変わるかを表している．低 pH では，H$^+$ は F$^-$ と反応して HF を生じ，CaF$_2$ の溶解度は大きくなる．化学種 CaF$^+$ および CaOH$^+$ はほとんどの pH 値において少量であるが，pH 12.7（反応 13-34 の pK_a）を超えると CaOH$^+$ がカルシウムのおもなかたちになる．ここで考慮しなかった反応は，Ca(OH)$_2(s)$ の沈殿である．積 [Ca^{2+}][OH$^-$]$_2$ と Ca(OH)$_2$ の K_{sp} とを比べると，Ca(OH)$_2$ は pH 13〜14 で沈殿するはずとわかる．

図 13-5 のスプレッドシートでセル B5 を $\mu = 0$ に固定し，セル B9 の pH を 0 から 14 の間のさまざまな値に固定すると，図 13-6 のデータが得られる．固定した pH それぞれについてソルバーを実行し，セル J17 の物質収支をゼロ近くまで小さくするセル B8 の pCa^{2+} の値を求める．するとスプレッドシートから，その pH におけるすべての化学種の濃度が得られる．図 13-6 のデータが得られるまで，それぞれの pH で操作を繰り返す．実際に pH を固定するには，緩衝液などの新しい化学種を加える．このとき溶液の電荷均衡およびイオン強度が変わるが，カルシウムとフッ素の物質収支は変えないようにする．したがって，固定した pH での計算には，電荷均衡の式は用いず，物質収支の式のみを用いる．また，図 13-6 を作成するとき，活量係数は無視した．ある pH になるように試薬を加えると，イオン強度が変化するからだ．

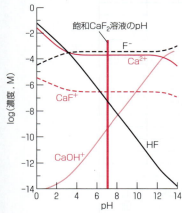

図 13-6 飽和 CaF$_2$ 溶液中の化学種の pH 依存性．pH が低くなると，H$^+$ は F$^-$ と反応して HF を生じ，[Ca^{2+}] が大きくなる．縦軸は対数であることに注意．

酸性雨は鉱物を溶かし環境危機をもたらす

一般に，F$^-$，OH$^-$，S^{2-}，CO$_3^{2-}$，C$_2$O$_4^{2-}$，PO$_4^{3-}$ などの塩基性イオンの塩は，陰イオンが H$^+$ と反応するため，低 pH で溶解度が高くなる．図 13-7 に表されているように，大部分が CaCO$_3$ である大理石は，雨の酸性度が高くなると容易に溶ける．雨中の酸の大半は，硫黄を含む燃料の燃焼による SO$_2$，およびあらゆる種類の燃焼によって生じる窒素酸化物を起源とする．たとえば，SO$_2$ は空気中で反応して硫酸を生じ（SO$_2$ + H$_2$O $\longrightarrow$ H$_2$SO$_3$ $\xrightarrow{\text{酸化}}$ H$_2$SO$_4$），その硫酸は降雨に混じって地表に戻る．

アルミニウムは地殻中で酸素，ケイ素についで三番目に多い元素であるが，カオリナイト〔$Al_2(OH)_4Si_2O_5$〕やボーキサイト（$AlOOH$）などの不溶性鉱物にしっかりと閉じ込められている．人間活動による酸性雨の影響は，地球上で最近起こった出来事である．酸性雨によって，溶存アルミニウム（さらに鉛や水銀）が環境にもち込まれる[4]．図 13-8 は，pH 5 以下ではアルミニウムが鉱物から溶解し，湖水中のアルミニウム濃度が急に高くなることを表している．アルミニウム濃度が 130 μg/L になると，魚が死ぬ．人間の場合，高濃度のアルミニウムは認知症，骨軟化症，貧血の原因になると考えられている．アルミニウムはアルツハイマー病の原因ではないかと疑われている．金属元素は酸によって鉱物から溶出するが，その環境水中の濃度および生物による利用可能性は金属イオンと結合する有機物によって制御される傾向がある．

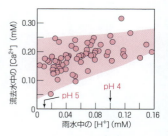

図 13-7 大理石（大部分が$CaCO_3$）から流れ落ちる酸性雨中のカルシウム濃度．雨水中の[H^+]が増えると，カルシウム濃度が高くなる傾向がある．[データ出典：P. A. Baedecker, M. M. Reddy, *J. Chem. Ed.*, **70**, 104 (1993).]

シュウ酸バリウムの溶解度

陰イオンが<u>二酸塩基</u>，陽イオンが弱酸である$Ba(C_2O_4)$の溶解について考えてみよう[5]．この例では，活量係数を無視する．関係する化学反応は，次の通りである．

$$Ba(C_2O_4)(s) \rightleftharpoons Ba^{2+} + C_2O_4^{2-} \quad K_{sp} = [Ba^{2+}][C_2O_4^{2-}] = 10^{-6.85} \quad (13\text{-}44)$$
シュウ酸イオン

$$H_2C_2O_4 \rightleftharpoons HC_2O_4^- + H^+ \quad K_1 = \frac{[H^+][HC_2O_4^-]}{[H_2C_2O_4]} = 10^{-1.25} \quad (13\text{-}45)$$

$$HC_2O_4^- \rightleftharpoons C_2O_4^{2-} + H^+ \quad K_2 = \frac{[H^+][C_2O_4^{2-}]}{[HC_2O_4^-]} = 10^{-4.27} \quad (13\text{-}46)$$

$$Ba^{2+} + H_2O \rightleftharpoons BaOH^+ + H^+ \quad K_a = \frac{[H^+][BaOH^+]}{[Ba^{2+}]} = 10^{-13.36} \quad (13\text{-}47)$$

$$Ba^{2+} + C_2O_4^{2-} \rightleftharpoons Ba(C_2O_4)(aq) \quad K_{ip} = \frac{[Ba(C_2O_4)(aq)]}{[Ba^{2+}][C_2O_4^{2-}]} = 10^{2.31} \quad (13\text{-}48)$$

K_{sp}は，$\mu = 0$，20℃の推定値である．K_{ip}は，$\mu = 0$，18℃における値，K_1，K_2，K_aは，$\mu = 0$，25℃における値である．

シュウ酸
$H_2C_2O_4$は，気相中で平面型[6]

シュウ酸イオン
$C_2O_4^{2-}$は，水中では90°ねじれた構造をとる[7]

図 13-8 ノルウェーの1000個の湖の全アルミニウム濃度（溶存態および懸濁態化学種を含む）と湖水のpHの関係．湖水が酸性になると，アルミニウム濃度が高くなる．[データ出典：G. Howells, "Acid Rain and Acid Waters, 2nd ed.," Ellis Horwood (1995).]

電荷均衡の式は，次の通りである．

$$[\text{H}^+] + 2[\text{Ba}^{2+}] + [\text{BaOH}^+] = [\text{OH}^-] + [\text{HC}_2\text{O}_4^-] + 2[\text{C}_2\text{O}_4^{2-}] \tag{13-49}$$

物質収支を考えると，バリウムの全モル数はシュウ酸の全モル数と等しい．

$$[全バリウム] = [全シュウ酸]$$
$$[\text{Ba}^{2+}] + [\text{BaOH}^+] + [\cancel{\text{Ba}(\text{C}_2\text{O}_4)(aq)}]$$
$$= [\text{H}_2\text{C}_2\text{O}_4] + [\text{HC}_2\text{O}_4^-] + [\text{C}_2\text{O}_4^{2-}] + [\cancel{\text{Ba}(\text{C}_2\text{O}_4)(aq)}]$$

F_{Ba} と $F_{\text{H}_2\text{Ox}}$ は，イオン対 $\text{Ba}(\text{C}_2\text{O}_4)(aq)$ を除いて定義する．

物質収支：
$$\underbrace{[\text{Ba}^{2+}] + [\text{BaOH}^+]}_{F_{\text{Ba}}} = \underbrace{[\text{H}_2\text{C}_2\text{O}_4] + [\text{HC}_2\text{O}_4^-] + [\text{C}_2\text{O}_4^{2-}]}_{F_{\text{H}_2\text{Ox}}} \tag{13-50}$$

未知数が八つ，独立した式が八つ（$[\text{OH}^-] = K_\text{w}/[\text{H}^+]$ を含む）あるので，すべての化学種の濃度を求めるのに十分な情報がある．

イオン対生成を扱うために，反応 13-44 と反応 13-48 を組み合わせると，

$$\text{Ba}(\text{C}_2\text{O}_4)(s) \rightleftharpoons \text{Ba}(\text{C}_2\text{O}_4)(aq)$$
$$K = [\text{Ba}(\text{C}_2\text{O}_4)(aq)] = K_{\text{sp}}K_{\text{ip}} = 10^{-4.54} \tag{13-51}$$

この系において，イオン対 $\text{Ba}(\text{C}_2\text{O}_4)(aq)$ の濃度は一定である．

よって，沈殿 $\text{Ba}(\text{C}_2\text{O}_4)(s)$ がある限り，$[\text{Ba}(\text{C}_2\text{O}_4)(aq)] = 10^{-4.54}\,\text{M}$ である．

さて，次はおなじみの分率の式である．シュウ酸を H_2Ox とおくと，次のように書ける．

$F_{\text{H}_2\text{Ox}} = [\text{H}_2\text{C}_2\text{O}_4]$
$\quad + [\text{HC}_2\text{O}_4^-] + [\text{C}_2\text{O}_4^{2-}]$

$$[\text{H}_2\text{Ox}] = \alpha_{\text{H}_2\text{Ox}} F_{\text{H}_2\text{Ox}} = \frac{[\text{H}^+]^2 F_{\text{H}_2\text{Ox}}}{[\text{H}^+]^2 + [\text{H}^+]K_1 + K_1 K_2} \tag{13-52}$$

$$[\text{HOx}^-] = \alpha_{\text{HOx}^-} F_{\text{H}_2\text{Ox}} = \frac{K_1[\text{H}^+] F_{\text{H}_2\text{Ox}}}{[\text{H}^+]^2 + [\text{H}^+]K_1 + K_1 K_2} \tag{13-53}$$

$$[\text{Ox}^{2-}] = \alpha_{\text{Ox}^{2-}} F_{\text{H}_2\text{Ox}} = \frac{K_1 K_2 F_{\text{H}_2\text{Ox}}}{[\text{H}^+]^2 + [\text{H}^+]K_1 + K_1 K_2} \tag{13-54}$$

また，Ba^{2+} と BaOH^+ は共役酸塩基対である．Ba^{2+} は一塩基酸 HA としてふるまい，BaOH^+ はその共役塩基 A^- である．

$F_{\text{Ba}} = [\text{Ba}^{2+}] + [\text{BaOH}^+]$

$$[\text{Ba}^{2+}] = \alpha_{\text{Ba}^{2+}} F_{\text{Ba}} = \frac{[\text{H}^+] F_{\text{Ba}}}{[\text{H}^+] + K_\text{a}} \tag{13-55}$$

$$[\text{BaOH}^+] = \alpha_{\text{BaOH}^+} F_{\text{Ba}} = \frac{K_\text{a} F_{\text{Ba}}}{[\text{H}^+] + K_\text{a}} \tag{13-56}$$

緩衝液を加えて pH を一定にするとしよう．（したがって，電荷均衡の式 13-49 はもはや有効ではない）．K_{sp} から次のように書ける．

$$K_{\text{sp}} = [\text{Ba}^{2+}][\text{C}_2\text{O}_4^{2-}] = \alpha_{\text{Ba}^{2+}} F_{\text{Ba}} \alpha_{\text{Ox}^{2-}} F_{\text{H}_2\text{Ox}}$$

一方，物質収支の式 13-50 から，$F_{\text{Ba}} = F_{\text{H}_2\text{Ox}}$ である．したがって，

$$K_{\text{sp}} = \alpha_{\text{Ba}^{2+}} F_{\text{Ba}} \alpha_{\text{Ox}^{2-}} F_{\text{H}_2\text{Ox}} = \alpha_{\text{Ba}^{2+}} F_{\text{Ba}} \alpha_{\text{Ox}^{2-}} F_{\text{Ba}}$$
$$\Rightarrow F_{\text{Ba}} = \sqrt{\frac{K_{\text{sp}}}{\alpha_{\text{Ba}^{2+}} \alpha_{\text{Ox}^{2-}}}} \tag{13-57}$$

図 13-9 のスプレッドシートでは，pH を列 A で指定している．この pH ならびに K_1 および K_2 から，列 C，D，E で式 13-52 から式 13-54 を用いて，分率 α_{H_2Ox}，α_{HOx^-}，$\alpha_{Ox^{2-}}$ が計算される．pH と K_a から，列 F および列 G で式 13-55 および式 13-56 を用いて，分率 $\alpha_{Ba^{2+}}$ および α_{BaOH^+} が計算される．バリウムとシュウ酸の全濃度（F_{Ba} と F_{H_2Ox}）は等しく，式 13-57 を用いて列 H で計算される．続きは，実際のスプレッドシートでは列 I の右側に書くだろうが，ここでは紙面の都合上，行 18 以下に書いた．この下側の部分では，$[Ba^{2+}]$ および $[BaOH^+]$ の濃度が式 13-55 および式 13-56 を用いて計算される．$[H_2C_2O_4]$，$[HC_2O_4^-]$，$[C_2O_4^{2-}]$ は，式 13-52 から式 13-54 を用いて求められる．

正味の電荷（$= [H^+] + 2[Ba^{2+}] + [BaOH^+] - [OH^-] - [HC_2O_4^-] - 2[C_2O_4^{2-}]$）は，セル H19 以下で計算される．もし，pH を一定にするために緩衝剤を加えなければ，正味の電荷はゼロになる．正味の電荷は，pH 6〜8 の間で正から負に変わる．ソルバーを使うと，セル H23 の正味の電荷をゼロにするセル A11 の pH がわかる（［ソルバー］-［オプション設定］で［制約条件の精度］を 1E − 15 にする）．この pH = 7.45 は，非緩衝溶液の pH である．

図 13-10 は，シュウ酸バリウムの溶解度が中程度の pH において $10^{-3.4}$ M くらいで一定であることを表す．pH 5 以下では，$C_2O_4^{2-}$ が H^+ と反応して

	A	B	C	D	E	F	G	H
1	飽和シュウ酸バリウム溶液中の化学種の濃度を求める							
2								
3	$K_{sp} =$	1.41E−07		$K_1 =$	5.62E−02		$K_{ip} =$	2.04E+02
4	$K_a =$	4.37E−14		$K_2 =$	5.37E−05		$K_w =$	1.00E−14
5								F_{Ba}
6	pH	$[H^+]$	$a(H_2Ox)$	$a(HOx^-)$	$a(Ox^{2-})$	$a(Ba^{2+})$	$a(BaOH^+)$	$= F_{H_2Ox}$
7	0	1.E+00	9.5E−01	5.3E−02	2.9E−06	1.0E+00	4.4E−14	2.2E−01
8	2	1.E−02	1.5E−01	8.5E−01	4.5E−03	1.0E+00	4.4E−12	5.6E−03
9	4	1.E−04	1.2E−03	6.5E−01	3.5E−01	1.0E+00	4.4E−10	6.4E−04
10	6	1.E−06	3.3E−07	1.8E−02	9.8E−01	1.0E+00	4.4E−08	3.8E−04
11	7.451	4.E−08	4.1E−10	6.6E−04	1.0E+00	1.0E+00	1.2E−06	3.8E−04
12	8	1.E−08	3.3E−11	1.9E−04	1.0E+00	1.0E+00	4.4E−06	3.8E−04
13	10	1.E−10	3.3E−15	1.9E−06	1.0E+00	1.0E+00	4.4E−04	3.8E−04
14	12	1.E−12	3.3E−19	1.9E−08	1.0E+00	9.6E−01	4.2E−02	3.8E−04
15	14	1.E−14	3.3E−23	1.9E−10	1.0E+00	1.9E−01	8.1E−01	8.7E−04
16								
17								
18	pH	$[Ba^{2+}]$	$[BaOH^+]$	$[H_2Ox]$	$[HOx^-]$	$[Ox^{2-}]$	$[OH^-]$	正味の電荷
19	0	2.2E−01	9.7E−15	2.1E−01	1.2E−02	6.4E−07	1.0E−14	1.4E+00
20	2	5.6E−03	2.4E−14	8.4E−04	4.7E−03	2.5E−05	1.0E−12	1.6E−02
21	4	6.4E−04	2.8E−13	7.4E−07	4.1E−04	2.2E−04	1.0E−10	5.1E−04
22	6	3.8E−04	1.7E−11	1.2E−10	6.9E−06	3.7E−04	1.0E−08	7.9E−06
23	7.451	3.8E−04	4.6E−10	1.6E−13	2.5E−07	3.8E−04	2.8E−07	0.0E+00
24	8	3.8E−04	1.6E−09	1.2E−14	7.0E−08	3.8E−04	1.0E−06	−9.2E−07
25	10	3.8E−04	1.6E−07	1.2E−18	7.0E−10	3.8E−04	1.0E−04	−1.0E−04
26	12	3.7E−04	1.6E−05	1.3E−22	7.1E−12	3.8E−04	1.0E−02	−1.0E−02
27	14	1.6E−04	7.1E−04	2.9E−26	1.6E−13	8.7E−05	1.0E+00	−1.0E+00
28								
29	B7 = 10^−A7					B19 = F7*H7		
30	C7 = B7^2/(B7^2+B7*\$E\$3+\$E\$3*\$E\$4)					C19 = G7*H7		
31	D7 = B7*\$E\$3/(B7^2+B7*\$E\$3+\$E\$3*\$E\$4)					D19 = C7*H7		
32	E7 = \$E\$3*\$E\$4/(B7^2+B7*\$E\$3+\$E\$3*\$E\$4)					E19 = D7*H7		
33	F7 = B7/(B7+\$B\$4)					F19 = E7*H7		
34	G7 = \$B\$4/(B7+\$B\$4)					G19 = \$H\$4/B7		
35	H7 = SQRT(\$B\$3/(E7*F7))			H19 = B7+2*B19+C19−G19−E19−2*F19				

図 13-9 飽和 BaC_2O_4 溶液のスプレッドシート．ソルバーを用いて，セル H23 の正味の電荷をゼロにするセル A11 の pH を求めた．

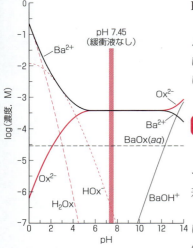

図 13-10 飽和 BaC_2O_4 溶液中の化学種濃度の pH 依存性. pH が低くなると, H^+ が $C_2O_4^{2-}$ と反応して $HC_2O_4^-$ と $H_2C_2O_4$ を生じ, Ba^{2+} 濃度が高くなる.

Niels Bjerrum (1879〜1958) は, デンマークの物理化学者である. 無機配位化学の基礎をつくった. また, 酸塩基および滴定曲線に関する多くの知見は彼のおかげである[9].

$HC_2O_4^-$ を生じるので, 溶解度は高くなる.

最後に, $Ba(OH)_2(s)$ が沈殿するかを調べよう. 積 $[Ba^{2+}][OH^-]^2$ を計算すると, この積は pH 12.3 以上で $K_{sp} = 10^{-6.85}$ を上まわる. よって, $Ba(OH)_2(s)$ は pH 12.3 で沈殿し始めると予想できる. この沈殿は, 私たちの計算やグラフには含まれていない.

13-4 差プロットによる酸塩基滴定の解析[8]

差プロット（ビエルムプロットともいう）は, 電極を用いて得られた滴定データから金属-配位子生成定数や酸解離定数を求めるのに適した方法である. 差プロットを酸塩基滴定曲線に適用してみよう.

はじめに二塩基酸 H_2A の重要な式を導き, その後その式を一般的な酸 H_nA に拡張する. H_2A に結合したプロトンの平均数は, 0 から 2 の範囲にあり, 次の式で定義される.

$$\bar{n}_H = \frac{結合した H^+ のモル数}{弱酸の全モル数} = \frac{2[H_2A] + [HA^-]}{[H_2A] + [HA^-] + [A^{2-}]} \quad (13\text{-}58)$$

A mmol の H_2A と C mmol の塩酸の混合物 V_0 mL を滴定して, $\bar{n}_H$ を測定することができる. 塩酸を加えると, H_2A のプロトン化度が高くなる（塩酸がない状態では, H_2A は部分的に解離する）. この溶液を NaOH 標準液（濃度 C_b mol/L）で滴定する. NaOH 溶液を v mL 加えたとき, 溶液中の Na^+ 量は $C_b v$ mmol である.

イオン強度をほぼ一定に保つために, H_2A と塩酸の溶液に 0.10 M KCl を加え, H_2A および塩酸の濃度を 0.10 M よりもずっと低くする. 加える NaOH 溶液の体積が V_0 に比べて小さくなるように, NaOH 溶液の濃度は十分高くする.

滴定溶液の電荷均衡の式は,

$$[H^+] + [Na^+] + [K^+] = [OH^-] + [Cl^-]_{HCl} + [Cl^-]_{KCl} + [HA^-] + 2[A^{2-}]$$

である. ここで, $[Cl^-]_{HCl}$ は塩酸, $[Cl^-]_{KCl}$ は KCl から生じたものである. しかし, $[K^+] = [Cl^-]_{KCl}$ なので, これらの項は消去できる. 正味の電荷均衡の式は, 次のようになる.

$$[H^+] + [Na^+] = [OH^-] + [Cl^-]_{HCl} + [HA^-] + 2[A^{2-}] \quad (13\text{-}59)$$

式 13-58 の分母は, $F_{H_2A} = [H_2A] + [HA^-] + [A^{2-}]$ である. 分子は, $2F_{H_2A} - [HA^-] - 2[A^{2-}]$ と書ける. したがって,

$$\bar{n}_H = \frac{2F_{H_2A} - [HA^-] - 2[A^{2-}]}{F_{H_2A}} \quad (13\text{-}60)$$

式 13-59 から, $-[HA^-] - 2[A^{2-}] = [OH^-] + [Cl^-]_{HCl} - [H^+] - [Na^+]$ と書ける. この式を式 13-60 の分子に代入すると,

$$\bar{n}_\text{H} = \frac{2F_{\text{H}_2\text{A}} + [\text{OH}^-] + [\text{Cl}^-]_{\text{HCl}} - [\text{H}^+] - [\text{Na}^+]}{F_{\text{H}_2\text{A}}}$$

$$= 2 + \frac{[\text{OH}^-] + [\text{Cl}^-]_{\text{HCl}} - [\text{H}^+] - [\text{Na}^+]}{F_{\text{H}_2\text{A}}}$$

一般に，多塩基酸 H_nA に結合したプロトンの平均数は，次式で表される．

$$\bar{n}_\text{H} = n + \frac{[\text{OH}^-] + [\text{Cl}^-]_{\text{HCl}} - [\text{H}^+] - [\text{Na}^+]}{F_{\text{H}_n\text{A}}} \tag{13-61}$$

式 13-61 の右辺の各項は，滴定において既知である．混合された試薬から，以下の量が求められる．

$$F_{\text{H}_2\text{A}} = \frac{\text{mmol H}_2\text{A}}{\text{全体積}} = \frac{A}{V_0 + v} \quad [\text{Cl}^-]_{\text{HCl}} = \frac{\text{mmol HCl}}{\text{全体積}} = \frac{C}{V_0 + v}$$

$$[\text{Na}^+] = \frac{\text{mmol NaOH}}{\text{全体積}} = \frac{C_\text{b} v}{V_0 + v}$$

$[\text{H}^+]$ と $[\text{OH}^-]$ は pH 電極を用いて測定され，以下のように計算される．$\mu = 0.10$ M において有効な K_w の値は，$K'_\text{w} = K_\text{w}/(\gamma_{\text{H}^+}\gamma_{\text{OH}^-}) = [\text{H}^+][\text{OH}^-]$（式 13-25）である．pH $= -\log([\text{H}^+]\gamma_{\text{H}^+})$ であることを思いだせば，次のように書ける．

$$[\text{H}^+] = \frac{10^{-\text{pH}}}{\gamma_{\text{H}^+}} \quad [\text{OH}^-] = \frac{K'_\text{w}}{[\text{H}^+]} = 10^{(\text{pH}-\text{p}K'_\text{w})} \cdot \gamma_{\text{H}^+}$$

これらの式を式 13-61 に代入すると，結合したプロトンの平均数を pH の測定値から求める式が得られる．

$$\bar{n}_\text{H}(\text{測定値})$$
$$= n + \frac{10^{(\text{pH}-\text{p}K'_\text{w})} \cdot \gamma_{\text{H}^+} + C/(V_0 + v) - (10^{-\text{pH}})/\gamma_{\text{H}^+} - C_\text{b}v/(V_0 + v)}{A/(V_0 + v)}$$

$$\tag{13-62}$$

実験で求められる，多塩基酸に結合したプロトンの平均数

酸塩基滴定における**差プロット**（difference plot）または**ビエルムプロット**（Bjerrum plot）は，酸に結合したプロトンの平均数を pH に対してプロットしたグラフである．平均数は，式 13-62 を用いて計算される $\bar{n}_\text{H}$ である．錯生成反応の差プロットでは，金属に結合した配位子の平均数を pL（$= -\log[\text{配位子}]$）に対してプロットする．

式 13-62 は，$\bar{n}_\text{H}$ の測定値を与える．理論値はいくらだろうか？ 二塩基酸では，結合したプロトンの理論的な平均数は，

$$\bar{n}_\text{H}(\text{理論値}) = 2\alpha_{\text{H}_2\text{A}} + \alpha_{\text{HA}^-} \tag{13-63}$$

である．ここで，$\alpha_{\text{H}_2\text{A}}$ は酸の H_2A 形の分率，α_{HA^-} は HA^- 形の分率である．いまでは容易に $\alpha_{\text{H}_2\text{A}}$ と α_{HA^-} の式を書けるはずだ．

式 13-63 は式 13-58 から導かれる：

$$\bar{n}_\text{H} = \frac{2[\text{H}_2\text{A}] + [\text{HA}^-]}{[\text{H}_2\text{A}] + [\text{HA}^-] + [\text{A}^{2-}]}$$
$$= \frac{2[\text{H}_2\text{A}] + [\text{HA}^-]}{F_{\text{H}_2\text{A}}}$$
$$= \frac{2[\text{H}_2\text{A}]}{F_{\text{H}_2\text{A}}} + \frac{[\text{HA}^-]}{F_{\text{H}_2\text{A}}}$$
$$= 2\alpha_{\text{H}_2\text{A}} + \alpha_{\text{HA}^-}$$

$$\alpha_{H_2A} = \frac{[H^+]^2}{[H^+]^2 + [H^+]K_1 + K_1K_2} \qquad \alpha_{HA^-} = \frac{[H^+]K_1}{[H^+]^2 + [H^+]K_1 + K_1K_2}$$
(13-64)

滴定実験から式 13-62 を用いて差プロットをつくれば，K_1 と K_2 を求めることができる．このプロットは，pH に対して $\bar{n}_H$（測定値）をプロットしたグラフである．次に，最小二乗法により理論曲線（式 13-63）を実験曲線にあてはめ，残差の二乗の和を最小にする K_1 および K_2 の値を求める．

最もよい K_1 および K_2 の値は，残差の二乗の和を最小にする．

$$\sum(\text{残差})^2 = \sum[\bar{n}_H(\text{測定値}) - \bar{n}_H(\text{理論値})]^2 \qquad (13-65)$$

図 13-11 にアミノ酸のグリシンを滴定した実験データを示す．最初の溶液 40.0 mL に含まれていたのは，グリシン 0.190 mmol と，完全にプロトン化された $^+H_3NCH_2CO_2H$ の割合を増やすための塩酸 0.232 mmol である．0.490 5 M NaOH 溶液を既知体積加え，加えるたびに pH を測定する．滴下体積と pH が，それぞれ列 A と列 B の行 16 以降に書かれている．実験では pH の精度は小数第 3 位まであったが，pH の正確さはよくても ±0.02 であった．

$^+H_3NCH_2CO_2H$
グリシン
pK_1 = 2.35 ($\mu = 0$)
pK_2 = 9.78 ($\mu = 0$)

濃度，体積，モル数の値は，図 13-11 のセル B3：B6 に入力する．セル B7 の値「2」は，グリシンが二塩基酸であることを示す．セル B8 は，デービスの式 13-18 で計算された H^+ の活量係数である．セル B9 は，0.1 M KCl 溶液中の有効な pK'_w の値 = 13.797 で始める[10]．スプレッドシートで pK'_w を変化させ，実験データに最もよくあてはまる値として，セル B9 の 13.807 を得た．セル B10 とセル B11 は，それぞれグリシンの pK_1 および pK_2 の推定値で始め

	A	B	C	D	E	F	G	H	I
1	グリシンの差プロット								
2									
3	滴定剤NaOH=	0.4905	C_b (M)	C16 = 10^−B16/$B$8					
4	初体積 =	40	V_0 (mL)	D16 = 10^−$B$9/C16					
5	グリシン =	0.190	L (mmol)	E16 = $B$7+($B$6−$B$3*A16−(C16−D16)*($B$4+A16))/$B$5					
6	加えた塩酸 =	0.232	A (mmol)	F16 = $C16^2/($C16^2+$C16*$E$10+$E$10*$E$11)					
7	H^+の数 =	2	n	G16 = $C16*$E$10/($C16^2+$C16*$E$10+$E$10*$E$11)					
8	活量係数 =	0.78	γ_H	H16 = 2*F16+G16					
9	pK'_w =	13.807		I16 = (E16−H16)^2					
10	pK_1 =	2.312		K_1 =	0.0048713	= 10^−B10			
11	pK_2 =	9.625		K_2 =	2.371E−10	= 10^−B11			
12	Σ(残差)^2 =	0.0048	= 列 I の合計						
13									
14	v	pH	[H^+] =	[OH$^-$] =	測定値			理論値	(残差)^2 =
15	mL NaOH		(10^{-pH})/γ_H	(10^{-pKw})/[H^+]	n_H	α_{H2A}	α_{HA^-}	n_H	($n_{meas}-n_{theor})^2$
16	0.00	2.234	7.48E−03	2.08E−12	1.646	0.606	0.394	1.606	0.001656
17	0.02	2.244	7.31E−03	2.13E−12	1.630	0.600	0.400	1.600	0.000879
18	0.04	2.254	7.14E−03	2.18E−12	1.612	0.595	0.405	1.595	0.000319
19	0.06	2.266	6.95E−03	2.24E−12	1.601	0.588	0.412	1.588	0.000174
20	0.08	2.278	6.76E−03	2.30E−12	1.589	0.581	0.419	1.581	0.000056
21	0.10	2.291	6.56E−03	2.38E−12	1.578	0.574	0.426	1.574	0.000020
22	:								
23	0.50	2.675	2.71E−03	5.75E−12	1.353	0.357	0.643	1.357	0.000022
24	:								
25	1.56	11.492	4.13E−12	3.77E−03	0.016	0.000	0.017	0.017	0.000000
26	1.58	11.519	3.88E−12	4.01E−03	0.018	0.000	0.016	0.016	0.000004
27	1.60	11.541	3.69E−12	4.22E−03	0.015	0.000	0.015	0.015	0.000000

図 13-11 グリシン 0.190 mmol ＋ 塩酸 0.232 mmol を含む溶液 40.0 mL を 0.490 5 M NaOH 溶液で滴定するときの差プロットのスプレッドシート．セル A16：B27 は，実験データの一部のみを示す．[完全なデータは問題 13-15 にある．データ提供：A. Kraft, Heriot-Watt University.]

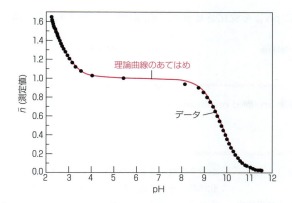

図 13-12 グリシンの滴定に対するビエルムの差プロット．わかりやすくするために，多くの実験点を省いてある．

る．ここでは表 10-1 の 2.35 および 9.78 を用いた（$\mu = 0$）．次節で説明するように，ソルバーを使って実験データに最もよくあてはまるように pK_1，pK_2，pK'_w を変化させ，セル B10 の 2.312 とセル B11 の 9.625 を得た．

図 13-11 のスプレッドシートでは，行 16 以降の列 C で [H^+] を，列 D で [OH^-] を計算する．式 13-62 のプロトンの平均数 $\bar{n}_H$（測定値）は，E 列にある．図 13-12 のビエルムの差プロットは，$\bar{n}_H$（測定値）の pH 依存性を表している．式 13-64 の α_{H_2A} と α_{HA^-} の値は列 F および列 G で計算され，$\bar{n}_H$（理論値）は式 13-63 を用いて列 H で計算される．列 I では，残差の二乗 [$\bar{n}_H$（測定値）$- \bar{n}_H$（理論値）]^2 が計算される．残差の二乗の和は，セル B12 にある．

Excel のソルバーを使用して複数のパラメータを最適化する

セル B12 の残差の二乗の和を最小にする pK'_w，pK_1，pK_2 の値を求めたい．まず，[ソルバー] を選ぶ．[ソルバー] のウィンドウで，[目的セルの設定] を B12，[目標値] を最小値，[変化させるセル] を B9，B10，B11 にする．次に，[解決] をクリックすると，ソルバーによりセル B12 の残差の二乗の和を最小にするセル B9，B10，B11 の最適値が求められる．セル B9，B10，B11 の値をそれぞれ 13.797，2.35，9.78 で始めると，セル B12 の残差の二乗の和は 0.110 である．ソルバーを実行したのち，セル B9，B10，B11 の値は 13.807，2.312，9.625 になる．セル B12 の和は，0.0048 まで小さくなる．ソルバーを使って複数のパラメータを一度に最適化するときは，異なる初期値で始めて，同じ解が得られるかを調べるとよい．初期値によっては，目的セルの値が他で得られるほど小さくない，局所的な極小値が得られることがある．

図 13-11 の列 H の値を用いると，理論曲線 $\bar{n}_H$（理論値）$= 2\alpha_{H_2A} + \alpha_{HA^-}$ をプロットできる．その結果を，図 13-12 に赤色の曲線で示した．曲線は，実験データによく一致している．この結果は，信頼性の高い pK_1 と pK_2 の値が求められたことを示唆する．

はじめに pK'_w はわかっていると述べたので，pK'_w を変化させるのは不適切なように思われるかもしれない．pK'_w を 13.797 から 13.807 に変化させると，あてはめが大幅に改善された．pK'_w を 13.797 に固定すると，図 13-12 の滴定の最後の部分で $\bar{n}_H$（測定値）の値は 0.04 近くで一定になった．このふるまいは，定性的に正しくない．なぜなら，$\bar{n}_H$ は高 pH でゼロに近づくはずだから

厳密にいえば，pK_1 と pK_2 にはプライム記号をつけて，0.10 M KCl 溶液における値であることを示すべきである．本書では記号の複雑化を避けるため，プライム記号を省いた．K_w については，$\mu = 0$ における値を K_w，$\mu = 0.10$ M における値を K'_w と区別した．

だ．わずかに pK'_w を変化させると，$\overline{n}_H$ がゼロに近づき，あてはめが著しく改善された．

重要なキーワード

差プロット（difference plot）　　連結平衡（coupled equilibria）

本章のまとめ

連結平衡は，共通の化学種を含む可逆反応である．したがって，それぞれの反応が他の反応に影響する．

酸塩基系の一般解法は，電荷均衡，物質収支，および平衡定数の式から始める．化学種と同数の独立した式がなければならない．酸および塩基のそれぞれの分率の式を電荷均衡の式に代入する．Na^+，Cl^- などの化学種の既知濃度を入れ，$[OH^-]$ を $K_w/[H^+]$ で置き換えると，残る変数は $[H^+]$ だけになる．Excel のソルバーを使って $[H^+]$ を求め，次に $[H^+]$ から他のすべての濃度を求める．酸塩基反応に加えてイオン対生成などの平衡反応がある場合は，すべての平衡の系統的解析が必要である．分率の式を最大限に利用して，問題を単純化する．

活量係数を考慮するときは，デービスの式による活量を用いて，化学反応ごとに条件平衡定数 K' を計算する．K' は，あるイオン強度における濃度の平衡商である．図 13-3 および図 13-5 のスプレッドシートを用いて，電荷均衡の式，または電荷均衡と物質収支の式を最小にする濃度を求め，イオン強度を計算する．循環参照の定義をもとにした反復法で，自動的に濃度とイオン強度を最適化する．

この章では，複雑な溶解度の問題を検討した．陽イオンと陰イオンがそれぞれ一つ以上の酸塩基反応を起こし，さらにイオン対を生成するような問題である．この場合，すべての酸塩基化学種の分率の式を物質収支の式に代入する．シュウ酸バリウムの系などでは，得られる式は陰イオンと陽イオンの式量濃度および $[H^+]$ を含む．溶解度積は陰イオンと陽イオンの式量濃度の関係を与えるので，物質収支の式からいずれか一つを消去できる．$[H^+]$ の値を仮定すると，残りの式量濃度，そしてすべての濃度が計算できる．こうして溶液の組成を pH の関数として求めることができる．非緩衝溶液の pH は，電荷均衡の式が満たされる pH である．

酸塩基滴定曲線から酸解離定数を求めるときは，差プロットすなわちビエルムプロットを作成する．このプロットは，ある酸塩基対に結合したプロトンの平均数 $\overline{n}_H$ を pH に対してプロットしたグラフである．この平均数の測定値は，混ぜた試薬の量と測定した pH から得られる．差プロットの理論式は，分率によって表される．Excel のソルバーを使って平衡定数を変化させ，測定データに最もよくあてはまる理論曲線を得る．この方法では，二乗の和 $\sum [\overline{n}_H(測定値) - \overline{n}_H(理論値)]^2$ を最小にする．

練習問題

先生方へ：以下の練習問題の多くは，時間がかかる．宿題にするときは配慮してください．

13-A. 活量係数とイオン対生成を無視して，ヒドロキシベンゼン（HA）0.010 mol，ジメチルアミン（B）0.030 mol，塩酸 0.015 mol を含む溶液 1.00 L の pH および化学種の濃度を求めよ．

13-B. デービスの式による活量係数を考慮して練習問題 13-A を解け．

13-C. (a) 活量係数とイオン対生成を無視して，2-アミノ安息香酸（中性分子，HA）0.040 mol，ジメチルアミン（B）0.020 mol，塩酸 0.015 mol を含む溶液 1.00 L の pH および化学種の濃度を求めよ．

(b) HA の三つのかたちそれぞれの分率はいくらか？ B の二つのかたちそれぞれの分率はいくらか？ 塩酸が B と反応し，次に過剰の B が HA と反応すると仮定して得られる答えと比べよ．この簡単な仮定において，あなたが予想する pH はいくらか？

13-D. 13-1 節で扱った酒石酸ナトリウム，塩化ピリジニウム，KOH の混合物に含まれる化学種について，デービスの式による活量係数を考慮して pH および濃度を求めよ．反応 13-1 から反応 13-4 についてのみ考えよ．

13-E. 以下のように反応する飽和 AgCN 溶液について，活量係数を含めずに考えよう．

$AgCN(s) \rightleftharpoons Ag^+ + CN^-$　　$pK_{sp} = 15.66$
$HCN(aq) \rightleftharpoons CN^- + H^+$　　$pK_{HCN} = 9.21$
$Ag^+ + H_2O \rightleftharpoons AgOH(aq) + H^+$　　$pK_{Ag} = 12.0$
$H_2O \rightleftharpoons H^+ + OH^-$　　$pK_w = 14.00$

ある物質（たとえば緩衝剤）を加えて pH を一定にすると，溶液の電荷均衡の式を書くことができなくなる．物

質収支の式は，次のようである

溶存銀のモル数＝溶存シアン化物イオンのモル数

それぞれの化学種の濃度を $[Ag^+]$ と $[H^+]$ で表せ．それらの式を物質収支の式に代入せよ．するとこの式は，濃度として $[Ag^+]$ と $[H^+]$ のみを含む．この式を $[Ag^+]$ について解け．以下の列を含むスプレッドシートを作成し，すべての濃度を計算せよ．

pH	$[H^+]$	$[Ag^+]$	$[CN^-]$	$[HCN]$	$[AgOH]$	$[OH^-]$	正味の電荷
0	1						
1	0.1						
・							
・							
・							
14	10^{-14}						
緩衝液なし	?						

非緩衝溶液の pH は，正味の電荷がゼロになる pH である．ソルバーを使って，正味の電荷がゼロになる pH を求めよ．それぞれの化学種の log[濃度] を pH に対してプロットし，図 13-6 のようなグラフをつくれ．平衡 $Ag_2O(s) + H_2O \rightleftharpoons 2Ag^+ + 2OH^-$ $(pK_{Ag_2O} = 15.42)$ を考えると，非緩衝溶液から $Ag_2O(s)$ が沈殿するだろうか？

13-F. ▣ **差プロット** 酢酸 3.96 mmol と塩酸 0.484 mmol を含む 0.10 M KCl 溶液 200 mL を 0.490 5 M NaOH 溶液で滴定し，酢酸の K_a を測定した．

(a) 結合したプロトンの実験に基づく平均数 $\bar{n}_H$（測定値）および理論的な平均数 $\bar{n}_H$（理論値）の式を書け．

(b) 下のデータから，pH に対して $\bar{n}_H$（測定値）をプロットしたグラフをつくれ．残差の二乗の和 $\sum [\bar{n}_H(測定値) - \bar{n}_H(理論値)]^2$ を最小にして，pK_a および pK'_w の最適値を求めよ．

v (mL)	pH	v (mL)	pH	v (mL)	pH	v (mL)	pH
0.00	2.79	2.70	4.25	5.40	4.92	8.10	5.76
0.30	2.89	3.00	4.35	5.70	4.98	8.40	5.97
0.60	3.06	3.30	4.42	6.00	5.05	8.70	6.28
0.90	3.26	3.60	4.50	6.30	5.12	9.00	7.23
1.20	3.48	3.90	4.58	6.60	5.21	9.30	10.14
1.50	3.72	4.20	4.67	6.90	5.29	9.60	10.85
1.80	3.87	4.50	4.72	7.20	5.38	9.90	11.20
2.10	4.01	4.80	4.78	7.50	5.49	10.20	11.39
2.40	4.15	5.10	4.85	7.80	5.61	10.50	11.54

データ出典：A. Kraft, *J. Chem. Ed.* **80**, 554 (2003).

章末問題

先生方へ：以下の章末問題の多くは，時間がかかる．宿題にするときは配慮してください．

13-1. pH が下がると塩基性陰イオンの塩の溶解度が大きくなるのはなぜか？　鉱物の方鉛鉱（PbS）と白鉛鉱（PbCO₃）に関する化学反応を書き，酸性雨がこれらの金属を溶解することを説明せよ．金属は，これらの比較的不活性な鉱物から環境に放出され，植物や動物に取り込まれる．

13-2. ▣ (a) イオン対生成や活量係数は考えず，酸塩基の化学のみを考えて，平衡の系統的解析法を適用し，ヒドロキシベンゼン（HA）0.010 0 mol と KOH 0.005 0 mol を含む溶液 1.00 L の pH を求めよ．

(b) 11 章の知識から予測される pH はいくらか？

(c) [HA] と [KOH] の両方が 100 分の 1 になった場合の pH を求めよ．

13-3. ▣ デービスの式による活量係数を考慮して，章末問題 13-2 (a) を解け．$pH = -\log([H^+]\gamma_{H^+})$ であることを思いだそう．

13-4. 表 10-1 のグリシンの pK_1 と pK_2 $(\mu = 0)$ から，$\mu = 0.1$ M における pK'_1 と pK'_2 を計算せよ．デービスの式による活量係数を用いよ．答えを図 13-11 のセル B10 とセル B11 に示されている実験に基づく値と比べよ．

13-5. ▣ イオン対生成や活量係数は考えず，酸塩基の化学のみを考えて，平衡の系統的解析法を適用し，エチレンジアミン 0.100 mol と HBr 0.035 mol を含む溶液 1.00 L の pH および化学種の濃度を求めよ．この pH と，11 章の方法で求めた pH を比べよ．

13-6. ▣ イオン対生成や活量係数は考えず，酸塩基の化学のみを考えて，ベンゼン-1,2,3-トリカルボン酸（H₃A）0.040 mol，イミダゾール（中性分子，HB）0.030 mol，NaOH 0.035 mol を含む溶液 1.00 L の pH および化学種の濃度を求めよ．

13-7. ▣ イオン対生成や活量係数は考えず，酸塩基の化学のみを考えて，アルギニン 0.020 mol，グルタミン酸 0.030 mol，KOH 0.005 mol を含む溶液 1.00 L の pH および化学種の濃度を求めよ．

13-8. ▣ デービスの式による活量係数を考慮して，章末問題 13-7 を解け．

13-9. ▣ 0.008 695 m KH₂PO₄ と 0.030 43 m Na₂HPO₄ を含む溶液は一次標準緩衝液であり，25 ℃ での pH は 7.413 と記されている．(a) デービスの式および (b) 拡張デバイ-ヒュッケル式による活量係数を考慮した平衡の系統的解析法を適用して，この溶液の pH を計算せよ．

13-10. ▣ イオン対生成や活量係数は考えず，酸塩基の化学の

みを考えて，H₄EDTA（EDTA ≡ エチレンジニトリロ四酢酸 ≡ H₄A）0.040 mol，リシン（中性分子 ≡ HL）0.030 mol，NaOH 0.050 mol を含む溶液 1.00 L の pH および組成を求めよ．

13-11. 🖥 図 8-1 において，KNO₃ を加えていない溶液は，5.0 mM Fe(NO₃)₃，5.0 μM NaSCN，15 mM 硝酸を含む．デービスの式による活量係数を考慮して，以下の反応のすべての化学種の濃度を求めよ．

$$Fe^{3+} + SCN^- \rightleftharpoons Fe(SCN)^{2+} \quad \log\beta_1 = 3.03 \ (\mu = 0)$$
$$Fe^{3+} + 2SCN^- \rightleftharpoons Fe(SCN)_2^+ \quad \log\beta_2 = 4.6 \ (\mu = 0)$$
$$Fe^{3+} + H_2O \rightleftharpoons FeOH^{2+} + H^+ \quad pK_a = 2.195 \ (\mu = 0)$$

(a) 四つの平衡定数（K_w を含む）の式を書け．平衡定数と活量係数を用いて条件平衡定数を表せ．たとえば，$K'_w = K_w/\gamma_{H^+}\gamma_{OH^-}$．$[Fe^{3+}]$，$[SCN^-]$，$[H^+]$ を用いて，$[Fe(SCN)^{2+}]$，$[Fe(SCN)_2^+]$，$[FeOH^{2+}]$，$[OH^-]$ を表す式を書け．

(b) 電荷均衡の式を書け．

(c) 鉄，チオシアン酸イオン，Na^+，NO_3^- の物質収支の式を書け．

(d) 七つの未知数（$[Fe^{3+}]$，$[SCN^-]$，$[H^+]$，$[Fe(SCN)^{2+}]$，$[Fe(SCN)_2^+]$，$[FeOH^{2+}]$，$[OH^-]$）と四つの平衡定数の式をもとに，Excel のソルバーを使って，7 − 4 = 3 個の未知数を求めたい．$[Fe^{3+}]$，$[SCN^-]$，$[H^+]$ を未知数として選び，(a) の式をスプレッドシートで使うのは理にかなっている．しかし残念ながら，ソルバーは三つの未知数をうまく求められないことがある．この問題は，そのような例の一つである．選択した未知数の一つを他の未知数で表すことができれば，二つの未知数を求める問題に変えられる．(a) の式をチオシアン酸イオンの物質収支の式に代入して，$[Fe^{3+}]$ を $[SCN^-]$ の関数として表す以下の式を導け．

$$[Fe^{3+}] = \frac{F_{SCN} - [SCN^-]}{\beta'_1[SCN^-] + 2\beta'_2[SCN^-]^2} \quad \text{(A)}$$

(e) 図 13-5 のようなスプレッドシートを作成し，5.0 mM Fe(NO₃)₃，5.0 μM NaSCN，15 mM 硝酸を含む溶液中のすべての化学種の濃度を求めよ．pSCN と pH をソルバーで求める二つの未知数とする．計算にあたっては，デービスの式による活量係数を用いよ．重要な確認として，Fe を含む化学種の和が 5.000 mM であり，チオシアン酸イオン（SCN^-）を含む化学種の和が 5.000 μM であることを示せ．

(f) この溶液は，H^+ を 0.0158 M だけ含む．硝酸からの H^+ は，0.0150 M である．残りの 0.0008 M H^+ はどこからきたか？

(g) 商 $[Fe(SCN)^{2+}]/(\{[Fe^{3+}] + [FeOH^{2+}]\}[SCN^-])$ を求めよ．これは，図 8-1 の $[KNO_3] = 0$ の点の値である．答えを図 8-1 と比べよ．図 8-1 の縦軸には $[Fe(SCN)^{2+}]/([Fe^{3+}][SCN^-])$ と記されているが，実際には $[Fe^{3+}]$ はチオシアン酸イオンに結合していない鉄の全濃度を表す．

(h) 溶液に 0.20 M KNO₃ 溶液も含まれるときの (g) の商を求めよ．答えを図 8-1 と比べよ．

13-12. 🖥 (a) 章末問題 13-11 と同様の手順でこの問題を解け．以下の平衡から，1.0 mM La₂(SO₄)₃ 溶液の化学種の濃度および pH を求めよ．デービスの式による活量係数を用いよ．

$$La^{3+} + SO_4^{2-} \rightleftharpoons La(SO_4)^+ \quad \beta_1 = 10^{3.64} \ (\mu = 0)$$
$$La^{3+} + 2SO_4^{2-} \rightleftharpoons La(SO_4)_2^- \quad \beta_2 = 10^{5.3} \ (\mu = 0)$$
$$La^{3+} + H_2O \rightleftharpoons LaOH^{2+} + H^+ \quad K_a = 10^{-8.5} \ (\mu = 0)$$

独立変数として pSO_4^{2-} と pH を選ぶ．$[La^{3+}]$ を $[SO_4^{2-}]$ と $[H^+]$ の関数として表す．私がソルバーを使って，[制約条件の精度] = 1E − 15 で電荷均衡および物質収支の二乗の和を最小にしようとしたところ，解に収束しなかった．そこで [制約条件の精度] を 1E − 10 に設定すると，ソルバーは解を見つけた．その後，[制約条件の精度] を 1E − 15 に設定し直して，$[SO_4^{2-}]$ と $[H^+]$ の値を交互に改善した．

(b) La₂(SO₄)₃ が強電解質であるとしたら，1.0 mM La₂(SO₄)₃ 溶液のイオン強度はいくらか？　また，この溶液の実際のイオン強度はいくらか？

(c) ランタンの La^{3+} のかたちの分率はいくらか？

(d) SO_4^{2-} が加水分解して HSO_4^- を生じることを考慮しなかったのはなぜか？

(e) この溶液から La(OH)₃(s) は沈殿するか？

13-13. 🖥 0.10 M KCN を含み，NaOH で pH 12.00 に調整された飽和 AgCN 溶液の組成を求めよ．また，どの化学種がおもな銀のかたちかを述べよ．以下の平衡を考慮して，デービスの式による活量係数を用いよ．

$$AgCN(s) \rightleftharpoons Ag^+ + CN^- \quad pK_{sp} = 15.66$$
$$HCN(aq) \rightleftharpoons CN^- + H^+ \quad pK_{HCN} = 9.21$$
$$Ag^+ + H_2O \rightleftharpoons AgOH(aq) + H^+ \quad pK_a = 12.0$$
$$Ag^+ + CN^- + OH^- \rightleftharpoons Ag(OH)(CN)^- \quad pK_{Ag} = -13.22$$
$$Ag^+ + 2CN^- \rightleftharpoons Ag(CN)_2^- \quad p\beta_2 = -20.48$$
$$Ag^+ + 3CN^- \rightleftharpoons Ag(CN)_3^{2-} \quad p\beta_3 = -21.7$$

<u>ヒント</u>：$[K^+] = 0.1$ M，$[H^+] = (10^{-pH})/\gamma_{H^+}$ である．pCN と pNa をソルバーで調整する変数として，物質収支と電荷均衡の式を最小にする．また，$[Ag^+] = K'_{sp}/[CN^-]$ である．平衡定数の式を用いて，$[OH^-]$，$[HCN]$，$[AgOH]$，$[Ag(OH)(CN)^-]$，$[Ag(CN)_2^-]$，$[Ag(CN)_3^{2-}]$ を求める．物質収支の式は，[全銀] + $[K^+]$ = [全シアン化物イオン] である．

13-14. Fe^{2+} とアミノ酸グリシンの反応について考えよう．

$$Fe^{2+} + G^- \rightleftharpoons FeG^+ \qquad p\beta_1 = -4.31$$
$$Fe^{2+} + 2G^- \rightleftharpoons FeG_2(aq) \qquad p\beta_2 = -7.65$$
$$Fe^{2+} + 3G^- \rightleftharpoons FeG_3^- \qquad p\beta_3 = -8.87$$
$$Fe^{2+} + H_2O \rightleftharpoons FeOH^+ + H^+ \qquad pK_a = 9.4$$
グリシン $^+H_3NCH_2CO_2H$, H_2G^+

$$pK_1 = 2.350, \quad pK_2 = 9.778$$

FeG_2 0.050 mol を水 1.00 L に溶かし，塩酸で pH を 8.50 に調整した．デービスの式による活量係数を考慮して，溶液の組成を求めよ．鉄のそれぞれのかたちの分率はいくらか？ また，グリシンのそれぞれのかたちの分率はいくらか？ 化学種の分布に基づいて，pH を 8.50 にするために塩酸の添加が必要であった理由を説明せよ．

ヒント：上に挙げた六つの平衡定数と K_w の計七つの平衡定数がある．未知の濃度は，pH を一定にするために加えた塩酸からの $[Cl^-]$ を含めて 11 個ある．鉄およびグリシンの物質収支の式，電荷均衡の式を書く．11 個の未知数と七つの式があるので，四つの未知数について解く必要があると考えるかもしれない．しかし，pH は一定であるので，$[H^+]$ は既知である．よって，ソルバーを使って三つの未知濃度について解く．平衡定数の式を用いて，すべての濃度を $[Fe^{2+}]$，$[G^-]$，$[H^+]$ で表す（$[H^+]$ は既知である）．$[Fe^{2+}]$，$[G^-]$，$[Cl^-]$ を独立変数とする．ソルバーを使って，電荷均衡と物質収支を組合せた式を満たす pFe，pG，pCl の値を求める．

13-15. 図 13-12 のグリシンの差プロットのデータを下に示す．

v (mL)	pH	v (mL)	pH	v (mL)	pH	v (mL)	pH
0.00	2.234	0.40	2.550	0.80	3.528	1.20	10.383
0.02	2.244	0.42	2.572	0.82	3.713	1.22	10.488
0.04	2.254	0.44	2.596	0.84	4.026	1.24	10.595
0.06	2.266	0.46	2.620	0.86	5.408	1.26	10.697
0.08	2.278	0.48	2.646	0.88	8.149	1.28	10.795
0.10	2.291	0.50	2.675	0.90	8.727	1.30	10.884
0.12	2.304	0.52	2.702	0.92	8.955	1.32	10.966
0.14	2.318	0.54	2.736	0.94	9.117	1.34	11.037
0.16	2.333	0.56	2.768	0.96	9.250	1.36	11.101
0.18	2.348	0.58	2.802	0.98	9.365	1.38	11.158
0.20	2.363	0.60	2.838	1.00	9.467	1.40	11.209
0.22	2.380	0.62	2.877	1.02	9.565	1.42	11.255
0.24	2.397	0.64	2.920	1.04	9.660	1.44	11.296
0.26	2.413	0.66	2.966	1.06	9.745	1.46	11.335
0.28	2.429	0.68	3.017	1.08	9.830	1.48	11.371
0.30	2.448	0.70	3.073	1.10	9.913	1.50	11.405
0.32	2.467	0.72	3.136	1.12	10.000	1.52	11.436
0.34	2.487	0.74	3.207	1.14	10.090	1.54	11.466
0.36	2.506	0.76	3.291	1.16	10.183	1.56	11.492
0.38	2.528	0.78	3.396	1.18	10.280	1.58	11.519
						1.60	11.541

データ出典：A. Kraft, *J. Chem. Ed.*, **80**, 554 (2003).

(a) 図 13-11 のスプレッドシートを再現し，ソルバーを実行した後にセル B10 の pK_1 とセル B11 の pK_2 が同じ値になることを示せ．pK_1 と pK_2 を異なる値で始めても，ソルバーで同じ解が得られるかを確かめよ．

(b) pK'_w を推定値 13.797 に固定して，ソルバーを用いて pK_1 と pK_2 の最適値を求めよ．pK'_w を一定にすると，$\bar{n}_H$（測定値）がどのようにふるまうかを説明せよ．

13-16. 差プロット　三塩基酸トリス(2-アミノエチル)アミン・3HCl 0.139 mmol と 塩酸 0.115 mmol を含む 0.10 M KCl 溶液 40 mL を 0.4905 M NaOH 溶液で滴定し，酸解離定数を求めた．

$$N(CH_2CH_2NH_3^+)_3 \cdot 3Cl^-$$
トリス(2-アミノエチル)アミン・3HCl
$$H_3A^{3+} \cdot 3Cl^-$$

(a) 結合したプロトンの実験に基づく平均数 $\bar{n}_H$（測定値）と理論的な平均数 $\bar{n}_H$（理論値）を表す式を書け．

(b) 下のデータから，pH に対して $\bar{n}_H$（測定値）をプロットしたグラフを描き，残差の二乗の和 $\sum[\bar{n}_H$（測定値）$- \bar{n}_H$（理論値）$]^2$ が最小になるように，pK_1, pK_2, pK_3, pK'_w の最適値を求めよ．

v (mL)	pH	v (mL)	pH	v (mL)	pH	v (mL)	pH
0.00	2.709	0.36	8.283	0.72	9.687	1.08	10.826
0.02	2.743	0.38	8.393	0.74	9.748	1.10	10.892
0.04	2.781	0.40	8.497	0.76	9.806	1.12	10.955
0.06	2.826	0.42	8.592	0.78	9.864	1.14	11.019
0.08	2.877	0.44	8.681	0.80	9.926	1.16	11.075
0.10	2.937	0.46	8.768	0.82	9.984	1.18	11.128
0.12	3.007	0.48	8.851	0.84	10.042	1.20	11.179
0.14	3.097	0.50	8.932	0.86	10.106	1.22	11.224
0.16	3.211	0.52	9.011	0.88	10.167	1.24	11.268
0.18	3.366	0.54	9.087	0.90	10.230	1.26	11.306
0.20	3.608	0.56	9.158	0.92	10.293	1.28	11.344
0.22	4.146	0.58	9.231	0.94	10.358	1.30	11.378
0.24	5.807	0.60	9.299	0.96	10.414	1.32	11.410
0.26	6.953	0.62	9.367	0.98	10.476	1.34	11.439
0.28	7.523	0.64	9.436	1.00	10.545	1.36	11.468
0.30	7.809	0.66	9.502	1.02	10.615	1.38	11.496
0.32	8.003	0.68	9.564	1.04	10.686	1.40	11.521
0.34	8.158	0.70	9.626	1.06	10.756		

データ出典：A. Kraft, *J. Chem. Ed.*, **80**, 554 (2003).

(c) H_3A^{3+}, H_2A^{2+}, HA^+, A の分率の pH 依存性を表すグラフを描け．

13-17. 酸塩基系のイオン対生成　この問題では，13-1 節の酸塩基の化学にイオン対平衡の式 13-12 および式 13-13 を取り入れる．

(a) 物質収支の式 13-15 から式 13-16 までを導け．

(b) 平衡定数の式を物質収支の式 13-17 に代入して，$[T^{2-}]$

を $[H^+]$, $[Na^+]$, および各平衡定数で表す式を導け.

(c) **(b)** と同じやり方で, $[HT^-]$ と $[H_2T]$ の式を導け.

(d) 図 13-1 のスプレッドシートに化学種 $[NaT^-]$ と $[NaHT]$ を加えて, 溶液の組成および pH を計算せよ. 式 13-16 を用いて, $[Na^+]$ を計算せよ. **(b)** および **(c)** で導いた式から, $[H_2T]$, $[HT^-]$, $[T^{2-}]$ を計算せよ. Excel は循環参照があることを示すだろう. なぜなら, たとえば $[Na^+]$ の式は $[T^{2-}]$ によって決まり, $[T^{2-}]$ の式は $[Na^+]$ によって決まるからだ. Excel で循環参照を扱えるようにする (363 ページ参照). 次にソルバーを使って, セル E15 の正味の電荷をゼロ (近く) まで小さくするセル H13 の pH を求めよ.

14 電気化学の基礎
Fundamentals of Electrochemistry

リチウムイオン電池

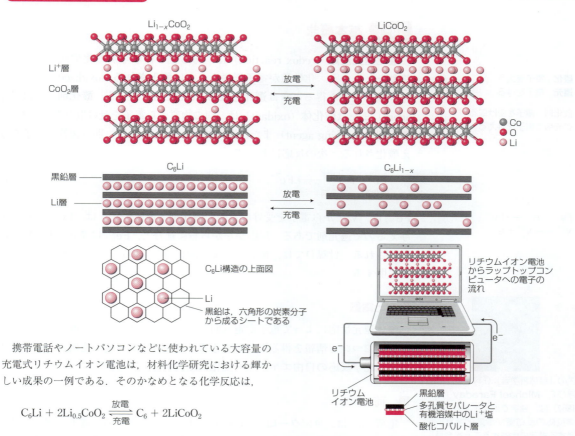

携帯電話やノートパソコンなどに使われている大容量の充電式リチウムイオン電池は，材料化学研究における輝かしい成果の一例である．そのかなめとなる化学反応は，

$$C_6Li + 2Li_{0.5}CoO_2 \xrightleftharpoons[\text{充電}]{\text{放電}} C_6 + 2LiCoO_2$$

である．C_6Li では，リチウム原子は黒鉛の層の間に存在している．層間にある原子または分子は，<u>インターカレート</u>（intercalate）されているという．蓄電池が放電するとき，リチウムイオンは黒鉛から酸化コバルトへ移動する．その際，リチウム原子は黒鉛に電子を残し，生じた Li^+ イオンは CoO_2 層間にインターカレートされる．この Li^+ は，黒鉛から酸化コバルトへ移動するとき，高沸点の有機溶媒にリチウム塩を溶かした電解質溶液を通る．黒鉛と酸化コバルトの層間にある多孔質ポリマーのセパレータは，Li^+ イオンを通過させるが電気絶縁体である．電子は，黒鉛から外部回路を通って酸化コバルトに達し，電気的中性を保つ．充電時には，Li^+ は外部からかけられた電場の影響を受けて，$LiCoO_2$ から黒鉛へ移動する．

この蓄電池は，本章の主題である<u>ガルバニ電池</u>（galvanic cell）である．ガルバニ電池は，自発的な化学反応によって電気を生みだす．リチウムイオン電池は，約 3.7 V の電圧を発生する．この電池が単位質量あたりに蓄えるエネルギーは，ニッケル水素電池の 2 倍である．現在の研究開発では，電極およびセパレータ層に用いる材料と高面積微細構造の改良が進められている．目標は，さらに高いエネルギー密度，より長い寿命，およびより安全な動作の実現である．2013 年，リチウムイオン電池による 2 度の火事のため，ボーイング 787 ジェット機が 4 カ月間飛行停止になった．これはまれな事故であるが，飛行機での安全な作動は絶対に欠かせない．

電気化学 (electrochemistry) は分析化学の主要分野の一つであり，化学系の分析のために電気測定を行う[1]．たとえば，1章扉では，神経細胞から放出された神経伝達物質を測定するのに用いられる電極を紹介した．また，電気化学は，化学反応を進めるための電気の利用，および電気を生みだすための化学反応の利用にも関連する．

14-1 基本概念

酸化還元反応 (redox reaction) は，ある化学種から別の化学種への電子の移動をともなう．化学種が電子を失うときは**酸化される** (oxidized) といい，化学種が電子を得るときは**還元される** (reduced) という．**酸化剤** (oxidizing agent) または**酸化体** (oxidant) は，別の物質から電子を受け取り還元される．**還元剤** (reducing agent) または**還元体** (reductant) は，別の物質に電子を与え酸化される．次の反応において，

$$\underset{\text{酸化剤}}{Fe^{3+}} + \underset{\text{還元剤}}{V^{2+}} \longrightarrow Fe^{2+} + V^{3+} \tag{14-1}$$

酸化：電子を失う
還元：電子を得る

酸化剤：電子を受け取る
還元剤：電子を与える

$Fe^{3+} + e^- \longrightarrow Fe^{2+}$
$V^{2+} \longrightarrow V^{3+} + e^-$

Fe^{3+} は，V^{2+} から電子を受け取るので酸化剤である．V^{2+} は，Fe^{3+} に電子を与えるので還元剤である．反応が左から右に進むと，Fe^{3+} は還元され，V^{2+} は酸化される．付録Dでは，酸化数および酸化還元反応式のつり合わせ方について説明する．

化学と電気

酸化還元反応によって電子が電気回路を流れるとき，電流と電圧を測定すると反応について情報を得ることができる．電流は反応速度に比例し，セル電圧は電気化学反応の自由エネルギー変化に比例する．

電 荷

電荷 (q) は，単位**クーロン** (coulomb, C) で測定される．電子1個またはプロトン1個の電荷の大きさは 1.602×10^{-19} C であるので，1 mol の電子またはプロトンの電荷は $(1.602 \times 10^{-19}\,C)(6.022 \times 10^{23}\,mol^{-1}) = 9.649 \times 10^4$ C である．これを**ファラデー定数** (Faraday constant, F) と呼ぶ．分子あたりの電荷の数が n である化学種 N mol の電荷のモル数は，nN である．たとえば，Fe^{3+} は各イオンが $+3$ の電荷をもつので，$n = 3$ である．電荷とモル数には，次の関係がある．

電荷とモル数の関係： $$q = n \cdot N \cdot F \tag{14-2}$$

クーロン　分子あたり　モル数　$\dfrac{C}{mol}$
　　　　　の電荷数

分子あたりの電荷の数 n は無次元なので，両辺の単位は等しい．Fe^{3+} 1 mol の電荷は，$q = nNF = (3)(1\,mol)(9.649 \times 10^4\,C/mol) = 2.89 \times 10^5$ C である．

英国の「自然哲学者」（「科学者」の古い呼び名）**Michael Faraday** (1791～1867) は，独学で研究を進め，電気化学反応の反応量が電気化学セルを通過する電荷に比例することを発見した．さらに Faraday は，電磁気学の多くの基本法則を発見した．**イオン**，**カチオン**，**アニオン**，**電極**，**カソード**，**アノード**，電解質などの言葉をつくったのも彼である．電気モーター，発電機，変圧器などの装置もつくった．また，彼の講義の才能は素晴らしいもので，それは王立研究所で子供向けに行ったクリスマスの講義実験によってよく知られている．Faraday は，「『子供たち』に向かって話すことに大きな喜びを感じ，たちまち彼らの信頼を得た…．子供たちは彼が自分たちの仲間であるかのように感じた．実際に，熱中した彼はまるでインスピレーションを得た子供のようだった．」[2]
[Science Source.]

> **例題** クーロンと反応量を関連付ける
>
> 反応 14-1 で Fe^{3+} 5.585 g が還元されるとき，何クーロンの電荷が V^{2+} から Fe^{3+} に移動するか．
>
> **解法** 還元された鉄のモル数は，$(5.585\,g)/(55.845\,g/mol) = 0.1000\,mol$ Fe^{3+} である．各 Fe^{3+} イオンは，反応 14-1 で $n = 1$ 個の電子を必要とする．ファラデー定数を代入すると，電子 0.1000 mol のクーロン数は次の値になる．
>
> $$q = nNF = (1)(0.1000\,mol)\left(9.649 \times 10^4\,\frac{C}{mol}\right) = 9.649 \times 10^3\,C$$
>
> **類題** 電荷 1.00 C により何モルの Sn^{4+} が Sn^{2+} に還元されるか？
> （**答え**：5.18 μmol）

電 流

電流（current）は，回路を 1 秒あたりに流れる電荷の量である．電流の単位は**アンペア**（ampere）であり，A で表される．1 アンペアの電流は，回路のある点を 1 秒あたりに 1 クーロンの電荷が通過することを意味する．

> **例題** 電流と反応速度を関連付ける
>
> Sn^{4+} を含む溶液中に浸した白金線に電流を流す（図 14-1）．Sn^{4+} は，一定の速度 4.24 mmol/h で Sn^{2+} に還元された．溶液を流れた電流はいくらか？
>
> **解法** 1 個の Sn^{4+} イオンを還元するには，2 個の電子が必要である．
> $$Sn^{4+} + 2e^- \longrightarrow Sn^{2+}$$
>
> 電子の流れの速度は，$(2\,mmol\,e^-/mmol\,Sn^{4+})(4.24\,mmol\,Sn^{4+}/h) = 8.48$ mmol e^-/h であり，次の値に換算される．
>
> $$\frac{8.48\,mmol\,e^-/h}{3600\,s/h} = 2.356 \times 10^{-3}\,\frac{mmol\,e^-}{s} = 2.356 \times 10^{-6}\,\frac{mol\,e^-}{s}$$
>
> 電流を求めるには，1 秒あたりの電子のモル数を 1 秒あたりのクーロン数に変換する．
>
> $$電流 = \frac{電荷}{時間} = \frac{C}{s} = \frac{mol}{s} \cdot \frac{C}{mol}$$
> $$= \left(2.356 \times 10^{-6}\,\frac{mol}{s}\right)\left(9.649 \times 10^4\,\frac{C}{mol}\right)$$
> $$= 0.227\,C/s = 0.227\,A = 227\,mA$$
>
> **類題** 速度 1.00 mmol/h で Sn^{4+} を還元する電流はいくらか？
> （**答え**：53.6 mA）

図 14-1 白金線コイルに電子が流入すると，溶液中の Sn^{4+} イオンが Sn^{2+} に還元される．このビーカーだけでは不完全な回路なので，この過程は起こらない．Sn^{4+} がこの白金電極上で還元されるとき，何か他の化学種がどこか別の場所で酸化されねばならない．

図 14-1 に示した白金**電極**（electrode）は，酸化還元反応において化学種に電子を与えたり，化学種から電子を受け取ったりする．白金はよく使われる<u>不活性</u>（inert）電極であり，電子の導体として働く以外は酸化還元反応に関与しない．

電圧，仕事，自由エネルギー

正と負の電荷は，互いに引きつけあう．正の電荷は，他の正の電荷と反発する．同様に，負の電荷は他の負の電荷と反発する．電荷が存在すると，荷電粒子を引きつけたり，反発したりして**電位**（electric potential）が生じる．二つの点の間の**電位差**（または電圧）E は，電荷がある点から他の点へ動くときに単位電荷あたりに必要とされる仕事，または行われる仕事である．**電位差**（potential difference）は，単位**ボルト**（volt，V）で測定される．二つの点の間の電位差が大きいほど，荷電粒子がこれらの点の間を動くときに必要な仕事は大きくなる．

電流と電位を理解するのによいたとえは，庭のホースを流れる水である（図 14-2）．電流は，電線のある点を1秒あたりに通過する電荷の量である．電流は，ホースのある点を1秒あたりに通過する水の体積に似ている．電位差は，ホース内の水にかかる圧力に似ている．圧力が大きいほど，水の流れは速くなる．

電荷 q が電位差 E を動くとき，行われる仕事は次の通りである．

仕事と電圧の関係： 仕事 $= E \cdot q$　　　　(14-3)
　　　　　　　　ジュール　ボルト クーロン

仕事はエネルギーの次元をもち，単位は<u>ジュール</u>（joule, J）である．1 <u>ジュール</u>とは，電位差1<u>ボルト</u>の2点間を1<u>クーロン</u>の電荷が動くときに得られるか失われるエネルギーである．式 14-3 から，V の次元は J/C であることがわかる．

> **例題　電気的仕事**
>
> 電子 2.4 mmol が電位差 0.27 V を進むときに行われる仕事はいくらか？
>
> **解法**　式 14-3 を用いるには，電子のモル数を電荷（クーロン）数に換算しなければならない．電子は -1 の電荷をもつ（$n = 1$）ので，
>
> $$q = nNF = (1)(2.4 \times 10^{-3}\,\text{mol})(9.649 \times 10^4\,\text{C/mol}) = 2.3 \times 10^2\,\text{C}$$
>
> 行われる仕事は，次式で求められる．
>
> $$\text{仕事} = E \cdot q = (0.27\,\text{V})(2.3 \times 10^2\,\text{C}) = 62\,\text{J}$$
>
> **類題**　e^- 1.00 μmol が 1.00 J の仕事をするには，いくらの電位差（V）が必要か？　（**答え**：10.4 V）

庭のホースのたとえで，ホースの一端をもう一方の端より1mだけ高くもち

同じ符号の電荷を互いに近づけるには，仕事が必要である．反対の符号の電荷が互いに近づくと，仕事が行われる．

電流は，1秒あたりにホースから流れでる水の体積に似ている．

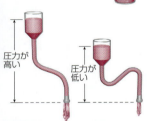

電位差は，ホース内の水を押す静水圧に似ている．圧力が高くなると，流れが速くなる．

図 14-2　電線内の電気の流れは，ホース内の水の流れと似ている

上げ，ホースに水 1 L を流すとしよう．流れる水はある機械を通り，一定量の仕事をする．ホースの一端をもう一方の端より 2 m だけ高くもち上げると，流れ落ちる水によって行われる仕事の量は 2 倍になる．ホースの両端の高低差は電位差に似ており，水の体積は電荷の量に似ている．回路の 2 点間の電位差が大きいほど，その 2 点間を流れる電荷が行う仕事は大きくなる．

一定の温度と圧力において可逆的に起こる化学反応の自由エネルギー変化 ΔG は，その反応によって周囲になされる最大の電気的仕事と等しい．

ΔG について 6-2 節で簡単に説明した．

$$\text{周囲になされる仕事} = -\Delta G \tag{14-4}$$

式 14-4 の負符号は，仕事が周囲に行われるときに系の自由エネルギーが小さくなることを意味する．

式 14-2，式 14-3，式 14-4 を合わせると，最も重要な関係式が得られる．

$$\Delta G = -\text{仕事} = -E \cdot q$$

自由エネルギー差と電位差の関係：

$$\Delta G = \underset{\text{ジュール}\,(J)}{} = -\underset{\substack{\text{分子あたり}\\\text{の電荷数}}}{n} \cdot \underset{\text{モル数}}{N} \cdot \underset{\text{C/mol}}{F} \cdot \underset{\substack{\text{ボルト}\\(V)}}{E} \tag{14-5}$$

$q = nNF$

式 14-5 は，化学反応の自由エネルギー変化を反応によって生じる電位差（すなわち電圧）と関連付ける．n は分子あたりの電荷を表す無次元の数，N はモル数なので，nN は反応で動く電荷のモル数であることを思いだそう．

オームの法則

オームの法則（Ohm's law）は，電流 I が回路の電位差（電圧）に正比例し，回路の**抵抗**（resistance, R）に反比例することを表す．

$$\text{オームの法則：} \quad I = \frac{E}{R} \tag{14-6}$$

電圧が大きいほど，電流は大きくなる．抵抗が大きいほど，電流は小さくなる．

抵抗の単位は**オーム**（ohm）で，ギリシャ文字の Ω（オメガ）で表される．回路の電位差が 1 ボルトで抵抗が 1 オームのとき，1 アンペアの電流が流れる．式 14-6 から，単位アンペア（A）は V/Ω に等しい．

コラム 14-1 では，単分子の抵抗測定について述べる．電流と電圧を測定し，オームの法則を適用する．

電 力

電力（power, P）は，単位時間あたりに行われる仕事である．電力の SI 単位は J/s であるが，それはしばしば**ワット**（watt, W）で表される．

$$P = \frac{\text{仕事}}{\text{s}} = \frac{E \cdot q}{\text{s}} = E \cdot \frac{q}{\text{s}} \tag{14-7}$$

q/s は電流 I であるから，次のように書ける．

$$P = E \cdot I \tag{14-8}$$

電位差 1 ボルトの電流 1 アンペアを供給する電池の電力は，1 ワットである．

電力（ワット）= 1 秒あたりの仕事
$P = E \cdot I = (IR) \cdot I = I^2 R$

コラム 14-1

オームの法則，電気伝導度，分子ワイヤー[3]

単一分子の電気伝導度は，分子を二つの金電極間に固定して，電圧と電流を測定し，オームの法則を適用して求められる．電気伝導度は抵抗の逆数であり，その単位は 1/オーム≡ジーメンス（S）である．

分子で回路をつくるため，両端にチオール基（-SH）をもつ試験分子を含む溶液中で，走査型トンネル顕微鏡の鋭い金の探針を平らな金基板に近づけたり，離したりする．チオールは自発的に金に結合し，下図に示すような架橋を形成する．金表面間の電位差が 0.1 V のとき，数ナノアンペアの電流が観察された．

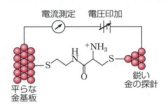

下図は，走査型トンネル顕微鏡の探針を金基板から遠ざけながら電気伝導度を 4 回測定した結果である．19 nS の倍数値に平坦部が見られる．一つの解釈は，二つの金表面を結ぶ単一分子の電気伝導度が 19 nS（すなわち抵抗が 50 MΩ）であるということだ．二つの分子が並列に架橋すると，電気伝導度は 38 nS に上がる．分子が三つなら，電気伝導度は 57 nS になる．架橋が三つある場合に電極を引き離すと，架橋の一つが切れて電気伝導度は 38 nS に下がる．二番目の架橋が切れると，電気伝導度は 19 nS に下がる．電気伝導度が正確に一定にならないのは，金表面の分子それぞれの環境が同じではないからだ．500 回以上観察したときの結果のヒストグラム（挿入図）は，19, 38, 57 nS にピークを示す．

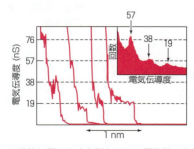

ジチオール溶液に浸した走査型トンネル顕微鏡の金の探針を金基板から遠ざけたときの電気伝導度の変化．［データ出典：X. Xiao et al., *J. Am. Chem. Soc.*, **126**, 5370 (2004).］

アルカン炭化水素は電気絶縁体の典型と考えられる．アルカンジチオールの電気伝導度は，鎖の長さが長くなるにつれて指数関数的に減少する[4]．

HS(CH$_2$)$_8$SH　　電気伝導度 = 16.1 nS

HS(CH$_2$)$_{10}$SH　　電気伝導度 = 1.37 nS

HS(CH$_2$)$_{12}$SH　　電気伝導度 = 0.35 nS

下に示す芳香族共役系をもつビピリジンの電気伝導度は，同じ長さの飽和炭化水素より数桁も大きい．実際，繰り返し単位が六つ，長さが 11 nm の化合物の電気伝導度は 2.9 nS であり，炭素原子のみを含む同じくらいの長さの芳香族分子鎖の報告値より約 3 桁も大きい．

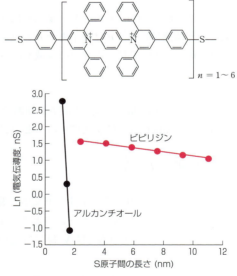

硫黄間の鎖長に対する電気伝導度の依存性．［ビピリジンのデータ出典：V. Kolivoška et al., *J. Phys. Chem. Lett.*, **4**, 589 (2013).］

例題　オームの法則の利用

図 14-3 の回路において，電池は電位差 3.0 V を生じ，抵抗器の抵抗は 100 Ω である．電池と抵抗器をつなぐ電線の抵抗は無視できる．電池による電流および電力を求めよ．

解法　電流は，

$$I = \frac{E}{R} = \frac{3.0 \text{ V}}{100 \text{ Ω}} = 0.030 \text{ A} = 30 \text{ mA}$$

電池による電力は，

$$P = E \cdot I = (3.0 \text{ V})(0.030 \text{ A}) = 90 \text{ mW}$$

である．

類題　電力を 180 mW にするのに必要な電圧はいくらか？　（**答え**：4.24 V）

図 14-3　電池と抵抗器から構成される回路．1740 年代，Benjamin Franklin は静電気について調べた[5]．ガラス棒を絹の布でこするときに布からガラス棒へと流れる流体が電気であると彼は考えた．現在私たちは，ガラス棒から絹の布へ電子が流れることを知っている．しかし，Franklin が定めた電流の向きに関する決まりはいまでも残っており，私たちは電流が＋極から－極へ流れるという（電子の流れとは逆向き）．

電力によって回路で何が起こるだろうか？　この<u>エネルギーが，抵抗器で熱を生じる</u>．電力（90 mW）は，抵抗器で発生する熱の生成速度に等しい．

ここ数ページで出てきた記号，単位，関係を以下にまとめよう．

電荷とモル数の関係： $q = n \cdot N \cdot F$
　　　　　　　　　　電荷　分子あたり　モル数　ファラデー定数
　　　　　　　　　　(C)　 の電荷数　　　　　　(C/mol)

仕事と電圧の関係：仕事 $= E \cdot q$　　　　　（単位：**J/C = V**）
　　　　　　　　　(J)　 電圧 電荷
　　　　　　　　　　　　(V)　(C)

自由エネルギー差と電位差の関係： $\Delta G = -n \cdot N \cdot F \cdot E$
　　　　　　　　　　　　　　　　　(J)　分子あたり モル数 (C/mol) 電圧
　　　　　　　　　　　　　　　　　　　の電荷数　　　　　　　　　(V)

オームの法則： $I = E / R$
　　　　　　　電流　電圧　抵抗
　　　　　　　(A)　 (V)　 (Ω)

電　力： $P = \dfrac{\text{仕事}}{\text{s}} = E \cdot I$
　　　　 電力　　(J/s)　　電圧 電流
　　　　 (W)　　　　　　 (V)　(A)

14-2　ガルバニ電池

ガルバニ電池（galvanic cell）またはボルタ電池（voltaic cell）は，<u>自発的な（spontaneous）化学反応を利用して電気を発生させる</u>．そのためには，一つの試薬が酸化され，もう一つの試薬は還元されねばならない．また，二つの試薬を接触させてはならない．その場合，還元剤から酸化剤へ電子が直接流れることになる．そうならないように酸化剤と還元剤を物理的に分離して，ある反応物から他の反応物へと電線を通して電子を流す．

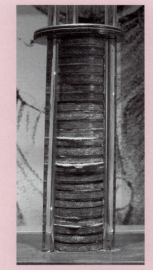

Alessandro Volta（1745～1827）が 1799 年に発明した電池は，塩水に浸した厚紙で隔てられた Zn と Ag の層でできていた．ロンドンの王立研究所に展示されている「ボルタの電堆」は，Humphry Davy と Michael Faraday が 1814 年にイタリアを訪れたときに Volta から贈られたものである．Davy は，電気分解を利用してはじめて Na, K, Mg, Ca, Sr, Ba を単離した．Faraday は，電堆を使って電磁気の法則を発見した．［提供：Daniel Harris.］

電池のしくみ

図 14-4 は，一つの $CdCl_2$ 溶液中に浸された二つの電極をもつガルバニ電池を表す．一方の電極はカドミウム，他方の電極は固体の AgCl で覆われた金属銀である．以下の反応が起こる．

$$\begin{aligned}
\text{還元：} \quad & 2AgCl(s) + 2e^- \rightleftharpoons 2Ag(s) + 2Cl^-(aq) \\
\text{酸化：} \quad & \underline{Cd(s) \rightleftharpoons Cd^{2+}(aq) + 2e^-} \\
\text{全反応：} \quad & Cd(s) + 2AgCl(s) \rightleftharpoons Cd^{2+}(aq) + 2Ag(s) + 2Cl^-(aq)
\end{aligned} \quad (14\text{-}9)$$

全体の反応は還元と酸化からなる．還元と酸化のそれぞれは，**半反応**（half-reaction）と呼ばれる．二つの半反応の式は電子数が等しくなるように書かれ，全反応の式には自由電子 e^- は含まれない．

回路中に置かれた**電位差計**（potentiometer）によって，二つの金属電極間の電位の差（電圧）を測定する．測定される電圧は，$E_{\text{measured}} = E_+ - E_-$ である．ここで，E_+ は電位差計の＋極コネクタに接続された電極の電位，E_- は－極コネクタに接続された電極の電位である．図のように電位差計の－極に電子が流れこむ場合，電圧は正である．電位差計は電気抵抗が大きいため，わずかな電流しか流さない．電位差計にまったく電流が流れないのが理想である．このようにして測定される電位差を<u>開路電位</u>（open-circuit potential）と呼ぶ．この電位差は，電極が互いにつながれていないときに観察されるであろう理想の電位差である．

図 14-4 において，金属 Cd が $Cd^{2+}(aq)$ に酸化されると，電子は回路を通って Ag 電極へと流れる．このとき Ag 表面では，AgCl の Ag^+ が $Ag(s)$ に還元される．AgCl の塩化物イオンは溶液に移る．全反応の自由エネルギー変化（Cd 1 mol あたり -150 kJ）が，回路に電子を流す推進力となる．

> 自発反応では ΔG は負であることを思いだそう．

図 14-4 簡単なガルバニ電池

> **例題 化学反応で生じる電圧**
>
> 図 14-4 の電位差計で測定される電圧を計算せよ．
>
> **解法** ΔG が Cd 1 mol あたり $-150\,\mathrm{kJ}$ なので，式 14-5 を用いて次のように書ける．ここで，n は全反応式で移動する電子の数である．
>
> $$E = -\frac{\Delta G}{nNF} = -\frac{-150 \times 10^3 \,\mathrm{J}}{(2)(1\,\mathrm{mol})\left(9.649 \times 10^4 \dfrac{\mathrm{C}}{\mathrm{mol}}\right)}$$
>
> $$= +0.777\,\mathrm{J/C} = +0.777\,\mathrm{V}$$
>
> 自発的な化学反応（負の ΔG）によって，正の電圧が生じる．
>
> **類題** $\Delta G = +150\,\mathrm{kJ}$，$n = 1$ のときの E を求めよ．
> （**答え**：$-1.55\,\mathrm{V}$）

思いだそう．
 $1\,\mathrm{J/C} = 1\,\mathrm{V}$
 n は無次元である

カソード（cathode）は還元が起こる電極，アノード（anode）は酸化が起こる電極と定義される．図 14-4 では Ag の表面で還元が起こるので，Ag がカソードである（$2\mathrm{AgCl} + 2\mathrm{e}^- \longrightarrow 2\mathrm{Ag} + 2\mathrm{Cl}^-$）．Cd は酸化されるので，アノードである（$\mathrm{Cd} \longrightarrow \mathrm{Cd}^{2+} + 2\mathrm{e}^-$）．

カソード：還元が起こる
アノード：酸化が起こる

電子はより正の電位に向かって動く

負の電荷を帯びた電子は，より正である電位のほうへ進む．図 14-4 の Ag 電極は，Cd 電極に対して正である．したがって，電子は Cd 電極から Ag 電極へ回路を通って動く．ネルンスト式を学ぶと，電極電位の求め方がわかるので，電子の流れの向きを予想できるようになる．

電子は，溶液中を簡単には伝わらず，電線を通って移動する．逆にイオンは，電線を通らないので，溶液中を移動しなければならない．電気的中性は，電子の流れとイオンの流れのつり合いによって保たれる．よって，どの部分でも電荷が大量に蓄積することはない．

Michael Faraday は，自分の発見を「科学の一般原因を明らかにし」，「科学の進歩を遅らせない」言葉で表したいと考え，ケンブリッジ大学の William Whewell に協力を求めた．Whewell は，「登り道」と「下り道」を意味する「アノード」と「カソード」などの術語をつくった（図 14-4）．

塩 橋

図 14-5 の電池について考えてみよう．意図した反応は，以下のようである．

$$\begin{array}{ll}
\text{カソード：} & 2\mathrm{Ag}^+(aq) + 2\mathrm{e}^- \rightleftharpoons 2\mathrm{Ag}(s) \\
\text{アノード：} & \mathrm{Cd}(s) \rightleftharpoons \mathrm{Cd}^{2+}(aq) + 2\mathrm{e}^- \\
\hline
\text{全反応：} & \mathrm{Cd}(s) + 2\mathrm{Ag}^+(aq) \rightleftharpoons \mathrm{Cd}^{2+}(aq) + 2\mathrm{Ag}(s)
\end{array} \quad (14\text{-}10)$$

全反応は自発的であるが，Ag 電極で Ag^+ が還元されないので，回路に電流はほとんど流れない．溶存 Ag^+ は $\mathrm{Cd}(s)$ 表面で直接反応して，同じ全反応が起こるが，外部回路に電子は流れない．

図 14-6 に示すように塩橋（salt bridge）で接続すれば，反応物を二つの半電池（half-cell）に分けることができる[8]．塩橋は，高濃度の KNO_3（あるいは電池の反応に影響しない他の電解質）を含むゲルで満たされた U 字管である．塩

図 14-5 の電池は，短絡している（short-circuited）．

塩橋は，電池全体の電気的中性を保つ（電荷の蓄積を起こさせない）．実証実験 14-1 を見よ．

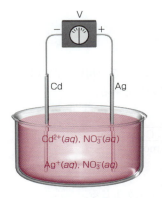

図 14-5 機能しない電池．溶液は $Cd(NO_3)_2$ と $AgNO_3$ を含む．

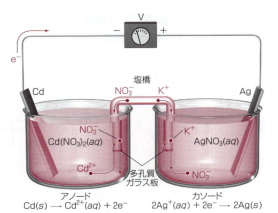

図 14-6 塩橋のおかげで機能する電池！

橋の端部には多孔質ガラス板があり，イオンは通すが，内側の塩橋と外側の溶液が混ざるのを抑える．ガルバニ電池が働くとき，カソードの半電池では，塩橋から K^+ がカソード容器に移動し，少量の NO_3^- が容器から塩橋内に移動する．このイオンの移動が，電子が銀電極に流れ込むことで起こる負の電荷の蓄積を相殺する．塩橋がなければ，電荷が蓄積して何らかの反応が起こるだろう．塩橋中の塩濃度は半電池の塩濃度よりもはるかに高いので，塩橋からのイオンの移動量は塩橋へのイオンの移動量よりも多い．アノードの半電池では，NO_3^- がアノード容器に移動し，少量の Cd^{2+} が塩橋内に移動するので，正の電荷は蓄積されない．

Ag^+ および Cl^- と反応する他の化学種が含まれない反応では，ふつう KCl の電解質を含む塩橋が用いられる．典型的な塩橋の溶液は，寒天 3 g と KCl 30 g を水 100 mL に加え，透明になるまで加熱して調製される．溶液を U 字管に注ぎ，ゲル化させる．この塩橋は，飽和 KCl 水溶液中に保管する．

電池図式

電気化学セルは，二種類の記号のみを使って記述される．

| 界面　　　 ‖ 塩橋

図 14-4 の電池は，線記号を使うと次のように表される．

$Cd(s)\,|\,CdCl_2(aq)\,|\,AgCl(s)\,|\,Ag(s)$

それぞれの界面は，一本の縦線で表される．二つの電極は，それぞれ電池図式の左端と右端に示される．図 14-6 の電池は，次のように表される．

$Cd(s)\,|\,Cd(NO_3)_2(aq)\,\|\,AgNO_3(aq)\,|\,Ag(s)$

電気化学セルにおいて，電位は界面で最も大きく変化する．図 14-7 に示すように，電流を無視できる場合は，Cd 電極から Ag 電極への電位の上昇はおもに $Cd(s)\,|\,Cd(NO_3)_2(aq)$ と $AgNO_3(aq)\,|\,Ag(s)$ の界面で起こる．また，塩橋の両端には，液間電位（junction potential）と呼ばれる小さな電位差がある．塩

塩橋の記号 ‖ は，塩橋の両側にある二つの界面を表す．

実証実験 14-1

人間塩橋

塩橋は，両端に半透性（semipermeable）の壁をもつイオン媒体である．小分子とイオンは半透壁を通りぬけるが，大きな分子は通れない．本文の説明に従ってU字管を寒天とKClで満たした「適切な」塩橋をつくって，下図に示す電池を組み立ててみよう．

pH計は電位差計であり，その－極コネクタは参照電極ソケットである．

この電池の半反応の式を書き，ネルンスト式を用いて理論電圧を計算してみよう．まずふつうの塩橋を用いて電圧を測定する．次に，塩橋をNaCl溶液に浸したろ紙に替えて再び電圧を測定する．さらにそのろ紙を2本の指に替えて電圧を測定する．人間は半透膜で包まれた塩溶液とみなすことができる．塩橋を替えたときに観察される電圧の変化は，15-3節で議論する液間電位に起因すると考えられる．最後にホットドッグを塩橋に使って電圧を測定してみよう[6]．そうすれば，化学の教師（人間の指）とホットドッグを区別するのが難しいことがわかるだろう．

課題 バージニア工科大学では，180人の学生が手をつないで塩橋をつくった[7]．全員の手を濡らすと，学生1人あたりの抵抗は$10^6\,\Omega$から$10^4\,\Omega$まで下がった．あなたのクラスはこの記録を破ることができるだろうか？

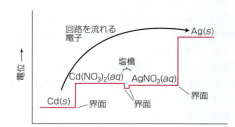

図 14-7 図 14-6 の電池の各界面における電位の変化を示す略図．電流が無視できると仮定した．Cd｜Cd(NO$_3$)$_2$(aq)界面での電位差は，Cd｜Cd^{2+}半電池のネルンスト式（14-4節）で与えられる．Ag｜AgNO$_3$(aq)界面での電位差は，Ag｜Ag$^+$半電池のネルンスト式で与えられる．塩橋両端の液間電位については，15-3節で説明する．

橋に飽和 KCl または飽和 KNO$_3$ を用いることが多いのは，液間電位を数ミリボルト以下に減らすためである．詳しくは15-3節で説明する．

蓄電池[9,10]や燃料電池[11-13]は，電気を発生させるために反応物を消費するガルバニ電池である．**蓄電池**（battery）には反応物で満たされた閉じた区画がある．**燃料電池**（fuel cell）では新しい反応物が電極に流れ，生成物はセルから流出する．コラム14-2およびコラム14-3では，重要な燃料電池と蓄電池について説明する．

14-3 標準電位

図 14-6 で測定される電圧は，右側の Ag 電極と左側の Cd 電極の電位差である．電圧は，一方の電極から他方の電極に流れる電子によってどれだけの仕事がなされるかを示す（式 14-3）．電位差計（電圧計）は，図 14-6 のように電子が－極端子に流れるとき，正の電圧を示す．電子が反対向きに流れるとき，電

コラム 14-2

水素-酸素燃料電池

アポロ宇宙船の 1.5 kW 燃料電池．このユニットが二つ使われた．[© DaffodilPhotography/Alamy.]

アポロ 13 号の破損したサービスモジュール．大気圏に再突入する前に司令船から切り離したとき，乗組員が目にしたもの．[NASA.]

「ヒューストン，問題が発生した．」 1970 年，アポロ 13 号は月への飛行の 2 日目にトラブルに見舞われ，Jim Lovell 船長はこの第一報を管制センターに送信した．宇宙船の燃料電池用の液体酸素を入れたタンクが爆発したのだ．その燃料電池は，宇宙で電気を供給する最も効率のよい方法として 1960 年代に開発された．爆発の結果，3 名の宇宙飛行士は，月をまわって太平洋に着水するまでのほぼ 4 日間，電力と水がほとんどない状態で月着陸船を「救命ボート」として使うことを強いられた．この飛行中に多くの技術的対策がとられたが，その一つは宇宙飛行士が生き残れるように，司令船の LiOH 容器を改造して月着陸船の空気から CO_2 を取り除いたことである〔$2LiOH(s) + CO_2(g) \longrightarrow Li_2CO_3(s) + H_2O(g)$〕．地球では十億の人びとが 3 人の運命に釘づけになり，宇宙飛行士が無事に帰還すると大歓声が湧きあがった．

最新の高分子電解質膜型 H_2-O_2 燃料電池は，H_2 と O_2 が結合して H_2O を生じる反応によってエネルギーを得る．下図において，燃料 $H_2(g)$ は，左側の厚さ 10 mm の導電性多孔質炭素シートを通ってアノードへ流れ込む．このアノードは，粒径 2 nm の Pt 触媒粒子を含む（< 0.5 mg/cm^2）．H_2 は解離して，H 原子が Pt に結合し，続いて H^+ と電子を生じる．電子は，多孔質炭素シートを通って回路へと移動し，そこで有益な仕事をする．H^+ は，高分子電解質膜

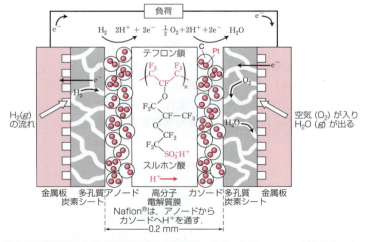

高分子電解質膜型水素-酸素燃料電池の断面図．[出典：S. Thomas and M. Zalbowitz, Fuel Cells: Green Power, Los Alamos National Laboratory, (1999), http://www.lanl.gov/orgs/mpa/mpa11/Green%20Power.pdf.]

Nafion® を通って移動する．高分子の水和したスルホン酸基が，H^+ を次つぎと受けわたして，H^+ を輸送する．

H^+ がカソードに達すると，Pt 触媒粒子上で O_2 および電子と反応し，H_2O を生じる．O_2 は，右側からポンプで送られる空気により供給される．カソードで生じた $H_2O(g)$ は，空気流によって電池から外に出る．この燃料電池が電気を発生するうえで鍵となるのは，H^+ は通すが電子は通さない高分子電解質膜である．

理想的な燃料電池は，電流が流れていないとき 80 ℃で電圧 1.16 V を生じる．電流が流れて電池が有益な仕事をするとき，一般的に動作電圧は約 0.7 V である．化学エネルギーを電気エネルギーに変える電池の効率は 60 %（= 0.7 V/1.16 V）であり，残りの 40 %のエネルギーは熱に変わる．この熱はカソードを流れる空気によって除去され，温度は 80 ℃に保たれる．電池は，1 平方センチメートルあたり約 0.5 A もの電流を生じる．電池を直列に並べれば，さらに高い電圧が得られる．

別の電解質を用いた H_2-O_2 燃料電池は，もっと高い温度で作動する．数メガワットの電力を効率 85 %で発生できる電池もある．比較として挙げると，内燃機関をもつ自動車は，ガソリンのエネルギーの約 20 %だけしか走行に利用できない．高価な貴金属の代わりにセラミック酸化物触媒を利用して，天然ガス（メタン）から水素を抽出する燃料電池もある．

コラム 14-3 鉛蓄電池

12 V 鉛蓄電池は六つの電池からなり，それぞれの出力は 2 V である[10]．1859 年，フランスの物理学者 Gaston Planté が 25 歳のときに発明した鉛蓄電池は，最初の充電式蓄電池である．その電極は，大きな表面積をもつ金属鉛の格子である．カソード表面には，固体の PbO_2 が圧着されている．セルは硫酸で満たされており，その濃度は満充電されたとき約 35 wt％ ≈ 5.5 m (molal) ≈ 4.4 M である．放電中（蓄電池が電気を発生しているとき），アノードでは Pb が $PbSO_4(s)$ に酸化される．カソードでは，PbO_2 が $PbSO_4(s)$ に還元される．電池が放電するにつれて，両方の電極が $PbSO_4(s)$ で覆われる．いずれの反応も硫酸を消費し，その濃度は放電中に約 22 wt％ ≈ 2.9 m にまで下がる．

アノード： $Pb(s) + SO_4^{2-} \rightleftharpoons PbSO_4(s) + 2e^-$
カソード：
$PbO_2(s) + SO_4^{2-} + 4H^+ + 2e^- \rightleftharpoons PbSO_4(s) + 2H_2O$

蓄電池と燃料電池はガルバニ電池の例であり，化学反応により電気を発生させる．蓄電池には閉じた区画があり，蓄電池が放電するときに消費される反応物で満たされている．燃料電池では，新しい反応物が外部から電極へ流れ込み，生成物は電池から流れ出る．最も一般的な充電式蓄電池は，コンピュータや携帯電話用のリチウムイオン電池と自動車の鉛蓄電池である．鉛蓄電池を使う理由の一つは，鉛蓄電池は数百アンペアの電流を短時間流してエンジンを始動できるからである．懐中電灯やおもちゃに使われるアルカリ電池は，再充電できない．アルカリ電池とリチウムイオン電池は，働かなくなれば有害廃棄物として廃棄される．鉛蓄電池は，販売業者によってリサイクルされる．

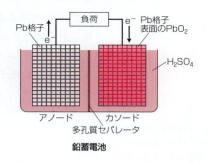

鉛蓄電池

圧は負となる．

一部の電圧計では，−極は「共通」と表示される．−極は黒に，＋極は赤に着色されていることが多い．BNC ソケットを備えた pH 計を電位差計として用いるとき，中央の線が＋入力，外側の接続部が−入力である．古い pH 計では，−極は細い差し込み口になっており，参照電極が接続される．

BNC コネクタ

米国の標準的なコネクタ

一般にすべての半反応を還元反応として書く

これ以降は，すべての半反応を還元反応として書く．次節のネルンスト式を用いると半反応の電極電位を求めることができ，電子の流れの向きを予想できる．電子は，より負の極からより正の極へ向かって電線を流れる．

標準還元電位の測定

それぞれの半反応は，固有の**標準還元電位**（standard reduction potential）$E°$ をもつ．この標準還元電位は，図 14-8 に理想的なかたちで表された実験によって測定される．次の半反応を考えてみよう．

$$Ag^+ + e^- \rightleftharpoons Ag(s) \tag{14-11}$$

この反応は，電位差計の＋極コネクタに接続された右側の半電池で起こる．**標準**とは，すべての化学種の活量が 1 であることを意味する．標準状態の反応 14-11 では $\mathcal{A}_{Ag^+} = 1$ であり，定義により Ag(s) の活量も 1 である．

電位差計の－極コネクタに接続された左側の半電池は，**標準水素電極**（standard hydrogen electrode; S.H.E.）と呼ばれる．この電極は，$\mathcal{A}_{H^+} = 1$ の酸性溶液に浸された触媒作用をもつ白金表面（電極）[14] からなる．電極に吹き込まれる $H_2(g)$ によって，溶液は $H_2(aq)$ で飽和される．$H_2(g)$ の圧力が 1 bar のとき，$H_2(g)$ の活量は 1 である．白金電極の表面で平衡になる反応は，次のように書ける．

> **質問** 標準水素電極のpHはいくらか？

$$\text{S.H.E. 半反応:} \quad H^+(aq, \mathcal{A}=1) + e^- \rightleftharpoons \frac{1}{2} H_2(g, \mathcal{A}=1) \tag{14-12}$$

$H_2(g)$ が水に溶けて $H_2(aq)$ となり，$H_2(aq)$ は Pt 表面で $H^+(aq)$ と平衡になる．

25℃の標準水素電極の電位を任意にゼロとする．したがって，図 14-8 の電位差計で測定される電圧は，右側の半電池で起こる反応 14-11 に割りあてられる．測定値 $E° = +0.799\,V$ が，反応 14-11 の標準還元電位である．正符号であることから，電子が Pt 電極から Ag 電極に電位差計を通って流れることがわかる．

電位差計は，＋極端子に接続された電極の電位から－極端子に接続された電極の電位を引いた差を測定する．
$E = E_+ - E_-$

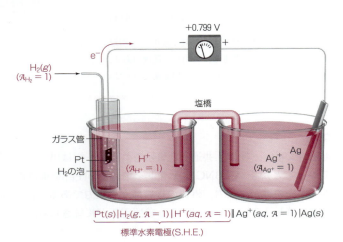

図 14-8 $Ag^+ + e^- \rightleftharpoons Ag(s)$ の標準還元電位を測定する電気化学セル．化学種の活量を 1 に調整するのはふつう不可能なので，これはあくまでも仮想のセルである．

任意に反応 14-12 に電位ゼロを割りあて，他の半電池の電位を測定する基準点とする．これは，1 気圧の水の氷点を 0℃ とし，水の沸点を 100℃ とするのと似ている．この尺度によれば，ヘキサンは 69℃ で沸騰し，ベンゼンは 80℃ で沸騰する．沸点の差は 80℃ − 69℃ = 11℃ である．もし，水の氷点を 200℃，沸点を 300℃ とすれば，ヘキサンは 269℃ で沸騰し，ベンゼンは 280℃ で沸騰するだろう．温度差は，やはり 11℃ である．尺度上でどこをゼロにするかにかかわらず，ベンゼンとヘキサンの沸点の温度差は一定である．

図 14-8 の電気化学セルの電池図式は，次のようである．

$$\underbrace{Pt(s)\,|\,H_2(g, \mathcal{A}=1)\,|\,H^+(aq, \mathcal{A}=1)}_{\text{S.H.E.}}\,\|\,Ag^+(aq, \mathcal{A}=1)\,|\,Ag(s)$$

標準還元電位は，注目する右側の反応の電位と左側の S.H.E. の電位の差である．S.H.E. の電位を任意にゼロとする．

次の半反応の標準還元電位

$$Cd^{2+} + 2e^- \rightleftharpoons Cd(s) \tag{14-13}$$

を測定するには，次のセルをつくる．

$$\text{S.H.E.}\,\|\,Cd^{2+}(aq,\ \mathcal{A}=1)\,|\,Cd(s)$$

ここで，カドミウムの半電池は電位差計の＋極コネクタに接続される．この場合，負の電圧 $-0.402\,\text{V}$ が測定される．負符号は，電子が Cd 電極から Pt 電極に流れることを意味する（図 14-8 のセルの反対方向）．

付録 H に標準還元電位をまとめてある．元素は，アルファベット順に並べられている．表 14-1 のように，半反応を $E°$ の値の大きさ順に並べると，左上に最も強い酸化剤，右下に最も強い還元剤が現れる．反応 14-11 および反応 14-13 で表した二つの半電池を接続すると，Ag^+ が $Ag(s)$ に還元され，$Cd(s)$ が Cd^{2+} に酸化される．

規約により，S.H.E. の $E°$ はゼロである．1897 年に Walther Nernst が水素電極の電位をゼロとしたのが最初のようである[15]．

14-4 ネルンスト式

ルシャトリエの原理から，反応物の濃度が大きくなると反応は右向きに進み，生成物の濃度が大きくなると反応は左向きに進むことがわかる．酸化還元反応の正味の推進力は，**ネルンスト式**（Nernst equation）で表される．ネルンスト式には，標準状態での推進力（$E°$，すべての活量が 1 のとき）を表す項と試薬濃度への依存性を表す項が含まれる．

ΔG が負，E が正のとき，反応は自発的である．$\Delta G°$ および $E°$ は，反応物と生成物の活量が 1 のときの自由エネルギー変化および電位である．
$\Delta G° = -nNFE°$

半反応のネルンスト式

次の半反応

$$aA + ne^- \rightleftharpoons bB$$

の半電池電位 E を与えるネルンスト式は，

質問 反応 $K^+ + e^- \rightleftharpoons K(s)$ の電位は -2.936 V である．これは，K^+ が非常に弱い酸化剤である（電子を簡単に受け取らない）ことを意味する．では，K^+ はよい還元剤であるといえるか？
答え：否！ K^+ がよい還元剤であるためには，電子を容易に放出して K^{2+} にならなければならない．それはありえない．（しかし，負の大きな還元電位は，$K(s)$ がよい還元剤であることを意味する）．

表 14-1 標準還元電位順に並べられた半反応

酸化剤	還元剤	$E°$(V)
$F_2(g) + 2e^- \rightleftharpoons 2F^-$		2.890
$O_3(g) + 2H^+ + 2e^- \rightleftharpoons O_2(g) + H_2O$		2.075
$MnO_4^- + 8H^+ + 5e^- \rightleftharpoons Mn^{2+} + 4H_2O$		1.507
$Ag^+ + e^- \rightleftharpoons Ag(s)$		0.799
$Cu^{2+} + 2e^- \rightleftharpoons Cu(s)$		0.339
$2H^+ + 2e^- \rightleftharpoons H_2(g)$		0.000
$Cd^{2+} + 2e^- \rightleftharpoons Cd(s)$		-0.402
$K^+ + e^- \rightleftharpoons K(s)$		-2.936
$Li^+ + e^- \rightleftharpoons Li(s)$		-3.040

（上向きに）還元力が大きくなる／（下向きに）酸化力が大きくなる

課題 ルシャトリエの原理により，ネルンスト式の反応商の対数項の前に負符号が必要であることを示せ．
ヒント：反応が有利であるほど，E はより正になる．

ネルンスト式：
$$E = E° - \frac{RT}{nF} \ln \frac{\mathcal{A}_B^b}{\mathcal{A}_A^a} \tag{14-14}$$

である．ここで，

$E°$ ＝標準還元電位（$\mathcal{A}_A = \mathcal{A}_B = 1$）
R ＝気体定数〔8.314 J/(K·mol) ＝ 8.314 (V·C)/(K·mol)〕
T ＝温度（K）
n ＝半反応式の電子数
F ＝ファラデー定数（9.649×10^4 C/mol）
$\mathcal{A}_i$ ＝化学種 i の活量

ネルンスト式の対数の項は，**反応商**（reaction quotient, Q）である．

$$Q = \mathcal{A}_B^b / \mathcal{A}_A^a \tag{14-15}$$

Q は平衡定数と同じかたちであるが，活量は平衡時の値でなくてもよい．純粋な固体，純粋な液体，および溶媒は活量が 1 である（または 1 に近い）ので，Q から省かれる．溶質の濃度は溶液 1 L あたりのモル数で表され，気体の濃度は圧力（bar）で表される．すべての活量が 1 のとき，$Q = 1$，$\ln Q = 0$ なので，$E = E°$ である．

式 14-14 の自然対数を底が 10 の常用対数に変換し，$T = 298.15$ K（25.00℃）を代入すると，ネルンスト式の最も便利なかたちになる．

付録 A に示されているように，$\log x = (\ln x)/(\ln 10) = (\ln x)/2.303$ である．ネルンスト式の 0.059 16 は $(RT \ln 10)/F$ の値であり，温度によって変わる．

ネルンスト式（25℃）：
$$E = E° - \frac{0.05916}{n} \log \frac{\mathcal{A}_B^b}{\mathcal{A}_A^a} \tag{14-16}$$

25℃において，Q が 10 倍変わると，電位は $59.16/n$ mV だけ変化する．

> **例題** 半反応のネルンスト式を書く
>
> 白リンがホスフィンガスに還元される半反応のネルンスト式を書いてみよう．
>
> $$\frac{1}{4}\mathrm{P}_4(s, 白色) + 3\mathrm{H}^+ + 3\mathrm{e}^- \rightleftharpoons \underset{\text{ホスフィン}}{\mathrm{PH}_3(g)} \qquad E° = -0.046\ \mathrm{V}$$
>
> **解法** 固体は反応商から省く．また，気体の濃度は，気体の圧力で表す．したがって，ネルンスト式は，次のようになる．
>
> $$E = -0.046 - \frac{0.05916}{3}\log\frac{P_{\mathrm{PH}_3}}{[\mathrm{H}^+]^3}$$
>
> **類題** 付録Hの $E°$ の値を用いて，$\mathrm{ZnS}(s) + 2\mathrm{e}^- \rightleftharpoons \mathrm{Zn}(s) + \mathrm{S}^{2-}$ のネルンスト式を書け．
>
> (**答え**：$E = -1.405 - \frac{0.05916}{2}\log[\mathrm{S}^{2-}]$)

ホスフィンはきわめて有毒なガスで，腐った魚の臭いがする．固体の白リンは，空気中の O_2 による自発的な酸化によって暗所でほのかに光る．

ホスフィン　　白リンは四面体の P_4 分子から成る

> **例題** 半反応に係数を掛けても $E°$ は変わらない
>
> 半反応にどのような係数を掛けても，$E°$ は変わらない．しかし，log 項の係数 n と反応商 Q のかたちは変わる．前の例題の反応式に 2 を掛けた反応式のネルンスト式を書いてみよう．
>
> $$\frac{1}{2}\mathrm{P}_4(s, 白色) + 6\mathrm{H}^+ + 6\mathrm{e}^- \rightleftharpoons 2\mathrm{PH}_3(g) \qquad E° = -0.046\ \mathrm{V}$$
>
> **解法**
>
> $$E = -0.046 - \frac{0.05916}{6}\log\frac{P_{\mathrm{PH}_3}^2}{[\mathrm{H}^+]^6}$$
>
> このネルンスト式は前の式と同じではないように見えるが，コラム 14-4 に述べるように E の値は変わらない．この例では，反応商の二乗が log 項の前にある n の 2 倍の値を打ち消す．
>
> **類題** $\mathrm{P}_4 + 12\mathrm{H}^+ + 12\mathrm{e}^- \rightleftharpoons 4\mathrm{PH}_3$ のネルンスト式を書け．コラム 14-4 を参考に，反応を $\frac{1}{2}\mathrm{P}_4$ または $\frac{1}{4}\mathrm{P}_4$ で書いても E は同じであることを示せ．

全反応のネルンスト式

図 14-6 において，測定される電圧は二つの電極の電位差である．

　　セル電圧： $\boxed{E = E_+ - E_-}$ 　　　　　　　　　　　　　　(14-17)

ここで，E_+ は電位差計の＋極コネクタに接続された電極の電位，E_- は－極コネクタに接続された電極の電位である．各半反応の電位（還元として書かれる）はネルンスト式に支配され，全反応の電圧は二つの半電池電位の差である．

以下は，セルの全反応を書き，その電圧を求める手順である．

ステップ1 両方の半電池について還元の半反応式を書き，付録Hで半電池の

$E°$ を見つける．両方の半反応式が同じ電子数を含むように，必要に応じて半反応式に係数を掛ける．半反応式に係数を掛けても，$E°$ には係数を掛けない．

ステップ 2 右側の半電池（電位差計の＋極コネクタに接続）のネルンスト式を書く．これが E_+ である．

ステップ 3 左側の半電池（電位差計の－極コネクタに接続）のネルンスト式を書く．これが E_- である．

ステップ 4 引き算：$E = E_+ - E_-$ をして，正味のセル電圧を求める．

ステップ 5 右側の半反応から左側の半反応を引いて，セルの全反応式を書く．（引き算することは，左側の半反応の向きを逆にして加えることと同じ．）

> 電子は，より負の極からより正の極に回路を通って流れる．

電子は，より負の極からより正の極に回路を通って自発的に流れる．計算した正味のセル電圧 E（$= E_+ - E_-$）が正のときは，電子が左側の電極から右側の電極に電線を通って流れる．正味のセル電圧が負のときは，電子は反対向きに流れる．

例題　全反応のネルンスト式

図 14-6 において，右側の半電池に 0.50 M AgNO$_3$(aq) 溶液が，左側の半電池に 0.010 M Cd(NO$_3$)$_2$(aq) 溶液が入っているときのセル電圧を求めよ．また，セルの全反応の式を書き，電子がどちら向きに流れるかを述べよ．

解法

ステップ 1 右側の電極：$2Ag^+ + 2e^- \rightleftharpoons 2Ag(s)$　　$E°_+ = 0.799 \text{ V}$
　　　　　　 左側の電極：$Cd^{2+} + 2e^- \rightleftharpoons Cd(s)$　　$E°_- = -0.402 \text{ V}$

ステップ 2 右側の電極のネルンスト式：

$$E_+ = E°_+ - \frac{0.05916}{2} \log \frac{1}{[Ag^+]^2} = 0.799 - \frac{0.05916}{2} \log \frac{1}{[0.50]^2} = 0.781 \text{ V}$$

> 純粋な固体，純粋な液体，および溶媒は Q から省く．

ステップ 3 左側の電極のネルンスト式：

$$E_- = E°_- - \frac{0.05916}{2} \log \frac{1}{[Cd^{2+}]} = -0.402 - \frac{0.05916}{2} \log \frac{1}{[0.010]} = -0.461 \text{ V}$$

銀電極の電位のほうがより正なので，電子は Cd 電極から Ag 電極に回路を通って流れる（図 14-9）．

ステップ 4 セル電圧：$E = E_+ - E_- = 0.781 - (-0.461) = +1.242 \text{ V}$

ステップ 5 セルの全反応の式：

$$\begin{array}{r} 2Ag^+ + 2e^- \rightleftharpoons 2Ag(s) \\ -[Cd^{2+} + 2e^- \rightleftharpoons Cd(s)] \\ \hline Cd(s) + 2Ag^+ \rightleftharpoons Cd^{2+} + 2Ag(s) \end{array}$$

> 反応を引き算することは，反応を逆向きにして加えることと同じ．

類題 セルに 5.0 μM AgNO$_3$ 溶液と 1.0 M Cd(NO$_3$)$_2$ 溶液が入っていると

> **コラム 14-4　$E°$ とセル電圧は，反応式の書き方に左右されない**
>
> 半反応にどのような数字を掛けても，標準還元電位 $E°$ は変わらない．2点間の電位差は，その電位差間を運ばれる電荷1クーロンによってなされる仕事である（$E =$ 仕事/q）．1クーロンあたりの仕事は，運ばれたものが0.1クーロンでも，2.3クーロンでも，10^4 クーロンでも同じである．それぞれの仕事の全量は異なっても，クーロンあたりの仕事は一定である．したがって，半反応を2倍しても，$E°$ は2倍しない．
>
> 半反応にどのような数字を掛けても，半電池電位 E は変わらない．電子が1個と2個の半電池反応について考えてみよう．
>
> $Ag^+ + e^- \rightleftharpoons Ag(s) \qquad E = E° - 0.05916 \log \dfrac{1}{[Ag^+]}$
>
> $2Ag^+ + 2e^- \rightleftharpoons 2Ag(s) \quad E = E° - \dfrac{0.05916}{2} \log \dfrac{1}{[Ag^+]^2}$
>
> $\log a^b = b \log a$ であるので，二つの式は等しい．
>
> $$\dfrac{0.05916}{2} \log \dfrac{1}{[Ag^+]^2} = \dfrac{\cancel{2} \times 0.05916}{\cancel{2}} \log \dfrac{1}{[Ag^+]}$$
> $$= 0.05916 \log \dfrac{1}{[Ag^+]}$$
>
> log項の指数は，log項の係数 $1/n$ で打ち消される．セル電圧は測定できる量であり，反応式の書き方に左右されない．

き，反応は同じ向きに進むか？　（**答え**：同じ向きに進む：$E_+ = 0.485$ V，$E_- = -0.402$ V，$E = +0.887$ V）

右側の半電池のネルンスト式を電子2個ではなく，電子1個で書いたとしたらどうだろうか？

$$Ag^+ + e^- \rightleftharpoons Ag(s)$$

セル電圧はいま計算したものと異なるだろうか？　そうであっては困る．なぜなら，化学反応は変わらないからだ．コラム 14-4 の説明は，$E°$ も E も反応式の書き方には左右されないことを示している．コラム 14-5 では，他の半反応の和で表される半反応の標準還元電位を求める方法を説明する．

同じ反応の異なる表現

図 14-4 の右側の電極における半反応は次のように書ける．

$$AgCl(s) + e^- \rightleftharpoons Ag(s) + Cl^- \qquad E°_+ = 0.222 \text{ V} \qquad (14\text{-}18)$$
$$E_+ = E°_+ - 0.05916 \log [Cl^-] = 0.222 - 0.05916 \log (0.0334) = 0.309_3 \text{ V} \qquad (14\text{-}19)$$

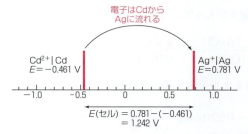

図 14-9　電子は，常により−の極からより＋の極に流れる．すなわち，この図で電子は常に左側から右側に流れる[16]．

コラム 14-5

ラチマー図：新しい半反応の $E°$ を求める方法

ラチマー図（Latimer diagram）を用いると，ある元素のさまざまな酸化状態を結び付ける標準還元電位 $E°$ を求めることができる[17]．たとえば酸溶液では，ヨウ素の標準還元電位は以下のように表される．

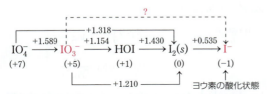

$IO_3^- \xrightarrow{+1.154} HOI$ という表現は，次の半反応を表す．

$$IO_3^- + 5H^+ + 4e^- \rightleftharpoons HOI + 2H_2O \quad E° = +1.154\,V$$

$\Delta G°$ を用いて，図に示されていない標準還元電位を求めることができる．たとえば，上のラチマー図に破線で示した反応は次の通りである．

$$IO_3^- + 6H^+ + 6e^- \rightleftharpoons I^- + 3H_2O$$

この反応の $E°$ を求めるには，その反応を電位が既知の反応の和として表す．

反応の標準自由エネルギー変化 $\Delta G°$ は，式 14-5 により求められる．

$$\Delta G° = -nNFE°$$

この式において，$n = 1$ は電子あたりの電荷数（無次元数），N は半反応の電子のモル数である．積 nN は半反応式の電子数と同じであり，mol の次元をもつ．

二つの反応を加えるとき，$\Delta G°$ は各反応の $\Delta G°$ の和である．この問題に自由エネルギーを適応するには，複数の反応式を足しあわせて，目的の反応式になるようにする．

$$IO_3^- + 6H^+ + 5e^- \xrightarrow{E_1° = 1.210} \tfrac{1}{2}I_2(s) + 3H_2O \quad \Delta G_1° = -5F(1.210)$$

$$\tfrac{1}{2}I_2(s) + e^- \xrightarrow{E_2° = 0.535} I^- \quad \Delta G_2° = -1F(0.535)$$

$$\overline{IO_3^- + 6H^+ + 6e^- \xrightarrow{E_3° = ?} I^- + 3H_2O \quad \Delta G_3° = -6FE_3°}$$

$\Delta G_1° + \Delta G_2° = \Delta G_3°$ であるので，$E_3°$ を求めることができる．

$$\Delta G_3° = \Delta G_1° + \Delta G_2°$$
$$-6FE_3° = -5F(1.210) - 1F(0.535)$$
$$E_3° = \frac{5(1.210) + 1(0.535)}{6} = 1.098\,V$$

銀の半反応の Cl^- は，0.016 7 M $CdCl_2(aq)$ に由来する．

別の人が，この半反応を違うかたちで書いたとする．

$$Ag^+ + e^- \rightleftharpoons Ag(s) \qquad E_+° = 0.799\,V \quad (14\text{-}20)$$

この表現は，前のものと同様に正しい．いずれの場合も，$Ag(I)$ が $Ag(0)$ に還元される．

二つの表現がともに正しければ，どちらも同じ電圧になるはずだ．反応 14-20 のネルンスト式は，次のようである．

$$E_+ = 0.799 - 0.05916 \log \frac{1}{[Ag^+]}$$

Ag^+ の濃度を求めるには，AgCl の溶解度積を用いる．セルには 0.033 4 M Cl^- 溶液と固体の AgCl が入っているので，次式が成り立つ．

$K_{sp} = [Ag^+][Cl^-]$

$$[Ag^+] = \frac{K_{sp}(AgCl)}{[Cl^-]} = \frac{1.8 \times 10^{-10}}{0.0334} = 5.4 \times 10^{-9}\,M$$

この $[Ag^+]$ の値をネルンスト式に代入して，次の値を得る．

$$E_+ = 0.799 - 0.05916 \log \frac{1}{5.4 \times 10^{-9}} = 0.309_9\,V$$

この値は式 14-19 の値とわずかに異なるが，それは K_{sp} の正確さの限界，およ

び活量係数を無視したことが原因である．反応 14-18 と反応 14-20 は同じセルを記述しているので，ネルンスト式は同じ電圧を与える．

> セル電圧は，反応式の書き方によって変わらない！

適切な半反応を求めるための手引き

セルの図や電池図式に出合ったなら，まず半電池ごとに還元反応の式を書く．そのために，セル中で複数の酸化状態にある元素を探す．次のセル

$$Pb(s)\,|\,PbF_2(s)\,|\,F^-(aq)\,\|\,Cu^{2+}(aq)\,|\,Cu(s)$$

> 半電池反応を見つける方法

では，Pb が $Pb(s)$ と $PbF_2(s)$ の二つの酸化状態にあり，Cu が Cu^{2+} と $Cu(s)$ の二つの酸化状態にあることがわかる．よって，半反応は，

右側の半電池： $Cu^{2+} + 2e^- \rightleftharpoons Cu(s)$
左側の半電池：$PbF_2(s) + 2e^- \rightleftharpoons Pb(s) + 2F^-$ (14-21)

である．Pb の半反応は次のようにも書ける．

左側の半電池： $Pb^{2+} + 2e^- \rightleftharpoons Pb(s)$ (14-22)

$PbF_2(s)$ が存在するので，溶液中に Pb^{2+} がいくらか存在するからだ．反応 14-21 と反応 14-22 はどちらも正しく，同じセル電圧が予想される．どちらの反応式を選ぶかは，F^- と Pb^{2+} のどちらの濃度がより簡単に計算できるかによる．

Pb の酸化還元反応に着目して左側の半電池を書いたが，それは Pb が二つの酸化状態で存在しているからだ．電池図式に $F_2(g)$ は含まれないから，$F_2(g) + 2e^- \rightleftharpoons 2F^-$ のような反応式は妥当でない．

> セルに示されていない化学種をもち込んではならない．電池図式に含まれる化学種を使って，半反応式を立てる．

標準還元電位の測定にネルンスト式を用いる

図 14-8 のように，対象とする半電池（単位活量）を標準水素電極に接続すると，標準還元電位を測定できる．しかし現実にこのようなセルを組み立てることは，ほぼ不可能である．なぜなら，単位活量になるように濃度やイオン強度を調整する方法がないからだ．実際には，各半電池の活量を 1 未満にして，セル電圧からネルンスト式を用いて $E°$ の値を求める[18]．水素電極では，pH が既知の標準緩衝液（表 15-3）を用いて，H^+ の活量を決める．

> 章末問題 14-22 は，ネルンスト式を用いて $E°$ を求める例である．

14-5 $E°$ と平衡定数

ガルバニ電池が電気を発生するのは，セルの反応が平衡に達していないからだ．電位差計に流れる電流（コラム 14-6）が無視できるとき，セルの化学種の濃度は変わらない．電位差計を電線に取り替えると，電流はもっと流れるようになり，セルが平衡に達するまで化学種の濃度が変化する．平衡に達すると，反応を進めるものは何もなく，E はゼロになる．蓄電池（ガルバニ電池）の電圧が 0 V まで下がったとき，内部の化学物質は平衡に達し，蓄電池は「死ぬ」．

> 平衡時は，E（$E°$ ではない）= 0．

ここで，セルの E をセルの全反応の反応商 Q と関係付けよう．二つの半反応が以下の式で表されるとき，

セルの全反応：
$$aA + bB \rightleftharpoons cC + dD$$

右側の電極： $aA + ne^- \rightleftharpoons cC$ $E°_+$
左側の電極： $dD + ne^- \rightleftharpoons bB$ $E°_-$
全反応：　　$aA + bB \rightleftharpoons cC + dD$ $E°$

全反応のネルンスト式は，次のようになる．

$$E = E_+ - E_- = E°_+ - \frac{0.05916}{n}\log\frac{\mathcal{A}_C^c}{\mathcal{A}_A^a} - \left(E°_- - \frac{0.05916}{n}\log\frac{\mathcal{A}_B^b}{\mathcal{A}_D^d}\right)$$

$\log a + \log b = \log ab$

$$= \underbrace{(E°_+ - E°_-)}_{E°} - \frac{0.05916}{n}\log\underbrace{\frac{\mathcal{A}_C^c \mathcal{A}_D^d}{\mathcal{A}_A^a \mathcal{A}_B^b}}_{Q} = E° - \frac{0.05916}{n}\log Q \quad (14\text{-}23)$$

式 14-23 は常に正しい．セルが平衡にあるとき，$E = 0$，$Q = K$（平衡定数）である．したがって，式 14-23 は以下の最も重要な式に変換できる．

式 14-24 から式 14-25 への変形
$$\frac{0.05916}{n}\log K = E°$$
$$\log K = \frac{nE°}{0.05916}$$
$$10^{\log K} = 10^{nE°/0.05916}$$
$$K = 10^{nE°/0.05916}$$

K から $E°$ を求める： $\quad E° = \dfrac{0.05916}{n}\log K \quad$ (25 ℃)　(14-24)

$E°$ から K を求める： $\quad K = 10^{nE°/0.05916} \quad$ (25 ℃)　(14-25)

式 14-24 を用いて K から $E°$ を求めることができるし，式 14-25 を用いて $E°$ から K を求めることができる．

> **例題**　$E°$ を用いて平衡定数を求める
>
> 次の反応の平衡定数を求めよ．
>
> $$Cu(s) + 2Fe^{3+} \rightleftharpoons 2Fe^{2+} + Cu^{2+}$$
>
> **解法**　反応を付録Hに記されている二つの半反応に分ける．
>
> 目的とする全反応を得るために逆向きにした半反応が，$E°_-$ を与える．
>
> $\quad 2Fe^{3+} + 2e^- \rightleftharpoons 2Fe^{2+} \qquad E°_+ = 0.771$ V
> $-[Cu^{2+} + 2e^- \rightleftharpoons Cu(s)] \qquad E°_- = 0.339$ V
> $\overline{\quad Cu(s) + 2Fe^{3+} \rightleftharpoons 2Fe^{2+} + Cu^{2+}}$
>
> 次に，全反応の $E°$ を求める．
>
> $$E° = E°_+ - E°_- = 0.771 - 0.339 = 0.432 \text{ V}$$
>
> そして，式 14-25 を用いて平衡定数を計算する．
>
> $$K = 10^{(2)(0.432)/(0.05916)} = 4 \times 10^{14}$$
>
> 対数および指数の有効数字は，3-2 節で議論した．
>
> 中程度の $E°$ は，大きな平衡定数を与える．$(2)(0.432)/(0.05916) = 14.6$ なので，K の値は有効数字 1 桁で正確に表す．整数部の 14 は指数を表し，小数部の桁数が有効数字の桁数を決める．
>
> **類題**　反応 $Cu(s) + 2Ag^+ \rightleftharpoons 2Ag(s) + Cu^{2+}$ の K を求めよ．
> （**答え**：$E° = 0.460$ V，$K = 4 \times 10^{15}$）

コラム 14-6

働いているセル中の濃度

セル電圧を測定するとき，セルが働いても，セル中の化学種の濃度が変わらないのはなぜだろうか？ セル電圧は，電流が無視できる条件で測定される．高品質の pH 計の抵抗は，$10^{13}\,\Omega$ である．セルが 1 V の電圧を生じるとき，回路を流れる電流は，

$$I = \frac{E}{R} = \frac{1\,\text{V}}{10^{13}\,\Omega} = 10^{-13}\,\text{A}$$

である．電子の流量は，

$$\frac{10^{-13}\,\text{C/s}}{9.649 \times 10^4\,\text{C/mol}} = 10^{-18}\,\text{mol e}^-/\text{s}$$

であり，これによるセル中の試薬の酸化や還元は無視できる．<u>pH 計は，セル中の化学種の濃度に影響を及ぼすことなく，セル電圧を測定できる</u>．

ずっと長い間，塩橋をセルに入れたままにしておくと，それぞれの半電池と塩橋の間のイオンの拡散によって濃度とイオン強度が変わる．セルは短時間に組み立てて，この混合が無視できるようにする．

酸化還元反応ではない反応の K を求める

二つの半反応式の差が炭酸鉄(II)の溶解反応（酸化還元反応ではない）の式を与える場合について考えてみよう．

$$\begin{array}{ll}
\text{FeCO}_3(s) + 2\text{e}^- \rightleftharpoons \text{Fe}(s) + \text{CO}_3^{2-} & E^\circ_+ = -0.756\,\text{V} \\
-\;[\text{Fe}^{2+} + 2\text{e}^- \rightleftharpoons \text{Fe}(s)] & E^\circ_- = -0.44\,\text{V} \\
\hline
\text{FeCO}_3(s) \rightleftharpoons \text{Fe}^{2+} + \text{CO}_3^{2-} & E^\circ = -0.756 - (-0.44) = -0.31_6\,\text{V} \\
\text{炭酸鉄(II)} &
\end{array}$$

$$K = K_{\text{sp}} = 10^{(2)(-0.316)/(0.05916)} = 10^{-11}$$

炭酸鉄(II)の溶解反応の E° は負であり，反応が「自発的ではない」ことを意味する．「自発的ではない」とは，たんに $K < 1$ を意味する．

全反応の E° から炭酸鉄(II)の K_{sp} を計算できる．反応物と生成物の濃度があまりに小さすぎたり大きすぎたりして直接測定できないような場合，電位差測定を利用して平衡定数を求めることができる．

ここでちょっと，気になるかもしれない．「酸化還元反応ではない反応にどうして酸化還元電位があるのか？」 コラム 14-5 で述べたように，酸化還元電位はたんに反応の自由エネルギー変化を表す別の方法と考えられる．反応がエネルギー的に有利である（より大きな負の ΔG°）ほど，E° はより大きな正の値になる．

半反応の E° と全反応の K の関係の一般形は，次の通りである．

$$\begin{array}{ll}
\text{半反応} & E^\circ_+ \\
-\text{半反応} & E^\circ_- \\
\hline
\text{全反応} & E^\circ = E^\circ_+ - E^\circ_-
\end{array} \qquad K = 10^{nE^\circ/0.05916}$$

E°_- と E°_+ がわかれば，全反応の E° と K が求められる．あるいは，E° と E°_- または E°_+ がわかっていれば，欠けている標準電位が求められる．K がわかれば，E° を計算できる．さらに E°_- か E°_+ の一方がわかっていれば，E° を使って残りを求められる．

Ni(グリシン)$_2$ の構造

Ni^{2+} を還元する電位 -0.236 V と比べて Ni(グリシン)$_2$ を還元する電位 -0.564 V はより負であることから，Ni^{2+} よりも Ni(グリシン)$_2$ を還元するほうが難しいことがわかる．Ni^{2+} は，グリシンと錯生成すると還元されにくくなる．

一つの半電池内だけで起こる化学反応は平衡に達し，平衡を保つと考えられる．これらの反応は，セルの全反応ではない．

> **例題** $E°$ と K の関連
>
> 以下の Ni(グリシン)$_2$ の生成定数と $Ni^{2+}|Ni(s)$ の $E°$ から，
>
> $$Ni^{2+} + 2\text{グリシン}^- \rightleftharpoons Ni(\text{グリシン})_2 \qquad K \equiv \beta_2 = 1.2 \times 10^{11}$$
> $$Ni^{2+} + 2e^- \rightleftharpoons Ni(s) \qquad E° = -0.236 \text{ V}$$
>
> 次の反応の $E°$ の値を求めよ．
>
> $$Ni(\text{グリシン})_2 + 2e^- \rightleftharpoons Ni(s) + 2\text{グリシン}^- \qquad (14\text{-}26)$$
>
> **解法** 三つの反応の関係を明らかにする．
>
> $$\begin{array}{ll} Ni^{2+} + 2e^- \rightleftharpoons Ni(s) & E°_+ = -0.236 \text{ V} \\ -[Ni(\text{グリシン})_2 + 2e^- \rightleftharpoons Ni(s) + 2\text{グリシン}^-] & E°_- = ? \\ \hline Ni^{2+} + 2\text{グリシン}^- \rightleftharpoons Ni(\text{グリシン})_2 & E° = ? \quad K = 1.2 \times 10^{11} \end{array}$$
>
> $E°_+ - E°_-$ が $E°$ と等しいので，$E°$ がわかれば $E°_-$ の値を求められる．そして，$E°$ は全反応の平衡定数から求められる．
>
> $$E° = \frac{0.05916}{n} \log K = \frac{0.05916}{2} \log(1.2 \times 10^{11}) = 0.328 \text{ V}$$
>
> したがって，半反応 14-26 の標準還元電位は，
>
> $$E°_- = E°_+ - E° = -0.236 - 0.328 = -0.564 \text{ V}$$
>
> **類題** 付録 H から適切な半反応を選び，$Cu^+ + 2\text{エチレンジアミン} \rightleftharpoons Cu(\text{エチレンジアミン})_2^+$ の生成定数 β_2 を求めよ．（**答え**：$E° = 0.637$ V，$\beta_2 = 6 \times 10^{10}$）

14-6 化学プローブとしての電気化学セル[19]

ガルバニ電池では，二種類の平衡を区別することがきわめて重要である．
1. 二つの半電池間の平衡
2. 各半電池内の平衡

ガルバニ電池の電圧がゼロでない場合，セルの全反応は平衡になっていない．このとき二つの半電池間で平衡が成立していないという．<u>半電池は十分長く放置して，それぞれの半電池内で化学平衡に達するようにする</u>．たとえば，図 14-10 の右側の半電池では，反応

$$AgCl(s) \rightleftharpoons Ag^+(aq) + Cl^-(aq)$$

が平衡にある．これはセルの全反応の一部ではない．この反応は，$AgCl(s)$ が水と接触するだけで起こる．左側の半電池では，反応

$$CH_3CO_2H \rightleftharpoons CH_3CO_2^- + H^+$$

が同様に平衡に達している．いずれの反応も，セルの全酸化還元反応の一部ではない．

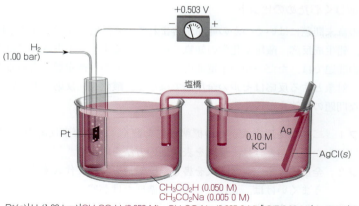

図 14-10 このガルバニ電池を用いると，左側の半電池のpHを測定できる．

図 14-10 の右側の半電池の酸化還元反応は，

$$\text{AgCl}(s) + \text{e}^- \rightleftharpoons \text{Ag}(s) + \text{Cl}^-(aq, 0.10\ \text{M}) \qquad E_+^\circ = 0.222\ \text{V}$$

である．左側の半電池はどのような反応だろうか？　二つの酸化状態で存在する唯一の元素は水素である．$\text{H}_2(g)$ が，電池内に吹き込まれている．また，どの水溶液にも H^+ が含まれている．したがって，水素は二つの酸化状態で存在し，触媒 Pt 表面で起こる半反応は次のように書ける．

$$2\text{H}^+(aq,\ ?\ \text{M}) + 2\text{e}^- \rightleftharpoons \text{H}_2(g, 1.00\ \text{bar}) \qquad E_-^\circ = 0$$

セルの全反応は，平衡になっていない．電圧の測定値が 0 V ではなく 0.503 V であるからだ．

セルの全反応のネルンスト式は，

$$E = E_+ - E_- = (0.222 - 0.059\,16 \log[\text{Cl}^-]) - \left(0 - \frac{0.059\,16}{2} \log \frac{P_{\text{H}_2}}{[\text{H}^+]^2}\right)$$

である．既知量を代入すると，唯一の未知数は $[\text{H}^+]$ であることがわかる．したがって，電圧の測定値から左側の半電池の $[\text{H}^+]$ を求めることができる．

$$0.503 = (0.222 - 0.059\,16 \log[0.10]) - \left(0 - \frac{0.059\,16}{2} \log \frac{1.00}{[\text{H}^+]^2}\right)$$
$$\Rightarrow\ [\text{H}^+] = 1.8 \times 10^{-4}\ \text{M}$$

次に，この値を用いて，左側の半電池内が平衡に達したときの酸塩基反応の平衡定数を推定できる．

$$K_a = \frac{[\text{CH}_3\text{CO}_2^-][\text{H}^+]}{[\text{CH}_3\text{CO}_2\text{H}]} = \frac{(0.005\,0)(1.8\times 10^{-4})}{0.050} = 1.8\times 10^{-5}$$

図 14-10 の電気化学セルは，左側の半電池の $[\text{H}^+]$ を測定するプローブとして働く．このセルを用いると，左側の半電池で起こる酸解離または塩基加水分解の平衡定数を求めることができる．

質問 酢酸と酢酸イオンの濃度が初濃度（式量濃度）に等しいと仮定できるのはなぜか？

難問に取りくむためのヒント

本章の章末問題にはいくつかの難問が含まれており，電気化学，化学平衡，溶解度，錯生成反応，酸塩基化学の知識を結びつけるように工夫されている．それらの問題では，ただ一つの半電池内で起こる反応の平衡定数を求めることになる．対象とする反応はセルの全反応ではなく，酸化還元反応でもない．そのような問題の解法をここに示す．

> 半反応式には，セルで二つの酸化状態をとる化学種が含まれねばならない．

ステップ1 二つの半反応式とその標準電位を書く．選んだ半反応の $E°$ がわからないときは，反応を表す別の方法を考える．

ステップ2 全反応のネルンスト式を書き，既知量をすべて代入する．すべてうまくいけば，式に一つの未知濃度だけが残る．

ステップ3 未知濃度を求め，その濃度を用いて最初にだされた化学平衡の問題を解く．

例題　非常に複雑な電気化学セルを解析する

図 14-11 の電気化学セルは，$Hg(EDTA)^{2-}$ の生成定数（K_f）を測定するためのものである．右側の半電池には，Hg^{2+} 0.500 mmol と EDTA 2.00 mmol を含む pH 6.00 の緩衝液 0.100 L が入っている．電圧は +0.342 V である．$Hg(EDTA)^{2-}$ の K_f の値を求めよ．

解法

ステップ1　左側の半電池は $E_- = 0$ である標準水素電極である．右側の半電池では，水銀が二つの酸化状態にある．その半反応は，以下のように表される．

$$Hg^{2+} + 2e^- \rightleftharpoons Hg(l) \qquad E°_+ = 0.852 \text{ V}$$

$$E_+ = 0.852 - \frac{0.05916}{2} \log\left(\frac{1}{[Hg^{2+}]}\right)$$

右側の半電池の Hg^{2+} と EDTA の反応は，

$$Hg^{2+} + Y^{4-} \underset{}{\overset{K_f}{\rightleftharpoons}} HgY^{2-}$$

である．K_f は大きいと予想されるので，事実上すべての Hg^{2+} が反応して HgY^{2-} を生じると仮定する．したがって，HgY^{2-} の濃度は 0.500 mmol/100 mL = 0.00500 M である．残る EDTA の全濃度は，(2.00 − 0.50) mmol/100 mL = 0.0150 M である．したがって，右側の半電池には，0.00500 M HgY^{2-}，0.0150 M EDTA，そして未知濃度の Hg^{2+} がわずかに含まれる．

HgY^{2-} の生成定数は，次のように書ける．

$$K_f = \frac{[HgY^{2-}]}{[Hg^{2+}][Y^{4-}]} = \frac{[HgY^{2-}]}{[Hg^{2+}]\alpha_{Y^{4-}}[EDTA]}$$

> $[Y^{4-}] = \alpha_{Y^{4-}}[EDTA]$ であることを思いだそう．

ここで，[EDTA] は金属に結合していない EDTA の全濃度である．この半電池では，[EDTA] = 0.0150 M である．EDTA

図 14-11 Hg(EDTA)$^{2-}$ の生成定数の測定に用いられるガルバニ電池.

の Y^{4-} 形の分率は，$\alpha_{Y^{4-}}$ である（12-2 節）．[HgY^{2-}] = 0.005 00 M がわかっているので，K_f を求めるのに必要なのは [Hg^{2+}] だけである．

ステップ 2 セルの全反応のネルンスト式は，

$$E = 0.342 = E_+ - E_- = \left[0.852 - \frac{0.059\,16}{2}\log\left(\frac{1}{[\text{Hg}^{2+}]}\right)\right] - (0)$$

である．ここで唯一の未知数は，[Hg^{2+}] である．

ステップ 3 上のネルンスト式を解くと，[Hg^{2+}] = 5.7×10^{-18} M であり，この [Hg^{2+}] の値から HgY^{2-} の生成定数が求められる．

$$K_f = \frac{[\text{HgY}^{2-}]}{[\text{Hg}^{2+}]\alpha_{Y^{4-}}[\text{EDTA}]} = \frac{(0.005\,00)}{(5.7 \times 10^{-18})(1.8 \times 10^{-5})(0.0150)}$$
$$= 3 \times 10^{21}$$

$\alpha_{Y^{4-}}$ は，表 12-1 の値を用いた．

EDTA と HgY^{2-} の混合物は，Hg^{2+} の濃度を一定にする「緩衝剤」として働く．Hg^{2+} の濃度によって，セル電圧が決まる．

類題 セル電圧が 0.300 V の場合の K_f を求めよ．（**答え**：8×10^{22}）

14-7 生化学者は $E°'$ を利用する

呼吸では，O_2 が食物からの分子を酸化して，エネルギーと代謝中間体を産生する．これまで用いてきた標準還元電位は，すべての反応物と生成物の活量が 1 である系に適用される．H^+ が反応に関与する場合，pH = 0 ($\mathcal{A}_{H^+} = 1$) のときに $E°$ が適用される．酸化還元反応に H^+ が現れる場合や，反応物または生成物が酸または塩基の場合は，還元電位は必ず pH に依存する．

植物や動物の細胞内の pH は約 7 であるので，pH 0 にあてはまる還元電位はあまり適切でない．たとえば pH 0 において，アスコルビン酸（ビタミン C）

はコハク酸よりも強力な還元剤である．しかし pH 7 では，この順序は逆になる．生細胞に関係するのは，pH 7 のときの還元剤の強さであって，pH 0 のときのものではない．

pH = 7 における式量電位は，$E°'$ と呼ばれる．

　酸化還元反応の**標準電位**は，すべての活量が 1 であるガルバニ電池に対して定義される．**式量電位**（formal potential）は，ある特定の条件（pH，イオン強度，錯化剤の濃度など）において適用される還元電位である．生化学者は，pH 7 の式量電位を $E°'$ と呼ぶ（「E ゼロプライム」と読む）．生物学に関係するいくつかの酸化還元対について，$E°'$ の値を表 14-2 にまとめた．

$E°$ と $E°'$ の関係

半反応

$$a\text{A} + n\text{e}^- \rightleftharpoons b\text{B} + m\text{H}^+ \qquad\qquad E°$$

表 14-2 生物学において重要な還元電位

反応	$E°$ (V)	$E°'$ (V)
$O_2 + 4H^+ + 4e^- \rightleftharpoons 2H_2O$	+1.229	+0.815
$Fe^{3+} + e^- \rightleftharpoons Fe^{2+}$	+0.771	+0.771
$I_2 + 2e^- = 2I^-$	+0.535	+0.535
シトクロム $a(Fe^{3+}) + e^- \rightleftharpoons$ シトクロム $a(Fe^{2+})$	+0.290	+0.290
$O_2(g) + 2H^+ + 2e^- \rightleftharpoons H_2O_2$	+0.695	+0.281
シトクロム $c(Fe^{3+}) + e^- \rightleftharpoons$ シトクロム $c(Fe^{2+})$	—	+0.254
2,6-ジクロロフェノールインドフェノール$+ 2H^+ + 2e^- \rightleftharpoons$ 還元体2,6-ジクロロフェノールインドフェノール	—	+0.22
デヒドロアスコルビン酸$+ 2H^+ + 2e^- \rightleftharpoons$ アスコルビン酸$+ H_2O$	+0.390	+0.058
フマル酸$+ 2H^+ + 2e^- \rightleftharpoons$ コハク酸	+0.433	+0.031
メチレンブルー$+ 2H^+ + 2e^- \rightleftharpoons$ 還元体生成物	+0.532	+0.011
グリオキシル酸$+ 2H^+ + 2e^- \rightleftharpoons$ グリコール酸	—	−0.090
オキサロ酢酸$+ 2H^+ + 2e^- \rightleftharpoons$ リンゴ酸	+0.330	−0.102
ピルビン酸$+ 2H^+ + 2e^- \rightleftharpoons$ 乳酸	+0.224	−0.190
リボフラビン$+ 2H^+ + 2e^- \rightleftharpoons$ 還元体リボフラビン	—	−0.208
$FAD + 2H^+ + 2e^- \rightleftharpoons FADH_2$	—	−0.219
（グルタチオン-S$)_2 + 2H^+ + 2e^- \rightleftharpoons 2$（グルタチオン-SH）	—	−0.23
サフラニン T $+ 2e^- \rightleftharpoons$ ロイコサフラニン T	−0.235	−0.289
$(C_6H_5S)_2 + 2H^+ + 2e^- \rightleftharpoons 2C_6H_5SH$	—	−0.30
$NAD^+ + H^+ + 2e^- \rightleftharpoons NADH$	−0.105	−0.320
$NADP^+ + H^+ + 2e^- \rightleftharpoons NADPH$	—	−0.324
シスチン$+ 2H^+ + 2e^- \rightleftharpoons 2$ システイン	—	−0.340
アセト酢酸$+ 2H^+ + 2e^- \rightleftharpoons$ L-β-ヒドロキシ酪酸	—	−0.346
キサンチン$+ 2H^+ + 2e^- \rightleftharpoons$ ヒポキサンチン$+ H_2O$	—	−0.371
$2H^+ + 2e^- \rightleftharpoons H_2$	0.000	−0.414
グルコン酸$+ 2H^+ + 2e^- \rightleftharpoons$ グルコース$+ H_2O$	—	−0.44
$SO_4^{2-} + 2e^- + 2H^+ \rightleftharpoons SO_3^{2-} + H_2O$	—	−0.454
$2SO_3^{2-} + 2e^- + 4H^+ \rightleftharpoons S_2O_4^{2-} + 2H_2O$	—	−0.527

について考えよう．ここで，A は酸化体化学種，B は還元体化学種である．A も B も酸または塩基でありうる．この半反応のネルンスト式は，

$$E = E^\circ - \frac{0.05916}{n}\log\frac{[\mathrm{B}]^b[\mathrm{H}^+]^m}{[\mathrm{A}]^a}$$

である．

$E^{\circ\prime}$ を求めるには，log 項が A と B の式量濃度（formal concentration）のみを含むようにネルンスト式を変形する．

$$\textbf{E}^{\circ\prime}\textbf{の求め方}：E = \underbrace{E^\circ + \text{その他の項}}_{\text{pH}=7\text{のとき，このすべてを}E^{\circ\prime}\text{と呼ぶ}} - \frac{0.05916}{n}\log\frac{F_\mathrm{B}^b}{F_\mathrm{A}^a} \qquad (14\text{-}27)$$

活量係数を含めた場合は，活量係数も $E^{\circ\prime}$ に含まれる．

かっこの上の項全体の pH ＝ 7 における値を $E^{\circ\prime}$ と呼ぶ．

[A] を F_A，[B] を F_B で表すには，分率を用いる（10-5 節）．分率は，すべてのかたちの酸または塩基の式量濃度（すなわち全濃度）とその特定のかたちの濃度とを関連付ける．

$$\textbf{一塩基酸}：[\mathrm{HA}] = \alpha_{\mathrm{HA}}F = \frac{[\mathrm{H}^+]F}{[\mathrm{H}^+]+K_\mathrm{a}} \qquad (14\text{-}28)$$

$$[\mathrm{A}^-] = \alpha_{\mathrm{A}^-}F = \frac{K_\mathrm{a}F}{[\mathrm{H}^+]+K_\mathrm{a}} \qquad (14\text{-}29)$$

一塩基酸では，$F = [\mathrm{HA}] + [\mathrm{A}^-]$

$$\textbf{二塩基酸}：[\mathrm{H_2A}] = \alpha_{\mathrm{H_2A}}F = \frac{[\mathrm{H}^+]^2F}{[\mathrm{H}^+]^2+[\mathrm{H}^+]K_1+K_1K_2} \qquad (14\text{-}30)$$

$$[\mathrm{HA}^-] = \alpha_{\mathrm{HA}^-}F = \frac{K_1[\mathrm{H}^+]F}{[\mathrm{H}^+]^2+[\mathrm{H}^+]K_1+K_1K_2} \qquad (14\text{-}31)$$

$$[\mathrm{A}^{2-}] = \alpha_{\mathrm{A}^{2-}}F = \frac{K_1K_2F}{[\mathrm{H}^+]^2+[\mathrm{H}^+]K_1+K_1K_2} \qquad (14\text{-}32)$$

二塩基酸では，$F = [\mathrm{H_2A}] + [\mathrm{HA}^-] + [\mathrm{A}^{2-}]$

ここで，F は HA または H_2A の式量濃度，K_a は HA の酸解離定数，K_1 および K_2 は H_2A の酸解離定数である．

$E^{\circ\prime}$ を測定する一つの方法は，酸化体と還元体の化学種の式量濃度が等しく，pH 7 に調整された半電池をつくることである．そのとき，式 14-27 の log 項はゼロとなり，S.H.E. に対して測定される電位が $E^{\circ\prime}$ となる．

例題　式量電位の計算

次の反応の $E^{\circ\prime}$ を求めよ．

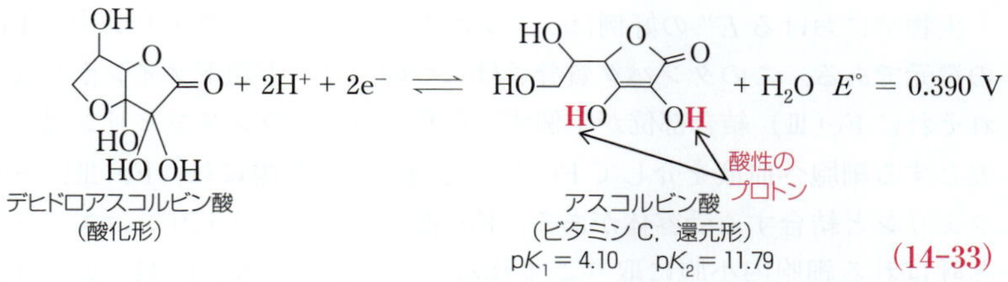
OH
O
O
=O + 2H⁺ + 2e⁻ ⇌
HO
HO OH
デヒドロアスコルビン酸
（酸化形）
HO
O
O
HO
HO
OH
+ H₂O　E° ＝ 0.390 V
酸性のプロトン
アスコルビン酸
（ビタミン C，還元形）
pK₁ ＝ 4.10　pK₂ ＝ 11.79
(14-33)

解法 デヒドロアスコルビン酸[20]を D，アスコルビン酸を H_2A とおくと，半反応式は次のように書ける．

$$D + 2H^+ + 2e^- \rightleftharpoons H_2A + H_2O$$

このネルンスト式は，

$$E = E° - \frac{0.05916}{2} \log \frac{[H_2A]}{[D][H^+]^2} \tag{14-34}$$

である．D は酸でも塩基でもないので，式量濃度はそのモル濃度と等しい，$F_D = [D]$．H_2A は二塩基酸なので，式 14-30 を用いて F_{H_2A} の関数として $[H_2A]$ を表す．

$$[H_2A] = \frac{[H^+]^2 F_{H_2A}}{[H^+]^2 + [H^+]K_1 + K_1K_2}$$

この式を式 14-34 に代入して，

$$E = E° - \frac{0.05916}{2} \log \left(\frac{\frac{[H^+]^2 F_{H_2A}}{[H^+]^2 + [H^+]K_1 + K_1K_2}}{F_D[H^+]^2} \right)$$

を得る．この式は，次のように整理できる．

$$E = \underbrace{E° - \frac{0.05916}{2} \log \left(\frac{1}{[H^+]^2 + [H^+]K_1 + K_1K_2} \right)}_{\substack{\text{pH=7における式量電位}(=E°') \\ = +0.0062\text{ V}}} - \frac{0.05916}{2} \log \frac{F_{H_2A}}{F_D} \tag{14-35}$$

式 14-35 に $E°$，K_1，K_2 の値を代入し，$[H^+] = 10^{-7.00}$ とおくと，$E°' = +0.062$ V が得られる．

類題 反応 $O_2 + 4H^+ + 4e^- \rightleftharpoons 2H_2O$ の $E°'$ を計算せよ．
(**答え**：0.815 V)

図 14-12 の曲線 a は，反応 14-33 の式量電位が pH にどのように依存するかを表している．pH ≈ pK_2 = 11.79 まで，pH が高くなるにつれて，電位は低下する．pH が pK_2 を超えると，アスコルビン酸のおもなかたちは A^{2-} になり，プロトンは酸化還元反応に関与しない．したがって，電位は pH に依存しなくなる．

生物学における $E°'$ の好例は，タンパク質のトランスフェリン中の Fe(III) の還元である．このタンパク質分子は二つのペプチド鎖ドメインからなり，それぞれに Fe(III) 結合部位が 1 個ずつ存在する．トランスフェリンは，鉄を必要とする細胞へ血液を介して Fe(III) を運ぶ．細胞膜には，Fe(III)-トランスフェリンと結合する受容体がある．Fe(III)-トランスフェリンはエンドソームと呼ばれる細胞内小胞に取りこまれる．エンドソームには H^+ が送り込まれ

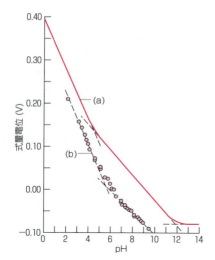

図 14-12 アスコルビン酸の還元電位の pH に対する依存性．(a) 式 14-35 の式量電位のグラフ．(b) イオン強度 0.2 M の溶液中のアスコルビン酸のポーラログラフ半波電位．半波電位（下巻 17 章）は，式量電位とほぼ同じである．高 pH （> 12）において，半波電位は式 14-35 から予想されるような傾きゼロの水平線にならない．アスコルビン酸の加水分解が起こるため，実際の化学は反応 14-33 よりも複雑である．［データ出典：J. J. Ruiz et al., *Can. J. Chem.*, **55**, 2799 (1977); *ibid.*, **56**, 1533 (1978).］

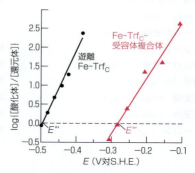

図 14-13 $\log\{[\mathrm{Fe(III)Trf_C}]/[\mathrm{Fe(II)Trf_C}]\}$ の分光測定値と電位の関係（pH 5.8）．［データ出典：S. Dhungana et al., *Biochemistry*, **43**, 205 (2004).］

て，pH が約 5.8 にまで下がる．鉄は，エンドソーム内でトランスフェリンから放出され，細胞内金属輸送タンパク質に結合した Fe(II) として細胞に入っていく．トランスフェリンを取り込み，金属を解離させ，トランスフェリンを放出して血流に戻すサイクルにかかる時間は，全体で 1～2 分である．pH 5.8 において Fe(III) がトランスフェリンから解離するのに要する時間は約 6 分であり，エンドソーム内での放出を説明するには長すぎる．pH 5.8 において，Fe(III)-トランスフェリンの還元電位は $E^{\circ\prime} = -0.52\,\mathrm{V}$ であり，生理的還元剤が還元するには低すぎる．

　エンドソーム内でトランスフェリンから Fe(III) がどのように放出されるのかという謎は，pH 5.8 における Fe(III)-トランスフェリン-受容体複合体の $E^{\circ\prime}$ を測定することで解明された．簡単のために，トランスフェリンを切断し，タンパク質の C 末端側の半分（$\mathrm{Trf_C}$ と呼ぶ）を用いた．図 14-13 は，遊離タンパク質およびタンパク質-受容体複合体の $\log\{[\mathrm{Fe(III)Trf_C}]/[\mathrm{Fe(II)Trf_C}]\}$ の測定値を表している．式 14-27 において，log 項がゼロのとき（すなわち，$[\mathrm{Fe(III)Trf_C}] = [\mathrm{Fe(II)Trf_C}]$ のとき），$E = E^{\circ\prime}$ である．図 14-13 によれば，Fe(III)-$\mathrm{Trf_C}$ の $E^{\circ\prime}$ は $-0.50\,\mathrm{V}$ に近いが，Fe(III)-$\mathrm{Trf_C}$-受容体複合体の $E^{\circ\prime}$ は $-0.29\,\mathrm{V}$ である．表 14-2 の還元剤 NADH および NADPH は，pH 5.8 において遊離 Fe(III)-トランスフェリンを還元できるほど強くないが，受容体に結合した Fe(III)-$\mathrm{Trf_C}$ を還元するのに十分な強さをもつ．

重要なキーワード

$E^{\circ\prime}$
アノード（anode）
アンペア（ampere）
塩橋（salt bridge）
オーム（ohm）
オームの法則（Ohm's law）
カソード（cathode）
ガルバニ電池（galvanic cell）
還元（reduction）
還元剤（reducing agent）
還元体（reductant）
クーロン（coulomb）

酸化（oxidation）
酸化還元反応（redox reaction）
酸化剤（oxidizing agent）
酸化体（oxidant）
式量電位（formal potential）
ジュール（joule）
抵抗（resistance）
電位（electric potential）
電位差計（potentiometer）
電気化学（electrochemistry）
電極（electrode）
電流（current）

電力（power）
ネルンスト式（Nernst equation）
反応商（reaction quotient）
半反応（half-reaction）
標準還元電位（standard reduction potential）
標準水素電極（standard hydrogen electrode）
ファラデー定数（Faraday constant）
ボルト（volt）
ラチマー図（Latimer diagram）
ワット（watt）

本章のまとめ

電流は，ある点を 1 秒あたりに通過する電荷のクーロン数である．二つの点の間の電位差 E（ボルト）は，電荷が一つの点からもう一つの点へ動くときに単位電荷あたりに必要な仕事（ジュール），またはそれによってなされる仕事である．分子あたりの電荷数が n の化学種 N mol の電荷（クーロン）は，nNF である（F はファラデー定数，C/mol）．q クーロンの電荷が電位差 E ボルトを通過するときになされる仕事は，$E \cdot q$ である．自発的な化学反応によって周囲になされる最大の仕事は，反応の自由エネルギー変化によって決まる（仕事 $= -\Delta G^{\circ}$）．化学反応により電位差 E が生じるとき，自由エネルギーと電位差の関係は，$\Delta G = -nNFE$（nN は電位差を通る電荷のモル数）である．オームの法則（$I = E/R$）は，電気回路における電流，電圧，抵抗の関係を表す．この法則を仕事および電力（$P = 1$ 秒あたりの仕事）の定義と組み合わせて，$P = E \cdot I = I^2 R$ を得る．

ガルバニ電池は，自発的な酸化還元反応を利用して電気を発生させる．酸化が起こる電極はアノード，還元が起こる電極はカソードである．二つの半電池は，ふつう塩橋で分けられる．塩橋によってイオンが片側からもう一方の側に移動して電気的中性が保たれるが，二つの半電池の反応物は混ざらない．半反応の標準還元電位は，その反応が標準水素電極に接続されるときに測定される電位差である．「標準」という語は，すべての反応物と生成物の活量が 1 であることを意味する．いくつかの半反応を加えて別の半反応を得る場合，全体の半反応の自由エネルギー変化は，構成している半反応の自由エネルギー変化の和に等しい．

ガルバニ電池では，電子はより負の極からより正の極に電線を通って流れる．この電池の電圧は，二つの半反応の電位差：$E = E_+ - E_-$（E_+ は電位差計の＋極コネクタに接続された半電池の電位，E_- は－極コネクタに接続された半電池の電位を表す）である．各半反応の電位は，ネルンスト式：$E = E^{\circ} - (0.05916/n) \log Q$（25℃）で与えられる．ここで，反応式は還元反応として書かれ，Q は反応商である．反応商は平衡定数と同じかたちだが，注目する時間に存在する濃度を用いて求められる．

複雑な平衡は，電気化学セルの一部として調べることができる．一つを除いて，すべての反応物と生成物の濃度（活量）がわかっていれば，電圧を測定してネルンスト式から未知の化学種の濃度を計算できる．こうして電気化学セルは，化学種のプローブとして働く．

生化学者は，pH 0 における半反応の標準電位（E°）の代わりに，pH 7 における式量電位（$E^{\circ\prime}$）を用いる．半反応のネルンスト式を書き，反応物と生成物の式量濃度を含む対数項以外のすべての項をまとめる．pH 7 におけるそれらの項の和が，$E^{\circ\prime}$ である．

練習問題

14-A. かつて次の化学反応を利用する水銀電池が，心臓ペースメーカーの電源に使われていた．

$$Zn(s) + HgO(s) \rightarrow ZnO(s) + Hg(l) \quad E° = 1.35 \text{ V}$$

（水銀電池は，廃棄時に環境に害をもたらすため，徐々に使われなくなった．）セル電圧とは何かを説明せよ．ペースメーカーの動作に必要な電力が 0.0100 W の場合，365 日で何 kg の HgO（式量 216.59）が消費されるか？ また，ポンドではいくらか？（1 lb = 453.6 g）

14-B. 以下の反応それぞれについて $E°$ および K を求めよ．

(a) $I_2(s) + 5Br_2(aq) + 6H_2O \rightleftharpoons 2IO_3^- + 10Br^- + 12H^+$
(b) $Cr^{2+} + Fe(s) \rightleftharpoons Fe^{2+} + Cr(s)$
(c) $Mg(s) + Cl_2(g) \rightleftharpoons Mg^{2+} + 2Cl^-$
(d) $5MnO_2(s) + 4H^+ \rightleftharpoons 3Mn^{2+} + 2MnO_4^- + 2H_2O$
(e) $Ag^+ + 2S_2O_3^{2-} \rightleftharpoons Ag(S_2O_3)_2^{3-}$
(f) $CuI(s) \rightleftharpoons Cu^+ + I^-$

14-C. 以下のセルについて，それぞれの電圧を求めよ．また，電子の流れの向きを述べよ．

(a) $Fe(s) | FeBr_2(0.010 \text{ M}) \| NaBr(0.050 \text{ M}) | Br_2(l) | Pt(s)$
(b) $Cu(s) | Cu(NO_3)_2(0.020 \text{ M}) \| Fe(NO_3)_2(0.050 \text{ M}) | Fe(s)$
(c) $Hg(l) | Hg_2Cl_2(s) | KCl(0.060 \text{ M}) \| KCl(0.040 \text{ M}) | Cl_2(g, 0.50 \text{ bar}) | Pt(s)$

14-D. 下図のセルの左側の半反応は，以下のいずれかの方法で書くことができる．

$$AgI(s) + e^- \rightleftharpoons Ag(s) + I^- \quad (1)$$
$$Ag^+ + e^- \rightleftharpoons Ag(s) \quad (2)$$

右側の半電池反応は，

$$H^+ + e^- \rightleftharpoons \frac{1}{2}H_2(g) \quad (3)$$

である．

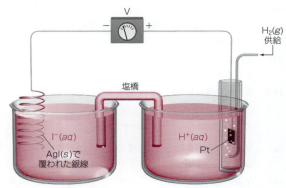

$Ag(s)|AgI(s)|NaI(0.10 \text{ M})\|HCl(0.10 \text{ M})|H_2(g, 0.20 \text{ bar})|Pt(s)$

(a) 反応 2 と反応 3 を用いて $E°$ を計算せよ．また，セルのネルンスト式を書け．

(b) AgI の K_{sp} の値を用いて $[Ag^+]$ を計算し，セル電圧を求めよ．また，電子はどちら向きに流れるか？

(c) 反応 1 と反応 3 でセルを記述することを考えよう．どのように記述してもセル電圧（$E°$ ではなく E）は同じになるはずだ．反応 1 と反応 3 のネルンスト式を書き，それらを用いて反応 1 の $E°$ を求めよ．答えを付録 H の値と比べよ．

14-E. 以下の反応を考慮して，次のセルの電圧を計算せよ．

$Cu(s) | Cu^{2+}(0.030 \text{ M}) \| K^+Ag(CN)_2^-(0.010 \text{ M}),$
$HCN(0.10 \text{ M}), \text{pH } 8.21 \text{ に緩衝} | Ag(s)$

$Ag(CN)_2^- + e^- \rightleftharpoons Ag(s) + 2CN^- \quad E° = -0.310 \text{ V}$
$HCN \rightleftharpoons H^+ + CN^- \quad pK_a = 9.21$

また，電子はどちら向きに流れるか？

14-F. (a) 反応 $PuO_2^+ \rightarrow Pu^{4+}$ のつり合った反応式を書き，この反応の $E°$ を計算せよ．

$$PuO_2^{2+} \xrightarrow{+0.966} PuO_2^+ \xrightarrow{?} Pu^{4+} \xrightarrow{+1.006} Pu^{3+}$$
$$\underset{1.021}{\underline{\qquad\qquad\qquad}}$$

(b) pH 2.00, $P_{O_2} = 0.20$ bar において，PuO_2^{2+} と PuO_2^+ の等モル混合物が H_2O を O_2 に酸化するかを予想せよ．また pH 7.00 では，O_2 は遊離するだろうか？

14-G. 以下のセルの電圧を計算せよ．KHP はフタル酸水素カリウム（フタル酸の一カリウム塩）である．電子はどちら向きに流れるか？

$Hg(l) | Hg_2Cl_2(s) | KCl(0.10 \text{ M}) \| KHP(0.050 \text{ M}) | H_2(g, 1.00 \text{ bar}) | Pt(s)$

14-H. 次のセルの電圧は，0.083 V である．

$Hg(l) | Hg(NO_3)_2(0.0010 \text{ M}), KI(0.500 \text{ M}) \| \text{S.H.E.}$

この電圧から次の反応の平衡定数を計算せよ．

$$Hg^{2+} + 4I^- \rightleftharpoons HgI_4^{2-}$$

0.5 M KI 溶液では，事実上すべての水銀が HgI_4^{2-} として存在する．

14-I. $Cu(EDTA)^{2-}$ の生成定数は 6.3×10^{18}，反応 $Cu^{2+} + 2e^- \rightleftharpoons Cu(s)$ の $E°$ は $+0.339$ V である．この情報から次の反応の $E°$ を求めよ．

$$CuY^{2-} + 2e^- \rightleftharpoons Cu(s) + Y^{4-}$$

14-J. 次の反応に基づいて，pH = 0.00 において $H_2(g)$ とグルコースのどちらがより強力な還元剤であるかを述べよ．

グルコン酸 + 2H⁺ + 2e⁻ ⇌ グルコース + H₂O $E^{\circ\prime} = -0.45$ V

グルコン酸 pK_a = 3.56

グルコース（酸性のプロトンはない）

14-K. 生細胞は，日光または食物の燃焼から得られるエネルギーを高エネルギーのATP（アデノシン三リン酸）分子に変える．ATP合成のΔG°は +34.5 kJ/mol である．このエネルギーは細胞で利用され，そのときATPはADP（アデノシン二リン酸）に加水分解される．動物では，プロトンがミトコンドリア膜の複合酵素を通るときに，ATPが合成される[21]．右図に示すように，プロトンがこの酵素を通ってミトコンドリアに移動することは，二つの要因によって説明される．(1) 食物の酸化を触媒する酵素によってプロトンがミトコンドリアから送りだされるため，[H⁺] はミトコンドリアの内側よりも外側のほうが高い．(2) ミトコンドリアの内側は外側に対して負の電荷を帯びている．

(a) ATP 1分子の合成には，二つのH⁺がリン酸化酵素を通ることが必要である．分子が高活量の領域から低活量の領域に移動するときの自由エネルギー差は，

$$\Delta G = -RT \ln \frac{\mathcal{A}_{\text{high}}}{\mathcal{A}_{\text{low}}}$$

である．298 K において，pH 差によって二つのプロトンの移動が一つの ATP 分子を合成するのに十分なエネルギーを生じるとすれば，pH 差はどのくらい大きくなければならないか？

(b) 求めた pH 差は，ミトコンドリアでは観察されない．内側と外側の電位差によって二つのプロトンの移動が一つのATP分子を合成するのに十分なエネルギーを生じるとすれば，どのくらいの電位差が必要か？ この問題では，pH 差による寄与は無視せよ．

(c) ATP 合成に必要なエネルギーは，pH 差と電位差の両方によってもたらされると考えられる．pH 差が 1.00 であれば，必要な電位差はいくらか？

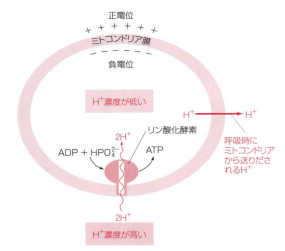

章末問題

基本概念

14-1. 電荷（q, C），電流（I, A），電位（E, V）を説明せよ．

14-2. (a) 1 C は電子何個分か？
(b) 電荷 1 mol は何 C か？

14-3. 体重 70 kg のヒトの基礎酸素消費量は，1日あたり酸素約 16 mol である．この酸素は，食物を酸化し，水に還元され，ヒトにエネルギーを供給する．

$$O_2 + 4H^+ + 4e^- \rightleftharpoons 2H_2O$$

(a) この呼吸速度に対応する電流（A = C/s）はいくらか？（電流は，食物から酸素への電子の流れと定義できる．）
(b) (a) の答えと 5.00×10^2 W，115 V の冷蔵庫に流れる電流とを比べよ．電力（W）＝仕事/秒＝$E \cdot I$ であることを思いだそう．
(c) 電子がニコチンアミドアデニンジヌクレオチド（NADH）から酸素に流れると，電位が 1.1 V だけ下がる．私たちヒトの出力（W）はいくらか？

14-4. 6.00 V の電池が 2.00 kΩ の抵抗器につながれている．

(a) 回路を流れる電流（A）および e⁻/秒はいくらか？
(b) 1電子あたり何 J の熱が発生するか？
(c) この回路を 30.0 分間働かせると，何モルの電子が抵抗器を流れるか？
(d) 電池の電力が 1.00×10^2 W になるのに必要な電圧はいくらか？

14-5. 次の酸化還元反応について考えよう．

$$I_2 + 2S_2O_3^{2-} \rightleftharpoons 2I^- + S_4O_6^{2-}$$
チオ硫酸イオン　　四チオン酸イオン

(a) 左辺の酸化剤を確認して，そのつり合った半反応の式を書け．
(b) 左辺の還元剤を確認して，そのつり合った半反応の式を書け．
(c) チオ硫酸イオン 1.00 g が反応するとき，還元体から酸化体へ移る電荷は何 C か？
(d) 1分あたりチオ硫酸イオン 1.00 g が消費される反応速度のとき，還元体から酸化体へ流れる電流（A）はいく

14-6. スペースシャトルの使い捨てブースターエンジンは，固体反応物から動力を得る．

$$6NH_4^+ClO_4^-(s) + 10Al(s) \longrightarrow$$
式量 117.49
$$3N_2(g) + 9H_2O(g) + 5Al_2O_3(s) + 6HCl(g)$$

(a) 反応物と生成物の元素 N, Cl, Al の酸化数を求めよ．どの反応物が還元剤として働き，どの反応物が酸化剤として働くか？

(b) Al 10 mol が消費されるときの反応熱は，-9334 kJ である．この反応熱を全反応物 1 g あたりに放出される熱として表せ．

ガルバニ電池

14-7. ガルバニ電池は自発的な化学反応をどのように利用して電気を生じるかを説明せよ．

14-8. 下図のそれぞれのセルを電池図式で書け．また，それぞれのセルの二つの還元半反応式を書け．

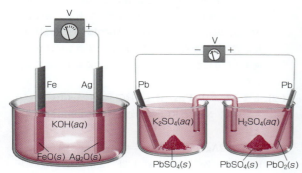

14-9. 次のセルの図を描け．また，それぞれの電極における還元半反応式を書け．

$$Pt(s)|Fe^{3+}(aq), Fe^{2+}(aq)\|Cr_2O_7^{2-}(aq), Cr^{3+}(aq), HA(aq)|Pt(s)$$

14-10. 次の充電式蓄電池について考える．

$$Zn(s)|ZnCl_2(aq)\|Cl^-(aq)|Cl_2(l)|C(s)$$

(a) それぞれの電極の還元半反応式を書け．電極電位が $E°$ 値と大きく異ならない場合，電子はどちらの電極から回路へ流れるか？

(b) 蓄電池から一定の電流 1.00×10^3 A が 1.00 時間流れると，何 kg の Cl_2 が消費されるか？

14-11. リチウムイオン電池．

(a) 本章扉に記したリチウムイオン電池の半反応の式を電極ごとに書け．アノードはどの電極で，カソードはどの電極か？ 反応物（$2Li_{0.5}CoO_2 + LiC_6$）の総式量はいくらか？

(b) 蓄電池の充電容量は，反応物 1 kg によって 1 時間に供給されるアンペア数として定義され，A·h/kg で表される．1 A·h は何クーロンか？ また，電子何モル分か？

(c) リチウムイオン電池の理論的な容量は反応物 1 kg あたり 100 A·h であることを示せ．

(d) 蓄電池の反応物 1 単位質量あたりのエネルギー密度は，W·h/kg で表される．リチウムイオン電池は，3.7 V で反応物 1 kg あたり 100 A·h を供給する．このエネルギー密度を W·h/(g $LiCoO_2$) で表せ．

標準電位

14-12. 標準状態（すなわちすべて活量 = 1）では以下のうちどれが最強の酸化剤になるか？

$$HNO_2,\ Se,\ UO_2^{2+},\ Cl_2,\ H_2SO_3,\ MnO_2$$

14-13. (a) シアン化物イオンは，Fe(III) の $E°$ を低下させる．

$$Fe^{3+} + e^- \rightleftharpoons Fe^{2+} \qquad E° = 0.771\text{ V}$$
第二鉄イオン　　第一鉄イオン

$$Fe(CN)_6^{3-} + e^- \rightleftharpoons Fe(CN)_6^{4-} \qquad E° = 0.356\text{ V}$$
フェリシアン化物イオン　　フェロシアン化物イオン

CN^- と錯生成してより安定化されるのは，Fe(III) と Fe(II) のどちらのイオンか？

(b) 配位子がシアン化物イオンではなくフェナントロリンの場合について，付録 H を参照して同じ質問に答えよ．

フェナントロリン

ネルンスト式

14-14. 酸化還元反応における E と $E°$ の違いは何か？ また完全なセルが平衡になるとき，ゼロまで下がるのはどちらか？

14-15. (a) 実証実験 14-1 の半反応のネルンスト式を書け．電子は回路を通ってどちら向きに移動するか？

(b) 実証実験 14-1 であなたの指を塩橋として使ったら，あなたの身体は Cu^{2+} と Zn^{2+} のどちらを取り込むか？

14-16. 次の半反応のネルンスト式を書け．また，pH = 3.00，$P_{AsH_3} = 1.0$ mbar における E を求めよ．

$$As(s) + 3H^+ + 3e^- \rightleftharpoons AsH_3(g) \qquad E° = -0.238\text{ V}$$
水素化ヒ素

14-17. (a) 次の図のセルを電池図式で書け．

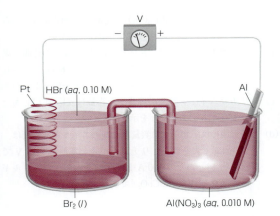

れている単3形乾電池のようなアルカリ電池の構成および化学反応を調べよ．

(a) 電池の図を描き，その部品の名称を書け．
(b) アノードとカソードの半反応および全反応の式を書け．
(c) ときどき古い電池から出てくる白い化学物質は何かを説明せよ．
(d) 特別問題：付録Hに亜鉛の半反応式が記されている．酸化マンガンの半反応式は，付録にある四つの半反応式から導くことができる．

$$2MnO_2(s) + 8H^+ + 4e^- \rightleftharpoons 2Mn^{2+} + 4H_2O \quad (1)$$
$$Mn_2O_3(s) + 6H^+ + 2e^- \rightleftharpoons 2Mn^{2+} + 3H_2O \quad (2)$$
$$2H_2O + 2e^- \rightleftharpoons H_2(g) + 2OH^- \quad (3)$$
$$2H^+ + 2e^- \rightleftharpoons H_2(g) \quad (4)$$

(b) 半電池それぞれの電位およびセル電圧 E を計算せよ．電子は回路を通ってどちら向きに流れるか？ セルの自発的な全反応の式を書け．

(c) 左側の半電池に $Br_2(l)$（密度 $= 3.12$ g/mL）を 14.3 mL だけ入れた．アルミニウム電極は，Al 12.0 g を含む．Br_2 と Al のどちらの元素が制限試薬か？（すなわち，どちらの試薬が先に消費されるか？）

(d) 一定電圧 1.50 V を生じる条件でセルを働かせ，$Br_2(l)$ が 0.231 mL だけ消費されたとき，どれだけの電気的仕事がなされるか？

(e) 電位差計を 1.20 kΩ 抵抗器に取り替えたところ，抵抗器で発生する熱が 1.00×10^{-4} J/s であったとすれば，Al(s) が溶ける速度（g/s）はいくらか？（この問題では，電圧は 1.50 V ではない．）

14-18. かつてノートパソコンに用いられていた充電式ニッケル水素電池は，以下の化学反応に基づいている．

カソード：
$$NiOOH(s) + H_2O + e^- \underset{充電}{\overset{放電}{\rightleftharpoons}} Ni(OH)_2(s) + OH^-$$

アノード：
$$MH(s) + OH^- \underset{充電}{\overset{放電}{\rightleftharpoons}} M(s) + H_2O + e^-$$

アノード材料 MH は，遷移金属水素化物または希土類合金水素化物である．放電サイクル全体で電圧がほぼ一定に保たれる理由を説明せよ．

14-19. (a) H_2-O_2 燃料電池の半反応の式を書け．$P_{H_2} = 1.0$ bar，$P_{O_2} = 0.2$ bar，両方の電極で $[H^+] = 0.5$ M，$25°C$ における理論的なセル電圧を求めよ．（実際の燃料電池は $60〜1000°C$ で動作し，約 0.7 V の電圧を生じる．）

(b) この燃料電池が化学エネルギーを電気エネルギーに変換する効率が 70%で，積み重ねた電池が 220 V で 20 kW を生じるとき，1時間に何 g の H_2 が消費されるか？

(c) 米国では，エンジンを「馬力」で評価することが多い．表1-4 を使って，20 kW を馬力に換算せよ．

14-20. アルカリ電池．インターネットを使って，一般に用いら

コラム 14-5 の方法を用いて，酸化マンガンの半反応の標準電位を求めよ．また，電池の全反応の標準電位を求めよ．

酸化マンガンの半反応式は，(1)−(2)+(3)−(4) である．それぞれの半反応において，$\Delta G° = -nNFE°$（nN はその半反応の電子のモル数）である．全反応の $\Delta G°$ は，$\Delta G_1° - \Delta G_2° + \Delta G_3° - \Delta G_4°$ である．付録Hの半反応式に係数を掛けるとき，$E°$ には係数を掛けない．電子あたりになされる仕事は，移動する電子の数に依存しないからだ．

14-21. セル $Pb(s)|PbF_2(s)|F^-(aq)\|Cl^-(aq)|AgCl(s)|Ag(s)$ において，NaF と KCl の濃度がそれぞれ 0.10 M であるとする．

(a) 半反応 $2AgCl(s) + 2e^- \rightleftharpoons 2Ag(s) + 2Cl^-$ および $PbF_2(s) + 2e^- \rightleftharpoons Pb(s) + 2F^-$ を用いて，セル電圧を計算せよ．

(b) 電子はどちら向きに流れるか？

(c) 次に，半反応 $2Ag^+ + 2e^- \rightleftharpoons 2Ag(s)$ および $Pb^{2+} + 2e^- \rightleftharpoons Pb(s)$ を用いて，セル電圧を計算しよう．この問題では，PbF_2 と $AgCl$ の溶解度積が必要である．

14-22. 以下のセルを組み立てて，$Ag^+|Ag$ の標準還元電位を測定した．

$$Pt(s)|HCl (0.01000 \text{ M}), H_2(g)\|AgNO_3(0.01000 \text{ M})|Ag(s)$$

温度は $25°C$（標準状態），気圧は 751.0 Torr であった．水の蒸気圧は $25°C$ で 23.8 Torr であるので，セルの P_{H_2} は $751.0 - 23.8 = 727.2$ Torr である．活量係数を考慮すると，セルのネルンスト式は以下のように導かれる．

右側の電極：$Ag^+ + e^- \rightleftharpoons Ag(s)$ $E_+° = E°_{Ag^+|Ag}$

左側の電極：$H^+ + e^- \rightleftharpoons \frac{1}{2}H_2(g)$ $E_-° = 0$ V

$$E_+ = E°_{Ag^+|Ag} - 0.05916 \log\left(\frac{1}{[Ag^+]\gamma_{Ag^+}}\right)$$

$$E_- = 0 - 0.05916 \log\left(\frac{P_{H_2}^{1/2}}{[H^+]\gamma_{H^+}}\right)$$

$$E = E_+ - E_- = E°_{Ag^+|Ag} - 0.05916 \log\left(\frac{[H^+]\gamma_{H^+}}{P_{H_2}^{1/2}[Ag^+]\gamma_{Ag^+}}\right)$$

測定されたセル電圧が $+0.7983$ V であるとして，表 8-1 の活量係数を用いて，$E°_{Ag^+|Ag}$ を求めよ．反応商の P_{H_2} は bar で表すこと．

14-23. 下図で疑問符を付けた反応について，つり合った化学反応式（酸性溶液中）を書け[22]．コラム 14-5 と同様にして，この反応の $E°$ を計算せよ．

$$\text{BrO}_3^- \xrightarrow{1.491} \text{HOBr} \xrightarrow{1.584} \text{Br}_2(aq) \xrightarrow{1.098} \text{Br}^-$$
（上に 1.441，下に ?）

14-24. 標準状態において，化学種 X^+ が自発的に X^{3+} と $X(s)$ に不均化する場合，$E°_1$ と $E°_2$ にはどのような関係があるか？ つり合った不均化反応の式を書け．

$$X^{3+} \xrightarrow{E°_1} X^+ \xrightarrow{E°_2} X(s)$$

14-25. 活量を用いて，セル Ni(s)|NiSO$_4$(0.0020 M)‖CuCl$_2$(0.0030 M)|Cu(s) の電圧を計算せよ．ただし，塩は完全に解離すると仮定せよ（すなわち，イオン対生成を無視する）．また図 14-9 から推論して，電子はどちら向きに流れるか？

14-26. 活量を用いて鉛蓄電池を考察する[10]．コラム 14-3 を参照せよ．

(a) 付録Hを見て，蓄電池が放電するときのアノードとカソードの還元半反応式を書け．また電池の全反応式を書き，その $E°$ を求めよ．

(b) 両方の電極に PbSO$_4$ が含まれる蓄電池の電池図式を書け．

(c) 車のエンジンが動いて，蓄電池が充電されているときに起こる反応式を書け．還元反応式を一つ，酸化反応式を一つ書け．

(d) 満充電された鉛蓄電池について，活量係数を含めて各半反応のネルンスト式を書け．ネルンスト式中の溶質の濃度は，質量モル濃度 m (molal) で表せ．満充電された蓄電池の電解質濃度は，5.5 m H$_2$SO$_4$ (35 wt% H$_2$SO$_4$) である．固体の活量は 1 である．しかし，35 wt% H$_2$SO$_4$ 中の H$_2$O の活量は 1 ではない．H$_2$SO$_4$ が高濃度であるからだ．$\mathcal{A}_{H_2O} = m_{H_2O}\gamma_{H_2O}$，$\mathcal{A}_{SO_4^{2-}} = m_{SO_4^{2-}}\gamma_{SO_4^{2-}}$，$\mathcal{A}_{H^+} = m_{H^+}\gamma_{H^+}$ を用いて，カソードとアノードのネルンスト式を対数項が一つの式にまとめよ．

(e) 水の蒸気圧を下げて測定された 35 wt% H$_2$SO$_4$ 中の水の活量は，25℃において $\mathcal{A}_{H_2O} = m_{H_2O}\gamma_{H_2O} = 0.66$ である[23]．SO$_4^{2-}$ と H$^+$ の活量は別々には測定できないが，平均活量は測定できる．陽イオンが C^{n+}，陰イオンが A^{m-} の塩 C$_m$A$_n$ について，平均活量係数は $\gamma_\pm = (\gamma_+^m \gamma_-^n)^{1/(m+n)}$ と定義される（γ_+ と γ_- は個々の活量係数）．平均活量係数は，熱力学的に定義される測定可能な量である．5.5 m H$_2$SO$_4$ では，25℃において $\gamma_\pm = (\gamma_{H^+}^2 \gamma_{SO_4^{2-}})^{1/3} = 0.22$ である[23]．（H$_2$SO$_4$ を含むガルバニ電池で測定された．）ネルンスト式で $\mathcal{A}_{H_2O}$ と $\gamma_\pm$ を用いて，鉛蓄電池の電圧を計算せよ．

14-27. 宇宙飛行士が過剰の CO$_2$ で中毒を起こさないように，アポロ宇宙船の船内空気は固体 LiOH 容器を通して循環され，CO$_2$ が取り除かれた．LiOH(s) と CO$_2(g)$ の化学反応式を書け．安価な NaOH や KOH ではなく，LiOH が使われたのはなぜか？

$E°$ と平衡定数の関係

14-28. 反応 CO + $\frac{1}{2}$ O$_2$ ⇌ CO$_2$ では，CO 1 mol あたり $\Delta G° = -257$ kJ (298 K) である．$E°$ および反応の平衡定数を求めよ．

14-29. 以下の反応の $E°$，$\Delta G°$，K を計算せよ．

(a) $4\text{Co}^{3+} + 2\text{H}_2\text{O} \rightleftharpoons 4\text{Co}^{2+} + \text{O}_2(g) + 4\text{H}^+$

(b) $\text{Ag}(\text{S}_2\text{O}_3)_2^{3-} + \text{Fe}(\text{CN})_6^{4-} \rightleftharpoons \text{Ag}(s) + 2\text{S}_2\text{O}_3^{2-} + \text{Fe}(\text{CN})_6^{3-}$

14-30. 0.100 M Ce^{3+}，1.00×10^{-4} M Ce^{4+}，1.00×10^{-4} M Mn^{2+}，0.100 M MnO$_4^-$，1.00 M HClO$_4$ を含む溶液がある．

(a) この溶液の化学種間で起こりうる全反応の式をつり合わせて書け．

(b) 反応の $\Delta G°$ および K を計算せよ．

(c) 与えられた条件の E を計算せよ．

(d) 与えられた条件の $\Delta G°$ を計算せよ．

(e) 298 K において，与えられた濃度の Ce^{4+}，Ce^{3+}，Mn^{2+}，MnO$_4^-$ が平衡になるときの pH はいくらか？

14-31. セル Pt(s)|VO^{2+}(0.116 M)，V^{3+}(0.116 M)，H$^+$(1.57 M)‖Sn^{2+}(0.0318 M)，Sn^{4+}(0.0318 M)|Pt(s) では，$E = -0.289$ V である（$E°$ ではない）．セルの全反応式を書き，その平衡定数を計算せよ．ただし，この問題を解くのに，付録Hの $E°$ の値を使わないように．

14-32. Pd(OH)$_2$ の K_{sp} が 3×10^{-28}，反応 Pd(OH)$_2(s)$ + $2e^- \rightleftharpoons$ Pd(s) + 2OH$^-$ の $E°$ が 0.915 V であるとして，半反応 Pd^{2+} + $2e^- \rightleftharpoons$ Pd(s) の $E°$ を計算せよ．

14-33. Br$_2(aq)$ および Br$_2(l)$ の標準還元電位に付録Hの値を用いて，Br$_2$ の水への溶解度（25℃）を計算せよ．答えを g/L で表せ．

14-34. (a) ヘンリーの法則によれば，溶存気体の濃度は溶液上のその気体の分圧に比例するという．Cl$_2$ が溶解するとき，ヘンリーの法則は [Cl$_2(aq)$] $= K_H P_{Cl_2}$ である．付録Hの半反応を用いて，298.15 K で Cl$_2$ $(g, 1$ bar$)$ と平衡にある Cl$_2(aq)$ の濃度を求めよ．

(b) 温度が 298.15 K (25℃) から少し変化したとき，半反応

の標準還元電位は次式で表される．

$$E°(T) = E° + \left(\frac{dE°}{dT}\right)\Delta T$$

ここで，$E°$ は 298.15 K での標準還元電位，$E°(T)$ は温度 T(K) での標準還元電位，ΔT は $(T - 298.15)$ である．付録Hの $dE°/dT$ を使って，323.15 K での Cl_2 の K_h を求めよ．温度が 298.15 K より高くなると，$Cl_2(g)$ の溶解度は大きくなるか，小さくなるか？

14-35. 以下の情報から，反応 $FeY^- + e^- \rightleftharpoons FeY^{2-}$（Y は EDTA）の標準還元電位を計算せよ．

$$FeY^- + e^- \rightleftharpoons Fe^{2+} + Y^{4-} \quad E° = -0.730 \text{ V}$$
$$FeY^{2-}: \quad K_f = 2.1 \times 10^{14}$$
$$FeY^-: \quad K_f = 1.3 \times 10^{25}$$

14-36. 半反応 $Al^{3+} + 3e^- \rightleftharpoons Al(s)$ （50℃）の $E°$ を求めよ．予備知識として，問題 14-34b を見よ．

14-37. この問題は，少しばかり注意を要する．次の反応の $E°$，$\Delta G°$，K を計算せよ．

$$2Cu^{2+} + 2I^- + HO-\text{(ヒドロキノン)}-OH \rightleftharpoons$$
$$2CuI(s) + O=\text{(キノン)}=O + 2H^+$$

この式は，付録Hに示した三つの半反応式をまとめたものである．それぞれの半反応の $\Delta G°(= -nNFE°)$ を用いて，全反応の $\Delta G°$ を求めよ．ただし，反応の向きを逆にするときは，$\Delta G°$ の符号を逆にすること．

14-38. 固相反応の熱力学．下図の電気化学セルは，$O_2(g)$ 気流雰囲気下，1000 K で可逆的に働く[24]．

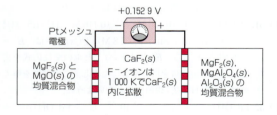

左側の半電池：$MgF_2(s) + \frac{1}{2}O_2(g) + 2e^- \rightleftharpoons MgO(s) + 2F^-$

右側の半電池：$MgF_2(s) + Al_2O_3(s) + \frac{1}{2}O_2(g) + 2e^- \rightleftharpoons MgAl_2O_4(s) + 2F^-$

(a) それぞれの半電池のネルンスト式を書け．全反応の式およびそのネルンスト式を書け．$O_2(g)$ の活量は，両側で同じである．F^- の活量も両側で同じであり，$CaF_2(s)$ 内を拡散する F^- イオンによって支配される．観察される電圧が全反応の $E°$ であることを示せ．

(b) $\Delta G° = -nNFE°$ の関係から，全反応の $\Delta G°$ を求めよ．

ただし $1 \text{ V} = 1 \text{ J/C}$ である．

(c) 温度範囲 $T = 900 \sim 1250$ K において，セル電圧 $E(\text{V}) = 0.1223 + 3.06 \times 10^{-5}T$ である．$\Delta H°$ と $\Delta S°$ が一定であると仮定して，$\Delta G° = \Delta H° - T\Delta S°$ の関係から $\Delta H°$ と $\Delta S°$ を求めよ．

化学プローブとしての電気化学セルの利用

14-39. それぞれの半電池内は平衡であっても，二つの半電池間は必ずしも平衡でないということを，図 14-11 を例にとって説明せよ．

14-40. セル $Pt(s)|H_2(g, 1.00 \text{ bar})|H^+(aq, \text{pH} = 3.60)\|Cl^-(aq, x \text{ M})|AgCl(s)|Ag(s)$ をプローブに用いて，右側の半電池の Cl^- 濃度を求めることができる．

(a) それぞれの半電池の反応式，つり合った全反応式，および全反応のネルンスト式を書け．

(b) セル電圧 0.485 V が測定されたとして，右側の半電池の $[Cl^-]$ を求めよ．

14-41. 次式で表されるキンヒドロン電極は，pH を測定する方法として 1921 年に発表された[25]．

$$Pt(s)|\text{モル比 1:1 のキノン}(aq) \text{ とヒドロキノン}(aq),$$
$$\text{未知の pH}\|Cl^-(aq, 0.50 \text{ M})|Hg_2Cl_2(s)|Hg(l)|Pt(s)$$

pH を測定する溶液を左側の半電池に入れる．ここにはモル比 1:1 のキノンとヒドロキノンも入っている．半電池反応式は，次の通りである．

$$O=\text{(キノン)}=O + 2H^+ + 2e^- \rightleftharpoons HO-\text{(ヒドロキノン)}-OH$$

(a) それぞれの半電池の半反応式とネルンスト式を書け．

(b) 活量を無視して，全反応のネルンスト式を $E(\text{セル}) = A + B \cdot \text{pH}$ のかたちに整理せよ．ここで，A と B は定数である．25℃ での A と B を計算せよ．

(c) pH が 4.50 のとき，電子は電位差計を通ってどちら向きに流れるか？

14-42. 次のセルの電圧は，0.490 V である．有機塩基 RNH_2 の K_b を求めよ．

$$Pt(s)|H_2(1.00 \text{ bar})|$$
$$RNH_2(aq, 0.10 \text{ M}), RNH_3^+Cl^-(aq, 0.050 \text{ M})\|S.H.E.$$

14-43. 次の図に示すセルの電圧は，−0.246 V である．右側の半電池には金属イオン M^{2+} が入っており，その標準還元電位は −0.266 V である．

$$M^{2+} + 2e^- \rightleftharpoons M(s) \qquad E° = -0.266 \text{ V}$$

金属-EDTA 錯体の K_f を計算せよ．

章末問題 **419**

0.010 0 M ピロリン酸溶液 28.0 mL
0.010 0 M KOH 溶液 72.0 mL

0.010 0 M M^{2+} 溶液 28.0 mL
0.010 0 M EDTA 溶液 72.0 mL
(pH 8.00 に緩衝)

14-44. 次のセルを組み立てて，天然に存在する二つのかたちの $CaCO_3(s)$（方解石およびあられ石と呼ばれる）について K_{sp} の差を求めた[26]．

Pb(s)|PbCO$_3$|CaCO$_3$(s, 方解石)| 緩衝液 (pH 7.00)‖
緩衝液 (pH 7.00)|CaCO$_3$(s, あられ石)|PbCO$_3$(s)|Pb(s)

セルのそれぞれの半電池には，固体 PbCO$_3$ ($K_{sp} = 7.4 \times 10^{-14}$) と方解石またはあられ石との混合物が入っている．方解石もあられ石も，$K_{sp} \approx 5 \times 10^{-9}$ である．各溶液を緩衝剤で pH 7.00 に緩衝し，セルを大気中の CO$_2$ から完全に隔離した．測定されたセル電圧は，-1.8 mV であった．溶解度積の比 K_{sp}(方解石)/K_{sp}(あられ石) を求めよ．

14-45. この問題では活量係数を無視しないこと．次のセルの電圧が 0.512 V のとき，Cu(IO$_3$)$_2$ の K_{sp} を求めよ．イオン対生成は無視せよ．

Ni(s)|NiSO$_4$(0.002 5 M)‖KIO$_3$(0.10 M)|Cu(IO$_3$)$_2$(s)|Cu(s)

生化学者は $E°'$ を利用する

14-46. $E°'$ とは何かを説明せよ．また，生化学では $E°'$ が $E°$ よりも適切であるのはなぜか？

14-47. 次の反応の $E°'$ を求めよう．
$$C_2H_2(g) + 2H^+ + 2e^- \rightleftharpoons C_2H_4(g)$$

(a) 付録 H の $E°$ を用いて，この半反応のネルンスト式を書け．
(b) ネルンスト式を次のかたちに整理せよ．
$$E = E° + \text{その他の項} - \frac{0.05916}{2}\log\left(\frac{P_{C_2H_4}}{P_{C_2H_2}}\right)$$

(c) ($E°$ + その他の項) の量が $E°'$ である．pH = 7.00 における $E°'$ を求めよ．

14-48. 次の半反応の $E°'$ を求めよ．
$$\underset{\text{シアン}}{(CN)_2(g)} + 2H^+ + 2e^- \rightleftharpoons \underset{\text{シアン化水素}}{2HCN(aq)}$$

14-49. 次の半反応の $E°'$ を計算せよ．
$$\underset{\text{シュウ酸}}{H_2C_2O_4} + 2H^+ + 2e^- \rightleftharpoons \underset{\text{ギ酸}}{2HCO_2H} \quad E° = 0.204 \text{ V}$$

14-50. HOx は $K_a = 1.4 \times 10^{-5}$ の一塩基酸であり，H$_2$Red$^-$ は $K_1 = 3.6 \times 10^{-4}$, $K_2 = 8.1 \times 10^{-8}$ の二塩基酸である．次の反応の $E°'$ を求めよ．
$$HOx + e^- \rightleftharpoons H_2Red^- \quad E° = 0.062 \text{ V}$$

14-51. 以下の情報から，亜硝酸 HNO$_2$ の K_a を求めよ．
$$NO_3^- + 3H^+ + 2e^- \rightleftharpoons HNO_2 + H_2O \quad E° = 0.940 \text{ V}$$
$$E°' = 0.433 \text{ V}$$

14-52. 半反応
$$HPO_4^{2-} + 2H^+ + 2e^- \rightleftharpoons HPO_3^{2-} + H_2O$$
$$E° = -0.234 \text{ V}$$

および付録 G の酸解離定数を用いて，次の半反応の $E°'$ を計算せよ．
$$H_2PO_4^- + H^+ + 2e^- \rightleftharpoons HPO_3^{2-} + H_2O$$

14-53. この問題では，下巻 18 章で説明するベールの法則を用いる．フラボタンパク質は，一電子還元剤として機能する．その酸化体 (Ox) は，モル吸光度 (ε) が 1.12×10^4 M^{-1} cm^{-1} (457 nm, pH 7.00) である．還元体 (Red) は，$\varepsilon = 3.82 \times 10^3$ M^{-1} cm^{-1} (457 nm, pH 7.00) である．
$$Ox + e^- \rightleftharpoons Red \quad E°' = -0.128 \text{ V}$$

基質 (S) は，タンパク質によって還元される分子である．
$$Red + S \rightleftharpoons Ox + S^-$$

S と S$^-$ は，無色である．十分な量のタンパク質と基質 (Red + S) を含む pH 7.00 の溶液を調製し，初濃度を [Red] = [S] = 5.70×10^{-5} M とした．457 nm における吸光度は，光路長 1.00 cm のセルで 0.500 であった．

(a) 吸光度のデータから，Ox と Red の濃度を計算せよ．
(b) S と S$^-$ の濃度を計算せよ．
(c) 反応 S + e$^- \rightleftharpoons$ S$^-$ の $E°'$ の値を計算せよ．

15 電極とポテンシオメトリー
Electrodes and Potentiometry

プロトンを数えて DNA 配列を決定する

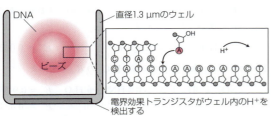

Ion Torrent® シーケンサーは，ミクロンサイズのウェル内のビーズに結合した DNA の成長鎖に一種類の塩基（A，T，C または G）が結合するたびに放出される H^+ を測定する．DNA 鎖の複製の化学については，付録 L を見よ．［出典：J. M. Rothberg et al., *Nature*, **475**, 348 (2011).］

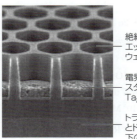

直径 1.3 μm の六角形のウェルは，底に酸化タンタルの pH 感応性層をもつ．[Macmillan Publishers Ltd より許可を得て転載：出典 J. M. Rothberg et al., *Nature*, **475**, 348 (2011), 図 S7.]

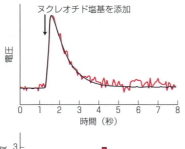

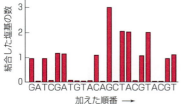

1990 年代のヒトゲノムプロジェクトでは 10 年にわたって 30 億ドルが投資され，ヒト DNA のヌクレオチド塩基（A，T，C，G）の配列がはじめて解読された．市販 DNA シーケンサー（塩基配列を解析する装置）の最終目標は，人間一人の DNA 配列をたった 1 日で，わずか 1000 ドルで決定することである．ある装置は，15-8 節で説明する電界効果トランジスタを用いて，塩基 1 個が DNA 鎖に結合するときに放出される H^+ を測定することで配列を決定する．

この装置の心臓部は，約 10^9 個のウェル（穴）がエッチングされた 2×2 cm のチップである．試料の DNA は，約 150 塩基対の長さの断片にランダムに切断される．ミクロンサイズのポリアクリルアミドビーズが，一本鎖 DNA 断片のコピー $10^5 \sim 10^6$ 個で覆われる．別のビーズは，異なる DNA 断片で覆われる．そのビーズ上の断片に DNA の複製に必要な DNA ポリメラーゼ酵素と DNA プライマーが加えられる．1 個のビーズが各ウェルに入れられ，それぞれのウェルは異なる DNA 断片を含む．

配列決定のために，一種類の塩基を含む溶液がチップ上に流され，塩基が各ウェル内に拡散する．その塩基がウェル内にある DNA の次の位置に必要な塩基であれば，塩基が DNA に結合し，H^+ が放出される．その結果，ウェル内の pH が約 0.02 だけ下がる．もし，その塩基が次の位置に必要でなければ，そのウェル内では反応が起こらない．電界効果トランジスタは，H^+ がウェルから拡散して出ていくまでの数秒間に起こる電圧変化を記録する．次に，試薬が洗い流され，別の種類の塩基を含む新しい溶液が流される．シーケンサーは，塩基が加えられるたびに，各ウェルの応答を記録し，そのウェルに含まれる DNA 断片の配列を決定する．コンピュータのソフトウェアが，重複部分を手がかりに短い DNA 断片をつなぎ合わせ，約 3×10^9 塩基から成るヒトの DNA マップをつくる．

上：ヌクレオチド塩基を DNA に加えたときに観察される一つのウェルからの信号．滑らかな線は，データに物理モデルをあてはめた結果．下：一つのウェルに連続して塩基を加えたときの信号の積分値．図から読み取れる塩基配列は，GTGACGGGTTAAGTTGT である．[データ出典：J. M. Rothberg et al., *Nature*, **475**, 348 (2011).]

賢い化学者が，溶液中や気相中の特定の分析種に選択的に応答する電極を発明した．典型的なイオン選択性電極は，ペンぐらいの大きさである．イオン感応性電界効果トランジスタは，ほんの 1 μm ほどの大きさで，本章扉で述べたように DNA の配列決定に用いられる．電極を用いて電圧を測定し化学情報を得る方法は，**ポテンシオメトリー**（potentiometry）と呼ばれる．

最も簡単な例では，分析種はガルバニ電池に含まれる電気活性化学種である．**電気活性化学種**（electroactive species）は，電極で電子を与えたり受けたりする．未知試料の溶液に白金線などの電極を挿入して，半電池とする．この電極は，分析種へ電子を移動させ，または分析種から電子を移動させる．この電極は分析種に応答するので，**指示電極**（indicator electrode）または**作用電極**（working electrode）と呼ばれる．この半電池は，塩橋によって第二の半電池と接続される．第二の半電池は，組成が一定であるので電位が一定であり，**参照電極**（reference electrode）と呼ばれる．セル電圧は，分析種の半電池の電位と参照電極の一定電位との差である．

> 指示（作用）電極：分析種の活量に応答する．
>
> 参照電極：（参照）電位を一定に保つ．

15-1 参照電極[1]

溶液中の Fe^{2+} と Fe^{3+} の相対量を測定することを考えよう．図 15-1 に示すように，この溶液に白金線を挿入して，電位一定の半電池と塩橋で接続すれば，ガルバニ電池をつくることができる．電位差計（電圧計）の＋極コネクタに接続された半電池の電位を E_+ とする（図 15-1）．電位差計の－極コネクタに接続された半電池の電位を E_- とする．これらの表記は，半電池電位が正であるか，負であるかを示すものではない．たんにセルがどのように電位差計に接続されているかを表す．

二つの半反応（還元反応として書かれる）は，次の通りである．

右側の電極：$Fe^{3+} + e^- \rightleftharpoons Fe^{2+}$ $E_+^\circ = 0.771$ V

左側の電極：$AgCl(s) + e^- \rightleftharpoons Ag(s) + Cl^-$ $E_-^\circ = 0.222$ V

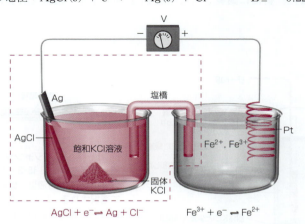

$Ag(s)|AgCl(s)|Cl^-(aq)||Fe^{2+}(aq), Fe^{3+}(aq)|Pt(s)$

図 15-1 右側の半電池の濃度商 $[Fe^{2+}]/[Fe^{3+}]$ を測定するガルバニ電池．白金線が指示電極である．左側の半電池と塩橋をあわせた全体（破線で囲んだ部分）が，参照電極とみなされる．

ここで，それぞれの半電池の $E°$ は，反応物と生成物の活量が1のときの**標準電位**（standard potential）である．電極電位は，次式で与えられる．

$$E_+ = 0.771 - 0.05916 \log\left(\frac{[\text{Fe}^{2+}]}{[\text{Fe}^{3+}]}\right)$$

$$E_- = 0.222 - 0.05916 \log[\text{Cl}^-]$$

セル電圧は，差 $E_+ - E_-$ である．

$$E = \left\{0.771 - 0.05916 \log\left(\frac{[\text{Fe}^{2+}]}{[\text{Fe}^{3+}]}\right)\right\} - \{0.222 - 0.05916 \log[\text{Cl}^-]\}$$

E_+ は，電位差計の＋入力に接続された電極の電位．E_- は，電位差計のー入力に接続された電極の電位．

電圧は，実際には活量の商 $\mathcal{A}_{\text{Fe}^{2+}}/\mathcal{A}_{\text{Fe}^{3+}}$ を示す．ふつうは活量係数を無視して，活量の代わりに濃度でネルンスト式を書く．

ここで，左側の半電池の $[\text{Cl}^-]$ は，溶液が KCl で飽和しているので，溶解度により決まる一定の値である．したがって，セル電圧は商 $[\text{Fe}^{2+}]/[\text{Fe}^{3+}]$ によってのみ変化する．

図 15-1 の左側の半電池は，<u>参照電極</u>として働く．図 15-2 に示すように，破線で囲まれたセルと塩橋の全体を，分析種の溶液に浸された一つの電極として描くことができる．白金線が指示電極であり，その電位は商 $[\text{Fe}^{2+}]/[\text{Fe}^{3+}]$ に応答する．参照電極は，酸化還元反応が平衡状態にあり，電位差計の左側に<u>一定の電位を与える</u>．セル電圧の変化は，商 $[\text{Fe}^{2+}]/[\text{Fe}^{3+}]$ の変化によって生じる．

銀-塩化銀参照電極[2]

図 15-1 の破線で囲まれた半電池は，**銀 - 塩化銀電極**（silver-silver chloride electrode）と呼ばれる．図 15-3 は，分析種の溶液に浸すことができるように細いチューブ状につくられた電極である．図 15-4 は，試料溶液と電極の KCl 溶液との接触を最小にするための<u>ダブルジャンクション電極</u>である．銀-塩化銀参照電極とカロメル参照電極（後述）は，簡便であるのでよく利用される．一方，標準水素電極（S. H. E.）は使うのが難しい．なぜなら，水素ガスが必要であり，また，新たに調製された触媒 Pt 表面は多くの溶液で容易に侵される

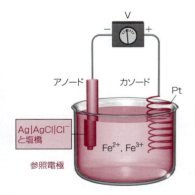

図 15-2 図 15-1 と同じガルバニ電池を別のかたちでつくった実験装置．図 15-1 の破線の囲み部分が，分析種の溶液に浸された参照電極に相当する．

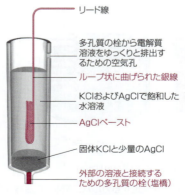

図 15-3 銀-塩化銀参照電極．

図 15-4 ダブルジャンクション参照電極．内部電極は図 15-3 と同じである．外側の区画の溶液は，試料溶液に応じて選択される．たとえば，Cl^- を分析種と接触させたくなければ，外側の区画を KNO_3 溶液で満たす．内側と外側の溶液がゆっくりと混ざるので，外側の区画には新しい KNO_3 溶液を定期的に補充する．

からだ.

AgCl|Ag 対の標準還元電位は，25℃において +0.222 V である．銀-塩化銀電極の電位は，$\mathcal{A}_{Cl^-}$ が 1 であればこの値になる．しかし 25℃において飽和 KCl 溶液の Cl⁻ の活量は 1 ではなく，図 15-3 の電極の電位は S. H. E. に対して +0.197 V である．

Ag|AgCl 電極：$AgCl(s) + e^- \rightleftharpoons Ag(s) + Cl^-$　　$E° = +0.222$ V

E（飽和 KCl*）$= +0.197$ V

参照電極を使うときの問題の一つは，多孔質の栓が詰まると，電気応答が鈍くなって不安定になることだ．その対策の一つは，多孔質の栓の代わりに自由に流動するキャピラリーを用いることである．また他の対策は，測定前に新しい溶液を電極から多孔質の栓を通して押しだすことである．

カロメル電極

図 15-5 の**カロメル電極**（calomel electrode）は，次の反応に基づいている．

カロメル電極：$\frac{1}{2} Hg_2Cl_2(s) + e^- \rightleftharpoons Hg(l) + Cl^-$　　$E° = +0.268$ V
（塩化水銀(I)（カロメル））

E（飽和 KCl*）$= +0.241$ V

この反応の標準電位は，+0.268 V である．溶液が KCl で飽和していれば，電位は 25℃において +0.241 V である．KCl で飽和したカロメル電極は**飽和カロメル電極**（saturated calomel electrode）と呼ばれ，**S. C. E.** と略される．飽和 KCl 溶液を使う利点は，液体が少し蒸発しても，[Cl⁻] が変わらないことだ．

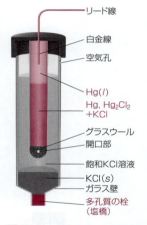

図 15-5 飽和カロメル電極（S. C. E.）．

異なる参照電極電位の換算

飽和カロメル電極に対する電極の電位が −0.461 V のとき，飽和銀-塩化銀電極に対する電位はいくらだろうか？　また，標準水素電極に対してはどうだろうか？

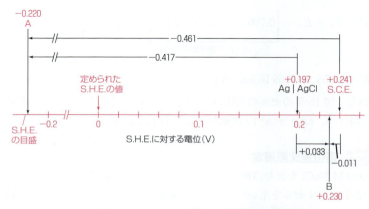

図 15-6 異なる参照電極で測定された電極電位の換算に役立つ図．

*飽和 KCl 水溶液のモル濃度は，25℃で約 4.2 M（約 26.5 wt%）である．

これらの質問に答えるためには，図 15-6 のように，標準水素電極に対するカロメル電極と銀-塩化銀電極の電位を示す図を描く．S. C. E. に対して -0.461 V である点 A は，銀-塩化銀電極に対しては -0.417 V，S. H. E. に対しては -0.220 V であることがわかる．銀-塩化銀に対する電位が $+0.033$ V である点 B は，S. C. E. に対しては -0.011 V，S. H. E. に対しては $+0.230$ V である．

15-2 指示電極

ここでは二種類の指示電極について学ぶ．本節で説明する<u>金属電極</u>（metal electrode）は，金属表面での酸化還元反応により電位を生じる．後述する<u>イオン選択性電極</u>は，酸化還元反応ではなく，ある種類のイオンが膜に選択的に結合することで電位を生じる．

最も一般的な金属電極は白金であり，比較的<u>不活性</u>（inert）である．すなわち，多くの化学反応に関与しない．その目的は，たんに電子を溶液中の化学種と授受することである．金電極は，白金よりももっと不活性である．さまざまな種類の炭素も，指示電極として用いられる．その理由は，炭素表面では多くの酸化還元反応の速度が速いからだ．金属電極は表面積が大きく，表面がきれいなときに最もよく働く．白金電極の表面をきれいにするには，ドラフトチャンバー内で 8 M 熱硝酸に浸し，蒸留水ですすぐ．

図 15-7 は，銀電極と参照電極を用いて Ag^+ 濃度を測定する方法を表す[3]．Ag 指示電極での反応は，

$$Ag^+ + e^- \rightleftharpoons Ag(s) \qquad E_+^\circ = 0.799 \text{ V}$$

である．飽和カロメル参照電極の半電池反応は，

$$Hg_2Cl_2(s) + 2e^- \rightleftharpoons 2Hg(l) + 2Cl^- \qquad E_- = 0.241 \text{ V}$$

である．参照電極は KCl で飽和しているので，その電位（E_-° ではなく E_-）は 0.241 V で一定である．よって，セル全体のネルンスト式は，次式で表される．

$$E = E_+ - E_- = \underbrace{\left\{0.799 - 0.05916 \log\left(\frac{1}{[Ag^+]}\right)\right\}}_{Ag|Ag^+ \text{指示電極の電位}} - \underbrace{\{0.241\}}_{\text{S. C. E. 参照電極の電位}}$$

$$E = 0.558 + 0.05916 \log [Ag^+] \tag{15-1}$$

すなわち，図 15-7 のセルの電圧は，$[Ag^+]$ のみの関数である．理想的には，25 ℃ において $[Ag^+]$ が 10 倍変わると，電圧は 59.16 mV だけ変化する．

例題 電位差沈殿滴定

0.1000 M NaCl を含む溶液 100.0 mL を 0.1000 M $AgNO_3$ 溶液で滴定した．図 15-7 に示すセルを用いて，この溶液の電圧をモニターした．当量体積は，$V_e = 100.0$ mL である．$AgNO_3$ 溶液を (a) 65.0 mL および (b) 135.0 mL 加えたときの電圧を計算せよ．

図 15-7　銀電極と飽和カロメル電極を用いる $[Ag^+]$ の測定．カロメル電極は，図 15-4 に示すようなダブルジャンクションをもつ．電極の外側の区画は KNO_3 溶液で満たされているので，内側の区画の Cl^- とビーカー内の Ag^+ は直接接触しない．

解法 滴定反応は，次式で表される．

$$Ag^+ + Cl^- \longrightarrow AgCl(s)$$

(a) 65.0 mL 加えたとき，Cl^- の 65.0% が沈澱し，35.0% が溶液中に残る．

$$[Cl^-] = \underbrace{(0.350)}_{\text{残っている割合}} \underbrace{(0.100\,0\,\text{M})}_{\text{Cl}^-\text{の初濃度}} \underbrace{\left(\frac{100.0}{165.0}\right)}_{\text{希釈率}} = 0.021\,2\,\text{M}$$

（分子：Cl^- の初体積，分母：溶液の全体積）

式 15-1 のセル電圧を求めるには，$[Ag^+]$ を知る必要がある．

$$[Ag^+][Cl^-] = K_{sp} \Rightarrow [Ag^+] = \frac{K_{sp}}{[Cl^-]} = \frac{1.8 \times 10^{-10}}{0.021\,2\,\text{M}} = 8.5 \times 10^{-9}\,\text{M}$$

よって，セル電圧は次の値となる．

$$E = 0.558 + 0.059\,16\,\log(8.5 \times 10^{-9}) = 0.081\,\text{V}$$

(b) 135.0 mL 加えたとき，全体積は 235.0 mL．過剰な $AgNO_3$ は 35.0 mL $= 3.50\,\text{mmol}\,Ag^+$ である．したがって，$[Ag^+] = (3.50\,\text{mmol})/(235.0\,\text{mL}) = 0.014\,9\,\text{M}$．セル電圧は，次式で求められる．

$$E = 0.558 + 0.059\,16\,\log(0.014\,9) = 0.450\,\text{V}$$

類題 $AgNO_3$ 溶液を 99.0 mL 加えたときの電圧を求めよ．
（**答え**：0.177 V）

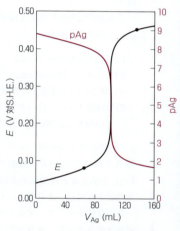

図 15-8 0.100 0 M Cl^- 溶液 100.0 mL を 0.100 0 M Ag^+ 溶液で滴定したときの滴定曲線．図 15-7 の電極を使用．65.0 mL および 135.0 mL 加えたときの点を示す．赤色の線は，$pAg = -\log[Ag^+]$ の曲線である．

図 15-8 は，上の例題の滴定曲線である．この曲線は，酸による塩基の滴定曲線とよく似ている．Ag^+ が H^+ に，Cl^- が滴定される塩基に相当する．酸塩基滴定が進むと，$[H^+]$ が高くなり，pH が下がる．Ag^+/Cl^- 滴定が進むと，$[Ag^+]$ が高くなり，pAg ($\equiv -\log[Ag^+]$) が小さくなる．銀電極は，pAg を測定する．式 15-1 に $pAg = -\log[Ag^+]$ を代入すると，次式が得られる．

$$E = 0.558 - 0.059\,16\,pAg \tag{15-2}$$

このセルは，$[Cl^-]$ の変化に応答する．$[Ag^+][Cl^-] = K_{sp}$ であるので，必然的に $[Ag^+]$ も変化する．

<u>銀電極は，固体のハロゲン化銀が存在すれば，ハロゲン化物イオン電極としても働く</u>[4)]．溶液に $AgCl(s)$ が含まれる場合，式 15-1 に $[Ag^+] = K_{sp}/[Cl^-]$ を代入すると，セル電圧を $[Cl^-]$ と関連付ける式が得られる．

$$E = 0.558 + 0.059\,16\,\log\left(\frac{K_{sp}}{[Cl^-]}\right) \tag{15-3}$$

Ag, Cu, Zn, Cd, Hg などの金属は，その溶存イオンの指示電極として用いられる．しかし，その他の多くの金属は，金属表面で平衡 $M^{n+} + ne^- \rightleftharpoons M$ がすみやかに成立しないため，この目的に適さない．

実証実験 15-1 は，指示電極と参照電極を利用する面白い例である．

実証実験 15-1

振動反応のポテンシオメトリー[5]

Belousov-Zhabotinsii 反応は，セリウムを触媒として，臭素酸イオンでマロン酸を酸化する反応である．商 $[Ce^{3+}]/[Ce^{4+}]$ が，10 から 100 倍の振幅で振動する[6]．

$$3CH_2(CO_2H)_2 + 2BrO_3^- + 2H^+$$
マロン酸　　臭素酸イオン
$$\longrightarrow 2BrCH(CO_2H)_2 + 3CO_2 + 4H_2O$$
臭化マロン酸

Ce^{4+} 濃度が高いとき，溶液は黄色である．Ce^{3+} 濃度が高いとき，溶液は無色である．酸化還元指示薬（15-2節）を用いると，この反応は，別の色が周期的に変化する振動を現す[7]．

黄色と無色の周期振動を観察するには，300 mL ビーカーに以下の溶液を加える．

1.5 M H_2SO_4 溶液 160 mL
2 M マロン酸溶液 40 mL
0.5 M $NaBrO_3$ 溶液（または飽和 $KBrO_3$ 溶液）30 mL
飽和硫酸アンモニウムセリウム溶液
　　$[Ce(SO_4)_2 \cdot 2(NH_4)_2SO_4 \cdot 2H_2O]$ 4 mL

5〜10 分の誘導期の間，マグネチックスターラーを使って溶液を撹拌したのち，硫酸アンモニウムセリウム溶液 1 mL を加えると振動反応が始まる．誘導時間 5 分で振動を開始するには，より多くの Ce^{4+} が必要かも知れない．

この反応をモニターするために，右図のようなガルバニ電池を組み立てる．商 $[Ce^{3+}]/[Ce^{4+}]$ は，白金電極とカロメル電極でモニターされる．この実験のセルの反応式とネルンスト式を書いてみよう．

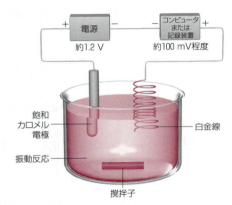

振動反応の商 $[Ce^{3+}]/[Ce^{4+}]$ をモニターする装置．
[出典：George Rossman, California Institute of Technology.]

電位差計（pH計）の代わりに，コンピュータまたは記録装置を用いて振動を表示する．電位は約 1.2 V 付近を中心として，約 100 mV の幅で振動するので，電源を用いてセル電圧を約 1.2 V だけ相殺する[8]．下図 a が通常観察される振動である．電位は，無色から黄色に変わるときは急に変化し，黄色から無色に変わるときはゆるやかに変化する．下図 b は，一つの溶液中で生じた二つの異なる振動の重ね合わせを表す．この異常な現象は，約 30 分間ふつうに振動したのちに起こった[9]．

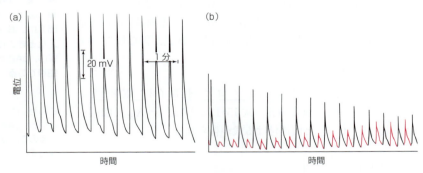

電位振動の記録

15-3 液間電位とは何か？

異種の電解質溶液が接するとき，必ずその界面で**液間電位**（junction potential）と呼ばれる電位差が生じる．二つの半電池を接続する塩橋の両端に

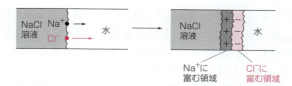

図 15-9 Na^+ と Cl^- の移動度の不つり合いによる液間電位の発生.

は，ふつう小さい液間電位（通常，数 mV）が生じる．液間電位は，電位差の直接測定の正確さを根本的に制限する．なぜなら，一般に測定される電圧に対する液絡の寄与がわからないからだ．

なぜ液間電位が生じるのかを調べるために，蒸留水と接触している NaCl 溶液を考えてみよう（図 15-9）．Na^+ イオンと Cl^- イオンは，NaCl 溶液から水へ拡散し始める．しかし，Cl^- イオンは Na^+ よりも**移動度**（mobility）が大きい．すなわち，Cl^- は Na^+ よりも速く拡散する．その結果，最前面には Cl^- に富み，過剰の負の電荷をもつ領域が生じる．その背後の領域は，Cl^- が欠乏して正に荷電する．その結果，NaCl 相と水相の液絡に電位差が生じる．液間電位は，Cl^- の動きを妨げ，Na^+ の動きを速める．定常状態の液間電位は，電荷の不均衡を生む移動度の差と，生じた電荷の不均衡が Cl^- の動きを遅らせる傾向とのバランスで決まる．

表 15-1 に数種類のイオンの移動度を示す．また，表 15-2 に数種類の液間電位をまとめた．塩橋に飽和 KCl 溶液をよく用いるのは，K^+ と Cl^- は移動度がほぼ等しいからだ．KCl の塩橋は，二つの界面の液間電位が比較的小さい．

たとえば，0.1 M HCl | 3.5 M KCl の液間電位は 3.1 mV である．pH 電極の 1 pH あたりの応答は 59 mV である．0.1 M 塩酸に浸した pH 電極では，液間電位は約 3 mV になり，すなわち 0.05 pH の誤差が生じる（$[H^+]$ の誤差は 12%）．

> **例題** **液間電位**
>
> 0.1 M NaCl 溶液を 0.1 M $NaNO_3$ 溶液と接触させると，液絡のどちら側が正になるか？
>
> **解法** $[Na^+]$ は両側で等しいので，液絡をはさんで Na^+ の正味の拡散はない．しかし，Cl^- は $NaNO_3$ 溶液へと拡散し，NO_3^- は NaCl 溶液へと拡散する．Cl^- の移動度は NO_3^- よりも大きいので，$NaNO_3$ 領域の NO_3^- が欠乏するよりも速く，NaCl 領域の Cl^- が欠乏する．よって，$NaNO_3$ 側は負に，NaCl 側は正に荷電する．
>
> **類題** 0.05 M NaCl | 0.05 M LiCl の液絡ではどちら側が正になるか？
> （**答え**：LiCl）

塩橋の KCl 水溶液を適当なイオン液体に変えると，液間電位を約 0.1 mV まで下げることができる[10]．**イオン液体**（ionic liquid）は，容易に結晶化しない

$E_{observed} = E_{cell} + E_{junction}$
ふつう液間電位は未知なので，E_{cell} も不確かとなる．

表 15-1 水中のイオンの移動度（25℃）

イオン	移動度 $[m^2/(s \cdot V)]$[a]
H^+	36.30×10^{-8}
Rb^+	7.92×10^{-8}
K^+	7.62×10^{-8}
NH_4^+	7.61×10^{-8}
La^{3+}	7.21×10^{-8}
Ba^{2+}	6.59×10^{-8}
Ag^+	6.42×10^{-8}
Ca^{2+}	6.12×10^{-8}
Cu^{2+}	5.56×10^{-8}
Na^+	5.19×10^{-8}
Li^+	4.01×10^{-8}
OH^-	20.50×10^{-8}
$Fe(CN)_6^{4-}$	11.45×10^{-8}
$Fe(CN)_6^{3-}$	10.47×10^{-8}
SO_4^{2-}	8.27×10^{-8}
Br^-	8.13×10^{-8}
I^-	7.96×10^{-8}
Cl^-	7.91×10^{-8}
NO_3^-	7.40×10^{-8}
ClO_4^-	7.05×10^{-8}
F^-	5.70×10^{-8}
HCO_3^-	4.61×10^{-8}
$CH_3CO_2^-$	4.24×10^{-8}

(a) イオンの移動度は，1 V/m の電場で粒子が到達する終速度．移動度＝速度/電場．よって移動度の単位は，$(m/s)/(V/m) = m^2/(s \cdot V)$．

表15-2 液間電位の推定値 (25℃)

液絡	電位 (mV)
0.1 M NaCl │ 0.1 M KCl	−6.4
0.1 M NaCl │ 3.5 M KCl	−0.2
1 M NaCl │ 3.5 M KCl	−1.9
0.1 M HCl │ 0.1 M KCl	+27
0.1 M HCl │ 3.5 M KCl	+3.1
0.1 M NaOH │ KCl(飽和)	−0.4
0.1 M NaOH │ 0.1 M KCl	−19

注：正符号は，液絡の右側が左側に対して正になることを表す．

陽イオンと陰イオンを含み，室温以下で融解し，液体である温度範囲が広く，低揮発性である．図15-1は，飽和KCl溶液が入った逆さのU字管からなる典型的な塩橋を示す．図15-10は，二つの電気化学セルの底を接続するU字管を示す．このU字管にはイオン液体だけが入っており，その水への溶解度は1 mM未満である．イオン液体の陽イオンと陰イオンの移動度は3％以内で一致しており，その差はK^+とCl^-の移動度の差の3分の1である．

参照電極の内部電極液と試料溶液を分離する<u>マイクロ多孔質ガラス栓</u>の代わりに<u>ナノ多孔質ガラス栓</u>を使うと，約10〜100 mVの誤差が生じる[11]．ガラス栓の一例は，図15-3の電極の底に描かれている．ナノ多孔質栓の商品名は，Vycor®，CoralPor®などである．<u>マイクロ多孔質ガラス中の流路は直径約0.1〜3 μm</u>程度であり，そのなかを液体がゆっくりと流れ，拡散する．ナノ多孔質ガラス中の流路は，直径約4〜20 nmである．ガラス表面のシラノール基（Si—OH）は，pHが3を超えるとプロトンを解離してSi—O^-となり，負に荷電する．陰イオンは負に荷電した表面に反発されて狭いナノポア中を自由に通ることができないが，陽イオンはこれを容易に通り抜ける（図15-11）．この静電的なふるい分けが，溶液に依存した電位を生じる．この現象は，電極に<u>マイクロ多孔質</u>の栓を用いるときには観察されない．

イオン液体は，トリブチル(2-メトキシエチル)ホスホニウムとビス(ペンタフルオロエタンスルホニル)アミダートから成る

図 15-10 イオン液体で満たされた塩橋は液間電位を約0.1 mVまで下げる．

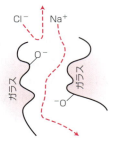

図 15-11 狭い流路のガラス壁面の負電荷が，陰イオンの流れを妨げる．しかし，陽イオンは通す．電荷の分離が，ナノ多孔質ガラス栓の前後に電位差を生む．

15-4 イオン選択性電極のしくみ[12]

本章で議論する**イオン選択性電極**（ion-selective electrode）は，一種類のイオンに選択的に応答する．これらの電極は金属電極と本質的に異なり，酸化還元反応をともなわない．理想的なイオン選択性電極の重要な特徴は，対象のイオンとだけ結合する薄い膜である．

図15-12aに示す<u>液体型イオン選択性電極</u>（liquid-based ion-selective electrode）について考えよう．この電極が「液体型」と呼ばれるのは，イオン選択性膜がイオン交換体を含む粘性の高い有機溶液を含浸させた**疎水性**（hydrobohic）有機ポリマーであるからだ．陽イオン選択性電極では，陽イオンの分析種C^+と選択的に結合する配位子がイオン交換体である．電極の内部には，イオン$C^+(aq)$および$B^-(aq)$を含む充塡溶液が入っている．一方，電

疎水性：「嫌水性」（水と混ざらない）

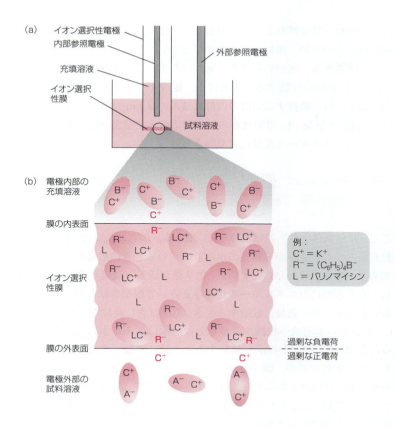

図 15-12 (a) 陽イオンの分析種 C^+ を含む水溶液に浸されたイオン選択性電極. ふつう膜はポリ塩化ビニルでできており, 可塑剤セバシン酸ジオクチルを含む. この可塑剤は無極性液体であり, 膜をやわらかくし, イオン選択性イオノフォア (L), 錯体 (LC^+) および疎水性陰イオンを溶かす. (b) 膜の拡大図. イオン対を囲む楕円は, 各相の電荷を数えやすくするためである. 赤太字のイオンは, 各相の過剰の電荷を表す. 二つの膜表面を横切る電位差は, 膜に接触している水溶液中の分析種イオンの活量によって決まる.

極の外側は, $C^+(aq)$, $A^-(aq)$, およびその他のイオンを含む試料の溶液に浸される. 理想的には, A^-, B^-, およびその他のどんなイオンがあってもかまわない. イオン選択性膜を横切る電位差 (電圧) が, 二つの参照電極 ($Ag|AgCl$ など) によって測定される. 溶液中の分析種 C^+ の濃度 (実際には活量) が変わると, 二つの参照電極間で測定される電圧も変わる. 検量線を用いると, 電圧から溶液中の分析種 C^+ の活量がわかる.

図 15-12b は, 電極がどのように働くかを表す. この図の鍵は, 配位子 L〔イオノフォア (ionophore) と呼ばれる〕である. L は, 膜内に溶解し, 分析種イオンと選択的に結合する. たとえば, カリウムイオン選択性電極では, L はバリノマイシンでもよい. バリノマイシンは, ある種の微生物から分泌される天然の抗生物質であり, 細胞膜を通して K^+ イオンを運ぶ (図 15-13). 配位子 L には, 陽イオンの分析種 C^+ に対して親和性が高く, 他のイオンに対して親和性が低いものが選ばれる. 理想的な電極では, L は C^+ とのみ結合する. 実際の電極は常に他の陽イオンに対して多少の親和性をもつので, これらの陽イオンは C^+ の測定をある程度妨げる. 電気的中性を保つために, 膜は疎水性陰イオン R^-〔たとえば, テトラフェニルホウ酸イオン $(C_6H_5)_4B^-$〕を含む. このイオンも, 膜に溶けるが, 水にはあまり溶けない.

図 15-12b の膜内では, ほぼすべての分析種イオンが錯体 LC^+ として存在しており, この錯体は少量の遊離 C^+ と平衡にある. 膜は, 過剰な遊離 L も含む. C^+ は, 界面を通って両側の溶液へ拡散できる. 理想的な電極では, R^- は水に

図 15-13 バリノマイシン-K^+錯体は, K^+に八面体配位する六つのカルボニル酸素原子をもつ. 〔出典: L. Stryer, "Biochemistry, 4th ed.," W. H. Freeman and Company (1995), p.273.〕

LはC^+以外のイオンとも多少結合するので，他のイオンがC^+の測定をある程度妨害する．イオン選択性電極は，目的とするイオンとの結合に高い選択性をもつ配位子を用いる．

溶けないため，膜を離れることができない．また，水溶性の陰イオンA^-は有機相に溶けないため，膜に入ることができない．少量のC^+イオンが膜から水相へ拡散するとき，水相の正電荷が過剰になる．この不均衡が電位差を生じ，C^+がさらに水相に拡散するのを妨げる．電荷がつり合っていない領域は，膜の内部および膜に隣接する溶液の内部にほんの数nmだけ広がっている．

C^+が膜内の活量$\mathcal{A}_m$の領域から，外部溶液内の活量$\mathcal{A}_o$の領域へ拡散するとき，自由エネルギー変化は次式で与えられる．

$$\Delta G = \underbrace{\Delta G_{\text{solvation}}}_{\substack{\text{溶媒の変化} \\ \text{による}\Delta G}} - \underbrace{RT \ln\left(\frac{\mathcal{A}_m}{\mathcal{A}_o}\right)}_{\substack{\text{活量(濃度)の変化} \\ \text{による}\Delta G}}$$

ここで，Rは気体定数，Tは温度（K）である．$\Delta G_{\text{solvation}}$は，$C^+$のまわりの環境が膜内の有機液体から膜外の水溶液に変わるときの溶媒和エネルギーの変化である．項$-RT\ln(\mathcal{A}_m/\mathcal{A}_o)$は，化学種が活量（濃度）の異なる領域間を拡散するときの自由エネルギー変化を与える．界面がなければ，化学種が活量の高い領域から低い領域に拡散するとき，ΔGは常に負になるだろう．

C^+が膜から水溶液へ拡散する推進力は，水によるイオンの溶媒和が有利であることだ．C^+が膜から水へ拡散すると，膜に隣接する水に正の電荷が蓄積する．この電荷分離が，膜を横切る電位差（E_{outer}）を生じる．これによる二つの相のC^+の自由エネルギー差は，$\Delta G = -nFE_{\text{outer}}$となる．ここで，$F$はファラデー定数，$n$はイオンの電荷数である．平衡では，$C^+$が膜の界面を通って拡散するときの自由エネルギーの正味の変化はゼロのはずである．よって，次式が成り立つ．

$$\underbrace{\Delta G_{\text{solvation}} - RT \ln\left(\frac{\mathcal{A}_m}{\mathcal{A}_o}\right)}_{\substack{\text{相間の移動および} \\ \text{活量の差による}\Delta G}} + \underbrace{(-nFE_{\text{outer}})}_{\substack{\text{電荷の不均衡} \\ \text{による}\Delta G}} = 0$$

上の式をE_{outer}について解くと，図15-12bの膜と外部水溶液の間の界面を横切る電位差は，次式で表される．

膜と試料溶液の間の界面の電位差：

$$E_{\text{outer}} = \frac{\Delta G_{\text{solvation}}}{nF} - \left(\frac{RT}{nF}\right)\ln\left(\frac{\mathcal{A}_m}{\mathcal{A}_o}\right) \tag{15-4}$$

内部の充填溶液と膜の間の界面にも電位差E_{inner}があり，それを表す式は式15-4と似ている．

外部の試料溶液と内部の充填溶液の間の電位差は，$E = E_{\text{outer}} - E_{\text{inner}}$である．式15-4において，$E_{\text{outer}}$は分析種$C^+$の溶液中および膜外側表面近くの活量によって決まる．充填溶液中のC^+の活量は一定であるので，E_{inner}は一定である．

膜内のC^+の活量（$\mathcal{A}_m$）は，以下の理由でほぼ一定である．膜内の高濃度のLC^+が，膜内の遊離Lおよび低濃度の遊離C^+と平衡にあるからだ．疎水性陰イオンR^-は水にほとんど溶けないので，膜を離れることができない．C^+1個

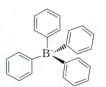

疎水性陰イオンR^-の例：
テトラフェニルホウ酸イオン，$(C_6H_5)_4B^-$

が水相に入るとR^- 1 個が膜内に残るので，ごく少量のC^+ だけが膜の外へ拡散する（この電荷分離が界面での電位差の原因である）．ごく少量のC^+ が膜から溶液へ拡散すると，膜近くの溶液に過剰な正電荷が生じ，それ以上の拡散を妨げる．

よって，外部と内部の溶液間の電位差は，次のようになる．

$$E = E_{\text{outer}} - E_{\text{inner}} = \frac{\Delta G_{\text{solvation}}}{nF} - \left(\frac{RT}{nF}\right)\ln\left(\frac{\mathcal{A}_m}{\mathcal{A}_o}\right) - E_{\text{inner}}$$

$$= \underbrace{\frac{\Delta G_{\text{solvation}}}{nF}}_{\text{定数}} + \left(\frac{RT}{nF}\right)\ln \mathcal{A}_o - \underbrace{\left(\frac{RT}{nF}\right)\ln \mathcal{A}_m}_{\text{定数}} - \underbrace{E_{\text{inner}}}_{\text{定数}}$$

$\ln\frac{x}{y} = \ln x - \ln y$

定数項をまとめると，膜を横切る電位差は，外部溶液中の分析種の活量にのみ依存することがわかる．

$$E = \text{定数} + \left(\frac{RT}{nF}\right)\ln \mathcal{A}_o$$

ln を log に変換して，R，T，F の値を代入すると，膜を横切る電位差を表す便利な式が得られる．

付録 A に示されているように，$\ln x = (\ln 10)(\log x) = 2.303 \log x$ である．

イオン選択性電極の電位差： $\quad E = \text{定数} + \dfrac{0.05916}{n}\log \mathcal{A}_o \quad$ (V, 25℃) $\qquad$ (15-5)

0.05916 V は，25℃における $\dfrac{RT \ln 10}{F}$ の値．

ここで，n は分析種イオンの電荷数，$\mathcal{A}_o$ は外部の（未知）溶液中の分析種イオンの活量である．式 15-5 は，ガラス pH 電極も含め，どのようなイオン選択性電極にもあてはまる．分析種が陰イオンのとき，n の符号は負になる．あとでこの式を変形し，干渉イオンの影響を説明する．

ガラス pH 電極では，25℃において，溶液中の分析種 H^+ の活量が 10 倍変わるごとに，電位差 59.16 mV が蓄積する．H^+ の活量の差が 10 倍のとき 1 pH の差になるので，たとえば 4.00 pH の変化は，$4.00 \times 59.16 = 237$ mV の電位変化を生じる．カルシウムイオンの電荷は $n = 2$ であるので，カルシウムイオン選択性電極では，分析種 Ca^{2+} の活量が 10 倍変わるごとに，$59.16/2 = 29.58$ mV の電位変化が予想される．

15-5 ガラス電極を用いる pH 測定

pH 測定に用いられる**ガラス電極**（glass electrode）は，最も一般的な**イオン選択性電極**である．ガラス電極と参照電極を一つの本体に内蔵した典型的な **pH 複合電極**（combination electrode）を図 15-14 に示す．このセルの電池図式は次のようである．

ガラス膜は選択的に H^+ を結合する

$$\underbrace{Ag(s)|AgCl(s)|Cl^-(aq)}_{\text{外部参照電極}}\|\underbrace{H^+(aq, \text{外側})}_{\substack{\text{ガラス電極外側の}\\ H^+(\text{試料溶液})}}|\underbrace{H^+(aq, \text{内側})}_{\substack{\text{ガラス電極}\\ \text{内部の}H^+}}|\underbrace{Cl^-(aq)|AgCl(s)|Ag(s)}_{\text{内部参照電極}}$$

1906 年，ミュンヘンの生理学研究所の M. Cremer は，ガラス膜の片側に酸，もう一方の側に中性の塩水があるとき，膜の両側で 0.2 V の電位差が生じることを発見した．1908 年，カールスルーエで F. Haber と研究していた学生の Klemensiewicz は，ガラス電極を改良し，ガラス電極でモニターした最初の酸塩基滴定を行った[13]．

図 15-14 銀-塩化銀参照電極を備えた複合ガラス電極の図．ガラス電極は，右下の多孔質の栓が液面下にくるように，試料溶液に浸される．二つの Ag|AgCl 電極が，ガラス膜を横切る電圧を測定する．

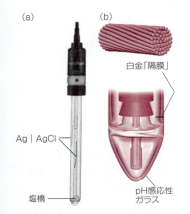

図 15-15 (a) pH 感応性のガラス球を底に備えた複合ガラス電極．多孔質セラミック栓（塩橋）が，試料溶液と参照電極を接続する．AgCl で覆われた二つの銀線が電極内に見える［提供：Thermo Fisher Scientific, Inc., Pittsburgh PA］．(b) 白金隔膜（白金線の束）を備えた pH 電極．この隔膜は，セラミック栓よりも詰まりにくいといわれる［出典：W. Knappek, *Am. Lab. News Ed.*, July 2003, p. 14］．

電極の pH 感応性部は，図 15-14 および図 15-15 の電極の底にある薄いガラスの球または円錐である．電池図式の左側の参照電極は，図 15-14 では複合電極内のコイル状 Ag|AgCl 電極である．電池図式の右側の参照電極は，図 15-14 では電極の中心にあるまっすぐな Ag|AgCl 電極である．二つの参照電極は，ガラス膜を横切る電位差を測定する．電池図式の塩橋は，図 15-14 では複合電極の下部右側にある多孔質の栓である．

図 15-16a は，ガラス pH 電極のガラス膜をつくるケイ酸塩ガラスの不規則

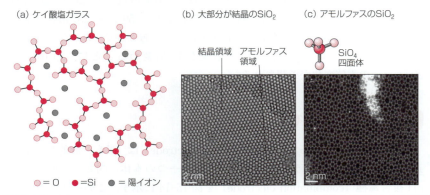

図 15-16 (a) ケイ酸塩ガラスの構造．SiO_4 四面体が酸素原子でつながれた不規則な網目状構造．陽イオン（たとえば Li^+，Na^+，K^+，Ca^{2+}）は，酸素原子に配位される．ケイ酸塩ガラスの網目状構造は，平面ではない．図は，各四面体を紙面に投影したものである［出典：G. A. Perley, *Anal. Chem.*, 21, 394 (1949)］．(b) および (c) グラフェン上に積層された SiO_2 薄層の透過型電子顕微鏡写真．それぞれの多角形の頂点は，隣接する SiO_4 四面体と酸素原子でつながっている．SiO_4 四面体を軸方向から見下ろしたもの［P. Y. Huang et al., *Nano Lett.*, 12, 1081 (2012); P. Y. Huang et al., *Science*, 342, 224 (2013) も見よ．許可を得て転載 © 2012 American Chemical Society］．

結晶：繰り返しの構造
アモルファス：長距離秩序がない不規則な構造

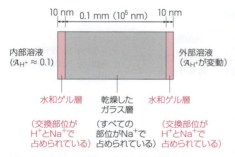

図 15-17　pH 電極のガラス膜の断面略図.

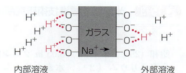

図 15-18　ガラス膜表面のイオン交換平衡. H^+ は, 負に荷電した酸素原子に結合した金属イオンを置き換える. 内部溶液の pH は一定である. 外部溶液 (試料) の pH が変わると, ガラス膜を横切る電位差が変わる.

な構造を表す. ガラス内部の負電荷を帯びた酸素原子は, 適当なサイズの陽イオンと結合する. 1価の陽イオンとくに Na^+ は, ガラスのなかをゆっくりと進む. 図 15-16b は, 原子分解能の電子顕微鏡写真であり, 純粋な石英ガラス (純粋な SiO_2) の結晶領域とアモルファス領域を表す. 図 15-16c は石英ガラスのアモルファス領域の電子顕微鏡写真である. 結晶領域は, 六つの SiO_4 からなる環の繰り返し構造をもつ. アモルファス領域は, 大きさと配向が不規則な環の混合物である. アモルファスの石英ガラスは, ケイ酸塩ガラスと構造が似ている.

pH 電極のガラス膜の断面図を図 15-17 に示す. ガラス膜の二つの表面は, 水を吸収すると膨潤する. この水和ゲル (hydrated gel) 領域の金属イオンは, ガラスから溶液へ拡散する. H^+ は膜内に拡散して, 金属イオンと置き換わる. ガラス内で H^+ が陽イオンを置き換える反応は, **イオン交換平衡** (ion-exchange equilibrium) と呼ばれる (図 15-18). pH 電極が H^+ に選択的に応答するのは, H^+ が水和ゲル層に強く結合するおもなイオンであるからだ.

電気測定を行うには, ガラス膜を通して, 少なくともごく小さな電流が流れなければならない. トリチウム (放射性 ^3H) を用いた研究によれば, H^+ はガラス膜を横切らないが, Na^+ はゆっくりと膜を横切る. H^+ 感応性膜は, Na^+ の輸送によって電気的に接続された二つの表面であると考えられる. 膜の抵抗はふつう $10^8\ \Omega$ であるので, 実際に膜を横切って流れる電流はごく小さい.

図 15-14 の内部および外部にある銀-塩化銀電極の間の電位差は, 各電極の区画内の塩化物イオン濃度とガラス膜を横切る電位差に依存する. 各区画の $[Cl^-]$ は一定であり, またガラス膜の内側の $[H^+]$ が一定であるので, ガラス膜外側の試料溶液の pH がただ一つの変数である. 式 15-5 は, 25℃において分析種の活量が 1 pH 変わると, 理想的な pH 電極の電圧は 59.16 mV だけ変化することを示す.

ガラス電極の実際の応答は, ネルンスト式に似た次の式で表される.

$$\text{ガラス電極の応答}: E = \text{定数} + \beta(0.05916)\log\mathcal{A}_{H^+}(外側)$$
$$= \text{定数} - \beta(0.05916)\text{pH}(外側) \quad (25℃) \quad (15\text{-}6)$$

起電効率 (electromotive efficiency) β の値は 1.00 に近い (ふつうは > 0.98). pH が既知の溶液を少なくとも二つ用いて電極を較正し, 上の式の定数および

ガラス膜を通して流れる電流はごく小さいので, 1906 年にガラス膜電位が発見されたときは実用的ではなかった. 1928 年に, ガラス電極で pH を測定するために真空管アンプを使った最初のグループの一人は, イリノイ大学の学部生だった W. H. Wright である. 彼は, アマチュア無線を通して電子機器を学んだ. 1935 年, カリフォルニア工科大学の Arnold Beckman は, 頑丈でもち運びできる真空管 pH 計を発明し, 化学計測に革命を起こした[14].

Beckman の pH 計. [Canada Science and Technology Museum; 1978.0006.]

表 15-3 米国国立標準技術研究所の緩衝液の pH 値

温度（℃）	0.05 m シュウ酸水素カリウム（1）	飽和（25℃）酒石酸水素カリウム（2）	0.05 m クエン酸二水素カリウム（3）	0.05 m フタル酸水素カリウム（4）	0.08 m MOPSO 0.08 m NaMOPSO 0.08 m NaCl（5）
0	1.667	—	3.863	4.003	7.268
5	1.666	—	3.840	3.999	7.182
10	1.665	—	3.820	3.998	7.098
15	1.669	—	3.802	3.999	7.018
20	1.672	—	3.788	4.002	6.940
25	1.677	3.577	3.776	4.008	6.865
30	1.681	3.552	3.766	4.015	6.792
35	1.688	3.549	3.759	4.024	6.722
37	—	3.548	3.756	4.028	6.695
40	1.694	3.547	3.753	4.035	6.654
45	1.699	3.547	3.750	4.047	6.588
50	1.706	3.549	3.749	4.060	6.524
55	1.713	3.554	—	4.075	—
60	1.722	3.560	—	4.091	—
70	—	3.580	—	4.126	—
80	—	3.609	—	4.164	—
90	—	3.650	—	4.205	—
95	—	3.674	—	4.227	—

注：m は質量モル濃度を表す．以下の緩衝液の調製法では，質量は空気中で測定される見かけの質量である．

　緩衝液の調製には，高純度の物質と，蒸留またはイオン交換したばかりの抵抗率が 2 000 Ω·m 以上の水を用いる．pH 6 以上の溶液は，プラスチック容器に保存する．大気中の二酸化炭素が入らないように，NaOH トラップ付きの容器が好ましい．これらの溶液は，ふつう 2〜3 週間保存でき，冷蔵庫内ではもう少し長く保存できる．この表の緩衝剤は，標準参照物質として米国国立標準技術研究所から入手できる（http://www.nist.gov/srm/）．D_2O および有機水溶液の pH 標準液は，P. R. Mussini et al., *Pure Appl. Chem*., **69**, 1007(1997) に載っている．
(1) 0.05 m シュウ酸水素カリウム（$KHC_2O_4 \cdot H_2C_2O_4$）．シュウ酸水素カリウム無水物（乾燥せずに使える標準参照物質）12.71 g を水 1 kg に溶かす．pH 値は，P. M. Juusola et al., *J. Chem. Eng. Data*, **52**, 973 (2007) による．
(2) 飽和（25℃）酒石酸水素カリウム（$KHC_4H_4O_6$）．過剰な塩と水を振とうし，そのまま保存できる．使用前に 22℃〜28℃でろ過またはデカンテーションする．
(3) 0.05 m クエン酸二水素カリウム（$KH_2C_6H_5O_7$）．塩 11.41 g を 25℃で 1 L の溶液に溶かす．
(4) 0.05 m フタル酸水素カリウム．必須ではないが，結晶を 100℃で 1 時間乾燥してデシケータ内で冷ますとよい．$C_6H_4(CO_2H)(CO_2K)$ 10.12 g を水に溶かして 25℃で 1 L の溶液にする．
(5) 0.08 m MOPSO〔(3-N-モルホリノ)-2-ヒドロキシプロパンスルホン酸，表 9-2〕，0.08 m MOPSO ナトリウム塩，0.08 m NaCl．生理液の pH 測定用電極の 2 点較正には，緩衝液 5 および 7 が推奨される．MOPSO は，70 wt%エタノールから 2 回再結晶させ，真空中 50℃で 24 時間乾燥する．NaCl は，110℃で 4 時間乾燥する．Na^+MOPSO^- は，NaOH 標準液で MOPSO を中和して調製してもよい．ナトリウム塩は，標準参照物質としても入手できる．MOPSO 18.00 g，Na^+MOPSO$^-$ 19.76 g，NaCl 4.674 g を水 1.000 kg に溶かす．
(6) 0.025 m リン酸水素二ナトリウム，0.025 m リン酸二水素カリウム．無水塩が最もよい．これらはわずかに吸湿性であるので，それぞれ 120℃で 2 時間乾燥し，デシケータ内で冷ます．縮合リン酸塩が生成しないように，高温での乾燥は避ける．Na_2HPO_4 3.53 g および KH_2PO_4 3.39 g を水に溶かして，25℃で 1 L の溶液をつくる．

β を求める．

ガラス電極の較正

pH 電極は，H^+ 濃度ではなく H^+ 活量を測定する．

　pH 電極は，二つ（以上）の標準緩衝液で較正する．標準緩衝液は，未知試料の pH が標準緩衝液の pH 範囲内になるように選択する．表 15-3 の標準緩衝液は，±0.01 pH の正確さをもつ[15]．問題 15-30 には，標準緩衝液の pH を測

表15-3 （続き）米国国立標準技術研究所の緩衝液の pH 値

0.025 m リン酸二水素カリウム 0.025 m リン酸水素二ナトリウム（6）	0.08 m HEPES 0.08 m NaHEPES 0.08 m NaCl（7）	0.008 695 m リン酸二水素カリウム 0.030 43 m リン酸水素二ナトリウム（8）	0.01 m ホウ砂（9）	0.025 m 炭酸水素ナトリウム 0.025 m 炭酸ナトリウム（10）	飽和（25℃）$Ca(OH)_2$（11）
6.984	7.853	7.534	9.464	10.317	13.42
6.951	7.782	7.500	9.395	10.245	13.21
6.923	7.713	7.472	9.332	10.179	13.00
6.900	7.645	7.448	9.276	10.118	12.81
6.881	7.580	7.429	9.225	10.062	12.63
6.865	7.516	7.413	9.180	10.012	12.45
6.853	7.454	7.400	9.139	9.966	12.29
6.844	7.393	7.389	9.102	9.925	12.07
6.840	7.370	7.385	9.088	9.910	11.98
6.838	7.335	7.380	9.068	9.889	11.71
6.834	7.278	7.373	9.038	9.856	—
6.833	7.223	7.367	9.011	9.828	—
6.834	—	—	8.985	—	—
6.836	—	—	8.962	—	—
6.845	—	—	8.921	—	—
6.859	—	—	8.885	—	—
6.877	—	—	8.850	—	—
6.866	—	—	8.833	—	—

(7) 0.08 m HEPES（N-2-ヒドロキシエチルピペラジン-N'-2-エタンスルホン酸, 表9-2）, 0.08 m HEPES ナトリウム塩, 0.08 m NaCl. 生理液の pH 測定用電極の 2 点較正には, 緩衝液 5 および 7 が推奨される. HEPES は, 80 wt%エタノールから 2 回再結晶させ, 真空中50℃で 24 時間乾燥する. NaCl は, 110℃で 4 時間乾燥する. Na^+HEPES^- は, NaOH 標準液で HEPES を中和して調製してもよい. ナトリウム塩は, 標準参照物質としても入手できる. HEPES 19.04 g, Na^+HEPES^- 20.80 g, NaCl 4.674 g を水 1.000 kg に溶かす.

(8) 0.008 695 m リン酸二水素カリウム, 0.030 43 m リン酸水素二ナトリウム. 緩衝液 6 と同様に乾燥する. KH_2PO_4 1.179 g および Na_2HPO_4 4.30 g を水に溶かして, 25℃で 1 L の溶液をつくる.

(9) 0.01 m 四ホウ酸ナトリウム・10 水和物. $Na_2B_4O_7 \cdot 10H_2O$ 3.80 g を水に溶かして 25℃で 1 L の溶液をつくる. このホウ砂溶液はとくに二酸化炭素の吸収により pH が変化しやすいので, 注意して保存すべきである.

(10) 0.025 m 炭酸水素ナトリウム, 0.025 m 炭酸ナトリウム. 一次標準物質 Na_2CO_3 を 250℃で 90 分間乾燥し, $CaCl_2$ および Drierite（乾燥剤）とともに保存する. 試薬級 $NaHCO_3$ をモレキュラーシーブおよび Drierite と室温で 2 日間乾燥する. $NaHCO_3$ を加熱しないこと. 加熱すると分解して Na_2CO_3 になる恐れがある. $NaHCO_3$ 2.092 g および Na_2CO_3 2.640 g を 25℃で 1 L の溶液に溶かす.

(11) $Ca(OH)_2$ は二次標準物質であって, その pH は一次標準物質ほど正確ではない. アルカリ金属不純物の少ない $CaCO_3$ を水でよく洗い, アルカリ金属を除く. 粉末を白金皿にとり, 1000℃で 45 分間加熱し, デシケータ内で冷ます. 生じた CaO を水に撹拌しながらゆっくりと加える. 懸濁液を煮沸して, 冷まし, 中程度の孔径のガラスろ過器でろ過する. 固体を 110℃で乾燥して, 細かい粒状に砕く. 飽和溶液の $[OH^-]$ が 25℃で 0.020 6 M（強酸による滴定で測定）を超える場合は, おそらく $CaCO_3$ 中に可溶なアルカリ金属が含まれている〔R. G. Bates et al., *J. Res. Natl. Bur. Std.*, **56**, 305 (1956); http://www.nist.gov/nvl/jrespastpapers.cfm より〕.

出典：R. P. Buck et al., *Pure Appl. Chem.*, **74**, 2169 (2002); R. G. Bates, *J. Res. Natl. Bureau Stds.*, **66A**, 179 (1962); B. R. Staples and R. G. Bates, *J. Res. Natl. Bureau Stds.*, **73A**, 37 (1969). HEPES および MOPSO のデータ出典は, Y. C Wu et al., *Anal. Chem.*, **65**, 1084 (1993) および D. Feng et al., *Anal. Chem.*, **61**, 1400 (1989). これらの一部の溶液を調製するための手順は, G. Mattock in C. N. Reilley ed., "Advances in Analytical Chemistry and Instrumentation Vol. 2," Wiley (1963), p. 45 による. R. G. Bates, "Determination of pH: Theory and Practice, 2nd ed.," Wiley, (1973) の 4 章も参照.

定する方法を示す.

電極を標準緩衝液で較正するとき, 緩衝液に電極を入れて電圧を測定する（図 15-19）. 緩衝液 S1 の pH は pH_{S1}, この緩衝液で測定される電極電位は E_{S1} である. 緩衝液 S2 の pH は pH_{S2}, 測定される電極電位は E_{S2} である. pH に対して電位をプロットすると, 二つの標準緩衝液の点を通る直線の式は,

pH 電極は, 使用前に未知試料と同じ温度で較正する. 連続して使用するときは, 少なくとも 2 時間ごとに較正すべきである.

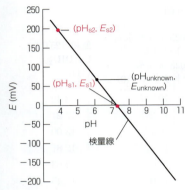

図 15-19 pH 電極の 2 点検量線.

pH 2〜12 の範囲外またはイオン強度 0.1 mol/kg 以上では，ガラス電極による pH 測定は，誤差が大きくなる恐れがある．

$$\frac{E - E_{S1}}{pH - pH_{S1}} = \frac{E_{S2} - E_{S1}}{pH_{S2} - pH_{S1}} \tag{15-7}$$

である．直線の傾きは $\Delta E/\Delta pH = (E_{S2} - E_{S1})/(pH_{S2} - pH_{S1})$ であり，理想的な電極では 25℃ において 59.16 mV/pH である．実際の電極では，$\beta(59.16)$ mV/pH (β は式 15-6 の補正係数) である．

未知試料の pH を測定するには，較正された電極で未知試料の電位を測定し，その電位を式 15-7 に代入して pH を求める．

$$\frac{E_{unknown} - E_{S1}}{pH_{unknown} - pH_{S1}} = \frac{E_{S2} - E_{S1}}{pH_{S2} - pH_{S1}} \tag{15-8}$$

幸か不幸か，最近の pH 計は「ブラックボックス」になっており，式 15-7 および式 15-8 を使って計算を行い，自動で pH を表示する．pH をガラス電極で測定するとき，電極の側面にある塩橋 (図 15-15 の多孔質の栓) での液間電位は，溶液が異なると変わりうる．この変化は，pH の測定値に誤差を生じる．

式 15-8 は，pH の測定方法を規定する「演算上の」定義である．H^+ のような単一イオンの活量は熱力学的に測定できない[16]．実際には一組のイオン (たとえば H^+Cl^-) の平均活量のみが熱力学的に測定できる．表 15-3 の標準緩衝液を用いて，式 15-8 に基づく較正操作は，理想的な pH = $-\log \mathcal{A}_{H^+}$ にできるだけ近づけようとするものである．式 15-8 が有効である範囲は，およそ 2 ≦ pH ≦ 12 であり，イオン強度は 0.1 mol/kg 以下である (物理化学者はふつう濃度を質量モル濃度で表すが，これは温度に依存しない量である．溶液は加熱されるとふつう膨張するので，容量モル濃度は温度とともに変化する)．

pH 電極を使う前に，図 15-14 の電極の上端近くにある空気孔のふたが閉まっていないことを確認する (保存中は，この孔のふたを閉めて，電極の充填溶液の蒸発を防ぐ)．電極を蒸留水で洗い，ティッシュペーパーで水を吸い取る．決して水をふき取ってはならない．ガラスに静電気が生じる恐れがあるからだ．

電極を較正するには，pH が 7 付近の標準緩衝液に電極を浸し，1 分間以上撹拌し，平衡になるまで待つ．マイクロプロセッサ制御の計器では，メーカーの指示に従って，「較正 (Calibrate)」，「読み取り (Read)」などと書かれたキーを押す．アナログ計では，ボリュームを調整して，標準緩衝液の pH が表示されるようにする．次に，電極を水で洗い，水を吸い取る．電極を二つめの標準緩衝液に浸す．この標準緩衝液は，はじめの標準緩衝液よりも pH の高い (または低い) ものを用いる．二つめの標準緩衝液の pH を計器に入力する．最後に電極を未知試料に浸し，液体を撹拌し，値が安定するのを待ち，pH を読み取る．

ガラス電極を必要以上に長く水からだしておくと，または非水溶媒中に浸けておくと性能が劣化する．

ガラス電極は水溶液中に保存して，ガラスの脱水を防ぐ．理想的には，保存溶液は参照電極区画の充填液と同じような溶液であるべきである．電極が乾燥してしまったら，希酸中に数時間浸して状態を回復させる．電極を pH 9 以上で使う場合は，高 pH の緩衝液に浸す．(15-8 節で述べる電界効果トランジスタ pH 電極は，乾燥した状態で保存する．使用前にやわらかいブラシで軽く汚れを落とし，pH 7 の緩衝液に 10 分間浸す．)

ガラス電極の応答が遅い場合や，適切に較正できない場合は，電極を6M塩酸，水に順に浸してみる．それでもうまくいかない場合は，最後の手段として，プラスチック製ビーカーに入れた20 wt% フッ化水素アンモニウム（NH_4HF_2）水溶液に電極を1分間浸す．この試薬はガラスを溶かし，新しい表面を露出させる．電極を水で洗い，もう一度較正してみる．HF はやけどを引き起こすので，フッ化水素アンモニウムには決して触れてはならない．

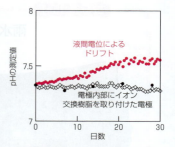

図 15-20　赤丸は，一つの電極で低導電率の工業用水道を連続的に測定したときのpHの見かけのドリフトを表す．較正したばかりの電極を用いた測定値（黒丸）は，試料水のpHが変動しなかったことを示す．pHの見かけのドリフトは，電極の多孔質の栓が$AgCl(s)$でゆっくりと詰まったために起こった．参照電極内の多孔質の栓の近くに陽イオン交換樹脂を置くと，$Ag(I)$は樹脂に結合して沈殿しなかった．この電極は，白抜きのひし形で表されるように，ドリフトのない連続測定値を与えた．[データ出典：S. Ito et al., *Talanta*, **42**, 1685 (1995).]

pH 測定の誤差

1. <u>標準液</u>．pH 測定が標準液の正確さよりも正確になることはない．標準液の正確さは，ふつう ±0.01 pH である．

2. <u>液間電位</u>．液間電位は，図 15-14 の電極の底近くにある多孔質の栓で生じる．試料溶液のイオン性成分が標準緩衝液と異なる場合，<u>二つの溶液のpH が同じでも液間電位は変わる</u>（コラム 15-1）．この効果は，少なくとも約 0.01 pH の不確かさを生む．

3. <u>液間電位のドリフト</u>．ほとんどの複合電極は，飽和 KCl 溶液が入った $Ag | AgCl$ 参照電極を用いている．350 mg/L 以上の $Ag(I)$ が，おもに $AgCl_4^{3-}$ および $AgCl_3^{2-}$ として，KCl 溶液に溶けている．多孔質の栓のなかで KCl 溶液が希釈され，AgCl が沈殿することがある．試料溶液に還元剤が含まれていると，$Ag(s)$ も栓のなかで沈殿する可能性がある．これらが影響して液間電位が変わり，pH の測定値がゆっくりとドリフトする（図 15-20 の赤丸）．この誤差は，電極を 2 時間ごとに再較正すれば補正できる．

4. <u>ナトリウム誤差</u>．$[H^+]$ がごく低く，$[Na^+]$ が高いとき，電極は Na^+ に応答して，見かけの pH は真の pH より低くなる．これを<u>ナトリウム誤差</u>（sodium error）または<u>アルカリ誤差</u>（alkaline error）と呼ぶ（図 15-21）．

5. <u>酸誤差</u>（acid error）．強酸では，測定される pH が実際の pH よりも高くなる（図 15-21）．これは，おそらくガラスが H^+ で飽和して，それ以上プロトン化されないためである．

6. <u>平衡時間</u>．電極が溶液と平衡になるには時間がかかる．よく緩衝された溶液は，十分に撹拌すれば約 30 秒で平衡になる．緩衝が不十分な溶液（たとえば，酸塩基滴定の当量点付近の溶液）は，数分を要する．

7. <u>ガラスの水和</u>．乾燥した電極は，再び H^+ に正しく応答するようになるまで，数時間水に浸す必要がある．

8. <u>温度</u>．pH 計は，測定を行う溶液と同じ温度で較正すべきである．

9. <u>洗浄</u>．電極が油などの疎水性液体に曝された場合は，その液体を溶かす溶媒で洗い，次に水溶液で調整を行うべきである．洗浄が不十分な電極での測定値は，電極が水溶液と再び平衡になるまで数時間もドリフトすることがある．

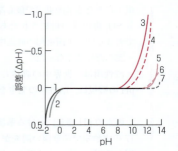

図 15-21　ガラス電極の酸誤差とアルカリ誤差．1：Corning 015, H_2SO_4．2：Corning 015, HCl．3：Corning 015, 1 M Na^+．4：Beckman-GP, 1 M Na^+．5：L & N Black Dot, 1 M Na^+．6：Beckman Type E, 1 M Na^+．7：Ross 電極[22]．[データ出典：R. G. Bates, "Determination of pH: Theory and Practice, 2nd ed.," Wiley (1973). Ross 電極のデータ出典は Orion, Ross pH Electrode Instruction Manual.]

1 および 2 の誤差は，ガラス電極を用いる pH 測定の正確さをよくても ±0.02 pH に制限する．溶液間の pH の差の測定は，約 ±0.002 pH まで正確にできるが，pH の絶対値はそれよりも少なくとも 1 桁以上大きい不確かさをもつだろう．±0.02 pH の不確かさは，$\mathcal{A}_{H^+}$ の ±5 % の不確かさに相当する．

コラム 15-1

雨水の pH 測定における系統誤差：液間電位の影響

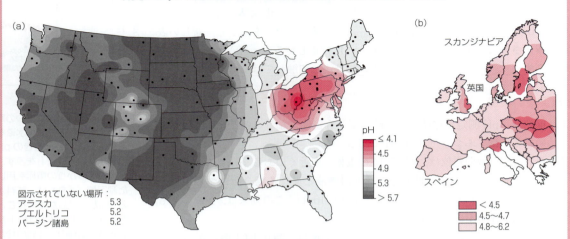

図示されていない場所：
アラスカ　　　　5.3
プエルトリコ　　5.2
バージン諸島　　5.2

(a) 2011 年の米国の降雨の pH. pH が低いほど，酸性の強い水である．[データ出典：National Atmospheric Deposition Program (NRSP-3) (2007). NADP Program Office, Illinois State Water Survey, 2204 Griffith Dr., Champaign, IL 61820, http://nadp.sws.uiuc.edu.]

(b) 欧州の雨の pH．イタリアおよびギリシャの値は報告されていない．[データ出典：H. Rodhe et al., *Environ. Sci. Technol.*, **36**, 4382 (2002).]

　自動車や工場が排出する燃焼生成物には，窒素酸化物や二酸化硫黄が含まれており，これらは大気中で水と反応して酸を生じる[17]．

$$SO_2 + H_2O \longrightarrow \underset{亜硫酸}{H_2SO_3} \xrightarrow{酸化} \underset{硫酸}{H_2SO_4}$$

　北米の酸性雨（acid rain）は，多くの石炭火力発電所の風下にあたる米国東部で最も深刻である．新しい法律により SO_2 排出量が規制されたあとの 1995 年から 1997 年までの 3 年間，米国東部の降雨中の SO_4^{2-} と H^+ の濃度は 10～25％だけ低くなった[18]．

　酸性雨は，世界中の森林と湖を脅かしている．雨水のpH の監視は，酸性雨の発生を低減する計画の重要な要素である．

　雨水の pH 測定における系統誤差を明らかにするため，17 の実験室で注意深い調査が行われた[19]．八つの試料が測定手順とともに各実験室に配られた．それぞれの実験室は，二種類の緩衝液を用いて pH 計を較正した．16 の実験室は，未知試料 A の pH（25℃で 4.008）を正しく測定できた（±0.02 pH 以内）．一方，測定値が 0.04 pH だけ低かった実験室は，誤って市販の標準緩衝液を較正に用いていた．

　図 c は，雨水の pH 測定の典型的な結果を示す．17 の測定値の平均は pH 4.14 の水平線で表されており，s, t, u, v, w, x, y, z の文字は pH 電極の種類を表す．電極 s と w は，系統誤差が比較的大きかった．電極 s は，液絡の面積が非常に広い参照電極を備えた複合電極（図 15-14）であった．電極 w の参照電極は，ゲルで満たされていた．

　一つの仮説は，液間電位（15-3 節）のばらつきが pH 測定値のばらつきをもたらすというものだ．標準緩衝液のイオン強度は 0.05～0.1 M であるが，雨水試料のイオン強度は 2 桁以上低い．液間電位が系統誤差の原因であるかを確認するために，イオン強度の大きな緩衝液の代わりに，2×10^{-4} M HCl 溶液を pH 標準液として用いた．図 d は，一つの実験室を除いて良好な結果が得られたことを示す．17 の測定値の標準偏差は，0.077 pH（標準緩衝液）から 0.029 pH（HCl 標準液）まで小さくなった．液間電位が実験室間のばらつきのおもな原因であり，雨水の pH 測定には低イオン強度の標準液が適切であると結論された[20, 21]．

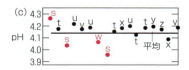

(c) 17 の実験室が較正に標準緩衝液を用いて測定した同じ雨水試料の pH. 文字は，さまざまな種類の pH 電極を表す．

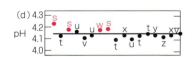

(d) 較正に低イオン強度の HCl 溶液を用いて測定した雨水の pH.

ガラス電極以外の pH 電極

ガラス電極は最も一般的であるが，pH を測定する唯一の手段ではない．電界効果トランジスタに基づく固体 pH 電極については，本章の最後で紹介する．本章扉で取り上げたように，DNA シーケンサーは，Ta_2O_5 層から成る電界効果トランジスタ[23]を用いて，ヌクレオチド塩基が DNA に結合するときに放出される H^+ を検出する．H^+ 用の液体型イオン選択性電極については，15-6 節で述べる．

イリジウム線を酸化してつくられる無水の IrO_2 層は，次のような半反応で pH に応答する[24]．

$$IrO_2(s) + H^+ + e^- \rightleftharpoons IrOOH(s)$$

$$E = E° - 0.05916 \log\left(\frac{1}{[H^+]}\right) = E° - 0.05916\, pH$$

金属酸化物の電極は，極限的な条件で使われている．たとえば，ZrO_2 電極は，最高 300℃ までの pH を測定できる[25]．

コラム 15-3 で説明するフェニックス・マーズ・ランダーは，液体型イオン選択性電極を二つ備えていた．それらは，湿式化学実験装置中で，水に懸濁させた火星の土の pH 測定に用いられた．これらの電極がこのミッションの間に遭遇する温度や圧力に耐えられるかどうか確実でなかったため，頑丈な IrO_2 pH 電極が追加された．IrO_2 電極は pH > 9 でも正確であったが，液体型電極は応答しなかった．

> **課題** 式 15-6 を用いて，$\mathcal{A}_{H^+}$ が 5.0% だけ変化すると，ガラス電極の電位が 1.3 mV だけ変化することを示せ．1.3 mV = 0.02 pH であることを示せ．
> **教訓**：電圧（1.3 mV）や pH（0.02 単位）のわずかな不確かさが，分析種濃度の大きな不確かさ（5%）に相当する．同様の不確かさは，他の電位差測定でも生じる．

15-6 さまざまなイオン選択性電極[26,27]

危篤状態の患者が，救急救命室に運ばれた．医師は，適切な診断を行うために，ただちに血液検査を命じた．表 15-4 の分析種は，救急救命における血液検査の測定項目の一部である．表の各分析種は，電気化学分析法で定量される．イオン選択性電極は，Na^+，K^+，Cl^-，pH，および P_{CO_2} の測定に用いられる．「Chem 7」検査は，病院検査室で行われる検査の 70% までを占める．この検査は，Na^+，K^+，Cl^-，全 CO_2，グルコース，尿素，およびクレアチニンを測定するもので，このうち四つをイオン選択性電極で測定する．さらに，外科手術中に投与される抗凝固薬ヘパリンの濃度をモニターするような目的のために，他のイオン選択性電極も開発されている[28]．

ほとんどのイオン選択性電極は，以下のいずれかに分類される．

1. H^+ および特定の 1 価陽イオン用のガラス膜電極
2. 無機結晶または導電性高分子に基づく固体電極
3. 疎水性液体イオン交換体で飽和した疎水性ポリマー膜を用いる液体型電極
4. 分析種を他の化学種から分離する膜，または化学反応で分析種を発生する膜で囲まれた選択性電極を備える複合電極．

表 15-4 救急救命における測定項目

機能	分析種
電気伝導	K^+, Ca^{2+}
収縮	Ca^{2+}, Mg^{2+}
エネルギー	グルコース，P_{O_2}，乳酸，ヘマトクリット
換気	P_{O_2}, P_{CO_2}
かん流	乳酸，SO_2%，ヘマトクリット
酸塩基	pH, P_{CO_2}, HCO_3^-
浸透圧	Na^+，グルコース
電解質平衡	Na^+, K^+, Ca^{2+}, Mg^{2+}
腎機能	血中尿素態窒素，クレアチニン

出典：C. C. Young, *J. Chem. Ed.*, **74**, 177 (1997).

米国では，イオン選択性電極を用いる K^+ の臨床分析が毎年 2 億件以上行われている．

思いだそう：イオン選択性電極のしくみ

図 15-12 において，分析種イオンはイオン選択性膜内でイオン交換配位子 L と平衡になる．少量の分析種イオンが膜の外へ拡散すると，膜と試料溶液の界面で電荷のわずかな不均衡（電位差）が生じる．溶液中の分析種イオンの濃度が変わると，イオン選択性膜の外側の界面での電位差が変わる．検量線は，電位差と分析種濃度を関連付ける．

イオン選択性電極は遊離の分析種（free analyte）の活量に応答し，錯生成した分析種には応答しない．たとえば，イオン選択性電極を用いて pH 8 の水道水中の Pb^{2+} を測定すると，結果は $[Pb^{2+}] = 2 \times 10^{-10}$ M であった[29]．同じ水道水中の鉛を誘導結合プラズマ質量分析法（下巻 21-7 節）で測定すると，結果は 10 倍以上（3×10^{-9} M）であった．差が生じたのは，誘導結合プラズマがすべての鉛を測定するのに対して，イオン選択性電極は遊離の Pb^{2+} だけを測定するからである．pH 8 の水道水では，大部分の鉛は CO_3^{2-}，OH^-，その他の陰イオンと錯生成している．水道水の pH を 4 に調整すると，Pb^{2+} が錯体から解離して，イオン選択性電極が示す濃度は誘導結合プラズマと同じ値 3×10^{-9} M になった．

分析種イオンは，イオン選択性膜の表面でイオン交換平衡に達する．同じ部位に結合する他のイオンは，測定を妨害する．

イオン選択性電極は Pb^{2+} に応答するが，$Pb(OH)^+$ や $Pb(CO_3)(aq)$ にはほとんど応答しない．

選択係数

残念ながら一種類のイオンにのみ応答する電極はない．ガラス pH 電極は，最も選択性が高い．おもな干渉化学種は，ナトリウムイオンである．pH 値に対するナトリウムイオンの影響が大きいのは，$[H^+] \lesssim 10^{-12}$ M および $[Na^+] \gtrsim 10^{-2}$ M のときだけである（図 15-21）．

イオン A を測定するための電極は，干渉イオン X にも応答する．**選択係数**（selectivity coefficient）は，同じ電荷をもつ別の化学種に対する相対応答を与える．

$$\text{選択係数：} K_{A,X}^{Pot} = \frac{\text{X に対する応答}}{\text{A に対する応答}} \tag{15-9}$$

「potentiometric」を意味する上付き文字「Pot」は，化学文献において一般的である．選択係数が小さいほど，X による干渉も小さい．キレート剤バリノマイシン（図 15-13）を液体イオン交換体として用いる K^+ イオン選択性電極の選択係数は，$K_{K^+,Na^+}^{Pot} = 1 \times 10^{-5}$，$K_{K^+,Cs^+}^{Pot} = 0.44$，$K_{K^+,Rb^+}^{Pot} = 2.8$ である．Na^+ が K^+ の測定に干渉することはほとんどないが，Cs^+ や Rb^+ は強く干渉する．実際，電極は K^+ よりも Rb^+ に対して強く応答する．

各イオンに対する応答がネルンスト式に従う場合，その目的イオン（A）および同じ電荷の干渉イオン（X）に対するイオン選択性電極の応答は[12,30]，

イオン選択性電極の応答：

$$E = \text{定数} \pm \frac{0.05916}{z_A} \log \left[\mathcal{A}_A + \sum_X K_{A,X}^{Pot} \mathcal{A}_X \right] \tag{15-10}$$

である．ここで，z_A は A の電荷数，$\mathcal{A}_A$ および $\mathcal{A}_X$ は活量，$K_{A,X}^{Pot}$ は干渉イオン X の選択係数である．イオン選択性電極が電位差計の＋極入力に接続され

ている場合，log 項の符号は A が陽イオンなら正，A が陰イオンなら負である．コラム 15-2 では，どのように選択係数を測定するかを説明する．問題 15-46 は，目的イオン A の測定において干渉イオン X (A と電荷が異なってもよい) によって引き起こされる誤差を推定する式を示す．

> **例題** 選択係数の利用
> あるフッ化物イオン選択性電極の OH^- に対する選択係数は，$K_{F^-,OH^-}^{Pot} = 0.1$ である．pH 5.5 の 1.0×10^{-4} M F^- 溶液の pH を 10.5 まで上げると，電極電位はどれだけ変化するか？

コラム 15-2

イオン選択性電極の選択係数を測定する

選択係数を測定するとき，それぞれの干渉イオンに対する電極の応答がネルンスト式に従うことを示さなければならない[31〜33]．これは口でいうほど簡単ではない．目的イオンと平衡になったイオン選択性膜は，弱く結合する干渉イオンに対してゆっくりとしか応答しないかもしれない．

下のグラフは，選択係数を測定する単独溶液法を表す．この方法では，各イオン単独の溶液で検量線を作成する．他の一般的な方法には，干渉イオン一定濃度法および電位一致法がある[31]．

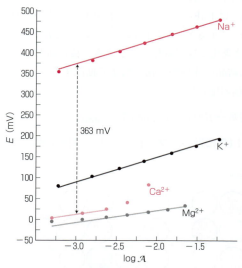

Na^+ イオン選択性電極の選択係数の決定．横軸の活量は，濃度と活量係数から計算した．[データ出典：E. Bakker, *Anal. Chem.*, **69**, 1061 (1997).]

グラフは，ナトリウムイオン選択性電極の干渉イオン K^+, Ca^{2+}, Mg^{2+} に対する応答を表す．干渉イオンに対するネルンスト応答を得るために，電極は Na^+ がない状態に調整した．測定前にイオン選択性膜を調整するために，電極は 0.01 M KCl 溶液で満たされ，0.01 M KCl 溶液に一晩浸された．K^+, Ca^{2+}, Mg^{2+} を測定後，Na^+ を測定した．Na^+ 測定に使用する前に，内部の充填溶液を 0.01 M NaCl 溶液に入れ替えた．

データは，電極が各イオンにほぼネルンスト応答することを示す．実験室の温度が 21.5 °C のとき，ネルンスト応答はイオン活量の 10 倍の変化あたり $(RT \ln 10)/zF = 58.5/z$ mV（z はイオンの電荷数）である．求められた傾きは，Na^+ が 61.3 ± 1.5 mV，K^+ が 56.3 ± 0.6 mV，Mg^{2+} が 26.0 ± 1.0 mV，Ca^{2+} が 31.2 ± 0.7 mV であった．Ca^{2+} が活量 $10^{-2.5}$ 以上で直線から外れるのは，$CaCl_2$ 中の不純物 Na^+ に起因する．Na^+ に対する電極の応答は Ca^{2+} に対する応答よりもはるかに大きいので，少量の Na^+ が大きく影響する．

選択係数を求めるには，任意に選んだ活量における干渉イオンの直線と Na^+ の検量線の差を次式に代入する．

$$\log K_{A,X}^{Pot} = \frac{z_A F (E_X - E_A)}{RT \ln 10} \log\left(\frac{\mathcal{A}_A}{(\mathcal{A}_X)^{z_A/z_X}}\right) \quad (15\text{-}11)$$

ここで，A = Na^+（電荷 $z_A = 1$），X は電荷数 z_X の干渉イオンである．たとえば，活量が 10^{-3} のとき，破線は差 $E_{Ca^{2+}} - E_{Na^+} = -363$ mV を示す．選択係数は，

$$\log K_{Na^+,Ca^{2+}}^{Pot} = \frac{(+1)F(-0.363\,V)}{RT \ln 10} + \log\left(\frac{10^{-3}}{(10^{-3})^{1/2}}\right)$$
$$= -7.0$$

である．異なる活量における $E_{Ca^{2+}} - E_{Na^+}$ を求めることができるが，ほぼ同じ $K_{Na^+,Ca^{2+}}^{Pot}$ が得られる．グラフの他の直線は，$\log K_{Na^+,Mg^{2+}}^{Pot} = -8.0$ および $\log K_{Na^+,K^+}^{Pot} = -4.9$ を与える．

> **解法** 式 15-10 から，pH 5.5 のとき OH^- は無視できて，電極電位は
>
> $$E = 定数 - 0.05916 \log [1.0 \times 10^{-4}] = 定数 + 236.6 \text{ mV}$$
>
> である．pH 10.50 のとき，$[OH^-] = 3.2 \times 10^{-4}$ M であるので，電極電位は
>
> $$\begin{aligned} E &= 定数 - 0.05916 \log[1.0 \times 10^{-4} + (0.1)(3.2 \times 10^{-4})] \\ &= 定数 + 229.5 \text{ mV} \end{aligned}$$
>
> となる．変化量は $229.5 - 236.6 = -7.1$ mV であり，かなり大きい．もし pH 変化についての知識がなければ，F^- の濃度が 32% も高くなったと考えるだろう．
>
> **類題** pH 5.5 の 1.0×10^{-4} M F^- 溶液の pH を 9.5 まで上げたときの電位の変化を求めよ．（**答え**：-0.8 mV）

固体電極

無機結晶に基づく**固体型イオン選択性電極**（solid-state ion-selective electrode）を図 15-22 に示す．この種類の一般的な電極はフッ化物イオン電極であり，Eu^{2+} でドープされた LaF_3 結晶を用いている．**ドーピング**（doping）は，La^{3+} の代わりに少量の Eu^{2+} を加えることを意味する．充填溶液は，0.1 M NaF と 0.1 M NaCl を含む．フッ化物イオン電極は，都市水道水へのフッ素添加をモニターするのに用いられる．

図 15-23 に示すように，F^- は LaF_3 結晶を通って移動し，ごく小さな電流を伝える．LaF_3 を EuF_2 でドープすると，結晶内に陰イオン空孔ができる．近くに存在するフッ化物イオンは空孔に飛び込むことができ，後に新しい空孔が残る．このようにして，F^- は結晶の片側から他の側まで拡散する．

pH 電極と同様に，F^- 電極の応答は，

$$F^- \text{電極の応答}: E = 定数 - \beta(0.05916) \log \mathcal{A}_{F^-}(\text{outside}) \tag{15-12}$$

と表される．ここで，β は 1.00 に近い．フッ化物イオンは陰イオンであるの

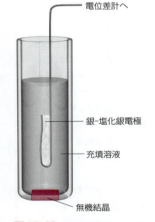

図 15-22 無機塩結晶をイオン選択性膜として用いるイオン選択性電極の図．

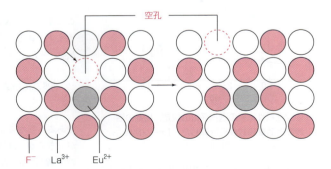

図 15-23 EuF_2 でドープされた LaF_3 内の F^- の移動．Eu^{2+} の電荷は La^{3+} よりも小さいので，Eu^{2+} 1 個あたり陰イオン空孔 1 個が生じる．すぐ近くに存在する F^- は空孔に飛び込むことができ，その結果，空孔が別の場所に移動する．この過程の繰り返しにより，F^- が格子を通って移動する．

で，式15-12はlog項の前に負符号をもつ．F^-電極は，濃度範囲約10^{-6}～1 Mにおいて，ほぼネルンスト応答を示す（図15-24）．この電極は，他のほとんどのイオンに比べて1000倍以上の選択性でF^-に応答する．唯一の干渉化学種はOH^-であり，その選択係数は$K_{F^-,OH^-}^{Pot} = 0.1$である．低いpHでは，F^-がHF（$pK_a = 3.17$）に変わるので，電極は応答しない．

F^-を測定する通常の操作では，未知試料を酢酸，クエン酸ナトリウム，NaCl，NaOHを含む高イオン強度の緩衝液で希釈して，pHを5.5に調整する．緩衝液によって，すべての標準液と未知試料は一定のイオン強度に保たれるので，フッ化物イオンの活量係数はすべての溶液中で一定となる（したがって無視できる）．

$$E = 定数 - \beta(0.05916)\log[F^-]\gamma_{F^-}$$
$$= \underbrace{定数 - \beta(0.05916)\log\gamma_{F^-}}_{\text{イオン強度一定のとき}\gamma_{F^-}\text{は一定であるので，この項は一定}} - \beta(0.05916)\log[F^-]$$

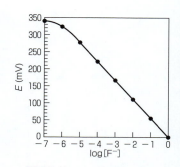

図 15-24 フッ化物イオン選択性電極の検量線．［データ出典：M. S. Frant and J. W. Ross, Jr., *Science*, **154**, 1553 (1966).］

pH 5.5では，OH^-による妨害がなく，F^-はほとんどHFに変わらない．クエン酸イオンは，Fe^{3+}やAl^{3+}と錯生成する．遊離のFe^{3+}やAl^{3+}は，F^-と結合して分析を妨害する．

> **例題** イオン選択性電極の応答
>
> フッ化物イオン電極を標準液に浸したとき，以下の電位（対 S.C.E.）が観測された．これらの標準液のイオン強度は，$NaNO_3$により0.1 Mに保たれていた．
>
> | $[F^-]$(M) | E(mV) |
> |---|---|
> | 1.00×10^{-5} | 100.0 |
> | 1.00×10^{-4} | 41.5 |
> | 1.00×10^{-3} | -17.0 |
>
> イオン強度が一定であるので，応答はF^-濃度の対数によって決まる．未知試料の電位が0.0 mVであったとき，その$[F^-]$を求めよ．
>
> **解法** 検量線のデータを式15-12にあてはめる．
>
> $$\underset{y}{E} = m\underset{x}{\underline{\log[F^-]}} + b$$
>
> $\log[F^-]$に対してEをプロットすると，傾き$m = -58.5$ mV，y切片$b = -192.5$ mVの直線が得られる．$E = 0.0$ mVとおいて，$[F^-]$について解く．
>
> $$0.0\,\text{mV} = (-58.5\,\text{mV})\log[F^-] - 192.5\,\text{mV} \Rightarrow [F^-] = 5.1 \times 10^{-4}\,\text{M}$$
>
> **類題** $E = 81.2$ mVのとき，$[F^-]$を求めよ．$E = 110.7$ mVのとき，検量線は有効か？（**答え**：2.1×10^{-4} M．検量線に100 mV以上の点はないため有効ではない．）

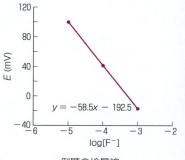

例題の検量線

その他の一般的な無機結晶電極は，膜に Ag_2S を用いる．この電極は，Ag^+ および S^{2-} に応答する．電極を CuS, CdS, または PbS でドープすると，それぞれ Cu^{2+}, Cd^{2+}, または Pb^{2+} に応答する電極を調製できる（表 15-5）．

図 15-25 は，CdS 結晶がある特定のイオンに選択的に応答する機構を示す．結晶を切断すると，Cd 原子または S 原子の面が現れる．図 15-25a の最上層の Cd 面は HS^- イオンを選択的に吸着するが，S 面は HS^- と強く相互作用しない．図 15-25b は，HS^- に対する露出した Cd 面の強い応答，および S 面の弱い応答を示す．Cd^{2+} イオンに対しては，逆のふるまいが観察される．黒色の曲線で表されるように S 面は HS^- に対して部分的に応答するが，これは実際に露出した原子の約 10% が S ではなく Cd であるためだ．

表 15-5 固体型イオン選択性電極の特性

目的イオン	濃度範囲（M）	膜物質	pH 範囲	干渉化学種
F^-	$10^{-6} \sim 1$	LaF_3	5〜8	OH^- (0.1 M)
Cl^-	$10^{-4} \sim 1$	$AgCl$	2〜11	$CN^-, S^{2-}, I^-, S_2O_3^{2-}, Br^-$
Br^-	$10^{-5} \sim 1$	$AgBr$	2〜12	CN^-, S^{2-}, I^-
I^-	$10^{-6} \sim 1$	AgI	3〜12	S^{2-}
SCN^-	$10^{-5} \sim 1$	$AgSCN$	2〜12	$S^{2-}, I^-, CN^-, Br^-, S_2O_3^{2-}$
CN^-	$10^{-6} \sim 10^{-2}$	AgI	11〜13	S^{2-}, I^-
S^{2-}	$10^{-5} \sim 1$	Ag_2S	13〜14	

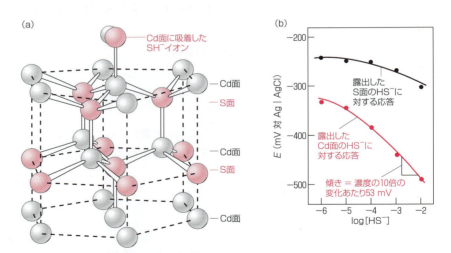

図 15-25 (a) 六方晶系 CdS の結晶構造．垂直軸（結晶の c 軸）に沿って Cd 面と S 面が交互に現れる．最も上の Cd 面に HS^- が吸着しているのが見える．(b) 露出した結晶面の HS^- に対する電位応答．［データ出典：K. Uosaki et al., *Anal. Chem.*, **61**, 1980 (1989).］

液体型イオン選択性電極

液体型イオン選択性電極（liquid-based ion-selective electrode）は，図 15-22 の固体電極に似ているが，分析種イオンに対して選択的な疎水性イオン交換体（<u>イオノフォア</u>と呼ばれる）を含浸させた疎水性膜をもつ（図 15-26）．

Ca²⁺ イオン選択性電極の応答は，次式で与えられる．

$$\text{Ca}^{2+} \text{電極の応答：} E = \text{定数} + \beta\left(\frac{0.05916}{2}\right) \log \mathcal{A}_{\text{Ca}^{2+}(\text{外側})} \quad (15\text{-}13)$$

ここで，β は 1.00 に近い．式 15-13 と式 15-12 は，log 項の前の符号が異なる．一方は陰イオンに対する式であり，他方は陽イオンに対する式であるからだ．Ca²⁺ の電荷数は2であるので，対数の前の分母に係数2が必要であることにも注意しよう．

図 15-26 の電極の底にある膜は，イオン交換体を含浸させたポリ塩化ビニルでできている．ある電極の Ca²⁺ 液体イオン交換体は，ポリ塩化ビニル膜内の疎水性液体に溶解した<u>イオノフォア</u>（ionophore）と呼ばれる中性の疎水性配位子（L），および疎水性陰イオンの塩（Na⁺R⁻）からなる（図 15-27）．最も深刻な干渉は，Sr²⁺ によって起こる．式 15-9 の選択係数は $K^{\text{Pot}}_{\text{Ca}^{2+},\text{Sr}^{2+}} = 0.13$ であり，Sr²⁺ に対する応答は等濃度の Ca²⁺ に対する応答の13％にも達する．その他のほとんどの陽イオンに対しては，$K^{\text{Pot}}_{\text{Ca}^{2+},\text{x}} < 10^{-3}$ である．

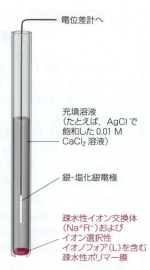

図 15-26 液体イオン交換体を利用するカルシウムイオン選択性電極．

図 15-27 Ca²⁺イオン選択性電極の膜成分．配位子 L は，Ca²⁺ と選択的に結合するイオノフォアである．

7章扉で紹介した<u>マーズ・フェニックス・ランダー</u>は，火星の土を分析するためにイオン選択性電極を搭載していた．液体型 H⁺ イオン選択性電極には，ETH 2418 と呼ばれるイオノフォアが用いられた（図 15-28）．このイオノフォアは pH 1～9 の範囲で H⁺ に応答し，選択係数は $K^{\text{Pot}}_{\text{H}^+,\text{Na}^+} = 10^{-8.6}$，$K^{\text{Pot}}_{\text{H}^+,\text{K}^+} = 10^{-9.7}$，$K^{\text{Pot}}_{\text{H}^+,\text{Ca}^{2+}} = 10^{-7.8}$ である．コラム 15-3 では，電極に対する干渉が火星での過塩素酸イオンの発見につながった経緯を紹介しよう．

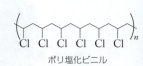

図 15-28 液体型 H⁺イオン選択性電極のイオノフォア ETH 2418．ETH は，スイス連邦工科大学（Eidgenössische Technische Hochschule Zürich）を意味する．ここで多くのイオノフォアが合成された．

イオン選択性電極の検出限界を下げる[29)]

鉛濃度が 15 ppb（7×10^{-8} M）を上回る水道水試料が10％を超えた場合，米国環境保護局は水道事業者に対して鉛を除く措置を取るように指導する．図

コラム 15-3

火星の過塩素酸イオンはどのように発見されたか？[34]

火星に過塩素酸イオン（ClO_4^-）が豊富に存在するとは誰も予想しなかったので，フェニックス・マーズ・ランダーの湿式化学実験装置は ClO_4^- を検出するようには設計されていなかった．しかし，火星に送られた硝酸イオン選択性電極の ClO_4^- に対する感度は，NO_3^- に対する感度に比べて1000倍も高かった．すなわち，$K_{NO_3^-, ClO_4^-}^{Pot} = 10^3$ である．火星の土からイオンを抽出した水溶液には 1 mM NO_3^- が含まれていた．この濃度が 1 mM を超えていたら，硝酸イオンだけが検出されていただろう．

タフツ大学の Sam Kounaves 教授と彼の学生は，ランダーのイオン選択性電極の設計と組み立てを支援した．予想外に大きな応答が観察されたとき彼らの目に浮かんだ驚きを想像してほしい．湿式化学実験装置で火星の土 1 g から塩が水に抽出されたとき，NO_3^- 電極の電位は 200 mV も変化した．これは，NO_3^- 濃度が 1 M 以上であることを示すが，それには分析された土の質量よりも大きな質量の NO_3^- が必要である．しかし，4〜6 mg の ClO_4^- があれば，観察された応答が得られる．地球上でも，同じくらいの過塩素酸イオン濃度は，アタカマ砂漠や南極ドライバレーなどの乾燥地域で見られる[35]．地球上では，ClO_4^- は大気中のオゾン（O_3）と塩素化学種の光化学反応によって生じると考えられる．火星では，ClO_4^- は，鉱物の触媒存在下，固体塩化物が紫外線により光酸化されて生じる可能性がある[36,37]．2012年のキュリオシティ・ローバーからの結果は，火星に過塩素酸カルシウム水和物が存在することを示唆した[37]．ClO_4^- についての独立した証拠は，火星の土を約 450 ℃ で熱分解すると，質量数32の化学種が遊離するという観察結果である．過塩素酸イオンは，この温度で O_2（質量数32）を遊離する．

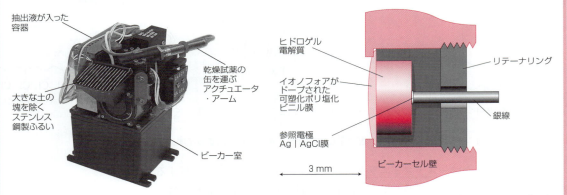

（左）2008年のフェニックス・マーズ・ランダーに搭載された土分析用湿式化学実験装置の四つのセルのうちの一つ．ロボットアームは，7章扉に登場した．センサーは，40 mL エポキシプラスチック製「ビーカー」の壁面に埋め込まれている．15種類のイオン選択性電極が，土から水溶液に抽出される Ca^{2+}, Mg^{2+}, K^+, NO_3^-, NH_4^+, SO_4^{2-}, Cl^-, Br^-, I^-, H^+ を測定する．他の電極は，導電率，還元電位，酸化還元対，還元可能な金属（Cu^{2+}, Cd^{2+}, Pb^{2+}, Fe^{2+}, Fe^{3+}, Hg^{2+} を含む）を測定する [NASA/JPL-Caltech/University of Arizona/Max Planck Institute]．（右）フェニックスの液体型イオン選択性電極．ヒドロゲル電解質が，1 mM M^+Cl^- 水溶液を保持する（M^+ は陽イオン分析種）．[John Wiley & Sons Inc. より許可を得て転載．S. P. Kounaves et al., *J. Geophys. Res.*, 114, E00A19 (2009), Figure11. Copyright Clearance Center, Inc. を通じて許可を得た．]

15-29 の黒色の曲線で示されるように，典型的な液体型イオン選択性電極は 10^{-6} M 未満の鉛を測定できない．この電極は，電極内部の充填溶液に 0.5 mM $PbCl_2$ を含む．

図 15-29 の赤色の曲線は同じ電極で得られたものであるが，その電極内部の充填溶液は [Pb^{2+}] を 10^{-12} M に固定する金属イオン緩衝液（metal ion butter）に置き換えられている（15-7節）．この電極は，約 10^{-11} M までの [Pb^{2+}] の変化に応答するので，飲料水中の鉛の測定に使えるだろう．

液体型イオン選択性電極の検出限界は，目的イオン（この場合は Pb^{2+}）が

15-6 さまざまなイオン選択性電極

表 15-6 目的イオンが漏れずに動作する液体型イオン選択性電極の検出限界および選択係数

目的イオン (A)	A の検出限界 (μM)	干渉イオン (X) の選択係数 $K_{\text{A, X}}^{\text{Pot}}$ (式 15-9)		
Na^+	30	$H^+: -4.8,$	$K^+: -2.7,$	$Ca^{2+}: -6.0$
K^+	5	$Na^+: -4.2,$	$Mg^{2+}: -7.6,$	$Ca^{2+}: -6.9$
NH_3	20			
Cs^+	8	$Na^+: -4.7,$	$Mg^{2+}: -8.7,$	$Ca^{2+}: -8.5$
Ca^{2+}	0.1	$H^+: -4.9,$	$Na^+: -4.8,$	$Mg^{2+}: -5.3$
Ag^+	0.03	$H^+: -10.2,$	$Na^+: -10.3,$	$Ca^{2+}: -11.3$
Pb^{2+}	0.06	$H^+: -5.6,$	$Na^+: -5.6,$	$Mg^{2+}: -13.8$
Cd^{2+}	0.1	$H^+: -6.7,$	$Na^+: -8.4,$	$Mg^{2+}: -13.4$
Cu^{2+}	2	$H^+: -0.7,$	$Na^+: <-5.7,$	$Mg^{2+}: <-6.9$
ClO_4^-	20	$OH^-: -5.0,$	$Cl^-: -4.9,$	$NO_3^-: -3.1$
I^-	2	$OH^-: -1.7$		

出典：E. Bakker and E. Pretsch, *Angew. Chem. Int. Ed.*, **46**, 5660 (2007).

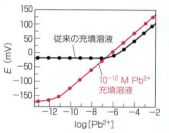

図 15-29 液体型 Pb^{2+} イオン選択性電極の応答．（黒色の曲線）0.5 mM Pb^{2+} を含む従来の充填溶液，（赤色の曲線）金属イオン緩衝液の充填溶液（$[Pb^{2+}] = 10^{-12}$ M）．［データ出典：T. Sokalski et al., *J. Am. Chem. Soc.*, **119**, 11347 (1997).］

イオン交換膜を通じて内部の充填溶液から漏れることによって制限される．漏れがあると，目的イオンの濃度が膜の外表面で高くなる．分析種濃度が 10^{-6} M 未満の場合，分析種が電極から漏れるため，電極外表面の実効濃度が 10^{-6} M 近くに保たれる．電極内部の $[Pb^{2+}]$ を下げると，膜の外側に漏れる濃度が低くなり，検出限界が下がる．

充填溶液に 10^{-12} M Pb^{2+} を含む電極の応答は，金属イオン緩衝液の 0.05 M Na_2EDTA から生じる内部溶液中の Na^+ による干渉によって制限される．しかし，Pb^{2+} の検出限界が 10^5 も改善されるだけでなく，他の陽イオンに対する Pb^{2+} の選択性も数桁向上する．目的イオンの漏れを防ぐ予防策が取られたイオン選択性電極の検出限界および選択係数を表 15-6 にまとめた．

イオン選択性電極の検出限界を下げる別の方法は，イオン選択性膜内の目的イオンの移動度を下げて，目的イオンが内部の充填溶液から膜の外側へ容易に拡散しないようにすることである．図 15-30a に示すビニルポリマー膜には，Pb^{2+} と選択的に結合する導電性ポリアニリンのナノ粒子が埋め込まれている．ビニルポリマー膜は可塑剤を含まないので，膜内での Pb^{2+} の拡散は，従来の可塑化膜に比べて 10^6 倍も遅い．図 15-30a の膜を用いて，図 15-26 と同様の電極がつくられた．図 15-30b は，この電極の Pb^{2+} に対する応答を表す．電極内部の充填溶液は 10^{-5} M $Pb(NO_3)_2$ を含むが，膜内を拡散する Pb^{2+} はわずかであるので，検出限界は 2×10^{-11} M である．この電極設計の特典は，電極が少なくとも 6 カ月間ほとんど劣化せずに機能することだ．図 15-29 に応答を示した液体型イオン選択性電極の膜の寿命は，約 1 週間である．

イオン選択性電極からの目的イオンの流出を減らす別の方法は，内部の充填溶液をなくすことである．コラム 15-4 では，内部の充填溶液を導電性高分子で置き換えたイオン選択性電極について述べる．液体型イオン選択性電極の検出限界を下げる方法は，固体型イオン選択性電極ではうまくいかない．なぜなら，電極付近の分析種濃度は，イオン感応性膜の無機塩結晶の溶解度に支配さ

イオン選択性電極の検出限界を下げる実証された方法
- 金属イオン緩衝液を用いて，内部の充填溶液の目的イオン（分析種）の濃度を下げる
- 目的イオンが内部液から漏れないように，イオン選択性膜内の目的イオンの移動度を下げる
- 内部の充填溶液を導電性高分子に置き換える

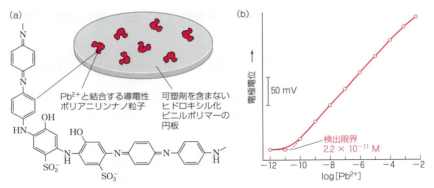

図 15-30 (a) Pb^{2+} と選択的に結合する導電性ポリアニリンのナノ粒子が埋め込まれたビニルポリマー膜．膜は，テトラフェニルホウ素ナトリウムも含む．ポリアニリンの化学構造の一部を示す．(b) ビニルポリマー膜でできたイオン選択性電極の応答．［データ出典：X.-G. Li et al., *Anal. Chem.*, **84**, 134 (2012).］

れるからだ．

複合イオン選択性電極

複合イオン選択性電極（compound electrode）にはふつうのイオン選択性電極が入っているが，その電極は分析種を分離（または生成）する膜で囲まれている．図 15-31 の Severinghaus CO_2 ガス電極では，通常のガラス pH 電極が電解質溶液の薄層で取り囲まれ，さらにゴム，テフロン，またはポリエチレンでできた半透膜で覆われている[38]．Ag | AgCl 参照電極も，電解質溶液に浸されている．CO_2 が半透膜を通って拡散すると，電解質の pH が下がる．pH の変化に対するガラス電極の応答が，電極の外側にある試料溶液中の溶存 CO_2 濃度のめやすとなる．その他の酸性または塩基性の気体，NH_3，SO_2，H_2S，NO_x（窒素酸化物），HN_3（アジ化水素酸）なども同じように検出され，CO_2 測定に干渉しうる．これらの電極は，溶液中や気相中の気体の測定に用いられる．

図 15-31 の CO_2 用 Severinghaus 複合電極は，医療における患者のモニター

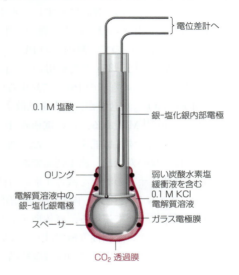

図 15-31 CO_2 ガス測定用 Severinghaus 電極[38]．膜がぴんと張られており，膜とガラス球の間に電解質の薄層がある．

コラム 15-4

導電性高分子を用いたイオン選択性電極のサンドイッチイムノアッセイへの応用

図 15-26 の充填溶液を導電性高分子で置き換えると，液体型イオン選択性電極の充填溶液から拡散するイオンによる干渉を小さくすることができる．充填溶液や導電性高分子は，イオン交換膜の電位差を内部電極に伝える．

右図の電極は，導電性のポリ(3-オクチルチオフェン) の薄層で覆われた金線を備えている．この高分子が酸化されると，電子は分子の共役ポリマー主鎖に沿って移動する（共役は，分子に単結合と二重結合が交互にあることを意味する）．酸化された分子の導電率は，金属銅の約 0.1% にもなる．被覆された電線はプラスチック製の 10 μL ピペットチップを満たし，ピペットチップの開口部は Ag^+ に対して選択的な配位子（図 15-12 の L）を含むイオン交換膜で覆われている．この電極は，1 nM $AgNO_3$ 溶液で調整すると，最低 10 nM までの Ag^+ に対して直線応答を示す．検出限界は約 2 nM である．

この高感度の銀分析法は，抗体を用いる<u>サンドイッチイムノアッセイ</u>（sandwich immunoassay）によるタンパク質の高感度分析に利用される．**抗体**（antibody）は，**抗原**（antigen）と呼ばれる外来分子に反応して，動物の免疫系によってつくられるタンパク質である．抗体は，その合成を刺激した抗原を特異的に認識し，抗原と結合する．

サンドイッチイムノアッセイでは，抗原が分析種タンパク質である．この分析種タンパク質の抗体が，金表面に結合されている．分析種は，抗体と結合する．次に，分析種の別の部位に結合する第二の抗体を加える．第二の抗体には，約 10^5 個の金原子を含む直径約 13 nm の金粒子が共有結合されている．抗原と結合していない抗体を洗い流したあと，触媒作用によって金ナノ粒子の表面に金属 Ag を析出させる．元の粒子の Au 1 原子あたり Ag 約 100 原子が析出するので，抗体 1 分子あたり約 10^7 個の Ag 原子が存在することになる．

最後に，金属 Ag を過酸化水素 (H_2O_2) で Ag^+ に酸化し，遊離した Ag^+ をイオン選択性電極で測定する．分析種タンパク質 1 分子あたり，およそ 10^7 個の Ag^+ イオンが生じる．このアッセイは，分析種の信号を 10^7 倍に増幅するといえる．このアッセイは，試料 50 μL 中の約 12 pmol (12×10^{-12} mol) の分析種タンパク質を検出できる．Ag^+ イオン選択性電極を用いる類似のリボ核酸（RNA）アッセイは，試料 4 mL 中の 0.2 amol (0.2×10^{-18} mol，120 000 分子）の分析種を検出できる．

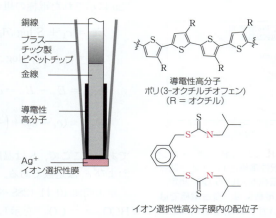

金ナノ粒子上に金属銀を析出させるサンドイッチイムノアッセイ．[出典: K. Y. Chumbimuni-Torres et al., *J. Am. Chem. Soc.*, **128**, 13676 (2006). *Anal. Chem.*, **78**, 1318 (2006) and *Sensors and Actuators B*, **121**, 135 (2007) も見よ．]

にきわめて有用である．しかし，CO_2 が外側の膜を通って拡散しなければならないので応答が遅く，低濃度の CO_2 に対して感度が低いという欠点がある．幸いにも，その感度は生理学的な CO_2 濃度の測定に適している．

溶存 CO_2 を測定する別の方法

炭酸イオン（CO_3^{2-}）選択性電極[39]と pH 電極を組み合せると，Severinghaus 電極による測定よりも広い濃度範囲の溶存 CO_2 を迅速に測定できる．図 15-32a に示された電極の組合せで測定される電圧は，

$$E_+ = c_1 + S \log \mathcal{A}_{H^+}$$

$$E_- = c_2 - \left(\frac{S}{2}\right) \log \mathcal{A}_{CO_3^{2-}}$$

$$E_{cell} = E_+ - E_- = c_1 - c_2 + S \log \mathcal{A}_{H^+} + \left(\frac{S}{2}\right) \log \mathcal{A}_{CO_3^{2-}}$$

$$E_{cell} = (c_1 - c_2) + \left(\frac{S}{2}\right) \log \mathcal{A}_{CO_3^{2-}} \mathcal{A}_{H^+}^2 \tag{15-14}$$

である．ここで，S は温度に依存する傾き（理想的には 25℃ で 0.059 16 V），c_1 および c_2 は定数である．

章末問題 10-11（288 ページ）に，一連の平衡反応 $CO_2(g) \xrightleftharpoons[]{K_H} CO_2(aq) \xrightleftharpoons[]{K_{a1}} HCO_3^- \xrightleftharpoons[]{K_{a2}} CO_3^{2-}$ を示した．ここで，K_H は水溶液中の $CO_2(g)$ の溶解度を決めるヘンリー定数，K_{a1} および K_{a2} は「炭酸」〔おもに $CO_2(aq)$〕の酸解離定数である．平衡定数の式を組み合わせると，次式が得られる．

$$P_{CO_2} K_H = \mathcal{A}_{CO_2(aq)} = \left(\frac{\mathcal{A}_{CO_3^{2-}} \mathcal{A}_{H^+}^2}{K_{a1} K_{a2}}\right) \tag{15-15}$$

ここで，P_{CO_2} は $\mathcal{A}_{CO_2(aq)}$ と平衡にある $CO_2(g)$ の圧力である．

図 15-32 の電極は，積 $\mathcal{A}_{CO_3^{2-}} \mathcal{A}_{H^+}^2$（式 15-14）を測定する．この積を式 15-15 に代入すれば，P_{CO_2} と $\mathcal{A}_{CO_2(aq)}$ を求めることができる．電極は，図 15-32b に示すように，既知の P_{CO_2} と平衡にある溶液中で較正される．

このイオン選択性電極の組合せは，P_{CO_2} に対して約 $10^{-4.5}$ bar まで 3 桁以上にわたって直線応答を示す．一方，図 15-31 の複合イオン選択性電極は，おおよそ $10^{-1} \sim 10^{-2}$ bar の範囲でのみ直線応答を示し，低 P_{CO_2} では感度が低い．

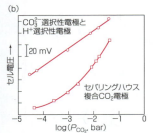

図 15-32 (a) CO_3^{2-} イオン選択性電極と H^+ イオン選択性電極を用いる CO_2 測定．H^+ 電極には，複合電極ではないガラス電極を用いる．(b) CO_2 に対する組合せイオン選択性電極および複合イオン選択性電極（図 15-31）の応答．〔データ出典：X. Xie and E. Bakker, *Anal. Chem.*, **85**, 1332 (2013).〕

ヘンリーの法則：
$$\mathcal{A}_{CO_2}(aq) = K_H P_{CO_2}$$

15-7 イオン選択性電極の利用

イオン選択性電極は，分析種の活量の対数に対して 4〜6 桁にわたって直線的に応答する．電極は未知試料を消費せず，電極による試料の汚染は無視できる．電極は応答時間が数秒から数分であるので，工場などで水質をモニターするために用いられる．試料の色や濁度は測定を妨害しない．マイクロ電極は，生細胞内で使うことができる．

電極の測定精度は 1 % よりもよいことはめったになく，通常それよりも悪い．タンパク質や他の有機物溶質は電極を汚染し，応答の遅れやドリフトを起こすことがある．ある種のイオンは，特定の電極を妨害したり，汚染したりす

る．また，一部の電極は，壊れやすく，保存期間が限られる．

電極は，錯生成していない分析種イオンの活量に応答する．したがって，配位子が存在しないようにするか，マスクされなければならない．ふつう私たちが知りたいのは濃度であり，活量ではないので，不活性な塩を用いてすべての標準液と試料のイオン強度を高い一定値にすることが多い．活量係数が一定であれば，電極電位は直接濃度の情報を与える．

ヒトの血しょうには，キャピラリー電気泳動で分離され，誘導結合プラズマ発光分光法で測定されるおもなカルシウム含有化学種が八つある（図15-33）．この技術については，下巻で学ぶ．八つの化学種のうち，濃度 1.05 mM の化学種が遊離 Ca^{2+} であると同定された．他の七つの化学種は，濃度が合計で 1.21 mM であり，その Ca^{2+} はタンパク質や他の配位子と結合している．血中 Ca^{2+} をイオン選択性電極で分析すると，遊離 Ca^{2+} のみが測定された[40]．配位子に結合したカルシウムは，イオン選択性電極では測定できない．

イオン選択性電極を用いる標準添加法

イオン選択性電極を用いるとき，標準液の組成を未知試料の組成にできるだけ近づけることが重要である．分析種が存在する媒体は，**マトリックス** (matrix) と呼ばれる．マトリックスが複雑で未知の場合には，**標準添加** (standard addition) 法 (5-3 節) を用いることができる．この方法では，まず未知試料に電極を浸し，電位を記録する．次に，未知試料のイオン強度を乱さないように少量の標準液を加える．電位の変化によって，電極がどのように分析種に応答するかがわかるので，未知試料中の分析種の量がわかる．少量の標準液を続けて加えてグラフをつくり，外挿により未知試料の濃度を求める．標準添加法が最もよく機能するのは，標準添加が分析種の濃度をその初濃度の 1.5〜3 倍にするときである．

標準添加法のグラフは，イオン選択性電極の応答の式に基づいている．この式は，次のかたちで表される．

$$E = k + \beta\left(\frac{RT \ln 10}{nF}\right)\log[X] \tag{15-16}$$

ここで，E は計器の指示値，$[X]$ は分析種濃度である．この指示値は，イオン選択性電極と参照電極の間の電位差である．定数 k および β は，イオン選択性電極によって決まる値である．係数 $(RT/F)\ln 10$ は，298.15 K において 0.05916 V である．$\beta \approx 1$ のとき，応答はネルンスト式に従うという．ここでは，項 $(\beta RT/nF) \ln 10$ を傾き S と略すことにする．

未知試料の初体積を V_0，分析種の初濃度を c_X とおく．加えた標準液の体積を V_S，標準液の濃度を c_S とおく．すると，標準液を加えたのちの分析種の全濃度は，$(V_0 c_X + V_S c_S)/(V_0 + V_S)$ である．この式を式 15-16 の $[X]$ に代入して整理すると，次式が得られる．

イオン選択性電極の標準添加プロット：

$$\underbrace{(V_0 + V_S)10^{E/S}}_{y} = \underbrace{10^{k/S} V_0 c_X}_{b} + \underbrace{10^{k/S} c_S}_{m} \underbrace{V_S}_{x} \tag{15-17}$$

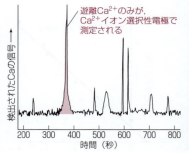

図 15-33 ヒトの血しょう中のカルシウム含有化学種の分離．最も大きいピークが遊離 Ca^{2+} である．他のピークは，Ca^{2+} が結合したタンパク質または小分子である．検出器は，カルシウムに応答する．［データ出典：B. Deng et al., *Anal. Chem.*, **80**, 5721 (2008).］

イオン選択性電極の利点：
- 原子分光法やイオンクロマトグラフィーなどよりも安価
- 広範囲の $\log \mathcal{A}$ に対する直線応答
- 非破壊
- 非汚染
- 短い応答時間
- 試料の色や濁度に影響されない

電位の誤差 1 mV は，1 価イオンの活量の誤差 4 % に対応する．誤差 5 mV は，活量の誤差 22 % に対応する．相対誤差は 2 価イオンでは 2 倍に，3 価イオンでは 3 倍になる．

電極は，錯生成していないイオンの活量に応答する．イオン強度が一定であれば，濃度は活量に比例するので，電極を濃度に対して較正することができる．

R = 気体定数
T = 温度（K）
n = 検出されるイオンの電荷数
F = ファラデー定数

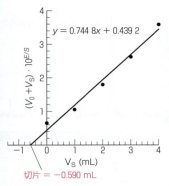

図 15-34 式 15-17 に基づくイオン選択性電極の標準添加法のグラフ．練習問題 15-F を見よ．[データ出典：G. Li et al., *J. Chem. Ed.*, **77**, 1049 (2000).]

$(V_0 + V_S)10^{E/S}$ を y 軸に，V_S を x 軸にとると，グラフは傾き $m = 10^{k/S}c_S$, y 切片 $10^{k/S}V_0 c_X$ の直線となる（図 15-34）．$y = 0$ とおけば，x 切片が求められる．

$$x \text{切片} = -\frac{b}{m} = -\frac{10^{k/S}V_0 c_X}{10^{k/S}c_S} = -\frac{V_0 c_X}{c_S} \tag{15-18}$$

式 15-18 を用いれば，V_0，c_S，および x 切片から未知試料の濃度 c_X が求められる．

イオン選択性電極を用いる標準添加法の欠点は，未知のマトリックス中では式 15-16 の β を測定できないことである．私たちは，未知のマトリックスを含まない一組の標準液中では β を測定できる．この値を用いて，式 15-17 の項 $(V_0 + V_S)10^{E/S}$ の S を計算する．よりよい方法は，高濃度かつ既知のマトリックスを未知試料とすべての標準液に加え，すべての溶液でマトリックスが実質上同じになるようにするものである．

金属イオン緩衝液

イオン選択性電極を較正するために，$CaCl_2$ を 10^{-6} M まで希釈するのは無意味である．そのような低濃度では，Ca^{2+} はガラスに吸着されたり，不純物と反応したりして失われるおそれがある．

ごく希薄な金属溶液の保存には，ガラス瓶よりもプラスチック瓶が適している．なぜなら，ガラスにはイオンが吸着するからだ．

金属イオンと過剰の適切な配位子（たとえば，$CaCl_2$ と過剰の EDTA）からなる**金属イオン緩衝液**（metal ion buffer）は，遊離金属イオン濃度を任意の値に調整することができる．pH 6.00 における Ca^{2+} と EDTA の反応について考えよう．EDTA の Y^{4-} のかたちの分率は，$\alpha_{Y^{4-}} = 1.8 \times 10^{-5}$ である（表 12-1）．

$[EDTA] = $ 金属イオンに結合していない EDTA の全濃度

$$Ca^{2+} + Y^{4-} \rightleftharpoons CaY^{2-}$$

$$K_f = 10^{10.65} = \frac{[CaY^{2-}]}{[Ca^{2+}]\alpha_{Y^{4-}}[EDTA]} \tag{15-19}$$

$\alpha_{Y^{4-}} = $ 金属イオンに結合していない EDTA の Y^{4-} 形の分率

等しい濃度の CaY^{2-} と EDTA が溶液中に存在する場合，

$$[Ca^{2+}] = \frac{[CaY^{2-}]}{K_f \alpha_{Y^{4-}}[EDTA]} = \frac{[\cancel{CaY^{2-}}]}{(10^{10.65})(1.8 \times 10^{-5})\cancel{[EDTA]}} = 1.2 \times 10^{-6} \text{ M}$$

となる．さらに正確な計算には，活量係数を用いる．

> **例題　金属イオン緩衝液を調製する**
>
> pH 6.00 において $[Ca^{2+}] = 1.0 \times 10^{-6}$ M とするには，0.010 M CaY^{2-} 溶液にどれだけの濃度の EDTA を加えればよいか？
>
> **解法**　式 15-19 から，次のように書ける．
>
> $$[EDTA] = \frac{[CaY^{2-}]}{K_f \alpha_{Y^{4-}}[Ca^{2+}]} = \frac{0.010}{(10^{10.65})(1.8 \times 10^{-5})(1.00 \times 10^{-6})} = 0.012_4 \text{ M}$$

これらは，現実的な CaY^{2-} と EDTA の濃度である．

> **類題** pH 6.00 において $[Ca^{2+}] = 1.0 \times 10^{-7}$ M とするには，0.010 M CaY^{2-} 溶液にどれだけの濃度の EDTA を加えればよいか？
> (**答え**：0.12_4 M)

金属イオン緩衝液は，図 15-29 の電極の充塡溶液で $[Pb^{2+}] \approx 10^{-12}$ M を実現する唯一の方法である．

15-8 固体型化学センサー

固体型化学センサー（solid-state chemical sensor）は，超小型電子チップに用いられるのと同じ技術でつくられる．図 15-35 の pH 電極など多くのセンサーの心臓部は，**電界効果トランジスタ**（field effect transistor, FET）である．本章扉では，2×2 cm の領域に 10^9 個の pH 感応性電界効果トランジスタをもつ DNA 配列決定用チップについて述べた．このチップは，ヌクレオチド塩基が DNA に結合するときに放出される H^+ を測定することで，DNA 配列を決定する．

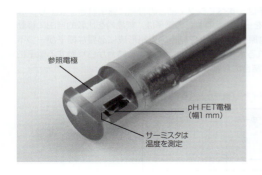

図 15-35 電界効果トランジスタに基づく複合 pH 電極．サーミスタで温度を感知し，自動で温度補償を行う．［提供：SENTRON, Europe BV.］

半導体とダイオード

Si（図 15-36），Ge，GaAs などの**半導体**（semiconductor）は，**電気抵抗率**（resistivity）[41] が導体と絶縁体の値のあいだにある材料である．純粋な Si の四つの価電子は，すべて原子間の結合に関与する（図 15-37a）．五つの価電子をもつリンは，シリコンの不純物として格子位置を占めると，結晶内を自由に移動する**伝導電子**（conduction electron）を余分に一つ供給する（図 15-37b）．不純物アルミニウムは，結合電子が必要な数より一つ少なく，**ホール**（hole）と呼ばれる空孔をつくる．ホールは，正の電荷をもつキャリヤーとしてふるまう．近くの電子がホールを満たすと，隣接する位置に新しいホールが現れる（図 15-37c）．伝導電子が過剰にある半導体は n 型と呼ばれ，ホールが過剰にある半導体は p 型と呼ばれる．

ダイオード（diode）は，pn 接合である（図 15-38a）．p-Si に対して n-Si を負電位にすると，外部回路から n-Si へと電子が流れる．pn 接合部では，電子

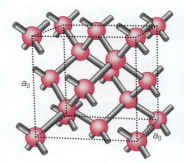

ダイヤモンドでは $a_0 = 0.357$ nm
シリコンでは $a_0 = 0.543$ nm

図 15-36 ダイヤモンドおよびシリコンの面心立方結晶構造．各原子は，隣接する四つの原子と四面体型に結合する．ダイヤモンドの C—C 結合長は 154 pm，シリコンの Si—Si 結合長は 235 pm である．

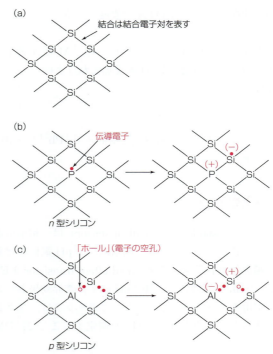

図 15-37 （a）純粋なシリコンの電子は，すべてシグマ結合の骨格に含まれる．（b）リンなどの不純物原子は，余分な電子（●）を一つ加える．この電子は，結晶内を比較的自由に移動する．（c）アルミニウムなどの不純物原子は，シグマ結合の骨格形成に必要な電子が一つ不足している．Al 原子によって導入されるホール（○）は，隣接する結合から移動する電子によって占められ，その結果，隣接する結合に移動する．

電荷キャリヤーがダイオードを移動するには，<u>活性化エネルギー</u>が必要である．Si では，電流が流れるのに約 0.6 V の順バイアスが必要である．Ge では，必要な順バイアスは約 0.2 V である．

中程度の逆バイアス電圧では，電流は流れない．電圧が十分に大きくなれば，<u>ブレークダウン</u>が起こり，電流が逆向きに流れる．

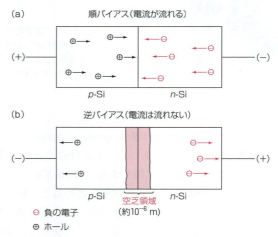

図 15-38 pn 接合のふるまい．（a）順バイアス条件では電流が流れるが，（b）逆バイアス条件では流れない．

とホールが結合する．p-Si から回路へと電子が移動すると，p-Si に新たにホールが生じる．正味の結果として，p-Si に対して n-Si が負電位のとき，電流が流れる．このとき，ダイオードは<u>順バイアスされる</u>という．

電圧の極性が逆の場合（図 15-38b），n-Si から電子が，p-Si からホールが引

きだされて，pn 接合付近には電荷キャリヤーのない薄い空乏領域が残る．このときダイオードは逆バイアスされ，電流は流れない．

電界効果トランジスタを用いる化学センシング

図 15-39 の**電界効果トランジスタ**（field effect transistor）の**ベース**は，p-Si ならびに**ソース**および**ドレイン**と呼ばれる二つの n 型領域で構成される．ソースとドレインの間の絶縁層 SiO_2 の表面に，導電性金属の**ゲート**がある．ソースとベースは，同じ電位に保たれる．ソースとドレインの間に電圧が加えられるとき（図 15-39a），ドレイン-ベース界面は逆バイアスの pn 接合であるので，電流はほとんど流れない．

ゲートを正電位にすると，ベースの電子がゲートに引きつけられ，ソースとドレインの間に導電性のチャネルを形成する（図 15-39b）．ゲートがより正電位になるほど，電流は大きくなる．ゲート電位が，ソースとドレインの間の電流を制御する．

図 15-40 の化学センシング用電界効果トランジスタにおいてきわめて重要な特徴は，ゲート上の化学感応性層である．一例は，AgBr の層である．この層が硝酸銀溶液に曝されると，Ag^+ が AgBr 上に吸着され（図 27-3），層に正の電荷が生じ，ソースとドレイン間の電流が大きくなる．電流を初期値に戻すために外部回路が加えなければならない電圧が，Ag^+ に対する応答となる．図 15-41 は，Ag^+ はゲートをより正の電位に，Br^- ゲートをより負の電位にすることを表す．10 倍の濃度変化に対する応答は約 59 mV である．トランジスタは，イオン選択性電極よりも小さく（図 15-35），頑丈である．感応性層の表面積は，通常，わずか 1 mm^2 である．

電界効果トランジスタのゲート上の化学感応性層は，化学修飾されたさまざまな材料でつくられる．たとえば，ケイ素[42]，グラフェン（単層のグラファイト）[43,44]，カーボンナノチューブ[45]，半導体ナノワイヤー[46-48]，金[49] などが用いられている．化学感応性材料は，トランジスタから離れていて電線でゲートに接続されてもよい[48,49]．化学センシング電界効果トランジスタは，小分子，イオン，タンパク質[44,48,49]，DNA[47]，抗凝固薬ヘパリン[42] などの薬，細菌全体[45]，

ゲートがより正電位であるほど，ソースとドレインの間により多くの電流が流れる．

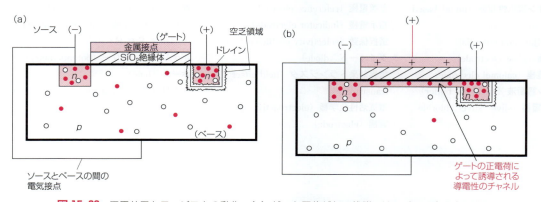

図 15-39 電界効果トランジスタの動作．（a）ゲート電位がない状態では，ベース内のホール（白丸）と電子（赤丸）はほぼランダムに分布する．（b）正のゲート電位は電子を引きつけ，ゲートの下に導電性のチャネルを形成する．このソースとドレインの間のチャネルを電流が流れる．

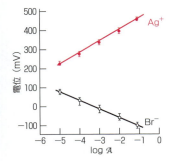

図 15-41 臭化銀被覆電界効果トランジスタの応答．エラーバーは，異なるチップから調製された 195 個のセンサーにより得られたデータの 95% 信頼区間である．[データ出典：R. P. Buck and D. E. Hackleman, *Anal. Chem*., **49**, 2315 (1977).]

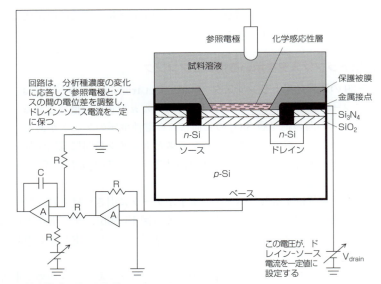

図 15-40 化学センシング用電界効果トランジスタの動作．トランジスタの上面は，薄い SiO_2 および Si_3N_4（窒化ケイ素）の絶縁層で覆われている．この薄層は，イオンを通さず，電気的安定性を向上させる．左下の回路は，ドレイン-ソース電流を一定に保つように，試料溶液の変化に応答して参照電極とソースの間の電位差を調整する．

生細胞の内部[46]などを測定するように設計されてきた．タンパク質レクチンに対しては，2 fM（2×10^{-15} M）という低い検出限界が報告されている[48]．

重要なキーワード

イオン交換平衡（ion-exchange equilibrium）
イオン選択性電極（ion-selective electrode）
移動度（mobility）
液体型イオン選択性電極（liquid-based ion-selective electrode）
液間電位（junction potential）
ガラス電極（glass electrode）
カロメル電極（calomel electrode）
金属イオン緩衝液（metal ion buffer）
銀-塩化銀電極（silver-silver chloride electrode）

抗原（antigen）
抗体（antibody）
固体型イオン選択性電極（solid-state ion-selective electrode）
作用電極（working electrode）
参照電極（reference electrode）
指示電極（indicator electrode）
選択係数（selectivity coefficient）
ダイオード（diode）
電界効果トランジスタ（field effect transistor）
電気活性化学種（electroactive species）
電極（electrode）

伝導電子（conduction electron）
半導体（semiconductor）
標準添加（standard addition）
複合イオン選択性電極（compound electrode）
複合電極（combination electrode）
飽和カロメル電極（saturated calomel electrode, S. C. E.）
ポテンシオメトリー（potentiometry）
ホール（hole）
マトリックス（matrix）

本章のまとめ

電位差測定では，指示電極は分析種の活量の変化に応答する．参照電極は，必要物がすべてそろった電位一定の半電池である．最も一般的な参照電極は，カロメル電極と銀–塩化銀電極である．一般的な指示電極には，（1）不活性な白金電極，（2）Ag^+，ハロゲン化物イオン，および Ag^+ と反応する他のイオンに応答する銀電極，（3）イオン選択性電極がある．多くの場合，液–液界面の未知の液間電位が電位差測定の正確さを制限する．

イオン選択性電極は，ガラス pH 電極も含めて，電極のイオン交換膜に選択的に結合する一つのイオンにおもに応答する．膜を横切る電位差 E は，外側の試料溶液中の目的イオンの活量（$\mathcal{A}_o$）に依存する．25℃において，理想的な関係は，$E(V)$ =定数+$(0.05916/n)\log \mathcal{A}_o$（$n$ は目的イオンの電荷数）である．目的イオン（A）と同じ電荷をもつ干渉イオン（X）に対するイオン選択性電極の応答は，E =定数 $\pm (0.05916/n)$ $\log[\mathcal{A}_A + \sum K^{Pot}_{A,X} \mathcal{A}_X]$（$K^{Pot}_{A,X}$ は各化学種の選択係数）である．一般にイオン選択性電極は，固体型，液体型，および複合型に分類される．イオン選択性電極を用いる定量は，ふつう検量線法または標準添加法で行われる．金属イオン緩衝液は，遊離イオンを低濃度に調整して維持するのに適している．化学センシング用電界効果トランジスタは，固体デバイスの一つであり，化学環境の変化に応答して半導体の電気的性質を変化させる化学感応性被覆を備えている．

練習問題

15-A. 図 15-7 の装置を用いて，0.200 M NaBr 溶液による 0.100 M $AgNO_3$ 溶液 50.0 mL の滴定をモニターする．NaBr 溶液の滴下体積が 1.0，12.5，24.0，24.9，25.1，26.0，35.0 mL のときのセル電圧を計算せよ．また，その滴定曲線を描け．

15-B. EDTA 滴定をモニターできる下図の装置を用いて，図 12-10 の滴定曲線を得た．セルの心臓部は，溶液および白金線と接触した液体 Hg 溜まりである．少量の HgY^{2-} を加えると，ごく少量の Hg^{2+} と平衡になる．

$$Hg^{2+} + Y^{4-} \rightleftarrows HgY^{2-}$$

$$K_f = \frac{[HgY^{2-}]}{[Hg^{2+}][Y^{4-}]} = 10^{21.5} \quad (A)$$

Hg 電極表面では，酸化還元平衡 $Hg^{2+} + 2e^- \rightleftarrows Hg(l)$ がすみやかに成立するので，セルのネルンスト式は次のように書ける．

$$E = E_+ - E_- = \left(0.852 - \frac{0.05916}{2}\log\left(\frac{1}{[Hg^{2+}]}\right)\right) - E_- \quad (B)$$

ここで，E_- は参照電極の一定電位である．式 A から $[Hg^{2+}] = [HgY^{2-}]/K_f[Y^{4-}]$ であり，この式を式 B に代入して次式を得る．

$$E = 0.852 - \frac{0.05916}{2}\log\left(\frac{[Y^{4-}]K_f}{[HgY^{2-}]}\right) - E_-$$

$$= 0.852 - E_- - \frac{0.05916}{2}\log\left(\frac{K_f}{[HgY^{2-}]}\right) - \frac{0.05916}{2}\log[Y^{4-}] \quad (C)$$

ここで，K_f は HgY^{2-} の生成定数である．よって，この装置は滴定中の EDTA 濃度の変化に応答する．

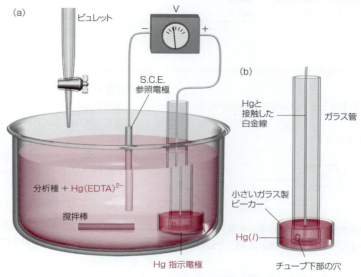

(a) 練習問題 15-B の装置．(b) 水銀電極の拡大図．

pH 10.0 において，0.0100 M $MgSO_4$ 溶液 50.0 mL を 0.0200 M EDTA 溶液で滴定することを考える．S. C. E. 参照電極を備えた前ページの装置を用いる．試料溶液は，滴定のはじめに加えられた 1.0×10^{-4} M $Hg(EDTA)^{2-}$ を含む．EDTA を 0，10.0，20.0，24.9，25.0，26.0 mL 加えたときのセル電圧を計算せよ．また，滴下体積（mL）に対して電位（mV）をプロットしたグラフを描け．

15-C. 固体型フッ化物イオン選択性電極は，F^- に応答するが，HF には応答しない．またこの電極は，$[OH^-]$ が $[F^-]/10$ 以上のとき，水酸化物イオンにも応答する．この電極が，10^{-5} M NaF 溶液中で $+100$ mV（対 S. C. E.），10^{-4} M NaF 溶液中で $+41$ mV の電位を与えたとする．この電極が pH 範囲 1 から 13 の 10^{-5} M NaF 溶液に浸されたとき，電位は pH によってどのように変化するかを定性的に図示せよ．

15-D. あるナトリウムイオン選択性ガラス膜電極の選択係数は，$K^{Pot}_{Na^+,H^+} = 36$ である．この電極を pH 8.00 の 1.00 mM NaCl 溶液に浸すと，-38 mV（対 S. C. E.）の電位が記録された．

(a) 電極を pH 8.00 の 5.00 mM NaCl 溶液に浸したときの電位を，式 15-10 を用いて計算せよ．ただし，活量係数は無視してよい．

(b) pH 3.87 の 1.00 mM NaCl 溶液の電位はいくらか？ このナトリウム電極にとって pH が重要な変数であることがわかるだろう．

15-E. すべての溶液が 1 M NaOH を含んでいるとき，あるアンモニアガス電極は次の表の検量線のデータを与えた．

NH_3 (M)	E (V)	NH_3 (M)	E (V)
1.00×10^{-5}	268.0	5.00×10^{-4}	368.0
5.00×10^{-5}	310.0	1.00×10^{-3}	386.4
1.00×10^{-4}	326.8	5.00×10^{-3}	427.6

乾燥した食品試料 312.4 mg をケルダール法（11-8 節）で分解し，窒素をすべて NH_4^+ に変えた．分解溶液を 1.00 L に希釈し，そのうち 20.0 mL を 100 mL メスフラスコに移し，10.0 M NaOH 溶液 10.0 mL および分解過程由来の Hg 触媒と錯生成するのに十分な量の NaI を加えて，100.0 mL に希釈した．この溶液をアンモニアガス電極で測定すると，電位は 339.3 mV であった．食品試料中の窒素濃度（wt%）を計算せよ．

15-F. タバコの煙を NaOH 水溶液に吹き込んで H_2S を集め，硫化物イオン選択性電極で測定した．次に，$V_0 = 25.0$ mL の試料溶液に，濃度 $c_S = 1.78$ mM の Na_2S 溶液を体積 V_S だけ標準添加し，電極の応答 E を測定し，以下の結果を得た．

V_S (mL)	E (V)	V_S (mL)	E (V)
0	0.046 5	3.00	0.030 0
1.00	0.040 7	4.00	0.026 5
2.00	0.034 4		

H_2S のみを含む標準液の検量線から，式 15-16 において $\beta = 0.985$ であることがわかった．$T = 298.15$ K および $n = -2$（S^{2-} の電荷数）を用いて，式 15-17 から標準添加法のグラフを作成し，未知試料中の硫化物イオン濃度を求めよ．

章末問題

参照電極

15-1. (a) 銀–塩化銀参照電極とカロメル参照電極の半反応の式を書け．

(b) 下図のセルの電圧を予想せよ．

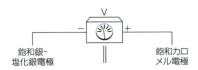

15-2. 図 15-6 と同様の図を描いて，以下の電位を換算せよ．Ag | AgCl 電極およびカロメル参照電極は KCl で飽和しているとする．

(a) 0.523 V（対 S. H. E.）= ?（対 Ag | AgCl）

(b) -0.111 V（対 Ag | AgCl）= ?（対 S. H. E.）

(c) -0.222 V（対 S. C. E.）= ?（対 S. H. E.）

(d) 0.023 V（対 Ag | AgCl）= ?（対 S. C. E.）

(e) -0.023 V（対 S. C. E.）= ?（対 Ag | AgCl）

15-3. 図 15-2 の銀–塩化銀電極を飽和カロメル電極で置き換える．$[Fe^{2+}]/[Fe^{3+}] = 2.5 \times 10^{-3}$ のときのセル電圧を計算せよ．

15-4. 次の電位から，1 M KCl 溶液中の Cl^- の活量を計算せよ．

$$E°（カロメル電極）= 0.268 \text{ V}$$
$$E（カロメル電極，1 \text{ M KCl}）= 0.280 \text{ V}$$

15-5. 銀–塩化銀電極では，次の電位が観察される．

$E° = 0.222$ V E(飽和 KCl) $= 0.197$ V

これらの電位から，飽和 KCl 溶液中の Cl^- の活量を求めよ．また，カロメル電極の $E°$ を 0.268 V として，KCl で飽和したカロメル電極の E を計算せよ（答えは本書で用いる値 0.241 と正確に同じにはならない）．

指示電極

15-6. 0.10 M $CuSO_4$ 溶液に銅線と飽和カロメル電極を浸してセルをつくった．銅線を電位差計の＋極コネクタに取り付け，カロメル電極を－極コネクタに取り付けた．
(a) Cu 電極の半反応の式を書け．
(b) Cu 電極のネルンスト式を書け．
(c) セル電圧を計算せよ．

15-7. 銀電極が Ag^+ およびハロゲン化物イオンの指示電極になる理由を説明せよ．

15-8. 次のセルを用いて，0.0500 M $AgNO_3$ 溶液 10.0 mL を 0.0250 M NaBr 溶液で滴定した．

S.C.E. ∥ 滴定溶液 | Ag(s)

滴定剤を 0.1 mL および 30.0 mL 加えたときのセル電圧を求めよ．

15-9. 練習問題 15-B に示したセルを用いて，pH 10.00 に緩衝した 0.100 M EDTA 溶液 50.0 mL を 0.0200 M $Hg(ClO_4)_2$ 溶液 50.0 mL で滴定した．

S.C.E. ∥ 滴定溶液 | Hg(l)

このときセル電圧が $E = -0.027$ V であったとして，$Hg(EDTA)^{2-}$ の生成定数を求めよ．

15-10. S.C.E. ∥ セル溶液 | Pt(s) のセル電圧は，-0.126 V であった．セル溶液は，体積 1.00 L 中に $Fe(NH_4)_2(SO_4)_2$ 2.00 mmol，$FeCl_3$ 1.00 mmol，Na_2EDTA 4.00 mmol，および多量の緩衝剤（pH 6.78）を含む．
(a) 右側の半電池の反応式を書け．
(b) セル溶液中の商 $[Fe^{2+}]/[Fe^{3+}]$ を求めよ（この式は，錯生成していないイオンの濃度比である）．
(c) 生成定数の商：$(FeEDTA^-$ の $K_f)/(FeEDTA^{2-}$ の $K_f)$ を求めよ．

15-11. 平衡の難問．あなたは，きっとこの問題のセルが気に入るだろう．

Ag(s) | AgCl(s) | KCl(aq, 飽和) ∥ セル溶液 | Cu(s)

セル溶液は，以下の溶液を混ぜてつくった．

4.00 mM KCN 溶液 25.0 mL
4.00 mM $KCu(CN)_2$ 溶液 25.0 mL
0.400 M HA ($pK_a = 9.50$) 溶液 25.0 mL
KOH 溶液 25.0 mL

測定された電圧は，-0.440 V であった．KOH 溶液の容量モル濃度を計算せよ．事実上すべての銅(I) が $Cu(CN)_2^-$ であると仮定せよ．KCN と HA の反応で生じる HCN はわずかである．HCN との反応により消費される少量の HA は無視せよ．右側の半電池の反応式は，$Cu(CN)_2^- + e^- \rightleftharpoons Cu(s) + 2CN^-$ である．(ヒント：E から $[CN^-]$ を求め，$[CN^-]$ から pH を求めよ．pH から加えた OH^- の量を求めよ．)

液間電位

15-12. 液間電位が生じるのはなぜか？ 液間電位によって電位差測定の正確さが制限されるのはなぜか？ 14-2 節に示した例のなかで，液間電位のないセルを挙げよ．

15-13. 表 15-2 において，0.1 M NaCl | 0.1 M KCl の液間電位と比べ，0.1 M HCl | 0.1 M KCl の液間電位は符号が反対で，値が大きいのはなぜか？

15-14. 0.1 M KNO_3 | 0.1 M NaCl の液絡ではどちら側が負か？

15-15. 表 15-2 において，0.1 M HCl | 0.1 M KCl と 0.1 M NaOH | 0.1 M KCl の液間電位の符号が反対なのはなぜか？ 0.1 M NaOH | 0.1 M KCl の液間電位が 0.1 M NaOH | KCl（飽和）の液間電位よりもはるかに負になるのはなぜか？

15-16. 章末問題 15-1 では，飽和 Ag | AgCl 電極と飽和カロメル電極を接続する塩橋の両側の液間電位を無視した．液間電位を無視できるようにするには，このセルではどのような塩橋を使用するのが最もよいか？ それはなぜか？

15-17. 表 15-1 の脚注を参照して，(a) H^+ および (b) NO_3^- が 7.80×10^3 V/m の電場を 12.0 cm だけ移動するのに何秒かかるかを求めよ．

15-18. 図 14-8 のような理想的なセルを組み立てて，半反応 $Ag^+ + e^- \rightleftharpoons Ag(s)$ の $E°$ を測定する．
(a) セルの全反応の平衡定数を計算せよ．
(b) 液間電位が 12 mV の場合（E は 0.799 V から 0.801 V へ上昇），計算される平衡定数は何パーセント大きくなるか？
(c) 銀の反応の $E°$ 値として 0.799 V の代わりに 0.100 V を用いて，(a) と (b) に答えよ．

15-19. Ag(s) | AgCl(s) | 0.1 M HCl | 0.1 M KCl | AgCl(s) | Ag(s) のセルを用いて，0.1 M HCl | 0.1 M KCl の液間電位を測定する方法を説明せよ．

15-20. 🖩 ヘンダーソンの式．溶液 α と β の間の液間電位 E_j は，次のヘンダーソンの式を用いて推定できる．

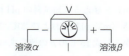

$$E_j \approx \frac{\sum_i \frac{|z_i|u_i}{z_i}[C_i(\beta) - C_i(\alpha)]}{\sum_i |z_i|u_i[C_i(\beta) - C_i(\alpha)]} \frac{RT}{F} \ln \frac{\sum_i |z_i|u_i C_i(\alpha)}{\sum_i |z_i|u_i C_i(\beta)}$$

ここで，z_i は化学種 i の電荷数，u_i は化学種 i の移動度（表15-1），$C_i(\alpha)$ は化学種 i の相 α 中の濃度，$C_i(\beta)$ は相 β 中の濃度である（この式では活量係数を無視した）．

(a) 電卓を使って，25℃における 0.1 M HCl | 0.1 M KCl の液間電位が 26.9 mV であることを確かめよ〔ただし，$(RT/F)\ln x = 0.05916 \log x$ とする〕．

(b) スプレッドシートを使って (a) の結果を確かめよ．次に，スプレッドシートを使用して，0.1 M HCl | x M KCl の液間電位を計算し，グラフを描け．x は 1 mM から 4 M まで変化させよ．

(c) スプレッドシートを使用して，y M HCl | x M KCl の液間電位のふるまいを調べよ．$y = 10^{-4}, 10^{-3}, 10^{-2}, 10^{-1}$ M，$x = 1$ mM および 4 M とする．

ガラス電極を用いる pH 測定

15-21. 37℃ で pH 電極の較正および血液の pH 測定（約 7.5）を行う方法を説明せよ．表 15-3 の標準緩衝液を用いよ．

15-22. ガラス電極を用いる pH 測定にともなう誤差の原因を挙げよ．

15-23. 図 15-21 の電極 3 を pH 11.0 の溶液に浸した場合，pH の測定値はいくらになるか？

15-24. pH 3～4 の範囲の測定に用いる pH 電極の較正には，米国国立標準技術研究所のどの緩衝液を使用すればよいか？

15-25. 強塩基性溶液において，ガラス pH 電極が実際の pH よりも低い値を示す傾向があるのはなぜか？

15-26. 図 15-14 の Ag | AgCl 外部電極が，飽和 KCl 溶液ではなく 0.1 M NaCl 溶液で満たされていると仮定する．25℃ において，0.1 M KCl を含む pH 6.54 の希薄緩衝液中で電極を較正する．次に，同じ温度で，3.5 M KCl を含む同じ pH の第二の緩衝液に電極を浸す．表 15-2 を用いて，pH の測定値がどれだけ変化するかを推定せよ．

15-27. (a) ガラス電極の膜を隔てた pH 差が 25℃ で pH 4.63 のとき，この pH 差によって生じる電圧はいくらか？

(b) 37℃ で同じ pH 差があるとき，電圧はいくらか？

15-28. ガラス電極の較正において，0.025 m リン酸二水素カリウム/0.025 m リン酸水素二ナトリウム緩衝液（表 15-3）は 20℃ で電圧 −18.3 mV を与え，0.05 m フタル酸水素カリウム緩衝液は電圧 +146.3 mV を与えた．電圧 +50.0 mV を与える未知試料の pH はいくらか？ 検量線の傾き（mV/pH），および 20℃ での理論上の傾きはいくらか？ 式 15-6 の β の値を求めよ．

15-29. 活量の問題．表 15-3 の 0.0250 m KH$_2$PO$_4$/0.0250 m Na$_2$HPO$_4$ 緩衝液の pH は，25℃ において 6.865 である．

(a) 緩衝液のイオン強度は $\mu = 0.100$ m であることを示せ．

(b) pH およびリン酸の K_2 から，$\mu = 0.100$ m における活量係数の商 $\gamma_{HPO_4^{2-}}/\gamma_{H_2PO_4^-}$ を求めよ．

(c) 標準液として用いる pH 7.000 の緩衝液を急いで調製する必要があるとしよう[50]．イオン強度を 0.100 m に保てば，(b) の活量係数の比を用いて，この緩衝液を正確に調製することができる．pH 7.000，$\mu = 0.100$ m にするためには，質量モル濃度がいくらになるように KH$_2$PO$_4$ と Na$_2$HPO$_4$ を混ぜればよいか？

15-30. 一次標準緩衝液の pH の測定方法[15, 51]．再現性があり，液絡のない二つの電気化学セルを測定に用いる．以下の式において，m は質量モル濃度，γ は質量モル濃度単位での活量係数を表す．希薄溶液では，質量モル濃度と容量モル濃度はほぼ同じである．

セル 1:
Pt(s) | H$_2$(g) | 一次標準緩衝液 (aq),
$\qquad$ NaCl(aq) | AgCl(s) | Ag(s)

Ag 電極：AgCl(s) + e$^-$ $\rightleftharpoons$ Ag(s) + Cl$^-$(aq)

$$E_{Ag} = E°_{Ag|AgCl} - \frac{RT \ln 10}{F} \log m_{Cl}\gamma_{Cl}$$

白金電極：H$^+$(aq) + e$^-$ $\rightleftharpoons$ $\frac{1}{2}$ H$_2$(g)

$$E_{Pt} = E°_{H_2|H^+} - \frac{RT \ln 10}{F} \log \frac{P_{H_2}^{1/2}}{m_H \gamma_H}$$

$$E_{cell\,1} = (E°_{Ag|AgCl} - E°_{H_2|H^+}) - \frac{RT \ln 10}{F} \log \frac{m_H \gamma_H m_{Cl} \gamma_{Cl}}{P_{H_2}^{1/2}}$$

セル 2:
Pt(s) | H$_2$(g) | HCl(aq, 0.01 m) | AgCl(s) | Ag(s)

$$E_{cell\,2} = (E°_{Ag|AgCl} - E°_{H_2|H^+}) - \frac{RT \ln 10}{F} \log \frac{m_H m_{Cl} \gamma_H \gamma_{Cl}}{P_{H_2}^{1/2}}$$

$$= (E°_{Ag|AgCl} - E°_{H_2|H^+}) - \frac{RT \ln 10}{F} \log \frac{(0.01)^2 \gamma_\pm^2}{P_{H_2}^{1/2}}$$

$E_{cell\,1} - E_{cell\,2}$
$$= -\frac{RT \ln 10}{F}(\log \underbrace{m_H \gamma_H m_{Cl} \gamma_{Cl}}_{セル1の活量} - \log \underbrace{[(0.01)^2 \gamma_\pm^2]}_{セル2の活量})$$

(A)

両方のセルが，Pt | H$_2$ | H$^+$ 電極と Ag | AgCl 電極を備え，同じ温度 T，同じ圧力 P_{H_2} で用いられる．セル 1 は，pH（$\equiv -\log \mathcal{A}_H = -\log m_H \gamma_H$）を測定する緩衝液と，質量モル濃度 m_{Cl} の NaCl を含む．セル 2 は，緩衝液の代りに 0.01 m 塩酸を含む．式 A のセル 1 とセル 2 の電圧の差は，二つのセルの H$^+$ と Cl$^-$ の活量にのみ依存する．

0.01 m 塩酸の平均活量係数は，明確に定義され，ガルバニ電池で測定できる量である[52]．$\gamma_\pm \equiv (\gamma_H \gamma_{Cl})^{1/2} = 0.905$．セル 1 の質量モル濃度 m_{Cl} は，既知の NaCl 濃度である．式 A のすべての項は，セル 1 の積 $m_H \gamma_H \gamma_{Cl} =$

$\mathcal{A}_H \gamma_{Cl}$ を除いて既知であり，活量 $\mathcal{A}_H$ が測定しようとする値である．未知数を左辺に移項して式 A を変形すると，

$$-\log \mathcal{A}_H \gamma_{Cl} = \frac{E_{cell\,1} - E_{cell\,2}}{(RT \ln 10)/F}$$
$$-\log[(0.01)^2(0.095)^2] + \log m_{Cl} \quad (B)$$

セル 1 の H^+ および Cl^- ／セル 2 の 0.01 m 塩酸／セル 1 NaCl

さらに左辺は，$-\log \mathcal{A}_H \gamma_{Cl} \equiv p(\mathcal{A}_H \gamma_{Cl})$ と書ける．

表 15-3 の緩衝液 6 について考えよう．この緩衝液は 0.025 m KH_2PO_4 と 0.025 m Na_2HPO_4 から成り，イオン強度は 0.1 m である．私たちの目標は，この緩衝液の pH ($= -\log \mathcal{A}_H$) を測定することだ．緩衝液に 0.005, 0.01, 0.02 m NaCl 溶液を加えて三つの溶液をつくり，式 B から求められる量 $p(\mathcal{A}_H \gamma_{Cl}) \equiv -\log \mathcal{A}_H \gamma_{Cl}$ を m_{Cl} に対してプロットすると，次のグラフが得られた．NaCl 溶液の添加量がゼロのときの値を求めるために，$p(\mathcal{A}_H \gamma_{Cl}) = 6.972$ まで外挿した．NaCl 溶液の添加量がゼロのとき，もし Cl^- が緩衝液中に存在すれば，その活量係数は γ_{Cl} である．

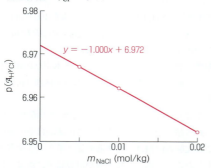

(a) セル 1 とセル 2 の図を描け．

(b) 緩衝液の pH を求める厳密で正確な方法はない．なぜなら，イオンは常に対イオンをともなうので，単一イオンの活量係数 (γ_{Cl}) は測定できないからだ．しかし，拡張デバイ-ヒュッケル式 8-6 を用いて，単一イオンの活量係数を<u>推定</u>できる．

$$\log \gamma_{Cl} = \frac{-Az^2 \sqrt{\mu}}{1 + B\alpha \sqrt{\mu}} \quad (8-6)$$

ここで，μ は緩衝液のイオン強度 ($= 0.1$ mol/kg)，A および B はデバイ-ヒュッケル理論における温度に依存する定数，z はイオンの電荷数 (Cl^- は -1)，α は表 8-1 のイオンサイズパラメータである．A の値は，25℃において 0.511 である．γ_{Cl} の推定に <u>Bates-Guggenheim の規約</u>は $B\alpha = 1.5$ (mol/kg)$^{-1/2}$ を用いる．この $B\alpha$ の値は，Cl^- のイオンサイズパラメータとして 458 pm を選ぶことと同じである (表 8-1 では，Cl^- のイオンサイズ

は 300 pm である)．$B\alpha = 1.5$ (mol/kg)$^{-1/2}$ を用いて，25℃での標準緩衝液の pH を計算し，求めた答えと表 15-3 の値を比べよ．

イオン選択性電極

15-31. (a) イオン選択性電極の動作原理を説明せよ．
(b) 複合イオン選択性電極はふつうのイオン選択性電極とどのような違いがあるか？

15-32. 選択係数から何がわかるか？ 選択係数は大きいほうがよいか，小さいほうがよいか？

15-33. 液体型イオン選択性電極がある分析種に対して特異的であるのはなぜか？

15-34. pM $= 8$ の金属イオン溶液をつくるには，たんに必要な量の M を溶かして 10^{-8} M 溶液を得るよりも，金属イオン緩衝液を用いるほうがよいのはなぜか？

15-35. イオン選択性電極で希薄な分析種の<u>濃度</u>を求めるために，一定高濃度の不活性塩を含む標準液を用いるのはなぜか？

15-36. シアン化物イオン選択性電極は，次式に従う．

$$E = 定数 - 0.059\,16 \log[CN^-]$$

この電極を 1.00 mM NaCN 溶液に浸したとき，電位は -0.230 V であった．
(a) 式の定数を求めよ．
(b) (a) の結果を用いて，$E = -0.300$ V のときの $[CN^-]$ を求めよ．
(c) (a) の定数を用いずに，$E = -0.300$ V のときの $[CN^-]$ を求めよ．

15-37. 25℃ において，理想的な Mg^{2+} イオン選択性電極を 1.00×10^{-4} M $MgCl_2$ 溶液から取りだし，1.00×10^{-3} M $MgCl_2$ 溶液に入れると，電極の電位は何 V だけ変化するか？

15-38. 25℃ でネルンスト応答を示す F^- イオン選択性電極を用いて測定すると，マサチューセッツ州フォックスボロのフッ素添加されていない地下水の電位は，ロードアイランド州プロビデンスの水道水の電位より 40.0 mV だけ正であった．プロビデンスの水道水にはフッ素が添加されており，その F^- 濃度は推奨濃度の 1.00 ± 0.05 mg F^-/L に維持されている．フォックスボロの地下水の F^- 濃度 (mg/L) はいくらか？ (不確かさは無視せよ．)

15-39. Li^+ イオン選択性電極の選択性を次の図に示す．どのアルカリ金属 (第 1 族) イオンが最も干渉するか？ どのアルカリ土類金属 (第 2 族) イオンが最も干渉するか？ 二つのイオンが等しい応答を与えるためには，$[K^+]$ は $[Li^+]$ よりどれだけ大きくなければならないか？

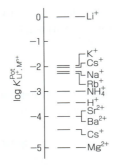

V_S (mL)	E (V)	V_S (mL)	E (V)
0	0.0790	0.300	0.0588
0.100	0.0724	0.800	0.0509
0.200	0.0653		

式 15-17 を用いてグラフを作成し，未知試料中の $[CO_2]$ を求めよ．

15-44. **標準添加法と信頼区間．** アンモニア選択性電極を用いて，海水中のアンモニアを測定した．海水試料 100.0 mL に 10 M NaOH 溶液 1.00 mL を加え，NH_4^+ を NH_3 に変換した．したがって，$V_0 = 101.0$ mL である．その後，測定を行った．次に，$NH_4^+Cl^-$ 標準液を 10.00 mL ずつ加え，さらに測定を行った．結果を下表に示す．

V_S (mL)	E (V)	V_S (mL)	E (V)
0	-0.0844	30.00	-0.0394
10.00	-0.0581	40.00	-0.0347
20.00	-0.0469		

データ出典：H. Van Ryswyk et al., *J. Chem. Ed.*, **84**, 306 (2007).

標準液は，$NH_4^+Cl^-$ のかたちの窒素を 100.0 ppm (mg/L) だけ含む．別の実験により，電極の $\beta RT(\ln 10)/F$ は 0.0566 V であることがわかった．

(a) 標準添加法のグラフをつくれ．海水 100.0 mL 中のアンモニア態窒素の濃度および 95%信頼区間 (ppm) を求めよ．

(b) 標準添加法が最もよいのは，分析種の濃度が初濃度の 1.5～3 倍になるときである．この実験はその範囲内か？この実験の問題は，標準液の添加量が大きすぎて誤差を生じたことである．標準液が計算結果にあまりに大きく寄与し，最初の溶液の測定値に十分な重みがないからだ．

15-40. 0.030 M ML 溶液と 0.020 M L 溶液から金属イオン緩衝液を調製した (ML は金属-配位子錯体，L は遊離配位子)．

$$M + L \rightleftharpoons ML \quad K_f = 4.0 \times 10^8$$

この緩衝液中の遊離金属イオン M の濃度を計算せよ．

15-41. **検量線および指数の不確かさの伝播．** イオン強度が 2.0 M で一定の標準液に Ca^{2+} イオン選択性電極を浸したとき，次のデータが得られた．

Ca^{2+} (M)	E (mV)
3.38×10^{-5}	-74.8
3.38×10^{-4}	-46.4
3.38×10^{-3}	-18.7
3.38×10^{-2}	$+10.0$
3.38×10^{-1}	$+37.7$

(a) 検量線をつくり，最小二乗法による傾きと切片，およびそれらの標準偏差を求めよ．

(b) 式 15-13 の β の値を計算せよ．

(c) 測定された電位に対して，検量線は $\log[Ca^{2+}]$ を与える．$[Ca^{2+}] = 10^{\log[Ca^{2+}]}$ である．4 回の繰り返し測定の結果が $-22.5 (\pm 0.3)$ mV である試料の $[Ca^{2+}]$ およびその不確かさを計算せよ．表 3-1 の不確かさの伝播の規則を用いよ．

15-42. ある Li^+ イオン選択性電極の選択係数 $K^{Pot}_{Li^+, H^+}$ は，4×10^{-4} である．この電極を pH 7.2 の 3.44×10^{-4} M Li^+ 溶液に入れると，電位は -0.333 V (対 S.C.E.) であった．イオン強度が一定のまま pH を 1.1 まで下げると，電位はいくらになるか？

15-43. **標準添加法．** 図 15-31 に示すような複合 CO_2 選択性電極は，式 $E = 定数 - [\beta RT(\ln 10)/2F] \log[CO_2]$ に従う．ここで，R は気体定数，T は温度 (303.15 K)，F はファラデー定数，$\beta = 0.933$ (検量線から求めた) である．$[CO_2]$ は，pH 5.0 において溶解しているすべてのかたちの二酸化炭素を表す．初体積 $V_0 = 55.0$ mL の未知溶液に対して，濃度 $c_S = 0.0200$ M の $NaHCO_3$ 標準液を体積 V_S だけ標準添加して，次の結果を得た．

15-45. 以下のデータは，コラム 15-2 のグラフに基づいている．単独溶液法を用いて，21.5℃でナトリウムイオン選択性電極の選択係数を測定した．コラム 15-2 の式 15-11 を用いて，以下の各行ごとに $\log K^{Pot}$ を計算せよ．

$(E_{Mg^{2+}} - E_{Na^+}) = -0.385$ V　$\mathcal{A} = 10^{-3} \Rightarrow \log K^{Pot}_{Na^+, Mg^{2+}} = ?$
$(E_{Mg^{2+}} - E_{Na^+}) = -0.418$ V　$\mathcal{A} = 10^{-2} \Rightarrow \log K^{Pot}_{Na^+, Mg^{2+}} = ?$
$(E_{K^+} - E_{Na^+}) = -0.285$ V　$\mathcal{A} = 10^{-3} \Rightarrow \log K^{Pot}_{Na^+, K^+} = ?$
$(E_{K^+} - E_{Na^+}) = -0.285$ V　$\mathcal{A} = 10^{-1.5} \Rightarrow \log K^{Pot}_{Na^+, K^+} = ?$

15-46. マーズ・フェニックス・ランダーに搭載された H^+ イオン選択性電極の選択係数は，$K^{Pot}_{H^+, Na^+} = 10^{-8.6}$ および $K^{Pot}_{H^+, Ca^{2+}} = 10^{-7.8}$ である．目的イオンを A，その電荷数を z_A とおく．干渉イオンを X，その電荷数を z_X とおく．干渉イオンによる目的イオンの活量の相対誤差は[53]，

$$\mathcal{A}_A \text{の誤差 (\%)} = \frac{(K^{Pot}_{A, X})^{z_X/z_A} \mathcal{A}_X}{\mathcal{A}_A^{z_X/z_A}} \times 100$$

である．この式は，誤差が約 10% 未満のとき妥当である．pH 8.0 ($\mathcal{A}_{H^+} = 10^{-8.0}$)，$\mathcal{A}_{Na^+} = 10^{-2.0}$ のとき，$\mathcal{A}_{H^+}$ の相対誤差はいくらか？ pH 8.0，$\mathcal{A}_{Ca^{2+}} = 10^{-2.0}$ のとき，$\mathcal{A}_{H^+}$ の相対誤差はいくらか？

15-47. イオン強度が 0.50 M で一定の金属イオン緩衝液中で，Ca^{2+} イオン選択性電極を較正した．次の測定値を用いて，Ca^{2+} および Mg^{2+} に対する電極の応答の式を書け．

[Ca^{2+}] (M)	[Mg^{2+}] (M)	mV
1.00×10^{-6}	0	-52.6
2.43×10^{-4}	0	$+16.1$
1.00×10^{-6}	3.68×10^{-3}	-38.0

15-48. 図 15-29 の赤色の曲線の測定に用いられた電極の内部溶液は，0.10 M $Pb(NO_3)_2$ 溶液 1.0 mL と 0.050 M Na_2EDTA 溶液 100.0 mL を混ぜて調製した Pb^{2+} イオン緩衝液である．その pH は 4.34，$\alpha_{Y^{4-}} = 1.46 \times 10^{-8}$（式 12-4）であった．この溶液では，[$Pb^{2+}$] $= 1.4 \times 10^{-12}$ M であることを示せ．

15-49. 広範囲の Hg^{2+} 濃度の溶液を調製して，Hg^{2+} イオン選択性電極を較正した．$10^{-5} <$ [Hg^{2+}] $< 10^{-1}$ M の範囲では，$Hg(NO_3)_2$ 溶液を直接用いた．$10^{-11} <$ [Hg^{2+}] $< 10^{-6}$ M の範囲では，緩衝液 $HgCl_2(s) + KCl(aq)$（$HgCl_2$ の $pK_{sp} = 13.16$ に基づく）を用いた．$10^{-15} <$ [Hg^{2+}] $< 10^{-11}$ M の範囲では，緩衝液 $HgBr_2(s) + KBr(aq)$（$HgBr_2$ の $pK_{sp} = 17.43$ に基づく）を用いた．得られた検量線を下図に示す．$HgCl_2/KCl$ 緩衝液の検量線の点は，他のデータと同一直線上にない．考えられる理由を説明せよ．

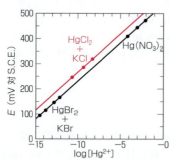

Hg^{2+} イオン選択性電極の検量線．おそらくイオン強度はすべて同じである．[データ出典：J. A. Shatkin et al., *Anal. Chem.*, **67**, 1147 (1995).]

15-50. **活量の問題**．クエン酸は三塩基酸（H_3A）であり，その陰イオン（A^{3-}）は多くの金属イオンと安定な錯体をつくる．

$$Ca^{2+} + A^{3-} \xrightleftharpoons{K_f} CaA^-$$

傾き 29.58 mV の Ca^{2+} イオン選択性電極を $\mathcal{A}_{Ca^{2+}} = 1.00 \times 10^{-3}$ の溶液に浸したところ，測定値は $+2.06$ mV であった．クエン酸カルシウム溶液は，等体積の溶液 1 と 2 を混ぜて調製された．

溶液 1：

[Ca^{2+}] $= 1.00 \times 10^{-3}$ M，pH $= 8.00$，$\mu = 0.10$ M

溶液 2：

[クエン酸塩]$_{total} = 1.00 \times 10^{-3}$ M，pH $= 8.00$，$\mu = 0.10$ M

このクエン酸カルシウム溶液は，電圧 -25.90 mV を与えた．

(a) 付録 A の図 A-2 の説明を参照して，クエン酸カルシウム溶液中の Ca^{2+} の活量を計算せよ．

(b) CaA^- の生成定数 K_f を計算せよ．CaA^- のイオンサイズを 500 pm と仮定せよ．pH 8.00，$\mu = 0.10$ M において，遊離クエン酸イオンの A^{3-} のかたちの分率は 0.998 である．

固体型化学センサー

15-51. 分析種は化学センシング用電界効果トランジスタに対してどのように作用し，分析種の活量に応じた信号を生じるか？

15-52. 本章扉で紹介した装置では，DNA のヌクレオチド塩基配列がどのように測定されるかを説明せよ．この装置で化学種感応性の電界効果トランジスタが用いられる目的は何か？

16 酸化還元滴定
Redox Titrations

高温超伝導体の化学分析

液体窒素中で冷やされた超伝導体の円板の上に永久磁石が浮いている．酸化還元滴定は，超伝導体の化学組成を調べる上で決定的な役割を果す．[米国政府写真提供：D. Cornelius. 物質提供は T. Vanderah.]

超伝導体（super conductor）は，臨界温度以下に冷やされると，電気抵抗がまったくなくなる物質である．1987年以前に知られていたすべての超伝導体は，液体ヘリウム温度（4 K）付近まで冷やす必要があったため，費用がかかり，ごくわずかな用途にしか使われなかった．1987年，液体窒素（77 K）の沸点よりも高い温度で超伝導性をもつ「高温」超伝導体が発見され，大きな一歩が踏みだされた．超伝導体の最も驚くべき特徴は，上の写真に示される磁気浮上である．超伝導体に磁場を加えると，物質の外表面に電流が流れて，加えられた磁場が誘導磁場でちょうど打ち消され，物質内部の有効磁場がゼロになる．超伝導体の外表面を流れる電流は磁石をはじき，磁石を超伝導体の上に浮かせる．超伝導体から磁場が排除されることは，マイスナー効果と呼ばれる．

初期の高温超伝導体はイットリウム・バリウム・銅酸化物（$YBa_2Cu_3O_7$）であり，その銅の3分の2は+2価，3分の1は異常な+3価である．別の例は $Bi_2Sr_2(Ca_{0.8}Y_{0.2})Cu_2O_{8.295}$ であり，銅の平均酸化数は+2.105，ビスマスの平均酸化数は+3.090である（形式上 Bi^{3+} と Bi^{5+} の混合物）．これらの複雑な化学組成を求める最も信頼性の高い方法が，本章で説明する「湿式」酸化還元滴定である．

鉄およびその化合物は，環境問題を起こさない酸化還元剤であり，地下水中の有毒廃棄物の処理によく利用される[1]．

$3H_2S + 8HFeO_4^- + 6H_2O \longrightarrow$
汚染物質　鉄酸イオン
　　　　　（VI）
　　　（酸化剤）

$8Fe(OH)_3(s) + 3SO_4^{2-} + 2OH^-$
（安全な生成物）

酸化還元滴定（redox titration）は，分析種と滴定剤の酸化還元反応に基づく．化学，生物学，環境科学，材料科学における多くの一般的な分析種に加えて，超伝導体やレーザー材料のような珍しい材料中の異常な酸化状態の元素が，酸化還元滴定で測定される．たとえば，レーザー結晶の効率を高めるために加えられるクロムは，一般的な+3価と+6価のほかに，異常な+4価で存在する．酸化還元滴定は，このクロムイオンの複雑な混合物の性質を解き明かすよい方法である[2]．

本章では，酸化還元滴定の理論を紹介し，一般的な試薬を説明する．表16-1にあげた数種類の酸化剤と還元剤が滴定剤として用いられる[3]．滴定剤として用いられる還元剤のほとんどは O_2 と反応するので，空気から遮断されねばならない．

表 16-1 酸化剤および還元剤

酸化剤		還元剤	
BiO_3^-	ビスマス酸イオン	(アスコルビン酸構造式)	アスコルビン酸（ビタミンC）
BrO_3^-	臭素酸イオン		
Br_2	臭素		
Ce^{4+}	セリウムイオン	BH_4^-	水素化ホウ素イオン
CH_3-(C$_6$H$_4$)-$SO_2NCl^-Na^+$	クロラミンT	Cr^{2+}	第一クロムイオン
Cl_2	塩素	$S_2O_4^{2-}$	亜ジチオン酸イオン
ClO_2	二酸化塩素	Fe^{2+}	第一鉄イオン
$Cr_2O_7^{2-}$	二クロム酸イオン	N_2H_4	ヒドラジン
FeO_4^{2-}	鉄酸イオン(VI)	ヒドロキノン構造式	ヒドロキノン
H_2O_2	過酸化水素	NH_2OH	ヒドロキシルアミン
$Fe^{2+} + H_2O_2$	フェントン試薬[4]	H_3PO_2	次亜リン酸
OCl^-	次亜塩素酸イオン	(レチノール構造式)	レチノール（ビタミンA）
IO_3^-	ヨウ素酸イオン		
I_2	ヨウ素		
$Pb(acetate)_4$	酢酸鉛(IV)	Sn^{2+}	第一スズイオン
HNO_3	硝酸	SO_3^{2-}	亜硫酸イオン
O	原子状酸素	SO_2	二酸化硫黄
O_2	二原子酸素（酸素分子）	$S_2O_3^{2-}$	チオ硫酸イオン
O_3	オゾン	(α-トコフェロール構造式)	$α$-トコフェロール（ビタミンE）[5]
$HClO_4$	過塩素酸		
IO_4^-	過ヨウ素酸イオン		
MnO_4^-	過マンガン酸イオン		
$S_2O_8^{2-}$	ペルオキソ二硫酸イオン		

16-1 酸化還元滴定曲線のかたち

　図 16-1 に示すように鉄(II)をセリウム(IV)標準液で滴定し，Pt 電極およびカロメル電極で溶液の電位をモニターすることを考えよう．滴定反応は，

$$\text{滴定反応}: \underset{\substack{\text{セリウム(IV)}\\\text{滴定剤}}}{Ce^{4+}} + \underset{\substack{\text{鉄(II)}\\\text{分析種}}}{Fe^{2+}} \longrightarrow \underset{\substack{\text{セリウム}\\\text{(III)}}}{Ce^{3+}} + \underset{\text{鉄(III)}}{Fe^{3+}} \quad (16\text{-}1)$$

である．この反応の平衡定数は，1 M $HClO_4$ 溶液中，$K \approx 10^{16}$ である．セリウムイオン 1 mol は，第一鉄イオン 1 mol をすみやかに定量的に酸化する．滴定反応によって，図 16-1 のビーカー内に Ce^{4+}, Ce^{3+}, Fe^{2+}, Fe^{3+} の混合物ができる．コラム 16-1 では，反応 16-1 の可能性のある機構を説明する．

　Pt 指示電極では，次の二つの反応が平衡に達する．

$$Fe^{3+} + e^- \rightleftharpoons Fe^{2+} \qquad E° = 0.767 \text{ V} \quad (16\text{-}2)$$

$$Ce^{4+} + e^- \rightleftharpoons Ce^{3+} \qquad E° = 1.70 \text{ V} \quad (16\text{-}3)$$

これらの電位は，1 M $HClO_4$ 溶液に当てはまる式量電位である．Pt 指示電極

> 滴定剤を加えると，滴定反応が完全に進む．平衡定数は 25 ℃において $K = 10^{nE°/0.05916}$ である．強酸は，次式のような加水分解反応を防ぐ．
> $Fe^{3+} + H_2O \rightleftharpoons Fe(OH)^{2+} + H^+$

> 反応 16-2 と反応 16-3 の両方が，白金電極で平衡に達する．

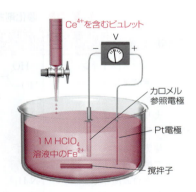

図 16-1 Ce^{4+} による Fe^{2+} の電位差滴定のための装置.

は，Ce^{4+} と Ce^{3+}，および Fe^{3+} と Fe^{2+} の濃度比（実際は活量比）に応答する．

では，Fe^{2+} を Ce^{4+} で滴定するとセル電圧がどのように変化するかを計算してみよう．滴定曲線には三つの領域がある．

領域 1：当量点以前

> 反応 16-2 または反応 16-3 を用いて，いつでもセル電圧を求めることができる．ここでは，$[Fe^{2+}]$ と $[Fe^{3+}]$ がわかっているので，反応 16-2 を用いるほうが便利である．

Ce^{4+} が滴下されると，滴定反応 16-1 によって Ce^{4+} が消費され，等モル数の Ce^{3+} と Fe^{3+} が生じる．当量点以前では，過剰な未反応の Fe^{2+} が溶液中に残る．よって，Fe^{2+} と Fe^{3+} の濃度を簡単に求めることができる．

一方，Ce^{4+} の濃度を求めるには，少し仮想的な平衡問題を解かねばならない．Fe^{2+} と Fe^{3+} の量はいずれも既知なので，反応 16-3 ではなく反応 16-2 を用いてセル電圧を計算すればよい．

> E_+ は，図 16-1 の電位差計の＋極コネクタに接続された白金電極の電位．E_- は，−極コネクタに接続されたカロメル電極の電位．

$$E = E_+ - E_- \tag{16-4}$$

$$E = \left[\underbrace{0.767}_{\substack{\text{1 M HClO}_4 \text{ 溶液中の} \\ \text{Fe}^{3+} \text{ の式量還元電位}}} - 0.05916 \log\left(\frac{[Fe^{2+}]}{[Fe^{3+}]}\right)\right] - \underbrace{0.241}_{\text{飽和カロメル電極の電位}} \tag{16-5}$$

$$E = 0.526 - 0.05916 \log\left(\frac{[Fe^{2+}]}{[Fe^{3+}]}\right) \tag{16-6}$$

> 反応 16-2 では，$V = \frac{1}{2}V_e$ のとき，$E_+ = E°(Fe^{3+}|Fe^{2+})$ である．

当量点以前に，ある特別な点に達する．滴定剤の体積が当量点までに必要な量の半分のとき（$V = \frac{1}{2}V_e$），$[Fe^{3+}] = [Fe^{2+}]$ である．この場合，log 項はゼロで，E_+ は $Fe^{3+}|Fe^{2+}$ 対の $E°$ と等しくなる．<u>$V = 1/2V_e$ の点は，酸塩基滴定における $V = 1/2V_e$，pH = pK_a の点に似ている</u>．

滴定剤の滴下体積がゼロのときの電位は計算できない．なぜなら，私たちは Fe^{3+} がどれだけ存在するかを知らないからだ．$[Fe^{3+}] = 0$ であれば，式 16-6 で計算される電圧は $-\infty$ になる．実際には，試料溶液に Fe^{3+} がいくらか存在する．それは，試薬の不純物として，あるいは大気中の酸素により Fe^{2+} が酸化した結果として存在する．どのような場合でも，溶液の電位は，溶媒が還元（$H_2O + e^- \longrightarrow \frac{1}{2}H_2 + OH^-$）される電位よりも決して低くならない．

コラム 16-1　多くの酸化還元反応は原子移動反応である

反応 16-1 は，電子が Fe^{2+} から Ce^{4+} に移動して，Fe^{3+} と Ce^{3+} が生成するように見える．実際には，この反応や他の多くの反応は，電子移動ではなく原子移動によって進むと考えられている[6]．この場合，水素原子（プロトンと電子）が溶存 Fe^{2+} から溶存 Ce^{4+} へ移動すると考えられる．金属化学種間の他の一般的な酸化還元反応は，酸素原子またはハロゲン原子の移動によって進み，ある金属から他の金属への正味の電子移動が起こる．

「Ce^{4+}」　　　　「Fe^{2+}」　　　　「Ce^{3+}」　　　　「Fe^{3+}」
$Ce(H_2O)_7(OH)^{3+}$　$Fe(H_2O)_6^{2+}$　$Ce(H_2O)_8^{3+}$　$Fe(H_2O)_5(OH)^{2+}$

領域 2：当量点

この点では，すべての Fe^{2+} とちょうど反応する量の Ce^{4+} が加えられている．事実上，すべてのセリウムが Ce^{3+} であり，すべての鉄が Fe^{3+} である．平衡により，ごくわずかな量の Ce^{4+} と Fe^{2+} が存在する．反応 16-1 の化学量論から，以下の式が成り立つ．

$$[Ce^{3+}] = [Fe^{3+}] \tag{16-7}$$
$$[Ce^{4+}] = [Fe^{2+}] \tag{16-8}$$

式 16-7 および式 16-8 が正しい理由を理解するために，すべてのセリウムと鉄が Ce^{3+} と Fe^{3+} に変換されたと想像してみよう．当量点なので，$[Ce^{3+}] = [Fe^{3+}]$ である．ここで，反応 16-1 が平衡になる．

$$Fe^{3+} + Ce^{3+} \rightleftharpoons Fe^{2+} + Ce^{4+} \quad \text{（反応 16-1 の逆反応）}$$

ごくわずかの Fe^{3+} が Fe^{2+} に戻ると，それと等しいモル数の Ce^{4+} が生じるはずである．つまり，$[Ce^{4+}] = [Fe^{2+}]$ である．

いつでも，反応 16-2 と反応 16-3 はともに白金電極で平衡にある．当量点では，両方の反応を用いて電極電位を表すとよい．これらの反応のネルンスト式は，次式で表される．

$$E_+ = 0.767 - 0.05916 \log\left(\frac{[Fe^{2+}]}{[Fe^{3+}]}\right) \tag{16-9}$$

$$E_+ = 1.70 - 0.05916 \log\left(\frac{[Ce^{3+}]}{[Ce^{4+}]}\right) \tag{16-10}$$

ここで少し考えてみよう．式 16-9 および式 16-10 は，いずれも数学的に正しい．しかし，どちらか一方の式だけを用いて E_+ を求めることはできない．なぜなら，ごく低濃度の Fe^{2+} と Ce^{4+} がどれだけ存在するかが正確にわからないからだ．代わりに，式 16-7 から式 16-10 までの四つの式を連立方程式として解くことができる．まず，式 16-9 と式 16-10 の辺々を加える．

当量点では，反応 16-2 と反応 16-3 の両方を用いてセル電圧を計算する．これは，数学の問題である．

log a + log b = log ab
$-$log a $-$ log b = $-$log ab

$$2E_+ = 0.767 + 1.70 - 0.05916 \log\left(\frac{[\text{Fe}^{2+}]}{[\text{Fe}^{3+}]}\right) - 0.05916 \log\left(\frac{[\text{Ce}^{3+}]}{[\text{Ce}^{4+}]}\right)$$

$$= 2.46_7 - 0.05916 \log\left(\frac{[\text{Fe}^{2+}][\text{Ce}^{3+}]}{[\text{Fe}^{3+}][\text{Ce}^{4+}]}\right)$$

ここで,当量点では $[\text{Ce}^{3+}] = [\text{Fe}^{3+}]$(式 16-7),$[\text{Ce}^{4+}] = [\text{Fe}^{2+}]$(式 16-8)なので,log 項の商は 1 である.よって対数はゼロとなり,

$$2E_+ = 2.46_7 \text{ V} \Rightarrow E_+ = 1.23 \text{ V}$$

セル電圧は,

$$E = E_+ - E(\text{カロメル}) = 1.23 - 0.241 = 0.99 \text{ V} \tag{16-11}$$

となる.この滴定では,当量点の電圧は,反応物の濃度や体積に依存しない.

領域 3:当量点以降

ここでは事実上すべての鉄が Fe^{3+} である.Ce^{3+} のモル数は Fe^{3+} のモル数と等しく,過剰既知量の未反応の Ce^{4+} が存在する.$[\text{Ce}^{3+}]$ と $[\text{Ce}^{4+}]$ がわかっているので,反応 16-3 を用いて白金電極上の化学を表すのが便利である.

当量点以降は,反応 16-3 を用いる.$[\text{Ce}^{3+}]$ と $[\text{Ce}^{4+}]$ を容易に計算できるからだ.Fe^{2+} は「消費され」ており,Fe^{2+} の濃度は明らかではないので,反応 16-2 を用いることはできない.

$$E = E_+ - E(\text{カロメル}) = \left[1.70 - 0.05916 \log\left(\frac{[\text{Ce}^{3+}]}{[\text{Ce}^{4+}]}\right)\right] - 0.241 \tag{16-12}$$

$V = 2V_e$ となる特別な点では,$[\text{Ce}^{3+}] = [\text{Ce}^{4+}]$ であり,$E_+ = E°(\text{Ce}^{4+}|\text{Ce}^{3+}) = 1.70$ V となる.

V_e 以前は,指示電極電位は $E°(\text{Fe}^{3+}|\text{Fe}^{2+}) = 0.77$ V に近い[7].V_e 以降は,指示電極電位は $E°(\text{Ce}^{4+}|\text{Ce}^{3+}) = 1.70$ V に近い.V_e では,電位が急に高くなる.

酸化還元滴定曲線を計算する必要があれば,この節で述べた式よりも一般的な式に基づくスプレッドシートを使うのがよいだろう[8].原著の web ページに,スプレッドシートを用いて酸化還元滴定曲線を計算する方法を載せた.

> **例題** 酸化還元電位差滴定
>
> 図 16-1 のセルを用いて,0.0500 M Fe^{2+} 溶液 100.0 mL を 0.100 M Ce^{4+} 溶液で滴定する.当量点は,$V_{\text{Ce}^{4+}} = 50.0$ mL で現れる.36.0,50.0,63.0 mL 滴下時のセル電圧を計算せよ.
>
> **解法** 36.0 mL のとき:当量点までの進行度は 36.0/50.0 である.よって,鉄の 36.0/50.0 が Fe^{3+} であり,14.0/50.0 が Fe^{2+} である.式 16-6 に $[\text{Fe}^{2+}]/[\text{Fe}^{3+}] = 14.0/36.0$ を代入して,$E = 0.550$ V を得る.
> 50.0 mL のとき:式 16-11 からわかるように,この滴定では,試薬の濃度にかかわらず当量点のセル電圧は 0.99 V である.
> 63.0 mL のとき:最初の 50.0 mL 中のセリウムは Ce^{3+} に変換される.Ce^{4+} は 13.0 mL だけ過剰にあるので,式 16-12 において $[\text{Ce}^{3+}]/[\text{Ce}^{4+}] = 50.0/13.0$ であり,$E = 1.424$ V.
>
> **類題** $V_{\text{Ce}^{4+}} = 20.0$ mL および 51.0 mL における E を求めよ.
> (**答え**:0.516,1.358 V)

酸化還元滴定曲線のかたち

前述の計算によって，図 16-2 の滴定曲線をプロットすることができる．この曲線は，滴定剤の滴下体積に対するセル電圧を表す．当量点は，電位の急激な変化によって特徴付けられる．$\frac{1}{2}V_e$ における E_+ の値は，$Fe^{3+}|Fe^{2+}$ 対の式量電位である．その理由は，この点で商 $[Fe^{2+}]/[Fe^{3+}] = 1$ であるからだ．この滴定では，どの点の電位も化学種の比にのみ依存している．どの計算にも化学種の濃度は現れない．したがって，図 16-2 の曲線は希釈に左右されないと予想される．試料溶液と滴定剤の両方を 10 倍希釈しても，同じ曲線が観察されるはずである．

反応 16-1 では反応物の比が 1：1 であるため，図 16-2 の滴定曲線は当量点付近で当量点に関して点対称である．図 16-3 は，1.00 M 塩酸中の Tl^+ を IO_3^- で滴定するときの滴定曲線を表す．

$$IO_3^- + 2Tl^+ + 2Cl^- + 6H^+ \longrightarrow ICl_2^- + 2Tl^{3+} + 3H_2O \tag{16-13}$$

この例では，滴定曲線は<u>当量点付近で対称ではない</u>．なぜなら，反応物の比が 1：1 ではなく 2：1 だからだ．それでも曲線は当量点付近で急勾配なので，急勾配部の中央を終点にしたとしても誤差は無視できる．実証実験 16-1 は，非対称な滴定曲線の一例である．この曲線のかたちは，反応溶液の pH にも依存する．

滴定にかかわる二つの酸化還元対の $E°$ の差が大きいほど，当量点付近の電位変化が大きくなる．$E°$ の差が大きいほど，滴定反応の平衡定数も大きくなる．図 16-2 では，半反応 16-2 および 16-3 の $E°$ の差は 0.93 V であり，滴定曲線の当量点で電位が大きく変化する．図 16-3 では，半反応の $E°$ の差は 0.47 V であり，当量点での電位の変化はより小さい．

$$IO_3^- + 2Cl^- + 6H^+ + 4e^- \rightleftharpoons ICl_2^- + 3H_2O \qquad E° = 1.24\ V$$
$$Tl^{3+} + 2e^- \rightleftharpoons Tl^+ \qquad E° = 0.77\ V$$

最も明確な結果は，最も強い酸化剤と還元剤の組合せで得られる．これは，酸塩基滴定において，強酸または強塩基の滴定剤が当量点で最も明確な変化を与えるのと同じである．

16-2 終点の決定

酸塩基滴定と同様に，酸化還元滴定の終点はふつう指示薬または電極を用いて決定される．

酸化還元指示薬

酸化還元指示薬（redox indicator, In）は，酸化体から還元体に変わるときに色が変わる化合物である．指示薬フェロインは，薄い青色（ほぼ無色）から赤色に変わる．

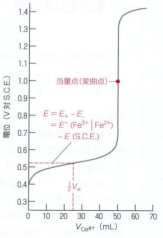

図 16-2 1 M $HClO_4$ 存在下，0.0500 M Fe^{2+} 溶液 100.0 mL を 0.100 M Ce^{4+} 溶液で滴定するときの理論曲線．滴定剤の体積がゼロのときの電位を計算することはできないが，$V_{Ce^{4+}} = 0.1$ mL のような点を計算することはできる．

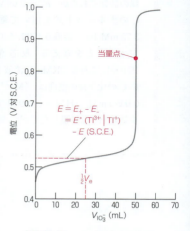

図 16-3 1.00 M 塩酸存在下，0.0100 M Tl^+ 溶液 100.0 mL を 0.0100 M IO_3^- 溶液で滴定するときの理論曲線．反応物の比が 1：1 ではないので，0.842 V の当量点は曲線の急勾配部の中央にはない．

実証実験 16-1

MnO_4^- による Fe^{2+} の電位差滴定

この反応は，電位差滴定の多くの原理を明らかにする．

$$\underset{\text{滴定剤}}{MnO_4^-} + \underset{\text{分析種}}{5Fe^{2+}} + 8H^+ \longrightarrow Mn^{2+} + 5Fe^{3+} + 4H_2O \tag{A}$$

0.60 g の $Fe(NH_4)_2(SO_4)_2 \cdot 6H_2O$（式量 392.13；1.5 mmol）を 1 M 硫酸 400 mL に溶かす．溶液をよく撹拌しながら，0.02 M $KMnO_4$ で滴定する（$V_e \approx 15$ mL）．Pt 電極，カロメル電極，および電位差計として pH 計を用いる．使用前に，pH 計の二つの入力を直接接続し，ミリボルトの目盛をゼロに調整する．

実験を行う前に，理論的な滴定曲線上の点をいくつか計算しよう．次に，理論の結果と実験の結果を比べる．また，電位差による終点と目視による終点が一致することを確認しよう．

質問 過マンガン酸カリウムは紫色であり，この滴定における他の化学種はすべて無色である（あるいはごく薄い色である）．当量点ではどのような色の変化が予想されるか？

解法 理論曲線を計算するために，以下の半反応を用いる．

$$Fe^{3+} + e^- \rightleftharpoons Fe^{2+} \qquad E° = 0.68 \text{ V} \text{ (1 M } H_2SO_4) \tag{B}$$

$$MnO_4^- + 8H^+ + 5e^- \rightleftharpoons Mn^{2+} + 4H_2O \qquad E° = 1.507 \text{ V} \tag{C}$$

V_e 以前は，16-1 節で述べた Ce^{4+} による Fe^{2+} の滴定と同様の計算であるが，$E° = 0.68$ V である．V_e 以降は，反応 C のネルンスト式を用いて電位を求める．たとえば，3.75 mM Fe^{2+} 溶液 0.400 L を 0.0200 M $KMnO_4$ 溶液で滴定することを考える．反応 A の化学量論から，$V_e = 15.0$ mL である．$KMnO_4$ 溶液 17.0 mL を加えたとき，反応 C の化学種の濃度は，$[Mn^{2+}] = 0.719$ mM，$[MnO_4^-] = 0.0959$ mM，$[H^+] = 0.959$ M である（滴定で消費される少量の H^+ は無視した）．セル電圧は，次のようになる．

$$E = E_+ - E(\text{カロメル})$$
$$= \left[1.507 - \frac{0.05916}{5}\log\left(\frac{[Mn^{2+}]}{[MnO_4^-][H^+]^8}\right)\right] - 0.241$$
$$= \left[1.507 - \frac{0.05916}{5}\log\left(\frac{7.19 \times 10^{-4}}{(9.59 \times 10^{-5})(0.959)^8}\right)\right] - 0.241$$
$$= 1.254 \text{ V}$$

V_e での電位を計算するには，16-1 節のセリウムと鉄の反応の場合と同様に，反応 B および C のネルンスト式の辺々を加える．ただしその前に，log 項を加えられるよう過マンガン酸イオンの式に 5 を掛けておく．

$$E_+ = 0.68 - 0.05916 \log\left(\frac{[Fe^{2+}]}{[Fe^{3+}]}\right)$$

$$5E_+ = 5\left[1.507 - \frac{0.05916}{5}\log\left(\frac{[Mn^{2+}]}{[MnO_4^-][H^+]^8}\right)\right]$$

二つの式の辺々を加えて以下の式を得る．

$$6E_+ = 8.215 - 0.05916 \log\left(\frac{[Mn^{2+}][Fe^{2+}]}{[MnO_4^-][Fe^{3+}][H^+]^8}\right) \tag{D}$$

滴定反応 A の化学量論から，V_e では $[Fe^{3+}] = 5[Mn^{2+}]$ および $[Fe^{2+}] = 5[MnO_4^-]$ であることがわかる．これらの式を式 D に代入すると，

$$6E_+ = 8.215 - 0.05916 \log\left(\frac{[\cancel{Mn^{2+}}](5[\cancel{MnO_4^-}])}{[\cancel{MnO_4^-}](5[\cancel{Mn^{2+}}])[H^+]^8}\right)$$

$$6E_+ = 8.215 - 0.05916 \log\left(\frac{1}{[H^+]^8}\right) \tag{E}$$

を得る．$[H^+]$ の濃度に $(400 \text{ mL}/415 \text{ mL}) \times (1.00 \text{ M}) = 0.964$ M を代入すると，

$$6E_+ = 8.215 - 0.05916 \log\left(\frac{1}{(0.964)^8}\right) \Rightarrow E_+ = 1.368 \text{ V}$$

となる．V_e において予測されるセル電圧は，$E = E_+ - E(\text{カロメル}) = 1.368 - 0.241 = 1.127$ V である．

$$\left[\underset{\substack{\text{酸化体フェロイン} \\ (\text{薄い青}) \\ \text{In(酸化体)}}}{\left(\bigcirc\!\!\!\bigcirc\!\!\!\bigcirc\right)_3\!\!-Fe(III)}\right]^{3+} + e^- \rightleftharpoons \left[\underset{\substack{\text{還元体フェロイン} \\ (\text{赤}) \\ \text{In(還元体)}}}{\left(\bigcirc\!\!\!\bigcirc\!\!\!\bigcirc\right)_3\!\!-Fe(II)}\right]^{2+}$$

指示薬の色が変わる電位範囲を推定するには，指示薬のネルンスト式を書く．

$$\text{In(酸化体)} + ne^- \rightleftharpoons \text{In(還元体)}$$

$$E = E° - \frac{0.05916}{n} \log\left(\frac{[\text{In（還元体）}]}{[\text{In（酸化体）}]}\right) \quad (16\text{-}14)$$

酸塩基指示薬の場合と同様に，In(還元体) の色は

$$\frac{[\text{In（還元体）}]}{[\text{In（酸化体）}]} \gtrsim \frac{10}{1}$$

のときに観察され，In(酸化体) の色は

$$\frac{[\text{In（還元体）}]}{[\text{In（酸化体）}]} \lesssim \frac{1}{10}$$

のときに観察される．これらの商を式 16-14 に代入すると，次の電位範囲で色が変化することがわかる．

$$E = \left(E° \pm \frac{0.05916}{n}\right) \text{V}$$

フェロインでは，$E° = 1.147$ V であり（表 16-2），標準水素電極に対して 1.088～1.206 V の間で色が変化すると予想される．飽和カロメル参照電極を用いると，指示薬の変色域は次のようになる．

$$\begin{pmatrix}\text{飽和カロメル電極} \\ \text{(S.C.E.) に対する} \\ \text{指示薬の変色域}\end{pmatrix} = \begin{pmatrix}\text{標準水素} \\ \text{電極 (S.H.E.) に対する} \\ \text{変色域}\end{pmatrix} - E(\text{カロメル}) \quad (16\text{-}15)$$

$$= (1.088\sim1.206) - (0.241)$$
$$= 0.847\sim0.965 \text{ V （対 S.C.E.）}$$

したがって，図 16-2 および図 16-3 の滴定に対して，フェロインは適切な指示薬である．

滴定剤と分析種の標準電位の差が大きいほど，当量点での滴定曲線の変化は

> 酸化還元指示薬の色は，指示薬の $E°$ を中心におよそ ±(59/n) mV の範囲で変化する．n は指示薬の半反応式に含まれる電子数である．

> 式 16-15 を理解するには，図 15-6 が役立つ．

> 指示薬の変色域は，滴定曲線の急勾配部と重ならねばならない．

表 16-2 酸化還元指示薬

指示薬	色 酸化体	色 還元体	$E°$
フェノサフラニン	赤	無	0.28
インジゴテトラスルホン酸	青	無	0.36
メチレンブルー	青	無	0.53
ジフェニルアミン	青紫	無	0.75
4'-エトキシ-2,4-ジアミノアゾベンゼン	黄	赤	0.76
ジフェニルアミンスルホン酸	赤紫	無	0.85
ジフェニルベンジジンスルホン酸	紫	無	0.87
トリス(2,2'-ビピリジン)鉄	薄い青	赤	1.120
トリス(1,10-フェナントロリン)鉄（フェロイン）	薄い青	赤	1.147
トリス(5-ニトロ-1,10-フェナントロリン)鉄	薄い青	赤紫	1.25
トリス(2,2'-ビピリジン)ルテニウム	薄い青	黄	1.29

大きくなる．一般に，分析種と滴定剤の標準電位の差が 0.2 V 以上であれば，酸化還元滴定を実施できる．しかし，電位差が 0.2 V ほどでは滴定の終点はあまり明確ではなく，電位測定が欠かせない．ふつう式量電位の差が 0.4 V 以上であれば，酸化還元指示薬で満足のいく目視終点が観察される．

グランプロット

図 16-1 の装置を使って，酸化還元滴定の間，滴定剤の体積 V に対して電極電位 E を測定する．終点は，一次導関数 $\Delta E/\Delta V$ が最大値をとる点，または二次導関数 $\Delta(\Delta E/\Delta V)/\Delta V$ がゼロ軸を横切る点である（図 11-5）．

電位データを用いてより正確に終点を求める方法は，11-5 節で酸塩基滴定に対して行ったのと同様に，グランプロット[9, 10]をつくることである．グランプロットの作成には，当量点 (V_e) よりかなり前のデータを用いる．V_e の近くで得られた電位データは，最も不正確である．なぜなら，酸化還元対のいずれかがほとんど消費されると，溶液中の化学種と電極が平衡に達するのが遅くなるからだ．

Fe^{2+} から Fe^{3+} への酸化滴定では，V_e 以前のセル電圧は，

$$E = \left[E° - 0.05916 \log\left(\frac{[Fe^{2+}]}{[Fe^{3+}]}\right)\right] - E_{ref} \quad (16\text{-}16)$$

である．ここで，$E°$ は $Fe^{3+}|Fe^{2+}$ の式量電位，E_{ref} は参照電極の電位（これまで E_- と表わしてきた）である．体積 V の滴定剤を加えて反応が「完全に」進めば，$[Fe^{2+}]/[Fe^{3+}] = (V_e - V)/V$ である．この式を式 16-16 に代入して整理すると，最終的に $y = mx + b$ のかたちの式が得られる．

$$\underbrace{V \cdot 10^{-nE/0.05916}}_{y} = \underbrace{V_e \cdot 10^{-n(E_{ref}-E°)/0.05916}}_{b} - \underbrace{V}_{x} \cdot \underbrace{10^{-n(E_{ref}-E°)/0.05916}}_{m} \quad (16\text{-}17)$$

ここで，n は指示電極での半反応にかかわる電子数である．

V に対して $V \cdot 10^{-nE/0.05916}$ をプロットしたグラフは，直線となり，x 切片 $= V_e$ である（図 16-4）．反応溶液のイオン強度が一定であれば活量係数は一定であり，式 16-17 は広い体積範囲で直線を与える．滴定剤を加えるとイオン強度が変わる場合は，V_e 以前のデータのうち，最後の 10～20% のみを使う．

デンプン-ヨウ素錯体

多くの分析法は，ヨウ素を利用する酸化還元滴定に基づく．デンプン[11]はヨウ素と反応して濃い青色の錯体をつくるので，これらの分析法の指示薬として使われる．しかし，デンプンは酸化還元指示薬ではない．デンプンは I_2 の存在に特異的に応答するのであり，酸化還元電位の変化に応答するわけではない．

デンプンの主成分はアミロース（糖 α-D-グルコースの高分子）であり，図 16-5 に示されるような繰り返し単位をもつ．小分子は，このコイル状の高分子の中心に入る．デンプンが存在すると，ヨウ素はアミロースのらせん内で I_6 鎖をつくり，濃い青色を呈する．

I‥I‥I‥I‥I‥I

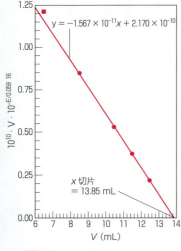

定数 0.05916 V は，$(RT \ln 10)/nF$ の計算値である．ここで，R は気体定数，T は 298.15 K，F はファラデー定数，n は $Fe^{3+}|Fe^{2+}$ 酸化還元半反応式の電子数 ($n = 1$) である．$T \neq 298.15$ K または $n \neq 1$ のとき，計算値は変わる．

図 16-4 練習問題 16-D の Ce^{4+} による Fe^{2+} の滴定に対するグランプロット[9]．直線は，●印の 4 点に対する回帰直線．縦軸を見やすくするために，数値に 10^{10} を掛けた．掛け算しても，x 切片の値は変わらない．

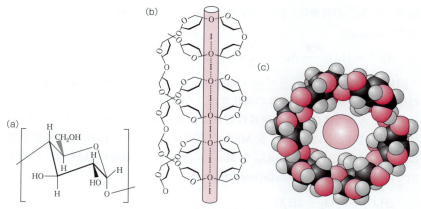

図 16-5 (a) アミロースの繰り返し単位の構造式．(b) デンプン-ヨウ素錯体の構造の概略図．アミロース鎖は，I_6 単位のまわりにらせんをつくる．［出典：A. T. Calabrese, A. Khan, *J. Polymer Sci.*, **A37**, 2711 (1999).］(c) 軸方向から見下ろしたデンプンのらせん．らせんの中心にヨウ素が見える[11]．［データ出典：R. D. Hancock, Power Engineering, Salt Lake City.］

デンプンは容易に分解されるので，新しく溶かして調製するか，溶液に HgI_2（約 1 mg/100 mL）またはチモールのような防腐剤を入れて保存するべきである．デンプンの加水分解生成物はグルコースであり，これは還元剤である．したがって，部分的に加水分解されたデンプン溶液は，酸化還元滴定において誤差の原因となる．

16-3 分析種の酸化状態の調整

分析種を滴定する前に，分析種の酸化状態の調整が必要な場合がある．たとえば，Mn^{2+} を MnO_4^- に**予備酸化**（preoxidation）すれば，Fe^{2+} 標準液で滴定することができる．事前調整の反応は，定量的でなければならない．また，事前調整に用いた試薬の残りは，その後の滴定の妨げにならないように，取り除かねばならない．

予備酸化

いくつかの強力な酸化剤は，予備酸化後に容易に除去される．ペルオキソ二硫酸イオン（$S_2O_8^{2-}$，過硫酸イオンともいう）は，Ag^+ を触媒とする強い酸化剤である．

$$S_2O_8^{2-} + Ag^+ \longrightarrow 2SO_4^{2-} + \underset{\text{強力な酸化剤}}{Ag^{3+}}$$

過剰の試薬は，分析種の酸化終了後に，溶液を煮沸すれば分解される．

$$2S_2O_8^{2-} + 2H_2O \xrightarrow{\text{煮沸}} 4SO_4^{2-} + O_2 + 4H^+$$

$S_2O_8^{2-}$ と Ag^+ の混合物は，Mn^{2+} を MnO_4^- に，Ce^{3+} を Ce^{4+} に，Cr^{3+} を $Cr_2O_7^{2-}$ に，VO^{2+} を VO_2^+ に酸化する．

濃鉱酸に溶解した酸化銀（I, III）（$Ag^I Ag^{III} O_2$，ふつう AgO と書く）[12]は，

$S_2O_8^{2-}$ と Ag^+ の混合物と同等の酸化力をもつ. 過剰の Ag^{3+} は, 煮沸により除去される.

$$Ag^{3+} + H_2O \xrightarrow{煮沸} Ag^+ + \frac{1}{2}O_2 + 2H^+$$

固体の<u>ビスマス酸ナトリウム</u>（$NaBiO_3$）も, $S_2O_8^{2-}$ と Ag^+ の混合物と同等の酸化力をもつ. 過剰の固体の酸化剤は, ろ過により除去される.

<u>過酸化水素</u>（H_2O_2）は, 塩基性溶液ではよい酸化剤である. Co^{2+} を Co^{3+} に, Fe^{2+} を Fe^{3+} に, Mn^{2+} を MnO_2 に酸化する. 一方, H_2O_2 は酸性溶液では, $Cr_2O_7^{2-}$ を Cr^{3+} に, MnO_4^- を Mn^{2+} に<u>還元する</u>. 過剰の H_2O_2 は, 沸騰水中で自発的に**不均化する**（disproportionate）.

$$2H_2O_2 \xrightarrow{煮沸} O_2 + 2H_2O$$

H_2O_2 は室温でもゆっくりと不均化するので, 傷の消毒剤に用いられる家庭用 H_2O_2 は保存期間が限られる.

予備還元

<u>塩化第一スズ</u>（$SnCl_2$）は, 熱塩酸中で Fe^{3+} を Fe^{2+} に還元する. 過剰の還元剤は, 過剰の $HgCl_2$ によって分解される.

$$Sn^{2+} + 2HgCl_2 \longrightarrow Sn^{4+} + Hg_2Cl_2 + 2Cl^-$$

次に, 生成した Fe^{2+} を酸化剤で滴定する.

<u>二塩化クロム</u>は, 分析種を低酸化状態に**予備還元する**（prereduce）のに用いられる強力な還元剤である. 過剰の Cr^{2+} は, 大気中の O_2 によって酸化される. <u>二酸化硫黄</u>および<u>硫化水素</u>は, 穏やかな還元剤である. 還元終了後に, 酸性溶液を煮沸して取り除くことができる.

予備還元の重要な技術は, 固体の還元剤を充填したカラムを用いるものである. 図 16-6 は<u>ジョーンズ還元器</u>を表しており, カラムには亜鉛アマルガムで覆われた亜鉛が入っている. **アマルガム**（amalgam）は, 水銀に他の元素が溶けた溶液である. 亜鉛アマルガムは, 粒状亜鉛と 2 wt% $HgCl_2$ 水溶液を 10 分間混合し, 次に水で洗って調製する. Fe^{3+} を Fe^{2+} に還元するには, 試料を 1 M 硫酸溶液として, ジョーンズ還元器に通せばよい. その後, カラムを水でよく洗い, 通過液と洗液を合わせた溶液中の Fe^{2+} を MnO_4^-, Ce^{4+}, または $Cr_2O_7^{2-}$ の標準液で滴定する. ブランクを定量するには, マトリックスのみを含む溶液を未知試料と同じように還元器に通す.

還元体分析種のほとんどは, 空気中の酸素によって再び酸化される. この影響を避けるには, 還元体分析種を Fe^{3+} の酸性溶液に集める. 還元体分析種は, 第二鉄イオンを Fe^{2+} に還元する. Fe^{2+} は, 酸性溶液中で安定である. その後, Fe^{2+} を酸化剤で滴定する. この方法により, Cr, Ti, V, Mo などの元素を間接的に分析できる.

亜鉛は強力な還元剤であり, 半反応 $Zn^{2+} + 2e^- \rightleftharpoons Zn(s)$ の標準電位は $E° = -0.764$ である. よって, ジョーンズ還元器はあまり選択的ではない. 固体 Ag と 1 M 塩酸で満たされた<u>ウォールデン還元器</u>は, より選択的である.

> **不均化**反応では, 反応物は高酸化状態と低酸化状態の生成物に変換される. 化合物は, <u>それ自身を酸化および還元する</u>.

図 16-6 分析種の予備還元に用いられる<u>還元器</u>. カラムは, 固体試薬で満たされている.

Ag|AgCl の還元電位（0.222 V）はかなり高いので，Cr^{3+} や TiO^{2+} などの化学種は還元されず，Fe^{3+} などの分析種の分析に干渉しない．

ジョーンズ還元器やその他のかたちの水銀は，有毒廃棄物を生じる．したがって，その使用は最小限に抑え，代替法を探すべきである．次の段落では，有毒なカドミウムを用いる還元法の代替法がどのように開発されたかを述べる．

米国の環境規制は，飲料水中の NO_3^- 態窒素の基準値を 10 ppm と定めている*．金属 Cd は，水中の NO_3^- の測定に最も広く用いられてきた還元剤である．硝酸イオンを Cd 充填カラムに通すと，NO_3^- は NO_2^- に還元され，分光光度計で分析できるようになる．しかし，Cd は環境問題を引き起こす有毒廃棄物となる．

そこで，Cd の代わりに生物の還元剤 β-ニコチンアミドアデニンジヌクレオチド（NADH）を用いる NO_3^- 現場分析法が開発され，市販された．この方法では，遺伝子組換え酵母由来の硝酸還元酵素が，次の還元を触媒する．

$$NO_3^- + NADH + H^+ \xrightarrow[pH\ 7]{\text{硝酸還元酵素}} NO_2^- + NAD^+ + H_2O$$
硝酸イオン　　　　　　　　　　　　　亜硝酸イオン

その後，NO_2^- が有色生成物を生じる化学反応によって測定されるのを妨害しないように，過剰の NADH は NAD^+ に酸化される．硝酸イオン態窒素の濃度が 0.05〜10 ppm の範囲にあるとき，有色生成物の色の濃さが電池式分光光度計によって現場で測定できる．教室実験では，この現場分析法が水槽水中の NO_3^- 測定に用いられた[13]．

*日本の水質基準では硝酸態窒素および亜硝酸態窒素が 10 mg/L 以下．

NADH
β-ニコチンアミドアデニンジヌクレオチド

16-4　過マンガン酸カリウムによる酸化

過マンガン酸カリウム（$KMnO_4$）は，強い酸化剤で，濃い青紫色を呈する．強酸溶液（pH ≲ 1）中で，無色の Mn^{2+} に還元される．

$$MnO_4^- + 8H^+ + 5e^- \rightleftharpoons Mn^{2+} + 4H_2O \qquad E° = 1.507\ V$$
過マンガン酸イオン　　　　　　　　第一マンガンイオン

中性またはアルカリ性の溶液中では，生成物は茶色の固体 MnO_2 である．

$$MnO_4^- + 4H^+ + 3e^- \rightleftharpoons MnO_2(s) + 2H_2O \qquad E° = 1.692\ V$$
　　　　　　　　　　　　　　　二酸化マンガン

強アルカリ性溶液（2 M NaOH 溶液）では，緑色のマンガン酸イオンを生じる．

$$MnO_4^- + e^- \rightleftharpoons MnO_4^{2-} \qquad E° = 0.56\ V$$
　　　　　　　　マンガン酸イオン

代表的な過マンガン酸滴定法を表 16-3 にまとめた．強酸性溶液中の滴定では，生成物の Mn^{2+} が無色なので，$KMnO_4$ 自体が指示薬として働く（カラー図版 9）．終点は，MnO_4^- の薄いピンク色が最初に現れて残るところである．滴定剤が希薄すぎて色が見えない場合は，フェロインなどの指示薬が用いられる．

$KMnO_4$ は，酸性溶液でそれ自体が指示薬として働く．

表16-3 過マンガン酸滴定法の応用例

分析種	酸化反応	備考
Fe^{2+}	$Fe^{2+} \rightleftharpoons Fe^{3+} + e^-$	Fe^{3+} は，Sn^{2+} またはジョーンズ還元器によって Fe^{2+} に予備還元される．滴定は，Mn^{2+}，H_3PO_4，H_2SO_4 を含む1M硫酸中または1M塩酸中で行われる．Mn^{2+} は，MnO_4^- による Cl^- の酸化を抑える．H_3PO_4 は Fe^{3+} と錯生成して，黄色の Fe^{3+}–塩化物錯体の生成を防ぐ．
$H_2C_2O_4$	$H_2C_2O_4 \rightleftharpoons 2CO_2 + 2H^+ + 2e^-$	25℃で必要な滴定剤の95%を加えたのち，55〜60℃に加熱して滴定を完了する．
Br^-	$Br^- \rightleftharpoons \frac{1}{2}Br_2(g) + e^-$	$Br_2(g)$ を除去するため，沸騰している2M硫酸中で滴定する．
H_2O_2	$H_2O_2 \rightleftharpoons O_2(g) + 2H^+ + 2e^-$	1M硫酸中で滴定する．
HNO_2	$HNO_2 + H_2O \rightleftharpoons NO_3^- + 3H^+ + 2e^-$	過剰の $KMnO_4$ 標準液を加え，40℃で15分間反応させたのち，Fe^{2+} で逆滴定する．
As^{3+}	$H_3AsO_3 + H_2O \rightleftharpoons H_3AsO_4 + 2H^+ + 2e^-$	触媒として KI または ICl を含む1M塩酸中で滴定する．
Sb^{3+}	$H_3SbO_3 + H_2O \rightleftharpoons H_3SbO_4 + 2H^+ + 2e^-$	2M塩酸中で滴定する．
Mo^{3+}	$Mo^{3+} + 2H_2O \rightleftharpoons MoO_2^{2+} + 4H^+ + 3e^-$	Mo をジョーンズ還元器で予備還元し，生じた Mo^{3+} を1M硫酸中で過剰の Fe^{3+} と反応させ，生成した Fe^{2+} を滴定する．
W^{3+}	$W^{3+} + 2H_2O \rightleftharpoons WO_2^{2+} + 4H^+ + 3e^-$	50℃において W を Pb(Hg) で予備還元し，1M塩酸中で滴定する．
U^{4+}	$U^{4+} + 2H_2O \rightleftharpoons UO_2^{2+} + 4H^+ + 2e^-$	ジョーンズ還元器を用いて，U を U^{3+} に予備還元する．空気にさらして U^{4+} に変え，これを1M硫酸中で滴定する．
Ti^{3+}	$Ti^{3+} + H_2O \rightleftharpoons TiO^{2+} + 2H^+ + e^-$	ジョーンズ還元器を用いて，Ti を Ti^{3+} に予備還元する．Ti^{3+} を1M硫酸中で過剰の Fe^{3+} と反応させ，生成した Fe^{2+} を滴定する．
Mg^{2+}, Ca^{2+}, Sr^{2+}, Ba^{2+}, Zn^{2+}, Co^{2+}, La^{3+}, Th^{4+}, Pb^{2+}, Ce^{3+}, BiO^+, Ag^+	$H_2C_2O_4 \rightleftharpoons 2CO_2 + 2H^+ + 2e^-$	金属シュウ酸塩を沈殿させ，沈殿を酸に溶かして，$H_2C_2O_4$ を滴定する．
$S_2O_8^{2-}$	$S_2O_8^{2-} + 2Fe^{2+} + 2H^+ \rightleftharpoons 2Fe^{3+} + 2HSO_4^-$	H_3PO_4 を含む過剰の Fe^{2+} 標準液にペルオキソ二硫酸イオンを加える．未反応の Fe^{2+} を MnO_4^- で滴定する．
PO_4^{3-}	$Mo^{3+} + 2H_2O \rightleftharpoons MoO_2^{2+} + 4H^+ + 3e^-$	$(NH_4)_3PO_4 \cdot 12MoO_3$ を沈殿させ，沈殿を硫酸に溶かす．Mo(VI)を上述のように還元して滴定する．

調製と標定

KMnO₄ は，一次標準物質ではない．

　過マンガン酸カリウムは，常に微量の MnO_2 を含むので，一次標準物質ではない．さらに，蒸留水は，一般に溶けたばかりの MnO_4^- の一部を MnO_2 に還元する有機不純物を含む．0.02M溶液を調製するには，まず KMnO₄ を蒸留水に溶かして1時間煮沸し，MnO_4^- と有機不純物の反応を完了させる．次に，得ら

れた溶液をきれいなガラスろ過器に通して，MnO_2 沈殿を除去する．ろ過にはろ紙（有機物！）を用いてはならない．得られた溶液は，色の濃いガラス瓶に保存する．$KMnO_4$ 溶液は，反応

$$4MnO_4^- + 2H_2O \longrightarrow 4MnO_2(s) + 3O_2 + 4OH^-$$

を起こすため不安定であるが，この反応は，MnO_2，Mn^{2+}，熱，光，酸，塩基がない条件では遅い．精密な測定を行うためには，過マンガン酸イオンをたびたび標定することが肝要である．$KMnO_4$ を含むアルカリ性溶液から蒸留した水を用いて，0.02 M 溶液を希釈して新しい希薄溶液を調製し，標定する．

過マンガン酸カリウム溶液は，反応 7-1 によるシュウ酸ナトリウム（$Na_2C_2O_4$）の滴定，または電解法で調製された純粋な鉄線の滴定によって標定される．シュウ酸ナトリウム（純度 99.9～99.95％の一次標準物質として入手できる）を乾燥（105℃，2 時間）したのち，1 M 硫酸に溶かし，室温において当量の 90～95％の $KMnO_4$ 溶液を加えて反応させる．次に，溶液を 55～60℃に温め，$KMnO_4$ をゆっくり加えて滴定を完了する．溶液をピンク色に変えるのに必要な滴定剤の量（ふつう 1 滴）に相当するブランク値を差し引く．

純粋な鉄線を標準物質として用いる場合，これを窒素雰囲気下で温かい 1.5 M 硫酸に溶かす．生成物は Fe^{2+} であり，その冷溶液は，特別な注意を必要とせず，$KMnO_4$（またはその他の酸化剤）の標定に用いられる．溶液 100 mL あたり 86 wt% H_3PO_4 溶液 5 mL を加えると，黄色の Fe^{3+} がマスクされ，終点が見やすくなる．硫酸第一鉄アンモニウム $Fe(NH_4)_2(SO_4)_2 \cdot 6H_2O$ およびエチレンジアンモニウム硫酸第一鉄〔$Fe(H_3NCH_2CH_2NH_3)(SO_4)_2 \cdot 2H_2O$〕は十分に純粋であり，多くの用途の標準物質となる．

16-5 Ce^{4+} による酸化

Ce^{4+} から Ce^{3+} への還元は，酸性溶液中できれいに進む．水和イオン $Ce(H_2O)_n^{4+}$ は，おそらくどの溶液中にも存在しない．なぜなら，Ce(IV) は，陰イオン（ClO_4^-，SO_4^{2-}，NO_3^-，Cl^-）とイオン対をつくるからだ．溶液中での $Ce^{4+}|Ce^{3+}$ の式量電位の変動は，これらの相互作用の結果である．

$$Ce^{4+} + e^- \rightleftharpoons Ce^{3+} \qquad 式量電位 \begin{cases} 1.70 \text{ V } (1 \text{ M } HClO_4) \\ 1.61 \text{ V } (1 \text{ M } HNO_3) \\ 1.47 \text{ V } (1 \text{ M } HCl) \\ 1.44 \text{ V } (1 \text{ M } H_2SO_4) \end{cases}$$

式量電位が溶液によって異なることは，セリウムの異なる化学種が存在することを意味する．

Ce^{4+} は黄色，Ce^{3+} は無色であるが，色の変化はセリウム自体が指示薬になるほど明確ではない．フェロインやその他の置換フェナントロリン酸化還元指示薬（表 16-2）が，Ce^{4+} による滴定に適している．

ほとんどの操作で，$KMnO_4$ の代わりに Ce^{4+} を使うことができる．実証実験 15-1 の振動反応では，Ce^{4+} がマロン酸を CO_2 とギ酸に酸化する．

$$\underset{\text{マロン酸}}{CH_2(CO_2H)_2} + 2H_2O + 6Ce^{4+} \longrightarrow 2CO_2 + \underset{\text{ギ酸}}{HCO_2H} + 6Ce^{3+} + 6H^+$$

この反応は，マロン酸の定量分析にも用いられる．過剰のCe^{4+}標準液を含む4 M HClO$_4$溶液中で試料を加熱し，未反応のCe^{4+}をFe^{2+}で逆滴定する．同じような操作で，多くのアルコール，アルデヒド，ケトン，カルボン酸などを定量できる．

調製と標定

一次標準物質ヘキサニトラトセリウム（Ⅳ）酸アンモニウム〔(NH$_4$)$_2$Ce(NO$_3$)$_6$〕は，1 M H$_2$SO$_4$に溶かして，直接使用できる．Ce^{4+}の酸化力はHClO$_4$中やHNO$_3$中のほうが高いが，これらの酸の溶液はゆっくりと光化学分解され，同時に水を酸化する．H$_2$SO$_4$中では，Ce^{4+}の還元電位は1.44 VでH$_2$OをO$_2$に酸化するほど高いが，Ce^{4+}はいつまでも安定である．水との反応は，熱力学的に有利であるが遅い．HCl溶液は，Cl$^-$がCl$_2$に酸化されるため不安定である（溶液が高温のときは急速に反応する）．Ce^{4+}の硫酸溶液は，HClを含む未知試料の滴定に用いられる．分析種との反応は速いが，Cl$^-$との反応は遅いからだ．安価な塩，たとえば，Ce(HSO$_4$)$_4$，(NH$_4$)$_4$Ce(SO$_4$)$_4$·2H$_2$O，CeO$_2$·xH$_2$O〔Ce(OH)$_4$ともいう〕も滴定剤の調製に利用できる．その後，MnO$_4^-$の場合と同様に，Na$_2$C$_2$O$_4$またはFeで標定する．

16-6 二クロム酸カリウムによる酸化

酸性溶液において，オレンジ色の二クロム酸イオンは強力な酸化剤であり，三価クロムイオンに還元される．

$$Cr_2O_7^{2-} + 14H^+ + 6e^- \rightleftharpoons 2Cr^{3+} + 7H_2O \qquad E° = 1.36 \text{ V}$$
二クロム酸イオン　　　　　　　　三価クロムイオン

> Cr(Ⅵ)廃棄物は発がん性があるので，流しに捨ててはならない．廃棄方法については，31ページを見よ．

式量電位は，1 M 塩酸中でちょうど1.00 Vであり，2 M 硫酸中では1.11 Vである．つまり，二クロム酸イオンは，MnO$_4^-$やCe^{4+}よりやや弱い酸化剤である．塩基性溶液中，Cr$_2$O$_7^{2-}$は黄色のクロム酸イオン（CrO$_4^{2-}$）に変換され，その酸化力はごく弱い．

$$CrO_4^{2-} + 4H_2O + 3e^- \rightleftharpoons Cr(OH)_3(s, \text{水和}) + 5OH^- \qquad E° = -0.12 \text{ V}$$

二クロム酸カリウム（K$_2$Cr$_2$O$_7$）は，一次標準物質である．この物質は安価であり，その溶液は安定である．二クロム酸イオンはオレンジ色で，Cr^{3+}錯体の色は緑から青紫までさまざまである．そのため，特徴的な色の変化がある指示薬，たとえばジフェニルアミンスルホン酸やジフェニルベンジジンスルホン酸などが，二クロム酸イオンの終点の決定に用いられる．あるいは，反応をPt電極とカロメル電極でモニターできる．

K$_2$Cr$_2$O$_7$は，KMnO$_4$やCe^{4+}ほど強い酸化剤ではない．おもにFe^{2+}の定量，およびFe^{2+}をFe^{3+}に酸化する化学種の間接定量に用いられる．間接定量では，未知試料を過剰既知量のFe^{2+}と反応させる．次に，未反応のFe^{2+}をK$_2$Cr$_2$O$_7$で滴定する．この方法で，たとえば，ClO$_3^-$，NO$_3^-$，MnO$_4^-$，有機過酸化物を分析できる．コラム16-2では，二クロム酸イオンの水質分析

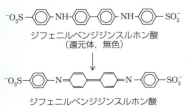

ジフェニルベンジジンスルホン酸
（還元体，無色）
↓
ジフェニルベンジジンスルホン酸
（酸化体，紫色）
+ 2H$^+$ + 2e$^-$

コラム 16-2　環境中の炭素の分析および酸素要求量

炭素含有量および酸素要求量は，飲料水や産業排水の水質を決める一因であり，法令により規制されている[14]．無機炭素（inorganic carbon, IC）は，試料水を H_3PO_4 で pH $<$ 2 の酸性にして，Ar または N_2 で脱気したときに遊離される $CO_2(g)$ である．IC は，試料中の CO_3^{2-} および HCO_3^- に相当する．全有機炭素（total organic carbon, TOC）は，無機炭素を除いたのち，残った有機物を酸化することで生じる CO_2 である．

$$\text{TOC 分析：有機炭素} \xrightarrow[\text{金属触媒}]{O_2/\sim 700℃} CO_2$$

全炭素（total carbon, TC）は，TC = TOC + IC と定義される．

酸化方法が異なると，得られる TOC の値も異なる．それぞれの酸化方法ですべての有機物が酸化されるわけではないからだ．現在，TOC は特定の装置で得られる結果によって定義されている．

市販の装置では，熱酸化により TOC を測定する．その検出限界は，4〜50 ppb（4〜50 μg C/L）である．典型的な装置では，試料水 20 μL を用い，CO_2 の赤外吸収を測定し，約 3 分で分析を行う．別の装置では，pH 3.5 の試料水に固体 TiO_2 触媒（0.2 g/L）を懸濁させ，紫外光を照射して有機物を酸化する[15]．光によって，TiO_2 内に電子・ホール対ができる（15-8 節）．ホールは，H_2O をヒドロキシルラジカル（HO・）に酸化する．ヒドロキシルラジカルは強力な酸化剤であり，有機炭素を CO_2 に変換する．CO_2 は，炭酸の電気伝導度を測ることによって定量される（純粋な TiO_2 は可視光線をほとんど吸収しないので，日光を効率よく利用できない．TiO_2 に約 1 wt% の炭素をドーピングすると，可視光線の利用効率が大幅に向上する[16]）．カラー図 10 に示す装置では，$K_2S_2O_8$（ペルオキソ二硫酸カリウム）を添加した酸性試料に紫外線を照射して硫酸ラジカル（SO_4^-・）を発生させ，これによって有機物を CO_2 に酸化する．別の装置では，$K_2S_2O_8$ 水溶液を 100℃ に加熱して硫酸ラジカルを発生させる．

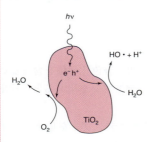

紫外線は TiO_2 によって吸収され，電子・ホール対を生じる．ホールは，H_2O を強力な酸化剤 HO・に酸化する．電子は，連鎖反応によって O_2 を H_2O に還元する．全体の反応：有機 C + $O_2 \longrightarrow CO_2$ において，TiO_2 は触媒であり，O_2 が消費される．

TOC は，排水規制のために広く用いられている．都市や工場の排水の TOC はふつう > 1 mg C/mL であり，水道水の TOC は 50〜500 ng C/mL である．電子工業で用いられる高純度水の TOC は，1 ng C/mL 未満である．

全酸素要求量（total oxygen demand, TOD）を測定すると，排水中の有機汚染物質を完全に燃焼するのに必要な O_2 量がわかる[18]．試料は，既知量の O_2 を含む一定体積の N_2 と混合され，900℃ の触媒に通され，完全に燃焼される．残った O_2 を電子センサーで測定する．排水中の個々の化学種は，それぞれ異なる量の O_2 を消費する．たとえば，尿素はギ酸の 5 倍の O_2 を消費する．NH_3 や H_2S などの化学種も，TOD に寄与する．

有機汚染物質は，二クロム酸イオン（$Cr_2O_7^{2-}$）と還流することで酸化される．化学的酸素要求量（chemical oxygen demand, COD）は，この処理で消費される $Cr_2O_7^{2-}$ と化学的に等価な O_2 量として定義される．$Cr_2O_7^{2-}$ 1 分子は $6e^-$ を消費して $2Cr^{3+}$ を生成し，O_2 1 分子は $4e^-$ を消費する（H_2O を生成）．したがって，$Cr_2O_7^{2-}$ 1 mol は O_2 1.5 mol と化学的に等価である．COD 分析では，汚染水に Ag^+ 触媒と過剰の $Cr_2O_7^{2-}$ を含む硫酸溶液を加え，2 時間還流する．未反応の $Cr_2O_7^{2-}$ を Fe^{2+} 標準液で滴定するか，分光光度法によって測定する．産業における規制値には，排水の COD 値が含まれることがある．欧州では COD に似た「被酸化性」（oxidizability）という指標が利用されている．被酸化性は，酸性の試料溶液に過マンガン酸塩を加え，100℃ で 10 分間還流して測定される．MnO_4^- 1 分子は 5 個の電子を消費し，O_2 1.25 分子と化学的に等価である．TiO_2 を用いる光酸化に基づく電気化学的な方法は，$Cr_2O_7^{2-}$ や MnO_4^- を用いる面倒な還流を置き換えられる．問題 17-24 は，実績のある一つの方法を示す．

生物化学的酸素要求量（biochemical oxygen demand, BOD）は，水生微生物が有機物の分解に必要とする O_2 量である[19,20]．健全な自然水の BOD は，2〜3 mg O_2/L くらいである．汚染水は 10〜30 mg O_2/L くらいの酸素を消費し，下水の BOD は 1000 mg O_2/L を超えることもある．BOD の測定では，試料水を空気の入らない密封容器に入れて，暗所で 5 日間，20℃ に保つ．その間に，細菌が試料中の有機物を分解する．この培養の前後で，溶存酸素量をクラーク電極で測定する（下巻コラム 17-2）．その差が BOD である．試料に HS^- や Fe^{2+} などの化学種が存在すれば，これらも BOD に寄与する．NH_3 などの窒素化学種の酸化を防ぐために，阻害剤が加えられる．BOD の測定は手間がかかるので，BOD と同等の情報が得られる簡易分析法の開発に関心が寄せられている．一つの方法は，細

菌による有機物の分解で消費される O_2（電子除去源）の代わりにフェリシアン化物イオン〔$Fe(CN)_6^{3-}$〕を用いる．フェリシアン化物イオンを用いると所要時間はわずか3時間に短縮され，結果は標準的な5日間のBOD測定法と同じである[21]．

<u>固定された窒素</u>（bound nitrogen）は，N_2 を除く溶存しているすべての含窒素化合物を表す．11-8 節で説明したケルダール窒素分析法はアミンやアミドに対してはすぐれているが，他の多くの化合物中の窒素を定量できない．燃焼法を用いると，水試料中のほとんどのかたちの窒素を NO に変換できる．NO はオゾンとの反応後，化学発光法によって測定される[22]．

アジ化物イオン（N_3^-）およびヒドラジン（$RNHNH_2$）は，燃焼によって定量的に NO に変換されない．排水規制を遵守するには，固定された窒素量の測定が必要である．

照射前の TiO_2 配合 PVC

20 日間照射したあと

固定された窒素の分析：窒素化合物 $\xrightarrow[\text{触媒}]{O_2/\sim 1\,000\,℃}$ NO

$\underset{\text{亜酸化窒素}}{NO} + \underset{\text{オゾン}}{O_3} \longrightarrow \underset{\substack{\text{一酸化窒素}\\\text{電子励起状態}}}{NO_2^*}$

$NO_2^* \longrightarrow NO_2 + \underset{\text{特徴的な発光}}{h\nu}$

上の写真は「環境にやさしい」アイディアの一つである．ポリ塩化ビニル（PVC）に TiO_2 を配合すれば，PVC が日光で分解されるようになる[17]．ふつうの PVC は，都市のごみ埋め立て地に捨てられてから何年も分解されずに残る．TiO_2 配合 PVC は，短期間で分解される．［提供：H. Hidaka, S. Horikoshi, 明星大学，東京］

への応用について述べる．

16-7 ヨウ素を用いる方法

ヨウ素**酸化**滴定：ヨウ素を滴定剤に用いる滴定
ヨウ素**還元**滴定：化学反応によって生じたヨウ素の滴定

分析種をヨウ素で滴定する（I^- が生じる）方法は，<u>ヨウ素酸化滴定</u>（iodimetry）と呼ばれる．<u>ヨウ素還元滴定</u>（iodometry）では，分析種に過剰の I^- を加えてヨウ素を発生させ，次にヨウ素をチオ硫酸塩標準液で滴定する．

ヨウ素分子は，水に少ししか溶けない（20 ℃で 1.3×10^{-3} M）が，ヨウ化物イオンと錯生成すると溶解度が高くなる．

$$\underset{\text{ヨウ素}}{I_2(aq)} + \underset{\substack{\text{ヨウ化物}\\\text{イオン}}}{I^-} \rightleftharpoons \underset{\substack{\text{三ヨウ化物}\\\text{イオン}}}{I_3^-} \qquad K = 7 \times 10^2$$

1.5 mM I_2 + 1.5 mM KI 水溶液は，以下の化学種を含む[23]．
0.9 mM I_2	5 μM I_5^-
0.9 mM I^-	40 nM I_6^{2-}
0.6 mM I_3^-	0.3 μM HOI

滴定に用いる典型的な 0.05 M I_3^- 溶液は，KI 0.12 mol と I_2 0.05 mol を水 1 L に溶かして調製される．滴定剤にヨウ素を使うことは，ほとんど常に I_2 と過剰の I^- の溶液を使うことを意味する．

デンプン指示薬の使用

デンプン（図 16-5）は，ヨウ素の指示薬である．他の有色化学種を含まない溶液では，約 5 μM の I_3^- の色を肉眼で検出できる．デンプンを用いると，検出限界は 10 分の 1 になる．

ヨウ素酸化滴定（I_3^- で滴定）では，滴定のはじめにデンプンを加えてもよい．当量点を過ぎると，最初の過剰 I_3^- の一滴が溶液を濃い青色に変える．

ヨウ素還元滴定（I_3^- の滴定）では，当量点までの反応全体にわたり I_3^- が存在する．デンプンは，当量点直前まで加えてはならない（当量点に近づいていることは，I_3^- の黄色が薄くなることでわかる．カラー図版 11）．そうしなければ，当量点に達したあとも一部のヨウ素がデンプンと結合したまま残るおそれがある．

デンプン-ヨウ素錯体の生成は，温度に依存する．50℃では，色の濃さは 25℃のときのわずか 10 分の 1 である．最大の感度が必要であれば，氷水で冷やすとよい[25]．有機溶媒はデンプンに対するヨウ素の親和性を下げ，指示薬としての働きを悪くする．

> デンプン法の代替法では，滴定溶液に数 ml の p-キシレンを加え，激しく撹拌する．終点近くでは滴定剤を加えるたびによく撹拌し，十分長く静置したのち，有機相の色を確かめる．I_2 は水よりも p-キシレンに 400 倍も溶けるので，その色は有機相で容易に検出される[24]．

I_3^- 溶液の調製と標定

三ヨウ化物イオン（I_3^-）は，固体 I_2 を過剰の KI とともに溶かして調製される．昇華精製した I_2 は一次標準物質になるほど純粋であるが，ひょう量中に気化するのでそのまま標準液として使うことはまれである．その代わりに，およその量をすばやくひょう量して調製した I_3^- の溶液を，純粋な分析種の試料または $Na_2S_2O_3$ で標定する．

I_3^- の酸性溶液は，過剰の I^- が空気によってゆっくりと酸化されるため不安定である．

$$6I^- + O_2 + 4H^+ \longrightarrow 2I_3^- + 2H_2O$$

中性溶液では，熱，光，金属イオンがなければ，酸化は問題にならない．pH ≳ 11 では，三ヨウ化物イオンは，次亜ヨウ素酸，ヨウ素酸イオン，およびヨウ化物イオンに不均化する．

I_3^- 標準液を調製するすぐれた方法は，以下のようである．一次標準物質ヨウ素酸カリウム（KIO_3）をひょう量し，わずかに過剰の KI を加える[26]．次に，過剰の強酸（pH ≈ 1）を加えると，不均化の逆反応が定量に起こり，I_3^- が生成する．

$$IO_3^- + 8I^- + 6H^+ \rightleftharpoons 3I_3^- + 3H_2O \tag{16-18}$$

> 固体 I_2 や I_3^- 溶液の上部では，有毒な I_2 の蒸気圧がかなり高い．I_2 や I_3^- を入れた容器は，ふたを閉めてドラフトチャンバー内に保存する．I_3^- の廃液は，実験室の流しに捨ててはならない．

> HOI：次亜ヨウ素酸
> IO_3^-：ヨウ素酸イオン

このようにして調製した I_3^- 標準液は，チオ硫酸イオンで標定できる．I_3^- 標準液は空気で酸化されるので，すぐに使わなければならない．KIO_3 の不利な点は，受け取る電子数に対して分子量が小さいことである．このため，溶液の調製におけるひょう量誤差が相対的に大きくなる．

チオ硫酸ナトリウムの使用

チオ硫酸ナトリウムは，三ヨウ化物イオンの滴定に最もよく用いられる滴定剤である．中性または酸性の溶液では，三ヨウ化物イオンはチオ硫酸イオンを四チオン酸イオンに酸化する．

$$I_3^- + 2S_2O_3^{2-} \rightleftharpoons 3I^- + O=\overset{O}{\underset{\|}{S}}-S-S-\overset{O}{\underset{\|}{S}}=O \tag{16-19}$$

　　　チオ硫酸イオン　　　　　　四チオン酸イオン

反応 16-19 において，I_3^- 1 mol は I_2 1 mol と等価である．I_2 と I_3^- は，平衡 $I_2 + I^- \rightleftharpoons I_3^-$ を通じて互変可能である．塩基性溶液中では，I_3^- は I^- と HOI に不均化し，$S_2O_3^{2-}$ を SO_4^{2-} に酸化する．よって，反応 16-19 は pH 9 未満で行われる．滴定される I_3^- 酸性溶液は，N_2 ガスで覆って，空気酸化を防ぐようにする．一般的なチオ硫酸塩である $Na_2S_2O_3 \cdot 5H_2O$ は，一次標準物質にできるほど純粋ではない．そのため，チオ硫酸塩溶液は，ふつう KIO_3 と KI から調製した新しい I_3^- 溶液によって標定される．

一次標準物質となる無水 $Na_2S_2O_3$ は，五水和物から調製される[27]．

$Na_2S_2O_3$ の安定な溶液は，沸騰させたばかりの高純度の蒸留水に試薬を溶かして調製される．CO_2 が溶解すると，溶液は酸性になり，$S_2O_3^{2-}$ の不均化が促進される．

$$S_2O_3^{2-} + H^+ \rightleftharpoons \underset{\text{亜硫酸水素イオン}}{HSO_3^-} + \underset{\text{硫黄}}{S(s)} \tag{16-20}$$

また，金属イオンは，チオ硫酸イオンの空気酸化を触媒する．

$$2Cu^{2+} + 2S_2O_3^{2-} \longrightarrow 2Cu^+ + S_4O_6^{2-}$$

$$2Cu^+ + \frac{1}{2}O_2 + 2H^+ \longrightarrow 2Cu^{2+} + H_2O$$

チオ硫酸塩溶液は，暗所に保存する．1 L あたり炭酸ナトリウム 0.1 g を加えると，溶液が安定となる最適な pH 範囲に保たれる．また，チオ硫酸塩溶液の瓶にクロロホルムを 3 滴加えると，細菌の増殖を防ぐのに役立つ．チオ硫酸イオンの酸性溶液は不安定であるが，この試薬は酸性溶液中の I_3^- の滴定に使用できる．なぜなら，三ヨウ化物イオンとの反応は反応 16-20 よりも速いからだ．

ヨウ素を用いる分析

還元剤 + $I_3^- \rightarrow 3I^-$

還元剤は，I_3^- 標準液で直接滴定できる（表 16-4）．デンプンを加えて，濃い青色のデンプン-ヨウ素の終点に達するまで滴定する．一つの例は，ビタミン C のヨウ素酸化滴定である．

アスコルビン酸 (ビタミンC) + I_3^- + H_2O ⟶ デヒドロアスコルビン酸[28] + $3I^-$ + $2H^+$

酸化剤 + $3I^- \rightarrow I_3^-$

酸化剤は，過剰の I^- と反応して I_3^- を生成する（表 16-5，コラム 16-3）．ヨウ素還元滴定では，遊離した I_3^- をチオ硫酸イオン標準液で滴定する．デンプンは，終点直前に加える．

表16-4 三ヨウ化物イオン標準液による滴定（ヨウ素酸化滴定）

分析種	酸化反応	備考
As^{3+}	$H_3AsO_3 + H_2O \rightleftharpoons H_3AsO_4 + 2H^+ + 2e^-$	$NaHCO_3$ 溶液中, I_3^- で直接滴定する.
Sn^{2+}	$SnCl_4^{2-} + 2Cl^- \rightleftharpoons SnCl_6^{2-} + 2e^-$	1 M 塩酸中, Sn(IV) を粒状 Pb または Ni で Sn(II) に予備還元し, 酸素がない状態で滴定する.
N_2H_4	$N_2H_4 \rightleftharpoons N_2 + 4H^+ + 4e^-$	$NaHCO_3$ 溶液中で滴定する.
SO_2	$SO_2 + H_2O \rightleftharpoons H_2SO_3$ $H_2SO_3 + H_2O \rightleftharpoons SO_4^{2-} + 4H^+ + 2e^-$	SO_2（または H_2SO_3, HSO_3^-, SO_3^{2-}) を希酸性の過剰の I_3^- 標準液に加え, 未反応の I_3^- をチオ硫酸イオン標準液で逆滴定する.
H_2S	$H_2S \rightleftharpoons S(s) + 2H^+ + 2e^-$	H_2S を過剰の I_3^- を含む 1 M 塩酸に加え, チオ硫酸イオンで逆滴定する.
Zn^{2+}, Cd^{2+}, Hg^{2+}, Pb^{2+}	$M^{2+} + H_2S \longrightarrow MS(s) + 2H^+$ $MS(s) \rightleftharpoons M^{2+} + S + 2e^-$	金属硫化物を沈殿させて洗う. 沈殿を過剰の I_3^- を含む 3 M 塩酸に溶かし, チオ硫酸イオンで逆滴定する.
システイン, グルタチオン, チオグリコール酸, メルカプトエタノール	$2RSH \rightleftharpoons RSSR + 2H^+ + 2e^-$	pH 4〜5 において, スルフヒドリル化合物を I_3^- で滴定する.
HCN	$I_2 + HCN \rightleftharpoons ICN + I^- + H^+$	p-キシレンを抽出指示薬に用いて, 炭酸イオン-炭酸水素イオン緩衝液中で滴定する.
$H_2C=O$	$H_2CO + 3OH^- \rightleftharpoons HCO_2^- + 2H_2O + 2e^-$	試料に過剰の I_3^- と NaOH を加える. 5分後, 塩酸を加えて, チオ硫酸イオンで逆滴定する.
グルコース（およびその他の還元糖）	$RCH(=O) + 3OH^- \rightleftharpoons RCO_2^- + 2H_2O + 2e^-$	試料に過剰の I_3^- と NaOH を加える. 5分後, 塩酸を加えて, チオ硫酸イオンで逆滴定する.
アスコルビン酸（ビタミン C）	アスコルビン酸 + H_2O $\rightleftharpoons$ デヒドロアスコルビン酸 + $2H^+ + 2e^-$	I_3^- で直接滴定する.
H_3PO_3	$H_3PO_3 + H_2O \rightleftharpoons H_3PO_4 + 2H^+ + 2e^-$	$NaHCO_3$ 溶液中で滴定する.

表16-5 分析種によって生成する I_3^- の滴定（ヨウ素還元滴定）

分析種	I_3^- の生成反応	備考
Cl_2	$Cl_2 + 3I^- \rightleftharpoons 2Cl^- + I_3^-$	希酸中で反応.
HOCl	$HOCl + H^+ + 3I^- \rightleftharpoons Cl^- + I_3^- + H_2O$	0.5 M 硫酸中で反応.
Br_2	$Br_2 + 3I^- \rightleftharpoons 2Br^- + I_3^-$	希酸中で反応.
BrO_3^-	$BrO_3^- + 6H^+ + 9I^- \rightleftharpoons Br^- + 3I_3^- + 3H_2O$	0.5 M 硫酸中で反応.
IO_3^-	$2IO_3^- + 16I^- + 12H^+ \rightleftharpoons 6I_3^- + 6H_2O$	0.5 M 塩酸中で反応.
IO_4^-	$2IO_4^- + 22I^- + 16H^+ \rightleftharpoons 8I_3^- + 8H_2O$	0.5 M 塩酸中で反応.
O_2	$O_2 + 4Mn(OH)_2 + 2H_2O \rightleftharpoons 4Mn(OH)_3$ $2Mn(OH)_3 + 6H^+ + 3I^- \rightleftharpoons 2Mn^{2+} + I_3^- + 6H_2O$	試料に Mn^{2+}, NaOH, KI を加える. 1分後, 硫酸で酸性にして, I_3^- を滴定する.
H_2O_2	$H_2O_2 + 3I^- + 2H^+ \rightleftharpoons I_3^- + 2H_2O$	1 M 硫酸中で反応.
O_3 [a]	$O_3 + 3I^- + 2H^+ \rightleftharpoons O_2 + I_3^- + H_2O$	O_3 を中性の 2 wt% KI 溶液に通す. 硫酸を加えて, 滴定する.
NO_2^-	$2HNO_2 + 2H^+ + 3I^- \rightleftharpoons 2NO + I_3^- + 2H_2O$	I_3^- の滴定前に, 一酸化窒素を除く（その場で発生させた CO_2 を吹き込む）.
As^{5+}	$H_3AsO_4 + 2H^+ + 3I^- \rightleftharpoons H_3AsO_3 + I_3^- + H_2O$	5 M 塩酸中で反応.
$S_2O_8^{2-}$	$S_2O_8^{2-} + 3I^- \rightleftharpoons 2SO_4^{2-} + I_3^-$	中性溶液中で反応. 次に酸性にして, 滴定する.
Cu^{2+}	$2Cu^{2+} + 5I^- \rightleftharpoons 2CuI(s) + I_3^-$	NH_4HF_2 を緩衝液に用いる.
$Fe(CN)_6^{3-}$	$2Fe(CN)_6^{3-} + 3I^- \rightleftharpoons 2Fe(CN)_6^{4-} + I_3^-$	1 M 塩酸中で反応.
MnO_4^-	$2MnO_4^- + 16H^+ + 15I^- \rightleftharpoons 2Mn^{2+} + 5I_3^- + 8H_2O$	0.1 M 塩酸中で反応.
MnO_2	$MnO_2(s) + 4H^+ + 3I^- \rightleftharpoons Mn^{2+} + I_3^- + 2H_2O$	0.5 M H_3PO_4 または塩酸中で反応.
$Cr_2O_7^{2-}$	$Cr_2O_7^{2-} + 14H^+ + 9I^- \rightleftharpoons 2Cr^{3+} + 3I_3^- + 7H_2O$	0.4 M 塩酸中での反応は完了まで 5 分を要する. 反応は, とくに空気酸化の影響を受けやすい.
Ce^{4+}	$2Ce^{4+} + 3I^- \rightleftharpoons 2Ce^{3+} + I_3^-$	1 M 硫酸中で反応.

(a) O_3 を I^- に加えるときは, pH ≥ 7 にする. 酸性溶液中では, 1分子の O_3 は 1分子の I_3^- ではなく, 1.25分子の I_3^- を生じる. [N. V. Klassen et al., *Anal. Chem.*, **66**, 2921 (1994).]

コラム 16-3

高温超伝導体のヨウ素還元滴定

超伝導体の重要な用途は，医療用の磁気共鳴画像法 (MRI) に必要な強力な電磁石である．このような磁石をふつうの導体でつくると，大量の電力を必要とする．超伝導体では，電気は抵抗のない回路を流れるので，電流が流れ始めれば，電磁石のコイルにかける電圧を除くことができる．電流は，電力を消費することなく流れ続ける．

超伝導体技術のブレークスルーは，イットリウム・バリウム・銅酸化物 ($YBa_2Cu_3O_7$) の発見[29]によってもたらされた．その結晶構造を下図に示す．この物質は，加熱されるとCu—O鎖から容易に酸素原子を失う．$YBa_2Cu_3O_7$ から $YBa_2Cu_3O_6$ までのあらゆる組成が観察される．

高温超伝導体が発見されたとき，化学式 $YBa_2Cu_3O_x$ 中の酸素の含有量は未知であった．$YBa_2Cu_3O_7$ は，異常な酸化状態を含む組成である．一般的なイットリウムおよびバリウムの酸化状態は Y^{3+} および Ba^{2+} であり，一般的な銅の酸化状態は Cu^{2+} および Cu^+ である．もしすべての銅が Cu^{2+} であったとすると，超伝導体の式は $(Y^{3+})(Ba^{2+})_2(Cu^{2+})_3(O^{2-})_{6.5}$ となり，陽イオンの電荷は +13，陰イオンの電荷は −13 となる．組成 $YBa_2Cu_3O_7$ には Cu^{3+} が必要であるが，これはかなり珍しい．形式上，$YBa_2Cu_3O_7$ は，陽イオンの電荷が +14，陰イオンの電荷が −14 の $(Y^{3+})(Ba^{2+})_2(Cu^{2+})_2(Cu^{3+})(O^{2-})_7$ と考えられる．

酸化還元滴定は，銅の酸化状態を測定し，それによって $YBa_2Cu_3O_x$ の酸素含有量を決定する最も信頼性の高い方法である[30]．ヨウ素還元滴定を二つの実験に用いる．

実験A では，$YBa_2Cu_3O_x$ を希酸に溶かす．すると，Cu^{3+} が Cu^{2+} に変換される．簡単のため，$YBa_2Cu_3O_7$ の反応を示す．$x \neq 7$ でも，式をつり合わせられる[31]．

$$YBa_2Cu_3O_7 + 13H^+ \longrightarrow Y^{3+} + 2Ba^{2+} + 3Cu^{2+} + \frac{13}{2}H_2O + \frac{1}{4}O_2 \quad (1)$$

全銅含有量を測定するには，ヨウ化物イオンで処理し，

$$Cu^{2+} + \frac{5}{2}I^- \longrightarrow CuI(s) + \frac{1}{2}I_3^- \quad (2)$$

遊離した三ヨウ化物イオンをチオ硫酸イオン標準液で滴定する (反応 16-19)．実験A では，$YBa_2Cu_3O_7$ 中の Cu 1 mol は，$S_2O_3^{2-}$ 1 mol と等価である．

実験B では，I^- を含む希酸に $YBa_2Cu_3O_x$ を溶かす．Cu^{2+} 1 mol は反応2により，I_3^- 0.5 mol を生成し，Cu^{3+} 1 mol は次の反応により I_3^- 1 mol を生成する．

$$Cu^{3+} + 4I^- \longrightarrow CuI(s) + I_3^- \quad (3)$$

実験A で必要な $S_2O_3^{2-}$ のモル数は，超伝導体の Cu の全モル数に等しい．実験B と実験A において必要な $S_2O_3^{2-}$ の差が Cu^{3+} 含有量である．この差から，式 $YBa_2Cu_3O_x$ の x を求めることができる[32]．

化学式 $YBa_2Cu_3O_7$ に Cu^{3+} を含めて陽イオンの電荷と陰イオンの電荷をつり合わせることができるが，結晶中に独立の Cu^{3+} イオンが存在する証拠はない．一方，一部の酸素が過酸化物 O_2^{2-} であれば，やはり陽イオンの電荷と陰イオンの電荷をつり合わせられるが，その証拠もない．固体結晶中の酸化状態の最もよい説明は，Cu—O 面と Cu—O 鎖に電子とホールが非局在化しているというものである．とはいえ，Cu^{3+} を用いる形式的表現と反応1から反応3までは，$YBa_2Cu_3O_7$ の酸化還元の化学を正確に表している．問題 16-37 では，超伝導体 $Bi_2Sr_2(Ca_{0.8}Y_{0.2})Cu_2O_{8.295}$ の Cu と Bi それぞれの酸化数を測定する滴定について考えよう．

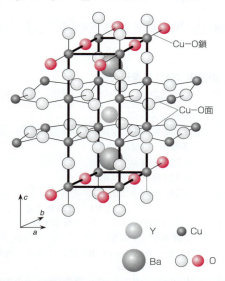

$YBa_2Cu_3O_7$ の構造．一次元の Cu—O 鎖 (赤色で示した) は結晶の b 軸に沿って走り，二次元の Cu—O 面は a-b 面にある．高温では，Cu—O 鎖から赤色の酸素原子が失われ，$YBa_2Cu_3O_6$ が生じる．[出典: G. F. Holland and A. M. Stacy, *Acc. Chem. Res.*, **21**, 8 (1988).]

重要なキーワード

アマルガム（amalgam）
酸化還元指示薬（redox indicator）
酸化還元滴定（redox titration）
不均化（disproportionation）
予備還元（prereduction）
予備酸化（preoxidation）

本章のまとめ

酸化還元滴定は，分析種と滴定剤の酸化還元反応に基づく．場合によっては，分析前に分析種の酸化状態を調整するために，定量的な予備酸化（$S_2O_8^{2-}$，$Ag^I|Ag^{III}O_2$，$NaBiO_3$，H_2O_2 などの試薬を使う）または予備還元（$SnCl_2$，$CrCl_2$，SO_2，H_2S などの試薬，または金属還元器カラムを使う）が必要である．酸化還元滴定の終点は，ふつうポテンシオメトリーまたは酸化還元指示薬で検出される．有用な指示薬は，変色域〔$= E°$（指示薬）$\pm 0.05916/n$ V〕が滴定曲線の電位の急変部と重なるものである．

分析種と滴定剤の還元電位の差が大きいほど，終点ははっきりする．当量点以前の平坦部の中心は $E°$（分析種）にあり，当量点以降の平坦部は $E°$（滴定剤）付近にある．当量点以前では，分析種が関係する半反応を用いてセル電圧を求める．なぜなら，分析種の酸化体と還元体の両方の濃度が既知であるからだ．当量点以降は，滴定剤が関係する半反応を用いる．当量点では，両方の半反応を用いて電圧を求める．

一般的な酸化滴定剤は，$KMnO_4$，Ce^{4+}，$K_2Cr_2O_7$ である．多くの方法は，I_3^- による酸化滴定または化学反応で遊離した I_3^- の滴定に基づいている．

練習問題

16-A. 1 M 塩酸において，0.00500 M Sn^{2+} 溶液 20.0 mL を 0.0200 M Ce^{4+} 溶液で滴定して，Sn^{4+} と Ce^{3+} を得た．Ce^{4+} 溶液の滴下体積が 0.100, 1.00, 5.00, 9.50, 10.00, 10.10, 12.00 mL のときの電位（対 S.C.E.）を計算せよ．また，その滴定曲線を描け．

16-B. 1 M 塩酸中，$Fe(CN)_6^{4-}$ を Tl^{3+} で滴定するとき，インジゴテトラスルホン酸は適切な酸化還元指示薬か？（ヒント：当量点の電位は，二つの酸化還元対の電位の間にある．）

16-C. 実証実験 16-1 の滴定曲線を計算せよ．この実験では，1 M 硫酸を含む 3.75 mM Fe^{2+} 溶液 400.0 mL を 20.0 mM MnO_4^- 溶液で滴定する．pH は 0.00 で一定と仮定する．滴定剤の体積が 1.0, 7.5, 14.0, 15.0, 16.0, 30.0 mL のときの S.C.E. に対する電位を計算し，滴定曲線を描け．

16-D. 25℃ において，Fe^{2+} の未知試料 50.0 mL を 0.100 M Ce^{4+} 溶液で滴定し，溶液を Pt 電極とカロメル電極でモニターしたところ，次の表のデータを得た[9]．グランプロットを作成し，どのデータが直線にのるかを判断せよ．この直線の x 切片（当量体積）を求めよ．また，未知試料中の Fe^{2+} の容量モル濃度を計算せよ．

滴定剤の体積, V（mL）	E（V）
6.50	0.635
8.50	0.651
10.50	0.669
11.50	0.680
12.50	0.696

16-E. ある固体混合物 0.05485 g は，硫酸第一鉄アンモニウムと塩化第一鉄のみを含む．試料を 1 M 硫酸に溶かした．Fe^{2+} を Fe^{3+} に完全に酸化するのに必要な 0.01234 M Ce^{4+} 溶液は 13.39 mL であった．元の試料中の Cl の重量百分率を計算せよ．解けない場合は，7-2 節の混合物の滴定の例を見よ．

$FeSO_4 \cdot (NH_4)_2SO_4 \cdot 6H_2O$　　$FeCl_2 \cdot 6H_2O$
硫酸第一鉄アンモニウム　　　　　塩化第一鉄
式量 392.13　　　　　　　　　　　式量 234.84

章末問題

酸化還元滴定曲線のかたち

16-1. 図 16-2 の滴定について考えよう．
(a) つり合った滴定反応の式を書け．
(b) 指示電極で起こる二つの半反応の式を書け．
(c) セル電圧を表す二つのネルンスト式を書け．
(d) Ce^{4+} 溶液の滴下体積が 10.0, 25.0, 49.0, 50.0, 51.0, 60.0, 100.0 mL のときの E を計算せよ．また，結果を図 16-2 と比べよ．

16-2. 1 M $HClO_4$ において，0.0100 M Ce^{4+} 溶液 100.0 mL を 0.0400 M Cu^+ 溶液で滴定すると，Ce^{3+} と Cu^{2+} が得られる．終点の決定には，Pt 電極と飽和 Ag|AgCl 電極を用いる．

- (a) つり合った滴定反応の式を書け．
- (b) 指示電極で起こる二つの半反応の式を書け．
- (c) セル電圧を表す二つのネルンスト式を書け．
- (d) Cu^+ 溶液の滴下体積が 1.00，12.5，24.5，25.0，25.5，30.0，50.0 mL のときの E を計算せよ．また，滴定曲線を描け．

16-3. 1 M 塩酸において，0.0100 M Sn^{2+} 溶液 25.0 mL を 0.0500 M Tl^{3+} 溶液で滴定する．Pt 電極と飽和カロメル電極を用いて終点を決定する．

- (a) つり合った滴定反応の式を書け．
- (b) 指示電極で起こる二つの半反応の式を書け．
- (c) セル電圧を表す二つネルンスト式を書け．
- (d) Tl^{3+} 溶液の滴下体積が 1.00，2.50，4.90，5.00，5.10，10.0 mL のときの E を計算せよ．また，滴定曲線を描け．

16-4. pH 0.30 において，0.0200 M Fe^{3+} 溶液 10.0 mL にアスコルビン酸（0.0100 M）を加えた．溶液の電位を Pt 電極と飽和 Ag|AgCl 電極でモニターした．

$$デヒドロアスコルビン酸 + 2H^+ + 2e^- \rightleftharpoons アスコルビン酸 + H_2O$$
$$E° = 0.390\ V$$

- (a) つり合った滴定反応の式を書け．
- (b) $Fe^{3+} | Fe^{2+}$ 対の $E° = 0.767\ V$ を用いて，アスコルビン酸を 5.0，10.0，15.0 mL だけ加えたときのセル電圧を計算せよ．（ヒント：実証実験 16-1 の計算を参照せよ．）

16-5. 1 M 塩酸において，0.0500 M Sn^{2+} 溶液 25.0 mL を 0.100 M Fe^{3+} 溶液で滴定すると，Fe^{2+} と Sn^{4+} が生じる．Pt 電極と飽和カロメル電極を用いて溶液の電位をモニターする．

- (a) つり合った滴定反応の式を書け．
- (b) 指示電極で起こる二つの半反応の式を書け．
- (c) セル電圧を表す二つのネルンスト式を書け．
- (d) Fe^{3+} 溶液の滴下体積が 1.0，12.5，24.0，25.0，26.0，30.0 mL のときの E を計算せよ．また，滴定曲線を描け．

終点の決定

16-6. 図 16-3 の終点の決定に適した指示薬を表 16-2 から選べ．どのような色の変化が観察されるか？

16-7. Sn^{2+} 溶液を $Mn(EDTA)^-$ で滴定するとき，トリス(2,2′-ビピリジン)鉄は有用な指示薬か？（ヒント：当量点の電位は，二つの酸化還元対の電位の間にある．）

分析種の酸化状態の調整

16-8. 予備酸化および予備還元は何を意味するかを説明せよ．これらの目的で用いられる試薬は分解できることが重要なのはなぜか？

16-9. 煮沸による $S_2O_8^{2-}$，Ag^{3+}，H_2O_2 の分解について，つり合った反応式を書け．

16-10. ジョーンズ還元器とは何か？ その使用目的は何か？

16-11. Fe^{3+} の分析において，予備還元するときにジョーンズ還元器の代わりにウォールデン還元器を用いると Cr^{3+} と TiO^{2+} が干渉しないのはなぜか？

$KMnO_4$，$Ce(IV)$，$K_2Cr_2O_7$ の酸化還元反応

16-12. 表 16-3 の情報に基づいて，$(NH_4)_2SO_4$ と $(NH_4)_2S_2O_8$ を含む固体混合物中の $(NH_4)_2S_2O_8$ の含量を求めるために，$KMnO_4$ をどのように用いるかを説明せよ．操作においてリン酸を用いる目的は何か？

16-13. 以下の pH において，MnO_4^- が酸化体であるつり合った半反応の式を書け．
  (a) pH = 0，(b) pH = 10，(c) pH = 15．

16-14. 未知試料 25.00 mL をジョーンズ還元器に通すと，モリブデン酸イオン（MoO_4^{2-}）が Mo^{3+} に還元された．この溶液を 0.01033 M $KMnO_4$ 溶液で滴定すると，紫色の終点に達するのに 16.43 mL を要した．

$$MnO_4^- + Mo^{3+} \longrightarrow Mn^{2+} + MoO_2^{2+}$$

ブランク試料は，$KMnO_4$ 溶液 0.04 mL を要した．上の反応式をつり合わせて，未知試料中のモリブデン酸イオンの容量モル濃度を求めよ．

16-15. 市販の過酸化水素水 25.00 mL をメスフラスコで 250.0 mL に希釈した．次に，希釈した溶液 25.00 mL を水 200 mL および 3 M 硫酸 20 mL と混ぜて，0.02123 M $KMnO_4$ 溶液で滴定した．最初のピンク色は，滴定剤の滴下量が 27.66 mL のときに現れた．水から調製したブランク試料では，ピンク色が見えるまでに 0.04 mL が必要であった．表 16-3 の H_2O_2 の反応式を用いて，市販の過酸化水素水中の H_2O_2 の容量モル濃度を求めよ．

16-16. MnO_4^- と H_2O_2 の反応は，O_2 と Mn^{2+} を生じる．可能性のあるスキームは，以下の二つである．

$$スキーム 1： MnO_4^- \longrightarrow Mn^{2+}$$
$$H_2O_2 \longrightarrow O_2$$
$$スキーム 2： MnO_4^- \longrightarrow O_2 + Mn^{2+}$$
$$H_2O_2 \longrightarrow H_2O$$

- (a) 各スキームについて，e^-，H_2O，H^+ を加えて半反応式を完成させ，つり合った全反応式を書け．
- (b) 過ホウ酸ナトリウム・4 水和物（$NaBO_3 \cdot 4H_2O$，式量 153.86）は，酸に溶かすと H_2O_2 を生じる（$BO_3^- + 2H_2O \longrightarrow H_2O_2 + H_2BO_3^-$）．スキーム 1 とスキーム 2 のどちらが起こるかを判断するために，米国海軍兵学校[33]の学生が，$NaBO_3 \cdot 4H_2O$ 1.023 g をひょう量して 100 mL メスフラスコに入れ，1 M 硫酸 20 mL を加え，標線まで水で希釈した．次に，この溶液 10.00 mL を 0.01046 M $KMnO_4$ 溶液で最初の薄いピンク色が残るま

で滴定した．スキーム1およびスキーム2では，それぞれ何 mL の $KMnO_4$ 溶液が必要か？（実際には，スキーム1の化学量論が観察された．）

16-17. La^{3+} を含む試料 50.00 mL にシュウ酸ナトリウムを加えると，$La_2(C_2O_4)_3$ が沈殿した．この沈殿を洗い，酸に溶かして 0.006 363 M $KMnO_4$ 溶液 18.04 mL で滴定した．滴定反応の式を書け．また未知試料中の $[La^{3+}]$ を求めよ．

16-18. グリセロール水溶液 100.0 mg に，4 M $HClO_4$ を含む 0.083 7 M Ce^{4+} 溶液 50.0 mL を加え，60℃で 15 分間反応させ，グリセロールをギ酸に酸化した．

$$CH_2-CH-CH_2 \quad\quad HCO_2H$$
$$\;|\quad\;\;|\quad\;\;|$$
$$OH\;\;OH\;\;OH$$

グリセロール　　　　　　　ギ酸
式量 92.095

過剰の Ce^{4+} を 0.044 8 M Fe^{2+} 溶液で滴定すると，フェロインの終点に達するのに 12.11 mL を要した．未知試料中のグリセロールの重量%を求めよ．

16-19. 亜硝酸イオン（NO_2^-）を定量するには，NO_2^- を過剰の Ce^{4+} で酸化し，その後，未反応の Ce^{4+} を逆滴定する．$NaNO_2$（式量 68.995）と $NaNO_3$ のみを含む固体試料 4.030 g を 500.0 mL に溶かした．この溶液試料 25.00 mL に，強酸を含む 0.118 6 M Ce^{4+} 溶液 50.00 mL を加え，5 分間反応させたのち，過剰の Ce^{4+} を 0.042 89 M 硫酸第一鉄アンモニウム溶液 31.13 mL で逆滴定した．

$$2Ce^{4+} + NO_2^- + H_2O \longrightarrow 2Ce^{3+} + NO_3^- + 2H^+$$
$$Ce^{4+} + Fe^{2+} \longrightarrow Ce^{3+} + Fe^{3+}$$

硫酸第一鉄アンモニウムの化学式を書け．固体中の $NaNO_2$ の重量%を計算せよ．

16-20. フッ素リン灰石〔$Ca_{10}(PO_4)_6F_2$，式量 1 008.6〕のレーザー用結晶にクロムをドープして効率を改善した．クロムの酸化状態は +4 価であると考えられた[2]．

1. 結晶中のクロムの全酸化数を測定するために，結晶を 100℃ の 2.9 M $HClO_4$ 溶液に溶かし，20℃ に冷やして，Fe^{2+} 標準液で滴定した．終点の決定には，Pt 電極と Ag｜AgCl 電極を用いた．この操作では，酸化数が +3 を超えるクロムが当量の Fe^{2+} を酸化する．すなわち，Cr^{4+} は Fe^{2+} を一つ消費し，$Cr_2O_7^{2-}$ 中の Cr^{6+} は Fe^{2+} を三つ消費する．

$$Cr^{4+} + Fe^{2+} \longrightarrow Cr^{3+} + Fe^{3+}$$
$$\frac{1}{2}Cr_2O_7^{2-} + 3Fe^{2+} \longrightarrow Cr^{3+} + 3Fe^{3+}$$

2. 第 2 の操作では，結晶を 100℃ の 2.9 M $HClO_4$ 溶液に溶かし，20℃ に冷やして全クロム含有量を測定した．すなわち，過剰の $S_2O_8^{2-}$ と Ag^+ を加えて，すべてのクロムを $Cr_2O_7^{2-}$ に酸化した．未反応の $S_2O_8^{2-}$ を煮沸して分解し，残った溶液を Fe^{2+} 標準液で滴定した．この操作では，元の未知試料中の Cr 1 個が Fe^{2+} 3 個と反応する．

$$Cr^{x+} \xrightarrow{S_2O_8^{2-}} Cr_2O_7^{2-}$$
$$\frac{1}{2}Cr_2O_7^{2-} + 3Fe^{2+} \longrightarrow Cr^{3+} + 3Fe^{3+}$$

操作 1 では，レーザー結晶 0.437 5 g の滴定に，$Fe(NH_4)_2(SO_4)_2 \cdot 6H_2O$ を 2 M $HClO_4$ 溶液に溶かして調製した 2.786 mM Fe^{2+} 溶液を 0.498 mL だけ要した．操作 2 では，レーザー結晶 0.156 6 g の滴定に，同じ Fe^{2+} 溶液 0.703 mL を要した．結晶中の Cr の平均酸化数を求めよ．また，結晶 1 g あたりの全 Cr 量（μg）を求めよ．

16-21. 一次標準物質である酸化ヒ素（III）（As_4O_6）は，MnO_4^- や I_3^- などの酸化剤の標定に有用な試薬である（しかし発がん性がある）．MnO_4^- を標定するには，As_4O_6 を塩基性溶液に溶かしたのち，酸性条件において MnO_4^- 溶液で滴定する．少量のヨウ化物イオン（I^-）またはヨウ素酸イオン（IO_3^-）は，H_3AsO_3 と MnO_4^- の反応を触媒する．

$$As_4O_6 + 8OH^- \rightleftharpoons 4HAsO_3^{2-} + 2H_2O$$
$$HAsO_3^{2-} + 2H^+ \rightleftharpoons H_3AsO_3$$
$$5H_3AsO_3 + 2MnO_4^- + 6H^+ \longrightarrow$$
$$5H_3AsO_4 + 2Mn^{2+} + 3H_2O$$

(a) $KMnO_4$（式量 158.034）3.214 g を水 1.000 L に溶かし，加熱して不純物を反応させたのち，冷やしてろ過した．$KMnO_4$ が純粋であり，不純物によってまったく消費されなかったとしたら，この溶液の理論上の容量モル濃度はいくらか？

(b) (a) の $KMnO_4$ 溶液 25.00 mL とちょうど反応する As_4O_6（式量 395.68）の質量はいくらか？

(c) As_4O_6 0.146 8 g に対して，未反応の MnO_4^- の薄い色が現れるまでに $KMnO_4$ 溶液 29.98 mL が必要であった．ブランク滴定では，識別できる色を呈するのに MnO_4^- 溶液 0.03 mL が必要であった．過マンガン酸イオン溶液の容量モル濃度を計算せよ．

ヨウ素を用いる方法

16-22. 分析に使用されるヨウ素溶液は，ほとんど常に過剰の I^- を含むのはなぜか？

16-23. 三ヨウ化物イオン標準液を調製する方法を二つ述べよ．

16-24. ヨウ素酸化滴定法とヨウ素還元滴定法のうち，終点直前までデンプン指示薬を加えないのはどちらか？ それはなぜか？

16-25. 私たちは O_2 を利用して食物を代謝するが，病原菌のサルモネラは，ヒトの消化管に存在する四チオン酸イオンを酸化剤として利用する[34]．四チオン酸イオンが酸化剤として働く半反応の式を書け．四チオン酸イオンは O_2 と同じくらい強力な酸化剤だろうか？

16-26. (a) KIO₃（式量 214.00）1.022 g を 500 mL メスフラスコで溶かしてヨウ素酸カリウム溶液を調製した．次に，この溶液 50.00 mL をフラスコに移し，過剰の KI（2 g）と酸（0.5 M 硫酸 10 mL）を加えた．反応により何モルの I_3^- が生じるか？

(b) (a) の三ヨウ化物イオンは，$Na_2S_2O_3$ 溶液 37.66 mL と反応した．この $Na_2S_2O_3$ 溶液の濃度はいくらか？

(c) アスコルビン酸および不活性な成分を含む固体試料 1.223 g を希硫酸に溶かし，KI 2 g と (a) の KIO₃ 溶液 50.00 mL を加えた．過剰の三ヨウ化物イオンの滴定には，**(b)** の $Na_2S_2O_3$ 溶液 14.22 mL を要した．未知試料中のアスコルビン酸（式量 176.13）の重量百分率を求めよ．

(d) (c) の滴定では，デンプン指示薬をはじめに加えても，終点近くで加えても問題ないか？

16-27. 銅（II）の塩 3.026 g を 250 mL メスフラスコで溶かした．この溶液 50.0 mL に KI 1 g を加え，遊離したヨウ素を 0.046 68 M $Na_2S_2O_3$ 溶液 23.33 mL で滴定した．塩に含まれる Cu の重量百分率を求めよ．デンプン指示薬は，この滴定のはじめ，または終点直前のいずれで加えるべきか？

16-28. 溶存酸素のウィンクラー滴定．溶存酸素は水中に含まれる酸素であり，水生生物の生存にかかわる最も重要な指標である．過剰な栄養素が肥料や汚水から湖に流れ込むと，藻類や植物プランクトンが繁殖する．藻類が死んで湖底に沈むと，細菌がその有機物を分解し，水中の O_2 を消費する．ついには，水の O_2 が欠乏して魚が生きられなくなる．水系の栄養素が増えて一部の生物が繁殖し，最終的に水の O_2 が欠乏する過程は，富栄養化（eutrophication）と呼ばれる．溶存酸素を測定する方法の一つがウィンクラー法であり，これはヨウ素還元滴定である[35]．

溶存酸素
および
生物化学的酸素要求量
（BOD）測定用の瓶

1. すりガラス栓付きの約 300 mL の瓶に水を集める．この瓶は，それぞれにぴったり合う固有の栓をもっている．メーカーは，栓をした瓶の内容積（± 0.1 mL）を表示している．水を採取する深さまで栓をした瓶を沈める．栓を外して，瓶を水で満たす．瓶を沈めている間にすべての気泡を追いだして，栓をする．

2. 現場でただちに，2.15 M $MnSO_4$ 溶液 2.0 mL と，500 g/L NaOH，135 g/L NaI，10 g/L NaN_3（アジ化ナトリウム）を含むアルカリ溶液 2.0 mL をピペットで試料水に加える．添加するときに気泡が入らないように，ピペットの先は液面下に保つ．添加された濃厚な溶液が瓶の底に沈み，試料水が 4.0 mL くらいあふれ出る．

3. 瓶にしっかり栓をして，栓のまわりにあふれ出た液体を除き，瓶をひっくり返して混ぜる．O_2 が消費され，$Mn(OH)_3$ が沈殿する．

$$4Mn^{2+} + O_2 + 8OH^- + 2H_2O \longrightarrow 4Mn(OH)_3(s)$$

アジ化物イオンが水中のすべての亜硝酸イオン（NO_2^-）を消費するので，亜硝酸イオンは後のヨウ素還元滴定に干渉しない．

$$2NO_2^- + 6N_3^- + 4H_2O \longrightarrow 10N_2 + 8OH^-$$

4. 実験室に戻り，液面下に 18 M H_2SO_4 溶液 2.0 mL をゆっくり加える．瓶にしっかり栓をして，栓のまわりにあふれ出た液体を除き，瓶をひっくり返して混ぜる．酸が $Mn(OH)_3$ を溶かし，Mn^{3+} が I^- と定量的に反応する．

$$2Mn(OH)_3(s) + 3H_2SO_4 + 3I^- \longrightarrow 2Mn^{2+} + I_3^- + 3SO_4^{2-} + 6H_2O$$

5. 試料 200.0 mL を三角フラスコにはかり取り，チオ硫酸イオン標準液で滴定する．終点直前でデンプン溶液 3 mL を加え，滴定を終える．

冬に 0℃ の小川で水 297.6 mL を瓶に集めたところ，滴定に 10.22 mM チオ硫酸イオン溶液 14.05 mL を要した．

(a) $MnSO_4$ 溶液とアルカリ溶液を加えたのちに残るのは，試料 297.6 mL のうちの何パーセントか？

(b) 硫酸を加えたのちに残る試料は何パーセントか？ 硫酸は瓶の底に沈み，溶液 2.0 mL を置換すると仮定せよ．

(c) 滴定される 200.0 mL に元の試料は何 mL だけ含まれるか？

(d) 水中の O_2 1 mol あたり何 mol の I_3^- が生じるか？

(e) 溶存酸素量を mg O_2/L で表せ．

(f) O_2 で飽和した純水は，0℃ において 14.6 mg O_2/L を含む．小川の水の酸素飽和度（%）はいくらか？

(g) N_3^- を加えなければ滴定を妨害するであろう NO_2^- と I^- の反応式を書け．表 16-5 を参照せよ．

16-29. H_2S を測定するために，H_2S 水溶液 25.00 mL を酸性の 0.010 44 M I_3^- 標準液 25.00 mL にゆっくり加え，元素状硫黄を沈殿させた（[H_2S] > 0.01 M の場合，I_3^- 溶液の一部が沈殿した硫黄に閉じ込められ，その後に滴定されなくなる）．残った I_3^- を 0.009 336 M $Na_2S_2O_3$ 溶液 14.44 mL で滴定した．H_2S 溶液のモル濃度を求めよ．デンプン指示薬は，この滴定のはじめまたは終点直前の

いずれで加えるべきか？

16-30. 以下の還元電位を用いて，以下の問に答えよ．

$$I_2(s) + 2e^- \rightleftharpoons 2I^- \quad E° = 0.535 \text{ V}$$
$$I_2(aq) + 2e^- \rightleftharpoons 2I^- \quad E° = 0.620 \text{ V}$$
$$I_3^- + 2e^- \rightleftharpoons 3I^- \quad E° = 0.535 \text{ V}$$

(a) 反応 $I_2(aq) + I^- \rightleftharpoons I_3^-$ の平衡定数を計算せよ．

(b) 反応 $I_2(s) + I^- \rightleftharpoons I_3^-$ の平衡定数を計算せよ．

(c) $I_2(s)$ の水への溶解度 (g/L) を計算せよ．

16-31. 11-8 節のケルダール分析法を用いて，有機化合物の窒素含有量を測定する．沸騰した硫酸中で有機化合物をアンモニアに分解し，このアンモニアを蒸留して酸標準液に集める．次に，残った酸を塩基で逆滴定する．1880年，Kjeldahl 自身は，逆滴定のメチルレッド指示薬の終点をランプの明かりで見分けるのに苦労していた．彼は夜の作業をあきらめることもできたが，その代わりに違うやり方で分析法を完成させることを選んだ．アンモニアを蒸留して硫酸標準液に集めたのち，KIO_3 と KI の混合物を加えた．次に，ランプの明かりでも終点を決定しやすくするために，デンプンを指示薬に用いて，遊離したヨウ素をチオ硫酸イオン溶液で滴定した[36]．チオ硫酸イオンの滴定量と未知試料の窒素含有量の関係を説明せよ．分解時に遊離する NH_3 のモル数と，ヨウ素の滴定に必要なチオ硫酸イオンのモル数との関係式を導け．

16-32. 一部の人々は，食品保存料の亜硫酸イオン (SO_3^{2-}) に対してアレルギー反応を起こす．亜硫酸イオンは，機器分析[37]または酸化還元滴定によって測定できる．ワイン 50.0 mL に（KIO_3 0.8043 g + KI 6.0 g）/100 mL 溶液 5.00 mL を加えた．6.0 M 硫酸 1.0 mL を加えて酸性にすると，IO_3^- は定量的に I_3^- に変換された．I_3^- は SO_3^{2-} と反応して SO_4^{2-} を生じ，溶液中に過剰の I_3^- が残った．過剰の I_3^- は，デンプンの終点に達するまでに 0.04818 M $Na_2S_2O_3$ 溶液 12.86 mL を要した．

(a) KIO_3 + KI に硫酸を加えるときに起こる反応の式を書け．また，KI 6.0 g を原液に加えた理由を説明せよ．6.0 g を正確に測定する必要があるか？　また，硫酸 1.0 mL を正確に測定する必要があるか？

(b) I_3^- と亜硫酸イオンのつり合った反応式を書け．

(c) ワインに含まれる亜硫酸イオンの濃度を求めよ．答えを mol/L および mg SO_3^{2-}/L で表せ．

(d) t 検定．別のワインをヨウ素酸化滴定で 3 回定量したところ，SO_3^{2-} が 277.7 mg/L だけ含まれていることが分かった（標準偏差は ±2.2 mg/L）．分光光度法では，3 回の定量で 273.2 ± 2.1 mg/L であった．これらの結果は，信頼水準 95 % で有意に異なるか？

16-33. 臭素酸カリウム $KBrO_3$ は，酸性溶液で Br_2 を生成するための一次標準物質である．

$$BrO_3^- + 5Br^- + 6H^+ \rightleftharpoons 3Br_2(aq) + 3H_2O$$

Br_2 は，多くの不飽和有機化合物の分析に用いられる．Al^{3+} を以下の方法で分析した．未知試料を pH 5 に調整し，8-ヒドロキシキノリン（オキシン）を加えて，アルミニウムオキシネート〔$Al(C_9H_7ON)_3$〕を沈殿させた．沈殿を洗い，過剰の KBr を含む温塩酸に溶かして，0.02000 M $KBrO_3$ 溶液 25.00 mL を加えた．

$$Al(C_9H_7ON)_3 \xrightarrow{H^+} Al^{3+} + 3 \text{(オキシン)}$$

$$\text{(オキシン)} + 2Br_2 \longrightarrow \text{(ジブロモオキシン)} + 2H^+ + 2Br^-$$

過剰の Br_2 が KI で還元され，KI は I_3^- に酸化された．I_3^- は，デンプンの終点に達するまでに 0.05113 M $Na_2S_2O_3$ 溶液 8.83 mL を要した．未知試料に入っていた Al は何 mg か？

16-34. 高温超伝導体のヨウ素還元滴定．コラム 16-3 の操作を行って，銅の酸化状態を求め，化学式 $YBa_2Cu_3O_{7-z}$ 中の酸素原子の数を求めた（$0 \leq z \leq 0.5$）．

(a) コラム 16-3 の実験 A では，超伝導体 1.00 g は $S_2O_3^{2-}$ 4.55 mmol を要した．実験 B では，超伝導体 1.00 g は $S_2O_3^{2-}$ 5.68 mmol を要した．化学式 $YBa_2Cu_3O_{7-z}$ 中の z の値を計算せよ（式量 $666.246 - 15.9994z$）．

(b) 不確かさの伝播．実験 A を数回繰り返したところ，必要なチオ硫酸イオンは，$YBa_2Cu_3O_{7-z}$ 1 g あたり $S_2O_3^{2-}$ 4.55 (±0.10) mmol であった．実験 B では，必要なチオ硫酸イオンは，1 g あたり $S_2O_3^{2-}$ 5.68 (±0.05) mmol であった．化学式 $YBa_2Cu_3O_x$ の x の不確かさを計算せよ．

16-35. 未知量の Cu(I)，Cu(II)，Cu(III)，および過酸化物イオン (O_2^{2-}) を含む超伝導体の分析操作は，以下のように記述されている[38]．「過剰既知量の一価銅イオン (CuCl 約 25 mg) を含む脱酸素塩酸溶液 (1 M) に，試料約 50 mg を溶かすと，三価銅および過酸化物イオンの酸素は Cu(I) によって還元される．一方，試料自体が一価銅を含む場合，溶液中の Cu(I) の量は，試料を溶かすことで増える．次に，過剰の Cu(I) をアルゴン雰囲気において，クーロメトリーにより逆滴定した．」クーロメトリー (coulometry) は電気化学分析法であり，反応 $Cu^+ \longrightarrow Cu^{2+} + e^-$ により遊離する電子を，電極を流れる電荷量に基づいて測定する．この分析のしくみをあなた自身の言葉と式で説明せよ．

16-36. $Li_{1+y}CoO_2$ は，リチウム電池のアノード材料である．コバルトは，Co(III) と Co(II) の混合物として存在する．ほとんどの調製法では，材料に不活性なリチウム塩と水分が残る．材料の化学量論を求めるために，Co を原子

吸光法で測定し，その平均酸化数を電位差滴定法で調べた[39]．滴定のために，窒素雰囲気下，6 M 硫酸，6 M H_3PO_4，0.100 0 M Fe^{2+} を含む溶液 5.000 mL に材料 25.00 mg を溶かし，ピンク色の溶液を得た．

$$Co^{3+} + Fe^{2+} \longrightarrow Co^{2+} + Fe^{3+}$$

未反応の Fe^{2+} を完全に滴定するのに，0.015 93 M $K_2Cr_2O_7$ 溶液 3.228 mL を要した．

(a) 材料 5.00 mg に Co^{3+} は何 mmol 含まれているか？

(b) 原子吸光法によれば，固体中の Co 濃度は 56.4 wt % であった．Co の平均酸化数はいくらか？

(c) 化学式 $Li_{1+y}CoO_2$ の y を求めよ．

(d) 材料中の理論上の商 wt% Li/wt% Co はいくらか？ 不活性なリチウム塩を洗い流したのちに求めた商は，0.138 8 ± 0.000 6 であった．測定された商とコバルトの平均酸化数は矛盾しないか？

16-37. 警告！ 米国公衆衛生局長官は，この問題があなたの健康に有害であると述べた．$Bi_2Sr_2(Ca_{0.8}Y_{0.2})Cu_2O_x$ 型（Cu^{2+}，Cu^{3+}，Bi^{3+}，および Bi^{5+} を含む可能性がある）の高温超伝導体の Cu および Bi の酸化数は，以下の操作により測定される[40]．実験 A では，超伝導体を過剰の 2 mM CuCl を含む 1 M 塩酸溶液に溶かす．Bi^{5+}（BiO_3^- と表される）と Cu^{3+} は，Cu^+ を消費して Cu^{2+} を生じる．

$$BiO_3^- + 2Cu^+ + 4H^+ \longrightarrow BiO^+ + 2Cu^{2+} + 2H_2O \quad (1)$$

$$Cu^{3+} + Cu^+ \longrightarrow 2Cu^{2+} \quad (2)$$

次に，過剰な未反応の Cu^+ を<u>クーロメトリー</u>（下巻 17 章参照）により滴定する．実験 B では，超伝導体を過剰の 1 mM $FeCl_2 \cdot 4H_2O$ を含む 1 M 塩酸溶液に溶かす．Bi^{5+} は Fe^{2+} と反応するが，Cu^{3+} は Fe^{2+} と反応しない[41]．

$$BiO_3^- + 2Fe^{2+} + 4H^+ \longrightarrow BiO^+ + 2Fe^{3+} + 2H_2O \quad (3)$$

$$Cu^{3+} + \frac{1}{2}H_2O \longrightarrow Cu^{2+} + \frac{1}{4}O_2 + H^+ \quad (4)$$

次に，過剰な未反応の Fe^{2+} をクーロメトリーにより滴定する．実験 A で Cu + Bi の全酸化数が測定され，実験 B で Bi の酸化数が測定される．その差が Cu の酸化数である．

(a) 実験 A では，2.000 mM CuCl を含む 1 M 塩酸溶液 100.0 mL に 102.3 mg の試料 $Bi_2Sr_2CaCu_2O_x$（式量 760.37 + 15.999 4x）（イットリウムを含まない）を溶かした．超伝導体との反応後，クーロメトリーにより溶液中に未反応の Cu^+ が 0.108 5 mmol だけ検出された．実験 B では，1.000 mM $FeCl_2 \cdot 4H_2O$ を含む 1 M 塩酸溶液 100.0 mL に超伝導体 94.6 mg を溶かした．超伝導体との反応後，クーロメトリーにより未反応の Fe^{2+} が 0.057 7 mmol だけ検出された．超伝導体の Bi と Cu の平均酸化数，および酸素の化学量論係数 x を求めよ．

(b) 実験 A において試料量が 102.3 (±0.2) mg，未反応の Cu^+ 量が 0.108 5 (±0.000 7) mmol，実験 B において試料量が 94.6 (±0.2) mg，未反応の Fe^{2+} 量が 0.057 7 (±0.000 7) mmol であった．酸化数および x の不確かさを求めよ．その他の量の不確かさは無視できると仮定せよ．

注釈と参考文献

0章

1. S. P. Beckett, "The Science of Chocolate, 2nd ed.," Royal Society of Chemistry (2008); G. Tannenbaum, *J. Chem. Ed.*, **81**, 1131 (2004). この参考文献の表記は、2004年に刊行された *Journal of Chemical Education* の81巻の1131ページを意味する。

2. T. J. Wenzel, *Anal. Chem.*, **67**, 470A (1995). また、以下も見よ。T. J. Wenzel, *Anal. Chem.*, **71**, 817A (1999); T. J. Wenzel, *Anal. Chem.*, **72**, 293A (2000); T. J. Wenzel, *Anal. Chem.*, **72**, 359A (2000); T. J. Wenzel, *Anal. Chem.*, **72**, 547A (2000); T. J. Wenzel, *Anal. Bioanal. Chem.*, **400**, 637 (2011).

3. W. R. Kreiser and R. A. Martin, Jr., *J. Assoc. Off. Anal. Chem.*, **61**, 1424 (1978); W. R. Kreiser and R. A. Martin, Jr., *J. Assoc. Off. Anal. Chem.*, **63**, 591 (1980).

4. 十分に検証された分析法が次に載っている。G. Latimer, Jr., ed., "Official Methods of Analysis of AOAC International, 19th ed.," AOAC International (2012).

5. A. Carlin-Sinclair et al., *J. Chem. Ed.*, **86**, 1307 (2009); S. E. Stitzel and R. E. Sours, *J. Chem. Ed.*, **90**, 1227 (2013).

6. W. Fresenius, *Fresenius J. Anal. Chem.*, **368**, 548 (2000).

1章

1. A. M. Pollard and C. Heron, "Archaeological Chemistry, 2nd ed.," Royal Society of Chemistry (2008).

2. S. L. Gerstenberger et al., *Environ. Toxicol. Chem.*, **29**, 237 (2010).

3. U. Shahin et al., *Environ. Sci. Tech.*, **34**, 1887 (2000).

2章

1. V. Tsionsky, *J. Chem. Ed.*, **84**, 1334, 1337, 1340 (2007); J. Janata, "Principles of Chemical Sensors," Springer (2009).

2. 振動カンチレバーは水晶振動子型微量天びんより 10^7 倍感度が高く、フェムトグラム (10^{-15} g) 量の分析種を測定することができる [W. Tan et al., *Anal. Chem.*, **82**, 615 (2010); H. Sone et al., *Key Engineering Mater.*, **459**, 134 (2011)].

3. 空気中で振動するピエゾ電気結晶の共鳴周波数の変化 (Δf) が小さいとき (<2%)、Δf は Sauerbrey の式により、電極表面に結合した質量の変化 (Δm) と関係付けられる。

$$\Delta f = -\frac{f_0^2}{A\sqrt{\rho_q \mu_q}} \Delta m$$

ここで、f_0 は共鳴周波数、A は電極の面積、ρ_q は石英の密度 ($2\,648$ kg/m^3)、μ_q は水晶のせん断弾性率 (一般に用いられる「ATカット」水晶では 2.947×10^{10} kg m^{-1} s^{-2}) である。

共鳴曲線は、駆動回路の周波数に対して電気伝導度をプロットする。電気伝導度は、共鳴周波数でピークに達する。共鳴ピークの幅は、金電極表面の溶質の粘度に比例する (粘度は、流れる液体の抵抗のめやすである)。したがって、たとえば水晶振動子型微量天びんに結合された DNA の異なる構造を、共鳴曲線の幅によって区別することができる [A. Tsortos et al., *Biosensors Bioelectronics*, **24**, 836 (2008); G. Papadakis et al., *Nano Lett.*, **10**, 5093 (2010)].

4. 基本的な実験技術の教育資料は次の URL (http://www.jce.divched.org/ および http://www.academysavant.com。) から入手できる。分析化学の技術を教え、学ぶための「生き生きとした」資料 (計測装置のトピックスを含む) は、Analytical Sciences Digital Library (http://www.asdlib.org/) である。

5. R. H. Hill and D. Finster, "Laboratory Safety for Chemistry Students," Wiley (2010) の無料の安全教育用動画は、次の URL (http://www.safety.dow.com。) から入手できる。

6. "Prudent Practices in the Laboratory: Handling and Management of Chemical Hazards," National Academies Press (2011); R. J. Lewis, Sr., "Hazardous Chemicals Desk Reference, 6th ed.," Wiley (2008); P. Patnaik, "A Comprehensive Guide to the Hazardous Properties of Chemical Substances, 3rd ed.," Wiley (2007); G. Lunn and E. B. Sansone, "Destruction of Hazardous Chemicals in the Laboratory, 3rd ed.," Wiley (2012); M. A. Armour, "Hazardous Laboratory Chemical Disposal Guide, 3rd ed.," CRC Press (2003).

7. 電子機器からの金の回収については、J. W. Hill and T. A. Lear, *J. Chem. Ed.*, **65**, 802 (1988) を見よ。金から水銀を取り除くには、0.01 M (NH$_4$)$_2$S$_2$O$_8$ と 0.01 M 硝酸の1:1混合物に浸す。*Anal. Chim. Acta*, **182**, 267 (1986) を見よ。

8. P. T. Anastas and J. C. Warner, "Green Chemistry: Theory and Practice," Oxford University Press (1998); M. de la Guardia and S. Armenta, "Green Analytical Chemistry," Elsevier (2011); M. Koel and M. Kaljurand, "Green Analytical Chemistry," Royal Society of Chemistry (2010); M. Tobiszewski et al., *Chem. Soc. Rev.*, **39**, 2869 (2010); B. Braun et al., *J. Chem. Ed.*, **83**, 1126 (2006).

9. J. M. Bonicamp, *J. Chem. Ed.*, **79**, 476 (2002).

10. B. B. Johnson and J. D. Wells, *J. Chem. Ed.*, **63**, 86 (1986).

11. 浮力の実証実験については、K. D. Pinkerton, *J. Chem. Ed.*, **78**, 200A (2001). を見よ。

12. R. Batting and A. G. Williamson, *J. Chem. Ed.*, **61**, 51 (1984); J. E. Lewis and L. A. Woolf, *J. Chem. Ed.*, **48**, 639 (1971); F. F. Cantwell et al., *Anal. Chem.*, **50**, 1010 (1978); G. D. Chapman, "Weighing with Electronic Balances," National Research Council of Canada, Report NRCC 38659 (1996).

13. 空気の密度 (g/L) = $(0.003\,485\,B - 0.001\,318\,v)/T$ [ここで、B は気圧 (Pa)、v は空気中の水の蒸気圧 (Pa)、T は空気の温度 (K)] である。

14. U. Henriksson and J. C. Eriksson, *J. Chem. Ed.*, **81**, 150 (2004).

15. 洗浄液を調整するには、2.2 L 瓶の 98 wt% 硫酸に 36 g のペルオキソ二硫酸アンモニウム (NH$_4$)$_2$S$_2$O$_8$ を溶かして栓をゆるく閉じる [H. M. Stahr et al., *Anal. Chem.*, **54**, 1456A (1982)]。数週間おきに (NH$_4$)$_2$S$_2$O$_8$ を加えて酸化力を保つ。ガスが蓄積しないように栓をゆるめておく [P. S. Surdhar, *Anal. Chem.*, **64**, 310A (1992)]。別の強力な酸化性の洗浄液は、「ピラニア溶液」と呼ばれる。その組成は、30 wt% H$_2$O$_2$ と 98 wt% H$_2$SO$_4$ の 3:7 (vol/vol) または1:1混合物など文献によって異なる。有毒な廃棄物を発生させない、はるかに毒性の低い洗浄剤が市販されている。たとえば、International Products Corp. のウェブサイト (http://www.ipcol.com/) を見よ。

16. W. B. Guenther, *J. Chem. Ed.*, **65**, 1097 (1988); D. D. Siemer et al., *J. Chem. Ed.*, **65**, 467 (1988).

17. M. M. Singh et al., *J. Chem. Ed.*, **75**, 371 (1998); *J. Chem. Ed.*, **77**, 625 (2000).

18. D. R. Burfield and G. Hefter, *J. Chem. Ed.*, **64**, 1054 (1987).

19. R. H. Obenauf and N. Kocherlakota, Spectroscopy Applications Supplement, March 2006, p. 12.

20. B. J. Vanderford et al., *Anal. Bioanal. Chem.*, **399**, 2227 (2011).

21. W. Vaccaro, *Am. Lab. News Ed.*, September 2007, p. 16; A. B. Carle, *Am. Lab. News Ed.*, January 2008, p. 8.
22. I. Suominen and S. Koivisto, *Am. Lab.*, February 2011, p. 50.
23. M. Connors and R. Curtis, *Am. Lab. News Ed.*, June 1999, p. 20; ibid. December 1999, p. 12; R. H. Curtis and G. Rodrigues, ibid. February 2004, p. 12.
24. R. Curtis, "Minimizing Liquid Delivery Risk: Pipets as Sources of Error," Am. Lab. News Ed. March 2007, p. 8.
25. B. Kratochvil and N. Motkosky, *Anal. Chem.*, **59**, 1064 (1987). 比色較正キットは，Artel, Inc.（米国メイン州ウェストブルック，http://www.artel-usa.com）から入手できる.
26. S. R. Crouch and F. J. Holler, "Applications of Microsoft® Excel in Analytical Chemistry, 2nd ed.," Brooks/Cole, Cengage Learning (2013); E. J. Billo, "Microsoft Excel for Chemists, 2nd ed.," Wiley (2001); R. de Levie, "How to Use Excel® in Analytical Chemistry and in General Scientific Data Analysis," Cambridge University Press (2001); E. J. Billo, "Excel for Scientists and Engineers: Numerical Methods," Wiley (2007); R. de Levie, "Advanced Excel for Scientific Data Analysis, 3rd ed.," Harpswell ME: Atlantic Academic (2012).
27. D. Bohrer et al., *Anal. Chim. Acta*, **459**, 267 (2002).

3章

1. K. L. Wilson and J. W. Birks, *Environ. Sci. Technol.*, **40**, 6361 (2006); P. C. Andersen et al., *Anal. Chem.*, **82**, 7924 (2010).
2. 米国の標準参照物質は，SRMINFO@enh.nist.gov から入手できる. 欧州の認証標準物質は，次のURL（http://irmm.jrc.ec.europa.eu/reference_materials_catalogue/Pages/index.aspx）から入手できる.
3. J. R. Taylor, "An Introduction to Error Analysis, 2nd ed.," University Science Books (1997). これはたいへん読みやすい本である.
4. W. A. Brand, *Anal. Bioanal. Chem.*, **405**, 2755 (2013).
5. P. De Bièvre et al., *Fresenius J. Anal. Chem.*, **361**, 227 (1998); L. Yang et al., *Anal. Chem.*, **84**, 2321 (2012).

4章

1. 読みやすく，すぐれた統計学の文献は以下の通り. D. B. Hibbert and J. J. Gooding, "Data Analysis for Chemistry," Oxford University Press (2006); J. C. Miller and J. N. Miller, "Statistics and Chemometrics for Analytical Chemistry, 6th ed.," Pearson Prentice Hall (2010); R. Pearson, "Exploring Data in Engineering, the Sciences, and Medicine," Oxford University Press (2011); S. L. R. Ellison et al., "Practical Statistics for the Analytical Scientist," RCS Publishing (2009); D. Lucy, "Introduction to Statistics for Forensic Scientists," Wiley (2004); C. G. G. Aitken and F. Taroni, "Statistics and the Evaluation of Evidence for Forensic Scientists, 2nd ed.," Wiley (2004); P. C. Meier and R. E. Zünd, "Statistical Methods in Analytical Chemistry, 2nd ed.," Wiley (2000).
2. S. A. Lee et al., *Br. J. Cancer*, **92**, 2049 (2005).
3. L. H. Keith et al., *Anal. Chem.*, **55**, 2210 (1983).
4. 式4-9の t_{cal} が t_{table} よりも小さいとき，選んだ信頼水準で二つの平均値に有意な差がないと結論できる. この検定は，二つの平均値が等しいことを同じ確率で意味するものではない. 二つの片側 t 検定 (TOST) は，二つの平均値が等しいことを示す方法となる. S. E. Lewis and J. E. Lewis, *J. Chem. Ed.*, **82**, 1408 (2005); G. B. Limentani et al., *Anal. Chem.*, **77**, 221A (2005); M. J. Chatfield and P. J. Borman, *Anal. Chem.*, **81**, 9841 (2009) を見よ.
5. 非線形曲線に最小二乗法をあてはめるための包括的な方法（不確かさの分析を含む）については以下を見よ. J. Tellinghuisen, *J. Chem. Ed.*, **82**, 157 (2005); P. Ogren et al., *J. Chem. Ed.*, **78**, 827 (2001); R. de Levie, *J. Chem. Ed.*, **89**, 68 (2012). また，以下も見よ. D. C. Harris, *J. Chem. Ed.*, **75**, 119 (1998); C. Salter and R. de Levie, *J. Chem. Ed.*, **79**, 268 (2002); R. de Levie, *J. Chem. Ed.*, **76**, 1594 (1999); S. E. Feller and C. F. Blaich, *J. Chem. Ed.*, **78**, 409 (2001); R. de Levie, *J. Chem. Ed.*, **63**, 10 (1986); P. J. Ogren and J. R. Norton, *J. Chem. Ed.*, **69**, A130 (1992).
6. 本書では，分析応答を y 軸に，濃度を x 軸にプロットした. 逆の検量線（y ＝濃度，x ＝応答）では，測定された応答から，より精度の高い濃度の推定値が得られる. 応答にノイズが多いとき，逆の検量線が有利になる. 一部の分光光度法では，応答（吸光度）の不確かさが濃度の不確かさよりも小さい場合がある. このような場合，応答を x 軸に濃度を y 軸にプロットすべきである. J. Tellinghuisen, *Fresenius J. Anal. Chem.*, **368**, 585 (2000); V. Centner et al., *Fresenius J. Anal. Chem.*, **361**, 2 (1998); D. Grientschnig, *Fresenius J. Anal. Chem.*, **367**, 497 (2000).
7. 鉛直あてはめの式（不確かさおよび共分散を含む）は，J. V. de Julián-Ortiz, L. Pogliani, and E. Besalú, *J. Chem. Ed.*, **87**, 994 (2010) に記されている.
8. W. Hyk and Z. Stojek, *Anal. Chem.*, **85**, 5933 (2013). この論文には，x と y の両方に不確かさがあるときの最小二乗直線の式が記されている. また，検量線法および標準添加法を用いるときの不確かさの式が記されている.
9. K. Danzer and L. A. Currie, *Pure Appl. Chem.*, **70**, 993 (1998).
10. C. Salter, *J. Chem. Ed.*, **77**, 1239 (2000). Salter の式 8 は，見てすぐにはわからないが式 4-27 と等価である.
11. N. J. Lawryk and C. P. Weisel, *Environ. Sci. Tech.*, **30**, 810 (1996).

5章

1. C. Hogue, *Chem. Eng. News*, 1 April 2002, p. 49.
2. D. B. Hibbert, "Quality Assurance for the Analytical Chemistry Laboratory," Oxford University Press (2007); W. Funk et al., "Quality Assurance in Analytical Chemistry," Wiley (2006); B. W. Wenclawiak et al., eds., "Quality Assurance in Analytical Chemistry," Springer-Verlag (2004); E. Mullins, "Statistics for the Quality Control Chemistry Laboratory," Royal Society of Chemistry (2003); P. Quevauviller, "Quality Assurance for Water Analysis," Wiley (2002); M. Valcárcel, "Principles of Analytical Chemistry," Springer-Verlag (2000).
3. J. A. Paulos, *Scientific American*, January 2012, p. 20; J. G. McCully, *Scientific American*, May 2012, p. 8.
4. K. M. Phillips et al., *Anal. Bioanal. Chem.*, **384**, 1341 (2006).
5. C. C. Chan et al., eds., "Analytical Method Validation and Instrument Performance Verification," Wiley (2004); J. M. Green, *Anal. Chem.*, **68**, 305A (1996); M. Swartz and I. S. Krull, *LCGC North Am.*, **21**, 136 (2003); J. D. Orr et al., *LCGC North Am.*, **21**, 626 and 1146 (2003).
6. R. de Levie, *J. Chem. Ed.*, **80**, 1030 (2003).
7. E. Stottmeister et al., *Anal. Chem.*, **81**, 6765 (2009).
8. W. Horwitz et al., *J. Assoc. Off. Anal. Chem.*, **63**, 1344 (1980);

W. Horwitz, *Anal. Chem.*, **54**, 67A (1982); P. Hall and B. Selinger, *Anal. Chem.*, **61**, 1465 (1989); R. Albert and W. Horwitz, *Anal. Chem.* **69**, 789 (1997).

9. J. Vial and A. Jardy, *Anal. Chem.*, **71**, 2672 (1999); G. L. Long and J. D. Winefordner, *Anal. Chem.*, **55**, 713A (1983); W. R. Porter, *Anal. Chem.*, **55**, 1290A (1983); S. Geiß and J. W. Einmax *Fresenius J. Anal. Chem.*, **370**, 673 (2001); M. E. Zorn et al., *Environ. Sci. Technol.*, **33**, 2291 (1999); J. D. Burdge et al., *J. Chem. Ed.*, **76**, 434 (1999).

10. 本書で式5-5を導く手順は，検出限界を求める手順として最も推奨される．ブランクや低濃度試料の繰り返し測定値はないが，図4-13のような線形の検量線がある場合，最小二乗法のパラメータを用いて分析種の検出限界値を目的の信頼水準で推定することができる．以下の式は，ISO 11843-2:2000〔国際標準化機構（ジュネーブ），http://www.iso.org〕から引用した．I 種類の検量線標準液（ブランクを含む）を，それぞれ J 回繰り返し測定する場合を考えよう．次に，未知試料を K 回繰り返し測定する．検出限界は，次の通りである．

$$検出限界 = \frac{2ts_y}{m}\sqrt{\frac{1}{K} + \frac{1}{I \times J} + \frac{\overline{x}^2}{J\sum(x_i - \overline{x})^2}} \quad (A)$$

ここで，s_y は y の標準偏差（式4-20），m は傾き（式4-16），$\overline{x}$ は検量線標準液（ブランクを含む）の x の平均値である．スチューデントの t は，自由度 $(I \times J) - 2$ に対する値を表4-4から選ぶ．表4-4の列の見出しは両側分布のものである．式A で必要な t の値は片側分布のものである．この式で得られるのは，確率 $(1-\beta)$ でブランクの濃度よりも高いと結論できる分析種濃度である．信頼水準95%では，$\beta = 0.05$ である．この場合，表4-4の信頼水準90%の列から t の値を選ぶ．信頼水準99%では，$\beta = 0.01$ であり，表4-4の信頼水準98%の列から t の値を選ぶ．

例：問題4-35の検量線のデータについて考えてみよう．ここで，$m = 869.1$ mV/vol%，$s_y = 18.05$ mV，$\overline{x} = 0.544$ vol %，$\sum(x_i - \overline{x})^2 = 2.878$ vol%^{2} である．検量線の点はブランクを含めて7点あるので，$I = 7$，各検量線濃度につき測定値は一つであるので，$J = 1$ である．よって，自由度が $7 \times 1 - 2 = 5$ である．未知試料の繰り返し測定は4回であるので，$K = 4$ である．信頼水準99%の検出限界を求めるには，表4-4から信頼水準98%，自由度5の値 $t = 3.365$ を選ぶ．

$$検出限界 = \frac{2(3.365)(18.05 \text{ mV})}{(869.1 \text{ mV/vol\%})}\sqrt{\frac{1}{4} + \frac{1}{7 \times 1} + \frac{(0.544 \text{ vol\%})^2}{(1)(2.878 \text{ vol\%}^2)}}$$
$$= (0.140)\sqrt{0.250 + 0.143 + 0.0357} = 0.092 \text{ vol\%}$$

未知試料をさらに繰り返し測定すれば，平方根のなかの第一項は小さくなり，検出限界は小さくなる．

11. M. Bader, *J. Chem. Ed.*, **57**, 703 (1980).
12. W. Hyk and Z. Stojek, *Anal. Chem.*, **85**, 5933 (2013)．この論文には，x と y の両方に不確かさがあるときの最小二乗直線の式が書かれている．また，検量線法および標準添加法を用いるときの不確かさの式が記されている．
13. W. R. Kelly et al., *Anal. Chem.*, **80**, 6154 (2008).
14. G. R. Bruce and P. S. Gill, *J. Chem. Ed.*, **76**, 805 (1999).
15. J. A. Day et al., *Anal. Bioanal. Chem.*, **373**, 664 (2002).
16. X. Zhao and C. D. Metcalf, *Anal. Chem.*, **80**, 2010 (2008).

6章

1. D. P. Sheer and D. C. Harris, *J. Water Pollution Control Federation*, **54**, 1441 (1982).
2. R. E. Weston, Jr., *J. Chem. Ed.*, **77**, 1574 (2000); R. Martin and A. Quigg, *Scientific American*, June 2013, p. 40.
3. P. D. Thacker, *Environ. Sci. Technol.*, **39**, 10A (2005).
4. J. K. Baird, *J. Chem. Ed.*, **76**, 1146 (1999); R. de Levie, *J. Chem. Ed.*, **77**, 610 (2000).
5. 熱力学データについては，N. Jacobson, *J. Chem. Ed.*, **78**, 814 (2001); http://webbook.nist.gov/chemistry/; M. W. Chase, Jr., NIST-JANAF Thermochemical Tables, 4th ed; *J. Phys. Chem. Ref. Data*: "Monograph 9," American Chemical Society and American Physical Society (1998) を見よ．
6. L. M. Raff, *J. Chem. Ed.*, **91**, 386 (2014).
7. 大部分のイオン性化合物の溶解度は，温度とともに大きくなる．しかし，そのおよそ半数の化合物が，溶解の標準エンタルピー変化 (ΔH°) が負である．この矛盾するように見える現象は，以下で議論されている．G. M. Bodner, *J. Chem. Ed.*, **57**, 117 (1980); R. S. Treptow, *J. Chem. Ed.*, **61**, 499 (1984).
8. A. K. Sawyer, *J. Chem. Ed.*, **60**, 416 (1983); J. Shukla et al., *J. Chem. Eng. Data*, **53**, 2797 (2008).
9. 溶解度およびすべての種類の平衡計算について本当に読むべき本は W. B. Guenther, "Unified Equilibrium Calculations," Wiley (1991) である．
10. E. Koubek, *J. Chem. Ed.*, **70**, 155 (1993).
11. 多くのすばらしい実証化学実験については，B. Z. Shakhashiri, "Chemical Demonstrations: A Handbook for Teachers of Chemistry, 5 volumes," University of Wisconsin Press (1983〜2011) を見よ．また，L. E. Summerlin and J. L. Ealy, Jr., "Chemical Demonstrations: A Sourcebook for Teachers, 2nd ed.," American Chemical Society (1988) も見よ．
12. CO_3^{2-} および I^- を含む溶液に Pb^{2+} を加える選択的沈殿の実証実験は，T. P. Chirpich, *J. Chem. Ed.*, **65**, 359 (1988) に記されている
13. 複雑な平衡に関する教室での実証実験：A. R. Johnson et al., *J. Chem. Ed.*, **82**, 408 (2005).
14. 厳選された平衡定数のコンピュータデータベースは，R. M. Smith et al., "NIST Critical Stability Constants of Metal Complexes Database 46," National Institute of Standards and Technology (2001) である．平衡定数の測定については以下に記されている．A. Martell and R. Motekaitis, "Determination and Use of Stability Constants," VCH Publishers (1992); K. A. Conners, "Binding Constants: The Measurement of Molecular Complex Stability," Wiley (1987); D. J. Leggett, ed., "Computational Methods for the Determination of Formation Constants," Plenum Press (1985).
15. P. A. Giguère, *J. Chem. Ed.*, **56**, 571 (1979); P. A. Giguère and S. Turrell, *J. Am. Chem. Soc.*, **102**, 5473 (1980).
16. Z. Xie et al., *Inorg. Chem.*, **34**, 5403 (1995).
17. F. A. Cotton et al., *J. Am. Chem. Soc.*, **106**, 5319 (1984).
18. J. M. Headrick et al., *Science*, **308**, 1765 (2005).
19. S. Wei, Z. Shi, and A. W. Castleman, Jr., *J. Chem. Phys.*, **94**, 3268 (1991).
20. K. Abu-Dari et al., *J. Am. Chem. Soc.*, **101**, 3688 (1979).
21. W. B. Jensen, *J. Chem. Ed.*, **81**, 21 (2004).
22. V. Buch et al., *Proc. Natl. Acad. Sci. USA*, **104**, 7342 (2007).
23. D. K. Nordstrom et al., *Environ. Sci. Technol.*, **34**, 254 (2000).

24. CO_2 の噴水については, S.-J. Kang and E.-H. Ryu, *J. Chem. Ed.*, **84**, 1671 (2007) を見よ. NH_3 の噴水については, 以下を見よ. N. C. Thomas et al., *J. Chem. Ed.*, **85**, 1063 (2008); M. D. Alexander, *J. Chem. Ed.*, **76**, 210 (1999); N. C. Thomas, *J. Chem. Ed.*, **67**, 339 (1990); N. Steadman, *J. Chem. Ed.*, **66**, 764 (1992).

25. L. M. Schwartz, *J. Chem. Ed.*, **72**, 823 (1995). 「遊離」ではないが, ある種の陰イオン ($CF_3CO_2^-$ や $CCl_3CO_2^-$ など) とイオン対を生成している H_3O^+ は, イオン伝導度に関係すると考えられる. R. I. Gelb and J. S. Alper, *Anal. Chem.*, **72**, 1322 (2000).

26. M. I. Stojanovska et al., *J. Chem. Ed.*, **89**, 1168 (2012); J. Emsley, *Chem. Soc. Rev.*, **9**, 91 (1980); J. Roziere et al., *Inorg. Chem.*, **15**, 2490 (1976); J. C. Speakman and H. H. Mills, *J. Chem. Soc.*, 1164 (1961).

27. Z. Tian et al., *Proc. Natl. Acad. Sci. USA*, **105**, 7647 (2008).

28. S. J. Hawkes, *J. Chem. Ed.*, **73**, 516 (1996).

29. M. Kern, *J. Chem. Ed.*, **37**, 14 (1960). CO_2 を用いるすばらしい実証実験 (その一つは炭酸脱水酵素を用いる) が J. A. Bell, *J. Chem. Ed.*, **77**, 1098 (2000) に記されている.

30. T. Loerting et al., *Angew. Chem. Int. Ed.*, **39**, 891 (2000); R. Ludwig and A. Kornath, *Angew. Chem. Int. Ed.*, **39**, 1421 (2000).

31. J. A. Tossell, *Inorg. Chem.*, **45**, 5961 (2006).

32. I. Kohl et al., *Angew. Chem. Int. Ed.*, **48**, 2690 (2009); H. P. Reisenaur et al., *Angew. Chem. Int. Ed.*, **53**, 11766 (2014).

7章

1. S. P. Kounaves et al., *Geophys. Res. Lett.*, **37**, L09201 (2010).

2. American Chemical Society, "Reagent Chemicals, 10th ed.," Oxford University Press (2006).

3. W. B. Guenther, *J. Chem. Ed.*, **65**, 1097 (1988); E. A. Butler and E. H. Swift, *J. Chem. Ed.*, **49**, 425 (1972).

4. R. W. Ramette, *J. Chem. Ed.*, **81**, 1715 (2004).

5. G. Grguric, *J. Chem. Ed.*, **79**, 179 (2002).

6. M. L. Ware et al., *Anal. Chem.*, **60**, 383 (1988).

8章

1. H. Ohtaki and T. Radnai, *Chem. Rev.*, **93**, 1157 (1993).

2. E. Galbis et al., *Angew. Chem. Int. Ed.*, **49**, 3811 (2010).

3. A. G. Sharpe, *J. Chem. Ed.*, **67**, 309 (1990).

4. E. R. Nightingale, Jr., *J. Phys. Chem.*, **63**, 1381 (1959).

5. K. H. Stern and E. S. Amis, *J. Chem. Ed.*, **56**, 603 (1979).

7. S. J. Hawkes, *J. Chem. Ed.*, **73**, 421 (1996). S. O. Russo and G. I. H. Hanania, *J. Chem. Ed.*, **66**, 148 (1989).

8. K. S. Pitzer, "Activity Coefficients in Electrolyte Solutions, 2nd ed.," CRC Press (1991); B. S. Krumgalz et al., *J. Phys. Chem. Ref. Data*, **29**, 1123 (2000).

9. J. Kielland, *J. Am. Chem. Soc.*, **59**, 1675 (1937).

10. R. E. Weston, Jr., *J. Chem. Ed.*, **77**, 1574 (2000).

11. R. A. Feely et al., *Science*, **305**, 362 (2004).

12. 平衡計算についてさらに詳しくは, W. B. Guenther, "Unified Equilibrium Calculations," Wiley (1991); J. N. Butler, "Ionic Equilibrium: Solubility and pH Calculations," Wiley (1998); M. Meloun, "Computation of Solution Equilibria," Wiley (1988) を見よ. 平衡計算のソフトウェアについては, 次の URL (http://www.micromath.com/) および http:// www.acadsoft.co.uk/) を見よ.

13. J. J. Baeza-Baeza and M. C. Garcia-Álvarez-Coque, *J. Chem. Ed.*, **88**, 169 (2011).

14. J. J. Baeza-Baeza and M. C. Garcia-Álvarez-Coque, *J. Chem. Ed.*, **89**, 900 (2012). この文献ではソルバーを使ってイオン強度を求めているが, 信頼性の高い方法ではなかったので, 本書では循環参照を用いるように方法を変更した.

15. E. Koort et al., *Anal. Bioanal. Chem.*, **385**, 1124 (2006).

9章

1. R. Schmid and A. M. Miah, *J. Chem. Ed.*, **78**, 116 (2001).

2. T. F. Young et al., Raman Spectral Investigations of Ionic Equilibria in Solutions of Strong Electrolytes, "The Structure of Electrolytic Solutions (W. J. Hamer, ed.)," Wiley (1959).

3. E. S. Shamay et al., *J. Am. Chem. Soc.*, **129**, 12910 (2007).

4. 酸解離定数だけでは, 各ステップでどのプロトンが解離するのかはわからない. ピリドキサールリン酸の pK_a の各プロトンへの帰属は, 核磁気共鳴分光法に基づく [B. Szpoganicz and A. E. Martell, *J. Am. Chem. Soc.*, **106**, 5513 (1984)].

5. 別の計算法については, H. L. Pardue et al., *J. Chem. Ed.*, **81**, 1367 (2004) を見よ.

6. M. C. Bonneau, *J. Chem. Ed.*, **72**, 724 (1995).

7. H. N. Po and N. M. Senozan, *J. Chem. Ed.*, **78**, 1499 (2001); R. de Levie, *J. Chem. Ed.*, **80**, 146 (2003).

8. H. N. Alyea and F. B. Dutton, eds., "Tested Demonstrations in Chemistry, 6th ed.," Journal of Chemical Education (1965), p. 147; R. L. Barrett, *J. Chem. Ed.*, **32**, 78 (1955). また, 以下も見よ. J. J. Fortman and J. A. Schreier, *J. Chem. Ed.*, **68**, 324 (1991); M. G. Burnett, *J. Chem. Ed.*, **59**, 160 (1982); P. Warneck, *J. Chem. Ed.*, **66**, 334 (1989).

9. 多くの他の時計反応が文献に記されている. 概要については, A. P. Oliveira and R. B. Faria, *J. Am. Chem. Soc.*, **127**, 18022 (2005) を見よ.

10. 亜硫酸水素ナトリウム ($NaHSO_3$) と呼ばれる化学物質は, 試薬瓶のなかの固体ではない. 固体は, ピロ亜硫酸ナトリウム ($Na_2S_2O_5$) である [D. Tudela, *J. Chem. Ed.*, **77**, 830 (2000); H. D. B. Jenkins and D. Tudela, *J. Chem. Ed.*, **80**, 1482 (2003) も見よ]. $NaHSO_3$ は, $Na_2S_2O_5$ が H_2O と反応して生じる. 私がホルムアルデヒドの時計反応に用いた試薬瓶のラベルには「亜硫酸水素ナトリウム」とあるが, 化学式は記されていない. ラベルの分析値は, 「SO_2 として: 58.5% 以上」である. 純粋な $NaHSO_3$ は 61.56 wt% SO_2 であり, 純粋な $Na_2S_2O_5$ は 67.40 wt% SO_2 である.

11. J. B. Early et al., *J. Chem. Ed.*, **84**, 1965 (2007).

12. E. T. Urbansky and M. R. Schock, *J. Chem. Ed.*, **77**, 1640 (2000).

10章

1. *Chemical and Engineering News*, 4 June 2012, p 8 に引用された国際エネルギー機関のデータ.

2. 大気中の乾燥空気の質量は, 5.14×10^{21} g である [K. E. Trenberth and L. Smith, *J. Climate*, **18**, 864 (2005) [http://dx.doi.org/10.1175/JCLI-3299.1]]. 乾燥空気の主成分は, N_2 (78.09 vol%), O_2 (20.95 vol%), Ar (0.93 vol%), CO_2 (0.04 vol%) である. 空気の体積加重平均分子量 $= 28.968$ g/mol である. 空気中の気体のモル数 $= (5.14 \times 10^{21}$ g$)/(28.968$ g/mol$) = 1.77 \times 10^{20}$ mol である. 2011 年の化石燃料の燃焼による $CO_2 = (3.16 \times 10^{16}$ g/44.010 g/mol$) = 7.18 \times 10^{14}$ mol である. 大

気を理想気体として扱うと，体積 ppm は mol ppm と同じである．増えた $CO_2 = 7.18 \times 10^{14}$ mol$/1.77 \times 10^{20}$ mol $= 4.05$ ppm である．

3. D. S. Arndt et al, eds., "State of the Climate in 2009," Special Supplement to *Bull. Am. Meteorological Soc.*, **91**, No. 6 (2010).

4. B. J. Bozlee et al., *J. Chem. Ed.*, **85**, 213 (2008).

5. P. D. Thacker, *Environ. Sci. Technol.*, **39**, 10A (2005).

6. C. Turley et al., Reviewing the Impact of Increased Atmospheric on Oceanic pH and the Marine Ecosystem, "Avoiding Dangerous Climate Change (H. J. Schellnhuber et al. eds.)," Cambridge University Press (2006).

7. R. Albright et al., *Proc. Natl. Acad. Sci. USA*, **107**, 20400 (2010); R. E. Weston, Jr., *J. Chem. Ed.*, **77**, 1574 (2000).

8. J. C. Orr et al., *Nature*, **437**, 681 (2005).

9. M. D. Iglesias-Rodriguez et al., *Science*, **320**, 336 (2008).

10. P. G. Daniele et al., *J. Chem. Soc. Dalton Trans.*, 2353 (1985).

11. P. A. Sims, *J. Chem. Ed.*, **87**, 803 (2010); R. H. Singiser, *J. Chem. Ed.*, **88**, 142 (2011).

12. 固体表面の酸性度に関する実験：L. Tribe and B. C. Barja, *J. Chem. Ed.*, **81**, 1624 (2004).

13. 無荷電 pH に関する実験：M. Davranche et al., *J. Chem. Ed.*, **80**, 76 (2003).

14. W. Stumm and J. J. Morgan, "Aquatic Chemistry, 3rd ed.," Wiley (1996), pp. 343-348; *Geochim. Cosmochim. Acta*, **59**, 661 (1995); 海洋の炭素の熱力学：http://cdiac.esd.ornl.gov/oceans/glodap/cther.htm.

11章

1. M. J. Fedor, *J. Mol. Biol.*, **297**, 269 (2000).

2. A. G. Dickson, http://cdiac.ornl.gov/oceans/Handbook_2007.html.

3. T. R. Martz et al., *Anal. Chem.*, **78**, 1817 (2006).

4. K. R. Williams, *J. Chem. Ed.*, **75**, 1133 (1998); K. L. Headrick et al., *J. Chem. Ed.*, **77**, 389 (2000).

5. M. Inoue and Q. Fernando, *J. Chem. Ed.*, **78**, 1132 (2001); G. Gran, *Anal. Chim. Acta*, **206**, 111 (1988); F. J. C. Rossotti and H. Rossotti, *J. Chem. Ed.*, **42**, 375 (1965); L. M. Schwartz, *J. Chem. Ed.*, **69**, 879 (1992); L. M. Schwartz, *J. Chem. Ed.*, **64**, 947 (1987).

6. M. Rigobello-Masini and J. C. Masini, *Anal. Chim. Acta*, **448**, 239 (2001).

7. G. Papanastasiou and I. Ziogas, *Talanta*, **42**, 827 (1995).

8. G. Wittke, *J. Chem. Ed.*, **60**, 239 (1983).

9. 万能指示薬（多くの変色域をもつ混合指示薬）の実証実験が記されている〔J. T. Riley, *J. Chem. Ed.*, **54**, 29 (1977)〕．

10. T. A. Canada et al., *Anal. Chem.*, **74**, 2535 (2002).

11. D. Fărcaşiu and A. Ghenciu, *J. Am. Chem. Soc.*, **115**, 10901 (1993).

12. B. Hammouti et al., *Fresenius J. Anal. Chem.*, **365**, 310 (1999). ガラス電極で pH -4 までの低 pH を測定する方法については，D. K. Nordstrom et al., *Environ. Sci. Technol.*, **34**, 254 (2000) を見よ．

13. M. Juhasz et al., *Angew. Chem. Int. Ed.*, **43**, 5352 (2004); E. S. Stoyanov et al., *J. Am. Chem. Soc.*, **128**, 3160 (2006); M. M. Meyer et al., *J. Am. Chem. Soc.*, **131**, 18050 (2009); A. Avelar et al., *Angew. Chem. Int. Ed.*, **48**, 3491 (2009).

14. R. A. Butler and R. G. Bates, *Anal. Chem.*, **48**, 1669 (1976).

15. ホウ砂は，静置すると五水和物になる．R. Naumann et al., *Fresenius J. Anal. Chem.*, **350**, 119 (1994).

16. 一次標準物質の精製と使用に関する説明は以下の書籍を見よ．J. A. Dean, "Analytical Chemistry Handbook," McGraw-Hill (1995), pp. 3-28 to 3-30; J. Bassett et al., "Vogel's Textbook of Quantitative Inorganic Analysis, 4th ed.," Longman (1978), pp. 296-306; I. M. Kolthoff and V. A. Stenger, "Volumetric Analysis, Vol. 2," Wiley-Interscience (1947).

17. A. A. Smith, *J. Chem. Ed.*, **63**, 85 (1986); G. Perera and R. H. Doremus, *J. Am. Ceramic Soc.*, **74**, 1554 (1991).

18. R. E. Oesper, *J. Chem. Ed.*, **11**, 457 (1934). 美しい絵を含む歴史と伝記．

19. D. Lee, *Los Angeles Times*, 9 May 2007, p. C1; B. Puschner et al., *J. Vet. Diagn. Invest.*, **19**, 616 (2007).

20. X. Zheng et al., *Sci. Transl. Med.*, **5**, 172ra22 (2013).

21. D. Lee and A. Goldman, *Los Angeles Times*, 19 September 2008, p. A3; *Los Angeles Times*, 9 July 2010; R. M. Baum, *Chem. Eng. News*, 13 October 2008, p. 3.

22. J. J. Urh, *Am. Lab.*, October 2008, p. 18.

23. L. Zhu et al., *Chem. Commun.*, 559 (2009); G. Huang et al., *Chem. Commun.*, 556 (2009); Q. Xu et al., *J. Agric. Food Chem.*, **61**, 1810 (2013).

24. ケルダール分解はアミン（—NR_2）やアミド（—$C[=O]NR_2$）（R は H または有機基）の窒素を NH_4^+ に変換できるが，ニトロ基（—NO_2）やアゾ基（—$N=N$—）などの酸化された窒素は変換できない．これらは前処理でアミンかアミドに還元されねばならない．

25. W. Maher et al., *Anal. Chim. Acta*, **463**, 283 (2002).

26. G. Cruz, *J. Chem. Ed.*, **90**, 1645 (2013); F. M. Scales and A. P. Harrison, *J. Ind. Eng. Chem.*, **12**, 350 (1920); T. Michalowski et al., *J. Chem. Ed.*, **90**, 191 (2013).

27. http://www.umass.edu/tei/mwwp/acrobat/epa351_3Norg.pdf; http://www.flowinjection.com/methods/tkn.aspx.

28. J. S. Fritz, "Acid-Base Titrations in Nonaqueous Solvents," Allyn and Bacon (1973); J. Kucharsky and L. Safarik, "Titrations in Non-Aqueous Solvents," Elsevier (1963); W. Huber, "Titrations in Nonaqueous Solvents," Academic Press (1967); I. Gyenes, "Titration in Non-Aqueous Media," Van Nostrand (1967).

29. S. P. Porras, *Anal. Chem.*, **78**, 5061 (2006).

30. R. de Levie, *J. Chem. Ed.*, **76**, 987 (1999); R. de Levie, *J. Chem. Ed.*, **70**, 209 (1993); R. de Levie, *Anal. Chem.*, **68**, 585 (1996); R. de Levie, "Principles of Quantitative Chemical Analysis," McGraw-Hill (1997); J. Burnett and W. A. Burns, *J. Chem. Ed.*, **83**, 1190 (2006).

31. C. Salter and D. L. Langhus, *J. Chem. Ed.*, **84**, 1124 (2007).

32. P. Ballinger and F. A. Long, *J. Am. Chem. Soc.*, **82**, 795 (1960).

12章

1. Z. Hou et al., *Inorg. Chem.*, **37**, 6630 (1998). 海水中に存在する濃度 0.1～10 pM のフェリオキサミンは，おそらく不足している鉄を海から集めるために微生物によって分泌されたものである〔E. Mawji et al., *Environ. Sci. Technol.*, **42**, 8675 (2008)〕．

2. N. F. Olivieri and G. M. Brittenham, *Blood*, **89**, 739 (1997).

3. E. J. Neufeld, *Blood*, **107**, 3436 (2006); K. Farmaki, Abstract LB4, 49th American Society of Hematology Annual Meeting, Atlanta, GA, December 2007.

4. D. T. Haworth, *J. Chem. Ed.*, **75**, 47 (1998).

5. 教室で行える実証実験：D. C. Bowman, *J. Chem. Ed.*, **83**, 1158 (2006).

6. キレート効果は，一般に多座結合に有利なエントロピー変化によって説明される．近年これとは異なる説が報告されている．V. Vallet, U. Wahlgren, and I. Grenthe, *J. Am. Chem. Soc.*, **125**, 14941 (2003).

7. R. J. Abergel et al., *J. Am. Chem. Soc.*, **128**, 10998 (2006).

8. J. Künnemeyer et al., *Anal. Chem.*, **81**, 3600 (2009).

9. U. Lindner et al., *Anal. Bioanal. Chem.*, **405**, 1865 (2013).

10. W. J. Blaedel and H. T. Knight, *Anal. Chem.*, **26**, 741 (1954).

11. R. L. Barnett and V. A. Uchtman, *Inorg. Chem.*, **18**, 2674 (1979).

12. P. Lindqvist-Reis et al., *Angew. Chem. Int. Ed.*, **46**, 919 (2007); S. Skanthakumar et al., *Inorg. Chem.*, **46**, 3485 (2007).

13. J. N. Mathur et al., *Inorg. Chem.*, **456**, 8026 (2006).

14. EDTA滴定曲線の理論に関する権威のある文献は，A. Ringbom, "Complexation in Analytical Chemistry," Wiley (1963). である．

15. 金属-配位子の平衡に関する議論と豊富な例については，P. Letkeman, *J. Chem. Ed.*, **73**, 165 (1996); A. Rojas-Hernández et al., *J. Chem. Ed.*, **72**, 1099 (1995); A. Bianchi and E. Garcia-España, *J. Chem. Ed.*, **76**, 1727 (1999) を見よ．

16. W. N. Perara and G. Hefter, *Inorg. Chem.*, **42**, 5917 (2003).

17. G. Schwarzenbach and H. Flaschka, "Complexometric Titrations," Methuen (1969); H. A. Flaschka, "EDTA Titrations," Pergamon Press (1959); J. A. Dean, "Analytical Chemistry Handbook," McGraw-Hill (1995); A. E. Martell and R. D. Hancock, "Metal Complexes in Aqueous Solution," Plenum Press (1996).

18. S. Tandy et al., *Environ. Sci. Technol.*, **38**, 937 (2004); B. Kos and D. Leštan, *Environ. Sci. Technol.*, **37**, 624 (2003); S. V. Sahi et al., *Environ. Sci. Technol.*, **36**, 4676 (2002).

19. B. Nowack et al., *Environ. Sci. Technol.*, **40**, 5225 (2006).

20. 1価陽イオンの間接定量については，I. M. Yurist et al., *J. Anal. Chem. USSR*, **42**, 911 (1987) に記されている．

21. D. P. S. Rathore et al., *Anal. Chim. Acta*, **281**, 173 (1993).

22. H. Bao, *Anal. Chem.*, **78**, 304 (2006).

23. T. Darjaa et al., *Fresenius J. Anal. Chem.*, **361**, 442 (1998).

13章

1. J. Gorman, *Science News*, 9 September 2000, p. 165.

2. 平衡計算の本：W. B. Guenther, "Unified Equilibrium Calculations," Wiley (1991); J. N. Butler, "Ionic Equilibrium: Solubility and pH Calculations," Wiley (1998); M. Meloun, "Computation of Solution Equilibria," Wiley (1988). 平衡計算ソフトウェアのURL (http://www.micromath.com/ および http://www.acadsoft.co.uk/).

3. R. G. Bates, "Determination of pH, 2nd ed.," Wiley (1973), p. 86 は，pHに関する権威のある文献である．一次標準物質のpHの不確かさは，25℃以外の温度では±0.006 よりも大きくなる可能性がある．

4. R. B. Martin, *Acc. Chem. Res.*, **27**, 204 (1994).

5. 私たちの方法は，J. L. Guiñón et al., *J. Chem. Ed.*, **76**, 1157 (1999) のものと似ている．

6. K. H. Weber et al., *J. Phys. Chem. A*, **116**, 11501 (2012).

7. P. A. W. Dean, *J. Chem. Ed.*, **89**, 417 (2012).

8. A. Kraft, *J. Chem. Ed.*, **80**, 554 (2003).

9. G. B. Kauffman, *J. Chem. Ed.*, **57**, 779, 863 (1980).

10. 表6-1には，$\mu = 0$，25℃において $pK_w = 13.995$ と記されている．この値が当てはまる K_w の式は，質量モル濃度 m で表される．

$$K_w = \frac{m_{H^+} \gamma_{H^+} m_{OH^-} \gamma_{OH^-}}{\mathcal{A}_{H_2O}} = 10^{-13.995}$$

0.1 M KCl 溶液の K'_w を考えてみよう．0.1 M KCl 溶液の質量モル濃度を容量モル濃度に換算する係数は，0.994 である〔B. B. Owen, Physical Chemistry of Electrolyte Solutions, 3rd ed.," Reinhold (1958), p. 725 の表12-1-1A〕．Harned and Owen の表15-2-1A (752ページ) の値を補間した 0.10 M KCl 溶液の係数 $\gamma_{H^+} \gamma_{OH^-}/\mathcal{A}_{H_2O}$ は，0.626 である．K'_w は濃度の積 $[H^+][OH^-]$ であるので，次のように計算できる．

$$[H^+][OH^-] = \frac{m_{H^+}(0.994)\gamma_{H^+} m_{OH^-}(0.994)\gamma_{OH^-}}{\mathcal{A}_{H_2O}} \cdot \frac{\mathcal{A}_{H_2O}}{\gamma_{H^+} \gamma_{OH^-}}$$
$$= 10^{-13.995}(0.994^2)\left(\frac{1}{0.626}\right) = 10^{-13.797}$$

14章

1. 電気化学に関する基礎書籍．C. H. Hamann et al., "Electrochemistry, 2nd ed.," Wiley-VCH (2007); R. Holze, "Experimental Electrochemistry: A Laboratory Textbook," Wiley-VCH (2009); H. B. Oldham et al., "Electrochemical Science and Technology: Fundamentals and Applications," Wiley (2012).

2. J. Kendall, "Great Discoveries by Young Chemists," Thomas Y. Crowell Co. (1953), p. 63 に引用された Lady Pollock の言葉．

3. N. J. Tao, *J. Mater. Chem.*, **15**, 3260 (2005); N. Tao, *J. Chem. Ed.*, **82**, 720 (2005); S. Lindsay, *J. Chem. Ed.*, **82**, 727 (2005); R. A. Wassel and C. B. Gorman, *Angew. Chem. Int. Ed.*, **43**, 5120 (2004).

4. T. Morita and S. Lindsay, *J. Am. Chem. Soc.*, **129**, 7262 (2007).

5. S. Weinberg, "The Discovery of Subatomic Particles," Cambridge University Press (2003), pp. 13-16. ノーベル賞受賞者によるすばらしい本．

6. P. Krause and J. Manion, *J. Chem. Ed.*, **73**, 354 (1996).

7. L. P. Silverman and B. B. Bunn, *J. Chem. Ed.*, **69**, 309 (1992).

8. 教室で行う実証実験：J. D. Ciparick, *J. Chem. Ed.*, **68**, 247 (1991); P.-O. Eggen et al., *J. Chem. Ed.*, **83**, 1201 (2006).

9. G. C. Smith et al., *J. Chem. Ed.*, **89**, 1416 (2012); M. J. Smith et al., *J. Chem. Ed.*, **86**, 357 (2009); M. J. Smith and C. A. Vincent, *J. Chem. Ed.*, **78**, 519 (2001); M. J. Smith and C. A. Vincent, *J. Chem. Ed.*, **79**, 851 (2002); M. Tamez and J. H. Yu *J. Chem. Ed.*, **84**, 1936A (2007); H. Goto et al., *J. Chem. Ed.*, **85**, 1067 (2008).

10. R. S. Treptow, *J. Chem. Ed.*, **79**, 334 (2002).

11. J. Ge et al., *J. Chem. Ed.*, **88**, 1283 (2011).

12. K. Klara et al., *J. Chem. Ed.*, **91**, 1924 (2014); M. Shirkhanzadeh, *J. Chem. Ed.*, **86**, 324 (2009); O. Zerbinati, *J. Chem. Ed.*, **79**, 829 (2002).

13. L. Deng et al., *Anal. Chem.*, **82**, 4283 (2010).

14. A. M. Feltham and M. Spiro, *Chem. Rev.*, **71**, 177 (1971).

15. A. W. von Smolinski et al., The Choice of the Hydrogen Electrode as the Base for the Electromotive Series, "Electrochemistry, Past and Present, ACS Symposium Series 390, J. T. Stock and M. V. Orna, eds.," American Chemical Society (1989), Chap. 9.

16. K. Rajeshwar and J. G. Ibanez, "Environmental Electrochemistry," Academic Press (1997).

17. H. Frieser, *J. Chem. Ed.*, **71**, 786 (1994).

18. A. Arévalo and G. Pastor, *J. Chem. Ed.*, **62**, 882 (1985).
19. 電気化学セルを化学プローブとして利用する教室での実証実験については，R. H. Anderson, *J. Chem. Ed.*, **70**, 940 (1993). を見よ．また，J. L. Brosmer and D. G. Peters, *J. Chem. Ed.* (2012) も見よ．
20. デヒドロアスコルビン酸の構造．R. C. Kerber, *J. Chem. Ed.*, **85**, 1237 (2008).
21. J. E. Walker, *Angew. Chem. Int. Ed.*, **37**, 2309 (1998); P. D. Boyer, *Angew. Chem. Int. Ed.*, **37**, 2297 (1998); W. S. Allison, *Acc. Chem. Res.*, **31**, 819 (1998).
22. 臭素の平衡のラチマー図に基づく応用問題については，T. Michalowski, *J. Chem. Ed.*, **71**, 560 (1994). を見よ．
23. B. R. Staples, *J. Phys. Chem. Ref. Data*, **10**, 779 (1981).
24. K. T. Jacob et al., *J. Am. Ceram. Soc.*, **81**, 209 (1998).
25. J. T. Stock, *J. Chem. Ed.*, **66**, 910 (1989).
26. この問題の電気化学セルは，それぞれの液絡の液間電位のために正確な結果を与えないだろう（15-3 節）．液絡のないセルは，P. A. Rock, *J. Chem. Ed.*, **52**, 787 (1975) に記されている．

15 章

1. G. Inzelt et al., eds., "Handbook of Reference Electrodes," Springer-Verlag (2013).
2. 電極製作の実際については，D. T. Sawyer et al., "Electrochemistry for Chemists, 2nd ed.," Wiley (1995); G. A. East and M. A. del Valle, *J. Chem. Ed.*, **77**, 97 (2000) に述べられている．
3. 銀電極を用いるポテンシオメトリーの実証実験（および一般化学のためのマイクロスケール実験）については，D. W. Brooks et al., *J. Chem. Ed.*, **72**, A162 (1995). に記されている．
4. D. Dobcčik et al., *Fresenius J. Anal. Chem.*, **354**, 494 (1996).
5. I. R. Epstein and J. A. Pojman, "An Introduction to Nonlinear Chemical Dynamics: Oscillations, Waves, Patterns, and Chaos," Oxford University Press (1998); I. R. Epstein et al., *Scientific American*, March 1983, p. 112; H. Degn, *J. Chem. Ed.*, **49**, 302 (1972).
6. 振動反応の機構は，J. Miller, *Physics Today*, April 2009, p. 14; M. A. Pellitero et al., *J. Chem. Ed.*, **90**, 82 (2013); O. Benini et al., *J. Chem. Ed.*, **73**, 865 (1996); R. J. Field and F. W. Schneider, *J. Chem. Ed.*, **66**, 195 (1989); R. M. Noyes, *J. Chem. Ed.*, **66**, 190 (1989); P. Ruoff et al., *Acc. Chem. Res.*, **21**, 326 (1988); M. M. C. Ferriera et al., *J. Chem. Ed.*, **76**, 861 (1999); G. Schmitz et al., *J. Chem. Ed.*, **77**, 1502 (2000) で議論されている．
7. C. D. Baird et al., *J. Chem. Ed.*, **88**, 960 (2011); E. Poros et al., *J. Am. Chem. Soc.*, **133**, 7174 (2011); H. E. Prypsztejn, *J. Chem. Ed.*, **82**, 53 (2005); D. Kolb, *J. Chem. Ed.*, **65**, 1004 (1988); R. J. Field, *J. Chem. Ed.*, **49**, 308 (1972); J. N. Demas and D. Diemente, *J. Chem. Ed.*, **50**, 357 (1973); J. F. Lefelhocz, *J. Chem. Ed.*, **49**, 312 (1972); P. Aroca, Jr. et al., *J. Chem. Ed.*, **64**, 1017 (1987); J. Amrehn et al., *J. Phys. Chem.*, **92**, 3318 (1988); D. Avnir, *J. Chem. Ed.*, **66**, 211 (1989); K. Yoshikawa et al., *J. Chem. Ed.*, **66**, 205 (1989); L. J. Soltzberg et al., *J. Chem. Ed.*, **64**, 1043 (1987); S. M. Kaushik et al., *J. Chem. Ed.*, **63**, 76 (1986); R. F. Melka et al., *J. Chem. Ed.*, **69**, 596 (1992); J. M. Merino, *J. Chem. Ed.*, **69**, 754 (1992).
8. T. Kappes and P. C. Haudser, *J. Chem. Ed.*, **76**, 1429 (1999).
9. この実験では $[Br^-]$ も振動する．$[I^-]$ の振動については，T. S. Briggs and W. C. Rauscher, *J. Chem. Ed.*, **50**, 496 (1973); S. D. Furrow, *J. Chem. Ed.*, **89**, 1421 (2012). を見よ．
10. M. Shibata et al., *Anal. Chem.*, **83**, 164 (2011).
11. M. P. S. Mousavi and P. Bühlmann, *Anal. Chem.*, **85**, 8895 (2013).
12. E. Bakker et al., *Chem. Rev.*, **97**, 3083 (1997); ibid., **98**, 1593 (1998).
13. D. J. Graham et al., *J. Chem. Ed.*, **90**, 345 (2013); C. E. Moore et al., Development of the Glass Electrode, "Electrochemistry, Past and Present, ACS Symposium Series 390 (J. T. Stock and M. V. Orna, eds.)," American Chemical Society (1989), Chap. 19.
14. W. G. Hines and R. de Levie, *J. Chem. Ed.*, **87**, 1145 (2010); B. Jaselskis et al., Development of the pH Meter, "Electrochemistry, Past and Present, ACS Symposium Series 390 (J. T. Stock and M. V. Orna, eds.)," American Chemical Society (1989), Chap. 18; A. Thackray and M. Myers, Jr., "Arnold O. Beckman: One Hundred Years of Excellence," Chemical Heritage Foundation (2000).
15. R. P. Buck et al., *Pure Appl. Chem.*, **74**, 2169 (2002); B. Lunelli and F. Scagnolari, *J. Chem. Ed.*, **86**, 246 (2009).
16. R. de Levie, *J. Chem. Ed.*, **87**, 1188 (2010).
17. F. S. Lopes et al., *J. Chem. Ed.*, **87**, 157 (2010); L. M. Goss, *J. Chem. Ed.*, **80**, 39 (2003).
18. J. A. Lynch et al., *Environ. Sci. Technol.*, **34**, 940 (2000); R. E. Baumgardner, Jr. et al., *Environ. Sci. Technol.*, **36**, 2614 (2002); http://www.epa.gov/acidrain.
19. W. F. Koch et al., *J. Res. Natl. Bur. Stand.*, **91**, 23 (1986).
20. 自由拡散液絡電極は，液間電位を最小にするように設計されている．液絡は，電解質溶液の入ったテフロンのキャピラリー管である．内部電解質は，シリンジで定期的に交換する．
21. 低イオン強度の自然水の pH を測定する別の方法は，酸塩基指示薬を用いる分光光度法である〔C. R. French et al., *Anal. Chim. Acta*, **453**, 13 (2002)〕．
22. Ross 複合電極の参照電極は，$Pt|I_2, I^-$ である．この電極は，従来の pH 電極よりも精度と正確さが改善されているといわれる〔R. C. Metcalf, *Analyst*, **112**, 1573 (1987)〕．
23. C.-E. Lue et al., *Sensors*, **11**, 4562 (2011).
24. A. N. Bezbaruah and T. C. Zhang, *Anal. Chem.*, **74**, 5726 (2002). 酸化イリジウム電極は市販されている．また，次に記されている方法で調製できる〔J.-P. Ndobo-Epoy et al., *Anal. Chem.*, **79**, 7560 (2007) or R.-G. Du et al., *Anal. Chem.*, **78**, 3179 (2006)〕．
25. L. W. Niedrach, *Angew. Chem.*, **26**, 161 (1987).
26. イオン選択性電極の歴史：M. S. Frant, *J. Chem. Ed.*, **74**, 159 (1997); J. Ruzicka, *J. Chem. Ed.*, **74**, 167 (1997); T. S. Light, *J. Chem. Ed.*, **74**, 171 (1997); C. C. Young, *J. Chem. Ed.*, **74**, 177 (1997); R. P. Buck and E. Lindner, *Anal. Chem.*, **73**, 88A (2001).
27. E. Bakker and E. Pretsch, *Angew. Chem. Int. Ed.*, **46**, 5660 (2007).
28. Y. Chen et al., *Chinese Chem. Lett.*, **23**, 233 (2012).
29. E. Bakker and E. Pretsch, *Anal. Chem.*, **74**, 420A (2002).
30. 目的イオン A と電荷が異なる干渉イオンについては，経験的で不正確な Nicolsky-Eisenman の式が文献に記されていることがある．

$$E = 定数 \pm \frac{0.05916}{z_A} \log \left(\mathcal{A}_A + \sum_X K^{Pot}_{A, X} \mathcal{A}_X (z_A/z_X) \right)$$

ここで，z_A は目的イオン A の電荷，z_X は干渉イオン X の電荷である．この式を使うべきではない〔(Y. Umezawa et al., *Pure Appl. Chem.*, **67**,

507 (1995)〕．目的イオンと電荷が異なる干渉イオンに関する正確な式は複雑であり，次に記されている．E. Pretsch, and M. Meyerhoff, *Anal. Chem.*, **66**, 3021 (1994), and N. Nägele et al., *Anal. Chem.*, **71**, 1041 (1999).

31. E. Bakker et al., *Anal. Chem.*, **72**, 1127 (2000); E. Bakker, *Anal. Chem.*, **69**, 1061 (1997).

32. Y. Umezawa et al., *Pure Appl. Chem.*, **67**, 507 (1995).

33. K. Ren, *Fresenius J. Anal. Chem.*, **365**, 389 (1999).

34. M. H. Hecht et al., *Science*, **325**, 64 (2009); S. P. Kounaves et al., *J. Geophys. Res.*, **113**, E00A19 (2009).

35. S. P. Kounaves et al., *Environ. Sci. Technol.*, **44**, 2360 (2010).

36. J. D. Schuttlefield et al., *J. Am. Chem. Soc.*, **133**, 17521 (2011).

37. D. P. Glavin et al., *J. Geophys. Res. Planets*, **118**, 1 (2013).

38. J. W. Severinghaus, *J. Appl. Physiol.*, **97**, 1599 (2004). 歴史についての簡潔な資料を無料で入手できる（http://jap.physiology.org/content/by/year）.

39. Y. S. Choi et al., *Anal. Chem.*, **74**, 2435 (2002); ibid., **72**, 4468 (2000).

40. M. Umemoto et al., *Anal. Chem.*, **66**, 352A (1994).

41. 抵抗率 ρ は，物質に電場がかけられたとき，物質がどれだけ電流を妨げるかのめやすである（$J = E/\rho$）．ここで，J は電流密度（物質の単位断面積を流れる電流，A/m^2），E は電場（V/m）である．抵抗率の単位は，V·m/A または Ω·m である（Ω = V/A）．導体の抵抗率はおよそ 10^{-8} Ω·m，半導体の抵抗率は 10^{-4}～10^{7} Ω·m，絶縁体の抵抗率は 10^{12}～10^{20} Ω·m である．抵抗率の逆数が導電率である．抵抗率は，物質の大きさに依存しない．抵抗 R は，式 $R = \rho l/A$ によって抵抗率と関係付けられる．ここで，l は導電性物質の長さ，A はその断面積である．

42. N. M. Milovic' et al., *Proc. Natl. Acad. Sci. USA*, **103**, 13374 (2006).

43. R. Stine et al., *Anal. Chem.*, **85**, 509 (2012).

44. Y. Ohno et al., *J. Am. Chem. Soc.*, **132**, 18012 (2010).

45. A. Düzgün et al., *Anal. Bioanal. Chem.*, **399**, 171 (2011).

46. B. Tian et al., *Science*, **329**, 830 (2010).

47. C.-P. Chen et al., *Anal. Chem.*, **83**, 1938 (2011).

48. G.-J. Zhang et al., *Anal. Chem.*, **85**, 4392 (2013).

49. P. Estrela et al., *Anal. Chem.*, **82**, 3531 (2010).

50. D. C. Jackman, *J. Chem. Ed.*, **70**, 853 (1993).

51. R. G. Bates, "Determination of pH: Theory and Practice," Wiley (1964).

52. W. J. Hamer and Y.-C. Wu, *J. Phys. Chem. Ref. Data*, **1**, 1047 (1972).

53. 式 46 は，E. Bakker et al., *Anal. Chem.*, **66**, 3021 (1994) に記されている．

16 章

1. T. Astrup et al., *Environ. Sci. Technol.*, **34**, 4163 (2000); S. H. Joo et al., *Environ. Sci. Technol.*, **38**, 2242 (2004); R. Miehr et al., *Environ. Sci. Technol.*, **38**, 139 (2004); V. K. Sharma et al., *Environ. Sci. Technol.*, **36**, 4182 (2002); C. F. Palomar-Ramírez et al., *J. Chem. Ed.*, **88**, 1109 (2011).

2. J. B. Gruber et al., *J. Appl. Phys.*, **77**, 2116 (1995).

3. 酸化還元滴定に関する情報．J. Bassett et al., "Vogel's Textbook of Inorganic Analysis, 4th ed.," Longman (1978); H. A. Laitinen and W. E. Harris, "Chemical Analysis, 2nd ed.," McGraw-Hill (1975); I. M. Kolthoff et al., "Volumetric Analysis, Vol. 3," Wiley (1957); A. Berka et al., "Newer Redox Titrants," Pergamon (1965).

4. J. Ermírio et al., *Environ. Sci. Technol.*, **38**, 1183 (2004); B. Gözmen et al., *Environ. Sci. Technol.*, **37**, 3716 (2003). 酸性および中性の水溶液において，フェントン試薬の中間体は $(H_2O)_5Fe^{IV} = O^{2+}$ ではない〔O. Pestovsky et al., *Angew Chem. Int. Ed.*, **44**, 6871 (2005)〕．

5. R. D. Webster, *Acc. Chem. Res.*, **40**, 251 (2007).

6. D. T. Sawyer, *J. Chem. Ed.*, **82**, 985 (2005).

7. 式 16-9 および式 16-10 は，酸塩基緩衝液のヘンダーソン-ハッセルバルヒの式に似ている．当量点以前では，Fe^{3+} と Fe^{2+} が存在するため，酸化還元滴定の電位は E_+（= $Fe^{3+}|Fe^{2+}$ の式量電位）近くに緩衝される．当量点以降では，電位は E_+（= $Ce^{4+}|Ce^{3+}$ の式量電位）近くに緩衝される〔R. de Levie, *J. Chem. Ed.*, **76**, 574 (1999)〕．

8. D. W. King, *J. Chem. Ed.*, **79**, 1135 (2002).

9. T. J. MacDonald et al., *J. Chem. Ed.*, **49**, 200 (1972).

10. M. da Conceição Silva Barreto et al., *J. Chem. Ed.*, **78**, 91 (2001).

11. R. D. Hancock and B. J. Tarbet, *J. Chem. Ed.*, **77**, 988 (2000).

12. $Ag^I Ag^{III} O_2$ は，高温の NaOH 水溶液中で $AgNO_3$ と $K_2S_2O_8$ から合成される〔R. N. Hammer and J. Kleinberg, *Inorg. Synth.*, **4**, 12 (1953)〕．結晶構造が K. Yvon et al., *J. Solid State Chem.*, **65**, 225 (1986) に記されている.

13. H. Van Ryswyk et al., *J. Chem. Ed.*, **84**, 306 (2007).

14. E. T. Urbansky, *J. Environ. Monit.*, **3**, 102 (2001).

15. L. J. Stolzberg and V. Brown, *J. Chem. Ed.*, **82**, 526 (2005); J. A. Poce-Fatou et al., *J. Chem. Ed.*, **81**, 537 (2004); J. C. Yu and L. Y. L. Chan, *J. Chem. Ed.*, **75**, 750 (1998).

16. S. Sakthivel and H. Kisch, *Angew. Chem. Int. Ed.*, **42**, 4908 (2003).

17. S. Horikoshi et al., *Environ. Sci. Technol.*, **32**, 4010 (1998).

18. Standard Test Method for Total Oxygen Demand in Water, ASTM D6238.

19. M. Riehl, *J. Chem. Ed.*, **89**, 807 (2012).

20. BOD および COD の測定法は，"Standard Methods for the Examination of Wastewater, 21st ed.," American Public Health Association (2005) に記されている．これは，水質分析の標準的な参考文献である．

21. K. Catterall et al., *Anal. Chem.*, **75**, 2584 (2003).

22. B. Wallace and M. Purcell, *Am. Lab. News Ed.*, February 2003, p. 58.

23. W. Gottardi, *Fresenius J. Anal. Chem.*, **362**, 263 (1998).

24. S. C. Petrovic and G. M. Bodner, *J. Chem. Ed.*, **68**, 509 (1991).

25. G. L. Hatch, *Anal. Chem.*, **54**, 2002 (1982).

26. Y. Xie et al., *Inorg. Chem.*, **38**, 3938 (1999).

27. $Na_2S_2O_3 \cdot 5H_2O$ 21 g をメタノール 100 mL に溶かし，20 分間還流させて無水 $Na_2S_2O_3$ を調製する．次に無水塩をろ過してメタノール 20 mL で洗い，70 ℃ で 30 分間乾燥させる〔A. A. Woolf, *Anal. Chem.*, **54**, 2134 (1982)〕．

28. J. Hvoslef and B. Pedersen, *Acta Chem. Scand.*, **B33**, 503 (1979); D. T. Sawyer et al., *J. Am. Chem. Soc.*, **104**, 6273 (1982); R. C. Kerber, *J. Chem. Ed.*, **85**, 1237 (2008).

29. R. J. Cava, *J. Am. Ceram. Soc.*, **83**, 5 (2000).

30. D. C. Harris et al., *J. Chem. Ed.*, **64**, 847 (1987); D. C. Harris, Oxidation State Chemical Analysis, "Chemistry of Superconductor Materials (T. A. Vanderah ed.)," Noyes (1992); B. D. Fahlman,

31. ^{18}O が濃縮された超伝導体を用いる実験から，反応 1 で生じる O_2 は，溶媒からではなく，すべて固体に由来することがわかる（M. W. Shafer et al., *Mater. Res. Bull.*, **24**, 687（1989）; P. Salvador et al., *Solid State Commun.*, **70**, 71（1989）．

32. 感度が高く簡潔なヨードメトリー法が，E. H. Appelman et al., *Inorg. Chem.*, **26**, 3237（1987）に記されている．この方法で Br_2 標準液を添加すれば，6.0〜6.5 個の酸素をもつ超伝導体（ペロブスカイト型 $La_{2-x}Sr_xCuO_y$ や $YBa_2Cu_3O_y$．形式上 Cu^+ と Cu^{2+} が存在する）を分析できる．超伝導体のヨードメトリー滴定では，デンプンの代わりに電極による終点の決定が推奨される．P. Phinyocheep and I. M. Tang, *J. Chem. Ed.*, **71**, A115（1994）．

33. C. L. Copper and E. Koubek, *J. Chem. Ed.*, **78**, 652（2001）．
34. S. E. Winter et al., *Nature*, **467**, 426（2010）．
35. W. R. Stag, *J. Chem. Ed.*, **49**, 427（1972）; T. Martz et al., *Anal. Chem.*, **84**, 290（2011）．
36. M. T. Garrett, Jr., and J. F. Stehlik, *Anal. Chem.*, **64**, 310A（1992）．
37. C. S. Pundir and R. Rawal, *Anal. Bioanal. Chem.*, **405**, 3049（2013）．
38. K. Peitola et al., *J. Mater. Chem.*, **9**, 465（1999）．
39. S. Scaccia and M. Carewska, *Anal. Chim. Acta*, **453**, 35（2002）．
40. M. Karppinen et al., *Physica*, **C208**, 130（1993）．
41. この問題の反応 4 で遊離する酸素は，溶媒の水ではなく超伝導体に由来する可能性がある．いずれにせよ試料を酸に溶かすとき，BiO_3^- は Fe^{2+} と反応するが，Cu^{3+} は反応しない．

付録A　対数と指数および直線のグラフ

数 a が 10 を底とする数 n の対数である $(a = \log n)$ とき，$n = 10^a$ が成り立つ．計算機では，ある数の対数は「log」キーを押して得られる．n を求めたければ，「antilog」キーを押すか，10 の a 乗を入力する．

$$a = \log n$$
$$10^a = 10^{\log n} = n \; (\Rightarrow n = \text{antilog } a)$$

自然対数（ln）は，10 の代わりに数 $e(= 2.718\,281...)$ を底とする．

$$b = \ln n$$
$$e^b = e^{\ln n} = n$$

計算機では，数 n の自然対数は「ln」キーを押して求められる．$b = \ln n$ であるならば，n を求めるには「e^x」キーを用いる．

以下の有用な等式が成り立つ．

$$\log(a \cdot b) = \log a + \log b \qquad \log 10^a = a$$
$$\log\left(\frac{a}{b}\right) = \log a - \log b \qquad a^b \cdot a^c = a^{(b+c)}$$
$$\log(a^b) = b \log a \qquad \frac{a^b}{a^c} = a^{(b-c)}$$

対数の式を解く．ネルンスト式やヘンダーソン・ハッセルバルヒの式を使うとき，次のような式の変数 x について解くことが必要になるだろう．

$$a = b - c \log \frac{d}{gx}$$

まず，一辺に対数項のみをまとめる．

$$\log \frac{d}{gx} = \frac{(b-a)}{c}$$

次に，両辺の値で 10 をべき乗する．

$$10^{\log(d/gx)} = 10^{(b-a)/c}$$

ここで $10^{\log(d/gx)} = d/gx$ であるので，

$$\frac{d}{gx} = 10^{(b-a)/c} \Rightarrow x = \frac{d}{g10^{(b-a)/c}}$$

<u>$\ln x$ と $\log x$ のあいだの変換</u>．$x = 10^{\log x}$ と書きかえて，両辺の自然対数をとればよい．

$$\ln x = \ln(10^{\log x}) = (\log x)(\ln 10)$$

$\ln a^b = b \ln a$ であるからだ．

問題

以下の式をできるだけ簡単にせよ．

(a) $e^{\ln a}$ 　　(e) $e^{-\ln a^3}$ 　　(i) $\log(10^{a^2-b})$
(b) $10^{\log a}$ 　　(f) $e^{\ln a^{-3}}$ 　　(j) $\log(2a^3 \, 10^{b^2})$
(c) $\log 10^a$ 　　(g) $\log(10^{1/a^3})$ 　　(k) $e^{(a+\ln b)}$
(d) $10^{-\log a}$ 　　(h) $\log(10^{-a^2})$ 　　(l) $10^{[(\log 3) - (4 \log 2)]}$

解答

(a) a 　　(d) $1/a$ 　　(g) $1/a^3$ 　　(j) $b^2 + \log(2a^3)$
(b) a 　　(e) $1/a^3$ 　　(h) $-a^2$ 　　(k) be^a
(c) a 　　(f) $1/a^3$ 　　(i) $a^2 - b$ 　　(l) $3/16$

直線の一般式は次のようである．

$$y = mx + b$$

ここで，$m = $ 傾き $= \dfrac{\Delta y}{\Delta x} = \dfrac{y_2 - y_1}{x_2 - x_1}$
$b = y$ 軸の切片

傾きと切片の意味は，図 A-1 に示されている．

直線上の二つの点の座標 (x_1, y_1) と (x_2, y_2) がわかっていれば，直線の式をつくることができる．直線上のどの二つの点をとっても傾きは同じである．直線上の任意の点の座標を (x, y) とすると，次式が得られる．

$$\frac{y - y_1}{x - x_1} = \frac{y_2 - y_1}{x_2 - x_1} = m \qquad\qquad \text{(A-1)}$$

この式を変形すると，

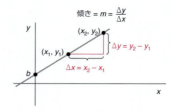

図 A-1　直線のパラメータ

$$y - y_1 = \left(\frac{y_2 - y_1}{x_2 - x_1}\right)(x - x_1)$$

$$y = \underbrace{\left(\frac{y_2 - y_1}{x_2 - x_1}\right)}_{m} x + \underbrace{y_1 - \left(\frac{y_2 - y_1}{x_2 - x_1}\right) x_1}_{b}$$

実験によって直線上にのるべき一連の点が得られたとき，その直線は4章で述べた最小二乗法によって求められる．この方法では，傾きと切片を計算によって直接求められる．もし，あなたが目で見て「最善の」直線を引いたのであれば，直線上の二つの点の座標を読み取り，式A-1にあてはめることでその直線の式を得ることができる．

x軸とy軸の片方，または両方が非線形で表されたグラフの直線を見ることがあるだろう．たとえば図A-2では，電極電位が分析種の活量の関数として描かれている．直線は傾きが29.6 mVで，点$(\mathcal{A} = 10^{-4}, E = -10.2)$を通るので，その式を求められる．まず，$y$軸は線形だが，$x$軸は対数であることに注意しよう．すなわち，$E$と$\mathcal{A}$の関数は直線ではないが，$E$と$\log \mathcal{A}$の関数は直線である．したがって，直線の式は次のようになるはずである．

$$E = \underset{m}{(29.6)} \underset{x}{\underbrace{\log \mathcal{A}}} + b$$
(y)

bの値を求めるには，上の式に点$(\mathcal{A} = 10^{-4}, E = -10.2)$の値を代入すればよい．

$b = -10.2 - 29.6 \times \log(10^{-4}) = 108.2$
$E(\text{mV}) = 29.6(\text{mV}) \log \mathcal{A} + 108.2(\text{mV})$

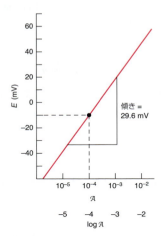

図 A-2 片対数グラフの直線

付録B　不確かさの伝播

B-1　不確かさの伝播の一般則

不確かさが互いに独立であるとき

表 3-1 に示した不確かさの伝播に関する規則は，一般式の特殊な場合である．いくつかの測定値 x, y, z, … の関数 F を計算することを考えてみよう．測定値 x, y, z, … の誤差 (e_x, e_y, e_z, …) が小さく，ランダムで，互いに独立であるとすれば，関数 F の不確かさ (e_F) は，次式で近似される[1]．

$$e_F = \sqrt{\left(\frac{\partial F}{\partial x}\right)^2 e_x^2 + \left(\frac{\partial F}{\partial y}\right)^2 e_y^2 + \left(\frac{\partial F}{\partial z}\right)^2 e_z^2 \cdots} \quad \text{(B-1)}$$

丸かっこのなかの量は偏微分である．偏微分は，その他の変数がすべて定数であるとみなして，常微分と同じように求められる．たとえば，$F = 3xy^2$ であるならば，$\partial F/\partial x = 3y^2$, $\partial F/\partial y = (3x)(2y) = 6xy$ である．

式 B-1 を用いる例として，次の関数の不確かさを求めてみよう．

$$F = x^y = (2.00 \pm 0.02)^{3.00 \pm 0.09}$$

偏微分は，次のようである．

$$\frac{\partial F}{\partial x} = yx^{y-1} \qquad \frac{\partial F}{\partial y} = x^y \ln x$$

これらの式を式 B-1 に代入すると，

$$e_F = \sqrt{(yx^{y-1})^2 e_x^2 + (x^y \ln x)^2 e_y^2}$$
$$= \sqrt{y^2 x^{2y-2} e_x^2 + x^{2y} (\ln x)^2 e_y^2}$$
$$= \sqrt{y^2 x^{2y} \left(\frac{e_x}{x}\right)^2 + x^{2y} (\ln x)^2 e_y^2}$$

平方根の項の分子と分母に y^2 を掛けると，

$$e_F = \sqrt{y^2 \frac{y^2 x^{2y} \left(\frac{e_x}{x}\right)^2}{y^2} + y^2 x^{2y} (\ln x)^2 \left(\frac{e_y}{y}\right)^2}$$

$\sqrt{y^2 x^{2y}} = yF$ を使って式を整理すると，

$$e_F = yF \sqrt{\left(\frac{e_x}{x}\right)^2 + (\ln x)^2 \left(\frac{e_y}{y}\right)^2}$$

となる．ここで，数値計算をしてみよう．ひとまず不確かさを無視すると，$F = 2.00^{3.00} = 8.00$ である．その不確かさは上の式から，

$$e_F = (3.00)(8.00) \sqrt{\left(\frac{0.02}{2.00}\right)^2 + (\ln 2.00)^2 \left(\frac{0.09}{3.00}\right)^2} = 0.55$$

である．よって，適切な答えは，$F = 8.0_0 \pm 0.5_5$ または 8.0 ± 0.6 である．

練習問題

B-1. 次の式を確かめよ．
(a) $2.36^{4.39 \pm 0.08} = 43._4 \pm 3._0$
(b) $(2.36 \pm 0.06)^{4.39 \pm 0.08} = 43._4 \pm 5._7$

B-2. $F = \sin(2\pi xy)$ の不確かさが次式で近似されることを示せ．

$$e_F = 2\pi xy \cos(2\pi xy) \sqrt{\left(\frac{e_x}{x}\right)^2 + \left(\frac{e_y}{y}\right)^2}$$

不確かさの伝播における共分散

式 B-1 は，測定値 x, y, z が互いに独立であると仮定している．よくある場合でこれがあてはまらないのは，最小二乗法の傾きと切片を使って，測定値 y から値 x を計算するときである．一般に，傾きと切片の不確かさは相関しており，それらの誤差は独立ではない．

二つの測定値 m と b の関数 F を考えよう．測定値の標準不確かさは，それぞれ u_m と u_b とする（標準不確かさは，平均の標準偏差である．それは，「誤差」を定量的に表す方法の一つである）．不確かさが相関しているならば，不確かさの伝播は次式で表される[2]．

$$u_F = \sqrt{\underbrace{\left(\frac{\partial F}{\partial m}\right)^2 u_m^2 + \left(\frac{\partial F}{\partial b}\right)^2 u_b^2}_{\text{式 B-1 型の分散の項}} + \underbrace{2\left(\frac{\partial F}{\partial m}\right)\left(\frac{\partial F}{\partial b}\right) u_{mb}}_{\text{共分散の項}}} \quad \text{(B-2)}$$

式 B-2 の平方根の最後の項が，m と b が互いに独立ではないことを反映している．u_{mb} は共分散 (covariance) と呼ばれる．その値は，正の場合も負の場合もある．

4 章の線形最小二乗法分析では，分散と共分散は以下のようである[3]．

分散： $u_m^2 = \dfrac{s_y^2 n}{D} \qquad u_b^2 = \dfrac{s_y^2 \sum (x_i^2)}{D}$ （式 4-21，4-22）

共分散： $u_{mb} = \dfrac{-s_y^2 \sum (x_i)}{D}$ (B-3)

ここで，s_y は式 4-20 により，D は式 4-18 により求められる．n はデータの数である．

例題　x 切片を求める

直線 $y = mx + b$ では，x 切片は $y = 0$, $x = -b/m$ である．この x 切片を関数 $F = -b/m$ と表そう．式 4-11 の最小二乗直線の x 軸切片とその不確かさを求めよ．

解答　4-7 節では以下の量が計算された．
$m = 0.615\,38 \qquad u_m^2 = 0.002\,958\,6 \qquad s_y^2 = 0.038\,462$
$\sum (x_i) = 14 \qquad b = 1.346\,15 \qquad u_b^2 = 0.045\,859$
$D = 52$

したがって，式 B-3 の共分散は次のようになる．

$$u_{mb} = \frac{-s_y^2 \sum(x_i)}{D} = \frac{-(0.038\,462)(14)}{52} = -0.010\,355$$

x 切片は，$F = -b/m = -(1.346\,15)/(0.615\,38) = -2.187\,5$ である．

関数 F の不確かさを求めるには，式 B-2 を用いる．式 B-2 の偏微分は以下のようである．

$$\frac{\partial F}{\partial m} = \frac{\partial(-b/m)}{\partial m} = \frac{b}{m^2} = \frac{1.346\,15}{(0.615\,38)^2} = 3.554\,7$$

$$\frac{\partial F}{\partial b} = \frac{\partial(-b/m)}{\partial b} = \frac{-1}{m} = \frac{-1}{0.615\,38} = -1.625\,0$$

よって，私たちは式 B-2 で不確かさを計算できる．

$$\begin{aligned}u_F &= \sqrt{\left(\frac{\partial F}{\partial m}\right)^2 u_m^2 + \left(\frac{\partial F}{\partial b}\right)^2 u_b^2 + 2\left(\frac{\partial F}{\partial m}\right)\left(\frac{\partial F}{\partial b}\right)u_{mb}}\\ &= \sqrt{\begin{array}{c}(3.554\,7)^2(0.002\,958\,6)+(-1.625\,0)^2(0.045\,859)\\ +\,2(3.554\,7)(-1.625\,0)(-0.010\,355)\end{array}}\\ &= 0.527\,36\end{aligned}$$

最後の答えは，有効数字を考えると次のようになる．

$$F = -2.187\,5 \pm 0.527\,36 = -2.1_9 \pm 0.5_3$$

もし，式 B-1 を用いて，式 B-2 の共分散の項を無視すると，不確かさは $\pm 0.4_0$ となる．

さまざまな式に対する分散-共分散行列の計算，および最小二乗法における重み付けのやり方は，次の文献で学ぶことができる．J. Tellinghuisen, *J. Chem. Ed.*, **82**, 157 (2005).

B-2 不確かさの伝播をもっと深く学ぶ[4,5]

4 章には不確かさの伝播をもっと深く学ぶための道具が示されている．実験の測定値から計算される量の不確かさは，一般に信頼区間（confidence interval）で表される．95% 信頼水準がよく用いられる．ここで，和，差，積，商を含む場合の不確かさの伝播について考えよう．重要な概念は，標準不確かさ，自由度の計算，および測定された不確かさと推定される不確かさの組合せである．原子量および容量ガラス器具の不確かさの推定には，正方形型または長方形型の確率分布が適している．

標準不確かさ（standard uncertainty, u_x）は，データ x の平均の標準誤差である．不確かさは，次の二つの種類に分けられる．

タイプ A：x が測定できるとき，n 回の測定を行い，標準偏差が s であれば，$u_x = s/\sqrt{n}$ である．

タイプ B：ある場合には，私たちは直接の測定値以外の情報を用いて不確かさを推定しなければならない．その情報は，たとえば，メーカーの仕様書に記された容量ガラス器具の誤差や試薬の純度，機器の較正証明書，元素の原子量の報告値，あるいはある方法によって得られた過去の結果である．

和と差の信頼区間

ある化学者がある製品中の揮発性有機物の量を報告するとしよう．彼女は，製品が一定重量になるまで 120℃ で加熱して，揮発性物質を蒸発させ，全揮発性物質量（v, wt%）を求める．また，化学分析によって製品中の水分量（w, wt%）を求める．揮発性有機物量 z は，次の引き算で求められる．

$$\underset{\text{揮発性有機物量}}{z} = \underset{\text{全揮発性物質量}}{v} - \underset{\text{水分量}}{w}$$

彼女は w を 5 回測定し，その平均（$\overline{w}$）と標準偏差（s_w）を求めた．また，v を 4 回測定し，その平均（$\overline{v}$）と標準偏差（s_v）を求めた．z の平均は，v の平均から w の平均を引いた値である．

$$\overline{z} = \overline{v} - \overline{w} \tag{B-4}$$

$\overline{z}$ の 95% 信頼区間はどのように求めればよいだろうか？

図 B-1 は，彼女の測定値と計算を示す．全揮発性物質量の 4 回の測定値の平均 3.058 wt% は，セル B9 に示されている．水分量の 5 回の測定値の平均 1.004 wt% は，セル C9 に示されている．揮発性有機物量の平均 $\overline{z} = \overline{v} - \overline{w} = 3.058 - 1.004 = 2.054$ wt% は，セル D13 に示されている．

測定値の標準不確かさ（u）は，次式で計算される．

$$標準不確かさ：u_v = \frac{s_v}{\sqrt{n_v}} \quad u_w = \frac{s_w}{\sqrt{n_w}} \tag{B-5}$$

セル B10 とセル C10 は標準偏差 s_v と s_w を与え，セル B12 とセル C12 は標準不確かさ u_v と u_w を与える．

- 標準偏差は，個々の測定値の不確かさのめやすである．測定回数を増やせば，s は母集団の標準偏差 σ に近づく．
- 標準不確かさ $u = s/\sqrt{n}$ は，平均値の不確かさのめやすである．測定回数を増やせば，u はゼロに近づく．

3 章で述べたように，和または差の不確かさは，個々の項の不確かさを二乗し，それらの和の平方根をとったものである．たとえば，$\overline{z} = \overline{v} - \overline{w}$ の標準不確かさは，次のようである．

$$和または差の標準不確かさ：u_z = \sqrt{u_v^2 + u_w^2} \tag{B-6}$$

この値は，セル D14 で計算される．$u_z = \sqrt{0.062^2 + 0.022^2} = 0.066$ となる．

式 4-7 を用いると，信頼区間は以下のようになる．

$$\overline{z} \text{ の信頼区間} = \overline{z} \pm ts_z/\sqrt{n} = \overline{z} \pm tu_z \tag{B-7}$$

付録B 不確かさの伝播

	A	B	C	D	E	F	G
1	製品中の揮発性物質量（wt%）の95%信頼区間を求める						
2		合計	水	有機物			
3		v	w	z			
4		2.93	1.03				
5		3.20	0.95				
6		3.12	1.07				
7		2.98	1.01				
8			0.96				
9	平均	3.058	1.004		B9 = AVERAGE(B4:B8)		
10	s (標準偏差)	0.124	0.050		B10 = STDEV(B4:B8)		
11	n (測定数)	4	5		B11 = COUNT(B4:B8)		
12	標準不確かさ u = s/sqrt(n)	0.062	0.022		B12 = B10/SQRT(B11)		
13	zの平均 = vの平均 − wの平均			2.054	D13 = B9−C9		
14	$u_z = \sqrt{u_v^2 + u_w^2}$			0.066	D14 = SQRT(B12^2+C12^2)		
15	zの自由度(df) = $\dfrac{u_z^4}{\dfrac{u_v^4}{df_v} + \dfrac{u_w^4}{df_w}}$			3.771	D15 = D14^4/(B12^4/(B11−1)		
16					+C12^4/(C11−1))		
17							
18	スチューデントの t (信頼水準95%)			3.182	D18 = TINV(0.05,D15)		
19	信頼区間 = t*u_z =			0.210	D19 = D18*D14		

図 B-1 ある製品の全揮発性物質量（v）と水分量（w）の測定値から揮発性有機物量（z）の95%信頼区間を計算する．

ここで t は，スチューデントの t である．平均不確かさ u_z は式 B-6 で計算できる．スチューデントの t を選び，信頼区間を求めるためには，$\bar{z}$ の自由度を知らねばならない．$\bar{v}$ の自由度は 3 であり，$\bar{w}$ の自由度は 4 である．問題の核心は，$\bar{z}$ の自由度を求めることである．

和または差の自由度（df）は，次式で与えられる．

和または差の自由度

$$\text{(Welch-Satterthwaite 近似)}: df_z = \frac{u_z^4}{\dfrac{u_v^4}{df_v} + \dfrac{u_w^4}{df_w}} \quad \text{(B-8)}$$

ここで u はそれぞれの量の標準不確かさ，df はそれぞれの量の自由度である．式 B-8 は，自由度の重み付き平均である．あなたはこの式を t 検定の自由度の式 4-10b としてすでに見ただろう．式 B-8 と式 B-9（後述）は，u_v と u_w が独立であるときに妥当である．

式 B-8 は，図 B-1 のセル D15 で計算される．

$$df_z = \frac{u_z^4}{\dfrac{u_v^4}{df_v} + \dfrac{u_w^4}{df_w}} = \frac{0.066^4}{\dfrac{0.062^4}{4-1} + \dfrac{0.022^4}{5-1}} = 3.771$$

小数点以下を切り捨てて $df_z = 3$ とすると，スチューデントの t の値は信頼水準95%では 3.182 となる（セル D18）．$\bar{z}$ の自由度は，$\bar{v}$ と $\bar{w}$ の標準不確かさと自由度の両方に依存する．自由度を切り捨てて小さな整数値にすると，よりひかえめな（より広い）信頼区間が得られる．セル D18 の Excel 関数 TINV(0.05, D15) は，セル D15 の自由度の小数点以下を自動的に切り捨てて整数にして，t 値を与える．スチューデントの t 値がわかったので，私たちはついに95%信頼区間をセル D19 に得る．

信頼区間 = $z \pm tu_z$ = 2.054 ± (3.182)(0.066) = 2.054 ± 0.210

有効数字を考慮すると，2.05（± 0.21）wt% となる．

積と商の信頼区間

掛け算と割り算では，絶対不確かさではなく相対不確かさを用いる．積 $\bar{z} = \bar{v}\,\bar{w}$ または商 $\bar{z} = \bar{v}/\bar{w}$ の自由度は次式で求められる．

積または商の自由度

$$\text{(Welch-Satterthwaite 近似)}: df_z = \frac{(u_z/\bar{z})^4}{\dfrac{(u_v/\bar{v})^4}{df_v} + \dfrac{(u_w/\bar{w})^4}{df_w}}$$

(B-9)

> **例題** 商の信頼区間
>
> 鉱物の質量（m）を4回測定し，体積（V）を6回測定して，密度を求めることを考えよう．
>
> 平均 $\bar{m} = 4.635$ g 　　　　 $\bar{V} = 1.13$ mL

標準偏差 $s_m = 0.002_2$ g $s_V = 0.04_7$ mL
測定数 $n_m = 4$ $n_V = 6$
標準不確かさ $u_m = 0.002_2/\sqrt{4} = 0.001_1$ g
$u_V = (0.04_7)/\sqrt{6} = 0.01_9$ mL

密度＝質量/体積＝4.635 g/1.13 mL＝4.101 8 g/mL である．この密度の95%信頼区間を求めよ．

解答 数値計算は，スプレッドシートで行えば計算ミスを防げる．標準不確かさを誤差のめやすとする．割り算のために，絶対不確かさを相対不確かさに変換し，3章で学んだ方法を適用する．

$$\frac{\overline{m}(\pm u_m)}{\overline{V}(\pm u_V)} = \frac{4.635(\pm 0.001_1)\text{ g}}{1.13(\pm 0.01_9)\text{ mL}} = \frac{4.635(\pm 0.02_{37}\%)\text{ g}}{1.13(\pm 1._{698}\%)\text{ mL}}$$
$$= 4.101\,8(\pm 1.698\%) = 4.101\,8(\pm 0.069\,7)\text{ g/mL}$$

相対不確かさは，$\sqrt{(0.023\,7\%)^2+(1.698\%)^2}=1.698\%$ のように求められる．これを絶対不確かさに変換すると，密度 4.101 8 g/mL の 1.698% であるので，0.069 7 g/mL である．

商の自由度は，式 B-9 によって求められる．

$$df_d = \frac{(u_d/d)^4}{\frac{(u_m/\overline{m})^4}{4-1} + \frac{(u_V/\overline{V})^4}{6-1}}$$
$$= \frac{(0.069\,7/4.101\,8)^4}{\frac{(0.001\,1/4.635)^4}{4-1} + \frac{(0.019/1.13)^4}{6-1}} = 5.002$$

信頼水準95%，自由度5のスチューデントの t 値は，表4-4 から 2.571 である．密度の95%信頼区間は，$4.101\,8 \pm (2.571)(0.069\,7) = 4.101\,8 \pm 0.179\,1$ g/mL となる．最後に，有効数字を考慮すると，

95%信頼区間＝4.10 ± 0.18 g/mL

類題 体積を100回測定した場合を考えよう．$V = 1.130\,00$ mL，$s_V = 0.000\,47$ mL である．このときの密度の自由度，および95%信頼区間を求めよ．
(**解答**: $df_d = 5.93$，小数点以下を切り捨てると5となる．よって，$t = 2.571$，$d = 4.101\,8 \pm 0.003\,1$ g/mL)

四則の混じった計算は，加減と乗除に分解して考えればよい．三つ以上の変数があるときは，式 B-8 と式 B-9 の分母にそれぞれの変数の項を加える．

まとめると，いくつかの測定値から計算される値 $\overline{z}$ の信頼区間を求める方法は以下のようである．

- それぞれの測定値の標準不確かさ u は，平均の標準偏差である．
- 3章で述べた不確かさの伝播の規則を標準不確かさに適用

し，標準不確かさ u_z を求める．
- 足し算と引き算については式 B-8 を用いて，掛け算と割り算については式 B-9 を用いて，値 z の自由度を求める．変数の数だけ式 B-8 と式 B-9 の分母の項を増やす．自由度は，小数点以下を切り捨てて整数にする．
- 自由度に対応するスチューデントの t 値を求め，信頼区間 $\overline{z} \pm tu_z$ を計算する．

タイプBの不確かさ：長方形型と三角形型の確率分布

これまで私たちが扱ったのは，私たちが測定できるタイプAの不確かさである．周期表の原子量の不確かさは，タイプBの不確かさの例である．人びとはさまざまな物質中の元素の同位体存在度を測定し，元素の平均原子量をある範囲に限定した（コラム3-3）．原子量は正規分布にしたがわないし，ある範囲に一様に分布していない．異なる物質は，異なる原子量をもつかも知れない．

化学計算に原子量の不確かさが必要であるとき，すべての試薬瓶の同位体組成を測ることは実際的ではない．一般に，原子量は**長方形型の確率分布**（rectangular distribution）に従うと仮定される（図B-2）．この仮想的な分布では，原子量は $\overline{x}-a$ から $\overline{x}+a$ までの範囲のどこかに一定の確率で存在する．ここで a は本書の表見返しの周期表に記された不確かさである．酸素については，原子量は $15.999\,4 \pm 0.000\,4$ g/mol である（コラム3-3）．すなわち，$\overline{x} = 15.999\,4$ g/mol，$a = 0.000\,4$ g/mol である．長方形型の確率分布の標準不確かさ[6]は，$a/\sqrt{3}$ である．

長方形型の確率分布の標準不確かさ：$u_x = \pm a/\sqrt{3}$

(B-10)

例として，分子 C_2H_4 の分子量の95%信頼区間を考えよう．表見返しの周期表によれば，炭素の原子量の不確かさは，0.001 0 である．これが炭素の矩形分布の a の値である．水素については，不確かさは $a = 0.000\,14$ である．最初に，a 値を標準不確かさに変換する（$u_x = \pm a/\sqrt{3}$）．

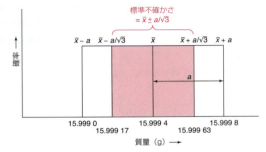

図 B-2 長方形型の確率分布．この分布は，ある値を $\overline{x} - a$ から $\overline{x} + a$ までの範囲に見つける確率が一定で，その外側に見つける確率はゼロである．標準不確かさは，図の赤色の範囲である．横軸の数値は，酸素の例を示す．

Cの原子量
$= 12.010\,6 \pm (0.001\,0)/\sqrt{3} = 12.010\,6 \pm 0.000\,577 \leftarrow u_x$

Hの原子量
$= 1.007\,98 \pm (0.000\,14)/\sqrt{3} = 1.007\,98 \pm 0.000\,080\,8 \leftarrow u_x$

次に，各元素の標準不確かさ u_x に原子数を掛ける．

2C：$2(12.010\,6 \pm 0.000\,577) = \quad 24.021\,2 \pm \mathbf{0.001\,15} \leftarrow 2 \times 0.000\,577$
4H：$4(1.007\,98 \pm 0.000\,080\,8) = \underline{4.031\,92 \pm \mathbf{0.000\,323}} \leftarrow 4 \times 0.000\,080\,8$
$\qquad\qquad\qquad\qquad\qquad\qquad 28.053\,12 \pm ?$

次に，u_x の二乗の和の平方根をとり，分子量の標準不確かさを計算する．

$28.053\,12 \pm \sqrt{0.001\,15^2 + 0.000\,323^2}$

$28.053\,12 \pm 0.001\,19 \leftarrow u_x$ for C_2H_4

　不確かさを95%信頼区間で表すことを考えよう．矩形分布は，多数の測定の結果を表している．表4-4によれば，信頼水準95%のスチューデントの t 値は，自由度が大きくなると2に近づく．よって，$t = 2$ として，原子量の95%信頼区間を計算できる．度量衡学（測定の科学）の文献では，積 tu_z は**拡張不確かさ**（expanded uncertainty）と呼ばれ，ku_z と表される．乗数 k は**包含係数**（coverage factor）と呼ばれ，一般に2とされる．分子 C_2H_4 の分子量の95%信頼区間を求めるには，$u_x = 0.001\,19$ に包含係数 $k = 2$ を掛ける．

$ku_x = 2(0.001\,19\,\text{g/mol}) = 0.002\,38$
分子量の95%信頼区間 $= 28.053_1 \pm 0.002_4$ g/mol

　3章では，私たちは統計学についてなにも知らなかったが，C_2H_4 の分子量の不確かさを $\pm 0.002\,1$ g/mol と推定した．3章に記した方法は，95%信頼区間とほぼ等しい値を与える．

　ホールピペットやメスフラスコの不確かさは，図B-3のような**三角形型の確率分布**（triangular distribution）をもつタイプBの不確かさの例である．クラスAの10 mLメスフラスコの許容範囲は，± 0.02 mLである．メーカーはできるだけ10.00 mLに近くなるように標線をつける．よって，最確値は10.00 mLであり，確率は体積の増加または減少に比例して低くなり，9.98 mLと10.02 mLでゼロとなるので，三角分布が得られる．図B-3の a 値は0.02 mLである．三角分布の標準不確かさは，次式で表される．

三角形型の確率分布の標準不確かさ：$u_x = \pm a/\sqrt{6}$

(B-11)

　この値は矩形分布の u_x よりも小さい．これは，三角分布では，確率は平均値で最大となるからだ．10 mLメスフラスコでは，標準不確かさは $u_x = \pm 0.02/\sqrt{6} = 0.008_{16}$ mLである．

　もしあなたが忍耐強ければ，あなたはメスフラスコの標線まで満たした水をひょう量し，メスフラスコを較正することができる．較正を繰り返せば，メスフラスコの容量と平均の標準偏差が得られる．そうすれば，較正はタイプBの不確かさからタイプAの不確かさに変わる．タイプAは測定値の不確かさであり，タイプBは推定値の不確かさである．

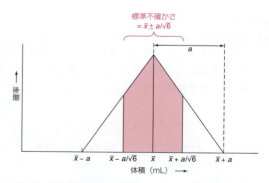

図 B-3　三角形型の確率分布．メスフラスコやホールピペットのような容量ガラス器具に当てはまる．標準不確かさは，図の赤色の範囲である．

タイプAの不確かさとタイプBの不確かさの組合せ

　室温20℃において，較正されていない10 mLメスフラスコの標線までメタノールを満たして，ひょう量し，メタノールの密度を求めることを考えよう．この操作を5回繰り返し，平均値 $\overline{m} = 7.888_1$ g，標準偏差 0.004_3 g，およびタイプAの標準不確かさ $u_\text{mass} = (0.004_3)/\sqrt{5} = 0.001_{92}$ gが得られたとする．あなたはメスフラスコを較正しなかったので，メスフラスコの容量はタイプBの不確かさをもつ．その値は，$u_\text{volume} = \pm 0.02/\sqrt{6} = 0.008_{16}$ mLである．

　質量と体積の標準不確かさは，3章の不確かさの伝播に従って組み合わされる．

$$\text{密度} = \frac{\overline{m}(\pm u_\text{mass})}{\overline{V}(\pm u_\text{volume})} = \frac{7.888_1(\pm 0.001_{92})\,\text{g}}{10.00(\pm 0.008_{16})\,\text{mL}}$$

$$= \frac{7.888_1(\pm 0.02_{43}\%)\,\text{g}}{10.00(\pm 0.08_{16}\%)\,\text{mL}} = 0.788\,81\,(\pm 0.08_{51}\%)$$

密度の相対不確かさは，$\sqrt{(0.02_{43}\%)^2 + (0.08_{16}\%)^2} = 0.08_{51}\%$ である．密度の絶対不確かさは，0.788 81 g/mLの $0.08_{51}\%$ であるので，$\pm 0.000\,67$ g/mLとなる．95%信頼区間としての拡張不確かさは，この絶対不確かさに包含係数 $k = 2$ を掛ければよい．拡張不確かさは，$(2)(0.000\,67) = 0.001_{34}$ g/mLである．最後の答えは

密度 $= 0.788_8 \pm 0.001_3$ g/mL

である．注意書きをつけるとすれば，「不確かさは，標準不確かさに包含係数2を掛けることで，95%信頼区間として評価した」となる．

練習問題

B-3. 不確かさの伝播. この問題では図 B-1 のようなスプレッドシートをつくる．同位体比質量分析では，較正された個々の検出器が，それぞれ異なる同位体を測定する．未知試料と標準物質の $^{13}\text{C}/^{12}\text{C}$ 比のデータについて考えよう．

	$x = {}^{13}\text{C}/{}^{12}\text{C}$ 未知試料	$y = {}^{13}\text{C}/{}^{12}\text{C}$ 標準物質
($\overline{x}$ または $\overline{y}$) = 平均 $^{13}\text{C}/^{12}\text{C}$	0.010 853	0.011 197
s = 標準偏差	0.000 017	0.000 010
n = 測定数	12	12

未知試料と標準物質の $^{13}\text{C}/^{12}\text{C}$ 比の差を千分率（‰）で表した値は，$\delta^{13}\text{C}$ と呼ばれる．

$$\delta^{13}\text{C} = \left[\frac{({}^{13}\text{C}/{}^{12}\text{C})_{\text{sample}}}{({}^{13}\text{C}/{}^{12}\text{C})_{\text{standard}}} - 1\right] \times 1000$$

表のデータでは，$\delta^{13}\text{C} = [(0.010\,853/0.011\,197) - 1] \times 1000 = [0.969\,28 - 1] \times 1000 = -30.7\,‰$ である．

(a) $\overline{x} = ({}^{13}\text{C}/{}^{12}\text{C})_{\text{sample}}$ と $\overline{y} = ({}^{13}\text{C}/{}^{12}\text{C})_{\text{standard}}$ の標準不確かさ（平均の標準偏差）を求めよ．

(b) 商 $\overline{z} = \overline{x}/\overline{y} = ({}^{13}\text{C}/{}^{12}\text{C})_{\text{sample}}/({}^{13}\text{C}/{}^{12}\text{C})_{\text{standard}}$ の標準不確かさを求めよ．答えは，相対不確かさ $u_z/\overline{z}$ として表せ．

(c) $\overline{z}$ の自由度を求めよ．

(d) $\overline{z}$ の 95 % 信頼区間を求めよ．

(e) $\delta^{13}\text{C}$ の 95 % 信頼区間を求めよ．

B-4. 不確かさの伝播. 分光光度分析で，六つの繰り返し試料の吸光度が 0.216, 0.214, 0.207, 0.220, 0.205, 0.213 であった．六つの繰り返し試薬ブランクの吸光度は，0.032, 0.030, 0.029, 0.034, 0.035, 0.030 であった．試料の平均吸光度から試薬ブランクの平均吸光度を引いた補正吸光度について，95 % 信頼区間を求めよ．

B-5. タイプ A（測定値）の不確かさ. 濃アンモニアを希釈してアンモニア溶液を調製する．濃アンモニアの濃度を滴定で 5 回測定したところ，結果は $[\text{NH}_3] = 27.63\ (\pm 0.14)$ wt %（$n = 5$）であった．±0.14 は標準偏差，$n = 5$ は測定数である．濃アンモニア溶液の密度は，$0.904_0 \pm 0.002_3$ g/mL（$n = 4$）であった．1 mL ホールピペットは，較正の結果，$0.904_0 \pm 0.002_3$ g/mL（$n = 4$）であった．このホールピペットを使って，濃アンモニアを 500 mL メスフラスコに移し，標線まで希釈した．この 500 mL メスフラスコの較正値は，499.86 ± 0.08 mL（$n = 4$）であった．

(a) ホールピペットによって移される量 x の標準不確かさ（$u_x = s_x/\sqrt{n}$）を求めよ．その相対標準不確かさ（$= 100 u_x/x$）を求めよ．

(b) NH_3 の分子量を計算し，その標準不確かさと相対標準不確かさを求めよ．なお，この相対標準不確かさは，この手順における他の不確かさに比べて十分小さいので，ゼロと仮定できる．

(c) 調製した 500 mL アンモニア溶液のモル濃度を求めよ．71～72 ページの例に従って，すべての計算を一つの式に表せ．

(d) (c) で求めた式は，モル濃度（M）$= (a \times b \times c)/(d \times e)$ のかたちである．この式の標準不確かさは，次式で求められる．

$$u_M/M = \sqrt{(u_a/a)^2 + (u_b/b)^2 + (u_c/c)^2 + (u_d/d)^2 + (u_e/e)^2}$$

u_M を計算せよ．

(e) 五つの変数の積と商で計算されるモル濃度の自由度（df_M）は，次式で表される．

$$df_M = \frac{(u_M/M)^4}{\frac{(u_a/\overline{a})^4}{df_a} + \frac{(u_b/\overline{b})^4}{df_b} + \frac{(u_c/\overline{c})^4}{df_c} + \frac{(u_d/\overline{d})^4}{df_d} + \frac{(u_e/\overline{e})^4}{df_e}}$$

df_M を計算せよ．

(f) 500 mL アンモニア溶液のモル濃度の 95 % 信頼区間を求めよ．95 % 信頼区間をモル濃度に対する百分率で表せ．

B-6. タイプ A（測定値）とタイプ B（推定値）の不確かさの組み合わせ. 前問を以下の点で変更して考えよ．1 mL ホールピペットと 500 mL メスフラスコは較正されていない．許容量はそれぞれ，0.006 mL と 0.20 mL である．これらの不確かさの推定に三角分布を用いる．NH_3 の分子量の不確かさは，やはり無視できるものとする．包含係数 $k = 2$ として，拡張不確かさ（約 95 % 信頼区間）を求めよ．

参考文献

1. スプレッドシートで式 B-1 を計算する方法は，次の文献に説明されている．R. de Levie, *J. Chem. Ed.*, **77**, 534 (2000).
2. E. F. Meyer, *J. Chem. Ed.*, **74**, 1339 (1997).
3. C. Salter, *J. Chem. Ed.*, **77**, 1239 (2000).
4. B. Wampfler et al., *J. Chem. Ed.*, **83**, 1382 (2006); Evaluation of Measurement Data-Guide to the Expression of Uncertainty in Measurement, JCGM 100:2008, http://www.bipm.org/utils/common/documents/jcgm/JCGM_100_2008.E.pdf; S. L. R. Ellison and A. Williams, eds., "Eurachem/CITAC guide: Quantifying Uncertainty in Analytical Measurement, 3rd ed. (2012), http://eurachem.org/index.php/publications/guides/quam; NIST Uncertainty of Measurement Results, http://physics.nist.gov/cuu/uncertainty/index.html.
5. 不確かさの伝播を扱う別の方法は，モンテカルロ法である．この方

法は，スプレッドシートで多数の試行をシミュレートする．シミュレーションの個々の入力変数は，その不確かさのモデルに基づいて，ランダムに発生される．G. Chew and T. Walczyk, *Anal. Bioanal. Chem.*, **402**, 2463（2012）を参照．

6．確率関数 $p(x)$ の分散（σ^2）は，次式で定義される．

$$\sigma^2 = \int_{-\infty}^{\infty} (x-\mu)^2 p(x) dx$$

ここで，μ は母平均である．$p(x)$ が式 4-3 のガウス分布である場合，σ^2 は（x^2 の平均）$-$（x の平均）^{2} と等しい．母集団の 68.3%は，$\mu \pm \sigma$ の範囲内にある．$-a$ から $+a$ までの矩形分布では，標準偏差は $\sigma = a/\sqrt{3}$ であり，母集団の 57.7%が $\mu \pm \sigma$ の範囲内にある．$-a$ から $+a$ までの三角分布では，標準偏差は $\sigma = a/\sqrt{6}$ であり，母集団の 65.0%が $\mu \pm \sigma$ の範囲内にある．

付録C　分散分析と効率的な実験計画

C-1　分散分析

分散分析（analysis of variance, ANOVA）は，広く用いられている統計手法の一つである．t 検定により平均を比較し，測定値の総分散を異なる誤差の原因に割りあてる．**分散**（variance）は標準偏差の 2 乗であることを思いだそう．分散には加算性があるが，標準偏差には加算性はない．ある方法が試料採取と分析操作を含むならば，総分散は次式で表される．

$$s^2_{\text{overall}} = s^2_{\text{sampling}} + s^2_{\text{analysis}} \quad \text{(C-1)}$$

ここで，s^2_{sampling} は試料採取に起因する分散であり，s^2_{analysis} は分析操作に起因する分散である．

ある原因による分散が他の原因による分散よりもずっと小さければ，小さいほうの分散をさらに小さくするような努力はあまり意味がない．たとえば，$s_{\text{analysis}} = 0.5$，$s_{\text{sampling}} = 1.0$ であれば，$s_{\text{overall}} = \sqrt{0.5^2 + 1.0^2} = 1.1_2$ である．分析の標準偏差を 0.5 から 0.25 まで減少させても，全体の標準偏差は 1.1_2 から 1.0_3 まで減少するに過ぎない．これは労力に見あわないだろう．方法の精度を改善するには，まず最大の分散を生じる過程に取り組むべきである．もし試料採取の標準偏差を 1.0 から 0.5 まで減少できれば，全体の標準偏差は 1.1_2 から $\sqrt{0.5^2 + 0.5^2} = 0.7_1$ まで小さくなる．

一つの要因による分散の分析

図 C-1 に示すポテトチップスの塩化ナトリウム量（wt% Na として表す）の測定を考えよう．一つの袋からランダムに 4 枚を選ぶ．それぞれをひょう量し，細かく砕いて，塩化ナトリウムを水に抽出する．水をろ過して，ろ液をメスフラスコにと

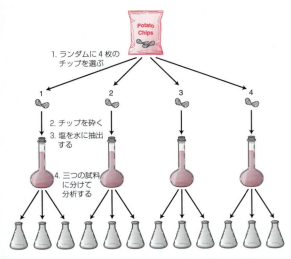

図 C-1　ポテトチップスの塩化ナトリウム測定の手順．ステップ 1 は試料採取の分散 s^2_{sampling} を生じ，ステップ 2 から 4 は分析操作の分散 s^2_{analysis} を生じる．

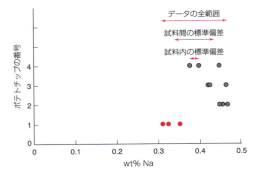

図 C-2　4 枚のポテトチップのナトリウム量

る．固体残渣を水で洗い，洗液をろ過して，ろ液をメスフラスコに加える操作を繰り返す．それぞれのフラスコから三つの試料をとって分析したところ，図 C-2 および表 C-1 の上段に示すような結果が得られた．

図 C-1 には，誤差の原因が少なくとも二つある．試料採取の誤差は，おそらくそれぞれのチップのナトリウム量が異なるために生じる．もし別のチップを選べば，結果は異なるだろう．分析操作の誤差は，1 枚のチップの試料を繰り返し分析する操作が完全に再現されないために起こる．試料誤差と測定誤差は，それぞれどのくらいの変動を生じるだろうか？

分散分析は長い計算を要するが，ここでは分散分析を簡単に説明しよう．それが理解できれば，Excel を利用して簡単に計算できる．分散分析の専門語では，ポテトチップは**要因**（factor）と呼ばれる．それは実験上の変数である．図 C-1 に示されているように，1 枚のポテトチップにつき 3 回の繰り返し分析がある．

分析操作の誤差は，それぞれのポテトチップの結果のばらつきを生む．これは表 C-1 の上段に示されている．測定誤差がなければ，1 枚のチップの繰り返し分析の結果はまったく等しくなるが，現実にはそうではない．たとえば，チップ 1 の三つの値は，0.324，0.311，0.352 wt% Na である．もしすべてのチップが同一であれば，そして測定誤差が小さければ，それぞれのチップの平均は同じになるはずである．4 枚のチップの平均値は，0.329_0，0.456_7，0.435_7，0.407_3 wt% Na である．変動は，現実のチップが同じではなく，またそれぞれのチップの測定値にランダムな測定誤差があるために生じる．

チップ 1 のナトリウム量の真値を μ_1 としよう．チップ 1 のナトリウム測定を数多く繰り返せば，測定値は μ_1 を中心に正規分布し，その標準偏差は σ_{analysis} となるだろう．なぜなら，測定値は分析操作にともなうランダム誤差の分だけ真値と異なるからだ．チップ 1 の $n=3$ の繰り返し分析では，平均値は $\overline{x}_1$ である．チップ 1 の 3 回の繰り返し分析を多数回行えば，多くの平均値が得られ，それらは真値 μ_1 を中心として，$\sigma_{\text{analysis}}/\sqrt{n} = \sigma_{\text{analysis}}/\sqrt{3}$ で表される**平均の標準偏差**（standard deviation of the mean）をもって分布するだろう．

付録C　分散分析と効率的な実験計画　　*AP-11*

表C-1　ポテトチップスのナトリウム量（wt%）の分析

試　料	チップ1	チップ2	チップ3	チップ4
	0.324	0.455	0.420	0.447
	0.311	0.467	0.463	0.377
	<u>0.352</u>	<u>0.448</u>	<u>0.424</u>	<u>0.398</u>
試料内の平均	0.329_0	0.456_7	0.435_7	0.407_3
	$\bar{x}_1$	$\bar{x}_2$	$\bar{x}_3$	$\bar{x}_4$
試料内の標準偏差	0.020_{95}	0.009_{61}	0.023_{76}	0.035_{92}
	s_1	s_2	s_3	s_4

h ＝試料数＝ 4　　　　　n ＝繰り返し分析数＝ 3　　　　　nh ＝全測定数＝ 12

試料内の分散を求める

	$4.39_0 \times 10^{-4}$	$9.23_3 \times 10^{-5}$	$5.64_3 \times 10^{-4}$	$1.29_0 \times 10^{-3}$
	s_1^2	s_2^2	s_3^2	s_4^2

試料内の分散の平均＝ $s_{\text{within}}^2 = \dfrac{1}{h} \sum (s_i^2)$ 　　　　　　　　　　　　　　　　　　　　　　　　(C-2)

$$= \frac{1}{4}(4.39_0 \times 10^{-4} + 9.23_3 \times 10^{-5} + 5.64_3 \times 10^{-4} + 1.29_0 \times 10^{-3})$$

$$\mathbf{\textcolor{red}{s_{\text{within}}^2 = 5.96_5 \times 10^{-4}}}$$

試料内の分散の自由度＝ $nh - h = 12 - 4 = \mathbf{\textcolor{red}{8}}$

試料間の分散を求める

総平均＝ $\bar{x} = \dfrac{1}{nh} \sum (\text{全測定値})$ 　　　　　　　　　　　　　　　　　　　　　　　　　　(C-3)

$$= \frac{1}{12}(0.324 + 0.311 + 0.352 + 0.455 + \ldots + 0.377 + 0.398)$$

$$= 0.407_2$$

総平均の分散＝ $s_{\text{means}}^2 = \dfrac{1}{h-1} \sum (\text{試料内平均} - \bar{x})^2$ 　　　　　　　　　　　　　　　(C-4)

$$= \frac{1}{3}[(0.329_0 - 0.407_2)^2 + (0.456_7 - 0.407_2)^2 + (0.435_7 - 0.407_2)^2 + (0.407_3 - 0.407_2)^2] = 3.12_4 \times 10^{-3}$$

総平均の自由度＝ $h - 1 = 4 - 1 = \mathbf{\textcolor{red}{3}}$

$s_{\text{mean}} = s_{\text{between}} / \sqrt{n}$ 　　　　　　　　　　　　　　　　　　　　　　　　　　　　　　(C-5)

$\Rightarrow s_{\text{between}}^2 = n s_{\text{mean}}^2 = 3(3.12_4 \times 10^{-3}) = \mathbf{\textcolor{red}{9.37_3 \times 10^{-3}}}$ 　　　　　　　　　　　　(C-6)

F 検定

自由度：$h - 1 = 3$

$$F = \frac{s_{\text{between}}^2}{s_{\text{within}}^2} = \frac{9.37_3 \times 10^{-3}}{5.96_5 \times 10^{-4}} = 15.7 > 4.07 \text{（表4-3）}$$　　　　　　　　　(C-7)

自由度：$nh - h = 8$

分散の起源の推定

$s_{\text{between}}^2 = s_{\text{within}}^2 + n s_{\text{sampling}}^2$ 　　　　　　　　　　　　　　　　　　　　　　　　(C-8)

$\Rightarrow s_{\text{sampling}}^2 = \dfrac{1}{n}(s_{\text{between}}^2 - s_{\text{within}}^2) = \dfrac{1}{3}(9.37_3 \times 10^{-3} - 5.96_5 \times 10^{-4}) = 2.92_6 \times 10^{-3}$

標準偏差

$s_{\text{sampling}} = \sqrt{s_{\text{sampling}}^2} = \sqrt{2.92_6 \times 10^{-3}} = 0.054\,1$ 　　　　　　　　　　　　　　(C-9)

$s_{\text{analysis}} = s_{\text{within}} = \sqrt{s_{\text{within}}^2} = \sqrt{5.96_5 \times 10^{-4}} = 0.024\,4$ 　　　　　　　　　　　　(C-10)

$s_{\text{overall}} = \sqrt{s_{\text{analysis}}^2 + s_{\text{sampling}}^2} = \sqrt{(0.024_4)^2 + (0.054_1)^2} = 0.059$ 　　　　　　　(C-11)

データ出典：F. A. Settle and M. Pleva, *Anal. Chem.*, **71**, 538A (1999)．D. Harvey, *J. Chem. Ed.*, **79**, 360 (2002) も参照．

試料内の分散

表 C-1 のチップ 1 では，ナトリウム量の平均は $\bar{x}_1 = 0.329_0$ wt%，標準偏差は $s_1 = 0.020_{95}$ wt%，分散は $s_1^2 = 4.39_0 \times 10^{-4}$ (wt%)^2 である．簡単のため，今後は wt% を省略する．

4 枚のチップの分散の平均は，$\frac{1}{4}(s_1^2 + s_2^2 + s_3^2 + s_4^2) = 5.96_5 \times 10^{-4}$ である．これが表 C-1 の式 C-2 で計算されている．これは，試料内の分散の平均 s_{within}^2 である．この値は，それぞれのチップの結果のばらつきを表すので，分析操作の分散 s_{analysis}^2 のめやすとなる．

n 個の測定値の標準偏差の自由度は $n-1$ である．自由度の一つは平均の計算で失われる．平均と $n-1$ 個の値がわかっていれば，n 個目の値を計算できる．表 C-1 では，$h = 4$ 個の試料あたりそれぞれ $n = 3$ 回の繰り返し測定を行ったので，測定値の総数は $nh = 3 \times 4 = 12$ である．分散の平均を求めるために四つの平均を用いたので，s_{within}^2 の自由度は，$12 - 4 = 8$ である．

試料間の分散

次に 4 枚のポテトチップの平均の差から分散を計算する．仮に試料採取にともなう分散がなければ，その分散は分析のランダム誤差にのみ起因するだろう．もしすべての試料が分散 s_{analysis}^2 の同じ母集団から採取されていれば，$n = 3$ の繰り返し測定の平均の標準偏差は $s_{\text{analysis}}/\sqrt{n} = s_{\text{analysis}}/\sqrt{3}$ となるだろう．もし平均のあいだの分散が s_{analysis}^2 に基づく推定値よりも有意に大きければ，総分散に対して試料採取の寄与があると結論できる．

$nh = 12$ のすべての測定の総平均が，表 C-1 の式 C-3 で計算されている．総平均値は 0.407_2 である．4 枚のポテトチップそれぞれの平均値は，$\bar{x}_1 = 0.329_0$，$\bar{x}_2 = 0.456_7$，$\bar{x}_3 = 0.435_7$，$\bar{x}_4 = 0.407_3$ である．$h = 4$ 個の平均のあいだの分散 s_{means}^2 は，表 C-1 の式 C-4 で計算される．その値は $3.12_4 \times 10^{-3}$ である．その自由度は $h - 1 = 3$ である．

試料採取の分散がなければ，平均の分散は単に分析操作の分散のめやすに過ぎない．平均の標準偏差は，母標準偏差を $\sqrt{n}$ で割ったものに等しい：$s_{\text{means}} = s_{\text{between}}/\sqrt{n}$．表 C-1 の式 C-6 は，$s_{\text{between}}^2 = ns_{\text{means}}^2 = 3(3.12_4 \times 10^{-3}) = 9.37_3 \times 10^{-3}$ を与える．試料採取の分散がなければ，この値 s_{between}^2 が s_{within}^2 と等しくなるはずである．

帰無仮説の検定

ここでの帰無仮説は，二つの分散，s_{between}^2 と s_{within}^2 に有意な差がないというものである．もし二つの分散に有意な差があれば，試料採取がチップスのあいだの差を生じたと結論できる．

分散を比較する方法が，F 検定である．

$$F_{\text{calculated}} = \frac{s_{\text{between}}^2}{s_{\text{within}}^2} = \frac{9.37_3 \times 10^{-3}}{5.96_5 \times 10^{-4}} = 15.7 > 4.07 \text{ (表 4-3)} \quad \text{(C-7)}$$

(自由度：$h - 1 = 3$，自由度：$nh - h = 8$)

この式で計算される F 値が表 4-3 のしきい値よりも大きければ，二つの分散は同じ母集団からのものではないといえる．

分散をそれぞれの起源にふり分ける

前節の結果を要約すると，4 枚のポテトチップの試料間の分散 s_{between}^2 は，それぞれのポテトチップの繰り返し分析の分散 s_{within}^2 よりも有意に大きかった．試料採取と分析操作の両方が総分散に寄与していると考えられる．

分散 s_{between}^2 は，分析操作の分散 ($s_{\text{analysis}}^2 = s_{\text{within}}^2$) と試料採取の分散 s_{sampling}^2 に分けることができる．その関係式は次のようである．

$$s_{\text{between}}^2 = s_{\text{within}}^2 + ns_{\text{sampling}}^2 \Rightarrow s_{\text{sampling}}^2 = \frac{1}{n}(s_{\text{between}}^2 - s_{\text{within}}^2) \quad \text{(C-8)}$$

この式を用いると，$s_{\text{sampling}}^2 = \frac{1}{3}(9.37_3 \times 10^{-3} - 5.96_5 \times 10^{-4}) = 2.92_6 \times 10^{-3}$ である．

最後の結果は，表 C-1 の下段に示されている．

$$s_{\text{analysis}} = s_{\text{within}} = \sqrt{s_{\text{within}}^2} = \sqrt{5.96_5 \times 10^{-4}} = 0.024_4 \quad \text{(C-10)}$$

$$s_{\text{sampling}} = \sqrt{s_{\text{sampling}}^2} = \sqrt{2.92_6 \times 10^{-3}} = 0.054_1 \quad \text{(C-9)}$$

試料採取は，分析操作のほぼ 2 倍の標準偏差を生じたことがわかる．総分散は，試料採取と分析操作の両方の成分を含んでいる．

$$s_{\text{overall}}^2 = s_{\text{analysis}}^2 + s_{\text{sampling}}^2$$
$$\Rightarrow s_{\text{overall}} = \sqrt{(0.024_4)^2 + (0.054_1)^2} = 0.059 \quad \text{(C-11)}$$

図 C-2 をよく見ると，チップ 1 のナトリウム量は，チップ 2，3，4 と異なることがわかる．この差は，実験における試料のばらつきがおもな原因である．

どうしてこのような分析を行ったのか？

この分散分析は，結果の全体の不確かさに対して，試料採取が分析操作の 2 倍の影響をもつことを明らかにした．私たちが分析の質を向上させるには，まず試料採取の改善に努めるべきである．

試料採取を改良する一つの方法は，何枚かのポテトチップを選び，それらを混ぜ合わせて個々の試料をつくることだろう．たとえば，ランダムに 4 枚のポテトチップを選び，いっしょに粉にして，完全に混合された固体粉末の 4 分の 1 を試料とすればよい．この操作をさらに 3 回繰り返せば，表 C-1 と同じようなデータを得ることができる．しかし，ここでは各試料は 4 枚のチップの混合物である．この方法では，平均の標準偏差は，表 C-1 の結果の約 2 分の 1 になると予想される．この方法は試料採取の不確かさを分析操作の不確かさと同じ程度にまで減少させるだろう．

分散分析のためのスプレッドシート

Excel は，分散分析に利用できる．図 C-3 では，表 C-1 のデー

	A	B	C	D	E	F	G	H
1	分散分析：一元配置－ポテトチップス中のナトリウム量の分析							
2								
3		生データ (wt% Na)						
4	繰り返し	チップ1	チップ2	チップ3	チップ4	← 要因		
5	↓	0.324	0.455	0.420	0.447			
6		0.311	0.467	0.463	0.377			
7		0.352	0.448	0.424	0.398			
8								
9		分散分析：一元配置						
10								
11		概要						
12		グループ	標本数	合計	平均	分数		
13		列 1	3	0.987	0.329	0.000439		
14		列 2	3	1.37	0.456667	9.23E-05		
15		列 3	3	1.307	0.435667	0.000564		
16		列 4	3	1.222	0.407333	0.00129		
17								
18								
19		分散分析表				↓ $F = MS_{between}/MS_{within}$		
20		変動要因	SS	df	MS	F	P値	F境界値
21		グループ間	0.028118	3	0.009373	15.71258	0.001025	4.066181
22		グループ内	0.004772	8	0.000597			
23					↑ 分散 = SS/df			
24		合計	0.03289	11				
25								
26		分散の起源の指定：						
27	分析操作の標準偏差；$s_{within} = s_{analysis}$			0.024423	= SQRT(E22)			
28		試料採取の標準偏差 = $s_{sampling}$		0.054087	= SQRT((E21-E22)/D21)			
29		総標準偏差 = $s_{overall}$		0.059345	= SQRT(D27^2+D28^2)			

図 C-3 要因が一つの分散分析（ANOVA）．ここでの要因は，ポテトチップの選択である．

タがセル B4：E7 に入力されている．Excel は，行 4 の値を要因（factor）と呼ぶ．この場合，要因は分析のために選ばれたポテトチップである．他の場合，要因は異なる分析法，あるいは溶媒，pH，温度，流速のような実験変数であるかも知れない．

Excel 2010 では，ここで［データ］-［データ分析］へ進む．［データ分析］ウインドウで，［分散分析：一元配置］を選ぶ．すると別のウインドウが現れる．［入力範囲］に B5：E7 と入力する．［出力先］には，B9 と入力する．すると Excel は行 9 から行 24 までを出力する．

Excel は試料の平均（$\bar{x}_1 \sim \bar{x}_4$）をセル E13：E16 に，分散（$s_1^2 \sim s_4^2$）をセル F13：F16 に返す．分散 s_{within}^2 (0.000 597) はセル E22（見出し MS の下）に，その自由度（8）はセル D22 に示される．分散 $s_{between}^2$ (0.009 37) はセル E21 に，その自由度（3）はセル D21 に示される．$F_{calculated} = 15.7$ は，セル F21 に示される．比較のため，信頼水準 95% の F のしきい値 $F_{critical} = 4.07$ がセル H21 に示される．$F_{calculated} > F_{critical}$ であるので，$s_{between}^2$ と s_{within}^2 の差は，信頼水準 95% において有意である．セル G21 は，同じ母標準偏差をもつ母集団から $F_{calculated} = 15.7$ が生じる確率が 0.001 0 であることを示している．すなわち，分散の差は $100 \times (1 - 0.0010) = 99.90\%$ の信頼水準において有意である．

Excel の ANOVA ルーチンの出力は，行 24 で終わる．しかし，それは私たちが望む最後の情報ではない．行 26 から行 29 までの文字と式を入力し，$s_{analysis}$，$s_{sampling}$，$s_{overall}$ を求めよう．

二つの要因による分散の分析

これまでの ANOVA の議論では，一つの要因をもつ繰り返し実験のみを考えた．図 C-1 と図 C-3 では，要因はそれぞれのポテトチップの選択であり，それは試料採取に関するものである．Excel を用いると，実験要因が二つある分散分析も可能である．

ポテトチップスの実験で，塩化ナトリウム濃度を異なる二つの方法で定量する場合を考えよう．4 枚のチップを A，B，C，D とする．図 C-1 と同様にチップから塩化ナトリウムを水に抽出する．溶液の一部は原子発光法によって，別の一部は滴定法によって分析する．その結果が図 C-4 のセル B4：D12 に示されている．たとえば，セル D7 とセル D8 は，チップ B を 2 回滴定した結果が，0.455 と 0.467 であることを示す．この実験の要因 1 は分析法である（発光法または滴定法）．要因 2 はチップの選択である（試料採取）．分析法の再現性を評価する

	A	B	C	D	E	F	G	H	I
1		分散分析：繰り返しのある二元配置							
2									
3		要因2	要因1 分析法			概要	原子発光法	滴定法	合計
4		チップ #	原子発光法	滴定法		*A*			
5	繰り返し	A	0.411	0.324		標本数	2	2	4
6		A	0.394	0.310		合計	0.805	0.634	1.439
7	繰り返し	B	0.485	0.455		平均	0.4025	0.317	0.35975
8		B	0.493	0.467		分散	0.000144	9.8E-05	0.002518
9	繰り返し	C	0.450	0.420		*B*			
10		C	0.481	0.463		標本数	2	2	4
11	繰り返し	D	0.474	0.447		合計	0.978	0.922	1.9
12		D	0.427	0.377		平均	0.489	0.461	0.475
13						分散	3.2E-05	7.2E-05	0.000296
14						*C*			
15						標本数	2	2	4
16						合計	0.931	0.883	1.814
17						平均	0.4655	0.4415	0.4535
18						分散	0.00048	0.000925	0.00066
19						*D*			
20						標本数	2	2	4
21						合計	0.901	0.824	1.725
22						平均	0.4505	0.412	0.43125
23						分散	0.001104	0.00245	0.001679
24						合計			
25						標本数	8	8	
26						合計	3.615	3.263	
27						平均	0.451875	0.407875	
28						分散	0.001396	0.004	
29		分散分析表				↓ F = MS/MS$_{within}$			
30		変動要因	SS	df		MS	F	P値	F境界値
31		標本	0.030055	3		0.01001842	15.10504	0.00117	4.066181
32		列	0.007744	1		0.007744	11.67584	0.009128	5.317655
33		交互作用	0.002408	3		0.00080283	1.210454	0.366689	4.066181
34		繰り返し誤差	0.005306	8		0.00066325			
35						↑ 分散 = SS/df			
36		合計	0.045514	15					

図 C-4 二つの要因がある分散分析（ANOVA）．ここで二つの要因は，ポテトチップの選択と分析法である．［データ出典：F. A. Settle and M. Pleva, *Anal. Chem.*, **71**, 538A (1999).］

ために，要因2が同じである試料が繰り返し分析された．

Excel 2010を使って，図C-4で分散を分析するには，［データ］-［データ分析］へ進む．次に，［分散分析：繰り返しのある二元配置］を選択する．次のウインドウで，［入力範囲］にB4:D12を入力する．このセル範囲は，列と行のラベルを含んでいる．それぞれの試料が2回ずつ分析されたことを示すために，［1標本あたりの行数］に2を入力する．［出力先］にはF3と入力する．すると，Excelは図C-4の残りのほとんどを出力する（図C-4は1ページに収まるように，Excelの出力を少し並べかえた）．セルF3:I28は，それぞれのチップと全データセットに対する結果をまとめている．

ANOVAの重要な結果は，セルC30:I36にある．同じ方法で測定された異なる試料に対する分散はセルF31（見出しMSの下）に示されており，$s^2_{sample} = 0.010018$である．二つの方法のあいだの分散はセルF32に示されており，$s^2_{columns} = 0.007744$である．セルF33の「交互作用」（interaction）につ

いては，あとで説明する．同じ試料を同じ方法で分析した場合の分散はF34に示されており，$s^2_{within} = 0.000663$である．

私たちが知りたいのは，異なる要因による分散が測定の再現性による分散s^2_{within}と比べて有意に異なるかどうかである．三つのF値が計算される．セルG31は，$F = s^2_{sample}/s^2_{within} = 0.010018/0.000663 = 15.1$を示す．このF値は，セルI31に示されている信頼水準95％のしきい値4.07を超えている．したがって，試料（チップ）のあいだの差は有意である．観測されたF値の確率は，セルH31に示されており，$p = 0.00117$である．すなわち，同じ母平均と母標準偏差をもつ母集団からこの結果が得られる確率は0.1％しかない．

セルG32は，$F = s^2_{columns}/s^2_{within} = 0.007744/0.000663 = 11.7$を示す．この値も，セルI32に示されているしきい値5.32を超えている（$p = 0.0091$）．したがって，列（二つの分析法）のあいだの差は，$1 - 0.009 = 99.1$％信頼水準において有意である．すなわち，二つの方法は，同じ試料に対して異なる結果

を与える．この結論は，セル D5：D12 の滴定法のすべての値がセル C5：C12 の発光法の値より低いことから明らかである．このデータに 4-4 節で述べた対応のある t 検定を適用しても，同じ結論が得られるだろう．

「交互作用」(interaction) とは何だろうか？ 液体クロマトグラフィーの分離を最適化するために，溶離液溶媒 (アセトニトリルかメタノールか，これを要因 1 とする)，および溶離液水成分の pH (これを要因 2 とする) を変化させることを考えよう．あなたが測定するのは，クロマトグラムにおいて隣接する二つのピークの分離度である．最適な溶媒と pH の組合せが，最もよい分離度を与える．図 C-4 のように，分離度を溶媒と pH の関数として表にすれば，溶媒と pH のどちらが分離度に有意な差を生じるかを検定によって調べることができる．

行 33 の「交互作用」は，一つの要因を変化させたとき，もう一つの要因への応答が変化するかどうかを示す．たとえば，おそらく pH が低いとき，分離度は有機溶媒によって変化するだろう．pH が高いときは，分離度は有機溶媒に依存しないだろう．このような場合，二つの要因のあいだには<u>交互作用がある</u>という．pH を変えると，溶媒に対する応答が変化する．

図 C-4 では，二つの要因は分析法と試料採取である．直感的に，袋から選ばれたポテトチップに応じて分析法の性能が変わるとは考えられない．セル G33 の $F = s^2_{\text{interaction}}/s^2_{\text{within}} = 1.21$ は，セル I33 のしきい値 4.07 よりも小さい．私たちは，この実験において要因のあいだの<u>交互作用はない</u>と結論できる．

C-2 効率的な実験計画[1]

分析法を開発するときには，条件の最適化が必要になる．最も効率の悪い方法は，他のパラメータをすべて一定にして，一つのパラメータだけを変化させるものである．より効率的な方法は，<u>一部実施法</u> (fractional factorial experimental design[2]) と<u>シンプレックス最適化法</u> (simplex optimization[3]) である．ここでは最小の実験回数で最大の情報を得るための実験計画について議論する．

未知濃度の酸溶液が三つあるとしよう．それぞれを A，B，C とする．もしそれぞれの溶液を 1 回だけ塩基で滴定すれば，濃度はわかるが，その測定の不確かさはわからない．それぞれの溶液を 3 回ずつ滴定すれば，全部で 9 回の測定が必要で，濃度と標準偏差を知ることができる．

もっと効率的な実験計画を立てれば，濃度と標準偏差をより少数の実験回数で得ることができる．多くの効率的な計画のうちの一例を図 C-5 に示す．私たちはそれぞれの酸溶液を滴定する代わりに，酸の混合液を滴定する．たとえば，このスプレッドシートの行 5 には，2 mL A，2 mL B，2 mL C の混合液の滴定には，0.1204 M NaOH 溶液を 23.29 mL 要したことが記されている．これは OH$^-$ 量として 2.804 mmol に相当する (酸溶液は表 2-4 の許容量をもつホールピペットで移されただ

	A	B	C	D	E
1	実験計画				
2					
3	未知溶液の量 (mL)			mL NaOH	mmol
4	A	B	C	(0.1204 M)	NaOH
5	2	2	2	23.29	2.804
6	2	3	1	20.01	2.409
7	3	1	2	21.72	2.615
8	1	2	3	28.51	3.433
9	2	2	2	23.26	2.801
10					
11			[C]	[B]	[A]
12		モル濃度 (M)	0.8099	0.4001	0.1962
13		標準不確かさ (u_M)	0.0062	0.0062	0.0062
14			1.0000	0.0130	#N/A
15			R^2	S_y	
16	Highlight cells C12:E14				
17	Type "= LINEST(E5:E9,A5:C9,FALSE,TRUE)"				
18	Press CTRL+SHIFT+ENTER (on PC)				
19	Press COMMAND(⌘)+RETURN (on Mac)				

図 C-5 Excel の LINEST ルーチンを用いた効率的な実験計画のためのスプレッドシート．実験結果を関数 $y = m_A x_A + m_B x_B + m_C x_C$ によって最小二乗法で近似する．

ろう．そうであれば，2 mL は 2.000 mL を意味し，その不確かさは小数点以下 3 桁目にある)．行 6 には，2 mL A，3 mL B，1 mL C の混合液がある．他の組成の混合液が行 7 と行 8 にある．また，行 5 と同じ組成の溶液が独立に測定され，その結果が行 9 に記されている．列 E は，それぞれの測定で消費された塩基の量 (nmol) である．

それぞれの測定で，消費された塩基の nmol 量は酸の nmol 量の和と等しい．

$$\underbrace{\text{mmol OH}^-}_{y} = \underbrace{[A] V_A}_{m_A x_A} + \underbrace{[B] V_B}_{m_B x_B} + \underbrace{[C] V_C}_{m_C x_C} \tag{C-12}$$

ここで [A] は酸 A の濃度 (mol/L) であり，V_A は mL 単位で表した酸 A の体積である (mol/L × mL = mmol)．行 5 から行 9 までは，次の関係を示す．

$$\left.\begin{aligned} 2.804 &= [A] \cdot 2 + [B] \cdot 2 + [C] \cdot 2 \\ 2.409 &= [A] \cdot 2 + [B] \cdot 3 + [C] \cdot 1 \\ 2.615 &= [A] \cdot 3 + [B] \cdot 1 + [C] \cdot 2 \\ 3.433 &= [A] \cdot 1 + [B] \cdot 2 + [C] \cdot 3 \\ 2.801 &= [A] \cdot 2 + [B] \cdot 2 + [C] \cdot 2 \end{aligned}\right\} \tag{C-13}$$

私たちの問題は，[A]，[B]，[C] の最適値を見つけることである．

幸い，Excel には最小二乗法でこれらの値を見つけるルーチンの関数 LINEST がある．4 章では関数 LINEST を用いて，式 $y = mx + b$ の傾きと切片を求めた．図 C-5 では，関数 LINEST を使って，式 $y = m_A x_A + m_B x_B + m_C x_C + b$ (ここでは切片 b はゼロ) の傾きを求める．関数 LINEST を実行す

るには，セル C12：E14 を選択し，"= LINEST (E5：E9, A5：C9, FALSE, TRUE)" と入力する．次に PC の場合は CTRL キー，SHIFT キー，ENTER キーを同時に押す．Mac の場合は COMMAND キーと RETURN キーを同時に押す．関数 LINEST の最初の引数はセル E5：E9 であり，y 値（= mmol OH^-）を含む．二番目の引数はセル A5：C9 であり，x 値（= 酸の体積）を含む．三番目の引数 FALSE は切片（b）をゼロとすること，四番目の引数 TRUE は統計量を計算することを意味する．

Excel は行 12 に最小二乗法の傾きを返し，行 13 にその標準偏差を返す．これらの傾きがモル濃度 [C]，[B]，[A] である．たとえば，セル C12 は，[C] = 0.809 9 M であることを示す．

n 個の未知数を求めるには，少なくとも n 個の式が必要である．この例では，未知数は三つであるが，私たちは五つの式を用いた．余分な二つの式は，未知数の不確かさを評価するためのものである．もっと多くの実験を行えば，濃度の不確かさは小さくなるだろう．効率的な実験計画に従う 5 回の実験では，9 回の実験を行うときよりも不確かさが大きくなる．しかし，実験回数は半分くらいに減らせる．

セル C13：E13 の標準不確かさは，式 C-13 に対する最小二乗法の質に依存する．それは，体積の不確かさ，および滴定の当量点の決定に関係している．濃度の 95% 信頼区間を求めるには，標準不確かさにスチューデントの t を掛ける．この場合，自由度は 5 − 3 = 2 である（なぜなら，私たちは五つの式を用いて，三つの未知数を求めるので）．表 4-4 によれば，信頼水準 95%，自由度 2 では，t = 4.303 である．したがって，それぞれの成分（A，B，C）について，95% 不確かさは，tu_M = (4.303)(0.006 2) = 0.027 である．溶液 C の濃度の適切な表現は，[C] = 0.810 ± 0.027 M または 0.81 ± 0.03 M となる．

練習問題

C-1. <u>分散分析</u>．クロロフィル a は植物の色素である．それは太陽光を吸収し，そのエネルギーを光合成に利用する．光合成では，CO_2 と H_2O から炭水化物がつくられ，O_2 が排出される．クロロフィル a は，切りきざまれた葉から抽出され，吸光光度法で定量される．次の表は，5 枚の葉のクロロフィル a をそれぞれ 4 回測定した結果である．

クロロフィル a (g/L)

場所 1：	葉 1	葉 2	葉 3	葉 4	葉 5
	1.09	1.26	1.19	1.23	0.85
	0.86	0.96	1.21	1.30	0.65
	0.93	0.80	1.27	0.97	0.86
	0.99	0.73	1.12	0.97	1.03

データ出典：J. Marcos et al., *J. Chem. Ed.*, **72**, 947 (1995).

それぞれの葉の 4 回の繰り返し分析は，分析操作の精度を与える．5 枚の葉の平均値の差は，試料採取のばらつきのめやすとなる（すなわち，すべての葉が同じ組成ではない）．試料採取の分散が分析の分散と有意に異なるかどうかを調べよ．試料採取と分析それぞれの標準偏差を求めよ．また，これらによる全体の標準偏差を求めよ．

C-2. 図 4-10 の Rayleigh のデータに分散分析を適用し，空気および化学分解に起因する窒素の密度が有意に異なるかを調べよ．唯一の実験<u>要因</u>は，窒素の起源である（空気または化学分解に由来する）．図 4-10 のセル A1：C17 をコピーし，新しいスプレッドシートにペーストせよ．Excel 2010 では，[データ]-[データ分析]，[分散分析：一元配置] へ進む．[入力範囲] には，セル B5：C12 を入力する（Excel は空白セル B12 を無視する）．ANOVA ウインドウでは，データが列ごとにグループ分けされており，α = 0.05（信頼水準 95%）とする．[出力先] には E6 と入力し，OK をクリックする．Excel の出力結果より，窒素の起源に起因する分散を確認せよ．

(a) 空気起源と分解起源の窒素の質量の分散を確認せよ．グループ間の分散（窒素の起源による）とグループ内の分散（繰り返し精度）を確認せよ．

(b) F =（グループ間の分散）/（グループ内の分散）を確認せよ．F のしきい値はいくらか？ 窒素の起源による差は有意であるといえるか？

C-3. (a) 図 C-4 の発光法と滴定法のデータ（セル C5：C12 およびセル D5：D12）に対応のある t 検定を適用せよ．二つの方法による分析結果には有意差があるか？ 図 C-4 の ANOVA は t 検定と同じ結果になったか？

(b) (a) の結果によれば，原子発光法は滴定法よりも有意に高い塩化ナトリウム濃度（wt% Na）を与える．<u>なぜ発光法は有意に高い結果を与えたのだろうか？</u> 考えるための参考は以下のようである．原子発光法では，溶液試料がフレームまたはプラズマに送液され，そこで気体のナトリウム原子が励起され，光を発する．発光強度は溶液中のナトリウム濃度に比例する．滴定法では，溶液試料は既知濃度の $AgNO_3$ 溶液によって滴定される．滴定反応は Ag^+ + Cl^- ⟶ $AgCl(s)$ である．滴定法では Cl^- がどれだけ存在するかがわかり，それを wt% Na に換算する．二つの方法による wt% Na が有意に異なった原因として考えられることは何か？

C-4. 硝酸カリウムと塩化ナトリウムの混合物が貨車で出荷された．硝酸カリウムの割合を調べるために，ランダムに五つの場所から試料を採取し，それぞれの試料を 4 回繰り返し分析した．その結果は次のようである．

試料	カリウムの重量パーセント				平均	標準偏差
A	12.42,	12.28,	12.33,	12.36	12.34_{75}	0.05_{85}
B	12.27,	12.24,	12.19,	12.19	12.22_{25}	0.03_{95}
C	12.41,	12.48,	12.51,	12.39	12.44_{75}	0.05_{68}
D	12.42,	12.43,	12.47,	12.40	12.43_{00}	0.02_{94}
E	12.19,	12.28,	12.20,	12.32	12.24_{75}	0.06_{29}

五つの平均のあいだの分散は試料内の分散よりも有意に大きいことを示せ．総分散のどれだけが試料の組成（$s_{sampling}$）に起因し，どれだけがそれぞれの試料の繰り返し分析における再現性（$s_{analysis}$）に起因するかを示せ．

C-5. 図 C-5 の実験と同じような酸塩基滴定の結果を下の表に示す[1]．Excel の関数 LINEST を使って，酸 A，B，C の濃度，標準不確かさ，およびその 95％信頼区間を求めよ．

酸の体積（mL）			NaOH（mmol）
A	B	C	
2	2	2	3.015
0	2	2	1.385
2	0	2	2.180
2	2	0	2.548
2	2	2	3.140

参考文献

1. P. de B. Harrington et al., *J. Chem. Ed.*, **79**, 863 (2002).
2. G. Hanrahan, "Environmental Chemometrics," CRC Press (2009); R. G. Brereton, "Applied Chemometrics for Scientists," Wiley (2007); M. Otto, "Chemometrics," Wiley-VCH (2007); D. Montgomery, "Design and Analysis of Experiments, 5th ed.," Wiley (2001); C. F. Wu and M. Hamada, "Experiments: Planning, Analysis, and Parameter Design Optimization," Wiley (2000); M. Anderson and P. Whitcomb, "DoE Simplified: Practical Tools for Effective Experimentation," Productivity, Inc. (2000); G. E. P. Box et al., "Statistics for Experimenters: Design, Innovation, and Discovery, 2nd ed.," Wiley (2005); R. S. Strange, *J. Chem. Ed.*, **67**, 113 (1990); J. M. Gozalvez and J. C. Garcia-Diaz, *J. Chem. Ed.*, **83**, 647 (2006).
3. S. N. Deming and S. L. Morgan, *Anal. Chem.*, **45**, 278A (1973); D. J. Leggett, *J. Chem. Ed.*, **60**, 707 (1983); S. Srijaranai et al., *Anal. Bioanal. Chem.*, **374**, 145 (2002); D. Betteridge et al., *Talanta*, **32**, 709 (1985).

付録D　酸化数と酸化還元反応式のつり合わせ

酸化数（oxidation number）すなわち酸化状態（oxidation state）は，ある元素に形式的に結び付いた電子の数を明らかにするための記帳法である．酸化数は，化合物をつくるためにいくつの電子が中性原子から失われたか，またはいくつの電子が中性原子に加えられたかを表す．酸化数は物理的な実体をもたないので，いくぶん恣意的である．異常な化合物では，すべての化学者がある元素に同じ酸化数を与えるとは限らない．しかし，基本規則は次のようである．

1. 単体元素の酸化数はゼロである．例，$Cu(s)$，$Cl_2(g)$．
2. 化合物の水素の酸化数は $+1$ である．例外は金属水素化物である．例，NaH では H は -1 である．
3. 化合物の酸素の酸化数は -2 である．よくある例外は過酸化物である．過酸化物では二つの酸素原子のあいだに結合があり，それぞれの酸素原子の酸化数は -1 である．二つの例は，過酸化水素（H—O—O—H）とその陰イオンである（H—O—O$^-$）．気体 O_2 の酸素原子の酸化数は，規則 1 によりゼロである．
4. アルカリ金属（Li, Na, K, Rb, Cs, Fr）は，ほとんどの場合 $+1$ の酸化数をとる．アルカリ土類金属は，ほとんどの場合 $+2$ の酸化数をとる．
5. ハロゲン（F, Cl, Br, I）は，ふつう -1 の酸化数をとる．例外は，二つの異なるハロゲン原子が結合したとき，および一つのハロゲン原子が複数の原子と結合したときである．異なるハロゲン原子が結合するときには，より電気陰性度の高いハロゲン原子に酸化数 -1 を割りあてる．

分子では，すべての構成原子の酸化数の和は，その分子の電荷と等しくなければならない．たとえば，H_2O 分子では，次のようである．

$$
\begin{aligned}
2\text{水素} &= 2(+1) = +2 \\
\text{酸素} &= \underline{-2} \\
\text{正味の電荷} &\ \ \ 0
\end{aligned}
$$

SO_4^{2-} イオンでは，全体の電荷が -2 となるように，硫黄の酸化数は $+6$ でなければならない．

$$
\begin{aligned}
\text{酸素} &= 4(-2) = -8 \\
\text{硫黄} &= \underline{+6} \\
\text{正味の電荷} &\ \ -2
\end{aligned}
$$

ベンゼン（C_6H_6）では，水素の酸化数を $+1$ とすれば，炭素の酸化数は -1 でなければならない．シクロヘキサン（C_6H_{12}）では，同じ理由により炭素の酸化数は -2 でなければならない．ベンゼンの炭素は，シクロヘキサンの炭素よりも高い酸化状態にある．

ICl_2^- イオンのヨウ素の酸化数は $+1$ である．ふつうハロゲンの酸化数は -1 であるので，これは異常である．しかし，塩素はヨウ素よりも電気陰性度が高いので，私たちは Cl に -1 を与え，したがって I に $+1$ を与える．

As_2S_3 分子の As の酸化数は $+3$，S の酸化数は -2 である．これは恣意的であるが，合理的である．S は As よりも電気陰性度が高いので，私たちは S に負の値を As に正の値を割りふる．そして，S は酸素と同族であるので S を -2 とする．すると As は $+3$ となる．

四チオン酸イオン $S_4O_6^{2-}$ の S の酸化数は $+2.5$ である．この分子では S には整数でない酸化数が割りふられる．六つの酸素原子は -12 の酸化数をもつ．イオンの電荷が -2 となるために，四つの S 原子の全酸化数は $+10$ である．よって，S の平均酸化数は $+\frac{10}{4} = 2.5$ となる．

$K_3Fe(CN)_6$ 分子の Fe の酸化数は $+3$ である．一般にシアン化物イオン CN^- は，-1 価である．六つのシアン化物イオンは -6，三つのカリウムイオン（K^+）は $+3$ を与える．したがって，分子が中性となるためには，Fe の酸化数は $+3$ でなければならない．この方法では，炭素と窒素それぞれの酸化数を考える必要はない．単に CN^- は -1 価であると理解していれば十分である．

練習問題

D-1. 以下の化学種のなかで，赤色で示されている原子の酸化数を求めよ．

(a) AgBr
(b) $S_2O_3^{2-}$
(c) SeF_6
(d) $HS_2O_3^-$
(e) HO_2
(f) NO
(g) Cr^{3+}
(h) MnO_2
(i) $Pb(OH)_3^-$
(j) $Fe(OH)_3$
(k) ClO^-
(l) $K_4Fe(CN)_6$
(m) ClO_2
(n) ClO_2^-
(o) $Mn(CN)_6^{4-}$
(p) N_2
(q) NH_4^+
(r) $N_2H_5^+$
(s) $HAsO_3^-$
(t) $Co_2(CO)_8$（CO は無荷電）
(u) $(CH_3)_4Li_4$
(v) P_4O_{10}
(w) C_2H_6O（エタノール，CH_3CH_2OH）
(x) $VO(SO_4)$
(y) Fe_3O_4
(z) $C_3H_3^+$　構造式：H—C⊕ with H-C and C-H

D-2. 以下の反応式左辺の酸化剤と還元剤を同定せよ．

(a) $Cr_2O_7^{2-} + 3Sn^{2+} + 14H^+ \longrightarrow 2Cr^{3+} + 3Sn^{4+} + 7H_2O$

(b) $4I^- + O_2 + 4H^+ \longrightarrow 2I_2 + 2H_2O$

(c) $5CH_3\overset{\underset{\parallel}{O}}{C}H + 2MnO_4^- + 6H^+ \longrightarrow 5CH_3\overset{\underset{\parallel}{O}}{C}OH + 2Mn^{2+} + 3H_2O$

(d) $HOCH_2CHOHCH_2OH + 2IO_4^- \longrightarrow 2H_2C=O + HCO_2H + 2IO_3^- + H_2O$

(e) $C_8H_8 + 2Na \longrightarrow C_8H_8^{2-} + 2Na^+$
  構造式：⬡

(f) $I_2 + OH^- \longrightarrow HOI + I^-$

酸化還元反応式のつり合わせ

　酸化と還元を含む反応をつり合わせるには，まずどの元素が酸化され，どの元素が還元されるかを同定しなければならない．次に，全体の反応を二つの仮想的な半反応（half-reaction）に分ける．半反応の一方は酸化のみを含み，他方は還元のみを含む．電子は，つり合わされた全反応式には現れないが，半反応式には現れる．水溶液反応の場合，必要であればH_2O，H^+，またはOH^-を加えて，半反応式をつり合わせる．反応式は，式の両辺の各原子数が等しく，また両辺の正味の電荷が等しくなるようにつり合わせる*．

酸性溶液

　手順は以下の通りである．

1. 酸化される，または還元される元素に酸化数を割りふる．
2. 全反応を二つの半反応に分ける．半反応の一方は酸化を含み，他方は還元を含む．
3. それぞれの半反応式について，酸化または還元される原子の数をつり合わせる．
4. 半反応式の一辺に電子を加え，酸化数の変化とつり合わせる．
5. 半反応式の一辺にH_2Oを加え，酸素原子の数をつり合わせる．
6. 半反応式の一辺にH^+を加え，水素原子の数をつり合わせる．
7. 二つの半反応式の電子数が等しくなるように，それぞれの半反応の両辺に適当な整数を掛ける．二つの半反応式を足しあわせて，全反応式をつくる．電子は打ち消しあってなくなる．最後に可能であれば，両辺を適当な数で割って，係数を最も小さな整数値とする．

例題　酸化還元反応式のつり合わせ

次の式をH^+を使ってつり合わせよ．OH^-は使わないこと．

$$Fe^{2+} + MnO_4^- \rightleftharpoons Fe^{3+} + Mn^{2+}$$
$$+2 +7 \phantom{Fe^{3+}} +3 +2$$

解答

1. 酸化数の割りあて．FeとMnの酸化数は上に示されている．
2. 二つの半反応に分ける．

---

*別の方法が次の文献に記されている．D. Kollb, *J. Chem. Ed.*, **58**, 642 (1981)．難しい問題については次の文献を見よ．R. Stout, *J. Chem. Ed.*, **72**, 1125 (1995)．

酸化反応は次のようである．

$$Fe^{2+} \rightleftharpoons Fe^{3+}$$
$$+2 +3$$

還元反応は次のようである．

$$MnO_4^- \rightleftharpoons Mn^{2+}$$
$$+7 +2$$

3. 酸化または還元される原子の数をつり合わせる．二つの半反応で，FeとMnはどちらも両辺で1原子だけであるので，すでにつり合っている．
4. 電子数のつり合わせ．各化学種の酸化状態の変化とつり合うように，電子を加える．

$$Fe^{2+} \rightleftharpoons Fe^{3+} + e^-$$
$$MnO_4^- + 5e^- \rightleftharpoons Mn^{2+}$$

下の式では，Mnが+7から+2に変化するので，左辺に$5e^-$を加える．

5. 酸素原子数のつり合わせ．Feの半反応には酸素原子は存在しない．Mnの半反応では，左辺に四つの酸素原子があるので，右辺に四つのH_2O分子を加える．

$$MnO_4^- + 5e^- \rightleftharpoons Mn^{2+} + 4H_2O$$

6. 水素原子数のつり合わせ．Feの式は，すでにつり合っている．Mnの式は，左辺に$8H^+$を加える．

$$MnO_4^- + 5e^- + 8H^+ \rightleftharpoons Mn^{2+} + 4H_2O$$

これで二つの半反応式は完全につり合ったはずである．両辺の原子および電荷の数が等しい．もしそうでなければ，何かまちがいを犯している．

7. 適当な整数を掛けて，半反応式を足しあわせる．Feの式の両辺に5を掛ける．Mnの式はそのままでよい．二つの式を足しあわせる．

$$5Fe^{2+} \rightleftharpoons 5Fe^{3+} + 5e^-$$
$$\underline{MnO_4^- + 5e^- + 8H^+ \rightleftharpoons Mn^{2+} + 4H_2O}$$
$$5Fe^{2+} + MnO_4^- + 8H^+ \rightleftharpoons 5Fe^{3+} + Mn^{2+} + 4H_2O$$

最後の全反応式において，両辺の全電荷数は+17である．両辺の各元素の数は等しい．反応式はつり合った．

例題　不均化の逆反応

次に不均化反応（disproportionation）の逆反応を考えよう．不均化反応では，一つの酸化状態の元素が反応して，より高い酸化状態とより低い酸化状態の両方を生じる．

$$I_2 + IO_3^- + Cl^- \rightleftharpoons ICl_2^-$$
$$0 +5 -1 +1-1$$

解答

1. 酸化数の当てはめ。上式の両辺において，塩素の酸化数は -1 であることに注意しよう。ヨウ素だけが電子移動に関与する。

2. 酸化の半反応
$$I_2 \rightleftharpoons ICl_2^-$$
$0 \qquad +1$

還元の半反応
$$IO_3^- \rightleftharpoons ICl_2^-$$
$+5 \qquad +1$

3. I 原子の数をつり合わせるために，酸化の式の ICl_2^- を 2 倍にする。Cl 原子の数をつり合わせるために，二つの式にそれぞれ適当な数の Cl^- を加える。
$$I_2 + 4Cl^- \rightleftharpoons 2ICl_2^-$$
$$IO_3^- + 2Cl^- \rightleftharpoons ICl_2^-$$

4. 二つの式にそれぞれ適当な数の電子を加える。
$$I_2 + 4Cl^- \rightleftharpoons 2ICl_2^- + 2e^-$$
$$IO_3^- + 2Cl^- + 4e^- \rightleftharpoons ICl_2^-$$

最初の式では，二つの I 原子が 0 から $+1$ に変化するので，$2e^-$ が必要である。

5. 酸素原子の数をつり合わせるために，二番目の半反応式の右辺に $3H_2O$ を加える。
$$IO_3^- + 2Cl^- + 4e^- \rightleftharpoons ICl_2^- + 3H_2O$$

6. これまでの操作で，第一の式はつり合った。第二の式は，左辺に $6H^+$ が必要である。
$$IO_3^- + 2Cl^- + 4e^- + 6H^+ \rightleftharpoons ICl_2^- + 3H_2O$$

この式を確認すると，両辺の正味の電荷は -1 であり，すべての元素の数がつり合っている。

7. 第一の式に 2 を掛けて，二つの式を足しあわせる。

$$\begin{array}{r} 2(I_2 + 4Cl^-) \rightleftharpoons 2ICl_2^- + 2e^- \\ IO_3^- + 2Cl^- + 4e^- + 6H^+ \rightleftharpoons ICl_2^- + 3H_2O \\ \hline 2I_2 + IO_3^- + 10Cl^- + 6H^+ \rightleftharpoons 5ICl_2^- + 3H_2O \end{array}$$

(D-1)

二つの半反応式の電子数は等しく，打ち消しあう。たとえば第一式に 4 を掛けて，第二式に 2 を掛けて足しあわせても，電子を消去できる。しかし，この場合は全反応式のすべての係数が 2 倍になる。ふつうもっとも小さい係数で化学式を表す。

アルカリ性溶液

よく用いられる方法では，最初に前節で述べたように H^+ を用いて式をつり合わせる。この式を OH^- を含むかたちに書き換える。そのためには，最初の式に含まれる H^+ 数と等しい数の OH^- を式の両辺に加える。たとえば，式 D-1 を OH^- でつり合わせる操作は，次のようである。

$$\begin{array}{r} 2I_2 + IO_3^- + 10Cl^- + 6H^+ \rightleftharpoons 5ICl_2^- + 3H_2O \\ + 6OH^- \qquad\qquad + 6OH^- \\ \hline 2I_2 + IO_3^- + 10Cl^- \underbrace{+ 6H^+ + 6OH^-}_{\substack{6H_2O \\ \Downarrow \\ 3H_2O}} \rightleftharpoons 5ICl_2^- + 3H_2O + 6OH^- \end{array}$$

$6H^+ + 6OH^- = 6H_2O$ であることがわかれば，両辺から $3H_2O$ を消去できる。最後の結果は次のようである。

$$2I_2 + IO_3^- + 10Cl^- + 3H_2O \rightleftharpoons 5ICl_2^- + 6OH^-$$

練習問題

D-3. H^+ を用いて，以下の式をつり合わせよ。OH^- は用いないこと。

(a) $Fe^{3+} + Hg_2^{2+} \rightleftharpoons Fe^{2+} + Hg^{2+}$
(b) $Ag + NO_3^- \rightleftharpoons Ag^+ + NO$
(c) $VO^{2+} + Sn^{2+} \rightleftharpoons V^{3+} + Sn^{4+}$
(d) $SeO_4^{2-} + Hg + Cl^- \rightleftharpoons SeO_3^{2-} + Hg_2Cl_2$
(e) $CuS + NO_3^- \rightleftharpoons Cu^{2+} + SO_4^{2-} + NO$
(f) $S_2O_3^{2-} + I_2 \rightleftharpoons I^- + S_4O_6^{2-}$
(g) $ClO_3^- + As_2S_3 \rightleftharpoons Cl^- + H_2AsO_4^- + SO_4^{2-}$
(h) $Cr_2O_7^{2-} + CH_3\overset{O}{\overset{\|}{C}}H \rightleftharpoons CH_3\overset{O}{\overset{\|}{C}}OH + Cr^{3+}$
(i) $MnO_4^{2-} \rightleftharpoons MnO_2 + MnO_4^-$
(j) $Hg_2SO_4 + Ca^{2+} + S_8 \rightleftharpoons Hg^{2+} + CaS_2O_3$
(k) $ClO_3^- \rightleftharpoons Cl_2 + O_2$

D-4. OH^- を用いて，以下の式をつり合わせよ。H^+ は用いないこと。

(a) $PbO_2 + Cl^- \rightleftharpoons ClO^- + Pb(OH)_3^-$
(b) $HNO_2 + SbO^+ \rightleftharpoons NO + Sb_2O_5$
(c) $Ag_2S + CN^- + O_2 \rightleftharpoons S + Ag(CN)_2^-$
(d) $HO_2^- + Cr(OH)_3^- \rightleftharpoons CrO_4^{2-}$
(e) $ClO_2 \rightleftharpoons ClO_2^- + ClO_3^-$
(f) $WO_3^- + O_2 \rightleftharpoons HW_6O_{21}^{5-}$
(g) $Mn_2O_3 + CN^- \rightleftharpoons Mn(CN)_6^{4-} + (CN)_2$
(h) $Cu^{2+} + H_2 \rightleftharpoons Cu + H_2O$
(i) $BH_4^- + H_2O \rightleftharpoons H_3BO_3 + H_2$
(j) $Mn_2O_3 + Hg + CN^- \rightleftharpoons Mn(CN)_6^{4-} + Hg(CN)_2$
(k) $MnO_4^- + H\overset{O}{\overset{\|}{C}}CH_2CH_2OH \rightleftharpoons CH_2(CO_2^-)_2 + MnO_2$
(l) $K_3V_5O_{14} + HOCH_2CHOHCH_2OH \rightleftharpoons VO(OH)_2 + HCO_2^- + K^+$

付録E　規定度

酸化還元試薬の規定度（normality, N）は，容量モル濃度の n 倍である．ここで，n は化学反応でその化学種が供与または受容する電子数である．

$$N = nM \tag{E-1}$$

たとえば，次の半反応では，

$$MnO_4^- + 8H^+ + 5e^- \rightleftharpoons Mn^{2+} + 4H_2O \tag{E-2}$$

MnO_4^- の規定度は，そのモル濃度の5倍である．MnO_4^- は $5e^-$ を受け取るからだ．MnO_4^- の濃度が 0.1 M であれば，次の反応において

$$MnO_4^- + 5Fe^{2+} + 8H^+ \rightleftharpoons Mn^{2+} + 5Fe^{3+} + 4H_2O \tag{E-3}$$

規定度は $5 \times 0.1 = 0.5$ N である（0.5 N は 0.5 規定と読む）．この反応では，それぞれの Fe^{2+} は1個の電子を供与する．Fe^{2+} の規定度は，モル濃度と等しい．そのため，全反応をつり合わせるには，MnO_4^- の5倍の Fe^{2+} イオンが必要である．

次の半反応では，

$$MnO_4^- + 4H^+ + 3e^- \rightleftharpoons MnO_2 + 2H_2O \tag{E-4}$$

MnO_4^- イオンは三つの電子を受け取る．この反応における MnO_4^- の規定度は，モル濃度の3倍である．この反応における 0.06 N MnO_4^- 溶液は，0.02 M MnO_4^- を含む．

溶液の規定度は，溶液1Lあたりの「反応単位」のモル数を表す．1 mol の反応単位は，1当量（equivalent）と呼ばれる．したがって，規定度の単位は，1 L あたりの当量数（equiv/L）である．酸化還元試薬では，1当量は1 mol の電子を供与または受容できる物質の量である．当量は，特定の半反応についてのみ当てはまる．たとえば，反応 E-2 においては，MnO_4^- は 1 mol あたり5当量であるが，反応 E-4 においては MnO_4^- は 1 mol あたり3当量である．1当量の物質の質量を当量質量（equivalent mass）と呼ぶ．$KMnO_4$ の分子量は 158.033 9 である．反応 E-2 では，$KMnO_4$ の当量質量は，$(158.033\,9)/5 = 31.606\,8$ g/equiv である．反応 E-4 では，$KMnO_4$ の当量質量は，$(158.033\,9)/3 = 52.678\,0$ g/equiv である．

> **例題　規定度の決定**
> アスコルビン酸 6.34 g を含む溶液 250.0 mL は，次の半反応において何規定か？
>
> $H_2O +$ アスコルビン酸（ビタミンC） $\rightleftharpoons$ デヒドロアスコルビン酸 $+ 2H^+ + 2e^-$
>
> **解答**　アスコルビン酸（$C_6H_8O_6$）の分子量は 176.124 である．6.34 g のアスコルビン酸は，$(6.34\text{ g})/(176.124\text{ g/mol}) = 3.60 \times 10^{-2}$ mol である．この反応ではアスコルビン酸 1 mol は2当量であるので，$6.34\text{ g} = (2\text{ equiv/mol})(3.60 \times$

10^{-2} mol$) = 7.20 \times 10^{-2}$ equiv である．規定度は，$(7.20 \times 10^{-2}\text{ equiv})/(0.250\,0\text{ L}) = 0.288$ N となる．

> **例題　規定度の利用**
> MnO_4^- の滴定に用いる 0.100 N シュウ酸カリウム溶液をつくるには，溶液 500.0 mL に何 g の試薬を溶かせばよいか？
>
> $$5H_2C_2O_4 + 2MnO_4^- + 6H^+ \rightleftharpoons 2Mn^{2+} + 10CO_2 + 8H_2O \tag{E-5}$$
>
> **解答**　最初にシュウ酸の半反応式を書くと，
>
> $$H_2C_2O_4 \rightleftharpoons 2CO_2 + 2H^+ + 2e^-$$
>
> 1 mol のシュウ酸は2当量であるとわかる．よって，0.100 N 溶液は 0.050 0 M 溶液である．
>
> $$\frac{0.100\text{ equiv/L}}{2\text{ equiv/mol}} = 0.050\,0\text{ mol/L} = 0.050\,0\text{ M}$$
>
> したがって，500.0 mL に $(0.050\,0\text{ mol/L})(0.500\,0\text{ L}) = 0.025\,0$ mol のシュウ酸を溶かせばよい．$K_2C_2O_4$ の分子量は 166.216 であるので，必要な量は $(0.025\,0\text{ mol})(166.216\text{ g/mol}) = 4.15$ g である．

容量分析の計算は，規定度を用いると次式のようになる．

$$N_1 V_1 = N_2 V_2 \tag{E-6}$$

ここで N_1 は試薬1の規定度，V_1 は試薬1の体積，N_2 は試薬2の規定度，V_2 は試薬2の体積である．V_1 と V_2 は，ともに同じ単位であれば，どのような単位でもよい．

> **例題　規定度の決定**
> シュウ酸溶液 25.0 mL を反応 E-5 によって 0.041 62 N $KMnO_4$ 溶液で滴定すると，13.78 mL を要した．シュウ酸溶液の規定度とモル濃度を求めよ．
>
> **解答**　式 E-6 を用いて，
>
> $$\underset{H_2C_2O_4}{N_1(25.0\text{ mL})} = \underset{KMnO_4}{(0.041\,62\text{ N})(13.78\text{ mL})}$$
>
> $$N_1 = 0.022\,94\text{ equiv/L}$$
>
> 反応 E-5 に示すようにシュウ酸 1 mol は2当量であるので，
>
> $$M = \frac{N}{n} = \frac{0.022\,94}{2} = 0.011\,47\text{ M}$$

規定度は，酸塩基反応やイオン交換反応でも利用される．酸塩基反応では，試薬の当量質量は 1 mol の H^+ を供与または受容する質量である．イオン交換反応では，試薬の当量質量は電荷 1 mol を含む質量である．

付録F　溶解度積*

化学式	pK_{sp}	K_{sp}	化学式	pK_{sp}	K_{sp}
アジ化物イオン：$L = N_3^-$			クロム酸イオン：$L = CrO_4^{2-}$		
CuL	8.31	4.9×10^{-9}	BaL	9.67	2.1×10^{-10}
AgL	8.56	2.8×10^{-9}	CuL	5.44	3.6×10^{-6}
Hg_2L_2	9.15	7.1×10^{-10}	Ag_2L	11.92	1.2×10^{-12}
TlL	3.66	2.2×10^{-4}	Hg_2L	8.70	2.0×10^{-9}
$PdL_2(\alpha)$	8.57	2.7×10^{-9}	Tl_2L	12.01	9.8×10^{-13}
臭素酸イオン：$L = BrO_3^-$			ヘキサシアノコバルト酸イオン：$L = Co(CN)_6^{3-}$		
$BaL_2 \cdot H_2O$(f)	5.11	7.8×10^{-6}	Ag_3L	25.41	3.9×10^{-26}
AgL	4.26	5.5×10^{-5}	$(Hg_2)_3L_2$	36.72	1.9×10^{-37}
TlL	3.78	1.7×10^{-4}	シアン化物イオン：$L = CN^-$		
PbL_2	5.10	7.9×10^{-6}	AgL	15.66	2.2×10^{-16}
臭化物イオン：$L = Br^-$			Hg_2L_2	39.3	5×10^{-40}
CuL	8.3	5×10^{-9}	ZnL_2(h)	15.5	3×10^{-16}
AgL	12.30	5.0×10^{-13}	フェロシアン化物イオン：$L = Fe(CN)_6^{4-}$		
Hg_2L_2	22.25	5.6×10^{-23}	Ag_4L	44.07	8.5×10^{-45}
TlL	5.44	3.6×10^{-6}	Zn_2L	15.68	2.1×10^{-16}
HgL_2(f)	18.9	1.3×10^{-19}	Cd_2L	17.38	4.2×10^{-18}
PbL_2	5.68	2.1×10^{-6}	Pb_2L	18.02	9.5×10^{-19}
炭酸イオン：$L = CO_3^{2-}$			フッ化物イオン：$L = F^-$		
MgL	7.46	3.5×10^{-8}	LiL	2.77	1.7×10^{-3}
CaL（方解石）	8.35	4.5×10^{-9}	MgL_2	8.13	7.4×10^{-9}
CaL（あられ石）	8.22	6.0×10^{-9}	CaL_2	10.50	3.2×10^{-11}
SrL	9.03	9.3×10^{-10}	SrL_2	8.58	2.6×10^{-9}
BaL	8.30	5.0×10^{-9}	BaL_2	5.82	1.5×10^{-6}
Y_2L_3	30.6	2.5×10^{-31}	LaL_3	18.7	2×10^{-19}
La_2L_3	33.4	4.0×10^{-34}	ThL_4	28.3	5×10^{-29}
MnL	9.30	5.0×10^{-10}	PbL_2	7.44	3.6×10^{-8}
FeL	10.68	2.1×10^{-11}	水酸化物イオン：$L = OH^-$		
CoL	9.98	1.0×10^{-10}	MgL_2（アモルファス）	9.2	6×10^{-10}
NiL	6.87	1.3×10^{-7}	MgL_2（ブルーサイト結晶）	11.15	7.1×10^{-12}
CuL	9.63	2.3×10^{-10}	CaL_2	5.19	6.5×10^{-6}
Ag_2L	11.09	8.1×10^{-12}	$BaL_2 \cdot 8H_2O$	3.6	3×10^{-4}
Hg_2L	16.05	8.9×10^{-17}	YL_3	23.2	6×10^{-24}
ZnL	10.00	1.0×10^{-10}	LaL_3	20.7	2×10^{-21}
CdL	13.74	1.8×10^{-14}	CeL_3	21.2	6×10^{-22}
PbL	13.13	7.4×10^{-14}	UO_2（ $\rightleftharpoons U^{4+} + 4OH^-$）	56.2	6×10^{-57}
塩化物イオン：$L = Cl^-$			UO_2L_2（ $\rightleftharpoons UO_2^{2+} + 2OH^-$）	22.4	4×10^{-23}
CuL	6.73	1.9×10^{-7}	MnL_2	12.8	1.6×10^{-13}
AgL	9.74	1.8×10^{-10}	FeL_2	15.1	7.9×10^{-16}
Hg_2L_2	17.91	1.2×10^{-18}	CoL_2	14.9	1.3×10^{-15}
TlL	3.74	1.8×10^{-4}	NiL_2	15.2	6×10^{-16}
PbL_2	4.78	1.7×10^{-5}			

*記号 α，β，γ は，特定の結晶形を表す（慣例上ギリシャ文字で定義される）．シュウ酸塩以外のデータはおもに A. E. Martell and R. M. Smith, "Critical Stability Constants, Vol. 4," Plenum Press (1976) から引用．シュウ酸塩のデータは，L. G. Sillén and A. E. Martell, "Stability Constants of Metal-Ion Complexes, Supplement No. 1", The Chemical Society, Special Publication No. 25 (1971) から引用．もう一つの文献は，R. M. H. Verbeeck et al., *Inorg. Chem.*, **23**, 1922 (1984).
条件は，おもに 25℃，イオン強度ゼロである．その他の条件は以下の通り．(a) 19℃；(b) 20℃；(c) 38℃；(d) 0.1 M；(e) 0.2 M；(f) 0.5 M；(g) 1 M；(h) 3 M；(i) 4 M；(j) 5 M．

付録F 溶解度積　AP-23

化学式	pK_{sp}	K_{sp}	化学式	pK_{sp}	K_{sp}
水酸化物イオン：$L = OH^-$（続き）			リン酸イオン：$L = PO_4^{3-}$		
CuL_2	19.32	4.8×10^{-20}	$MgHL \cdot 3H_2O(\rightleftharpoons Mg^{2+} + HL^{2-})$	5.78	1.7×10^{-6}
VL_3	34.4	4.0×10^{-35}	$CaHL \cdot 2H_2O(\rightleftharpoons Ca^{2+} + HL^{2-})$	6.58	2.6×10^{-7}
$CrL_3(d)$	29.8	1.6×10^{-30}	$SrHL(\rightleftharpoons Sr^{2+} + HL^{2-})$ (b)	6.92	1.2×10^{-7}
FeL_3	38.8	1.6×10^{-39}	$BaHL(\rightleftharpoons Ba^{2+} + HL^{2-})$ (b)	7.40	4.0×10^{-8}
$CoL_3(a)$	44.5	3×10^{-45}	$LaL(f)$	22.43	3.7×10^{-23}
$VOL_2(\rightleftharpoons VO^{2+} + 2OH^-)$	23.5	3×10^{-24}	$Fe_3L_2 \cdot 8H_2O$	36.0	1×10^{-36}
PdL_2	28.5	3×10^{-29}	$FeL \cdot 2H_2O$	26.4	4×10^{-27}
ZnL_2（アモルファス）	15.52	3.0×10^{-16}	$(VO)_3L_2(\rightleftharpoons 3VO^{2+} + 2L^{3-})$	25.1	8×10^{-26}
$CdL_2(\beta)$	14.35	4.5×10^{-15}	Ag_3L	17.55	2.8×10^{-18}
HgO（赤）$(\rightleftharpoons Hg^{2+} + 2OH^-)$	25.44	3.6×10^{-26}	$Hg_2HL(\rightleftharpoons Hg_2^{2+} + HL^{2-})$	12.40	4.0×10^{-13}
$Cu_2O(\rightleftharpoons 2Cu^+ + 2OH^-)$	29.4	4×10^{-30}	$Zn_3L_2 \cdot 4H_2O$	35.3	5×10^{-36}
$Ag_2O(\rightleftharpoons 2Ag^+ + 2OH^-)$	15.42	3.8×10^{-16}	$Pb_3L_2(c)$	43.53	3.0×10^{-44}
AuL_3	5.5	3×10^{-6}	$GaL(g)$	21.0	1×10^{-21}
$AlL_3(\alpha)$	33.5	3×10^{-34}	$InL(g)$	21.63	2.3×10^{-22}
GaL_3（アモルファス）	37	10^{-37}			
InL_3	36.9	1.3×10^{-37}	硫酸イオン：$L = SO_4^{2-}$		
$SnO(\rightleftharpoons Sn^{2+} + 2OH^-)$	26.2	6×10^{-27}	CaL	4.62	2.4×10^{-5}
PbO（黄）$(\rightleftharpoons Pb^{2+} + 2OH^-)$	15.1	8×10^{-16}	SrL	6.50	3.2×10^{-7}
PbO（赤）$(\rightleftharpoons Pb^{2+} + 2OH^-)$	15.3	5×10^{-16}	BaL	9.96	1.1×10^{-10}
			$RaL(b)$	10.37	4.3×10^{-11}
ヨウ素酸イオン：$L = IO_3^-$			Ag_2L	4.83	1.5×10^{-5}
CaL_2	6.15	7.1×10^{-7}	Hg_2L	6.13	7.4×10^{-7}
SrL_2	6.48	3.3×10^{-7}	PbL	6.20	6.3×10^{-7}
BaL_2	8.81	1.5×10^{-9}			
YL_3	10.15	7.1×10^{-11}	硫化物イオン：$L = S^{2-}$		
LaL_3	10.99	1.0×10^{-11}	MnL（ピンク）	10.5	3×10^{-11}
CeL_3	10.86	1.4×10^{-11}	MnL（緑）	13.5	3×10^{-14}
$ThL_4(f)$	14.62	2.4×10^{-15}	FeL	18.1	8×10^{-19}
$UO_2L_2(\rightleftharpoons UO_2^{2+} + 2IO_3^-)$ (e)	7.01	9.8×10^{-8}	$CoL(\alpha)$	21.3	5×10^{-22}
$CrL_3(f)$	5.3	5×10^{-6}	$CoL(\beta)$	25.6	3×10^{-26}
AgL	7.51	3.1×10^{-8}	$NiL(\alpha)$	19.4	4×10^{-20}
Hg_2L_2	17.89	1.3×10^{-18}	$NiL(\beta)$	24.9	1.3×10^{-25}
TlL	5.51	3.1×10^{-6}	$NiL(\gamma)$	26.6	3×10^{-27}
ZnL_2	5.41	3.9×10^{-6}	CuL	36.1	8×10^{-37}
CdL_2	7.64	2.3×10^{-8}	Cu_2L	48.5	3×10^{-49}
PbL_2	12.61	2.5×10^{-13}	Ag_2L	50.1	8×10^{-51}
			Tl_2L	21.2	6×10^{-22}
ヨウ化物イオン：$L = I^-$			$ZnL(\alpha)$	24.7	2×10^{-25}
CuL	12.0	1×10^{-12}	$ZnL(\beta)$	22.5	3×10^{-23}
AgL	16.08	8.3×10^{-17}	CdL	27.0	1×10^{-27}
$CH_3HgL(\rightleftharpoons CH_3Hg^+ + I^-)$ (b, g)	11.46	3.5×10^{-12}	HgL（黒）	52.7	2×10^{-53}
$CH_3CH_2HgL(\rightleftharpoons CH_3CH_2Hg^+ + I^-)$	4.11	7.8×10^{-5}	HgL（赤）	53.3	5×10^{-54}
TlL	7.23	5.9×10^{-8}	SnL	25.9	1.3×10^{-26}
Hg_2L_2	28.34	4.6×10^{-29}	PbL	27.5	3×10^{-28}
$SnL_2(i)$	5.08	8.3×10^{-6}	In_2L_3	69.4	4×10^{-70}
PbL_2	8.10	7.9×10^{-9}			
			チオシアン酸イオン：$L = SCN^-$		
シュウ酸イオン：$L = C_2O_4^{2-}$			$CuL(j)$	13.40	4.0×10^{-14}
CaL (b, d)	7.9	1.3×10^{-8}	AgL	11.97	1.1×10^{-12}
SrL (b, d)	6.4	4×10^{-7}	Hg_2L_2	19.52	3.0×10^{-20}
BaL (b, d)	6.0	1×10^{-6}	TlL	3.79	1.6×10^{-4}
La_2L_3 (b, d)	25.0	1×10^{-25}	HgL_2	19.56	2.8×10^{-20}
$ThL_2(g)$	21.38	4.2×10^{-22}			
$UO_2L(\rightleftharpoons UO_2^{2+} + C_2O_4^{2-})$ (b, d)	8.66	2.2×10^{-9}			

付録G　酸解離定数

化合物名	構造式	イオン強度 $\mu = 0$		$\mu = 0.1\ \text{M}^§$
		$pK_a^†$	$K_a^‡$	$pK_a^†$
Acetic acid (ethanoic acid)〔酢酸 (エタン酸)〕	CH_3CO_2H	4.756	1.75×10^{-5}	4.56
Alanine（アラニン）	$\underset{\underset{CO_2H}{\vert}}{\overset{\overset{NH_3^+}{\vert}}{CHCH_3}}$	2.344 (CO_2H) 9.868 (NH_3)	4.53×10^{-3} 1.36×10^{-10}	2.33 9.71
Aminobenzene (aniline)〔アミノベンゼン (アニリン)〕	C$_6$H$_5$—NH_3^+	4.601	2.51×10^{-5}	4.64
4-Aminobenzenesulfonic acid (sulfanilic acid)〔4-アミノベンゼンスルホン酸 (スルファニル酸)〕	^-O_3S—C$_6$H$_4$—NH_3^+	3.232	5.86×10^{-4}	3.01
2-Aminobenzoic acid (anthranilic acid)〔2-アミノ安息香酸 (アントラニル酸)〕	(2-NH_3^+-C$_6$H$_4$-CO_2H)	2.08 (CO_2H) 4.96 (NH_3)	8.3×10^{-3} 1.10×10^{-5}	2.01 4.78
2-Aminoethanethiol (2-mercaptoethylamine)〔2-アミノエタンチオール (2-メルカプトエチルアミン)〕	$HSCH_2CH_2NH_3^+$	—— ——	—— ——	8.21 (SH) 10.73 (NH_3)
2-Aminoethanol (ethanolamine)〔2-アミノエタノール (エタノールアミン)〕	$HOCH_2CH_2NH_3^+$	9.498	3.18×10^{-10}	9.52
2-Aminophenol (2-アミノフェノール)	(2-NH_3^+-C$_6$H$_4$-OH)	4.70 (NH_3)(20°C) 9.97 (OH)(20°C)	2.0×10^{-5} 1.05×10^{-10}	4.74 9.87
Ammonia（アンモニア）	NH_4^+	9.245	5.69×10^{-10}	9.26
Arginine（アルギニン）	$\underset{CO_2H}{\overset{NH_3^+}{CHCH_2CH_2CH_2NHC(=NH_2^+)NH_2}}$	1.823 (CO_2H) 8.991 (NH_3) —— (NH_2)	1.50×10^{-2} 1.02×10^{-9} ——	2.03 9.00 (12.1)
Arsenic acid (hydrogen arsenate)（ヒ酸）	$HO-As(=O)(OH)-OH$	2.24 6.96 (11.50)	5.8×10^{-3} 1.10×10^{-7} 3.2×10^{-12}	2.15 6.65 (11.18)
Arsenious acid (hydrogen arsenite)（亜ヒ酸）	$As(OH)_3$	9.29	5.1×10^{-10}	9.14
Asparagine（アスパラギン）	$\underset{CO_2H}{\overset{NH_3^+}{CHCH_2CNH_2(=O)}}$	—— ——	—— ——	2.16 (CO_2H) 8.73 (NH_3)
Aspartic acid（アスパラギン酸）	$\underset{\alpha CO_2H}{\overset{NH_3^+}{CHCH_2^\beta CO_2H}}$	1.990 (α-CO_2H) 3.900 (β-CO_2H) 10.002 (NH_3)	1.02×10^{-2} 1.26×10^{-4} 9.95×10^{-11}	1.95 3.71 9.96
Aziridine (dimethyleneimine)〔アジリジン (ジメチレンイミン)〕	(三員環)NH_2^+	8.04	9.1×10^{-9}	——
Benzene-1,2,3-tricarboxylic acid (hemimellitic acid)〔ベンゼン-1,2,3-トリカルボン酸 (ヘミメリト酸)〕	(1,2,3-(CO$_2$H)$_3$-C$_6$H$_3$)	2.86 4.30 6.28	1.38×10^{-3} 5.0×10^{-5} 5.2×10^{-7}	2.67 3.91 5.50

*酸は，プロトン化したかたちで書かれている．酸解離するプロトンを赤字で示した．
†pK_aは，とくに示さない限り25°Cの値である．かっこで示した値は，信頼性が低い．出典：A. E. Martell et al., NIST Database 46, Gaithersburg, MD: National Institute of Standards and Technology (2001).
‡共役塩基のK_bを正確に求める式は，次のようである．$pK_b = 13.995 - pK_a$, $K_b = 10^{-pK_b}$.
§$\mu = 0$と$\mu = 0.1$におけるpK_aの違いについては，p.240の注を参照せよ．

付録G　酸解離定数　AP-25

化合物名	構造式	イオン強度 $\mu = 0$		$\mu = 0.1$ M[§]
		pK_a	K_a	pK_a
Benzoic acid（安息香酸）	⟨⟩—CO_2H	4.202	6.28×10^{-5}	4.01
Benzylamine（ベンジルアミン）	⟨⟩—$CH_2NH_3^+$	9.35	4.5×10^{-10}	9.40
2,2'-Bipyridine（2,2'-ビピリジン）	(構造)	―	―	(1.3)
		4.34	4.6×10^{-5}	4.41
Boric acid (hydrogen borate)（ホウ酸）	$B(OH)_3$	9.237	5.79×10^{-10}	8.98
		(12.74) (20℃)	1.82×10^{-13}	―
		(13.80) (20℃)	1.58×10^{-14}	―
Bromoacetic acid（ブロモ酢酸）	$BrCH_2CO_2H$	2.902	1.25×10^{-3}	2.71
Butane-2,3-dione dioxime (dimethyl-glyoxime)〔ブタン-2,3-ジオンジオキシム（ジメチルグリオキシム）〕	(構造)	10.66	2.2×10^{-11}	10.45
		(12.0)	1×10^{-12}	(11.9)
Butanoic acid（ブタン酸）	$CH_3CH_2CH_2CO_2H$	4.818	1.52×10^{-5}	4.62
cis-Butenedioic acid (maleic acid)〔cis-ブテン二酸（マレイン酸）〕	(構造)	1.92	1.20×10^{-2}	1.75
		6.27	5.37×10^{-7}	5.84
trans-Butenedioic acid (fumaric acid)〔trans-ブテン二酸（フマル酸）〕	(構造)	3.02	9.5×10^{-4}	2.84
		4.48	3.3×10^{-5}	4.09
Butylamine（ブチルアミン）	$CH_3CH_2CH_2CH_2NH_3^+$	10.640	2.29×10^{-11}	10.66
Carbonic acid* (hydrogen carbonate)（炭酸）	$HO-C(=O)-OH$	6.351	4.46×10^{-7}	6.13
		10.329	4.69×10^{-11}	9.91
Chloroacetic acid（クロロ酢酸）	$ClCH_2CO_2H$	2.865	1.36×10^{-3}	2.69
3-Chloropropanoic acid（3-クロロプロパン酸）	$ClCH_2CH_2CO_2H$	4.11	7.8×10^{-5}	3.92
Chlorous acid (hydrogen chlorite)（亜塩素酸）	$HOCl=O$	1.96	1.10×10^{-2}	―
Chromic acid (hydrogen chromate)（クロム酸）	$HO-Cr(=O)_2-OH$	(−0.2) (20℃)	1.6	(−0.6) (20℃)
		6.51	3.1×10^{-7}	6.05
Citric acid (2-hydroxypropane-1,2,3-tricarboxylic acid)〔クエン酸（2-ヒドロキシプロパン-1,2,3-トリカルボン酸）〕	(構造)	3.128	7.44×10^{-4}	2.90
		4.761	1.73×10^{-5}	4.35
		6.396	4.02×10^{-7}	5.70
Cyanoacetic acid（シアノ酢酸）	$NCCH_2CO_2H$	2.472	3.37×10^{-3}	―
Cyclohexylamine（シクロヘキシルアミン）	⟨⟩—NH_3^+	10.567	2.71×10^{-11}	10.62
Cysteine（システイン）	(構造)	(1.7) (CO_2H)	2×10^{-2}	(1.90)
		8.36 (SH)	4.4×10^{-9}	8.18
		10.74 (NH_3)	1.82×10^{-11}	10.30
Dichloroacetic acid（ジクロロ酢酸）	Cl_2CHCO_2H	(1.1)	8×10^{-2}	(0.9)
Diethylamine（ジエチルアミン）	$(CH_3CH_2)_2NH_2^+$	11.00	1.0×10^{-11}	11.04
1,2-Dihydroxybenzene (catechol)〔1,2-ジヒドロキシベンゼン（カテコール）〕	(構造)	9.45	3.5×10^{-10}	9.26
		―	―	(13.3)
1,3-Dihydroxybenzene (resorcinol)〔1,3-ジヒドロキシベンゼン（レゾルシノール）〕	(構造)	―	―	9.30
		―	―	11.06
D-2,3-Dihydroxybutanedioic acid (D-tartaric acid)〔D-2,3-ジヒドロキシブタン二酸（D-酒石酸）〕	(構造)	3.036	9.20×10^{-4}	2.82
		4.366	4.31×10^{-5}	3.97
2,3-Dimercaptopropanol（2,3-ジメルカプトプロパノール）	$HOCH_2CHCH_2SH$ / SH	―	―	8.63
		―	―	10.65
Dimethylamine（ジメチルアミン）	$(CH_3)_2NH_2^+$	10.774	1.68×10^{-11}	10.81

*「炭酸」の濃度は，$[H_2CO_3] + [CO_2(aq)]$ に等しいと考えられる．コラム6-4参照．

付録G 酸解離定数

化合物名	構造式	イオン強度 $\mu = 0$		$\mu = 0.1\,M^§$
		pK_a	K_a	pK_a
2,4-Dinitrophenol (2,4-ジニトロフェノール)	O_2N-C$_6$H$_3$(NO$_2$)-OH	4.114	7.69×10^{-5}	3.92
Ethane-1,2-dithiol (エタン-1,2-ジチオール)	HSCH$_2$CH$_2$SH	—	—	8.85 (30°C)
		—	—	10.43 (30°C)
Ethylamine (エチルアミン)	CH$_3$CH$_2$NH$_3^+$	10.673	2.12×10^{-11}	10.69
Ethylenediamine (1,2-diaminoethane) 〔エチレンジアミン (1,2-ジアミノエタン)〕	H$_3\overset{+}{N}$CH$_2$CH$_2\overset{+}{N}$H$_3$	6.848	1.42×10^{-7}	7.11
		9.928	1.18×10^{-10}	9.92
Ethylenedinitrilotetraacetic acid (EDTA) (エチレンジニトリロ四酢酸)	(HO$_2$CCH$_2$)$_2\overset{+}{N}$HCH$_2$CH$_2\overset{+}{N}$H(CH$_2$CO$_2$H)$_2$	—(CO$_2$H)	—	(0.0) (CO$_2$H) ($\mu = 1\,M$)
		—(CO$_2$H)	—	(1.5) (CO$_2$H)
		—(CO$_2$H)	—	2.00 (CO$_2$H)
		—(CO$_2$H)	—	2.69 (CO$_2$H)
		6.273 (NH)	5.3×10^{-7}	6.13 (NH)
		10.948 (NH)	1.13×10^{-11}	10.37 (NH)
Formic acid (methanoic acid) 〔ギ酸 (メタン酸)〕	HCO$_2$H	3.744	1.80×10^{-4}	3.57
Glutamic acid (グルタミン酸)	NH$_3^+$, αCHCH$_2$CH$_2$CO$_2$H(γ), αCO$_2$H	2.160 (α-CO$_2$H)	6.92×10^{-3}	2.16
		4.30 (γ-CO$_2$H)	5.0×10^{-5}	4.15
		9.96 (NH$_3$)	1.10×10^{-10}	9.58
Glutamine (グルタミン)	NH$_3^+$, CHCH$_2$CH$_2$C(O)NH$_2$, CO$_2$H	—	—	2.19 (CO$_2$H)
		—	—	9.00 (NH$_3$)
Glycine (aminoacetic acid) 〔グリシン (アミノ酢酸)〕	NH$_3^+$-CH$_2$-CO$_2$H	2.350 (CO$_2$H)	4.47×10^{-3}	2.33
		9.778 (NH$_3$)	1.67×10^{-10}	9.57
Guanidine (グアニジン)	H$_2$N-C($\overset{+}{N}$H$_2$)-NH$_2$	—	—	(13.5) ($\mu = 1\,M$)
1,6-Hexanedioic acid (adipic acid) 〔1,6-ヘキサン二酸 (アジピン酸)〕	HO$_2$CCH$_2$CH$_2$CH$_2$CH$_2$CO$_2$H	4.424	3.77×10^{-5}	4.26
		5.420	3.80×10^{-6}	5.04
Hexane-2,4-dione (ヘキサン-2,4-ジオン)	CH$_3$CCH$_2$CCH$_2$CH$_3$ (diketone)	9.38	4.2×10^{-10}	9.11 (20°C)
Histidine (ヒスチジン)	NH$_3^+$, CHCH$_2$-imidazole, CO$_2$H	(1.6) (CO$_2$H)	3×10^{-2}	(1.7)
		5.97 (NH)	1.07×10^{-6}	6.05
		9.28 (NH$_3$)	5.2×10^{-10}	9.10
Hydrazine (ヒドラジン)	H$_3\overset{+}{N}$-$\overset{+}{N}$H$_3$	−0.99	1.0×10^{1}	(−0.21) ($\mu = 0.5\,M$)
		7.98	1.05×10^{-8}	8.07
Hydrazoic acid (hydrogen azide) (アジ化水素酸)	HN=$\overset{+}{N}$=N$^-$	4.65	2.2×10^{-5}	4.45
Hydrogen cyanate (シアン酸)	HOC≡N	3.48	3.3×10^{-4}	—
Hydrogen cyanide (シアン化水素)	HC≡N	9.21	6.2×10^{-10}	9.04
Hydrogen fluoride (フッ化水素)	HF	3.17	6.8×10^{-4}	2.94
Hydrogen peroxide (過酸化水素)	HOOH	11.65	2.2×10^{-12}	—
Hydrogen sulfide (硫化水素)	H$_2$S	7.02	9.5×10^{-8}	6.82
		14.0*	1.0×10^{-14}*	—
Hydrogen thiocyanate (チオシアン酸)	HSC≡N	(−1.1) (20°C)	1.3×10^{1}	—
Hydroxyacetic acid (glycolic acid) 〔ヒドロキシ酢酸 (グリコール酸)〕	HOCH$_2$CO$_2$H	3.832	1.48×10^{-4}	3.62
Hydroxybenzene (phenol) 〔ヒドロキシベンゼン (フェノール)〕	C$_6$H$_5$-OH	9.997	1.01×10^{-10}	9.78
2-Hydroxybenzoic acid (salicylic acid) 〔2-ヒドロキシ安息香酸 (サリチル酸)〕	C$_6$H$_4$(CO$_2$H)(OH)	2.972 (CO$_2$H)	1.07×10^{-3}	2.80
		(13.7) (OH)	2×10^{-14}	(13.4)

*D. J. Phillips and S. L. Phillips, *J. Chem. Eng. Data*, 45, 981 (2000).

付録G　酸解離定数　AP-27

化合物名	構造式	イオン強度 $\mu=0$		$\mu=0.1\,\mathrm{M}^{\S}$
		pK_a	K_a	pK_a
L-Hydroxybutanedioic acid (malic acid)　〔L-ヒドロキシブタン二酸（リンゴ酸）〕	$\mathrm{HO_2CCH_2CHCO_2H}$ の中央に OH	3.459　5.097	3.48×10^{-4}　8.00×10^{-6}	3.24　4.68
Hydroxylamine（ヒドロキシルアミン）	$\mathrm{HON\overset{+}{H}_3}$	5.96 (NH)　(13.74) (OH)	1.10×10^{-6}　1.8×10^{-14}	5.96　——
8-Hydroxyquinoline (oxine)　〔8-ヒドロキシキノリン（オキシン）〕	HO—キノリン—$\overset{+}{\mathrm{N}}$H	4.94 (NH)　9.82 (OH)	1.15×10^{-5}　1.51×10^{-10}	4.97　9.65
Hypobromous acid (hydrogen hypobromite)（次亜臭素酸）	HOBr	8.63	2.3×10^{-9}	——
Hypochlorous acid (hydrogen hypochlorite)（次亜塩素酸）	HOCl	7.53	3.0×10^{-8}	——
Hypoiodous acid (hydrogen hypoiodite)（次亜ヨウ素酸）	HOI	10.64	2.3×10^{-11}	——
Hypophosphorous acid (hydrogen hypophosphite)（次亜リン酸）	$\mathrm{H_2POH}$ (P=O)	(1.3)	5×10^{-2}	(1.1)
Imidazole (1,3-diazole)　〔イミダゾール（1,3-ジアゾール）〕	イミダゾリウム環 $\overset{+}{\mathrm{NH}}$	6.993　(14.5)	1.02×10^{-7}　3×10^{-15}	7.00　——
Iminodiacetic acid（イミノ二酢酸）	$\mathrm{H_2\overset{+}{N}(CH_2CO_2H)_2}$	(1.85) ($\mathrm{CO_2H}$)　2.84 ($\mathrm{CO_2H}$)　9.79 ($\mathrm{NH_2}$)	1.41×10^{-2}　1.45×10^{-3}　1.62×10^{-10}	(1.77)　2.62　9.34
Iodic acid (hydrogen iodate)（ヨウ素酸）	$\mathrm{HOI{=}O}$ (O above I)	0.77	0.17	——
Iodoacetic acid（ヨード酢酸）	$\mathrm{ICH_2CO_2H}$	3.175	6.68×10^{-4}	2.98
Isoleucine（イソロイシン）	$\mathrm{\overset{+}{N}H_3\,|\,CHCH(CH_3)CH_2CH_3\,|\,CO_2H}$	2.318 ($\mathrm{CO_2H}$)　9.758 ($\mathrm{NH_3}$)	4.81×10^{-3}　1.75×10^{-10}	2.26　9.60
Leucine（ロイシン）	$\mathrm{\overset{+}{N}H_3\,|\,CHCH_2CH(CH_3)_2\,|\,CO_2H}$	2.328 ($\mathrm{CO_2H}$)　9.744 ($\mathrm{NH_3}$)	4.70×10^{-3}　1.80×10^{-10}	2.32　9.58
Lysine（リシン）	$\mathrm{\alpha\overset{+}{N}H_3\,|\,CHCH_2CH_2CH_2CH_2\overset{+}{N}H_3^{\varepsilon}\,|\,CO_2H}$	(1.77) ($\mathrm{CO_2H}$)　9.07 (α-$\mathrm{NH_3}$)　10.82 (ε-$\mathrm{NH_3}$)	1.7×10^{-2}　8.5×10^{-10}　1.51×10^{-11}	2.15　9.15　10.66
Malonic acid (propanedioic acid)　〔マロン酸（プロパン二酸）〕	$\mathrm{HO_2CCH_2CO_2H}$	2.847　5.696	1.42×10^{-3}　2.01×10^{-6}	2.65　5.27
Mercaptoacetic acid (thioglycolic acid)　〔メルカプト酢酸（チオグリコール酸）〕	$\mathrm{HSCH_2CO_2H}$	3.64 ($\mathrm{CO_2H}$)　10.61 (SH)	2.3×10^{-4}　2.5×10^{-11}	3.48　10.11
2-Mercaptoethanol（2-メルカプトエタノール）	$\mathrm{HSCH_2CH_2OH}$	9.72	1.9×10^{-10}	9.40
Methionine（メチオニン）	$\mathrm{\overset{+}{N}H_3\,|\,CHCH_2CH_2SCH_3\,|\,CO_2H}$	——　——	——　——	2.18 ($\mathrm{CO_2H}$)　9.08 ($\mathrm{NH_3}$)
2-Methoxyaniline (o-anisidine)　〔2-メトキシアニリン（o-アニシジン）〕	ベンゼン環に $\mathrm{OCH_3}$ と $\overset{+}{\mathrm{NH}}_3$	4.526	2.98×10^{-5}	——
4-Methoxyaniline (p-anisidine)　〔4-メトキシアニリン（p-アニシジン）〕	$\mathrm{CH_3O}$—環—$\overset{+}{\mathrm{NH}}_3$	5.357	4.40×10^{-6}	5.33
Methylamine（メチルアミン）	$\mathrm{CH_3\overset{+}{N}H_3}$	10.632	2.33×10^{-11}	10.65
2-Methylaniline (o-toluidine)　〔2-メチルアニリン（o-トルイジン）〕	ベンゼン環に $\mathrm{CH_3}$ と $\overset{+}{\mathrm{NH}}_3$	4.447	3.57×10^{-5}	——

付録G 酸解離定数

化合物名	構造式	イオン強度 $\mu = 0$		$\mu = 0.1\,\mathrm{M}^{\S}$
		pK_a	K_a	pK_a
4-Methylaniline (p-toluidine)〔4-メチルアニリン(p-トルイジン)〕		5.080	8.32×10^{-6}	5.09
2-Methylphenol (o-cresol)〔2-メチルフェノール(o-クレゾール)〕		10.31	4.9×10^{-11}	10.09
4-Methylphenol (p-cresol)〔4-メチルフェノール(p-クレゾール)〕		10.269	5.38×10^{-11}	10.04
Morpholine (perhydro-1,4-oxazine)〔モルホリン(パーヒドロ-1,4-オキサジン)〕		8.492	3.22×10^{-9}	——
1-Naphthoic acid(1-ナフトエ酸)		3.67	2.1×10^{-4}	——
2-Naphthoic acid(2-ナフトエ酸)		4.16	6.9×10^{-5}	——
1-Naphthol(1-ナフトール)		9.416	3.84×10^{-10}	9.14
2-Naphthol(2-ナフトール)		9.573	2.67×10^{-10}	9.31
Nitrilotriacetic acid(ニトリロ三酢酸)		—— (CO_2H) 2.0 (CO_2H) (25°) 2.940 (CO_2H) (20°) 10.334 (NH) (20°)	—— 0.010 1.15×10^{-3} 4.63×10^{-11}	(1.0) 1.81 2.52 9.46
2-Nitrobenzoic acid(2-ニトロ安息香酸)		2.185	6.53×10^{-3}	——
3-Nitrobenzoic acid(3-ニトロ安息香酸)		3.449	3.56×10^{-4}	3.28
4-Nitrobenzoic acid(4-ニトロ安息香酸)		3.442	3.61×10^{-4}	3.28
Nitroethane(ニトロエタン)		8.57	2.7×10^{-9}	——
2-Nitrophenol(2-ニトロフェノール)		7.230	5.89×10^{-8}	7.04
3-Nitrophenol(3-ニトロフェノール)		8.37	4.3×10^{-9}	8.16
4-Nitrophenol(4-ニトロフェノール)		7.149	7.10×10^{-8}	6.96
N-Nitrosophenylhydroxylamine (cupferron)〔N-ニトロソフェニルヒドロキシルアミン(クペロン)〕		——	——	4.16
Nitrous acid(亜硝酸)	$HON=O$	3.15	7.1×10^{-4}	——
Oxalic acid (ethanedioic acid)〔シュウ酸(エタン二酸)〕	HO_2CCO_2H	1.250 4.266	5.62×10^{-2} 5.42×10^{-5}	(1.2) 3.80
Oxoacetic acid (glyoxylic acid)〔オキソ酢酸(グリオキシル酸)〕		3.46	3.5×10^{-4}	3.05
Oxobutanedioic acid (oxaloacetic acid)〔オキソブタン二酸(オキサロ酢酸)〕		2.56 4.37	2.8×10^{-3} 4.3×10^{-5}	2.26 3.90
2-Oxopentanedioic acid (α-ketoglutaric acid)〔2-オキソペンタン二酸(α-ケトグルタール酸)〕	$HO_2CCH_2CH_2CCO_2H$	—— ——	—— ——	(1.9) ($\mu = 0.5\,\mathrm{M}$) 4.44 ($\mu = 0.5\,\mathrm{M}$)

付録G 酸解離定数 AP-29

化合物名	構造式	イオン強度 $\mu = 0$		$\mu = 0.1\,\mathrm{M}^{\S}$
		$\mathrm{p}K_a$	K_a	$\mathrm{p}K_a$
2-Oxopropanoic acid (pyruvic acid) 〔2-オキソプロパン酸（ピルビン酸）〕	$\mathrm{CH_3CCO_2H}$ (O)	2.48	3.3×10^{-3}	2.26
1,5-Pentanedioic acid (glutaric acid) 〔1,5-ペンタン二酸（グルタル酸）〕	$\mathrm{HO_2CCH_2CH_2CH_2CO_2H}$	4.345 5.422	4.52×10^{-5} 3.78×10^{-6}	4.19 5.06
Pentanoic acid (valeric acid) 〔ペンタン酸（吉草酸）〕	$\mathrm{CH_3CH_2CH_2CH_2CO_2H}$	4.843	1.44×10^{-5}	4.63 (18℃)
1,10-Phenanthroline (1,10-フェナントロリン)		— 4.91	— 1.23×10^{-5}	(1.8) 4.92
Phenylacetic acid (フェニル酢酸)	Ph–$\mathrm{CH_2CO_2H}$	4.310	4.90×10^{-5}	4.11
Phenylalanine (フェニルアラニン)		2.20 ($\mathrm{CO_2H}$) 9.31 ($\mathrm{NH_3}$)	6.3×10^{-3} 4.9×10^{-10}	2.18 9.09
Phosphoric acid* (hydrogen phosphate) （リン酸）		2.148 7.198 12.375	7.11×10^{-3} 6.34×10^{-8} 4.22×10^{-13}	1.92 6.71 11.52
Phosphorous acid (hydrogen phosphite) （亜リン酸）		(1.5) 6.78	3×10^{-2} 1.66×10^{-7}	— —
Phthalic acid (benzene-1,2-dicarboxylic acid) 〔フタル酸（ベンゼン-1,2-ジカルボン酸）〕		2.950 5.408	1.12×10^{-3} 3.90×10^{-6}	2.76 4.92
Piperazine (perhydro-1,4-diazine) 〔ピペラジン（パーヒドロ-1,4-ジアジン）〕		5.333 9.731	4.65×10^{-6} 1.86×10^{-10}	5.64 9.74
Piperidine (ピペリジン)		11.125	7.50×10^{-12}	11.08
Proline (プロリン)		1.952 ($\mathrm{CO_2H}$) 10.640 ($\mathrm{NH_2}$)	1.12×10^{-2} 2.29×10^{-11}	1.89 10.46
Propanoic acid (プロパン酸)	$\mathrm{CH_3CH_2CO_2H}$	4.874	1.34×10^{-5}	4.69
Propenoic acid (acrylic acid) 〔プロペン酸（アクリル酸）〕	$\mathrm{H_2C=CHCO_2H}$	4.258	5.52×10^{-5}	—
Propylamine (プロピルアミン)	$\mathrm{CH_3CH_2CH_2NH_3^+}$	10.566	2.72×10^{-11}	10.64
Pyridine (azine) 〔ピリジン（アジン）〕		5.20	6.3×10^{-6}	5.24
Pyridine-2-carboxylic acid (picolinic acid) 〔ピリジン-2-カルボン酸（ピコリン酸）〕		(1.01) ($\mathrm{CO_2H}$) 5.39 (NH)	9.8×10^{-2} 4.1×10^{-6}	(0.95) 5.21
Pyridine-3-carboxylic acid (nicotinic acid) 〔ピリジン-3-カルボン酸（ニコチン酸）〕		2.03 ($\mathrm{CO_2H}$) 4.82 (NH)	9.3×10^{-3} 1.51×10^{-5}	2.08 4.69
Pyridoxal-5-phosphate (ピリドキサール-5-リン酸)		— — — —	— — — —	(1.4) (POH) 3.51 (OH) 6.04 (POH) 8.25 (NH)
Pyrophosphoric acid (hydrogen diphosphate) （ピロリン酸）	$(\mathrm{HO})_2\mathrm{POP(OH)}_2$ (O O)	(0.9) 2.28 6.70 9.40	0.13 5.2×10^{-3} 2.0×10^{-7} 4.0×10^{-10}	(0.8) (1.9) 5.94 8.25

*pK_3 from A. G. Miller and J. W. Macklin, *Anal. Chem.*, 55, 684 (1983).

付録G 酸解離定数

化合物名	構造式	イオン強度 $\mu = 0$		$\mu = 0.1\,\mathrm{M}^{\S}$
		pK_a	K_a	pK_a
Pyrrolidine（ピロリジン）	(構造式) NH_2^+	11.305	4.95×10^{-12}	11.3
Serine（セリン）	NH_3^+ $\mid$ $CHCH_2OH$ $\mid$ CO_2H	2.187 (CO_2H) 9.209 (NH_3)	6.50×10^{-3} 6.18×10^{-10}	2.16 9.05
Succinic acid (butanedioic acid) 〔コハク酸（ブタン二酸）〕	$HO_2CCH_2CH_2CO_2H$	4.207 5.636	6.21×10^{-5} 2.31×10^{-6}	3.99 5.24
Sulfuric acid (hydrogen sulfate)（硫酸）	$HO-\underset{\underset{O}{\parallel}}{\overset{\overset{O}{\parallel}}{S}}-OH$	1.987 (pK_2)	1.03×10^{-2}	1.54
Sulfurous acid (hydrogen sulfite)（亜硫酸）	$HO\underset{\underset{}{}}{\overset{\overset{O}{\parallel}}{S}}OH$	1.857 7.172	1.39×10^{-2} 6.73×10^{-8}	1.66 6.85
Thiosulfuric acid (hydrogen thiosulfate) （チオ硫酸）	$HO\underset{\underset{O}{\parallel}}{\overset{\overset{O}{\parallel}}{S}}SH$	(0.6) (1.6)	0.3 0.03	—— (1.3)
Threonine（トレオニン）	NH_3^+ $\mid$ $CHCHOHCH_3$ $\mid$ CO_2H	2.088 (CO_2H) 9.100 (NH_3)	8.17×10^{-3} 7.94×10^{-10}	2.20 8.94
Trichloroacetic acid（トリクロロ酢酸）	Cl_3CCO_2H	(−0.5)	3	——
Triethanolamine（トリエタノールアミン）	$(HOCH_2CH_2)_3NH^+$	7.762	1.73×10^{-8}	7.85
Triethylamine（トリエチルアミン）	$(CH_3CH_2)_3NH^+$	10.72	1.9×10^{-11}	10.76
1,2,3-Trihydroxybenzene (pyrogallol) 〔1,2,3-トリヒドロキシベンゼン（ピロガロール）〕	(構造式: OH, OH, OH)	—— —— ——	—— —— ——	8.96 11.00 (14.0)(20℃)
Trimethylamine（トリメチルアミン）	$(CH_3)_3NH^+$	9.799	1.59×10^{-10}	9.82
Tris (hydroxymethyl) aminomethane (tris or tham)〔トリス(ヒドロキシメチル)アミノメタン（トリス）〕	$(HOCH_2)_3CNH_3^+$	8.072	8.47×10^{-9}	8.10
Tryptophan（トリプトファン）	NH_3^+ $\mid$ $CHCH_2$-(indole) $\mid$ CO_2H	—— ——	—— ——	2.37 (CH_2H) 9.33 (NH_3)
Tyrosine（チロシン）	NH_3^+ $\mid$ $CHCH_2$-$\bigcirc$-OH $\mid$ CO_2H	—— —— ——	—— —— ——	2.41 (CH_2H) 8.67 (NH_3) 11.01 (OH)
Valine（バリン）	NH_3^+ $\mid$ $CHCH(CH_3)_2$ $\mid$ CO_2H	2.286 (CO_2H) 9.719 (NH_3)	5.18×10^{-3} 1.91×10^{-10}	2.27 9.52
Water*（水）	H_2O	13.997	1.01×10^{-14}	——

*水の酸解離定数は K_w と表す。

付録H 標準還元電位[*]

半反応式	$E°$ (V)	$dE°/dT$ (mV/K)
Aluminum（アルミニウム）		
$Al^{3+} + 3e^- \rightleftharpoons Al(s)$	-1.677	0.533
$AlCl^{2+} + 3e^- \rightleftharpoons Al(s) + Cl^-$	-1.802	
$AlF_6^{3-} + 3e^- \rightleftharpoons Al(s) + 6F^-$	-2.069	
$Al(OH)_4^- + 3e^- \rightleftharpoons Al(s) + 4OH^-$	-2.328	-1.13
Antimony（アンチモン）		
$SbO^+ + 2H^+ + 3e^- \rightleftharpoons Sb(s) + H_2O$	0.208	
$Sb_2O_3(s) + 6H^+ + 6e^- \rightleftharpoons 2Sb(s) + 3H_2O$	0.147	-0.369
$Sb(s) + 3H^+ + 3e^- \rightleftharpoons SbH_3(g)$	-0.510	-0.030
Arsenic（ヒ素）		
$H_3AsO_4 + 2H^+ + 2e^- \rightleftharpoons H_3AsO_3 + H_2O$	0.575	-0.257
$H_3AsO_3 + 3H^+ + 3e^- \rightleftharpoons As(s) + 3H_2O$	0.2475	-0.505
$As(s) + 3H^+ + 3e^- \rightleftharpoons AsH_3(g)$	-0.238	-0.029
Barium（バリウム）		
$Ba^{2+} + 2e^- + Hg \rightleftharpoons Ba(in\ Hg)$	-1.717	
$Ba^{2+} + 2e^- \rightleftharpoons Ba(s)$	-2.906	-0.401
Beryllium（ベリリウム）		
$Ba^{2+} + 2e^- \rightleftharpoons Be(s)$	-1.968	0.60
Bismuth（ビスマス）		
$Bi^{3+} + 3e^- \rightleftharpoons Bi(s)$	0.308	0.18
$BiCl_4^- + 3e^- \rightleftharpoons Bi(s) + 4Cl^-$	0.16	
$BiOCl(s) + 2H^+ + 3e^- \rightleftharpoons Bi(s) + H_2O + Cl^-$	0.160	
Boron（ホウ素）		
$2B(s) + 6H^+ + 6e^- \rightleftharpoons B_2H_6(g)$	-0.150	-0.296
$B_4O_7^{2-} + 14H^+ + 12e^- \rightleftharpoons 4B(s) + 7H_2O$	-0.792	
$B(OH)_3 + 3H^+ + 3e^- \rightleftharpoons B(s) + 3H_2O$	-0.889	-0.492
Bromine（臭素）		
$BrO_4^- + 2H^+ + 2e^- \rightleftharpoons BrO_3^- + H_2O$	1.745	-0.511
$HOBr + H^+ + e^- \rightleftharpoons \frac{1}{2}Br_2(l) + H_2O$	1.584	-0.75
$BrO_3^- + 6H^+ + 5e^- \rightleftharpoons \frac{1}{2}Br_2(l) + 3H_2O$	1.513	-0.419
$Br_2(aq) + 2e^- \rightleftharpoons 2Br^-$	1.098	-0.499
$Br_2(l) + 2e^- \rightleftharpoons 2Br^-$	1.078	-0.611
$Br_3^- + 2e^- \rightleftharpoons 3Br^-$	1.062	-0.512
$BrO^- + H_2O + 2e^- \rightleftharpoons Br^- + 2OH^-$	0.766	-0.94
$BrO_3^- + 3H_2O + 6e^- \rightleftharpoons Br^- + 6OH^-$	0.613	-1.287
Cadmium（カドミウム）		
$Cd^{2+} + 2e^- + Hg \rightleftharpoons Cd(in\ Hg)$	-0.380	
$Cd^{2+} + 2e^- \rightleftharpoons Cd(s)$	-0.402	-0.029
$Cd(C_2O_4)(s) + 2e^- \rightleftharpoons Cd(s) + C_2O_4^{2-}$	-0.522	
$Cd(C_2O_4)_2^{2-} + 2e^- \rightleftharpoons Cd(s) + 2C_2O_4^{2-}$	-0.572	
$Cd(NH_3)_4^{2+} + 2e^- \rightleftharpoons Cd(s) + 4NH_3$	-0.613	
$CdS(s) + 2e^- \rightleftharpoons Cd(s) + S^{2-}$	-1.175	

[*] とくに記されていないかぎり，水溶液の反応である．アマルガムの標準状態は，元素が Hg に無限希釈された状態である．温度微分 $dE°/dT$ を使うと，任意の温度 T での標準電位 $E°(T)$ を計算できる．$E°(T) = E° + (dE°/dT)\Delta T$, ここで，$\Delta T = T - 298.15$ K である．$dE°/dT$ の単位は mV/K であることに注意．温度 T での $E°$ がわかれば，平衡定数 K を次式で求めることができる．$K = 10^{nFE°/RT \ln 10}$. ここで n は半反応式における電子数，F はファラデー定数，R は気体定数である．

出典：最も権威のある文献は S. G. Bratsch, *J. Phys. Chem. Ref. Data*, **18**, 1(1989) である．その他のデータは，以下の文献から引用した．L. G. Sillén and A. E. Martell, "Stability Constants of Metal-Ion Complexes," The Chemical Society, Special Publications Nos. 17 and 25. (1964 and 1971); G. Milazzo and S. Caroli, "Tables of Standard Electrode Potentials," Wiley (1978); T. Mussini et al., *Pure Appl. Chem.*, **57**, 169 (1985). もう一つのよい文献は，A. J. Bard et al., "Standard Potentials in Aqueous Solution," Marcel Dekker (1985) である．フリーラジカルが含まれる 1200 種類の反応に対する還元電位が次の文献にある．P. Wardman, *J. Phys. Chem. Ref. Data*, **18**, 1637 (1989).

付録H 標準還元電位

半反応式	$E°$ (V)	$dE°/dT$ (mV/K)
Calcium（カルシウム）		
$Ca(s) + 2H^+ + 2e^- \rightleftharpoons CaH_2(s)$	0.776	
$Ca^{2+} + 2e^- + Hg \rightleftharpoons Ca(\text{in Hg})$	-2.003	
$Ca^{2+} + 2e^- \rightleftharpoons Ca(s)$	-2.868	-0.186
$Ca(\text{acetate})^+ + 2e^- \rightleftharpoons Ca(s) + \text{acetate}^-$	-2.891	
$CaSO_4(s) + 2e^- \rightleftharpoons Ca(s) + SO_4^{2-}$	-2.936	
$Ca(\text{malonate})(s) + 2e^- \rightleftharpoons Ca(s) + \text{malonate}^{2-}$	-3.608	
Carbon（炭素）		
$C_2H_2(g) + 2H^+ + 2e^- \rightleftharpoons C_2H_4(g)$	0.731	
$O{=}\hspace{-1pt}\bigcirc\hspace{-1pt}{=}O + 2H^+ + 2e^- \rightleftharpoons HO{-}\bigcirc{-}OH$	0.700	
$CH_3OH + 2H^+ + 2e^- \rightleftharpoons CH_4(g) + H_2O$	0.583	-0.039
Dehydroascorbic acid $+ 2H^+ + 2e^- \rightleftharpoons$ ascorbic acid $+ H_2O$	0.390	
$(CN)_2(g) + 2H^+ + 2e^- \rightleftharpoons 2HCN(aq)$	0.373	
$H_2CO + 2H^+ + 2e^- \rightleftharpoons CH_3OH$	0.237	-0.51
$C(s) + 4H^+ + 4e^- \rightleftharpoons CH_4(g)$	0.131 5	$-0.209\,2$
$HCO_2H + 2H^+ + 2e^- \rightleftharpoons H_2CO + H_2O$	-0.029	-0.63
$CO_2(g) + 2H^+ + 2e^- \rightleftharpoons CO(g) + H_2O$	$-0.103\,8$	$-0.397\,7$
$CO_2(g) + 2H^+ + 2e^- \rightleftharpoons HCO_2H$	-0.114	-0.94
$2CO_2(g) + 2H^+ + 2e^- \rightleftharpoons H_2C_2O_4$	-0.432	-1.76
Cerium（セリウム）		
$Ce^{4+} + e^- \rightleftharpoons Ce^{3+}$	$\begin{cases} 1.72 \\ 1.70 \quad 1\text{ M HClO}_4 \\ 1.44 \quad 1\text{ M H}_2\text{SO}_4 \\ 1.61 \quad 1\text{ M HNO}_3 \\ 1.47 \quad 1\text{ M HCl} \end{cases}$	1.54
$Ce^{3+} + 3e^- \rightleftharpoons Ce(s)$	-2.336	0.280
Cesium（セシウム）		
$Cs^+ + e^- + Hg \rightleftharpoons Cs(\text{in Hg})$	-1.950	
$Cs^+ + e^- \rightleftharpoons Cs(s)$	-3.026	-1.172
Chlorine（塩素）		
$HClO_2 + 2H^+ + 2e^- \rightleftharpoons HOCl + H_2O$	1.674	0.55
$HClO + H^+ + e^- \rightleftharpoons \tfrac{1}{2}Cl_2(g) + H_2O$	1.630	-0.27
$ClO_3^- + 6H^+ + 5e^- \rightleftharpoons \tfrac{1}{2}Cl_2(g) + 3H_2O$	1.458	-0.347
$Cl_2(aq) + 2e^- \rightleftharpoons 2Cl^-$	1.396	-0.72
$Cl_2(g) + 2e^- \rightleftharpoons 2Cl^-$	1.360 4	-1.248
$ClO_4^- + 2H^+ + 2e^- \rightleftharpoons ClO_3^- + H_2O$	1.226	-0.416
$ClO_3^- + 3H^+ + 2e^- \rightleftharpoons HClO_2 + H_2O$	1.157	-0.180
$ClO_3^- + 2H^+ + e^- \rightleftharpoons ClO_2 + H_2O$	1.130	0.074
$ClO_2 + e^- \rightleftharpoons ClO_2^-$	1.068	-1.335
Chromium（クロム）		
$Cr_2O_7^{2-} + 14H^+ + 6e^- \rightleftharpoons 2Cr^{3+} + 7H_2O$	1.36	-1.32
$CrO_4^{2-} + 4H_2O + 3e^- \rightleftharpoons Cr(OH)_3\,(s,\text{水和物}) + 5OH^-$	-0.12	-1.62
$Cr^{3+} + e^- \rightleftharpoons Cr^{2+}$	-0.42	1.4
$Cr^{3+} + 3e^- \rightleftharpoons Cr(s)$	-0.74	0.44
$Cr^{2+} + 2e^- \rightleftharpoons Cr(s)$	-0.89	-0.04

半反応式	$E°$ (V)	$dE°/dT$ (mV/K)
Cobalt (コバルト)		
$Co^{3+} + e^- \rightleftharpoons Co^{2+}$	1.92 1.817 8 M H_2SO_4 1.850 4 M HNO_3	1.23
$Co(NH_3)_5(H_2O)^{3+} + e^- \rightleftharpoons Co(NH_3)_5(H_2O)^{2+}$	0.37 1 M NH_4SO_3	
$Co(NH_3)_6^{3+} + e^- \rightleftharpoons Co(NH_3)_6^{2+}$	0.1	
$CoOH^+ + H^+ + 2e^- \rightleftharpoons Co(s) + H_2O$	0.003	-0.04
$Co^{2+} + 2e^- \rightleftharpoons Co(s)$	-0.282	0.065
$Co(OH)_2(s) + 2e^- \rightleftharpoons Co(s) + 2OH^-$	-0.746	-1.02
Copper (銅)		
$Cu^+ + e^- \rightleftharpoons Cu(s)$	0.518	-0.754
$Cu^{2+} + 2e^- \rightleftharpoons Cu(s)$	0.339	0.011
$Cu^{2+} + e^- \rightleftharpoons Cu^+$	0.161	0.776
$CuCl(s) + e^- \rightleftharpoons Cu(s) + Cl^-$	0.137	
$Cu(IO_3)_2(s) + 2e^- \rightleftharpoons Cu(s) + 2IO_3^-$	-0.079	
$Cu(ethylenediamine)_2^+ + e^- \rightleftharpoons Cu(s) + 2\ ethylenediamine$	-0.119	
$CuI(s) + e^- \rightleftharpoons Cu(s) + I^-$	-0.185	
$Cu(EDTA)^{2-} + 2e^- \rightleftharpoons Cu(s) + EDTA^{4-}$	-0.216	
$Cu(OH)_2(s) + 2e^- \rightleftharpoons Cu(s) + 2OH^-$	-0.222	
$Cu(CN)_2^- + e^- \rightleftharpoons Cu(s) + 2CN^-$	-0.429	
$CuCN(s) + e^- \rightleftharpoons Cu(s) + CN^-$	-0.639	
Dysprosium (ジスプロシウム)		
$Dy^{3+} + 3e^- \rightleftharpoons Dy(s)$	-2.295	0.373
Erbium (エルビウム)		
$Er^{3+} + 3e^- \rightleftharpoons Er(s)$	-2.331	0.388
Europium (ユウロピウム)		
$Eu^{3+} + e^- \rightleftharpoons Eu^{2+}$	-0.35	1.53
$Eu^{3+} + 3e^- \rightleftharpoons Eu(s)$	-1.991	0.338
$Eu^{2+} + 2e^- \rightleftharpoons Eu(s)$	-2.812	-0.26
Fluorine (フッ素)		
$F_2(g) + 2e^- \rightleftharpoons 2F^-$	2.890	-1.870
$F_2O(g) + 2H^+ + 4e^- \rightleftharpoons 2F^- + H_2O$	2.168	-1.208
Gadolinium (ガドリニウム)		
$Gd^{3+} + 3e^- \rightleftharpoons Gd(s)$	-2.279	0.315
Gallium (ガリウム)		
$Ga^{3+} + 3e^- \rightleftharpoons Ga(s)$	-0.549	0.61
$GaOOH(s) + H_2O + 3e^- \rightleftharpoons Ga(s) + 3OH^-$	-1.320	-1.08
Germanium (ゲルマニウム)		
$Ge^{2+} + 2e^- \rightleftharpoons Ge(s)$	0.1	
$H_4GeO_4 + 4H^+ + 4e^- \rightleftharpoons Ge(s) + 4H_2O$	-0.039	-0.429
Gold (金)		
$Au^+ + e^- \rightleftharpoons Au(s)$	1.69	-1.1
$Au^{3+} + 2e^- \rightleftharpoons Au^+$	1.41	
$AuCl_2^- + e^- \rightleftharpoons Au(s) + 2Cl^-$	1.154	
$AuCl_4^- + 2e^- \rightleftharpoons AuCl_2^- + 2Cl^-$	0.926	
Hafnium (ハフニウム)		
$Hf^{4+} + 4e^- \rightleftharpoons Hf(s)$	-1.55	0.68
$HfO_2(s) + 4H^+ + 4e^- \rightleftharpoons Hf(s) + 2H_2O$	-1.591	-0.355
Holmium (ホルミウム)		
$Ho^{3+} + 3e^- \rightleftharpoons Ho(s)$	-2.33	0.371

半反応式	$E°$ (V)	$dE°/dT$ (mV/K)
Hydrogen（水素）		
$2H^+ + 2e^- \rightleftharpoons H_2(g)$	0.000 0	0
$H_2O + e^- \rightleftharpoons \frac{1}{2}H_2(g) + OH^-$	−0.828 0	−0.836 0
Indium（インジウム）		
$In^{3+} + 3e^- + Hg \rightleftharpoons In(\text{in Hg})$	−0.313	
$In^{3+} + 3e^- \rightleftharpoons In(s)$	−0.338	0.42
$In^{3+} + 2e^- \rightleftharpoons In^+$	−0.444	
$In(OH)_3(s) + 3e^- \rightleftharpoons In(s) + 3OH^-$	−0.99	−0.95
Iodine（ヨウ素）		
$IO_4^- + 2H^+ + 2e^- \rightleftharpoons IO_3^- + H_2O$	1.589	−0.85
$H_5IO_6 + 2H^+ + 2e^- \rightleftharpoons HIO_3 + 3H_2O$	1.567	−0.12
$HOI + H^+ + e^- \rightleftharpoons \frac{1}{2}I_2(s) + H_2O$	1.430	−0.339
$ICl_3(s) + 3e^- \rightleftharpoons \frac{1}{2}I_2(s) + 3Cl^-$	1.28	
$ICl(s) + e^- \rightleftharpoons \frac{1}{2}I_2(s) + Cl^-$	1.22	
$IO_3^- + 6H^+ + 5e^- \rightleftharpoons \frac{1}{2}I_2(s) + 3H_2O$	1.210	−0.367
$IO_3^- + 5H^+ + 4e^- \rightleftharpoons HOI + 2H_2O$	1.154	−0.374
$I_2(aq) + 2e^- \rightleftharpoons 2I^-$	0.620	−0.234
$I_2(s) + 2e^- \rightleftharpoons 2I^-$	0.535	−0.125
$I_3^- + 2e^- \rightleftharpoons 3I^-$	0.535	−0.186
$IO_3^- + 3H_2O + 6e^- \rightleftharpoons I^- + 6OH^-$	0.269	−1.163
Iridium（イリジウム）		
$IrCl_6^{2-} + e^- \rightleftharpoons IrCl_6^{3-}$	1.026 1 M HCl	
$IrBr_6^{2-} + e^- \rightleftharpoons IrBr_6^{3-}$	0.947 2 M NaBr	
$IrCl_6^{2-} + 4e^- \rightleftharpoons Ir(s) + 6Cl^-$	0.835	
$IrO_2(s) + 4H^+ + 4e^- \rightleftharpoons Ir(s) + 2H_2O$	0.73	−0.36
$IrI_6^{2-} + e^- \rightleftharpoons IrI_6^{3-}$	0.485 1 M KI	
Iron（鉄）		
$Fe(\text{phenanthroline})_3^{3+} + e^- \rightleftharpoons Fe(\text{phenanthroline})_3^{2+}$	1.147	
$Fe(\text{bipyridyl})_3^{3+} + e^- \rightleftharpoons Fe(\text{bipyridyl})_3^{2+}$	1.120	
$FeOH^{2+} + H^+ + e^- \rightleftharpoons Fe^{2+} + H_2O$	0.900	0.096
$FeO_4^{2-} + 3H_2O + 3e^- \rightleftharpoons FeOOH(s) + 5OH^-$	0.80	−1.59
$Fe^{3+} + e^- \rightleftharpoons Fe^{2+}$	0.771 0.732 1 M HCl 0.767 1 M HClO$_4$ 0.746 1 M HNO$_3$ 0.68 1 M H$_2$SO$_4$	1.175
$FeOOH(s) + 3H^+ + e^- \rightleftharpoons Fe^{2+} + 2H_2O$	0.74	−1.05
$Ferricinium^+ + e^- \rightleftharpoons ferrocene$	0.400	
$Fe(CN)_6^{3-} + e^- \rightleftharpoons Fe(CN)_6^{4-}$	0.356	
$Fe(\text{glutamate})^{3+} + e^- \rightleftharpoons Fe(\text{glutamate})^{2+}$	0.240	
$FeOH^+ + H^+ + 2e^- \rightleftharpoons Fe(s) + H_2O$	−0.16	0.07
$Fe^{2+} + 2e^- \rightleftharpoons Fe(s)$	−0.44	0.07
$FeCO_3(s) + 2e^- \rightleftharpoons Fe(s) + CO_3^{2-}$	−0.756	−1.293
Lanthanum（ランタン）		
$La^{3+} + 3e^- \rightleftharpoons La(s)$	−2.379	0.242
$La(\text{succinate})^+ + 3e^- \rightleftharpoons La(s) + \text{succinate}^{2-}$	−2.601	

半反応式	$E°$ (V)	$dE°/dT$ (mV/K)
Lead（鉛）		
$Pb^{4+} + 2e^- \rightleftharpoons Pb^{2+}$	1.69　1 M HNO_3	
$PbO_2(s) + 4H^+ + SO_4^{2-} + 2e^- \rightleftharpoons PbSO_4(s) + 2H_2O$	1.685	
$PbO_2(s) + 4H^+ + 2e^- \rightleftharpoons Pb^{2+} + 2H_2O$	1.458	−0.253
$3PbO_2(s) + 2H_2O + 4e^- \rightleftharpoons Pb_3O_4(s) + 4OH^-$	0.269	−1.136
$Pb_3O_4(s) + H_2O + 2e^- \rightleftharpoons 3PbO(s, 赤) + 2OH^-$	0.224	−1.211
$Pb_3O_4(s) + H_2O + 2e^- \rightleftharpoons 3PbO(s, 黄) + 2OH^-$	0.207	−1.177
$Pb^{2+} + 2e^- \rightleftharpoons Pb(s)$	−0.126	−0.395
$PbF_2(s) + 2e^- \rightleftharpoons Pb(s) + 2F^-$	−0.350	
$PbSO_4(s) + 2e^- \rightleftharpoons Pb(s) + SO_4^{2-}$	−0.355	
Lithium（リチウム）		
$Li^+ + e^- + Hg \rightleftharpoons Li(\text{in Hg})$	−2.195	
$Li^+ + e^- \rightleftharpoons Li(s)$	−3.040	−0.514
Lutetium（ルテチウム）		
$Lu^{3+} + 3e^- \rightleftharpoons Lu(s)$	−2.28	0.412
Magnesium（マグネシウム）		
$Mg^{2+} + 2e^- + Hg \rightleftharpoons Mg(\text{in Hg})$	−1.980	
$Mg(OH)^+ + H^+ + 2e^- \rightleftharpoons Mg(s) + H_2O$	−2.022	0.25
$Mg^{2+} + 2e^- \rightleftharpoons Mg(s)$	−2.360	0.199
$Mg(C_2O_4)(s) + 2e^- \rightleftharpoons Mg(s) + C_2O_4^{2-}$	−2.493	
$Mg(OH)_2(s) + 2e^- \rightleftharpoons Mg(s) + 2OH^-$	−2.690	−0.946
Manganese（マンガン）		
$MnO_4^- + 4H^+ + 3e^- \rightleftharpoons MnO_2(s) + 2H_2O$	1.692	−0.671
$Mn^{3+} + e^- \rightleftharpoons Mn^{2+}$	1.56	1.8
$MnO_4^- + 8H^+ + 5e^- \rightleftharpoons Mn^{2+} + 4H_2O$	1.507	−0.646
$Mn_2O_3(s) + 6H^+ + 2e^- \rightleftharpoons 2Mn^{2+} + 3H_2O$	1.485	−0.926
$MnO_2(s) + 4H^+ + 2e^- \rightleftharpoons Mn^{2+} + 2H_2O$	1.230	−0.609
$Mn(EDTA)^- + e^- \rightleftharpoons Mn(EDTA)^{2-}$	0.825	−1.10
$MnO_4^- + e^- \rightleftharpoons MnO_4^{2-}$	0.56	−2.05
$3Mn_2O_3(s) + H_2O + 2e^- \rightleftharpoons 2Mn_3O_4(s) + 2OH^-$	0.002	−1.256
$Mn_3O_4(s) + 4H_2O + 2e^- \rightleftharpoons 3Mn(OH)_2(s) + 2OH^-$	−0.352	−1.61
$Mn^{2+} + 2e^- \rightleftharpoons Mn(s)$	−1.182	−1.129
$Mn(OH)_2(s) + 2e^- \rightleftharpoons Mn(s) + 2OH^-$	−1.565	−1.10
Mercury（水銀）		
$2Hg^{2+} + 2e^- \rightleftharpoons Hg_2^{2+}$	0.908	0.095
$Hg^{2+} + 2e^- \rightleftharpoons Hg(l)$	0.852	−0.116
$Hg_2^{2+} + 2e^- \rightleftharpoons 2Hg(l)$	0.796	−0.327
$Hg_2SO_4(s) + 2e^- \rightleftharpoons 2Hg(l) + SO_4^{2-}$	0.614	
$Hg_2Cl_2(s) + 2e^- \rightleftharpoons 2Hg(l) + 2Cl^-$	$\begin{cases} 0.268 \\ 0.241 \text{ S.C.E} \end{cases}$	
$Hg(OH)_3^- + 2e^- \rightleftharpoons Hg(l) + 3OH^-$	0.231	
$Hg(OH)_2 + 2e^- \rightleftharpoons Hg(l) + 2OH^-$	0.206	−1.24
$Hg_2Br_2(s) + 2e^- \rightleftharpoons 2Hg(l) + 2Br^-$	0.140	
$HgO(s, 黄) + H_2O + 2e^- \rightleftharpoons Hg(l) + 2OH^-$	0.0983	−1.125
$HgO(s, 赤) + H_2O + 2e^- \rightleftharpoons Hg(l) + 2OH^-$	0.0977	−1.1206
Molybdenum（モリブデン）		
$MoO_4^{2-} + 2H_2O + 2e^- \rightleftharpoons MoO_2(s) + 4OH^-$	−0.818	−1.69
$MoO_4^{2-} + 4H_2O + 6e^- \rightleftharpoons Mo(s) + 8OH^-$	−0.926	−1.36
$MoO_2(s) + 2H_2O + 4e^- \rightleftharpoons Mo(s) + 4OH^-$	−0.980	−1.196
Neodymium（ネオジム）		
$Nd^{3+} + 3e^- \rightleftharpoons Nd(s)$	−2.323	0.282

半反応式	$E°$ (V)	$dE°/dT$ (mV/K)
Neptunium（ネプツニウム）		
$NpO_3^+ + 2H^+ + e^- \rightleftharpoons NpO_2^{2+} + H_2O$	2.04	
$NpO_2^{2+} + e^- \rightleftharpoons NpO_2^+$	1.236	0.058
$NpO_2^+ + 4H^+ + e^- \rightleftharpoons Np^{4+} + 2H_2O$	0.567	−3.30
$Np^{4+} + e^- \rightleftharpoons Np^{3+}$	0.157	1.53
$Np^{3+} + 3e^- \rightleftharpoons Np(s)$	−1.768	0.18
Nickel（ニッケル）		
$NiOOH(s) + 3H^+ + e^- \rightleftharpoons Ni^{2+} + 2H_2O$	2.05	−1.17
$Ni^{2+} + 2e^- \rightleftharpoons Ni(s)$	−0.236	0.146
$Ni(CN)_4^{2-} + e^- \rightleftharpoons Ni(CN)_3^{2-} + CN^-$	−0.401	
$Ni(OH)_2(s) + 2e^- \rightleftharpoons Ni(s) + 2OH^-$	−0.714	−1.02
Niobium（ニオブ）		
$\frac{1}{2}Nb_2O_5(s) + H^+ + e^- \rightleftharpoons NbO_2(s) + \frac{1}{2}H_2O$	−0.248	−0.460
$\frac{1}{2}Nb_2O_5(s) + 5H^+ + 5e^- \rightleftharpoons Nb(s) + \frac{5}{2}H_2O$	−0.601	−0.381
$NbO_2(s) + 2H^+ + 2e^- \rightleftharpoons NbO(s) + H_2O$	−0.646	−0.347
$NbO_2(s) + 4H^+ + 4e^- \rightleftharpoons Nb(s) + 2H_2O$	−0.690	−0.361
Nitrogen（窒素）		
$HN_3 + 3H^+ + 2e^- \rightleftharpoons N_2(g) + NH_4^+$	2.079	0.147
$N_2O(g) + 2H^+ + 2e^- \rightleftharpoons N_2(g) + H_2O$	1.769	−0.461
$2NO(g) + 2H^+ + 2e^- \rightleftharpoons N_2O(g) + H_2O$	1.587	−1.359
$NO^+ + e^- \rightleftharpoons NO(g)$	1.46	
$2NH_3OH^+ + H^+ + 2e^- \rightleftharpoons N_2H_5^+ + 2H_2O$	1.40	−0.60
$NH_3OH^+ + 2H^+ + 2e^- \rightleftharpoons NH_4^+ + H_2O$	1.33	−0.44
$N_2H_5^+ + 3H^+ + 2e^- \rightleftharpoons 2NH_4^+$	1.250	−0.28
$HNO_2 + H^+ + e^- \rightleftharpoons NO(g) + H_2O$	0.984	0.649
$NO_3^- + 4H^+ + 3e^- \rightleftharpoons NO(g) + 2H_2O$	0.955	0.028
$NO_3^- + 3H^+ + 2e^- \rightleftharpoons HNO_2 + H_2O$	0.940	−0.282
$NO_3^- + 2H^+ + e^- \rightleftharpoons \frac{1}{2}N_2O_4(g) + H_2O$	0.798	0.107
$N_2(g) + 8H^+ + 6e^- \rightleftharpoons 2NH_4^+$	0.274	−0.616
$N_2(g) + 5H^+ + 4e^- \rightleftharpoons N_2H_5^+$	−0.214	−0.78
$N_2(g) + 2H_2O + 4H^+ + 2e^- \rightleftharpoons 2NH_3OH^+$	−1.83	−0.96
$\frac{3}{2}N_2(g) + H^+ + e^- \rightleftharpoons HN_3$	−3.334	−2.141
Osmium（オスミウム）		
$OsO_4(s) + 8H^+ + 8e^- \rightleftharpoons Os(s) + 4H_2O$	0.834	−0.458
$OsCl_6^{2-} + e^- \rightleftharpoons OsCl_6^{3-}$	0.85 1 M HCl	
Oxygen（酸素）		
$OH + H^+ + e^- \rightleftharpoons H_2O$	2.56	−1.0
$O(g) + 2H^+ + 2e^- \rightleftharpoons H_2O$	2.4301	−1.1484
$O_3(g) + 2H^+ + 2e^- \rightleftharpoons O_2(g) + H_2O$	2.075	−0.489
$H_2O_2 + 2H^+ + 2e^- \rightleftharpoons 2H_2O$	1.763	−0.698
$HO_2 + H^+ + e^- \rightleftharpoons H_2O_2$	1.44	−0.7
$\frac{1}{2}O_2(g) + 2H^+ + 2e^- \rightleftharpoons H_2O$	1.2291	−0.8456
$O_2(g) + 2H^+ + 2e^- \rightleftharpoons H_2O_2$	0.695	−0.993
$O_2(g) + H^+ + e^- \rightleftharpoons HO_2$	−0.05	−1.3
Palladium（パラジウム）		
$Pd^{2+} + 2e^- \rightleftharpoons Pd(s)$	0.915	0.12
$PdO(s) + 2H^+ + 2e^- \rightleftharpoons Pd(s) + H_2O$	0.79	−0.33
$PdCl_6^{4-} + 2e^- \rightleftharpoons Pd(s) + 6Cl^-$	0.615	
$PdO_2(s) + H_2O + 2e^- \rightleftharpoons PdO(s) + 2OH^-$	0.64	−1.2

半反応式	$E°$ (V)	$dE°/dT$ (mV/K)
Phosphorus（リン）		
$\frac{1}{4}P_4(s, 白) + 3H^+ + 3e^- \rightleftharpoons PH_3(g)$	−0.046	−0.093
$\frac{1}{4}P_4(s, 赤) + 3H^+ + 3e^- \rightleftharpoons PH_3(g)$	−0.088	−0.030
$H_3PO_4 + 2H^+ + 2e^- \rightleftharpoons H_3PO_3 + H_2O$	−0.30	−0.36
$H_3PO_4 + 5H^+ + 5e^- \rightleftharpoons \frac{1}{4}P_4(s, 白) + 4H_2O$	−0.402	−0.340
$H_3PO_3 + 2H^+ + 2e^- \rightleftharpoons H_3PO_2 + H_2O$	−0.48	−0.37
$H_3PO_2 + H^+ + e^- \rightleftharpoons \frac{1}{4}P_4(s) + 2H_2O$	−0.51	
Platinum（白金）		
$Pt^{2+} + 2e^- \rightleftharpoons Pt(s)$	1.18	−0.05
$PtO_2(s) + 4H^+ + 4e^- \rightleftharpoons Pt(s) + 2H_2O$	0.92	−0.36
$PtCl_4^{2-} + 2e^- \rightleftharpoons Pt(s) + 4Cl^-$	0.755	
$PtCl_6^{2-} + 2e^- \rightleftharpoons PtCl_4^{2-} + 2Cl^-$	0.68	
Plutonium（プルトニウム）		
$PuO_2^+ + e^- \rightleftharpoons PuO_2(s)$	1.585	0.39
$PuO_2^{2+} + 4H^+ + 2e^- \rightleftharpoons Pu^{4+} + 2H_2O$	1.000	−1.6151
$Pu^{4+} + e^- \rightleftharpoons Pu^{3+}$	1.006	1.441
$PuO_2^{2+} + e^- \rightleftharpoons PuO_2^+$	0.966	0.03
$PuO_2(s) + 4H^+ + 4e^- \rightleftharpoons Pu(s) + 2H_2O$	−1.369	−0.38
$Pu^{3+} + 3e^- \rightleftharpoons Pu(s)$	−1.978	0.23
Potassium（カリウム）		
$K^+ + e^- + Hg \rightleftharpoons K(\text{in Hg})$	−1.975	
$K^+ + e^- \rightleftharpoons K(s)$	−2.936	−1.074
Praseodymium（プラセオジム）		
$Pr^{4+} + e^- \rightleftharpoons Pr^{3+}$	3.2	1.4
$Pr^{3+} + 3e^- \rightleftharpoons Pr(s)$	−2.353	0.291
Promethium（プロメチウム）		
$Pm^{3+} + 3e^- \rightleftharpoons Pm(s)$	−2.30	0.29
Radium（ラジウム）		
$Ra^{2+} + 2e^- \rightleftharpoons Ra(s)$	−2.80	−0.44
Rhenium（レニウム）		
$ReO_4^- + 2H^+ + e^- \rightleftharpoons ReO_3(s) + H_2O$	0.72	−1.17
$ReO_4^- + 4H^+ + 3e^- \rightleftharpoons ReO_2(s) + 2H_2O$	0.510	−0.70
Rhodium（ロジウム）		
$Rh^{6+} + 3e^- \rightleftharpoons Rh^{3+}$	1.48 1 M HClO$_4$	
$Rh^{4+} + e^- \rightleftharpoons Rh^{3+}$	1.44 3 M H$_2$SO$_4$	
$RhCl_6^{2-} + e^- \rightleftharpoons RhCl_6^{3-}$	1.2	
$Rh^{3+} + 3e^- \rightleftharpoons Rh(s)$	0.76	0.4
$2Rh^{3+} + 2e^- \rightleftharpoons Rh_2^{4+}$	0.7	
$RhCl_6^{3-} + 3e^- \rightleftharpoons Rh(s) + 6Cl^-$	0.44	
Rubidium（ルビジウム）		
$Rb^+ + e^- + Hg \rightleftharpoons Rb(\text{in Hg})$	−1.970	
$Rb^+ + e^- \rightleftharpoons Rb(s)$	−2.943	−1.140
Ruthenium（ルテニウム）		
$RuO_4^- + 6H^+ + 3e^- \rightleftharpoons Ru(OH)_2^{2+} + 2H_2O$	1.53	
$Ru(\text{dipyridyl})_3^{3+} + e^- \rightleftharpoons Ru(\text{dipyridyl})_3^{2+}$	1.29	
$RuO_4(s) + 8H^+ + 8e^- \rightleftharpoons Ru(s) + 4H_2O$	1.032	−0.467
$Ru^{2+} + 2e^- \rightleftharpoons Ru(s)$	0.8	
$Ru^{3+} + 3e^- \rightleftharpoons Ru(s)$	0.60	
$Ru^{3+} + e^- \rightleftharpoons Ru^{2+}$	0.24	
$Ru(NH_3)_6^{3+} + e^- \rightleftharpoons Ru(NH_3)_6^{2+}$	0.214	

半反応式	$E°$ (V)	$dE°/dT$ (mV/K)
Samarium（サマリウム）		
$Sm^{3+} + 3e^- \rightleftharpoons Sm(s)$	-2.304	0.279
$Sm^{2+} + 2e^- \rightleftharpoons Sm(s)$	-2.68	-0.28
Scandium（スカンジウム）		
$Sc^{3+} + 3e^- \rightleftharpoons Sc(s)$	-2.09	0.41
Selenium（セレン）		
$SeO_4^{2-} + 4H^+ + 2e^- \rightleftharpoons H_2SeO_3 + H_2O$	1.150	0.483
$H_2SeO_3 + 4H^+ + 4e^- \rightleftharpoons Se(s) + 3H_2O$	0.739	-0.562
$Se(s) + 2H^+ + 2e^- \rightleftharpoons H_2Se(g)$	-0.082	0.238
$Se(s) + 2e^- \rightleftharpoons Se^{2-}$	-0.67	-1.2
Silicon（ケイ素）		
$Si(s) + 4H^+ + 4e^- \rightleftharpoons SiH_4(g)$	-0.147	-0.196
$SiO_2(s, 石英) + 4H^+ + 4e^- \rightleftharpoons Si(s) + 2H_2O$	-0.990	-0.374
$SiF_6^{2-} + 4e^- \rightleftharpoons Si(s) + 6F^-$	-1.24	
Silver（銀）		
$Ag^{2+} + e^- \rightleftharpoons Ag^+$	$\begin{cases} 2.000 \quad \text{4 M HClO}_4 \\ 1.989 \\ 1.929 \quad \text{4 M HNO}_3 \end{cases}$	0.99
$Ag^{3+} + 2e^- \rightleftharpoons Ag^+$	1.9	
$AgO(s) + H^+ + e^- \rightleftharpoons \frac{1}{2}Ag_2O(s) + \frac{1}{2}H_2O$	1.40	
$Ag^+ + e^- \rightleftharpoons Ag(s)$	$0.799\,3$	-0.989
$Ag_2C_2O_4(s) + 2e^- \rightleftharpoons 2Ag(s) + C_2O_4^{2-}$	0.465	
$AgN_3(s) + e^- \rightleftharpoons Ag(s) + N_3^-$	0.293	
$AgCl(s) + e^- \rightleftharpoons Ag(s) + Cl^-$	$\begin{cases} 0.222 \\ 0.197 \quad \text{飽和 KCl} \end{cases}$	
$AgBr(s) + e^- \rightleftharpoons Ag(s) + Br^-$	0.071	
$Ag(S_2O_3)_2^{3-} + e^- \rightleftharpoons Ag(s) + 2S_2O_3^{2-}$	0.017	
$AgI(s) + e^- \rightleftharpoons Ag(s) + I^-$	-0.152	
$Ag_2S(s) + H^+ + 2e^- \rightleftharpoons 2Ag(s) + SH^-$	-0.272	
Sodium（ナトリウム）		
$Na^+ + e^- + Hg \rightleftharpoons Na(\text{in Hg})$	-1.959	
$Na^+ + \frac{1}{2}H_2(g) + e^- \rightleftharpoons NaH(s)$	-2.367	-1.550
$Na^+ + e^- \rightleftharpoons Na(s)$	$-2.714\,3$	-0.757
Strontium（ストロンチウム）		
$Sr^{2+} + 2e^- \rightleftharpoons Sr(s)$	-2.889	-0.237
Sulfur（硫黄）		
$S_2O_8^{2-} + 2e^- \rightleftharpoons 2SO_4^{2-}$	2.01	
$S_2O_6^{2-} + 4H^+ + 2e^- \rightleftharpoons 2H_2SO_3$	0.57	
$4SO_2 + 4H^+ + 6e^- \rightleftharpoons S_4O_6^{2-} + 2H_2O$	0.539	-1.11
$SO_2 + 4H^+ + 4e^- \rightleftharpoons S(s) + 2H_2O$	0.450	-0.652
$2H_2SO_3 + 2H^+ + 4e^- \rightleftharpoons S_2O_3^{2-} + 3H_2O$	0.40	
$S(s) + 2H^+ + 2e^- \rightleftharpoons H_2S(g)$	0.174	0.224
$S(s) + 2H^+ + 2e^- \rightleftharpoons H_2S(aq)$	0.144	-0.21
$S_4O_6^{2-} + 2H^+ + 2e^- \rightleftharpoons 2HS_2O_3^-$	0.10	-0.23
$5S(s) + 2e^- \rightleftharpoons S_5^{2-}$	-0.340	
$S(s) + 2e^- \rightleftharpoons S^{2-}$	-0.476	-0.925
$2S(s) + 2e^- \rightleftharpoons S_2^{2-}$	-0.50	-1.16
$2SO_3^{2-} + 3H_2O + 4e^- \rightleftharpoons S_2O_3^{2-} + 6OH^-$	-0.566	-1.06
$SO_3^{2-} + 3H_2O + 4e^- \rightleftharpoons S(s) + 6OH^-$	-0.659	-1.23
$SO_4^{2-} + 4H_2O + 6e^- \rightleftharpoons S(s) + 8OH^-$	-0.751	-1.288
$SO_4^{2-} + H_2O + 2e^- \rightleftharpoons SO_3^{2-} + 2OH^-$	-0.936	-1.41
$2SO_3^{2-} + 2H_2O + 2e^- \rightleftharpoons S_2O_4^{2-} + 4OH^-$	-1.130	-0.85
$2SO_4^{2-} + 2H_2O + 2e^- \rightleftharpoons S_2O_6^{2-} + 4OH^-$	-1.71	-1.00

半反応式	$E°$ (V)	$dE°/dT$ (mV/K)
Tantalum(タンタル)		
$Ta_2O_5(s) + 10H^+ + 10e^- \rightleftharpoons 2Ta(s) + 5H_2O$	-0.752	-0.377
Technetium(テクネチウム)		
$TcO_4^- + 2H_2O + 3e^- \rightleftharpoons TcO_2(s) + 4OH^-$	-0.366	-1.82
$TcO_4^- + 4H_2O + 7e^- \rightleftharpoons Tc(s) + 8OH^-$	-0.474	-1.46
Tellurium(テルル)		
$TeO_3^{2-} + 3H_2O + 4e^- \rightleftharpoons Te(s) + 6OH^-$	-0.47	-1.39
$2Te(s) + 2e^- \rightleftharpoons Te_2^{2-}$	-0.84	
$Te(s) + 2e^- \rightleftharpoons Te^{2-}$	-0.90	-1.0
Terbium(テルビウム)		
$Tb^{4+} + e^- \rightleftharpoons Tb^{3+}$	3.1	1.5
$Tb^{3+} + 3e^- \rightleftharpoons Tb(s)$	-2.28	0.350
Thallium(タリウム)		
$Tl^{3+} + 2e^- \rightleftharpoons Tl^+$	$\begin{cases} 1.280 \\ 0.77 \quad 1\text{ M HCl} \\ 1.22 \quad 1\text{ M H}_2\text{SO}_4 \\ 1.23 \quad 1\text{ M HNO}_3 \\ 1.26 \quad 1\text{ M HClO}_4 \end{cases}$	0.97
$Tl^+ + e^- + Hg \rightleftharpoons Tl(\text{in Hg})$	-0.294	
$Tl^+ + e^- \rightleftharpoons Tl(s)$	-0.336	-1.312
$TlCl(s) + e^- \rightleftharpoons Tl(s) + Cl^-$	-0.557	
Thorium(トリウム)		
$Th^{4+} + 4e^- \rightleftharpoons Th(s)$	-1.826	0.557
Thulium(ツリウム)		
$Tm^{3+} + 3e^- \rightleftharpoons Tm(s)$	-2.319	0.394
Tin(スズ)		
$Sn(OH)_3^+ + 3H^+ + 2e^- \rightleftharpoons Sn^{2+} + 3H_2O$	0.142	
$Sn^{4+} + 2e^- \rightleftharpoons Sn^{2+}$	0.139 1 M HCl	
$SnO_2(s) + 4H^+ + 2e^- \rightleftharpoons Sn^{2+} + 2H_2O$	-0.094	-0.31
$Sn^{2+} + 2e^- \rightleftharpoons Sn(s)$	-0.141	-0.32
$SnF_6^{2-} + 4e^- \rightleftharpoons Sn(s) + 6F^-$	-0.25	
$Sn(OH)_6^{2-} + 2e^- \rightleftharpoons Sn(OH)_3^- + 3OH^-$	-0.93	
$Sn(s) + 4H_2O + 4e^- \rightleftharpoons SnH_4(g) + 4OH^-$	-1.316	-1.057
$SnO_2(s) + H_2O + 2e^- \rightleftharpoons SnO(s) + 2OH^-$	-0.961	-1.129
Titanium(チタン)		
$TiO^{2+} + 2H^+ + e^- \rightleftharpoons Ti^{3+} + H_2O$	0.1	-0.6
$Ti^{3+} + e^- \rightleftharpoons Ti^{2+}$	-0.9	1.5
$TiO_2(s) + 4H^+ + 4e^- \rightleftharpoons Ti(s) + 2H_2O$	-1.076	0.365
$TiF_6^{2-} + 4e^- \rightleftharpoons Ti(s) + 6F^-$	-1.191	
$Ti^{2+} + 2e^- \rightleftharpoons Ti(s)$	-1.60	-0.16
Tungsten(タングステン)		
$W(CN)_8^{3-} + e^- \rightleftharpoons W(CN)_8^{4-}$	0.457	
$W^{6+} + e^- \rightleftharpoons W^{5+}$	0.26 12 M HCl	
$WO_3(s) + 6H^+ + 6e^- \rightleftharpoons W(s) + 3H_2O$	-0.091	-0.389
$W^{5+} + e^- \rightleftharpoons W^{4+}$	-0.3 12 M HCl	
$WO_2(s) + 2H_2O + 4e^- \rightleftharpoons W(s) + 4OH^-$	-0.982	-1.197
$WO_4^{2-} + 4H_2O + 6e^- \rightleftharpoons W(s) + 8OH^-$	-1.060	-1.36

半反応式	$E°$ (V)	$dE°/dT$ (mV/K)
Uranium（ウラン）		
$UO_2^+ + 4H^+ + e^- \rightleftharpoons U^{4+} + 2H_2O$	0.39	−3.4
$UO_2^{2+} + 4H^+ + 2e^- \rightleftharpoons U^{4+} + 2H_2O$	0.273	−1.582
$UO_2^{2+} + e^- \rightleftharpoons UO_2^+$	0.16	0.2
$U^{4+} + e^- \rightleftharpoons U^{3+}$	−0.577	1.61
$U^{3+} + 3e^- \rightleftharpoons U(s)$	−1.642	0.16
Vanadium（バナジウム）		
$VO_2^+ + 2H^+ + e^- \rightleftharpoons VO^{2+} + H_2O$	1.001	−0.901
$VO^{2+} + 2H^+ + e^- \rightleftharpoons V^{3+} + H_2O$	0.337	−1.6
$V^{3+} + e^- \rightleftharpoons V^{2+}$	−0.255	1.5
$V^{2+} + 2e^- \rightleftharpoons V(s)$	−1.125	−0.11
Xenon（キセノン）		
$H_4XeO_6 + 2H^+ + 2e^- \rightleftharpoons XeO_3 + 3H_2O$	2.38	0.0
$XeF_2 + 2H^+ + 2e^- \rightleftharpoons Xe(g) + 2HF$	2.2	
$XeO_3 + 6H^+ + 6e^- \rightleftharpoons Xe(g) + 3H_2O$	2.1	−0.34
Ytterbium（イッテルビウム）		
$Yb^{3+} + 3e^- \rightleftharpoons Yb(s)$	−2.19	0.363
$Yb^{2+} + 2e^- \rightleftharpoons Yb(s)$	−2.76	−0.16
Yttrium（イットリウム）		
$Y^{3+} + 3e^- \rightleftharpoons Y(s)$	−2.38	0.034
Zinc（亜鉛）		
$ZnOH^+ + H^+ + 2e^- \rightleftharpoons Zn(s) + H_2O$	−0.497	0.03
$Zn^{2+} + 2e^- \rightleftharpoons Zn(s)$	−0.762	0.119
$Zn^{2+} + 2e^- + Hg \rightleftharpoons Zn(in\ Hg)$	−0.801	
$Zn(NH_3)_4^{2+} + 2e^- \rightleftharpoons Zn(s) + 4NH_3$	−1.04	
$ZnCO_3(s) + 2e^- \rightleftharpoons Zn(s) + CO_3^{2-}$	−1.06	
$Zn(OH)_3^- + 2e^- \rightleftharpoons Zn(s) + 3OH^-$	−1.183	
$Zn(OH)_4^{2-} + 2e^- \rightleftharpoons Zn(s) + 4OH^-$	−1.199	
$Zn(OH)_2(s) + 2e^- \rightleftharpoons Zn(s) + 2OH^-$	−1.249	−0.999
$ZnO(s) + H_2O + 2e^- \rightleftharpoons Zn(s) + 2OH^-$	−1.260	−1.160
$ZnS(s) + 2e^- \rightleftharpoons Zn(s) + S^{2-}$	−1.405	
Zirconium（ジルコニウム）		
$Zr^{4+} + 4e^- \rightleftharpoons Zr(s)$	−1.45	0.67
$ZrO_2(s) + 4H^+ + 4e^- \rightleftharpoons Zr(s) + 2H_2O$	−1.473	−0.344

付録 I　生成定数*

反応イオン	$\log \beta_1$	$\log \beta_2$	$\log \beta_3$	$\log \beta_4$	$\log \beta_5$	$\log \beta_6$	温度 (℃)	イオン強度 (μ, M)
Acetate（酢酸イオン，$CH_3CO_2^-$）								
Ag^+	0.73	0.64					25	0
Ca^{2+}	1.24						25	0
Cd^{2+}	1.93	3.15					25	0
Cu^{2+}	2.23	3.63					25	0
Fe^{2+}	1.82						25	0.5
Fe^{3+}	3.38	7.1	9.7				20	0.1
Mg^{2+}	1.25						25	0
Mn^{2+}	1.40						25	0
Na^+	−0.18						25	0
Ni^{2+}	1.43						25	0
Zn^{2+}	1.28	2.09					20	0.1
Ammonia（アンモニア，NH_3）								
Ag^+	3.31	7.23					25	0
Cd^{2+}	2.51	4.47	5.77	6.56			30	0
Co^{2+}	1.99	3.50	4.43	5.07	5.13	4.39	30	0
Cu^{2+}	3.99	7.33	10.06	12.03			30	0
Hg^{2+}	8.8	17.5	18.50	19.28			22	2
Ni^{2+}	2.67	4.79	6.40	7.47	8.10	8.01	30	0
Zn^{2+}	2.18	4.43	6.74	8.70			30	0
Cyanide（シアン化物イオン，CN^-）								
Ag^+		20	21				20	0
Cd^{2+}	5.18	9.60	13.92	17.11			25	?
Cu^+		24	28.6	30.3			25	0
Ni^{2+}				30			25	0
Tl^{3+}	13.21	26.50	35.17	42.61			25	4
Zn^{2+}		11.07	16.05	19.62			25	0
Ethylenediamine（1,2-diaminoethane） [エチレンジアミン（1,2-ジアミノエタン），$H_2NCH_2CH_2NH_2$]								
Ag^+	4.70	7.70	9.7				20	0.1
Cd^{2+}	5.69	10.36	12.80				25	0.5
Cu^{2+}	10.66	19.99					20	0
Hg^{2+}	14.3	23.3	23.2				25	0.1
Ni^{2+}	7.52	13.84	18.33				20	0
Zn^{2+}	5.77	10.83	14.11				20	0
Hydroxide（水酸化物イオン，OH^-）								
Ag^+	2.0	3.99					25	0
Al^{3+}	9.00	17.9	25.2	33.3			25	0
	$\log \beta_{22} = 20.3$	$\log \beta_{43} = 42.1$						
Ba^{2+}	0.64						25	0
Bi^{3+}	12.9	23.5	33.0	34.8			25	0
	$\log \beta_{12\,6} = 165.3\,(\mu=1)$							
Be^{2+}	8.6	14.4	18.8	18.6			25	0
	$\log \beta_{12} = 10.82\,(\mu=0.1)$	$\log \beta_{33} = 32.54\,(\mu=0.1)$						
	$\log \beta_{65} = 66.24\,(\mu=3)$	$\log \beta_{86} = 85\,(\mu=0)$						
Ca^{2+}	1.30						25	0
Cd^{2+}	3.9	7.7	10.3 ($\mu=3$)	12.0 ($\mu=3$)			25	0
	$\log \beta_{12} = 4.6$	$\log \beta_{44} = 23.2$						
Ce^{3+}	4.9						25	3
	$\log \beta_{22} = 12.4$	$\log \beta_{53} = 35.1$						
Co^{2+}	4.3	9.2	10.5	9.7			25	0
	$\log \beta_{12} = 3$	$\log \beta_{44} = 25.5$						
Co^{3+}	13.52						25	3

*全生成定数β_nは，次の反応の平衡定数である．$M + nL \rightleftharpoons ML_n$：$\beta_n = [ML_n]/([M][L]^n)$．$\beta_n$は逐次生成定数（$K_i$）と次の関係がある．$\beta_n = K_1 K_2 \cdots K_n$（コラム6-2）．$\beta_{nm}$は，次の反応の全生成定数である．$mM + nL \rightleftharpoons M_m L_n$：$\beta_{nm} = [M_m L_n]/([M]^m [L]^n)$．ここで，下付きの$n$は配位子の数，$m$は金属の数を表す．出典: L. G. Sillén and A. E. Martell, "Stability Constants of Metal-Ion Complexes," The Chemical Society. Special Publications No. 17 and 25（1964 and 1971）; A. E. Martell et al., "NIST Critical Stability Constants of Metal Complexes Database 46," Gaithersburg, MD: National Institute of Standards and Technology (2001).

付録 I 生成定数

反応イオン	$\log \beta_1$	$\log \beta_2$	$\log \beta_3$	$\log \beta_4$	$\log \beta_5$	$\log \beta_6$	温度 (℃)	イオン強度 (μ, M)
Hydroxide（続き）								
Cr^{2+}	8.5						25	1
Cr^{3+}	10.34	17.3 ($\mu=0.1$)					25	0
	$\log \beta_{22}=24.0(\mu=1)$		$\log \beta_{43}=37.0(\mu=1)$		$\log \beta_{44}=50.7(\mu=2)$			
Cu^{2+}	6.5	11.8	14.5 ($\mu=1$)	15.6 ($\mu=1$)			25	0
	$\log \beta_{12}=8.2(\mu=3)$		$\log \beta_{22}=17.4$	$\log \beta_{43}=35.2$				
Fe^{2+}	4.6	7.5	13	10			25	0
Fe^{3+}	11.81	23.4		34.4			25	0
	$\log \beta_{22}=25.14$	$\log \beta_{43}=49.7$						
Ga^{3+}	11.4	22.1	31.7	39.4			25	0
Gd^{3+}	4.9						25	3
	$\log \beta_{22}=14.14$							
Hf^{4+}	13.7				52.8		25	0
Hg_2^{2+}	8.7						25	0.5
	$\log \beta_{12}=11.5(\mu=3)$		$\log \beta_{45}=48.24(\mu=3)$					
Hg^{2+}	10.60	21.8	20.9				25	0
	$\log \beta_{12}=10.7$	$\log \beta_{33}=35.6$						
In^{3+}	10.1	20.2	29.5	33.8			25	0
	$\log \beta_{22}=23.2(\mu=3)$		$\log \beta_{44}=47.8(\mu=0.1)$		$\log \beta_{64}=43.1(\mu=0.1)$			
La^{3+}	5.5						25	0
	$\log \beta_{22}=10.7(\mu=3)$		$\log \beta_{95}=38.4$					
Li^{+}	0.36						25	0
Mg^{2+}	2.6	−0.3 ($\mu=3$)					25	0
	$\log \beta_{44}=18.1(\mu=3)$							
Mn^{2+}	3.4			7.7			25	0
	$\log \beta_{12}=6.8$	$\log \beta_{32}=18.1$						
Na^{+}	0.1						25	0
Ni^{2+}	4.1	9	12				25	0
	$\log \beta_{12}=4.7(\mu=1)$		$\log \beta_{44}=28.3$					
Pb^{2+}	6.4	10.9	13.9				25	0
	$\log \beta_{12}=7.6$	$\log \beta_{43}=32.1$		$\log \beta_{44}=36.0$		$\log \beta_{86}=68.4$		
Pd^{2+}	13.0	25.8					25	0
Rh^{3+}	10.67						25	2.5
Sc^{3+}	9.7	18.3	25.9	30			25	0
	$\log \beta_{22}=22.0$	$\log \beta_{53}=53.8$						
Sn^{2+}	10.6	20.9	25.4				25	0
	$\log \beta_{22}=23.2$	$\log \beta_{43}=49.1$						
Sr^{2+}	0.82						25	0
Th^{4+}	10.8	21.1		41.1 ($\mu=3$)			25	0
	$\log \beta_{22}=23.6(\mu=3)$		$\log \beta_{32}=33.8(\mu=3)$		$\log \beta_{53}=53.7(\mu=3)$			
Ti^{3+}	12.7						25	0
	$\log \beta_{22}=24.6(\mu=1)$							
Tl^{+}	0.79	−0.8 ($\mu=3$)					25	0
Tl^{3+}	13.4	26.6	38.7	41.0			25	0
U^{4+}	13.4						25	0
VO^{2+}	8.3						25	0
	$\log \beta_{22}=21.3$							
Y^{3+}	6.3						25	0
	$\log \beta_{22}=13.8$	$\log \beta_{53}=38.4$						
Zn^{2+}	5.0	10.2	13.9	15.5			25	0
	$\log \beta_{12}=5.5(\mu=3)$		$\log \beta_{44}=27.9(\mu=3)$					
Zr^{4+}	14.3				54.0		25	0
	$\log \beta_{43}=55.4$	$\log \beta_{84}=106.0$						

反応イオン	$\log \beta_1$	$\log \beta_2$	$\log \beta_3$	$\log \beta_4$	$\log \beta_5$	$\log \beta_6$	温度 (℃)	イオン強度 (μ, M)
Nitrilotriacetate 〔ニトリロ三酢酸イオン,$N(CH_2CO_2^-)_3$〕								
Ag^+	5.16						20	0.1
Al^{3+}	9.5						20	0.1
Ba^{2+}	4.83						20	0.1
Ca^{2+}	6.46						20	0.1
Cd^{2+}	10.0	14.6					20	0.1
Co^{2+}	10.0	13.9					20	0.1
Cu^{2+}	11.5	14.8					20	0.1
Fe^{3+}	15.91	24.61					20	0.1
Ga^{3+}	13.6	21.8					20	0.1
In^{3+}	16.9						20	0.1
Mg^{2+}	5.46						20	0.1
Mn^{2+}	7.4						20	0.1
Ni^{2+}	11.54						20	0.1
Pb^{2+}	11.47						20	0.1
Tl^+	4.75						20	0.1
Zn^{2+}	10.44						20	0.1
Oxalate (シュウ酸イオン, $^-O_2CCO_2^-$)								
Al^{3+}			15.60				20	0.1
Ba^{2+}	2.31						18	0
Ca^{2+}	1.66	2.69					25	1
Cd^{2+}	3.71						20	0.1
Co^{2+}	4.69	7.15					25	0
Cu^{2+}	6.23	10.27					25	0
Fe^{3+}	7.54	14.59	20.00				?	0.5
Ni^{2+}	5.16	6.5					25	0
Zn^{2+}	4.85	7.6					25	0
1,10-Phenanthroline (1,10-フェナントロリン)								
Ag^+	5.02	12.07					25	0.1
Ca^{2+}	0.7						20	0.1
Cd^{2+}	5.17	10.00	14.25				25	0.1
Co^{2+}	7.02	13.72	20.10				25	0.1
Cu^{2+}	8.82	15.39	20.41				25	0.1
Fe^{2+}	5.86	11.11	21.14				25	0.1
Fe^{3+}			14.10				25	0.1
Hg^{2+}		19.65	23.4				20	0.1
Mn^{2+}	4.50	8.65	12.70				25	0.1
Ni^{2+}	8.0	16.0	23.9				25	0.1
Zn^{2+}	6.30	11.95	17.05				25	0.1

付録 J　反応 M(aq) + L(aq) ⇌ ML(aq) の生成定数の対数*

M	L									
	F^-	Cl^-	Br^-	I^-	NO_3^-	ClO_4^-	IO_3^-	SCN^-	SO_4^{2-}	CO_3^{2-}
Li^+	0.23	—	—	—	—	—	—	—	0.64	—
Na^+	−0.2	−0.5	—	—	−0.55	−0.7	−0.4	—	0.72	1.27
K^+	−1.2[a]	−0.5	—	−0.4	−0.19	−0.03	−0.27	—	0.85	—
Rb^+	—	−0.4	—	0.04	−0.08	0.15	−0.19	—	0.60	—
Cs^+	—	−0.2	0.03	−0.03	−0.02	0.23	−0.11	—	0.3	—
Ag^+	0.4	3.31	4.6	6.6	−0.1	−0.1	0.63	4.8	1.3	—
$(CH_3)_4N^+$	—	0.04	0.16	0.31	—	0.27	—	—	—	—
Mg^{2+}	2.05	0.6	−1.4[d]	—	—	—	0.72	−0.9[d]	2.23	2.92
Ca^{2+}	0.63	0.2[b]	—	—	0.5	—	0.89	—	2.36	3.20
Sr^{2+}	0.14	−0.22[a]	—	—	0.6	—	1.00	—	2.2	2.81
Ba^{2+}	−0.20	−0.44[a]	—	—	0.7	—	1.10	—	2.2	2.71
Zn^{2+}	1.3	0.4	−0.07	−1.5[d]	0.4	—	—	1.33	2.34	4.76
Cd^{2+}	1.2	1.98	2.15	2.28	0.5	—	0.51[a]	1.98	2.46	3.49[b]
Hg_2^{2+}	—	—	—	—	0.08[f]	—	—	—	1.30[f]	—
Hg^{2+}	1.03[f]	7.30	9.07[f]	12.87[f]	0.11[d]	—	—	9.64	1.34[f]	11.0[f]
Sn^{2+}	—	1.64	1.16	0.70[e]	0.44[a]	—	—	0.83[a]	—	—
Y^{3+}	4.81	−0.1[a]	−0.15[a]	—	—	—	—	−0.07[f]	3.47	8.2
La^{3+}	3.60	−0.1[a]	—	—	0.1[a]	—	—	0.12[a]	3.64	5.6[d]
In^{3+}	4.65	2.32[c]	2.01[c]	1.64[c]	0.18	—	—	3.15	1.85[a]	—

*とくに注のないかぎり，条件は 25℃，$\mu = 0$ である．
(a) $\mu = 1$ M；(b) $\mu = 0.1$ M；(c) $\mu = 0.7$ M；(d) $\mu = 3$ M；(e) $\mu = 4$ M；(f) $\mu = 0.5$ M．

出典：A. E. Martell et al., NIST Critical Stability Constants of Metal Complexes Database 46, Gaithersburg, MD: National Institute of Standards and Technology (2001).

付録K　標準物質

　この付録の表は，元素の一次標準物質をまとめたものである．元素分析の標準物質（element assay standard）は，既知量の目的元素を含まなければならない．マトリックスマッチング標準物質（matrix matching standard）は，分析種などの望ましくない不純物の量がごく低くなければならない．たとえば，10 ppm Fe を含む 10% NaCl 水溶液をつくるとき，調製に用いる NaCl 試薬は不純物の Fe を有意に含んではならない．もし含まれていたら，最終的な Fe 濃度は実際の値よりも高くなってしまう．

　多くの人は表の化合物を用いるかわりに，認証された標準液を購入する．それらは，米国国立標準技術研究所（NIST）やその他の国立機関の標準物質に対してトレーサビリティがある．NIST トレーサブル（NIST traceable）とは，その溶液が NIST によって認証された標準物質からつくられた，またはその濃度が信頼できる分析法によって NIST 標準物質と比較されたことを意味する．

　メーカーは，しばしば元素の純度を9の桁数で表す．この誤解をまねきやすい表記は，ある種の不純物の分析に基づいている．たとえば，純度99.999%（ファイブナイン）の Al は，測定に基づいて金属不純物が0.001%以下であることを保証する．しかし，ふつう C, H, N, O などの元素は測定されない．その Al は，0.1%の Al_2O_3 を含んでいたとしても，「ファイブナイン」と表される．非常に精密な仕事では，固体元素に含まれる気体が誤差の原因となるかも知れない．

　炭酸塩，酸化物，およびその他の化合物は，正確に化学量論的でない可能性がある．たとえば，TbO_2 にもし Tb_4O_7 が不純物として含まれていれば，Tb 比が高くなる．酸素を含む大気中で強熱すれば Tb_4O_7 を TbO_2 に変換できるが，最終的な化学量論は保証できない．炭酸塩は，不純物として炭酸水素塩，酸化物，水酸化物を含む可能性がある．CO_2 を含む大気中で強熱すれば，これらの不純物は炭酸塩に変換されるだろう．また，硫酸塩は HSO_4^- イオンを含むかも知れない．用いる物質を正確に知るためには，なんらかの化学分析が必要になるだろう．

　多くの金属標準物質は，6 M HCl, 6 M HNO_3, またはこれらの混酸に溶解する．場合によっては加熱が必要である．金属や炭酸塩が酸に溶けるときには発泡するので，容器の口には時計皿をのせるか，テフロンのふたをゆるく閉めるかして，物質の損失を防ぐ．濃硝酸（16 M）は，ある種の金属を<u>不動態化する</u>（passivate）．試料の表面に不溶な酸化物の膜ができて，試料の溶解を妨げる．金属の塊と粉のどちらかを選べるなら，塊のほうがよいだろう．塊は表面積が小さいので，表面に酸化物が生じたり，不純物が吸着したりする可能性が低い．標準物質としての純金属を切断したときは，その試料を希酸に浸して，表面の酸化物やカッターからの不純物を溶解する．次に水で洗浄し，真空乾燥器で乾燥する．

　金属の希薄溶液を調製するには，テフロンかプラスチックの容器を用いる．ガラスはイオン交換体であるので，分析種と交換反応を起こすおそれがある．微量有機物の分析用に，特別に洗浄されたガラスバイアルが販売されている．容量法による希釈の精度は0.1%くらいであり，重量法による希釈はより高い精度が可能である．そのためには，式2-1で表される浮力の補正が必要となるだろう．標準液の蒸発は，誤差の原因となる．それを防ぐには，使用のたびに標準液の瓶をひょう量する．もし保存のあいだに重量が減少していれば，中身が蒸発したのだろう．

標準物質

元素	物質[a]	純度	注[b]
Li	SRM 924（Li_2CO_3）	100.05 ± 0.02%	E；200 ℃で4時間乾燥．
	Li_2CO_3	ファイブナイン〜シックスナイン	M；純度は不純物から計算．化学量論は未知．
Na	SRM 919 or 2201（NaCl）	99.9%	E；$Mg(ClO_4)_2$ を入れたデシケーター中24時間乾燥．
	Na_2CO_3	スリーナイン	M；純度は金属不純物に基づく．
K	SRM 918（KCl）	99.9%	E；$Mg(ClO_4)_2$ を入れたデシケーター中24時間乾燥．
	SRM 999（KCl）	52.435 ± 0.004% K	E；500 ℃で4時間強熱．
	K_2CO_3	ファイブナイン〜シックスナイン	M；純度は金属不純物に基づく．
Rb	SRM 984（RbCl）	99.90 ± 0.02%	E；吸湿性．$Mg(ClO_4)_2$ を入れたデシケーター中で24時間乾燥．
	Rb_2CO_3		M
Cs	Cs_2CO_3		M

遷移金属：純金属（ふつうフォーナイン以上）を用いる．純度は固体不純物に基づいており，気体は含まれない．
ランタノイド：元素分析標準物質には純金属（ふつうフォーナイン以上）を用いる．マトリックスマッチング標準物質には酸化物を用いる．酸化物は乾燥が難しく，化学量論が確かでない．
（a）SRM は，米国国立標準技術研究所の標準物質（Standard Reference Material）を表す．
（b）E は元素分析標準物質，M はマトリックスマッチング標準物質である．
出典：J. R. Moody et al., *Anal. Chem.*, **60**, 1203A (1988).

標準物質

元素	物質[a]	純度	注[b]
Be	金属	スリーナイン	E, M；純度は金属不純物に基づく.
Mg	SRM 929	100.1 ± 0.4% 5.403 ± 0.022% Mg	E；グルコン酸マグネシウム臨床検査用標準物質. $Mg(ClO_4)_2$ を入れたデシケーター中で24時間乾燥.
	金属	ファイブナイン	E；純度は金属不純物に基づく.
Ca	SRM 915 ($CaCO_3$)	スリーナイン	E；乾燥不要.
	$CaCO_3$	ファイブナイン	E, M；CO_2 雰囲気, 200℃で4時間乾燥. 自分で化学量論を確認.
Sr	SRM 987 ($SrCO_3$)	99.8%	E；化学量論的組成にするために強熱. 110℃で1時間乾燥.
	$SrCO_3$	ファイブナイン	M；化学量論に1%までの誤差. 化学量論的組成にするために強熱. 200℃で4時間乾燥.
Ba	$BaCO_3$	フォーナイン～ファイブナイン	M；200℃で4時間乾燥.
B	SRM 951 (H_3BO_3)	100.00 ± 0.01	E；使用前に室内湿度約35%に30分間曝す.
Al	金属	ファイブナイン	E, M；SRM 1257 金属 Al が利用できる.
Ga	金属	ファイブナイン	E, M；SRM 994 金属 Ga が利用できる.
In	金属	ファイブナイン	E, M
Tl	金属	ファイブナイン	E, M；SRM 997 金属 Tl が利用できる.
C			推奨なし.
Si	金属	シックスナイン	E, M；SRM 990 SiO_2 が利用できる.
Ge	金属	ファイブナイン	E, M
Sn	金属	シックスナイン	E, M；SRM 741 金属 Sn が利用できる.
Pb	金属	ファイブナイン	E, M；複数の SRM が利用できる.
N	NH_4Cl	シックスナイン	E；HCl と NH_3 から調製できる.
	N_2	スリーナイン以上	E
	HNO_3	シックスナイン	M；不純物として NO_x を含む. 純度は不純物に基づく.
P	SRM 194 ($NH_4H_2PO_4$)	スリーナイン	E
	P_2O_5	ファイブナイン	E, M；乾燥困難.
	H_3PO_4	フォーナイン	E；化学量論を確認するために1分子あたり2個の H^+ を滴定する.
As	金属	ファイブナイン	E, M
	SRM 83d (As_2O_3)	99.9926 ± 0.0030%	酸化還元標準物質. ヒ素の濃度は保証されていない.
Sb	金属	フォーナイン	E, M
Bi	金属	ファイブナイン	E, M
O	H_2O	エイトナイン	E, M；溶存気体を含む.
	O_2	フォーナイン以上	E
S	元素単体	シックスナイン	E, M；乾燥困難. 他に H_2SO_4, Na_2SO_4, K_2SO_4 が利用可能. 化学量論の確認が必要（たとえば, SO_3^{2-} が含まれないことの確認）.
Se	金属	ファイブナイン	E, M；SRM 726 金属 Se が利用できる.
Te	金属	ファイブナイン	E, M
F	NaF	フォーナイン	E, M；適当な乾燥法なし.
Cl	NaCl	フォーナイン	E, M；$Mg(ClO_4)_2$ を入れたデシケーター中で24時間乾燥. 複数の SRM (NaCl と KCl) が利用できる.
Br	KBr	フォーナイン	E, M；乾燥と化学量論の確認が必要.
	Br_2	フォーナイン	E
I	昇華 I_2	シックスナイン	E
	KI	スリーナイン	E, M
	KIO_3	スリーナイン	化学量論は保証されていない.

付録L　DNAとRNA

　遺伝情報は，デオキシリボ核酸（deoxyribonucleic acid, DNA）に核酸塩基の配列としてコードされている．DNAは，二本の長い鎖がらせん状に巻きついている（図L-1）．それぞれの鎖は，リン酸と糖（デオキシリボース）の単位が繰り返されてできている．四種類の核酸塩基，アデニン（adenine, A），チミン（thymine, T），シトシン（cytosine, C），グアニン（guanine, G）の一つが，それぞれの糖に結合している．DNAの二つの鎖は，核酸塩基対のあいだの水素結合によって結合する．AとTは二つの水素結合をつくり，CとGは三つの水素結合をつくる．図L-2は，二本のDNA鎖が二重らせん構造をつくるようすを表す．

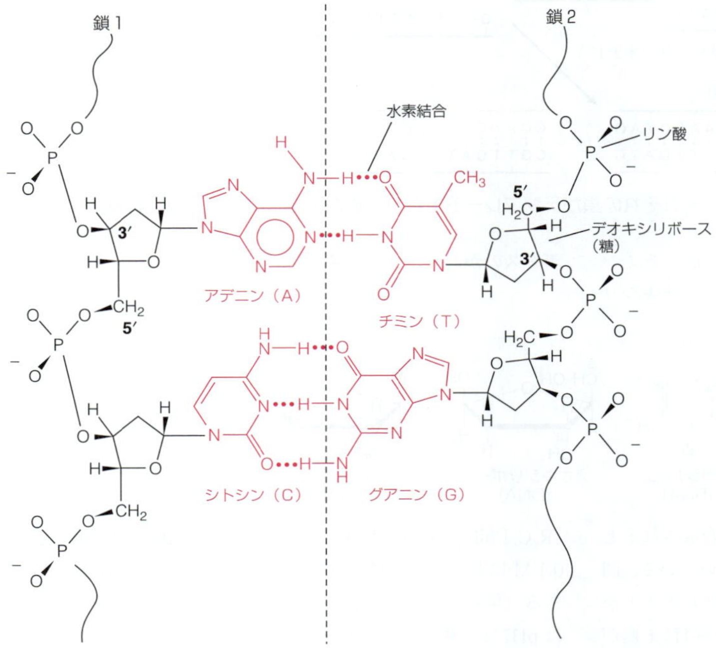

図 L-1　DNA の化学構造．デオキシリボースの一端の炭素原子は 3′，もう一端の炭素原子は 5′ と表される．二本の DNA 鎖は，逆向きの関係にある．鎖1は糖の 3′ 末端が図の上側にある．鎖2は糖の 5′ 末端が図の上側にある．

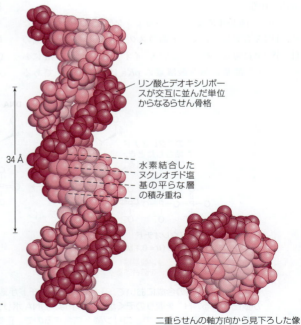

図 L-2　DNA 二重らせんの三次元構造．
[J. M. Berg et al., "Biochemistry, 5th ed.," W. H. Freeman & Co (2002).]

二重らせんの軸方向から見下ろした像

細胞分裂にさきだって DNA の二本鎖は分かれて，それぞれがテンプレート（template，鋳型）となり，新しい相補的な鎖をつくる（図 L-3）．たとえば，もとの鎖上の塩基 A は塩基 T を選び，塩基 G は塩基 C を選ぶというようにして相補的な鎖がつくられる．DNA ポリメラーゼ（DNA polymerase）が相補的な鎖を合成する．dATP, dTTP, dCTP, dGTP と表される四種類のデオキシリボヌクレオシド三リン酸が，構成ブロックとなる．細胞分裂において，二つの娘細胞は親細胞から DNA の完全なセットを受けとる．

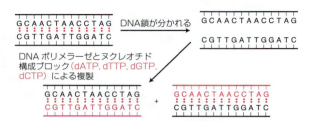

図 L-3 複製時に DNA 二本鎖は分かれ，それぞれの鎖がテンプレートとなり，赤色の新しい鎖が合成される．

リボ核酸（RNA）の構造は DNA と似ているが，チミン（T）のかわりにウラシル（uracil, U）が用いられ，デオキシリボースのかわりにリボースが用いられる．

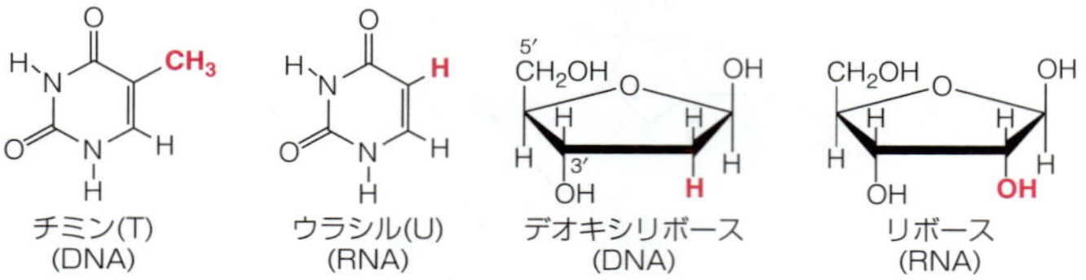

チミン(T)(DNA)　　ウラシル(U)(RNA)　　デオキシリボース(DNA)　　リボース(RNA)

15 章扉に述べた DNA シーケンシングは，鎖が合成されるときに糖の 3′ 末端から H^+ が放出されることに基づいている．図 L-4 に描かれているように，DNA 鎖に 1 個のヌクレオチドが結合するたびに，デオキシリボースの 3′-OH 基から H^+ 1 個が放出される．

しかし，図 L-4 に表されているような酸塩基平衡があるため，DNA 合成において，1 個のヌクレオチドあたり 1 個の H^+ が溶液に現れるわけではない．イオン強度 $\mu = 0.1\,\mathrm{M}$ において三リン酸基の第四酸解離の pKa はおよそ 7.0 である〔R. C. Phillips et al., *J. Am. Chem. Soc.*, **88**, 2631（1966）〕．$\mu = 0.1\,\mathrm{M}$ において，ピロリン酸基の第四酸解離の pKa は 8.25 である（付録 G）．15 章扉に述べた DNA シーケンシングチップは pH7.5 で働くので，反応物のヌクレオチドの三リン酸基の約 24% が H^+ を結合し，生成物のピロリン酸の約 85% が H^+ を結合している．よって，DNA 合成で溶液に放出される H^+ は，ヌクレオチド 1 個あたり約 0.4 個である［1 − (0.85 − 0.24) ≈ 0.4］．正味の H^+ 放出量は，pH とイオン強度に依存する．

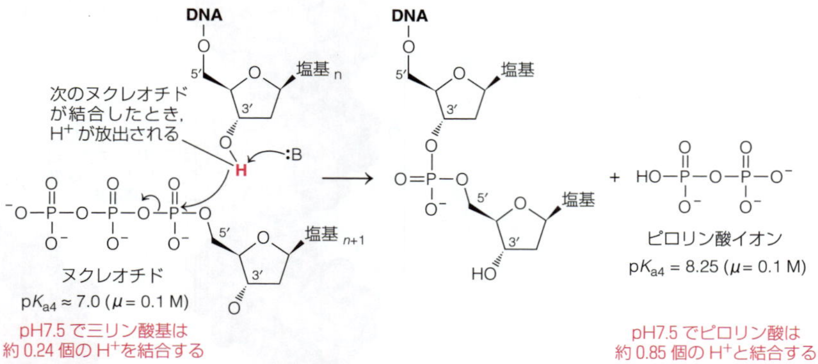

ヌクレオチド
pK_{a4} ≈ 7.0 (μ = 0.1 M)

pH7.5 で三リン酸基は
約 0.24 個の H^+ を結合する

ピロリン酸イオン
pK_{a4} = 8.25 (μ = 0.1 M)

pH7.5 でピロリン酸は
約 0.85 個の H^+ と結合する

図 L-4 DNA 鎖の合成において，1 個のヌクレオチドが結合すると，鎖の末端のデオキシリボースから H^+ 1 個が放出される．H^+ を取りのぞく塩基「:B」は，DNA ポリメラーゼの一部である．デオキシリボースから放出された H^+ の一部は生成物のピロリン酸と結合するので，正味の生産はヌクレオチド 1 個あたり H^+ 1 個ではない．

索 引

【英字】

A → アンペア
Å → オングストローム
$\mathcal{A}$ → 活量
B. Frankin 387
Beckman の pH 計 433
c → 光速
C → クーロン
C → 濃度
℃ → 摂氏
C. M. Guldenberg 150
cd → カンデラ
Chem 7 検査 439
Chemical Abstracts 2
Cu-PAN 347
DNA → デオキシリボ核酸
——シーケンサー 420
——シーケンシング AP48
——の化学構造 AP47
——配列 420
——複製 30
——ポリメラーゼ（DNA polymerase） 30, AP47
Drierite® 48
e → 自然対数の底
E → 電位差
$E°$ → 標準還元電位
$E°'$ → 式量電位
EDTA → エチレンジアミン四酢酸
——錯体 343
——滴定 337, 341, 350, 352, 355, CP5
——滴定曲線 337, 352
——の $α_{Y^{4-}}$ の値 334
——の分率 333
ETH 2418 445
Excel 50
F → ファラド
°F → 華氏
F → 応答係数
F → 式量濃度
F → ファラデー定数
F. Kohlrausch 167
FET → 電界効果トランジスタ 453
FM → 式量 16
F 検定（F test） 89, 102, 117, AP10, AP11
F 値 90
g → 重力加速度
G → 臨界値
H → エンタルピー
hcG 1
Horowitz のトランペット 133
Hz → ヘルツ
In → 酸化還元滴定試薬
Ion Torrent® シーケンサー 420
J → ジュール
J. N. Brønsted 162
k → 包括係数
k → マイクロ平衡定数
K → ケルビン
K → 平衡定数
K_a → 酸解離定数
K_b → 塩基加水分解定数
K_f → 生成定数
K_f' → 条件生成定数
K_i → 逐次生成定数
K_{sp} → 溶解度積
K_w → 水の自己プロトリシス定数
K. A. Hasselbalch 247
kg → キログラム
Kimax 40
K_w の温度依存性 165
L → リットル
L. J. Henderson 247
ln → 自然対数
log → 常用対数
m → メートル
m → 質量
m → 質量モル濃度
M → 容量モル濃度
M. Eigen 163
M. Faraday 382
Microlab 600 デュアルシリンジ希釈装置 45
mol → モル
n → モル数
N → 規定度
N → ニュートン
N. Bjerrum 372
NIST トレーサブル（NIST traceable） AP45
n 型 453
P → 圧力
P → 電力
P. Waage 150
Pa → パスカル
Patton & Reeder の染色 347
pH 149, 166, 167, 210
pH 測定 460
——の誤差 437
pH 電極 39, 324
——の使用法 436
pH と pOH の関係 236
pH 複合電極（combination electrode） 431
ppb → 十億分率
ppm → 百万分率
p 型 453
p 関数 186, 220
q → 電荷
Q → 反応商
R → 気体定数
R → 相関係数
R → 抵抗
rad → ラジアン
Rayleigh 卿（John W. Strutt） 97
RNA 291, AP47
s → 秒
s → 標準偏差
S → エントロピー
S. Kounaves 181
S. P. L. Sorensen 166
S. C. E → 飽和カロメル電極
S. H. E → 標準水素電極
SciFinder 2
Severinghaus CO_2 ガス電極 448
SI 単位（SI units） 12
非—— 14
Sorensen 247
Spectronic 20 分光光度計 61
sr → ステラジアン
Système International d'Unités 12
T → 温度
T. M. Lowry 162
TC → 受用
TD → 出用
tu_z → 拡張不確かさ
t 検定（t test） 95, 102, 117, AP9
——の帰無仮説 95
u → 標準不確かさ
u_b → 切片の標準不確かさ
u_m → 傾きの標準不確かさ
u_x → 標準不確かさ
V → ボルト
V → 体積
van Deemter の式 58
vol % → 体積百分率 18
W → ワット
W. S. Gosset 90
Welch-Satterthwaite 近似 AP5
What-If 分析 218, 259
wt % → 重量百分率
X 線結晶構造解析 164
y 切片（y-intercept） 104

【ギリシャ文字】

$α$ → イオンサイズ
$α$ → 会合度
$α$ → 解離度
$α$ → 確率
$α$ → 分率
$β$ → 緩衝容量
$β$ → 起電効率
$β_i$ → 全生成定数
$γ$ → 活量係数
$μ$ → イオン強度
$μ$ → 母平均
$Σ$ → 総和
$σ$ → 母標準偏差
$Φ$ → 滴定の進行度

I-1

I-2　索引

Ω → オーム

【あ】

アイゲン構造	164
亜鉛	AP40
——イオン	AP44
——のアンモニア錯体	342
亜塩素酸	AP25
アクチノイド元素	335
アクリル酸	AP29
亜酸化窒素	97
アジ化水素	219, AP26
アジ化タリウム（I）	219
アジ化物イオン	219, 481, AP22
亜ジチオン酸イオン	465
亜硝酸	AP28
——アンモニウム	97
——イオン	475
アジリジン	AP24
アジン	AP29
アスコルビン酸	135, 136, 329, 410, 465, 482
アスパラギン（N）	266, AP24
アスパラギン酸（D）	266, AP24
N-(2-アセトアミド)-2-アミノエタンスルホン酸（ACES）	257
N-(2-アセトアミド) イミノ二酢酸（ADA）	256
アダクト（adduct）	159
圧電性物質（piezoelectric）	30
圧力（P）	14
——センサー	65
アデニン（adenine, A）	30, AP47
アデノシン一リン酸	291
アデノシン-38	291
アデノシン三リン酸	331
アト（a）	14
アドレナリン	28
アナログ・デジタル変換器	34
アニオン	382
o-アニシジン	AP27
p-アニシジン	AP27
アニリン	AP24
アノード（anode）	382, 389
亜ヒ酸	AP24
アボガドロ数（Avogadro's number）	12, 14
アポロ13号	392
アマルガム（amalgam）	474, AP31
アミド結合	247
2-アミノ安息香酸	AP24
2-アミノエタノール	AP24
2-アミノエタンチオール	AP24
アミノ基	265
アミノ酸（amino acid）	265, 284
——の酸解離定数	266
2-アミノフェノール	AP24
アミノベンゼン	AP24
4-アミノベンゼンスルホン酸	AP24
アミロース	472
アミン（amine）	170
アモルファス	432
アラニン（A）	265, 266, 283, AP24
あられ石	268, AP22
アリイナーゼ	147
アリイン	147
アリザリンイエロー	311
アリザリンレッド S	196
アリシン	147
亜硫酸	438, AP30
——イオン	253, 465
——水素イオン	253
——水素ナトリウム	32
亜リン酸	AP29
アルカリ金属	AP18
アルカリ誤差（alkaline error）	437
アルカリ度（alkalinity）	305
——滴定	305
アルカリ土類金属	350
——水酸化物	169
アルカン	19
——炭化水素	386
アルギニン（R）	266, 279, AP24
アルゴン	97
アルミニウム	369, AP31, AP46
暗試料（blind sample）	124
——試験	120
安全データシート（SDS）	31
安全のルール	56
安息香酸	238, 278, 313, AP25
——イオン	238
アントラニル酸	AP24
アンチモン	AP31, AP46
安定同位体	77
安定度定数（stability constant）	334
アンハイドロン（Anhydrone®）	48
アンペア（A）	13, 383
アンモニア	170, 246, 257, 278, AP24, AP41
——溶液	216
アンモニウム	22
——イオン（ammonium ion）	170
アンモニウム基	265

【い】

硫黄	AP38, AP46
イオノフォア（ionophore）	429, 444
イオン	16, 201, 382
——液体（ionic liquid）	426
——強度（ionic strenght）	202, 203, 228, 255, 356, 360, CP3
——交換樹脂カラム	21
——交換水	21
——交換平衡（ion-exchange equilibrium）	433
——サイズ	206, 228, 361
——の移動度	427
——の電荷数	430
——半径	201
——雰囲気（ionic atmosphere）	202
イオン選択性電極（ion-selective electrode）	424, 428, 431, 441, 461
——の検出限界	446
——の電位差	431
——の利点	451
イオン選択性膜	428
イオン-双極子相互作用	163
イオン対（ion pair）	16, 156, 169, 204
——構造	164
——生成	233, 360
——平衡	360
イソロイシン（I）	266, AP27
一塩基酸	281, 320
——の分率の式	356
1 細胞測定	12
一時硬度	350
一次標準物質（primary standard）	183, 312, 313, AP44
一部実施法（fractional factorial experimental design）	AP14
一酸化窒素	97
イッテルビウム	AP40
イットリウム	AP40
——イオン	AP44
イットリウム・バリウム・銅酸化物	484
遺伝情報	30
移動度（mobility）	201, 427
イミダゾール	AP27
イミダゾール・塩酸塩	257
イミノ二酢酸	AP27
イリジウム	AP34
——イオン	AP44
医療	123
陰イオン	202
インジウム	AP34, AP46
インジゴテトラスルホン酸	471
インターカレート（intercalate）	381
インチ	15

【う・え】

ウィンクラー滴定	486
ウォールデン還元器	474
ウシ血清アルブミン	286
ウラシル（uracil, U）	AP48
ウラン	AP40
上澄み液（supernatant liquid）	4
永久硬度	350
永久磁石	464

索引 I-3

英国熱量単位 15
エオシン 195, 196
疫学 91
液間電位（junction potential）
　　　　390, 426, 428, 437, 459
　——のドリフト 437
液体 23
　——窒素 464
　——ヘリウム 464
液体型イオン選択性電極（liquid-based ion-selective electrode） 428, 444
液体型電極 440
液体クロマトグラフィー 5
エクサ（E） 14
エストロゲン-プロゲスチンホルモン療法 91
エタノールアミン AP24
エタン-1,2-ジチオール AP26
エタン二酸 172, 182, 275, 368, AP28
エチルアミン AP26
エチルオレンジ 311
エチレン 140
エチレングリコール 28
エチレン-酢酸ビニル共重合体 140
エチレンジアミン 330, AP26, AP41
エチレンジアミン四酢酸（EDTA）
　　　　330, 332, 352
S,S-エチレンジアミンジコハク酸（EDDS） 348
エチレンジアンモニウム硫酸第一鉄 477
エチレンジニトリロ四酢酸 AP26
4′-エトキシ-2,4-ジアミノアゾベンゼン 471
エトスクシミド（ザロンチン） 66
エナメル質 146
エネルギー 14, 384, 439
エピネフリン 28, 174
エラーバー 93, 112
エリオクロムブラック T 346, 347, CP5
エリトロシン・ジナトリウム塩 311
エルグ（erg） 15
エルビウム AP33
エレクトロフェログラム 127
エーロゾル（aerosol） 43
塩（salt） 156, 163
塩化アンモニウム 163
塩化カリウム 158
塩化銀 194
塩化水銀（Ⅰ） 156, 167, 168, 423
塩化水素 CP3
塩化第一スズ 474
塩化トリメチルアンモニウム 242
塩化ナトリウム 17, 37, 313, 434
塩化ピリジニウム 356
塩化物イオン AP22, AP44
塩化メチルアンモニウム 171
塩基（base） 30, 162, 171, 179, 317

——の会合度 244
——のヘンダーソン-ハッセルバルヒの式 248
ブレンステッド-ローリー—— 162, 179
ルイス—— 159, 179, 330
塩基加水分解定数（base hydrolysis constant） 170, 238
塩基性 167, 269
——溶液（basic solution） 167
塩橋（salt bridge） 389, 390
エンザイム（enzyme） 291
塩酸 22, 167, 300, 313, 316
演算の順序 52
塩酸の調製 22
遠心分離 4
塩素 465, AP32, AP46
エンタルピー 151
——変化（enthalpy change） 151
エンテロバクチン 331
エンドソーム 411
エントロピー 152
——変化（entropy change） 152
塩の溶解度 202

【お】

応答係数（response factor） 139
オキサロ酢酸 AP28
オキシン AP27
オキソ酢酸 AP28
オキソブタン二酸 AP28
2-オキソプロパン酸 AP29
2-オキソペンタン二酸 AP28
オスミウム AP36
オゾン 13, 28, 65, 465
——除去管 65
——測定 65
——濃度 20
——ホール 13
オバルブミン 286
オーム（ohm） 14, 385
——の法則（Ohm's law） 385, 386
オリゴマー 172
オングストローム 15
温室効果 264
——ガス 264
温度 13
——依存性 230
——センサー 65

【か】

貝殻化石 267
会合体 169
会合度（fraction of association） 245
外挿 208

外部標準（external standard） 121, 138
——法 141
界面 390
海洋中の二酸化炭素 267
解離度（fraction of dissociation） 241, 243
開路電位（open-circuit potential） 388
ガウス曲線 85
ガウス分布（Gaussian distribution）
　　　　83, 116
——曲線 86
過塩素酸 167, 316, 317, 465
過塩素酸イオン 126, 163, 446, AP44
過塩素酸マグネシウム無水物 48
カオリナイト 369
化学官能性材料 455
化学種 9
化学的酸素要求量（chemical oxygen demand, COD） 479
化学物質 9, 31
化学物質等安全データシート（MSDS） 31
化学プローブ 406, 418
化学分解 97
化学分析の手順 9
化学量論 23, 191
——計算 29
拡散係数 201
拡張デバイ-ヒュッケル式（etended Debye-Huckel equation）
　　　　206, 225, 228, 230, 361, 462
拡張不確かさ（expanded uncertainty）
　　　　AP7
確定誤差（determinate error） 66
撹拌子 182
確率 82
確率分布 131
　ガウス分布 83, 116
　三角形型の確率分布 AP7
　スチューデントの t 分布 100
　正規分布 83
　長方形型の確率分布 AP6
　頻度分布 83
過酸化水素 23, 24, 465, 474, AP26
過酸化物 AP18
華氏 15
加水分解 170, 269
仮数（mantissa） 63
ガスクロマトグラフィー 118
火星 15, 181, 199, 446
化石燃料 27, 264
仮説 82
——検定（hypothesis test） 89
カソード（cathode） 382, 389
ガソリンエンジン 27
片側検定 100
傾き（slope） 104
——の不確かさ 106

偏りのある不均一物質（segregated heterogeneous material）	10	
カチオン	382	
活性化エネルギー		
活量（activity）	166, 172, 205, 307, 396	
活量係数（activity coefficient）	205, 230, 361, 461	
——の省略	228	
課程管理（chain of custody）	125	
カテコール	AP25	
カドミウム	AP31	
——イオン	AP44	
ガドリニウム	AP33	
——造影剤	332	
カフェイン	2, 5, 7	
——食品中のカフェイン量	8	
カーブフィッティング	104	
可変量のピペット	44	
カーボンナノチューブ	455	
過マンガン酸イオン	182, 465	
過マンガン酸カリウム	475, 477, CP5	
過マンガン酸滴定法	476	
過ヨウ素酸イオン	465	
ガラス器具	57	
ガラス電極（glass electrode）	316, 431, 460	
——の較正	434	
ガラスの水和	437	
ガラス棒	47, 387	
ガラス膜電極	439	
ガラス漏斗	46	
カリウム	AP37, AP45	
——イオン	AP44	
ガリウム	AP33, AP46	
過硫酸イオン	473	
カルシウム	149, AP32, AP46	
——イオン	AP44	
ガルバニ電池（galvanic cell）	381, 387, 388, 415	
カルバマゼピン	148	
——d10	148	
カルボキシ基	265	
カルボラン酸	310	
カルボン酸	170	
——イオン	170	
カルマガイト	346, 348	
カロメル電極（calomel electrode）	423, 465	
カロリー（cal）	15	
がん	116, 123	
換気	439	
還元（reduction）	382	
——剤（reducing agent）	382, 396, 465	
——体（reductant）	382	
生物学における——電位	408	
頑健性（robustness）	133	
干渉	9	

——イオン一定濃度法	441	
——化学種	108, 440	
緩衝液（buffer）	246, 253, 262, 296	
——のpH値	434	
——の調製	251	
緩衝剤	249, 254	
——のpK_a値	256	
——の構造	256	
緩衝容量（buffer capacity）	252, 254	
関数		
AVERAGE	84, 94	
COUNT	94, 111	
DEVSQ	111	
FINV	90	
LINEST	107, 111, 128, AP14	
NORMDIST（NORM. DIST）	87	
SLOPE	105	
STDEV	84	
TDIST	101	
TINV	94, 113	
間接滴定（indirect titration）	349, 355	
乾燥	46, 47	
——器	47	
——剤（desiccant）	47, 48, 57	
カンデラ（cd）	13	
感度（sensitivity）	122	
管理図（control chart）	126, 144	
かん流	439	

【き】

気圧（atm）	15	
偽陰性（false negative）	122, 130, 131	
ギガ（G）	14	
機械天びん（mechanical balance）	33	
規格化因子	85	
希ガス	28	
機器精度（instrument precision）	129	
棄却	82	
ギ酸	172, 238, AP26	
——イオン	238	
希釈	21	
——式	22	
——率（dilution factor）	72, 135, 298	
希硝酸	194	
キシレノールオレンジ	304, 346, 347	
p-キシレン	481	
キセノン	AP40	
気体	23	
——定数	28, 154, 396	
——の活量	209	
吉草酸	AP29	
規定度（normality, N）	AP21	
起電効率	433	
起電力	14	
ギブズ自由エネルギー（Gibbs free energy）		

	153, 177	
気泡	39	
帰無仮説（null hypothesis）	89, 91	
——の検定	AP11	
キモトリプシン	246	
逆滴定（back titration）	184, 348	
逆バイアス	454	
逆反応	150, AP18	
キャリヤー	452	
吸光度	61, 108	
吸湿性（hygroscopic）	33	
——試薬	33	
吸収（absorption）	41	
吸着（adsorption）	41	
——指示薬（adsorption indicator）	195	
吸熱（endothermic）	152	
——反応	155	
キュリオシティ・ローバー	446	
強塩基（strong base）	167, 168, 236, 261	
——による強酸の滴定	323	
——による弱酸の滴定	295, 323	
強化（fortification）	124	
強酸（strong acid）	167, 168, 235, 261	
——による弱塩基の滴定	299, 323	
——の活量係数	236	
凝集（flocculation）	285, 350	
偽陽性（false positive）	122, 123, 130, 131	
共沈（coprecipitation）	159, 192	
共通イオン効果（common ion efect）	156	
強電解質（strong electrolyte）	16, 163	
強熱（ignition）	46	
共沸混合物（azeotrope）	313	
共分散	AP3	
共役	449	
共役酸・塩基対（conjugate acid-base pair）	163, 238, 239	
供与共有結合（dative covalent bond）	159	
恐竜	CP2	
——の歯	CP2	
行列式（determinant）	104	
許容誤差（tolerance）	35	
ビュレットの——	38	
標準分銅の——	36	
ホールピペットの——	42	
マイクロピペットの——	44	
メスフラスコの——	40	
キレート	329	
——効果（chelate effect）	330	
——剤	332	
——配位子（chelating ligand）	330	
——療法	329	
キロ（k）	14	
キログラム（kg）	13	
——原器	13	
金	455, AP33	
銀	AP38	

索引 I-5

──イオン 194, 473, AP44
均一（homogeneous） 3, 16
銀-塩化銀参照電極（silver-silver chloride electrode） 422
金属-EDTA錯体の生成定数 335
金属イオン緩衝液（metal ion buffer） 446, 451
金属イオンの酸解離定数 171
金属酸化物電極 439
金属指示薬（metal ion indicator） 345, 354
──の変色 348
金属電極（metal electrode） 424
銀滴定 194

【く】

グアニジン AP26
グアニン（guanine, G） 30, AP47
空気ポンプ 65
空孔 442
偶然誤差（random error） 67, 80
グーチろ過器 46
クーロン（coulomb） 14, 382
クエン酸 256, AP25
クエン酸二水素カリウム 434
クオーツ時計 30
組立単位 14
グラフェン 455
グラブス検定（Grubbs test） 95, 103, 117
グラフツール 54
グラフの外観の調整 80
グラン関数 308
グランプロット（Granplot） 306, 472
──の式 307
グリーンケミストリー（green chemistry） 32, 56
グリオキサール 253
グリオキシル酸 AP28
繰り返し性（repeatability） 129
繰り返し測定（replicate measurements） 10
グリコール酸 172, AP26
グリシルグリシン 256
グリシン（G） 266, AP26
──の滴定 374
グリシンアミド 261
グリシンアミド・塩酸塩 257
グリシンクレゾールレッド 347
グリシンチモールブルー 347
グルコース 243
グルタミン（Q） 266, AP26
グルタミン酸（E） 266, AP26
グルタル酸 AP29
o-クレゾール 260, AP28
p-クレゾール AP28
クレゾールパープル 311

o-クレゾールフタレインコンプレキソン 347
クレゾールレッド 311
クロベン AP28
クロマトグラフィー 3
──カラム 4
クロマトグラム（chromatogram） 5
クロム AP31
クロム（Ⅲ）イオン 154
クロム酸 AP25
──イオン AP22
クロラミンT 465
クロロ酢酸 AP25
クロロフェノールレッド 311
3-クロロプロパン酸 AP25
クロロホルム 43

【け】

蛍光pIマーカー 286
蛍光スペクトル 234
蛍光灯 32
蛍光ビーズ 234
警告線（warning line） 126
ケイ酸塩ガラス 431
ケイ素 454, AP38, AP46
系統誤差（systematic error） 66, 80, 438
系統的不確かさの伝播 76
ゲート 455
α-ケトグルタル酸 AP28
血液検査 439
結果（results） 121
血しょう 354
結晶 432
血中グルコース濃度 28
ケルダール窒素分析法（Kjeldahl nitrogen analysis） 312, 314, 325
ケルダールフラスコ（Kjeldahl flask） 314
ケルダール分解 314
ケルビン 13
ゲルマニウム AP33, AP46
原子移動反応 467
検出下限（lower limit of detection） 130
検出限界（detection limit） 122, 130, 131, 132, 145
原子量（atomic mass） 16, 77
元素状酸素 465
元素の純度 AP45
元素分析の標準物質（element assay standard） AP45
懸濁液（slurry） 3
懸濁粒子 191
検量検査（calibration check） 124
検量線（calibration curve） 6, 7, 103, 108, 109, 115, 118, 462
──法 120

検量法 141

【こ】

コイル 35
──フレーム 34
高温超電導体 484
恒温動物 CP2
抗原（antigen） 1, 449
考古学 18
交互作用（interaction） AP13
鉱山廃水 149
硬水 350
較正（calibration） 48
──の利点 77
──分銅 34, 35
ガラス電極の── 434
ピペットの── 50
ビュレットの── 58
容量ガラス器具の── 48
酵素 246, 291
光速 12
抗体（antibody） 1, 448
抗体-抗原結合 1
抗てんかん薬 66
光度 13
硬度（hardness） 305, 350
五酸化二リン 48
コカイン 244
呼吸用マスク 31
黒鉛 381
誤差 60
──の種類 66
固体 23, 156
──pH電極 439
固体型イオン選択性電極（solid-state ion-selective electrode） 442, 444
固体型化学センサー（solid-state chemical sensor） 453, 463
固体電極 439, 442
固定化された窒素（bound nitrogen） 480
固定具 34
固定量のピペット 44
古典的分析 23
コネクタ 393
コハク酸 AP30
コバルト AP33
ゴム球 42
ゴム手袋 31, 56
ゴールシーク 217, 231, 258, 262, 340
コロイド粒子（colloidal particle） 286, 350
混合 10
混合試料（composite sample） 10
混合物の沈殿滴定 191
──曲線 192
──の滴定 200

I-6 索 引

コンゴーレッド 311
コンジュゲート 1

【さ】

細菌 331
再現性（reproducibility） 7, 60, 67, 129
最小二乗法（method of least squares）
　　　　　　　　 82, 103, 104, 118
最小二乗法分析 AP3
錯イオン（complex ion） 159
酢酸 17, 163, 172, 256, AP24
　──イオン 163, AP41
酢酸鉛（Ⅳ） 465
酢酸ビニル 140
錯生成反応 159, 179
錯滴定（complexometric titration） 332
差プロット（difference plot） 372, 373
差分ひょう量 33
サーボ増幅器 34
サマリウム AP38
サーミスタ 453
作用電極（working electrode） 421
サリチル酸 AP26
サルモネラ 331
酸（acid） 162, 171, 179, 317
　──の解離度 241
　──の滴下体積 294
　──のヘンダーソン-ハッセルバルヒの式 247
　ブレンステッド-ローリー── 162, 179
　ルイス── 159, 179, 330
酸・塩基 439
　──滴定の解析 372
　──平衡定数 361
三塩基酸 320
　──の分率の式 362
酸塩基指示薬 311
酸・塩基滴定 291
酸化（oxidation） 382
酸解離定数（acid dissociation constant）
　　　　　　 170, 238, 282, 366, AP24
酸解離反応 270
酸化還元指示薬（redox indicator） 469, 471
　──の変色域 471
酸化還元試薬 AP21
酸化還元滴定（redox titration） 464
　──曲線 465, 485
酸化還元反応（redox reaction）
　　　　　　　　 382, 467, 486
　──式 AP19
酸化コバルト 381
酸化剤（oxdizing agent） 382, 396, 465
酸化状態（oxidation state） AP18
酸加水分解（acid hydrolysis） 171
酸化数（oxidation number） AP18

　──の基本規則 AP18
酸化体（oxdant） 382
酸化第二水銀 313
三角形型の確率分布（triangular distribution） AP7
酸化鉄 23
酸化バリウム 48
酸化力（oxidizability） 479
酸誤差（acid error） 437
サンゴ CP2
　──礁 149
三重水素 433
算術演算子 52
　＋（和） 52
　－（差） 52
　＊（積） 52
　／（商） 52
　＾（累乗） 52
参照電極（reference electrode）
　　　　　　　　 421, 458, 472
酸触媒 291
酸性 167, 266
　──雨 356, 368, 438
　──度（acidity） 305
　──溶液（acidc solution） 167
酸洗浄（acid wash） 41
酸素 480, AP36, AP46
　──要求量 479
サンドイッチイノムアッセイ（sandwich immunoassay） 449
散布図 53
三面冠三角柱型構造 335

【し】

次亜塩素酸 AP27
　──イオン 465
次亜臭素酸 AP27
1,3-ジアゾール AP27
シアヌル酸 314
シアノ酢酸 172, AP25
1,2-ジアミノエタン 330, AP26, AP41
trans-1,2-ジアミノシクロヘキサン四酢酸（DCTA） 332
次亜ヨウ素酸 AP27
次亜リン酸 465, AP27
シアン化水素 AP26
シアン化物 350
　──イオン 330, AP22, AP41
シアン酸 AP26
ジエチルアミン 239, AP25
N,N'-ジエチルエチレンジアミン-N,N'-ビス（3-プロパンスルホン酸）（DESPEN） 256
N,N'-ジエチルピラジン・二塩酸塩（DEPP・2HCl） 256

ジエチレントリアミン五酢酸（DTPA） 332
紫外線 13, 65, CP6
磁気共鳴画像法（MRI） 484
式量（formula mass） 16
　──電位（formal potential）
　　　　　　　　 408, 472, 477
　──濃度（formal concentraion） 16, 409
3-(シクロヘキシルアミノ)プロパンスルホン酸（CAPS） 257
シクロヘキシルアミノエタンスルホン酸（CHES） 257
シクロヘキシルアミン AP25
ジクロロ酢酸 AP25
ジクロロトリアジン環 243
ジクロロフルオレセイン 195, 196, CP3
仕事 14, 384
　──と電圧の関係 384
　──率 14
自己プロトリシス（autoprotolysis） 165
視差（parallax） 38
N,N-ジシクロヘキシル-N',N'-ジオクタデシル-3-オキサペンタンジアミド 445
指示電極（indicator electrode）
　　　　　　　　 421, 424, 459
指示薬（indicator）
　　 118, 168, 182, 194, 308, 325, CP3
　──誤差（indicator error） 309, 322
止水栓 37
指数 AP1
システイン（C） 266, AP25
ジスプロシウム AP33
自然対数の底 74
自然対数（natural logarithm） 74
室間再現性度（interlaboratory precision）
　130
　──の変動 133
室間試験（interlarboratory test） 133
実験誤差（experimental error） 64, 82
実験室の安全装備 31
実験ノート 32, 56
実験用白衣 31
湿式化学実験装置 446
湿式化学分析 23, 31
室内再現性精度（intermediate precision）
　130
質量 13, 33
　──分析 CP2
質量保存 213
　──の法則 150
質量モル濃度（molality） 17, 361
シデロフォア（siderophore） 331
自動イオン化 165
自動滴定装置 39, 303
シトシン（cytosine, C） 30, AP47
2,4-ジニトロフェノール AP26

索引 I-7

磁場	464	
自発的（spontaneous）	154, 387	
──な化学反応	387	
D-2,3-ジヒドロキシブタン二酸	AP25	
1,2-ジヒドロキシベンゼン	AP25	
1,3-ジヒドロキシベンゼン	AP25	
1,2-ジヒドロキシベンゼン-3,5-ジスルホン酸ジナトリウム	345	
指標（characteristic）	63	
ジフェニルアミン	196, 471	
ジフェニルアミンスルホン酸	471	
ジフェニルベンジジンスルホン酸	471, 478	
ジブロモフルオロセイン	196	
脂肪	3, 28	
ジメチルアミン	AP25	
2,3-ジメチルカプト-1-プロパノール	350	
2,3-ジメルカプトプロパノール	AP25	
ジメチレンイミン	AP24	
ジーメンス	386	
試薬	1, 183	
弱塩基（weak base）	169, 238	
──の式	244	
──の平衡	238, 262	
試薬級化学物質（reagent-grade chemicals）	183	
弱酸（weak acid）	169, 238	
──の平衡	238, 261	
弱電解質（weak electrolyte）	16, 242	
試薬の純度		
一次標準級	183	
化学用（CP）	183	
工業用	183	
実用	183	
精製	183	
試薬瓶	39	
試薬ブランク（reagent blank）	123	
遮へい（block）	345	
自由エネルギー	153	
──差と電位差の関係	385	
──の変化	430	
十億分率（parts per billion）	19	
臭化水素	165, 167	
臭化物イオン	165, AP22, AP44	
シュウ酸	172, 182, 275, 369, AP28	
──イオン	25, 172, AP23, AP43	
シュウ酸一水素イオン	172	
シュウ酸カルシウム	25	
シュウ酸水素カリウム	434	
シュウ酸ナトリウム	477	
シュウ酸バリウム	369	
収縮	439	
臭素	464, AP31, AP46	
重曹	29	
臭素酸イオン	154, 426, 465, AP22	
終点（end point）	182, 186, 194, 304	
──の決定	200, 486	

自由度（degree of freedom）	84, 90, 92, AP5	
重量滴定（gravvimetric titration）	39, 184	
重量百分率（weight percent）	17	
重量分析（gravimetric analysis）	23, 46	
重量法による希釈	72	
重量ポンド/平方インチ	15	
重力加速度	33, 73	
酒石酸	341, 356, AP25	
酒石酸水素カリウム	203	
出用（to deliver）	40	
受用（to contain）	40	
シュリーレン現象	40	
ジュール（joule, J）	14, 384	
循環参照（circular reference）	225, 363	
純金属	AP46	
順バイアス	454	
純水	167	
ジョイントフレキシャ	35	
消化酵素	234	
条件生成定数（conditinal formation constant）	336	
硝酸	167, 465	
──イオン	235, 475, AP44	
硝酸鉛	158	
硝酸還元酵素	475	
硝酸銀	37, 194, CP3	
硝酸第二鉄	194	
仕様書（specification）	122, 127	
証認標準物質（certified reference material）	66, 122	
丈夫さ（ruggedness）	130	
使用目的（use objective）	121, 127	
常用対数	74	
省略表記	175	
蒸留	21	
──水	21	
食作用	234	
食品の熱量	28	
処理データ（treated data）	121	
ジョーンズ還元器	474	
シラノール基	285	
シリカ	5	
──ゲル	48	
試料間の分散	AP10, AP11	
試料採取（sampling）	2, 9	
──の分散	AP11	
試料皿	33, 34, 35	
試料調製（sample preparation）	3, 5, 9	
試料内の分散	AP10, AP11	
試料フィルター	123	
シリンジ（syringe）	4, 31, 45	
──ポンプ	39	
ジルコニウム	AP40	
白リン	397	
腎機能	439	

神経細胞	12	
神経伝達物質	12	
真数（antilogarithm）	63	
真値	60, 67, AP9	
振とう	3	
浸透圧	439	
振動数	14	
振動反応	426	
シンプレックス最適化法（simplex optimization）	AP14	
親油性（lipohilicity）	292	
信頼区間（confidence interval）	91, 92, 93, 117, AP4	
信頼水準（confidence level）	90, 92	

【す】

酢	29	
水銀	32, AP35	
水銀（Ⅰ）イオン	158, AP44	
水銀（Ⅱ）イオン	AP44	
水銀イオン	156, 189	
水銀ランプ	65	
水酸化アンモニウム	22	
水酸化カリウム	167, 312	
水酸化クロム	32	
水酸化セシウム	167	
水酸化第四級アンモニウム	167	
水酸化テトラブチルアンモニウム	316	
水酸化ナトリウム	167, 312	
水酸化物イオン	165, AP22, AP23, AP41	
水酸化マグネシウム	223	
──の溶解平衡	223	
水酸化リチウム	167	
水酸化ルビジウム	167	
水晶振動子型微量天びん	30	
水晶薄板	30	
水素	467, AP18, AP34	
水素化ホウ素イオン	465	
水族館の海水管理	199	
水素結合	30, 163, AP47	
水素-酸素燃料電池	392	
水平化効果（leveling effect）	316	
水溶液	4, 23	
──の活量係数	207	
水和イオン半径	201	
水和化学種	201	
水和ゲル（hydrated gel）	433	
水和酸化鉄	23	
水和水	201	
──の推定数	201	
数字を丸めるときの規則	61	
積と商	63	
和と差	62	
スカンジウム	AP38	
スクエア酸	169	

スクロース	313	正の系統誤差	65	全酸素要求量（total oxygen demand, TOD）	
スズ	AP39, AP46	正反応	150		479
——イオン	AP44	生物化学的酸素要求量（biochemical oxygen demand, BOD）	479	染色	243
スチューデントのt（Student's t）	90, 92, 94, 113, AP5	精密抵抗器	34	全生成定数（overall or cumulative formation constant）	160, 341, AP41
——分布	100	赤外吸収スペクトル	140	選択係数（selectivity coefficient）	440, 441
ステラジアン（sr）	13	赤外吸光度	CP6	選択性（selectivity）	122
ストロンチウム	AP38, AP46	赤外線	264	全炭素（total carbon, TC）	479
——イオン	AP44	積と商の信頼区間	AP5	センチ（c）	14
スパイク（spike）	124, 129	積または商の自由度	AP5	全反応のネルンスト式	397
スパイク回収率（spike recovery）	123, 130, 145	石油エーテル	4	全有機炭素（total organic carbon, TOC）	479
スプレッドシート	50	セシウム	AP32, AP45		
t 検定	101	——イオン	AP44	【そ】	
ガウス曲線	86	ゼタ（Z）	14	相関係数	128, 130, 144
傾きと切片の不確かさ	107	石灰化	268	走査型トンネル顕微鏡	386
グリシンの差プロット	374	赤血球	82	相対参照	53
ゴール シーク	217, 258	石けん	350	相対標準偏差	84
混合溶液のイオン強度	364	摂氏（℃）	15	相対不確かさ（relative uncertainty）	37, 67
混合溶液の活量係数	364	絶対誤差の上限（absolute uncertainty） 67, 69, 70, 81		——百分率	68, 70, 81
最小二乗法	111	絶対参照	53, 259	装置の検出限界（istrument detection limit）	132
酸・塩基混合物の一般的解法	359	接頭語	14	総平均	AP10
信頼区間	94	アト（a）	14	——の自由度	AP10
直線の式	105	エクサ（E）	14	——の分散	AP10
滴定曲線	193, 317, 339	ギガ（G）	14	相補鎖	AP48
滴定の式	320	キロ（k）	14	総和	83
標準偏差	84, 107, 114	ゼタ（Z）	14	測定誤差	AP9
分散分析	AP12	ゼプト（z）	14	速度論	155
飽和溶液	367, 371	センチ（c）	14	側板付き安全メガネ	31
水の密度の計算	50	デカ（da）	14	ソース	455
溶解平衡	220, 224, 228	デシ（d）	14	疎水性（hydrohobic）	428
スペクトルデータの解釈	263	テラ（T）	14	——イオン交換体	445
スペシエーション（speciation）	280	ナノ（n）	14	——ポリマー膜	440
スラリー（slurry）	47	ピコ（p）	14	ソルバー 102, 221, 228, 231, 359, 363, 375	
スルファミン酸	313	フェムト（f）	14		
スルファニル酸	AP24	ヘクト（h）	14	【た】	
スルホサリチル酸複塩	313	ペタ（P）	14	第一級アミン	170
スレオニン（T）	266	マイクロ（μ）	14	第二級アミン	170
ズンデル構造	164	ミリ（m）	14	第三級アミン	170
		メガ（M）	14	第一クロムイオン	465
【せ】		ヨクト（y）	14	第一スズイオン	465
正確さ（accuracy） 45, 60, 67, 83, 129, 145		ヨタ（Y）	14	第一鉄イオン	465
——の判断	124	切片の不確かさ	106	第一配位圏	201
正規分布（normal distribution）	83	セフォタキシム	127	第一マンガンイオン	475
——曲線（normal error curve）	85	ゼプト（z）	14	対応のある t 検定	98
制限試薬（limiting reagent）	25, 176	セリウム	426, AP31	ダイオード（diode）	453
正十二面体	164	——イオン	464	——検出器	65
生成定数（formation constant）	334, AP41	セリン（S）	266, AP29	大カロリー（Cal）	15
——の対数	AP44	セルシウス	15	対数（logarithm）	63, AP1
生成物（product）	22	セル全体のネルンスト式	424	——の検量線	119
成層圏	28	セル電圧	403	体積百分率	18
精度（precision） 45, 60, 67, 83, 129, 145		セルロース	243	大腸菌	331
——の判断	124	セレン	AP38, AP46	ダイナミックレンジ（dynamic range）	
性能試験試料（performance test sample） 124		ゼロ点センサー	34, 35		
		遷移金属	AP46		
		——イオン	330		

	110, 130	
太陽放射量	20	
大理石	356, 369	
ダイン	15	
多塩基酸（polyprotic acid）	171, 265, 289	
——の逐次酸解離定数	173	
ダークチョコレート	7	
多孔質ガラス	46	
多座配位子（multidentate ligand）	330	
多酸塩基（polyprotic base）	171, 265, 289	
脱イオン化	21	
縦座標（ordinate）	14	
ダブルジャンクション電極	422	
タリウム	AP39, AP46	
単位	27	
——換算	27	
段階希釈（serial dilution）	42, 57	
タングステン	AP39	
単座配位子（monodentate ligand）	330	
炭酸	172, AP25	
——イオン	267, AP22, AP44	
炭酸カルシウム	149, 215, 355, CP2	
炭酸水素イオン	88, 149, 215, 267	
炭酸水素ナトリウム	88, 435	
炭酸脱水酵素	172, 286	
炭酸鉄（Ⅱ）	403	
炭酸ナトリウム	313, 435	
炭水化物	28	
炭素	12, AP32, AP46, CP2	
——繊維電極	12	
——の同位体	CP2	
——の半減期	172	
単体元素	AP18	
タンタル	AP39	
単独溶液法	441	
タンパク質	28, 265, 284, 290	
短絡（short-circuited）	389	

【ち】

チオアセトアミド	317	
チオシアン酸	AP26	
——イオン	203, AP23, AP44	
チオシアン酸カリウム	194	
チオシアン酸鉄（Ⅲ）錯体	203	
チオ尿素	351	
チオ硫酸	AP30	
——イオン	465	
チオ硫酸ナトリウム	481	
チオール基	386	
力	14	
置換滴定（displacement titration）	349	
逐次近似法	271	
逐次生成定数（stepwise formation constant）	160, AP41	
蓄電池（battery）	381, 391	

チタン	AP39
窒素	311, AP36, AP46
——ガス	97
チミン（thymine, T）	30, AP47
チモールフタレイン	311
チモールフタレインコプレキソン	347
チモールブルー	308, 311, CP4
抽出	3
中性分子	209
中性溶液	167
中和（neutralization）	163
超伝導体（super conductor）	464
長方形型の確率分布（rectangular distribution）	AP6
直接滴定（direct titration）	184, 347
直線	AP1
直線応答（linear response）	110
直線性（linearity）	128
——誤差（linearity error）	35, 36
——のめやす	128, 130
直線内挿（linear interpolation）	208
直線領域（linear range）	110, 130
チョコレート	2
チロシン（Y）	266, AP30
沈殿	46
沈殿滴定（precipitation titration）	186, 189
——曲線	186
——の例	196

【つ・て】

ツリウム	AP39
N1-デアザアデノシン-38	291
抵抗（resistance）	385
——率（resisitity）	453
定性化学分析（qualitative chemical analysis）	1
ディーゼルエンジン	27
定量化学分析（quantitative chemical analysis）	1
定量下限（lower limit of quantitation）	132
定量限界	145
定量的移し替え（quantitative transfer）	3
デオキシリボース	AP47
デオキシリボ核酸（DNA）	30, 280, AP47
テオブロミン	2, 5, 7
デカ（da）	14
デカンテーション（decantation）	3
デキストリン	195
滴定（titration）	23, 181
——の進行度	318, 340
——の進行度の計算	320
滴定曲線（titration curve）	186, 293, 295, 297
——のかたち	189, 199
滴定曲線の傾き	304

滴定計算	184
滴定誤差（titration error）	182
滴定剤（titrant）	38, 181, 186, 292
滴定反応	292, 295
テクネチウム	AP39
デシ（d）	14
デシケータ（desiccator）	47
デスマスキング（demasking）	350
データの品質基準	120
鉄	AP34
——イオン	24
鉄（Ⅱ）	23
鉄（Ⅲ）	410
鉄（Ⅲ）-トランスフェリン	410
鉄酸イオン（Ⅳ）	465
N,N,N',N'-テトラエチルエチレンジアミン・二塩酸塩（TEEN・2HCl）	256
N,N,N',N'-テトラエチルメチレンジアミン・2HCl（TEMN・2HCl）	257
テトラキス [3,5-ビス（トリフルオロメチル）フェニル] ホウ酸イオン	445
テトラシアノニッケル（Ⅱ）酸イオン	349
テトラフェニルホウ酸イオン	429, 430
テトラフルオロエチレン	177
テトラブロモフルオレセイン	195
テトラメチルアンモニウムイオン	AP44
テトラメチルローダミン	234
デヒドロアスコルビン酸	410, 482
デービスの式（Davies equation）	361
デフェロキサミン	329
テフロン	178
デュマ法	313
テラ（T）	14
テルビウム	AP39
テルル	AP39, AP46
電位（electric potential）	14, 384
電位一致法	441
電位差	14, 384
——計（potentiometer）	388, 394
——沈殿滴定	424
——滴定	468, 470
電位振動	426
電荷	14, 201, 212, 382
——とモルの関係	382
——の絶対値	204
電界効果トランジスタ（field effect transistor）	420, 453, 455
電解質（electrolyte）	16, 382
——平衡	439
電荷均衡（charge balance）	211, 317, 356
——の一般式	212
電気泳動	127, 317
電気化学（electrochemistry）	382
電気活性化学種（electroactive species）	421
電気絶縁体	386

索引

電気センサー		181
電気抵抗		14
――率		453
電気的仕事		384
電気伝導		439
――度		386
電気容量		14
電極（electrode）		194, 382, 384
――の洗浄		437
pH複合――		431
イオン選択性――		431
ガラス――		431
金属酸化物――		439
固体pH――		439
電気量		14
電子		381, 467
――の流れ		389, 399
電子天びん（electronic balance）		32
――の概略図		34
電磁弁		65
電子ボルト（eV）		15
電池		381
――図式		390
――のしくみ		388
伝導電子（conduction electron）		453
テンプレート（template）		AP48
デンプン		472, 480
デンプン-ヨウ素錯体		471
電流（current）		13, 383
――の流れ		387
電力（power）		385

【と】

糖	AP47
銅	AP33
等イオンpH（isoionic pH）	283, 291
等イオン点（isoionic point）	283
統計学	82
透水性Nafion®チューブ	65
透析（dialysis）	285
等電pH（isoelectric pH）	283, 290
導電性高分子	449
等電点（isoelectric point）	283
――電気泳動（isoelectric focusing）	286
当量（equivalent）	AP20
当量点（equivalence point）	
	182, 186, 188, 294, 337, 467
特異性（specificity）	122, 127
時計反応	253
α-トコフェノール	465
ドーパミン	12
ドーピング	442
ドープ	442
ドラフトチャンバー	31, 41
トランス脂肪酸	133
トランスフェリン	286, 410
トリウム	AP39
トリエタノールアミン	341, 350, AP30
トリエチルアミン	AP30
トリクロロ酢酸	AP30
トリス → トリス（ヒドロキシメチル）アミノメタン	
トリス（1,10-フェナントロリン）鉄	471
トリス（2,2′-ビピリジン）鉄	471
トリス（2,2′-ビピリジン）ルテニウム	471
トリス（5-ニトロ-1,10-フェナントロリン）鉄	471
トリス（ヒドロキシメチル）アミノメタン	37, 249, 255, 313, AP30
トリス（ヒドロキシメチル）アミノメタン・塩酸塩（トリス・HCl）	257
N-トリス（ヒドロキシメチル）メチル-2-アミノエタンスルホン酸（TES）	257
N-トリス（ヒドロキシメチル）メチルグリシン（TRICINE）	256
1,2,3-トリヒドロキシベンゼン	AP30
トリブチル（2-メトキシエチル）ホスホニウム	428
トリプトファン（W）	266, AP30
トリフルオロ酢酸	169
トリメチルアミン	AP30
トル	15
o-トルイジン	AP27
p-トルイジン	AP28
ドレイン	455
トレオニン	AP30
トロペオリンO	311

【な】

内挿	61
――法	208
内部標準（internal standard）	
	138, 141, 143, 148
――のグラフ	143
内部分析精度（intra-assay precision）	130
長さ	13
ナトリウム	AP38, AP45
――イオン	AP44
――誤差（sodium error）	437
ナノ（n）	14
ナノ電極	12
1-ナフトエ酸	AP28
2-ナフトエ酸	AP28
1-ナフトール	AP28
2-ナフトール	AP28
α-ナフトールフタレイン	311
生データ（raw data）	121
鉛	AP35, AP46
鉛（II）イオン	158
鉛蓄電池	393, 417

軟水	350

【に】

二塩化クロム	474
二塩基酸	172, 281, 288, 320, 323
――の緩衝液	274, 289
――の滴定	300
――の分率の式	357
ニオブ	AP36
二クロム酸イオン	31, 154
二クロム酸カリウム	478
二原子酸素	465
ニコチン	303
ニコチン酸	AP29
β-ニコチンアミドアデニンジヌクレオチド（NADH）	475
二酸塩基	288, 323
二酸化硫黄	465, 474
二酸化塩素	465
二酸化炭素	149, 264, 312, CP4
――排出量	27
二酸化窒素	65
二酸化マンガン	475
二重らせん構造	30, AP47
ニッケル	AP36
――水素電池	381
ニトラミン	311
ニトリロ三酢酸（NTA）	332, AP28
――イオン	AP43
p-ニトロアニリン	310
2-ニトロ安息香酸	AP28
3-ニトロ安息香酸	AP28
4-ニトロ安息香酸	AP28
ニトロエタン	AP28
ニトロセルロース	1
N-ニトロソフェニルヒドロキシルアミン	AP28
2-ニトロフェニルオクチルエーテル	445
p-ニトロフェノール	119, 311
2-ニトロフェノール	AP28
3-ニトロフェノール	AP28
4-ニトロフェノール	AP28
4-ニトロベンズアミド	317
二プロトン性（diprotic）	265
乳がん	91
乳酸	365
乳鉢	3
乳棒	3
ニュートラルレッド	311
ニュートン（N）	14
――の法則	27
二量体（dimer）	156, 172
人間塩橋	391
認証濃度範囲	120
認証標準物質	129

妊娠検査薬		1

【ぬ・ね・の】

ヌクレオチド		30, AP48
——塩基		420
ネオジム		AP35
熱膨張		49, 57
——の補正		48
熱力学		155, 177
熱力学的平衡定数（thermodynamic equilibrium constant）		205
熱量		14
ネプツニウム		AP36
ネルンスト応答		441
ネルンスト式（Nernst equation）		391, 395, 415
全反応の——		397
半反応の——		395
粘性液体		44
燃費		27
——消費量		27
燃料電池（fuel cell）		391, 392
ノイズ		132
濃硝酸		235
濃度（concentration）		16, 27
——商		361
——平衡定数		205

【は】

配位共有結合（coordinate covalent bond）		159
配位子（ligand）		159, 329
バイオセンサー		99
排気ガス		65
廃棄物		31
ばいじん		27
パイレックス		40, 49
パスカル（Pa）		14
外れ値（outlier）		103
パーセント透過率		61
爬虫類		CP2
発がん性		31
白金		AP37
——電極		316, 384, 465
白血球		234
発光ダイオード（LED）		32
発振周波数		30
発熱（exothermic）		152
——反応		155
発泡性溶液		44
バナジウム		AP40
パーヒドロ-1,4-ジアニン		AP29
ハフニウム		AP33
ハメットの酸度関数（Hamett acidity function）		310
パラジウム		AP36
バリアミンブルーBベース		347
バリウム		AP31, AP46
——イオン		AP44
馬力		15
バリノマイシン		429
バリン（V）		266, AP30
バール		15
バルビツール酸		261
ハロゲン		AP18
ハロゲン化水素		169
ハロゲン化物		189
範囲（range）		130
半電池（half-cell）		389
半透性（semipermeable）		391
半導体（semiconductor）		453
——ナノワイヤー		455
反応商（reaction quotient）		154, 396
反応物（reactant）		22
半反応（half-reaction）		388, AP19
——のネルンスト式		395

【ひ】

非SI単位		14
非イオン性化合物の活量係数		209
ビエルムプロット（Bjerrum plot）		372, 373
光分解		CP6
引数		87
ピーク		5
——の高さ		6
——の面積		6
ピコ（p）		14
ピコリン酸		AP29
ヒ酸		AP24
比重		18
N,N-ビス（2-ヒドロキシエチル）グリシン（BICINE）		256
ビス（アミノエチル）グリコールエーテル-N,N,N',N'-四酢酸（EGTA）		332
ビス（ペンタフルオロエタンスルホニル）アミダート		428
1,3-ビス［トリス（ヒドロキシメチル）メチルアミノ］プロパン塩酸塩（ビス-トリスプロパン・2HCl）		256
ヒスチジン（H）		266, 277, AP26
ビスマス		AP31, AP46
ビスマス酸イオン		465
ビスマス酸ナトリウム		474
非線形の検量線		110, 119
ヒ素		AP31, AP46
ビタミンA		465
ビタミンC		136, 465
ビタミンE		465
ピッツァーの式		206
N-(2-ヒドオキシエチル)ピペラジン-N'-3-プロパンスルホン酸（HEPPS）		257
ヒトゲノムプロジェクト		420
ヒドラジン		465, AP26
ヒドロキサム酸基		329
ヒドロキシアパタイト		365
2-ヒドロキシ安息香酸		316, AP26
o-ヒドロキシ安息香酸		240, 244
p-ヒドロキシ安息香酸		240
N-(2-ヒドロキシエチル)ピペラジン-N'-2-エタンスルホン酸（HEPES）		257, 435
N-(2-ヒドロキシエチル)ピペラジン-N'-2-エタンスルホン酸ナトリウム		435
8-ヒドロキシキノリン		AP27
ヒドロキシ酢酸		AP26
L-ヒドロキシブタン二酸		AP27
2-ヒドロキシプロパン-1,2,3-トリカルボン酸		256, AP25
ヒドロキシベンゼン		316, AP26
ヒドロキシルアミン		465, AP27
ヒドロキソニウムイオン		163
ヒドロキノン		465
ヒドロニウムイオン（hydronium ion）		162, 163, 165
ビピリジン		386, AP25
非プロトン性溶媒		165
ピペット（pipet）		41
——吸引器		42
——の較正		50
可変量の——		44
固定量の——		44
ピペラジン		240, AP29
ピペラジン-N,N'-ビス（2-エタンスルホン酸）（PIPES）		256
ピペラジン-N,N'-ビス（3-プロパンスルホン酸）（PIPPS）		256
ピペリジン		AP29
百万分率（parts per million, ppm）		19
比誘電率		230, 317
ビュレット（buret）		37, 182
——の許容誤差		38
——の較正		58
——の較正曲線		64
——の洗浄		58
——の操作		38
秒		13
評価（assessment）		125, 127
標準液（standard solution）		108, 183, 437
——の調製		328
——の保管		312
標準エントロピー		153
標準還元電位（standard reduction potential）		394, 396, AP31
——の測定		401

索引

標準曲線　7
標準参照物質（Standard Reference Material）　66
標準自由エネルギー変化　400
標準状態（atandard state）　150
標準水素電極（standard hydrogen electrode）　394, 471
標準操作手順（standard operating procedure）　125
標準電位（standard potential）　415, 422
標準添加（standard addition）　129, 135, 451, 462
　——の式　135
標準添加法（standard addition）　134, 138, 141, 146
　——のグラフ　146
標準不確かさ（standard uncertainty）　91, 94, 136, AP3, AP4
標準物質　AP45
標準分銅　36
　——の許容誤差　36
標準偏差（standard deviation）　7, 84, AP9, AP10
　——の有効数字　85
標準溶液（standard solution）　7
標線　21
標定（standardization）　183
ひょう量　3, 21, 33
　——誤差　34
ピラミッド形　164
ピリジルアゾナフタトール　347
ピリジン　299, AP29
ピリジン-2-カルボン酸　AP29
ピリジン-3-カルボン酸　AP29
ピリドキサール-5-リン酸　AP29
ピリドキサールリン酸　239
微量化学天びん　30, 32
微量分析（trace analysis）　183
ビルビン酸　AP29
ピロカテコールバイオレット　346, 347
ピロガロール　AP30
ピロガロールレッド　347
ピロリジン　AP30
ピロリン酸　AP29, AP47
品質管理試料（quality control sample）　124
品質保証（quality assurance）　120, 144
　——の手順　127
ピンセット　35
ビントシェートラーグリーンロイコ塩基　347
頻度分布　83

【ふ】

ファイトレメディエーション　348
ファヤンス滴定（Fajans titration）　194, 196, CP3
ファラデー定数（Faraday constant）　382, 396, 430
ファラド　14
フィールドブランク（field blank）　123
風袋（tare）　33
プールされた標準偏差　96
プールされた分散　102
富栄養化（eutrophication）　486
1,10-フェナントロリン　AP29, AP43
フェニックス・マーズ・ランダー　181, 439, 446
フェニトイン　66
フェニルアラニン（F）　266, AP29
フェニル酢酸　AP29
フェニルヒドラジン　261
フェニルヒドラジン塩酸塩　261
フェノサフラニン　471
フェノバルビタール　66
フェノラートイオン　203
フェノール　203, 313, 316, AP26
フェノールフタレイン　253, 309, 311, CP4
フェノールレッド　253, 311
フェムト（f）　14
フェリシアン化物イオン　480
フェロイン　471
フェロキサミンB　329
フェロキサミンE　329
フェロシアン化物イオン　AP22
フェントン試薬　465
フォルハルト滴定（Volhard titration）　194, 196
フォワードモード　44
不確定誤差（indeterminate error）　67
フガシティー　209
　——係数　209
不活性電極（inert electrode）　384
不活性な塩　202
不均一（heterogeneous）　3, 16
　——平衡　288
不均化（disproportionation）　156, 474
　——反応（disproportionation）　474, AP19
複合イオン選択性電極（compound electrode）　448
複合電極　440
副尺　79
副腎　28
複製　AP48
不純物　108, AP45
不確かさ　10
　10^x の——　74
　e^x の——　75
　原子量の——　76
　自然対数の——　74
　商と積の——　69
　対数の——　74
　分子量の——　76
　累乗と累乗根の——　73
　和と差の——　68
不確かさの伝播　68, 73, 75, 81, AP3
不確かさのめやす　94
フタル酸　273, AP29
フタル酸水素カリウム　313, 434
ブタン-2,3-ジオンジオキシム　AP25
ブタン酸　AP25
ブチルアミン　AP25
フッ化水素　169, AP26
フッ化物イオン　29, 169, AP22, AP44
　——電極　441
物質収支（mass balance, material balance）　193, 213, 340
物質量　13
フッ素　AP33, AP46
trans-ブテン二酸　AP25
cis-ブテン二酸　AP25
不凍剤　28
不動態化する（passivate）　AP45
負のpH　310
負の系統誤差　65
フマル酸　AP25
　——イオン　23
フマル酸鉄（II）　23
フラスコ　182
プラセオジム　AP37
ブランク　67
　——試料　129
　——滴定（blank titration）　182
　——溶液（blank solution）　108
プランジャー　31
フリットガラス漏斗　46
プリミドン　66
浮力（buoyancy）　36
　——補正係数　37
　——補正の式　36
フルオレセイン　196, 234
フルオロアパタイト　365
プルトニウム　AP37
ブレンステッド-ローリー塩基　162, 179
ブレンステッド-ローリー酸　162, 179
プロシオンブリリアントブルー M-R　243
プロトン（proton）　162, 291, 467
　——供与体　162
　——受容体　162
　——性（protic）　162
　——性溶媒（protic solvent）　165
プロパン酸　AP29
プロパン二酸　426, AP27
プロピルアミン　AP29
プロペン酸（アクリル酸）　AP29
プロメチウム　AP37

索引 I-13

ブロモクレゾールグリーン
　　　　　　118, 230, 309, 311, CP4
ブロモクレゾールパープル　309, 311
ブロモ酢酸　AP25
ブロモチモールブルー　118, 311, CP4
ブロモピロガロールレッド　347
ブロモフェノールブルー　196, 310
プロリン（P）　266, AP29
分割量（aliquots）　10
分光光度計　108
分光光度法　99, 118
分散（variance）　84, 102, AP3, AP9
　――の起源の推定　AP10
　――の自由度　AP10
　――の平均　AP10
　試料間の――　AP10, AP11
　試料採取の――　AP11
　試料内の――　AP10, AP11
　総平均の――　AP10
　プールされた――　102
分散分析（ANOVA）　129, AP9
　――：一元配置　AP12
　――：繰り返しのある二元配置　AP13
分子　201
文章化（documentation）　53, 125
分子量（molecular mass）　16
分子ワイヤー　386
分析種（analyte）　3, 186, 292
分析信号　138
分析天びん　56
分析のばらつき　10
分配係数　116
分率　280, 281, 282
　――の式　290

【へ】

ヘアピン型リボザイム　291
平均（average, mean）　83
　――吸光度　109
　――の標準誤差（standard deviation of the mean）　88, AP9
　――の有効数字　85
　――を比べる t 検定　96
平衡　177
　――時間　437
　――定数（equilibrium constant）
　　　　　　150, 177, AP41
　――の系統的解析法（systematic treatment of equilibrium）
　　　　　　211, 214, 231
米国国立標準技術研究所（NIST）
　　　　　66, 95, 166, 434, AP45
米国食品医薬品局（FDA）　91
平面角　13
併用単位　15

ヘキサニトラトセリウム（Ⅳ）　478
ヘキサフルオロケイ酸　29
ヘキサン-2,4-ジオン　AP26
1,6-ヘキサン二酸（アジピン酸）　AP26
ヘクト（h）　14
ベシクル（小胞）　12, 28
ベース　455
ベースライン分離　127
ペタ（P）　14
ヘパリン　439
ヘミメリト酸　AP24
ヘム　285
ヘモグロビン　286, 329
ベリリウム　AP31, AP45
ペルオキソ二硫酸アンモニウム-硫酸洗浄液　38
ペルオキソ二硫酸イオン　465, 473
ベル型の曲線　83
ペルシア帝国の銀貨　19
ヘルツ（Hz）　14
ベールの法則　322, 327
ベロウソフ・ジャボチンスキー反応　426
変温動物　CP2
変曲点（inflection point）　295
変色域（transition range）　308
ベンジルアミン　AP25
ベンゼン　164, 174
ベンゼン-1,2-ジカルボン酸　AP29
ベンゼン-1,2,3-トリカルボン酸　AP24
ベンゼン環　174
ヘンダーソン-ハッセルバルヒの式
（Henderson-Hasselbalch equation）
　　　　　247, 274, 310, 364
　塩基の――　248
　酸の――　247
ペンタン酸　AP29
1,5-ペンタン二酸　AP29
変動係数（coefficient of variation）　84, 133
ヘンリー定数　288
ヘンリーの法則　178, 288

【ほ】

方解石　215, 268, 355, AP22
包含係数（coverage factor）　AP7
ホウケイ酸ガラス　49
報告限界（reporting limit）　132
ホウ砂　313, 435
ホウ酸　255, 257, AP25
　――イオン　255
放射束　14
ホウ素　AP31, AP46
方法の検出限界（method detection limit）　132
方法ブランク（method blank）　123
飽和カロメル電極（sturated calomel

electrode）　423, 471
飽和酒石酸水素カリウム　434
飽和水酸化カルシウム　435
飽和溶液（saturated solution）　156
母液（mother liquor）　46
ボーキサイト　369
母集団　84
補助錯化剤（auxiliary complexing agent）
　　　　　341, 347, 353, CP5
ホスフィン　397
ホスホリラーゼb　286
補正吸光度　108, 109
蛍石（fluorite, fluorspar）　365
ポテンシオメトリー（potentiometry）
　　　　　421, 426
哺乳類　CP2
母標準偏差　84
母平均　84
ポリ（3-オクチルチオフェン）　449
ポリアクリルビーズ　420
ポリスチレンビーズ　234
ポリプロピレンチップ　43
ポリペプチド　284
ポリマー　140
ホール（hole）　453
ボルタ電池（voltaic cell）　387
ボルタの電堆　387
ボルト（volt）　384
ホールピペット（trasfer pipet）　41, 57
　――の許容誤差　42
　――の不確かさ　AP7
ホルミウム　AP33
ホルムアルデヒド　253
ホルモン　1
ホワイトチョコレート　7
ポンド　15

【ま】

マイクロ（μ）　14
　――スケール滴定　39
　――多孔質ガラス　428
　――波分光法　265
マイクロピペット　43
　――の許容誤差　44
　――の使用法　44
マイクロプロフェッサ　34
マイクロ平衡定数　280
マイスナー効果　464
マイソリン　66
マグネシウム　AP35, AP45
　――イオン　AP44
マグネチックスターラー　182
膜物質　444
マクロファージ　234
マーズ・クライメイト・オービター　15

マスキング	10	
——剤（masking agent）	349	
マスク（mask）	10	
マトリックス（matrix）	124, 129, 451	
——効果（matrix effect）	134	
——マッチング標準物質（matrix matching standard）	AP45	
丸め誤差	61	
マレイン酸	AP25	
マロン酸	426, AP27	
マンガン	AP35	
マンモグラム	91	

【み・む】

ミオグロビン	285
——の空間充填モデル	285
水	37, 165, AP30
——あか（scale）	350
——の硬度	350
——の酸解離定数	AP30
——の三重点	13
——の自己プロトリシス	179
——の自己プロトリシス定数	165
——の密度	49
ミセル電気泳動キャピラリークロマトグラフィー	127
未知試料	129
密度（density）	18
ミトコンドリア	414
ミリ（m）	14
無機炭素（inorganic carbon, IC）	479
無次元	150
虫歯	29
無水物（anhydrous）	21
無水硫酸銅	21
無電荷 pH（pH of zero charge）	285
無灰ろ紙（ashless filter paper）	46
ムレキシド	346, 347

【め】

メガ（M）	14
2-メルカプトエチルアミン	AP24
メスピペット（measuring pipet）	41
メスフラスコ（volumetric flask）	21, 39, 57
——の許容誤差	40
——の不確かさ	AP7
メソッドバリデーション（method validation）	126, 146
メタノール	165
メチオニン（M）	266, AP27
9-メチルアデニン	280
2-メチルアニリン	AP27
4-メチルアニリン	AP28
メチルアミン	163, 170, 331, AP27
メチルアンモニウム	170
——イオン	163, 171
メチルイソブチルケトン	316
メチルオレンジ	311
メチルチモールブルー	347
メチルパープル	168
メチルバイオレット	311
2-メチルフェノール	AP28
4-メチルフェノール	AP28
メチルレッド	118, 311, 313
メチレンブルー	471
2-メトキシアニリン	AP27
4-メトキシアニリン	AP27
メトキシドイオン	165
メートル（m）	13
メートルトン	15
メニスカス（meniscus）	38, 40
メラミン	314
2-メルカプトエタノール	AP27
メルカプト酢酸（チオグリコール酸）	AP27
免疫反応	1

【も】

目標値（target value）	126
固層抽出法（solid-phase extraction）	8
モリブデン	AP35
モル（mol）	13
——収支	193
——分率	77
モルフィン	290
3-(N-モルホリノ)-2-ヒドロキシプロパンスルホン酸（MOPSO）	257, 434
3-(N-モルホリノ)-2-ヒドロキシプロパンスルホン酸ナトリウム塩	434
2-(N-モルホリノ)エタンスルホン酸（MES）	256, 295, 318
4-(N-モルホリノ)ブタンスルホン酸（MOBS）	257
3-(N-モルホリノ)プロパンスルホン酸（MOPS）	257
モルホリン（パーヒドロ-1,4-オキサジン）	AP28

【や・ゆ・よ】

薬物検査	125
有機ヒ素化学種	280
有機物構造式の表記法	174
有機溶媒	3, 8
有効数字（significant figure）	60, 70, 71, 79
——の実際の規則	70
標準偏差の——	85
平均の——	85
有効生成定数（effective formation constant）	336
誘導磁場	464
遊離（free）	334
——の金属イオンの分率	342
——の分析種（free analyte）	440
ユウロピウム	AP33
陽イオン	202
要因（factor）	AP9
溶液	16
——の調製	29
溶解	156
——度	156, 160
——積（solubility product）	155, 156, 178, 186, 220, 366, 403, AP22
溶解分離	158
ヨウ化カリウム	158
ヨウ化水素	167
ヨウ化鉛（Ⅱ）	158
ヨウ化物イオン	AP23, AP44
溶質（solute）	4, 16
要処置限界線（action line）	126
ヨウ素	464, AP34, AP46
ヨウ素還元滴定（iodometory）	480, 483, 484, 486
ヨウ素酸	AP27
——イオン	189, 465, AP23, AP44
ヨウ素酸化滴定（iodimetry）	480, 483, 486
ヨウ素酸水素カリウム	313
溶媒（solvent）	3, 4, 16
溶媒分子	201
容量ガラス器具の較正	48
容量分析（volumetric analysis）	23, 181
——法	198
容量法による希釈	72
容量モル濃度（molarity）	16, 361
翼足類	268
ヨクト（y）	14
横座標（abscissa）	14
ヨタ（Y）	14
ヨード酢酸	AP27
ヨードメトリー滴定	CP6
予備還元（prereduction）	474
予備酸化（preoxidation）	473
読み取り限度（readability）	32
4座配位子（tetradentate ligand）	331

【ら】

ラウンドロビンテスト	67
ラジアン（rad）	13
ラジウム	AP37
ラチマー図（Latimer diagram）	400
ラバーポリスメン	47
ラマンスペクトル	235
ランタノイド元素	335
ランダム	10

──誤差	AP9	硫酸アンモニウムセリウム溶液	426	ルシャトリエの原理（Le Chatelier's	
──試料（random sample）	10	硫酸アンモニウム鉄	194	principle）	154, 161, 177, 203, 238, 267
──な不均一物質（random heterogeneous material）	10	硫酸カルシウム	48, 226	ルテチウム	AP35
		──の溶解平衡	226	ルテニウム	AP37
ランタン	AP34	硫酸第一鉄アンモニウム	477	ルビジウム	AP37, AP45
──イオン	AP44	硫酸銅（Ⅱ）・5水和物	21	──イオン	AP44
		両側検定	100	レゾルシノール	AP25
【り】		両性（amphiprotic）	270	レチノール	465
		──イオン（zwitterion）	265	レニウム	AP37
リジン（K）	266, AP27	緑色蛍光タンパク質	286	連結平衡（coupled equilibria）	356
理想気体の法則	28, 29	リン	AP37, AP46	ロイシン（L）	265, 266, 269, AP27
リソソーム	234, 246	リンカー分子	30	漏斗	46
リチウム	AP35, AP45	臨界値	90, 103	ろ液（filtrate）	46
──イオン	381, AP44	リンゴ酸	271, AP27	ろ過	4, 46, 477
──イオン電池	381	リン酸	256, 257, AP29, AP47	六員環	175
立体角	13	──イオン	172, AP23	六塩基酸	304
リットル（litter）	15, 16	リン酸一水素イオン	172	六シアン化コバルトイオン	AP22
リトマス	311	リン酸二水素イオン	172	六方晶系の結晶構造	444
リバースモード	44	リン酸緩衝液	255	ロジウム	AP37
リボ核酸（RNA）	291	リン酸水素二ナトリウム	435		
リボザイム（ribozyme）	291	リン酸二水素カリウム	435	**【わ】**	
リボヌクレアーゼの酸塩基滴定	324				
硫化水素	474, AP26	**【る・れ・ろ】**		ワイヤーコイル	34
硫化物イオン	AP23			ワット（watt）	14, 385
硫酸	167, 438, AP30	ルイス塩基（Lewis base）	159, 179, 330	和と差の信頼区間	AP4
──イオン	AP23, AP44	ルイス酸（Lewis acid）	159, 179, 330	和または差の自由度	AP5

監訳者

宗林由樹（そうりん よしき）
1986 年 京都大学大学院理学研究科修士課程修了
現　在　京都大学化学研究所教授
　　　　公益財団法人海洋化学研究所代表理事
博士（理学）

訳　者

岩元俊一（いわもと しゅんいち）
1996 年 京都大学大学院理学研究科修士課程修了
現　在　フリーランスの産業・特許翻訳者

ハリス分析化学　原著 9 版（上）

2017 年 2 月 28 日　第 1 版　第 1 刷　発行	訳者代表　宗林由樹
2024 年 9 月 10 日　　　　　　第 5 刷　発行	発 行 者　曽根良介
検印廃止	発 行 所　㈱化学同人

JCOPY 〈(社)出版者著作権管理機構委託出版物〉
本書の無断複写は著作権法上での例外を除き禁じられています．複写される場合は，そのつど事前に，(社)出版者著作権管理機構（電話 03-5244-5088，FAX 03-5244-5089，e-mail: info@jcopy.or.jp）の許諾を得てください．

本書のコピー，スキャン，デジタル化などの無断複製は著作権法上での例外を除き禁じられています．本書を代行業者などの第三者に依頼してスキャンやデジタル化することは，たとえ個人や家庭内の利用でも著作権法違反です．

乱丁・落丁本は送料小社負担にてお取りかえいたします．

〒600-8074 京都市下京区仏光寺通柳馬場西入ル
編 集 部　TEL 075-352-3711　FAX 075-352-0371
企画販売部　TEL 075-352-3373　FAX 075-351-8301
　　　　　　振　替　01010-7-5702
e-mail　webmaster@kagakudojin.co.jp
URL　https://www.kagakudojin.co.jp
印刷・製本　創栄図書印刷㈱

Printed in Japan © Y. Sohrin et al. 2017　　無断転載・複製を禁ず　　ISBN978-4-7598-1835-2

物理定数 (2010)

術語	記号	値	
電気素量	e	1.602 176 655 (35)*	$\times 10^{-19}$ C
		4.803 204 78 (10)	$\times 10^{-10}$ esu
真空中の光速	c	2.997 924 58	$\times 10^{8}$ m/s
			$\times 10^{10}$ cm/s
プランク定数	h	6.626 069 57 (29)	$\times 10^{-34}$ J·s
			$\times 10^{-27}$ erg·s
$h/2\pi$	$\hbar$	1.054 571 726 (47)	$\times 10^{-34}$ J·s
			$\times 10^{-27}$ erg·s
アボガドロ定数	N_A	6.022 141 29 (27)	$\times 10^{23}$ mol^{-1}
気体定数	R	8.314 462 1 (75)	J/(mol·K)
			V·C/(mol·K)
			$\times 10^{-2}$ L·bar/(mol·K)
			$\times 10^{7}$ erg/(mol·K)
		8.205 736 1 (74)	$\times 10^{-5}$ m^3·atm/(mol·K)
			$\times 10^{-2}$ L·atm/(mol·K)
		1.987 204 1 (18)	cal/(mol·K)
ファラデー定数 (= Ne)	F	9.648 533 65 (21)	$\times 10^{4}$ C/mol
ボルツマン定数 (= R/N)	k	1.380 648 8 (13)	$\times 10^{-23}$ J/K
			$\times 10^{-16}$ erg/K
電子の静止質量	m_e	9.109 382 91 (40)	$\times 10^{-31}$ kg
			$\times 10^{-28}$ g
陽子の静止質量	m_p	1.672 621 777 (74)	$\times 10^{-27}$ kg
			$\times 10^{-24}$ g
真空の比誘電率 (誘電率)	ε_0	8.854 187 817	$\times 10^{-12}$ C^2/(N·m^2)
重力定数	G	6.673 84 (80)	$\times 10^{-11}$ m^3/(s^2·kg)

*かっこ内の数は最後の桁の不確かさ (1 標準偏差)
出典: SOURCE: 2010 CODATA Values from http://physics.nist.gov/cuu/constants/index.html (August 2011).

濃酸と濃塩基

名称	おおよその重量百分率	分子量	おおよそのモル濃度	おおよその密度 (g/mL)	約 1.0 M 溶液を 1 L 調製するのに必要な試薬量 (mL)
酸					
酢酸	99.8	60.05	17.4	1.05	57.3
塩酸	37.2	36.46	12.1	1.19	82.4
フッ化水素酸	49.0	20.01	28.4	1.16	35.2
硝酸	70.4	63.01	15.8	1.41	63.5
過塩素酸	70.5	100.46	11.7	1.67	85.3
リン酸	85.5	97.99	14.7	1.69	67.8
硫酸	96.0	98.08	18.0	1.84	55.5
塩基					
アンモニア*	28.0	17.03	14.8	0.90	67.6
水酸化ナトリウム	50.5	40.00	19.3	1.53	51.8
水酸化カリウム	45.0	56.11	11.5	1.44	86.6

*28.0 wt% アンモニアは 56.6 wt% 水酸化アンモニウムと同じである.